站在巨人的肩上
Standing on Shoulders of Giants

TURING
图灵教育

www.ituring.com.cn

U0352114

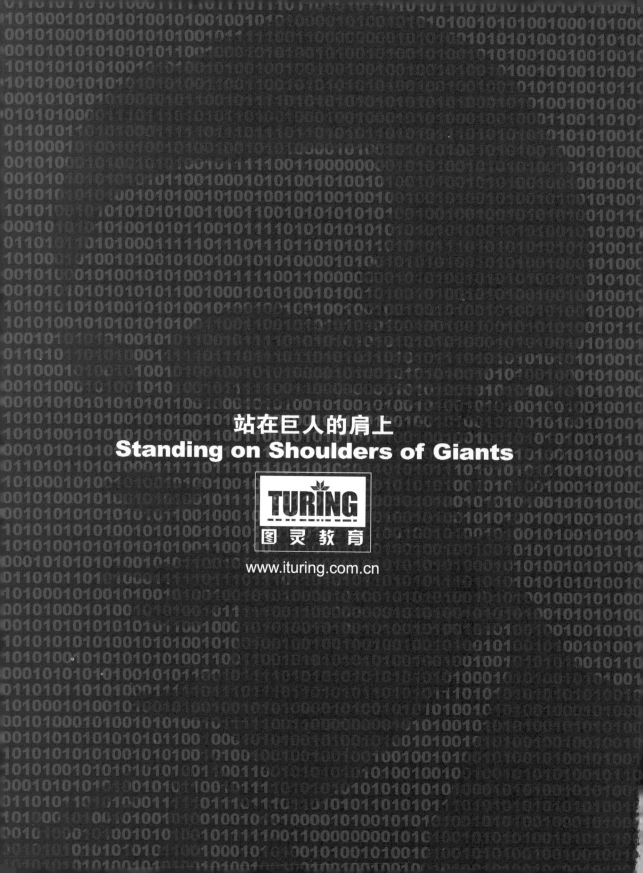

站在巨人的肩上
Standing on Shoulders of Giants

www.ituring.com.cn

TURING 图灵程序设计丛书 移动开发系列

Pro Android·4

精通Android

[印] Satya Komatineni 著
[美] Dave MacLean

曾少宁 杨越 译

人民邮电出版社
北京

图书在版编目（CIP）数据

精通Android ／（印）克曼特内尼（Komatineni, S.），
（美）麦克莱恩（MacLean, D.）著；曾少宁，杨越译.
-- 北京：人民邮电出版社，2013.1（2014.1 重印）
（图灵程序设计丛书）
书名原文：Pro Android 4
ISBN 978-7-115-29715-0

Ⅰ．①精… Ⅱ．①克… ②麦… ③曾… ④杨… Ⅲ.
①移动终端－应用程序－程序设计 Ⅳ．①TN929.53

中国版本图书馆CIP数据核字（2012）第253090号

内 容 提 要

本书在上一版的基础上进行了全面改进，不仅在结构上有了相应的调整，内容上更是与时俱进，增加了 Android 内部构件的相关知识，介绍了线程、进程、长期运行的服务、广播接收程序、闹钟管理器、设备配置变化和异步任务。关于碎片、碎片对话框、ActionBar 和拖放等全新内容更是映入大家的眼帘。此外，本书对服务和传感器的相关章节做了大幅改进。

本书囊括了 Android 开发人员所需的一切知识，既可为 Android 开发人员夯实基础，又能提高 Android 开发人员的技能。

图灵程序设计丛书
精通Android

- ◆ 著　　　[印] Satya Komatineni　[美] Dave MacLean
  　　译　　　曾少宁　杨　越
  　　责任编辑　卢秀丽
- ◆ 人民邮电出版社出版发行　北京市丰台区成寿寺路 11 号
  　　邮编　100164　电子邮件　315@ptpress.com.cn
  　　网址　http://www.ptpress.com.cn
  　　北京鑫正大印刷有限公司印刷
- ◆ 开本：800×1000　1/16
  　　印张：47.5
  　　字数：1271 千字　　　　　　2013 年 1 月第 1 版
  　　印数：5 001 – 6 000 册　　　2014 年 1 月北京第 3 次印刷
  　　　　著作权合同登记号　图字：01-2012-4473号
  　　　　　ISBN 978-7-115-29715-0

定价：119.00元

读者服务热线：(010)51095186 转604　印装质量热线：(010)81055316
反盗版热线：(010)81055315

版 权 声 明

Original English language edition, entitled *Pro Android 4* by Satya Komatineni, Dave MacLean, published by Apress, 2855 Telegraph Avenue, Suite 600, Berkeley, CA 94705 USA.

Copyright © 2012 by Satya Komatineni, Dave MacLean. Simplified Chinese-language edition copyright © 2013 by Posts & Telecom Press. All rights reserved.

本书中文简体字版由Apress L.P.授权人民邮电出版社独家出版。未经出版者书面许可，不得以任何方式复制或抄袭本书内容。

版权所有，侵权必究。

献　词

献给我的父亲，是他的特许，才使我拥有了自己的人生。

——Satya Komatineni

献给我的妻子Rosie，是她激励我追求自己的梦想。献给我的儿子Mike，是他让我生命中的每一天都趣味十足。同样感谢我的朋友比格姆一家（戴尔、希瑟、埃里克和莉齐），是他们的慷慨大度使得本书得以面世。

——Dave MacLean

前　言

你是否曾希望自己是罗丹？坐着用凿子雕琢着一块石头，将它塑造成你想要的样子。由于害怕无法"雕琢"出实用的应用程序，主流程序员曾经十分排斥资源严重受限的移动设备。不过那段时光已经一去不复返了。

正是由于 Android 移动操作系统，才促成了可自由编程移动设备的大量涌现。本书将证实 Android 是出色的编程平台，从而打消你的疑虑。面对这个激动人心、功能强大的通用计算平台，Java 程序员很有可能会从中获益。Android 不仅是一个移动操作系统，而且还引入了框架设计上的众多新模式。

这是这本关于 Android 主题的书的第 4 版，也是目前为止最出色的版本。本书是一部蕴含丰富内容的关于 Android 4.0 SDK（Android 的第一个 SDK，覆盖手机和平板电脑）编程指南。在这一版中，我们重新定义、重新编写并强化了上一版中的部分内容，打造了一部全面更新且同时适合初学者和专业人员的编程指南，这是我们 4 年的研究结晶。本书用 31 章涵盖了 100 多个主题。

这一版增加了 Android 内部构件的相关知识，介绍了线程、长期运行的服务、广播接收器、闹钟管理器、设备配置变化及异步任务。本书用 150 多页专门介绍了碎片、碎片对话框、ActionBar 和拖放。本书还对与服务和传感器内容相关的章节做了大幅改进。我们对第 21 章进行了修订，增加了属性动画。第 30 章也大幅重写了，增加了关于个人账号的内容，为社会化 API 铺平了道路。

概念、代码和教程是本书的基本要素，这在本书中的每一章都有所体现。每章中自成一体的教程都有专家建议。本书中的所有项目都可供下载，以方便导入 Eclipse。

最后，本书不再限于介绍基本知识，还针对每个主题提出了一些复杂问题，并记录问题答案（请参阅目录以了解书中所涉及内容的详细列表）。我们会不断用当前和未来的 Android SDK 研究成果来更新辅助性网站（www.androidbook.com）。在阅读过程中，如有任何疑问，可通过电子邮件快速获得我们的解答。

致　谢

编写本书不仅花费了作者大量精力，Apress 的一些才华横溢的成员及技术审稿人也投入了大量精力。衷心感谢 Apress 的 Steve Anglin、Matthew Moodie、Corbin Collins、Douglas Pundick、Brigid Duffy 及 Tiffany Taylor。

还要感谢技术审稿人 Eric Franchomme、Michael Nguyen、Dylan Phillips 及 Karim Varela，感谢他们对细节的敏锐洞察力，也感谢他们让我们更富智慧。

在 Android 开发人员论坛上搜寻答案时，我们常常会得到 Dianne Hackborn、Romain Guy、Nick Pelly、Brad Fitzpatrick 及 Android 团队其他成员全天候的帮助，我们希望对他们说声谢谢。他们无疑是移动应用领域最勤恳的团队。Android 社区非常活跃，大家很热心地为我们解答疑问并提出一些建议。我们希望本书能在一定程度上回报社区。最后，作者深深地感谢家人一直以来的宽容和支持。

目　录

第 1 章

Android 计算平台简介

1

计算正逐渐变得比以往更为易懂。手持设备已转变成计算平台。

移动设备（手机或平板电脑）正成为非常强大的通用计算平台，势必成为真正的 PC。据预测，所有传统 PC 制造商都在计划推出基于 Android 的各种规格的设备。各种操作系统之间、计算平台之间、编程语言之间，以及开发框架之间的竞争将转而在移动设备上重演。

我们还预测，随着越来越多的 IT 应用程序开始推出移动版本，IT 行业将掀起一场移动编程热潮。为了帮助读者从这一趋势中受益，本书将介绍如何使用 Java 为运行在谷歌公司 Android 平台（http://developer.android.com/index.html）上的设备开发应用程序。Android 是一个面向移动开发和平板电脑开发的开源平台。

说明　Android 令我们非常激动，因为它是一个引入了众多全新的框架设计模式的先进的基于 Java 的平台（即使受到移动平台的限制）。

本章将概述 Android 及其 SDK，简短介绍一些重要的包，引出每章将涉及的主题，展示如何利用 Android 源代码，并重点介绍一下为 Android 平台编程的美好前景。

1.1　面向新 PC 的全新平台

Android 平台融入了面向手持设备的通用计算理念。它是一个综合平台，包含一个基于 Linux 的操作系统，用于管理设备、内存和进程。Android 中的 Java 库涵盖了电话、视频、语音、图形、连接、UI 编程和设备的其他许多方面。

说明　尽管是针对移动设备和平板设备而构建，但 Android 平台具备全功能桌面框架的所有特征。谷歌公司通过 Android SDK（Software Development Kit，软件开发工具包）将此框架提供给 Java 程序员。在使用 Android SDK 时，很难感受到是在向移动设备编写应用程序，因为你能够访问在桌面或服务器（包括关系数据库）上使用的大部分类库。

Android SDK 支持大多数 Java SE（Java Platform, Standard Edition），但并不支持 AWT（Abstract Window Toolkit，抽象窗口工具包）和 Swing。对于 AWT 和 Swing，Android SDK 拥有自己的扩展现代 UI 框架（extensive modern UI framework）。因为你在使用 Java 编写应用程序，所以可以想到，需要

一个 JVM（Java Virtual Machin，Java 虚拟机）来解释运行时 Java 字节码。JVM 通常会提供必要的优化，以使 Java 能够达到与 C 和 C++等编译语言相当的性能水平。Android 提供了自己的经过优化的 JVM 来运行已编译的 Java 类文件，以克服手持设备在内存、处理器速度和功率等方面上的限制。这个虚拟机称为 Dalvik VM（1.3 节将详细介绍）。

说明   Java 编程语言的简单性和人们对它的熟悉，再加上 Android 丰富的类库，使 Android 成为了富有吸引力的编程平台。

图 1-1 简单展示了 Android 软件栈（1.4 节将更详细地介绍它）。

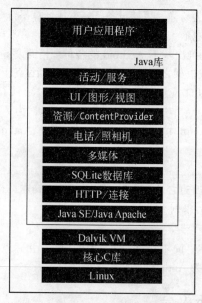

图 1-1   Android 软件栈的总体结构

1.2   Android 的历史

各种手机使用着不同的操作系统，比如 Symbian OS、微软公司的 Windows Phone OS、Mobile Linux、iPhone OS（基于 Mac OS X）、Moblin（来自英特尔公司）以及许多其他专用操作系统。迄今为止，没有一个操作系统成为事实标准。可用于开发移动应用程序的 API 和环境具有诸多限制，似乎远远落后于桌面框架。对比之下，Android 平台具有开放、经济和代码开源的特点，更重要的是，它还包含一个高端、高度集成且一致的开发框架。

谷歌公司于 2005 年收购了新兴公司 Android，开始开发 Android 平台（参见图 1-2）。Android 公司的重要成员包括 Andy Rubin、Rich Miner、Nick Sears 和 Chris White。

2007 年 11 月，Android SDK 首次发布"预览"版。2008 年 9 月，T-Mobile 发布了 T-Mobile G1，这是第一部基于 Android 平台的智能手机。从那以后，我们相继看到了 SDK2.0、3.0 及现在的 4.0，基本上是一年一个新版本。应用 Android 操作系统的设置一开始只是涓涓细流，现如今已是波涛汹涌。

图 1-2   Android 的发展历程

Android 的一个重要架构目标是使应用程序能够彼此交互，重用彼此的组件。这种重用不仅适用于服务（service），还适用于数据和用户界面（UI）。

由于功能完善成熟，Android 也吸引了一些早期追随者利用 Web 资源所提供的云计算模型，使用手机自身的本地数据存储增强云计算体验。Android 对手机上的关系数据库的支持也是吸引早期采用者的一个重要因素。

1.0 和 1.1 版（2008 年发布）的 Android 不支持软键盘，设备需要配备物理键盘。2009 年 4 月发布的 1.5 SDK 解决了这个问题，该版本还包含许多其他功能，比如高级媒体录制功能、部件和活动文件夹（live folder）。

2009 年 9 月发布了 Android 1.6，在一个月内又发布了 Android 2.0，这有力地推动了 2009 年圣诞节众多 Android 设备的上市。这个版本引入了高级搜索功能和文本到语音的转换功能。

Android 2.3 包括以下重要的功能：由管理员远程擦除安全数据、在光照不足条件下使用照相机和视频、Wi-Fi 热点、重大的性能改善、改进的蓝牙功能、可选择将应用程序安装在 SD 卡上、OpenGL ES 2.0 支持、备份改进、搜索实用性改进、针对信用卡处理的近场通信支持、显著改进的动作和传感器支持（类似于 Wii）、视频聊天以及改进的 Market。

Android 3.0 主要针对基于平板电脑的设备和强大得多的双核处理器，比如 NVIDIA Tegra 2。此版本的主要功能包括支持使用较大的屏幕，引入了一个名为"碎片"的重要的新概念。这个概念渗透到了 3.0 版的体验中。Android 3.0 还引入了更加类似于桌面的功能，比如 action bar 和拖放。主屏幕部件得到了显著改进。现在有更多 UI 控件可用。在 3D 领域，OpenGL 使用 Renderscript 得以改进，为 ES 2.0 提供了进一步的补充。它对于平板电脑而言是一项激动人心的功能。

然而，3.0 版本仅支持平板电脑。在 3.0 发布时，Android 2.x 版本分支继续支持手机，而 3.x 分支则支持平板电脑。从 4.0 开始，Android 将这些版本分支合并在一起，形成一个 SDK。对于手机用户而言，平板电脑体验的主要 UI 差别也移植到了手机上。

4.0 版本用户体验的主要方面如下。

❑ 使用新字体 Roboto，在高清屏幕上显示清新效果。

❑ 采用一种更好的方法，在首页上将应用组织到文件夹。

❑ 支持将应用和文件夹拖到收藏托盘，使它们总是显示在屏幕底部。

❑ 基于设备类型进行通知优化。在小型设备上，通知显示在上面，而对于大型设备，则显示在底部的系统栏。

❑ 支持可变尺寸和可滚动的小部件。

❑ 各种屏幕解锁方法。

❑ 拼写检查程序。

❑ 通过"连续说话"选项改进语音输入。

❑ 更多网络数据使用控制方法。

❑ 改进联系人应用，增加与社会化网络相似的个人账号管理。

❑ 改进日历应用。

❑ 优化照相机应用：连续对焦、无快门滞后、人脸识别、触控对焦和照片编辑器。

❑ 照片逼真效果和视频傻瓜效果。

❑ 快速抓取和分享屏幕截图。

❑ 浏览器性能提升了两倍。

❑ 改进电子邮件。

❑ 提出新概念：通过基于NFC共享的Android Beam发送数据。

❑ 支持Wi-Fi Direct，推进P2P服务。

❑ 支持蓝牙HDP（Bluetooth Health Device Profile）。

4.0增加的主要开发者支持如下。

❑ 修正基于对象（包括视图）属性变化的动画。

❑ 修复3.0中多个基于列表小部件行为。

❑ 更成熟且集成搜索的工具栏。

❑ 支持大量的移动标准：高级音频分发模型（Advanced Audio Distribution Profile, A2DP：支持使用外部扬声器）、实时传输协议（Realtime Transport Protocol, RTP：通过IP传输流式音频/视频）、媒体传输协议（Media Transfer Protocol, MTP）、图片传输协议（Picture Transfer Protocol, PTP：连接计算机下载照片和媒体文件）和蓝牙耳机模块（Bluetooth Headset Profile, HSP）。

❑ 全设备加密。

❑ 数字版权管理（DRM）。

❑ 加密存储与密码。

❑ 包括个人账号的社会化API。

❑ 增强的日历API。

❑ 语音邮件API。

1.3　Dalvik VM 剖析

作为 Android 平台的一部分，谷歌公司花了大量时间思考针对低功耗手持设备的优化设计。与桌面设备相比，手持设备在内存和速度方面落后 8～10 年。它们的计算能力也有限。结果，手机的性能需求变得很严格，要求手机设计人员优化所有因素。如果查看 Android 中的包列表，你将会看到它们的功能全面而丰富。

1

这些问题使谷歌公司在许多方面重新审视标准 JVM 实现。（Dan Bornstein 对谷歌公司的这个 JVM 实现作出了重要贡献，他编写了 Dalvik VM，Dalvik 是冰岛一个小镇的名称。）首先，Dalvik VM 获取生成的 Java 类文件，将它们组合为一个或多个 Dalvik 可执行文件（.dex）。Dalvik VM 的目标是找到所有可能的方式来优化 JVM 空间、性能及电池寿命。

采用 Dalvik VM 的一个结果是，Android 中最终的可执行程序代码不是基于 Java 字节码，而是基于.dex 文件。这意味着无法直接执行 Java 字节码，必须首先得到 Java 类文件，然后将它们转换为可链接的.dex 文件。

1.4　理解 Android 软件栈

到目前为止，我们介绍了 Android 的历史和它的优化功能，包括 Dalvik VM，还提到了可用的 Java 软件栈。本节将介绍与 Android 开发有关的内容。图 1-3 显示了从开发人员的视角所得出的 Android 软件栈。

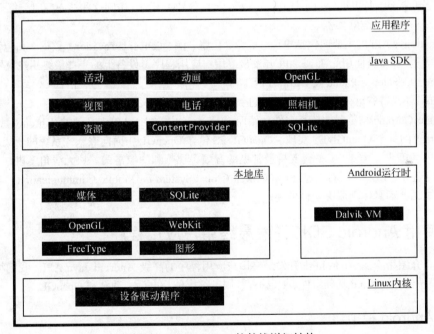

图 1-3　Android SDK 软件栈详细结构

Android 平台的核心是 Linux 内核，它负责设备驱动程序、资源访问、电源管理和完成其他操作系统的职责。提供的设备驱动程序包括显示器、照相机、键盘、Wi-Fi、闪存、音频和 IPC（Inter-Process Communication，进程间通信）。尽管核心是 Linux，但 Android 设备（比如 Motorola Droid）上的绝大部分应用程序都是使用 Java 开发，通过 Dalvik VM 运行的。

我们看一下另一层，内核之上是许多 C/C++库，比如 OpenGL、WebKit、FreeType、SSL（Secure Sockets Layer，安全套接字层）、libc（C 运行时库）、SQLite 和媒体。基于 BSD（Berkeley Software

Distribution，伯克利软件套件）的系统 C 库针对嵌入式 Linux 设备进行了调优（大小约为原始大小的一半）。媒体库基于 PacketVideo（www.packetvideo.com/）的 OpenCORE。这些库负责录制和播放音频和视频格式的内容。一个名为 Surface Manager 的库控制对显示系统的访问，支持 2D 和 3D。

说明　这些核心库可能会发生变化，因为它们都属于 Android 的内部实现细节，不会直接加到已发布的 Android API 上。这里对核心库进行介绍，只是希望读者了解 Android 的底层特性。请参考 Android 开发者网站，了解最新更新和未来变化。

WebKit 库负责浏览器支持，WebKit 也是谷歌公司的 Chrome 和苹果公司的 Safari 使用的库。FreeType 库负责字体支持。SQLite（www.sqlite.org/）是一个可在设备自身上使用的关系数据库。SQLite 也是关系数据库的一项独立的开源成果，没有直接绑定到 Android。适用于 SQLite 的工具也可用于 Android 数据库。

大多数应用程序框架都通过 Dalvik VM 访问这些核心库，Dalvik VM 就像 Android 平台的入口。前面几节已经提到，Dalvik 经过了优化，可以运行多个 VM 实例。访问这些核心库时，每个 Java 应用程序都会获得自己的 VM 实例。

Android Java API 的主要库包括电话、资源、位置、UI、ContentProvider（数据）和包管理器（安装及安全等）。程序员使用此 Java API 开发最终用户应用程序。设备上的一些最终用户应用程序示例包括 Home、Contacts、Phone 及 Browser 等。

Android 还支持谷歌公司一个名为 Skia 的自定义 2D 图形库，这个库是使用 C 和 C++编写的。Skia 也是 Google Chrome 浏览器的核心组件。然而，Android 中的 3D API 基于来自 Khronos 小组（www.khronos.org）的一个 OpenGL ES 实现。OpenGL ES 包含 OpenGL 中面向嵌入式系统的子集。

从媒体角度讲，Android 平台支持最常见的音频、视频和图像格式。从无线角度讲，Android 的 API 可支持蓝牙、EDGE、3G、Wi-Fi 和 GSM（Global System for Mobile Communication，全球移动通信系统）电话，而具体则取决于设备硬件。

1.5　使用 Android SDK 开发最终用户应用程序

本节将介绍用于在 Android 上开发最终用户应用程序的高级 Android Java API。我们将简单介绍 Android 模拟器、Android 基础组件、UI 编程、服务、媒体、电话、动画和 OpenGL 等。

1.5.1　Android 模拟器

Android SDK 包含一个 Eclipse 插件，名为 ADT（Android Development Tools，Android 开发工具）。这个 IDE（Integrated Development Environment，集成开发环境）工具用于开发、调试和测试 Java 应用程序。（第 2 章将深入介绍 ADT。）也可以单独使用 Android SDK，使用命令行工具代替 ADT。两种方法都支持使用模拟器来运行、调试和测试应用程序。甚至 90%的应用程序开发工作都不需要真实设备。全功能的 Android 模拟器能够模拟大部分的设备功能。模拟器不能模拟 USB 连接、照相机与视频采集、耳机、电池仿真、蓝牙、Wi-Fi、NFC 和 OpenGL ES 2.0。

Android 模拟器使用一种名为 QEMU 的开源"处理器模拟器"技术来完成它的工作，此技术由

Fabrice Bellard（http://wiki.qemu.org/Index.html）开发。这项技术还支持在一个操作系统上模拟另一个操作系统，而不用考虑采用了何种处理器。QEMU 支持在 CPU 级别上进行模拟。

在 Android 模拟器中，处理器基于 ARM（Advanced RISC Machine，高级精简指令集机器）架构。ARM 是一种基于 RISC（Reduced Instruction Set Computer，精减指令集计算机）的 32 位微处理器架构，其设计上的简单性和较高的速度通过指令集中精减的指令来实现。模拟器在此模拟处理器上运行 Linux 的 Android 版本。

ARM 被广泛应用于手持设备和其他嵌入式电子设备中，低功耗对这些设备非常重要。移动市场也广泛使用了基于此架构的处理器。

可以在 Android SDK 文档中找到关于该模拟器的更多详细信息：http://developer.android.com/guide/developing/tools/emulator.html。

1.5.2　Android UI

Android 使用的 UI 框架类似于其他基于桌面的全功能 UI 框架。实际上，它在本质上更加先进，更具异步特征。如果将基于 C 的传统 Microsoft Windows API 看做第一代 UI 框架，将基于 C++的 MFC（Microsoft Foundation Classes，Microsoft 基础类）看做第二代，基于 Java 的 Swing UI 框架可以看做第三代，它比 MFC 具有更高的设计灵活性。从本质上来讲，Android UI 是第四代 UI 框架。Android UI、JavaFX、Microsoft Silverlight 和 Mozilla XUL（XML User Interface Language，XML 用户界面语言）都是第四代 UI 框架的新成员，它们的 UI 是声明性的，具有独立的主题。

说明　在 Android 中，即使编程的目标设备是手持设备，也会使用一种时尚的用户界面模式。

在 Android UI 中编程涉及在 XML 文件中声明界面。然后将这些 XML 视图（view）定义作为窗口加载到 UI 应用程序中。这与基于 HTML 的 web 页面很相似。与 HTML 一样，通过其 ID 及使用 Java 代码操作它们来找到（掌握）单独控制。

甚至 Android 应用程序中的菜单也是从 XML 文件加载的。Android 中的屏幕或窗口通常称为活动（activity），包含用户完成一个逻辑动作单元所需的多个 View。View 是 Android 中的基本 UI 构建块，可以对它们进一步组合形成名为视图组的复合视图。

View 在内部使用我们熟悉的画布、绘图和用户交互概念。在 Android 中，承载这些复合视图（包括 View 和视图组）的 Activity 是逻辑上可替换的 UI 组件。

Android 3.0 引入了另一个名为碎片的 UI 概念，允许开发人员将视图和功能在平板电脑上分块显示。平板电脑为多窗格活动提供了充足的屏幕空间，而碎片提供了这些窗格的抽象。

Android 框架的一个重要概念是 Activity 窗口的生命周期管理。Android 采用一些协议在用户隐藏、还原、停止和关闭 Activity 窗口时管理状态。第 2 章将介绍这些基本的思想，还将介绍如何设置 Android 开发环境。

1.5.3　Android 基础组件

Android UI 框架以及 Android 的很多其他部分都依赖于一种名为 Intent（意图）的新概念。Intent 是调用 Android 组件的 intra-及 interprocess 机制。

在 Android 中，组件是指一段具有确切生命周期的代码。显示 Android 应用窗口的活动就是一个组件。Android 进程中服务其他客户端的服务是一个组件。唤醒事件响应的接收器也是 Android 的一个组件。

虽然 Intent 的主要作用是调用组件，但是它同时也可以服务于窗口化消息、操作、发布订阅模型和进程间通信等组件。下面就是一个使用 Intent 类调用或启动 Web 浏览器的例子：

```
public static void invokeWebBrowser(Activity activity)
{
    Intent intent = new Intent(Intent.ACTION_VIEW);
    intent.setData(Uri.parse("http://www.google.com"));
    activity.startActivity(intent);
}
```

在这个例子中，通过一个 Intent，我们要求 Android 启动合适的窗口来显示一个网站的内容。根据设备上安装的浏览器列表，Android 将选择合适的浏览器来显示该网站。第 5 章将更详细地介绍 Intent。

Android 还支持广泛的资源，包括我们熟悉的字符串和位图，以及一些不太熟悉的基于 XML 的 View（布局类似于 HTML）定义。该框架以新颖的方式使用资源，使资源使用变得简单、直观和方便。下面这个例子为在 XML 文件中定义的资源自动生成资源 ID：

```
public final class R {
    //All string resources will have constants auto generated here
    public static final class string {
        public static final int hello=0x7f070000;
    }
    //All image files will have unique ids generated here
    public static final class drawable {
        public static final int myanimation=0x7f020001;
        public static final int numbers19=0x7f02000e;
    }
    //View ids are auto generated based on their names
    public static final class id {
        public static final int textViewId1=0x7f080003;
    }
    //The following are two files (like html) that define layout
    //auto generated from the filenames in respective sub directories.
    public static final class layout {
        public static final int frame_animations_layout=0x7f030001;
        public static final int main=0x7f030002;
    }
}
```

这个类中每个自动生成的 ID 都与 XML 文件中的一个元素或整个文件对应。在希望使用这些 XML 定义的地方，使用这些生成的 ID 来代替。当基于场所及器件尺寸等来详细说明资源时，这种间接性具有很大帮助。（第 3 章将更详细地介绍 R.java 文件和资源。）

Android 中另一个新概念是 ContentProvider（内容提供程序）。ContentProvider 是对数据源的抽象，使它看起来像 RESTful 服务的发出者和使用者。底层 SQLite 数据库使这个 ContentProvider 成为了应用程序开发人员的强大工具。第 4 章将探讨 ContentProvider。第 3 章~第 5 章将介绍 Intent、资源和 ContentProvider 如何促进 Android 平台中的开放性。

1.5.4   高级 UI 概念

XML 网页布局定义（类似于 HTML 网页）在描述 Android UI 的过程中扮演着重要角色。让我们通过下面这个例子，看看 Android layout XML 文件如何在包含文本视图的简单布局中发挥作用：

```
<?xml version="1.0" encoding="utf-8"?>
<!-- place it in /res/layout/sample_page1.xml -->
<!-- will auto generate an id called: R.layout.sample_page1 -->
<LinearLayout ..some basic attributes.>
<TextView android:id="@+id/textViewId"
    android:layout_width="fill_parent"
    android:layout_height="wrap_content"
    android:text="@string/hello"
    />
</LinearLayout>
```

我们将使用为此 XML 文件生成的 ID 来将此布局加载到 Activity 窗口中。（第 6 章将进一步介绍此过程。）Android 还提供了对菜单的广泛支持（第 7 章将详细介绍），从标准菜单到上下文菜单。在 Android 中使用菜单很方便，因为它们也是作为 XML 文件加载的，而且这些菜单的资源 ID 是自动生成的。下面这段代码展示了如何在 XML 文件中声明菜单：

```
<menu xmlns:android="http://schemas.android.com/apk/res/android">
    <!-- This group uses the default category. -->
    <group android:id="@+id/menuGroup_Main">
        <item android:id="@+id/menu_clear"
            android:orderInCategory="10"
            android:title="clear" />
        <item android:id="@+id/menu_show_browser"
            android:orderInCategory="5"
            android:title="show browser" />
    </group>
</menu>
```

尽管 Android 支持对话框，但 Android 中的所有对话框都是异步的。对于习惯于一些窗口框架中的同步模态对话框的开发人员，这些异步对话框带来了一种特殊的挑战。第 7 章将更全面地介绍菜单，第 9 章将详细介绍对话框。

Android 提供了对动画的大量支持。实现动画的基本方式有 3 种。分别是创建逐帧动画、通过修改视图变换矩阵（位置、尺寸、旋转和透明度）而创建的补间动画或通过修改对象属性创建补间动画。Android3.0 引入了基于属性的动画，这是实现动画的最灵活方式，也是人们推荐使用的方式，我们将在第 21 章详述这些动画。

此外，Android 还允许在 XML 资源文件中定义这些动画。在下面这个示例中，逐帧动画中播放了一系列带有编号的图像：

```
<animation-list xmlns:android="http://schemas.android.com/apk/res/android"
        android:oneshot="false">
    <item android:drawable="@drawable/numbers11" android:duration="50" />
    ......
    <item android:drawable="@drawable/numbers19" android:duration="50" />
</animation-list>
```

Android 还通过其 OpenGL ES 1.0 和 2.0 标准提供了对 3D 图形的支持。与 OpenGL 一样，OpenGL ES 是一个基于 C 的平面 API。由于 Android SDK 是一种基于 Java 的编程 API，所以它需要使用 Java 绑定来访问 OpenGL ES。Java ME 已经通过 JSR（Java Specification Request）239 为 OpenGL ES 定义了这一绑定，Android 在其实现中为 OpenGL ES 使用了相同的 Java 绑定。如果还不熟悉 OpenGL 编程，那么学习起来可能比较困难。受篇幅的限制，我们无法在本书这一版本中讲解 OpenGL，但是在第 3 版中却有超过 100 页的讲解。

使用主页，Android 实现了大量让信息流于指尖的新理念。第一个理念是活动文件夹。使用活动文件夹，可以用文件夹的形式在主页上发布一个项目集合。这个集合中的内容会随着底层数据的更改而更改。不断变化的数据可以来自设备，也可以来自因特网。受篇幅的限制，我们无法在本书的这一版本中讲解活动文件夹。不过，本书第 3 版中对此有大量介绍。

第二个基于主页的理念是主屏幕部件。主屏幕部件用于使用 UI 部件在主页上绘制信息。此信息可以定期变化。电子邮件存储中的电子邮件数量就是这方面的一个例子。第 25 章将介绍主屏幕部件。主屏幕部件在 3.0 版中得到了改进，包含可在底层数据更改时更新的列表视图。这些改进将在第 26 章中介绍。

集成 Android 搜索是第三个基于主页的理念。使用集成搜索，既可以在设备上搜索内容，也可以在网络上搜索内容。Android 搜索超越了传统搜索的概念，支持通过搜索控件不断发出命令。受限于篇幅，我们无法在本书这一版本中讲解搜索 API。不过，本书第 3 版中有详细介绍。

Android 还支持触摸屏以及基于手指在设备上移动的手势。Android 支持将手指在屏幕上的随机移动记录为命名的手势。应用程序然后可以使用这一手势来执行特定操作。第 27 章将介绍触摸屏和手势。

传感器现在成为了移动体验的重要部分。第 29 章将介绍传感器。

移动设备所需的另一项必要创新是其配置的动态性。例如，很容易在纵向和横向之间更改手持设备的查看模式。或者可以为手持设备连接扩展坞以转变为平板电脑。Android 3.0 引入了碎片这一概念来有效地处理这些变体。第 8 章将专门介绍碎片，第 12 章介绍如何处理配置的变化。

第 10 章还将介绍 3.0 版中的操作栏功能（在 4.0 中得到大幅改进）。操作栏将 Android 提升到了与桌面菜单栏模式类似的水平。

3.0 版本为平板电脑引入了拖放操作。这个特性现在也移植到手机上。本书将在第 28 章介绍拖放操作。

手持设备能够完全感知基于云的环境。在执行服务器端 HTTP 调用时，一定要理解线程模型，否则会遇到应用未响应错误。这一点很重要。本书将在第 18 章介绍异步处理机制。

在 Android SDK 外部，还有大量独立的创新，它们使应用程序开发既令人激动又非常简单。一些示例包括 XML/VM、PhoneGap 和 Titanium。Titanium 支持使用 HTML 技术来编写基于 WebKit 的 Android 浏览器。本书的第 2 版介绍了 Titanium，但由于时间和篇幅的限制，这一版不再介绍 Titanium。

1.5.5　Android Service 组件

安全性是 Android 平台的一个基本部分。在 Android 中，安全性贯穿应用程序生命周期的所有阶段——从设计时策略考虑到运行时边界检查。第 14 章将详细介绍安全性和权限。

第 15 章将介绍如何在 Android 中构建和使用 Service，尤其是 HTML Service。这一章还将介绍进程间通信（同一设备上各应用程序之间的通信）。

基于位置的服务是 Android SDK 中另一个更加激动人心的组件。SDK 的这部分为应用程序开发人员提供了 API 来显示和操作地图，以及获取实时设备位置信息。第 22 章将详细介绍这些概念。

1.5.6　Android 媒体和电话组件

Android 拥有处理音频、视频和电话组件的 API。第 23 章将介绍电话 API。第 24 章将详细介绍音频和视频 API。

从 Android 2.0 开始，Android 就加入了 Pico 文字转语音引擎。由于篇幅所限，本书第 4 版去掉了文字转语音的内容。第 3 版包含有文字转语音 API 的内容。

最后但同样重要的是，Android 通过创建一个 XML 文件来定义应用程序包，将所有这些概念融入到一个应用程序中。这个 XML 文件就是应用程序的描述文件（AndroidManifest.xml）。下面给出了一个示例：

```
<?xml version="1.0" encoding="utf-8"?>
<manifest xmlns:android="http://schemas.android.com/apk/res/android"
    package="com.ai.android.HelloWorld"
    android:versionCode="1"
    android:versionName="1.0.0">
    <application android:icon="@drawable/icon" android:label="@string/app_name">
        <activity android:name=".HelloWorld"
                android:label="@string/app_name">
            <intent-filter>
                <action android:name="android.intent.action.MAIN" />
                <category android:name="android.intent.category.LAUNCHER" />
            </intent-filter>
        </activity>
    </application>
</manifest>
```

Android 描述文件可用于定义 Activity，注册服务和 ContentProvider，以及声明权限。我们在探索每种理念时将介绍关于描述文件的各种细节。

1.5.7　Android Java 包

快速了解 Android 平台的一种方式是查看 Java 包的结构。因为 Android 源于标准的 JDK 发行版，所以了解受支持的内容和不受支持的内容非常重要。下面简单介绍一下 Android SDK 中重要的包。

❑ android.app：实现Android的应用程序模型。主要的类包括Application（表示开始和结束语义），以及众多与Activity相关的类、片段、控件、对话框、提醒和通知。本书将介绍这些类中的大部分。

❑ android.app.admin：为企业管理者等人员提供设备控制功能。

❑ android.accounts：包含管理各种账户的类，如谷歌及Facebook等。主要的类有AccountManager和Account。本书将在第30章介绍联系人API时对这个API进行简单介绍。

❑ android.animation：包含所有新的特性动画类。第21章将对这些类进行详细介绍。

❑ android.app.backup：包含可以在更换设备时使用的应用程序备份和数据恢复功能类。

❑ android.appwidget：包含首页小部件功能类。第25章和第26章将对这个包进行详细介绍。注意，提到首页小部件时，也包括基于列表的小部件。

❑ android.bluetooth：提供一些类来处理蓝牙功能。主要的类包括BluetoothAdapter、Bluetooth-Device、BluetoothSocket、BluetoothServerSocket和BluetoothClass。可以使用Bluetooth-Adapter控制在本地安装的蓝牙适配器。例如，可以启用它、禁用它和启动发现流程。BluetoothDevice表示所连接的远程蓝牙设备。两个蓝牙套接字用于在设备之间建立通信。Bluetooth类表示所连接的蓝牙设备的类型。

❑ android.content：实现ContentProvider概念。ContentProvider将数据访问从数据存储中抽象

出来。这个包还实现了一些围绕Intent和Android URI（Uniform Resource Identifiers，统一资源标识符）的核心理念。本书第4版将讲解这些内容。

- **android.content.pm**：实现与包管理器相关的类。包管理器知道各种权限、安装的包、安装的提供程序、安装的服务、安装的组件（比如Activity）和安装的应用程序。

- **android.content.res**：用于访问结构化和非结构化资源文件。主要的类包括AssetManager（面向结构化资源）和Resources。该包中的一些类在本书第3版中有所介绍。

- **android.database**：实现抽象数据库的理念。主要的接口是Cursor接口。该包中的一些类在本书第4版中有所介绍。

- **android.database.sqlite**：实现android.database包中的概念，该包将SQLite用作物理数据库。主要的类包括SQLiteCursor、SQLiteDatabase、SQLiteQuery、SQLiteQueryBuilder和SQLiteStatement。但是，大部分交互操作将会与抽象android.database包中的类进行。

- **android.drm**：与DRM相关的类。

- **android.gesture**：此包包含处理用户定义的手势所需的所有类和接口。主要的类包括Gesture、GestureLibrary、GestureOverlayView、GestureStore、GestureStroke和GesturePoint。Gesture是GestureStrokes和GesturePoints的集合。手势都收集在GestureLibrary中。手势库存储在GestureStore中。手势都具有名称，这样可以将其标识为动作。该包中的一些类在第27章中有所介绍。

- **android.graphics**：包含类Bitmap、Canvas、Camera、Color、Matrix、Movie、Paint、Path、Rasterizer、Shader、SweepGradient和TypeFace。

- **android.graphics.drawable**：实现绘制协议和背景图像，支持可绘制对象动画。

- **android.graphics.drawable.shapes**：实现各种形状，包括ArcShape、OvalShape、PathShape、RectShape和RoundRectShape。

- **android.hardware**：实现与物理照相机相关的类。照相机指的是照相机硬件，而android.graphics.Camera表示一种图形概念，与物理照相机完全无关。

- **android.hardware.usb**：使你能够对Android的USB设备讲话。

- **android.location**：包含类Address、GeoCoder、Location、LocationManager和LocationProvider。Address类表示简化的XAL（Extensible Address Language，可扩展地址语言）。GeoCoder可用于获取给定地址的纬度/经度坐标或给定纬度/经度坐标处的地址，反之亦然。Location表示纬度/经度。该包的一些类将在第22章中有所介绍。

- **android.media**：包含类MediaPlayer、MediaRecorder、Ringtone、AudioManager和FaceDetector。MediaPlayer支持流媒体，用于播放音频和视频。MediaRecorder用于录制音频和视频。Ringtone类用于播放可用作铃声和提示音的短声音片段。AudioManager负责控制音量。可以使用FaceDetector在位图中检测人脸。该包中的一些类会在第24章中有所介绍。

- **android.media.audiofx**：提供音频处理类。

- **android.media.effect**：提供视频处理类。

- **android.mtp**：提供照相机和音乐设备的交互类。

- **android.net**：实现基本的套接字级网络API。主要的类包括Uri、ConnectivityManager、LocalSocket和LocalServerSocket。这里需要注意，Android在浏览器级和网络级提供了HTTPS

支持。Android还支持在其浏览器中使用JavaScript。

❑ android.net.rtp：支持流媒体协议。

❑ android.net.sip：支持VOIP。

❑ android.net.wifi：管理 Wi-Fi 连接。主要的类包括 WifiManager 和 WifiConfiguration。
WifiManager 负责列出已配置的网络和目前处于活动状态的 Wi-Fi 网络。

❑ android.net.wifi.p2p：通过Wi-Fi Direct支持P2P网络连接。

❑ android.nfc：支持设备的近距离交互，实现无触控交易，如销售柜台的信用卡处理。

❑ android.opengl：包含围绕OpenGL ES 1.0和2.0操作的实用程序类。主要的OpenGL ES类在来
自JSR 239的一组不同的包中实现。这些包是javax.microedition.khronos.opengles、
javax.microedition.khronos.egl和javax.microedition.khronos.nio。这些包都是围绕OpenGL
ES的Khronos实现的瘦包装器，是使用C和C++编写的。

❑ android.os：表示可通过Java编程语言访问的操作系统服务。一些重要的类包括BatteryManager、
Binder、FileObserver、Handler、Looper和PowerManager。Binder类支持进程间通信。FileObserver
监视对文件的更改。Handler类用于运行与消息线程有关的任务，Looper用于运行消息线程。

❑ android.preference：使应用程序能够让用户以统一的方式管理它们针对该应用程序的首选
项。主要的类包括PreferenceActivity、PreferenceScreen和各种由首选项派生出来的类，比
如CheckBoxPreference和SharedPreferences。该包中的一些类将在第13章和第25章有所介绍。

❑ android.provider：包含一组附加到android.content.ContentProvider接口的预先构建的
ContentProvider。ContentProvider包括Contacts、MediaStore、Browser和Settings。这一组接
口和类存储底层数据结构的元数据。该Contracts Provider包中的很多类都将在第30章介绍。

❑ android.sax：包含一组高效的SAX（Simple API for XML，XML简单API）解析实用程序类。
主要的类包括Element、RootElement和许多ElementListener接口。

❑ android.speech*：提供从文本到语音转换的支持。主要的类是TextToSpeech。获取文本后，可
以请求此类的一个实例对要转换为语音的文本进行排队。例如，可以使用大量回调来监控语
音何时结束。Android使用来自SVOX的Pico TTS（Text to Speech，文本到语音转换）引擎。

❑ android.telephony：包含类CellLocation、PhoneNumberUtils和TelephonyManager。Telep-
honyManager可用于确定手机位置、电话号码、网络运营商名称、网络类型、电话类型和SIM
（Subscriber Identity Module，用户身份模块）序列号。该包中的一些类将在第23章中介绍。

❑ android.telephony.gsm：可用于根据基站来收集手机位置，还包含负责处理SMS消息的类。
这个包名为GSM，是因为全球移动通信系统是最初定义SMS数据消息标准的技术。

❑ android.telephony.cdma：提供对 CDMA 电话的支持。

❑ android.test、android.test.mock、android.test.suitebuilder：这些是为Android应用编写单
元测试的包。

❑ android.text：包含文本处理类。

❑ android.text.method：提供为各种控件输入文本的类。

❑ android.text.style：为各种文本提供多种样式设置机制。

❑ android.utils：包含类Log、DebugUtils、TimeUtils和Xml。

❑ android.view：包含类Menu、View、ViewGroup以及一系列监听器和回调。

❑ android.view.animation：提供对补间动画的支持。主要的类包括Animation、一系列动画插值器，以及一组特定的动画绘制类，包括AlphaAnimation、ScaleAnimation、Translation Animation和RotationAnimation。该包中的一些类将在第21章中讲解。

❑ android.view.inputmethod：实现输入方法框架架构。

❑ android.webkit：包含表示 Web 浏览器的类。主要的类包括 WebView 、 CacheManager 和 CookieManager。

❑ android.widget：包含通常派生自View类的所有UI控件。主要的部件包括Button、Checkbox、Chronometer、AnalogClock、DatePicker、DigitalClock、EditText、ListView、FrameLayout、GridView、ImageButton、MediaController、ProgressBar、RadioButton、RadioGroup、RatingButton、Scroller、ScrollView、Spinner、TabWidget、TextView、TimePicker、VideoView和ZoomButton。

❑ com.google.android.maps：包含类MapView、MapController和MapActivity，它们在本质上是处理谷歌地图所需的类。

以上是一些重要的特定的 Android 包。从这个列表可以看到 Android 核心平台的深度。

说明　总体而言，Android Java API 包含 50 多个包和 1000 多个类，并且每一版的数量在不断增加。

此外，Android 还提供了 java.*命名空间中的许多包。它们包括 awt.font、beans、io、lang、lang.annotation、lang.ref、lang.reflect、math、net、nio、nio.channels、nio.channels.spi、nio.charset、security 、 security.acl 、 security.cert 、 security.interfaces 、 security.spec 、 sql 、 text 、 util 、util.concurrent 、 util.concurrent.atomic 、 util. concurrent.locks 、 util.jar 、 util.logging 、util.prefs、util.regex 和 util.zip。

Android 还包含 javax 命名空间中的以下包：crypto、crypto.spec、microedition.khronos.egl、microedition.khronos.opengles、net、net.ssl、security.auth、security.auth.callback、security.auth.login、 security.auth.x500、 security.cert、 sql、 xml 和 xmlparsers。

除了这些以外，它还包含来自 org.apache.http.*的许多包以及 org.json、org.w3c.dom、org.xml.sax、org.xml.sax.ext、org.xml.sax.helpers、org.xmlpull.v1 和 org.xmlpull.v1.sax2。总而言之，无数的包为针对手持设备编写应用程序提供了一个功能丰富的计算平台。

1.6　利用 Android 源代码

Android 文档在许多地方比较欠缺。Android 源代码可用于填补这些空白。

Android 及其所有项目的源代码由 Git 源代码控制系统管理。Git（http://git.scm.com/）是一个开源的源代码控制系统，旨在迅速、方便地处理各种规模的项目。Linux 内核和 Ruby on Rails 项目也依赖于 Git 进行版本控制。

Android 源代码分布明细介绍见 http://source.android.com。2008 年 10 月左右，源代码正式开源。开放手机联盟的目标之一是使 Android 成为完全定制的免费移动平台。

1.6.1　在线浏览 Android 源代码

在 Android 4.0 之前，Android 源代码发布在 http://android.git.kernel.org/上。Android 现在托管在独

立的 Git 网站 https://android.googlesource.com 上。然而，在本书编写时，源代码还不支持在线浏览。网上有传言说很快就会支持在线浏览。

另一个访问量比较大的 Android 源代码在线浏览网站是 www.google.com/codesearch/p?hl=en#uX1GffpyOZk/core/java/android/。

然而，有传言称代码搜索项目可能很快就会关闭。[①]即使不会关闭，这个网站也无法搜索到 Android 4.0 的代码。例如，在这里无法找到新的联系人 API。

另一个有用的网站是 www.grepcode.com/search/?query=google+android&entity=project。

这里似乎有一个 Android 4.01 分支。

希望这些网站继续发布最新代码，这样我们就能够在线浏览源代码。

1.6.2 使用 Git 下载 Android 源代码

除此之外，我们就不得不在计算机上安装 Git，然后手动下载源代码。如果有 Linux 发行版本，可以按照 http://source.android.com 的文档说明下载最新源代码。

如果使用 Windows 操作系统，那么下载源代码的过程会是一个挑战。首先，必须要安装 Git，然后使用它下载想要的 Android 源码包。

说明　关于使用 Git 下载 Android 的研究记要见 http://androidbook.com/item/3919。

---

1. 安装 Git

使用下面的 URL 在 Windows 上安装 msysGit 软件包：

http://code.google.com/p/msysgit/downloads/list。

在安装完成之后，文件系统上会出现一个目录：C:\git（假设安装在 c:\中）。

2. 测试 Git 安装

其中关键的目录是 C:\git\bin。使用下面的命令来复制一个公共库，可以测试 Git 是否安装成功：

git clone git://git.kernel.org/pub/scm/git/git.git。

这条命令可以将库复制到本地硬盘。

3. 下载 Android 源码库

运行以下命令，来看一下有多少个 Android Git 源码库：

git clone https://android.googlesource.com/platform/manifest.git。

这条命令会下载目录 manifest，查找文件 manifest\default.xml。

这个文件中记录了多个 Android 源码库名称。下面从该文件截取的内容：

```
<project path="frameworks/base"
         name="platform/frameworks/base" />
<project path="frameworks/compile/libbcc"
         name="platform/frameworks/compile/libbcc" />
```

这个关于 Android4.0 的文件的完整内容已经上传到 http://androidbook.com/item/3920，我们已经贴出了文件目录，以供浏览一下。记住，这个文件没有更新到最新版本。

---

① 谷歌代码搜索实验项目已关闭。——译者注

现在，执行下面的命令，就可以获得基础包 android.jar 的源代码：
git clone https://android.googlesource.com/platform/frameworks/base.git。
采用相同的逻辑，执行下面的命令，可以获得联系人组件的源码包：
git clone https://android.googlesource.com/platform/packages/providers/ContactsProvider。

1.7　本书的示例项目

本书包含许多能够正常执行的示例项目。各章末尾都有一节 "参考资料"，其中包含本章示例项目的下载地址。所有这些示例项目都可以从以下地址下载：

http://androidbook.com/proandroid4/projects。

如果在下载或编译项目时遇到问题，请通过电子邮件 satya.komatineni@gmail.com 或 davemac327@gmail.com 与我们联系。

我们将持续更新本书的支持网站 androidbook.com。如果能够帮助读者进一步学习 Android，我们乐意为之。

1.8　小结

在本章中，我们希望激发你对 Android 的好奇。如果你是 Java 程序员，这正是从这个令人激动、功能强大的通用计算平台获益的绝佳机会。请阅读本书剩余内容，来系统及深入地理解 Android SDK。

第 2 章

设置开发环境

上一章概述了 Android 的历史，引出了本书其余部分将涉及的概念。现在你可能迫不及待地想编写代码了。本章首先介绍使用 Android SDK 开发应用程序的前提条件，学习设置开发环境。接下来，将逐步演示"Hello World!"应用程序。然后将解释 Android 应用程序生命周期，最后简单讨论使用 AVD（Android Virtual Devices，Android 虚拟设备）在真实设备上运行应用程序。

要为 Android 开发应用程序，需要 JDK（Java SE Development Kit，Java SE 开发工具包）、Android SDK 和一个开发环境。严格来讲，可以使用简单的文本编辑器开发应用程序，但本书将使用常见的 Eclipse IDE。Android SDK 需要 JDK 5 或 JDK6（我们在示例中使用的是 JDK 6）和 Eclipse 3.5 或更高版本（我们使用的是 Eclipse 3.5 和 Eclipse3.6，分别叫做 Galileo 和 Helios）。

> 说明　在本书编写时，Java 7 已经发布，但是 Android SDK 还不支持。最新版本的 Eclipse（3.7，又称 Indigo）也已经发布，但是 Android 历史上一直都不会很快支持最新版本的 Eclipse。请通过以下页面了解最新的系统要求：http://developer.android.com/sdk/requirements.html。

Android SDK 兼容 Windows（Windows XP、Windows Vista 及 Windows 7）、Mac OSX（仅限于英特尔平台）和 Linux（仅限于英特尔平台）。关于硬件方面，你需要一台基于英特尔平台的机器，功率越大越好。

最后，为了使开发过程更加简单，需要使用 ADT。ADT 是一个 Eclipse 插件，支持使用 Eclipse IDE 开发 Android 应用程序。

Android SDK 由两个主要部分组成：工具和包。首次安装 SDK 时，所获得的只是基本的工具。这些工具是用于帮助开发应用程序的可执行文件和支持文件。包是特定于具体的 Android 版本（称为一个平台）或一个平台的具体附加项的文件。平台包括 Android 1.5~Android 4.0。附加项包括 Google Maps API、Market License Validator，甚至供应商提供的附加项，比如三星公司的 Galaxy Tab 插件。安装 SDK 之后，使用一个工具下载并设置平台和附加项。让我们开始吧。

2.1　设置环境

要开发 Android 应用程序，需要建立一个开发环境。本节将介绍如何下载 JDK 6、Eclipse IDE、Android SDK 和 ADT，以及如何配置 Eclipse 来开发 Android 应用程序。

谷歌提供了一个专门介绍安装过程的页面（http://developer.android.com/sdk/installing.html），但正

如你要看到的，其中缺少了一些重要步骤。

2.1.1　下载 JDK 6

首先需要的是 JDK。Android SDK 需要 JDK 5 或更高版本，我们使用 JDK 6 来开发本书中的示例。对于 Windows 来说，从 Oracle 网站（www.oracle.com/technetwork/java/javase/downloads/index.html）下载 JDK 6 并安装。只需要 JDK，不需要其他程序包。对于 Mac OS X 来说，从苹果公司网站（http://developer. apple.com/java/ download/）下载 JDK，选择适用于具体的 Mac OS 版本的文件，然后安装。需要免费注册为苹果公司开发人员才能获得该 SDK，并且打开下载页面之后，需要单击页面右侧的 Java 链接。要安装 JDK for Linux，打开一个终端窗口并键入以下命令：

```
sudo apt-get install sun-java6-jdk
```

这将安装 JDK 及任何依赖关系，比如 JRE（Java Runtime Environment，Java 运行时环境）。如果没有安装，可能意味着需要添加一个新的软件来源，然后再次尝试该命令。网页 https://help.ubuntu.com/community/Repositories/Ubuntu 解释了软件来源和如何添加第三方软件的连接。由于所使用的 Linux 版本不同，此过程会有所不同。添加之后，重试该命令。

自 Ubuntu 10.04（Lucid Lynx）推出后，Ubuntu 推荐使用 OpenJDK 代替 Oracle/Sun JDK。要安装 OpenJDK，尝试以下命令：

```
sudo apt-get install openjdk-6-jdk
```

如果没有找到此文件，则按前面列出的步骤设置第三方软件并再次运行该命令。该 JDK 所依赖的所有包都会自动添加。可以同时安装 OpenJDK 和 Oracle/Sun JDK。要在 Ubuntu 上安装的 Java 版本之间切换，在 shell 提示符下运行此命令：

```
sudo update-alternatives --config java
```

然后选择你想要的 Java 版本作为默认值。

既然已经安装了 Jave JDK。接下来，设置 JAVA_HOME 环境变量以指向 JDK 安装文件夹。在 Windows XP 机器上，可以选择"开始"➤"我的电脑"，右键单击并选择"属性"，选择"高级"选项卡，然后单击"环境变量"。单击"新建"添加 JAVA_HOME 变量，如果该变量已存在，单击"编辑"修改它。JAVA_HOME 的值类似于 C:\Program Files\Java\jdk1.6.0_27。

对于 Windows Vista 和 Windows 7，调出"环境变量"屏幕的步骤稍有不同，选择"开始"➤"计算机"，右键单击并选择"属性"，单击"高级系统设置"链接，然后单击"环境变量"。按照与 Windows XP 相同的指令更改 JAVA_HOME 环境变量。

对于 Mac OS X，在 HOME 目录的.bashrcfile 中设置 JAVA_HOME。编辑或创建.bashrcfile 文件，添加一行命令，类似于：

```
export JAVA_HOME=path_to_JDK_directory
```

其中 path_to_JDK_directory 可能是/Library/Java/Home。对于 Linux，编辑.bashrcfile 文件并添加与用于 Mac OS X 的命令类似的命令，但命令中的路径可能类似于/usr/lib/jvm/java-6-sun 或/user/lib/jvm/java-6-openjdk。

2.1.2 下载 Eclipse 3.6

安装 JDK 之后，可以下载 Eclipse IDE for Java Developers。（无需下载针对 Java EE 的版本，它更大，而且包含本书不需要的内容。）本书中的示例使用 Eclipse 3.6（在 Windows 环境中）。所有 Eclipse 版本都可以从 www.eclipse.org/downloads/下载。

Eclipse 发行版是一个.zip 文件，可以解压到任何位置。Windows 上最简单的解压位置就是 C:\，这会创建 C:\eclipse 文件夹，其中包含 eclipse.exe。对于 Mac OS X，可以解压到 Applications 文件夹。在 Linux 上可以解压到 HOME 目录，或者让你的管理员将 Eclipse 放在你能访问到的公共位置。对于所有平台，Eclipse 可执行程序都位于 eclipse 文件夹中。也可以使用 Linux 的软件中心找到并安装 Eclipse，以添加新应用程序，但这样可能不会得到最新版本。

首次启动 Eclipse 时，它将要求为工作区提供一个位置。为了简化操作，可以选择一个简单的位置，比如 C:\android 或者根目录下的一个目录。如果将计算机与其他人共享，应该将工作区文件夹放在根目录中。

2.1.3 下载 Android SDK

要为 Android 开发应用程序，需要使用 Android SDK。前面提到，SDK 自带了基础工具，只需下载所需的包即可。SDK 工具部分包含一个模拟器，所以无需带有 Android 的移动设备就能够开发 Android 应用程序。它还包含一个安装实用程序，可用于安装下载的包。

可以从 http://developer.android.com/sdk 下载 Android SDK。Android SDK 以.zip 文件的形式发布，类似于 Eclipse 的发布方式，所以需要将其解压到合适的位置。对于 Windows，将该文件解压到一个方便的位置（我们使用了 C 盘），然后会得到一个类似 C:\android -sdk-windows 的文件夹，其中将包含如图 2-1 所示的文件。对于 Mac OS X 和 Linux，可以将文件解压到 HOME 目录。你将会注意到，Mac OS X 和 Linux 没有 SDK Manager 可执行文件。Mac OS X 和 Linux 中与 SDK Manager 等效的方法是运行 tools/android 程序。

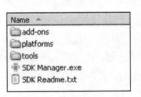

图 2-1 Android SDK 的基本内容

一种替代方法（仅适用于 Windows）是下载一个安装程序而不是 zip 文件，然后运行该安装程序。这个可执行程序将检查 Java SDK，解压嵌入的文件，然后运行 SDK Manager 程序来帮助设置剩余下载文件。

无论是使用 Windows 安装程序还是执行 SDK Manager，都应该在随后安装一些包。当首次安装 Android SDK 时，它没有随带任何平台版本（即 Android 版本）。安装平台非常简单。启动 SDK Manager 之后，你就能够看到已经安装了哪些程序及哪些程序是可以安装的，如图 2-2 所示。必须添加 Android SDK 工具和平台工具，你的环境才能工作。因为我们很快将使用它，所以请至少添加 Android 1.6 SDK 平台。

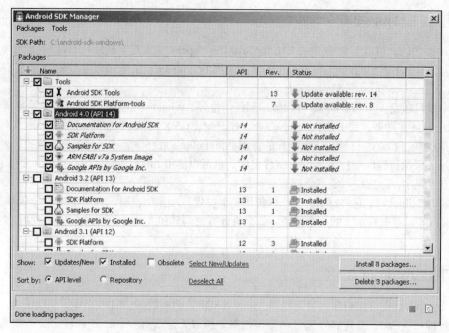

图 2-2　向 Android SDK 添加包

单击 Install Selected。为所安装的每项单击 Accept（或单击 Accept All），然后单击 Install Accepted。Android 然后将下载包和平台，使它们可供你所用。Google API 是用于使用 Google Maps 开发应用程序的附加项。随时可以返回添加更多包。

更新 PATH 环境变量

Android SDK 包含一个 tools 目录，需要将它添加到 PATH 中。这个 PATH 里也需要你刚刚安装的 **platform-tools** 目录。我们可以现在添加，如果正在升级，则需要确保它是正确的。添加之后，还需要添加 JDK bin 目录，这会使以后的开发工作更轻松。

对于 Windows，返回到上面介绍的"环境变量"窗口。编辑 PATH 变量，在末尾添加一个分号，然后添加 Android SDK tools 文件夹的路径，接着添加另一个分号和%JAVA_HOME%\bin。完成之后单击"确定"。对于 Mac OS X 和 Linux，编辑.bashrc 文件，将 Android SDK tools 目录路径添加到 PATH 变量、Android SDK platform-tools 目录和$JAVA_HOME/bin 目录。对于 Linux，可以采用类似下面这样的命令：

```
export PATH=$PATH:$HOME/android-sdk-linux_x86/tools:$HOME/android-sdk-
linux_x86/platform-tools:$JAVA_HOME/bin
```

只需确保指向 Android SDK tools 目录的路径部分对于具体的设置是正确的。

2.1.4　命令行窗口

在本书后面，将会遇到需要执行命令行实用程序的情况。这些程序包含在 JDK 或 Android SDK 中。通过在 PATH 中包含这些目录，我们无需指定完整的参数就能够执行它们，但需要启动一个命令行窗口来运行它们。后面的章节将介绍这个命令行窗口。在 Windows 中，创建命令行窗口的最简单方式是单击"开始"➤"运行",键入 cmd,然后单击"确定"。对于 Mac OS X,从 Finder 中的 Applications 文件夹或从 Dock(如果存在)中选择 Terminal。对于 Linux,从 Applications➤Accessories 菜单选择 Terminal。

以后你可能需要知道工作站的 IP 地址。为此,在 Windows 中,启动一个命令行窗口并输入命令 ipconfig。结果将包含一个 IPv4 项(或类似项),它旁边列出了 IP 地址。IP 地址类似于 192.168.1.25。对于 Mac OS X 和 Linux,启动一个命令行窗口并使用命令 ifconfig。在一个名为"inet addr"的标签旁边可以找到 IP 地址。

你可能会看到一个名为"localhost"或"lo"的网络连接,此网络连接的 IP 地址为 127.0.0.1。这是操作系统所使用的一个特殊网络连接,与工作站的 IP 地址不同。工作站的 IP 地址可不是这样的。

2.1.5　安装 ADT

现在需要安装 ADT,这个 Eclipse 插件对开发 Android 应用程序有很大帮助。具体来讲,ADT 与 Eclipse 集成,提供了一些工具来创建、测试和调试 Android 应用程序。需要使用 Eclipse 中的 Install New Software 工具来执行安装。(本节稍后介绍升级 ADT 的命令。)首先启动 Eclipse IDE 并执行以下步骤。

(1) 选择 Help 菜单项并选择 Install New Software 选项。

(2) 选择"Work with"字段,键入 https://dl-ssl.google.com/android/eclipse/,并按回车键。Eclipse 将连接该网站并生成列表,如图 2-3 所示。

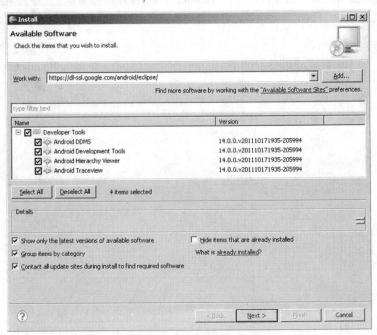

图 2-3　使用 Eclipse 中的 Install New Software 功能安装 ADT

(3) 应该会看到一个名为 Developer Tools 的项,它包含 4 个子节点:Android DDMS、Android

Development Tools Android Hierarchy Viewer 及 Android Traceview。选择父节点 Developer Tools，并确保同时选中了子节点，然后单击 Next 按钮。你看到的版本可能比上图中显示的版本新，这很正常。还可能有其他工具。我们将在第 11 章进一步讲解这些工具。

(4) Eclipse 现在要求验证要安装的工具。再次单击 Next。

(5) 现在 Eclipse 将要求查看 ADT 和安装 ADT 所需工具的许可协议。查看许可协议，单击"I accept"，然后单击 Finish 按钮。

Eclipse 将下载 Developer Tools 并安装。安装完成之后需要重新启动 Eclipse，新插件才会在 IDE 中显示。

如果 Eclipse 中已有一个旧版 ADT，转到 Eclipse Help 菜单并选择 Check for Updates。应该会看到新版的 ADT，然后按照上面的安装说明执行第 3 步及以后的步骤。

说明　如果升级 ADT，可能不会在要升级的工具列表中看到 Hierarchy Viewer。如果未看到它，升级完 ADT 的剩余部分之后，转到 Install New Software 并从 Works With 菜单中选择 https://dl-ssl.google.com/android/eclipse/。中间窗口应该会显示可以安装的其他工具。

在 Eclipse 中安装 ADT 的最后一步是将它指向 Android SDK。在 Eclipse 中，选择 Window 菜单并选择 Preferences。（在 Mac OS X 上，Preferences 位于 Eclipse 菜单下。）在 Preferences 对话框中，选择 Android 节点并将 SDK Location 字段设置为 Android SDK 的路径（参见图 2-4），然后单击 Apply 按钮。注意，可能会看到一个对话框，询问是否希望将与 Android SDK 相关的使用统计数据发送给谷歌。可以随意选择。

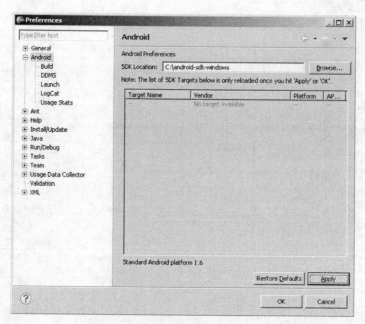

图 2-4　将 ADT 指向 Android SDK

　　我们可以打开 Android ➤ Build page，修改另一个首选项。如果想提高文件保存速度，应该选中
Skip Packaging 选项。默认情况下，ADT 每次编译应用时，都会做好启动前的所有准备工作。选择这
个选项之后（参见图 2-5），工具就只会在真正需要时对应用进行打包和索引。

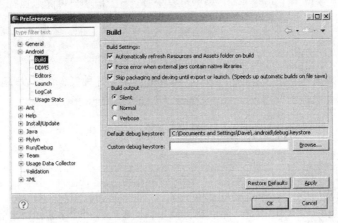

图 2-5　加快构建

　　可以从 Eclipse 启动 SDK Manager。在 Eclipse 内，选择 Window➤Android SDK Manager。应该会
看到类似于图 2-2 所示的窗口。

　　现在基本上已准备好开发第一个 Android 应用程序了。但是首先，我们必须简单介绍一下 Android
应用程序的基本概念。

2.2　了解基本组件

　　每个应用程序框架都有一些关键组件，在开始编写基于该框架的应用程序之前，开发人员必须理
解这些组件。例如，为了编写 J2EE 应用程序，可能需要理解 JSP（JavaServer Pages）和 Servlet。类
似地，要为 Android 开发应用程序，需要理解 View、Activity、Fragment、Intent、ContentProvider、
Service 和 AndroidManifest.xml 文件。下面将简要介绍这些基本概念，后面各章将更详细地介绍它们。

2.2.1　View

　　View 是 UI 元素，是构成用户界面的基本构建块。View 可以是一个按钮、标签、文本字段或者各
种其他 UI 元素。如果熟悉 J2EE 和 Swing 中的 View，那么就会理解 Android 中的 View。视图也可用作
其他视图的容器，这意味着 UI 中通常有一个视图层次结构。最终，所看到的一切都是视图。

2.2.2　Activity

　　Activity 是一个用户界面的概念。Activity 通常表示应用程序中的一个屏幕。它通常包含一个或
多个 View，但也可以不包含 View。Activity 与它这个词本身的含义很相似：帮助用户完成某一操作，
这一操作可能是查看数据、创建数据或编辑数据。大部分 Android 应用程序内都拥有多个 Activity。

2.2.3   Fragment

当屏幕很大时，我们很难在一个 Activity 上管理所有功能。Fragment 就像是子活动，Activity 可以同时在屏幕上显示一个或多个 Fragment。当屏幕较小时，一个活动更可能只包含一个 Fragment，而且可能与大屏幕使用同一个 Fragment。

2.2.4   Intent

Intent 通常定义执行某种工作的"意图"。Intent 封装了几种概念，所以理解它们的最佳方法就是查看它们的使用示例。可以使用 Intent 来执行以下任务。

- ❑ 广播消息
- ❑ 启动Service
- ❑ 启动Activity
- ❑ 显示网页或一组联系人
- ❑ 拨出或接听电话

Intent 并不总是由应用程序发起，系统也会使用它们来向应用程序通知特定的事件（比如收到一条文本消息）。

Intent 可以是显式的，也可以是隐式的。如果只是希望显示一个 URL，那么系统将会决定哪些组件能满足此意图。你也可以提供由什么来处理该意图的具体信息。Intent 将操作和操作处理程序松散地耦合在一起。

2.2.5   ContentProvider

我们常常需要在设备上的移动应用程序之间共享数据。因此，Android 为应用程序定义了一种标准机制来共享数据（比如联系人列表），无需公开底层存储、结构和实现。通过 ContentProvider 可以公开数据，允许应用程序使用来自其他应用程序的数据。

2.2.6   Service

Android 中的 Service 类似于 Windows 或其他平台中的服务，它们都是可能长时间运行的后台进程。Android 定义了两种类型的 Service：本地 Service 和远程 Service。本地 Service 是只能由承载该 Service 的应用程序访问的组件。而远程 Service 是供在设备上运行的其他应用程序远程访问的 Service。

电子邮件应用程序用于轮询新邮件的组件，就是一个 Service 示例。如果这种 Service 不能被在设备上运行的其他应用程序使用，那么它就是本地 Service。如果有多个应用程序使用该 Service，那么它就是远程 Service。

2.2.7   AndroidManifest.xml

AndroidManifest.xml 类似于 J2EE 中的 web.xml 文件，它定义应用程序的内容和行为。例如，它列出应用程序的 Activity 和 Service，以及运行应用程序所需的权限和功能。

2.2.8 AVD

AVD使开发人员无需使用真实的Android设备（手机或平板电脑）就可以测试应用程序。可以在各种配置下创建AVD来模拟不同类型的真实设备。

2.3 Hello World!

现在已经准备好可以编写第一个Android应用程序了。首先编写一个简单的"Hello World!"程序。执行以下步骤来创建应用程序的框架。

(1) 启动Eclipse并选择File➤New➤Project。在New Project对话框中，选择Android，然后单击Next。然后将看到New Android Project对话框，如图2-6所示。（Eclipse可能已将"Android Project"添加到New菜单中，如果存在此菜单项，则可以使用它。）工具栏上还有一个New Android Project按钮可供使用。

(2) 如图2-6所示，输入**HelloAndroid**作为项目名称，要将该项目与将在Eclipse中创建的其他项目区分开来，所以要选择一个有意义的名字，这样在Eclipse环境中查看所有项目时才能将其区分开。另外请注意，项目的默认位置将在Eclipse工作区目录下。New Project Wizard将新应用程序名称附加到工作区位置。在本例中，如果你的Eclipse工作区是c:\android，那么新项目将位于c:\android\HelloAndroid\。

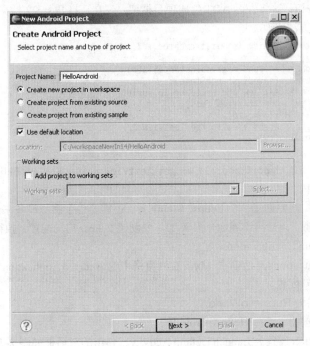

图2-6　使用New Project向导创建Android应用程序

(3) 现在保持Location部分不变，因为你希望在工作区的默认位置创建一个新项目。单击"Next"按钮。

(4) 下一个窗口将显示可用的 Build Target，勾选 Android 1.6。这是将用作应用程序基础的 Android 版本。你将能够在较新的 Android 版本（比如 2.1 和 2.3.3）上运行应用程序，但 Android 1.6 拥有所需的所有功能，所以选择它作为目标。一般而言，最好尽可能选择最低的版本号，因为这样就会有更多的设备可以运行你的应用程序。单击 "Next" 按钮转到下一个向导窗口。

(5) 键入 Hello Android 作为应用程序名称。这是将在应用程序的标题栏和应用程序列表中随应用程序图标一起显示的名称 。它应该是描述性的，但不要太长。

(6) 使用 com.androidbook.hello 作为包名称。应用程序必须有一个基础包名称，这就是该名称。此包名称将用作应用程序的标识符，必须在所有应用程序中保持唯一。出于此原因，包名称最好以你拥有的一个域名作为开头。如果没有域名，则需要加入创造性，确保你的包名称不可能被其他任何人使用。但是，不要使用以 com.google、com.android、android 或 com.example 开头的包名称，因为谷歌公司限制使用它们，使用之后无法将应用程序上传到 Android Market。

(7) 键入 HelloActivity 作为 Create Activity 的名称。这会告诉 Android，此活动应该在应用程序启动时启动。应用程序中可以包含其他活动，但这是在应用程序启动时用户应该看到的第一个活动。

(8) Min SDK Version 值为 4 表示告诉 Android，应用程序需要 Android 1.6 或更新版本。严格来讲，可以指定小于 Build Target 值的 Min SDK Version。如果应用程序需要旧版 Android 中没有的功能，你将需要恰当处理此情形，但可以这么做。

(9) 单击 Finish 按钮，这将告诉 ADT 生成项目框架。现在，打开 src 文件夹下的 HelloActivity.java 文件，将 onCreate() 方法修改为：

```
/** Called when the activity is first created. */
    @Override
    public void onCreate(Bundle savedInstanceState) {
        super.onCreate(savedInstanceState);
        /** create a TextView and write Hello World! */
        TextView tv = new TextView(this);
        tv.setText("Hello World!");
        /** set the content view to the TextView */
        setContentView(tv);
    }
```

你可能需要添加一条 `import android.widget.TextView` 语句，以去掉 Eclipse 报告的错误。保存 HelloActivity.java 文件。

要运行应用程序，需要创建一个 Eclipse 启动配置，还需要一个虚拟设备来运行应用程序。我们将简单介绍一下这些步骤，以后再详细地介绍 AVD。要创建 Eclipse 启动配置，执行以下步骤。

(1) 选择 Run➤Run Configurations。

(2) 在 Run Configurations 对话框中，双击左侧窗格中的 Android Application。向导将插入一个名为 New Configuration 的新配置。

(3) 将配置重命名为 RunHelloWorld。

(4) 单击 Browse 按钮，选择 HelloAndroid 项目。

(5) 将 Launch Action 设置为 Launch Default Activity，弹出的对话框如图 2-7 所示。

(6) 单击 Apply，然后单击 Run。基本上完成了。Eclipse 已准备好运行应用程序，但它需要一个运行应用程序的设备。如图 2-8 所示，Eclipse 会警告没有找到兼容的目标设备，并询问是否希望创建一个。单击 Yes。

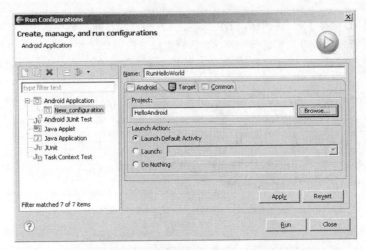

图 2-7　创建 Eclipse 启动配置来运行 "Hello World!" 应用程序

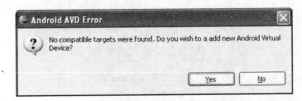

图 2-8　Eclipse 警告没有兼容目标设备并询问是否创建新 AVD

(7) 弹出的窗口中将显示现有的 AVD（参见图 2-9）。需要添加一个适合新应用程序的 AVD。单击 New 按钮。

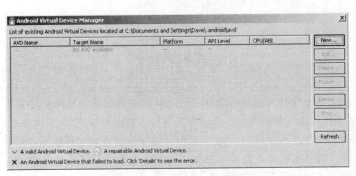

图 2-9　现有的 Android 虚拟设备

(8) 按图 2-10 所示填写 Create new AVD 表单。将 Name 设置为 Gingerbread，选择 Android 2.3 - API Level 10（或其他版本）作为 Target，将 SD Card 的大小设置为 10（10 MB）。启用 Snapshots，对于 Skin，采用默认值单击 Create AVD。Manager 将确认成功创建了 AVD。单击右上角的 ⊠，关闭 AVD Manager 窗口。

说明　我们为 AVD 选择了一个较新的 SDK 版本，但我们的应用程序也可以在较老的版本上运行。这之所以可行，是因为具有较新 SDK 的 AVD 可以运行需要较老 SDK 版本的应用程序。当然，反过来是行不通的：需要较新 SDK 的应用程序无法在具有较老 SDK 的 AVD 上运行。

(9) 从底部列表中选择新的 AVD。注意，可能需要单击 Refresh 按钮，才能在列表中显示新 AVD。单击 OK 按钮。

(10) Eclipse 将启动模拟器[①]，并在其中安装运行你的第一个 Android 应用程序（如图 2-11 所示）。

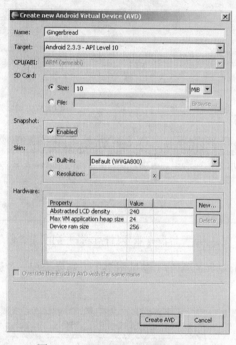

图 2-10　配置 Android 虚拟设备

说明　模拟器可能需要一段时间来模拟设备启动过程。启动进程完成后，通常将看到一个锁定的屏幕。按下菜单按钮或在解锁图像上拖动即可解锁 AVD。解锁之后，应该会看到 HelloAndroidApp 正在模拟器中运行，如图 2-11 所示。此外，请注意，在启动过程中，模拟器在后台启动了其他应用程序，所以有时会看到警告或错误消息。如果看到错误消息，通常可以忽略，让模拟器进入启动过程中的下一步。例如，如果运行模拟器并看到消息 "application abc is not responding"，可以等待该应用程序启动，也可以告诉模拟器强制关闭该应用程序。通常应该等待，让模拟器干净地启动。

① 初次启动模拟器可能要几分钟时间，读者务必耐心等待。具体时间因开发机器配置不同可能会有差异。启动模拟器后，下次测试应用的速度会提高。——编者注

现在你掌握了如何创建新 Android 应用程序和在模拟器中运行它。接下来，你将更近距离地查看 AVD，并研究如何将其配置到真实的设备上。

图 2-11　HelloAndroidApp 正在模拟器中运行

2.4　AVD

AVD 表示一种设备配置。例如，可以用一个 AVD 来表示一个运行 1.5 版 SDK 且具有 32 MB SD 卡的较老的 Android 设备。使用 AVD 的理念是，首先创建将要支持的 AVD，然后在开发和测试应用程序时，将模拟器指向其中一个 AVD。指定（和更改）要使用的 AVD 非常简单，这使应用各种配置进行测试变得非常简单。前面介绍了如何使用 Eclipse 创建 AVD。可以在 Eclipse 中创建更多 AVD，只需选择 Window➤AVD Manager。也可以使用命令行创建 AVD，下面介绍创建方法。

要通过命令行创建 AVD，需要使用 tools 目录（c:\android-sdk-windows\tools\）下一个名为 android 的批处理文件。android 可用于创建新 AVD 和管理现有 AVD。例如，可以查看现有 AVD 及移动 AVD 等。运行 android-help，可以看到 android 的各种使用选项。现在我们就来创建一个 AVD。

默认情况下，AVD 存储在 HOME 目录（所有平台）下一个名为.android\AVD 的文件夹中。如果为上面的"Hello World!"创建了一个 AVD，那么可以在这里找到它。如果希望在其他地方存储或修改 AVD，也没有问题。对于本示例，我们创建一个文件夹来存储 AVD 映像，比如 c:\avd\。下一步是在命令行窗口使用以下命令列出可用的 Android 目标：

```
android list target
```

该命令的输出结果是所有已安装的 Android 版本列表，该列表中的每一项都有一个 ID。再次使用命令行窗口，输入以下命令（使用适当的路径存储你的工作站的 AVD 文件，并根据你所安装的 SDK 平台，为-t ID 参数使用恰当的值）：

```
android create avd -n CupcakeMaps -t 2 -c 16M -p c:\avd\CupcakeMaps\
```

传递给批处理文件的参数如表 2-1 所示。

表 2-1　传递给 android.bat 工具的参数

参数/命令	描　　述
create avd	告诉该工具创建一个 AVD
n	AVD 的名称
t	目标运行时 ID
	使用 android list target 命令获取每个已安装目标的 ID
c	SD 卡的大小（以字节为单位）。使用 K 或 M 表示 KB 或 MB
p	生成的 AVD 的路径。此参数是可选的
A	启用快照。这是可选的。快照将在 2.8 节介绍

执行上面的命令将生成一个 AVD，应该会看到类似于图 2-12 所示的输出。注意，当运行 create avd 命令时，系统会询问是否希望创建自定义硬件配置文件。我们现在选择 No，但是应该知道如果回答 Yes，系统将提示设置 AVD 的各种选项，比如屏幕大小及是否有照相机等。

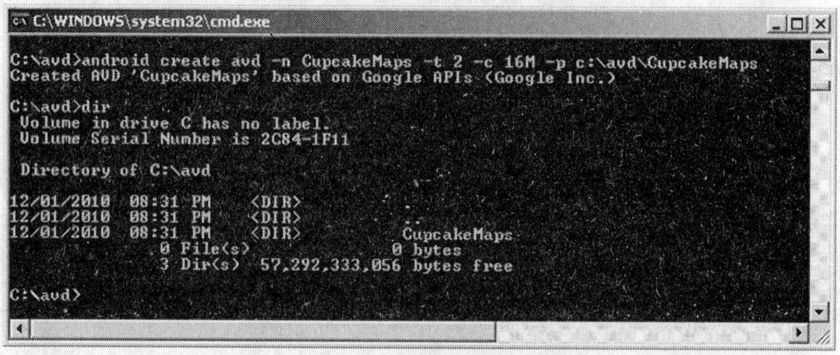

图 2-12　创建一个 AVD 会生成此 android.bat 输出

即使使用 android.bat 程序为 CupcakeMaps 指定了一个替代位置，HOME 目录的.android/AVD 文件夹下仍然有一个 CupcakeMaps. ini 文件。这是好事，因为如果返回到 Eclipse，选择 Window➤AVD Manager，将会看到所有 AVD，在 Eclipse 中运行 Android 应用程序时将能够访问它们。

回头再看一下图 2-2。每个 Android 版本都拥有一个 API 级别。Android 1.6 拥有 API 级别 4，Android 2.1 拥有 API 级别 7。这些 API 级别编号与 android create avd 命令为-t 参数使用的目标 ID 不是对应的。始终需要使用 android list target 命令为 android create avd 命令获取合适的目标 ID 值。

2.5　在真实设备上运行

测试 Android 应用的最佳方法是在真实设备上运行。连接工作站之后，任何商业 Android 设备都可用于测试应用，但是可能需要做一点工作来进行一些配置。如果使用 Mac，则只需要连接 USB。然后，在设备上选择 Settings ➤ Applications ➤ Development，启用 USB 调试。在 Linux 上，则需要创建或修改文件/etc/udev/rules.d/51-android.rules。我们已经将这个文件上传到网站上；将它复制到相应的目录，然后根据测试主机恰当修改用户名和组值。然后，接入 Android 设备，系统就会识别这个设备。接下来，在设备上启用 USB 调试。

在 Windows 上，必须处理 USB 驱动程序。谷歌公司已经在 Android 软件包中附带了一些驱动程序，它们位于 Android SDK 目录下的 usb_driver 子目录。其他设备供应商也会提供驱动程序，所以可以在他们的网站上找一找驱动程序。在安装好驱动程序之后，就可以在设备上启用 USB 调试，现在，你就已经准备好了。

既然设备已经和工作站相连。在试图启动应用时，要么选择直接在设备上启动，要么（如果有模拟器或其他设备）弹出一个窗口，选择启动的设备或模拟器。如果无法启动，可以尝试编辑 Run Configuration，然后手动选择启动目标。

2.6　剖析 Android 应用程序的结构

尽管各种 Android 应用程序的大小和复杂性可能相差甚大，但它们的结构是类似的。图 2-13 展示了刚构建的 "Hello World!" 应用程序的结构。

图 2-13　"Hello World!" 应用程序的结构

Android 应用程序除了包含必需的元素外，还包含一些可选元素。表 2-2 总结了 Android 应用程序中的元素。

表 2-2　Android 应用程序的元素

元素	描述	是否必需
AndroidManifest.xml	Android 应用程序描述符文件。此文件定义应用程序的 Activity、ContentProvider、Service 和 Intent 接收者。也可以使用此文件以声明方式定义应用程序所需的权限,以及将特定权限授予使用该应用程序的 Service 的其他应用程序。而且,该文件可以包含可用于测试该应用程序或其他应用程序的工具细节	是
src	文件夹,包含应用程序的所有源代码	是
assets	任意文件夹和文件集合	否
res	文件夹,包含应用程序的资源。这是 drawable、anim、layout、menu、values、xml 和 raw 的父文件夹	是
drawable	文件夹,包含应用程序所使用的图像或图像描述符文件	否
animator	文件夹,包含描述应用所使用动画的 XML 描述符文件。在旧版本 Android 上,文件夹名称是 anim	否
layout	文件夹,包含应用程序的视图。使用 XML 描述符创建应用视图,而不要直接编辑	否
menu	文件夹,包含应用程序中的菜单的 XML 描述符文件	否
values	文件夹,包含应用程序使用的其他资源。此文件夹中的资源示例包括字符串、数组、样式和颜色	否
xml	文件夹,包含应用程序使用的其他 XML 文件	否
raw	文件夹,包含应用程序必需的其他数据——可能是非 XML 数据	否

　　从表 2-2 可以看出,Android 应用程序主要由 3 部分组成:应用程序描述符文件、各种资源的集合以及应用程序源代码。如果暂时抛开 AndroidManifest.xml 文件,可以通过一种简单的方式来看待 Android 应用程序:代码实现业务逻辑,其他一切都是资源。这种基本结构类似于 J2EE 应用程序的基本结构,其中资源对应于 JSP,业务逻辑对应于 servlet,AndroidManifest.xml 文件对应于 web.xml 文件。

　　也可以将 J2EE 的开发模型与 Android 的开发模型进行比较。在 J2EE 中,使用标记语言来构建 View。Android 也采用了这种方法,但 Android 中的标记语言是 XML。这种方法非常好,你无需硬编码应用程序的 View,可以通过编辑标记来修改应用程序的观感。

　　另外,一些与资源相关的限制也值得注意。首先,Android 仅支持在 res 下创建预定义文件夹,而且预定义文件夹下不能嵌套其文件夹。例如,它不支持 layout 文件夹(或 res 下的其他预定义文件夹)下的嵌套文件夹。其次,assets 文件夹与 res 下的 raw 文件夹具有很多相似性。两个文件夹都包含原始文件,但 raw 中的文件被当做资源,而 assets 中的文件不是。所以 raw 中的文件可以本地化,可以通过资源 ID 访问等。但 assets 文件夹的内容被视为通用内容,对它们的使用没有资源限制,不需要提供支持。注意,由于 assets 文件夹的内容未被当做资源,所以可以在其中随意建立文件夹和文件。(第 3 章将更详细地介绍资源。)

说明　你可能已注意到，Android 大量使用了 XML。我们都知道，XML 是一种臃肿的数据格式，所以我们不禁质疑，在知道目标将是资源有限的设备时还采用 XML 有意义吗？事实上，我们在开发期间创建的 XML 会使用 AAPT（Android Asset Packaging Tool，Android 资产打包工具）编译为二进制文件。因此，当将应用程序安装在设备上时，设备上的文件将存储为二进制形式。当在运行时需要某个文件时，将读取该文件的二进制形式，而不会将其转换回 XML。这为我们提供了两方面的优势，我们既可以使用 XML，又不必担心占用设备上的宝贵资源。

2.7　了解应用程序生命周期

　　Android 应用程序的生命周期由系统根据用户需求及可用资源等进行严格管理。例如，用户可能希望启动 Web 浏览器，但是否启动该应用程序最终由系统决定。尽管系统是最终的决定者，但它会遵从一些既定的和逻辑上的原则来确定是否可以加载、暂停或停止应用程序。如果用户正在操作一个 Activity，系统将为该应用程序提供较高的优先级。相反，如果一个 Activity 不可见，并且系统决定必须关闭一个应用程序来释放资源，它会关闭优先级较低的应用程序。

　　这与基于 Web 的 J2EE 应用程序的生命周期截然不同。J2EE 应用程序由运行它们的容器松散地管理。例如，如果一个应用程序空闲了预先设定的时长，J2EE 容器可以从内存中删除它。但容器通常不会根据负载或可用的资源在内存中加载和删除应用程序。J2EE 容器通常具有足够的资源同时运行多个应用程序。而对于 Android，资源更加受限，所以 Android 必须能够更多和更强有力地控制应用程序。

说明　Android 在独立的进程里运行每个应用程序，每个进程都有自己的虚拟机。这提供了一种受保护的内存环境。而且，通过将应用程序隔离到独立进程中，系统可以控制哪个应用程序具有较高优先级。例如，执行 CPU 密集型任务的后台进程不能阻止拨入的电话。

　　应用程序生命周期的概念是逻辑上的，但 Android 应用程序在某些方面可能会使事情变得复杂。具体来讲，Android 应用程序层次结构是面向组件和集成的。这支持实现富用户体验、流畅重用和轻松的应用程序集成，但却为应用程序生命周期管理器带来了不便。

　　我们看一个典型场景。用户通过电话与某人通话，他需要打开一封电子邮件回答一个问题。他转到主屏幕，打开邮件应用程序，打开电子邮件，单击邮件中的一个链接，然后从一个网页读取股票报价来回答他朋友的问题。此场景需要 4 个应用程序：主页应用程序、通话应用程序、电子邮件应用程序和浏览器应用程序。当用户从一个应用程序转到另一个时，他的体验是流畅的。然而，在后台，系统会保存和恢复应用程序状态。例如，当用户单击电子邮件中的链接时，系统在启动浏览器应用程序 Activity 来加载一个 URL 之前，会保存正在运行的电子邮件的元数据。实际上，系统在启动任何 Activity 之前都会保存另一个 Activity 的元数据，以便它能够返回到该 Activity（例如，当用户取消操作时）。如果内存不足，系统将必须关闭一个运行 Activity 的进程并在必要时恢复它。

　　生命周期对 Android 应用程序及其组件很重要。只有理解和处理好生命周期事件，才能构建稳定的应用程序。运行 Android 应用程序及其组件的进程会经历各种生命周期事件，Android 提供了回调，通过实现它们可以处理状态变化。对于初学者，需要熟悉一个 Activity 的各种生命周期回调（参见代码清单 2-1）。

代码清单 2-1   Activity 的生命周期方法

```
protected void onCreate(Bundle savedInstanceState);
protected void onStart();
protected void onRestart();
protected void onResume();
protected void onPause();
protected void onStop();
protected void onDestroy();
```

代码清单 2-1 显示了 Android 在一个 Activity 生命周期内调用的一组生命周期方法。理解系统在何时调用每个方法，才能确保实现稳定的应用程序，这点很重要。请注意，不需要对所有这些方法都做出响应。但是，如果这样做了，一定要确保也调用了超类的相应方法。图 2-14 展示了各种状态之间的转换。

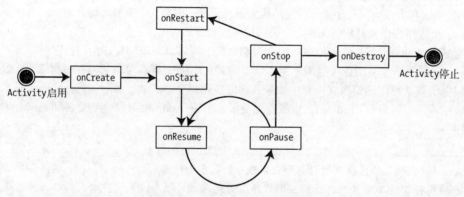

图 2-14   Activity 的状态转换

系统可以根据发生的其他事件来启动和停止 Activity。刚创建 Activity 时，Android 调用 onCreate() 方法，然后总是会调用 onStart()，但调用 onStart() 之前并不总是会调用 onCreate()，因为可以在应用程序停止（调用 onStop()）之后调用 onStart()。当调用 onStart() 时，Activity 对用户不可见，但稍后就会可见。在调用 onStart() 之后，在 Activity 处于前台且能供用户访问时调用 onResume()。这时，用户就会与 Activity 交互。

当用户决定转到另一个 Activity 时，系统将调用当前 Activity 的 onPause() 方法，然后可能调用 onResume() 或 onStop()。例如，如果用户将当前 Activity 调回前台，将调用 onResume()。如果 Activity 变得对用户不可见，将调用 onStop()。如果 Activity 调回了前台，那么在调用 onStop() 之后，将调用 onRestart()。如果 Activity 位于 Activity 栈中，但对用户不可见，并且系统决定结束该 Activity，那么将调用 onDestroy()。

上面介绍的 Activity 状态模型看起来很复杂，但你没有必要对每一种可能的场景都进行处理。实际上，最常调用的将是 onCreate()、onResume() 和 onPause()。你将调用 onCreate() 来为 Activity 创建用户界面。在此方法中，可以将数据绑定到部件并连接 UI 组件的任何事件处理程序。在 onPause()

方法中,你希望将关键数据持久保存到应用程序的数据存储中。onPause()方法是在系统结束应用程序前调用的最后一个安全的方法。无法保证 onStop()和 onDestroy()会被调用,所以不要依赖这些方法来实现关键逻辑。

从上面的介绍中可以了解到什么?系统管理应用程序,它可以在任何时候启动、停止或恢复应用程序组件。尽管系统控制着应用程序组件,但这些组件的运行并不是与应用程序完全隔离的。换言之,如果系统启动了应用程序中的一个 Activity,则能够在该 Activity 中使用一种应用程序上下文。

到目前为止,我们介绍了创建新 Android 应用程序和在模拟器中运行 Android 应用程序的基础知识、Android 应用程序的基础结构,以及可在许多 Android 应用程序中找到的一些常见功能。但我们还未介绍如何解决 Android 应用程序中将发生的问题。下一节将介绍简单调试。

2.8 简单调试

Android SDK 包含大量可用于调试的工具。这些工具集成在 Eclipse IDE 中(图 2-15 是一个小例子)。

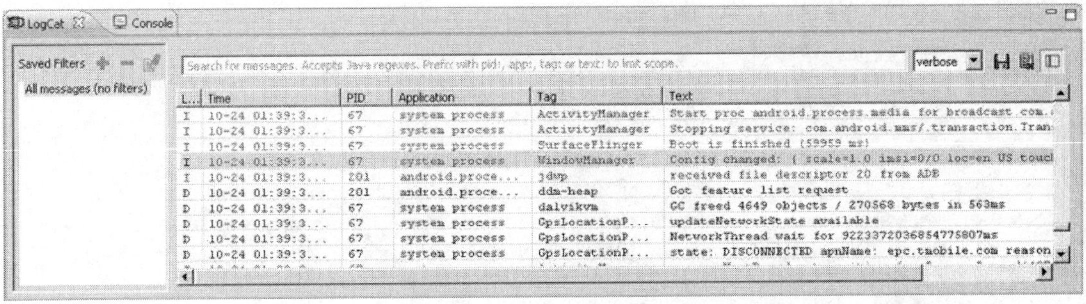

图 2-15　在开发 Android 应用程序时可以使用的调试工具

在整个 Android 应用程序开发过程中都将看到的一个工具,那就是 LogCat。该工具显示 android.util.Log、异常、System.out.println 等发出的日志消息。尽管可以使用 System.out.println 并且消息也会在 LogCat 窗口中显示,但要记录应用程序中的日志消息,应使用 android.util.Log 类。此类定义了我们熟悉的信息、警告和错误方法,可以在 LogCat 窗口中进行过滤,以查看希望看到的信息。下面是 Log 命令的一个示例:

```
Log.v("string TAG", "This is my verbose message to write to the log");
```

这个例子介绍了 Log 类的静态方法 v(),但是还有一些对应不同安全级别的方法。在记录日志消息时,最好使用恰当的调用级别,而且不要在准备生产部署的应用上留下冗长的调用。记住,日志记录会消耗内存和占用 CPU 资源。

关于 LogCat,一项特别有用的功能是可以在模拟器中运行应用程序时查看日志消息,也可以在将真实设备连接到工作站且它处于调试模式时查看日志消息。事实上,日志消息的存储方式甚至支持从在记录日志消息时断开的设备获取最新消息。将设备与工作站相连并打开 LogCat 视图时,将看到最近的几百条消息。第 11 章将详细讲述更高级的调试。

启动模拟器

前面已介绍如何从 Eclipse 中的项目启动模拟器。在大部分情况下，你想要首先启动模拟器，然后在运行的模拟器中部署和测试应用程序。要在任何时候启动模拟器，首先从 Android SDK 的 tools 目录或 Eclipse 的 Window 菜单运行 Android 程序，以转到 AVD Manager。打开 AVD Manager 之后，从右侧列表中选择想要的 AVD，单击 Start。

当单击 Start 按钮时，将打开一个 Launch Options 对话框（参见图 2-16）。可以在这里缩放模拟器窗口的大小，以及更改启动和关闭选项。当使用中小型屏幕设备的 AVD 时，常常仅使用默认屏幕大小。但对于较大和超大屏幕，比如平板电脑的屏幕，默认屏幕大小可能无法很好地容纳工作站的屏幕。如果遇到此情况，可以启用 "Scale display to real size" 并输入值。这个标签具有一定的误导性，因为平板电脑可能具有与工作站不同的屏幕像素密度，而且模拟器无法完美地匹配屏幕上的模拟器窗口的实际尺寸。例如，在我们的工作站屏幕上，当模拟具有 10 英寸屏幕的 Honeycomb 平板电脑时，10 英寸的 "真实大小" 对应于 0.64 的缩放系数和工作站上比 10 英寸稍大的屏幕。请基于屏幕大小和屏幕像素密度来挑选合适的值。

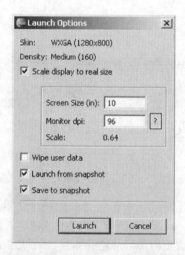

图 2-16   Launch Options 对话框

也可以在 Launch Options 对话框中处理快照。退出模拟器时保存到快照可能会导致较长时间的延迟。顾名思义，可以将模拟器的当前状态写入到快照映像文件中，下次启动时可以使用该文件，避免经历整个 Android 启动过程。如果存在快照，启动将快得多，这样花费在保存时间上的延迟就物有所值——基本上补偿了损失。

如果希望重新启动 Android，可以选择 Wipe User Data。也可以取消 Launch from Snapshot 以保存用户数据并经历完整的启动过程。或者可以创建想要的快照并仅启用 Launch from snapshot 选项，这将反复重用该快照，所以启动和关闭都很快，因为不会在每次退出时创建新的快照映像文件。快照映像文件存储在与其余 AVD 映像文件相同的目录下。如果在创建 AVD 时没有启用快照，可以一直编辑 AVD 并在那里启用快照。

2.9 参考资料

以下是一些很有用的参考资料，可通过它们进一步探索相关主题。

❑ http://developer.motorola.com/docstools/是摩托罗拉公司的网站，可在其中找到用于为摩托罗拉手机开发Android应用程序的设备附加项以及其他工具，包括MOTODEV Studio（Eclipse的一个替代工具）。

❑ http://developer.htc.com/是HTC面向Android开发人员的网站。

❑ http://developer.android.com/guide/developing/tools/index.html提供了前面介绍的Android调试工具的开发人员文档。

❑ http://www.droiddraw.org/是Droid Draw网站，是Android应用程序的一个UI设计器，使用拖放来构建布局。

2.10 小结

本书介绍了以下与创建 Android 开发环境相关的话题。

❑ 下载和安装JDK、Eclipse和Android SDK。

❑ 如何修改PATH变量和启动命令行窗口。

❑ 安装Android开发工具（ADT），如果你用的是旧版本，如何将其更新到最新版本。

❑ 关于View、Activity、Fragment、Intent、ContentProvider、Service和AndroidManifest.xml文件的基础概念。

❑ Android虚拟设备（AVD），可用于替代设备（或特殊设备）进行应用测试。

❑ 创建一个"Hello World!"应用并将它部署到模拟器上。

❑ 初始化应用的基本需求（项目名称、Android目标设备、应用名称、包名、主活动及最低SDK版本）。

❑ 运行配置文件的位置及修改方法。

❑ 创建AVD的命令行方法。

❑ 在工作站上连接真实设备并在设备上运行新应用。

❑ Android应用的内部结构及活动的生命周期。

❑ LogCat及查看应用内部消息的位置。

❑ 模拟器的启动选项，如快照或调整屏幕显示尺寸。

2.11 面试问题

回答以下问题，巩固本章所学知识。

(1) Android 开发是否需要 JRE 或 JDK？

(2) 是否能够不使用 Eclipse 进行 Android 开发？

(3) Android SDK 中 tools 和 platform-tools 目录有什么区别？

(4) 什么是 Android 的视图？

(5) 什么是 Intent？

(6) 判断：应用的构建目标必须同设定的最低 SDK 版本一样。为什么？

(7) 在选择应用包名时，必须要采取哪些预防措施？

(8) 什么是 AVD？它的作用是什么？

(9) 什么 AVD 快照？如何使用？

(10) 应用所需要的 MP3 文件应该存储在哪一个源文件夹？

(11) 应用的图标文件保存在什么位置？

(12) 活动的第一个生命周期回调函数是什么？

(13) 活动的最后一个生命周期回调函数是什么？

(14) 哪一个类可用于记录应用的日志消息？

(15) 用于记录日志消息的所有方法有哪些，它们的区别是什么？

第 3 章

使用 Android 资源

第2 章概述了 Android 应用程序并简短介绍了它的一些基本概念，还介绍了 Android SDK、Eclipse ADT 以及如何在 AVD 标识的模拟器上运行应用程序。

本章及接下来几章将在此基础上深入分析 Android SDK 的基本原理，包括资源、ContentProvider 和 Intent。

Android 依靠资源以声明性方式定义 UI 组件。这种声明性方法与 HTML 使用声明性标记定义其 UI 的方法相同。从这种意义上讲，Android 在 UI 开发方法的设计上非常有远见。Android 还支持对资源进行样式化及局部化。本章将介绍 Android 中可用的各种资源。

3.1 资源

在 Android 层次结构中，资源扮演着重要角色。在 Android 中，资源是绑定到可执行程序的文件（比如音乐文件或描述窗口布局的文件）或值（比如对话框的标题）。这些文件和值绑定到可执行程序，这样就无需重新编译应用程序就能够更改它们或提供替代品。

熟悉的资源示例包括字符串、颜色、位图及布局。例如，无需将字符串硬编码到应用程序中，资源允许你使用它们的 ID。这种间接性使你无需更改源代码就能够更改字符串资源的文本。

Android 中有很多不同类型的资源。我们借助一个非常常见的资源——字符串——来开始介绍。

3.1.1 字符串资源

Android 允许在一个或多个 XML 资源文件中定义多个字符串。这些包含字符串资源定义的 XML 文件位于/res/values 子目录下。XML 文件的名称可以任意指定，但常见的文件名是像 strings.xml 这样的。代码清单 3-1 给出了一个字符串资源文件示例。

代码清单 3-1 示例 strings.xml 文件

```
<?xml version="1.0" encoding="utf-8"?>
<resources>
    <string name="hello">hello</string>
    <string name="app_name">hello appname</string>
</resources>
```

说明 在一些 Eclipse 版本中，<resources>节点需要使用"xmlns"规范进行修饰。似乎 xmlns 指向何
处并不重要，只要它存在就行了。它的以下两种变体都有效：

```
<resources xmlns="http://schemas.android.com/apk/res/android" >
```

及

```
<resources xmlns="default namespace" >
```

虽然，文件第一行代码的作用是指定 XML 文件的编码方式，但是这一行可以省略。没有这一行
内容，Android 也能运行得很好。

当创建或更新此文件时，Eclipse ADT 插件将使用两个指定的字符串资源的唯一 ID，在应用程序
的根包 R.java 中自动创建或更新一个 Java 类。请注意下面这个 R.java 文件的结构。我们提供了一个项
目（假设为 MyProject）的顶级目录结构：

```
\MyProject
    \src
            \com\mycompany\android\my-root-package
            \com\mycompany\android\my-root-package\another-package
    \gen
            \com\mycompany\android\my-root-package\R.java
    \assets
    \res
    \AndroidManifest.xml
...etc
```

说明 无论有多少资源文件，始终只有一个 R.java 文件。

对于代码清单 3-1 中的字符串资源文件，更新的 R.java 文件包含代码清单 3-2 中的以下项。

代码清单 3-2 R.java 示例

```
package com.mycompany.android.my-root-package;
public final class R {
    ...other entries depending on your project and application

     public static final class string
    {
        ...other entries depending on your project and application

        public static final int hello=0x7f040000;
        public static final int app_name=0x7f040001;

        ...other entries depending on your project and application
    }
    ...other entries depending on your project and application
}
```

首先请注意，R.java 在根包中定义了一个顶级类：public static final class R。在这个外部类 R
中，Android 定义了一个内部类，也就是 static final class string。R.java 将此内部静态类创建为
一个命名空间，以保存字符串资源 ID。

使用变量名 hello 和 app_name 定义的两个 static final int 是资源 ID，表示相应的字符串资源。

通过以下代码结构，可以在源代码中的任何位置使用这些资源 ID：

```
R.string.hello
```

这些生成的 ID 指向 int，而不是 string。大部分接受字符串的方法也会接受这些资源标识符作为输入。Android 会在需要的地方将这些 int 解析为 string。

大多数示例应用程序都在一个 strings.xml 文件中定义所有字符串，这只不过是一个惯例。Android 接受任意数量的任意文件，只要该 XML 文件的结构与代码清单 3-1 类似，并且文件位于 /res/values 子目录中。

此文件的结构很容易理解。你拥有根节点 <resources>，后跟它的一个或多个子元素 <string>。每个 <string> 元素或节点都有一个名为 name 的属性（property），这个属性最终将成为 R.java 中的 id 特性。

要查看此子目录中允许的多个字符串资源文件，可以在相同子目录中放一个包含以下内容的文件，并将其命名为 strings 1.xml（参见代码清单 3-3）：

代码清单 3-3　附加的 strings.xml 文件示例

```
<?xml version="1.0" encoding="utf-8"?>
<resources>
    <string name="hello1">hello 1</string>
    <string name="app_name1">hello appname 1</string>
</resources>
```

Eclipse ADT 插件将在编译时验证这些 ID 的唯一性，将它们作为两个附加常量放在 R.java 中：R.string.hello1 和 R.string.app_name1。

3.1.2　布局资源

在 Android 中，屏幕的视图通常以资源的形式从 XML 文件加载。这与描述网页内容及布局的 HTML 文件非常相似，这些 XML 文件称为布局资源。布局资源是 Android UI 编程中使用的一种重要资源。考虑代码清单 3-4 中这个示例 Android Activity 的代码段。

代码清单 3-4　使用布局文件

```
public class HelloWorldActivity extends Activity
{
    @Override
    public void onCreate(Bundle savedInstanceState)
    {
        super.onCreate(savedInstanceState);
        setContentView(R.layout.main);
        TextView tv = (TextView)this.findViewById(R.id.text1);
        tv.setText("Try this text instead");
    }
    ...
}
```

从 setContentView(R.layout.main) 这一行可以看到，有一个静态类 R.layout，这个类中有一个常量 main（一个整数），它指向 XML 布局资源文件定义的一个 View。这个 XML 文件名为 main.xml，需要将它放在资源的 layout 子目录下。换言之，这个语句期望程序员创建文件 /res/layout/main.xml，并在该文件中放入必要的布局定义。main.xml 布局文件的内容应该类似于代码清单 3-5。

代码清单 3-5   示例 main.xml 布局文件

```xml
<?xml version="1.0" encoding="utf-8"?>
<LinearLayout xmlns:android="http://schemas.android.com/apk/res/android"
    android:orientation="vertical"
    android:layout_width="fill_parent"
    android:layout_height="fill_parent"
    >
<TextView    android:id="@+id/text1"
    android:layout_width="fill_parent"
    android:layout_height="wrap_content"
    android:text="@string/hello"
    />
  <Button    android:id="@+id/b1"
    android:layout_width="fill_parent"
    android:layout_height="wrap_content"
    android:text="@string/hello"
    />
</LinearLayout>
```

代码清单 3-5 中的布局文件定义了一个根节点 LinearLayout，它包含一个 TextView 和一个 Button。LinearLayout 采用垂直或水平方式放置其子节点，在本例中采用垂直方式。

需要为每个屏幕（或 Activity）定义一个独立的布局文件。更准确来讲，每个布局需要一个专门的文件。如果绘制两个屏幕，可能需要两个布局文件，比如/res/layout/screen1_layout.xml 和/res/layout/screen2_ layout.xml。

说明   /res/layout/子目录下的每个文件都会根据文件名（不包含扩展名）生成一个唯一常量。对于布
局，重要的是文件编号；对于字符串资源，重要的是文件内各个字符串资源的编号。

例如，如果/res/layout/下有两个文件，文件名称分别为 file1.xml 和 file2.xml，那么 R.java 中将包含以下项。如代码清单 3-6 所示。

代码清单 3-6   多个布局文件对应的多个常量

```java
public static final class layout {
    .... any other files
    public static final int file1=0x7f030000;
    public static final int file2=0x7f030001;
}
```

这些布局文件中定义的视图，比如 TextView（参见代码清单 3-5），可以在 Java 代码中通过 R.java 中生成的资源 ID 访问：

```java
TextView tv = (TextView)this.findViewById(R.id.text1);
tv.setText("Try this text instead");
```

这个例子使用 Activity 类的 findViewById 方法来定位 TextView。常量 R.id.text1 对应于为 TextView 定义的 ID。TextView 在布局文件中的 ID 如下例所示：

```xml
<TextView android:id="@+id/text1"
..
</TextView>
```

id 特性的值表示，将使用一个名为 text1 的常量来唯一标识此视图，以与该活动承载的其他视图相区别。@+id/text1 中的加号（+）表示，如果 ID text1 不存在，将创建它。下面将更详细地介绍这种资源 ID 语法。

3.1.3 资源引用语法

无论什么类型的 Android 资源（到目前为止我们介绍了字符串和布局）都使用它们在 Java 源代码中的 id 来标识（或引用）。将 ID 分配给 XML 文件中资源的语法称为资源引用语法。该语法不仅限于分配 ID，它也可用于标识任意资源，如字符串、布局文件或图片。

如何将定位资源或引用现有资源的通用方法与 ID 绑定在一起？实际上，ID 就是一些非常像字符串资源进行跟踪的数字。设想一下，项目中可能包含大量的数字。取出一个数字，然后将它分配给一个控件。

让我们先来进一步探讨下这个资源引用结构，该资源引用具有以下正式结构：

@[package:]type/name

type 对应于 R.java 中一种可用的资源类型命名空间，包括：

❑ R.drawable

❑ R.id

❑ R.layout

❑ R.string

❑ R.attr

❑ R.plural

❑ R.array

XML 资源引用语法中相应的类型为：

❑ drawable

❑ id

❑ layout

❑ string

❑ attr

❑ plurals

❑ string-array

资源引用@[package:]type/name 中的 name 部分是提供给资源的名称（例如代码清单 3-5 中的 text1）。它在 R.java 中也被表示为一个 int 常量。

如果未在语法@[package:]type/name 中指定任何 "包"，那么 type/name 对将根据本地资源和应用程序的本地 R.java 包进行解析。

如果指定了 android:type/name，将使用包 android 来解析引用 ID，具体是通过 android.R.java 文件来完成的。可以使用任何 Java 包名称代替 package 占位符，以找到正确的 R.java 文件来解析资源引用。

让我们回顾一下代码清单 3-5 中为控件分配 ID 的方法。ID 被认为是一种资源。按照这种逻辑，如果编写以下代码：

```
<TextView android:id="@+id/text1" …./>
```

其含义是：“取一个 id 值为 text1 的资源，将它分配给这个 TextView 实例。”操作符+表示如果 text1 的 id 未被定义为资源，则将它定义为一个唯一数字。

基于此信息，我们分析一些 ID 示例。在阅读代码清单 3-7 的过程中，请注意 ID android:id 的左侧不是语法的一部分。"android:id"只是向 TextView 等控件分配 ID 的方式。

代码清单 3-7   分析资源引用语法

```
<TextView  android:id="text">
// Compile error, as id will not take raw text strings.
// More over it is not a valid resource ref syntax.

<TextView  android:id="@text">
// wrong syntax. @text is missing a type name.
// it should have been @id/text or @+id/text or @string/string1.
// However string type here is invalid although it is a valid
// resource reference. This is because the left hand side
// needs an "id" and not a "string"
// you will get an error "No Resource type specified

<TextView  android:id="@id/text">
//Error: No Resource found that matches id "text"
//Unless you have taken care to define "text" as an ID before

<TextView  android:id="@android:id/text">
// Error: Resource is not public
// indicating that there is no such id in android.R.id
// Of course this would be valid if Android R.java were to define
// an id with this name

<TextView  android:id="@+id/text">
//Success: Creates an id called "text" in the local package's R.java
```

在语法"@+id/text"中，+符号具有特殊的含义。它告诉 Android，ID text 可能还不存在，如果确实是这样，则创建一个新 ID 并将它命名为 text。我们不知道+是资源引用语法还是上下文 ID。这之所以有意义是因为我们无法确定字符串资源一定显示反映其作用。系统无法像创建唯一数字一样创建字符串。

ID 与资源引用语法之间的联系经常会造成混淆。为了解决这个问题，一定要记住：将 ID 指定为一个资源。

3.1.4   定义资源 ID 供以后使用

分配 id 的一般模式可以是创建一个新 id，或者使用 Android 包创建的 id。但也可以预先创建 id，以后再在自己的包中使用它们。同样，这样做是因为 ID 是一种资源。如果它们是资源的话，应允许对它们进行预定义，以备将来使用。

从代码清单 3-7 中的<TextView android:id="@+id/text">行可以看出，如果存在一个名为 text 的 id，那么将使用它。如果该 id 不存在，那么将创建一个新 id。那么，R.java 中何时存在 text 这样的可供重用的 id？

你可能倾向于在 R.java 中包含 R.id.text 这样的常量，但 R.java 是不可编辑的。即使它可以编辑，每次在/res/*子目录中更改、添加或删除一些项时，都会重新生成这个文件。

解决办法是使用资源标记 item 来定义 id, 不将它附加到任何特定的资源。代码清单 3-8 给出一个例子:

代码清单 3-8 预定义一个 ID

```
<resources>
<item type="id" name="text"/>
</resources>
```

type 表示资源的类型, 在本例中为 id。有了这个 id 以后, 代码清单 3-9 中的 View 定义就会生效:

代码清单 3-9 重用预定义 ID

```
<TextView android:id="@id/text">
..
</TextView>
```

3.1.5 已编译和未编译的 Android 资源

Android 主要通过两种文件类型来支持资源: XML 文件和原始文件(示例包括图像、音频和视频)。甚至在 XML 文件内部, 有时也可以看到资源被定义为 XML 文件内部的值(例如字符串), 有时 XML 文件整体就是一个资源(比如布局资源文件)。

XML 文件集中的另一个特征是, 可以找到两种文件类型: 一种编译为二进制文件, 另一种按原样复制到设备。到目前为止所提供的示例(字符串资源 XML 文件和布局资源 XML 文件)都编译为了二进制文件, 然后再包含到可安装的包中。这些 XML 文件具有预定义的格式, 其中 XML 节点被转换为 ID。

也可以选择这样一些 XML 文件, 它们具有自由的格式结构, 不会被解释, 但生成资源 ID(resource type:xml)。然而, 你希望将它们编译为二进制格式, 还希望它们容易本地化。为此, 可以将这些 XML 文件放到/res/xml/子目录中, 以将它们编译为二进制格式。在本例中, 可以使用 Android 提供的 XML 阅读器来读取 XML 节点。

但是如果将文件(包括 XML 文件)放在/res/raw/目录下, 它们将不会编译为二进制格式。但是, 因为它是资源, Android 通过 R.Java 生成一个 ID。原始文件的资源类型是 raw。因此可以通过 R.raw.some_filename_minus_extension 来访问这些文件 ID。必须使用明确基于流式传输的 API 来读取这些文件。音频和视频文件属于这一类别。

说明 因为 raw 目录是/res/*层次结构的一部分, 所以甚至原始音频和视频文件也能够像所有其他资源一样利用本地化优势和 ID 的生成。

在上一章的表 2-1 中已经提到, 资源文件根据其类型保存在各种子目录中。下面是/res 文件夹中一些重要的子目录和它们保存的资源类型。

- ❑ anim: 已编译的动画文件。
- ❑ drawable: 位图。
- ❑ layout: UI/视图定义。
- ❑ values: 数组、颜色、尺寸、字符串和样式。

❑ xml：已编译的任意XML文件。

❑ raw：未编译的原始文件。

AAPT 中的资源编译器会编译除 raw 资源以外的所有资源，并将它们全部放到最终的.apk 文件中。此文件包含 Android 应用程序的代码和资源，相当于 Java 中的.jar 文件（apk 代表 Android Package）。.apk 文件将安装到设备上。

说明　尽管 XML 资源解析程序支持 hello-string 这样的资源名称，但在 R.java 中将会看到一个编译时错误。通过将资源重命名为 hello_string（将连字符替换为下划线），可以解决此问题。

3.2　Android 关键资源

既然我们已经了解了资源的基础知识，接下来将列举 Android 支持的其他一些关键资源、它们的 XML 表示，以及在 Java 代码中使用它们的方式。（在为每个资源编写资源文件时，可以将本节作为快速参考。）首先，浏览一下资源类型和它们的用途（参见表 3-1 ）。

表 3-1　资源类型

资源类型	位　　置	说　　明
颜色	/res/values/any-file	表示指向颜色编码的颜色标识符。这些资源 id 在 R.java 中公开为 R.color.*。文件中的 XML 节点为/resources/color
字符串	/res/values/any-file	表示字符串资源。除了简单字符串，字符串资源还支持 java 格式的字符串和原始 HTML。这些资源 id 在 R.java 中公开为 R.string.*。文件中的 XML 节点为/resources/string
字符串数组	/res/values/any-file	表示一个作为字符串数组的资源。这些资源 ID 在 R.java 中公开为 R.array.*。文件中的 XML 节点为/resources/string-array
复数（plural）	res/values/any-file	根据数量值表示一个合适的字符串集合。数量是一个数字。在各种语言中，编写语句的方式取决于你引用了 0 个、1 个、几个或多个对象。这些资源 ID 在 R.java 中公开为 R.plural.*。值文件中的 XML 节点为/resources/plurals
尺寸	/res/values/any-file	表示 Android 中各种元素或视图的尺寸或大小。支持像素、英寸、毫米、与密度无关的像素（density independent pixel）以及与比例无关的像素（scale independent pixel）。这些资源 id 在 R.java 中公开为 R.dimen.*。文件中的 XML 节点为/resources/dimen
图像	/res/drawable/multiple-files	表示图像资源。支持的图像格式包括.jpg、.gif 及.png 等。每个图像位于独立的文件中，并根据文件名获得自己的 id。这些资源 id 在 R.java 中公开为 R.drawable.*。图像支持还包括一种名为可拉伸图像的图像类型，这种类型支持拉伸图像的一部分，而其他部分保持不变。这种可拉伸图像也称为 9-patch 文件（.9.png）

（续）

资源类型	位　置	说　明
色图（Color Drawable）	/res/values/any-file 以及 /res/drawable/multiple-files	表示用作视图背景的矩形色块或普通图形对象，比如位图。可以使用色图作为背景，而无需指定单个彩色位图。在 Java 中，这相当于创建一个彩色矩形并将其设置为视图背景
		values 子目录中的<drawable>值标记支持色图。这些资源 id 在 R.java 中公开为 R.drawable.*。文件中的 XML 节点为/resources/drawable
		Android 还通过在 /res/drawable 中放置包含根 XML 标记<shape>的 XML 文件，支持圆角矩形和渐变矩形。这些资源 id 也在 R.java 中公开为 R.drawable.*。在这种情况下，每个文件名会转换为一个独立的图形对象 id
任意 XML 文件	/res/xml/*.xml	Android 允许将任意 XML 文件用作资源。这些文件使用 AAPT 编译器编译。这些资源 id 在 R.java 中公开为 R.xml.*
任意原始资源	/res/raw/*.*	Android 支持此目录下的任意未编译的二进制文件或文本文件。每个文件都会获得一个唯一资源 id。这些资源 id 在 R.java 中公开为 R.raw.*
任意原始资产	/assets/*.*/*.*	Android 支持/assets 子目录下任意子目录中的任意文件。这些文件不是真正的资源，只是原始文件。与/res 资源子目录不同，这个目录支持任意深度的子目录。这些文件不会生成任何资源 id。必须使用以/assets 开始（不包含它）的相对路径名

此表中列出的每个资源都会在后续章节中通过 XML 和 java 代码片段进一步介绍。

说明　看一下 ID 生成的特征，尽管我们没有看到任何官方声明，但如果 XML 文件位于除 res/values 子目录以外的任何地方，那么 ID 就会基于文件名而生成。如果它们位于 values 子目录中，则只会根据文件的内容来生成 ID。

---

1. 字符串数组

可以指定一个字符串数组作为/res/values 子目录下所有文件中的资源。我们将使用一个名为 string-array 的 XML 节点。此节点是 resources 的子节点，就像 string 资源节点一样。代码清单 3-10 给出了一个在资源文件中指定数组的示例。

代码清单 3-10　指定字符串数组

```
<resources ....>
......Other resources
<string-array name="test_array">
    <item>one</item>
    <item>two</item>
    <item>three</item>
</string-array>
......Other resources
</resources>
```

拥有此字符串数组资源定义后，可以利用 Java 代码获取此数组，如代码清单 3-11 所示。

代码清单 3-11 指定字符串数组

```
//Get access to Resources object from an Activity
Resources res = your-activity.getResources();
String strings[] = res.getStringArray(R.array.test_array);

//Print strings
for (String s: strings)
{
    Log.d("example", s);
}
```

2. 复数

资源 plurals 是一组字符串。这些字符串是表示数量的各种方式，比如一个巢中有多少只鸡蛋。考虑下面这个例子：

```
There is 1 egg.
There are 2 eggs.
There are 0 eggs.
There are 100 eggs.
```

请注意这些句子对于 2、0 和 100 都是一样的。但是，针对 1 个鸡蛋的句子不同。Android 支持将这种变体表示为 plurals 资源。代码清单 3-12 展示了如何根据数量在资源文件中表示这两种变体。

代码清单 3-12 指定字符串数组

```
<resources...>
<plurals name="eggs_in_a_nest_text">
    <item quantity="one">There is 1 egg</item>
    <item quantity="other">There are %d eggs</item>
</plurals>
</resources>
```

这两个变体是在一个复数下表示为两个不同的字符串。现在，给定一个数量，可以使用 Java 代码（如代码清单 3-13 所示）来使用此复数打印一个字符串。getQuantityString()方法的第一个参数是复数资源 id。第二个参数选择要使用的字符串。当数量值为 1 时，按原样使用该字符串。当值不为 1 时，必须提供第三个参数，它的值放在%d 所在的位置。如果在复数资源中使用一种格式化字符串，必须始终拥有至少 3 个参数。第二个系数可能会令人困惑，这个参数中的唯一差别就是值为 1 还是不为 1。

代码清单 3-13 指定字符串数组

```
Resources res = your-activity.getResources();
String s1 = res.getQuantityString(R.plurals.eggs_in_a_nest_text, 0,0);
String s2 = res.getQuantityString(R.plurals.eggs_in_a_nest_text, 1,1);
String s3 = res.getQuantityString(R.plurals.eggs_in_a_nest_text, 2,2);
String s4 = res.getQuantityString(R.plurals.eggs_in_a_nest_text, 10,10);
```

给定此代码，每个数量将产生一个适合其复数形式的恰当的字符串。

但是，前面的 item 节点的 quantity 特性存在其他哪些可能性？我们强烈建议阅读 Android 源代码发布版中的 Resources.java 和 PluralRules.java 的源代码，以真正理解这一点。本章末提供的资源链接摘自这些源文件。

基本原则是，对于 en（英语）语言环境，仅有的两个可能值是"one"和"other"。所有其他语言也是如此，除了 cs（捷克语），对于 cs，可能的值为"one"（表示 1）、"few"（表示 2~4）和"other"（表示其他值）。

3. 字符串资源的更多信息

我们在本章前几节简单介绍了字符串资源。接下来复习一下这部分内容，介绍更多相关细节，包括 HTML 字符串，以及如何替换字符串资源中的变量。

说明 大部分 UI 框架都支持字符串资源。但是与其他 UI 框架不同，Android 支持通过 R.java 迅速将 ID 与字符串资源关联。所以在 Android 中将字符串用作资源将简单得多。

首先介绍如何在 XML 资源文件中定义普通字符串、引用字符串（quoted string）、HTML 字符串和可替换字符串（参见代码清单 3-14）。

代码清单 3-14   定义字符串资源的 XML 语法

```xml
<resources>
    <string name="simple_string">simple string</string>
    <string name="quoted_string">"quoted 'xyz' string"</string>
    <string name="double_quoted_string">\"double quotes\"</string>
    <string name="java_format_string">
            hello %2$s Java format string. %1$s again
    </string>
    <string name="tagged_string">
        Hello <b><i>Slanted Android</i></b>, You are bold.
    </string>
</resources>
```

这个 XML 字符串资源文件需要位于/res/values 子目录中。此文件的名称可以任意指定。

请注意，引用字符串需要被转义，或者放在替换引号中。字符串定义也支持标准的 Java 字符串格式序列。

Android 还支持子 XML 元素，比如<b>、<i>以及<string>节点下其他简单的文本格式 HTML。在文本视图中绘制之前，可以使用这种复合 HTML 字符串来设置文本样式。

代码清单 3-15 中的 Java 示例演示了每种用法。

代码清单 3-15   在 Java 代码中使用字符串资源

```java
//Read a simple string and set it in a text view
String simpleString = activity.getString(R.string.simple_string);
textView.setText(simpleString);

//Read a quoted string and set it in a text view
String quotedString = activity.getString(R.string.quoted_string);
textView.setText(quotedString);

//Read a double quoted string and set it in a text view
String doubleQuotedString = activity.getString(R.string.double_quoted_string);
textView.setText(doubleQuotedString);

//Read a Java format string
String javaFormatString = activity.getString(R.string.java_format_string);
//Convert the formatted string by passing in arguments
String substitutedString = String.format(javaFormatString, "Hello" , "Android");
//set the output in a text view
textView.setText(substitutedString);
```

```
//Read an html string from the resource and set it in a text view
String htmlTaggedString = activity.getString(R.string.tagged_string);
//Convert it to a text span so that it can be set in a text view
//android.text.Html class allows painting of "html" strings
//This is strictly an Android class and does not support all html tags
Spanned textSpan = android.text.Html.fromHtml(htmlTaggedString);
//Set it in a text view
textView.setText(textSpan);
```

将字符串定义为资源之后，可以在视图上直接设置它们，比如在 XML 布局定义中为文本视图定义的 TextView。代码清单 3-16 中的示例将 HTML 字符串设置为一个 TextView 的文本内容。

代码清单 3-16   在 XML 中使用字符串资源

```
<TextView android:layout_width="fill_parent"
          android:layout_height="wrap_content"
          android:gravity="center_horizontal"
          android:text="@string/tagged_string"/>
```

TextView 自动确定此字符串是 HTML 字符串，并相应地遵守它的格式。这一点非常好，因为可以在布局所包含的视图中快速设置漂亮的文本。

4. 颜色资源

与字符串资源一样，你也可以使用引用标识符来间接引用颜色。这样，Android 就能够本地化颜色并应用主题。在资源文件中定义并标识了颜色以后，则可以在 Java 代码中通过它们的 ID 来访问它们。但是字符串资源 ID 位于*<your-package>*.R.string 命名空间下，颜色 ID 位于*<your-package>*.R.color 命名空间下。

Android 还在它自己的资源文件中定义了一组基本颜色。通过扩展，这些 ID 也可通过 Android 的 android.R.color 命名空间访问。要了解 android.R.color 命名空间中可用的颜色常量，请访问以下 URL：

http://code.google.com/android/reference/android/R.color.html

参见代码清单 3-17，了解在 XML 资源文件中一些指定颜色的示例。

代码清单 3-17   定义颜色资源的 XML 语法

```
<resources>
    <color name="red">#f00</color>
    <color name="blue">#0000ff</color>
    <color name="green">#f0f0</color>
    <color name="main_back_ground_color">#ffffff00</color>
</resources>
```

代码清单 3-17 中的项需要包含在/res/values 子目录下的一个文件中。该文件的名称可以任意指定。Android 将读取所有文件，然后处理它们，查找 resources 和 color 等各个节点，以找出各个 ID。

代码清单 3-18 给出了一个在 Java 代码中使用颜色资源的例子。

代码清单 3-18   Java 代码中的颜色资源

```
int mainBackGroundColor
    = activity.getResources.getColor(R.color.main_back_ground_color);
```

代码清单 3-19 展示了如何在视图定义中使用颜色资源。

代码清单 3-19   在视图定义中使用颜色

```
<TextView android:layout_width="fill_parent"
          android:layout_height="wrap_content"
          android:textColor="@color/red"
          android:text="Sample Text to Show Red Color"/>
```

5. 尺寸资源

像素、英寸和磅值都是可在 XML 布局或 Java 代码中使用的尺寸。可以使用这些尺寸资源来本地化 Android UI 和设置它的样式, 无需更改源代码。

代码清单 3-20 展示了如何在 XML 中使用尺寸资源。

代码清单 3-20   定义尺寸资源的 XML 语法

```
<resources>
    <dimen name="mysize_in_pixels">1px</dimen>
    <dimen name="mysize_in_dp">5dp</dimen>
    <dimen name="medium_size">100sp</dimen>
</resources>
```

可以采用以下任何单位来指定尺寸。

- ❑ px: 像素。
- ❑ in: 英寸。
- ❑ mm: 毫米。
- ❑ pt: 磅。
- ❑ dp: 与密度无关的像素, 基于160dpi (每英寸的像素数) 屏幕 (尺寸适应屏幕密度)。
- ❑ sp: 与比例无关的像素 (这种尺寸支持用户调整大小, 适合在字体中使用)。

在 Java 中, 需要访问 Resources 对象实例来检索尺寸。为此, 可以在 activity 对象上调用 getResources (参见代码清单 3-21)。有了 Resources 对象以后, 就可以告诉它使用尺寸 id 来找到该尺寸 (同样参见代码清单 3-21)。

代码清单 3-21   在 Java 代码中使用尺寸资源

```
float dimen = activity.getResources().getDimension(R.dimen.mysize_in_pixels);
```

说明   这个 Java 方法调用使用 Dimension (整个单词), 而 R.java 命名空间使用缩写的 dimen 来表示 "尺寸" (dimension)。

与在 Java 中一样, XML 中的尺寸资源引用使用 dimen, 而不是 "dimension" (参见代码清单 3-22)。

代码清单 3-22   在 XML 中使用尺寸资源

```
<TextView android:layout_width="fill_parent"
          android:layout_height="wrap_content"
          android:textSize="@dimen/medium_size"/>
```

6. 图像资源

Android 会为/res/drawable 子目录中的图像文件生成资源 ID。支持的图像类型包括.gif、.jpg 和.png。此目录中的每个图像文件都会根据其基本文件名生成唯一的 ID。例如, 如果图像文件名为 sample_image.jpg,

那么生成的资源 ID 将为 R.drawable.sample_image。

警告   如果两个文件名中包含相同的基本文件名，将得到一个错误。另外，/res/drawable 下的子目录
将被忽略。这些子目录下的任何文件都不会被读取。

可以在其他 XML 布局定义中引用/res/drawable 中的图像，如代码清单 3-23 所示。

代码清单 3-23   在 XML 中使用图像资源

```xml
<Button
    android:id="@+id/button1"
    android:layout_width="fill_parent"
    android:layout_height="wrap_content"
    android:text="Dial"
    android:background="@drawable/sample_image"
/>
```

也可以使用 Java 以编程方式获取图像，并针对 UI 对象进行设置，比如按钮（参见代码清单 3-24）。

代码清单 3-24   在 Java 中使用图像资源

```java
//Call getDrawable to get the image
BitmapDrawable d = activity.getResources().getDrawable(R.drawable.sample_image);

//You can use the drawable then to set the background
button.setBackgroundDrawable(d);

//or you can set the background directly from the Resource Id
button.setBackgroundResource(R.drawable.sample_image);
```

说明   这些背景方法都包含在 View 类中。因此，大部分 UI 控件都支持这种背景。

Android 还支持一种特殊的图像类型，那就是可拉伸图像。这是一种.png 文件，可以将图像中某
些部分指定为静态或可拉伸。Android 提供了 Draw 9-patch 工具来指定这些区域。（可以在
http://developer. android.com/guide/developing/tools/draw9patch.html 上看到更多介绍。）

获得了.png 图像文件之后，可以将它用做其他图像。当按钮必须拉伸自身以容纳文本时，将.png
图像文件用做此类按钮的背景会非常方便。

7. 色图资源

在 Android 中，图像是一种图形对象资源。Android 支持另一种称为"色图"的图形对象资源，它
实际上是一个彩色的矩形。

警告   Android 文档表明可以使用圆角矩形，但我们在这样做时未能成功，下面采用一种替代方法。
该文档还表明实例化的 Java 类是 Paint Drawable，但代码返回的是 Color Drawable。

要定义一种彩色矩形，可以在/res/values 子目录中的任何 XML 中使用节点名 drawable 定义一个
XML 元素。代码清单 3-25 给出了两个色图资源示例。

代码清单 3-25   定义色图资源的 XML 语法

```
<resources>
    <drawable name="red_rectangle">#f00</drawable>
    <drawable name="blue_rectangle">#0000ff</drawable>
    <drawable name="green_rectangle">#f0f0</drawable>
</resources>
```

代码清单 3-26 和代码清单 3-27 分别演示了如何在 Java 和 XML 中使用色图资源。

代码清单 3-26   在 Java 代码中使用色图资源

```
// Get a drawable
ColorDrawable redDrawable = (ColorDrawable)
    activity.getResources().getDrawable(R.drawable.red_rectangle);

//Set it as a background to a text view
textView.setBackgroundDrawable(redDrawable);
```

代码清单 3-27   在 XML 代码中使用色图资源

```
<TextView android:layout_width="fill_parent"
          android:layout_height="wrap_content"
          android:textAlign="center"
          android:background="@drawable/red_rectangle"/>
```

要在 Drawable 中实现圆角，可以使用目前还未归档的<shape>标记。但是，此标记需要单独包含在/res/drawable 目录下的一个文件中。代码清单 3-28 演示了如何使用<shape>标记在/res/drawable/my_rounded_rectangle.xml 文件中定义圆角矩形。

代码清单 3-28   定义圆角矩形

```
<shape xmlns:android="http://schemas.android.com/apk/res/android">
    <solid android:color="#f0600000"/>
    <stroke android:width="3dp" color="#ffff8080"/>
    <corners android:radius="13dp" />
    <padding android:left="10dp" android:top="10dp"
             android:right="10dp" android:bottom="10dp" />
</shape>
```

然后可以使用此图形对象资源作为前面的文本视图示例的背景，如代码清单 3-29 所示。

代码清单 3-29   在 Java 代码中使用图形对象

```
//Get a drawable
GradientDrawable roundedRectangle =
(GradientDrawable)
activity.getResources().getDrawable(R.drawable.my_rounded_rectangle);

//Set it as a background to a text view
textView.setBackgroundDrawable(roundedRectangle);
```

说明　没有必要将返回的基础 Drawable 转换为 GradientDrawable，这里这样做是为了演示此<shape>标记变成了一个 GradientDrawable。这一点非常重要，因为可以在 Java API 文档中查找此类，以了解它定义的 XML 标记。

最后，图形对象子目录中的一个位图将解析为 BitmapDrawable 类。"drawable"资源值（比如代码清单 3-29 中的矩形）解析为 ColorDrawable。包含形状标记的 XML 文件解析为 GradientDrawable。

3.3 使用任意 XML 资源文件

除了到目前为止介绍过的结构化资源，Android 还允许将任意 XML 文件用作资源。此方法将使用资源的优势延伸到了任意 XML 文件。首先，它提供了一种快速方式来根据所生成的资源 ID 引用这些文件。其次，该方法允许本地化这些资源 XML 文件。再次，可以在设备上高效地编译和存储这些 XML 文件。

需要以此方式读取的 XML 文件存储在/res/xml 子目录下。代码清单 3-30 是一个名为/res/xml/test.xml 的示例 XML 文件。

代码清单 3-30　示例 XML 文件

```
<rootelem1>
  <subelem1>
     Hello World from an xml sub element
  </subelem1>
</rootelem1>
```

就像处理其他 Android XML 资源文件一样，AAPT 将编译此 XML 文件，然后将它放入应用程序包中。如果希望解析这些文件，需要使用一个 XmlPullParser 实例。可以使用代码清单 3-31 中的代码从任何上下文（包括 activity）获得 XmlPullParser 实现的实例。

代码清单 3-31　读取 XML 文件

```
Resources res = activity.getResources();
XmlResourceParser xpp = res.getXml(R.xml.test);
```

返回的 XmlResourceParser 是 XmlPullParser 的一个实例，它还实现了 java.util.AttributeSet。代码清单 3-32 给出了读取 test.xml 文件的更加完整的代码片段。

代码清单 3-32　使用 XmlPullParser

```
private String getEventsFromAnXMLFile(Activity activity)
throws XmlPullParserException, IOException
{
    StringBuffer sb = new StringBuffer();
    Resources res = activity.getResources();
    XmlResourceParser xpp = res.getXml(R.xml.test);

    xpp.next();
    int eventType = xpp.getEventType();
     while (eventType != XmlPullParser.END_DOCUMENT)
     {
        if(eventType == XmlPullParser.START_DOCUMENT)
        {
            sb.append("******Start document");
        }
        else if(eventType == XmlPullParser.START_TAG)
        {
            sb.append("\nStart tag "+xpp.getName());
        }
        else if(eventType == XmlPullParser.END_TAG)
        {
            sb.append("\nEnd tag "+xpp.getName());
        }
```

```
        else if(eventType == XmlPullParser.TEXT)
        {
            sb.append("\nText "+xpp.getText());
        }
        eventType = xpp.next();
    }//eof-while
    sb.append("\n******End document");
    return sb.toString();
}//eof-function
```

在代码清单 3-32 中，可以看到如何获取 XmlPullParser，如何使用 XmlPullParser 在 XML 文档中导航 XML 元素，以及如何使用 XmlPullParser 的其他方法访问 XML 元素的详细信息。如果希望运行此代码，必须像前面展示的那样创建 XML 文件，并从任何菜单项或通过单击按钮来调用 get-EventsFromAnXMLFile 函数。它将返回一个字符串，可以使用 Log.d 调试方法将此字符串输出到日志流。

3.4 使用原始资源

除了任意 XML 文件，Android 还支持使用原始文件。这些原始资源位于/res/raw 下，包括音频、视频或文本文件等需要本地化或通过资源 ID 引用的原始文件资源。与/res/xml 下的 XML 文件不同，这些文件没有编译，而是按原样转移到应用程序包中。但是，每个文件在 R.java 中都会生成一个标识符。如果要将文本文件放在/res/raw/test.txt 下，能够使用代码清单 3-33 中的代码读取该文件。

代码清单 3-33　读取原始资源

```
String getStringFromRawFile(Activity activity)
    throws IOException
{
    Resources r = activity.getResources();
    InputStream is = r.openRawResource(R.raw.test);
    String myText = convertStreamToString(is);
    is.close();
    return myText;
}

String convertStreamToString(InputStream is)
    throws IOException
{
    ByteArrayOutputStream baos = new ByteArrayOutputStream();
    int i = is.read();
    while (i != -1)
    {
        baos.write(i);
        i = is.read();
    }
    return baos.toString();
}
```

警告　具有重复基础名称的文件名称会在 Eclipse ADT 插件中生成编译错误。为文件资源生成的所有资源 ID 就属于这种情况。

3.5 使用资产

Android 还提供了一个/assets 目录，可以将要包含在包中的文件放在这里。这个目录与/res 具有相同的级别，也就是说它未包含在/res 子目录中。/assets 中的文件不会在 R.java 中生成资源 ID，必须指定文件路径才能读取它们。文件路径是以/assets 开头的相对路径。可以使用 AssetManager 类来访问这些文件，如代码清单 3-34 所示。

代码清单 3-34 读取资产

```
//Note: Exceptions are not shown in the code
String getStringFromAssetFile(Activity activity)
{
    AssetManager am = activity.getAssets();
    InputStream is = am.open("test.txt");
    String s = convertStreamToString(is);
    is.close();
    return s;
}
```

3.6 了解资源目录结构

总体来说，资源目录的整体结构如代码清单 3-35 所示：

代码清单 3-35 资源目录

```
/res/values/strings.xml
            /colors.xml
            /dimens.xml
            /attrs.xml
            /styles.xml
    /drawable/*.png
             /*.jpg
             /*.gif
             /*.9.png
    /anim/*.xml
    /layout/*.xml
    /raw/*.*
    /xml/*.xml
/assets/*.*/*.*
```

说明 因为/assets 目录不在/res 目录下，所以它可以包含任意子目录。在那一层级上的其他所有目录都只能包含文件，而不能包含更深的子目录。R.java 就是通过这种方式为这些文件生成标识符的。

3.7 资源和配置更改

资源有助于本地化。例如，可以拥有一个字符串值，它基于用户的语言环境而更改。Android 资源将这一概念推广到了满足下列条件的设备的任意配置中：其中语言只是这些设备配置选项中的一个。配置更改的另一个示例是在设备从垂直位置转到水平位置时。垂直模式称为纵向模式，水平模式称为横向模式。

Android 支持基于此布局模式为相同资源 ID 挑选不同的布局集。Android 为每项配置使用不同的目录来实现此目的。代码清单 3-36 给出了一个示例。

代码清单 3-36　备用资源目录

```
\res\layout\main_layout.xml
\res\layout-port\main_layout.xml
\res\layout-land\main_layout.xml
```

尽管这里有 3 个独立的布局文件，但它们仅在 R.java 中生成一个布局 ID。这个 ID 如下所示：

```
R.layout.main_layout
```

但是，当获取与此布局 ID 对应的布局时，将获得适合该设备布局的恰当布局。

在这个示例中，目录扩展-port 和-land 称为配置修饰符。这些修饰符不区分大小写，使用连字符（-）与资源目录名称分开。在这些配置修饰符目录中指定的资源称为备用资源。没有配置修饰符的资源目录中的资源称为默认资源。

下面列出了大部分可用配置修饰符。请注意，新 API 可能会增加新的修饰符。3.8 节的 URL 给出了最新的资源修饰符。

❑ mccAAA：AAA 是移动设备国家代码。

❑ mncAAA：AAA 是运营商/网络代码。

❑ en-rUS：语言和区域。

❑ sw<N>dp、w<N>dp、h<N>dp：最小带宽、可用带宽及可用高度（始于 API13）。

❑ small、normal、large、xlarge：屏幕大小。

❑ long、notlong：屏幕类型。

❑ port、land：纵向或横向。

❑ car、desk：扩展坞类型。

❑ night、notnight：晚上或白天。

❑ ldpi、mdpi、hdpi、xhdpi、nodpi、tvdpi：屏幕像素密度。

❑ notouch、stylus、finger：屏幕种类。

❑ keysexposed、keyssoft、keyshidden：键盘种类。

❑ nokeys、qwerty、12key：键数。

❑ navexposed、navhidden：隐藏或显示导航键。

❑ nonav、dpad、trackball、wheel：导航设备类型。

❑ v3、v4、v7：API 级别。

有了这些修饰符，就可以拥有大量的资源目录，比如代码清单 3-37 所示的目录。

代码清单 3-37　更多备用资源目录

```
\res\layout-mcc312-mnc222-en-rUS
\res\layout-ldpi
\res\layout-hdpi
\res\layout-car
```

　　通过导航到设备上可用的 Custom Locale 应用程序，可找到你当前的语言环境。此应用程序的导航路径为 Home➤List of Applications➤Custom Locale。

　　给定资源 ID，Android 使用一种算法来挑选正确的资源。可以参考 3.8 节中包含的 URL，理解关于这些规则的更多信息，但我们将指出一些经验规则。

　　主要的规则是，前面的代码清单中列出的这些修饰符按优先顺序排列。请考虑代码清单 3-38 中的目录。

代码清单 3-38　布局文件变体

```
\res\layout\main_layout.xml
\res\layout-port\main_layout.xml
\res\layout-en\main_layout.xml
```

　　在代码清单 3-38 中，布局文件 main_layout.xml 可用于两种额外的变体。一种变体针对语言，另一种变体针对布局模式。现在，让我们看看如果在纵向模式下查看设备，将挑选哪个布局文件。即使位于纵向模式，Android 也会挑选 layout-en 目录中的布局，因为语言变体在配置修饰符列表中位于方向变体之前。3.8 节中提供的 SDK 链接明确地列出了所有配置修饰符和它们的优先顺序。

　　下面分析一些字符串资源，进一步看看优先级规则。请注意，字符串资源基于各个 ID，而布局资源基于文件。要测试配置修饰符相对于字符串资源的优先级，让我们列出 5 个可包含在以下变体中的资源 ID：default、en、en_us、port 和 en_port。这 5 个资源 ID 如下所示。

❑ teststring_all：此 ID 将位于 values 目录的所有变体中，包括 default。

❑ testport_port：此 ID 将位于 default 中，而仅位于 -port 变体中。

❑ t1_enport：此 ID 将位于 default 中，也位于 -en 和 -port 变体中。

❑ t1_1_en_port：此 ID 将位于 default 中，而仅位于 -en-port 变体中。

❑ t2：此 ID 将仅位于 default 中。

　　代码清单 3-39 给出了 values 目录的所有变体。

代码清单 3-39　基于配置的字符串变体

```
// values/strings.xml
<resources xmlns="http://schemas.android.com/apk/res/android">
  <string name="teststring_all">teststring in root</string>
  <string name="testport_port">testport-port</string>
  <string name="t1_enport">t1 in root</string>
  <string name="t1_1_en_port">t1_1 in root</string>
  <string name="t2">t2 in root</string>
</resources>

// values-en/strings_en.xml
<resources xmlns="http://schemas.android.com/apk/res/android">
  <string name="teststring_all">teststring-en</string>
  <string name="t1_enport">t1_en</string>
  <string name="t1_1_en_port">t1_1_en</string>
</resources>

// values-en-rUS/strings_en_us.xml
<resources xmlns="http://schemas.android.com/apk/res/android">
  <string name="teststring_all">test-en-us</string>
</resources>
```

```
// values-port/strings_port.xml
<resources xmlns="http://schemas.android.com/apk/res/android">
  <string name="teststring_all">test-en-us-port</string>
  <string name="testport_port">testport-port</string>
  <string name="t1_enport">t1_port</string>
  <string name="t1_1_en_port">t1_1_port</string>
</resources>

// values-en-port/strings_en_port.xml
<resources xmlns="http://schemas.android.com/apk/res/android">
  <string name="teststring_all">test-en-port</string>
  <string name="t1_1_en_port">t1_1_en_port</string>
</resources>
```

代码清单 3-40 给出了这些变体的 R.java 文件。

代码清单 3-40   支持字符串变体的 R.java

```
public static final class string {
    public static final int teststring_all=0x7f050000;
    public static final int testport_port=0x7f050004;
    public static final int t1_enport=0x7f050001;
    public static final int t1_1_en_port=0x7f050002;
    public static final int t2=0x7f050003;
}
```

很快就可以看到，即使定义了大量字符串，也只会生成 5 个字符串资源 ID。现在，如果检索这些字符串值，每次字符串检索的行为如下所述（我们测试的配置为 en_US 和纵向模式）。

❑ teststring_all：此ID位于values目录的所有5个变体中。因为它位于所有变体中，所以将挑选来自values-en-rUS目录的变体。基于优先级规则，特定的语言优先于default、en、port和en-port变体。

❑ testport_port：此ID位于default中，而仅位于-port变体中。因为它没有在任何以-en开头的值目录中，所以-port将优先于default，将挑选来自-port变体的值。如果此ID位于一个-en变体中，将从该变体中挑选值。

❑ t1_enport：此ID位于3个变体中：default、-en和-port。因为它同时位于-en和-port中，所以会挑选-en中的值。

❑ t1_1_en_port：此ID位于4个变体中：default、-port、-en和-en-port。因为它可用于-en-port中，所以将从-en-port中挑选它，而忽略default、-en和-port。

❑ t2：此ID仅位于default中，所以将从default中挑选值。

Android SDK 拥有一个值得深入研究的更详细的算法。但是，本节中的示例已揭示了它的本质。关键在于认识到一个变体相对于其他变体的优先级。3.8 节中提供了此 SDK 链接的 URL。还包括一个 URL 来下载本章的一个重要项目。你可以通过使用该项目来体验这些配置变体。

3.8   参考资料 URL

在学习 Android 资源的过程中，你可能希望保留以下参考资料 URL 以方便参考。除这些 URL 以外，我们还给出了可从每个 URL 获得的知识。

❑ http://developer.android.com/guide/topics/resources/index.html：此URL是资源文档的路线图。

❏ http://developer.android.com/guide/topics/resources/available resources.html：Android在此URL上记录了各种类型资源的Android文档。

❏ http://developer.android.com/guide/topics/resources/providingresources.html#AlternativeResources：最新版Android SDK提供的一组配置修饰符。

❏ http://developer.android.com/guide/practices/screens_support.html：适应多种屏幕尺寸的Android应用设计指南。

❏ http://developer.android.com/reference/android/content/res/Resources.html：可以在这里找到各种查阅资源的方法。

❏ http://developer.android.com/reference/android/R.html：可以在这里找到向核心Android平台定义的资源。

❏ http://www.androidbook.com/item/3542：可以在这里找到复数、字符串数组和备用资源的研究成果，以及其他参考资料的链接。

❏ androidbook.com/proandroid4/projects：可以使用此URL下载演示了本章中许多概念的Eclipse项目。本章对应的文件名为ProAndroid4_Ch03_TestResources.zip。

3.9 小结

本章最后让我们列举一下到目前为止所学的资源知识。

❏ 我们介绍了Android中支持的资源类型。

❏ 介绍了如何在XML文件中创建这些资源。

❏ 介绍了如何生成资源ID，如何在Java代码中使用它们。

❏ 还介绍了资源ID生成是简化Android中的资源使用的一种方便模式。

❏ 也介绍了如何使用XML资源、原始资源和资产。

❏ 还简单介绍了备用资源。

❏ 也介绍了如何定义及使用复数和字符串数组。

❏ 最后介绍了资源引用语法。

3.10 面试问题

回答以下问题，巩固本章所学知识的理解。

(1) 我们可以命名的资源种类有多少？

(2) R.java 是什么？

(3) 为什么 R.java 如此方便地用于处理资源？

(4) 资源引用语法和为 UI 控件分配 ID 之间有什么联系？

(5) 生成资源 ID 时会使用文件扩展名吗？

(6) 如果两个基于文件的资源只有扩展名不同，结果会怎么样？

(7) 什么是原始资源和 XML 资源，它们与 asset 有什么不同？

(8) XML 资源能否本地化？

(9) Asset 能否本地化?

(10) 你能否写出并解释资源引用语法?

(11) 能否预先声明控件 ID? 如果能,为什么?

(12) 哪些 XML 节点可用于创建 ID?

(13) 如果将文件保存在 XML 和原始目录中,Android 是否会在 R.java 中为这些文件生成 ID?

(14) Android 是否会为 asset 目录的文件生成 ID?

(15) Plurals 资源的 1 和其他的意义是什么?

(16) 字符串资源中是否可以使用 HTML 字符串?

(17) 如何在文字视图中显示 HTML 字符串?

(18) 如何定义一个可以拖拽的矩形?

(19) 如何使用一个可以拖拽的形状?

(20) 哪一个类可用于读取 /res/xml 目录的 XML 文件?

(21) 在 Android 中处理 XML 文件的主类是什么?

(22) AssetManager 类有什么作用,如何使用这个类?

(23) Resources 类有什么作用,如何创建它的实例?

(24) 可否在 assets 文件夹内创建任意子目录?

(25) 可否在 /res/xml 资源文件夹下创建子目录?

(26) 什么是资源配置修饰符?

掌握了这些知识以后,下一章将把注意力转向 ContentProvider。

第 4 章

ContentProvider

Android 使用一种称为 ContentProvider 的概念来将数据抽象为服务。这种内容提供程序的理念使数据源看起来像启用了 REST 的数据提供程序，比如网站。从这种意义上说，ContentProvider 是一个数据包装器。Android 设备上的 SQLite 数据库就是可封装到 ContentProvider 中的数据源的一个例子。

说明　REST 表示 REpresentational State Transfer（具象状态传输）。当在浏览器中键入 URL，Web 服务器返回 HTML 作为响应时，你实际上是在 Web 服务器上执行了一个基于 REST 的"查询"操作。REST 通常与 SOAP（Simple Object Access Protocol，简单对象访问协议）Web 服务是相对的。可以在下面这个维基百科词条中找到 REST 的更多信息：http://en.wikipedia.org/ wiki/Representational_State_Transfer。

要从 ContentProvider 检索数据或将数据保存到 ContentProvider，需要使用一组类似 REST 的 URI。例如，如果要从封装图书数据库的 ContentProvider 获取一组图书，需要使用类似以下形式的 URI：

content://com.android.book.BookProvider/books

要从图书数据库获得指定图书（如 23 号图书），需要使用类似以下形式的 URI：

content://com.android.book.BookProvider/books/23

在本章将会看到这些 URI 如何转换为基础的数据库访问机制。设备上的任何应用程序都可以利用这些 URI 来访问及操作数据。所以，在应用程序之间的数据共享上，ContentProvider 扮演着重要的角色。

但是，严格来讲，比起数据访问机制 ContentProvider 的作用更像是一种封装机制。需要实际的数据访问机制（比如 SQLite）或网络访问来获得基础数据源。所以，只有在希望与外部或在应用程序之间共享数据时，才需要使用 ContentProvider 抽象。对于内部数据访问，应用程序可以使用它认为适合的任何数据存储/访问机制，像下面这些内容。

❑ 首选项：一组键/值对，可以用来存储应用程序首选项。

❑ 文件：应用程序内部的文件，可以存储在可移动存储媒体上。

❑ SQLite：SQLite 数据库，每一个 SQL 数据库对于创建它的包是私有的。

❑ 网络：一种机制，支持通过互联网获取或存储外部的数据。

说明 Android 支持多种数据访问机制，但本章重点介绍 SQLite 和 ContentProvider 抽象，因为 ContentProvider 形成了数据共享的基础。与其他 UI 框架相比，ContentProvider 在 Android 框架中要常见得多。第 11 章将介绍网络方法，第 9 章将介绍首选项机制。

4.1 探索 Android 内置的 ContentProvider

Android 中存在大量的内置 ContentProvider，它们记录在 SDK 的 android.provider Java 包中。可以在以下网址查看这些 ContentProvider 的列表：

http://developer.android.com/reference/android/provider/package-summary.html

例如，Content Provider 包括联系人和媒体商店。这些 SQLite 数据库通常具有扩展名.db，仅能从实现包访问。任何来自该包外部的访问都必须要通过 ContentProvider 接口。

4.1.1 在模拟器和可用设备上利用数据库

因为 Android 中的许多 ContentProvider 都使用了 SQLite 数据库（参见 http://www.sqlite.org/），所以可以使用 Android 和 SQLite 提供的工具来查看数据库。这类工具大多都位于\android-sdk-installdirectory\ tools 子目录下，其他工具位于\android-sdk-install-directory\platform-tools 中。

说明 有关在不同的操作系统上找到 tools 目录和调用命令窗口的信息，请参阅第 2 章。本章像其他剩余章节一样，主要提供 Windows 平台上的示例。本节将使用大量命令行工具，可以将注意力放在可执行文件或批处理文件的名称上，不要过多地关注这些工具所在的目录。第 2 章已经介绍了如何在不同平台上设置 tools 目录的路径。

Android 还使用了另一个命令行工具，名为 adb（Android Debug Bridge，Android 调试桥），可通过以下路径获得：

platform-tools\adb.exe

adb 是 Android 工具包中的一个特殊工具，其他大部分工具都通过它才能在设备上使用。但是，必须有一个正在运行的模拟器或连接了一个 Android 设备，adb 才能工作。在命令行键入以下命令，可以确定是否拥有正在运行的设备或模拟器：

adb devices

如果模拟器没有运行，可以在命令行键入以下命令来启动它：

emulator.exe @avdname

参数@avdname 是 AVD 的名称（第 2 章已说明了我们需要 AVD，介绍了如何创建它们）。要查看已拥有哪些虚拟设备，可以运行以下命令：

android   list   avd

此命令将列出可用的 AVD。如果已通过 Eclipse ADT 开发并运行了任何 Android 应用程序，那么已经配置了至少一个虚拟设备。上面的命令至少会列出该虚拟设备。

下面是 list 命令的示例输出。（取决于工具目录所在的位置和 Android 版本，以下输出可能在路径或版本号上有所不同，比如 i:\android。）

```
I:\android\tools>android list avd
Available Android Virtual Devices:
    Name: avd
    Path: I:\android\tools\..\avds\avd3
  Target: Google APIs (Google Inc.)
          Based on Android 1.5 (API level 3)
    Skin: HVGA
  Sdcard: 32M
---------
    Name: titanium
    Path: C:\Documents and Settings\Satya\.android\avd\titanium.avd
  Target: Android 1.5 (API level 3)
    Skin: HVGA
```

前面已提到，第 2 章已详细介绍了 AVD。

也可以通过 Eclipse ADT 插件启动模拟器。当选择在模拟器中运行或调试程序时，将自动通过这种方式启动模拟器。模拟器启动并运行以后，就可以键入以下命令，再次查看正在运行的设备列表。

```
adb devices
```

现在应该看到类似于以下内容的输出：

```
List of devices attached
emulator-5554 device
```

在命令行键入以下命令，可以看到可通过 adb 运行的许多选项和命令：

```
adb help
```

也可以访问以下 URL 来了解 adb 的许多运行时选项 http://developer.android.com/guide/developing/tools/adb.html。

可以键入以下命令，使用 adb 在连接的设备上打开一个 shell：

```
adb shell
```

说明　此 shell 在本质上是一个 Unix ash，但只包含有限的命令集。例如，可以在此 shell 中运行 ls 命令，但不能运行 find、grep 和 awk 命令。

在 shell 提示符下键入以下命令，可以看到 shell 中可用的命令集：

```
#ls     /system/bin
```

#号是 shell 的提示符。为简单起见，在后面的一些示例中将省略此提示符。要查看根级目录和文件，可以在 shell 中键入以下命令：

```
ls      -l
```

要查看数据库列表，需要访问以下目录：

```
ls      /data/data
```

此目录包含设备上安装的包的列表。我们看一个示例，分析一下 com.android.providers.contacts 包：

```
ls    /data/data/com.android.providers.contacts/databases
```

此命令将列出数据库文件 contacts.db，它是一个 SQLite 数据库。（该文件和路径仍然是与设备和版本无关的。）

说明 在 Android 中，数据库可以在首次被访问时创建。这意味着如果从未访问过 contacts 应用程序，可能看不到此文件。

如果所包含的 ash 中有一个 find 命令，则可以看到所有*.db 文件。但单独使用 ls 很难做到这一点，最接近的方式可能是：

```
ls -R /data/data/*/databases
```

使用此命令，你将注意到 Android 发行版包含以下数据库（再次提醒，取决于所使用的版本，这个列表可能不同）：

```
alarms.db
contacts.db
downloads.db
internal.db
settings.db
mmssms.db
telephony.db
```

通过在 adb shell 内部键入以下命令，可以在这些数据库上调用 sqlite3：

```
sqlite3    /data/data/com.android.providers.contacts/databases/contacts.db
```

可以键入以下命令退出 sqlite3：

```
sqlite>.exit
```

请注意，adb 的提示符为#，sqlite3 的提示符为 sqlite>。访问 http://www.sqlite.org/sqlite.html，可以看到各种 sqlite3 命令。在此将列出一些重要命令，所以你不必访问网络。键入以下命令可以看到一组表：

```
sqlite> .tables
```

此命令是以下命令的简写形式：

```
SELECT name FROM sqlite_master
WHERE type IN ('table','view') AND name NOT LIKE 'sqlite_%'
UNION ALL
SELECT name FROM sqlite_temp_master
WHERE type IN ('table','view')
ORDER BY 1
```

你可能已经猜到，表 sqlite_master 是主表，它记录了数据库中的表和视图。以下命令行将输出 contacts.db 中的 people 表的 create 语句：

```
.schema people
```

这是获得 SQLite 中表的列名称的一种方式。这也将输出列的数据类型。在使用 ContentProvider 时，应该留意这些列类型，因为所采取的访问方法取决于它们。

但是，如果手动分析长长的 create 语句来了解列名称及其类型，可能相当乏味。幸好有一个解决办法：可以将 contacts.db 下载到本地机器，然后使用适用于 SQLite 3 的任何 GUI 工具分析该数据库。

要下载 contacts.db 文件，可以从操作系统命令提示符下发出以下命令：

```
adb pull  /data/data/com.android.providers.contacts/databases/contacts.db
c:/somelocaldir/contacts.db
```

我们下载了免费的 Sqliteman（ http://sqliteman.com/ ），这是一个适用于 SQLite 数据库的 GUI 工具，能很好地运行。虽然在使用过程中经历了一些挫折，但是我们发现该工具对于分析 Android SQLite 数据库非常有用。

4.1.2   快速了解 SQLite

下面的示例 SQL 语句可以帮助你快速了解 SQLite 数据库：

```
//Set the column headers to show in the tool
sqlite>.headers on

//select all rows from a table
select * from table1;

//count the number of rows in a table
select count(*) from table1;

//select a specific set of columns
select col1, col2 from table1;

//Select distinct values in a column
select distinct col1 from table1;

//counting the distinct values
select count(col1) from (select distinct col1  from table1);

//group by
select count(*), col1 from table1 group by col1;

//regular inner join
select * from table1 t1, table2 t2
where t1.col1 = t2.col1;

//left outer join
//Give me everything in t1 even though there are no rows in t2
select * from table t1 left outer join table2 t2
on t1.col1 = t2.col1
where ....
```

4.2   ContentProvider 的架构

前面介绍了如何通过 Android 和 SQLite 工具分析现有的 ContentProvider。接下来，我们将介绍 ContentProvider 的一些基本架构元素，以及这些 ContentProvider 与业内其他数据访问抽象机制有何关联。

总体而言，ContentProvider 方法类似于以下业内抽象机制。

- ❑ 网站
- ❑ REST
- ❑ Web服务
- ❑ 存储过程

　　与网站一样，设备上的每个 ContentProvider 都会使用字符串注册自身，这个字符串类似于域名，但称为授权（authority）。这个可唯一标识的字符串是此 ContentProvider 可提供的一组 URI 的基础。一般来说，这类似于拥有域的网站提供一些 URL 来公开其文档或内容。

　　授权的注册在 AndroidManifest.xml 文件中进行。下面给出了在 AndroidManifest.xml 中注册 ContentProvider 的两个示例：

```
<provider android:name="SomeProvider"
        android:authorities="com.your-company.SomeProvider" />

<provider android:name="NotePadProvider"
    android:authorities="com.google.provider.NotePad"
/>
```

　　授权就像是 ContentProvider 的域名。在进行了前面的授权注册之后，这些 ContentProvider 就拥有了以授权前缀开头的 URL：

```
content://com.your-company.SomeProvider/
content://com.google.provider.NotePad/
```

　　可以看到，ContentProvider（就像网站一样）拥有一个基础域名，这个域名充当着一个起始 URL。

　　说明　Android 提供的 ContentProvider 可能没有完全限定的授权名。只有在使用第三方 ContentProvider 时，才建议使用完全限定的授权名。这就是为什么有时会看到仅使用一个简单单词（比如"contacts"）来引用 ContentProvider，而不是使用"com.google.android.contacts"（在使用第三方 ContentProvider 的情况下）。

　　ContentProvider 还提供了一种类似 REST 的 URL 来获取或操作数据。对于前面的注册，标识 NotePadProvider 数据库中的笔记目录或集合的 URI 为：

```
content://com.google.provider.NotePad/Notes
```

　　标识具体笔记的 URI 为：

```
content://com.google.provider.NotePad/Notes/#
```

　　其中#是特定笔记的 id。下面是一些数据提供程序可接受的 URI 的其他示例：

```
content://media/internal/images
content://media/external/images
content://contacts/people/
content://contacts/people/23
```

　　请注意，这些提供程序的"媒体"（content://media）和"联系人"（content://contacts）没有完全限定的结构。这是因为它们不是第三方提供程序，而是由 Android 控制的。

　　ContentProvider 还具有 Web 服务的特征。ContentProvider 通过其 URI 将内部数据公开为服务。但是，ContentProvider 的 URL 的输出不是具有特定类型的数据，这与基于 SOAP 的 Web 服务调用一样。此输出更像来自 JDBC 语句的结果集。尽管 ContentProvider 在概念上与 JDBC 相似，但我们并不希望让人觉得此输出与 ResultSet 相同。

　　调用方希望知道返回的行和列的结构。因此，在 4.2.2 节后将会看到，ContentProvider 提供了一种内置机制来确定此 URI 所表示的数据的 MIME（Multipurpose Internet Mail Extensions，多用途因特网邮件扩展）类型。

　　除了与网站、REST 和 Web 服务类似，ContentProvider 的 URI 还与数据库中的存储过程名称类似。存储过程代表着对基础关系数据的基于服务的访问方式。URI 与存储过程的类似，因为对 ContentProvider 的 URI 调用将返回一个游标。但是，ContentProvider 与存储过程也有一些区别，ContentProvider 中的服务调用的输入通常内嵌在 URI 本身之中。

　　我们进行这些对比是为了让你了解更广泛的 ContentProvider 范围。

4.2.1　Android 内容 URI 的结构

　　我们将 ContentProvider 与网站比较是因为它响应传入的 URI。所以，要从 ContentProvider 获取数据，需要做的就是调用一个 URI。但是，从 ContentProvider 中获取的数据是由 Android cursor 对象表示的一些行和列的集合。以此为背景，我们来看看可用于获取数据的 URI 结构。

　　Android 中的内容 URI 类似于 HTTP URI，但它们以 content 开头，具有以下通用形式：

```
content://*/*/*
```

或

```
content://authority-name/path-segment1/path-segment2/etc...
```

下面给出了一个示例 URI，它标识笔记数据库中编号为 23 的笔记：

```
content://com.google.provider.NotePad/notes/23
```

　　在 content:之后，该 URI 包含授权的唯一标识符，该标识符用于在提供程序注册表中定位 ContentProvider。在前面的示例中，com.google.provider.NotePad 是 URI 的授权部分。

　　/notes/23 是 URI 中特定于每个 ContentProvider 的路径部分。路径中的 notes 和 23 称为路径片段。对 URI 的路径部分和路径片段的记录和解释由 ContentProvider 负责。

　　ContentProvider 的开发人员通常通过在 ContentProvider 的 Java 实现包中的 Java 类或 Java 接口中声明常量来完成此任务。而且，路径的第一部分可以指向一个对象集合。例如，/notes 标识一个笔记集合或目录，而/23 指向特定的笔记项目。

　　给定此 URI，ContentProvider 就可以获取它所标识的行。ContentProvider 还可以使用任何状态更改方法（插入、更新或删除）更改此 URI 的内容。

4.2.2　Android MIME 类型的结构

　　就像网站返回给定 URL 的 MIME 类型一样（这使浏览器能够调用正确的程序来查看内容），ContentProvider 还负责返回给定 URI 的 MIME 类型。这使用户能够灵活地查看数据。知道数据的类型之后，可能有多个程序知道如何处理该数据。例如，如果在硬盘上有一个文本文件，那么许多编辑器都可以显示该文本文件。取决于使用的操作系统，可能还可以选择使用哪个编辑器。

　　MIME 类型在 Android 中的工作方式与在 HTTP 中类似。你向 ContentProvider 询问它支持的给定 URI 的 MIME 类型，ContentProvider 返回一个包含两部分的字符串，该字符串根据标准的 Web MIME 约定来标识 URI 的 MIME 类型。可以在以下网址找到 MIME 类型标准：

　　http://tools.ietf.org/html/rfc2046

根据 MIME 类型规范，MIME 类型包含两部分：类型和子类型。下面是一些流行的 MIME 类型对的示例：

```
text/html
text/css
text/xml
text/vnd.curl
application/pdf
application/rtf
application/vnd.ms-excel
```

在 IANA（Internet Assigned Numbers Authority，互联网数字分配机构）网站上可以看到已注册的类型和子类型的完整列表：

http://www.iana.org/assignments/media-types/

已注册的主要内容类型包括：

```
application
audio
example
image
message
model
multipart
text
video
```

每个主要类型都包含子类型。但是如果供应商具有专用的数据格式，那么子类型名称将以 vnd 开头。例如，Microsoft Excel 电子表格使用子类型 vnd.ms-excel 标识，而 pdf 被视为一种非供应商标准，所以对它的标识没有任何供应商特定的前缀。

一些子类型以 x-开头，这些子类型是不必注册的非标准子类型。它们被视为两个协作机构共同定义的私有值。下面给出了一些例子：

```
application/x-tar
audio/x-aiff
video/x-msvideo
```

Android 遵循类似的约定来定义 MIME 类型。Android MIME 类型中的 vnd 表示这些类型和子类型具有非标准的、供应商特定的形式。为了实现唯一性，Android 使用了多个类似域规范的部分来进一步区分类型和子类型。而且，每个内容类型的 Android MIME 类型都具有两种形式：一个用于某条具体的记录，另一个用于多条记录。

对于单条记录，MIME 类型类似于：

vnd.android.cursor.item/vnd.yourcompanyname.contenttype

对于记录或行的集合，MIME 类型类似于：

vnd.android.cursor.dir/vnd.yourcompanyname.contenttype

下面给出了两个例子：

```
//One single note
vnd.android.cursor.item/vnd.google.note

//A collection or a directory of notes
vnd.android.cursor.dir/vnd.google.note
```

说明   从这里可以看出，Android 在本质上能够识别项的"目录"和"单个"项。作为程序员，你的
灵活性只限于子类型。例如，列表控件将从游标返回的内容作为这些 MIME "主要"类型中
的一种。

MIME 类型广泛用于 Android 中，尤其是在 Intent 中，系统在 Intent 中根据数据的 MIME 类型
来判断调用哪些活动。MIME 类型总是通过 ContentProvider 从它们的 URI 得出。在使用 MIME 类型
时，需要记住以下 3 点。

❑ 类型和子类型对于它们所表示的内容必须是唯一的。前面已经指出，类型基本上已确定。它
本质上是一个项目录或单个项。在Android上下文中，这些可能并不像你想象得那样开放。

❑ 如果类型和子类型不是标准的（在谈到具体的记录时通常属于这种情况），则需要在它们前面
添加上vnd。

❑ 它们通常针对具体需求添加了命名空间。

重申一下，通过 Android cursor 返回的项集合的主要 MIME 类型应该始终为 vnd.android.
cursor.dir，通过 Android cursor 获取的单一项的主要 MIME 类型应该为 vnd.android.cursor. item。
在处理子类型时，可以有更多的自由空间，比如在 vnd.google.note 中，在 vnd.部分之后，可以使用
喜欢的任何内容作为子类型。

4.2.3   使用 URI 读取数据

现在你已知道，要从 ContentProvider 获取数据，需要使用该 ContentProvider 提供的 URI。因为
ContentProvider 定义的 URI 对该 ContentProvider 是唯一的，所以记录这些 URI 并使其能被程序员看
到和调用非常重要。Android 中包含的 ContentProvider 通过定义表示这些 URI 字符串的常量来实现此
目的。

考虑 Android SDK 中的帮助器类定义的以下 3 个 URI：

```
MediaStore.Images.Media.INTERNAL_CONTENT_URI
MediaStore.Images.Media.EXTERNAL_CONTENT_URI
ContactsContract.Contacts.CONTENT_URI
```

等效的文本 URI 字符串如下所示：

```
content://media/internal/images
content://media/external/images
content://com.android.contacts/contacts/
```

给定这些 URI，从联系人提供程序获取单行联系人信息的代码类似于：

```
Uri peopleBaseUri = ContactsContract.Contacts.CONTENT_URI;
Uri myPersonUri = Uri.withAppendedPath(peopleBaseUri, "23");

//Query for this record.
//managedQuery is a method on Activity class
Cursor cur = managedQuery(myPersonUri, null, null, null);
```

请注意，Contacts Contract.Contacts.CONTENT_URI 被预定义为 Contacts 类中的一个常量。我们
将变量命名为 peopleBaseUri，表示如果想要查找联系人信息，则可以使用联系方式 URI。当然，如
果从定义上将联系人看做是联系方式，那么也可以调用这个变量 contactsBaseUri。

这个例子中，代码使用根 URI，添加指定的联系人 ID，然后调用 managedQuery 方法。

作为对此 URI 的查询的一部分，可以指定排序顺序、要选择的列和 where 子句。本例中将这些附加参数设置为 null。

说明　ContentProvider 应该实现一组接口或将列名称作为常量列出，以列出它支持的列。但是，定义列常量的类或接口也应该通过列命名约定、注释或文档清晰地表明列类型，因为没有正式的方式通过常量指定列的类型。

代码清单 4-1 以上一个示例为基础，展示了如何获取一个游标，这个游标包含来自 contacts ContentProvider 的 People 表的一组特定的列。

代码清单 4-1　从 ContentProvider 获取一个游标

```
//Use this interface to see the constants
import ContactsContract.Contacts;
...
// An array specifying which columns to return.
String[] projection = new String[] {
    Contacts._ID,
    Contacts.DISPLAY_NAME_PRIMARY
};

Uri mContactsUri = ContactsContract.Contacts.CONTENT_URI;

// Best way to retrieve a query; returns a managed query.
Cursor managedCursor = managedQuery( mContactsUri,
                     projection, //Which columns to return.
                     null,       // WHERE clause
                     Contacts.DISPLAY_NAME_PRIMARY + " ASC"); // Order-by clause.
```

请注意，projection 只是一个字符串数组，这些字符串表示列名称。所以，除非知道这些列是什么，否则将很难创建 projection。应该在提供 URI 的类中查找这些列名称，在本例中为 Contacts 类。通过查看 android.provider.Contacts Contract.Contacts 类的 SDK 文档，可以发现关于这些列的更多信息，该文档可通过以下 URL 访问：

http://developer.android.com/reference/android/provider/ContactsContract.Contacts.html

我们回顾一下返回的 cursor：它包含 0 个或多个记录。列名称、顺序和类型都是特定于 ContentProvider 的。但是，返回的每行都包含一个名为 _id 的默认列，表示该行的唯一 ID。

4.2.4　使用游标

以下是关于 Android 游标的一些知识。

❏ 游标是一个行集合。
❏ 读取数据之前，需要使用 moveToFirst()，因为游标放在第一行之前。
❏ 需要知道列名称。
❏ 需要知道列类型。
❏ 所有字段访问方法都基于列编号，所以必须首先将列名称转换为列编号。

□ 游标可以随意移动（可以向前和向后移动，也可以跳过一段距离）。

□ 由于游标可以随意移动，所以可以向它获取行计数。

Android 游标包含许多用于导航它的方法。代码清单 4-2 展示了如何检查游标是否为空，以及在游标不为空时如何逐行浏览它。

代码清单 4-2   使用 while 循环导航游标

```
if (cur.moveToFirst() == false)
{
   //no rows empty cursor
   return;
}

//The cursor is already pointing to the first row
//let's access a few columns
int nameColumnIndex = cur.getColumnIndex(Contacts.DISPLAY_NAME_PRIMARY);
String name = cur.getString(nameColumnIndex);

//let's now see how we can loop through a cursor

while(cur.moveToNext())
{
   //cursor moved successfully
   //access fields
}
```

代码清单 4-2 开头的假设是，游标已放在第一行之前。为了将游标放在第一行上，我们在游标对象上使用 moveToFirst() 方法。如果游标为空，此方法返回 false。然后使用 moveToNext() 方法反复导航该游标。

为了帮助理解游标的位置，Android 提供了以下方法：

```
isBeforeFirst()
isAfterLast()
isClosed()
```

使用这些方法，也可以像代码清单 4-3 一样，使用 for 循环来导航游标，而不像代码清单 4-2 一样使用 while 循环。

代码清单 4-3   使用 for 循环导航游标

```
//Get your indexes first outside the for loop
int nameColumn = cur.getColumnIndex(Contacts.DISPLAY_NAME_PRIMARY);

//Walk the cursor now based on column indexes
for(cur.moveToFirst();!cur.isAfterLast();cur.moveToNext())
{
   String name = cur.getString(nameColumn);
}
```

列的索引顺序似乎有些随意。因此，建议首先从游标显式获取索引，以避免意外。为了找到游标中的行数，Android 为游标对象提供了一个 getCount() 方法。

4.2.5   使用 where 子句

ContentProvider 提供了两种方式来传递 where 子句：

❏ 通过URI；

❏ 通过string子句与一组可替换的字符串数组参数的组合。

我们将通过一些示例代码介绍这两种方法。

1. 通过 URI 传递 where 子句

想象一下，需要从谷歌笔记数据库中获取 ID 为 23 的笔记。可以使用代码清单 4-4 中的代码来获取一个游标，这个游标包含与笔记表中的第 23 行对应的一行。

代码清单 4-4　通过 URI 传递 SQL WHERE 子句

```
Activity someActivity;
//..initialize someActivity
String noteUri = "content://com.google.provider.NotePad/notes/23";
Cursor managedCursor = someActivity.managedQuery( noteUri,
                      projection, //Which columns to return.
                      null,       // WHERE clause
                      null); // Order-by clause.
```

我们将 managedQuery 方法的 where 子句参数保留为 null，因为在本例中，我们假设笔记提供程序非常智能，能够判断我们想要的图书的 id。此 id 嵌入在 URI 本身中。从某种意义上讲，我们将 URI 用做了传递 where 子句的工具。当你留意笔记提供程序如何实现相应的查询方法时，就会很明显地发现这一点。下面是查询方法中的一段代码：

```
//Retrieve a note id from the incoming uri that looks like
//content://.../notes/23
int noteId = uri.getPathSegments().get(1);

//ask a query builder to build a query
//specify a table name
queryBuilder.setTables(NOTES_TABLE_NAME);

//use the noteid to put a where clause
queryBuilder.appendWhere(Notes._ID + "=" + noteId);
```

请注意笔记的 id 是如何从 URI 中提取出来的。表示传入参数 uri 的 Uri 类包含一个方法，可用于提取 URI 中根 content://com.google.provider.NotePad 以后的部分。这些部分称为路径片段，它们是以/分隔的字符串（比如/seg1/seg3/seg4/），并通过它们的位置建立索引。对于这里的 URI，第一个路径片段为 23。然后使用 ID 23，将指定的 where 子句附加到 QueryBuilder 类。最后，等效的选择语句将为：

```
select * from notes where _id = 23
```

说明　类 Uri 和 UriMatcher 用于标识 URI 并从中提取参数。（在 4.3.8 节中将进一步介绍 UriMatcher。）SQLiteQueryBuilder 是 android.database.sqlite 中的一个帮助器类，允许你构造 SQL 查询，供 SQLiteDatabase 在 SQLite 数据库实例上执行。

---

2. 使用显式 WHERE 子句

既然你已经了解了如何使用 URI 发送 where 子句，接下来看看另一个方法，Android 通过该方法以 where 子句的形式发送一组显式列和相应的值。在介绍此方法之前，我们再来看看代码清单 4-4 中使用的 Activity 类的 managedQuery 方法。下面是该方法的签名：

```
public final Cursor managedQuery(Uri uri,
    String[] projection,
    String selection,
    String[] selectionArgs,
    String sortOrder)
```

请注意名为 selection 的参数，它的类型为 String。这个选择字符串表示一个过滤器（在本质上是一个 where 子句），它以 SQL WHERE 子句（不包含 WHERE 本身）的格式声明要返回的行。传递 null 将返回给定 URI 的所有行。在选择字符串中可以包含?，它们将被替换为 selectionArgs 中的值，并按在选择列表中出现的顺序显示。这些值将作为 String 绑定。

因为有两种指定 where 子句的方式，可能很难确定提供程序使用这些 where 子句的方式，以及如果使用了两个 where 子句，那么哪个 where 子句优先。

例如，可以使用两种方法之一来查询 ID 为 23 的笔记：

```
//URI method
managedQuery("content://com.google.provider.NotePad/notes/23"
,null
,null
,null
,null);
```

或

```
//explicit where clause
managedQuery("content://com.google.provider.NotePad/notes"
,null
,"_id=?"
,new String[] {23}
,null);
```

通常的做法是，通过合适的 URI 使用 where 子句，在特殊情况下使用明确的选项。

4.2.6　插入记录

到目前为止，我们已经介绍了如何使用 URI 从 ContentProvider 获取数据。现在看一下插入、更新和删除操作。

从开始讲解 ContentProvider 到现在，我们使用了谷歌教程提供的 Notepad 应用程序作为原型。但是，两者没必要完全相同。即使从未见过该应用程序，你也应该能够理解这些示例。不过，在本章后面的内容中，我们还是会给出示例提供程序的完整代码。

Android 使用类 android.content.ContentValues 来保存将插入的单一记录的值。ContentValues 是一个键/值对字典，非常类似于列名称和它们的值。要插入记录，首先将记录填充到 ContentValues，然后告诉 android.content.ContentResolver 使用 URI 插入该记录。

说明　你需要定位 ContentResolver，因为在这一级抽象上，你没有让数据库插入记录，而是将记录插入了由 URI 标识的提供程序中，ContentResolver 负责将该 URI 应用解析到正确的提供程序中，然后向该提供程序传递 ContentValues 对象。

下面这个例子展示了在 ContentValues 中填充单行笔记，为插入做准备：

```
ContentValues values = new ContentValues();
values.put("title", "New note");
values.put("note","This is a new note");

//values object is now ready to be inserted
```

可以请求 Activity 类来获取对 ContentResolver 的引用：

```
ContentResolver contentResolver = activity.getContentResolver();
```

现在，只需要一个 URI 来告诉 ContentResolver 插入该行。这些 URI 在与 Notes 表对应的类中定义。在 Notepad 示例中，此 URI 为：

```
Notepad.Notes.CONTENT_URI
```

可以使用此 URI 和我们所拥有的 ContentValues，然后进行调用来插入该行：

```
Uri uri = contentResolver.insert(Notepad.Notes.CONTENT_URI, values);
```

此调用返回一个指向新插入的记录的 URI。这个返回的 URI 将匹配以下结构：

```
Notepad.Notes.CONTENT_URI/new_id
```

4.2.7　将文件添加到 ContentProvider 中

有时，可能需要将文件存储到数据库中。常见的方法是将文件保存到磁盘，然后更新数据库中指向相应文件名的记录。

Android 借鉴了此协议，并通过定义一个具体过程来保存和检索文件，自动化了这一过程。Android 使用了一种约定，那就是使用保留的列名_data 将对文件名的引用保存在记录中。

当将记录插入该表时，Android 向调用方返回 URI。使用此机制保存记录之后，还需要将文件保存在该位置。为此，Android 允许 ContentResolver 获取数据库记录的 Uri，然后返回可写的输出流。在后台，Android 会分配一个内部文件，并将对该文件名的引用存储在_data 字段中。

如果要扩展 Notepad 示例来存储给定笔记的图像，可以创建另一个名为_data 的列，并首先运行一次插入来取回 URI。以下代码演示协议的这一部分：

```
ContentValues values = new ContentValues();
values.put("title", "New note");
values.put("note","This is a new note");

//Use a content resolver to insert the record
ContentResolver contentResolver = activity.getContentResolver();
Uri newUri = contentResolver.insert(Notepad.Notes.CONTENT_URI, values);
```

拥有了记录的 URI 之后，以下代码告诉 ContentResolver 获取对文件输出流的引用：

```
....
//Use the content resolver to get an output stream directly
//ContentResolver hides the access to the _data field where
//it stores the real file reference.
OutputStream outStream = activity.getContentResolver().openOutputStream(newUri);
someSourceBitmap.compress(Bitmap.CompressFormat.JPEG, 50, outStream);
outStream.close();
```

然后这段代码，使用该输出流来进行写入。

4.2.8 更新和删除

到目前为止，我们介绍了查询和插入，而更新和删除非常简单。执行更新类似于执行插入，在更新时，通过 ContentValues 对象传递更改的列值。下面是 ContentResolver 对象上一个更新方法的签名：

```
int numberOfRowsUpdated =
activity.getContentResolver().update(
    Uri uri,
    ContentValues values,
    String whereClause,
    String[] selectionArgs )
```

whereClause 参数将强制对有关的行进行更新。类似地，删除方法的签名为：

```
int numberOfRowsDeleted =
activity.getContentResolver().delete(
    Uri uri,
    String whereClause,
    String[] selectionArgs )
```

很明显，delete 方法不需要 ContentValues 参数，因为在删除记录时不需要指定想要的列。

几乎来自 managedQuery 和 ContentResolver 的所有调用最终都会转到 Provider 类。知道提供程序如何实现每种方法，就会为我们提供有关客户端如何使用这些方法的足够线索。下一节将介绍从头开始实现一个名为 BookProvider 的示例 ContentProvider。

4.3 实现 ContentProvider

我们讨论了如何与 ContentProvider 交互以满足对数据的需求，但还未讨论如何编写 ContentProvider。要编写 ContentProvider，必须扩展 android.content.ContentProvider 并实现以下重要方法：

```
query
insert
update
delete
getType
```

在实现它们之前也需要进行大量设置。我们将通过描述需要采取的各种步骤来介绍 ContentProvider 实现的所有细节。

(1) 计划数据库、URI 及列名称等，创建元数据类来定义所有这些元数据元素的常量。

(2) 扩展抽象类 ContentProvider。

(3) 实现方法：query、insert、update、delete 和 getType。

(4) 在描述文件中注册提供程序。

4.3.1 计划数据库

为了介绍这一主题，我们将创建一个包含一系列图书的数据库。这个图书数据库仅包含一个 books 表，该表的列包括 name、isbn 和 author。这些列名对应着元数据，这些相关的元数据将在 Java 类中定义。定义元数据的 Java 类为 BookProviderMetaData，如代码清单 4-5 所示。此元数据类的一些重要元素已突出显示。

代码清单 4-5　定义数据库的元数据：BookProviderMetaData 类

```
public class BookProviderMetaData
{
    public static final String AUTHORITY = "com.androidbook.provider.BookProvider";

    public static final String DATABASE_NAME = "book.db";
    public static final int DATABASE_VERSION = 1;
    public static final String BOOKS_TABLE_NAME = "books";

    private BookProviderMetaData() {}

    //inner class describing BookTable
    public static final class BookTableMetaData implements BaseColumns
    {
        private BookTableMetaData() {}
        public static final String TABLE_NAME = "books";

        //uri and MIME type definitions
        public static final Uri CONTENT_URI =
                        Uri.parse("content://" + AUTHORITY + "/books");

        public static final String CONTENT_TYPE =
                        "vnd.android.cursor.dir/vnd.androidbook.book";

        public static final String CONTENT_ITEM_TYPE =
                        "vnd.android.cursor.item/vnd.androidbook.book";

        public static final String DEFAULT_SORT_ORDER = "modified DESC";

        //Additional Columns start here.
        //string type
        public static final String BOOK_NAME = "name";

        //string type
        public static final String BOOK_ISBN = "isbn";

        //string type
        public static final String BOOK_AUTHOR = "author";

        //Integer from System.currentTimeMillis()
        public static final String CREATED_DATE = "created";

        //Integer from System.currentTimeMillis()
        public static final String MODIFIED_DATE = "modified";
    }
}
```

BookProviderMetaData 类首先将其授权定义为 com.androidbook.provider.BookProvider。我们将使用此字符串在 Android 描述文件中注册该提供程序。此字符串形成了供此提供程序使用的 URI 的前面部分。

此类然后将它的一个表（books）定义为内部 BookTableMetaData 类。BookTableMetaData 类然后定义一个 URI 来标识一个图书集合。有了上一段给出的授权，图书集合的 URI 将类似于：

content://com.androidbook.provider.BookProvider/books

此 URI 由以下常量标识：

BookProviderMetaData.BookTableMetaData.CONTENT_URI

BookTableMetaData 类然后定义图书集合和一本图书的 MIME 类型。提供程序实现将使用这些常量返回传入的 URI 的 MIME 类型。

　　BookTableMetaData 然后定义一组列：name、isbn、author、created（创建日期）和 modified（最后更新日期）。

说明　应该在代码中通过注释指出列的数据类型。

　　元数据类 BookTableMetaData 也继承自 BaseColumns 类，后者提供了标准的_id 字段，该字段表示行 ID。有了这些元数据定义，我们就准备好实现提供程序了。

4.3.2　扩展 ContentProvider

　　实现 BookProvider 示例 ContentProvider 涉及扩展 ContentProvider 类，重写 onCreate()来创建数据库，然后实现 query、insert、update、delete 和 getType 方法。本小节将介绍数据库的设置和创建，后续小节将介绍每个方法的用法：query、insert、update、delete 和 getType。代码清单 4-6 给出了该类的完整源代码。该类的重要部分已突出显示。

　　查询方法需要返回一组列。这类似于 select 子句，需要列名称和与之对应的 as 部分（有时称为同义词）。Android 使用了一个 map 对象，它调用 projection 映射来表示列名称及其同义词。我们需要设置此映射，以便在以后的查询方法实现中能够使用它。在提供程序实现的代码中（参见代码清单 4-6），可以看到我们提前完成了这一任务，这是 Project 映射设置的一部分。

　　我们将实现的大部分方法都接受一个 URI 作为输入。尽管此 ContentProvider 能够响应的所有 URI 都以相同的模式开头，但 URI 的结尾将不同，就像网站一样。每个 URI（尽管开头相同）都必须是不同的，这样才能标识不同的数据或文档。我们通过一个示例来解释这一点：

```
Uri1: content://com.androidbook.provider.BookProvider/books
Uri2: content://com.androidbook.provider.BookProvider/books/12
```

　　我们看到，BookProvider 需要区分每个 URI。这个例子非常简单。如果我们的 BookProvider 需要提供更多对象，而不只是图书，那么将需要更多 URI 来标识这些对象。

　　提供程序实现需要一种机制来区分各种 URI，Android 使用类 UriMatcher 来实现此功能。所以我们需要使用所有 URI 变体来设置此对象。在代码清单 4-6 中，在创建投影映射的代码片段之后可以看到此代码。我们将在 4.3.8 节进一步解释 UriMatcher 类。

　　代码清单 4-6 重写了 onCreate()方法，以方便数据库创建。源代码实现了 insert()、query()、update()、getType()和 delete()方法。所有这些方法的代码都在代码清单 4-6 中给出了，但我会以单独的小节的形式分别解释该代码清单的每一部分。

代码清单 4-6　实现 BookProvider 内容提供程序

```
public class BookProvider extends ContentProvider
{
    //Logging helper tag. No significance to providers.
    private static final String TAG = "BookProvider";

    //Setup projection Map
    //Projection maps are similar to "as" (column alias) construct
```

```
    //in an sql statement where by you can rename the
    //columns.
    private static HashMap<String, String> sBooksProjectionMap;
static
{
    sBooksProjectionMap = new HashMap<String, String>();
    sBooksProjectionMap.put(BookTableMetaData._ID,
                        BookTableMetaData._ID);

    //name, isbn, author
    sBooksProjectionMap.put(BookTableMetaData.BOOK_NAME,
                        BookTableMetaData.BOOK_NAME);
    sBooksProjectionMap.put(BookTableMetaData.BOOK_ISBN,
                        BookTableMetaData.BOOK_ISBN);
    sBooksProjectionMap.put(BookTableMetaData.BOOK_AUTHOR,
                        BookTableMetaData.BOOK_AUTHOR);

    //created date, modified date
    sBooksProjectionMap.put(BookTableMetaData.CREATED_DATE,
                        BookTableMetaData.CREATED_DATE);
    sBooksProjectionMap.put(BookTableMetaData.MODIFIED_DATE,
                        BookTableMetaData.MODIFIED_DATE);
}

//Setup URIs
//Provide a mechanism to identify
//all the incoming uri patterns.
private static final UriMatcher sUriMatcher;
private static final int INCOMING_BOOK_COLLECTION_URI_INDICATOR = 1;
private static final int INCOMING_SINGLE_BOOK_URI_INDICATOR = 2;
static {
    sUriMatcher = new UriMatcher(UriMatcher.NO_MATCH);
    sUriMatcher.addURI(BookProviderMetaData.AUTHORITY, "books",
                    INCOMING_BOOK_COLLECTION_URI_INDICATOR);
    sUriMatcher.addURI(BookProviderMetaData.AUTHORITY, "books/#",
                    INCOMING_SINGLE_BOOK_URI_INDICATOR);

}

/**
 * Setup/Create Database
 * This class helps open, create, and upgrade the database file.
 */
private static class DatabaseHelper extends SQLiteOpenHelper {

    DatabaseHelper(Context context) {
        super(context,
            BookProviderMetaData.DATABASE_NAME,
            null,
            BookProviderMetaData.DATABASE_VERSION);
    }

    @Override
    public void onCreate(SQLiteDatabase db)
    {
        Log.d(TAG,"inner oncreate called");
        db.execSQL("CREATE TABLE " + BookTableMetaData.TABLE_NAME + " ("
                + BookTableMetaData._ID + " INTEGER PRIMARY KEY,"
                + BookTableMetaData.BOOK_NAME + " TEXT,"
                + BookTableMetaData.BOOK_ISBN + " TEXT,"
```

```
                          + BookTableMetaData.BOOK_AUTHOR + " TEXT,"
                          + BookTableMetaData.CREATED_DATE + " INTEGER,"
                          + BookTableMetaData.MODIFIED_DATE + " INTEGER"
                          + ");");
        }

        @Override
        public void onUpgrade(SQLiteDatabase db, int oldVersion, int newVersion)
        {
            Log.d(TAG,"inner onupgrade called");
            Log.w(TAG, "Upgrading database from version "
                    + oldVersion + " to "
                    + newVersion + ", which will destroy all old data");
            db.execSQL("DROP TABLE IF EXISTS " +
                    BookTableMetaData.TABLE_NAME);
            onCreate(db);
        }
    }

    private DatabaseHelper mOpenHelper;

    //Component creation callback
    @Override
    public boolean onCreate()
    {
        Log.d(TAG,"main onCreate called");
        mOpenHelper = new DatabaseHelper(getContext());
        return true;
    }

    @Override
    public Cursor query(Uri uri, String[] projection, String selection,
        String[] selectionArgs,  String sortOrder)
    {
        SQLiteQueryBuilder qb = new SQLiteQueryBuilder();

        switch (sUriMatcher.match(uri)) {
        case INCOMING_BOOK_COLLECTION_URI_INDICATOR:
            qb.setTables(BookTableMetaData.TABLE_NAME);
            qb.setProjectionMap(sBooksProjectionMap);
            break;

        case INCOMING_SINGLE_BOOK_URI_INDICATOR:
            qb.setTables(BookTableMetaData.TABLE_NAME);
            qb.setProjectionMap(sBooksProjectionMap);
            qb.appendWhere(BookTableMetaData._ID + "="
                    + uri.getPathSegments().get(1));
            break;

        default:
            throw new IllegalArgumentException("Unknown URI " + uri);
        }

        // If no sort order is specified use the default
        String orderBy;
        if (TextUtils.isEmpty(sortOrder)) {
            orderBy = BookTableMetaData.DEFAULT_SORT_ORDER;
        } else {
            orderBy = sortOrder;
        }
```

```java
    // Get the database and run the query
    SQLiteDatabase db = mOpenHelper.getReadableDatabase();
    Cursor c = qb.query(db, projection, selection,
                selectionArgs, null, null, orderBy);

    //example of getting a count
    int i = c.getCount();

    // Tell the cursor what uri to watch,
    // so it knows when its source data changes
    c.setNotificationUri(getContext().getContentResolver(), uri);
    return c;
}

@Override
public String getType(Uri uri)
{
    switch (sUriMatcher.match(uri)) {
    case INCOMING_BOOK_COLLECTION_URI_INDICATOR:
        return BookTableMetaData.CONTENT_TYPE;

    case INCOMING_SINGLE_BOOK_URI_INDICATOR:
        return BookTableMetaData.CONTENT_ITEM_TYPE;

    default:
        throw new IllegalArgumentException("Unknown URI " + uri);
    }
}

@Override
public Uri insert(Uri uri, ContentValues initialValues)
{
    // Validate the requested uri
    if (sUriMatcher.match(uri)
            != INCOMING_BOOK_COLLECTION_URI_INDICATOR)
    {
        throw new IllegalArgumentException("Unknown URI " + uri);
    }

    ContentValues values;
    if (initialValues != null) {
        values = new ContentValues(initialValues);
    } else {
        values = new ContentValues();
    }

    Long now = Long.valueOf(System.currentTimeMillis());

    // Make sure that the fields are all set
    if (values.containsKey(BookTableMetaData.CREATED_DATE) == false)
    {
        values.put(BookTableMetaData.CREATED_DATE, now);
    }
    if (values.containsKey(BookTableMetaData.MODIFIED_DATE) == false)
    {
        values.put(BookTableMetaData.MODIFIED_DATE, now);
    }

    if (values.containsKey(BookTableMetaData.BOOK_NAME) == false)
    {
        throw new SQLException(
            "Failed to insert row because Book Name is needed " + uri);
```

```
        }

        if (values.containsKey(BookTableMetaData.BOOK_ISBN) == false) {
            values.put(BookTableMetaData.BOOK_ISBN, "Unknown ISBN");
        }
        if (values.containsKey(BookTableMetaData.BOOK_AUTHOR) == false) {
            values.put(BookTableMetaData.BOOK_ISBN, "Unknown Author");
        }

        SQLiteDatabase db = mOpenHelper.getWritableDatabase();
        long rowId = db.insert(BookTableMetaData.TABLE_NAME,
                BookTableMetaData.BOOK_NAME, values);
        if (rowId > 0) {
            Uri insertedBookUri =
                ContentUris.withAppendedId(
                        BookTableMetaData.CONTENT_URI, rowId);
            getContext()
                .getContentResolver()
                    .notifyChange(insertedBookUri, null);

            return insertedBookUri;
        }

        throw new SQLException("Failed to insert row into " + uri);
    }

    @Override
    public int delete(Uri uri, String where, String[] whereArgs)
    {
        SQLiteDatabase db = mOpenHelper.getWritableDatabase();
        int count;
        switch (sUriMatcher.match(uri)) {
        case INCOMING_BOOK_COLLECTION_URI_INDICATOR:
            count = db.delete(BookTableMetaData.TABLE_NAME,
                    where, whereArgs);
            break;

        case INCOMING_SINGLE_BOOK_URI_INDICATOR:
            String rowId = uri.getPathSegments().get(1);
            count = db.delete(BookTableMetaData.TABLE_NAME,
                    BookTableMetaData._ID + "=" + rowId
                    + (!TextUtils.isEmpty(where) ? " AND (" + where + ')' : ""),
                    whereArgs);
            break;

        default:
            throw new IllegalArgumentException("Unknown URI " + uri);
        }

        getContext().getContentResolver().notifyChange(uri, null);
        return count;
    }

    @Override
    public int update(Uri uri, ContentValues values,
            String where, String[] whereArgs)
    {
        SQLiteDatabase db = mOpenHelper.getWritableDatabase();
        int count;
        switch (sUriMatcher.match(uri)) {
        case INCOMING_BOOK_COLLECTION_URI_INDICATOR:
            count = db.update(BookTableMetaData.TABLE_NAME,
```

```
                        values, where, whereArgs);
            break;

        case INCOMING_SINGLE_BOOK_URI_INDICATOR:
            String rowId = uri.getPathSegments().get(1);
            count = db.update(BookTableMetaData.TABLE_NAME,
                    values, BookTableMetaData._ID + "=" + rowId
                    + (!TextUtils.isEmpty(where) ? " AND (" + where + ')' : ""),
                    whereArgs);
            break;

        default:
            throw new IllegalArgumentException("Unknown URI " + uri);
        }

        getContext().getContentResolver().notifyChange(uri, null);
        return count;
    }
}
```

4.3.3　履行 MIME 类型契约

BookProvider 内容提供程序还必须实现 getType()方法，以返回给定 URI 的 MIME 类型。与 ContentProvider 的其他许多方法一样，此方法也必须重载来处理传入的 URI。所以，getType()方法的第一个任务就是区分 URI 的类型：它是一个图书集合，还是一本图书？

上一小节中已经指出，我们将使用 UriMatcher 来识别此 URI 类型。根据此 URI，BookTableMetaData 类定义了要为每个 URI 返回的 MIME 类型常量。代码清单 4-6 中给出了该方法的实现。

4.3.4　实现 query 方法

ContentProvider 中的 query 方法负责根据传入的 URI 和 where 子句返回一些行。

与其他方法一样，query 方法使用 UriMatcher 来识别 URI 类型。如果 URI 为单一项类型，那么该方法将从传入的 URI 获取图书 ID。

(1) 使用 getPathSegments()提取路径片段。

(2) 通过 URI 的索引获取第一个路径片段，也就是图书 ID。

Query 方法然后使用在代码清单 4-6 中创建的 projection 来标识返回的列。最后，query 将得到的游标返回给调用方。在这整个过程中，query 方法使用 SQLiteQueryBuilder 对象来建立和执行查询（参见代码清单 4-6）。

4.3.5　实现 insert 方法

ContentProvider 中的 insert 方法负责将记录插入到基础数据库中，然后返回指向新创建的记录的 URI。

与其他方法一样，insert 使用 UriMatcher 来识别 URI 类型。该方法首先检查 URI 是否表示了正确的集合类型 URI。如果不是，它将抛出异常（参见代码清单 4-6）。

这段代码然后验证可选的或必需的列参数。如果一些列的默认值缺失，该方法可以替换这些值。接下来，代码使用 SQLiteDatabase 对象插入新记录并返回新插入的 ID。最后，代码使用从数据库返回的 ID 构造新的 URI。

4.3.6　实现 update 方法

ContentProvider 中的 update 方法负责根据传入的列值和传入的 where 子句来更新记录。update 方法然后返回在此过程中更新的行数。

与其他方法一样，update 使用 UriMatcher 来识别 URI 类型。如果 URI 类型为集合，则传递 where 子句，使它能够影响尽可能多的记录。如果 URI 为单一记录类型，则从 URI 提取图书 ID，并将其指定为另外一条 where 子句。最后，update 方法返回更新的记录数量（参见代码清单 4-6）。另请注意，notifyChange 方法可用于通知该 URI 上的数据已经更改。在插入记录时，也可以在 insert 方法中表明"…./books"已经更改。

4.3.7　实现 delete 方法

ContentProvider 中的 delete 方法负责根据传入的 where 子句删除记录。然后，delete 方法返回在此过程中删除的行数。

与其他方法一样，delete 使用 UriMatcher 来识别 URI 类型。如果 URI 类型为集合类型，则传递 where 子句，以便能够删除尽可能多的记录。如果 where 子句为 null，则所有记录都将被删除。如果 URI 为单一记录类型，将从 URI 提取图书 ID，并将其指定为一个附加的 where 子句。最后，该方法返回删除的记录数量（参见代码清单 4-6）。

4.3.8　使用 UriMatcher 来解析 URI

到目前为止，我们已多次提到 UriMatcher 类，现在来看一下它。ContentProvider 中的几乎所有方法都会被重载来处理 URI。例如，无论是希望获取一本图书还是多本图书的列表，都会调用同一个 query() 方法。这取决于该方法知道所请求的 URI 类型。Android 的 UriMatcher 实用程序类有助于识别 URI 类型。

它的工作原理：你告诉 UriMatcher 实例需要什么样的 URI 模式。还将一个唯一编号与每个模式关联。注册这些模式之后，可以询问 UriMatcher 传入的 URI 是否与某个模式匹配。

前面已经提到，我们的 BookProvider 内容提供程序包含两种 URI 模式：一种用于图书集合，一种用于单本图书。代码清单 4-7 使用 UriMatcher 注册了这两种模式。它使用 1 来表示图书集合，使用 2 来表示单本图书（URI 模式本身在 books 表的元数据中定义）。

代码清单 4-7　使用 UriMatcher 注册 URI 模式

```
private static final UriMatcher sUriMatcher;
//define ids for each uri type
private static final int INCOMING_BOOK_COLLECTION_URI_INDICATOR = 1;
private static final int INCOMING_SINGLE_BOOK_URI_INDICATOR = 2;

static {
    sUriMatcher = new UriMatcher(UriMatcher.NO_MATCH);
    //Register pattern for the books
    sUriMatcher.addURI(BookProviderMetaData.AUTHORITY
                        , "books"
                        , INCOMING_BOOK_COLLECTION_URI_INDICATOR);
```

```
//Register pattern for a single book
sUriMatcher.addURI(BookProviderMetaData.AUTHORITY
                  , "books/#",
                    INCOMING_SINGLE_BOOK_URI_INDICATOR);
}
```

既然注册已经完成，可以看到 UriMatcher 在查询方法实现中发挥了重要作用：

```
switch (sUriMatcher.match(uri)) {
   case INCOMING_BOOK_COLLECTION_URI_INDICATOR:
   ......
   case INCOMING_SINGLE_BOOK_URI_INDICATOR:
   ......
   default:
      throw new IllegalArgumentException("Unknown URI " + uri);
}
```

请注意，match 方法返回前面注册的相同编号的方式。UriMatcher 的构造函数接受一个整数，并将其用于根 URI。如果 URI 上既没有路径片段，也没有授权，那么 UriMatcher 将返回此编号。当模式不匹配时，UriMatcher 还将返回 NO_MATCH。可以构造没有根匹配代码的 UriMatcher，在这种情况下，Android 在内部将 UriMatcher 初始化为 NO_MATCH。所以，可以将代码清单 4-7 中的代码改写为：

```
static {
        sUriMatcher = new UriMatcher();
        sUriMatcher.addURI(BookProviderMetaData.AUTHORITY
                          , "books"
                          , INCOMING_BOOK_COLLECTION_URI_INDICATOR);

        sUriMatcher.addURI(BookProviderMetaData.AUTHORITY
                          , "books/#",
                            INCOMING_SINGLE_BOOK_URI_INDICATOR);
}
```

4.3.9 使用投影映射

ContentProvider 充当着抽象列集和数据库中真实的列集之间的媒介，这些列集可能是不同的。在构造查询时，必须在客户端指定的 where 子句列与真实的数据库列之间建立映射。可以借助 SQLiteQueryBuilder 类来建立此投影映射。

Android SDK 文档是这样描述 QueryBuilder 类上可用的映射方法 public void setProjectionMap (Map columnMap)的：

> 为查询设置投影映射。投影映射将从调用方传入查询中的列名称映射到数据库列名称。这对于重命名列以及在进行联结时消除列名称歧义非常有用。例如，可以将 "name" 映射到 "people.name"。如果设置了投影映射，它必须包含用户可能请求的所有列名称，即使这些列的键和值是相同的也是如此。

下面是我们的 BookProvider 内容提供程序设置投影映射的方法：

```
sBooksProjectionMap = new HashMap<String, String>();
sBooksProjectionMap.put(BookTableMetaData._ID, BookTableMetaData._ID);

//name, isbn, author
sBooksProjectionMap.put(BookTableMetaData.BOOK_NAME
                                          , BookTableMetaData.BOOK_NAME);
sBooksProjectionMap.put(BookTableMetaData.BOOK_ISBN
```

```
                                       , BookTableMetaData.BOOK_ISBN);
sBooksProjectionMap.put(BookTableMetaData.BOOK_AUTHOR
                                       , BookTableMetaData.BOOK_AUTHOR);

//created date, modified date
sBooksProjectionMap.put(BookTableMetaData.CREATED_DATE
                                       , BookTableMetaData.CREATED_DATE);
sBooksProjectionMap.put(BookTableMetaData.MODIFIED_DATE
                                       , BookTableMetaData.MODIFIED_DATE);
```

然后，查询生成器会按如下方式使用变量 sBooksProjectionMap：

```
queryBuilder.setTables(BookTableMetaData.TABLE_NAME);
queryBuilder.setProjectionMap(sBooksProjectionMap);
```

4.3.10   注册提供程序

最后，必须使用代码清单 4-8 中的标记结构在 Android.Manifest.xml 文件中注册 ContentProvider：

代码清单 4-8   注册 ContentProvider

```
<provider android:name=".BookProvider"
   android:authorities="com.androidbook.provider.BookProvider"/>
```

4.4   练习图书提供程序

既然有了一个图书提供程序，我们将提供示例代码来练习它。示例代码将完成添加图书、删除图书、获取图书数量以及最后显示所有图书的任务。

请记住，这些代码是从示例项目提取出来的，它们是无法编译的，因为这需要其他依赖性文件。但是，我们觉得这些示例代码对演示介绍的概念很有价值。

本章末提供了可下载示例项目的链接，可在 Eclipse 环境中编译和测试它。

4.4.1   添加图书

代码清单 4-9 中的代码向图书数据库插入一本新书。

代码清单 4-9   练习图书提供程序的插入操作

```
public void addBook(Context context)
{
    String tag = "Exercise BookProvider";
    Log.d(tag,"Adding a book");
    ContentValues cv = new ContentValues();
    cv.put(BookProviderMetaData.BookTableMetaData.BOOK_NAME, "book1");
    cv.put(BookProviderMetaData.BookTableMetaData.BOOK_ISBN, "isbn-1");
    cv.put(BookProviderMetaData.BookTableMetaData.BOOK_AUTHOR, "author-1");

    ContentResolver cr = context.getContentResolver();
    Uri uri = BookProviderMetaData.BookTableMetaData.CONTENT_URI;
    Log.d(tag,"book insert uri:" + uri);
    Uri insertedUri = cr.insert(uri, cv);
    Log.d(tag,"inserted uri:" + insertedUri);
}
```

4.4.2 删除图书

代码清单 4-10 中的代码从图书数据库删除最后一条记录。代码清单 4-11 中提供的示例展示了代码清单 4-10 中的 getCount()方法的工作原理。

代码清单 4-10 练习图书提供程序的删除操作

```
public void removeBook(Context context)
{
    String tag = "Exercise BookProvider";
    int i = getCount(context); //See the getCount function in Listing 4-11
    ContentResolver cr = context.getContentResolver();
    Uri uri = BookProviderMetaData.BookTableMetaData.CONTENT_URI;
    Uri delUri = Uri.withAppendedPath(uri, Integer.toString(i));
    Log.d(tag, "Del Uri:" + delUri);
    cr.delete(delUri, null, null);
    Log.d(tag, "New count:" + getCount(context));
}
```

请注意,这是一个简单示例,展示了如何使用 URI 删除作品。获取最后一个 URI 的算法可能并不适用于所有情况。但是,如果打算添加 5 条记录并从末尾开始逐条删除它们,这个示例应该有效。在真实情况下,可能需要在列表中显示记录,要求用户挑选一条要删除的记录,这样你就会知道该记录的 URI。

4.4.3 获取图书数量

代码清单 4-11 中的代码获取数据库游标并统计游标中的记录数量。

代码清单 4-11 统计表中的记录数量

```
private int getCount(Context context)
{
    Uri uri = BookProviderMetaData.BookTableMetaData.CONTENT_URI;
    Activity a = (Activity)context;
    Cursor c = a.managedQuery(uri,
            null, //projection
            null, //selection string
            null, //selection args array of strings
            null); //sort order
    int numberOfRecords = c.getCount();
    c.close();
    return numberOfRecords;
}
```

4.4.4 显示图书列表

代码清单 4-12 中的代码检索图书数据库中的所有记录。

代码清单 4-12 显示图书列表

```
public void showBooks(Context context)
{
    String tag = "Exercise BookProvider";
    Uri uri = BookProviderMetaData.BookTableMetaData.CONTENT_URI;
    Activity a = (Activity)context;
    Cursor c = a.managedQuery(uri,
```

```
                null, //projection
                null, //selection string
                null, //selection args array of strings
                null); //sort order

        int iname = c.getColumnIndex(
            BookProviderMetaData.BookTableMetaData.BOOK_NAME);

        int iisbn = c.getColumnIndex(
            BookProviderMetaData.BookTableMetaData.BOOK_ISBN);
        int iauthor = c.getColumnIndex(
            BookProviderMetaData.BookTableMetaData.BOOK_AUTHOR);

        //Report your indexes
        Log.d(tag,"name,isbn,author:" + iname + iisbn + iauthor);

        //walk through the rows based on indexes
        for(c.moveToFirst();!c.isAfterLast();c.moveToNext())
        {
            //Gather values
            String id = c.getString(1);
            String name = c.getString(iname);
            String isbn = c.getString(iisbn);
            String author = c.getString(iauthor);

            //Report or log the row
            StringBuffer cbuf = new StringBuffer(id);
            cbuf.append(",").append(name);
            cbuf.append(",").append(isbn);
            cbuf.append(",").append(author);
            Log.d(tag, cbuf.toString());
        }

        //Report how many rows have been read
        int numberOfRecords = c.getCount();
        Log.d(tag,"Num of Records:" + numberOfRecords);

        //Close the cursor
        //ideally this should be done in
        //a finally block.
        c.close();
    }
```

4.5　资源

以下是其他一些 Android 参考资料，它们可能对理解本章中介绍的主题有所帮助。

❑ http://developer.android.com/guide/topics/providers/contentproviders.html：可以在这里查阅Content-Provider的Android文档。

❑ http://developer.android.com/reference/android/content/ContentProvider.html：这是ContentProvider的API描述，可以在这里了解ContentProvider契约。

❑ http://developer.android.com/reference/android/content/UriMatcher.html：这个URL指向对理解UriMatcher有用的信息。

❑ http://developer.android.com/reference/android/database/Cursor.html：这个URL的信息可帮助从ContentProvider或直接从数据库读取数据。

❑ http://www.sqlite.org/sqlite.html：这是SQLite的主页，可以在这里了解SQLite的更多知识，下载可用于处理SQLite数据库的工具。

❑ androidbook.com/proandroid4/projects：可使用此URL下载专为本章设计的测试项目。本章对应的zip文件名为ProAndroid4_ch04_TestProviders.zip。

4.6　小结

本章介绍了

❑ ContentProvider 的定义；
❑ 发现已有 ContentProvider 数据库的方式；
❑ 内容 URI、MIME 类型和 ContentProvider 的性质；
❑ 如何使用 SQLite 来构造响应 URI 的提供程序；
❑ 跨进程边界向各种应用公开数据的方法；
❑ 编写新 ContentProvider 的方法；
❑ 访问已有 ContentProvider 的方法；
❑ 使用 URIMatcher 来保护 ContentProvider 的实现。

4.7　面试问题

回答以下问题，强化对本章所讲的 ContentProvider 的理解。

(1) ContentProvider 与网站有什么相似性？

(2) 是否可以对一些内置的 ContentProvider 进行命名？

(3) adb 工具的作用是什么？

(4) 什么是 AVD？

(5) 如何列出可用的 AVD？

(6) Android 中一些实用命令行工具的名称是什么？

(7) ContentProvider 的数据库保存在哪里？

(8) 有什么好方法可以浏览 ContentProvider 数据库？

(9) ContentProvider 的 authority 属性是什么？

(10) ContentProvider 的 authority 是否可以缩短？

(11) MIME 类型是什么，它们如何连接到 ContentProvider？

(12) 程序员如何查找访问 ContentProvider 的 URI？

(13) 如何使用 ContentProviderURI 进行数据访问？

(14) 如何在 ContentProvider 查询中添加 where 子句？

(15) 如何通过游标遍历查询结果？

(16) ContentValues 类有什么作用？

(17) ContentResolver 类有什么作用？

(18) 在 ContentProvider 中保存文件的协议是什么？

(19) 如何使用 URIMatcher，它的作用是什么？

第 5 章

Intent

Android 引入了一个名为 Intent 的概念来调用组件。Android 中的组件包括活动（UI 组件）、服务（后台代码）、广播接收程序（响应广播消息的代码）和 ContentProvider（能够抽象数据的代码）。

5.1 Android Intent 基础知识

将 Intent 作为一种调用组件的机件很容易理解，Android 将多种理念融入到了 Intent 的概念中。可以使用 Intent 从一个应用程序中调用外部应用程序。可以使用 Intent 从应用程序调用内部或外部组件。可以使用 Intent 触发事件，这样其他用户就可以通过与发布–订阅模型类似的方式进行响应。可以使用 Intent 发出警报。

说明　什么是 Intent？最简短的答案可能是，Intent 是具有相关的数据负载的操作。

从最简单层面上讲，Intent 是你可以告诉 Android 要执行（或调用）的一种操作。Android 调用的操作取决于该操作所注册的内容。想象一下，你编写了如下活动：

```
public class BasicViewActivity extends Activity
{
    @Override
    public void onCreate(Bundle savedInstanceState)
    {
        super.onCreate(savedInstanceState);
        setContentView(R.layout.some_view);
    }
}//eof-class
```

some_view 布局需要指向/res/layout 目录中的有效布局文件。Android 支持在该应用程序的描述文件中注册此活动，使其可供其他应用程序调用。注册代码类似于：

```
<activity android:name=".BasicViewActivity"
          android:label="Basic View Tests">
 <intent-filter>
   <action android:name="com.androidbook.intent.action.ShowBasicView"/>
   <category android:name="android.intent.category.DEFAULT" />
 </intent-filter>
</activity>
```

这里的注册不仅涉及一个活动，还涉及可用于调用该活动的操作。活动设计人员通常选择一个操作名称，并将该操作指定为此活动的 Intent 过滤器的一部分。本章余下部分将介绍有关这些 Intent 过滤器的更多信息。

指定了活动和它所注册的操作之后，可以使用 Intent 来调用此 BasicViewActivity：

```
public static void invokeMyApplication(Activity parentActivity)
{
    String actionName= "com.androidbook.intent.action.ShowBasicView";
    Intent intent = new Intent(actionName);
    parentActivity.startActivity(intent);
}
```

说明　操作名称的一般约定为<包名称>.intent.action.操作名称。

BasicViewActivity 被调用后，它就能够发现调用它的 Intent。以下是重新编写过的 BasicView Activity 代码，用以检索调用它的 Intent：

```
public class BasicViewActivity extends Activity
{
    @Override
    public void onCreate(Bundle savedInstanceState)
    {
        super.onCreate(savedInstanceState);
        setContentView(R.layout.some_view);
        Intent intent = this.getIntent();
        if (intent == null)
        {
            Log.d("test tag", "This activity is invoked without an intent");
        }
    }
}//eof-class
```

5.2　Android 中可用的 Intent

通过调用 Android 自带的一些应用程序，可以为 Intent 运行测试。网页 http://developer.android.com/guide/appendix/g-app-intents.html 上记录了可用的谷歌应用程序和调用它们的 Intent。

说明　这个列表可能随 Android 版本的变化而变化。

可用的应用程序集可能包含：

❑ 用于打开浏览器窗口的浏览器应用程序；
❑ 呼叫电话号码的应用程序；
❑ 表示电话拨号键盘的应用程序，用户可以通过它输入号码并通过UI进行呼叫；
❑ 地图应用程序，显示给定经度/纬度坐标的世界地图；
❑ 可以显示谷歌街道视图的详细地图应用程序。

代码清单 5-1 已给出了通过发布的 Intent 来调用这些应用程序的代码。

代码清单 5-1 练习 Android 中预制的应用程序

```java
public class IntentsUtils
{
    public static void invokeWebBrowser(Activity activity)
    {
        Intent intent = new Intent(Intent.ACTION_VIEW);
        intent.setData(Uri.parse("http://www.google.com"));
        activity.startActivity(intent);
    }
    public static void invokeWebSearch(Activity activity)
    {
        Intent intent = new Intent(Intent.ACTION_WEB_SEARCH);
        intent.setData(Uri.parse("http://www.google.com"));
        activity.startActivity(intent);
    }
    public static void dial(Activity activity)
    {
        Intent intent = new Intent(Intent.ACTION_DIAL);
        activity.startActivity(intent);
    }

    public static void call(Activity activity)
    {
        Intent intent = new Intent(Intent.ACTION_CALL);
        intent.setData(Uri.parse("tel:555-555-5555"));
        activity.startActivity(intent);
    }

    public static void showMapAtLatLong(Activity activity)
    {
        Intent intent = new Intent(Intent.ACTION_VIEW);
        //geo:lat,long?z=zoomlevel&q=question-string
        intent.setData(Uri.parse("geo:0,0?z=4&q=business+near+city"));
        activity.startActivity(intent);
    }

    public static void tryOneOfThese(Activity activity)
    {
        IntentsUtils.invokeWebBrowser(activity);
    }
}
```

只要有一个具有菜单项的简单活动，可用于调用 **tryOneOfThese(activity)**，就可以练习此代码。创建简单的菜单很容易（参见代码清单 5-2 ）。

代码清单 5-2 创建简单菜单的测试工具

```java
public class MainActivity extends Activity
{
    public void onCreate(Bundle savedInstanceState)  {
        super.onCreate(savedInstanceState);

        TextView tv = new TextView(this);
        tv.setText("Hello, Android. Say hello");
        setContentView(tv);
    }
    @Override
    public boolean onCreateOptionsMenu(Menu menu)  {
        super.onCreateOptionsMenu(menu);
        int base=Menu.FIRST; // value is 1
```

```
        MenuItem item1 = menu.add(base,base,base,"Test");
        return true;
    }

    @Override
    public boolean onOptionsItemSelected(MenuItem item)  {
        if (item.getItemId() == 1)          {
            IntentUtils.tryOneOfThese(this);
        }
        else {
            return super.onOptionsItemSelected(item);
        }
        return true;
    }
}
```

说明　第 2 章介绍了如何通过这些文件创建 Android 项目，以及如何编译和运行它。也可以阅读第 7 章的开头部分，查看与菜单相关的更多示例代码。或者可以使用本章末尾提供的 URL 下载专为本章设计的示例 Eclipse 项目。但是，当下载示例代码时，这个基本的活动可能稍有不同，不过概念是一样的。在下载的示例中，我们还从一个 XML 文件加载了菜单。

5.3　Intent 的组成

　　另一种确定 Intent 用途的方式是查看 Intent 对象包含的内容。Intent 包含操作、数据（使用数据 URI 表示）、extra 数据元素的键/值映射，以及一个显式类名（称为组件名称）。只要 Intent 含有至少一个，则几乎所有这些部分都是可选的。我们将依次介绍其中每一部分。

说明　当 Intent 带有组件名称时，它称为显式 Intent。当 Intent 没有组件名称，但依赖于其他部分（比如操作和数据）时，它称为隐式 Intent。在阅读本章后面的内容时，将可以看到二者之间存在细微的区别。

5.3.1　Intent 和数据 URI

　　到目前为止，我们介绍了最简单的 Intent，在这些 Intent 中，我们所需的只是操作的名称。代码清单 5-1 中的 ACTION_DIAL 活动就是一个例子。要调用拨号键盘，在该代码清单中所需做的只是拨号键盘的操作，不需要其他任何内容：

```
public static void dial(Activity activity)
{
    Intent intent = new Intent(Intent.ACTION_DIAL);
    activity.startActivity(intent);
}
```

　　与 ACTION_DIAL 不同，用于呼叫给定电话号码的 Intent ACTION_CALL（参见代码清单 5-1）还接受一个名为 Data 的参数。此参数指向一个 URI，该 URI 又指向所拨的电话号码：

```
public static void call(Activity activity)
{
    Intent intent = new Intent(Intent.ACTION_CALL);
    intent.setData(Uri.parse("tel:555-555-5555"));
    activity.startActivity(intent);
}
```

Intent 的操作部分是一个字符串或字符串常量，通常以 Java 包名称作为前缀。

Intent 的"数据"部分并不是真正的数据，而是指向数据的指针。数据部分是一个表示 URI 的字符串。Intent 的 URI 可包含可被推断为数据的参数，就像网站的 URL 一样。

此 URI 的格式取决于该操作调用的具体活动。在本例中，CALL 操作决定了它需要什么样的数据 URI。它从该 URI 提取出电话号码。

说明　调用的活动也可以使用 URI 作为数据源的指针，从该数据源提取数据，然后改用该数据。音频、视频和图像等媒体就属于这种情况。

5.3.2　一般操作

操作 Intent.ACTION_CALL 和 Intent.ACTION_DIAL 很容易让我们得出这样的错误假设：操作和它所调用的程序之间存在一对一的关系。为了推翻这一观点，我们从代码清单 5-1 中的 IntentUtils 中获取一个反例：

```
public static void invokeWebBrowser(Activity activity)
{
    Intent intent = new Intent(Intent.ACTION_VIEW);
    intent.setData(Uri.parse("http://www.google.com"));
    activity.startActivity(intent);
}
```

请注意，该操作只是简单地声明为 ACTION_VIEW。Android 如何知道要调用哪个活动来响应这样一个一般操作名称？在这些情况下，Android 不仅依赖于一般操作名称，而且依赖于 URI 的性质。Android 查看 URI 的方案（恰好是 http），然后询问所有已注册的活动，看看哪个活动能理解此方案。在这些活动中，它询问哪个活动能处理 VIEW，然后调用该活动。为此，浏览器活动应该为数据方案 http 注册了 VIEW Intent。描述文件中的 Intent 声明可能类似于：

```
<activity......>
<intent-filter>
        <action android:name="android.intent.action.VIEW" />
        <data android:scheme="http"/>
        <data android:scheme="https"/>
</intent-filter>
</activity>
```

要了解数据选项的更多信息，可以查看 Intent 过滤器的 data 元素的 XML 定义，网址为 http://developer.android.com/guide/topics/manifest/data-element.html。Intent 过滤器节点 data XML 子节点的子元素或特性包括：

```
host
mimeType
path
```

```
pathPattern
pathPrefix
port
scheme
```

`mimeType` 是一个经常用到的特性。例如，下面是显示一个笔记列表的活动的 Intent 过滤器，它表明 MIME 类型为笔记目录：

```
<intent-filter>
    <action android:name="android.intent.action.VIEW" />
    <data android:mimeType="vnd.android.cursor.dir/vnd.google.note" />
</intent-filter>
```

这个 Intent 过滤器声明可理解为"调用此活动来查看一组笔记"。

另一方面，显示单一笔记的屏幕会使用表示单一笔记项目的 MIME 类型来声明其 Intent 过滤器：

```
<intent-filter>
    <action android:name="android.intent.action.VIEW" />
    <data android:mimeType="vnd.android.cursor.item/vnd.google.note" />
</intent-filter>
```

这个 Intent 过滤器声明可理解为"调用此活动来查看一条笔记"。

5.3.3　使用 extra 信息

除了主要的操作和数据特性，Intent 还可以包括名为 extra 的附加特性。extra 可以向收到 Intent 的组件提供更多信息。extra 数据以键/值对的形式表示：键名称通常以包名称开头，值可以是任何基本的数据类型或任意对象，只要它实现了 `android.os.Parcelable` 接口即可。extra 信息使用 Android 类 `android.os.Bundle` 表示。

Intent 类的以下两个方法可用于访问 extra Bundle：

```
//Get the Bundle from an Intent
Bundle extraBundle = intent.getExtras();

// Place a bundle in an intent
Bundle anotherBundle = new Bundle();

//populate the bundle with key/value pairs
...
//and then set the bundle on the Intent
intent.putExtras(anotherBundle);
```

`getExtras` 非常简单：它返回 Intent 拥有的 Bundle。`putExtras` 检查 Intent 当前是否有包。如果它已有包，`putExtras` 会将额外的键和值从新包传送到现有的包。如果没有包，`putExtras` 将创建一个，并将新包的键/值对复制到所创建的包。

说明　`putExtras` 复制传入的包，而不是引用它。所以如果打算以后更改传入的包，将不会更改 Intent 内部的包。

可以使用许多方法来向包添加基本类型。下面给出了一些向 extra 数据添加简单数据类型的方法：

```
putExtra(String name, boolean value);
putExtra(String name, int value);
putExtra(String name, double value);
putExtra(String name, String value);
```

以下是一些稍微复杂的 extra 数据：

```
//simple array support
putExtra(String name, int[] values);
putExtra(String name, float[] values);

//Serializable objects
putExtra(String name, Serializable value);

//Parcelable support
putExtra(String name, Parcelable value);

//Add another bundle at a given key
//Bundles in bundles
putExtra(String name, Bundle value);

//Add bundles from another intent
//copy of bundles
putExtra(String name, Intent anotherIntent);

//Explicit Array List support
putIntegerArrayListExtra(String name, ArrayList arrayList);
putParcelableArrayListExtra(String name, ArrayList arrayList);
putStringArrayListExtra(String name, ArrayList arrayList);
```

在接收端，以 get 开头的对应方法根据键名称从 extra 包获取信息。

Intent 类定义带有某些操作的 extra 键字符串。在 http://developer.android.com/reference/android/content/Intent.html#EXTRA_ALARM_COUNT 上可以看到大量 extra 信息键常量。

我们考虑在此 URL 中列出的两个涉及发送电子邮件的示例 extra。

❑ EXTRA_EMAIL：可以使用此字符串键来保存一组电子邮件地址。该键的值为android.intent.extra.EMAIL。它应该指向包含文本电子邮件地址的字符串数组。

❑ EXTRA_SUBJECT：可以使用此键保存电子邮件的主题。该键的值为android.intent.extra.SUBJECT。该键应该指向一个subject字符串。

5.3.4　使用组件直接调用活动

前面已经介绍了使用 Intent 启动活动的两种方式，介绍了使用显式操作启动活动，以及使用一般操作并借助数据 URI 来启动活动。Android 还提供了一种更直接的方式来启动活动：指定活动的 ComponentName，这是围绕对象的包名和类名的抽象。Intent 类中有许多方法可用于指定组件：

```
setComponent(ComponentName name);
setClassName(String packageName, String classNameInThatPackage);
setClassName(Context context, String classNameInThatContext);
setClass(Context context, Class classObjectInThatContext);
```

最终，它们都是调用方法的快捷方式：

```
setComponent(ComponentName name);
```

ComponentName 将一个包名和类名包装在一起。例如，以下代码调用模拟器附带的 contacts 活动：

```
Intent intent = new Intent();
intent.setComponent(new ComponentName(
    "com.android.contacts"
    ,"com.android.contacts.DialContactsEntryActivity");
startActivity(intent);
```

请注意，包名和类名是完全限定的，在传递给 Intent 类之前将依次用于构造 ComponentName。也可以直接使用类名，不构造 ComponentName。再看看 BasicViewActivity 代码片段：

```
public class BasicViewActivity extends Activity
{
    @Override
    public void onCreate(Bundle savedInstanceState)
    {
        super.onCreate(savedInstanceState);
        setContentView(R.layout.some_view);
    }
}//eof-class
```

有了这段代码，可以使用以下代码来启动此活动：

```
Intent directIntent = new Intent(activity, BasicViewActivity.class);
activity.start(directIntent);
```

但是，如果希望任何类型的 Intent 启动活动，应该在 AndroidManifest.xml 文件中按如下方式注册该活动：

```
<activity android:name=".BasicViewActivity"
        android:label="Test Activity">
```

说明　不需要 Intent 过滤器，直接通过类名或组件名调用活动。前面已经解释，这种类型的 Intent 称为显式 Intent。因为显式 Intent 指定一个要调用的完全限定的 Android 组件，所以在调用该组件时会忽略该 Intent 的其他部分。

5.3.5　Intent 类别

可以将活动分类为各种类别，以便根据类别名来搜索它们。例如，在启动过程中，Android 会寻找类别被标记为 CATEGORY_LAUNCHER 的活动。然后挑出这些活动名和图标，将它们放在主屏幕上并启动。

下面是另一个例子：在启动过程中，Android 寻找标记为 CATEGORY_HOME 的活动，以显示主屏幕。类似地，CATEGORY_GADGET 将活动标记为适合嵌入到另一个活动中或在其中重用。

类别的字符串格式（比如 CATEGORY_LAUNCHER）遵循 category 定义约定：

android.intent.category.LAUNCHER

需要知道 category 定义的这些文本字符串，因为活动会在 AndroidManifest.xml 文件中将它们的类别注册为活动过滤器定义的一部分。下面给出了一个例子：

```
<activity android:name=".HelloWorldActivity"
        android:label="@string/app_name">
    <intent-filter>
        <action android:name="android.intent.action.MAIN" />
        <category android:name="android.intent.category.LAUNCHER" />
    </intent-filter>
</activity>
```

说明　活动的一些功能可能会限制或启用它们，比如是否可以将它们嵌入到父活动中。这些活动特
　　　　征的类型通过类别来声明。

我们快速浏览一些预定义的 Android 类别，以及如何使用它们（参见表 5-1）。

表 5-1　活动类别及其说明

类别名称	说　　明
CATEGORY_DEFAULT	此类活动可以将自身声明为 DEFAULT 活动，以供隐式 Intent 调用，如果未为活动定义此类别，那么每次都需要通过该活动的类名显式调用它。这就是会看到通过一般操作或其他操作名称来调用的活动使用默认类别规范的原因
CATEGORY_BROWSABLE	此类活动可以将自身声明为 BROWSABLE，方法是向浏览器承诺它启动后不会影响浏览器安全
CATEGORY_TAB	此类活动可以嵌入在带选项卡的父活动中
CATEGORY_ALTERNATIVE	对于正在查看的某些数据类型，此类活动可以将自身声明为 ALTERNATIVE 活动。在查看文档时，这些项目通常显示为选项菜单的一部分。例如，打印视图被视为常规视图的替代视图
CATEGORY_SELECTED_ALTERNATIVE	对于某些数据类型，此类活动可以将自身声明为 ALTERNATIVE 活动。这类似于为文本文档或 HTML 文档列出一系列可用的编辑器
CATEGORY_LAUNCHER	如果将此类别分配给一个活动，可以在启动屏幕上列出该活动
CATEGORY_HOME	此类活动表示主屏幕。通常，应该只有一个这种类型的活动。如果有多个，系统将提示挑选一个
CATEGORY_PREFERENCE	此活动将一个活动标识为首选活动，这样该活动就会显示在首选项屏幕上
CATEGORY_GADGET	此类活动可以嵌入到父活动中
CATEGORY_TEST	测试活动
CATEGORY_EMBED	此类别已由 GADGET 类别取代，但为了实现向后兼容性，它仍然被保留了下来

要了解这些活动类别的详细信息，可以访问 Intent 类的 Android SDK URL：
http://developer.android. com/ android/reference/android/content/Intent.html#CATEGORY_ALTERNATIVE。

当使用 Intent 来启动活动时，可以指定一种类别来指定要选择的活动类型。也可以搜索与某个类别匹配的活动。下面这个例子检索与 CATEGORY_LAUNCHER 类别匹配的主要活动的集合：

```
Intent mainIntent = new Intent(Intent.ACTION_MAIN, null);
mainIntent.addCategory(Intent.CATEGORY_LAUNCHER);
PackageManager pm = getPackageManager();
List<ResolveInfo> list = pm.queryIntentActivities(mainIntent, 0);
```

PackageManager 是一个重要的类，借助它，无需调用每个活动就可以找到与某些 Intent 匹配的活动。可以迭代收到的活动，并根据 ResolveInfo API 适当地调用它们。这是前面代码的扩展，它遍历活动列表，如果一个活动与一个名称相匹配，则调用该活动。在代码中，我们随意使用了一个名称来测试它。

```
for(ResolveInfo ri: list)
{
    //ri.activityInfo.
```

```
Log.d("test",ri.toString());
String packagename = ri.activityInfo.packageName;
String classname = ri.activityInfo.name;
Log.d("test", packagename + ":" + classname);
if (classname.equals("com.ai.androidbook.resources.TestActivity"))
{
    Intent ni = new Intent();
    ni.setClassName(packagename,classname);
    activity.startActivity(ni);
}
}
```

可以仅根据前面的 Intent 类别（如 CATEGORY_LAUNCHER）来启动活动：

```
public static void invokeAMainApp(Activity activity)
{
    Intent mainIntent = new Intent(Intent.ACTION_MAIN, null);
    mainIntent.addCategory(Intent.CATEGORY_LAUNCHER);
    activity.startActivity(mainIntent);
}
```

将会有多个活动与 Intent 匹配，那么 Android 将挑选哪个活动呢？为了解决此问题，Android 提供了一个 "Complete Action Using" 对话框，列出所有可用的活动，可以从中选择一个来运行。

下面给出了另一个使用 Intent 转到主页的例子：

```
//Go to home screen
Intent mainIntent = new Intent(Intent.ACTION_MAIN, null);
mainIntent.addCategory(Intent.CATEGORY_HOME);
startActivity(mainIntent);
```

如果不希望使用 Android 的默认主页，可以编写自己的活动并将其声明为 HOME 类别。对于这种情况，前面的代码将提供一个打开主活动的选项，因为现在注册了多个主活动：

```
//Replace the home screen with yours
<intent-filter>
    <action android:value="android.intent.action.MAIN" />
    <category android:value="android.intent.category.HOME"/>
    <category android:value="android.intent.category.DEFAULT" />
</intent-filter>
```

5.3.6　将 Intent 解析为组件的规则

到目前为止，我们讨论了 Intent 的许多方面。现在回顾一下，我们讨论了操作、数据 URI、extra 数据，以及类别。考虑到这些方面，Android 使用多种策略，基于 Intent 过滤器来将 Intent 与它们的目标活动相匹配。

在此层次结构的顶部，只有一个 Intent 的组件名称。如果设置了此名称，此 Intent 就是显式 Intent。对于显式 Intent，重要的只是组件名称，Intent 的所有其他方面或特性都会被忽略。没有指定名称的 Intent 是隐式的。解析隐式 Intent 目标的规则非常多。

基本规则是，传入 Intent 的操作、类别和数据特征必须匹配（或呈现）Intent 过滤器中指定的特征。与 Intent 不同，一个 Intent 过滤器可指定多个操作、类别和数据特性。这意味着同一个 Intent 过滤器可满足多个 Intent 的需求，也就是说，一个活动可响应多个 Intent。但是，"匹配"的含义在操作、数据特性和类别之间各不相同。让我们看看隐式 Intent 的每部分的匹配条件。

1. 操作

如果一个 Intent 有一个操作，Intent 过滤器必须将该操作包含到其操作列表中，或者不包含任何操作。所以，如果 Intent 过滤器没有定义操作，则该 Intent 过滤器可匹配所有传入的 Intent 操作。

如果在 Intent 过滤器中指定了一个或多个操作，至少一个操作必须与传入的 Intent 操作匹配。

2. 数据

如果 Intent 过滤器中没有指定数据特征，它将不会匹配包含任何数据或数据特性的传入的 Intent。这意味着它仅查找没有指定任何数据的 Intent。

（过滤器中）缺少数据和缺少操作的情况是相反的。如果过滤器中没有操作，将匹配所有内容。如果过滤器中没有数据，Intent 中的每部分数据都不会匹配。

3. 数据类型

要匹配一种数据类型，传入 Intent 的数据类型必须是 Intent 过滤器中指定的数据类型之一。Intent 中的数据类型必须存在于 Intent 过滤器中。

传入 Intent 的数据类型可通过以下两种方式确定。第一种是，如果数据 URI 是一个内容或文件 URI，ContentProvider 或 Android 将确定类型。第二种方式是查看 Intent 的显式数据类型。此方式要生效，传入的 Intent 不应设置数据 URI，因为当对 Intent 调用 setType 时会自动设置它。

作为其 MIME 类型规范的一部分，Android 还支持使用星号（*）作为子类型来涵盖所有可能的子类型。

另外，数据类型区分大小写。

4. 数据模式

要匹配数据模式，传入 Intent 的数据模式必须是 Intent 过滤器中指定的模式之一。换句话说，传入的数据模式必须存在于 Intent 过滤器中。

传入 Intent 的模式是数据 URI 的第一部分。Intent 没有设置模式的方法。它完全从类似 http://www.somesite.com/somepath 这样的 Intent 数据 URI 派生而来。

如果传入 Intent URI 的数据模式为 content: 或 file:，它会被视为一个匹配值，无论 Intent 过滤器模式、域和路径是什么。依据 SDK，情况就是如此，因为每个组件都应该知道如何从内容或文件 URL 处读取数据，这些 URL 基本上位于本地。换句话说，所有组件都应该支持这两种 URL 类型。

模式也区分大小写。

5. 数据授权

如果过滤器中没有授权，则可以匹配任何传入的数据 URI 的授权（或域名）。如果在过滤器中指定了授权，比如 www.somesite.com，那么一种模式和一种授权应该与传入 Intent 的数据 URI 相匹配。

例如，如果在 Intent 过滤器中指定 www.somesite.com 作为授权，并且模式为 https，那么该 Intent 将无法匹配 http://www.somesite.com/somepath，因为 http 没有指定为支持的模式。

授权也区分大小写。

6. 数据路径

如果 Intent 过滤器中没有数据路径，则意味着可以匹配任何传入数据 URI 的路径。如果在过滤器中指定了路径，比如 somepath，那么一种模式、一种授权和一个数据路径应该与传入 Intent 的数据 URI 相匹配。

换句话说，模式、授权和路径协同验证传入 Intent 的 URI，比如 http://www.somesite.com/somepath。

所以 path、authority 和 scheme 不是孤立工作的，而是协同工作的。

路径也区分大小写。

7. Intent 类别

传入的 Intent 中的每个类别都必须存在于过滤器类别列表中。过滤器中也可以包含更多类别。如果过滤器没有任何类别，它只会与没有提及任何类别的 Intent 匹配。

但是，有一点需要注意。Android 将所有传递给 startActivity() 的隐式 Intent 视为好像它们至少包含一个类别：android.intent.category.DEFAULT。如果传入的 Intent 为隐式 Intent，start- Activity() 中的代码只会搜索定义了 DEFAULT 类别的活动。所以每个希望通过隐式 Intent 调用的活动都必须在其过滤器中包含默认类别。

即使活动的 Intent 过滤器中没有默认类别，如果知道它的显式组件名称，也能够像启动程序一样启动它。如果自行显式搜索匹配的 Intent，而不使用默认类别作为搜索条件，将能够通过这种方式启动这些活动。

在这种意义上，这个 DEFAULT 类别是 startActivity 实现的一部分，而不是过滤器的内在行为。

还需要注意另一点，因为 Android 表明如果活动仅希望从启动程序屏幕调用，则没有必要包含默认类别。所以，这些活动的过滤器中可能仅包含 MAIN 和 LAUNCHER 类别。不过，也可以为这些活动指定 DEFAULT 类别。

5.4 练习使用 ACTION_PICK

到目前为止，我们介绍的 Intent 或操作主要调用另一个活动，不需要返回任何结果。现在让我们看一个稍复杂的操作，该操作在调用之后返回一个值。ACTION_PICK 就属于这类一般操作。

ACTION_PICK 的理念是启动一个活动来显示项列表。该活动然后应该允许用户从该列表中挑选一个项。用户挑选了项之后，活动应该向调用方返回所挑选项的 URI。这允许重用 UI 功能来选择某种类型的项。

应该使用指向一个 Android 内容游标的 MIME 类型，以指明要从中选择的项集合。此 URI 的实际 MIME 类型应该类似于：vnd.android.cursor.dir/vnd.google.note

活动负责根据 URI 从 ContentProvider 获取数据。这也是数据应该尽可能封装到 ContentProvider 中的原因。

对于返回这类数据的所有操作，我们都无法使用 startActivity()，因为 startActivity() 不会返回任何结果。startActivity() 无法返回结果，因为它在一个独立线程中以模态对话框的形式打开新活动，将主线程留给主要的事件。换句话说，startActivity() 是异步调用，没有回调来表明所调用的活动中发生了什么。但是如果希望返回数据，可以使用 startActivity() 的变体 startActivityForResult()，它包含一个回调。

我们看一下 Activity 类中 startActivityForResult() 方法的签名：

```
public void startActivityForResult(Intent intent, int requestCode)
```

此方法启动希望从中获得结果的活动。当存在此活动时，将使用给定的 requestCode 调用源活动的 onActivityResult() 方法。此回调方法的签名为：

```
protected void onActivityResult(int requestCode, int resultCode, Intent data)
```

将 requestCode 传入到 startActivityForResult()方法中。resultCode 可以是 RESULT_OK、RESULT_CANCELED 或自定义代码。自定义代码应该以 RESULT_FIRST_USER 开头。Intent 参数包含所调用活动希望返回的任何附加数据。对于 ACTION_PICK，Intent 中返回的数据指向一个项的数据 URI。

代码清单 5-3 展示了调用发送结果回调的活动。

说明 代码清单 5-3 中的代码假设已从 Android SDK 发行版安装了 NotePad 示例项目。本章末尾提供了一个链接，如果 SDK 中还没有 NotePad 示例，可通过该链接了解如何下载该示例。

代码清单 5-3　在调用操作后返回数据

```
public class SomeActivity extends Activity
{
.....
.....
public static void invokePick(Activity activity)
{
  Intent pickIntent = new Intent(Intent.ACTION_PICK);
  int requestCode = 1;
  pickIntent.setData(Uri.parse(
      "content://com.google.provider.NotePad/notes"));
  activity.startActivityForResult(pickIntent, requestCode);
}

protected void onActivityResult(int requestCode
    ,int resultCode
    ,Intent outputIntent)
{
  //This is to inform the parent class (Activity)
  //that the called activity has finished and the baseclass
  //can do the necessary clean up
  super.onActivityResult(requestCode, resultCode, outputIntent);
  parseResult(this, requestCode, resultCode, outputIntent);
}
public static void parseResult(Activity activity
    , int requestCode
    , int resultCode
    , Intent outputIntent)
{
  if (requestCode != 1)
  {
   Log.d("Test", "Some one else called this. not us");
          return;
  }
  if (resultCode != Activity.RESULT_OK)
  {
    Log.d(Test, "Result code is not ok:" + resultCode);
            return;
  }
  Log.d("Test", "Result code is ok:" + resultCode);
  Uri selectedUri = outputIntent.getData();
  Log.d("Test", "The output uri:" + selectedUri.toString());

  //Proceed to display the note
```

```
    outputIntent.setAction(Intent.ACTION_VIEW);
    startActivity(outputIntent);
}
```

常量 RESULT_OK、RESULT_CANCELED 和 RESULT_FIRST_USER 都在 Activity 类中定义。这些常量的数值包括：

```
RESULT_OK = -1;
RESULT_CANCELED = 0;
RESULT_FIRST_USER = 1;
```

要使 PICK 功能生效，实现者应该拥有能明确解决 PICK 需求的代码。我们看一下谷歌的示例 NotePad 应用程序是如何解决此问题的。当在项列表中选择项之后，将检查调用活动的 Intent，看看它是否是 PICK Intent。如果是，就会在新的 Intent 中设置数据 URI 并通过 setResult() 返回：

```java
@Override
protected void onListItemClick(ListView l, View v, int position, long id) {
    Uri uri = ContentUris.withAppendedId(getIntent().getData(), id);

    String action = getIntent().getAction();
    if (Intent.ACTION_PICK.equals(action) ||
            Intent.ACTION_GET_CONTENT.equals(action))
    {
        // The caller is waiting for us to return a note selected by
        // the user.  They have clicked on one, so return it now.
        setResult(RESULT_OK, new Intent().setData(uri));
    } else {
        // Launch activity to view/edit the currently selected item
        startActivity(new Intent(Intent.ACTION_EDIT, uri));
    }
}
```

5.5　练习使用 GET_CONTENT 操作

ACTION_GET_CONTENT 与 ACTION_PICK 类似。对于 ACTION_PICK，你指定一个指向项集合（比如笔记集合）的 URI。你希望该操作挑选一个笔记并将它返回给调用方。对于 ACTION_GET_CONTENT，你向 Android 表明你需要一个具有特定 MIME 类型的项。Android 搜索可以创建这类项的活动，或者搜索可从符合该 MIME 类型的现有项集中选择的活动。

使用 ACTION_GET_CONTENT，可以使用以下代码，从 Notepad 应用程序所支持的笔记集合中挑选一个笔记：

```java
public static void invokeGetContent(Activity activity)
{
    Intent pickIntent = new Intent(Intent.ACTION_GET_CONTENT);
    int requestCode = 2;
    pickIntent.setType("vnd.android.cursor.item/vnd.google.note");
    activity.startActivityForResult(pickIntent, requestCode);
}
```

请注意，Intent 类型被设置为了单一笔记的 MIME 类型的方式。这与以下代码片段中的 ACTION_PICK 代码相反，后者的输入为数据 URI：

```java
public static void invokePick(Activity activity)
{
    Intent pickIntent = new Intent(Intent.ACTION_PICK);
    int requestCode = 1;
```

```
pickIntent.setData(Uri.parse(
    "content://com.google.provider.NotePad/notes"));
activity.startActivityForResult(pickIntent, requestCode);
}
```

对于响应 ACTION_GET_CONTENT 的活动, 它必须注册 Intent 过滤器来表明它能够提供具有该 MIME 类型的项。下面给出了 Android SDK 中的 Notepad 应用程序完成此任务的代码:

```
<activity android:name="NotesList" android:label="@string/title_notes_list">
......
<intent-filter>
    <action android:name="android.intent.action.GET_CONTENT" />
    <category android:name="android.intent.category.DEFAULT" />
    <data android:mimeType="vnd.android.cursor.item/vnd.google.note" />
    </intent-filter>
......
</activity>
```

响应 onActivityResult() 的代码的剩余部分与前面的 ACTION_PICK 例子中相同。如果有多个活动可以返回相同的 MIME 类型, Android 将显示选择器对话框供你挑选活动。

5.6　挂起的 Intent

Android 拥有一种 Intent 变体叫做 "挂起的 Intent"。在此变体中, Android 支持组件将 Intent 存储在一个位置供以后使用, 可从该位置再次调用它。例如, 在闹钟管理器中, 你希望在闹钟关闭时启动一项服务。为此, Android 围绕一个 Intent 创建一个挂起的 Intent 的包装器并存储它, 这样, 即使调用进程结束, 也可以将该 Intent 分派给它的目标。在创建挂起的 Intent 时, Android 存储关于发起进程的足够的信息, 以便在分派或调用时可检查安全凭证。

让我们看看如何创建挂起的 Intent。

```
Intent regularIntent;
PendingIntent pi = PendingIntent.getActivity(context, 0, regularIntent,...);
```

说明　PendingIntent.getActivity() 方法的第二个参数名为 requestCode, 在本例中我们将它设置为 0。这个参数用于在基础 Intent 相同时区分两个挂起的 Intent。在第 20 章的闹钟管理器上下文中探讨挂起的 Intent 时, 将更详细地介绍此主题。

在 PendingActivity.getActivity() 方法的命名上, 有两个奇怪的地方。活动在这里的作用是什么? 第二, 为什么没有调用 create 来创建挂起的 Intent, 而使用 get?

要理解第一点, 必须深入分析常规 Intent 的使用。常规 Intent 可用于启动活动或服务, 或调用广播接收程序。(本书后面将介绍服务和广播接收程序)。使用 Intent 调用不同类型组件的性质是不同的。为解决此情况, 一个 Android 上下文(超类 Activity)提供了 3 种不同的方法。它们是:

❑ startActivty(intent)
❑ startservice(intent)
❑ sendbroadcast(intent)

有了这些变体, 如果希望存储 Intent 供以后重用, 在收到广播后, Android 如何知道启动活动、启动服务还是启动广播接收程序? 这就是我们必须在创建挂起的 Intent 时显式指定其用途的原因, 它也解释了以下 3 个独立方法的含义：

- PendingIntent.getActivity(context, 0, intent, ...)
- PendingIntent.gegService(context, 0,intent, ...)
- PendingIntent.gegBroadcast(context, 0,intent, ...)

现在让我们看看 get 部分。Android 存储 Intent 并重用它们。如果两次使用相同的 Intent 对象请求一个挂起的 Intent，将会获得相同的挂起 Intent。如果查看 PendingIntent.getActivity()方法的完整签名，可以清楚地看到这一点。它的签名如下所示：

```
PendingIntent.getActivity(Context context, //originating context
    int requestCode, //1,2, 3, etc
    Intent intent, //original intent
    int flags ) //flags
```

如果希望获取挂起的 Intent 的不同副本，必须提供不同的 requestCode。这一需要将在第 20 章中介绍闹钟管理器时更详细地介绍。如果两个 Intent 的内部内容相匹配（除了 extra 包），则将它们视为相同。额外的包可以不同，不会影响 Intent 的唯一性。如果要想使两个完全相同的 Intent 保持唯一，则可以改变请求代码的参数值。这样，即使底层 Intent 不唯一，挂起 Intent 也可以保持唯一。

flags 表示在存在挂起的 Intent 时执行的操作——返回 null、改写 extra 等。看看下面这个 URL，更详细地了解可能的 flags：

http://developer.android.com/reference/android/app/PendingIntent.html

通常，可以为 requestCode 和 flags 传递 0，以获取默认行为。

5.7 资源

下面给出了一些有用的链接，可通过它们进一步加强对本章的理解。

- http://developer.android.com/reference/android/content/Intent.html：可以在此URL上找到Intent的概述。其中包括众所周知的操作、extra等。
- http://developer.android.com/guide/appendix/g-app-intents.html：此URL列出了一些谷歌应用程序的Intent。在这里可以了解如何调用Browser、Map、Dialer和Google Street View。
- http://developer.android.com/reference/android/content/IntentFilter.html：此URL介绍Intent过滤器，在注册Intent过滤器时很有用。
- http://developer.android.com/guide/topics/intents/intents-filters.html：此URL详细介绍了Intent过滤器的解析规则。
- http://developer.android.com/resources/samples/get.html：可以使用此URL下载NotePad应用程序的示例代码。需要加载此代码才能测试一些Intent。
- http://developer.android.com/resources/samples/NotePad/index.html：可以使用此URL在线浏览NotePad应用程序的源代码。
- www.openintents.org/：此URL提供了从各个供应商收集到的开放的Intent。
- www.androidbook.com/proandroid4/projects：可以使用此URL下载专为本章设计的测试项目。本章对应的zip文件名为ProAndroid4_ch05_TestIntents.zip。

5.8   小结

本章介绍了 Android Intent 的重要元素。我们探讨了各种 Intent 使用场景，介绍了 Intent 与内容 URI 之间的关系。还介绍了如何使用 Intent 来调用返回结果的活动。最后介绍了挂起的 Intent，在第 15 章和第 22 章中使用它们时还将进行进一步探讨。

❑ 隐式Intent是操作、数据URI及作为额外数据传入的显式数据的集合。

❑ 显式是直接绑定到类名的Intent，该类名与之前提到的隐式部分无关。

❑ 使用Intent调用Android的活动或其他组件。

❑ 活动等组件通过Intent过滤器声明它们可以响应的Intent。

❑ Intent与Intent过滤器的解析规则。

❑ 如何启动使用Intent的活动？

❑ 如何启动能够返回结果的活动？

❑ Intent类别的作用。

❑ 默认类别的区别。

❑ 什么是挂起的Intent，它们的用法是什么？

❑ 挂起的Intent的唯一性。

❑ 如何使用PICK和GET_CONTENT操作。

5.9   面试问题

(1) 如何使用 Intent 调用活动？

(2) 什么是显式 Intent 和隐式 Intent？

(3) Intent 的组成部分有哪些？

(4) 如何通过 Intent 将数据发送至接收组件？

(5) 能否为 Android 应用的主要组件命名？

(6) Intent 的数据部分是否直接包含数据？

(7) Intent 的操作部分是否应该直接引用活动或组件？

(8) 如果 Intent 中显式指定类名，Intent 还应该考虑哪些其他部分？

(9) action.MAIN 的意思是什么？

(10) 如果在 Intent 过滤器中不指定任何操作，是否意味着活动能够响应所有操作？

(11) 如果在 Intent 过滤器中不指定任何数据，将匹配哪些类型的 Intent？

(12) 为什么需要在 Intent 过滤器设置默认活动类别？

(13) 启动器活动是否需要设置默认类别？

(14) 如何调用能够向调用方返回结果的活动？

(15) 调用活动的最快方法是什么？

(16) action_pick 和 action_get_content 有什么区别？

第6章

构建用户界面和使用控件

到目前为止，我们已经介绍了 Android 的基本原理，但还未涉及用户界面（UI）。本章将探讨用户界面和控件，首先讨论 Android 中 UI 开发的一般方法，然后介绍 Android SDK 随带的常见 UI 控件。这些是要创建界面的构造块，我们还将讨论视图适配器和布局管理器。视图适配器用于给显示数据集的控件提供数据，不管这些集合是来自数组，数据库还是其他数据源。正如其名字所指出的，布局管理器管理着控件的位置。接着，我们还会讲解其风格及主题，有助于封装控件的外观特性，使创建和维护更为容易。

学习完本章内容，读者就能够深刻理解，如何设置 UI 控件在屏幕上的布局方式，以及如何为控件填充数据。

6.1 Android 中的 UI 开发

Android 中的 UI 开发非常有趣。原因在于它相对比较简单。借助 Android，我们拥有了一个容易理解的框架，它包含有限数量的现成控件。可用屏幕空间通常是有限的。Android 也会负责执行通常与设计和构建高质量 UI 相关的大量重要工作。再考虑到用户通常希望执行一项特定操作的事实，我们就能够轻松构建良好的用户界面来提供出色的用户体验。

Android SDK 包含许多控件，可以使用它们来为应用程序构建用户界面。与其他 SDK 类似，Android SDK 提供了文本字段、按钮、列表及网格等控件。此外，Android 还提供了一组适合移动设备的控件。

常见控件的核心是两个类：android.view.View 和 android.view.ViewGroup。由第一个类的名称可以看出，View 类表示一个通用的 View 对象。Android 中的常见控件最终都会扩展 View 类。ViewGroup 也是一个视图，但它还包含其他视图。ViewGroup 是一些布局类列表的基类。像 Swing 一样，Android 使用布局的概念来管理控件在容器视图中的摆放方式。我们将会看到，使用布局简化了对控件在用户界面中的位置和方向的控制。

要在 Android 中构建用户界面，有多种方法可供选择。可以完全用代码来构造用户界面。也可以在 XML 中定义用户界面。甚至可以结合使用两种方法：在 XML 中定义用户界面，然后在代码中引用它和修改它。为了演示这一方法，我们将使用每一种方法构建一个简单的用户界面。

在开始之前，让我们定义一些术语。在本书和其他 Android 文献中，在与 UI 开发相关的讨论中经常会提到视图、控件、部件、容器和布局等术语。如果还不熟悉 Android 编程或 UI 开发，你可能对这些术语也不熟悉。我们在开始之前简单介绍一下它们（参见表 6-1）。

表 6-1   UI 术语

术 语	说 明
视图、部件、控件	每一个都表示一种用户界面元素。示例包括按钮、网格、列表、窗口及对话框等。本章中可交替使用术语"视图"、"部件"和"控件"
容器	用于包含其他视图的视图。例如，网格可以被视为容器，因为它包含单元格，而每个单元格是一个视图
布局	这是容器和视图的一种可视排列，可以包含其他布局

图 6-1 显示了我们将构建的应用程序的屏幕截图。屏幕截图右边是应用程序中的控件和容器的布局层次结构。

图 6-1   一个活动的用户界面和布局

我们在讨论示例程序时将参考此布局层次结构。现在只需知道该应用程序有一个活动。该活动的用户界面由 3 个容器组成：一个容器包含一个人名，一个容器包含地址，一个外部父容器包含前两个子容器。

6.1.1   完全利用代码来构建 UI

第一个示例（参见代码清单 6-1）演示了如何完全通过代码构建用户界面。要查看这段代码的效果，可以创建一个新 Android 项目，其中包含一个名为 MainActivity 的活动，然后将代码清单 6-1 中的代码复制到 MainActivity 类中。

说明   本章末尾提供了一个 URL，可使用它下载本章的项目，这样即可将这些项目直接导入 Eclipse，而无需复制和粘贴代码。

代码清单 6-1   完全通过代码创建简单的用户界面

```
package com.androidbook.controls;
import android.app.Activity;
import android.os.Bundle;
import android.view.ViewGroup.LayoutParams;
import android.widget.LinearLayout;
import android.widget.TextView;
public class MainActivity extends Activity
{
    private LinearLayout nameContainer;

    private LinearLayout addressContainer;
```

```java
    private LinearLayout parentContainer;

    /** Called when the activity is first created. */
    @Override
    public void onCreate(Bundle savedInstanceState)
    {
        super.onCreate(savedInstanceState);

        createNameContainer();

        createAddressContainer();

        createParentContainer();

        setContentView(parentContainer);
    }

    private void createNameContainer()
    {
        nameContainer = new LinearLayout(this);

        nameContainer.setLayoutParams(new LayoutParams(LayoutParams.FILL_PARENT,
                LayoutParams.WRAP_CONTENT));
        nameContainer.setOrientation(LinearLayout.HORIZONTAL);

        TextView nameLbl = new TextView(this);
        nameLbl.setText("Name: ");

        TextView nameValue = new TextView(this);
        nameValue.setText("John Doe");

        nameContainer.addView(nameLbl);
        nameContainer.addView(nameValue);
    }

    private void createAddressContainer()
    {
        addressContainer = new LinearLayout(this);

        addressContainer.setLayoutParams(new LayoutParams(LayoutParams.FILL_PARENT,
                LayoutParams.WRAP_CONTENT));
        addressContainer.setOrientation(LinearLayout.VERTICAL);

        TextView addrLbl = new TextView(this);
        addrLbl.setText("Address:");

        TextView addrValue = new TextView(this);
        addrValue.setText("911 Hollywood Blvd");

        addressContainer.addView(addrLbl);
        addressContainer.addView(addrValue);
    }

    private void createParentContainer()
    {
        parentContainer = new LinearLayout(this);

        parentContainer.setLayoutParams(new LayoutParams(LayoutParams.FILL_PARENT,
                LayoutParams.FILL_PARENT));
        parentContainer.setOrientation(LinearLayout.VERTICAL);

        parentContainer.addView(nameContainer);
```

6

```
        parentContainer.addView(addressContainer);
    }
}
```

如代码清单 6-1 所示，MainActivity 活动包含 3 个 LinearLayout 对象。前面已经提到，布局对象包含在屏幕的某个区域放置对象的逻辑。例如，LinearLayout 知道如何垂直或水平放置控件。布局对象可以包含任何类型的视图，甚至是其他布局。

nameContainer 对象包含两个 TextView 控件：一个用于标签 Name:，另一个用于保存实际的人名（如 John Doe）。addressContainer 也包含两个 TextView 控件。两个容器之间的区别在于，nameContainer 是水平放置的，而 addressContainer 是垂直放置的。这两个容器都包含在 parentContainer 中，后者是活动的根视图。构建了这些容器之后，MainActivity 活动通过调用 setContentView(parentContainer)，将视图的内容设置为根视图。在呈现活动的用户界面时，会调用根视图来呈现它本身。根视图然后调用其子视图来呈现它们，子控件调用它们的子控件，以此类推，直到呈现整个用户界面。

如代码清单 6-1 所示，我们有多个 LinearLayout 控件。实际上，其中两个控件是垂直放置的，一个控件是水平放置的。nameContainer 是水平放置的，这意味着两个 TextView 控件会并排显示。addressContainer 是垂直放置的，这意味着一个 TextView 控件将堆叠在另一个控件之上。parentContainer 也是垂直放置的，所以 nameContainer 会出现在 addressContainer 之上。请注意，两个垂直放置的容器 addressContainer 和 parentContainer 之间存在着细微的差别：parent Container 被设置为布满整个屏幕。

```
parentContainer.setLayoutParams(new LayoutParams(LayoutParams.FILL_PARENT,
    LayoutParams.FILL_PARENT));
```

addressContainer 垂直包装其内容：

```
addressContainer.setLayoutParams(new LayoutParams(LayoutParams.FILL_PARENT,
    LayoutParams.WRAP_CONTENT));
```

换句话说，WRAP_CONTENT 表示视图应该仅占据它在该方向上需要的空间，而不能占据更多，具体取决于包含视图所允许的空间范围。对于 addressContainer，这表示容器将在垂直方向占据两行，因为它仅需要两行。

6.1.2　完全使用 XML 构建 UI

现在我们在 XML 中构建同一个用户界面（参见代码清单 6-2）。回想一下第 3 章，XML 布局文件存储在资源目录（/res）下的 layout 文件夹中。要查看此示例的效果，可以在 Eclipse 中创建一个新 Android 项目。默认情况下，将得到一个名为 main.xml 的 XML 布局文件，该文件位于 res/layout 文件夹下。双击 main.xml 查看其内容。Eclipse 将为布局文件显示一个直观的编辑器。视图顶部可能有一个字符串，显示 "Hello World, MainActivity!" 或类似信息。单击视图底部的 main.xml 选项卡查看 main.xml 文件的 XML，可以看到一个 LinearLayout 和一个 TextView 控件。使用 Layout 或 main.xml 选项卡，或两者兼用，在 main.xml 文件中重现代码清单 6-2 中的代码并保存。

代码清单 6-2　完全在 XML 中创建用户界面

```
<?xml version="1.0" encoding="utf-8"?>
<LinearLayout xmlns:android="http://schemas.android.com/apk/res/android"
    android:orientation="vertical" android:layout_width="fill_parent"
```

```
    android:layout_height="fill_parent">
<!-- NAME CONTAINER -->
<LinearLayout xmlns:android="http://schemas.android.com/apk/res/android"
    android:orientation="horizontal" android:layout_width="fill_parent"
    android:layout_height="wrap_content">

        <TextView  android:layout_width="wrap_content"
    android:layout_height="wrap_content" android:text="Name:" />

        <TextView android:layout_width="wrap_content"
    android:layout_height="wrap_content" android:text="John Doe" />

</LinearLayout>

<!-- ADDRESS CONTAINER -->
<LinearLayout xmlns:android="http://schemas.android.com/apk/res/android"
    android:orientation="vertical" android:layout_width="fill_parent"
    android:layout_height="wrap_content">

        <TextView android:layout_width="fill_parent"
    android:layout_height="wrap_content" android:text="Address:" />

        <TextView android:layout_width="fill_parent"
    android:layout_height="wrap_content" android:text="911 Hollywood Blvd." />
</LinearLayout>

</LinearLayout>
```

在新项目的 src 目录下，有一个默认的.java 文件，它包含 Activity 类的定义。双击该文件查看其内容。请注意语句 setContentView(R.layout.main)。代码清单 6-2 中的 XML 代码片段，与对 setContentView(R.layout.main)的调用相结合，将呈现与前面完全通过代码生成的用户界面相同的效果。XML 文件简单直观，但是请注意，我们定义了 3 个容器视图。第一个 LinearLayout 等效于父容器。此容器通过设置相应特性（比如 android:orientation="vertical"）将其方向设置为垂直。父容器包含两个 LinearLayout 容器，它们分别代表 nameContainer 和 addressContainer。

运行此应用程序将生成与前面的示例应用程序相同的 UI。标签和值将如图 6-1 所示。

6.1.3 使用 XML 结合代码构建 UI

代码清单 6-2 中的示例并不实用。显然，将 TextView 控件的值硬编码到 XML 布局中没有任何意义。理想情况下，我们应该在 XML 中设计用户界面，然后从代码中引用这些控件。此方法支持将动态数据绑定到在设计时定义的控件。实际上，这是推荐的做法。在 XML 中构建布局，然后使用代码填充动态数据非常简单。

代码清单 6-3 使用稍微不同的 XML 显示了相同的用户界面。此 XML 为 TextView 控件分配了 ID，这样我们就可以在代码中引用它们。

代码清单 6-3   在 XML 中使用 ID 创建用户界面

```
<?xml version="1.0" encoding="utf-8"?>
<LinearLayout xmlns:android="http://schemas.android.com/apk/res/android"
    android:orientation="vertical" android:layout_width="fill_parent"
    android:layout_height="fill_parent">
    <!-- NAME CONTAINER -->
    <LinearLayout xmlns:android="http://schemas.android.com/apk/res/android"
```

```
        android:orientation="horizontal" android:layout_width="fill_parent"
        android:layout_height="wrap_content">

            <TextView android:layout_width="wrap_content"
        android:layout_height="wrap_content" android:text="@string/name_text" />

            <TextView android:id="@+id/nameValue"
        android:layout_width="wrap_content" android:layout_height="wrap_content" />

    </LinearLayout>
    <!-- ADDRESS CONTAINER -->
    <LinearLayout xmlns:android="http://schemas.android.com/apk/res/android"
        android:orientation="vertical" android:layout_width="fill_parent"
        android:layout_height="wrap_content">

            <TextView android:layout_width="fill_parent"
        android:layout_height="wrap_content" android:text="@string/addr_text" />

            <TextView android:id="@+id/addrValue"
        android:layout_width="fill_parent" android:layout_height="wrap_content" />
    </LinearLayout>

</LinearLayout>
```

除了将 ID 添加到我们希望通过代码填充的 TextView 控件，我们还拥有标签 TextView 控件，可以向它填充来自字符串资源文件的文本。它们是没有 ID 的 TextView，拥有一个 android:text 特性。你可能还记得第 3 章，这些 TextView 的实际字符串将来自/res/values 文件夹的 strings.xml 文件。代码清单 6-4 给出了我们的 strings.xml 文件的可能内容。

代码清单 6-4　代码清单 6-3 的 strings.xml 文件

```
<?xml version="1.0" encoding="utf-8"?>
<resources>
    <string name="app_name">Common Controls</string>
    <string name="name_text">Name:</string>
    <string name="addr_text">Address:</string>
</resources>;
```

代码清单 6-5 演示了如何获取在 XML 中定义的控件的引用来设置它们的特性。你可能会在 Activity 的 onCreate()方法中实现此功能。

代码清单 6-5　在运行时引用资源中的控件

```
setContentView(R.layout.main);

TextView nameValue = (TextView)findViewById(R.id.nameValue);
nameValue.setText("John Doe");
TextView addrValue = (TextView)findViewById(R.id.addrValue);
addrValue.setText("911 Hollywood Blvd.");
```

代码清单 6-5 的代码非常简单，但是请注意，我们在调用 findViewById()之前，通过调用 setContentView(R.layout.main)，加载了资源。如果未加载视图，将无法获得对视图的引用。

Android 的开发人员完成了一项出色的工作，让控件的每个方面都可通过 XML 或代码设置。在 XML 布局文件中而不是使用代码来设置控件的特性，这通常是个不错的主意。但是，很多时候需要使用代码，比如设置要向用户显示的值。

FILL_PARENT 与 MATCH_PARENT 对比

常量 FILL_PARENT 在 Android 2.2 中已弃用并被 MATCH_PARENT 取代。但这严格来讲只是更改了名称。此常量的值仍然为-1。类似地，对于 XML 布局，fill_parent 被 match_parent 代替。那么使用什么值呢？无需使用 FILL_PARENT 或 MATCH_PARENT，只需使用-1 即可。但是，这个值不是很容易读取，而且没有等效的未命名值用于 XML 布局。不过有一种更好的办法。

根据需要在应用程序中使用哪些 Android API，可以针对 2.2 以前的 Android 版本构建应用程序并依靠向前兼容性，或者针对 2.2 或更新的 Android 版本构建应用程序，将 minSdkVersion 设置为可运行该应用程序的最低的 Android 版本。例如，如果仅需要 Android 1.6 中存在的 API，那么可针对 Android 1.6 构建并使用 FILL_PARENT 和 fill_parent。应用程序应该可在所有更新的 Android 版本（包括 2.2 和更高版本）中正常运行。如果需要来自 Android 2.2 或更新版本的 API，可以针对该 Android 版本构建，使用 MATCH_PARENT 和 match_parent，并将 minSdkVersion 设置为某个较老的版本，比如 4（表示 Android 1.6）。仍然可以将在 Android 2.2 中构建的 Android 应用程序部署到较老的 Android 版本中，但必须认真处理早期 Android SDK 版本中没有的类和/或方法。此问题有多种解决办法，比如使用反射或创建包装器类来处理 Android 版本中的差异。我们将在第 12 章深入讨论这些更高级别的话题。

6.2 Android 中的常见控件

我们现在开始讨论 Android SDK 中的常见控件。首先将介绍文本控件，然后讨论按钮、复选框、单选按钮、列表、网格、日期和时间控件，以及地图视图控件。我们还将讨论布局控件。

6.2.1 文本控件

文本控件可能是你在 Android 中使用的第一种类型的控件。Android 拥有全面但并不是太多的文本控件。本小节将讨论 TextView、EditText、AutoCompleteTextView 和 MultiCompleteTextView 控件。图 6-2 展示了这些控件的实际应用。

图 6-2　Android 中的文本控件

1. TextView

代码清单 6-3 已经展示了一个 TextView 控件的简单 XML 规范。而代码清单 6-4 也说明了如何以代码形式处理 TextView。注意我们在 XML 中指定 ID、宽度、高度及文本值的方式，以及使用 SetText() 方法设置值的方式。TextView 控件知道如何显示文本，但不允许进行编辑。你可能因此而认为该控件实际是一个冒牌的标签。事实并非如此。TextView 控件拥有一些有趣的属性，这些属性使它变得非常实用。例如，如果知道 TextView 的内容将包含一个 URL 或一个 E-mail 地址，则可以将 autoLink 属性设置为"email|web"，该控件将找到并突出显示这些电子邮件地址和 URL。而且，当用户单击这些突出显示的项时，系统将启动电子邮件应用程序向该地址发送邮件或启动浏览器来访问该 URL。在 XML 中，此特性将位于 TextView 标记内，看上去类似于：

```
<TextView  ...    android:autoLink="email|web"  ...  />
```

我们在其中指定了一个以竖线分割的值集，包括 web、email、phone 或 map，或者使用 none（默认值）或 all。如果希望在代码中而不是使用 XML 设置 autoLink 行为，相应的方法调用为 setAutoLinkMask()。可以像之前一样，传递一个 int 值来表示各种值的组合，比如 Linkify.EMAIL_ADDRESSES|Linkify.WEB_ADDRESSES。为了实现此功能，TextView 利用了 android.text.util. Linkify 类。代码清单 6-6 给出了一个使用代码设置自动链接的例子。

代码清单 6-6   在 TextView 中的文本上使用 Linkify

```
TextView tv =(TextView)this.findViewById(R.id.tv);
tv.setAutoLinkMask(Linkify.ALL);
tv.setText("Please visit my website, http://www.androidbook.com
or email me at davemac327@gmail.com.");
```

请注意，我们在 TextView 中设置文本之前就设置了自动链接选项。这很重要，因为在设置文本后设置自动链接选项不会影响现有文本。因为我们使用了代码来向文本添加超链接，所以代码清单 6-6 中 TextView 的 XML 不需要任何特殊特性，可以非常简单：

```
<TextView android:id="@+id/tv" android:layout_width="wrap_content"
    android:layout_height="wrap_content"/>
```

如果愿意，可以调用 Linkify 类的静态 addLinks()方法，根据需要查找任何 TextView 或任何 Spannable 的内容并添加链接。无需使用 setAutoLinkMask()，我们可以在设置文本后执行以下代码：

```
Linkify.addLinks(tv, Linkify.ALL);
```

单击一个链接会导致为该操作调用默认的 Intent。例如，单击一个网址会启动浏览器并打开该网址。单击一个电话号码会启动电话拨号程序等。Linkify 类可方便地执行此工作。

Linkify 也可检测你希望查找的自定义模式，判断它们是否与你认为需要可单击的某种内容相匹配，以及设置如何触发 Intent 来将单击转换为某种操作。这里不会详细介绍它们，只需知道可以完成这些操作。

TextView 还有许多功能需要探讨，从字体特性到 minLines 和 maxLines 等。这些功能不言自明，所以我鼓励大家自行练习，研究如何使用它们。应该记住，TextView 类中的一些功能不适用于只读字段，这些功能用于 TextView 的子类，接下来将介绍其中一个子类。

2. EditText

EditText 控件是 TextView 的子类。从其名称可以看出，EditText 控件支持文本编辑。EditText

并没有因特网上的文本编辑控件那么强大，但基于 Android 设备的用户可能不编写文档，它们最多键入一两段文字。因此，该类具有有限但恰当的功能，可能会令你震惊。例如，EditText 最重要的特性之一是 inputType。可以将 inputType 属性设置为 textAutoCorrect 来让该控件更正常见的拼写错误。可以将它设置为 textCapWords，让控件将单词转换为大写。还有其他一些选项仅需要电话号码或密码。

有一些较老、现在已弃用的指定大写、多行文本和其他属性的方式。如果在指定这些属性时没有使用 inputType 属性，则可以读取它们，但是如果指定了 inputType，将忽略所有这些较老的属性。

EditText 控件的老式默认行为是在一行上显示文本并根据需要增加行。换句话说，如果用户键入的文本超过了第一行，将会出现第二行，以此类推。但是，通过将 singleLine 属性设置为 true，可以强制用户输入一行内容。对于这种情况，用于必须在同一行上输入。使用 inputType，如果不指定 textMultiLine，EditText 将默认为单行。所以，如果想要老式的多行键入默认行为，需要为 inputType 指定 textMultiLine。

EditText 的一项不错功能是，可以指定提示文本。此文本将以稍暗一些的颜色显示，并在用户开始键入文本时立即消失。提示的用途是让用户知道应在此字段中输入何种内容，无需用户选择和擦除默认文本。在 XML 中，此特性为 android:hint="your hint text here"或 android:hint="@string/your_hint_name"，其中 your_hint_name 是一个可在/res/values/strings.xml 中找到的字符串的资源名称。在代码中，可以使用 CharSequence 或资源 ID 调用 setHint()方法。

3. AutoCompleteTextView

AutoCompleteTextView 控件是一个具有自动完成功能的 TextView。换句话说，当用户在 TextView 中键入内容时，该控件可以显示建议输入供用户选择。代码清单 6-7 演示了利用 XML 和相应的代码实现的 AutoCompleteTextView 控件。

代码清单 6-7 使用 AutoCompleteTextView 控件

```
<AutoCompleteTextView android:id="@+id/actv"
    android:layout_width="fill_parent"  android:layout_height="wrap_content" />

AutoCompleteTextView actv = (AutoCompleteTextView) this.findViewById(R.id.actv);

ArrayAdapter<String> aa = new ArrayAdapter<String>(this,
                android.R.layout.simple_dropdown_item_1line,
                new String[] {"English", "Hebrew", "Hindi", "Spanish",
                "German", "Greek" });

actv.setAdapter(aa);
```

代码清单 6-7 中的 AutoCompleteTextView 控件为用户显示语言建议。例如，如果用户输入 **en**，该控件将建议输入 English。如果用户输入 **gr**，该控件将建议输入 Greek，等等。

如果使用过建议控件或类似的自动完成控件，就会知道这类控件包含两部分：文本视图控件和显示建议的控件。这是这类控件的一般概念。要使用这样的控件，必须创建该控件，创建建议列表并告知控件，还可能告知控件如何显示建议。也可以为建议创建第二个控件，然后将两个控件相关联。

Android 简化了这一过程，从代码清单 6-7 就可以看出。要使用 AutoCompleteTextView，可以在布局文件中定义控件，然后在活动中引用它。然后创建一个适配器类来保存建议，并定义将显示建议（在本例中为一个简单的列表项）的控件 ID。在代码清单 6-7 中，ArrayAdapter 的第二个参数告诉适配器使用一个简单的列表项来显示建议。最后一步是将适配器与 AutoCompleteText View 相关联，这一步使用 setAdapter()方法来完成。此刻不必理解什么是适配器，本章稍后会介绍。

4. MultiAutoCompleteTextView

如果使用过 AutoCompleteTextView 控件，就会知道该控件仅为文本视图的完整文本提供建议。换句话说，如果键入一个句子，不会获得每个单词的建议。MultiAutoCompleteTextView 解决了这一问题。可以使用 MultiAutoCompleteTextView 在用户键入时提供建议。例如，图 6-2 显示用户键入了 **English**，然后键入了一个逗号，接着键入了 **Ge**，这时该控件显示了建议输入 **German**。如果用户继续输入，该控件将显示其他建议。

使用 MultiAutoCompleteTextView 与使用 AutoCompleteTextView 类似。区别在于，使用 MultiAuto CompleteTextView 时必须告诉控件在何处再次开始建议。例如，从图 6-2 中可以看出，该控件可以在句子开头和在遇到逗号时提供建议。MultiAutoCompleteTextView 控件需要为其提供一个令牌化程序，该令牌化程序可解析句子并告诉它是否再次开始建议。代码清单 6-8 演示了通过 XML 和 Java 代码编写的 MultiAutoCompleteTextView 控件的使用。

代码清单 6-8   使用 MultiAutoCompleteTextView 控件

```
<MultiAutoCompleteTextView android:id="@+id/mactv"
    android:layout_width="fill_parent"  android:layout_height="wrap_content" />

MultiAutoCompleteTextView mactv = (MultiAutoCompleteTextView) this
        .findViewById(R.id.mactv);
ArrayAdapter<String> aa2 = new ArrayAdapter<String>(this,
            android.R.layout.simple_dropdown_item_1line,
new String[] {"English", "Hebrew", "Hindi", "Spanish", "German", "Greek" });

mactv.setAdapter(aa2);

mactv.setTokenizer(new MultiAutoCompleteTextView.CommaTokenizer());
```

代码清单 6-7 与代码清单 6-8 之间唯一的重要区别是 MultiAutoCompleteTextView 的使用和对 setTokenizer()方法的调用。因为在本例中使用了 CommaTokenizer，所以在将逗号（,）键入到 EditText 字段中之后，该字段将使用字符串数组再次给出建议。键入的任何其他字符都不会触发字符串给出建议。所以即使想要键入 French Spani，单词 "Spani" 也不会触发建议，因为它没有在逗号之后。Android 为 E-mail 地址提供了另一个令牌化程序，名为 Rfc822Tokenizer。如果愿意，可以创建你自己的令牌化程序。

6.2.2   按钮控件

按钮在所有部件工具包中都很常见，Android 也不例外。Android 不但提供了典型的按钮集合，还新增了一些附加按钮。本小节将讨论 3 种按钮控件：基本按钮、图像按钮和切换按钮。图 6-3 显示了一个包含这些控件的 UI。顶部的按钮是基本按钮，中间的按钮是图像按钮，底部的按钮是切换按钮。

我们首先看一下基本按钮。

图 6-3 Android 按钮控件

1. 按钮控件

Android 中基本的按钮类是 `android.widget.Button`。除了使用此类型的按钮来处理单击事件的方式外，这类按钮并没有太多需要讲的。代码清单 6-9 给出了按钮控件的 XML 布局的一部分，以及我们可在活动的 `onCreate()`方法中设置的一些 Java 代码。我们的基本按钮类似于图 6-3 顶部的按钮。

代码清单 6-9 处理按钮上的单击事件

```
<Button android:id="@+id/button1"
    android:text="@string/basicBtnLabel"
    android:layout_width="fill_parent"
    android:layout_height="wrap_content" />

Button button1 = (Button)this.findViewById(R.id.button1);
button1.setOnClickListener(new OnClickListener()
{
    public void onClick(View v)
    {
        Intent intent = new Intent(Intent.ACTION_VIEW,
                            Uri.parse("http://www.androidbook.com"));
        startActivity(intent);
    }
});
```

代码清单 6-9 展示了如何注册按钮单击事件。通过调用包含 `OnClickListener` 的 `setOnClickListener()`方法，注册单击事件。在代码清单 6-9 中，动态地创建了一个匿名监听器来处理 `button1` 的单击事件。当单击该按钮时，将调用监听器的 `onClick()`方法。在本例中，还将打开浏览器，访问我们的网站。

自 Android SDK 1.6 开始，有一种更简单的方法来设置按钮的单击处理程序。代码清单 6-10 给出了一个按钮的 XML，其中为处理程序指定了一个特性，还包含单击处理程序的 Java 代码。

代码清单 6-10 设置按钮的单击处理程序

```
<Button  ...     android:onClick="myClickHandler"   ... />

public void myClickHandler(View target) {
    switch(target.getId()) {
    case R.id.button1:
        ...
```

所调用的处理程序方法的目标被设置为一个 View 对象，该对象表示被按下的按钮。请注意，单击处理程序方法中的 switch 语句如何使用按钮的资源 ID 来选择要运行的逻辑。使用此方法意味着，无需在代码中显式创建每个 Button 对象，可以在多个按钮上重用相同的方法。总之，它使各个对象更容易理解和维护。这种方法也适用于其他按钮类型。

2. ImageButton 控件

Android 通过 android.widget.ImageButton 提供图像按钮。图像按钮的用法类似于基本按钮（参见代码清单 6-11）。我们的图像按钮与图 6-3 中间的按钮类似。

代码清单 6-11   使用 ImageButton

```
<ImageButton android:id="@+id/imageButton2"
    android:layout_width="wrap_content" android:layout_height="wrap_content"
    android:onClick="myClickHandler"
    android:src="@drawable/icon"  />

ImageButton imageButton2 = (ImageButton)this.findViewById(R.id.imageButton2);
imageButton2.setImageResource(R.drawable.icon);
```

在这里，我们在 XML 中创建了图像按钮并使用一个图形资源设置了按钮的图像。按钮的图像文件必须位于/res/drawable 下。在我们的例子中，只是为按钮重用了 Android 图标。代码清单 6-11 还表明，可以动态地设置按钮的图像，方法是对按钮调用 setImageResource()方法并向它传入一个资源 ID。请注意，只需采用其中一种方法，无需在 XML 文件和代码中都指定按钮图像。

图像按钮的一个不错功能是，可以为按钮指定透明的背景。结果将是一个可单击的图像，它的行为类似于按钮，但具有你想要的任何外观。只要为图像按钮设置 android:background="@null"。

因为图像可能与标准按钮差别巨大，所以可以自定义在 UI 中使用时按钮在另两种状态下的外观。除了正常显示，按钮还可拥有焦点，可以按下。拥有焦点表示按钮当前是事件的目标。例如，可以使用键盘上的箭头键或十字键将焦点转移到按钮上。按下表示当按下按钮但还未释放时，它的外观会改变。为了告诉 Android 为按钮提供哪 3 个图像和它们之间的对应关系，我们设置了一个选择器。这是一个简单的 XML 文件，位于项目的/res/drawable 文件夹下。这有点违背直觉，因为这是一个 XML 文件，不是图像文件，但这是选择器文件必须到达的目的地。选择器文件的内容类似于代码清单 6-12。

代码清单 6-12   为 ImageButton 使用选择器

```
<?xml version="1.0" encoding="utf-8"?>
<selector xmlns:android="http://schemas.android.com/apk/res/android">
  <item android:state_pressed="true"
      android:drawable="@drawable/button_pressed" /> <!-- pressed -->
  <item android:state_focused="true"
      android:drawable="@drawable/button_focused" /> <!-- focused -->
  <item android:drawable="@drawable/icon" /> <!-- default -->
</selector>
```

关于选择器文件，有几点需要注意。第一，没有像在值 XML 文件中一样指定<resources>标记。第二，按钮图像的顺序很重要。Android 将按顺序测试选择器中的每一项，查看它是否匹配，因此，我们希望只有在未按下按钮并且它没有焦点时才使用普通图像。如果普通图像放在最前面，它将始终匹配并被选择，即使按钮被按下或获得焦点也是如此。当然，引用的图形对象必须位于/res/drawables文件夹中。第三，在布局 XML 文件中按钮的定义中，我们希望将 android:src 属性设置为选择器 XML

文件，就像它是一个常规图形对象一样，比如：

```
<Button  ...   android:src="@drawable/imagebuttonselector"   ...  />
```

3. ToggleButton 控件

与复选框或单选按钮一样，ToggleButton 是一种具有两种状态的按钮。此按钮既可以处于 On（打开）状态，也可以处于 Off（关闭）状态。如图 6-3 所示，ToggleButton 的默认行为是在 On 状态下显示一个绿条，在 Off 状态下显示一个灰条。而且，默认行为还会在按钮处于 On 状态时将其文本设置为 "On"，在处于 Off 状态时设置为 "Off"。如果 On/Off 不适合你的应用程序，可以修改 ToggleButton 的文本。例如，如果希望通过 ToggleButton 启动和停止一个后台进程，可以使用 android:textOn 和 android:textOff 属性将按钮的文本设置为 Stop 和 Run。

代码清单 6-13 给出了一个例子。我们的开关按钮是图 6-3 底部的按钮，它处于 On 位置，所以按钮上的标签显示 "Stop"。

代码清单 6-13　Android ToggleButton

```
<ToggleButton android:id="@+id/cctglBtn"
        android:layout_width="wrap_content"
        android:layout_height="wrap_content"
        android:text="Toggle Button"
        android:textOn="Stop"
        android:textOff="Run"/>
```

因为 ToggleButton 的打开和关闭文本是独立的特性，所以不会真的使用 ToggleButton 的 android:text 特性。存在这个特性是因为，它实际上派生自 TextView，但在本例中并不需要使用该特性。

4. CheckBox 控件

CheckBox 控件是另一种 2 状态按钮，允许用户切换它的状态。不同之处在于，对于许多情形，用户不希望将它视为调用直接操作的按钮。但是从 Android 的角度讲，它就是一个按钮，对按钮执行的任何操作都可用于复选框。

在 Android 中，可以通过创建 android.widget.CheckBox 实例来创建复选框。参见代码清单 6-14 和图 6-4。

代码清单 6-14　创建复选框

```
<LinearLayout xmlns:android="http://schemas.android.com/apk/res/android"
        android:orientation="vertical" android:layout_width="fill_parent"
        android:layout_height="fill_parent">

<CheckBox android:id="@+id/chickenCB"  android:text="Chicken" android:checked="true"
    android:layout_width="wrap_content" android:layout_height="wrap_content" />

<CheckBox android:id="@+id/fishCB"   android:text="Fish"
    android:layout_width="wrap_content" android:layout_height="wrap_content" />

<CheckBox android:id="@+id/steakCB"  android:text="Steak" android:checked="true"
    android:layout_width="wrap_content" android:layout_height="wrap_content" />

</LinearLayout>
```

可以调用 setChecked() 或 toggle() 来管理复选框的状态。可以调用 isChecked() 来获取它的状态。如果需要在选中或取消选中复选框时实现特定的逻辑，可以通过调用 setOnCheckedChange Listener()

并实现 OnCheckedChangeListener 接口来注册 on-checked 事件。然后必须实现 onCheckedChanged()方法，该方法将在选中或取消选中复选框时调用。代码清单 6-15 显示了使用 CheckBox 的部分代码。

图 6-4   使用 CheckBox 控件

代码清单 6-15   在代码中使用复选框

```
public class CheckBoxActivity extends Activity {
        /** Called when the activity is first created. */
        @Override
        public void onCreate(Bundle savedInstanceState) {
            super.onCreate(savedInstanceState);
            setContentView(R.layout.checkbox);

            CheckBox fishCB = (CheckBox)findViewById(R.id.fishCB);

            if(fishCB.isChecked())
                fishCB.toggle();        // flips the checkbox to unchecked if it was
checked

            fishCB.setOnCheckedChangeListener(
                        new CompoundButton.OnCheckedChangeListener() {

                @Override
                public void onCheckedChanged(CompoundButton arg0, boolean isChecked) {
                    Log.v("CheckBoxActivity", "The fish checkbox is now "
                            + (isChecked?"checked":"not checked"));
            }});
        }
    }
```

设置 OnCheckedChangeListener 的一个好处是它会向你传递 CheckBox 按钮的新状态。也可以使用我们对普通按钮所用的 OnClickListener 技术。当调用 onClick()方法时，你需要适当地转换按钮来自行确定它的新状态，然后对它调用 isChecked()。类似地，代码清单 6-16 给出了将 android:onClick="myClickHandler"添加到 CheckBox 按钮的 XML 定义后，此代码的可能内容。

代码清单 6-16   在代码中结合使用复选框和 android:onClick

```
public void myClickHandler(View view) {
    switch(view.getId()) {
    case R.id.steakCB:
        Log.v("CheckBoxActivity", "The steak checkbox is now " +
            (((CheckBox)view).isChecked()?"checked":"not checked"));
    }
}
```

5. RadioButton 控件

单选按钮控件在任何 UI 工具包中都是不可或缺的部分。单选按钮为用户提供了多种选择，并且只允许用户选择一个选项。为了实现此单选模型，单选按钮通常属于一个组，每个组一次只能让一个选项被选中。

要在 Android 中创建一组单选按钮，首先创建 RadioGroup，然后向组中填充单选按钮。代码清单 6-17 和图 6-5 给出了一个例子。

代码清单 6-17 使用 Android 单选按钮部件

```
<LinearLayout xmlns:android="http://schemas.android.com/apk/res/android"
        android:orientation="vertical" android:layout_width="fill_parent"
        android:layout_height="fill_parent">

<RadioGroup       android:id="@+id/rBtnGrp" android:layout_width="wrap_content"
        android:layout_height="wrap_content"  android:orientation="vertical" >

    <RadioButton      android:id="@+id/chRBtn" android:text="Chicken"
        android:layout_width="wrap_content"  android:layout_height="wrap_content"/>

    <RadioButton   android:id="@+id/fishRBtn" android:text="Fish" android:checked="true"
        android:layout_width="wrap_content"  android:layout_height="wrap_content"/>

    <RadioButton android:id="@+id/stkRBtn" android:text="Steak"
        android:layout_width="wrap_content"  android:layout_height="wrap_content"/>

</RadioGroup>

</LinearLayout>
```

图 6-5 使用单选按钮

在 Android 中，使用 android.widget.RadioGroup 实现单选组，使用 android.widget.Radio Button 实现单选按钮。

默认情况下，单选组内的单选按钮最初未被选中，但可以在 XML 定义中将其设置为选中。如代码清单 6-17 所示。要以编程方式将单选按钮设置为选中状态，可以获取对该单选按钮的引用，并调用 setChecked()：

```
RadioButton steakBtn = (RadioButton)this.findViewById(R.id.stkRBtn);
steakBtn.setChecked(true);
```

也可以使用 toggle()方法来切换单选按钮的状态。与 CheckBox 控件一样，如果实现 OnChecked

ChangeListener 接口并调用 setOnCheckedChangeListener()，你将得到选中和取消选中事件的通知。但是，存在一处细微区别。这实际上是一个与之前不同的类。这一次，从技术上讲它是 RadioGroup. OnCheckedChangeListener 类，而之前它是 CompoundButton.OnCheckedChangeListener 类。

请注意，除了单选按钮以外，RadioGroup 还可以包含视图。例如，代码清单 6-18 在最后一个单选按钮之后添加了 TextView。另请注意，在单选组之外列出了第一个单选按钮（anotherRadBtn）。

代码清单 6-18   不只包含单选按钮的单选组

```
<LinearLayout xmlns:android="http://schemas.android.com/apk/res/android"
        android:orientation="vertical"  android:layout_width="fill_parent"
        android:layout_height="fill_parent">

<RadioButton android:id="@+id/anotherRadBtn"  android:text="Outside"
        android:layout_width="wrap_content"  android:layout_height="wrap_content"/>

<RadioGroup android:id="@+id/radGrp"
        android:layout_width="wrap_content"  android:layout_height="wrap_content">

    <RadioButton android:id="@+id/chRBtn"  android:text="Chicken"
            android:layout_width="wrap_content"  android:layout_height="wrap_content"/>

    <RadioButton android:id="@+id/fishRBtn"  android:text="Fish"
            android:layout_width="wrap_content"  android:layout_height="wrap_content"/>

    <RadioButton android:id="@+id/stkRBtn"  android:text="Steak"
            android:layout_width="wrap_content"  android:layout_height="wrap_content"/>

    <TextView android:text="My Favorite"
            android:layout_width="wrap_content"  android:layout_height="wrap_content"/>

</RadioGroup>
</LinearLayout>
```

代码清单 6-18 显示，可以在单选组内包含非 RadioButton 控件。而且也应该知道，单选组只能对它自己的容器内的单选按钮强制进行单选。也就是说，ID 为 anotherRadBtn 的单选按钮将不会受到代码清单 6-18 中的单选组的影响，因为它未包含在该组中。

可以以编程方式操作 RadioGroup。例如，可以以编程方式获取对单选组的引用并添加单选按钮（或其他类型的控件），代码清单 6-19 演示了这一概念。

代码清单 6-19   通过代码将 RadioButton 添加到 RadioGroup 中

```
RadioGroup radGrp = (RadioGroup)findViewById(R.id.radGrp);
RadioButton newRadioBtn = new RadioButton(this);
newRadioBtn.setText("Pork");
radGrp.addView(newRadioBtn);
```

用户在单选组中选择一个单选按钮之后，无法通过再次单击来取消选择它。取消对单选组中所有单选按钮的选择的唯一方式是以编程方式对 RadioGroup 调用 clearCheck()方法。

当然，你希望对 RadioGroup 做一些有趣的事情。你可能不希望轮询每个 RadioButton 来确定是否选择了它。幸好 RadioGroup 拥有多种方法来提供帮助。我们将在代码清单 6-20 中演示它们。这段代码的 XML 如代码清单 6-18 所示。

代码清单 6-20   利用编程方法使用 RadioGroup

```java
public class RadioGroupActivity extends Activity {
        protected static final String TAG = "RadioGroupActivity";

        /** Called when the activity is first created. */
        @Override
        public void onCreate(Bundle savedInstanceState) {
            super.onCreate(savedInstanceState);
            setContentView(R.layout.radiogroup);

            RadioGroup radGrp = (RadioGroup)findViewById(R.id.radGrp);

            int checkedRadioButtonId = radGrp.getCheckedRadioButtonId();

            radGrp.setOnCheckedChangeListener(new RadioGroup.OnCheckedChangeListener() {
                @Override
                public void onCheckedChanged(RadioGroup arg0, int id) {
                    switch(id) {
                    case -1:
                        Log.v(TAG, "Choices cleared!");
                        break;
                    case R.id.chRBtn:
                        Log.v(TAG, "Chose Chicken");
                        break;
                    case R.id.fishRBtn:
                        Log.v(TAG, "Chose Fish");
                        break;
                    case R.id.stkRBtn:
                        Log.v(TAG, "Chose Steak");
                        break;
                    default:
                        Log.v(TAG, "Huh?");
                        break;
                    }
                }});
        }
}
```

我们始终可以使用 getCheckedRadioButtonId()获取当前选择的 RadioButton，它返回所选项的资源 ID，或者如果未选择任何项（可能没有默认项并且用户还未选择），返回−1。前面的 onCreate()方法演示了这一点，但在实际中，你一定希望在恰当的时刻使用它来读取用户当前的选择。也可设置一个监听器，以在用户选择一个 RadioButton 时立即获得通知。请注意，onCheckedChanged()方法接受一个 RadioGroup 参数，允许将同一个 OnCheckedChangeListener 用于多个 RadioGroup。你可能已注意到开关选项−1。如果通过使用 clearCheck()代码清除了 RadioGroup，将发生此情况。

6.2.3　ImageView 控件

我们还未介绍的基本控件中有一个 ImageView 控件。它用于显示图像，其中的图像可能来自一个文件、ContentProvider 或图形对象等资源。甚至可以仅指定一种颜色，让 ImageView 显示该颜色。代码清单 6-21 给出了一些 ImageView 的 XML 示例，后面还提供了展示如何创建 ImageView 的代码。

代码清单 6-21   XML 和代码中的 ImageView

```xml
<ImageView android:id="@+id/image1"
    android:layout_width="wrap_content"   android:layout_height="wrap_content"
```

```
android:src="@drawable/icon" />

<ImageView android:id="@+id/image2"
    android:layout_width="125dip"  android:layout_height="25dip"
    android:src="#555555" />

<ImageView android:id="@+id/image3"
    android:layout_width="wrap_content"  android:layout_height="wrap_content" />

<ImageView android:id="@+id/image4"
    android:layout_width="wrap_content"  android:layout_height="wrap_content"
    android:src="@drawable/manatee02"
    android:scaleType="centerInside"
    android:maxWidth="35dip"  android:maxHeight="50dip"
    />

ImageView imgView = (ImageView)findViewById(R.id.image3);

imgView.setImageResource( R.drawable.icon );

imgView.setImageBitmap(BitmapFactory.decodeResource(
            this.getResources(), R.drawable.manatee14) );

imgView.setImageDrawable(
            Drawable.createFromPath("/mnt/sdcard/dave2.jpg") );

imgView.setImageURI(Uri.parse("file://mnt/sdcard/dave2.jpg"));
```

　　在此示例中，我们在 XML 中定义了 4 个图像。第一个是应用程序的图标。第二个是一个宽度比高度长的灰色条。第三个定义没有在 XML 中指定图像来源，但我们拥有与此图像（image3）关联的 ID，可从代码中使用它来设置图像。第四个图像是另一个图像文件，我们没有在其中指定图像文件的来源，但设置了图像在屏幕上的最大尺寸，定义了图像比最大尺寸大时的操作。在这种情况下，我们告诉 ImageView 居中并拉伸图像，使它适合我们指定的尺寸。

　　在代码清单 6-21 的 Java 代码中，我们给出了多种设置 image3 的方式。当然，首先必须通过使用 ImageView 的资源 ID 查找它，获取它的引用。第一个赋值方法 setImageResource()使用图像的资源 ID 来定位图像文件，以为 ImageView 提供该图像。第二个赋值方法使用 BitmapFactory 将一个图像资源读入到一个 Bitmap 对象中，然后将 ImageView 设置为该 Bitmap。请注意，可以在将 Bitmap 应用到 ImageView 之前对它进行一些修改，但在该例子中，我们按原样使用了它。此外，BitmapFactory 拥有多种创建 Bitmap 的方法，包括从字节数组和 InputStream 创建。可以使用 InputStream 方法从 Web 服务器读取图像，创建 Bitmap 图像，然后从这里设置 ImageView。

　　第三个赋值方法使用一个 Drawable 作为我们的图像来源。在本例中，我们表明图像来自 SD 卡。需要将某种图像文件保存在 SD 卡中并使用合适的名称，才能使用此方法。类似于 BitmapFactory，Drawable 类拥有多种创建 Drawable 的不同方式，包括从 XML 流创建。

　　最后一个赋值方法获取图像文件的 URI 并将它用做图像来源。对于最后一个调用，请不要认为可以使用任何图像 URI 作为来源。此方法仅用于设备上的本地图像，而不能用于可通过 HTTP 找到的图像。要使用网络图像作为 ImageView 的来源，最常见的方法是使用 InputStream 和 BitmapFactory。

6.2.4　日期和时间控件

　　日期和时间控件在许多部件工具包中都很常见。Android 提供了多个基于日期和时间的控件，本节将介绍其中的一部分。具体来讲，我们将介绍 DatePicker、TimePicker、DigitalClock 和 AnalogClock
控件。

1. DatePicker 和 TimePicker 控件

由名称可以看出，DatePicker 控件用于选择日期，而 TimePicker 控件用于选择时间。代码清单
6-22 和图 6-6 给出了这两个控件的示例。

代码清单 6-22　XML 中的 DatePicker 和 TimePicker 控件

```xml
<LinearLayout xmlns:android="http://schemas.android.com/apk/res/android"
        android:orientation="vertical"
        android:layout_width="fill_parent"
        android:layout_height="fill_parent">

    <TextView android:id="@+id/dateDefault"
        android:layout_width="fill_parent" android:layout_height="wrap_content" />

    <DatePicker android:id="@+id/datePicker"
        android:layout_width="wrap_content" android:layout_height="wrap_content" />

    <TextView android:id="@+id/timeDefault"
        android:layout_width="fill_parent" android:layout_height="wrap_content" />

    <TimePicker android:id="@+id/timePicker"
        android:layout_width="wrap_content" android:layout_height="wrap_content" />

</LinearLayout>
```

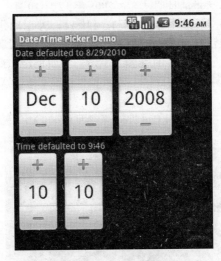

图 6-6　DatePicker 和 TimePicker UI

　　如果查看 XML 布局，可以看到定义这些控件非常简单。与 Android 工具包中的任何其他控件一
样，可以以编程方式访问控件来初始化它们，或者从中获取数据。例如，可以像代码清单 6-23 中那样
初始化这些控件。

代码清单 6-23   分别使用日期和时间初始化 DatePicker 和 TimePicker

```
public void onCreate(Bundle savedInstanceState) {
    super.onCreate(savedInstanceState);
    setContentView(R.layout.datetimepicker);

    TextView dateDefault = (TextView)findViewById(R.id.dateDefault);
    TextView timeDefault = (TextView)findViewById(R.id.timeDefault);

    DatePicker dp = (DatePicker)this.findViewById(R.id.datePicker);
    // The month, and just the month, is zero-based. Add 1 for display.
    dateDefault.setText("Date defaulted to " + (dp.getMonth() + 1) + "/" +
            dp.getDayOfMonth() + "/" + dp.getYear());
    // And here, subtract 1 from December (12) to set it to December
    dp.init(2008, 11, 10, null);

    TimePicker tp = (TimePicker)this.findViewById(R.id.timePicker);

    java.util.Formatter timeF = new java.util.Formatter();
    timeF.format("Time defaulted to %d:%02d", tp.getCurrentHour(),
            tp.getCurrentMinute());
    timeDefault.setText(timeF.toString());

    tp.setIs24HourView(true);
    tp.setCurrentHour(new Integer(10));
    tp.setCurrentMinute(new Integer(10));
    }
}
```

代码清单 6-23 将 DatePicker 上的日期设置为 2008 年 12 月 10 日。注意，对于月份，内部值是从 0 开始的，这就意味着 1 月是 0，12 月是 11。对于 TimePicker，小时和分钟数都设置为 10。另请注意，该控件支持 24 小时视图。如果没有为这些控件设置值，默认值将是设备所知的当前日期和时间。

最后请注意，Android 提供了这些控件的模态窗口版本，比如 DatePickerDialog 和 TimePickerDialog。如果希望向用户显示控件并强制用户进行选择，这些控件将很有用。第 8 章将详细介绍对话框。

2. DigitalClock 和 AnalogClock 控件

Android 还提供了 DigitalClock 和 AnalogClock（参见图 6-7）。

图 6-7   使用 AnalogClock 和 DigitalClock

如图所示，除了小时和分钟，数字时钟还支持秒。Android 中的模拟时钟包含两根指针，一个指示小时，另一个指示分钟。要在布局中添加这些内容，可以使用代码清单 6-24 所示的 XML。

代码清单 6-24 在 XML 中添加 DigitalClock 和 AnalogClock

```
<DigitalClock
    android:layout_width="wrap_content" android:layout_height="wrap_content" />

<AnalogClock
    android:layout_width="wrap_content" android:layout_height="wrap_content" />
```

这两个控件只能显示当前时间，因为它们不支持修改日期或时间。换句话说，它们只是时钟控件，唯一的功能就是显示当前的时间。因此，如果希望更改日期或时间，需要使用 DatePicker/ TimePicker 或 DatePickerDialog/TimePickerDialog。但是，这两个时钟的一个不错的地方是它们可自行更新，无需执行任何操作。也就是说，在 DigitalClock 中显示的时间会不停地变化，在 AnalogClock 中指针会不停地转动，无需我们提供任何额外的信息。

6.2.5 MapView 控件

com.google.android.maps.MapView 控件可以显示地图。既可以通过 XML 布局也可以通过代码实例化此控件，但使用它的活动必须扩展 MapActivity。MapActivity 处理加载地图的多线程请求及执行缓存等。

代码清单 6-25 显示了一个 MapView 实例化示例。

代码清单 6-25 通过 XML 布局创建 MapView 控件

```
<LinearLayout xmlns:android="http://schemas.android.com/apk/res/android"
        android:orientation="vertical" android:layout_width="fill_parent"
        android:layout_height="fill_parent">

    <com.google.android.maps.MapView
        android:layout_width="fill_parent"
        android:layout_height="fill_parent"
        android:enabled="true"
        android:clickable="true"
        android:apiKey="myAPIKey"
        />

</LinearLayout>
```

第 17 章将详细介绍 MapView 控件，届时将讨论基于位置的服务。该章还将介绍如何获取自己的地图 API 密钥。

6.3 适配器

在详细介绍 Android 的列表控件之前，先来介绍适配器。列表控件用于显示数据集合。Android 不是使用一种类型的控件管理显示和数据，而是将这两项功能分别用列表控件和适配器来实现。列表控件是扩展了 android.widget.AdapterView 的类，包括 ListView、GridView、Spinner 和 Gallery（参见图 6-8）。

AdapterView 本身实际上扩展了 android.widget.ViewGroup，这意味着 ListView 及 GridView 等都是容器控件。换句话说，列表控件包含一组子视图。适配器的用途是为 AdapterView 管理数据，并为其提供子视图。我们通过 SimpleCursorAdapter 看一下这是如何实现的。

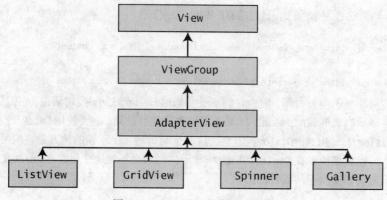

图 6-8   AdapterView 类层次结构

6.3.1   SimpleCursorAdapter

SimpleCursorAdapter 如图 6-9 所示。

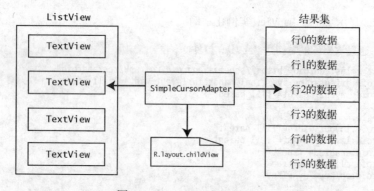

图 6-9   SimpleCursorAdapter

　　理解此图很重要。左侧是 AdapterView，在本例中，它是一个 ListView，由一些 TextView 子视图组成。右侧是数据，在本例中，它表示对一个 ContentProvider 进行查询的结果数据行集合。

　　要将数据行映射到 ListView，SimpleCursorAdapter 需要有一个子布局资源 ID。子布局必须描述应该在左侧显示的右侧每个数据元素的布局。在本例中，一个布局就像我们用于活动的布局一样，但它仅需要指定 ListView 的一行的布局。例如，如果有一个来自 Contacts ContentProvider 的结果信息集，并且仅希望在 ListView 中显示每个联系人的姓名，那么将需要一个布局来描述姓名字段的外观。如果希望在 ListView 的每行中显示来自结果集的姓名和图像，那么布局必须标明如何显示姓名和图像。

　　这并不意味着必须为结果集中每个字段提供一个布局规范，也不意味着对于希望包含在 ListView 的每一行中的每项内容，结果集中都必须拥有数据。例如，我们稍后将介绍如何在 ListView 中包含复选框来选择行，并且这些复选框不需要通过结果集中的数据进行设置。我们还将介绍如何获取结果集中未包含在 ListView 中的数据。而且，此外我们谈论的是 ListView、TextView、游标和结果集，但请记住，适配器概念比这些概念更常见。左侧可以是一个相册，右侧可以是一组图像。但是我们现在需要保持简单，请看一下 SimpleCursorAdapter 了解更多细节。

SimpleCursorAdapter 的构造函数类似于：

```
SimpleCursorAdapter(Context context, int childLayout, Cursor c, String[] from, int[] to)
```

此适配器将游标中的一行转换为容器控件的子视图。子视图在 XML 资源（childlayout 参数）中定义。请注意，由于游标中的行可以有多列，所以需要通过指定一个列名称数组（使用 from 参数），告诉 SimpleCursorAdapter 希望从行中选择哪些列。

类似地，由于所选的每列必须映射到一个布局的一个 View，所以必须在 to 参数中指定 ID。所选的列与显示该列中数据的 View 之间存在一对一关系，所以 from 和 to 参数数组必须具有相同的大小。前面提到过，子视图可以包含其他类型的视图，不必非是 TextView。例如可以使用 ImageView。

ListView 与我们的适配器进行着精心的协作。当 ListView 希望显示一行数据时，它调用适配器的 getView() 方法，传入相关位置来指定要显示的数据行。适配器做出响应，使用在适配器构造函数中设置的布局构建恰当的子视图，从结果集中的恰当记录拉取数据。因此，ListView 无需处理数据在适配器端的存在方式，它只需在需要时调用子视图。这一点很重要，因为它意味着 ListView 无需为每个数据行创建子视图。它所包含的子视图数量对于显示窗口中所显示内容而言是必须的就可以了。如果仅显示了 10 行数据，严格来讲，ListView 仅需实例化 10 个子布局，即使结果集中有数百个记录。但在实际中，会实例化 10 个以上的子布局，因为 Android 通常会将 extra 保存在近处，以更快地显示新行。应该得到这样的结论，ListView 管理的子视图可以回收。我们稍后将更详细地探讨该主题。

图 6-9 展示了使用适配器的一定灵活性。因为列表控件使用适配器，所以可以根据数据及子视图替换各种类型的适配器。例如，如果要从 ContentProvider 数据库填充 AdapterView，无需使用 SimpleCursorAdapter。可以采用"更简单的"适配器：ArrayAdapter。

6.3.2　了解 ArrayAdapter

ArrayAdapter 是 Android 中最简单的适配器。它专门用于列表控件，假设 TextView 控件表示列表项（子视图）。一般可以通过如下代码创建新的 ArrayAdapter：

```
ArrayAdapter<String> adapter = new ArrayAdapter<String>(this,
            android.R.layout.simple_list_item_1,
            new String[]{"Dave","Satya","Dylan"});
```

我们仍然传递了上下文（即 this）和一个 childLayout 资源 ID。但没有传递数据字段规范的 from 数组，而传入了一个字符串数组作为实际数据。我们没有传递游标或 View 资源 ID 的 to 数组。这里假设子布局仅包含一个 TextView，并且 ArrayAdapter 将使用它作为数据数组中的字符串的目的地。

现在介绍获取 childLayout 资源 ID 的一种不错的快捷方式。无需为列表项创建自己的布局文件，可以利用 Android 中预定义的布局。请注意，资源上针对子布局资源 ID 的前缀为 android.。不在本地 /res 目录中查找，Android 会在它自己的目录中查找。要找到此目录，可以导航到 Android SDK 文件夹并在 platforms/<android-version>/data/res/layout 下查找。可以在这里找到 simple_list_item_1.xml，在其中可以看到它定义了一个简单的 TextView。我们的 ArrayAdapter 将使用这个 TextView（在其 getView() 方法中）创建一个视图并提供给 ListView。可以自由浏览这些文件夹，查找针对所有用途预定义的布局。后面将使用更多这样的布局。

ArrayAdapter 还包含其他构造函数。如果 childLayout 不是简单的 TextView，可以传入该行的布局资源 ID 和接收数据的 TextView 的资源 ID。如果没有准备好要传入的字符串数组时，可以使用 createFromResource()方法。代码清单 6-26 给出了一个为微调框创建 ArrayAdapter 的示例。

代码清单 6-26　从字符串资源文件创建 ArrayAdapter

```xml
<Spinner android:id="@+id/spinner"
    android:layout_width="wrap_content"  android:layout_height="wrap_content" />
```

```java
Spinner spinner = (Spinner) findViewById(R.id.spinner);

ArrayAdapter<CharSequence> adapter = ArrayAdapter.createFromResource(this,
        R.array.planets, android.R.layout.simple_spinner_item);

adapter.setDropDownViewResource(android.R.layout.simple_spinner_dropdown_item);

spinner.setAdapter(adapter);
```

```xml
<?xml version="1.0" encoding="utf-8"?>
<!-- This file is /res/values/planets.xml -->
<resources>
  <string-array name="planets">
    <item>Mercury</item>
    <item>Venus</item>
    <item>Earth</item>
    <item>Mars</item>
    <item>Jupiter</item>
    <item>Saturn</item>
    <item>Uranus</item>
    <item>Neptune</item>
  </string-array>
</resources>
```

代码清单 6-26 包含 3 部分。第一部分是一个微调框的 XML 布局。第二部分 Java 代码显示了如何创建 ArrayAdapter，它的数据源在一个字符串资源文件中定义。使用此方法，不仅可以将列表内容外化到 XML 文件中，也可以使用本地化的版本。稍后将介绍微调框，但是现在只需知道，微调框有一个视图显示当前选择的值，有一个列表视图显示可选择的值。它基本上就是一个下拉菜单。代码清单 6-26 的第三部分是 XML 资源文件/res/values/planets.xml，需要读取它来初始化 ArrayAdapter。

值得一提的是，ArrayAdapter 支持动态修改底层数据。例如，add()方法将新值附加到数组末尾。insert()方法将新值添加到数组中指定的位置。remove()从数组获取对象。也可以调用 sort()来重新排序数组。当然，完成此操作后，数据数组将与 ListView 不同步，这时就需要调用适配器的 notifyDataSetChanged()方法。此方法会重新同步 ListView 与适配器。

以下列表汇总了 Android 提供的适配器。

- ArrayAdapter<T>：这个适配器位于一般的任意对象数组的顶部，需要在ListView中使用。
- CursorAdapter：这个适配器也需要在ListView中使用，通过游标向列表提供数据。
- SimpleAdapter：从名称可以看出，这个适配器是一个简单适配器，它通常用于使用静态数据（可能来自资源）填充列表。
- ResourceCursorAdapter：这个适配器扩展了CursorAdapter，知道如何从资源创建视图。
- SimpleCursorAdapter：这个适配器扩展了ResourceCursorAdapter，从游标中的列创建TextView/ImageView视图。这些视图在资源中定义。

关于适配置的内容，我们介绍的已经够多的了。现在该看一下处理适配器和列表控件（也称为 AdapterViews）的实际例子了，开始吧！

6.4　结合使用适配器和 AdapterView

前面介绍了适配器，现在用它们来为列表控件提供数据。本节将首先介绍基本的列表控件 ListView。然后介绍如何创建自己的自定义适配器，最后介绍其他类型的列表控件：GridView、Spinner 和 Gallery。

6.4.1　基本的列表控件：ListView

ListView 控件垂直显示一组项。也就是说，如果要查看一组项，并且项数超过了当前显示区域的范围，可以通过滚动来查看剩余项。通常编写一个扩展 android.app.ListActivity 的新活动来使用 ListView。ListActivity 包含一个 ListView，可以调用 setListAdapter()方法来为 ListView 设置数据。

前面已经介绍过，适配器将列表控件链接到数据，帮助为列表控件准备子视图。可单击 ListView 中的项来立即执行操作，或选择它们以稍后对所选项集合采取操作。我们先从简单处着手，然后不断添加功能。

1. 在 ListView 中显示值

图 6-10 显示了最简单形式的 ListView 控件。

图 6-10　使用 ListView 控件

对于本练习，我们将使用 ListView 填满整个屏幕，所以甚至不需要在主要布局 XML 文件中指定 ListView。代码清单 6-27 给出了我们的 ListActivity 的 Java 代码。

代码清单 6-27　向 ListView 添加项

```
public class ListViewActivity extends ListActivity
{
    @Override
    protected void onCreate(Bundle savedInstanceState)
    {
        super.onCreate(savedInstanceState);
```

```
Cursor c = managedQuery(Contacts.CONTENT_URI,
        null, null, null, Contacts.DISPLAY_NAME + " ASC");

String[] cols = new String[] {Contacts.DISPLAY_NAME};
int[]    views = new int[]   {android.R.id.text1};

SimpleCursorAdapter adapter = new SimpleCursorAdapter(this,
        android.R.layout.simple_list_item_1,
        c, cols, views);
this.setListAdapter(adapter);
    }
}
```

代码清单 6-27 创建了一个 ListView 控件，其中填入了设备上的联系人列表。在本例中，我们在设备上查询联系人列表。出于演示用途，我们选择了 Contacts 中的所有字段（即使用 managedQuery() 方法中的第一个 null 参数），还对 contacts.DISPLAY_NAME 字段进行了排序（使用 managedQuery()方法中的最后一个参数）。然后创建一个投影（cols）来仅为我们的 ListView 选择联系人的姓名，该投影定义我们感兴趣的列。接下来，提供相应的资源 ID 数组（views）来将姓名列（contacts.DISPLAY_NAME）映射到一个 TextView 控件（android.R.id.text1）。在这之后，创建一个游标适配器并设置列表的适配器。适配器类能够获取数据源中的行，提取出每个联系人的姓名来填充用户界面。

要实现此目的，还需要做一件事。因为我们演示的是访问电话的联系人数据库，我们需要请求这么做的权限。这个安全主题将在第 14 章中更详细地介绍，现在仅介绍如何显示 ListView。双击此项目的 AndroidManifest.xml，单击 Permissions 选项卡。单击 Add 按钮，选择 Uses Permission，然后单击 OK。向下滚动 Name 列表，直到到达 android.permission.READ_CONTACTS。Eclipse 窗口应该类似于图 6-11。然后保存 AndroidManifest.xml 文件。现在，可以在模拟器中运行此应用程序了。可能需要使用 Contacts 应用程序添加一些联系人，然后才能在此示例应用程序中显示所有姓名。

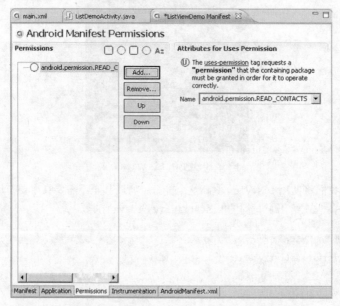

图 6-11 修改 AndroidManifest.xml 以使应用程序能够运行

你将注意到，onCreate()方法没有设置活动的内容视图。相反，因为基类 ListActivity 已包含一个 ListView，它只需要为 ListView 提供数据。我们在此示例中使用两种快捷方式，首先，利用了 ListActivity 来提供主要布局。还为子视图使用了 Android 提供的一个布局（资源 ID android.R.layout.simple_list_item_1），它包含 Android 提供的一个 TextView（资源 ID android.R.id. text1）。总之，设置起来非常简单。

2. ListView 中的可单击项

当然，运行此示例后将会看到，你能够上下滚动列表来查看所有联系人姓名，但仅此而已。如果希望对此示例执行更有趣的操作怎么办，比如在用户单击 ListView 中的一项时启动 Contact 应用程序？代码清单 6-28 修改了示例应用程序以接受用户输入。

代码清单 6-28　接受 ListView 上的用户输入

```
public class ListViewActivity2 extends ListActivity implements OnItemClickListener
{
    @Override
    protected void onCreate(Bundle savedInstanceState)
    {
        super.onCreate(savedInstanceState);

        ListView lv = getListView();

        Cursor c = managedQuery(Contacts.CONTENT_URI,
                null, null, null, Contacts.DISPLAY_NAME + " ASC");

        String[] cols = new String[] {Contacts.DISPLAY_NAME};
        int[]   views = new int[]   {android.R.id.text1};

        SimpleCursorAdapter adapter = new SimpleCursorAdapter(this,
                android.R.layout.simple_list_item_1,
                c, cols, views);
        this.setListAdapter(adapter);
        lv.setOnItemClickListener(this);
    }

    @Override
    public void onItemClick(AdapterView<?> adView, View target, int position, long id) {
        Log.v("ListViewActivity", "in onItemClick with " + ((TextView) target).getText()
                + ". Position = " + position + ". Id = " + id);
        Uri selectedPerson = ContentUris.withAppendedId(
                Contacts.CONTENT_URI, id);
        Intent intent = new Intent(Intent.ACTION_VIEW, selectedPerson);
        startActivity(intent);
    }
}
```

活动现在实现了 OnItemClickListener 接口，这意味着我们将在用户单击 ListView 中的某项时收到回调。在 onItemClick()方法中可以看到，我们获得了与所单击项相关的大量信息，包括收到单击的视图、所单击项在 ListView 中的位置，以及依据适配器而确定的该项的 ID。因为我们知道，ListView 由 TextView 组成，所以假设我们收到了一个 TextView，并在调用 getText()方法检索联系人姓名之前执行了相应的转换。position 值表示此项相对于 ListView 中整个列表的位置，它从 0 开始。因此，列表中的第一项位于位置 0。

ID值完全取决于适配器和数据来源。在示例中，我们恰好查询了 Contacts ContentProvider，所以依据此适配器，ID 为来自 ContentProvider 的记录的_ID。但在其他情形下，数据源可能不是来自 ContentProvider，所以不应认为始终可以向本例中一样创建一个 URI。如果使用一个从资源 XML 文件读取值的 ArrayAdapter，为我们提供的 ID 非常类似于值在数据数组中的位置，实际上可能与 position 值完全相同。

在前面探讨 ArrayAdapter 时，我们提到，如果数据更改，可以使用 notifyDataSetChanged()方法来让适配器更新 ListView。现在在该示例中练习一下此方法。单击一个联系人，应该会启动 Conacts 应用程序。现在更改该联系人的姓名来编辑联系人，完成后单击 Done，然后单击 Back 按钮，以返回到示例应用程序。应该会看到，ListView 中该联系人的姓名已自动更新。这种方法太好了！通过 SimpleCursorAdapter 和 Contacts ContentProvider，ListView 已为我们更新。但是使用 ArrayAdapter，你需要自行调用 notifyDataSetChanged()方法。

此操作很简单。我们生成自己的联系人姓名 ListView，并单击一个姓名来为所选联系人启动 Contacts 应用程序。但是如果想要首先选择多个姓名，然后对该联系人子集执行操作，该怎么办？对于下一个示例应用程序，我们将修改一个列表项的布局以包含一个复选框，我们将向用户界面添加一个按钮，然后对所选项的子集进行操作。

3. 使用 ListView 添加其他控件

如果希望向主要布局中添加更多控件，可以提供你自己的布局 XML 文件，添加一个 ListView，然后添加其他想要的控件。例如，可以在 UI 中 ListView 下添加一个按钮，以提交对所选项的操作，如图 6-12 所示。

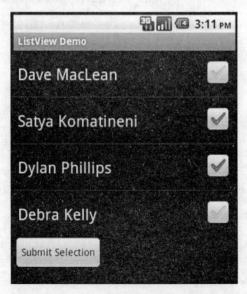

图 6-12　允许用户提交所选项的附加按钮

此示例的主要布局如代码清单 6-29 所示，它包含活动的用户界面定义——ListView 和 Button。

代码清单 6-29 改写 `ListActivity` 引用的 `ListView`

```
<?xml version="1.0" encoding="utf-8"?>
<!-- This file is at /res/layout/list.xml -->
<LinearLayout xmlns:android="http://schemas.android.com/apk/res/android"
    android:orientation="vertical"
    android:layout_width="fill_parent" android:layout_height="fill_parent">

    <ListView android:id="@android:id/list"
        android:layout_width="fill_parent" android:layout_height="0dip"
        android:layout_weight="1" />

    <Button android:id="@+id/btn" android:onClick="doClick"
        android:layout_width="wrap_content" android:layout_height="wrap_content"
        android:text="Submit Selection" />

</LinearLayout>
```

请注意 ListView ID 的规范。必须使用"@android:id/list"，因为 ListActivity 需要在布局中找到一个具有此名称的 ListView。如果采用 ListActivity 为我们创建的默认 ListView，它将具有此 ID。

要注意的另一点是必须在 `LinearLayout` 中指定 `ListView` 的高度的方式。我们希望按钮始终显示在屏幕上，无论 `ListView` 中有多少项，我们不希望滚动到页面底部才能看到按钮。为此，我们将 `layout_height` 设置为 0，然后使用 `layout_weight` 表明此控件应该占据父容器中的所有可用空间。此方法为按钮留出了空间，并仍然可以滚动 `ListView`。本章稍后将更详细地介绍布局和权重。

活动实现将类似于代码清单 6-30。

代码清单 6-30 从 `ListActivity` 读取用户输入

```java
public class ListViewActivity3 extends ListActivity
{
    private static final String TAG = "ListViewActivity3";
    private ListView lv = null;
    private Cursor cursor = null;
    private int idCol = -1;
    private int nameCol = -1;
    private int timesContactedCol = -1;

    @Override
    protected void onCreate(Bundle savedInstanceState)
    {
        super.onCreate(savedInstanceState);
        setContentView(R.layout.list);

        lv = getListView();

        cursor = managedQuery(Contacts.CONTENT_URI,
                    null, null, null, Contacts.DISPLAY_NAME + " ASC");

        String[] cols = new String[]{Contacts.DISPLAY_NAME};
        idCol = cursor.getColumnIndex(Contacts._ID);
        nameCol = cursor.getColumnIndex(Contacts.DISPLAY_NAME);
        timesContactedCol = cursor.getColumnIndex(Contacts.TIMES_CONTACTED);

        int[] views = new int[]{android.R.id.text1};

        SimpleCursorAdapter adapter = new SimpleCursorAdapter(this,
                android.R.layout.simple_list_item_multiple_choice,
                cursor, cols, views);
```

```
        this.setListAdapter(adapter);

        lv.setChoiceMode(ListView.CHOICE_MODE_MULTIPLE);
    }

    public void doClick(View view) {
        int count=lv.getCount();
        SparseBooleanArray viewItems = lv.getCheckedItemPositions();
        for(int i=0; i<count; i++) {
            if(viewItems.get(i)) {
                // CursorWrapper cw = (CursorWrapper) lv.getItemAtPosition(i);
                cursor.moveToPosition(i);
                long id = cursor.getLong(idCol);
                String name = cursor.getString(nameCol);
                int timesContacted = cursor.getInt(timesContactedCol);
                Log.v(TAG, name + " is checked. Times contacted = " + timesContacted +
                    ". Position = " + i + ". Id = " + id);
            }
        }
    }
}
```

现在回头调用 setContentView()来设置活动的用户界面。在适配器的设置中，我们为一个 ListView 行项传递了 Android 所提供的另一个视图（android.R.layout.simple_list_item_multiple_choice），这将导致每行拥有一个 TextView 和一个 CheckBox。如果查看此布局文件的内容，将会看到 TextView 的另一个子类 CheckedTextView。这个特殊的 TextView 类型专门用于 ListView。看到了吧，我们说过 Android 布局文件夹中有一些有趣的内容！你将会看到 CheckedTextView 的 ID 为 text1，我们需要在视图数组中将它们传递给 SimpleCursorAdapter 的构造函数。

因为我们希望用户能够选择行，所以将选择模式设置为 CHOICE_MODE_MULTIPLE。默认情况下，选择模式为 CHOICE_MODE_NONE。其他可能的值还包括 CHOICE_MODE_SINGLE。如果希望为此示例使用该选择模式，需要使用不同的布局，很可能是 android.R.layout.simple_list_item_single_choice。

在此示例中，我们实现了一个基本按钮，它调用活动的 doClick()方法。为了保持简单，我们只希望将用户选择的项的名称写入到 LogCat 中。好消息是解决办法将非常简单，但坏消息是 Android 在不断演化，因此最佳的解决办法取决于你所针对的 Android 版本。这里给出的 ListView 解决方案适用于 Android 1 及以上版本(但在按钮回调上采用了 Android 1.6 快捷方式)。也就是说，getCheckedItemPositions() 方法虽然很老，但仍然有效。返回值是一个数组，它可表明是否选择了一项。所以我们迭代该数组。如果选择了 ListView 中的相应行，viewItems.get(i)将返回 true。数据可通过游标访问。所以无需在 ListView 中查找数据，可以在游标中查找。ListView 将告诉我们查看游标中的哪个位置。

当从 ListView 获得已选择的位置编号之后，可以使用游标的 moveToPosition()方法准备读取数据。还有另一个方法可执行类似操作，那就是 ListView 的 getItemAtPosition()方法。在本例中，getItemAtPosition()返回的对象将为 CursorWrapper 对象。前面已经说过，在其他情形下，可能获得其他类型的对象。只是因为我们使用的是一个 ContentProvider，所以可获得它的 CursorWrapper。必须理解数据源和适配器，才能知道会获得何种对象。

然后可以使用 Cursor(或者如果要与前面保持一致，使用 CursorWrapper)来获取连接到 ListView 行的数据。请注意，在本例中，我们不仅能够获取联系人的姓名，还能获得备注，即使从未将备注映射到 ListView。当设置适配器的游标时，我们选择了所有可用的字段。在实际中并不需要所有字段，所以应该只查询将使用的字段。但我们查询的字段比需要在 ListView 中显示的字段要多，所以可以在按钮回调中轻松访问其他字段。

4. 从 ListView 读取选择的另一种方式

Android 1.6 引入了另一个方法来从 ListView 获取所选行的列表：getCheckItemIds()。随后在 Android 2.2 中，此方法就已弃用并被 getCheckedItemIds()取代。这只是细微的名称变化，使用该方法的方式基本相同。另外，处理联系人的方式在 Android 2.2 中也已更改。对于下一个示例，我们将使用 Android 2.2 的功能来展示。代码清单 6-31 给出了该示例的 Java 代码。对于 list.xml 的 XML 布局，可以继续使用代码清单 6-29 中的相同文件。

代码清单 6-31 从 ListActivity 读取用户输入的另一种方式

```java
public class ListViewActivity4 extends ListActivity
{
    private static final String TAG = "ListViewActivity4";
    private SimpleCursorAdapter adapter = null;
    private ListView lv = null;

    @Override
    protected void onCreate(Bundle savedInstanceState)
    {
        super.onCreate(savedInstanceState);
        setContentView(R.layout.list);

        lv = getListView();

        String[] projection = new String[] { Contacts._ID,
                Contacts.DISPLAY_NAME};
        Cursor c = managedQuery(Contacts.CONTENT_URI,
                    projection, null, null, Contacts.DISPLAY_NAME);

        String[] cols = new String[] { Contacts.DISPLAY_NAME};
        int[]    views = new int[]        {android.R.id.text1};

        adapter = new SimpleCursorAdapter(this,
                android.R.layout.simple_list_item_multiple_choice,
                c, cols, views);

        this.setListAdapter(adapter);

        lv.setChoiceMode(ListView.CHOICE_MODE_MULTIPLE);
    }

    public void doClick(View view) {
        if(!adapter.hasStableIds()) {
            Log.v(TAG, "Data is not stable");
            return;
        }
        long[] viewItems = lv.getCheckedItemIds();
        for(int i=0; i<viewItems.length; i++) {
            Uri selectedPerson = ContentUris.withAppendedId(
                    Contacts.CONTENT_URI, viewItems[i]);

            Log.v(TAG, selectedPerson.toString() + " is checked.");
        }
    }
}
```

在此示例应用程序中，单击按钮时，我们的回调会调用方法 getCheckedItemIds()。在上一个示例中，我们获得了 ListView 中所选项的位置数组，而这一次我们从适配器获得了 ListView 中所单击的记录的 ID 数组。现在可以绕过 ListView 和游标，因为 ID 可供 ContentProvider 用于执行我们想要的操作。在本例中，构造了一个 URI 来表示来自 Contacts ContentProvider 的特定记录，并将该 URI 写入到 LogCat 中。可以直接使用 ContentProvider 操作该数据。此技术等效于使用较老的 Contacts ContentProvider 和 Android 1.6 中的 getCheckItemIds()方法。

我们在此示例中执行的一项不同操作是，在创建游标时仅选择了两列。这是正常的做法，因为我们不希望读取不必要的数据。对于此示例，要指出的最后一点是，方法 getCheckedItemIds()要求适配器中的基础数据保持稳定。因此，强烈建议在调用 ListView 的 getCheckedItemIds()之前，先调用适配器的 hasStableIds()。在我们的例子中，采用了一种快捷方式，简单地记录了这一事实并返回。在实际中，可能需要执行某种更智能的操作，比如启动一个后台线程来重试，以及显示一个对话框来表明操作正在处理。

我们介绍了如何在各种场景中处理 ListView。还展示了适配器执行了大量工作来支持 ListView。接下来将介绍其他类型的列表控件，首先从 GridView 开始。

6.4.2 GridView 控件

大部分部件工具包都提供了一个或多个基于网格的控件。Android 有一个 GridView 控件可通过网格的形式显示数据。请注意，尽管这里使用了"数据"一词，但网格的内容可以是文本及图像等。

GridView 控件在网格中显示信息。GridView 的使用模式是首先在 XML 布局中定义网格（参见代码清单 6-32 ），然后使用 android.widget.ListAdapter 将数据绑定到该网格。不要忘记将 uses-permission 标记添加到 AndroidManifest.xml 文件，这样此示例才能正常运行。

代码清单 6-32   XML 布局中的 GridView 定义和关联的 Java 代码

```
<?xml version="1.0" encoding="utf-8"?>
<!-- This file is at /res/layout/gridview.xml -->
<GridView xmlns:android="http://schemas.android.com/apk/res/android"
    android:id="@+id/gridview"
    android:layout_width="fill_parent"
    android:layout_height="fill_parent"
    android:padding="10px"
    android:verticalSpacing="10px"
    android:horizontalSpacing="10px"
    android:numColumns="auto_fit"
    android:columnWidth="100px"
    android:stretchMode="columnWidth"
    android:gravity="center"
    />

public class GridViewActivity extends Activity
{
    @Override
    protected void onCreate(Bundle savedInstanceState)
    {
        super.onCreate(savedInstanceState);
        setContentView(R.layout.gridview);

        GridView gv = (GridView)findViewById(R.id.gridview);

        Cursor c = managedQuery(Contacts.CONTENT_URI,
```

```
                          null, null, null, Contacts.DISPLAY_NAME);

        String[] cols = new String[] {Contacts.DISPLAY_NAME};
        int[]    views = new int[]      {android.R.id.text1};

        SimpleCursorAdapter adapter = new SimpleCursorAdapter(this,
                android.R.layout.simple_list_item_1,
                c, cols, views);

        gv.setAdapter(adapter);
    }
}
```

代码清单 6-32 在 XML 布局中定义了一个简单的 GridView。然后将该网格加载到活动的内容视图。生成的 UI 如图 6-13 所示。

图 6-13　填充了联系人信息的 GridView

图 6-13 中的网格显示了设备上的联系人的姓名。我们决定使用一个 TextView 来显示联系人姓名，但可以轻松地生成填充了图像或其他控件的网格。这里再次利用了 Android 中预定义的布局。事实上，此示例看起来非常类似于代码清单 6-27，但存在一些重要区别。首先，GridViewActivity 扩展了 Activity，而不是 ListActivity。其次，必须调用 setContentView() 来设置 GridView 的布局，没有可借用的默认视图。最后，为了设置适配器，我们调用了 GridView 对象的 setAdapter()，而不是 Activity 的 setListAdapter()。

你一定已注意到，网格使用的适配器为 ListAdapter。列表通常是一维的，而网格是二维的。因此我们可以得出结论，网格实际上显示了面向列表的数据。而且事实证明，列表按行显示。也就是说，列表穿过第一行，然后穿过第二行，依次类推。

与以前一样，我们有一个列表控件使用适配器来管理数据和生成子视图。之前使用的相同技术也应该适用于 GridView。一个例外是在选择方面。无法在 GridView 中指定多个选择，就像在代码清单 6-30 中所做的一样。

6.4.3   Spinner 控件

Spinner 控件就像一个下拉菜单。它通常用于从相对较短的选择列表中进行选择。如果选择列表展示起来太长，会自动添加一个滚动条。可以通过 XML 布局简单地实例化 Spinner：

```
<Spinner
    android:id="@+id/spinner"  android:prompt="@string/spinnerprompt"
    android:layout_width="wrap_content"  android:layout_height="wrap_content" />
```

尽管微调框从技术上讲是列表控件，但它看起来更加类似于简单的 TextView 控件。换句话说，在微调框静止时仅显示一个值。微调框的用途是让用户从一组既定的值中选择：当用户单击小箭头时，将显示一个列表，用户可从中挑选一个新值。填充此列表的方式与填充其他列表控件相同，那就是使用适配器。

因为微调框常常像下拉菜单一样使用，所以常常会看到适配器从一个资源文件获取列表选择。使用资源文件设置微调框的示例如代码清单 6-33 所示。请注意，新特性 android:prompt 用于在要进行选择的列表顶部设置一个提示。微调框提示的实际文本位于/res/values/strings.xml 文件中。你应该已想到，Spinner 类也有一个方法可用于在代码中设置该提示。

代码清单 6-33   通过资源文件创建微调框的代码

```java
public class SpinnerActivity extends Activity {
    /** Called when the activity is first created. */
    @Override
    public void onCreate(Bundle savedInstanceState) {
        super.onCreate(savedInstanceState);
        setContentView(R.layout.spinner);

        Spinner spinner = (Spinner)findViewById(R.id.spinner);

        ArrayAdapter<CharSequence> adapter = ArrayAdapter.createFromResource(this,
                R.array.planets, android.R.layout.simple_spinner_item);

        adapter.setDropDownViewResource(android.R.layout.simple_spinner_dropdown_item);

        spinner.setAdapter(adapter);
    }
}
```

你可能还记得代码清单 6-26 中的 planets.xml 文件。此示例展示了如何创建 Spinner 控件，设置适配器，然后将它与微调框相关联。图 6-14 显示了此示例的实际外观。

与前面的列表控件的一个不同之处在于，我们在处理微调框时，还会处理一个 extra 布局。图 6-14 的左侧显示了微调框的正常模式，其中显示了当前的选择。在本例中当前的选择是 Saturn。单词旁边是一个向下的箭头，表示此控件是一个微调框，可用于弹出一个列表来选择不同的值。第一个布局以参数的形式提供给 ArrayAdapter.createFromResource()方法，它定义了微调框在正常模式下的外观。图 6-14 的右侧显示了弹出列表模式的微调框，它正等待着用户选择新值。此列表的布局使用 setDropDownViewResource()方法设置。在此示例中，我们再次使用了 Android 提供的布局来满足这两种需要，所以如果希望检查这些布局的定义，可以访问 Android 的 res/layout 文件夹。当然，可以为这些布局指定自己的布局定义来获得想要的效果。

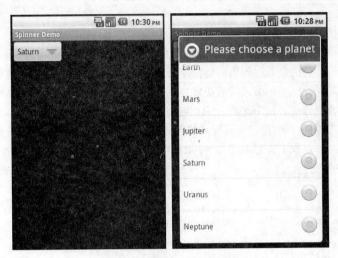

图 6-14　选择行星的微调框

6.4.4　Gallery 控件

Gallery 控件是一种可水平滚动的列表控件，焦点始终位于列表中央。此控件通常在触摸模式下用作相册。既可以通过 XML 布局也可以通过代码实例化 Gallery。

```
<Gallery
    android:id="@+id/gallery"
    android:layout_width="fill_parent"
    android:layout_height="wrap_content"
/>
```

Gallery 控件通常用于显示图像，所以适配器可能会针对图像而特殊化。在下一节中介绍自定义适配器时将介绍一个自定义图像适配器。在视觉上，Gallery 类似于图 6-15。

图 6-15　有一头海牛图像的 gallery

6.4.5 创建自定义适配器

Android 中的标准适配器很容易使用，但它们具有一些限制。为了解决这些限制，Android 提供了一个名为 BaseAdapter 的抽象类，如果需要自定义适配器，可以扩展它。如果拥有特殊的数据管理需要，或者如果希望对子视图显示方式实施更多控制，可以使用自定义适配器。也可以使用自定义适配器来通过缓存技术改进性能。接下来将介绍如何构建自定义适配器。

代码清单 6-34 提供了一个自定义适配器的 XML 布局和 Java 代码。对于这个示例，我们的适配器将处理海牛的图像，所以我们将它命名为 ManateeAdapter。我们也将在一个活动内创建它。

代码清单 6-34　自定义适配器：ManateeAdapter

```
<?xml version="1.0" encoding="utf-8"?>
<!-- This file is at /res/layout/gridviewcustom.xml -->
<GridView xmlns:android="http://schemas.android.com/apk/res/android"
    android:id="@+id/gridview"
    android:layout_width="fill_parent"
    android:layout_height="fill_parent"
    android:padding="10dip"
    android:verticalSpacing="10dip"
    android:horizontalSpacing="10dip"
    android:numColumns="auto_fit"
    android:gravity="center"
/>

public class GridViewCustomAdapter extends Activity
{
    @Override
    protected void onCreate(Bundle savedInstanceState)
    {
        super.onCreate(savedInstanceState);
        setContentView(R.layout.gridviewcustom);

        GridView gv = (GridView)findViewById(R.id.gridview);

        ManateeAdapter adapter = new ManateeAdapter(this);

        gv.setAdapter(adapter);
    }

    public static class ManateeAdapter extends BaseAdapter {
        private static final String TAG = "ManateeAdapter";
        private static int convertViewCounter = 0;
        private Context mContext;
        private LayoutInflater mInflater;

        static class ViewHolder {
            ImageView image;
        }

        private int[] manatees = {
                R.drawable.manatee00, R.drawable.manatee01, R.drawable.manatee02,
                R.drawable.manatee03, R.drawable.manatee04, R.drawable.manatee05,
                R.drawable.manatee06, R.drawable.manatee07, R.drawable.manatee08,
                R.drawable.manatee09, R.drawable.manatee10, R.drawable.manatee11,
                R.drawable.manatee12, R.drawable.manatee13, R.drawable.manatee14,
                R.drawable.manatee15, R.drawable.manatee16, R.drawable.manatee17,
                R.drawable.manatee18, R.drawable.manatee19, R.drawable.manatee20,
```

```
                        R.drawable.manatee21, R.drawable.manatee22, R.drawable.manatee23,
                        R.drawable.manatee24, R.drawable.manatee25, R.drawable.manatee26,
                        R.drawable.manatee27, R.drawable.manatee28, R.drawable.manatee29,
                        R.drawable.manatee30, R.drawable.manatee31, R.drawable.manatee32,
                        R.drawable.manatee33 };

        private Bitmap[] manateeImages = new Bitmap[manatees.length];
        private Bitmap[] manateeThumbs = new Bitmap[manatees.length];

        public ManateeAdapter(Context context) {
            Log.v(TAG, "Constructing ManateeAdapter");
            this.mContext = context;
            mInflater = LayoutInflater.from(context);

            for(int i=0; i<manatees.length; i++) {
                manateeImages[i] = BitmapFactory.decodeResource(
                        context.getResources(), manatees[i]);
                manateeThumbs[i] = Bitmap.createScaledBitmap(manateeImages[i],
                        100, 100, false);
            }
        }
        @Override
        public int getCount() {
            Log.v(TAG, "in getCount()");
            return manatees.length;
        }

        public int getViewTypeCount() {
            Log.v(TAG, "in getViewTypeCount()");
            return 1;
        }

        public int getItemViewType(int position) {
            Log.v(TAG, "in getItemViewType() for position " + position);
            return 0;
        }

        @Override
        public View getView(int position, View convertView, ViewGroup parent) {
            ViewHolder holder;

            Log.v(TAG, "in getView for position " + position +
                    ", convertView is " +
                    ((convertView == null)?"null":"being recycled"));

            if (convertView == null) {
                convertView = mInflater.inflate(R.layout.gridimage, null);
                convertViewCounter++;
                Log.v(TAG, convertViewCounter + " convertViews have been created");

                holder = new ViewHolder();
                holder.image = (ImageView) convertView.findViewById(R.id.gridImageView);

                convertView.setTag(holder);
            } else {
                holder = (ViewHolder) convertView.getTag();
            }

            holder.image.setImageBitmap( manateeThumbs[position] );

            return convertView;
```

```
        }

        @Override
        public Object getItem(int position) {
            Log.v(TAG, "in getItem() for position " + position);
            return manateeImages[position];
        }

        @Override
        public long getItemId(int position) {
            Log.v(TAG, "in getItemId() for position " + position);
            return position;
        }
    }
}
```

当运行此应用程序时，应该会看到类似图 6-16 的显示界面。

图 6-16　包含海牛图像的 GridView

　　本示例中有许多内容需要解释，尽管它看起来相对简单。首先看看 Activity 类，它与我们在整个这一节中使用的 Activity 类大同小异。gridviewcustom.xml 中有一个主要布局，其中包含一个 GridView 定义。我们需要从该布局获取 GridView 的引用，所以定义并设置了 gv。我们实例化了 ManateeAdapter，向它传入了我们的上下文，还针对 GridView 设置了适配器。到目前为止这些都是标准做法，但你一定已注意到，我们的自定义适配器在创建时没有使用像预定义适配器那么多的参数。这主要是因为我们可以全面控制这个具体的适配器，并且仅在此应用程序中使用它。如果要使此适配器更加通用，很可能会设置更多参数。但现在让我们维持现状。

　　适配器的作用就是管理数据向 Android View 对象的传递。View 对象将供列表控件（在本例中为一个 GridView）使用。数据来自某个数据源。在前面的例子中，数据通过传递到适配器内的游标对象来提供。在这里的自定义示例中，适配器知道关于数据的所有信息及其来源。列表控件将请求一些信息，以便获知如何构建用户界面。在不再需要一个视图时，它还会传入该视图以供回收。适配器必须知道如何构造视图，这似乎有点奇怪，但这样做最终将物有所值。

当实例化自定义适配器 ManateeAdapter 时，根据惯例会传入上下文，使该适配器持有它。保持适配器在需要时可用，这常常很有用。我们希望在适配器中做的第二件事是将上下文挂载到扩充器（inflater）上。在需要创建新视图来返回到列表控件时，这样做将有助于提升性能。通常在适配器中做的第三件事是创建一个 ViewHolder 对象，以包含我们所管理数据的 View 对象。对于此示例，我们仅存储一个 ImageView，但如果要处理更多字段，可以将它们添加到 ViewHolder 的定义中。例如，如果有一个 ListView，其中每行包含一个 ImageView 和两个 TextView，我们的 ViewHolder 将拥有一个 ImageView 和两个 TextView。

因为要在此适配器中处理海牛的图像，所以我们设置了它们的资源 ID 的数组，以便在构造期间用于创建位图。我们还定义了一个位图数组来用作数据列表。

从 ManateeAdapter 构造函数可以看到，我们保存了上下文，创建了一个扩充器并将上下文挂载到它之上，然后迭代图像资源 ID 并构建一个位图数组。这个位图数组将是我们的数据。

前面已经介绍，设置适配器将导致 GridView 调用适配器的相应方法来使用要显示的数据去设置自身。例如，gv 将调用适配器的 getCount() 方法确定有多少对象要显示。它还将调用 getViewTypeCount() 方法确定可在 GridView 中显示多少种类型的视图。出于本示例中的目的，我们将此值设置为 1。但是，如果有一个 ListView 并希望在常规数据行之间放置分隔符，则可能有两种类型的视图并需要从 getViewTypeCount() 返回 2。你可以拥有任意多种不同的视图类型，只要从此方法恰当地返回正确的计数。getItemViewType() 与此方法相关联。我们刚才说过，可以从适配器返回多种视图。但为了保持简单，getItemViewType() 需要仅返回一个整数值来表示哪种视图类型位于数据中的特定位置。因此，如果要返回两种类型的视图，getItemViewType() 将需要返回 0 或 1 来表示具体类型。如果有 3 种类型的视图，此方法需要返回 0、1 或 2。

如果适配器要处理 ListView 中的分隔符，它必须将分隔符视为数据。这意味着数据中有一个位置被一个分隔符占据。当列表控件调用 getView() 来获取该位置的恰当视图时，getView() 将需要以视图的形式返回分隔符，而不是以视图形式返回常规数据。而且当在 getItemViewType() 中请求该位置的视图类型时，我们需要返回已经确定与该视图类型匹配的恰当的整数值。如果使用分隔符，应该做的另一件事是实现 isEnabled() 方法。对于列表项，此方法应该返回 true；对于分隔符，应该返回 false，因为分隔符不能选择或单击。

ManateeAdapter 中最有趣的方法是 getView() 方法调用。gv 确定了有多少项可用，它就会开始请求数据。现在，是时候介绍视图的回收了。列表控件只能在界面上显示它能容纳的子视图数量。这意味着无需为适配器中的每部分数据都调用 getView()，只需为可显示的项调用 getView()。gv 从适配器获取子视图时，它会确定界面上将能显示多少个子视图。界面上装满了子视图以后，gv 就可以停止调用 getView()。

如果在启动此示例应用程序后查看 LogCat，将会看到各种调用，但在请求完所有图像之前就已停止调用 getView()。如果上下滚动 GridView，将会在 LogCat 中看到对 getView() 的更多调用，而且可以注意到，创建一定数量的子视图之后，就会调用 getView() 并将 convertView 设置为 null 以外的某个值。这意味着我们现在回收了子视图，并且这对性能很有帮助。

如果从 getView() 中的 gv 获得非 null 的 convertView 值，则意味着 gv 正在回收该视图。通过重用传入的视图,可以避免扩充 XML 布局,避免必须查找 ImageView。通过将 ViewHolder 对象链接到返回的 View,在下次返回该视图时可以更快地回收它。我们在 getView()中所要做的只是重新获取 ViewHolder,将正确的数据分配到该视图中。

对于此示例,我们希望表明放入视图中的数据不一定与原来的数据相同。createScaledBitmap()方法创建数据的一个较小版本用于显示。请注意,我们的列表控件没有调用 getItem()方法。如果用户对列表控件执行操作,其他希望对数据执行操作的代码会调用此方法。再次说明,对于任何适配器,理解它的用途很重要。你不一定要依赖来自列表控件的视图中的数据(由适配器中的 getView()创建)。有时,你需要调用适配器的 getItem()方法来获得要操作的实际数据。有时(就像在前面的 ListView 示例中所做的一样)你希望转到一个游标来获取数据。具体需要完全取决于适配器以及数据最终来自何处。尽管我们在示例中使用了 createScaledBitmap()方法,但 Android 2.2 引入了另一个可能有所帮助的类:ThumbnailUtils。此类有一些静态方法可用于生成位图和视频的缩略图。

对于此示例,要指出的最后一点是 getItemId()方法调用。在前面的 ListView 和联系人示例中,项 ID 为来自 ContentProvider 的_ID 值。对于本例,我们其实只需使用位置作为项 ID。项 ID 的全部用途只是提供一种与位置独立的机制来引用数据。这在数据存在于适配器外部时尤其如此,比如存在于联系人中。有了这种对数据的直接控制权(就像对海牛图像的控制一样),并理解了如何在应用程序中获取实际数据之后,一种常见的快捷方式是使用位置作为项 ID。我们的示例尤其如此,因为我们甚至不允许添加或删除数据。

6.4.6 Android 中的其他控件

Android 中有丰富的控件可供使用。到目前为止我们仅介绍了少数几个,后续章节将介绍更多(比如第 22 章中的 MapView 以及第 24 章中的 VideoView 和 MediaController)。你将发现,其他控件(由于它们是从 View 派生而来的)与此处介绍的控件拥有许多共同之处。现在我们将介绍一些你可能希望自行深入研究的控件。

ScrollView 是设置带有垂直滚动条的 View 容器的控件。当有太多内容要放在单个屏幕上时,该控件才会真正发挥作用。请参阅 6.7 节,获取 Romain Guy 介绍如何使用此控件的博客文章的链接。

ProgressBar 和 RatingBar 控件类似于滑块,第一个用于直观地显示某项操作(可能是文件下载或音乐播放)的进度,第二个用于显示评价的星级。

Chronometer 控件是一个累积的计时器。如果希望显示一个倒计时器,可以使用 CountDownTimer 类,但它不是 View 类。

Android 4.0 新增加了 switch 控件,其功能类似于 Toggle Button,但是可视化效果是从一边滑向另一边。此外,Android 4.0 还增加了一个 Space 视图,这是一个可以在布局中使用的轻量视图,更易于在视图之间创建间隔。

WebView 是一种显示 HTML 的特殊视图。它可做的工作远不止显示 HTML,还包括处理 cookie 和 JavaScript,链接应用程序中的 Java 代码。但是,在应用程序内实现 Web 浏览器之前,应该认真考虑调用设备上的 Web 浏览器来执行所有重要工作。

本章中对控件的介绍到此就结束了。接下来将介绍用于修改控件观感的样式和主题,然后介绍用于在屏幕上摆放控件的布局。

6.5 样式和主题

Android 提供了多种方式来调整应用程序中的视图样式。我们首先介绍在字符串中使用标记，**然后介绍如何使用 Spannable 对象来更改文本的特定视觉特性。但是，如果希望使用一种通用规范控制多个视图或者整个活动或应用程序的外观，该怎么办？我们将介绍 Android 样式和主题来演示具体方法。**

6.5.1 使用样式

有时，你希望突出显示 View 的一部分内容或为其设置一种样式。可以静态或动态地完成此操作。对于静态方式，可以直接将标记应用到字符串资源中的字符串，比如：

```
<string name="styledText"><i>Static</i> style in a <b>TextView</b>.</string>
```

然后可以在 XML 中或通过代码引用它。请注意，可以将以下 HTML 标记用于字符串资源：`<i>`、`<b>`和`<u>`分别表示斜体、粗体和下划线，还包括`<sup>`（上标）、`<sub>`（下标）、`<strike>`（删除线）、`<big>`、`<small>`和`<monospace>`。甚至可以嵌套这些标记，比如用于实现更小的上标。这不仅适用于 TextView，还适用于其他视图，比如按钮。图 6-17 展示了设置了样式和主题的文本，使用了本节中的许多示例。

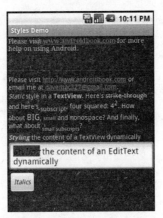

图 6-17　样式和主题示例

要通过编程方式设置 TextView 控件内容的样式，就需要执行更多工作，但这可实现更高的灵活性（参见代码清单 6-35），因为可以在运行时设置它的样式。不过，这种灵活性可能仅适用于 Spannable，这是 EditText 通常管理内部文本的方式，TextView 通常不会使用 Spannable。Spannable 基本而言是一个可应用样式的字符串。要获得一个 TextView 来将文本存储为 Spannable，可通过以下方式调用 setText()：

```
tv.setText("This text is stored in a Spannable", TextView.BufferType.SPANNABLE);
```

然后，当调用 tv.getText()时，将获得一个 Spannable。

如代码清单 6-35 所示，可以获得 EditText 的内容（以 Spannable 对象的形式），然后设置各部分文本的样式。该代码清单中的代码将文本样式设置为粗体和斜体，将背景设置为红色。可以使用前面介绍的可用于 HTML 标记的所有样式选项。

代码清单 6-35 将样式动态地应用到 EditText 的内容

```
EditText et =(EditText)this.findViewById(R.id.et);
et.setText("Styling the content of an EditText dynamically");
Spannable spn = (Spannable) et.getText();
spn.setSpan(new BackgroundColorSpan(Color.RED), 0, 7,
            Spannable.SPAN_EXCLUSIVE_EXCLUSIVE);
spn.setSpan(new StyleSpan(android.graphics.Typeface.BOLD_ITALIC),
            0, 7, Spannable.SPAN_EXCLUSIVE_EXCLUSIVE);
```

这两种样式设置技术仅适用于它们所应用到的一个视图。Android 提供了一种样式机制来定义一种可跨视图重用的通用样式，还有一种主题机制，它基本上将一种样式应用到整个活动或整个应用程序。首先，我们需要介绍一下样式。

样式是一个 View 特性集合，它具有一个名称，所以可通过它的名称引用它并按名称将它分配给视图。例如，代码清单 6-36 给出了一个资源 XML 文件，该文件保存在/res/values 中，可用于所有错误消息。

代码清单 6-36 定义一种将用于许多视图的样式

```
<?xml version="1.0" encoding="utf-8"?>
<resources>
    <style name="ErrorText">
        <item name="android:layout_width">fill_parent</item>
        <item name="android:layout_height">wrap_content</item>
        <item name="android:textColor">#FF0000</item>
        <item name="android:typeface">monospace</item>
    </style>
</resources>
```

这段代码定义了视图大小以及字体颜色（即红色）和字样。请注意，item 标记的 name 特性是我们在布局 XML 文件中使用的 XML 特性名称，item 标记的值不再需要双引号。我们现在可将此样式用于错误 TextView，如代码清单 6-37 所示。

代码清单 6-37 在视图中使用样式

```
<TextView  android:id="@+id/errorText"
    style="@style/ErrorText"
    android:text="No errors at this time"
    />
```

需要注意，此 View 定义中样式的特性名称没有以 android:开头。请留意这一点，因为除样式外的所有特性都使用了 android:。当应用程序中有许多视图共享一个样式时，在一个位置更改该样式简单得多，仅需要在一个资源文件中修改样式的特性。当然，可以为各种控件创建多种不同的样式。按钮可以共享一种与用于菜单文本的通用样式不同的样式。

样式的一个真正不错的方面在于，可以设置样式的层次结构。可以基于 ErrorText 的样式，为很严重的错误消息定义一种新样式。代码清单 6-38 展示了如何实现此目的。

代码清单 6-38 通过父样式定义一种样式

```
<?xml version="1.0" encoding="utf-8"?>
<resources>
    <style name="ErrorText.Danger" >
        <item name="android:textStyle">bold</item>
    </style>
</resources>
```

此示例表明，可以使用父样式作为新样式名称的前缀，简单地命名子样式。因此，`ErrorText.Danger`是 `ErrorText` 的子样式，继承了父样式的样式特性。它然后添加了一个 `textStyle` 的新特性。可以反复执行此操作创建一整个样式树。

与适配器布局一样，Android 提供了一个可供使用的庞大的样式集。要指定 Android 提供的一种样式，可以使用下面这样的语法：

```
style="@android:style/TextAppearance"
```

此样式设置 Android 中的文本的默认样式。要找到主要的 Android styles.xml 文件，可以访问 Android SDK/platforms/<android-version>/data/res/values/文件夹。在此文件内，可以找到大量可供使用或扩展的样式。关于扩展 Android 提供的样式，需要注意：以前使用前缀的方法不适用于 Android 提供的样式。相反，必须使用 style 标记的父特性，比如：

```
<style name="CustomTextAppearance" parent="@android:style/TextAppearance">
    <item ... your extensions go here ...    />
</style>
```

不是始终都必须将整个样式放在视图上。可以选择借用样式的一部分。例如，如果希望将 TextView 中的文本颜色设置为系统样式颜色，可以执行以下代码：

```
<EditText id="@+id/et2"
    android:layout_width="fill_parent"  android:layout_height="wrap_content"
    android:textColor="?android:textColorSecondary"
    android:text="@string/hello_world" />
```

请注意，在此示例中，`textColor` 特性值的名称以?字符开始，而不是@字符。使用?字符，Android 可知道要在当前主题中查找样式值。因为我们看到了?android，所以在 Android 系统主题中查找此样式值。

6.5.2 使用主题

样式的一个问题在于，需要向希望应用样式的每个视图定义添加一个特性规范 style="@style/..."。如果希望将一些样式元素应用到整个活动或整个应用程序，应该使用主题。主题实际上是一种广泛应用的样式，在定义方面，主题完全就像一种样式。实际上，主题和样式是可互换的，因为可以将主题扩展为样式或以主题的形式引用样式。通常，只能从名称看出一种样式将用作样式还是主题。

要指定活动或应用程序的主题，需要向项目的 AndroidManifest.xml 文件中的<activity>或<application>标记添加一个特性。代码可能类似于以下形式之一：

```
<activity android:theme="@style/MyActivityTheme">
<application android:theme="@style/MyApplicationTheme">
<application android:theme="@android:style/Theme.NoTitleBar">
```

可以在 Android 提供的样式所在的文件夹中找到 Android 提供的主题，主题位于一个名为 themes.xml 的文件中。如果查看主题文件的内容，将会看到定义了大量样式，它们的名称以"Theme"开头。还可以注意到，在 Android 提供的主题和样式内，进行了大量扩展，这就是最终会得到"Theme.Dialog.AppError"这样的样式的原因。

关于 Android 控件集的讨论到此就结束了。正如本章开头所述，在 Android 中构建用户界面需要掌握两点：控件集和布局管理器。下一节将探讨 Android 布局管理器。

6.6 布局管理器

Android 提供了一组 View 类，它们用作视图的容器。这些容器类称为布局（或布局管理器），每个布局实现一种管理其子布局的大小和位置的特定策略。例如，LinearLayout 类水平或垂直地依次摆放其子布局。所有布局管理器都派生自 View 类，因此它们可以彼此嵌套。

Android SDK 随带的布局管理器的定义如表 6-2 所示。

表 6-2　Android 布局管理器

布局管理器	说　　明
LinearLayout	水平或垂直组织其子控件
TableLayout	以表格形式组织其子控件
RelativeLayout	以与其他子控件或父控件相对的形式组织其子控件
FrameLayout	支持在布局中动态更改控件
GridLayout	在 grid 布置中组织其子控件

以下各节将讨论这些布局管理器。过去有一个名为 AbsoluteLayout 的布局管理器，但现在已弃用，未在本书中包含。

6.6.1 LinearLayout 布局管理器

LinearLayout 是最基本的布局管理器。该布局管理器根据 orientation 属性的值，以水平或垂直方式组织其子控件。到目前为止，我们已经在多个示例中用过 LinearLayout。代码清单 6-39 给出了一个具有水平配置的 LinearLayout。

代码清单 6-39　具有水平配置的 LinearLayout

```
<LinearLayout xmlns:android="http://schemas.android.com/apk/res/android"
    android:orientation="horizontal"
    android:layout_width="fill_parent"  android:layout_height="wrap_content">

    <!-- add children here-->

</LinearLayout>
```

可以创建垂直的 LinearLayout，方法是将 Orientation 属性设置为 Vertical。因为布局管理器可以嵌套，例如，你可以构建一个垂直的布局管理器，其中包含一个水平的布局管理器，从而创建一个输入表单，其中每一行都有一个标签位于 EditText 控件的旁边。每行都有独立的水平布局，但所有行可以作为一个集合进行竖向管理。

1. 理解重力和引力

orientation 特性是 LinearLayout 布局管理器组织的首要特性。其他可能影响子控件大小和位置的重要属性包括重力和引力。

可以使用重力来分配一个控件相对于容器中其他控件的大小重要性。假设一个容器有 3 个控件：一个控件的重力值为 1，而其他控件的重力值为 0。在这种情况下，重力值等于 1 的控件将占用容器中的空白空间。引力在本质上是一种对齐方式。例如，如果希望将标签的文本向右对齐，可以将其引力设置为 right。引力可以有许多可能的值，包括 left、center、right、top、bottom、center_vertical 和 clip_horizontal 等。要了解这些和其他引力值，可以参阅"参考资料"页面。

说明　布局管理器扩展了 android.widget.ViewGroup，与许多基于控件的容器类（比如 ListView）一样。尽管布局管理器和基于控件的容器都扩展了相同的类，但布局管理器类严格地处理控件的大小和位置，不会与子控件交互。例如，我们对比一下 LinearLayout 与 ListView 控件。在屏幕上，它们看起来很相似，因为它们都可以以垂直方式组织子控件。但 ListView 控件为用户提供了 API 来进行选择，而 LinearLayout 没有。换句话说，基于控件的容器（ListView）支持用户与容器中的项交互，而布局管理器（LinearLayout）仅处理控件的大小和位置。

现在让我们看一个涉及重力和引力属性的例子（参见图 6-18）。

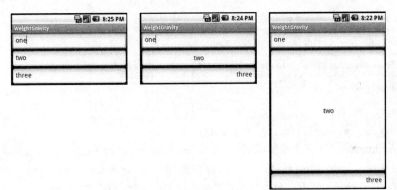

图 6-18　使用 LinearLayout 布局管理器

图 6-18 展示了 3 个利用 LinearLayout 的用户界面，它们具有不同的重力和引力设置。左侧的 UI 使用默认的重力和引力设置。第一个用户界面的 XML 布局如代码清单 6-40 所示。

代码清单 6-40　3 个文本字段在 LinearLayout 中垂直排列，使用默认的重力和引力值

```
<LinearLayout xmlns:android="http://schemas.android.com/apk/res/android"
    android:orientation="vertical" android:layout_width="fill_parent"
    android:layout_height="fill_parent">

    <EditText android:layout_width="fill_parent"
        android:layout_height="wrap_content"
        android:text="one"/>
    <EditText android:layout_width="fill_parent"
        android:layout_height="wrap_content"
        android:text="two"/>
    <EditText android:layout_width="fill_parent"
        android:layout_height="wrap_content"
        android:text="three"/>

</LinearLayout>
```

　　图 6-18 中央的用户界面使用默认的重力值,但将容器中控件的 android:gravity 分别设置为 left、center 和 right。最后一个示例将中间组件的 android:layout_weight 特性设置为 1.0,其他组件保留默认值 0.0(参见代码清单 6-41)。通过将中间组件的重力特性设置为 1.0,将其他两个组件的重力特性保留为 0.0,我们可以指定中间组件应该占用容器中剩余的所有空白空间,其他两个组件应该保持它们的理想大小。

　　类似地,如果希望容器中三个控件中的两个共享它们之间的空白空间,应该将这两个控件的重力值设置为 1.0,将第三个保留默认值 0.0。最后,如果希望三个组件均等地共享空间,应该将它们的重力值都设置为 1.0。这样做将均等地扩展每个文本字段。

代码清单 6-41　LinearLayout 及其重力配置

```
<LinearLayout xmlns:android="http://schemas.android.com/apk/res/android"
    android:orientation="vertical" android:layout_width="fill_parent"
    android:layout_height="fill_parent">

    <EditText android:layout_width="fill_parent" android:layout_weight="0.0"
    android:layout_height="wrap_content" android:text="one"
    android:gravity="left"/>

    <EditText android:layout_width="fill_parent" android:layout_weight="1.0"
    android:layout_height="wrap_content" android:text="two"
    android:gravity="center"/>

    <EditText android:layout_width="fill_parent" android:layout_weight="0.0"
    android:layout_height="wrap_content" android:text="three"
    android:gravity="right"
    />
</LinearLayout>
```

2. android:gravity 与 android:layout_gravity

　　请注意,Android 定义了两个类似的引力特性:android:gravity 和 android:layout_gravity。它们之间的区别在于:android:gravity 设置供视图使用,而 android:layout_gravity 设置供容器(android.view. ViewGroup)使用。例如,可以将 android:gravity 设置为 center,以将 EditText 中的文本在控件中居中。类似地,通过设置 android:layout_gravity="right",可以将 EditText 在 LinearLayout(容器)中右对齐。参见图 6-19 和代码清单 6-42。

图 6-19　应用引力设置

代码清单 6-42　理解 android:gravity 与 android:layout_gravity 之间的区别

```
<LinearLayout xmlns:android="http://schemas.android.com/apk/res/android"
    android:orientation="vertical" android:layout_width="fill_parent"
    android:layout_height="fill_parent">

    <EditText android:layout_width="wrap_content" android:gravity="center"
    android:layout_height="wrap_content" android:text="one"
 android:layout_gravity="right"/>
</LinearLayout>
```

如图 6-19 所示，在 EditText 中居中显示的文本在 LinearLayout 中右对齐。

6.6.2 TableLayout 布局管理器

TableLayout 布局管理器是 LinearLayout 的扩展。这个布局管理器以行和列的形式组织其子控件。代码清单 6-43 给出了一个例子。

代码清单 6-43　简单的 TableLayout

```xml
<?xml version="1.0" encoding="utf-8"?>
<TableLayout xmlns:android="http://schemas.android.com/apk/res/android"
    android:layout_width="fill_parent"  android:layout_height="fill_parent">

  <TableRow>
    <TextView android:text="First Name:"
        android:layout_width="wrap_content"  android:layout_height="wrap_content" />

    <EditText android:text="Edgar"
        android:layout_width="wrap_content"  android:layout_height="wrap_content" />
  </TableRow>

  <TableRow>
    <TextView android:text="Last Name:"
        android:layout_width="wrap_content"  android:layout_height="wrap_content" />

    <EditText android:text="Poe"
        android:layout_width="wrap_content"  android:layout_height="wrap_content" />
  </TableRow>

</TableLayout>
```

要使用布局管理器，可创建 TableLayout 的实例，然后在其中放置 TableRow 元素。TableRow 元素包含表格控件。代码清单 6-43 的用户界面如图 6-20 所示。

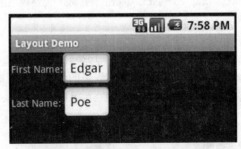

图 6-20　TableLayout 布局管理器

由于 TableLayout 的内容是使用行来定义的，而不是使用列，所以 Android 通过查找包含最多单元格的行来确定表格中的列数。例如，代码清单 6-44 创建了一个包含两行的表格，其中第一行有两个单元格，另一行有 3 个单元格（参见图 6-21）。在此示例中，Android 创建了一个包含两行和 3 列的表格。第一行的最后一列是空单元格。

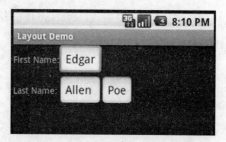

图 6-21   不对称的 TableLayout

代码清单 6-44   不对称的表格定义

```
<TableLayout xmlns:android="http://schemas.android.com/apk/res/android"
    android:layout_width="fill_parent"  android:layout_height="fill_parent">

    <TableRow>
      <TextView android:text="First Name:"
          android:layout_width="wrap_content"  android:layout_height="wrap_content" />

      <EditText android:text="Edgar"
          android:layout_width="wrap_content"  android:layout_height="wrap_content" />
    </TableRow>

    <TableRow>
      <TextView android:text="Last Name:"
          android:layout_width="wrap_content"  android:layout_height="wrap_content" />

      <EditText android:text="Allen"
          android:layout_width="wrap_content"  android:layout_height="wrap_content" />

      <EditText android:text="Poe"
          android:layout_width="wrap_content"  android:layout_height="wrap_content" />
    </TableRow>

</TableLayout>
```

在代码清单 6-43 和代码清单 6-44 中，我们使用 TableRow 元素来填充 TableLayout。尽管这是最常用的模式，但可以放置任何 android.widget.View 作为表格的子控件。例如，代码清单 6-45 创建了一个表格，其中第一行是一个 EditText（参见图 6-22）。

代码清单 6-45   使用 EditText 代替 TableRow

```
<?xml version="1.0" encoding="utf-8"?>
<TableLayout xmlns:android="http://schemas.android.com/apk/res/android"
    android:layout_width="fill_parent"  android:layout_height="fill_parent"
    android:stretchColumns="0,1,2" >

    <EditText android:text="Fullname:"
        android:layout_width="wrap_content"  android:layout_height="wrap_content" />

    <TableRow>
      <TextView android:text="Edgar"
          android:layout_width="wrap_content"  android:layout_height="wrap_content" />

      <TextView android:text="Allen"
```

```
        android:layout_width="wrap_content"  android:layout_height="wrap_content" />

    <TextView android:text="Poe"
        android:layout_width="wrap_content"  android:layout_height="wrap_content" />
  </TableRow>

</TableLayout>
```

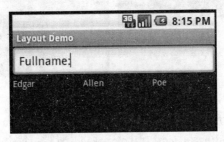

图 6-22　使用 EditText 作为 TableLayout 的子控件

代码清单 6-45 的用户界面如图 6-22 所示。请注意，EditText 占用了屏幕的整个宽度，即使我们没有在 XML 布局中这样指定也是如此。这是因为，TableLayout 的子控件始终会横跨整行。换句话说，TableLayout 的子控件可以指定 android:layout_width="wrap_content"（就像对 EditText 执行的操作），但这不会影响实际布局——它们被强制接受 fill_parent。但是，它们可以设置 android: layout_height。

因为在设计时并不总是知道表格的内容，所以 TableLayout 提供了几个特性来帮助控制表格的布局。例如，代码清单 6-45 将 TableLayout 的 android:stretchColumns 属性设置为"0,1,2"。这将提示 TableLayout，列 0、1 和 2 可以根据表格内容进行拉伸。如果未在代码清单 6-45 中使用 stretchColumns，将会看到"EdgarAllenPoe"都挤压在一起。严格来讲，第二行会占据整个宽度，但第三个 TextViews 不会拉伸。

类似地，如果其他列需要更多空间，可以设置 android:shrinkColumns 来包装一列或多列内容。也可以设置 android:collapseColumns 来使列不可见。请注意，列使用以 0 开始的索引模式进行标识。

TableLayout 还提供了 android:layout_span。可以使用此属性让一个单元格跨越多列。此字段类似于 HTML colspan 属性。

有时，可能还需要在单元格或控件的内容中提供间距。Android SDK 通过 android:padding 及其姊妹属性来实现此目的。android:padding 支持控制视图的外边界与其内容之间的间距（参见代码清单 6-46）。

代码清单 6-46　使用 android:padding

```
<LinearLayout xmlns:android="http://schemas.android.com/apk/res/android"
    android:orientation="vertical" android:layout_width="fill_parent"
    android:layout_height="fill_parent">
    <EditText android:text="one"
    android:layout_width="wrap_content"  android:layout_height="wrap_content"
    android:padding="40px" />
</LinearLayout>
```

代码清单 6-46 将边距设置为 40px。这将在 EditText 控件的外边界和其中显示的文本之间创建

40 像素的间距。图 6-23 展示了两个具有不同边距值的 EditText。左侧的 UI 没有设置任何边距，而右侧的 UI 设置了 android:padding="40px"。

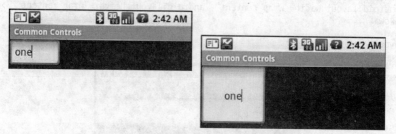

图 6-23　应用边距

android:padding 可以设置所有边的边距：上、下、左和右。可以使用 android:leftPadding、android:rightPadding、android:topPadding 和 android:bottomPadding 控制每边的边距。

Android 还定义了 android:layout_margin，它与 android:padding 类似。实际上，android:padding/android:layout_margin 与 android:gravity/android:layout_gravity 类似。不过，一个用于视图，另一个用于容器。

最后，边距值始终设置为尺寸类型。通常为 dp、px 或 sp。第 3 章已详细介绍过了这些尺寸类型。

6.6.3　RelativeLayout 布局管理器

另一个有趣的布局管理器是 RelativeLayout。从名称可以看出，此布局管理器实现一种策略，让容器的中控件以相对于容器或容器中的另一个控件的形式放置。代码清单 6-47 和图 6-24 展示了一个例子。

代码清单 6-47　使用 RelativeLayout 布局管理器

```
<RelativeLayout xmlns:android="http://schemas.android.com/apk/res/android"
        android:layout_width="fill_parent"
        android:layout_height="wrap_content">

<TextView android:id="@+id/userNameLbl"
        android:layout_width="fill_parent"   android:layout_height="wrap_content"
        android:text="Username: "
        android:layout_alignParentTop="true" />

<EditText android:id="@+id/userNameText"
        android:layout_width="fill_parent"   android:layout_height="wrap_content"
        android:layout_toRightOf="@id/userNameLbl" />

<TextView android:id="@+id/pwdLbl"
        android:layout_width="wrap_content"   android:layout_height="wrap_content"
        android:layout_below="@id/userNameText"
        android:text="Password: " />

<EditText android:id="@+id/pwdText"
        android:layout_width="fill_parent"   android:layout_height="wrap_content"
        android:layout_toRightOf="@id/pwdLbl"
        android:layout_below="@id/userNameText" />
```

```
<TextView android:id="@+id/pwdCriteria"
        android:layout_width="fill_parent"  android:layout_height="wrap_content"
        android:layout_below="@id/pwdText"
        android:text="Password Criteria... " />

<TextView android:id="@+id/disclaimerLbl"
        android:layout_width="fill_parent"  android:layout_height="wrap_content"
        android:layout_alignParentBottom="true"
        android:text="Use at your own risk... " />

</RelativeLayout>
```

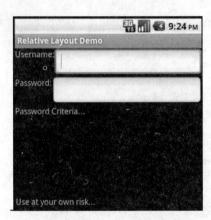

图 6-24　使用 RelativeLayout 布局管理器的 UI 布局

可以看到，这个用户界面类似于一个简单的登录窗口。用户名标签紧靠容器的顶部，因为我们将 android:layout_alignParentTop 设置为了 true。类似地，用户名输入字段位于用户名标签下面，因为我们设置了 android:layout_below。密码标签出现在用户名标签下方，密码输入字段位于密码标签下方，免责声明的标签紧靠容器底部，因为我们将 android:layout_alignParentBottom 设置为了 true。

除了这 3 个布局特性，还可以指定 layout_above、layout_toRightOf、layout_toLeftOf 和 layout_centerInParent 等属性。使用 RelativeLayout 很有趣，因为用法简单。实际上，开始使用它以后，它就会成为你最喜爱的布局管理器，你将发现你会一再选择它。

ADT 的 RelativeLayouts 设计支持

随着 Eclipse 插件 Android 开发工具（ADT）的发展，它增加了越来越多的特性。以前，布局虚拟编辑器功能还不是很完善。但是，最近它变得越来越强大。特别地，工具对使用 RelativeLayout 设置 UI 布局的支持也得到很大的改进。如果使用 RelativeLayouts，那么一定要在 Eclipse 中检查这个工具。

6.6.4　FrameLayout 布局管理器

我们已讨论的布局管理器实现了各种各样的布局策略。换句话说，每个布局管理器都采用特定的方式来设置其子控件在屏幕上的位置和方向。使用这些布局管理器，可以同时在屏幕上使用许多控件，每个控件占用屏幕的一部分。Android 还提供了一个布局管理器，这个布局管理器主要用于显示单一项。此布局管理器就是 FrameLayout。这个实用程序布局类主要用于动态显示单一视图，但可以向其中填充许多项，将一个项设置为可见，而将其余项设置为不可见。代码清单 6-48 演示了 FrameLayout 的使用。

代码清单 6-48　填充 FrameLayout

```xml
<?xml version="1.0" encoding="utf-8"?>
<FrameLayout xmlns:android="http://schemas.android.com/apk/res/android"
    android:id="@+id/frmLayout"
    android:layout_width="fill_parent"  android:layout_height="fill_parent">

    <ImageView
        android:id="@+id/oneImgView" android:src="@drawable/one"
        android:scaleType="fitCenter"
        android:layout_width="fill_parent"  android:layout_height="fill_parent"/>
    <ImageView
        android:id="@+id/twoImgView" android:src="@drawable/two"
        android:scaleType="fitCenter"
        android:layout_width="fill_parent"  android:layout_height="fill_parent"
        android:visibility="gone" />

</FrameLayout>
```

```java
public class FrameLayoutActivity extends Activity{
    private ImageView one = null;
    private ImageView two = null;
    @Override
    protected void onCreate(Bundle savedInstanceState) {
        super.onCreate(savedInstanceState);
        setContentView(R.layout.listing6_48);

        one = (ImageView)findViewById(R.id.oneImgView);
        two = (ImageView)findViewById(R.id.twoImgView);

        one.setOnClickListener(new OnClickListener(){
            public void onClick(View view) {
                two.setVisibility(View.VISIBLE);

                view.setVisibility(View.GONE);
            }});

        two.setOnClickListener(new OnClickListener(){

            public void onClick(View view) {
                one.setVisibility(View.VISIBLE);

                view.setVisibility(View.GONE);
            }});
    }
}
```

代码清单 6-48 显示了布局文件以及活动的 onCreate()方法。这段演示的思路是，在 FrameLayout 中加载两个 ImageView 对象，而一次仅让一个 ImageView 对象可见。在 UI 中，当用户单击可见的图像时，我们将隐藏一个图像并显示另一个。

现在更详细地分析一下代码清单 6-48，首先看一下布局。可以看到，我们定义的 FrameLayout 包含两个 ImageView 对象（ImageView 控件知道如何显示图像）。请注意，第二个 ImageView 的可见性被设置为 gone，这会使该控件不可见。现在看一下 onCreate()方法。在 onCreate()方法中，我们为 ImageView 对象上的单击事件注册了监听器。在单击处理程序中，我们隐藏一个 ImageView 并显示另一个。

正如前面所说，在需要动态地将视图内容设置为单一控件时，通常使用 FrameLayout。尽管这是一种通用的做法，但该控件将接受许多子控件，从我们的演示中就可以看出。代码清单 6-48 向布局中添加了两个控件,但一次仅让一个控件可见。FrameLayout 不会强制一次只显示一个控件。如果向布局中添加了许多控件,那么 FrameLayout 会简单地将控件堆叠在一起,最后一个控件位于最顶部。这可以创建一个非常有趣的 UI。例如,图 6-25 显示的 FrameLayout 中有两个可见的 ImageView 对象。可以看到,控件是堆叠在一起的,上面的控件覆盖了下面的图像的一部分。

图 6-25 包含两个 ImageView 对象的 FrameLayout

FrameLayout 的另一个有趣之处是,如果向该布局添加多个控件,布局的大小将按容器中最大项的大小来计算。在图 6-25 中,顶部的图像实际上比它下面的图像小很多,但是因为布局的大小是根据最大的控件计算得来的,所以拉伸了顶部的图像。

另请注意,如果在 FrameLayout 中放入了许多控件,而且一个或多个控件在最初时是不可见的,那么可以考虑对 FrameLayout 使用 setMeasureAllChildren(true)。因为最大的子控件确定了布局的大小,所以如果最大的子控件在开始时不可见,那么将会遇到问题。也就是说,当它变得可见时,它将仅能显示一部分。为了确保所有项都正确地呈现,可以调用 setMeasureAllChidren() 并向其传入值 true。与 FrameLayout 等价的 XML 特性是 android:measureAllChildren= "true"。

6.6.5 GridLayout 布局管理器

Android 4.0 增加了新的布局管理器 GridLayout。可以想象,这种布局视图采用由行与列组成的网格模型,其效果与 TableLayout 有些类似。然而,它比 TableLayout 更为简单易用。使用 GridLayout,只需要为视图指定行与列值,就可以得到网格视图。这意味着,不需要指定每一个单元格的视图,只指定一些特定单元的视图。视图可以跨越多个网格单元格。甚至,可以将多个视图添加到一个网格单元格中。

在设置视图布局时,一定不能使用 weight 属性,因为 GridLayout 的子视图不支持这个属性。这时应该使用 layout_gravity 属性。GridLayout 子视图支持的其他有趣属性包括 layout_column 和 layout_columnSpan,它们分别用于指定左边第一列和视图所占用的列数。类似地,与之相对应的是 layout_row 和 layout_rowSpan 属性。有趣的是,你不需要为 GridLayout 子视图指定 layout_height 和 layout_width;它们的默认值都是 WRAP_CONTENT。

6.6.6　为各种设备配置自定义布局

到目前为止，你已经很清楚，Android 提供了丰富的布局管理器来帮助构建用户界面。如果使用过我们讨论的布局管理器，就会知道，可以通过各种方式组合这些布局管理器，以获得期望的观感。但是，即使用上所有布局管理器，构建 UI 并让它们正确运行仍然是一大挑战。对于移动设备更是如此。移动设备的用户和制造商变得越来越精明，这使开发人员的工作越来越具有挑战性。

一个挑战是，为在各种屏幕配置下显示的应用程序构建 UI。例如，如果应用程序在横向和纵向模式下显示，UI 会是什么样的？如果还没遇到过这个问题，那么你现在一定想知道如何处理这种常见的情形。有趣并且幸运的是，Android 对这种情形提供了一定的支持。

Android 采用的方法是：根据设备的配置在特定文件夹中查找并加载布局。设备可以使用 3 种配置中的一种：横向、纵向或正方形（正方形比较少用）。要为不同的配置提供不同的布局，必须为每种配置创建具体的文件夹，Android 将从该文件夹加载合适的布局。我们知道，默认的布局文件夹位于 res/layout。要支持纵向显示，可以创建 res/layout-port 文件夹。要支持横向显示，可以创建 res/layout-land 文件夹。而对于正方形显示，可以创建 res/layout-square。

现在需要考虑的重要问题是，有了这 3 个文件夹，还需要默认的布局文件夹（res/layout）吗？一般而言，仍然需要。请注意，Android 的资源解析逻辑首先会在特定于配置的目录中查找。如果 Android 没有在此找到资源，它会转到默认的布局目录。因此，可以将默认布局定义放在 res/layout 中，将自定义的版本放在特定于配置的文件夹中。

另一个技巧是在布局文件中使用<include />标签。这样，就可以创建一些通用布局代码（例如，保存在默认布局目录），然后将它们添加到 layout-port 和 layout-land 定义的布局中。include 标签如下所示：

```
<include layout="@layout/common_chunk1" />
```

如果对 include 的概念感兴趣，还应该学习<merge />标签和 Android API 的 ViewStub 类。组织布局时，可以创建出不包含重复视图且更为灵活的布局。

请注意，Android SDK 未提供任何 API 来支持以编程方式指定要加载何种布局，系统只会根据设备的配置来选择文件夹。但是，可以在代码中设置设备的方向，比如可以使用以下代码：

```
import android.content.pm.ActivityInfo;
...
setRequestedOrientation(ActivityInfo.SCREEN_ORIENTATION_LANDSCAPE);
```

这会强制应用程序以横向模式在设备上显示。可以在前面的项目中检验一下这段代码。将代码添加到 Activity 的 onCreate()方法中，在模拟器中运行它并查看应用程序的朝向。

布局不是唯一一个由配置驱动的资源，在查找要使用的资源时，还有其他设备配置限定符（qualifier）可以考虑。res 文件夹的所有内容都可以包含每种配置的变体。例如，要为每个配置加载不同的图形对象，除了默认的 drawable 以外，可以创建 drawable-port、drawable-land 和 drawable-square 文件夹。

记住，代码仍然需要只引用 R.resource_type.name（不带任何限定符）表示的资源。例如，如果在多个不同有资格的资源目录下保存了许多不同版本的布局文件 main.xml，代码仍然引用 R.layout.main。Android 会自动查找恰当的 main.xml。

第 3 章曾经详细介绍了资源使用的基本方法。第 12 章将对配置修改概念进行更详细的介绍。以此结束关于 UI 构建的全部内容。

6.7　参考资料

以下是一些很有用的参考资料，可通过它们进一步探索相关主题。

❑ http://www.androidbook.com/proandroid4/projects。可在这里找到与本书相关的可下载项目列表。对于本章，请查找名为ProAndroid4_Ch06_Controls.zip的zip文件。此zip文件包含本章中的所有项目，这些项目在各个根目录中列出。还有一个README.TXT文件详细介绍了如何从一个zip文件将项目导入Eclipse。

❑ http://developer.android.com/reference/android/widget/LinearLayout.html#attr_android:gravity：这个参考页面描述了用于LinearLayout的不同权重值。

❑ www.curious-creature.org/2010/08/15/scrollviews-handy-trick：这篇来自Romain Guy（Android团队成员）的博客文章解释了如何恰当地使用ScrollView。

❑ http://developer.android.com/resources/articles/index.html：此页面包含多篇名为"Layout Tricks"且值得阅读的技术文章。它们分析了在Android中设计和构建用户界面的性能方面。可以在此列表中查阅与构建用户界面相关的其他文章。

6.8　小结

本章主要介绍了以下与开发用户界面相关的知识点：

❑ 如何使用XML资源定义UI外观，如何在代码中生成界面数据。

❑ 三种主要的布局类型及其使用场合。

❑ Android支持的视图，以及如何在XML和代码中定义这些视图。

❑ 主要的列表控件，以及如何使用适配器填充数据。

❑ 通用资源集中用于管理应用程序观感的样式和主题。

6.9　面试问题

通过回答下面的问题，可以评估自已对本章内容的理解。

(1) TextView 是否能够接受用户输入？

(2) 什么时候应该在 EditText 域中使用 Spannable？

(3) 如何自定义 ImageButton 在按下和释放操作时的外观？

(4) 适配器是否始终需要从 ContentProvider 获取数据？

(5) 一个 ListView 可否包含多个视图？

(6) ListView 是否始终要包含至少一个 TextView？

(7) ListView 项的布局由什么定义，它们的位置在哪里？

(8) Spinner 与其他列表控件有何不同？

(9) TableLayout 和 GridView，哪一种布局更适合以行和列的格式显示数据库表名列表？

(10) 什么时候应该在用户界面上使用 AbsoluteLayout？

(11) android:layout_weight 的作用是什么？

(12) android:gravity 和 android:layout_gravity 有何区别？

(13) 是否可以将活动强制显示在一个指定方向上？

(14) 哪一个布局管理器可用于管理 android:Layout_to Right of？

(15) 在什么情况下，列表适配器的 ID 值等于它的位置值？

在下一章中，我们会进一步介绍用户界面开发的另一个内容——菜单。

第 7 章

使用菜单

7

Android SDK 对菜单提供了广泛的支持。Android 支持的几种菜单类型如下：常规菜单、子菜单、上下文菜单、图标菜单、辅助菜单和交替菜单（alternative menu）。另外，Android 3.0 引入了一种称为操作栏的概念，它能够与菜单项很好地集成。这种操作栏与菜单之间的交互将在第 10 章介绍。本章引入了弹出式菜单，即基于按钮单击或任意其他的 UI 事件可以随时调用的菜单。

在 Android 中，和其他资源类似，菜单除了是 Java 对象之外，还被表示为 XML 文件的条目。Android 为加载的每个菜单项生成资源 ID。本章也将详细介绍这些 XML 菜单资源。作为资源，所有菜单项利用自动生成的资源 ID。

7.1 Android 菜单

提供 Android 菜单支持的一个重要的类是 android.view.Menu。Android 中的每个活动都与一个此类型的菜单对象相关联，菜单对象包括众多的菜单项和子菜单。

图 7-1 指出菜单对象包括菜单项集合。菜单项目具有如下特性。

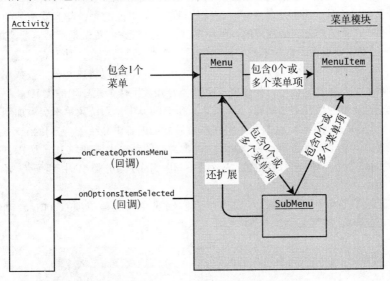

图 7-1　Android 与菜单相关的类的结构

- ❑ 名称：字符串标题。
- ❑ 菜单项ID：整数。
- ❑ 组ID：表示该项是哪组中一部分的整数。
- ❑ 排序：指定该菜单项在菜单中顺序的整数。

名称和菜单项 ID 特性是不言自明的。

可以通过为每个菜单项分配一个组 ID，对它们进行分组。具有相同组 ID 的多个菜单项可视为同一个组的一部分。

sort-order 属性要求有一定的覆盖范围。如果一个菜单项的排序序号为 4，另一个菜单项的排序序号为 6，那么在菜单中，第一个菜单项就在第二个菜单项之上。有一些特定的菜单项 sort-order 序号范围是专门预留给某些特定类型的菜单的。这就是所谓的菜单分类。可用的菜单分类包括以下几种。

- ❑ 二级菜单   二级菜单项的重要性不及其他菜单项（使用频率也较低），序号从 0x30000 开始，由常量 Menu.CATEGORY_SECONDARY 定义。其他类型的菜单分类（如系统菜单、替代菜单和容器菜单）使用不同的 order-number 范围。
- ❑ 系统菜单   系统菜单项的 order-number 从 0x20000 开始，由常量 Menu.CATEGORY_SYSTEM 定义。这个 sort-order 范围是专门保留来作为 Android 系统使用的。4.0 版本不会给应用程序添加任何系统菜单项。例如，在 Microsoft Windows 平台，"关闭"及"刷新"等就是适用于所有活动的系统菜单项。Android 平台尚未出现这些菜单项，但是将来当平台扩展到非手机设备时，我们希望会添加这样的特性。
- ❑ 交替菜单   交替菜单项的 sort-order 范围从 0x40000 开始。这些菜单项目由常量 Menu.CATEGORY_ALTERNATIVE 定义。它们通常由外部应用程序贡献，作为处理考虑范围内的数据的替代方法。
- ❑ 容器菜单   容器菜单项的 sort-order 范围从 0x10000 开始，由常量 Menu.CATEGORY_CONTAINER 定义。在 Android 中，视图的上级组件（如布局）就是容器。文档并没有具体规定这个分类是否专属于布局，但是这也是其中一种较优的可能。最可能的是，与容器相关的菜单项都属于这个范围。在重新调整网格视图的排列顺序时，可以将它们看做是一种容器菜单项。

这些菜单分类的主要目的是区分不同菜单项的重要级别。然而，文档并没有规定不允许将这些分类整数作为菜单项 ID 的开始数字，以使它们独一无二。所以，可以将这些分类整数作为特定类型的菜单项 ID 的开始数字。另外，也可以将这些菜单分类开始数字作为菜单项的组 ID。

通常，菜单项 ID 唯一性并不是问题，因为在 Android 4.0 中，系统菜单不会添加到应用菜单中。调用交替菜单的机制又有所不同（交替菜单将在本章后面的内容中介绍），它们的 ID 不会传递给菜单处理器。大多数时候，Android 会自动为 XML 文件中声明的菜单生成唯一 ID。所以，只有确定菜单显示顺序，或者为整个菜单项分组指定特定的分类（其中组 ID 与分类 ID 相匹配），才有必要使用这些分类范围。

图 7-1 还显示了两个回调方法，可以使用它们创建和响应菜单项：onCreateOptionsMenu 和 onOptionsItemSelected。接下来的几小节中将涉及这些方法。

7.1.1   创建菜单

在 Android SDK 中，无需从头创建菜单对象。因为一个活动只与一个菜单关联，所以 Android 会为该活动创建此菜单, 然后将它传递给 Activity 类的 onCreateOptionsMenu()回调。(从该方法的名称可以看出, Android 中的菜单又可称为选项菜单。)

在 SDK 3.0 之前, 在第一次访问活动的选项菜单时, 就会调用 onCreateOptionsMenu()。从 3.0 开始, 活动创建过程中就会调用这个方法。出现这个变化的原因, 是因为活动中总是会显示工具栏。使用这种方法创建的选项菜单项可能位于工具栏内。因为工具栏始终保持显示(与选项菜单不同), 工具栏必须首先知道其菜单项。所以, Android 必须在用户打开选项菜单之前先调用 onCreateOptionsMenu()方法。

此回调菜单设置方法可用于使用一组菜单项填充单个传入的菜单(参见代码清单 7-1)。

代码清单 7-1　onCreateOptionsMenu 方法的签名

```
@Override
public boolean onCreateOptionsMenu(Menu menu)
{
    // populate menu items
    .....
    ...return true;
}
```

填充菜单项之后, 这段代码应该返回 true, 使菜单可见。如果此方法返回 false, 那么菜单将不可见。代码清单 7-2 中的代码展示了如何使用单个组 ID 和递增的菜单项 ID 以及排序 ID, 添加 3 个菜单项。

代码清单 7-2　添加菜单项

```
@Override
public boolean onCreateOptionsMenu(Menu menu)
{
    //call the base class to include system menus
    super.onCreateOptionsMenu(menu);

    menu.add(0          // Group
        ,1              // item id
        ,0              //order
        ,"append");     // title

    menu.add(0,2,1,"item2");
    menu.add(0,3,2,"clear");

    //It is important to return true to see the menu
    return true;
}
```

还应该调用此方法的基类实现, 以便系统能够使用系统菜单项填充菜单(目前为止还未定义任何系统菜单项)。为了使这些系统菜单项与其他类型的菜单项分开, Android 的 sort order 范围从 0x20000 开始添加它们。(正如前面所提到的, 常量 Menu.CATEGORY_SYSTEM 定义了这些系统菜单项的起始 sort orderID。到目前为止, 在所有的发布版中, Android 不再增加任何系统菜单。)

创建菜单项的参数如代码清单 7-2 所示。最后一个参数是菜单项的名称或标题。除了自由文本, 还可以通过 R.java 常量文件使用字符串资源。组 ID、菜单项 ID 和排序 ID 都是可选的, 如果不希望指定任何 ID, 可以使用 Menu.NONE。

7.1.2　使用菜单组

现在介绍一下如何使用菜单组。代码清单 7-3 展示了如何添加两组菜单: Group 1 和 Group 2。

代码清单 7-3　使用组 ID 创建菜单组

```
@Override
public boolean onCreateOptionsMenu(Menu menu)
{
    //Group 1
    int group1 = 1;
    menu.add(group1,1,1,"g1.item1");
    menu.add(group1,2,2,"g1.item2");

    //Group 2
    int group2 = 2;
    menu.add(group2,3,3,"g2.item1");
    menu.add(group2,4,4,"g2.item2");

    return true; // it is important to return true
}
```

请注意，菜单项 ID 和排序 ID 与组是独立的。那么组有何用呢？Android 提供了一些基于组 ID 的 android.view.Menu 类的方法。可以使用这些方法操作组中的菜单项：

```
removeGroup(id)
setGroupCheckable(id, checkable, exclusive)
setGroupEnabled(id,boolean enabled)
setGroupVisible(id,visible)
```

removeGroup()从具有给定组 ID 的组删除所有菜单项。可以使用 setGroupEnabled 方法启用或禁用给定组中的菜单项。类似地，可以使用 setGroupVisible()控制一组菜单项的可见性。

setGroupCheckable()比较有趣。可以使用此方法在选中菜单项时在该菜单项中显示一个勾选标记。当应用到组中时，它将为该组中的所有菜单项启用此功能。如果设置了此方法的独占标志 exclusive，那么只允许该组中的一个菜单项处于勾选状态。其他菜单项将保持未选中状态。

现在你知道了如何使用一组菜单项填充活动的主菜单，以及根据它们的性质进行分组。接下来，我们将介绍如何响应这些菜单项。

7.1.3　响应菜单项

在 Android 中，可以采用多种方式来响应菜单项单击。可以使用 Activity 类的 onOptionsItemSelected()方法，可以使用独立的监听器，或者可以使用 Intent。本小节将介绍每种技术。

1. 通过 onOptionsItemSelected 响应菜单项

单击菜单项时，Android 调用 Activity 类的 onOptionsItemSelected()回调方法（参见代码清单 7-4）。

代码清单 7-4　onOptionsItemSelected 方法的签名和主体

```
@Override
public boolean onOptionsItemSelected(MenuItem item)
{
    switch(item.getItemId()) {
    .....
    //for items handled
    return true;

    //for the rest
    ...return super.onOptionsItemSelected(item);
    }
}
```

　　这里的关键模式是通过 MenuItem 类的 getItemId()方法检查菜单项 ID，然后执行必要的操作。如果 onOptionsItemSelected()处理了一个菜单项，它将返回 true。此菜单事件将不会进一步传播。对于 onOptionsItemSelected()未处理的菜单项回调，onOptionsItemSelected()应该通过 super.onOptions-ItemSelected 调用父方法。onOptionsItemSelected()的默认实现返回 false，以便可以进行"正常"处理。正常处理包括对菜单单击响应方法进行调用的替代方式。如直接调回一个直接捆绑在菜单项上的监听器。

2. 通过监听器响应菜单项

　　通常通过重写 onOptionsItemSelected()来响应菜单，这是提高性能的推荐方法。菜单项还支持注册可用作回调的监听器。监听器暗示对象的创建及监听器的注册表。这就是"性能"涉及的花费。不过，重用和清晰度可能更为重要，这种情况下，监听器兼具灵活性。

　　此方法分为两个步骤。在第一步中，实现 OnMenuClickListener 接口。然后获取此实现的一个实例并将其传递给菜单项。当单击菜单项时，该菜单项将调用 OnMenuClickListener 接口的 onMenuItemClick()方法（参见代码清单 7-5）。

代码清单 7-5　使用监听器作为菜单项单击事件的回调

```
//Step 1
public class MyResponse implements OnMenuClickListener
{
    //some local variable to work on
    //...
    //Some constructors
    @override
    boolean onMenuItemClick(MenuItem item)
    {
        //do your thing
        return true;
    }
}

//Step 2
MyResponse myResponse = new MyResponse(...);
menuItem.setOnMenuItemClickListener(myResponse);
...
```

　　onMenuItemClick()方法在调用菜单项时调用。这段代码会在单击菜单项时执行，即使这一操作发生在调用 onOptionsItemSelected()方法之前也是如此。如果 onMenuItemClick()返回 true，将不会执行其他任何回调，包括 onOptionsItemSelected()回调方法。这意味着，监听器代码的优先级高于 onOptionsItemSelected()方法。

3. 使用 Intent 响应菜单项

　　也可以使用 MenuItem 的 setIntent(intent)方法，将菜单项与 Intent 关联。默认情况下，菜单项没有与之关联的 Intent。但是当 Intent 与菜单项关联，并且没有其他方法处理菜单项时，默认的行为将是使用 startActivity(intent)调用该 Intent。为此，所有处理程序（尤其是 onOptionsItem Selected()方法）应该为未被处理的菜单项调用父类的 onOptionsItemSelected()方法。或者可以这样理解：系统为 onOptionsItemSelected()方法提供了首先处理菜单项的机会（当然，然后是监听器）。这里假设没有与菜单项直接联系的监听器，如果有，监听器将覆盖剩余的菜单项。

　　如果没有重写 onOptionsItemSelected()方法，那么 Android 框架中的基类将执行必要的操作，在菜单项上调用 Intent。如果重写了此方法但对此菜单项不感兴趣，那么必须调用父方法，父方法然后会调用 Intent。所以基本思路是这样的：要么不重写 onOptionsItemSelected() 方法，要么重写它并为未处理的菜单项调用父方法。

说明　Menu 类定义了一些便利常量，包括 Menu.FIRST。可以使用这个常量作为菜单 ID 及其他菜单相关连接序号的基线序号。

正如之前所介绍的，二级菜单项序号从 0x30000 开始，由常量 Menu.CATEGORY_SECONDARY 定义。它们的 sort-order ID 高于常规菜单项，所以它们会显示在菜单的常规菜单项之后。注意，排序序号是区分二级菜单项和常规菜单项的唯一方法。在其他方面，二级菜单项与其他菜单项完全相同。

既然我们已经学习完 Android 的基本菜单支持，图 7-2 显示的是一个显示菜单的活动截图。这一节介绍的菜单概念可以参考这个图片。

图 7-2　示例 Menus 应用程序

7.2　使用其他菜单类型

到目前为止，我们介绍了一些比较简单，但功能非常多的菜单类型。在使用 SDK 时，你将看到，Android 还支持图标菜单、子菜单、上下文菜单以及交替菜单。在这些菜单中，交替菜单是 Android 所独有的。本节将介绍所有这些菜单类型。

7.2.1　展开的菜单

如果应用程序拥有的菜单项比主屏幕能够显示的菜单项多，Android 将会显示 More 菜单项来支持用户查看剩余菜单。此菜单称为展开菜单，当菜单项太多而无法在有限的空间内全部显示时，就会自动显示该菜单项。在图 7-2 中也可以看到该 More 菜单项。

7.2.2　使用图标菜单

Android 不仅支持文本,还支持将图像或图标作为菜单内容。这在图 7-2 中也有所体现。除了文本之外,还可以使用图标来表示菜单项。

但是请注意,在使用图标菜单时有一些限制。第一,在上一段中已经提到,无法将图标用于展开菜单。将来,该限制可能会被解除,这取决于设备大小及 SDK 支持。大型设备可能允许该功能实现,而对于小型设备而言,该限制继续存在。

第二,图标菜单项不支持菜单项勾选标记。

第三,如果图标菜单项中的文本太长,它将从一定数量的字符之后截断,具体取决于显示区域的大小。(最后一个限制也适用于基于文本的菜单项。)

创建图标菜单项非常简单。像前面一样创建基于文本的常规菜单项,然后使用 MenuItem 类的 setIcon 方法来设置图像。需要使用图像的资源 ID,所以必须将图像或图标放在/res/drawable 目录下来生成资源 ID。例如,如果图标的文件名为 balloons,那么资源 ID 将为 R.drawable.balloons。

代码清单 7-6 演示了如何将图标添加到菜单项中:

代码清单 7-6　将图标填加到菜单项

```
//add a menu item and remember it so that you can use it
//subsequently to set the icon on it.
MenuItem item = menu.add(...);
item.setIcon(R.drawable.balloons);
```

向菜单添加菜单项时,很少需要保留 menu.add 方法返回的局部变量。但在本例中,需要记住返回的对象,以便可以将图标添加到菜单项中。这个示例中的代码还表明,meun.add()方法返回的类型是 MenuItem。

只要在主应用程序屏幕上显示了该菜单项,就会显示所选择的图标。如果菜单项是展开菜单的一部分,将不显示图标,仅显示文本。在图 7-2 中,显示气球图像的菜单项就是一个图标菜单示例。

7.2.3　使用子菜单

我们现在看一下 Android 中的子菜单。从图 7-1 可以看出 SubMenu 与 Menu 和 MenuItem 之间的结构关系。Menu 对象可以有多个 SubMenu 对象。每个 SubMenu 对象通过调用 Menu.addSubMenu()方法被添加到 Menu 对象中(参见代码清单 7-7)。将菜单项添加到子菜单的方式与将菜单项添加到菜单的方式相同,这是因为 SubMenu 也派生自 Menu 对象。但是,无法向子菜单添加更多子菜单。

代码清单 7-7　添加子菜单

```
private void addSubMenu(Menu menu)
{
    //Secondary items are shown just like everything else
    int base=Menu.FIRST + 100;
    SubMenu sm = menu.addSubMenu(base,base+1,Menu.NONE,"submenu");
    sm.add(base,base+2,base+2,"sub item1");
    sm.add(base,base+3,base+3,"sub item2");
    sm.add(base,base+4,base+4,"sub item3");
```

```
    //submenu item icons are not supported
    item1.setIcon(R.drawable.icon48x48_2);

    //the following is ok however
    sm.setIcon(R.drawable.icon48x48_1);

    //This will result in runtime exception
    //sm.addSubMenu("try this");
}
```

说明　作为 Menu 对象的子类，SubMenu 也包含 addSubMenu()方法。但如果向子菜单中添加另一个子菜
　　　单，编译器不会报错，如果尝试这么做，将会抛出运行时异常。

Android SDK 文档还表明，子菜单不支持图标菜单项。当向菜单项添加图标，然后将该菜单项添加到子菜单中时：该菜单项将忽略图标，即使没有看到编译时或运行时错误也是如此。但是，子菜单本身可以拥有图标。

7.2.4   使用上下文菜单

桌面程序用户一定非常熟悉上下文菜单。例如，在 Windows 应用程序中，可以用鼠标右键单击 UI 元素来访问上下文菜单。Android 通过名为长单击的操作来支持相同的上下文菜单理念。长单击的意思是，在任何 Android 视图上按住鼠标键的时间比平常稍长。

在像手机这样的手持设备上，鼠标单击通过多种方式来实现，具体取决于导航机制。如果手机使用滚轮来移动光标，那么按下滚轮就相当于鼠标单击。或者如果设备具有触摸板，那么点击或按压可能就相当于鼠标单击。或者可能使用一组箭头按钮进行移动，并且中间有一个选择按钮，单击该按钮将相当于鼠标单击。无论鼠标单击是如何在设备上实现的，如果鼠标单击的时间稍长，就会实现长单击。

上下文菜单在结构上与前面讨论的标准选项菜单不同（参见图 7-3）。上下文菜单具有选项菜单不具备的一些微妙功能。

从图 7-3 中可以看出，在 Android 菜单架构中，上下文菜单被表示为 ContextMenu 类。就像 Menu 一样，ContextMenu 可以包含许多菜单项。可以使用相同的 Menu 方法来向上下文菜单添加菜单项。

Menu 与 ContextMenu 之间的不同在于菜单的所有关系。活动拥有常规的选项菜单，而视图拥有上下文菜单。这是我们所希望的，因为激活上下文菜单的长单击是应用于所单击的视图的。所以，活动只能有一个选项菜单，但可以有多个上下文菜单。因为活动可以包含多个上下文菜单，并且每个视图可以拥有自己的上下文菜单，所以活动的上下文菜单数量可以与包含的视图数量一样多。

尽管上下文菜单归视图所有，但填充上下文菜单的方法包含在 Activity 类中。这个方法是 activity.onCreateContextMenu()，它的作用类似于 activity.onCreateOptionsMenu()方法。此回调方法还包含要为其（作为方法的参数）填充上下文菜单项的视图。

上下文菜单还有一个更加明显的优点：为每个活动自动调用 onCreateOptionsMenu()方法，但 onCreateContextMenu()并非如此。活动中的视图不是必须拥有上下文菜单的。例如，活动可以有 3 个视图，但可能你只希望为其中一个视图启用上下文菜单。如果希望特定视图拥有上下文菜单，必须针对拥有上下文菜单这一目的，专门向活动注册该视图。可以通过 activity.register- ForContextMenu (view)方法来实现此任务,"为上下文菜单注册视图"部分将介绍该方法。

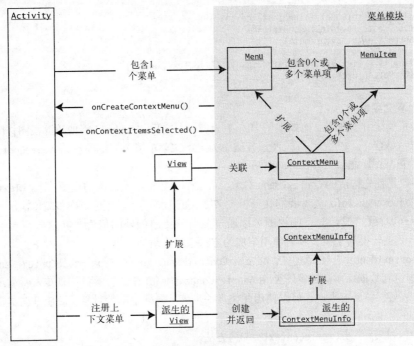

图 7-3　活动、视图和上下文菜单

现在请注意图 7-3 中所示的 ContextMenuInfo 类,可以向 onCreateContextMenu 方法传递此种类型的对象。这是视图向此方法传递附加信息的一种方式。视图要完成此操作,它需要重写 getContextViewInfo()方法,并返回 ContextMenuInfo 的派生类,使用附加方法来表示附加信息。可以查看 android.view.View 的源代码来充分理解这一交互过程。

说明　依照 Android SDK 文档,上下文菜单不支持快捷键、图标或子菜单。

既然了解了上下文菜单的一般结构,我们来看一些示例代码,这些代码演示了实现上下文菜单的每个步骤。

(1) 在活动的 onCreate()方法中为上下文菜单注册视图。

(2) 使用 onCreateContextMenu()填充上下文菜单。必须完成第 1 步,Android 才能调用此回调方法。

(3) 响应上下文菜单单击。

1. 为上下文菜单注册视图

实现上下文菜单的第 1 步是,在活动的 onCreate()方法中为上下文菜单注册视图。可以使用代码清单 7-8 中的代码,在该测试工具中为上下文菜单注册 TextView。首先找到 TextView,然后在活动上调用 registerForContextMenu(),使用该 TextView 作为参数。这将为上下文菜单设置 TextView。

代码清单 7-8　为上下文菜单注册 TextView

```
@Override
public void onCreate(Bundle savedInstanceState) {
    super.onCreate(savedInstanceState);
    setContentView(R.layout.main);

    TextView tv = (TextView)this.findViewById(R.id.textViewId);
    registerForContextMenu(tv);
}
```

2. 填充上下文菜单

为上下文菜单注册了视图（比如本例中的 TextView）之后，Android 将使用此视图作为参数，调用 onCreateContextMenu()方法。可以在该方法中为上下文菜单填充菜单项。onCreateContext Menu() 回调方法提供了 3 个参数。

第一个参数是预先构造的 ContextMenu 对象，第二个参数是生成回调的视图（比如 TextView），第三个参数是 ContextMenuInfo 类（我们在分析图 7-3 时已简单介绍）。对于许多简单情形，可以忽略 ContextMenuInfo 对象。但是，一些视图可以通过此对象传递额外的信息。在这些情形下，需要将 ContextMenuInfo 类转换为子类，然后使用附加的方法来检索附加信息。

派生自 ContextMenuInfo 的类包括 AdapterContextMenuInfo 和 ExpandableContextMenuInfo。在 Android 中，绑定到数据库游标的视图使用 AdapterContextMenuInfo 类，将行 ID 传入将显示上下文菜单的视图中。从某种意义上来说，可以使用此类进一步表示鼠标单击的对象，即使是在给定视图中也是如此。

代码清单 7-9 演示了 onCreateContextMenu()方法。

代码清单 7-9　onCreateContextMenu()方法

```
@Override
public void onCreateContextMenu(ContextMenu menu, View v, ContextMenuInfo menuInfo)
{
        menu.setHeaderTitle("Sample Context Menu");
        menu.add(200, 200, 200, "item1");
}
```

3. 响应上下文菜单项

实现上下文菜单的第 3 步是响应上下文菜单单击。响应上下文菜单的机制与响应选项菜单的机制类似。Android 提供了一种类似于 onOptionsItemSelected()的回调方法，名为 onContext ItemSelected()。与 onOptionsItemSelected()一样，onContextItemSelected()方法也包含在 Activity 类中。代码清单 7-10 演示了 onContextItemSelected()。

代码清单 7-10　响应上下文菜单

```
@Override
 public boolean onContextItemSelected(MenuItem item)
{
    if (item.getitemId() = some-menu-item-id)
    {
        //handle this menu item
        return true;
    }
... other exception processing
}
```

7.2.5　使用交替菜单

到目前为止，我们已经介绍了创建和使用菜单、子菜单和上下文菜单。Android 还引入了交替菜单的新概念，支持在菜单、子菜单和上下文菜单中包含交替菜单项。交替菜单支持 Android 上的多个应用程序相互使用。这些交替菜单是 Android 应用程序间通信或使用框架的一部分。

具体来讲，交替菜单允许一个应用程序包含另一个应用程序的菜单。当选择交替菜单时，将使用该活动所需的数据 URL 启动目标应用程序或活动。调用的活动然后将使用传入的 Intent 中的数据 URL。要很好地理解交替菜单，必须首先理解 ContentProvider、内容 URI、内容 MIME 类型和 Intent（参见第 4 章和第 5 章）。

这里的一般思路是：想象你正在编写一个屏幕来显示数据。这个屏幕很可能是一个活动。在此活动上，有一个选项菜单可用于以多种方式操作或使用数据。另外假设你正在处理一个文档，或者处理通过 URI 和相应 MIME 类型标识的笔记。作为程序员，你希望设备最终将包含更多知道如何使用或显示此数据的程序。你希望这些新程序能够在为此活动构造的菜单中显示它们的菜单项。

要将交替菜单项附加到菜单上，执行以下步骤，同时在 onCreateOptionsMenu 方法中设置该菜单。

(1) 创建一个 Intent，将它的数据 URI 设置为当前显示的数据 URI。

(2) 将 Intent 的类别设置为 CATEGORY_ALTERNATIVE。

(3) 搜索允许对此 URI 类型支持的数据进行操作的活动。

(4) 将可以调用这些活动的 Intent 以菜单项的形式添加到菜单。

这些步骤告诉了我们 Android 应用程序的许多性质，我们具体分析一下每一步。现在你已经知道，将交替菜单项附加到菜单上是在 onCreateOptionsMenu() 方法中进行的：

```
@Override public boolean onCreateOptionsMenu(Menu menu)
{
}
```

现在看看构成此函数的代码。我们首先需要知道可能在此活动上使用的数据的 URI。可以通过如下方式获得 URI：

```
this.getIntent().getData()
```

之所以可以使用此方式，是因为 Activity 类包含方法 getIntent()，它会返回会为其调用此活动的数据 URI。这个调用的活动可能是主菜单调用的主活动，对于这种情况，它可能不包含 Intent，getIntent() 方法将返回 null。必须在代码中避免此情形。

不管活动调用方法如何，如果事先知道数据的 URI，那么也可以直接使用该 URI。

现在的目标是找到知道如何使用此类数据的其他程序。我们使用一个 Intent 作为参数来进行搜索。下面给出了构造该 Intent 的代码：

```
Intent criteriaIntent = new Intent(null, getIntent().getData());
intent.addCategory(Intent.CATEGORY_ALTERNATIVE);
```

构造此 Intent 之后，你还将添加感兴趣的操作类别。具体来讲，我们只对可以作为交替菜单的一部分进行调用的活动感兴趣。现在可以告诉 Menu 对象搜索匹配活动，并将它们作为菜单选项进行添加（参见代码清单 7-11）。

代码清单 7-11 用交替菜单项填充菜单

```
// Search for, and populate the menu with matching Activities.

//You can use the following defined constant
//to serve as a starting point for a number
//of unique ids.
int menuItemGroupId = Menu.CATEGORY_ALTERNATIVE;
int startingMenuItemId = Menu.CATEGORY_ALTERNATIVE;
int startingMenuItemOrderId = Menu.CATEGORY_ALTERNATIVE;

menu.addIntentOptions(
    menuItemGroupId,            // Group
    startingMenuItemId,         // Starting menu item ID for all items.
    startingMenuItemOrderId,    // Starting order id for each of the menus
    this.getComponentName(),    // Name of the activity class displaying
                                // the menu--here, it's this class.
                                // variable "this" points to activity
    null,                       // No specifics.
    criteriaIntent,             // Previously created intent that
                                // describes our requirements.
    0,                          // No flags.
    null);                      // returned menu items
```

Menu 类的方法 addIntentOptions()负责查找与 Intent 的 URI 和类别特性匹配的活动。然后，该方法使用合适的菜单项 ID 和排序 ID，将这些活动添加到正确组下的菜单中。前三个参数实现方法的这部分功能。在代码清单 7-11 中，你首先将 Menu.CATEGORY_ALTERNATIVE 用作将添加新菜单项的组。你还将使用这个常量作为菜单项 ID 和排序 ID 的起点。

下一个参数指向包含此菜单的活动的完全限定组件名称。代码使用 Activity 类的名为 getComponentName()的方法，组件名只是包名和类名。组件名称是必需的，因为当添加新菜单项时，该菜单项需要调用目标活动。为此，系统需要发起目标活动的源活动。下一个参数是一个 Intent 数组，应该将它用作过滤器来过滤返回的 Intent，在本例中，我们使用了"null"。

下一个参数指向刚刚构造的 criteriaIntent。这是我们希望使用的搜索标准。该参数之后的参数是一个标志，比如 Menu.FLAG_APPEND_TO_GROUP，用于指示是附加到此组中的现有菜单项之后还是替换它们。默认值为 0，表示应该替换菜单组中的菜单项。

代码清单 7-11 中的最后一个参数是要添加的菜单项数组。如果希望在添加之后以某种方式操作这些菜单项，可以使用菜单项引用。

前面的工作进行得很顺利。但还有一些问题没有解决。例如，所添加的菜单项的名称是什么？Android 文档对此未作说明。那么我们检查一下源代码，看看此函数在幕后实际上做了些什么。（参见第 1 章，了解如何获得 Android 的源代码）

事实证明，Menu 类只是一个接口，所以我们无法看到它的任何实现源代码。实现 Menu 接口的类是 MenuBuilder。代码清单 7-12 展示了 MenuBuilder 类中相关的 addIntentOptions 方法的源代码。（这段代码仅供参考，不打算逐行解释。）

代码清单 7-12 MenuBuilder.addIntentOptions()方法

```
public int addIntentOptions(int group, int id, int categoryOrder,
                        ComponentName caller,
                        Intent[] specifics,
                        Intent intent, int flags,
```

```
                                   MenuItem[] outSpecificItems)
{
    PackageManager pm = mContext.getPackageManager();
    final List<ResolveInfo> lri =
            pm.queryIntentActivityOptions(caller, specifics, intent, 0);
    final int N = lri != null ? lri.size() : 0;

    if ((flags & FLAG_APPEND_TO_GROUP) == 0) {
        removeGroup(group);
    }

    for (int i=0; i<N; i++) {
        final ResolveInfo ri = lri.get(i);
        Intent rintent = new Intent(
                ri.specificIndex < 0 ? intent : specifics[ri.specificIndex]);
        rintent.setComponent(new ComponentName(
                ri.activityInfo.applicationInfo.packageName,
                ri.activityInfo.name));
        final MenuItem item = add(group, id, categoryOrder,
                ri.loadLabel(pm));
        item.setIntent(rintent);
        if (outSpecificItems != null && ri.specificIndex >= 0) {
            outSpecificItems[ri.specificIndex] = item;
        }
    }
    return N;
}
```

请注意代码清单 7-12 中加粗显示的代码，这部分代码构造了一个菜单项。代码将找出菜单标题的工作委托给 ResolveInfo 类。ResolveInfo 类的源代码表明，声明此 Intent 的 Intent 过滤器拥有一个与之关联的标题。代码清单 7-13 给出了 Intent 过滤器定义的一个示例：

代码清单 7-13　Intent 过滤器的 label

```
<intent-filter android:label="Menu Title ">
    .......
    <category android:name="android.intent.category.ALTERNATE" />
    <data android:mimeType="some type data" />
</intent-filter>
```

Intent 过滤器的 label 值就是菜单的名称。可以通过 Android Notepad 示例查看此行为。

7.2.6　动态菜单

到目前为止，前面介绍的都是静态菜单——需要预先创建，而且不会随屏幕内容而动态变化。如果想要创建动态菜单，可以使用 Android 活动类的 onPrepareOptionsMenu()方法。这个方法与 onCreateOptionsMenu()类似，不同的是它每次在菜单显示时调用。如果想要根据显示内容禁用一些菜单项或菜单组，则应该使用 onPrepareOptionsMenu()。在 3.0 及更新的版本中，必须显式调用一个新方法 invalidateOptionsMenu()，它又会调用 onPrepareOptionsMenu()。每当应用状态变化引起菜单变化时，就可以调用这个方法动态修改菜单。

7.3　通过 XML 文件加载菜单

到目前为止，我们的所有菜单都是以编程方式创建的。这并不是最方便的菜单创建方法，因为对于每个菜单，都必须提供多个 ID 并为每个 ID 定义常量。你一定觉得这很单调。

可以通过 XML 文件定义菜单，之所以可以在 Android 中这么做，是因为菜单也是资源。使用 XML 创建菜单的方法具有多种优势，比如能够命名菜单、自动排序菜单、提供菜单 ID 等。也可以实现菜单文本的本地化。

执行以下步骤来使用基于 XML 的菜单。

(1) 定义一个包含菜单标记的 XML 文件。

(2) 将文件放在/res/menu 子目录下。文件的名称可以任意指定，也可以创建任意多个文件。Android 会为此菜单文件自动生成资源 ID。

(3) 使用菜单文件的资源 ID，将该 XML 文件加载到菜单中。

(4) 使用为每个菜单项生成的资源 ID 来响应菜单项。

以下各节将分别介绍这些步骤并提供相应的代码片段。

7.3.1   XML 菜单资源文件的结构

首先，我们看一下包含菜单定义的 XML 文件（参见代码清单 7-14）。所有菜单文件都以相同的高级 menu 标记开始，后跟一系列 group 标记。每个 group 标记对应本章开头介绍的菜单项组。可以使用 @+id 方法为组指定 ID。每个菜单组将包含一系列菜单项，菜单项 ID 与符号名称绑定。可以参阅 Android SDK 文档，了解这些 XML 标记的所有可能的参数。

代码清单 7-14   包含菜单定义的 XML 文件

```
<menu xmlns:android="http://schemas.android.com/apk/res/android">
    <!-- This group uses the default category. -->
    <group android:id="@+id/menuGroup_Main">

        <item android:id="@+id/menu_testPick"
            android:orderInCategory="5"
            android:title="Test Pick" />
        <item android:id="@+id/menu_testGetContent"
            android:orderInCategory="5"
            android:title="Test Get Content" />
        <item android:id="@+id/menu_clear"
            android:orderInCategory="10"
            android:title="clear" />
        <item android:id="@+id/menu_dial"
            android:orderInCategory="7"
            android:title="dial" />
        <item android:id="@+id/menu_test"
            android:orderInCategory="4"
            android:title="@+string/test" />
        <item android:id="@+id/menu_show_browser"
            android:orderInCategory="5"
            android:title="show browser" />
    </group>
</menu>
```

代码清单 7-14 中的菜单 XML 文件包含一个组。根据资源 ID 定义@+id/menuGroup_main，将在 R.java 资源 ID 文件中为这个组自动分配一个资源 ID menuGroup_main。类似地，所有子菜单项也会根据此 XML 文件中相应的符号资源 ID 定义来分配菜单项 ID。

7.3.2 填充 XML 菜单资源文件

我们假设此 XML 文件名为 my_menu.xml。需要将此文件放在/res/menu 子目录下，这会自动生成资源 ID R.menu.my_menu。

现在看一下如何使用此菜单资源 ID 来填充选项菜单。Android 提供了 android.view.Menu- Inflater 类，从 XML 文件填充 Menu 对象。我们将通过此 MenuInflater 类的实例，使用 R.menu.my_menu 资源 ID 来填充菜单对象。代码清单 7-15 给出了一个示例：

代码清单 7-15　使用菜单填充

```
@Override
public boolean onCreateOptionsMenu(Menu menu)
{
    MenuInflater inflater = getMenuInflater(); //from activity
    inflater.inflate(R.menu.my_menu, menu);

    //It is important to return true to see the menu
    return true;

}
```

在这段代码中，我们首先从 Activity 类获得 MenuInflater，然后告诉它直接将菜单 XML 文件填充到菜单中。

7.3.3 响应基于 XML 的菜单项

响应 XML 菜单项的方式与响应以编程方式创建的菜单相似，但具有一个细微的区别。跟以前一样，在 onOptionsItemSelected()回调方法中处理菜单项。但这次将从 Android 资源中获得一些帮助（参见第 3 章了解资源的详细信息）。7.3.1 节已经提到，Android 不仅会为 XML 文件生成资源 ID，还会生成必要的菜单项 ID，以帮助区分不同的菜单项。在响应菜单项方面，这是一项优势，因为无需显式创建和管理它们的菜单项 ID。

说明　标识菜单项 ID 的资源类型（R.id.some_menu_item_id）不同于标识菜单本身的资源类型（R.menu. some_menu_file_id）。

更具体来讲，对于 XML 菜单，无需为这些 ID 定义常量，无需担心它们的唯一性，因为资源 ID 的生成会保证唯一性。代码清单 7-16 演示了这一优势：

代码清单 7-16　从 XML 菜单资源文件中响应菜单项

```
private void onOptionsItemSelected (MenuItem item)
{
    if (item.getItemId() == R.id.menu_clear)
    {
        //do something
    }
```

```
        else if (item.getItemId() == R.id.menu_dial)
        {
            //do something
        }
         ......etc
    }
```

请注意，XML 菜单资源文件中的菜单项名称在 R.id 空间自动生成了菜单项 ID。

从 SDK 3.0 开始，可以使用菜单项的 android:onClick 属性，直接声明活动的方法名，将它附加到菜单上。然后，这个活动方法会调用菜单项对象作为唯一输入。这个特性仅支持 3.0 及更高版本。代码清单 7-17 就是一个例子。

代码清单 7-17   在 XML 菜单资源文件中声明菜单回调方法

```
<item android:id="... "
        android:onClick="a-method-name-in-your-activity"
    ...
</item>
```

7.3.4   4.0 版本中的弹出式菜单

Android 3.0 引入另一种菜单：弹出菜单。SDK 4.0 对此稍做改进，在 PopupMenu 类中增加了一些实用方法（例如 PopupMenu.inflate）。（请参考 PopupMenu API 文档，了解这些方法的用法。代码清单 7-19 也突出了它们的区别）

任何视图都可以使用弹出式菜单处理 UI 事件。UI 事件的示例是单击按钮或者图像视图。图 7-4 显示的是在视图上调用的弹出式菜单。

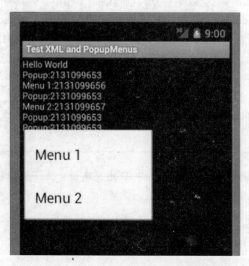

图 7-4   文本示图中添加的弹出式菜单

为了创建如图 7-4 所示的弹出式菜单，可以先创建如代码清单 7-18 所示的常规 XML 菜单文件。

代码清单 7-18　一个表示弹出式菜单的 XML 示例文件

```
<menu xmlns:android="http://schemas.android.com/apk/res/android">
    <!-- This group uses the default category. -->
    <group android:id="@+id/menuGroup_Popup">
        <item android:id="@+id/popup_menu_1"
            android:title="Menu 1" />

        <item android:id="@+id/popup_menu_2"
            android:title="Menu 2" />
    </group>
</menu>
```

假设代码清单 7-18 的代码所在文件名为 popup_menu.xml，那么可以使用代码清单 7-19 所示的 Java 代码加载这个用 XML 定义的菜单，以显示一个弹出式菜单。

代码清单 7-19　显示弹出式菜单

```
//Other activity code goes here...
//Invoke the following method to show a popup menu
private void showPopupMenu()
{
    //Get hold of a view to anchor the popup
    //getTextView() can be any method that returns a view
    TextView tv = getTextView();

    //instantiate a popup menu
    //the var "this" stands for activity
    PopupMenu popup = new PopupMenu(this, tv);

    //the following code for 3.0 sdk
    //popup.getMenuInflater().inflate(
    //        R.menu.popup_menu, popup.getMenu());

    //Or in sdk 4.0
    popup.inflate(R.menu.popup_menu);
    popup.setOnMenuItemClickListener(new PopupMenu.OnMenuItemClickListener()
        {
            public boolean onMenuItemClick(MenuItem item)
            {
                //some local method to log that item
                //See the sample project to see how this method works
                appendMenuItemText(item);
                return true;
            }
        }
    );
    popup.show();
}
```

如上面所示，弹出式菜单的行为很像一个选项菜单。它们的主要区别在于以下两点。

❑ 弹出式菜单是根据需要使用的，而选项菜单是一直都可用的。

❑ 弹出式菜单附属于某个视图，而选项菜单属于整个活动。

弹出式菜单使用自己的菜单项回调函数，而选项菜单则使用活动的回调函数 onOptionsItemSelected()。

7.3.5　其他 XML 菜单标记简介

在构造 XML 文件时，需要了解可以使用的各种 XML 菜单标记。可以在线查看此信息，也可通过观看 Android SDK 随带的 API 演示，迅速了解此信息。这些 Android API 演示包括一系列菜单，有助于探索 Android 编程的各个方面。如果查看/res/menu 子目录，将发现许多 XML 菜单示例。下面的小节将简单介绍一些重要的标记。

1. 组类别标记

在 XML 文件中，可以使用 menuCategory 标记指定组的类别：

```
<group android:id="@+id/some_group_id "
        android:menuCategory="secondary">
```

2. 可选择行为标记

可以使用 checkableBehavior 标记在组级别控制可选择行为：

```
<group android:id="@+id/noncheckable_group"
        android:checkableBehavior="none">
```

可以使用 checked 标记在菜单项级别控制可选择行为：

```
<item android:id=".."
        android:title="..."
        android:checked="true" />
```

3. 模拟子菜单的标记

子菜单使用菜单项下的 menu 元素来表示：

```
<item android:title="All without group">
        <menu>
                    <item...>
        </menu>
</item>
```

4. 菜单图标标记

可以使用 icon 标记将图像与菜单项关联：

```
<item android:id=".. "
        android:icon="@drawable/some-file" />
```

5. 菜单启用/禁用标记

可以使用 enabled 标记启用和禁用菜单项：

```
<item android:id=".. "
        android:enabled="true"
        android:icon="@drawable/some-file" />
```

6. 菜单项快捷键

可以使用 alphabeticShortcut 标记为菜单项设置快捷键：

```
<item android:id="... "
        android:alphabeticShortcut="a"
        ...
    </item>
```

7. 菜单可见性

可以使用 visible 标记控制菜单项的可见性：

```
<item android:id="... "
        android:visible="true"
        ...
</item>
```

7.4 资源

在学习及使用 Android 菜单之后，下面是一些有用的链接。

❑ http://developer.android.com/guide/topics/ui/menus.html：谷歌介绍菜单使用方法的基础文档。自从本章编写完成之后，随着 SDK 的更新，这是查看菜单是否改变的绝佳 URL。

❑ http://developer.android.com/guide/topics/resources/menuresource.html：关于菜单资源中使用的各种 XML 标签。

❑ http://androidbook.com/proandroid4/projects：本书的项目代码下载地址。本章的可下载项目 ZIP 文件是 ProAndroid4_ch07_TestMenus.zip。这个项目使用了本章介绍的全部菜单。图 7-2 所示屏幕截图就是本项目的运行界面。

7.5 小结

本章介绍了以下内容：

❑ 如何创建和响应一般的菜单；
❑ 如何创建和响应上下文菜单；
❑ 如何根据应用环境改变已有菜单的行为；
❑ 如何使用交替菜单；
❑ 如何创建、加载和响应基于XML的菜单资源；
❑ 如何使用弹出式菜单。

7.6 面试问题

回答下面的问题，巩固本章所学的知识点。

(1) 在 Android SDK 中，哪种类型菜单可用？

(2) 菜单项有哪些重要属性？

(3) 创建菜单项会调用哪些回调方法？

(4) 响应菜单项会调用哪些回调方法？

(5) 菜单项目的顺序是否受其组 ID 的影响？

(6) 如何在处理菜单项上附加单击事件的监听器？

(7) 如何使用 Intent 响应菜单项？

(8) 是否可以通过菜单项的 Intent 启动一个服务？

(9) 展开的菜单是指什么？

(10) 如何给菜单项添加图像？

(11) 菜单展开时，是否会显示图像？

(12) Android 的长单击是指什么？

(13) 从所属位置来看，菜单和上下文菜单有什么不同？

(14) 用于创建上下文菜单的回调方法是什么？

(15) 用于响应上下文菜单的回调方法是什么?

(16) 每一个视图都会调用 OnCreateContextMenu 吗?

(17) 如何触发上下文菜单的创建?

(18) 回调方法 onCreateContextMenu()可以接收哪三个参数?

(19) 如何在应用中附加交替菜单?

(20) 如何在菜单每次调用或某应用数据发生变化时,动态修改菜单行为?

(21) XML 菜单文件保存在哪里?

(22) 每一个菜单都需要单独的 XML 菜单文件吗?

(23) 如何使用 R.java 识别菜单项 ID?

(24) 如何将 XML 文件定义的菜单附加到活动?

(25) 菜单 ID 和菜单项 ID 是否属于相同的资源类型?

(26) 菜单填充类的作用是什么?

(27) 如何获得一个菜单填充类的实例?

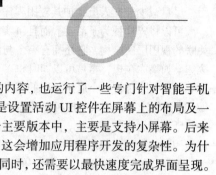

第 8 章
多用途的碎片

到现在为止，我们介绍了 Android 应用程序许多方面的内容，也运行了一些专门针对智能手机屏幕尺寸定制的简单应用程序。你必须要考虑的就是设置活动 UI 控件在屏幕上的布局及一个活动完成后如何切换到下一个活动等。在 Android 的前两个主要版本中，主要是支持小屏幕。后来才出现了 Android 平板电脑：设备的屏幕尺寸达到 10 英寸①。这会增加应用程序开发的复杂性。为什么？因为现在屏幕尺寸大大增加，一个活动在完成原有功能的同时，还需要以最快速度完成界面呈现。在电子邮件应用程序中，只用一个活动显示邮件标题（填满屏幕）是没有意义的，必须增加另一个活动，显示一个电子邮件内容（也要填满屏幕）。由于增加了屏幕空间，应用程序可以在左边显示电子邮件标题列表，然后在屏幕右边显示选中电子邮件的内容。这种布局能够在一个活动中完成吗？可以，但是对于任意较小屏幕的设备，不能重用该活动或布局。

Android 3.0 中引入一个新的核心类是 Fragment（碎片），是专门设计出来帮助开发人员管理应用程序功能的，因此，除了提供大量重用外，它的可用性也很强。本章将介绍碎片、它的概念、它如何融入到应用程序体系结构中，以及如何使用它。碎片使一些过去很难实现的有趣功能成为可能。几乎在同时，谷歌发布了一个适用于旧版 Android 的碎片 SDK。所以，即使对为平板电脑编写应用程序不感兴趣，你也可能发现利用碎片可方便操作非平板设备。现在，有了 Android 4.0，为智能手机、平板电脑、甚至是电视和其他设备编写优秀的程度序变得更为简单了。

首先介绍一下 Android 碎片。

8.1 什么是碎片

第一节将解释碎片的概念及其用途。但首先我们应阐述到底为何需要碎片。之前已经介绍，小屏幕设备上的 Android 应用程序使用活动来向用户显示数据和功能，每个活动拥有一个非常简单、定义明确的用途。例如，某个活动可以向用户显示地址薄中的一组联系人。另一个活动允许用户键入电子邮件。将实现某种更重要目的（比如通过读取和发送消息来管理电子邮件账户）的一系列这样的活动集中起来就形成了 Android 应用程序。这对于小屏幕设备很有效，但当用户屏幕很大（10 英寸或更大）时，屏幕上的空间允许执行多件简单的操作。应用程序可能希望会允许用户查看其收件箱中的电子邮件列表，同时它又能在另一个窗口中显示当前选择的电子邮件文本。或者应用程序可能会在显示一个联系人列表的同时在细节视图中显示当前所选的联系人。

---

① 1 英寸=2.54 厘米。——编者注

作为 Android 开发人员，你知道此功能可通过使用 ListView 和布局以及所有其他类型的视图，为超大型屏幕定义另一个布局来完成。"另一个布局"指的是除了可能已为较小屏幕定义的布局以外的布局。当然，你一定希望为纵向模式和横向模式提供不同的布局。而且对于超大尺寸的屏幕，这可能意味着需要为所有标签、字段和图像等元素排放许多视图，然后提供它们的代码。如果用一种方式分组这些视图对象并合并它们的逻辑，使一个应用程序的内容可在不同大小的屏幕上和不同设备上重用，尽量减少开发人员维护其应用程序所需工作量，那该多好。这就是使用碎片的原因。

可以将碎片视为子活动。而且事实上，就语义而言，碎片与活动非常相似。碎片拥有一个与它相关联的视图层次结构，它还拥有一个与活动非常相似的生命周期。碎片甚至可以像活动一样响应后退按钮。如果你在想，要是可以同时将多个活动一起放在平板电脑的屏幕上该多好，那么你就找对方向了。但是如同时将一个应用程序的多个活动放在平板电脑屏幕上就会显得过于杂乱，所以不可以这样做，因此创建了碎片来实现相似的理念。这意味着碎片包含在活动中。碎片仅可存在于活动上下文内，没有活动就无法使用碎片。碎片可与活动的其他元素共存，这意味着无需转换活动的整个用户界面即可使用碎片。可以像以前一样创建活动的布局，而仅将一个碎片用于用户界面的一部分。

但是，在保存状态和在以后还原状态方面，碎片与活动也有不同之处。碎片框架提供了多项特征，使保存和还原碎片比需要在活动上执行的操作简单得多。

决定何时使用碎片的方式取决于多种因素，接下来将探讨这些因素。

8.1.1 何时使用碎片

使用碎片的一个主要原因在于，这样可以在不同设备和不同大小的屏幕上重用许多用户界面和功能。这对于平板电脑尤其有用。想想当屏幕像平板电脑屏幕一样大时，可以发生多少事情。它更像一个桌面，而不是一部电话，而且许多桌面应用程序都有一个多窗格用户界面。正如前面介绍的那样，屏幕上可以同时包含一个列表和所选项的详细视图。这在横向模式上很容易实现：在左侧放置列表，右侧显示详细信息。但是，如果用户将设备旋转到纵向模式，使屏幕的高度比宽度更长，该怎么办？或许你现在希望列表位于屏幕的上半部分，细节视图位于下半部分。但如果此应用程序在小屏幕上运行，并且屏幕上没有空间来同时显示两部分，该怎么办？你是否希望针对列表和针对细节的独立活动能够共享内置到大屏幕的这些部分中的逻辑？希望你能回答"是"。碎片可在此方面提供帮助。图 8-1 使之看起来更清晰一些。

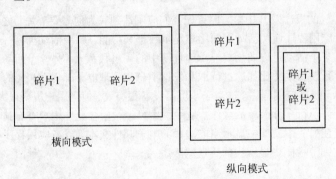

图 8-1 平板电脑用户界面和智能手机用户界面所使用的碎片

在横向模式下，两个碎片可以左右并排排列。在纵向模式下，可以将碎片设置上下并排排列。但如果在小屏幕设备上运行同一个应用程序，可能只需要显示碎片 1 或碎片 2，而不用同时显示两个碎片。如果尝试通过布局来管理这两种情况，那么需要做更多的工作，这就意味着保持在不同布局下都能够正确显示的难度增加了。在使用碎片时，布局变得很简单；它们直接处理碎片本身，而不是每一个碎片的内部结构。每一个碎片都拥有各自的布局，它们可以在很多不同的配置下重用。

让我们回到旋转方向示例中。如果曾经不得不为活动方向的更改编写代码，那么一定体验过保存活动的当前状态和在重新创建活动时还原该状态的真正痛苦。如果活动拥有可在方向更改时轻松保留的小块，以避免在每次方向更改时的所有拆卸和重建工作，那该多好？当然可以这么做。碎片可在此方面提供帮助。

现在想象一名用户在一个活动中，他已完成了一些工作。想象相同活动内的用户界面已更改，而且现在用户希望后退一步、两步或三步。在旧样式的活动中，按下后退按钮会使用户完全退出活动。使用碎片，后退按钮可在一个碎片栈中逐步后退，同时仍处于当前活动内。

接下来，想象一下一个活动用户界面内的许多内容正在改变，你希望使过渡看起来比较平滑，就像一个优雅的应用程序。碎片也可在此方面提供帮助。

对碎片的概念和使用它的理由有一定了解之后，接下来深入剖析一下碎片的结构。

8.1.2 碎片的结构

前面已提到，碎片就像一个子活动：它拥有非常具体的目的，几乎总是显示一个用户界面。但活动是 Context 的子类，而碎片从 android.app 包中的 Object 扩展而来。碎片不是活动的扩展。但是像活动一样，我们总是会扩展 Fragment（或它的一个子类），所以可以改写它的行为。

碎片可拥有一个与用户交互的视图层次结构。此视图层次结构类似于任何其他视图层次结构，它可以通过 XML 布局规范创建（扩充）或在代码中创建。如果该视图层次结构将向用户显示，则需要附加到包含它的活动的视图层次结构，稍后将介绍这一点。构成碎片视图层次结构的视图对象与在 Android 中其他地方使用的视图相同。所以你所知道的所有视图知识也适用于碎片。

除了视图层次结构，碎片还有一个用作其初始化参数的包。类似于活动，碎片可由系统自动保存并在以后还原。当系统还原碎片时，它调用默认的构造函数（也即没有参数），然后将此参数包还原到新创建的碎片。对碎片执行的后续回调能够访问这些参数，可使用它们将碎片还原到其上一个状态。出于此原因，一定要：

- ❏ 确保碎片类存在默认的构造函数；
- ❏ 在创建新碎片后立即添加一个参数包，使后续方法可正确设置碎片，也使系统可在必要时正确还原碎片。

一个活动同时可运行多个碎片，而且如果一个碎片切换为了另一个碎片，碎片切换事务可保存在后退栈中。后退栈由活动附带的碎片管理器来管理。后退栈是管理后退按钮行为的方式。碎片管理器将在本章后面探讨。这里需要知道的是，碎片知道它绑定到了哪个活动，并且它可从这里访问它的碎片管理器。碎片也可通过其活动访问该活动的资源。

因为碎片可以管理，所以它拥有一些关于自身的识别信息，包括一个标记和一个 ID。这些标识符可用于在以后查找此碎片，这有助于重用。

同样与活动类似的是，碎片可在重新创建时将状态保存到一个包对象中，这个包对象会被回送到该碎片的 onCreate()回调。这个保存的包也会传递到 onInflate()、onCreateView()和 onActivity Created()。请注意，这不是作为初始化参数而附加的包。你可能在这个包中存储碎片的当前状态，而不是应该用于初始化它的值。

8.1.3 碎片的生命周期

开始在示例应用程序中使用碎片之前，一定要理解碎片的生命周期。为什么？碎片的生命周期比活动的生命周期更复杂，而且理解何时可以处理碎片至关重要。图 8-2 显示了碎片的生命周期。

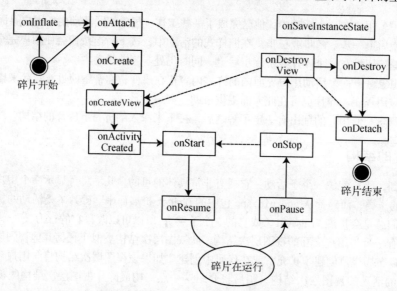

图 8-2 碎片的生命周期

如果将此图与图 2-15（活动的生命周期）对比，将会发现多处不同，这主要是因为活动和碎片之间需要交互。碎片对它所在的活动具有极大的依赖性，而且活动经历一步，碎片可能会经历多步。

在最开始，碎片会实例化。它现在以对象的形式存在于内存中。首先可能发生的是将初始化参数添加到碎片对象中。在系统从保存的状态重新创建碎片的情形下，一定会发生这一步。当系统从保存的状态还原碎片时，会调用默认的构造函数，然后附加初始化参数包。如果在代码中创建碎片，一种不错的使用模式如代码清单 8-1 所示，其中展示了 MyFragment 类定义内的实例化器的一种工厂类型。

代码清单 8-1 使用静态工厂方法实例化碎片

```
public static MyFragment newInstance(int index) {
    MyFragment f = new MyFragment();
    Bundle args = new Bundle();
    args.putInt("index", index);
    f.setArguments(args);
    return f;
}
```

从客户端的角度讲，它们使用单一参数调用静态方法 newInstance()获得一个新实例。它们获取实例化的对象，在参数包中设置此碎片的初始化参数。如果此碎片被保存并在以后重新构造，系统将经历非常相似的调用默认构造函数的过程，然后重新附加初始化参数。对于具体情况，可以定义一个（或多个）newInstance()方法的签名来接受适当数量和类型的参数，然后适当地构建参数包。这就是我们希望 newInstance()做的所有事情。随后的回调将负责碎片设置的剩余部分。

1. onInflate()回调

接下来要发生的可能是布局视图扩充。如果碎片是由正在扩充的布局内的<fragment>标记定义的（通常是在活动调用 setContentView()来设置自己的主要布局时），碎片将调用自己的 onInflate()回调。这一过程传入一个 AttributeSet（包含来自<fragment>标记的特性）和一个保存的包。如果重新创建碎片，并且之前在 onSaveInstanceState()中保存了某种状态，此包将包含保存的状态值。onInflate()预料你会读取特性值并保存它们供以后使用。在碎片生命的这一阶段，实际对用户界面执行任何操作都为时尚早。碎片甚至还未与其活动关联。但这是碎片上接下来将发生的事。

2. onAttach()回调

onAttach()回调在将碎片与其活动关联之后调用。如果希望使用活动引用，它将会传递给你。至少可以使用该活动来确定关于即将结束的活动的信息。也可以使用该活动作为其他操作的上下文。要注意的一点是，Fragment 类有一个 getActivity()方法，它总是会在需要时返回碎片所附加到的活动。请记住，在整个生命周期中，初始化参数包可从碎片的 getArguments()方法获得。但是，将碎片附加到其活动以后，就无法再次调用 setArguments()。所以除了在最开始时，无法向初始化参数添加内容。

3. onCreate()回调

接下来是 onCreate()回调。尽管它类似于活动的 onCreate()，但不同之处在于你不应该将需要依赖于活动视图层次结构的存在性的代码放在这里。尽管碎片在现在可能已与其活动关联，但我们还未获得活动的 onCreate()已完成的通知。这个通知马上就会传来。此回调获取传入的已保存包（如果有）。它会尽可能早地创建一个后台线程来获取此碎片将需要的数据。碎片代码在 UI 线程上运行，并且我们不希望在 UI 线程上执行磁盘 I/O 或网络访问。事实上，触发后台线程来进行准备非常有用。阻塞调用应该位于后台线程中。在以后需要与数据挂钩，有多种方法来完成此任务。

说明　在后台线程中加载数据的一种方式是使用 Loader 类。受篇幅所限，本书未介绍此主题。

---

4. onCreateView()回调

下一个回调是 onCreateView()。在这里期望返回此碎片的一个视图层次结构。传入此回调的参数包括一个 LayoutInflater（可用于扩充此碎片的布局）、一个 ViewGroup 父元素（在代码清单 8-2 中称为 container），以及保存的状态包（如果有）。这里一定要注意，不应将视图层次结构附加到传入的 ViewGroup 父元素中。该关联会在以后自动完成。

在提供了父元素之后，就可以将它用于 LayoutInflater 的 inflate()方法。如果父容器值为 null，这意味着该碎片不可见，因为它没有附加任何的视图层次。这种情况下，可以返回 null。记住，在应用中，可能有一些浮动的碎片并没有显示。代码清单 8-2 举例说明了在这个方法中可以执行的操作。

代码清单 8-2   在 onCreateView()中创建碎片视图层次结构

```
@Override
public View onCreateView(LayoutInflater inflater,
                ViewGroup container, Bundle savedInstanceState) {
        If(container == null)
            return null;

        View v = inflater.inflate(R.layout.details, container, false);
        TextView text1 = (TextView) v.findViewById(R.id.text1);
        text1.setText(myDataSet[ getPosition() ] );
        return v;
}
```

在这里可以了解到如何访问仅用于此碎片的布局 XML 文件,将它扩充为视图并返回给调用方。此方法有多种优势。可以始终在代码中构造视图层次结构,但通过扩充布局 XML 文件,可以利用系统的资源查找逻辑。依据对设备进行了何种配置,或者使用了何种设备,选择恰当的布局 XML 文件。然后可以访问布局内的特定视图(在本例中为 text1 TextView 字段),以对它执行想要的操作。重申一下非常重要的一点:不要将碎片的视图附加到此回调中的容器父元素。可以在代码清单 8-2 中看到,在对 inflate()的调用中使用了容器,但也为 attachToRoot 参数传递了 false。

5. onActivityCreated()回调

现在快到用户与碎片交互的时刻了。下一个回调是 onActivityCreated()。它会在活动完成其 onCreate()回调之后调用。现在可以相信,活动的视图层次结构(如果之前返回了你自己的视图层次结构,那么也包括它)已准备好并可用。这是在用户看到用户界面之前,你可对用户界面执行最后调整的地方。如果此活动和它的碎片是从保存的状态重新创建的,此回调尤其重要。也可以在这里确保此活动的任何其他碎片已附加到你的活动。

6. onStart()回调

碎片生命周期中的下一个回调是 onStart()。现在用户已能看到碎片。但你还未开始与用户交互。此回调与活动的 onStart()相绑定。因此,之前你可能将逻辑放在活动的 onStart()中,现在更可能将逻辑放在碎片的 onStart()中,因为这里也包含用户界面组件。

7. onResume()回调

在用户能与碎片交互之前的最后一个回调是 onResume()。此回调与活动的 onResume()相绑定。当此回调返回时,用户可与此碎片自由交互。例如,如果在碎片中有一个照相机预览视图,将可以在碎片的 onResume()中启用它。

现在用户可以与应用程序交互了。用户然后决定通过后退或按下 Home 按钮,或者通过启动其他某个应用程序退出应用程序。与活动中发生的情况类似,下一个序列朝设置碎片交互的相反方向发展。

8. onPause()回调

碎片上的第一个撤销回调是 onPause()。此回调与活动的 onPause()相绑定,就像活动一样,如果在碎片或其他某个共享对象中有一个媒体播放器,则可通过 onPause()方法对它进行暂停、停止或后退。相同的"良好公民"规则也适用于这里:你不希望在用户接听电话时播放音频。

9. onSaveInstanceState()回调方法

与活动类似,碎片也有机会可以保存状态,以备将来重建。这个回调方法会传递给一个 Bundle 对象,作为保存想要继续保留的状态信息的容器。这就是前面介绍的传递给回调方法的打包对象,其中包含所保存的状态信息。为了防止出现内存不足问题，一定要仔细考虑包中要保存的信息。只保存需要的信息。如果需要保存其他碎片的引用，可以保存它的标签，而不要保存整个碎片。

虽然这个方法通常是在 onPause()之后调用，但是当碎片状态需要保存时，碎片所属活动可以直接调用这个回调方法。这随时都可以在 onDestroy()之前发生。

10. onStop()回调

下一个撤销回调是 onStop()。这个回调与活动的 onStop()相绑定，实现与活动的 onStop()类似的用途。已停止的碎片可以直接返回到 onStart()回调，然后调用 onResume()。

11. onDestroyView()回调

如果碎片即将被结束或保存，那么撤销方向上的下一个回调将是 onDestroyView()。这个回调在之前在 onCreateView()回调上创建的视图层次结构与碎片分离之后调用。

12. onDestroy()回调

接下来是 onDestroy()。它在不再使用碎片时调用。请注意，它仍然附加到活动并仍然"可找到"，但不能执行其他操作。

13. onDetach()回调

碎片生命周期中最后一个回调是 onDetach()。调用它以后，碎片就不会与其活动相绑定，它不再拥有视图层次结构，它的所有资源也应该已释放。

14. 使用 setRetainInstance()

你可能已注意到图 8-2 中的虚线。碎片的一个不错功能就是，可以指定你不希望在重新创建活动时完全销毁碎片，以便碎片可以恢复。因此，碎片自带了一个名为 setRetainInstance()的方法，它获取一个布尔参数来表明"是的，我希望在活动重新启动时等待恢复"或"不，我将从头创建一个新碎片"。调用 setRetainInstance()的最佳位置是在碎片的 onCreate()回调中。

如果该参数为 true，则表明希望将碎片对象保存在内存中，而不从头创建。但是，如果活动被销毁并重新创建，则必须将碎片与此活动分离并将它附加到新活动。基本原则是，如果保留实例值为 true，则不会实际销毁碎片实例，因此无需在另一端创建一个新实例。但是，将调用所有其他回调。图中的虚线表示将跳过生命周期过程中的 onDestroy()回调，以及在将碎片重新附加到新活动时跳过 onCreate()回调。因为活动很可能因为配置更改而重新创建，所以碎片回调可能应该假设配置已更改，因此需要采取适当的操作。例如，这可能包括在 onCreateView()中扩充布局以创建一个新视图层次结构。代码清单 8-2中提供的代码负责此任务。如果选择使用保留实例功能，你可能会决定不在 onCreate()中放置某些初始化逻辑，因为它不会像其他回调一样始终被调用。

8.1.4 展示生命周期的示例碎片应用程序

没有什么能比查看真实示例更有助于理解概念。下面将创建一个经过测试的示例应用程序，以便展示所有这些回调的实际应用。你将看到一个在碎片中使用莎士比亚的一些剧本标题的示例应用程序，当用户单击一个标题时，来自该剧本的一些文本将在一个单独的碎片中显示。此示例应用程序同时适用于平板电脑的横向和纵向模式。然后你可以配置并运行它，就像在小型屏幕上一样，以便可以看到如何将文本碎片分离到一个活动中。首先看一下代码清单 8-3 中给出的横向模式下的活动的 XML 布局，它在运行时将类似于图 8-3。

说明　本章末提供了一个 URL，可使用它下载本章中的项目。这样可以将这些项目直接导入到
　　　Eclipse 中。

代码清单 8-3　横向模式的活动布局 XML

```xml
<?xml version="1.0" encoding="utf-8"?>
<!-- This file is res/layout-land/main.xml -->
<LinearLayout xmlns:android="http://schemas.android.com/apk/res/android"
        android:orientation="horizontal"
        android:layout_width="match_parent"
        android:layout_height="match_parent">

    <fragment class="com.androidbook.fragments.bard.TitlesFragment"
            android:id="@+id/titles" android:layout_weight="1"
            android:layout_width="0px"
            android:layout_height="match_parent" />

    <FrameLayout
            android:id="@+id/details" android:layout_weight="2"
            android:layout_width="0px"
            android:layout_height="match_parent" />

</LinearLayout>
```

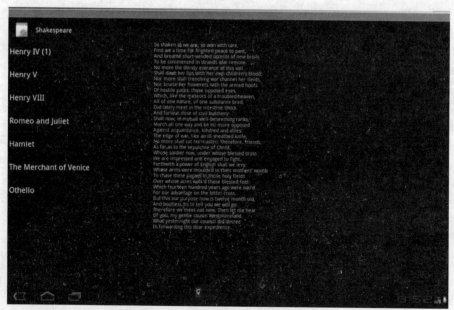

图 8-3　示例碎片应用程序的用户界面

　　此布局看起来与整本书中其他许多视图很相似，在水平方向上从左往右排列着两个主要对象。但
是有一个名为<fragment>的特殊的新标记，此标记拥有一个名为 class 的新特性。请记住，碎片不是
视图，所以碎片的布局 XML 与其他所有元素的 XML 稍有不同。要记住的另一点是，<fragment>标记
只是此布局中的一个占位符。不应该将子标记放在布局 XML 文件中的<fragment>下。

　　碎片的其他特性看起来很熟悉，它们的用途与在视图中的用途类似。碎片标记的 class 特性指定应用程序的标题的扩展类。也就是说，必须扩展一个 Android Fragment 类来实现逻辑，<fragment>标记必须知道扩展类的名称。碎片拥有自己的视图层次结构，该层次结构将由碎片本身在以后创建。下一个标记是 FrameLayout，不是另一个<fragment>标记。为什么是它？稍后将详细解释，但现在你应该知道将在文本上执行一些过渡，将一个碎片切换到另一个。使用 FrameLayout 作为视图容器来持有当前的文本碎片。对于标题碎片，只需关注一个（而且只有一个）碎片，没有交换和过渡。对于显示莎士比亚剧本文本的区域，将有多个碎片。

　　MainActivity Java 代码如代码清单 8-4 所示。实际上，代码清单只是给出了有趣的代码。代码和日志信息是结合在一起的，所以可以知道 LogCat 的效果。请详细查看网络上的源代码文件。

代码清单 8-4　MainActivity 有趣的源代码

```java
public boolean isMultiPane() {
    return getResources().getConfiguration().orientation
            == Configuration.ORIENTATION_LANDSCAPE;
}

/**
 * Helper function to show the details of a selected item, either by
 * displaying a fragment in-place in the current UI, or starting a
 * whole new activity in which it is displayed.
 */
public void showDetails(int index) {
    Log.v(TAG, "in MainActivity showDetails(" + index + ")");

    if (isMultiPane()) {
        // Check what fragment is shown, replace if needed.
        DetailsFragment details = (DetailsFragment)
                getFragmentManager().findFragmentById(R.id.details);
        if ( (details == null) ||
             (details.getShownIndex() != index) ) {
            // Make new fragment to show this selection.
            details = DetailsFragment.newInstance(index);

            // Execute a transaction, replacing any existing
            // fragment with this one inside the frame.
            Log.v(TAG, "about to run FragmentTransaction...");
            FragmentTransaction ft
                    = getFragmentManager().beginTransaction();
            ft.setTransition(
                    FragmentTransaction.TRANSIT_FRAGMENT_FADE);
            //ft.addToBackStack("details");
            ft.replace(R.id.details, details);
            ft.commit();
        }

    } else {
        // Otherwise you need to launch a new activity to display
        // the dialog fragment with selected text.
        Intent intent = new Intent();
        intent.setClass(this, DetailsActivity.class);
        intent.putExtra("index", index);
        startActivity(intent);
    }
}
```

　　这是一个非常容易编写的活动。要确定多窗格模式（也就是是否需要并列使用碎片），只需使用设备的方向。如果处于横向模式，则拥有多个窗格；如果处于纵向模式，则没有多个窗格。最后，帮助器方法 showDetails()用于确定在选择一个标题时如何显示文本。索引只是标题在标题列表中的位置。如果处于多窗格模式，那么将使用碎片来显示文本。我们将此碎片称为 DetailsFragment，使用一种工厂类型方法来创建带有索引的碎片。DetailsFragment 类的有趣代码如代码清单 8-5 所示。正如我们在 TitlesFragment 中所做的一样，DetailsFragment 的各个回调方法添加了日志记录代码，因此可以通过 LogCat 观察它们的运行情况。我们在后面返回到 ShowDetails()方法。

代码清单 8-5　DetailsFragment 的源代码

```java
public class DetailsFragment extends Fragment {

    private int mIndex = 0;

    public static DetailsFragment newInstance(int index) {
        Log.v(MainActivity.TAG, "in DetailsFragment newInstance(" +
                                index + ")");

        DetailsFragment df = new DetailsFragment();

        // Supply index input as an argument.
        Bundle args = new Bundle();
        args.putInt("index", index);
        df.setArguments(args);
        return df;
    }

    public static DetailsFragment newInstance(Bundle bundle) {
        int index = bundle.getInt("index", 0);
        return newInstance(index);
    }

    @Override
    public void onCreate(Bundle myBundle) {
        Log.v(MainActivity.TAG,
                "in DetailsFragment onCreate. Bundle contains:");
        if(myBundle != null) {
            for(String key : myBundle.keySet()) {
                Log.v(MainActivity.TAG, "     " + key);
            }
        }
        else {
            Log.v(MainActivity.TAG, "    myBundle is null");
        }
        super.onCreate(myBundle);

        mIndex = getArguments().getInt("index", 0);
    }

    public int getShownIndex() {
        return mIndex;
    }

    @Override
    public View onCreateView(LayoutInflater inflater,
            ViewGroup container, Bundle savedInstanceState) {
```

```
                Log.v(MainActivity.TAG,
                        "in DetailsFragment onCreateView. container = " +
                        container);

                // Don't tie this fragment to anything through the inflater.
                // Android takes care of attaching fragments for us. The
                // container is only passed in so you can know about the
                // container where this View hierarchy is going to go.
                View v = inflater.inflate(R.layout.details, container, false);
                TextView text1 = (TextView) v.findViewById(R.id.text1);
                text1.setText(Shakespeare.DIALOGUE[ mIndex ] );
                return v;
        }
    }
```

　　DetailsFragment 类实际上也很简单。现在可以看到如何实例化此碎片。需要指出的是，你是在代码中实例化此碎片的，因为布局定义了细节碎片所属的 ViewGroup 容器（一个 FrameLayout）。因为碎片本身未在活动的布局 XML 中定义，所以与标题碎片一样，需要在代码中实例化细节碎片。

　　要创建新细节碎片，可以使用 newInstance()方法。正如之前所探讨的，这个工厂方法调用默认的构造函数，然后使用索引值设置参数包。newInstance()运行之后，细节碎片可在其任何回调中获取索引值，方法是通过 getArguments()引用参数包。出于方便，可以在 onCreate()中将来自参数包的索引值保存到 DetailsFragment 类的成员字段中。

　　你可能想知道为什么不简单地在 newInstance()中设置 mIndex 值。原因在于，Android 将在幕后使用默认构造函数重新创建碎片。然后它将参数包设置为原来的状态。Android 不会使用 newInstance()方法，所以确保已设置 mIndex 的唯一可靠方式是从参数包读取该值并在 onCreate()中设置它。便捷方法 getShownIndex()获取该索引的值。现在，细节碎片中还剩下的唯一要介绍的方法是 onCreateView()。这个方法也很简单。

　　onCreateView()的用途是返回碎片的视图层次结构。请记住，根据你的配置，你可能想实现此碎片的所有不同布局。因此，最常见的做法是利用碎片的布局 XML 文件。在示例应用程序中，使用资源 R.layout.details 指定碎片的布局将为 details.xml。details.xml 的 XML 如代码清单 8-6 所示。

代码清单 8-6　细节碎片的 details.xml 布局文件

```xml
<?xml version="1.0" encoding="utf-8"?>
<!-- This file is res/layout/details.xml -->
<LinearLayout
  xmlns:android="http://schemas.android.com/apk/res/android"
  android:layout_width="match_parent"
  android:layout_height="match_parent">
  <ScrollView android:id="@+id/scroller"
      android:layout_width="match_parent"
      android:layout_height="match_parent">
    <TextView android:id="@+id/text1"
        android:layout_width="match_parent"
        android:layout_height="match_parent" />
  </ScrollView>
</LinearLayout>
```

　　对于示例应用程序，无论处于横向模式还是纵向模式，都可以为细节使用完全相同的布局文件。此布局不是用于活动的，它仅供碎片用于显示文本。因为它可被视为默认布局，所以可将它存储在/res/layout 目录中，即使处于横向模式也会找到并使用它。当 Android 查找细节 XML 文件时，它尝试与设备配置最匹配的特定目录，但如果无法在任何其他位置找到 details.xml 文件，最终将在/res/layout 目录中找到。当然，如果希望在横向模式下为碎片提供不同的布局，可以定义一个独立的 details.xml 布局文件并存储在/res/layout-land 中。可以随意试验不同的 details.xml 文件。

当调用细节碎片的 onCreateView()时，将获取合适的 details.xml 布局文件，扩充它，并将文本设置为 Shakespeare 类的文本。这里不会提供 Shakespeare 的完整 Java 代码，代码清单 8-7 仅给出了一部分，以便理解它是如何完成的。关于完整的源代码，请访问 8.6 节中给出的项目下载文件。

代码清单 8-7　Shakespeare 的源代码

```
public class Shakespeare {
    public static String TITLES[] = {
            "Henry IV (1)",
            "Henry V",
            "Henry VIII",
            "Romeo and Juliet",
            "Hamlet",
            "The Merchant of Venice",
            "Othello"
    };
    public static String DIALOGUE[] = {
        "So shaken as we are, so wan with care,\n...
... and so on ...
```

现在，细节碎片视图层次结构包含来自所选标题的文本。细节碎片已可供使用。接下来返回到 showDetails()方法，分析一下 FragmentTransactions。

8.2　FragmentTransactions 和碎片后退栈

拉入新细节碎片的 showDetails()代码（如代码清单 8-8 所示）看起来很简单，但这里发生了很多事情。值得花时间解释一下发生了什么及其原因。如果活动处于多窗格模式，可以在标题列表旁边的碎片中显示细节。你可能已显示了细节，这意味着你可能已向用户显示了一个细节碎片。无论如何，资源 ID R.id.details 都用于活动的 FrameLayout，如代码清单 8-3 所示。如果在布局中有一个细节碎片，由于没有为它分配任何其他 ID，所以它将拥有此 ID。因此，要确定布局中是否有细节碎片，可以使用 findFragmentById()询问碎片管理器。如果框架布局是空的，则将返回 null，否则将提供当前的细节碎片。然后可以断定是否需要在布局中放置新细节碎片，原因可能是布局是空的，或者有一个用于其他某个标题的细节碎片。决定创建和使用新细节碎片之后，调用工厂方法来创建细节碎片的新实例。现在可以将此新碎片放在用户可以看到的位置。

代码清单 8-8　碎片事务示例

```
public void showDetails(int index) {
    Log.v(TAG, "in MainActivity showDetails(" + index + ")");

    if (isMultiPane()) {
        // Check what fragment is shown, replace if needed.
        DetailsFragment details = (DetailsFragment)
                getFragmentManager().findFragmentById(R.id.details);
        if (details == null || details.getShownIndex() != index) {
            // Make new fragment to show this selection.
            details = DetailsFragment.newInstance(index);
```

```
        // Execute a transaction, replacing any existing
        // fragment with this one inside the frame.
        Log.v(TAG, "about to run FragmentTransaction...");
        FragmentTransaction ft
                = getFragmentManager().beginTransaction();
        ft.setTransition(
                FragmentTransaction.TRANSIT_FRAGMENT_FADE);
        //ft.addToBackStack("details");
        ft.replace(R.id.details, details);
        ft.commit();
    }
    }
        // The rest was left out to save space.
```

要理解的一个重要概念是，碎片必须位于视图容器（也称为视图组）内。ViewGroup 类包含布局及其派生类。这就是为活动的 main.xml 布局文件选择 FrameLayout 的原因。在活动的 main.xml 布局文件中，使用 FrameLayout 作为明细碎片的容器是一个不错的选择。FrameLayout 非常简单，而这里只需要一个简单的碎片容器，不需要处理其他类型布局的额外代码。FrameLayout 将用于包含明细碎片。如果选择在活动中创建另一个 <Fragment> 标签，用它替代 FrameLayout，那么就无法实现所需要的交换效果。

FragmentTransaction 可用于实现交换。它的作用是告诉碎片事务，你想将框架布局的所有内容替换为新的细节碎片。通过定位细节 TextView 的资源 ID，将新 Shakespeare 标题的内容设置为这个资源 ID。但是，碎片的另一方面可以解释为什么要使用 FragmentTransaction。

众所周知，活动排列在栈中，随着越来越深入应用程序，常常会得到一个包含多个活动的栈。当按下后退按钮时，最顶级的活动将离开，返回到并恢复它下面的活动。此过程可以持续到再次位于主屏幕。

当活动仅有一种用途时，此过程能正常运行，但既然活动可能一次运行多个碎片，并且由于可以进入到应用程序的较深处而不离开最顶级活动，Android 无疑需要扩展后退按钮栈的概念以包含碎片。事实上，碎片的这一需求更加强烈。当有多个碎片在一个活动中同时彼此交互，并且向新内容的过渡需要一次跨越多个碎片时，按下后退按钮应该会导致每个碎片一起回滚一步。要确保每个碎片恰当地参与到回滚当中，可以创建并管理 FragmentTransaction 来执行这一协调。

请注意，活动中不需要碎片的后退栈。可以编写应用程序来让后退按钮在活动级别上运行，而不是在碎片级别上。如果碎片没有后退栈，按下后退按钮将从栈退出当前活动，将用户返回到它下方的视图。如果选择为碎片使用后退栈，将需要在代码清单 8-8 中取消注释代码行 ft.addToBackStack("details")。对于这个具体示例，我们将标记参数硬编码为字符串 "details"。此标记应该是一个表示碎片在执行事务时的状态的恰当字符串名称。可以使用标记值在代码中查询后退栈，以删除条目或退出条目。这些事务上需要使用有意义的标记，以便在以后容易找到合适的标记。

碎片事务过渡和动画

关于碎片事务，一项非常不错的功能是可以使用过渡和动画，实现从旧碎片到新碎片的过渡。这些过渡与第 21 章中的动画不同。它们简单得多，不需要掌握很深厚的图形知识。下面使用一个碎片事务过渡，在将旧细节碎片切换为新细节碎片时添加特效。这可以改进应用程序，使从旧碎片到新碎片的过渡变得平滑。

完成此任务的一个方法是 setTransition()，如代码清单 8-8 所示。还有许多不同的过渡可用。

我们在示例中使用了一种淡入效果，也可以使用 setCustomAnimations()方法描述其他特效，比如一个碎片向右侧滑出，而另一个碎片从左侧滑入。自定义动画使用了新对象动画定义，而不是旧定义。旧动画 XML 文件使用<translate>等标记，而新 XML 文件使用<objectAnimator>。旧的标准 XML 文件位于合适的 Android SDK 平台目录（比如针对 Honeycomb 版本的 platforms/android-11）下的 /data/res/anim 目录中。/data/res/animator 目录中也包含一些新 XML 文件。你的代码可能类似于：

```
ft.setCustomAnimations(android.R.animator.fade_in, android.R.animator.fade_out);
```

此代码实现的效果是旧碎片淡出时新碎片淡入。第一个参数应用于进入的碎片，第二个参数应用于退出的碎片。可以随意浏览 Android animator 目录，查看更多动画。如果希望创建自己的动画，本章后面介绍对象动画生成器的一节将有所帮助。需要的另一项非常重要的知识是，过渡调用需要在 replace()调用之前执行，否则它们将不起作用。

使用对象动画生成器在碎片上实现特效是实现过渡的一种有趣方式。还应该了解 FragmentTransactio 的其他两个方法：hide()和 show()。这两个方法都接受一个碎片作为参数，它们的用途与你所想的完全一样。对于与视图容器关联的碎片管理器中的碎片，这些方法在用户界面中简单地隐藏或显示碎片。在此过程中碎片不会从碎片管理器中删除，但它确实必须绑定到一个视图容器，才能影响它的可视性。如果碎片没有视图层次结构，或者如果它的视图层次结构没有绑定到所显示的视图层次结构中，这些方法将不执行任何操作。

为碎片事务指定了特效之后，必须告诉它你希望完成的主要工作。在我们的例子中，将框架布局中的内容替换为新的细节碎片。这是 replace()方法的功能。这相当于为已在框架布局中的任何碎片调用 remove()，然后为新细节碎片调用 add()，这意味着也可以根据需要调用 remove()或 add()。

在处理碎片事务时必须执行的最后一项操作是提交它。commit()方法不会导致立即执行操作，而是计划在 UI 线程准备好时执行的工作。

现在你应该理解了为什么需要如此麻烦地更改简单的碎片中的内容。这不仅是因为你希望更改文本，而且你可能在过渡期间还想要特殊的图形效果。你可能还希望将过渡细节保存到碎片事务中，以供以后反转。最后一点可能难以理解，我们解释一下。

这不是"事务"这个词本身的含义。当从后退栈弹出碎片事务时，不会撤销可能发生的所有数据更改。如果数据在活动中发生了更改，比如在后退栈上创建碎片事务时，按下后退按钮不会导致活动数据更改以反转到其以前的值。只会在用户界面视图中沿相反方向后退一步，就像对活动所做的一样，但在本例中的操作对象是碎片。由于保存和还原碎片的独特方式，从已保存状态还原的碎片的内部状态将取决于所保存的碎片值和你希望如何还原它们。所以碎片可能看起来与之前相同，但活动将不同，除非在还原碎片时采取步骤还原了活动状态。

在示例中，我们仅处理一个视图容器并传入一个细节碎片。如果用户界面更加复杂，可以在碎片事务中操作其他碎片。你实际所做的是开始事务，将细节框架布局中的任何现有碎片替换为新细节碎片，指定一种淡入动画，以及提交事务。我们注释掉了将此事务添加到后退栈的部分，但无疑可以取消注释该部分以包含在后退栈中。

8.3 FragmentManager

FragmentManager 组件负责管理属于一个活动的碎片。这包括后退栈上的碎片和空闲的碎片（稍后将解释）。

碎片应只能在活动上下文内创建。为此，既可扩充活动的布局 XML，也可以使用类似代码清单 8-1 的代码来直接实例化。当通过代码实例化时，碎片通常会使用碎片事务附加到活动。无论采用何种方式，都会使用 FragmentManager 类来访问和管理活动的这些碎片。

可以在活动或附加的碎片上使用 getFragmentManager()方法来获取碎片管理器。从代码清单 8-8 中可以看到，可从碎片管理器获取碎片事务。除了获取碎片事务，还可以使用碎片的 ID、标记或包和键的组合来获取碎片。

对于此用途，取值方法包括 findFragmentById()、findFragmentByTag()和 getFragment()。最后一个方法将与 putFragment()结合使用，后者也接受一个包、键和要放置的碎片。该包很可能是 savedState 包，而 putFragment()将在 onSaveInstanceState()回调中用于保存当前活动（或另一个碎片）的状态。getFragment()方法可能在 onCreate()中调用来与 putFragment()相对应，但对于碎片，该包可用于其他回调方法，如前面所述。

显然，无法在还未附加到活动的碎片上使用 getFragmentManager()方法。但也可以将碎片附加到活动，而不使它对用户可见。如果这么做，一定要将一个 String 标记与碎片相关联，以便可在以后找到它。你很可能使用以下 FragmentTransaction 方法来完成此任务：

```
public FragmentTransaction add (Fragment fragment, String tag)
```

实际上，可以拥有没有视图层次结构的碎片。可通过此方式将某种逻辑封装起来，以便它可以附加到活动，并仍然保留与活动生命周期和其他碎片相独立的一些自主权利。当活动由于设备配置更改而经历重新创建周期时，这个非 UI 碎片可以在活动退出和恢复时基本保持不变。这可能是 setRetainInstance()选项的一种不错的候选方案。

碎片后退栈也属于碎片管理器的责任范围。碎片事务用于将碎片放在后退栈上，而碎片管理器可从后退栈删除碎片。这通常使用碎片的 ID 或标记来完成，但也可以基于后退栈中的位置来完成或简单地弹出最顶级的碎片。

最后，碎片管理器的一些方法提供了调试功能，比如使用 enableDebugLogging()启用将调试消息写入到 LogCat，或者使用 dump()将碎片管理器的当前状态转储到一个流中。请注意，代码清单 8-4 中的活动的 onCreate()方法中已开启了碎片管理器调试。

8.3.1 引用碎片时的注意事项

是时候回顾一下前面讨论的碎片生命周期、参数和已保存的状态包了。Android 可以在许多不同的时刻保存一个碎片。这意味着在应用程序希望获取碎片的时刻，它可能不在内存中。出于此原因，不要认为碎片的变量引用将长时间保持有效。如果在容器视图中使用碎片事务对碎片进行了替换，对旧碎片的任何引用现在将指向可能位于后退栈上的碎片。或者在应用程序配置更改期间，比如屏幕旋转时，碎片可能与活动的视图层次结构相分离。请小心。

如果打算保留对一个碎片的引用，请留意它何时会保存；当需要再次找到它时，使用碎片管理器的一个取值方法。如果希望保留碎片引用，比如在活动经历配置更改时，可以使用 putFragment()和合适的包。对于活动和碎片，这个合适的包都是 savedState 包，它用于 onSaveInstanceState()中并会在 onCreate()中再次出现（或者对于碎片，在碎片生命周期的其他早期回调中再次出现）。你很可能从不会将直接碎片引用存储到碎片的参数包中，如果试图这么做，请三思而后行。

找到特定碎片的另一种方式是使用已知的标记或已知的 ID 查询它。前面介绍的取值方法可用于通过此方式从碎片管理器获取碎片，这意味着只需记住碎片的标记或 ID，就可以使用其中一个值从碎片管理器获取它，而无需使用 putFragment() 和 getFragment()。

8.3.2　保存片段状态

Android 3.2 引入了另一个有意思的类：Fragment.SavedState。使用 FragmentManager 的 saveFragmentInstanceState() 方法，就可以将这个方法传递给碎片，接着它会返回一个表示碎片状态的对象。然后，在初始化碎片时，使用 Fragment 的 setInitialSavedState() 方法处理这个对象。第 12 章将详细介绍这个过程。

8.3.3　ListFragments 和 <fragment>

要完善示例应用程序，还要包含许多内容。第一个是 TitlesFragment 类。这是通过主要活动的 layout.xml 文件创建的类。<fragment> 标记用作将放置此碎片的占位符，没有定义此碎片的视图层次结构的外观。TitlesFragment 的代码如代码清单 8-9 所示。TitlesFragment 显示应用程序的标题列表。

代码清单 8-9　TitlesFragment Java 代码

```java
public class TitlesFragment extends ListFragment {
    private MainActivity myActivity = null;
    int mCurCheckPosition = 0;

    @Override
    public void onAttach(Activity myActivity) {
        Log.v(MainActivity.TAG,
            "in TitlesFragment onAttach; activity is: " + myActivity);
        super.onAttach(myActivity);
        this.myActivity = (MainActivity)myActivity;
    }

    @Override
    public void onActivityCreated(Bundle savedState) {
        Log.v(MainActivity.TAG,
            "in TitlesFragment onActivityCreated. savedState contains:");
        if(savedState != null) {
            for(String key : savedState.keySet()) {
                Log.v(MainActivity.TAG, "    " + key);
            }
        }
        else {
            Log.v(MainActivity.TAG, "    savedState is null");
        }
        super.onActivityCreated(savedState);

        // Populate list with your static array of titles.
        setListAdapter(new ArrayAdapter<String>(getActivity(),
                android.R.layout.simple_list_item_1,
                Shakespeare.TITLES));

        if (savedState != null) {
            // Restore last state for checked position.
```

```
                  mCurCheckPosition = savedState.getInt("curChoice", 0);
              }

              // Get your ListFragment's ListView and update it
              ListView lv = getListView();
              lv.setChoiceMode(ListView.CHOICE_MODE_SINGLE);
              lv.setSelection(mCurCheckPosition);

              // Activity is created, fragments are available
              // Go ahead and populate the details fragment
              myActivity.showDetails(mCurCheckPosition);
          }
          @Override
          public void onSaveInstanceState(Bundle outState) {
              Log.v(MainActivity.TAG, "in TitlesFragment onSaveInstanceState");
              super.onSaveInstanceState(outState);
              outState.putInt("curChoice", mCurCheckPosition);
          }

          @Override
          public void onListItemClick(ListView l, View v, int pos, long id) {
              Log.v(MainActivity.TAG,
                  "in TitlesFragment onListItemClick. pos = "
                  + pos);
              myActivity.showDetails(pos);
              mCurCheckPosition = pos;
          }

          @Override
          public void onDetach() {
              Log.v(MainActivity.TAG, "in TitlesFragment onDetach");
              super.onDetach();
              myActivity = null;
          }
      }
```

与 DetailsFragment 不同，对于此碎片，没有在 onCreateView() 回调中执行任何操作。这是因为扩展了 ListFragment 类，它已包含一个 ListView 视图。ListFragment 的默认 onCreateView() 会创建此 ListView 并返回它。从 onActivityCreated() 开始，才会执行真正的应用程序逻辑。这一次，在应用程序中，可以确保活动的视图层次结构以及此碎片的视图层次结构已创建。ListView 的资源 ID 为 android.R.id.list1，但如果需要获取它的引用，可以始终调用 getListView()，这在 onActivityCreated() 中完成。但是，由于 ListFragment 不同于 ListView，所以没有直接将适配器附加到 ListView。必须使用 ListFragment 的 setListAdapter() 方法。因为活动的视图层次结构已设置，所以可以安全地返回到活动来执行 showDetails() 调用。

在示例活动生命周期中的这一时刻，向列表视图添加了一个列表适配器，还原了当前位置（回想一下，还原很可能是由配置更改导致的），还要求了活动（在 showDetails()）设置与所选剧本标题对应的文本。

TitlesFragment 类在列表上也有一个监听器，所以当用户单击另一个标题时，将调用 onListItemClick() 回调，再次使用 showDetails() 方法切换为与该标题对应的文本。

此碎片与前面的细节碎片之间的另一个不同表现在销毁并重新创建此碎片时，你将状态保存在一个包中（列表中当前位置的值）并在 onCreate() 中读取它。与在活动布局上交换 FrameLayout 的细节碎片不同，只需考虑一个标题碎片。所以当配置更改并且标题碎片经历保存并还原操作时，需要记住你处于哪个位置。对于细节碎片，无需记住以前的状态即可还原它们。

8.3.4 在需要时调用独立的活动

还有一部分代码没有讲到，那就是 showDetails()，它用于处于纵向模式并且细节碎片无法在标题碎片所在的页面上正常显示时。我们假设将遇到这种情况，即使在真正的平板电脑上不会出现。因为通过兼容库碎片也可用于早期的 Android 版本，所以可以与平板电脑一样在电话上使用碎片，这意味着这里介绍的场景是很常见的。如果屏幕可用空间不支持查看与其他碎片并排显示的碎片，将需要启动一个独立活动来显示该碎片的用户界面。对于示例应用程序，我们选择实现一个细节活动，其代码如代码清单 8-10 所示。

代码清单 8-10 在碎片不能正常显示时显示新活动

```java
public class DetailsActivity extends Activity {

    @Override
    public void onCreate(Bundle savedInstanceState) {
        Log.v(MainActivity.TAG, "in DetailsActivity onCreate");
        super.onCreate(savedInstanceState);
        if (getResources().getConfiguration().orientation
                == Configuration.ORIENTATION_LANDSCAPE) {
            // If the screen is now in landscape mode, it means
            // that your MainActivity is being shown with both
            // the titles and the text, so this activity is
            // no longer needed. Bail out and let the MainActivity
            // do all the work.
            finish();
            return;
        }

        if(getIntent() != null) {
            // This is another way to instantiate a details
            // fragment.
            DetailsFragment details =
                DetailsFragment.newInstance(getIntent().getExtras());

            getFragmentManager().beginTransaction()
                .add(android.R.id.content, details)
                .commit();
        }
    }
}
```

这段代码中有许多有趣之处。首先，它确实很容易实现。可以简单地确定设备的方向，而且只要处于纵向模式，就可以在这个细节活动内设置一个新细节碎片。如果处于横向模式，MainActivity 能够同时显示标题碎片和细节碎片，所以完全没有理由显示此活动。你可能想知道为什么在横向模式下会启动此活动，答案是不会。但是，在纵向模式下启动此活动后，如果用户将设备旋转到横向模式，这个细节活动将由于配置更改而重新启动。现在，该活动已启动并处于横向模式。在这时，合理的做法是仅完成此活动，让 MainActivity 接管并完成所有工作。

关于细节活动的另一个有趣方面是，从不使用 setContentView() 设置根内容视图。那么用户界面是如何创建的？如果仔细查看碎片事务上的 add() 方法调用，就会看到将碎片添加到的视图容器被指定为资源 android.R.id.content。这是活动的顶级视图容器，因此当将碎片视图层次结构附加到此容器时，碎片视图层次结构将成为活动的唯一的视图层次结构。我们为其他 newInstance()使用了与以前完全相同的 DetailsFragment 类来创建碎片（即接受一个包作为参数的碎片），然后将它附加到活动视图层次结构的顶部。这样碎片就会在这个新活动内显示。

从用户的角度看，它们现在看到的仅是细节碎片视图，这是来自莎士比亚戏剧的文本。如果用户希望选择不同的标题，他们可以按下后退按钮，这将弹出此活动以在下方显示主要活动（仅包含标题碎片）。用户的另一个选择是旋转设备以返回到横向模式。然后细节视图将调用 finish()并退出，在下方显示同样旋转的主要活动。

当设备处于纵向模式时，如果没有在主要活动中显示细节碎片，应该为纵向模式提供一个类似代码清单 8-11 的独立的 main.xml 布局文件。

代码清单 8-11　纵向主要活动的布局

```xml
<?xml version="1.0" encoding="utf-8"?>
<!-- This file is res/layout/main.xml -->
<LinearLayout xmlns:android="http://schemas.android.com/apk/res/android"
        android:orientation="vertical"
        android:layout_width="match_parent"
        android:layout_height="match_parent">

    <fragment class="com.androidbook.fragments.bard.TitlesFragment"
        android:id="@+id/titles"
        android:layout_width="match_parent"
        android:layout_height="match_parent" />

</LinearLayout>
```

当然，可以根据自己的想法设置此布局。对于此处的用途，我们仅让它显示标题碎片。标题碎片类不需要包含太多代码即可处理设备重新配置，这非常不错。

花时间仔细查看此应用程序的配置清单文件。其中包含一个类别为 LAUNCHER 的主活动，所以它会显示在设备的应用程序列表中。另外有一个类别为 DEFAULT 的独立 DetailsActivity。使用这个活动，可以从代码启动明细活动，但是明细活动不会显示在应用程序列表中。

8.3.5　碎片的持久化

当使用此示例应用程序时，请确保旋转了设备（按下 Ctrl+F11 键在模拟器中旋转设备）。可以看到设备旋转，碎片也随它一起旋转。如果查看 LogCat 消息，将会看到此应用程序的许多消息。具体来讲，在设备旋转期间，请仔细留意关于碎片的消息，不仅活动会销毁和重新创建，碎片也会。

到目前为止，我们仅在标题碎片上编写了少量代码来在重新启动过程中记住标题列表中的当前位置。没有对细节碎片代码执行任何改动来处理重新配置，因为无需这么做。Android 将负责处理位于碎片管理器中的碎片，保存它们，然后在重新创建活动时还原它们。你应该已认识到，在重新配置完成后还原的碎片很可能与内存中之前拥有的碎片不同。这些碎片已重新构造。Android 保存了参数包和碎片类型知识，它保存了每个碎片的已保存状态的包，其中包含关于要用于在另一端还原碎片的已保存的碎片状态信息。

LogCat 消息显示经历其生命周期的碎片和活动。将可以看到重新创建了细节碎片，但没有再次调用 newInstance()方法。Android 只是简单地使用了默认的构造函数，然后将参数包附加到它，开始对碎片调用各种回调。这是不要在 newInstance() 方法中执行任何花哨操作的原因，在重新创建碎片时，它不会通过 newInstance() 来完成。

现在你还应该欣慰的是，能够在许多不同地方重用碎片。标题碎片用于两个不同的布局中，但如果查看标题碎片代码会发现，它不会关注每个布局的特性。可以让每个布局彼此不同，而让标题碎片代码看起来相同。对于细节碎片也是如此。它用于主要横向布局和细节活动中。细节碎片的布局可能在两个地方差别迥异，而细节碎片的代码保持不变。细节活动的代码也非常简单。

到目前为止，我们介绍了两种碎片类型：基本的 Fragment 类和 ListFragment 子类。Fragment 还有另外三个子类 DialogFragment、PreferenceFragment 和 WebViewFragment，我们将分别在第 9 章和第 13 章讲解 DialogFragment 和 PreferenceFragment。

8.4   碎片之间的通信方式

因为碎片管理器知道附加到当前活动的所有碎片，所以活动或该活动中的任何碎片可使用前面介绍的取值方法请求任何其他碎片。获取碎片引用之后，活动或碎片可恰当地转换该引用，然后直接在该活动或碎片上调用方法。这可能导致碎片拥有的碎片知识多于通常需要的知识，但不要忘记你是在移动设备上运行此应用程序，所以删减掉边角内容有时是合理的。代码清单 8-12 提供了一个代码片段，展示一个碎片如何直接与另一个碎片通信。

代码清单 8-12   碎片到碎片的直接通信

```
FragmentOther fragOther =
        (FragmentOther)getFragmentManager().findFragmentByTag("other");
fragOther.callCustomMethod( arg1, arg2 );
```

在代码清单 8-12 中，当前的碎片拥有另一个碎片类的直接知识，还知道该类上存在哪些方法。此代码能正确运行，因为这些碎片都包含在一个应用程序中，而且使一些碎片将知道其他碎片的事实更容易接受。第 9 章将给出 DialogFragment 示例应用程序碎片之间通信的更清楚的方式。

使用 startActivity() 和 setTargetFragment()

碎片的一个与活动非常类似的功能是，碎片可以启动活动。碎片拥有 startActivity() 和 startActivityForResult() 方法。它们所做的工作与活动的相应方法相似，当结果传回时，将导致在启动活动的碎片上触发 onActivityResult() 回调。

还应该知道另一种通信机制。当一个碎片希望启动另一个碎片时，有一项功能支持调用碎片使用被调用碎片来设置它的身份。代码清单 8-13 给出了这一过程的一个示例。

代码清单 8-13   碎片到目标碎片的设置

```
mCalledFragment = new CalledFragment();
mCalledFragment.setTargetFragment(this, 0);
fm.beginTransaction().add(mCalledFragment, "work").commit();
```

这几行代码创建了一个新 CalledFragment 对象，在被调用碎片上将目标碎片设置为当前碎片，还使用碎片事务将被调用碎片添加到了碎片管理器和活动中。当被调用碎片开始运行时，它将能够调用 getTargetFragment()，这将返回调用碎片的引用。使用此引用，被调用碎片可以调用调用碎片上的方法，甚至直接访问视图组件。例如，在代码清单 8-14 中，被调用碎片可以直接在调用碎片 UI 中设置文本。

代码清单 8-14 目标碎片到碎片的通信

```
TextView tv = (TextView)
    getTargetFragment().getView().findViewById(R.id.text1);
tv.setText("Set from the called fragment");
```

8.5 使用 ObjectAnimator 自定义动画

之前我们介绍过碎片上的一些自定义动画。可以使用自定义动画淡出当前的细节碎片，同时淡入新细节碎片。我们还介绍了 Android SDK 中自带的动画很少，有的甚至不能用。本节将帮助理解如何创建自定义动画，以便可以在旧碎片与新碎片之间执行有趣的过渡。

在碎片上实现自定义动画的机制要依靠 ObjectAnimator 类。这实际上是 Android 中的一项通用功能，可应用于 View 对象，而不仅仅是碎片。本节将仅介绍碎片，但这里的原理也适用于其他对象。对象动画生成器是一个设备，它获取对象并在一个"从"状态到"到"状态之间对它执行持续一定时间的动画。这个时间段在动画生成器中以毫秒为单位定义。一个例程定义了动画在该时间段内的行为，这些例程称为插值器。

如果想象从"从"状态到"到"状态的过渡是一条直线，那么插值器定义过渡在该时间段内的任何时刻处于该直线上的何处。线性插值器是一种最简单的插值器，它将直线分解为相同的线段，在给定时间段内匀速地通过这些线段。结果是对象以匀速从"从"移动到"到"状态，在开始处没有加速，结束时也没有减速。

默认插值器是 accelerate_decelerate，它添加了平滑加速的开头和平滑减速的结尾。真正有趣的是，插值器可能穿过这条线上的"到"点，然后返回。这就是过充插值器（overshoot interpolator）所做的事情。还有另一种插值器，称为弹性插值器（bounce interpolator），它从"从"移动到"到"，但当首次到达"到"点时会向"从"点多次弹回，直到最终停在"到"点。

插值器在对象上沿一个维度操作。对于之前使用的 fade_in 和 fade_out 动画生成器，该维度为碎片的 alpha（也就是对象的透明度）。fade_in 动画生成器接受 0~1 的 alpha 维度。fade_out 动画生成器接受其他碎片的 1~0 的 alpha 维度。一个碎片从不可见过渡到完全可见，而另一个碎片从完全可见过渡到不可见。

在幕后，对象动画生成器查找碎片的根视图，反复调用 setAlpha() 方法，在整个时间段内的每次调用中对参数值进行细微更改。反复调用的频率取决于插值器。线性插值器以固定时间间隔进行定期调用。accelerate_decelerate 插值器最初将参数值设置为每单位时间较小的值，然后使参数值变大，创建一种加速效果。然后在另一端执行相反操作，使对象看起来像在其维度上减速。

维度可以是视图上可设置和获取的许多值。实际上，对象动画生成器使用反射来处理被操作的视图。如果指定希望为旋转制作动画，对象动画生成器将调用对象（或对象的视图）的 setRotation() 方法。动画生成器接受一个"从"和一个"到"值，使用它们来为对象制作从"从"到"到"的动画。如果"从"值没有指定，将确定一种取值方法并使用它从对象获取当前值。让我们看看如何将此方法应用到碎片中。

FragmentTransaction 类中指定自定义动画的唯一方法是 setCustomAnimations()方法,它接受两个资源 ID 参数。

❑ 第一个参数指定进入视图容器的碎片的动画生成器资源。

❑ 第二个参数指定退出视图容器的碎片的动画生成器资源。

这两个动画生成器甚至不需要相关,但它们最好可在视觉上相对应。换句话说,如果将一个碎片淡出,那么就将另一个碎片淡入。或者如果将一个碎片向右滑出,那么就将另一个碎片从左滑入。

动画生成器资源可在 Android SDK 文件夹中找到,位于合适平台下的/data/res/animator 下。可以在这里找到之前使用的 fade_in.xml 和 fade_out.xml。或者可以创建自己的 XML 文件。如果决定创建自己的文件,最好使用项目的/res/animator 目录,如果需要可以手动创建它。关于简单的本地动画生成器 XML 文件的示例(slide_in_left.xml),请参阅代码清单 8-15。

代码清单 8-15   从左滑入的自定义动画生成器

```xml
<?xml version="1.0" encoding="utf-8" ?>
<objectAnimator xmlns:android="http://schemas.android.com/apk/res/android"
    android:interpolator="@android:interpolator/accelerate_decelerate"
    android:valueFrom="-1280"
    android:valueTo="0"
    android:valueType="floatType"
    android:propertyName="x"
    android:duration="2000" />
```

此资源文件使用新的(Android 3.0 中)objectAnimator 标记。你应该熟悉此文件的基本结构。它是一些 android:特性,表示你希望执行的操作。对于对象动画生成器,需要指定几个方面。第一个是插值器。可供使用的插值器类型在 android.R.interpolator 中列出。应用资源名称的知识可知,该插值器特性位于 Android SDK 中合适平台下的/data/res/interpolator 中的一个文件中,该文件名为 accelerate_decelerate.xml。

android:propertyName 特性指定希望动画沿哪个维度发生。在本例中,我们希望沿 X 维度制作动画。如果分析视图的 setX()方法,将会发现它接受一个浮点值作为参数,这是将 android:valueType 特性设置为 floatType 的原因。android:duration 值设置为 2000,表示 2 秒。这对于真实生产应用程序而言可能太慢了,但有助于我们查看在动画运行期间发生了什么。最后,android:valueFrom 和 android:valueTo 特性分别具有值−1280 和 0。选择它们是因为,我们希望碎片在动画完成时处于 0 的位置。也就是说,我们希望碎片在动画停止时可让用户看见,并且它的左边位于视图容器的左边。因为希望实现碎片从左滑入的效果,所以希望它从关闭开始过渡到左侧,−1280 似乎是一个大到足够发生此过程的值。正如你所期望的,向右滑出的动画生成器资源文件看起来非常类似于代码清单 8-15 中的文件,但 valueFrom 将为 0,valueTo 将为某个较大的正数,比如 1280。

在大部分时间,你将发现自己希望制作动画的维度为 floatType,但有时需要选择 intType。只需查看赋值方法要求什么样的参数类型。对象动画生成器在这里才发挥了真正的威力。实际上,它不关心赋值方法来自何处。这意味着可以向对象添加自己的维度,对象动画生成器可为它制作动画。你所需要做的就是提供赋值方法,然后在资源文件中设置特性,对象动画生成器将执行剩余操作。这里的一项限制是,如果没有在 XML 中指定 valueFrom 特性,对象动画生成器将使用一个取值方法来确定对象的开始值。取值方法必须返回相关维度的合适类型。

你可能还希望一次在多个维度上制作动画。为此,可以使用<set>标记封装多个<objectAnimator>

标记。代码清单8-16给出了一个动画生成器资源文件(slide_out_down.xml),它实现的是 y 轴上的 alpha 动画效果。

代码清单8-16   沿 *Y* 和 alpha 制作动画的自定义动画生成器

```xml
<?xml version="1.0" encoding="utf-8" ?>
<set xmlns:android="http://schemas.android.com/apk/res/android">
<objectAnimator
    android:interpolator="@android:interpolator/accelerate_cubic"
    android:valueFrom="0"
    android:valueTo="1280"
    android:valueType="floatType"
    android:propertyName="y"
    android:duration="2000" />
<objectAnimator
    android:interpolator="@android:interpolator/accelerate_cubic"
    android:valueFrom="1"
    android:valueTo="0"
    android:valueType="floatType"
    android:propertyName="alpha"
    android:duration="2000" />
</set>
```

<set>标记对应于Android中的 AnimatorSet 类,但是在XML中,<set>只有一个特性 android:ordering 。可用的特性值为 together 和 sequential 。 together 是默认值, 可使封装的对象动画生成器并行运行; sequential 可使对象动画生成器按在 XML 文件中声明的顺序依次运行。

8.6   参考资料

以下是一些很有用的参考资料,可通过它们进一步探索相关主题。

❏ www.androidbook.com/Proandroid4/projects。可在这里找到与本书相关的可下载项目列表。文件ProAndroid4_Ch08_Fragments.zip包含本章中的所有项目,这些项目在各个根目录中列出。还有一个README.TXT文件详细介绍了如何从一个zip文件将项目导入Eclipse。它包含一些利用较旧Android版本的碎片兼容性(Fragment Compatibility)SDK的项目。

❏ ApiDemos。在Android SDK示例内, 有一个名为ApiDemos的项目。此项目包含多个使用碎片的示例应用程序, 它应该有助于你理解如何使用这些碎片。

❏ http://developer.android.com/guide/topics/fundamentals/fragments.html。这是《Android开发人员指南》中的碎片页面。

❏ http://android-developers.blogspot.com/2011/02/android-30-fragments-api.html 。 介 绍碎片的Android博文。

❏ http://android-developers.blogspot.com/2011/02/animation-in-honeycomb.html。介绍新的动画框架和对象动画生成器的Android博文。

8.7   小结

本章介绍了 Fragment 类, 以及管理器、事务相关类及其子类。下面是本章介绍的主要内容。

❏ Fragment类及其作用与用法。

❑ 碎片必须且只能附加到一个活动上才能使用的原因。

❑ 虽然可以使用静态工厂方法（如newInstance()）实例化碎片，但是必须始终有一个默认构造方法，而且有将初始化值保存到初始化参数打包对象中的方法。

❑ 碎片的生命周期及其与所在活动生命周期的复杂关系。

❑ FragmentManager及其特性。

❑ 使用碎片管理设备配置。

❑ 将多个碎片组合到一个活动中，或者将它们划分到多个活动中。

❑ 使用碎片事务，修改碎片的显示效果，并且使用一些特效创建转变动画。

❑ 使用碎片可以实现新的"返回"按钮行为。

❑ 在布局中使用<fragment>标签。

❑ 在希望使用转变时，使用FrameLayout作为碎片占位符。

❑ ListFragment，以及如何使用适配器生成数据（非常类似于ListView）。

❑ 当碎片不符合当前屏幕尺寸时，启动一个新活动；根据配置变化进行调整，保证能够再次查看多个碎片。

❑ 碎片之间以及碎片与活动之间的通信。

8.8　面试问题

回答以下问题，巩固本章所学关于 Android 碎片的知识点：

(1) Fragment 的父类是什么？

(2) 碎片与活动之间有什么相同点？

(3) 碎片与活动之间有什么不同点？

(4) 恢复堆栈的作用是什么？

(5) 是否存在某个不使用恢复堆栈的应用程序？

(6) 判断正误：回滚 FragmentTransaction，将应用程序恢复到前一个状态。

(7) <fragment>标签如何指定使用哪个碎片？

(8) 数据适配器应该附加到 ListFragment 上，还是附加到 ListFragment 的 ListView 上？

(9) 有哪些不同方法可以查找应用程序中正在运行的碎片？

(10) 插值器是什么，它有什么作用？

(11) 列举一些可以使用动画生成器的视图尺寸。

(12) 是否可以在一个自定义尺寸类上使用动画生成器？如果可以，动画生成器需要使用什么对象？

第9章 对话框

Android SDK 对对话框提供了广泛的支持。对话框是在当前窗口弹出的一个小窗口，用于显示紧急信息，提示用户输入信息，或者显示某种状态，如下载进度。一般情况下，用户要与对话框进行交互，然后返回到被遮盖的窗口以继续运行当前的应用程序。严格来讲，Android 也支持在活动布局中嵌入一个对话框碎片，本章也将介绍这种方法。

Android 现支持的对话框包括警告、提示、选择列表、单选、复选、进度、时间选择器和日期选择器等。（根据 Android SDK 版本的不同，支持的对话框会有些差别。）Android 还支持可满足其他需求的自定义对话框。本章的主要目的并不是涵盖所有对话框，而是通过一个示例应用程序，介绍Android 对话框的相关架构。通过学习本章内容，开发者可以掌握各种 Android 对话框的使用方法。

注意，Android 3.0 增加了基于碎片的对话框。谷歌希望开发者只使用碎片对话框，即使是在Android 3.0 以前的版本中。这种对话框可以通过兼容碎片的库实现。因此，本章将着重介绍对话框碎片（DialogFragment）。

9.1 使用 Android 对话框

Android 对话框采用异步方式，因此具有很好的灵活性。然而，如果用惯了主要使用同步对话框的编程框架（如 Microsoft Windows 或网页上的 JavaScript 对话框），那么开发者可能会觉得异步对话框不那么直观。在同步对话框中，对话框之后的代码不会马上执行，而是在对话框消失之后才会执行。这意味着，下一行代码可用于询问所点击的按钮或输入对话框的文本信息。然而，Android 对话框是异步的。即使用户没有操作对话框，只要对话框一显示，下一行代码就会立刻执行。应用程序通过实现对话框的回调方法反馈用户与对话框的交互。

此外，这还意味着应用程序能够在代码中清除对话框，这是非常强大的功能。如果在应用程序执行某些任务时显示"正在处理"的消息，那么在应用程序完成此任务时，就可以在代码中清除这个对话框。

9.2 对话框碎片

在这一节中，我们将介绍如何使用对话框碎片显示一个简单的警告对话框，以及用于收集提示文本的自定义对话框。

9.2.1 DialogFragment 的基础知识

在开始介绍提示对话框和警告对话框的实例之前，我们需要先了解对话框碎片的高层次概念。与对话框相关的功能都使用类 DialogFragment。DialogFragment 继承自类 Fragment，其行为与 Fragment 非常相似。开发者可以将 DialogFragment 用作对话框基类。有了继承自该类的对话框碎片（如下所示）之后，我们就可以使用碎片事务将对话框碎片 MyDialogFragment 显示为一个对话框：

```
public class MyDialogFragment extends DialogFragment { ... }
```

代码清单 9-1 显示了实现这种效果的代码片段。

说明   9.5 节给出了可下载项目的链接地址。读者可以通过下载的项目来体验代码及本章所介绍的概念。

代码清单 9-1   显示一个对话框碎片

```
SomeActivity
{
    //....other activity functions
    public void showDialog()
    {
        //construct MyDialogFragment
        MyDialogFragment mdf = MyDialogFragment.newInstance(arg1,arg2);
        FragmentManager fm = getFragmentManager();
        FragmentTransaction ft = fm.beginTransaction();
        mdf.show(ft,"my-dialog-tag");
    }
    //....other activity functions
}
```

如代码清单 9-1 所示，对话框碎片的显示步骤如下。

(1) 构建一个对话框碎片。

(2) 获取一个碎片事务。

(3) 使用第(2)步的碎片事务显示对话框。

下面，让我们逐一分析各个步骤。

9.2.2 构建对话框碎片

由于对话框碎片本身是一个碎片，所以构建对话框碎片时可以使用与构建碎片相同的规则。推荐的模式是使用工厂方法构建一个实例，如前面使用的 newInstance()。在 newInstance()方法中，使用对话框碎片的默认构造方法构建一个实例，然后调用 SetArguments()，并向此方法传入一个包含参数的参数包。在这个方法中，不要做其他操作，因为必须保证这里的操作与 Android 系统恢复对话框碎片时保存状态的操作完全一致。而 Android 系统的操作只有调用默认构造方法，然后重新创建所绑定的参数包。

1. 重写 onCreateView

在继承对话框碎片后，需要重写两个方法中的一个来为对话框提供视图层次。第一个方法是重写 onCreateView()，然后返回一个视图。第二个方法是重写 onCreateDialog()，然后返回一个对话框，这与 AlertDialog.Builder（我们将马上介绍）构建对话框类似。

代码清单 9-2 给出了一个重写 onCreateView() 的示例。

代码清单 9-2　重写 DialogFragment 的 onCreateView()

```
MyDialogFragment
{
    .....other functions
    public View onCreateView(LayoutInflater inflater,
            ViewGroup container, Bundle savedInstanceState)
    {
        //Create a view by inflating desired layout
        View v =
            inflater.inflate(R.layout.prompt_dialog, container, false);

        //you can locate a view and set values
        TextView tv = (TextView)v.findViewById(R.id.promptmessage);
        tv.setText(this.getPrompt());

        //You can set callbacks on buttons
        Button dismissBtn = (Button)v.findViewById(R.id.btn_dismiss);
        dismissBtn.setOnClickListener(this);

        Button saveBtn = (Button)v.findViewById(R.id.btn_save);
        saveBtn.setOnClickListener(this);
        return v;
    }
    .....other functions
}
```

在代码清单 9-2 中，首先加载一个由 XML 布局定义的视图。然后，获得两个按钮的引用，并设置它们的回调方法。这些步骤与前一章创建碎片的方法细节非常相似。然而，与前面创建的碎片不同，对话框碎片还有另一种创建视图层次的方法。

2. 重写 onCreateDialog

作为在 onCreateView() 中提供视图的替代方法，你可以重写 onCreateDialog()，提供一个对话框实例。代码清单 9-3 提供了使用这种方法的示例代码。

代码清单 9-3　重写 DialogFragment 的 onCreateDialog()

```
MyDialogFragment
{
    .....other functions
    @Override
    public Dialog onCreateDialog(Bundle icicle)
    {
        AlertDialog.Builder b = new AlertDialog.Builder(getActivity())
          .setTitle("My Dialog Title")
          .setPositiveButton("Ok", this)
          .setNegativeButton("Cancel", this)
          .setMessage(this.getMessage());
        return b.create();
    }
    .....other functions
}
```

这个例子使用警告对话框创建器创建并返回一个对话框对象。对于简单的对话框而言，该方法能运行得很好。而第一种重写 onCreateView() 的方法同样简单，并且更加灵活。

实际上，`AlertDialog.Builder` 是 Android 3.0 之前版本的遗留物。这是创建对话框的旧方法之一，但是现在仍然可以用它创建 DialogFragment 中的对话框。正如前面例子所示，调用各种可用方法，就可以轻松创建一个对话框，正如我们所做的那样。

3. 显示对话框碎片

在构建对话框碎片之后，我们需要使用碎片事务显示这个对话框。与其他碎片一样，对话框碎片的操作也是通过碎片事务来完成的。

对话框碎片的 show()方法会接受一个碎片事务作为输入参数，如代码清单 9-1 所示。show()方法使用碎片事务将对话框添加到活动上，然后提交这个碎片事务。然而，show()方法不会将事务添加到返回栈中。如果想要这样做，可以先把这个事务添加到返回栈中，然后再将它传递给 show()方法。对话框碎片的 show()方法具有以下两种形态：

```
public int show(FragmentTransaction transaction, String tag)
public int show(FragmentManager manager, String tag)
```

第一个 show()方法会通过指定的标签将碎片添加到所传入的事务中，来显示该对话框。然后，这个方法会返回所提交事务的标识符。

第二个 show()方法会自动从事务管理器获得一个事务。这是一个快捷方法。然而，如果使用第二个方法，就无法将事务添加到返回栈中。如果需要这样做，则必须使用第一个方法。如果只需要显示对话框，而且当时不需要对碎片事务进行其他处理，则可以使用第二个方法。

将对话框作为碎片处理的优点是相关的碎片管理器会执行基本的状态管理。例如，即使在对话框显示时设备发生旋转，也不需要执行任何状态管理，对话框就会重新创建。

对话框碎片还提供了一些控制对话框视图显示帧的方法，如帧的标题与外观。如需了解更多选项，请参考 DialogFragment 类的文档；具体的链接地址见本章末尾的参考资料。

4. 清除对话框碎片

有两种方法可以清除对话框碎片。第一种方法是，显式调用对话框碎片的 dismiss()方法，以响应对话框视图的某个按钮或某些操作，如代码清单 9-4 所示。

代码清单 9-4   调用 dismiss()

```
if (someview.getId() == R.id.btn_dismiss)
{
    //use some callbacks to advise clients
    //of this dialog that it is being dismissed
    //and call dismiss
    dismiss();
    return;
}
```

该对话框碎片的 dismiss()方法将碎片从管理器中移除，然后提交事务。如果这个对话框碎片保存在一个返回栈中，那么 dismiss()方法会从事务栈中弹出当前对话框，然后呈现前一个碎片事务状态。无论是否存在返回栈，调用 dismiss()方法都会触发清除对话框碎片的回调方法，其中包括 onDismiss()。

注意，在代码中执行了 onDismiss()方法，不一定意味着执行了 dismiss()。因为当设备配置发生变化时，也会调用 onDismiss()。因此它不是用户操作对话框的最好指示器。如果对话框显示时，用户旋转设备，那么即使用户没有按下对话框的按钮，对话框碎片的 onDismiss()方法也会被调用。所以，一定要通过显式的按钮单击事件来控制对话框视图处理。

如果在对话框碎片显示时用户按下"返回"按钮，就会触发对话框碎片的回调方法 onCancel()。默认情况下，Android 系统会隐藏该对话框碎片，所以不需要调用碎片本身的 dismiss()方法。但是，如果希望通知正调用活动对话框已取消，则需要在 onCancel()中实现调用逻辑。这便是对话框碎片中 onCancel()与 onDismiss()的区别所在。使用 onDismiss()，则无法完全确定触发 onDismiss()回调方法的原因。此外，你可能也已经注意到了，对话框碎片本身没有 cancel()方法，只有 dismiss()；但是，正如之前所介绍的，当用户通过"返回"按钮取消对话框碎片时，Android 系统负责完成对话框的取消/清除操作。

另一种清除对话框碎片的方法是显示另一个对话框碎片。这种清除当前对话框并显示新对话框的方法与只清除当前对话框略有不同，如代码清单 9-5 所示。

代码清单 9-5　为返回栈设置一个对话框

```
if (someview.getId() == R.id.btn_invoke_another_dialog)
{
    Activity act = getActivity();
    FragmentManager fm = act.getFragmentManager();
    FragmentTransaction ft = fm.beginTransaction();
    ft.remove(this);

    ft.addToBackStack(null);
    //null represents no name for the back stack transaction

    HelpDialogFragment hdf =
        HelpDialogFragment.newInstance(R.string.helptext);
    hdf.show(ft, "HELP");
    return;
}
```

上面的代码在一个事务中删除了当前的对话框碎片并添加新的对话框碎片。其可视化效果是隐藏当前的对话框，并显示新的对话框。如果用户按下"返回"按钮，因为已经将事务保存在返回栈中，所以新对话框就会被清除，然后显示前一个对话框。这是一种显示帮助对话框的便捷方法。

5. 对话框清除的含义

当在碎片管理器上添加任意碎片时，碎片管理器会对该碎片进行状态管理。这意味着，当设备配置发生变化（例如，设备旋转）时，活动会重新启动，这些碎片也会重新启动。正如前面介绍的，在运行 Shakespeare 示例应用程序时旋转设备，就会出现这种情况。

设备配置变化不会影响对话框，因为它们也由碎片管理器负责管理。但是，show()和 dismiss()的隐含行为意味着，如果不谨慎处理，我们很容易失去对对话框碎片的跟踪控制。show()方法会自动将碎片添加到碎片管理器上；dismiss()方法则会自动将碎片从碎片管理器删除。在开始显示碎片之前，可以保存该对话框碎片的直接指针。但是，不能将这个碎片添加到碎片管理器上，然后调用 show()，因为一个碎片只能添加到碎片管理器上一次。可能有人希望通过恢复活动来获得这个指针。然而，如果显示并清除了该对话框，这个碎片就会隐式地从碎片管理器中移除，因此碎片就无法恢复和重新取得指向它的指针（因为碎片管理器在删除碎片之后就不知道该碎片是存在的）。

如果在对话框清除之后仍然希望保持其状态，则需要在父活动或者没有对话框的碎片中维护此状态一段时间。

9.2.3   DialogFragment 示例应用程序

这一节将创建一个示例应用程序，演示对话框碎片的各个概念。此外，这一节还会说明碎片与碎片所在活动之间的通信。我们需要以下 5 个 Java 文件，来完成此示例程序。

❑ MainActivity.java   应用程序的主活动类。它会显示一个简单的视图，包括帮助文本以及用于启动对话框的菜单。

❑ PromptDialogFragment.java   一个对话框碎片示例，在 XML 中定义了自己的布局，允许用户输入信息。它包含三个按钮：Save、Dismiss 和 Help。

❑ AlertDialogFragment.java   一个对话框碎片示例，它使用 AlertBuilder 类在碎片中创建一个对话框。这是一个经典的对话框创建方法。

❑ HelpDialogFragment.java   一个非常简单的碎片，它会显示应用程序资源的帮助消息。这条特定的帮助消息会在帮助对话框对象创建时确定。主活动和提示对话框碎片都可以显示这个提示对话框碎片。

❑ OnDialogDoneListener.java   活动要实现的接口，用于从碎片取回消息。活动实现此接口后，碎片就不需要知道此活动的过多细节。这样有利于封装它的功能。从活动的角度看，通过此接口就可以绕开碎片的具体特性，而取回所需要的信息。

该应用程序包含三个布局：主活动、提示对话框碎片和帮助对话框碎片。注意，不需要设置警告对话框碎片的布局，因为 AlertBuilder 类内部负责建造布局。在完成之后，应用程序的运行结果如图 9-1 所示。

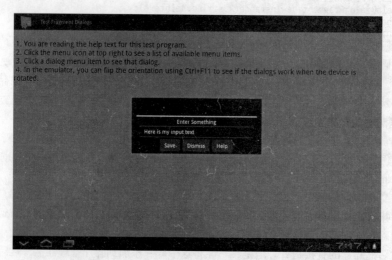

图 9-1   对话框碎片示例应用程序的用户界面

1. 对话框示例：MainActivity

接下来，让我们分析一下源代码。代码清单 9-6 显示了与对话框相关的主活动的部分代码。如果希望查看完整的源代码，请从本书的网站下载（参见 9.5 节）。

代码清单 9-6   对话框碎片的主活动

```
public class MainActivity extends Activity
implements OnDialogDoneListener
{
    public static final String LOGTAG = "DialogFragmentDemo";
    public static final String ALERT_DIALOG_TAG = "ALERT_DIALOG_TAG";
    public static final String HELP_DIALOG_TAG = "HELP_DIALOG_TAG";
    public static final String PROMPT_DIALOG_TAG = "PROMPT_DIALOG_TAG";
    public static final String EMBED_DIALOG_TAG = "EMBED_DIALOG_TAG";

    private void testPromptDialog()
    {
        FragmentTransaction ft = getFragmentManager().beginTransaction();

        PromptDialogFragment pdf =
            PromptDialogFragment.newInstance("Enter Something");

        pdf.show(ft, PROMPT_DIALOG_TAG);
    }

    private void testAlertDialog()
    {
        FragmentTransaction ft = getFragmentManager().beginTransaction();

        AlertDialogFragment adf =
            AlertDialogFragment.newInstance("Alert Message");

        adf.show(ft, ALERT_DIALOG_TAG);
    }

    private void testHelpDialog()
    {
        FragmentTransaction ft = getFragmentManager().beginTransaction();

        HelpDialogFragment hdf =
            HelpDialogFragment.newInstance(R.string.help_text);

        hdf.show(ft, HELP_DIALOG_TAG);
    }

    private void testEmbedDialog()
    {
        FragmentTransaction ft = getFragmentManager().beginTransaction();

        PromptDialogFragment pdf =
            PromptDialogFragment.newInstance(
                "Enter Something (Embedded)");

        ft.add(R.id.embeddedDialog, pdf, EMBED_DIALOG_TAG);
        ft.commit();
    }

    public void onDialogDone(String tag, boolean cancelled,
                             CharSequence message) {
        String s = tag + " responds with: " + message;
        if(cancelled)
            s = tag + " was cancelled by the user";
        Toast.makeText(this, s, Toast.LENGTH_LONG).show();
        Log.v(LOGTAG, s);
    }
}
```

主活动的代码非常简单。它显示了一个简单的文本页面，并设置了菜单。每一个菜单项都会调用一个活动的方法，而每一个方法基本上执行了相同的操作：获取一个碎片事务、创建一个新的碎片并显示该碎片。注意，每一个碎片都指定了碎片事务所使用的唯一标签。这个标签与碎片管理器的碎片相关联，所以之后通过标签名就可以找到这些碎片。此外，碎片还可以使用 Fragment 的 getTag()方法确定自身的标签值。

主活动定义的最后一个方法是 onDialogDone()，它是活动实现的 OnDialogDoneListener 接口的部分回调方法。正如你所看到的，这个回调方法会提供所调用碎片的标签、一个表示对话框碎片是否取消的布尔值及一条消息。为了达到预期目的，可仅将信息记录到 LogCat 或者使用 Toast 展示给用户。本章稍后将介绍 Toast。

2. 对话框示例：OnDialogDoneListener

创建一个对话框调用者需要实现的监听器接口，以此监控对话框何时消失。这个接口的代码如代码清单 9-7 所示。

代码清单 9-7　监听器接口

```
// This file is OnDialogDoneListener.java
/*
 * An interface implemented typically by an activity
 * so that a dialog can report back
 * on what happened.
 */
public interface OnDialogDoneListener {
  public void onDialogDone(String tag, boolean cancelled,
                           CharSequence message);
}
```

可以看出，这是一个非常简单的接口。你只需要选择一个活动必须实现的回调方法。碎片不需要了解被调用活动的具体细节，唯一需要注意的是被调用活动必须实现 OnDialogDoneListener 接口，因此，碎片可以调用这个回调方法与被调用的活动进行通信。根据碎片的具体活动，这个接口可以添加多个回调方法。对于这个示例应用程序，你将接口与碎片类定义单独展示。为了使代码更易于管理，可以将这个碎片监听器接口嵌入到碎片类定义之中，从而使监听器和碎片能够更轻松地保持同步。

3. 对话框示例：PromptDialogFragment

下面是第一个碎片 PromptDialogFragment，其布局与 Java 代码如代码清单 9-8 所示。

代码清单 9-8　PromptDialogFragment 的布局与 Java 代码

```
<?xml version="1.0" encoding="utf-8"?>
<!-- This file is /res/layout/prompt_dialog.xml -->
<LinearLayout xmlns:android="http://schemas.android.com/apk/res/android"
    android:orientation="vertical" android:padding="4dip"
    android:gravity="center_horizontal"
    android:layout_width="match_parent"
    android:layout_height="match_parent">

    <TextView
        android:id="@+id/promptmessage"
        android:layout_height="wrap_content"
        android:layout_width="wrap_content"
        android:layout_marginLeft="20dip"
        android:layout_marginRight="20dip"
        android:text="Enter Text"
```

```
            android:layout_weight="1"
            android:layout_gravity="center_vertical|center_horizontal"
            android:textAppearance="?android:attr/textAppearanceMedium"
            android:gravity="top|center_horizontal" />

    <EditText
            android:id="@+id/inputtext"
            android:layout_height="wrap_content"
            android:layout_width="400dip"
            android:layout_marginLeft="20dip"
            android:layout_marginRight="20dip"
            android:scrollHorizontally="true"
            android:autoText="false"
            android:capitalize="none"
            android:gravity="fill_horizontal"
            android:textAppearance="?android:attr/textAppearanceMedium" />

    <LinearLayout
            android:orientation="horizontal"
            android:layout_width="wrap_content"
            android:layout_height="wrap_content">

      <Button android:id="@+id/btn_save"
            android:layout_width="wrap_content"
            android:layout_height="wrap_content"
            android:layout_weight="0"
            android:text="Save">
      </Button>

      <Button android:id="@+id/btn_dismiss"
            android:layout_width="wrap_content"
            android:layout_height="wrap_content"
            android:layout_weight="0"
            android:text="Dismiss">
      </Button>

      <Button android:id="@+id/btn_help"
            android:layout_width="wrap_content"
            android:layout_height="wrap_content"
            android:layout_weight="0"
            android:text="Help">
      </Button>

    </LinearLayout>
</LinearLayout>

// This file is PromptDialogFragment.java
public class PromptDialogFragment
extends DialogFragment
implements View.OnClickListener
{
    private EditText et;

    public static PromptDialogFragment
    newInstance(String prompt)
    {
        PromptDialogFragment pdf = new PromptDialogFragment();
        Bundle bundle = new Bundle();
    bundle.putString("prompt",prompt);
    pdf.setArguments(bundle);
```

```
            return pdf;
        }

        @Override
        public void onAttach(Activity act) {
            // If the activity you're being attached to has
            // not implemented the OnDialogDoneListener
            // interface, the following line will throw a
            // ClassCastException. This is the earliest you
            // can test if you have a well-behaved activity.
            try {
                OnDialogDoneListener test = (OnDialogDoneListener)act;
            }
            catch(ClassCastException cce) {
                // Here is where we fail gracefully.
                Log.e(MainActivity.LOGTAG, "Activity is not listening");
            }
            super.onAttach(act);
        }

        @Override
        public void onCreate(Bundle icicle)
        {
            super.onCreate(icicle);
            this.setCancelable(true);
            int style = DialogFragment.STYLE_NORMAL, theme = 0;
            setStyle(style,theme);
        }

        public View onCreateView(LayoutInflater inflater,
                ViewGroup container, Bundle icicle)
        {
            View v = inflater.inflate(R.layout.prompt_dialog, container,
                                        false);

            TextView tv = (TextView)v.findViewById(R.id.promptmessage);
            tv.setText(getArguments().getString("prompt"));

            Button dismissBtn = (Button)v.findViewById(R.id.btn_dismiss);
            dismissBtn.setOnClickListener(this);

            Button saveBtn = (Button)v.findViewById(R.id.btn_save);
            saveBtn.setOnClickListener(this);

            Button helpBtn = (Button)v.findViewById(R.id.btn_help);
            helpBtn.setOnClickListener(this);

            et = (EditText)v.findViewById(R.id.inputtext);
            if(icicle != null)
                et.setText(icicle.getCharSequence("input"));
            return v;
        }

        @Override
            public void onSaveInstanceState(Bundle icicle) {
                super.onSaveInstanceState(icicle);
                icicle.putCharSequence("input", et.getText());
            }

            public void onClick(View v)
            {
```

```
OnDialogDoneListener act = (OnDialogDoneListener)getActivity();
if (v.getId() == R.id.btn_save)
{
    TextView tv =
        (TextView)getView().findViewById(R.id.inputtext);
    act.onDialogDone(this.getTag(), false, tv.getText());
    dismiss();
    return;
}
if (v.getId() == R.id.btn_dismiss)
{
    act.onDialogDone(this.getTag(), true, null);
    dismiss();
    return;
}
if (v.getId() == R.id.btn_help)
{
    FragmentTransaction ft =
        getFragmentManager().beginTransaction();
    ft.remove(this);

    // in this case, you want to show the help text, but
    // come back to the previous dialog when you're done
    ft.addToBackStack(null);
    //null represents no name for the back stack transaction

    HelpDialogFragment hdf =
        HelpDialogFragment.newInstance(R.string.help1);
    hdf.show(ft, MainActivity.HELP_DIALOG_TAG);
    return;
}
}
}
```

这个提示对话框布局与之前介绍的许多对话框布局相似。使用 TextView 作为提示输入；使用 EditText 接收用户输入；使用三个按钮，分别用于保存输入、清除（取消）对话框碎片和弹出帮助对话框。

PromptDialogFragment 的 Java 代码起初与前面的碎片代码相似。使用静态方法 newInstance()创建新的对象，然后在这个方法中调用默认构造函数，构建参数包，并将它传递给新对象。接下来，在回调方法 onAttach()中添加一些新代码，来确保刚刚所依附的活动实现了 OnDialogDoneListener 接口。为了测试这点，可以尝试将所传入的活动强制转换为 OnDialogDoneListener 接口。其代码如下所示：

```
try {
    OnDialogDoneListener test = (OnDialogDoneListener)act;
}
catch(ClassCastException cce) {
    // Here is where we fail gracefully.
    Log.e(MainActivity.LOGTAG, "Activity is not listening");
}
```

如果该活动未实现这个接口，就会抛出 ClassCastException 异常。可以对这个异常进行更好的处理，但是这个示例只使用最简单的异常处理。

接下来是回调方法 onCreate()。和其他碎片一样，这里不能构建用户界面，但是你可以设置对话框样式。这是对话框碎片独有的情况。这里可以同时设置样式和主题，或者只设置样式，然后将主题值设置为零（0），让系统自动为你选择恰当的主题。其代码如下所示：

```
int style = DialogFragment.STYLE_NORMAL, theme = 0;
setStyle(style,theme);
```

在 onCreateView() 中，我们创建了对话框碎片的视图层次。与其他碎片一样，不需要将视图层次附加到所传入的视图容器上（即将 attachToRoot 参数设置为 false）。然后，设置按钮的点击回调方法，为对话框设置提示文本，文本的值为 newInstance() 函数传入的参数。最后，检查任意值是否都通过保存的状态参数包（icicle）传入。这表示碎片正在重新创建（很可能是由配置变化引起的），而且很可能用户已经输入了一些文本信息。如果是这样，则需要为 EditText 填充用户已输入的内容。记住，因为配置发生了变化，内存中的实际视图对象也会发生变化，所以必须找到这个对象，然后在对象上设置相应的文本内容。紧跟的下一个回调方法是 onSaveInstanceState()，这里可以将用户当前输入的所有文本内容保存到状态参数集存储起来。

这里没有展示回调方法 onCancel() 和 onDismiss() 的代码，因为它们只进行一些日志记录操作；我们可以在碎片生命周期中看到这些回调方法的执行。

提示对话框碎片最后的回调方法是按钮处理方法。同样，先获取所依附的活动的引用，然后将它强制转换成希望活动已实现的接口。如果用户按下 Save 按钮，就可以获得所输入的文本内容，然后调用接口回调方法 onDialogDone()。这个回调方法会获取碎片的标签名、一个表示对话框碎片是否取消的布尔值以及一条用户输入的文本信息。下面是节选自代码清单 9-6 末尾的 MainActivity 的代码：

```
public void onDialogDone(String tag, boolean cancelled,
                         CharSequence message) {
    String s = tag + " responds with: " + message;
    if(cancelled)
        s = tag + " was cancelled by the user";
    Toast.makeText(this, s, Toast.LENGTH_LONG).show();
    Log.v(LOGTAG, s);
}
```

然后，调用 dismiss()，清除对话框碎片。记住，dismiss() 不仅会使碎片不可见，而且还会将碎片从碎片管理器去除，所以它将完全消失，不能再次获取。如果按下按钮 Dismiss，这时会再调用一次接口的回调方法，但是不输入消息，然后再调用 dismiss()。最后，如果用户按下 Help 按钮，这时我们不希望丢失提示对话框碎片，所以它的处理有一些不同。前面已经介绍过方法。为了记住提示对话框碎片，使将来能够返回这个对话框，需要创建一个碎片事务，移除提示对话框碎片，然后使用 show() 方法添加帮助对话框碎片；这个过程需要使用回收栈。同样，要注意，帮助对话框碎片是如何使用资源 ID 引用创建的。这意味着，帮助对话框碎片可以使用应用程序中的任何可获取的资源作为帮助文本。

4. 对话框示例：HelpDialogFragment

在介绍帮助对话框碎片的代码之前，我们先了解这个操作过程。创建一个碎片事务，将提示对话框碎片更换为帮助对话框碎片，然后将碎片事务保存在返回栈中。这样就会使提示对话框碎片视图不可见，但是它仍然能够通过碎片管理器和返回栈访问。新的帮助对话框碎片会显示，允许用户阅读帮助文本。当用户清除帮助对话框碎片时，碎片返回栈条目又会弹出，其效果是，在帮助对话框碎片清除时（在界面和碎片管理器都消失），提示对话框碎片会重新显示在视图中。这整个过程都非常简单。虽然非常简单，但是功能异常强大；即使在显示对话框时，用户旋转设备，这个方法也一样有效。

下载并查看 HelpDialogFragment.java 文件及其布局（help_dialog.xml）的源代码。这个对话框碎片的重点在于显示帮助文本。其布局由一个 TextView 和一个 Close 按钮构成。Java 代码从一开始就看起来很熟悉。其中，使用 newInstance()方法创建一个新的帮助对话框碎片，使用 onCreate()方法设置样式与主题，使用 onCreateView()方法构建视图层次。在这个特定的例子中，由于需要查找一个字符串资源，来填充到 TextView，所以需要通过活动访问资源，选择传入到 newInstance()的资源 ID。最后，使用 onCreateView()设置按钮单击事件处理器，捕捉 Close 按钮的单击事件。在这个例子中，不需要在移除对话框碎片时做任何特殊处理。

这个碎片可通过两种方法调用：从活动调用和从提示对话框碎片调用。当主活动显示这个帮助对话框碎片时，清除它就会将碎片从视图移除，然后显示当下正在运行的主活动。如果从提示对话框碎片显示这个帮助对话框碎片，因为帮助对话框碎片是碎片事务返回栈的一部分，所以当清除它时，碎片事务就会马上回滚，移除帮助对话框碎片，并恢复提示对话框碎片。这时，提示对话框碎片重新显示给用户。

5. 对话框示例：AlertDialogFragment

示例应用程序的最后一个对话框碎片是警告对话框碎片。虽然可以采用与创建帮助对话框碎片相似的方法创建警告对话框碎片，但是也可以使用旧的 AlertBuilder 框架创建对话框碎片，这种方法支持多个版本的 Android。代码清单 9-9 显示了警告对话框碎片的源代码。

代码清单 9-9 AlertDialogFragment 的 Java 代码

```java
public class AlertDialogFragment
extends DialogFragment
implements DialogInterface.OnClickListener
{
    public static AlertDialogFragment
    newInstance(String message)
    {
        AlertDialogFragment adf = new AlertDialogFragment();
        Bundle bundle = new Bundle();
        bundle.putString("alert-message",message);
        adf.setArguments(bundle);

        return adf;
    }

    @Override
    public void onCreate(Bundle savedInstanceState)
    {
        super.onCreate(savedInstanceState);
        this.setCancelable(true);
        int style = DialogFragment.STYLE_NORMAL, theme = 0;
        setStyle(style,theme);
    }

    @Override
    public Dialog onCreateDialog(Bundle savedInstanceState)
    {
        AlertDialog.Builder b =
            new AlertDialog.Builder(getActivity())
        .setTitle("Alert!!")
        .setPositiveButton("Ok", this)
        .setNegativeButton("Cancel", this)
        .setMessage(this.getArguments().getString("alert-message"));
        return b.create();
    }
```

9

```
public void onClick(DialogInterface dialog, int which)
{
    OnDialogDoneListener act = (OnDialogDoneListener) getActivity();
    boolean cancelled = false;
    if (which == AlertDialog.BUTTON_NEGATIVE)
    {
        cancelled = true;
    }
    act.onDialogDone(getTag(), cancelled, "Alert dismissed");
}
```

这个方法不需要设置布局，因为 AlertBuilder 会自动设置布局。注意，这个对话框碎片的启动方式与其他对话框相同，但是不使用回调方法 onCreateView()，而是使用回调方法 onCreateDialog()。可以分别实现 onCreateView()或 onCreateDialog()，但不能同时实现两个方法。onCreateDialog()方法不返回视图，而是返回对话框。有意思的是，此对话框的参数值来自碎片的参数包。在示例应用程序中，只有警告消息是这样设置，但通过访问碎片参数包给其他对话框参数设置也是可行的。

此外，需要注意此类型的对话框碎片要实现 DialogInterface.OnClickListener 接口，并必须实现回调方法 onClick()。当用户在嵌入式对话框上执行操作时，就会触发这个回调方法。和以前的操作一样，获取被触发对话框的引用，并判断出哪个按钮被单击。和前面一样，不能够依靠 onDismiss() 判断事件来源，因为设备配置变化也可以触发这个事件。

6. 对话框示例：嵌入式对话框

你可能注意到，DialogFragment 还有另一个特性。在应用程序的主布局中，在文本下面使用了一个 FrameLayout，用于显示对话框。在应用程序的菜单中，执行最后一个菜单项，碎片事务就会将一个 PromptDialogFragment 新实例添加到主屏幕。不需要任何修改，对话框碎片就会按照你期望的方式嵌入在主布局之中。

嵌入式对话框与弹出式对话框的代码存在一些区别。嵌入式对话框的代码如下所示：

```
ft.add(R.id.embeddedDialog, pdf, EMBED_DIALOG_TAG);
ft.commit();
```

这段代码与第 8 章在 FrameLayout 中显示碎片的方法相似。然而，这次一定要传入标签名称，对话框将使用这个标签向活动通知用户输入。

7. 对话框示例：观察运行效果

在运行该示例应用程序时，一定要在不同设备方向下试用所有的菜单选项。在对话框碎片显示时旋转设备，对话框也会随之旋转，这点让人欣喜；完全不需要担心配置变化引起的碎片状态保存与恢复。

另一件值得称赞的事情是碎片与活动之间进行通信是非常简单的。当然，活动可以引用所有可用碎片，也可以获取它们的引用，所以可以访问碎片本身提供的方法。这并不是碎片与活动进行通信的唯一方法。可以一直使用碎片管理器的 getter 方法，以获得所管理碎片的实例，然后将该引用进行恰当的强制转换，再直接调用该碎片的方法。甚至，可以在另一个碎片中执行这样的操作。碎片与活动、接口的耦合程度，碎片之间的依赖程度是建立在程序的复杂程度和代码可重用程度上的。

9.3   使用 Toast

本章首先表明了通常情况下如何使用警告消息来调试 JavaScript 错误页面。如果非得使用相似的方法进行少量的调试，那么可以使用 Android 的 Toast 对象。

Toast 与警告对话框类似，会显示一条消息，显示一定的时间，然后消失。它不会显示任何按钮。所以，可以说它属于一种无形警告消息。之所以称为 Toast，是因为它像烤箱中的烤面包一样弹出。

代码清单 9-10 显示了一个使用 Toast 显示消息的例子。

代码清单 9-10　使用 Toast 进行调试

```
//Create a function to wrap a message as a toast
//show the toast
public void reportToast(String message)
{
    String s = MainActivity.LOGTAG + ":" + message;
    Toast.makeText(activity, s, Toast.LENGTH_SHORT).show();
}
```

代码清单 9-10 的 makeText()方法不仅能够接收一个活动，还能够接收任意上下文对象，如传递给广播接收者或服务的上下文对象。这样可以扩大 Toast 在活动之外使用的范围。

9.4　旧版本 Android 的对话框碎片

虽然我们希望所有旧版本手机都升级到冰淇淋三明治系统，从而能够将对话框碎片的全部强大功能发挥到极致，但是实际情况是，还有一些旧设备仍然运行 Android 1.6、2.1 和 2.2 版本。为了支持这些手机的对话框碎片操作，谷歌提供了碎片兼容包。对于对话框碎片，可以使用前面讨论过的 DialogFragment 类，只需要将 compatibility jar 文件添加到应用程序即可。

9.5　参考资料

❑ www.androidbook.com/proandroid4/projects：该 URL 中包含本章的测试项目。ZIP 文件名为 ProAndroid4_ch09_Dialogs.zip。下载的文件包含日期和时间选择对话框的示例。

❑ http://developer.android.com/guide/topics/ui/dialogs.html：Android SDK 文档，详细介绍了 Android 对话框的使用方法。文档将详细说明如何使用托管的对话框，并且包含可用对话框的各种使用实例。

❑ http://developer.android.com/reference/android/content/DialogInterface.html：对话框定义的多个常量。

❑ http://developer.android.com/reference/android/app/Dialog.html：Dialog 对象提供的一些可用的方法。

❑ http://developer.android.com/reference/android/app/AlertDialog.Builder.html：AlertDialog 构建类的 API 文档。

❑ http://developer.android.com/reference/android/app/ProgressDialog.html：ProgressDialog 的 API 文档。

❑ http://developer.android.com/reference/android/app/DatePickerDialog.html：DatePickerDialog 的 API 文档。

❑ http://developer.android.com/reference/android/app/TimePickerDialog.html：TimePickerDialog 的

9

API 文档。

❏ http://developer.android.com/resources/tutorials/views/hellodatepicker.html：使用日期选择对话框的 Android 教程。

❏ http://developer.android.com/resources/tutorials/views/hellotimepicker.html：使用时间选择对话框的 Android 教程。

9.6　小结

本章讨论了异步对话框及对话框碎片的用法，具体包括以下主题。

❏ 什么是对话框及为什么要使用对话框。

❏ Android 对话框的异步特性。

❏ 在屏幕上显示对话框的三个步骤。

❏ 创建一个碎片。

❏ 对话框碎片创建视图层次的两种方法。

❏ 如何使用碎片事务显示对话框碎片，如何获取一个碎片事务。

❏ 在查看对话框碎片时，用户按下"返回"按钮会产生什么结果。

❏ 返回栈与对话框碎片的管理。

❏ 单击对话框碎片的按钮时会出现什么结果及如何处理这种事件。

❏ 一种从对话框碎片与调用活动进行通信的整洁方法。

❏ 一个对话框碎片如何调用另一个对话框碎片，然后再返回到之前的对话框碎片。

❏ Toast 类，以及如何用它作为简单的弹出警告消息方法。

9.7　面试问题

回答下面的问题，加强对本章关于对话框的知识点的理解。

(1) 在对话框碎片显示之后，代码能否立即读取提示对话框碎片的用户输入？为什么？

(2) 使用 DialogFragment 的哪一种方法可以构建视图层次？

(3) 使用哪一种方法可以返回一个马上可以使用的对话框？

(4) 对话框碎片的哪一种方法可以用来显示对话框？

(5) 这个方法有哪两种调用方式？哪一种方法更简单一些？

(6) 通过使用 onDismiss()，能否判断用户单击了对话框碎片的按钮？为什么？

(7) 对话框碎片是否能够显示另一个对话框碎片？如果可以，新的对话框碎片显示时，是否会对另一个对话框碎片产生影响？

(8) 在何处设置对话框的样式和主题？

(9) Toast 消息的持续时间选择有哪些？

(10) 如何获取一个对话框碎片，记住配置变化（如设备旋转）时用户所输入的内容？

第 10 章

ActionBar

10

ActionBar 是 Android 3.0 SDK 为平板电脑引入的一个新的 API。而在 Android 4.0 中，它也可以用于手机。它可用于自定义活动的标题栏。在 3.0 版 SDK 之前，活动的标题栏仅包含活动的标题。ActionBar 的建模类似于浏览器的菜单/标题栏。

说明　在本章中，我们会同时使用 ActionBar 和"操作栏"。ActionBar 指的是实际的类；而"操作栏"则是指其概念。

　　3.0 SDK 专门针对平板电脑进行了优化，并且仅支持平板电脑。这意味着，工具栏 API 并不适用于运行 Android 版本在 4.0 之前的手机。4.0 SDK 将 SDK 的手机和平板电脑功能合并为统一的 API。

　　操作栏设计的一个重要目标是使频繁使用的操作可供用户轻松使用，而无需搜索选项菜单或上下文菜单。

说明　在当前的计算机技术领域，对操作的便捷访问的流行叫法为"功能可见性"（Affordance），表示方便地发现/调用操作的能力。本章末提供了关于功能可见性的一些参考 URL。

　　在阅读本章的过程中，我们将学习以下与操作栏相关的内容。
- 一个操作栏归一个活动所有并具有它的生命周期。
- 操作栏可采用 3 种形式：选项卡操作栏、列表操作栏或标准操作栏。我们将展示这些操作栏在每种模式下的外观和行为。
- 介绍选项卡监听器如何支持与选项卡式操作栏交互。
- 介绍如何使用微调框适配器和列表监听器与列表操作栏交互。
- 展示操作栏的 Home 图标如何与菜单基础结构交互。
- 展示图标菜单项如何显示并反映到操作栏的可用空间中。
- 展示如何将自定义搜索组件放置在操作栏中。

　　我们将通过计划 3 个不同的活动来演示这些概念。每个活动将展示一种不同模式下的操作栏。在此过程中，会解释每种模式下的操作栏行为。但是首先简单看看操作栏的视觉特征。

10.1　ActionBar 剖析

　　图 10-1 展示了选项卡导航模式下的一个典型操作栏。

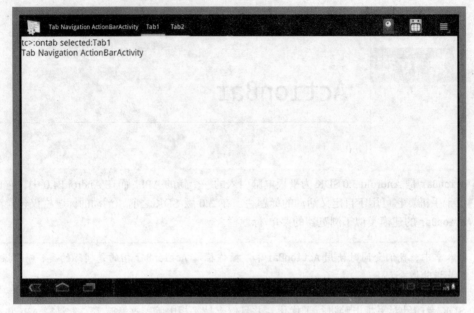

图 10-1　包含选项卡操作栏的活动

此屏幕截图是从本章后面提供的实际应用示例中截取的。图 10-1 中的这个操作栏包含 5 个部分。下面分别介绍这些部分（从左到右）。

❑ **Home图标区域**　操作栏左上角的图标有时称为"Home"图标。这类似于一种网站导航上下文，在其中单击Home图标将转到一个起点。当将用户调往"Home"活动时，不要启动一个新的"Home"活动，而是通过将栈中Home活动上面的活动清除，然后将用户引导至Home活动中。稍后将看到，单击这个Home图标将向菜单id为android.R.id.home的选项菜单回调发送一个回调。

❑ **标题区域**　标题区域显示操作栏的标题。

❑ **选项卡区域**　选项卡区域是操作栏绘制指定的选项卡列表的地方。此区域的内容是可变的。如果操作栏导航模式为选项卡，那么这里将显示选项卡。如果为列表导航模式，那么将显示一个可导航的下拉项目列表。在标准模式下，此区域被忽略并是空的。

❑ **操作图标区域**　在选项卡区域之后，操作图标区域以图标形式显示一些选项菜单项。后面的示例将展示如何选择将哪些选项菜单显示为操作图标。

❑ **菜单图标区域**　菜单区域中的最后一个区域。它是一个标准菜单图标。当单击此菜单图标时，将可以看到展开的菜单。取决于Android设备的大小，这个展开菜单的外观有所不同或者显示在不同的位置。你也可以附加一个搜索视图，就好像它是菜单的操作图标。我们稍后将介绍这些内容。

除了操作栏，图 10-1 中的活动还显示了一个调试文本视图，其中记录了一些操作。这些操作可能是单击选项卡、Home 图标、操作菜单或实际的选项菜单的结果。

让我们看看如何实现前面介绍的 3 种类型的操作栏活动：选项卡操作栏、列表操作栏和标准操作栏。因为我们将选项卡操作栏作为操作栏的视觉示例来介绍，所以首先将实现一个选项卡操作栏。

10.2 选项卡导航操作栏活动

尽管我们计划了 3 个不同的活动，每个活动具有自己的操作栏类型，但在所有这些活动中会看到许多通用的功能。

- ❏ 所有这些活动拥有相同的调试文本视图，以方便监视调用的操作。
- ❏ 所有这些活动都拥有相同的Home图标。
- ❏ 所有这些活动都拥有一个标题。
- ❏ 所有这些活动都拥有相同的操作图标。
- ❏ 所有这些活动都拥有相同的选项菜单。

这些活动之间的主要区别在于，每个活动对操作栏执行不同的配置。在我们的示例中，会将通用行为封装到一个基类中，允许每个派生活动（包括这个选项卡操作栏活动）配置操作栏。

没有至少一个操作栏活动的上下文，很难解释这些通用文件。所以首先查看这些通用文件并介绍选项卡操作栏活动如何使用它们。然后只需较少的文件，即可将其他两个操作栏活动添加到此项目中。

下面是这个选项卡操作栏练习所需的一组文件。这些文件同时包括通用文件和特定于选项卡操作栏的文件。该列表看起来很大，因为通用行为封装到了基类中。这将减少后面示例的文件数量。我们还指明了每个文件的代码清单编号。

- ❏ DebugActivity.java：基类活动，提供图 10-1 中所示的调试文本视图（代码清单 10-2）。
- ❏ BaseActionBarActivity.java：派生自 DebugActivity，提供通用的导航（比如响应通用操作，包括在 3 个活动之间切换）（代码清单 10-3）。
- ❏ IReportBack.java：作为调试活动与各种操作栏监听器（代码清单 10-1）之间通信工具的接口。
- ❏ BaseListener.java：基础监听器类，处理 DebugActivity 和从操作栏调用的各种操作。它充当着选项卡监听器和列表导航监听器的基类（代码清单 10-4）。
- ❏ TabNavigationActionBarActivity.java：派生自 BaseActionBarActivity.java，将操作栏配置为选项卡操作栏。与选项卡操作栏相关的大部分代码都位于此类中（代码清单 10-6）。
- ❏ TabListener.java：用于将选项卡添加到选项卡操作栏。这里也是响应选项卡单击的地方。在我们的例子中，它通过 BaseListener 将一条消息记录到调试视图中（代码清单 10-5）。
- ❏ AndroidManifest.xml：定义要调用的活动的地方（代码清单 10-13）。
- ❏ Layout/main.xml：DebugActivity 的布局文件。因为所有 3 个操作栏活动都派生自基类 DebugActivity，所以它们共用这个布局文件（代码清单 10-7）。
- ❏ menu/menu.xml：一组菜单项，用于测试与操作栏的菜单交互。该菜单文件也在所有派生的状态栏活动之间共用（代码清单 10-9）。

10.2.1 实现基础活动类

许多基类使用了 IReportBack 接口。代码清单 10-1 中对它进行了介绍。

代码清单 10-1   IReportBack.java

```java
//IReportBack.java
package com.androidbook.actionbar;

public interface IReportBack
{
    public void reportBack(String tag, String message);
    public void reportTransient(String tag, String message);
}
```

实现此接口的类接受一条消息（比如调试消息）并将它报告到屏幕。这是通过 reportBack()方法完成的。方法 reportTransient 执行相同操作，但它使用了一个 Toast 来向用户报告该消息。

在我们的示例中，实现 IReportBack 的类为 DebugActivity。这支持 DebugActivity 在不显示其所有内部文件的情况下对自身进行轮查。DebugActivity 的源代码如代码清单 10-2 所示。

代码清单 10-2   包含调试文本视图的 DebugActivity

```java
//DebugActivity.java
package com.androidbook.actionbar;
//
//Use CTRL-SHIFT-O to import dependencies
//
public abstract class DebugActivity
extends Activity
implements IReportBack
{

    //Derived classes needs first
    protected abstract boolean
    onMenuItemSelected(MenuItem item);

    //private variables set by constructor
    private static String tag=null;
private int menuId = 0;
private int layoutid = 0;
private int debugTextViewId = 0;

public DebugActivity(int inMenuId,
        int inLayoutId,
        int inDebugTextViewId,
        String inTag)
{
    tag = inTag;
    menuId = inMenuId;
    layoutid = inLayoutId;
    debugTextViewId = inDebugTextViewId;

}
@Override
protected void onCreate(Bundle savedInstanceState) {
    super.onCreate(savedInstanceState);
    setContentView(this.layoutid);

    //You need the following to be able to scroll
    //the text view.
    TextView tv = this.getTextView();
    tv.setMovementMethod(
      ScrollingMovementMethod.getInstance());
}
@Override
```

```
public boolean onCreateOptionsMenu(Menu menu){
    super.onCreateOptionsMenu(menu);
    MenuInflater inflater = getMenuInflater();
    inflater.inflate(menuId, menu);
    return true;
}
@Override
public boolean onOptionsItemSelected(MenuItem item){
    appendMenuItemText(item);
    if (item.getItemId() == R.id.menu_da_clear){
        this.emptyText();
        return true;
    }
    boolean b = onMenuItemSelected(item);
    if (b == true)
    {
        return true;
    }
    return super.onOptionsItemSelected(item);
}
protected TextView getTextView(){
    return
    (TextView)this.findViewById(this.debugTextViewId);
}
protected void appendMenuItemText(MenuItem menuItem){
    String title = menuItem.getTitle().toString();
    appendText("MenuItem:" + title);
}
protected void emptyText(){
    TextView tv = getTextView();
    tv.setText("");
}
    protected void appendText(String s){
        TextView tv = getTextView();
        tv.setText(s + "\n" + tv.getText());
        Log.d(tag,s);
    }
    public void reportBack(String tag, String message)
    {
        this.appendText(tag + ":" + message);
        Log.d(tag,message);
    }
    public void reportTransient(String tag, String message)
    {
        String s = tag + ":" + message;
        Toast mToast =
          Toast.makeText(this, s, Toast.LENGTH_SHORT);
        mToast.show();
        reportBack(tag,message);
        Log.d(tag,message);
    }
}//eof-class
```

这个基础活动类的主要目标是提供一个包含调试文本视图的活动。这个文本视图用于记录来自
reportBack()方法的消息。我们将使用此活动作为操作栏活动的基础活动。

10.2.2 为 ActionBar 分配统一的行为

我们有更多机会将来自派生活动的代码重构到另一个称为 BaseActionBarActivity 的基类中。

　　这个重构类的主要目标是提供一种通用行为来响应菜单项。这些菜单项用于在表示 3 种不同操作栏模式的 3 种活动之间切换。切换之后，就可以测试特定的操作栏活动。

　　此活动已在代码清单 10-3 中给出。

代码清单 10-3　针对启用了操作栏的活动的通用基类

```java
// BaseActionBarActivity.java
package com.androidbook.actionbar;
//
//Use CTRL-SHIFT-O to import dependencies
//
public abstract class BaseActionBarActivity
extends DebugActivity
{
    private String tag=null;
    public BaseActionBarActivity(String inTag)
    {
        super(R.menu.menu,      //Provides a common menu
            R.layout.main,      //Provides a common layout
            R.id.textViewId,    //Text view for the base debug activity
            inTag);             //Debug tag for logging
        tag = inTag;
    }
    @Override
    public void onCreate(Bundle savedInstanceState)
    {
        super.onCreate(savedInstanceState);
        TextView tv = this.getTextView();
        tv.setText(tag);
    }
    protected boolean onMenuItemSelected(MenuItem item)
    {
        //Responding to Home Icon
        if (item.getItemId() == android.R.id.home) {
            this.reportBack(tag,"Home Pressed");
            return true;
        }

        //Common behavior to invoke sibling activities
        if (item.getItemId() == R.id.menu_invoke_tabnav){
            if (getNavMode() ==
              ActionBar.NAVIGATION_MODE_TABS)
            {
                this.reportBack(tag,
                  "You are already in tab nav");
            }
            else {
                this.invokeTabNav();
            }
            return true;
        }
        if (item.getItemId() == R.id.menu_invoke_listnav){
            if (getNavMode() ==
            ActionBar.NAVIGATION_MODE_LIST)
            {
                this.reportBack(tag,
                "You are already in list nav");
            }
            else{
                this.invokeListNav();
```

```
        }
        return true;
    }
    if (item.getItemId() == R.id.menu_invoke_standardnav){
        if (getNavMode() ==
        ActionBar.NAVIGATION_MODE_STANDARD)
        {
            this.reportBack(tag,
            "You are already in standard nav");
        }
        else{
            this.invokeStandardNav();
        }
        return true;
    }
    return false;
}
private int getNavMode(){
    ActionBar bar = this.getActionBar();
    return bar.getNavigationMode();
}
private void invokeTabNav(){
    Intent i = new Intent(this,
        TabNavigationActionBarActivity.class);
    startActivity(i);
}

//Uncomment the following method bodies
//as you implement these additional activities

private void invokeListNav(){
    //Intent i = new Intent(this,
    //  ListNavigationActionBarActivity.class);
    //startActivity(i);
}
private void invokeStandardNav(){
    //Intent i = new Intent(this,
    //  StandardNavigationActionBarActivity.class);
    //startActivity(i);
}
}//eof-class
```

如果留意代码清单10-3中响应菜单项的代码,就会看到我们检查了当前活动是否也是被要求切换到的活动。如果是,则记录一条消息并不切换当前活动。

这个基础操作栏活动还简化了派生的操作栏导航活动,包括选项卡导航操作栏活动。

10.2.3 实现选项卡监听器

在能够处理选项卡操作栏之前,需要一个选项卡监听器。选项卡监听器可用于响应选项卡上的单击事件。我们将从支持记录选项卡操作的基础监听器派生选项卡监听器。代码清单 10-4 给出了使用 **IReportBack** 记录消息的基础监听器。

代码清单 10-4　针对启用了操作栏的活动的通用监听器

```
//BaseListener.java
package com.androidbook.actionbar;
//
```

```
//Use CTRL-SHIFT-O to import dependencies
//
public class BaseListener
{
    protected IReportBack mReportTo;
    protected Context mContext;
    public BaseListener(Context ctx, IReportBack target)
    {
        mReportTo = target;
        mContext = ctx;
    }
}
```

这个基类拥有一个 IReportBack 实现和可用作上下文的活动的引用。在这个例子中,代码清单 10-2 中的 DebugActivity 是 IReportBack 的实现者,也扮演着上下文的角色。

既然拥有了一个基础监听器,那么代码清单 10-5 给出了选项卡监听器。

代码清单 10-5　响应选项卡操作的选项卡监听器

```
// TabListener.java
package com.androidbook.actionbar;
//
//Use CTRL-SHIFT-O to import dependencies
//
public class TabListener extends BaseListener
implements ActionBar.TabListener
{
    private static String tag = "tc>";
    public TabListener(Context ctx,
                IReportBack target)
    {
        super(ctx, target);
    }
    public void onTabReselected(Tab tab,
                FragmentTransaction ft)
    {
        this.mReportTo.reportBack(tag,
          "ontab re selected:" + tab.getText());
    }
    public void onTabSelected(Tab tab,
                FragmentTransaction ft)
    {
        this.mReportTo.reportBack(tag,
          "ontab selected:" + tab.getText());
    }
    public void onTabUnselected(Tab tab,
                FragmentTransaction ft)
    {
        this.mReportTo.reportBack(tag,
          "ontab un selected:" + tab.getText());
    }
}
```

这个选项卡监听器仅将来自操作栏选项卡的回调记录到图 10-1 的调试文本视图中。

10.2.4　实现选项卡操作栏活动

有了选项卡监听器之后,最后可以构造选项卡导航活动了。代码清单 10-6 给出了该活动的代码。

代码清单 10-6 启用了选项卡导航的操作栏活动

```java
// TabNavigationActionBarActivity.java
package com.androidbook.actionbar;
//
//Use CTRL-SHIFT-O to import dependencies
//
public class TabNavigationActionBarActivity
extends BaseActionBarActivity
{
    private static String tag =
       "Tab Navigation ActionBarActivity";
    public TabNavigationActionBarActivity()
    {
        super(tag);
    }
    @Override
    public void onCreate(Bundle savedInstanceState)
    {
        super.onCreate(savedInstanceState);
        workwithTabbedActionBar();
    }

    public void workwithTabbedActionBar()
    {
        ActionBar bar = this.getActionBar();
        bar.setTitle(tag);
        bar.setNavigationMode(
          ActionBar.NAVIGATION_MODE_TABS);

        TabListener tl = new TabListener(this,this);

        Tab tab1 = bar.newTab();
        tab1.setText("Tab1");
        tab1.setTabListener(tl);
        bar.addTab(tab1);

        Tab tab2 = bar.newTab();
        tab2.setText("Tab2");
        tab2.setTabListener(tl);
        bar.addTab(tab2);
    }
}//eof-class
```

在接下来的几小节查看该活动的代码（代码清单 10-6），关注处理选项卡操作栏的每个方面。我们首先获取对属于一个活动的操作栏的访问权。

1. 获取操作栏实例

在代码清单10-6中，可以看到控制操作栏的代码非常简单。通过在活动上调用 getActionbar() 来获取活动操作栏的访问权。这里再次给出了这行代码：

```java
ActionBar bar = this.getActionBar();
```

从这个代码片段可以看到，操作栏是活动的一个属性，不能跨越活动边界使用。换句话说，不能使用一个操作栏来控制或影响多个活动。

2. 操作栏导航模式

在代码清单10-6中，获取活动的操作栏之后，将它的导航模式设置为 ActionBar.NAVIGTION_MODE_ TABS：这里再次给出了这行代码：

```
bar.setNavigationMode(
    ActionBar.NAVIGATION_MODE_TABS);
```

另外两种可能的操作栏导航模式为

```
ActionBar.NAVIGATION_MODE_LIST
```

```
ActionBar.NAVIGATION_MODE_STANDARD
```

设置了选项卡导航模式之后，我们在 **ActionBar** 类的 API 中有许多选项卡相关方法需要处理。代码清单 10-6 使用了这些选项卡相关 API 来向操作栏添加两个选项卡。我们还使用了代码清单 10-5 中的选项卡监听器来初始化选项卡。

下面给出了代码清单 10-6 中展示如何将选项卡添加到操作栏的代码片段：

```
Tab tab1 = bar.newTab();
tab1.setText("Tab1");
tab1.setTabListener(tl);
bar.addTab(tab1);
```

如果忘记在添加到操作栏的选项卡上调用 **setTabListener()** 方法，将会获得一个表明需要监听器的运行时错误。

10.2.5　可滚动的调试文本视图布局

在单击操作栏的选项卡后，设置的选项卡监听器会将调试消息发送到调试文本视图。代码清单 10-7 给出了 **DebugActivity** 的布局文件，其中包含调试文本视图。

代码清单 10-7　调试活动文本视图布局文件

```xml
<?xml version="1.0" encoding="utf-8"?>
<!-- /res/layout/main.xml -->
<LinearLayout
xmlns:android="http://schemas.android.com/apk/res/android"
    android:orientation="vertical"
    android:layout_width="fill_parent"
    android:layout_height="fill_parent"
    android:gravity="fill"
    >
<TextView android:id="@+id/textViewId"
    android:layout_width="fill_parent"
    android:layout_height="fill_parent"
    android:background="@android:color/white"
    android:text="Initial Text Message"
    android:textColor="@android:color/black"
    android:textSize="25sp"
    android:scrollbars="vertical"
    android:scrollbarStyle="insideOverlay"
    android:scrollbarSize="25dip"
    android:scrollbarFadeDuration="0"
    />
</LinearLayout>
```

关于此布局，有几点值得注意。我们将文本视图的背景颜色设置为白色。这样可以得到更明亮的屏幕截图。文本大小也设置为了大字体，以帮助截取屏幕。

我们还设置了文本视图，已为它启用滚动。尽管布局通常使用 **ScrollView**，但我们已为文本视图启用了滚动。除了在 XML 文件中为文本视图启用滚动属性，还需要在文本视图上调用 **setMovementMethod()**，如代码清单 10-8 所示。

代码清单 10-8 为文本视图启用滚动

```
TextView tv = this.getTextView();
tv.setMovementMethod(
    ScrollingMovementMethod.getInstance());
```

这段代码摘自 DebugActivity（代码清单 10-2）。

另外，在文本视图滚动时可以注意到，滚动栏出现之后又慢慢消失。如果可视范围外存在文本，那么这不是一个好的指示器。可通过将淡出持续时间设置为 0，告诉滚动条持续显示。请参见代码清单 10-7 了解如何设置此参数。

10.2.6 操作栏和菜单交互

我们在此示例中还希望演示一下菜单如何与操作栏交互。需要设置一个菜单文件，该文件如代码清单 10-9 所示。

代码清单 10-9 此项目的菜单 XML 文件

```xml
<!-- /res/menu/menu.xml -->
<menu
xmlns:android="http://schemas.android.com/apk/res/android">
    <!-- This group uses the default category. -->
    <group android:id="@+id/menuGroup_Main">

        <item android:id="@+id/menu_action_icon1"
            android:title="Action Icon1"
            android:icon="@drawable/creep001"
            android:showAsAction="ifRoom"/>

        <item android:id="@+id/menu_action_icon2"
            android:title="Action Icon2"
            android:icon="@drawable/creep002"
            android:showAsAction="ifRoom"/>

        <item android:id="@+id/menu_icon_test"
            android:title="Icon Test"
            android:icon="@drawable/creep003"/>

        <item android:id="@+id/menu_invoke_listnav"
            android:title="Invoke List Nav"
            />
        <item android:id="@+id/menu_invoke_standardnav"
            android:title="Invoke Standard Nav"
            />
        <item android:id="@+id/menu_invoke_tabnav"
            android:title="Invoke Tab Nav"
            />
        <item android:id="@+id/menu_da_clear"
            android:title="clear" />
    </group>
</menu>
```

说明 代码清单 10-9 中的这个菜单 XML 文件使用了来自 www.androidicons.com 的 3 个图标（creep001～creep003）。依据该网站，这些图标依据 Creative Commons License 3.0 授权。

下一小节将更详细地介绍此菜单。

1. 显示菜单

在 2.3 版及更早版本中，设备常常拥有一个显式的菜单按钮。在 3.0 版中，模拟器没有显示 Home、后退或菜单按钮。这些按钮在一些设备上可能仍然可用。

从图 10-2 中可以看到，后退和 Home 按钮现在在屏幕底部以软按钮形式提供。但是，菜单按钮显示在应用程序上下文中，具体来说，它是作为操作栏右上角的一部分。

图 10-2 展示了菜单展开时的外观。

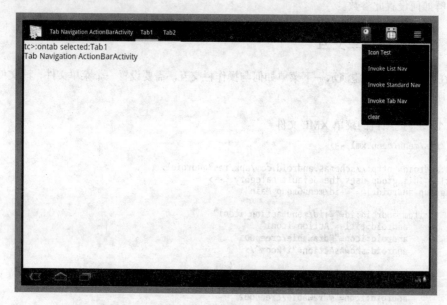

图 10-2　包含选项卡操作栏和展开的菜单的活动

要注意的一点是，菜单栏可能没有显示菜单项图标。不应认为菜单项图标会在所有情况下显示。

2. 操作形式的菜单项

本章开头已经提到，可以分配一些菜单项来直接在操作栏上显示。这些菜单项使用标记 showAsAction 表示。可以在代码清单 10-9 中的菜单 XML 文件中看到此标记。代码清单 10-10 再次摘取并显示了这个标记行。

代码清单 10-10　showAsAction 的菜单项特性

```
android:showAsAction="ifRoom"
```

这个 XML 标记的其他可能值包括：

❑ always
❑ never
❑ withText

也可以使用 MenuItem 类中的一个 Java API 实现相同效果。

```
menuItem.setShowAsAction(int actionEnum)
```

`actionEnum` 的值包括：

❑ SHOW_AS_ACTION_ALWAYS

❑ SHOW_AS_ACTION_IF_ROOM

❑ SHOW_AS_ACTION_NEVER

❑ SHOW_AS_ACTION_WITH_TEXT

因为这些操作仅仅是菜单项，所以它们的行为与菜单相同，会调用活动类的 `onOptionsItem Selected()`回调方法。

最后，该示例使用了许多图标。可以将这些图标替换为你自己的图标，也可以使用本章末的 URL 下载本章的项目。

10.2.7　Android 描述文件

代码清单 10-11 给出了目前为止此项目的描述文件。

代码清单 10-11　AndroidManifest.xml

```xml
<?xml version="1.0" encoding="utf-8"?>
<manifest xmlns:android="http://schemas.android.com/apk/res/android"
      package="com.androidbook.actionbar"
      android:versionCode="1"
      android:versionName="1.0.0">
   <application android:icon="@drawable/icon"
      android:label="ActionBars Demo App">
      <activity android:name=".TabNavigationActionBarActivity"
             android:label="Action Bar Demonstration: TabNav">
         <intent-filter>
            <action android:name="android.intent.action.MAIN" />
            <category android:name="android.intent.category.LAUNCHER" />
         </intent-filter>
      </activity>
   </application>
   <uses-sdk android:minSdkVersion="11" />
</manifest>
```

`minSDKVersion` 需要等于 11——3.0 版的 API 编号。

10.2.8　测试选项卡操作栏活动

编译这些文件并运行之后，将会看到图 10-1 所示的选项卡操作栏。然后，如果单击右侧的菜单图标，将会看到展开的应用程序菜单，如图 10-2 所示。

该应用程序的设计使操作栏上的任何操作都会记录到调试文本视图中。在运行此应用程序时，可以测试以下方面。

❑ 如果单击Home图标，将会看到一条消息记录到调试屏幕上，表明单击了Home按钮。

❑ 如果单击tab1，将会看到一条消息，表明重新选择了"tab1"。

❑ 如果单击tab2，将会看到两条消息。第一条表明tab1失去了焦点，第二条表明单击了tab2。这些消息通过代码清单10-5中的选项卡监听器提供。

❑ 如果单击右侧的操作按钮，将会看到调用了它们相应的菜单项并将调试消息记录到了调试视图中。

❑ 如果展开菜单，将会看到一些菜单项调用了其他活动，它们用于演示剩余的操作栏模式。但是，需要等到在本章后面开发了其他活动之后。在这之前，只能看到调用了这些菜单项并记录了调试消息。

本节既介绍了选项卡操作栏活动的实现，还介绍了如何设置基础框架，大大简化剩余两个活动的编码。接下来让我们看看列表导航模式操作栏。

10.3 列表导航操作栏活动

因为我们的基类完成了大部分工作，所以列表操作栏导航活动的实现和测试非常简单。需要以下额外的文件来实现此活动。

❑ SimpleSpinnerArrayAdapter.java：设置列表导航栏和监听器需要此类。此类提供了下拉导航列表所需的代码行（代码清单10-12）。

❑ ListListener.java：此类充当着列表导航活动的监听器。在将操作栏设置为列表操作栏时，需要将此类传递给它（代码清单10-13）。

❑ ListNavigationActionBarActivity.java：这是实现列表导航操作栏活动的地方（代码清单10-14）。

有了这三个新文件之后，还需要更新以下两个文件。

❑ BaseActionBarActivity.java：需要取消注释对列表操作栏活动的调用（代码清单10-3）。

❑ AndroidManifest.xml：需要在描述文件中定义新的列表导航操作栏活动（代码清单10-11）。

10.3.1 创建 SpinnerAdapter

要能够使用列表导航模式初始化操作栏，需要以下两项内容。

❑ 一个微调框适配器，可告诉列表导航与导航文本列表相关的信息。

❑ 提供一个列表导航监听器，以便在挑选一个列表项时，我们可以获得一个回调。

代码清单 10-12 提供了实现 SpinnerAdapter 接口的 SimpleSpinnerArrayAdapter。正如前面所述，此类的目标是提供要显示的一组列表项。

代码清单 10-12 为列表导航创建微调框适配器

```
//SimpleSpinnerArrayAdapter.java
package com.androidbook.actionbar;
//
//Use CTRL-SHIFT-O to import dependencies
//
public class SimpleSpinnerArrayAdapter
extends ArrayAdapter<String>
implements SpinnerAdapter
{
    public SimpleSpinnerArrayAdapter(Context ctx)
    {
        super(ctx,
          android.R.layout.simple_spinner_item,
          new String[]{"one","two"});

        this.setDropDownViewResource(
          android.R.layout.simple_spinner_dropdown_item);
```

```
    }
    public View getDropDownView(
      int position, View convertView, ViewGroup parent)
    {
        return super.getDropDownView(
            position, convertView, parent);
    }
}
```

没有 SDK 类可直接实现列表导航所需的 **SpinnerAdapter** 接口。所以从 **ArrayAdapter** 派生得到了此类，提供了一种简单的 **SpinnerAdapter** 实现。本章末尾还提供了一个关于微调框适配器的参考 URL 供进一步查阅。现在让我们看看列表导航监听器。

10.3.2　创建列表监听器

这是一个实现 **ActionBar.OnNavigationListener** 的简单的类。代码清单 10-13 给出了此类的代码。

代码清单 10-13　为列表导航创建列表监听器

```
//ListListener.java
package com.androidbook.actionbar;
//
//Use CTRL-SHIFT-O to import dependencies
//
public class ListListener
extends BaseListener
implements ActionBar.OnNavigationListener
{
    public ListListener(
    Context ctx, IReportBack target)
    {
        super(ctx, target);
    }
    public boolean onNavigationItemSelected(
    int itemPosition, long itemId)
    {
        this.mReportTo.reportBack(
            "list listener","ItemPostion:" + itemPosition);
        return true;
    }
}
```

与代码清单 10-5 中的选项卡监听器一样，我们继承了 **BaseListener**，以便可以通过 **IReportBack** 接口将事件记录到调试文本视图中。

10.3.3　设置列表操作栏

我们现在拥有了设置列表导航操作栏所需的内容。代码清单 10-14 给出了列表导航操作栏活动的源代码。此类与我们之前编写的选项卡活动非常相似。

代码清单 10-14　列表导航操作栏活动

```
// ListNavigationActionBarActivity.java
package com.androidbook.actionbar;
//
//Use CTRL-SHIFT-O to import dependencies
```

```
//
public class ListNavigationActionBarActivity
extends BaseActionBarActivity
{
    private static String tag=
      "List Navigation ActionBarActivity";

    public ListNavigationActionBarActivity()
    {
        super(tag);
    }
    @Override
    public void onCreate(Bundle savedInstanceState)
    {
        super.onCreate(savedInstanceState);
        workwithListActionBar();
    }
    public void workwithListActionBar()
    {
        ActionBar bar = this.getActionBar();
        bar.setTitle(tag);
        bar.setNavigationMode(ActionBar.NAVIGATION_MODE_LIST);
        bar.setListNavigationCallbacks(
            new SimpleSpinnerArrayAdapter(this),
            new ListListener(this,this));
    }
}//eof-class
```

代码清单 10-14 中的重要代码已突出显示。这段代码非常简单。我们获取一个微调框适配器和一个列表监听器，并将它们设置为操作栏上的列表导航回调。

10.3.4　更改 BaseActionBarActivity

有了这个列表导航操作栏活动（代码清单 10-14）之后，就可以返回更改 BaseActionBarActivity 了，使针对 ListNavigationActionBarActivity 的菜单项将调用此活动。当取消注释时，代码清单 10-3 中相应的函数将类似于代码清单 10-15 中提取并取消注释的代码。

代码清单 10-15　取消注释以调用列表导航操作栏活动的代码

```
private void invokeListNav(){
    Intent i = new Intent(this,
      ListNavigationActionBarActivity.class);
    startActivity(i);
}
```

取消这段代码的注释后，该菜单项和代码就会连接起来，以调用这个列表导航操作栏活动。

10.3.5　更改 AndroidManifest.xml

在能够调用此活动之前，还需要在 Android 描述文件中注册它。需要将代码清单 10-16 中的代码添加到代码清单 10-11 中的 Android 描述文件，以完成活动注册。

代码清单 10-16　注册列表导航操作栏活动

```
<activity android:name=".ListNavigationActionBarActivity"
        android:label="Action Bar Demonstration: ListNav">
</activity>
```

10.3.6　测试列表操作栏活动

编译目前为止介绍的文件（本节开头提及的关于列表导航操作栏的新文件和更改的文件）并运行应用程序之后，将看到图 10-3 所示的列表操作栏。

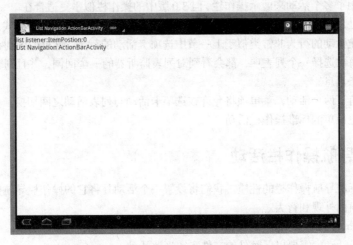

图 10-3　包含列表导航操作栏的活动

在图 10-3 中，可以看到活动标题右侧未展开的列表。在操作栏模式为选项卡导航时，SDK 也会将选项卡放在这里。现在，如果单击显示"one"的菜单项，将看到可进行选择的展开列表，如图 10-4 所示。

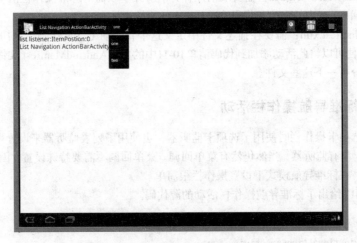

图 10-4　包含打开的导航列表的活动

如果将此活动与图 10-1 和图 10-2 中的活动进行对比，会发现这些活动看起来很相似，但在一种情况下使用选项卡，在另一种情况下使用列表来导航。这两个活动所体现的主题与网站的设计方式有异曲同工之处。

10

| 说明 | 在网站中，可能有许多网页，但每个网页将通过主页面显示统一的观感。在我们这个较简单的示例中，使用了基类来实现此效果。 |

尽管我们使用了多个活动来展示操作栏，但 3.0 版中的操作栏似乎更适合在单一活动上编排碎片。不过，如果需要处理多个活动，可以使用这种基类模式来提供这种主页面设计模式。

这个列表导航活动的行为非常类似于上一节中选项卡活动的行为。这里的区别在于在单击列表项时发生的事情。每次选择一个列表项，都会看到对列表监听器的一个回调，并且列表监听器会向调试文本视图发送一条消息。

既然已经拥有了两个活动，菜单项将允许在选项卡活动与列表活动之间切换。

接下来看看更简单的标准操作栏活动。

10.4 标准导航操作栏活动

本节将介绍标准导航操作栏的性质。我们将设置一个活动并将它的操作栏导航模式设置为标准。然后查看标准导航的外观和行为。

类似于 ListNavigationActionBarActivity，因为我们的基类执行大部分工作，可以轻松实现和测试标准操作栏导航活动。需要以下额外的文件来实现此活动。

❑ StandardNavigationActionBarActivity.java：这是将操作栏配置为标准导航模式操作栏的实现文件（代码清单10-17）。

有了这个新文件之后，需要更新以下两个文件。

❑ BaseActionBarActivity.java：需要取消注释为响应菜单项而对标准操作栏活动进行的调用（参见代码清单10-18中的更改和代码清单10-3中的原始文件）。

❑ AndroidManifest.xml：需要在描述文件中定义这个新活动（参见代码清单10-19了解此活动的定义，以便可以将此活动添加到代码清单10-11中的主要AndroidManifest文件中）。

接下来逐个分析一下这些文件。

10.4.1 设置标准导航操作栏活动

我们在设置选项卡操作栏时使用了选项卡监听器，也使用了列表监听器来设置列表导航操作栏。对于标准操作栏，没有监听器，当然仍然有菜单回调。菜单回调不需要特殊设置，因为它们已由 SDK 自动挂钩。因此，在标准导航模式下设置操作栏很简单。

代码清单 10-17 给出了标准导航操作栏活动的源代码。

代码清单 10-17 标准导航操作栏活动

```
//StandardNavigationActionBarActivity.java
package com.androidbook.actionbar;
//
//Use CTRL-SHIFT-O to import dependencies
//
public class StandardNavigationActionBarActivity
extends BaseActionBarActivity
```

```
{
    private static String tag=
      "Standard Navigation ActionBarActivity";
    public StandardNavigationActionBarActivity()
    {
        super(tag);
    }
    @Override
    public void onCreate(Bundle savedInstanceState)
    {
        super.onCreate(savedInstanceState);
        workwithStandardActionBar();
    }

    public void workwithStandardActionBar()
    {
        ActionBar bar = this.getActionBar();
        bar.setTitle(tag);
        bar.setNavigationMode(ActionBar.NAVIGATION_MODE_STANDARD);
        //test to see what happens if you were to attach tabs
        attachTabs(bar);
    }
    public void attachTabs(ActionBar bar)
    {
        TabListener tl = new TabListener(this,this);

        Tab tab1 = bar.newTab();
        tab1.setText("Tab1");
        tab1.setTabListener(tl);
        bar.addTab(tab1);

        Tab tab2 = bar.newTab();
        tab2.setText("Tab2");
        tab2.setTabListener(tl);
        bar.addTab(tab2);
    }
}//eof-class
```

将操作栏设置为标准导航操作栏所需的唯一操作是按如上形式设置它的导航模式。在代码清单10-17中，我们完成了此任务并突出显示了代码的这一部分。

说明 代码清单10-17还包含了代码来查看在标准导航模式下添加选项卡时会发生什么。测试显示，这些选项卡不会导致任何运行时错误，但将被框架忽略。

在查看标准操作栏的外观之前，需要对现有文件进行两项更改。

10.4.2 更改 BaseActionBarActivity

有了标准导航操作栏活动（代码清单10-17）之后，我们可以回头更改 BaseActionBarActivity（代码清单10-3）了，使 StandardNavigationActionBarActivity 的菜单项将调用此活动。当取消注释时，代码清单10-3中相应的函数将类似于代码清单10-18中的代码。

代码清单 10-18　取消注释以调用标准导航操作栏活动的一节

```
private void invokeStandardNav(){
    Intent i = new Intent(this,
      StandardNavigationActionBarActivity.class);
    startActivity(i);
}
```

取消注释这段代码后，该菜单项和代码将连接起来，以调用 StandardNavigationActionBarActivity。

10.4.3　更改 AndroidManifest.xml

但是，在能够调用此活动之前，需要在 Android 描述文件中注册此活动。需要将代码清单 10-19 中的代码添加到代码清单 10-11 中的 Android 描述文件中，以完成活动注册。

代码清单 10-19　注册标准导航操作栏活动

```
<activity android:name=".StandardNavigationActionBarActivity "
        android:label="Action Bar Demonstration: Standard Nav">
</activity>
```

10.4.4　测试标准操作栏活动

编译目前为止介绍（并在 10.4 节中列出）的这些文件并运行应用程序之后，将会看到打开的应用程序，其中选项卡活动是第一个活动（图 10-1）。现在，如果单击该菜单项，将会看到图 10-2 中的活动。如果从这个菜单中选择菜单项 "Invoke Standard Nav"，将会看到图 10-5 所示的标准导航操作栏活动。

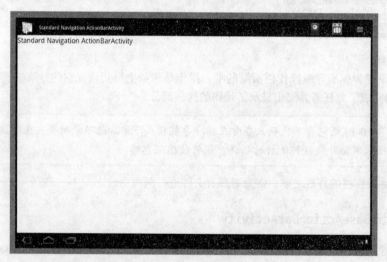

图 10-5　包含标准导航操作栏的活动

在图 10-5 中可以注意到的第一点是，此操作栏缺少了以前专门用于选项卡或列表导航的区域。现在，如果继续单击右侧的操作按钮，它们会将自己的调用写入到调试文本视图中。现在继续单击 Home 按钮。这也会将它的调用签名写入到调试文本视图中。在 3 次单击后，调试文本视图类似于图 10-6。

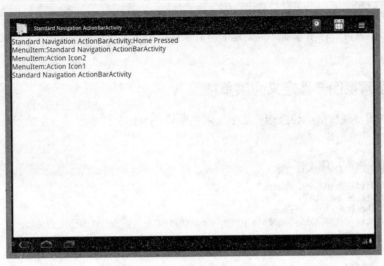

图 10-6 响应来自操作栏的事件

10.5 工具栏与搜索视图

在 Android 4.0 中，由于手机也支持操作栏，所以它越来越多地用作搜索工具。这一节将介绍如何在操作栏上使用搜索部件。

本章将提供一些代码片段，可以用于修改到目前为止所介绍的项目，在其中增加一个搜索部件。虽然这里只展示代码片段，但是在本章的可下载项目中有完整的代码。

所谓搜索视图部件，是指位于操作栏中选项卡和菜单图标之间的搜索框，如图 10-7 所示。

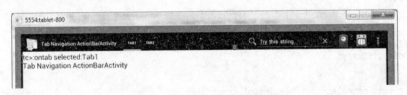

图 10-7 操作栏的搜索视图

在工具栏中实现搜索，需要完成以下步骤。

(1) 定义一个菜单项，指向 SDK 所提供的搜索视图。此外，还需要创建一个活动，用于加载菜单。它通常称为搜索调用者活动。

(2) 创建另一个活动，获取第 1 步创建的搜索视图的查询条件，然后返回结果。它通常称为搜索结果活动。

(3) 创建一个 XML 文件，支持自定义搜索视图部件。这个文件通常称为 searchable.xml，位于 res/xml 子目录之中。

(4) 在配置清单文件中声明搜索结果活动。这个定义需指向第 3 步定义的 XML 文件。

(5) 在搜索调用者活动的菜单设置中，指出用于显示第 2 步所创建搜索结构活动的目标搜索视图。

我们将提供每一步的代码片段。正如之前所介绍的，完整的代码位于可下载项目之中。事实上，运行本章的项目，就可以在本章前几节创建的所有操作栏中显示搜索视图，包括：选项卡、列表和标准工具栏。

10.5.1　将搜索视图部件定义为菜单项

要将搜索视图显现在活动的操作栏之中，需在菜单 XML 文件中定义一个菜单项，如代码清单 10-20 所示。

代码清单 10-20　搜索视图文件项定义

```
<item android:id="@+id/menu_search"
    android:title="Search"
    android:showAsAction="ifRoom"
    android:actionViewClass="android.widget.SearchView"
    />
```

代码清单 10-20 的主要元素是 actionViewClass 属性，它指向 android.widget.SearchView。本章前面的内容已经介绍过，在将一般菜单项显示为操作栏的操作图标时，还有其他一些属性可以使用。

10.5.2　配置搜索结果活动

要在应用程序中启用搜索，需要创建一个响应搜索查询的活动。这个活动与其他活动相似。代码清单 10-21 就是一个示例活动。

代码清单 10-21　搜索结果活动

```
public class SearchResultsActivity
{
    private static String tag="Search Results Activity";
    @Override
    public void onCreate(Bundle savedInstanceState)
    {
        super.onCreate(savedInstanceState);
        final Intent queryIntent = getIntent();
        doSearchQuery(queryIntent);
    }
    @Override
    public void onNewIntent(final Intent newIntent)
    {
        super.onNewIntent(newIntent);
        final Intent queryIntent = getIntent();
        doSearchQuery(queryIntent);
    }
    private void doSearchQuery(final Intent queryIntent)
    {
        final String queryAction = queryIntent.getAction();
        if (!(Intent.ACTION_SEARCH.equals(queryAction)))
        {
            Log.d(tag,"intent NOT for search");
            return;
        }
        final String queryString =
            queryIntent.getStringExtra(SearchManager.QUERY);
        Log.d(tag, queryString);
```

```
    }
}//eof-class
```

在代码清单 10-21 中，关于搜索结果活动，需要注意以下几点。

❑ 这个活动会检查调用的操作是否由搜索触发。

❑ 这个活动可能是最新创建的，或者刚刚转到前台。在后一种情况中，这个活动需要在它的 onNewIntent()方法中执行与onCreate()方法完全相同的操作。

❑ 如果这个活动由搜索调用，那么它会使用另一个参数SearchManager.QUERY获取该查询字符串。然后，这个活动会记录该字符串。在现实情况中，这个字符串一般用于返回匹配结果。

10.5.3 通过可搜索 XML 文件自定义搜索

正如前面的步骤所提示的，我们看一看自定义搜索体验的 XML 文件，如代码清单 10-22 所示。

代码清单 10-22 可搜索 XML 文件

```xml
<!-- /res/xml/searchable.xml -->
<searchable xmlns:android="http://schemas.android.com/apk/res/android"
    android:label="@string/search_label"
    android:hint="@string/search_hint"
/>
```

提示 属性将显示在搜索视图部件中，且这个提示信息在开始输入时会消失。这个标签在操作栏中作用并不大。然而，如果在搜索对话框中使用相同的搜索结果活动，对话框也会定义相同的标签。

关于可搜索 XML 属性的更详细介绍，请参考这个页面：

http://developer.android.com/guide/topics/search/searchable-config.html。

10.5.4 在配置清单文件中定义搜索结果活动

现在，我们需要将这个 XML 文件绑定到搜索结果活动上。实现方法是在配置清单文件中定义一个搜索结果活动：参见代码清单 10-23。注意，元数据定义指向可搜索的 XML 文件资源。

代码清单 10-23 将活动绑定到 Searchable.xml

```xml
<activity android:name=".SearchResultsActivity"
    android:label="Search Results">
    <intent-filter>
        <action android:name="android.intent.action.SEARCH"/>
    </intent-filter>
    <meta-data android:name="android.app.searchable"
                        android:resource="@xml/searchable"/>
</activity>
```

10.5.5 确定搜索视图部件的搜索目标

到目前为止，操作栏上已经添加了一个搜索视图，而且也创建了响应搜索操作的活动。现在，我们需要使用 Java 代码将它们绑定在一起。作为创建菜单的步骤之一，这可以在搜索调用活动的回调方法 onCreateOptions()中实现。onCreateOptions()可以调用代码清单 10-24 所示的函数，将搜索视图部件与搜索结果活动连接在一起。

代码清单 10-24　将搜索视图部件绑定到搜索结果活动

```java
private void setupSearchView(Menu menu)
{
    //Locate the search view widget
    SearchView searchView =
        (SearchView) menu.findItem(R.id.menu_search).getActionView();
    if (searchView == null)
    {
        this.reportBack(tag, "Failed to get search view");
        return;
    }

    //setup searchview
    SearchManager searchManager =
        (SearchManager) getSystemService(Context.SEARCH_SERVICE);
    ComponentName cn =
        new ComponentName(this,SearchResultsActivity.class);
    SearchableInfo info =
        searchManager.getSearchableInfo(cn);
    if (info == null)
    {
        this.reportBack(tag, "Failed to get search info");
        return;
    }

    searchView.setSearchableInfo(info);

    // Do not iconify the widget; expand it by default
    searchView.setIconifiedByDefault(false);
}
```

通过修改项目，或者下载本章的项目，就可以测试本节介绍的代码。在测试时，可以在操作栏上看到搜索视图，如图 10-7 所示。

10.6　操作栏和碎片

本章已经介绍了协同使用操作栏和活动的方法。在平板电脑上，一般推荐将操作栏与碎片一起使用。第 8 章详细介绍了碎片的使用方法。这里，相同的原则也适用于碎片。

因为碎片位于活动之中，而活动又包含操作栏，所以不需要抽象基类，就能够保证每一个活动都使用相同的操作栏。所有碎片都共享同一个活动，所以它们也共享同一个操作栏。这样，答案会更简单。

10.7　参考资料

以下 URL 对研究本章的内容提供了很大帮助。这些 URL 中也包含延伸阅读材料。此外，可通过最后一个 URL 下载本章项目的 zip 文件。

- *The Design of Everyday Things*，Donald A Norman。该书借用了"视觉感知"领域中一个已有的概念，那就是针对 HCI（Human Computer Interaction，人机交互）的"功能可见性"。这个术语正越来越多地应用到 Android UI 著作中。本章的操作栏被称为一种重要的 UI 功能可见性。
- http://en.wikipedia.org/wiki/Affordance：帮助理解 UI 功能可见性的维基百科条目。
- www.androidbook.com/item/3624：我们对 Android 操作栏的研究成果。在这里将会看到更多的参考资料、示例代码、示例链接以及表示各种操作栏模式的 UI 截图。
- http://developer.android.com/reference/android/app/ActionBar.html：这是 ActionBar 类的 API URL。
- 使用微调框适配器（www.androidbook.com/item/3627）：要设置列表导航模式，需要理解下拉列表和微调框的工作原理。这篇简短的文章提供了关于如何在 Android 中使用微调框的一些示例和参考链接。
- www.android book.com/item/3885：解释了搜索的工作原理，使我们最大程度地利用操作栏。
- www.androidicons.com：我们在本章中使用的两个图标是从此网站借用的。这些图标依据 Creative Commons License 3.0 授权。
- 漂亮的 Android 布局（www.androidbook.com/item/3302）：此 URL 提供了一些简单说明和简单布局的示例源代码。
- http://developer.android.com/reference/android/view/MenuItem.html：这个 URL 提供了 MenuItem 类的 API。可以在这里找到以操作图标形式将菜单项附加到操作栏的相关文档。
- http://developer.android.com/guide/topics/resources/menu-resource.html：这个 URL 记录了可用于将菜单项定义为操作栏图标的 XML 元素。
- www.androidbook.com/proandroid4/projects：可以使用这个 URL 下载专门针对本章的测试项目。针对本章的 zip 文件名称为 ProAndroid4_ch10_TestActionbar.zip。

10.8　小结

总的来说，本章主要介绍了以下内容。
- 操作栏的观感。
- 三种操作栏。
- 支持操作栏与多个活动协调工作的通用框架。
- 在操作栏中实现搜索视图。

10.9　面试问题

回答以下问题,巩固本章所学内容。

(1) 什么是操作栏，它的主要可视化组件是什么?

(2) 操作栏包括哪三种类型?

(3) 如何将菜单项显示为操作栏图标?

(4) R.id.home 是什么?

(5) 如何设计一种模式，使所有活动都共享一个通用的操作栏/菜单栏?

(6) 如何获得一个操作栏实例？

(7) 如何在操作栏上添加选项卡？

(8) 如何响应操作栏的选项卡单击操作？

(9) 一个操作栏是否能够控制多个活动？

(10) 菜单项显示在操作栏时，可能包含哪些值？

(11) 为什么对列表导航组件来说，SpinnerAdapter 很重要？

(12) 如何将一组可单击的项目传递给列表导航选项卡？

(13) 如何使用碎片简化操作栏模式？

(14) 在操作栏中实现搜索部件需要使用哪些制品？

第 11 章

高级调试与分析

11

到 目前为止，你已经自己写一些 Android 应用程序，而且可能遇到了一些意外情况。在本章中，我们将花些时间来介绍各种调试应用程序的方法，学习如何查看应用程序的内部运行情况，了解应用程序将出现什么样的运行结果。虽然有一些方法不一定需要使用 Eclipse 和 Android 插件，但是我们在这里仍然会使用这两个工具。

Eclipse Debug 透视图是 Eclipse 的标准透视图，且并非仅适用于 Android 编程。不过，通过学习本章，希望你能充分认识其功能。DDMS 透视图包含一些非常实用的特性，可以帮助我们进行应用程序调试。这些特性包括 Devices 视图（查看所连接的设备）、模拟器控制（发起电话呼叫、发送 SMS 消息和 GPS 坐标）、文件管理器（查看/传输设备的文件）、线程、堆和配置跟踪器（用于查看应用程序内部运行情况）。此外，我们还将介绍视图层次透视图，这样就可以仔细研究一个正在运行的应用程序的实际视图结构。然后，我们会介绍 Traceview，它使得对应用程序中转储文件的分析更为简单。最后，我们将介绍 StrictMode 类，它可用于检查策略错误，发现可能使用户体验很糟糕的设计错误。

11.1 启用高级调试

如果在模拟器中测试，Eclipse Android 开发工具（ADT）插件会负责设置所有要用到的工具。

如果在真实设备上调试应用程序，那么必须了解两件事情。第一，应用程序必须设置为可调试模式。具体的操作是，在 AndroidManifest.xml 文件的`<application>`标签中添加 *android:debuggable= "true"*。幸好，ADT 已经恰当地设置了这个属性。如果为模拟器创建调试版本，或者直接从 Eclipse 部署到设备上，那么 ADT 会将这个属性设置为 true。如果将应用程序导出来创建一个生产版本，那么 ADT 不会将 debuggable 设置为 true。注意，如果手动设置 AndroidManifest.xml，那么其设置值会一直保留。第二，必须将设备设置为启用 USB 调试模式。具体的操作是，打开设备的设置界面，选中"应用程序"，然后选择"开发人员"选项[1]，确保选中"启用 USB 调试"。

11.2 Debug 透视图

虽然 LogCat 很适合用于查看日志消息，但是开发人员一般都希望能够对应用程序运行进行更多的控制，并且查看更多的信息。在 Eclipse 中进行调试非常简单，而且互联网上有许多关于这方面的详

---

① 设置方式修改为 4.0 的方式。——译者注

细文档资料。因此，我们不会详细介绍，而只是列出如下一些实用特性。

- ❑ 在代码中设置断点，使应用程序运行到断点位置是暂停。
- ❑ 检查变量值。
- ❑ 单步执行代码。
- ❑ 在运行的应用程序上附加调试器。
- ❑ 应用程序从调试器断开。
- ❑ 查看堆栈跟踪信息。
- ❑ 查看线程列表。
- ❑ 查看 LogCat。

图 11-1 显示了 Debug 透视图下的屏幕布局示例。

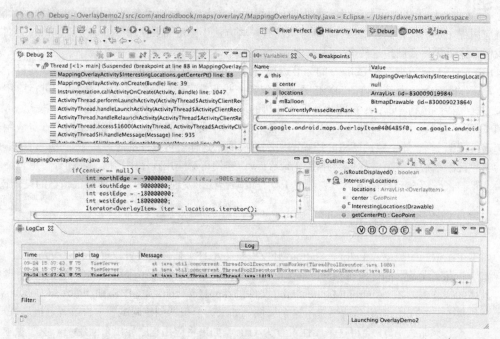

图 11-1　Debug 透视图

在 Java 透视图中（编写代码的透视图），右键单击应用程序，选择 Debug As ➤ Android Application，就会开始运行应用程序，并启动应用程序调试功能。可能需要切换到 Debug 透视图，才能进行应用程序调试操作。

11.3　DDMS 透视图

DDMS 是 Dalvik Debug Monitor Server 的首字母缩写。在这个透视图上，我们可以查看模拟器或设备上运行的应用程序，观察线程和内存运行情况，以及收集应用程序运行过程中产生的统计信息。图 11-2 显示了透视图在工作站上的运行结果。在本节后面的内容中，我们都会使用"设备"这个词，但是实际上它既表示设备也表示模拟器。

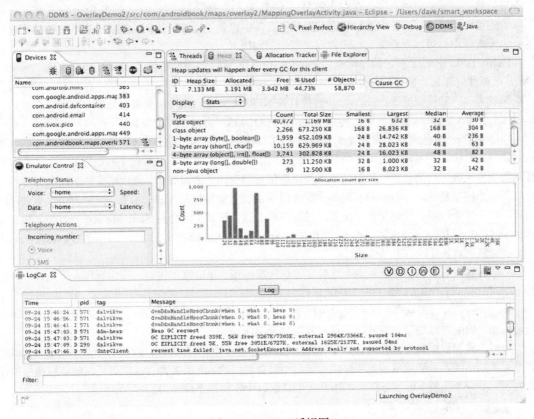

图 11-2　DDMS 透视图

　　图 11-2 的左上角是 Devices 视图。这里会显示工作站所连接的全部设备（这里可能同时连接了多个设备或模拟器），如果展开设备，就会显示所有可以调试的应用程序。在这个特定示例中，我们查看的是一个模拟器，里面是可以进行调试的常备应用程序（虽然我们并没有源代码）。如果是在真实设备上，可能只会看到几个应用程序（如果有的话）。不要忘记，如果要在真实设备上调试生产应用程序，那么需要修改 AndroidManifest.xml 文件，将 android:debuggable 设置为 true。

　　Devices 视图包含一些控制按钮，可以启动应用程序调试、更新堆、清除堆与 CPU 性能分析代理（HPROF）文件、触发垃圾回收（GC）、更新线程列表、启动方法分析、停止进程或截取设备屏幕图像。接下来将逐一详细介绍这些按钮的用法。

　　Devices 视图中绿色小虫按钮可以启动所选应用程序的调试过程。单击这个按钮，Eclipse 就会转到前面介绍的 Debug 透视图。这个方法的一个好处是可以将一个调试器附加到运行的应用程序上。在应用程序运行到需要启动调试的状态时，选择应用程序并单击这个按钮。现在，继续执行应用程序，如果遇到断点，执行过程就会停下，开发者就可以检查变量，并逐步调试代码。

　　下一个按钮可用于启动对正在运行进程的内存堆的检查。应用程序应该尽量减少内存消耗，不要太频繁地分配内存。与调试按钮类似，选择要检查内存的应用程序，然后单击 Update Heap 按钮。当然，只选择要调试的应用程序。在右边的 Heap 选项卡上（如图 11-2 所示），单击 Cause GC 按钮，就可以收集堆中的内存信息。汇总结果会马上显示，其中包含了详细的数据。然后，在各种类型和大小的已分配内存中，可以查看关于相应内存使用的详细信息。

Dump HPROF File 按钮的作用是创建一个 HPROF 文件。如果安装了 Eclipse Memory Analyzer（MAT）插件，那么此插件就会处理这个文件，在其中显示一些结果信息。这是一种强有力的查找内存泄漏的方法。默认情况下，Eclipse 会直接打开 HPROF 文件。如果希望将结果保存在一个文件中，则可以打开 Preferences 设置界面，转到 Android ➤ DDMS，进行相应的设置。

Update Threads 按钮用于填充界面右边显示的 Threads 选项卡，其中包含所选应用程序的当前线程集。这是查看线程的创建与销毁的绝佳方式，并可以从线程级别了解应用程序的运行情况。你会在线程列表中发现线程后面包含一些类似于堆栈跟踪信息的东西（诸如对象、源代码文件引用和行号等）。

下一个按钮是 Start Method Profiling，它可以帮助收集应用程序方法的信息，包括调用次数和计时信息。单击这个按钮，和应用程序交互，然后再单击这个按钮（它会在 Start Method Profiling 和 Stop Method Profiling 按钮之间来回切换）。当单击 Stop Method Profiling 时，Eclipse 会切换到 Traceview 视图（这个视图将在 11.4 节中介绍）。

Stop 按钮（看上去像停止标志）支持你停止所选进程。单击这个按钮，应用程序会完全停止。它与 Back 按钮不同，单击后者只会影响当前的活动。

无论 Devices 视图选择了哪一个应用程序，单击带有照相机图标的按钮，就可以捕捉当前的设备屏幕状态。然后可以刷新、旋转、保存或复制这个图像。

最后，照相机按钮旁边有一个菜单，其中包含前面介绍的所有按钮，以及一个菜单项 Reset adb。如果无法同步或者看到设备，此项可用于重启与设备通信的 adb 服务器，这样就可以刷新视图中的设备列表。另一个重置 adb 服务器的方法是在工具窗口中使用以下命令对：

```
adb kill-server
adb start-server
```

图 11-2 的右边是选项卡 Allocation Tracker。这里可以跟踪各部分内存的分配信息。单击 Start Tracking 后，操作应用程序，然后单击 Get Allocations。这样，这段时间的内存分配列表就会显示在视图中，单击一个特定的内存分配，就可以查看它的来源（类、方法、源代码文件引用和行号）。单击这里的 Stop Tracking 按钮，可以重置并重新开始跟踪。

DDMS 还包含一个 File Explorer 和 Emulator Control，它们可用于模拟电话呼叫、SMS 消息或 GPS 坐标。使用 File Explorer 可以浏览设备的文件系统，甚至可以在设备和工作站之间传送文件。我们将在 24.1 节中详细介绍 File Explorer。Emulator Control 将在第 22 章和第 23 章中介绍。

11.4　Hierarchy View 透视图

在这个透视图中，开发者可以连接模拟器（非真实设备）上运行的应用程序实例，然后查看应用程序的视图、结构及属性。首先是选择需要查看的应用程序。在应用程序选中和读取之后，视图层次就会以各种方式显示，如图 11-3 所示。

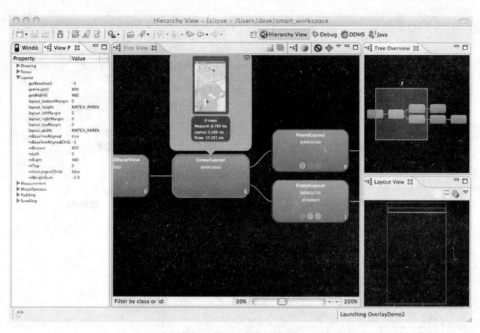

图 11-3　层次视图透视图

浏览所显示的结构，检查属性，确保只显示了所需要的视图。例如，如果有多个嵌套布局，也许可以将它们替换为一个 RelativeLayout。

你可能已经注意到，中间窗口的视图中包含三个彩色球形。它们分别从测量、布局和绘图（视图中嵌套视图）三个方面对视图性能做出评级。颜色的使用是相对的，所以红色不一定是表示出现错误，但你肯定要检查一下。

此外，要注意所选择的视图及其信息。它不仅包含视图的截图，还会显示该视图执行测量、布局和绘图的绝对时间。通过这些有价值的数字，就可以确定是否真的需要深入分析视图，并进行一些改进。除了折叠前面提到的布局，我们还可以改变视图的预置方式以及绘图的工作量。如果代码创建了大量对象，那么可以重用对象来减少内存开销。但是，使用后台线程、AsyncTasks 或其他技术，可能会花费很长的时间。

Pixel Perfect View

与 Hierarchy View 视图类似，我们可以截取当前屏幕图像，然后将它显示在 Pixel Perfect View 中。这个 Eclipse 插件提供了一个放大的图像查看器，支持查看各个像素及其颜色。该特征的有趣之处在于你可以将截图与其他图像叠加（如屏幕实体模型），从而与当前屏幕进行比较。如果需要复制一种特定外观，那么这是检验其完美程度的绝佳方式。

11.5　Traceview

前面已经介绍过收集应用程序方法执行的统计信息的方法。使用 DDMS，可以执行方法性能分析，然后 Traceview 窗口就会显示分析结果，如图 11-4 所示。

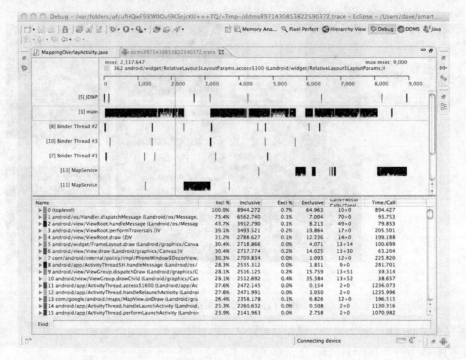

图 11-4   Traceview

使用前面所介绍的技术，就可以获得应用程序所有方法的跟踪信息。此外，使用 android.os.Debug 类，也可以获得更详细的 Android 应用程序跟踪信息。这个类提供了一个启动跟踪方法 （Debug.startMethodTracing("basename")）和停止跟踪方法（Debug.stopMethodTracing()）。Android 会在设备的 SD 卡上创建一个跟踪文件，文件名为 basename.trace。在需要跟踪的代码前后添加启动 和结束代码，就可以限制记录到跟踪文件的统计数据量。然后，将跟踪文件复制到工作站，使用 Android SDK 工具目录下的 traceview 工具，以跟踪文件名作为 traceview 的唯一参数，就可以查看跟踪输出 结果。第 24 章将详细介绍 SD 卡及其文件操作方法。

注意，分析结果指出各个方法的被调用者、调用频率和执行时间。结果按照线程进行排列，并用 不同的颜色进行区分。通过这个界面，就可以发现占用太多时间或调用次数过多的方法。

11.6　adb 命令

另外，还有一些可以在命令行（或工具窗口）中使用的调试工具。Android Debug Bridge（adb） 命令可用于安装、更新和删除应用程序。在模拟器或设备上启动命令行工具 Shell，然后在其中执行一 些 Android 提供的 Linux 命令的子集。例如，浏览文件系统、列举进程、阅读日志，甚至可以连接 SQLite 数据库，然后执行 SQL 命令。第 4 章已经介绍了 SQLite 命令。例如，（在工具窗口中）下面的命令将 在模拟器上创建一个 Shell 会话：

```
adb -e shell
```

注意，-e 表示指定一个模拟器。如果想要连接一个设备，则可以使用-d。在模拟器 Shell 中，已提高 Linux 权限，但是在真实设备上，则无法提高权限。这意味着，在模拟器上可以执行任意的 SQLite 数据库操作，但是在真实设备上则不允许，即使是自己开发的应用程序也一样！

输入不带参数的 adb，可以显示 adb 命令的所有可用功能。

11.7　模拟器控制台

另一个强大的调试方法是运行模拟器控制台，显然它只能在模拟器上运行。在模拟器启动和正常运行之后，在工具窗口中输入以下命令：

```
telnet localhost port#
```

其中，port#表示模拟器的监听端口。port#一般会显示在模拟器窗口标题上，且通常是一个值，如 5554。在启动模拟器控制台之后，就可以输入命令，模拟 GPS 事件、SMS 消息，甚至是电池与网络状态变化。请参考 11.9 节，其中包含模拟器控制台命令及其用法的链接。

11.8　StrictMode

Android 2.3 引入了一个新的调试特性：StrictMode。根据谷歌的资料，这个特性可大幅提升谷歌 Android 应用程序的性能。那么，它是怎么实现这个特性的呢？它会报告违反线程和虚拟机相关策略的问题。如果发现违反策略的问题，它会发出警告，而且警告信息还包含堆栈跟踪记录，用于显示违反策略的应用程序位置。在出现警告时，可以强行中止应用程序，也可以只是简单地记录警告信息，允许应用程序继续执行。

11.8.1　StrictMode 策略

目前，StrictMode 支持两种策略。第一种策略与线程相关，而且大多数情况是针对主线程（也称为 UI 线程）运行的。在主线程中进行磁盘读写操作或执行网络访问都不是良好的实践方法。谷歌在磁盘和网络访问代码中添加了 StrictMode 检查；如果在一个线程中启用 StrictMode，而该线程又执行了磁盘或网络访问，设备就会发出警告。可以设置 ThreadPolicy 接收那些类型的警告，也可以设置警告方法。可以检查的违规行为包括低效的自定义调用、磁盘写和网络访问。在出现警告时，可以选择将警告信息记录到 LogCat、显示对话框、闪动屏幕、写到 DropBox 日志文件或者强行中止应用程序。最常用的方法是写到 LogCat 或强行中止应用程序。代码清单 11-1 显示了创建线程策略 StrictMode 的示例。

代码清单 11-1　设置 StrictMode 的 ThreadPolicy

```
StrictMode.setThreadPolicy(new StrictMode.ThreadPolicy.Builder()
    .detectDiskReads()
    .detectDiskWrites()
    .detectNetwork()
    .penaltyLog()
    .build());
```

注意，使用 Builder 类，可以轻松设置 StrictMode。定义策略的 Builder 方法都会返回 Builder 对象的引用，所以这些方法可以连续调用，如代码清单 11-1 所示。最后一个方法是调用 build()，它会返回一个 ThreadPolicy 对象，作为 StrictMode 的 setThreadPolicy()方法的参数。注意，setThreadPolicy()是一个静态方法，所以实际上不需要初始化一个 StrictMode 对象。在内部，setThreadPolicy()使用当前线程处理策略，所以后续的线程操作都会针对 ThreadPolicy 评估，并且在必要时发出警告。这段示例代码定义了一个策略，在出现磁盘读取、磁盘写入和网络访问问题时向 LogCat 发出警告信息。如果不使用具体的检查方法，则可以使用 detectAll()方法。此外，还可以使用不同的或其他的处罚法。例如，可以在向 LogCat 写入 StrictMode 警告消息之后（调用 penaltyLog()方法的结果）使用 penaltyDeath()，强行中止应用程序。

由于是在整个线程上启用 StrictMode，所以一旦启用，就不需要持续启用了。因此，可以在主线程运行的主活动的 onCreate()方法开头启用 StrictMode，接着主线程中所有方法都会进行检查。根据要查找的违规类型，第一个活动可能很快就会启用 StrictMode。此外，另一种在应用程序中启用 StrictMode 的方法是，继承 Application 类，在此类的 onCreate()方法中添加 StrictMode 启用代码。虽然可以在线程的任意位置启用 StrictMode，但是我们肯定不需要在所有位置调用启用代码；一次启用就足够了。

StrictMode 有一个 VmPolicy，它与 ThreadPolicy 类似。如果一个 SQLite 对象在关闭之前被丢弃，或者任意 Closeable 对象在关闭前就被丢弃，VmPolicy 可以检查内存泄漏问题。VmPolicy 由类似的 Builder 类创建，如代码清单 11-2 所示。VmPolicy 和 ThreadPolicy 有一个区别，即 VmPolicy 不支持通过对话框显示警告信息。

代码清单 11-2   设置 StrictMode 的 VmPolicy

```
StrictMode.setVmPolicy(new StrictMode.VmPolicy.Builder()
    .detectLeakedSqlLiteObjects()
    .penaltyLog()
    .penaltyDeath()
    .build());
```

11.8.2   关闭 StrictMode

因为安装过程发生在线程中，所以 StrictMode 会检测到违规，即使控件从一个对象流向另一个对象。当发生违规情况时，开发者可能会很意外地发现代码是在主线程上运行的，通过堆栈跟踪可以帮助查明问题发生的根源。然后，开发者可以将代码移到独立的后台线程，以解决这个问题。或者，你也可以决定保持原状。这一切都由开发者自己决定。当然，在生成生产版本应用程序时，可能需要关闭 StrictMode，因为我们不希望由于警告问题导致应用程序强行关闭。

在生产版本应用程序中关闭 StrictMode 的方法有很多。最简单的方法是删除调用代码，但是这样做会使后续研发工作更为困难。开发者始终可以定义应用级别布尔变量，并在调用 StrictMode 代码前检测这个布尔变量。在发布应用程序前，将这个布尔变量值设置为 false，就可以有效地禁用 StrictMode。更优雅的做法是利用 AndroidManifest.xml 定义的应用程序调试模式。在这个文件中，<application>标签有一个属性 android:debuggable。如果需要调试应用程序，则可以将它设置为 true，这样就会在 ApplicationInfo 对象中设置一个标记，可以在代码中读取。代码清单 11-3 显示了它的用法，所以当应用程序处于调试模式时，StrictMode 就是激活的（相反，当应用程序不处于调试模式时，StrictMode 就不会激活）。

代码清单 11-3　设置仅在调试时激活的 StrictMode

```
// Return if this application is not in debug mode
ApplicationInfo appInfo = context.getApplicationInfo();
int appFlags = appInfo.flags;
if ((appFlags & ApplicationInfo.FLAG_DEBUGGABLE) != 0) {
    // Do StrictMode setup here
}
```

记住，如果在模拟器或设备上运行开发版应用程序，ADT 就会将它的属性设置为 true，因此前面的代码就会启用 StrictMode。如果导出应用程序的生产版本，ADT 就会将它设置为 false。

所有这些特性都是很好用的，但是它不支持 Android 2.3 之前的版本。如果要显式地使用 StrictMode，一定要将应用程序部署到 Android 2.3 或以上版本。如果部署到 2.3 以前的版本，程序就会出现校验误差，因为 Android 2.3 之前的版本不存在这个类。

11.8.3　在旧版本 Android 上使用 StrictMode

如果要在旧版本 Android（2.3 之前）上使用 StrictMode，那么可以使用反射机制，在它们可获取时则间接调用 StrictMode 方法，不存在时则进行异常处理。代码清单 11-4 就是最简单的实现；支持在旧版本 Android 上调用一个特殊方法。

代码清单 11-4　通过反射机制使用 StrictMode

```
try {
    Class sMode = Class.forName("android.os.StrictMode");
    Method enableDefaults = sMode.getMethod("enableDefaults");
    enableDefaults.invoke(null);
}
catch(Exception e) {
    // StrictMode not supported on this device, punt
    Log.v("StrictMode", "... not supported. Skipping...");
}
```

这种方法可以确定 StrictMode 类是否存在。如果存在，就调用 enableDefaults()方法。如果不存在，则捕捉异常 ClassNotFoundException。如果 StrictMode 存在，则不会出现任何异常，因为 enableDefaults()是它的方法。enableDefaults()方法会创建 StrictMode，检查所有问题，并且将违规情况写到 LogCat。因为调用的 StrictMode 方法是静态方法，所以调用时第一个参数可以指定为 null。

在很多情况下，不需要报告所有的违规情况。因此，最好在一般线程上创建 StrictMode，而不要在主线程上创建，这样就可以检查更具体的问题。例如，在监控的线程上执行磁盘读取操作是没问题的。如果是这样，要么不要在 Builder 上调用 detectDiskReads()，要么先调用 Builder 的 detectAll()，然后再调用 permitDiskReads()。其他策略选项也有类似的允许方法。

能否在 Android 2.3 之前版本中运行的应用程序上使用 StrictMode？当然可以！如果应用程序上不能使用 StrictMode，那么访问时就会抛出 VerifyError。如果将 StrictMode 封装在一个类中，然后捕捉这个错误，那么就可以在 StrictMode 不可用时忽略它，而存在时才使用它。代码清单 11-5 显示了一个 StrictModeWrapper 示例类，可将它添加到应用程序中。代码清单 11-6 则显示了创建 StrictMode

时，应用程序内部代码的样式。

代码清单 11-5　在 Android 2.3 之前的版本上使用 StrictMode

```
public class StrictModeWrapper {
    public static void init(Context context) {
        // check if android:debuggable is set to true
        int appFlags = context.getApplicationInfo().flags;
        if ((appFlags & ApplicationInfo.FLAG_DEBUGGABLE) != 0) {
            StrictMode.setThreadPolicy(
                new StrictMode.ThreadPolicy.Builder()
                .detectDiskReads()
                .detectDiskWrites()
                .detectNetwork()
                .penaltyLog()
                .build());
            StrictMode.setVmPolicy(
                new StrictMode.VmPolicy.Builder()
                .detectLeakedSqlLiteObjects()
                .penaltyLog()
                .penaltyDeath()
                .build());
        }
    }
}
```

这段代码与前面的例子很相似，只是组合使用了前面所学的全部方法。最后，如果要在应用程序中创建 StrictMode，只需要添加代码清单 11-6 所示的代码。

代码清单 11-6　在 Android 2.3 之前的版本上调用 StrictMode

```
try {
    StrictModeWrapper.init(this);
}
catch(Throwable throwable) {
    Log.v("StrictMode", "... is not available. Punting...");
}
```

注意，这段代码可以放在任意对象的本地环境中，如主活动的 onCreate() 方法。代码清单 11-6 的代码适用于任意版本的 Android。第二个调用 StrictMode 的条件方法可以增加更多的控制，因为为更易于调用所需要的任意方法，并跳过不需要的特性。因为前一个方法只使用了 enableDefaults()，所以通过反射机制调用一个方法并不太难。

11.8.4　StrictMode 练习

作为练习部分，请转到 Eclipse，复制一个已完成开发的应用程序。必须选择 2.3 或以上版本，使之能够使用 StrictMode 类。但是，将 minSDKVersion 设置为 2.3 以下版本。然后，在 src 文件夹下添加一个新类，使用代码清单 11-5 所示代码。在首先启动的活动的 onCreate() 方法中，添加类似于代码清单 11-6 的代码；在 Android 2.3 之前版本的模拟器上运行程序，然后在 Android 2.3 或以上版本的模拟器上运行。当 StrictMode 不可用时，LogCat 消息就会显示 StrictMode 不存在，但是应用程序仍然能够正常运行。当 StrictMode 可用时，在应用程序运行过程中，就可能会在 LogCat 中看到一些违规信息。如果在 NotePad 等 2.3 版本之前的示例应用程序上尝试，很可能会看到一些违反策略的问题。

11.9 参考资料

下面是一些可供进一步学习的有用参考资料。

❑ http://developer.android.com/guide/developing/tools/index.html：之前介绍的 Android 调试工具的开发者文档。

❑ http://developer.android.com/guide/developing/devices/emulator.html#console：Emulator Console 命令的语法与用法。这个文档介绍了如何使用命令行界面在模拟器上模拟出一些应用程序事件。

❑ www.eclipse.org/mat/：Eclipse 项目，称为内存分析器（Memory Analyzer, MAT）。使用这个插件，可以读取 DDMS 特性收集的 HPROF 文件。

11.10 小结

下面概括了本章所介绍的内容。

❑ 如何设置 Eclipse 和设备，以进行应用程序调试。

❑ Debug 透视图可以暂停应用程序，检查其中的变量值，以及逐行单步调试代码。

❑ DDMS 透视图包含许多观察线程、内存和方法调用的工具，还支持获取屏幕快照和向模拟器发送事件。

❑ 通过 DDMS 和命令行重置 adb 服务器。

❑ 层次视图可以显示应用程序的运行视图结构，还包括一些可用于调优和修复应用程序的指标。

❑ Traceview 能够显示应用程序运行过程中调用的方法，以及一些统计信息，它们有助于发现可能影响用户体验的问题方法。

❑ adb 命令可用于注册和检查设备。

❑ Emulator Console 可以通过命令行与模拟器进行交互，该方法相当不错。可以使你自由地编写脚本。

❑ StrictMode 是一个特殊类，可以验证应用程序没有执行一些不推荐执行的操作，如在主线程中执行磁盘或网络 I/O。

11.11 面试问题

回答以下问题，巩固本章所学知识。

(1) 判断：如果要调试应用程序，必须将 AndroidManifest.xml 文件中<application>标签的 android:debuggable 属性显式地设置为 true。

(2) 列举使用 Eclipse Debug 透视图可以进行的 4 个应用程序操作。

(3) 是否可以在 Eclipse 中同时连接多个设备和/或模拟器？如果可以，在哪里选择希望处理的应用程序？

(4) 使用哪一个 DDMS 特性可以获取关于应用程序当前内存分配的统计信息？

(5) 如何确定应用程序运行的线程数量？

(6) 如何确定应用程序中某一方法的调用次数，以及该方法的执行时间？

(7) 在哪里能够获取设备屏幕的截图？

(8) 哪一个 Eclipse 透视图可用于分析应用程序视图的结构？

(9) 透视图中三个彩色球形的作用是什么？黄色是否意味着出现严重问题？红色呢？

(10) 如果出现黄色或红色球形，并且希望了解情况的糟糕程度，那么应该如何查看实际的指标数值？

(11) 如果想查看方法的分析结果，而不想查看整个应用程序的所有方法，应该怎么做？

(12) 如何在运行的模拟器上创建一个 Linux Shell 会话？

(13) 也能够在真实设备上执行这个操作吗？如果可以，真实设备上是否存在一些限制？

(14) 如何确定模拟器的端口号，从而可以使用 Emulator Console 连接模拟器？

(15) StrictMode 主要检查哪两个方面的内容？

第 12 章

响应配置变化

到 目前为止，我们学习了许多知识点，现在是学习如何处理配置变化的好时机。当应用程序在设备上运行时，设备配置会发生变化（例如旋转 90 度），而应用程序也需要相应地响应这种变化。新配置情况很可能与之前的配置不一样。例如，如果从特写模式切换到全景模式，就意味屏幕会从长窄状变成短宽状。UI 元素（按钮、文本及列表等）都需要重新排列、调整尺寸，甚至完全删除，以适应新的配置。

在 Android 中，配置变化会中止当前活动，然后重新创建活动。应用程序本身仍然保持运行，但是应用程序可能会改变活动的显示方式以响应配置变化。

注意，配置变化有很多种方式，而不仅仅是设备旋转。如果设备连接到基座，配置也会发生变化。更改设备的语言也一样。无论出现什么样的新配置，只要已对活动进行相关配置，Android 就负责使这些设置生效，从而实现完美的用户体验。

本章从活动与碎片两个角度出发，将介绍配置变化的处理过程。具体内容包括如何针对这些转变设计应用程序，以及如何避免出现可能导致应用程序强行中止或出现错误的问题。

12.1 配置变化过程

Android 操作系统能够记录所在设备的当前配置。配置包括大量因素，而且还会不断地增加。例如，如果将设备连接到基座，那么设备配置就会发生变化。当 Android 发现配置变化时，运行的应用程序就会调用回调方法，通知程序配置发生变化，这样，应用程序就能够正确地响应配置的变化。稍后会对这些回调方法进行介绍，现在我们先回顾一下资源的使用方法。

Android 的最大特性之一是根据设备的当前配置选择活动所需要的资源。我们不需要编写代码查找哪些配置是激活的，只需根据名称访问资源，Android 就会返回相应的资源。如果设备处于特写模式，而且应用程序请求进行布局，那么就会得到特写布局。如果设备处于全景模式，那么就会得到全景布局。代码只负责请求布局，不需要指定布局类型。这是非常强大的特性，因为当引入了新的配置因素，或者新配置因素值时，代码保持不变。开发者只需要确定是否需要创建新的资源，接着在需要时根据新配置创建这些资源。然后，当应用程序遇到配置变化时，Android 就会向应用程序提供新的资源，所有这些功能都能够按预期方式继续执行。

为了尽可能保持简单，Android 会在配置变化时清除当前活动，然后在相同位置创建一个新活动。这种做法似乎非常粗暴，但是实际上并非如此。在一个运行的活动中，如果要判断哪些部分保持不变，哪些部分发生变化，并且只处理发生变化的部分，那么难度会更加大。

将要清除一个活动时，该活动会先发出通知，使程序可以保存一些必要的信息。当新活动创建时，就可以使用前一个活动的数据恢复其状态。为了保证良好的用户体验，很明显，这个保存与恢复过程一定不能消耗太长时间。

一个相当简单的方法是，保存需要的数据，然后让 Android 丢弃其他数据，再重新创建活动，只要应用程序及其活动不包含太多需要花费很长时间来重建的非 UI 元素。因此，实现成功配置变化设计的秘诀是：不要在活动中添加会影响配置变化中重建活动速度的"东西"。

记住，应用程序不会被清除，因此应用程序上下文的所有内容（包括当前活动）对新活动仍然有效。**单例模式**依然可用，任何应用程序已创建的后台线程也必然可用。所有相关的数据库或当前内容提供程序都仍然有效。利用这些资源，就可以实现快速稳定的配置变化。在可能的情况下，要将数据和业务逻辑移到活动之外。

活动和碎片的配置变化过程有一些类似。当活动被清除并重建时，活动的碎片也会随之清除和重建。然后，需要注意的是碎片和活动的状态信息，如用户当前查看的数据，或者需要保留的内部值。保存需要保存的数据，然后在碎片和活动重建之后取回这些数据。将越多的数据保存在碎片和活动之外，效果会越好，因为这样它们自然不会受到配置变化的影响。

12.1.1 活动的销毁/创建过程

有三个回调方法可用于处理活动的配置变化：

- ❑ onSaveInstanceState()
- ❑ onCreate()
- ❑ onRestoreInstanceState()

第一个回调方法是在 Android 检查到配置变化时调用的。活动可以保存当前状态，然后在配置变化结束时创建新活动，恢复原来的状态。onSaveInstanceState()回调方法应该在 onStop()之前调用。存在的任意状态都可以保存到 Bundle 对象中，以备将来访问。当活动重新创建时，也可以将这个对象传递到另外两个回调方法（onCreate()和 onRestoreInstanceState()）。开发者只需要在其中一个方法中增加逻辑代码，恢复活动的状态。

默认的 onSaveInstanceState()回调方法已经执行很多操作。例如，它会检查当前激活的视图层次，保存所有设置 android:id 的视图值。这意味着，如果创建了一个接收用户输入的 EditText 视图，那么在活动销毁/创建过程结束之后，用户使用控件之前，应该先给 EditText 重新设置之前保存的值。状态保存过程不需要开发者干预。如果重写了 onSaveInstanceState()，则一定要调用 super.onSaveInstanceState()，并将参数包传递给此方法，将这个过程交由 Android 负责管理。这里并不会保存视图，而只保存必须在销毁/创建过程留的状态属性。

要在打包对象中保存数据，应该使用一些数据类型保存方法，如整型使用 putInt()，字符串型使用 putString()。android.os.Bundle 类包含许多方法，不仅限于整型和字符串型。例如，使用 putParcelable()，可以保存复杂对象。每一个 put 操作都需要使用一个字符串键，将来可以使用相同的键取回这个值。代码清单 12-1 显示了一个 onSaveInstanceState()示例。

```
@Override
public void onSaveInstanceState(Bundle icicle) {
    super.onSaveInstanceState(icicle);
    icicle.putInt("counter", 1);
}
```

有时候，打包对象也称为冰柱，因为它表示活动的一小块冰冻部分。这个例子只保存了一对键值，它有键 counter。只要在回调方法中增加多个 put 语句，就可以保存更多的值。在这个例子中，counter 值在一定程度上是一个临时值，因为若应用程序完全销毁，当前值也会丢失。例如，当用户关闭设备时，就可能出现这种情况。第 13 章将介绍永久保存一些值的方法。这个实例状态仅仅在当前应用程序运行时保存一些值。对于需要更长时间保存的状态，则不能使用这种机制。

如果要恢复活动状态，则需要访问打包对象，取回你认为在那里的值。同样，使用 Bundle 类的一些方法，如 getInt()和 getString()，传入恰当的键值，就可以区分出哪些是所需要的值。如果 Bundle 中不存在这个键，则返回 0 或 null（取决于请求的对象类型）。或者可以在恰当的 getter 方法中提供默认值。代码清单 12-2 显示了一个 onRestoreInstanceState()回调方法示例。

```
@Override
public void onRestoreInstanceState(Bundle icicle) {
    super.onRestoreInstanceState(icicle);
    int someInt = icicle.getInt("counter", -1);
    // Now go do something with someInt to restore the
    // state of the activity. -1 is the default if no
    // value was found.
}
```

是在 onCreate()还是在 onRestoreInstanceState()中恢复活动状态，取决于开发者。许多应用程序会在 onCreate()中恢复状态，因为其中执行了大量的初始化工作。区分这两个方法的原因之一在于你是否在创建一个可扩展的活动类。如果以扩展方式创建新类，那么更简单的方法是重写 onRestoreInstanceState()方法，然后增加恢复状态代码，而非重写全部 onCreate()方法。

这里一定要注意，必须小心处理一些活动、视图和其他对象的引用，如果当前活动完全销毁，则它们也必须被垃圾收集器回收。如果保存的打包对象存储了已销毁活动的状态引用，那么该活动就无法被垃圾收集器回收。这样就很可能造成内存泄漏，随着量越来越多，最终导致应用程序崩溃。不要在打包对象中存储这些对象：Drawable、Adapter、View 及绑定到活动上下文的其他对象。不要将 Drawable 对象保存在打包对象中，而要将它序列化成位图。或者，更好的做法是，在活动和碎片之外管理位图，而不是在内部进行管理。将位图的引用添加到打包对象中。到了需要在新碎片中重新创建任意的 Drawable 对象时，则可以使用引用访问外部位图，重新生成所需要的 Drawable 对象。

12.1.2 碎片的销毁/创建过程

碎片的销毁/创建过程与活动的非常相似。在销毁和重建过程中，碎片会调用其自身的 onSaveInstanceState()回调方法，从而支持碎片在 Bundle 对象中保存一些值，以备将来使用。不同的是，在重新创建碎片时，有 4 个碎片回调方法可以接收这个 Bundle 对象，这 4 个回调方法分别为 onInflate()、onCreate()、onCreateView()和 onActivityCreated()。这样，就有大量机会可以利用碎片之前保存的状态，重建新碎片的内部状态。

Android 只保证在碎片调用 onDestroy() 之前，调用 onSaveInstanceState()。这意味着，碎片在调用 onSaveInstanceState() 时，不确定是否已附加视图层次。因此，不要依赖 onSaveInstanceState() 内部的视图层次遍历。例如，如果碎片位于碎片的返回栈中，则不会显示任何 UI，所以不存在任何视图层次。当然，这是允许的，因为如果不显示任何 UI，那么便不需要试图捕获和保存视图的当前值。在尝试保存当前值之前，一定要检查视图是否存在，不要将视图不存在视为错误。

与活动类似，一定要注意，在打包对象中保存的一些引用中，不能包括碎片重建之后不存在的活动或碎片引用。打包对象要尽可能小，要尽可能将长期驻留的数据保存在活动和碎片之外，然后在活动和碎片中引用外部数据即可。这样，才能够提高销毁/创建过程的速度，才不那么容易产生内存泄漏，而且活动和碎片也更易于维护。

12.1.3　使用 FragmentManager 保存碎片状态

除了 Android 会通知碎片应保存状态外，碎片还有另一种保存状态的方法。调用 FragmentManager 类的 saveFragmentInstanceState() 方法，可以生成一个类 Fragment.SavedState 的对象。上几节提到的状态保存方法也会在 Android 内部执行相同的操作。虽然我们知道状态会保存，但是还无法直接访问状态。这种保存状态的方法会返回一个对象，它表示所保存的碎片状态，且支持开发者控制是否从该状态创建碎片，以及何时创建。

要使用 Fragment.SavedState 对象恢复碎片，应该调用 Fragment 类的 setInitialSavedState() 方法。第 8 章介绍过，最好使用静态工厂方法（例如 newInstance()）创建新的碎片。在这个方法中，会看到默认构造函数被调用的方式，然后附加打包对象参数。另外，也可以调用 setInitialSavedState() 方法，将它恢复到前一个状态。

如果使用这个方法保存碎片状态，需要注意以下几个方面。

❑ 要保存的碎片目前必须附加到碎片管理器。
❑ 使用该保存状态创建的新碎片，它的类必须与旧碎片的类相同。
❑ 保存状态不能包含对其他碎片的依赖。
❑ 在重建保存的碎片时，其他碎片可能不存在。

12.1.4　使用碎片的 setRetainInstance

碎片可以不随配置变化而销毁和重建。如果调用 setRetainInstance() 方法，传入参数 true，那么当活动销毁及重建时，碎片会在应用程序中保持不变。碎片的 onDestroy() 回调方法不会被调用，onCreate() 也不会被调用。而 onDetach() 回调方法会被调用，因为必须将碎片所销毁活动解除。同样，基于此原因，onAttach() 和 onActivityCreated() 也必须被调用，因为碎片需要附加到新活动上。这个方法只适用于未保存到返回栈的碎片，而且特别适用于不带 UI 的碎片。

12.2　弃用的配置变化方法

有一些 Activity 的方法已经弃用，所以不要再使用它们：

```
getLastNonConfigurationInstance()
onRetainNonConfigurationInstance()
```

之前，这些方法支持保存被销毁的旧活动的任意对象，然后将它传递到新创建的下一个活动实例。虽然它们很有用，但是现在应该使用前面介绍的方法来管理销毁/创建过程中各个活动实例之间的数据。

12.3 参考资料

以面是一些有助于深入学习本章知识点的参考资料。

❑ www.androidbook.com/proandroid4/projects。可以在这里找到本书相关的可下载项目列表。对于本章请查找名为 ProAndroid4_Ch12_ConfigChanges.zip 的 zip 文件。该 zip 文件包含了本章的所有项目，这些项目在各个根目录中列出。此外，还有一个 README.TXT 文件详细说明了如何将 zip 文件中的项目导入 Eclipse。

❑ http://developer.android.com/guide/topics/fundamentals/activities.html#SavingActivityState。这里是 Android 开发者指南，它讨论了关于保存和恢复状态的内容。

12.4 小结

下面是本章介绍的关于配置变化处理的知识点小结。

❑ 配置变化时，活动会销毁和重建。
❑ 不要在活动中添加大量的数据和逻辑，以保证配置变化过程能够快速完成。
❑ 由 Android 提供适当的资源。
❑ 使用单例模式，将数据保存在活动之外，以便于在配置变化时销毁和重建活动。
❑ 利用默认的 onSaveInstanceState() 回调方法，保存带有 android:ids 的视图 UI 状态。
❑ 如果在活动销毁和创建过程中，碎片可以保持不变，那么可以使用 setRetainInstance()，通知 Android 不需要销毁和创建这个碎片。

12.5 面试问题

回答以下问题，巩固本章所学的知识点。

(1) 判断：所有配置变化都是由设备旋转引起的。
(2) 哪一个 Android 基本特性使配置更易于变化？
(3) 哪一个回调方法可以向活动通知配置变化？
(4) 默认的配置变化回调方法有什么作用？
(5) 在保存状态时，哪些对象的类不能保存在打包对象中？
(6) 在配置变化过程中，哪些状态信息不应该保存在打包对象中？
(7) 哪一种碎片最适合使用 setRetainInstance(true) 方法调用？

第 13 章

首选项及保存状态

在处理首选项方面，Android 提供了既强健又灵活的框架。所谓首选项，是指允许用户选择和保存应用程序定制选项的特性。例如，如果用户希望通过铃声或振动提醒（或不提醒），那就是用户所保存的首选项；应用程序会记住用户的选择，直到用户对此进行了更改。Android 提供了一些简单的 API，封装了首选项的读取和持久化方法。此外，它还提供了预定义用户界面，帮助用户选择首选项配置。由于 Android 内置了强大的首选项框架，因此也可以使用首选项实现更为通用的应用程序状态存储机制，使应用程序能够根据具体情况改变状态，例如在特定情况下停止运行，然后再恢复状态。再例如，可以将游戏的最高分保存为首选项，但是这需要使用你自己的 UI 进行显示。

在 Android 3.0 之前，首选项是通过一定的方式来管理的，但是后来发生了变化。由于平板电脑具有更大的屏幕，平板电脑上的首选项可视化排列方式比手机更美观一些。虽然首选项（不同类型的首选项）的基本实现仍然保持不变，但是它们的显示方式发生了显著变化。本章将介绍首选项的基本方面，以及 3.0 版本之前首选项的显示方式。最后，本章会介绍 PreferenceFragment，以及 PreferenceActivity 的新功能。

13.1 探索首选项框架

在深入探讨 Android 的首选项框架之前，首先构想一个需要使用首选项的场景，然后分析如何实现这一场景。假设你正在编写一个应用程序，它提供了一个搜索飞机航班的工具。而且，假设该应用程序的默认设置是根据机票价格由低到高的顺序显示航班，但用户可以将首选项设置为始终根据最少的停站数或特定航线来排序航班。如何实现这一场景？

13.1.1 ListPreference

显然，必须为用户提供 UI 来查看排序选项列表。该列表将包含每个选项的单选按钮，而且默认（或当前）选项应被预先选中。要使用 Android 首选项框架解决此问题，所需做的工作非常少。首先，创建首选项 XML 文件来描述首选项，然后使用预先构建的活动类，该类知道如何显示和持久化首选项。代码清单 13-1 给出了实现细节码。

说明　本章末尾将提供一个 URL，可通过它来下载本章的项目。这样即可将这些项目直接导入 Eclipse。

代码清单 13-1 航班选项首选项 XML 文件和相关的活动类

```xml
<?xml version="1.0" encoding="utf-8"?>
<!-- This file is /res/xml/flightoptions.xml -->
<PreferenceScreen
        xmlns:android="http://schemas.android.com/apk/res/android"
    android:key="flight_option_preference"
    android:title="@string/prefTitle"
    android:summary="@string/prefSummary">

  <ListPreference
    android:key="@string/selected_flight_sort_option"
    android:title="@string/listTitle"
    android:summary="@string/listSummary"
    android:entries="@array/flight_sort_options"
    android:entryValues="@array/flight_sort_options_values"
    android:dialogTitle="@string/dialogTitle"
    android:defaultValue="@string/flight_sort_option_default_value" />

</PreferenceScreen>
```

```java
public class FlightPreferenceActivity extends PreferenceActivity
{
    @Override
    protected void onCreate(Bundle savedInstanceState) {
        super.onCreate(savedInstanceState);
        addPreferencesFromResource(R.xml.flightoptions);
    }
}
```

代码清单 13-1 包含一个表示航班选项首选项设置的 XML 片段。该代码清单还包含一个活动类，用于加载首选项 XML 文件。首先看一下 XML。Android 提供了一种端到端的首选项框架。这意味着，该框架支持定义首选项，向用户显示设置，以及将用户选择持久化到数据存储中。在/res/xml/目录下的 XML 文件中定义首选项。要向用户显示首选项，编写一个活动类来扩展预定义的 Android 类 android.preference.PreferenceActivity，然后使用 addPreferences FromResource()方法将资源添加到活动的资源集合中。该框架会负责剩余操作（显示和持久化）。

在本航班场景中，在/res/xml/目录下创建文件 flightoptions.xml。然后创建活动类 Flight-PreferenceActivity，它扩展了 android.preference.PreferenceActivity 类。接下来，调用 add-PreferencesFromResource()，传入 R.xml.flightoptions。请注意，首选项资源 XML 指向多个字符串资源。为了确保正确编译，需要向项目中添加多个字符串资源（稍后将介绍如何做）。现在看一下代码清单 13-1 中生成的 UI（参见图 13-1）。

图 13-1 包含两个视图。左边的视图称为首选项屏幕，右边的 UI 是一个列表首选项。当用户选择 Flight Options 时，Choose Flight Options 视图将以模态对话框的形式出现，其中包含每个选项的单选按钮。用户选择一个选项之后，将立即保存该选项并关闭视图。当用户返回选项屏幕时，视图将反映前面保存的选择。

代码清单 13-1 中的 XML 代码定义了一个 PreferenceScreen，然后创建 ListPreference 作为子屏幕。对于 PreferenceScreen，设置 3 个属性：key、title 和 summary。key 是一个字符串，可用于以编程方式表示项（类似于使用 android:id 的方式）；title 是屏幕的标题（Flight Options）；summary 是对屏幕用途的描述，在标题下面以较小的字体显示（在本例中为 Set Search Options）。对于列表首选项，设置 key、title 和 summary，以及 entries、entryValues、dialogTitle 和 defaultValue 特性。表 13-1
总结了这些特性。

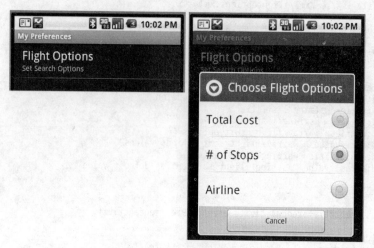

图 13-1 航班选项首选项 UI

表 13-1 android.preference.ListPreference 的一些特性

特 性	说 明
android:key	选项的名称或键（比如 selected_flight_sort_option）
android:title	选项的标题
android:summary	选项的简短摘要
android:entries	可将选项设置成的列表项的文本
android:entryValues	定义每个列表项的键或值。请注意，每个列表项具有一些文本和一个值。文本由 entries 定义，值由 entryValues 定义
android:dialogTitle	对话框的标题，在视图显示为模态对话框时使用
android:defaultValue	项列表中选项的默认值

代码清单 13-2 包含了这个例子的其他几个文件的源代码，我们将马上介绍。

代码清单 13-2 示例项目的其他文件

```xml
<?xml version="1.0" encoding="utf-8"?>
<!-- This file is /res/values/arrays.xml -->
<resources>
<string-array name="flight_sort_options">
    <item>Total Cost</item>
    <item># of Stops</item>
    <item>Airline</item>
</string-array>
<string-array name="flight_sort_options_values">
    <item>0</item>
    <item>1</item>
```

```
        <item>2</item>
</string-array>
</resources>

<?xml version="1.0" encoding="utf-8"?>
<!-- This file is /res/values/strings.xml -->
<resources>
    <string name="app_name">Preferences Demo</string>
    <string name="prefTitle">My Preferences</string>
    <string name="prefSummary">Set Flight Option Preferences</string>
    <string name="flight_sort_option_default_value">1</string>
    <string name="dialogTitle">Choose Flight Options</string>
    <string name="listSummary">Set Search Options</string>
    <string name="listTitle">Flight Options</string>
    <string name="selected_flight_sort_option">
        selected_flight_sort_option</string>
    <string name="menu_prefs_title">Settings</string>
</resources>

// This file is MainActivity.java
public class MainActivity extends Activity {
    private TextView tv = null;
    private Resources resources;

    /** Called when the activity is first created. */
    @Override
    public void onCreate(Bundle savedInstanceState) {
        super.onCreate(savedInstanceState);
        setContentView(R.layout.main);

        resources = this.getResources();

        tv = (TextView)findViewById(R.id.text1);

        setOptionText();
    }

    @Override
    public boolean onCreateOptionsMenu(Menu menu)
    {
        MenuInflater inflater = getMenuInflater();
        inflater.inflate(R.menu.mainmenu, menu);
        return true;
    }

    @Override
    public boolean onOptionsItemSelected (MenuItem item)
    {
        if (item.getItemId() == R.id.menu_prefs)
        {
            // Launch to our preferences screen.
            Intent intent = new Intent()
                    .setClass(this,
                com.androidbook.preferences.sample.FlightPreferenceActivity.class);
            this.startActivityForResult(intent, 0);
        }
        return true;
    }

    @Override
    public void onActivityResult(int reqCode, int resCode, Intent data)
    {
```

```
        super.onActivityResult(reqCode, resCode, data);
        setOptionText();
    }

    private void setOptionText()
    {
        SharedPreferences prefs =
                PreferenceManager.getDefaultSharedPreferences(this);
//      This is the other way to get to the shared preferences:
//      SharedPreferences prefs = getSharedPreferences(
//          "com.androidbook.preferences.sample_preferences", 0);
        String option = prefs.getString(
                resources.getString(R.string.selected_flight_sort_option),
                resources.getString(R.string.flight_sort_option_default_value));
        String[] optionText = resources.getStringArray(R.array.flight_sort_options);

        tv.setText("option value is " + option + " (" +
                optionText[Integer.parseInt(option)] + ")");
    }
}
```

在运行此应用程序时，首先会看到一个简单的文本消息，显示"option value is 1 (# of Stops)"。单击 Menu 按钮，然后在 Settings 上找到 PreferenceActivity。完成之后单击向后箭头，将会立即看到对选项文本所做的任何更改。

我们要讨论的第一个文件是/res/values/arrays.xml。此文件包含实现选项选择所需的两个字符串数组。第一个数组保存要显示的文本，第二个数组保存在方法调用中返回的值，以及存储在首选项 XML 文件中的值。出于我们的目的，选择使用为 flight_sort_options_values 使用数组索引值 0、1 和 2。可以使用任何对运行应用程序有帮助的值。如果选项本身就是数字（例如倒计时器初始值），那么可以使用 60、120、300 等值。这些值完全没必要是数字，只要它们对开发人员来说有意义即可，用户不会看到这些值，除非你选择公开它们。用户只能看到来自第一个字符串数组 flight_sort_options 的文本。

前面已经提到，Android 框架还负责持久化首选项。例如，当用户选择一个排序选项时，Android 会将选择存储在应用程序/data 目录下的一个 XML 文件中（参见图 13-2）。

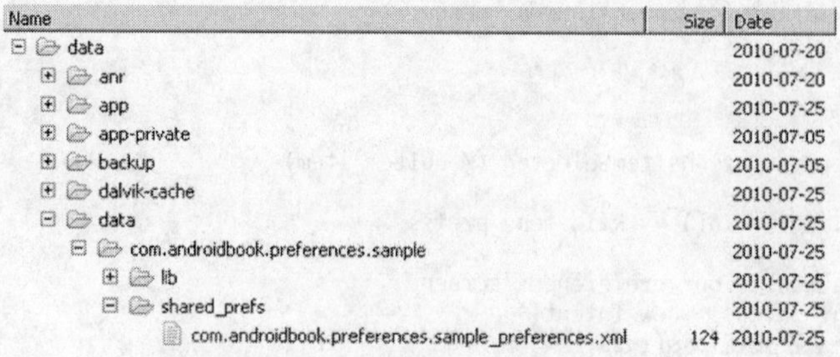

图 13-2   应用程序保存首选项的路径

说明   在模拟器中，只能够检查共享的首选项文件。在真实设备上，基于 Android 安全性考虑，不允许读取共享首选项文件。

实际的文件路径为/data/data/[*PACKAGE_NAME*]/shared_prefs/[*PACKAGE_NAME*]_preferences. xml。代码清单 13-3 展示了本示例的 com.androidbook.preferences.sample_preference.xml 文件。

```
<?xml version='1.0' encoding='utf-8' standalone='yes' ?>
<map>
    <string name="selected_flight_sort_option">1</string>
</map>
```

可以看到，对于一个列表首选项，首选项框架使用列表的 key 特性持久化所选项的值。另请注意，存储的是所选项的值，而不是文本。这里需要注意一点：因为首选项 XML 文件仅存储值而不是文本，所以如果升级应用程序和更改选项文本，或者向字符串数组添加项，存储在首选项 XML 文件中的任何值仍然会与升级后合适的文本保持一致。首选项 XML 文件在应用程序升级期间会被保留。如果首选项 XML 文件中包含 "1"（表示升级之前的 "# of Stops"），那么它在升级之后仍然应该表示 "# of Stops"。

我们所感兴趣的下一个文件是/res/values/strings.xml。我们为标题、摘要和菜单项添加了多个字符串。需要特别注意两个字符串。第一个是 flight_sort_option_default_value，我们将默认值设置为 1 来表示本示例中的 "# of Stops"。为每个选项选择默认值通常是一种不错的做法。如果不选择默认值并且未选中任何值，那么返回选项值的方法将返回 null。对于这种情况，代码将不得不处理 null 值。另一个有趣的字符串是 selected_flight_sort_option。严格来讲，用户不会看到此字符串。所以无需将它放在 strings.xml 内来提供其他语言的替代文本。但是，由于此字符串值是一个键，会在方法调用中用来检索值，所以为它创建 ID，可以确保在编译时不会输入错误的键名称。

接下来看看 MainActivity 的源代码。这是一个基本的活动，它获得该首选项的引用和 TextView 的句柄，然后调用某个方法来读取选项的当前值，以将其设置到 TextView 中。这里并没有给出应用程序的布局，只有一个 TextView 来显示关于目前首选项设置的消息。接下来，我们设置了菜单和菜单回调。在菜单回调中，我们为 FlightPreferenceActivity 启动了一个 Intent。为首选项启动 Intent 是到达首选项屏幕的最好方式。可以用菜单或按钮来触发 Intent。在后面的示例中，我们将不会重复该代码，但除了使用恰当的活动类名外，操作方法是一样。当首选项 Intent 返回之后，调用 setOptionText() 方法来更新 TextView。

可通过两种方式获取首选项的句柄。

- 最简单的方式如示例中所示，那就是调用 PreferenceManager.getDefaultShared-Preferences(this)。this 参数是用于查找默认共享首选项的上下文，该方法将使用 this 的包名称确定首选项文件的文件名和位置，这正好是由我们的 PreferenceActivity 创建的文件，因为它们共用相同的包名称。
- 获取首选项文件的句柄的另一种方式是使用 getSharedPreferences() 方法调用，传入文件名参数以及一个模式参数。代码清单 13-2 展示了这种方式，但被注释掉了。请注意，代码中仅指定了文件名的基础部分，没有路径和文件扩展名。模式参数控制 XML 首选项文件的权限。在上一个示例中，模式参数不会影响任何内容，因为该文件仅在 PreferenceActivity 中创建，该活动设置了默认权限 MODE_PRIVATE（即0）。在介绍保存状态的各节中将介绍模式参数。

在大多数情况下，可以使用第一种方法定位首选项。然而，如果设备的应用程序有多个用户，而且每一个用户都管理自己的首选项，那么必须使用第二种方法保证用户首选项的独立性。

在 setOptionText() 内，借助对首选项的引用，可以调用合适的方法来检索首选项值。在本例中调用了 getString()，因为我们知道检索的是来自首选项的字符串值。第一个参数是选项键的字符串值。前面已提到，使用 ID 可避免在构建应用程序时出现录入错误。也可以简单地使用字符串"selected_flight_sort_option"表示第一个参数，但要确保该字符串与使用了关键值的代码的其他部分完全相同。如果希望使应用程序尽可能保持小和快，则可以这么做。对于第二个参数，指定一个默认值，以防无法在首选项 XML 文件中找到值。当首次运行应用程序时，没有首选项 XML 文件，所以如果不为第二个参数指定值，首次启动应用程序时将始终得到 null。即使在 flightoptions.xml 中的 ListPreference 规范中为选项指定了默认值，也是如此。在本示例中，我们在 XML 中设置了默认值，并使用资源 ID 来设置，所以可以使用 setOptionText()中的代码来读取默认值的资源 ID 值。请注意，如果未为默认值使用 ID，那么直接从 ListPreference 中读取它将比较困难。通过在 XML 和我们的代码之间共享资源 ID，只需在一处修改默认值（也就是在 strings.xml 中）。

除了显示首选项的值，我们还显示了首选项的文本。我们在示例中采用了一种快捷方式，为 flight_sort_options_values 中的值使用了数组索引。通过将值转换为 int，我们知道从 flight_sort_options 中读取哪个字符串。如果为 flight_sort_options_values 使用了其他一些值，需要确定作为首选项的元素的索引，然后使用该索引从 flight_sort_options 获取首选项的文本。

因为应用程序中现在有两个活动，所以在 AndroidManifest.xml 中需要两个活动标记。第一个是类别为 LAUNCHER 的标准活动。第二个是 PreferenceActivity，所以我们按照惯例设置 Intent 的操作名称，将操作类别设置为 PREFERENCE，如代码清单 13-4 所示。我们不希望在所有其他应用程序的 Android 页面显示 PreferenceActivity，所以选择不使用 LAUNCHER。如果打算添加其他首选项界面，需要对 AndroidManifest.XML 做类似的修改。

代码清单 13-4　AndroidManifest.xml 中的 PreferenceActivity 条目

```
        <activity android:name=".FlightPreferenceActivity"
                android:label="@string/prefTitle">
            <intent-filter>
                <action android:name=
"com.androidbook.preferences.sample.intent.action.FlightPreferences" />
                <category
                    android:name="android.intent.category.PREFERENCE" />
            </intent-filter>
        </activity>
```

我们介绍了一种在代码中读取首选项默认值的方式。Android 提供了另一种更加优雅的方式。在 onCreate()中，可以执行以下代码：

```
PreferenceManager.setDefaultValues(this, R.xml.flightoptions, false);
```

然后，在 setOptionText()中，可以执行以下代码来读取选项值：

```
String option = prefs.getString(
    resources.getString(R.string.selected_flight_sort_option), null);
```

第一个调用将使用 flightoptions.xml 查找默认值，并使用默认值为我们生成首选项 XML 文件。如果内存中已有 SharedPreferences 对象的实例，它也将更新。第二个调用然后查找 selected_flight_sort_option 的值，因为我们首先需要加载默认值。

首次运行此代码后，如果查看 shared_prefs 文件夹，将会看到首选项 XML 文件，即使还未调用首选项屏幕也是如此。还会看到另一个名为_has_set_default_values.xml 的文件。此文件告诉应用程序，已使用默认值创建了首选项 XML 文件。setDefaultValues()的第三个参数（也就是 false）表示只想要首选项 XML 文件中的默认设置（如果之前还未进行设置）。如果选择 true，将始终使用默认值设置首选项 XML 文件。Android 会通过存在的这个新 XML 文件记住此信息。如果用户选择了新首选项值，并且为第三个参数选择了 false，用户首选项不会在下次运行此代码时重写。请注意，现在我们无需在 getString()方法调用中提供默认值，因为应该始终从首选项 XML 文件获取值。

如果需要一个来自扩展了 PreferenceActivity 的活动内部的引用，可以使用如下方法：

```
SharedPreferences prefs = getPreferenceManager().getDefaultSharedPreferences(this);
```

前面介绍了如何使用 ListPreference 视图。现在来分析一下 Android 首选项框架中的其他 UI 元素，也就是 CheckBoxPreference 视图和 EditTextPreference 视图。

13.1.2 CheckBoxPreference

ListPreference 首选项显示了一个列表作为它的 UI 元素。类似地，CheckBoxPreference 首选项显示了一个复选框部件作为它的 UI 元素。

为了扩展航班搜索示例应用程序，假设希望让用户设置他希望在结果集中看到的列。此首选项显示可用的列，支持用户通过勾选相应的复选框来选择期望的列。此示例的用户界面如图 13-3 所示，首选项 XML 文件如代码清单 13-5 所示。

图 13-3　复选框首选项的用户界面

代码清单 13-5　使用 CheckBoxPreference

```
<?xml version="1.0" encoding="utf-8"?>
<!-- This file is /res/xml/chkbox.xml -->
    <PreferenceScreen
        xmlns:android="http://schemas.android.com/apk/res/android"
            android:key="flight_columns_pref"
            android:title="Flight Search Preferences"
            android:summary="Set Columns for Search Results">
        <CheckBoxPreference
            android:key="show_airline_column_pref"
            android:title="Airline"
            android:summary="Show Airline column" />
```

13

```
        <CheckBoxPreference
                android:key="show_departure_column_pref"
                android:title="Departure"
                android:summary="Show Departure column" />
        <CheckBoxPreference
                android:key="show_arrival_column_pref"
                android:title="Arrival"
                android:summary="Show Arrival column" />
        <CheckBoxPreference
                android:key="show_total_travel_time_column_pref"
                android:title="Total Travel Time"
                android:summary="Show Total Travel Time column" />
        <CheckBoxPreference
                android:key="show_price_column_pref"
                android:title="Price"
                android:summary="Show Price column" />

</PreferenceScreen>

public class CheckBoxPreferenceActivity extends PreferenceActivity
{
        @Override
        protected void onCreate(Bundle savedInstanceState) {
                super.onCreate(savedInstanceState);
                addPreferencesFromResource(R.xml.chkbox);
        }
}
```

代码清单 13-5 给出了首选项 XML 文件 chkbox.xml，以及一个简单的活动类，该类使用 **addPreferencesFromResource()** 来加载首选项 XML 文件。可以看到，UI 具有 5 个复选框，每个复选框都使用首选项 XML 文件中的 CheckBoxPreference 节点表示。每个复选框还拥有一个键，在保存所选的首选项时，该键最终将用于持久化 UI 元素的状态。有了 CheckBoxPreference，在用户设置首选项的状态时，该状态将会保存。换句话说，当用户选择或取消选择首选项控件时，将保存该控件的状态。代码清单 13-6 给出了本示例的首选项数据存储。

代码清单 13-6　复选框首选项的首选项数据存储

```
<?xml version='1.0' encoding='utf-8' standalone='yes' ?>
<map>
        <boolean name="show_total_travel_time_column_pref" value="false" />
        <boolean name="show_price_column_pref" value="true" />
        <boolean name="show_arrival_column_pref" value="false" />
        <boolean name="show_airline_column_pref" value="true" />
        <boolean name="show_departure_column_pref" value="false" />
</map>
```

再一次，可以看到每个首选项都是通过其 key 特性来保存的。CheckBoxPreference 的数据类型为 boolean，它包含一个 true 或 false 值：true 表示选中了首选项，false 表示未选中首选项。要读取一个复选框首选项的值，可以访问共享的首选项，然后调用 getBoolean() 方法，将首选项的 key 传递给它：

```
boolean option = prefs.getBoolean("show_price_column_pref", false);
```

CheckBoxPreference 的另一个有用的特性是，可以根据是否选中了复选框来设置不同的摘要文本。它的两个特性是 summaryOn 和 summaryOff。现在看一下 EditTextPreference。

13.1.3 EditTextPreference

　　首选项框架还提供了一种自由格式文本首选项，名为 EditTextPreference。此首选项可用于捕获原始文本，而不是要求用户进行选择。为了演示该首选项，假设一个应用程序为用户生成 Java 代码。此应用程序的一个首选项设置可能是为生成的类使用的默认包名称。那么在这里，我们希望向用户显示一个文本字段，支持他为生成的类输入包名称。图 13-4 展示了该应用程序的 UI，代码清单 13-7 给出了应用程序的 XML。

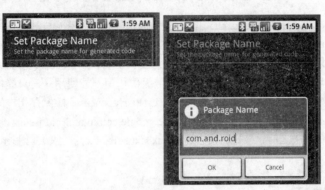

图 13-4　使用 EditTextPreference

代码清单 13-7　EditTextPreference 示例

```xml
<?xml version="1.0" encoding="utf-8"?>
<!-- This file is /res/xml/packagepref.xml -->
<PreferenceScreen
        xmlns:android="http://schemas.android.com/apk/res/android"
                android:key="package_name_screen"
                android:title="Package Name"
                android:summary="Set package name">

        <EditTextPreference
                android:key="package_name_preference"
                android:title="Set Package Name"
                android:summary="Set the package name for generated code"
                android:dialogTitle="Package Name" />

</PreferenceScreen>
```

```java
public class EditTextPreferenceActivity extends PreferenceActivity{
    @Override
    protected void onCreate(Bundle savedInstanceState) {
        super.onCreate(savedInstanceState);

        addPreferencesFromResource(R.xml.packagepref);
    }
}
```

　　可以看到，代码清单 13-6 定义了一个 PreferenceScreen，其中包含一个 EditTextPreference 作为子屏幕。此代码清单生成的 UI 的左边是 PreferenceScreen，右边是 EditTextPreference（参见图 13-4）。当用户选择 Set Package Name 时，将弹出一个对话框供输入包名称。当用户单击 OK 按钮时，首选项将保存到首选项存储。

与其他首选项一样，可以使用 EditTextPreference 的 key 从活动类获得 EditTextPreference。有了 EditTextPreference，就可以调用 getEditText()来操作实际的 EditText，例如，如果希望对用户在文本字段中输入的值应用验证、预处理或后处理。要获得 EditTextPreference 的文本，只需使用 getText()方法。

13.1.4   RingtonePreference 及 MultiSelectListPreference

另一个首选项是 RingtonePreference，但是这里并不介绍。它遵循与其他首选项相同的规则，但是很少使用。最后，Android 3.0 引入了首选项 MultiSelectListPreference。它的概念与 ListPreference 相似，但是用户并不只允许选择列表中一个项目，而是可以选择多个项目，也可以不选择。遗憾的是，在本书编写时，其实现仍然存在一些问题。例如，数组值貌似不能使用——只能使用条目数组。这意味着，XML 首选项文件包含条目字符串，而不像 ListPreference 一样保存相应的值。此外，设置默认值设置也有一些神秘。详细信息请参考 http://code.google.com/p/android/issues/detail?id=15966。

在这个首选项问题解决之前，最好创建一组 CheckBoxPreferences。图 13-3 显示了 MultiSelectList-Preference 的外观。

13.2   组织首选项

首选项框架对将首选项组织到类别中提供了一定的支持。例如，如果拥有多个首选项，可以构建一个视图来显示首选项高级类别。用户然后可以深入到每个类别，查看和管理特定于该组的首选项。

13.2.1   使用 PreferenceCategory

可以通过两种方式实现此目标。可以在根 PreferenceScreen 中引入嵌套的 PreferenceScreen 元素，或者可以使用 PreferenceCategory 元素来获得类似结果。图 13-5 和代码清单 13-8 展示了如何实现第一种技术，使用嵌套的 PreferenceScreen 元素来对首选项进行分组。

图 13-5   通过嵌套 PreferenceScreen 元素创建首选项分组

代码清单 13-8 嵌套 PreferenceScreen 元素来组织首选项

```xml
<?xml version="1.0" encoding="utf-8"?>
<PreferenceScreen
        xmlns:android="http://schemas.android.com/apk/res/android"
                android:key="using_categories_in_root_screen"
                android:title="Categories"
                android:summary="Using Preference Categories">

    <PreferenceScreen
        xmlns:android="http://schemas.android.com/apk/res/android"
                android:key="meats_screen"
                android:title="Meats"
                android:summary="Preferences related to meats">

        <CheckBoxPreference
                android:key="fish_selection_pref"
                android:title="Fish"
                android:summary="Fish is healthy" />
        <CheckBoxPreference
                android:key="chicken_selection_pref"
                android:title="Chicken"
                android:summary="A common type of poultry" />
        <CheckBoxPreference
                android:key="lamb_selection_pref"
                android:title="Lamb"
                android:summary="A young sheep" />

    </PreferenceScreen>
    <PreferenceScreen
        xmlns:android="http://schemas.android.com/apk/res/android"
                android:key="vegi_screen"
                android:title="Vegetables"
                android:summary="Preferences related to vegetables">
        <CheckBoxPreference
                android:key="tomato_selection_pref"
                android:title="Tomato "
                android:summary="It's actually a fruit" />
        <CheckBoxPreference
                android:key="potato_selection_pref"
                android:title="Potato"
                android:summary="My favorite vegetable" />

    </PreferenceScreen>

</PreferenceScreen>
```

图 13-5 左边的视图显示了两个首选项屏幕，一个具有标题 Meats，另一个具有标题 Vegetables。单击一个组将转到该组中的首选项。代码清单 13-8 展示了如何创建嵌套屏幕。

在图 13-5 中，通过在根 PreferenceScreen 中嵌套 PreferenceScreen 元素来创建分组。如果拥有许多首选项，并且支持用户通过滚动来找到需要的首选项，那么通过这种方式组织首选项将很有用。如果没有太多首选项，但仍然希望为首选项提供高级类别，那么可以使用 PreferenceCategory，这是我们提到的第二种技术。图 13-6 和代码清单 13-9 给出了细节。

图 13-6 显示了上一个例子中使用的相同分组，但现在使用首选项类别进行组织。代码清单 13-9 和代码清单 13-8 中的 XML 之间的唯一区别在于，为嵌套屏幕创建了一个 PreferenceCategory，而不是嵌套 PreferenceScreen 元素。

图 13-6 使用 PreferenceCategory 组织首选项

代码清单 13-9 创建首选项类别

```xml
<?xml version="1.0" encoding="utf-8"?>
<PreferenceScreen
        xmlns:android="http://schemas.android.com/apk/res/android"
                android:key="using_categories_in_root_screen"
                android:title="Categories"
                android:summary="Using Preference Categories">

    <PreferenceCategory
        xmlns:android="http://schemas.android.com/apk/res/android"
                android:key="meats_category"
                android:title="Meats"
                android:summary="Preferences related to meats">

        <CheckBoxPreference
                android:key="fish_selection_pref"
                android:title="Fish"
                android:summary="Fish is healthy" />
        <CheckBoxPreference
                android:key="chicken_selection_pref"
                android:title="Chicken"
                android:summary="A common type of poultry" />
        <CheckBoxPreference
                android:key="lamb_selection_pref"
                android:title="Lamb"
                android:summary="A young sheep" />

    </PreferenceCategory>
    <PreferenceCategory
        xmlns:android="http://schemas.android.com/apk/res/android"
```

```
            android:key="vegi_category"
            android:title="Vegetables"
            android:summary="Preferences related to vegetables">
        <CheckBoxPreference
            android:key="tomato_selection_pref"
            android:title="Tomato "
            android:summary="It's actually a fruit" />
        <CheckBoxPreference
            android:key="potato_selection_pref"
            android:title="Potato"
            android:summary="My favorite vegetable" />

    </PreferenceCategory>

</PreferenceScreen>
```

13.2.2 创建依赖的子首选项

　　另一种组织首选项的方法是使用首选项依赖关系。这可以在首选项之间创建父子关系。例如，我们有一个打开警报的首选项；如果打开警报，可能还需要选择其他几个与警报相关的首选项。如果主要的警报首选项处于关闭状态，则其他首选项不相关且被禁用。代码清单 13-10 是 XML 配置，而图 13-7 是首选项的显示效果。

代码清单 13-10　XML 表示的首选项依赖关系

```
<PreferenceScreen>

    <PreferenceCategory
            android:title="Alerts">

        <CheckBoxPreference
                android:key="alert_email"
                android:title="Send email?" />

        <EditTextPreference
                android:key="alert_email_address"
                android:layout="?android:attr/preferenceLayoutChild"
                android:title="Email Address"
                android:dependency="alert_email" />

    </PreferenceCategory>

</PreferenceScreen>
```

图 13-7　首选项依赖关系

13.2.3 带标题的首选项

　　随着 Android 3.0 的引入，我们有了另一种首选项组织方式。从平板电脑的“主设置”应用程序界面上可以看到这种方式。因为平板电脑屏幕的显示空间比智能手机大，可以同时显示更多的首选项信息是有意义的。为此，这里使用了首选项标题。具体效果如图 13-8 所示。

注意，标题位于左下方，就像是垂直选项卡工具栏一样。如果单击左边的各个项目，屏幕右边会显示该项目的首选项信息。在图 13-8 中，选中的是声音（Sound），而声音首选项显示在右边。右边是 PreferenceScreen 对象，而它使用碎片进行设置。显然，这里需要执行一些与本章内容不同的设置方法。

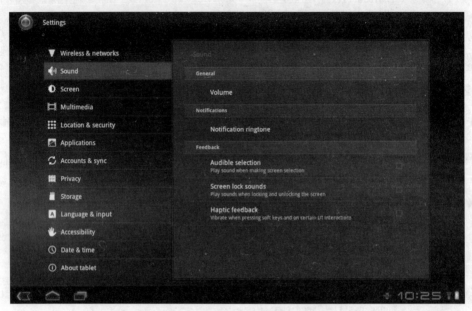

图 13-8   具有首选项标题的主设置页面

从 Android 3.0 开始，最大的变化是在 PreferenceActivity 上增加了标题。此外，这也意味着需要使用 PreferenceActivity 的新回调方法来设置标题。现在，在扩展 PreferenceActivity 时，需要实现这个方法：

```
public void onBuildHeaders(List<Header> target) {
    loadHeadersFromResource(R.xml.preferences, target);
}
```

preferences.xml 文件包含以下新标签：

```
<preference-headers
        xmlns:android="http://schemas.android.com/apk/res/android">
    <header android:fragment="com.example.PrefActivity$Prefs1Fragment"
            android:icon="@drawable/ic_settings_sound"
            android:title="Sound"
            android:summary="Your sound preferences" />
    ...
```

每一个标题标记都指向一个扩展 PreferenceFragment 的子类。在前面的例子中，XML 指定了一个图标、标题和总结文本（就像子标题）。Prefs1Fragment 是 PreferenceActivity 的内部类，如下所示：

```java
public static class Prefs1Fragment extends PreferenceFragment {
    @Override
    public void onCreate(Bundle savedInstanceState) {
        super.onCreate(savedInstanceState);
        addPreferencesFromResource(R.xml.sound_preferences);
    }
}
```

如前面的代码所示，这个内部类需要做的就是取回恰当的首选项 XML 文件。这个首选项 XML 文件包含前面介绍的首选项规范类型，如 ListPreference、CheckBoxPreference 及 PreferenceCategory 等。一个好的方面是，当屏幕配置发生变化时，及当首选项显示在较小屏幕时，Android 会负责执行正确操作。标题首选项就像之前小显示屏幕所采用的旧方法，即将标题和首选项都显示在右边。也就是说，只有标题会显示；单击标题，就只能看到恰当的首选项屏幕。

13.3 以编程方式操作首选项

毫无疑问，我们需要以编程方式访问实际的首选项控件。例如，如果需要在运行时为 ListPreference 提供 entries 和 entryValues，该如何做？可以定义和访问首选项控件，方法类似于在布局文件和活动中定义和访问控件。例如，要访问在代码清单 13-1 中定义的列表首选项，可以调用 PreferenceActivity 的 findPreference()方法，传递首选项的键（注意与 findViewById()的相似性）。然后将控件转换为 ListPreference，最后操作控件。例如，如果希望设置 ListPreference 视图的项，可以调用 setEntries()方法，等等。代码清单 13-11 通过使用代码设置首选项的简单示例，展示了如何实现。

当然，也可以创建从 PreferenceManager.createPreferenceScreen()开始的完整 PreferenceScreen。

代码清单 13-11 以编程方式设置 ListPreference 值

```java
public class FlightPreferenceActivity extends PreferenceActivity
{
    @Override
    protected void onCreate(Bundle savedInstanceState) {
        super.onCreate(savedInstanceState);
        addPreferencesFromResource(R.xml.flightoptions);

        ListPreference listpref = (ListPreference) findPreference(
                            "selected_flight_sort_option");

        listpref.setEntryValues(new String[] {"0","1","2"});
        listpref.setEntries(new String[] {"Food", "Lounge", "Frequent Flier Program"});
    }
}
```

13.3.1 使用首选项保存状态

首选项非常适合根据用户喜好自定义应用程序，但 Android 首选项框架的用途远不止这些。当应用程序需要在对它执行各次调用时跟踪某种数据，首选项是完成此任务的一种方式。我们已介绍过使用 ContentProvider 维护数据。可以使用 SD 卡上的自定义文件。也可以使用首选项文件和代码。

Activity 类有一个 getPreferences(int mode)方法。事实上，此方法使用活动的类名（作为标记）和传入的模式来调用 getSharedPreferences()。结果是一个特定于活动的首选项文件，可使用它存储各次调用中与此活动相关的数据。代码清单 13-12 提供了使用此方法的简单示例。

代码清单 13-12　使用首选项保存活动的状态

```
final String INITIALIZED = "initialized";
SharedPreferences myPrefs = getPreferences(MODE_PRIVATE);

boolean hasPreferences = myPrefs.getBoolean(INITIALIZED, false);
if(hasPreferences) {
        Log.v("Preferences", "We've been called before");
        // Read other values as desired from preferences file...
        someString = myPrefs.getString("someString", "");
}
else {
        Log.v("Preferences", "First time ever being called");
        // Set up initial values for what will end up
        // in the preferences file
        someString = "some default value";
}

// Later when ready to write out values
Editor editor = myPrefs.edit();
editor.putBoolean(INITIALIZED, true);
editor.putString("someString", someString);
// Write other values as desired
editor.commit();
```

这段代码的作用就是获取 Activity 类的首选项引用，检查是否存在名为 initialized 的"首选项"布尔值。我们为"首选项"添加上双引号是因为，此值与用户将看到或设置的内容不同，它只是我们希望存储在首选项文件中供下次使用的一个值。如果获得了一个值，并且首选项文件存在，那么一定在之前调用过我们的应用程序。然后可以从首选项文件读取其他值。例如，someString 可以是从上次该活动运行或设置默认值（如果这是第一次的话）就应该设置的活动变量。

要向共享首选项文件写入值，必须首先获得首选项 Editor。然后即可向首选项添加值，在完成之后提交这些更改。请注意，在幕后，Android 管理着一个真正共享的 SharedPreferences 对象。在理想情况下，一次始终只有一个 Editor 处于活动状态。但调用 commit()方法非常重要，这样可以更新 SharedPreferences 对象和首选项 XML 文件。在这个例子中，我们写出 someString 的值，以备下次该活动运行时使用。

可以在任何时候访问首选项文件，向其中写入和提交值。这些操作的可能用途包括写入游戏的高分或记录应用程序上次运行的时间。也可以通过不同的名称使用 getSharedPreferences()调用来管理不同的首选项集，所有操作都在相同应用程序甚至相同活动中完成。

到目前为止，我们都使用了 MODE_PRIVATE 作为示例中的模式。其他可能的模式值包括 MODE_WORLD_READABLE 和 MODE_WORLD_WRITEABLE。在创建首选项 XML 文件来设置文件权限时，会相应地使用这些模式。因为首选项文件存储在应用程序的数据目录中，因此无法供其他应用程序访问，只需要使用 MODE_PRIVATE。

13.3.2　使用 DialogPreference

到目前为止，我们介绍了如何使用首选项框架的现成功能，但是如何创建自定义首选项呢？如何创建类似于屏幕设置的亮度首选项滑块效果呢？这时可以使用 DialogPreference。DialogPreference 是 EditTextPreference 和 ListPreference 的父类。它会弹出一个对话框，向用户显示一些选项，然后通过按钮或返回按钮关闭。但是，扩展 `DialogPreference`，也可以创建自定义首选项。在扩展的类中，可以在 `onDialogClosed()` 中提供自定义布局、自定义单击处理器和自定义代码，将自定义首选项的数据写入到共享首选项文件中。

13.4 参考资料

以下是一些很有用的参考资料，可通过它们进一步探索相关主题。

❑ http://www.androidbook.com/proandroid4/projects。可在这里找到与本书相关的可下载项目列表。对于本章，请查找名为ProAndroid4_Ch13_Preferences.zip的ZIP文件。此ZIP文件包含本章中的所有项目，这些项目在各个根目录中列出。还有一个README.TXT文件详细介绍了如何从ZIP文件将项目导入Eclipse。

13.5 小结

本章主要介绍了以下与 Android 首选项相关的内容：

❑ 可用首选项的类型。
❑ 在应用程序中读取当前首选项值。
❑ 从嵌入式代码和将XML文件中定义的默认值写到存储的首选项文件这两种方式来设置默认值。
❑ 将首选项分组，并且定义首选项之间的依赖关系。
❑ 以编程方式操作首选项。
❑ 在活动调用期间，使用首选项框架保存和恢复活动的信息。
❑ 创建自定义首选项。

13.6 面试问题

回答以下问题，巩固本章所学知识点。

(1) 列出五种不同类型的首选项。

(2) 哪一个首选项属性可用于存储所选择的值？

(3) 一个应用程序可以有多少个共享首选项文件？

(4) 哪一个源目录通常用于存放首选项定义文件？

(5) 包名为 `name com.androidbook.myapp` 的应用程序的共享首选项文件的位置在哪里？

(6) 共享首选项文件第一次在何时创建：在应用程序安装时，还是安装之后的某个时间？如果是后者，具体在什么时间创建？

(7) 如果要升级应用程序，并且增加一些新的首选项，应该考虑哪些问题？

(8) 如果要接收 `int` 首选项的当前值，应该使用哪一个类的哪一个方法？

(9) 在 `AndroidManifest.xml` 文件中，应该使用哪一个分类名设置 `PreferenceActivity`？

(10) 在首选项 XML 中，哪两个主标签可用于创建标题？

(11) 是否允许在共享首选项文件中保存一个值，但又不在首选项屏幕上显示？

(12) `Editor` 类的 `commit()` 方法有什么重要之处？

第 14 章

探索安全性和权限

14

本章将介绍 Android 中的应用程序安全性模型，它是 Android 平台的基础部分。在 Android 中，安全性贯穿着应用程序生命周期的所有阶段，从设计时的策略考虑到运行时边界检查。你将了解 Android 的安全性架构和如何设计安全的应用程序。

首先介绍 Android 安全性模型。

14.1 理解 Android 安全性模型

本节将介绍应用程序部署和执行期间的安全性。在部署方面，Android 应用程序必须使用数字证书签名，才能将它们安装到设备上。在执行方面，Android 在独立进程中运行每个应用程序，每个应用程序都具有唯一且固定的用户 ID（在安装时分配）。这围绕进程提供了一个边界，阻止了一个应用程序直接访问另一个应用程序的数据。而且，Android 定义了一个声明性权限模型来保护敏感的信息（比如联系人列表）。

接下来的各小节将探讨这些主题。但在开始之前，首先概述一下稍后将会用到的一些安全性概念。

14.1.1 安全性概念概述

Android 要求使用数字证书对应用程序进行签名。这一要求的一个好处是，应用程序无法使用不是由原作者发布的版本进行更新。例如，如果我们发布了一个应用程序，那么将无法使用你的版本更新该应用程序（当然，除非你获得了我们的证书）。那么，对应用程序进行签名是什么意思？签名应用程序的过程是怎样的？

应用程序使用数字证书签名。数字证书是一个包含相关信息（比如公司名称及地址等）的工件。数字证书的一些重要特性包括它的签名和公/私钥。公/私钥也称为密钥对。请注意，尽管使用了数字证书来签名.apk 文件，但仍然可以将它们用于其他用途（比如加密通信）。可以从你所信任的证书授权机构（certificate authority，CA）获得数字证书，也可以使用 keytool 等工具自己生成证书（我们很快将讨论）。数字证书存储在密钥库中。密钥库包含许多数字证书，每个证书都有一个别名，在密钥库中可以使用这个别名来表示它。

签名 Android 应用程序需要 3 个要素：数字证书、.apk 文件和知道如何将数字证书的签名应用到.apk 文件的实用程序。你将会看到，我们使用了 JDK 发行版中包含的一个免费的实用程序，名为 jarsigner。这个实用程序是一个命令行工具，知道如何使用数字证书签名.jar 文件。

现在看一下如何使用数字证书签名.apk 文件。

14.1.2　为部署签名应用程序

要将 Android 应用程序安装到设备上，首先需要使用证书的数字签名对 Android 包（.apk 文件）进行签名。但这个证书可以是自签名的，无需从证书授权机构（比如 VeriSign）购买。

为部署而签名应用程序包含 3 个步骤。第一步是使用 keytool（或类似工具）生成证书。第二步是使用 jarsigner 工具，使用所生成证书的签名对.apk 文件进行签名。第三步是将应用程序的各部分与内存边界对齐，以便在设备上运行时实现更高的内存使用率。请注意，在开发期间，在部署到模拟器或设备上之前，Eclipse ADT 插件负责签名.apk 文件和执行内存对齐。

1. 使用 keytool 生成自签名证书

Keytool 实用程序管理私钥和相应的 X.509（一种数字证书标准）证书的数据库。这个实用程序是 JDK 自带的，位于 JDK bin 目录下。如果遵照第 2 章的说明更改了 PATH，那么 JDK bin 目录应该已在 PATH 中了。

本小节将介绍如何生成仅包含一个项的密钥库，稍后将使用该项来签名 Android.apk 文件。要生成密钥库项，执行以下操作。

(1) 创建一个文件夹来保存密钥库，比如 c:\android\release\。

(2) 打开命令行窗口并使用代码清单 14-1 所示的参数运行 keytool 实用程序。（要了解"命令行窗口"含义的详细信息，请参见第 2 章。）

代码清单 14-1　使用 keytool 生成密钥库项

```
keytool -genkey -v -keystore "c:\android\release\release.keystore"
-alias androidbook -storepass paxxword -keypass paxxword -keyalg RSA
-validity 14000
```

表 14-1 列出了传递给 keytool 的所有参数。

表 14-1　传递给 keytool 的参数

参　　数	说　　明
genkey	告诉 keytool 生成一个公/私钥对
v	告诉 keytool 在密钥生成期间省略详细的输出
keystore	密钥库数据库的路径（在本例中为一个文件）。如果有必要将创建该文件
alias	密钥库项的唯一名称。这个别名可在以后用于表示密钥库项
storepass	密钥库的密码
keypass	用于访问私钥的密码
keyalg	算法
validity	有效期

如果没有在命令行提供表 14-1 列出的密码，keytool 将提示输入这些密码。如果你不是计算机的唯一用户，更安全的做法可能是，不在命令行上指定 -storepass 和-keypass，而在 keytool 提示时键入它们。

代码清单 14-1 中的命令将在密钥库文件夹中生成密钥库数据库文件。该数据库将是一个名为 release.keystore 的文件。项的 validity 将为 14 000 天（大约 38 年），目前来说这是一段很长的时间。你应该明白设置这么长有效期的原因。Android 文档建议指定足够长的有效期，以超过应用程序的整个生存期（包括对应用程序的多次更新）。它建议有效期至少为 25 年。而且，如果计划在 Android Market（http://www.android.com/market/）上发布应用程序，证书的有效期至少应持续到 2033 年 10 月 22 日。Android Market 会在上传时检查每个应用程序，确保它至少在这个时间以前是有效的。

因为任意应用程序证书的更新必须与最初使用的证书匹配，所以请确保对密钥库文件施加了保护。如果丢失它并且无法重新创建它，将无法更新应用程序，不得不发布一个全新的应用程序。

回到 keytool，参数 alias 是提供给密钥库数据库中项的唯一名称，可以在以后使用此名称来表示该项。当运行代码清单 14-1 中的 keytool 命令时，keytool 将询问一些问题（参见图 14-1），然后生成密钥库数据库和密钥库项。注意，由于命令在 c:\android\release 目录中执行，因此没必要为 release.kystore 文件指明全部路径名称。

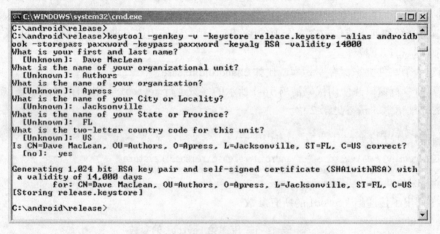

图 14-1   keytool 询问的其他问题

有了用于生产证书的密钥库文件之后，就可以重用此文件来添加更多证书。只需再次使用 keytool 并指定现有的密钥库文件。

2. 调试密钥库和开发证书

我们提到过，Eclipse ADT 插件负责设置开发密钥库。但是，在开发期间用于签名的默认证书无法用于向真实设备进行生产部署。一定程度上这是因为 ADT 生成的开发证书仅在 365 天内有效，这个有效期显然没有超过 2033 年 10 月 22 日。那么，在开发之后的第 366 天会发生什么？你将获得一个构建错误。现有的应用程序应该仍能运行，但要构建应用程序的新版本则需要生成一个新证书。为此，最简单的方式是删除现有的 debug.keystore 文件，在再次需要它时，ADT 会立即生成一个新文件和在接下来的 365 天内有效的证书。

要找到 debug.keystore 文件，可以打开 Eclipse 的 Preferences 屏幕并转到 Android➤Build。调试证书的位置将在 "Default debug keystore" 字段中显示，如图 14-2 所示（如果未能找到 Preferences 菜单，请参阅第 2 章）。

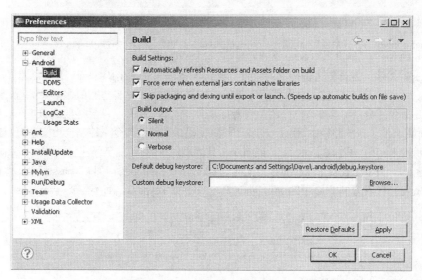

图 14-2 调试证书的位置

当然，由于获得了新开发证书，所以无法使用新开发证书更新 AVD 或设备上的现有应用程序。Eclipse 将在控制台中提供消息，告诉你首先使用 adb 卸载现有应用程序，此操作很容易完成。如果 AVD 上安装了大量应用程序，可能更简单的方式是重新创建 AVD，使它不包含任何应用程序并可全新启动。要避免在一年之内出现此问题，可以生成你自己的具有想要的有效期的 debug.keystore 文件。很明显，它需要与 ADT 将创建的文件具有相同的文件名并位于相同目录中。证书别名为 androiddebugkey，storepass 和 keypass 都为"android"。ADT 将证书上的姓名设置为"Android Debug"，将组织单元设置为"Android"，将二字母国家代码设置为"US"。可以将组织、城市和州的值保留为 "Unknown"。

如果使用旧调试证书从谷歌获取了一个 map-api 键，将需要获取一个新 map-api 键来匹配新的调试证书。第 22 章将介绍 map-api 键。

拥有了可用于签名生产.apk 文件的数字证书之后，需要使用 jarsigner 工具进行签名。下面介绍了签名过程。

3. 使用 jarsigner 工具签名.apk 文件

在上一小节中，keytool 创建了一个数字证书，这个证书是 jarsigner 工具的一个参数。jarsigner 的另一个参数是要签名的实际 Android 包。要生成 Android 包，需要使用 Eclipse ADT 插件中的 Export Unsigned Application Package 实用程序。要访问此实用程序，在 Eclipse 中用鼠标右键单击 Android 项目，选择 Android Tools，然后选择 Export Unsigned Application Package。运行 Export Unsigned Application Package 实用程序将生成一个.apk 文件，这个文件不会使用调试证书进行签名。要查看生成过程，在 Android 项目上运行 Export Unsigned Application Package 实用程序，将生成的.apk 文件存储在某个地方。对于本例，我们将使用前面创建的密钥库文件夹，生成 apk 文件 c:\android\release\myapp.apk。

有了.apk 文件和密钥库项之后，运行 jarsigner 工具来签名.apk 文件（参见代码清单 14-2）。在运行此工具时，使用密钥库文件和.apk 文件的完整路径名。

14

代码清单 14-2 使用 jarsigner 签名.apk 文件

```
jarsigner -keystore "PATH TO YOUR release.keystore FILE" -storepass paxxword
-keypass paxxword "PATH TO YOUR RAW APK FILE" androidbook
```

要签名.apk 文件，需要传递密钥库的位置、密钥库密码、私钥密码、.apk 文件的路径，以及密钥库项的别名。jarsigner 然后使用来自密钥库项的数字证书对.apk 文件进行签名。要运行 jarsigner 工具，需要打开命令行窗口（第 2 章已介绍）或者打开命令或终端窗口，然后导航到 JDK bin 目录，或者确保 JDK bin 目录位于系统路径中。出于安全原因，将密码参数留给命令来控制会更安全，仅让 jarsigner 在需要时提示输入密码。图 14-3 显示了 jarsigner 工具调用的情形。可能已经注意到，图 14-3 中，jarsigner 只提示一个密码。当 storepass 和 keypass 相同时，jarsigner 指出不要询问 keypass 密码。严格说来，如果有不同的密码，代码清单 14-2 中的 jarsigner 命令只需要-keypass，而不需要-storepass。

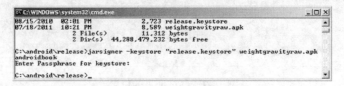

图 14-3　使用 jarsigner

前面已经指出，Android 要求使用数字签名对应用程序进行签名，以阻止恶意的程序员使用自己的版本更新应用程序。为了实现这一目的，Android 要求使用原始签名对应用程序的更新进行签名。如果使用不同的签名来签名应用程序，Android 会将它们视为两个不同的应用程序。再次提醒，请小心处理密钥库文件，以便在以后需要向应用程序提供更新时使用它。

4. 使用 zipalign 对齐应用程序

在设备上运行应用程序时，我们希望它能够尽可能高效地使用内存。如果应用程序在运行时包含未压缩的数据（也许是某种类型的图像或数据文件），Android 可以使用 mmap()调用将此数据直接映射到内存中。但是为了实现这一目的，数据必须与 4 字节内存边界对齐。Android 设备中的 CPU 为 32 位处理器，32 位相当于 4 字节。mmap()调用使.apk 文件中的数据看起来像内存，但是如果数据没有与 4 字节边界对齐，那么 mmap()就不能实现这一功能，必须在运行时复制数据。zipalign 工具包含在 Android SDK tools 目录中，它遍历应用程序并将未在 4 字节内存边界上的未压缩数据移动到 4 字节内存边界上。应用程序的文件大小可能稍有增加，但不是很明显。要在.apk 文件上执行对齐，在命令行窗口使用以下命令（参见图 14-4）：

```
zipalign -v 4 infile.apk outfile.apk
```

```
C:\WINDOWS\system32\cmd.exe                                          _ |□| x|
C:\android\release>zipalign -v 4 weightgravityraw.apk weightgravity.apk
Verifying alignment of weightgravity.apk (4)...
     50 META-INF/MANIFEST.MF (OK - compressed)
    384 META-INF/ANDROIDB.SF (OK - compressed)
    802 META-INF/ANDROIDB.RSA (OK - compressed)
   1520 res/drawable/icon.png (OK)
   4935 res/layout/main.xml (OK - compressed)
   5383 AndroidManifest.xml (OK - compressed)
   5992 resources.arsc (OK)
   7077 classes.dex (OK - compressed)
Verification succesful

C:\android\release>_
```

图 14-4　使用 zipalign

请注意，zipalign 没有修改输入文件，这就是我们在从 Eclipse 导出时选择使用 "raw" 作为文件名一部分的原因。现在，输出文件已有一个用于部署的恰当名称。如果需要改写现有的 outfile.apk 文件，可以使用-f 选项。请注意，在创建对齐的文件时，zipalign 会对对齐结果进行验证。另外，要验证现有文件是否已适当对齐，可以按如下方式使用 zipalign：

```
zipalign -c -v 4 filename.apk
```

在签名之后进行对齐非常重要，否则，签名可能导致一些内容未对齐。这并不是说应用程序将会崩溃，但它会使用更多的内存。

5. 使用导出向导

在 Eclipse 中，你可能已注意到，在 Android Tools 下有一个叫做 Export Signed Application Package 的菜单选项。此菜单会启动导出向导，该向导完成前面的所有步骤，仅提示输入密钥库文件路径、密钥别名、密码和输出.apk 文件的名称。只要需要，它甚至会创建一个新密钥库或新密钥。你可能发现该向导更容易使用，或者你可能更喜欢自行编写步骤脚本来操作导出的未签名应用程序包。前面介绍了两种方法的原理，你可以判断哪种方法更适合你。

6. 手动安装应用程序

签名并对齐了.apk 文件之后，可以使用 adb 工具手动将它安装到模拟器上。作为练习，我们启动模拟器。启动模拟器的一种方式(目前还未介绍过)是，转到 Eclipse 的 Window 菜单，选择 Android SDK and AVD Manager。将弹出一个窗口，其中显示了可用的 AVD。选择希望在模拟器中使用的 AVD 并单击 Start 按钮。模拟器将启动，但不会从 Eclipse 复制任何开发项目。现在打开命令行窗口，然后使用 install 命令运行 adb 工具：

```
adb install "PATH TO APK FILE GOES HERE"
```

这可能会失败，原因有两个。最可能的原因是应用程序的调试版本已经安装到模拟器上，这会抛出证书错误；或者应用程序的发行版已经安装到模拟器上，这会抛出说明应用程序已经存在的错误。对于第一种情况，可以使用以下命令卸载调试应用程序：

```
adb uninstall packagename
```

请注意，unistall 的参数是应用程序的包名称，不是.apk 文件的名称。包名称在所安装应用程序的 AndroidManifest.xml 文件中定义。

对于第二种情况，可以使用以下命令，其中-r 表示重新安装应用程序但在设备（或模拟器）上保留其数据：

```
adb install -r "PATH TO APK FILE GOES HERE"
```

现在让我们看一下签名对更新应用程序的过程有何影响。

7. 安装应用程序更新并签名

前面我们提到，证书具有有效期，谷歌建议将有效期设置得很长，以支持众多的应用程序更新。那么，如果证书到期了会发生什么？Android 仍然会运行该应用程序吗？幸好是这样的——Android 仅在安装时测试证书的有效期。安装了应用程序以后，即使证书过期了应用程序也可以继续运行。

那么更新又如何呢？不幸的是，在证书过期之后不能更新应用程序。换句话说，根据 Google 的建议，需要确保证书的寿命足够长，足以支持应用程序的整个生存期。如果证书过期了，Android 将不会向应用程序安装更新。唯一的选择是创建另一个应用程序（一个具有不同的包名称的应用程序），使用新的证书对其签名。所以，在生成证书时，一定要考虑它的有效期。

既然理解了部署和安装方面的安全性，接下来看看 Android 中的运行时安全性。

14.2　执行运行时安全性检查

Android 中的运行时安全性检查是在进程级别和操作级别上进行的。在进程级别，Android 禁止一个应用程序直接访问另一个应用程序的数据。实现方法是，每个应用程序都在不同的进程中运行，使用唯一且固定的用户 ID。在操作级别，Android 定义了一组受保护的功能和资源。要使应用程序能够访问此信息，必须向 AndroidManifest.xml 文件添加一个或多个权限请求。也可以为应用程序定义自定义的权限。

接下来的各小节将介绍进程边界安全性，以及如何声明和使用预定义的权限。我们还将介绍创建自定义权限和在应用程序中实施它们。首先介绍进程边界上的 Android 安全性。

14.2.1　进程边界上的安全性

在桌面环境中，大部分应用程序都使用相同的用户 ID 运行，与此不同的是，Android 应用程序通常使用自己的唯一 ID 运行。通过使用不同的 ID 运行每个应用程序，Android 围绕每个进程创建了一种隔离边界。这能够阻止一个应用程序直接访问另一个应用程序的数据。

尽管每个进程都具有边界，但应用程序之间的数据共享显然也可以实现，但必须显式地进行共享。换句话说，要获得另一个应用程序的数据，必须借助该应用程序的组件。例如，可以查询另一个应用程序的 ContentProvider，可以调用另一个应用程序中的活动，或者（第 15 章将会介绍）可以与另一个应用程序的服务通信。所有这些途径都提供了在应用程序之间共享信息的方法，但它们以显式方式实现此目的，因为你不会访问基础的数据库、文件等内容。

进程边界上的 Android 安全性非常简单明了，而对资源（比如联系人数据）、功能（比如设备的照相机）和我们自己的组件的保护就比较有趣了。为了提供此类保护，Android 定义了一种权限方案。下面仔细分析一下这一方案。

14.2.2　声明和使用权限

Android 定义了一种权限方案来保护设备上的资源和功能。例如，在默认情况下，应用程序无法访问联系人列表及拨出电话等。为了保护用户不受恶意应用程序攻击，在需要使用受保护的功能或资源时，Android 会要求应用程序提供请求权限。你很快将会看到，权限请求包含在描述文件中。在安装时，APK 安装程序会根据.apk 文件的签名或来自用户的反馈而授予或拒绝请求的权限。如果未授予权限，任何对执行或访问相关功能的尝试都会导致权限失败。

表 14-2 列出了一些常用的功能和它们需要的权限。请注意，可能你现在还不熟悉下面列出的所有功能，但在本章后面或在后续章节中将会了解到它们。

表 14-2 功能和资源，以及它们需要的权限

功能/资源	要求的权限	说　明
照相机	android.permission.CAMERA	支持访问设备的照相机
因特网	android.permission.INTERNET	支持进行网络连接
用户的联系人数据	android.permission.READ_CONTACTS	支持读取或写入用户的联系人数据
	android.permission.WRITE_CONTACTS	
用户的日历数据	android.permission.READ_CALENDAR	支持读取或写入用户的日历数据
	android.permission.WRITE_CALENDAR	
录制音频	android.permission.RECORD_AUDIO	支持录制音频
WiFi 位置信息	android.permission.ACCESS_COARSE_LOCATION	支持访问大概的位置信息，包括 WiFi 位置信息和手机信号塔位置信息
GPS 位置信息	android.permission.ACCESS_FINE_LOCATION	支持访问详细的位置信息，包括 GPS 位置信息。也支持访问 WiFi 和手机信号塔的详细信息
电池信息	android.permission.BATTERY_STATS	支持获取电池状态信息
蓝牙	android.permission.BLUETOOTH	支持连接到配对的蓝牙设备

关于权限的完整列表，请访问以下 URL：

http://developer.android.com/reference/android/Manifest.permission.html

应用程序开发人员可以向 AndroidManifest.xml 文件添加项来请求权限。例如，代码清单 14-3 要求访问设备上的照相机、读取联系人列表，以及读取日历信息。

代码清单 14-3　AndroidManifest.xml 中的权限

```
<manifest … >
    <application>
        …
    </application>
    <uses-permission android:name="android.permission.CAMERA" />
    <uses-permission android:name="android.permission.READ_CONTACTS"/>
    <uses-permission android:name="android.permission.READ_CALENDAR" />
</manifest>
```

请注意，既可以在 AndroidManifest.xml 文件中硬编码权限，也可以使用描述文件编辑器。打开（双击）描述文件，就会启动描述文件编辑器。描述文件编辑器包含一个下拉列表，其中包含所有预加载的权限，以防输入错误。如图 14-5 所示，可以在描述文件编辑器中选择 Permissions 选项卡来访问权限列表。

现在我们知道，Android 定义了一组权限来保护一些功能和资源。类似地，也可以为应用程序定义和实施自定义的权限。我们看一下如何实现这一目的。

14

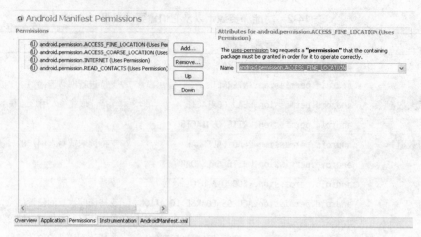

图 14-5   Eclipse 中的 Android 描述文件编辑器

14.2.3   理解和使用自定义权限

Android 支持为应用程序定义自定义权限。例如，如果希望阻止某些用户启动应用程序中的某个活动，可以通过定义自定义权限来实现，要使用自定义权限，首先在 AndroidManifest.xml 文件中声明它们。定义了权限之后，可以将它作为组件定义的一部分进行引用。我们将介绍如何实现这一目的。

创建一个应用程序，其中包含一个不是所有人都允许启动的活动。要启动该活动，用户必须具有特定的权限。有了包含特权活动的应用程序之后，可以编写知道如何调用该活动的客户端。

说明   可使用本章末尾提供的一个 URL 下载本章的项目。这样可以将这些项目直接导入 Eclipse 中。

首先，创建包含自定义权限和活动的项目。打开 Eclipse IDE 并选择 New➤New Project➤Android Project。这将打开 New Android Project 对话框，输入 CustomPermission 作为项目名称，选择 "Create new project in workspace" 单选按钮，选中 "Use default location" 复选框。输入 Custom Permission 作为应用程序名称，输入 com.cust.perm 作为包名称，输入 CustPermMainActivity 作为活动名称，并选择 Build Target。单击 Finish 按钮创建项目。生成的项目将包含刚创建的活动，这是默认（主要）的活动。我们还要创建所谓的特权活动——要求特殊权限的活动。在 Eclipse IDE 中，转到 com.cust.perm 包，创建类 PrivActivity，其超类为 android.app.Activity，复制代码清单 14-4 中的代码。

代码清单 14-4   PrivActivity 类

```
package com.cust.perm;

import android.app.Activity;
import android.os.Bundle;
import android.view.ViewGroup.LayoutParams;
import android.widget.LinearLayout;
import android.widget.TextView;
```

```
public class PrivActivity extends Activity
{
    @Override
    public void onCreate(Bundle savedInstanceState) {
        super.onCreate(savedInstanceState);
        LinearLayout view = new LinearLayout(this);
        view.setLayoutParams(new LayoutParams(
                LayoutParams.FILL_PARENT, LayoutParams.WRAP_CONTENT));
        view.setOrientation(LinearLayout.HORIZONTAL);

        TextView nameLbl = new TextView(this);

        nameLbl.setText("Hello from PrivActivity");
        view.addView(nameLbl);

        setContentView(view);
    }
}
```

可以看到，PrivActivity 类没有任何奇特的功能。我们只是希望展示如何使用权限保护此活动，然后从客户端调用它。如果客户端成功调用，那么将会在屏幕上看到文本 "Hello from PrivActivity"。由于已经具备了希望保护的活动，所以可以为它创建权限了。

要创建自定义权限，必须在 AndroidManifest.xml 文件中定义它。定义自定义权限的最简单方式是使用描述文件编辑器。双击 AndroidManifest.xml 文件，然后选择 Permissions 选项卡。在 Permissions 窗口中，单击 Add 按钮，选择 Permission，然后单击 OK 按钮。描述文件编辑器将创建一个空的新权限。通过设置新权限的特性来填充它，如图 14-6 所示。填写右侧的字段，如果左侧的标签仍然仅显示 "Permission"，那么单击它，它应该就会使用右侧的名称进行更新。

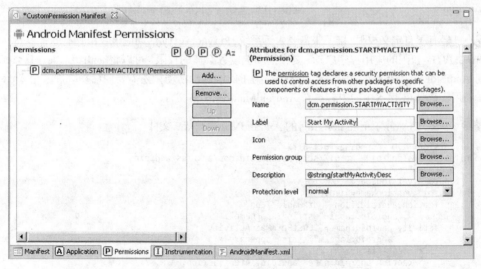

图 14-6 使用描述文件编辑器声明自定义权限

如图 14-6 所示，权限具有名称、标签、图标、权限组、描述和保护级别。表 14-3 定义了这些属性。

表 14-3   权限的特性

特　　性	是否必需	说　　明
android:name	是	权限的名称。通常应该遵循 Android 命名方案（*.permission.*）
android:protectionLevel	是	定义与权限相关的"风险级别"。必须是以下值之一： normal dangerous signature signatureOrSystem 取决于保护级别，在确定是否授予权限时，系统可能采取不同的操作。normal 表示权限是低风险的，不会对系统、用户或其他应用程序造成危害。dangerous 表示权限是高风险的，系统将可能要求用户输入相关信息，才会授予此权限。signature 告诉 Android，只有当应用程序所用数字签名与声明此权限的应用程序所用数字签名相同时，才能将权限授给它。signatureOrSystem 告诉 Android，将权限授给具有相同数字签名的应用程序或 Android 包类。这一保护级别适用于非常特殊的情况，比如多个供应商需要通过系统映像共享功能时
android:permissionGroup	否	可以将权限放在一个组中，但对于自定义权限，应该避免设置此属性。如果确实希望设置此属性，可以使用以下属性代替：android.permission-group.SYSTEM_TOOLS
android:label	否	尽管此属性不是必需的，但可以使用它对权限进行简短描述
android:description	否	尽管此属性不是必需的，但应该使用它提供对权限用途和所保护对象的更有用的描述
android:icon	否	权限可以与资源目录以外的图标相关联（比如@drawable/myicon）

现在已经有了自定义权限。接下来需要告诉系统，PrivActivity 活动应该仅由具有 dcm.permission.STARTMYACTIVITY 权限的应用程序启动。要在活动上设置必需的权限，可以将 android:permission 特性添加到 AndroidManifest.xml 中的活动定义中。为了能够启动活动，还需要向活动添加一个 Intent 过滤器。使用代码清单 14-5 中的内容更新 AndroidManifest.xml 文件。

代码清单 14-5 　Custom-Permission 项目的 AndroidManifest.xml 文件

```xml
<?xml version="1.0" encoding="utf-8"?>
<manifest xmlns:android="http://schemas.android.com/apk/res/android"
    package="com.cust.perm"
    android:versionCode="1"
    android:versionName="1.0.0">
  <application android:icon="@drawable/icon"
            android:label="@string/app_name">
    <activity android:name=".CustPermMainActivity"
            android:label="@string/app_name">
      <intent-filter>
        <action android:name="android.intent.action.MAIN" />
        <category android:name="android.intent.category.LAUNCHER"/>
      </intent-filter>
    </activity>
    <activity android:name="PrivActivity"
        android:permission="dcm.permission.STARTMYACTIVITY">
      <intent-filter>
```

```
            <action android:name="android.intent.action.MAIN" />
        </intent-filter>
    </activity>
</application>

<permission
    android:protectionLevel="normal"
    android:label="Start My Activity"
    android:description="@string/startMyActivityDesc"
    android:name="dcm.permission.STARTMYACTIVITY" />

<uses-sdk android:minSdkVersion="4" />
</manifest>
```

代码清单 14-5 要求向字符串资源中添加一个名为 startMyActivityDesc 的字符串常量。为了确保代码清单 14-5 能够编译，将以下字符串资源添加到 res/values/strings.xml 文件中：

```
<string name="startMyActivityDesc">Allows starting my activity</string>
```

现在在模拟器中运行项目。尽管主要活动不会执行任何操作，但我们希望在为特权活动编写客户端之前，将应用程序安装在模拟器上。

接下来为特权活动编写客户端。在 Eclipse IDE 中，单击 New➤Project➤Android Project。输入 ClientOfCustomPermission 作为项目名称，选择 Create new project in workspace 单选按钮，并选中 Use Default Location 复选框。将应用程序名称设置为 Client Of Custom Permission，将包名称设置为 com.client.cust.perm，将活动名称设置为 ClientCustPermMainActivity，然后选择 Build Target。单击 Finish 按钮创建项目。

接下来，编写活动来显示一个按钮，单击此按钮即可调用特权活动。将代码清单 14-6 中的布局复制到刚创建的项目的 main.xml 文件中。

代码清单 14-6 客户端项目的 main.xml 文件

```
<?xml version="1.0" encoding="utf-8"?>
<LinearLayout xmlns:android="http://schemas.android.com/apk/res/android"
    android:orientation="vertical"
    android:layout_width="fill_parent"
    android:layout_height="fill_parent" >

    <Button android:id="@+id/btn"    android:text="Launch PrivActivity"
    android:layout_width="wrap_content"
    android:layout_height="wrap_content"
    android:onClick="doClick"  />
</LinearLayout>
```

可以看到，XML 布局文件定义了一个按钮，其文本显示为"Launch PrivActivity"。现在编写一个活动来处理按钮单击事件和启动特权活动。将代码清单 14-7 中的代码复制到 ClientCustPerm MainActivity 类中。

14

代码清单 14-7 修改后的 ClientCustPermMainActivity 活动

```
package com.client.cust.perm;
// This file is ClientCustPermMainActivity.java

import android.app.Activity;
import android.content.Intent;
import android.os.Bundle;
```

```
import android.view.View;

public class ClientCustPermMainActivity extends Activity {
    @Override
    public void onCreate(Bundle savedInstanceState) {
        super.onCreate(savedInstanceState);
        setContentView(R.layout.main);
    }

    public void doClick(View view) {
            Intent intent = new Intent();
            intent.setClassName("com.cust.perm","com.cust.perm.PrivActivity");
            startActivity(intent);
    }
}
```

如代码清单 14-7 所示，当调用该按钮时，创建一个新 Intent，然后设置想要启动的活动的类名称。在本例中，我们希望启动 com.cust.perm 包中的 com.cust.perm.PrivActivity。

现在，唯一缺少的是 uses-permission 项，需要将它添加到描述文件中，告诉 Android 运行时需要运行 dcm.permission.STARTMYACTIVITY。将客户端项目的描述文件替换为代码清单 14-8 所示的内容。

代码清单 14-8　客户端描述文件

```
<?xml version="1.0" encoding="utf-8"?>
<manifest xmlns:android="http://schemas.android.com/apk/res/android"
        package="com.client.cust.perm"
        android:versionCode="1"
        android:versionName="1.0.0">
    <application android:icon="@drawable/icon"
                    android:label="@string/app_name">
        <activity android:name=".ClientCustPermMainActivity"
                    android:label="@string/app_name">
            <intent-filter>
                <action android:name="android.intent.action.MAIN" />
                <category android:name="android.intent.category.LAUNCHER" />
            </intent-filter>
        </activity>
    </application>

    <uses-permission android:name="dcm.permission.STARTMYACTIVITY" />
    <uses-sdk android:minSdkVersion="4" />
</manifest>
```

如代码清单 14-8 所示，我们添加了 uses-permission 项来请求自定义权限，具有该权限才能启动在 custom-permission 项目中实现的 PrivActivity。

有了该权限，应该就可以将客户端项目部署到模拟器上，然后单击 Launch PrivActivity 按钮。当调用该按钮时，应该会看到文本 "Hello from PrivActivity"。

成功调用特权活动之后，从客户端项目的描述文件中删除 uses-permission 条目，并将项目重新部署到模拟器。重新部署之后，确认在调用 Launch PrivActivity 按钮启动特权活动时会发生错误。请注意，LogCat 将显示权限拒绝异常。

前面介绍了 Android 中自定义权限的工作原理。显然，自定义权限不仅能用于活动。实际上，也可以同时将预定义和自定义的权限应用到 Android 的其他组件类型。下一节将探讨另一个重要主题：URI 权限。

14.2.4 理解和使用 URI 权限

ContentProvider (已在第 4 章介绍) 通常需要比其他所有程序都更严格地控制访问。幸好 Android 为 ContentProvider 提供了一种控制机制。考虑一下电子邮件附件。附件可能需要由另一个活动读取并显示。但另一个活动不应该获得对电子邮件的所有数据的访问权，甚至不需要访问所有附件。这就是 URI 权限的用途。

1. 在 Intent 中传递 URI 权限

当调用另一个活动并传递 URI 时，应用程序可为所传递的 URI 授予权限。但是应用程序自身也需要拥有该 URI 的权限才能够这么做，并且 URI ContentProvider 必须进行协调，允许将权限授予另一个活动。通过授予权限来调用活动的代码类似于代码清单 14-9，这段代码实际上摘自 Android Email 程序，它在该程序中的作用是启动一个活动来查看电子邮件附件。

代码清单 14-9 通过授予权限来启动活动的代码

```
try {
    Intent intent = new Intent(Intent.ACTION_VIEW);
    intent.setData(contentUri);
    intent.addFlags(Intent.FLAG_GRANT_READ_URI_PERMISSION);
    startActivity(intent);
} catch (ActivityNotFoundException e) {
    mHandler.attachmentViewError();
    // TODO: Add a proper warning message (and lots of upstream cleanup to prevent
    // it from happening) in the next release.
}
```

附件由 contentUri 指定。请注意，Intent 使用操作 Intent.ACTION_VIEW 创建，数据使用 setData() 设置。设置了 Intent.FLAG_GRANT_READ_URI_PERMISSION 标志，以将附件读权限授给将与该 Intent 匹配的活动。这正是 ContentProvider 的工作。只是因为活动拥有内容的读权限，并不意味着它可以将该权限传递给其他某个还没有该权限的活动。这一行为也必须得到 ContentProvider 的允许。当 Android 在活动上找到一个匹配的 Intent 过滤器时，它会与 ContentProvider 协商以确保权限可授予。在本质上，ContentProvider 会被要求允许这个新活动访问由 URI 指定的内容。如果内容提供程序拒绝访问，将抛出 SecurityException 并且操作失败。在代码清单 14-9 中，这个特定的应用程序没有检查 SecurityException，因为开发人员不希望遇到任何拒绝授予权限的行为。这是因为附件 ContentProvider 是 Email 应用程序的一部分！但是，可能找不到活动来处理附件，所以这是要捕获的唯一的异常。

在调用来处理 URI 的活动已拥有访问该 URI 的权限时，ContentProvider 不会拒绝访问。也就是说，调用活动可授予权限，并且如果 Intent 接收端的活动已拥有 contentURI 的必要权限，将允许被调用的活动继续正常运行。

除了 Intent.FLAG_GRANT_READ_URI_PERMISSION，还有一个用于写权限的标志：Intent.FLAG_GRANT_WRITE_URI_PERMISSION。可在一个 Intent 内同时指定这两个标志。这些标志也可应用于 Service、BroadcastReceiver 以及 Activity，因为它们也可接收 Intent。

2. 在 ContentProvider 内指定 URI 权限

ContentProvider 如何指定 URI 权限呢？它在 AndroidManifest.xml 文件中通过两种方式中的一种执行此任务。

❑ 首先，在<provider>标记中，可将android:grantUriPermissions特性设置为true或false。如果设置为true，可授予来自此ContentProvider的任何内容的权限。如果设置为false，可以执行第二种指定URI权限的方式，或者ContentProvider可以决定不让其他任何实体授予权限。

❑ 第二种授予权限的方式是使用<provider>的子标记指定它。该子标记为<grant-uri-permission>，<provider>可包含多个这样的子标记。<grant-uri-permission>具有3个可能的特性。

❑ 使用 android:path 特性，可以指定一个完整的路径，然后该路径将拥有可授予的权限。

❑ 类似地，android:pathPrefix 指定 URI 路径的开头。

❑ android:pathPattern 允许使用通配符（也即星号*）来指定路径。

前面已经提到，授权实体也必须首先拥有内容的适当权限，才能够将这些权限授给其他某个实体。ContentProvider 还具有其他控制内容访问的方式，这些方式通过<provider>标记的 android:readPermission 特性、android:writePermission 特性和 android:permission 特性（一种使用一个权限 String 值同时指定读和写权限的方便方式）来实现。任何这 3 个特性的值都是一个 String，表示调用方要读或写此 ContentProvider 的内容而必须拥有的权限。在活动可授予内容 URI 的读权限之前，该活动必须首先拥有读权限，这由 android:readPermission 特性或 android:permission 特性指定。想要这些权限的实体可以在它们的描述文件中使用<uses-permissions>标记声明它们。

14.3　参考资料

以下是一些很有用的参考资料，可通过它们进一步探索相关主题。

❑ http://www.androidbook.com/proandroid4/projects。可在这里找到与本书相关的可下载项目列表。对于本章，请查找名为ProAndroid4_Ch14_Security.zip的ZIP文件。此ZIP文件包含本章中的所有项目，这些项目在各个独立的根目录中列出。还有一个README.TXT文件详细介绍了如何从一个ZIP文件将项目导入Eclipse。

❑ http://developer.android.com/guide/topics/security/security.html：此URL引用了《Android开发人员指南》中的"安全和权限"一节。它提供了大体概述以及许多参考页面的链接。

❑ http://developer.android.com/guide/publishing/app-signing.html：此URL引用了《Android开发人员指南》中的"签名应用程序"一节。

❑ http://android.git.kernel.org/?p=platform/packages/apps/Email.git;a=blob_plain;f=src/com/android/email/activity/MessageView.java：此URL提供了现成的Android Email应用程序的源代码，其中使用了一个FLAG_GRANT_READ_URI_PERMISSION。可以浏览此应用程序的源代码，看看Android团队是如何实现URI权限的。

14.4　小结

本章内容主要包括以下知识点。

❑ 有助于隔离应用程度以保护访问与数据的唯一应用程序用户ID。

❑ 数字证书及其在Android应用程序的签名方法。

❑ 只有在应用程序更新的数字证书与原始应用程序完全相同时，应用程序才允许更新。

❏ 使用keytool管理密钥库的证书。

❏ 运行jarsigner，在应用程序.apk文件zipalign和内存边界上应用一个证书。

❏ 使用Eclipse插件向导生成apk，同时应用证书和zipalign。

❏ 以手动方式将应用安装到设备和模拟器。

❏ 应用程序允许声明和使用的权限。

❏ URI权限及内容提供者使用权限的方法。

14.5　面试问题

回答以下问题，巩固本章所学知识点。

(1) 支持将应用程序部署到 Android Market 的证书有效时间必须是多长？

(2) 应用程序的数字证书还会绑定哪些 Android 制品？

(3) 哪一个工具可用于创建或查看数字证书？

(4) 哪一个工具可用于创建应用程序数字证书签名？

(5) 对应用程序而言，zipalign 有什么作用？

(6) zipalign 是否会大幅增加应用程序的大小？为什么？

(7) 如果已安装的应用程序证书过期，该应用程序是否会在设备上停止运行？

(8) 应用程序的权限声明保存在哪一个文件中？

(9) 在应用程序为另一个活动授予 URI 权限之前，必须先执行哪些操作？

14

第 15 章

构建和使用服务

15

Android 平台提供了一个完整的软件栈。这意味着你可以获得一个操作系统和中间件，以及运行良好的应用程序（比如电话拨号程序）。除此之外，还有一个 SDK，可用于为该平台编写应用程序。迄今为止，我们知道可以构建能通过用户界面直接与用户交互的应用程序。但是，我们还未讨论后台服务或如何构建在后台运行的组件。

本章将主要介绍在 Android 中构建和使用服务。首先将讨论使用 HTTP 服务，然后介绍一种较好的方法来执行简单的后台任务。最后讨论进程间通信，即同一设备上不同应用程序之间的通信。

15.1 使用 HTTP 服务

一般而言，Android 应用程序和移动应用程序是具有许多功能的小型应用程序。移动应用程序在这样的小型设备上实现此类富功能的一种方式是从各种来源获取信息。例如，大多数 Android 智能手机附带了 Maps 应用程序，该程序提供了复杂的地图功能。但是我们知道，该应用程序集成了 Google Maps API 和其他服务，它们提供了大部分的复杂功能。

这也意味着，编写的应用程序也可以利用来自其他应用程序和 API 的信息。一种常用的集成策略是使用 HTTP。例如，因特网上可能有一个 Java servlet，它提供了你希望在一个 Android 应用程序使用的服务。那么如何通过 Android 利用该服务？有趣的是，Android SDK 附带了 Apache 的 HttpClient（http://hc.apache.org/httpclient-3.x/），后者已在 J2EE 领域得到广泛应用。Android 版本已做了相应调整，但它的 API 与 J2EE 版本中的 API 非常相似。

Apache HttpClient 是一个完善的 HTTP 客户端。虽然它提供了对 HTTP 协议的全面支持，但你仅可以使用 HTTP GET 和 POST。本节将介绍使用 HttpClient 来执行 HTTP GET 和 HTTP POST 调用。

15.1.1 将 HttpClient 用于 HTTP GET 请求

HttpClient 的一般使用模式如下。

(1) 创建一个 HttpClient（或获取现有引用）。

(2) 实例化新 HTTP 方法，比如 PostMethod 或 GetMethod。

(3) 设置 HTTP 参数名称/值。

(4) 使用 HttpClient 执行 HTTP 调用。

(5) 处理 HTTP 响应。

代码清单 15-1 演示了如何使用 HttpClient 执行 HTTP GET。

代码清单 15-1　使用 HttpClient 和 HttpGet:HttpGetDemo.java

```java
import java.io.BufferedReader;
import java.io.IOException;
import java.io.InputStreamReader;
import org.apache.http.HttpResponse;
import org.apache.http.client.HttpClient;
import org.apache.http.client.methods.HttpGet;
import org.apache.http.impl.client.DefaultHttpClient;
import android.app.Activity;
import android.os.Bundle;

public class HttpGetDemo extends Activity {
    /** Called when the activity is first created. */
    @Override
    public void onCreate(Bundle savedInstanceState) {
        super.onCreate(savedInstanceState);
        setContentView(R.layout.main);

        BufferedReader in = null;
        try {

            HttpClient client = new DefaultHttpClient();
            HttpGet request = new HttpGet("http://code.google.com/android/");
            HttpResponse response = client.execute(request);

            in = new BufferedReader(
                    new InputStreamReader(
                        response.getEntity().getContent()));

            StringBuffer sb = new StringBuffer("");
            String line = "";
            String NL = System.getProperty("line.separator");
            while ((line = in.readLine()) != null) {
                sb.append(line + NL);
            }
            in.close();

            String page = sb.toString();
            System.out.println(page);
        } catch (Exception e) {
            e.printStackTrace();
        } finally {
            if (in != null) {
                try {
                    in.close();
                } catch (IOException e) {
                    e.printStackTrace();
                }
            }
        }
    }
}
```

说明　本章最后将给出一个 URL，通过该 URL 可下载本章的项目。下载后，可将这些项目直接导入 Eclipse。此外，由于这段代码会尝试使用因特网，所以在使用 HttpClient 执行 HTTP 调用时，需要将 android.permission.INTERNET 添加到描述文件中。

HttpClient 为各种类型的 HTTP 请求提供了抽象，比如 HttpGet 及 HttpPost 等。代码清单 15-1 使用 HttpClient 获取 http://code.google.com/android/URL 的内容。实际的 HTTP 请求是通过调用 client.execute()来执行的。执行请求之后，代码将完整的响应信息读取到一个字符串对象中。请注意，BufferedReader 在 finally 代码块中关闭，同时也关闭了基础 HTTP 连接。

对于该示例，我们将 HTTP 逻辑嵌入到一个活动内，但无需位于活动上下文内即可使用 HttpClient。可以从任何 Android 组件上下文内使用它，或者作为一个独立类的一部分来使用它。事实上，确实不应该在活动内直接使用 HttpClient，因为网络调用可能需要一段时间才能完成，因而有可能会导致活动被强制关闭。本章后面将介绍该主题。现在我们将注意力集中在如何执行 HttpClient 调用上。

代码清单 15-1 中的代码执行一个 HTTP 请求，但未向服务器传递任何 HTTP 参数。将名称/值对附加到 URL 之后，可以将名称/值参数作为请求的一部分来传递，如代码清单 15-2 所示。

代码清单 15-2   向 HTTP GET 请求添加参数

```
HttpGet request = new HttpGet("http://somehost/WS2/Upload.aspx?one=valueGoesHere");
client.execute(request);
```

当执行 HTTP GET 时，请求的参数（名称和值）作为 URL 的一部分来传递。以这种方式传递参数具有一些限制。即 URL 的长度应该保持在 2048 个字符以内。如果要提交的数据超过这个数量，应该使用 HTTP POST。POST 方法更加灵活，它将参数作为请求主体的一部分传递。

15.1.2   将 HttpClient 用于 HTTP POST 请求（多部分 POST 请求示例）

执行 HTTP POST 调用与执行 HTTP GET 调用非常相似（参见代码清单 15-3）。

代码清单 15-3   使用 HttpClient 发出 HTTP POST 请求

```
HttpClient client = new DefaultHttpClient();
HttpPost request = new HttpPost(
        "http://192.165.13.37/services/doSomething.do");
List<NameValuePair> postParameters = new ArrayList<NameValuePair>();
postParameters.add(new BasicNameValuePair("first",
        "param value one"));
postParameters.add(new BasicNameValuePair("issuenum", "10317"));
postParameters.add(new BasicNameValuePair("username", "dave"));
UrlEncodedFormEntity formEntity = new UrlEncodedFormEntity(
        postParameters);
request.setEntity(formEntity);
HttpResponse response = client.execute(request);
```

代码清单 15-3 将代码清单 15-1 中使用 HttpGet 的 3 行换成了新代码。其他则不变。要使用 HttpClient 执行 HTTP POST 调用，必须通过一个 HttpPost 实例调用 HttpClient 的 execute()方法。当执行 HTTP POST 调用时，通常将编码到 URL 中的名称/值对参数作为 HTTP 请求的一部分传递。要通过 HttpClient 实现此目的，必须创建一个包含 NameValuePair 对象实例的列表，然后使用 UrlEncodedFormEntity 对象包装该列表。NameValuePair 包装了一个名称/值组合,UrlEncodedFormEntity 类知道如何编码适合 HTTP 调用（通常为 POST 调用）的 NameValuePair 对象列表。创建 UrlEncodedFormEntity 之后，可以将 HttpPost 的实体类型设置为 UrlEncodedForm Entity，然后执行该请求。

在代码清单 15-3 中，我们创建了一个 HttpClient，然后使用 HTTP 端点的 URL 实例化了 HttpPost。接下来，将创建一个 NameValuePair 对象列表并填充几个名称/值参数。然后创建一个 UrlEncodedFormEntity 实例，将 NameValuePair 对象列表传递给它的构造函数。最后，调用 POST 请求的 setEntity()方法，然后使用 HttpClient 实例执行请求。

实际上，HTTP POST 的功能比这强大得多。使用 HTTP POST，我们可以传递简单的名称/值参数（如代码清单 15-3 所示），也可以传递复杂的参数，如文件。HTTP POST 支持另一种称为多部分 POST 的请求主体格式。使用这种 POST 类型，可以像前面一样发送名称/值参数，也可以发送任意文件。不过 Android 随带的 HttpClient 版本无法直接支持多部分 POST。要执行多部分 POST 调用，需要获取另外 3 个 Apache 开源项目：Apache Commons IO、Mime4j 和 HttpMime。可以从以下网站下载这些项目。

- ❑ Commons IO：http://commons.apache.org/io/。
- ❑ Mime4j：http://james.apache.org/mime4j/。
- ❑ HttpMime：http://hc.apache.org/downloads.cgi（HttpClient的内部）。

另外，也可以访问下面这个网站下载在 Android 中执行多部分 POST 所需的所有.jar 文件：http://www.apress.com/book/view/1430226595。

代码清单 15-4 演示了一个使用 Android 的多部分 POST。

代码清单 15-4　执行多部分 POST 调用

```
import java.io.ByteArrayInputStream;
import java.io.InputStream;
import org.apache.commons.io.IOUtils;
import org.apache.http.HttpResponse;
import org.apache.http.client.HttpClient;
import org.apache.http.client.methods.HttpPost;
import org.apache.http.entity.mime.MultipartEntity;
import org.apache.http.entity.mime.content.InputStreamBody;
import org.apache.http.entity.mime.content.StringBody;
import org.apache.http.impl.client.DefaultHttpClient;

import android.app.Activity;

public class TestMultipartPost extends Activity
{
    public void executeMultipartPost() throws Exception
    {
        try {
            InputStream is = this.getAssets().open("data.xml");
            HttpClient httpClient = new DefaultHttpClient();
            HttpPost postRequest =
              new HttpPost("http://mysomewebserver.com/services/doSomething.do");

            byte[] data = IOUtils.toByteArray(is);

            InputStreamBody isb = new InputStreamBody(new
                    ByteArrayInputStream(data), "uploadedFile");
            StringBody sb1 = new StringBody("some text goes here");
            StringBody sb2 = new StringBody("some text goes here too");

            MultipartEntity multipartContent = new MultipartEntity();
            multipartContent.addPart("uploadedFile", isb);
            multipartContent.addPart("one", sb1);
            multipartContent.addPart("two", sb2);
```

15

```
                    postRequest.setEntity(multipartContent);
                    HttpResponse response =httpClient.execute(postRequest);
                    response.getEntity().getContent().close();
            } catch (Throwable e)
            {
                    // handle exception here
            }
        }
    }
```

说明　这个多部分 POST 示例使用了几个 .jar 文件，这些文件未包含在 Android 运行时中。要确保将这些 .jar 文件打包到 .apk 文件中，需要在 Eclipse 中将它们添加为外部 .jar 文件。为此，在 Eclipse 中用鼠标右键单击所创建的项目，依次选择 Properties、Java Build Path 及 Libraries 选项卡，然后选择 Add External JAR。

执行这些步骤之后，就可以在编译时和运行时使用这些 .jar 文件。

要执行多部分 POST，需要创建一个 HttpPost，并使用一个 MultipartEntity 实例（而不是我们为具有名称/值参数形式的 POST 创建的 UrlEncodedFormEntity）来调用其 setEntity() 方法。MultipartEntity 表示多部分 POST 请求的主体。如上例所示，创建一个 MultipartEntity 实例，然后使用它的每部分来调用 addPart() 方法。代码清单 15-4 向请求添加了 3 部分：两个字符串和一个 XML 文件。

最后，如果构建的应用程序要求将多部分 POST 传递给 Web 资源，则可能必须在本地工作站上使用服务的伪实现来调试解决方案。当在本地工作站运行应用程序时，通常可以使用 localhost 或 IP 地址 127.0.0.1 访问本地机器。但是，使用 Android 应用程序，将不能使用 localhost（或 127.0.0.1），因为模拟器就是自身的 localhost。你不想让该客户端指向 Android 设备上的服务器，而是指向工作站。要从在模拟器中运行的应用程序引用开发工作站，必须使用工作站的 IP 地址。（如果需要获取帮助来确定工作站的 IP 地址，请参见第 2 章。）需要修改代码清单 15-4，将 IP 地址替换为你工作站的 IP 地址。

15.1.3　SOAP、JSON 和 XML 分析程序

那么如何处理 SOAP 呢？因特网上有许多基于 SOAP 的 Web 服务，但到目前为止，谷歌还未在 Android 中提供对调用 SOAP Web 服务的直接支持。谷歌更倾向于使用类似 REST 的 Web 服务，因为可以减少客户端设备上需要的计算量。但是，这种服务的缺陷在于，开发人员必须执行更多工作来发送数据和解析返回的数据。在理想情况下，有多种与 Web 服务交互的方式可供选择。一些开发人员使用 kSOAP2 开发人员工具包来为 Android 构建 SOAP 客户端。我们不打算介绍此方法，如果感兴趣，可以访问相关网站。

说明　原始 kSOAP2 源代码位于 http://ksoap2.sourceforge.net/ 上。（所幸！）开源社区为 Android 贡献了一个 kSOAP2 版本，可以在 http://code.google.com/p/ksoap2-android/ 上找到关于它的更多信息。

已成功使用的一种方法是在因特网上实现自己的服务，它可通过 SOAP（或其他某种协议）与目

标服务通信。然后，你的 Android 应用程序只需与你的服务通信，你现在拥有全部控制权。如果目标服务更改，你将能够处理该更改，而无需更新和发布应用程序的新版本。唯一需要做的是在服务器上更新服务。此方法的一个附带的好处是，可以更轻松地为应用程序实现一种付费订阅模式，如果用户终止订阅，可在服务器上关闭它们。

Android 支持 JSON（JavaScript Object Notation，JavaScript 对象表示法）。这是一种在 Web 服务器与客户端之间封装数据的一种很常见的方法。JSON 解析类使从响应解压数据变得非常简单，解压数据后应用程序即可操作它。

Android 还有两个 XML 资源解析程序，可使用它们解释来自 HTTP 调用的响应。第 3 章介绍了其中主要的一个（XMLPullParser）。

15.1.4 处理异常

任何程序都需要处理异常，而使用外部服务（比如 HTTP 服务）的软件必须更加关注异常，因为出现错误的可能性更大。在使用 HTTP 服务时，可能遇到多种类型的异常，包括传输异常、协议异常和超时。应该知道这些异常何时会发生。

传输异常的发生可能有多种原因，但对于移动设备，最可能的情况是网络连接较差。协议异常发生在 HTTP 协议层，包括身份验证错误及无效的 cookie 等。例如，如果必须在 HTTP 请求中提供登录凭证但未成功，则可能看到协议异常。对于 HTTP 调用，超时包含两个方面：连接超时和套接字超时。如果 HttpClient 无法连接到 HTTP 服务器（例如，服务器不可用），就会发生连接超时。如果 HttpClient 未在既定的时间段内收到响应，则可能发生套接字超时。换句话说，HttpClient 可以连接到服务器，但服务器未在所分配的时限内返回响应，就可能发生套接字超时。

既然了解了可能发生的异常类型，那么如何处理它们呢？幸好 HttpClient 是一个健壮的框架，它承担了大部分处理工作。实际上，必须关注的异常类型都可以轻松管理。HttpClient 处理传输异常的方式是，检测传输问题并重新尝试发出请求（这种方法能够很好地解决这种类型的异常）。协议异常一般会在开发期间大量发生。超时必须由你来处理。要处理两种超时类型（连接超时和套接字超时），一种简单有效的方法是，使用 try/catch 包装 HTTP 请求的 execute()方法，然后在出现请求失败时重试。代码清单 15-5 演示了这一过程。

代码清单 15-5   实现简单的重试技术来处理超时

```java
import java.io.BufferedReader;
import java.io.IOException;
import java.io.InputStreamReader;
import java.net.URI;

import org.apache.http.HttpResponse;
import org.apache.http.client.HttpClient;
import org.apache.http.client.methods.HttpGet;
import org.apache.http.impl.client.DefaultHttpClient;

public class TestHttpGet {

    public String executeHttpGetWithRetry() throws Exception {
        int retry = 3;

        int count = 0;
```

15

```java
        while (count < retry) {
            count += 1;
            try {
                String response = executeHttpGet();
                /**
                 * if we get here, that means we were successful and we
                 * can stop.
                 */
                return response;
            } catch (Exception e) {
                /**
                 * if we have exhausted our retry limit
                 */
                if (count < retry) {
                    /**
                     * we have retries remaining, so log the message
                     * and go again.
                     */
                    System.out.println(e.getMessage());
                } else {
                    System.out.println("all retries failed");
                    throw e;
                }
            }
        }
        return null;
    }

    public String executeHttpGet() throws Exception {
        BufferedReader in = null;
        try {
            HttpClient client = new DefaultHttpClient();
            HttpGet request = new
                    HttpGet("http://code.google.com/android/");
            HttpResponse response = client.execute(request);
            in = new BufferedReader(
                    new InputStreamReader(
                            response.getEntity().getContent()));

            StringBuffer sb = new StringBuffer("");

            String line = "";
            String NL = System.getProperty("line.separator");
            while ((line = in.readLine()) != null) {
                sb.append(line + NL);
            }
            in.close();

            String result = sb.toString();
            return result;
        } finally {
            if (in != null) {
                try {
                    in.close();
                } catch (IOException e) {
                    e.printStackTrace();
                }
            }
        }
    }
}
```

代码清单 15-5 中的代码展示了如何实现简单的重试技术，在执行 HTTP 调用时从超时中恢复。这段代码给出了两个方法：一个执行 HTTP GET（executeHttpGet()），另一个使用重试逻辑（executeHttpGetWithRetry()）包装此方法。重试逻辑非常简单。我们将希望重试的次数设置为 3，然后输入一个 while 循环。在循环中执行 HTTP GET 请求。请注意，该请求使用一个 try/catch 块包装，catch 块检查是否用尽了重试次数。

当在真实应用程序中使用 HttpClient 时，需要注意可能出现的多线程问题。现在深入分析一下这些问题。

15.1.5 解决多线程问题

到目前为止介绍的示例为每个请求创建了一个新 HttpClient。但是在实际应用中，应该为整个应用程序创建一个 HttpClient，并将其用于所有 HTTP 通信。除了将一个 HttpClient 用于所有 HTTP 请求，还应该注意在通过同一个 HttpClient 同时发出多个请求时可能发生的多线程问题。幸好 HttpClient 提供了一些工具来简化了这一任务，你所需做的只是使用 ThreadSafeClient ConnManager 创建 DefaultHttpClient，如代码清单 15-6 所示。

代码清单 15-6　创建 HttpClient 用于多线程：CustomHttpClient.java

```java
import org.apache.http.HttpVersion;
import org.apache.http.client.HttpClient;
import org.apache.http.conn.ClientConnectionManager;
import org.apache.http.conn.params.ConnManagerParams;
import org.apache.http.conn.scheme.PlainSocketFactory;
import org.apache.http.conn.scheme.Scheme;
import org.apache.http.conn.scheme.SchemeRegistry;
import org.apache.http.conn.ssl.SSLSocketFactory;
import org.apache.http.impl.client.DefaultHttpClient;
import org.apache.http.impl.conn.tsccm.ThreadSafeClientConnManager;
import org.apache.http.params.BasicHttpParams;
import org.apache.http.params.HttpConnectionParams;
import org.apache.http.params.HttpParams;
import org.apache.http.params.HttpProtocolParams;
import org.apache.http.protocol.HTTP;

public class CustomHttpClient {
    private static HttpClient customHttpClient;

    /** A private Constructor prevents instantiation */
    private CustomHttpClient() {
    }

    public static synchronized HttpClient getHttpClient() {
        if (customHttpClient == null) {
            HttpParams params = new BasicHttpParams();
            HttpProtocolParams.setVersion(params, HttpVersion.HTTP_1_1);
            HttpProtocolParams.setContentCharset(params,
                    HTTP.DEFAULT_CONTENT_CHARSET);
            HttpProtocolParams.setUseExpectContinue(params, true);
            HttpProtocolParams.setUserAgent(params,
"Mozilla/5.0 (Linux; U; Android 2.2.1; en-us; Nexus One Build/FRG83) AppleWebKit/533.1
(KHTML, like Gecko) Version/4.0 Mobile Safari/533.1"
            );
```

15

```
            ConnManagerParams.setTimeout(params, 1000);

            HttpConnectionParams.setConnectionTimeout(params, 5000);
            HttpConnectionParams.setSoTimeout(params, 10000);

            SchemeRegistry schReg = new SchemeRegistry();
            schReg.register(new Scheme("http",
                            PlainSocketFactory.getSocketFactory(), 80));
            schReg.register(new Scheme("https",
                            SSLSocketFactory.getSocketFactory(), 443));
            ClientConnectionManager conMgr = new
                            ThreadSafeClientConnManager(params,schReg);

            customHttpClient = new DefaultHttpClient(conMgr, params);
        }
        return customHttpClient;
    }

    public Object clone() throws CloneNotSupportedException {
        throw new CloneNotSupportedException();
    }
}
```

　　如果应用程序需要执行多个 HTTP 调用，则应该创建一个为所有 HTTP 请求服务的 HttpClient。执行此操作的最简单方式是创建一个单例（singleton）类，可从应用程序内的任何位置访问它，就像这里所展示的一样。这是一种非常标准的 Java 模式，我们在其中同步了对一个取值方法的访问，该取值方法为该单例类返回一个（且仅返回一个）HttpClient 对象，这个对象在第一次需要时创建。

　　现在，看看 CustomHttpClient 的 getHttpClient()方法。此方法负责创建我们的单例 Http Client。我们设置一些基本的参数、一些超时值以及该 HttpClient 将支持的模式（即 HTTP 和 HTTPS）。请注意，当实例化 DefaultHttpClient()时，我们传入一个 ClientConnectionManager。Client ConnectionManager 负责管理 HttpClient 的 HTTP 连接。因为我们希望将一个 HttpClient 用于所有 HTTP 请求（如果使用线程，这些请求可能重叠），所以我们创建了一个 ThreadSafeClientConn Manager。

　　我们还介绍介绍了一种从 HTTP 请求收集响应的更简单的方式，那就是使用 BasicResponse Handler。使用 CustomHttpClient 的活动的代码如代码清单 15-7 所示。

代码清单 15-7　使用 CustomHttpClient：HttpActivity.java

```
import java.io.IOException;
import org.apache.http.client.HttpClient;
import org.apache.http.client.methods.HttpGet;
import org.apache.http.impl.client.BasicResponseHandler;
import org.apache.http.params.HttpConnectionParams;
import org.apache.http.params.HttpParams;
import android.app.Activity;
import android.os.Bundle;
import android.util.Log;

public class HttpActivity extends Activity
{
    private HttpClient httpClient;
    @Override
    public void onCreate(Bundle savedInstanceState)
    {
        super.onCreate(savedInstanceState);
        setContentView(R.layout.main);
```

```
        httpClient = CustomHttpClient.getHttpClient();
        getHttpContent();
    }

    public void getHttpContent()
    {
        try {
            HttpGet request = new HttpGet("http://www.google.com/");
            String page = httpClient.execute(request,
                    new BasicResponseHandler());
            System.out.println(page);
        } catch (IOException e) {
            // covers:
            //       ClientProtocolException
            //       ConnectTimeoutException
            //       ConnectionPoolTimeoutException
            //       SocketTimeoutException
            e.printStackTrace();
        }
    }
}
```

对于这个示例应用程序，我们对谷歌主页执行了简单的 HTTP GET 请求。还使用了一个 BasicResponseHandler 对象来负责将页面呈现为一个大 String，然后可将该 String 写入 LogCat。可以看到，将 BasicResponseHandler 添加到 execute()方法中很容易。

你可能希望利用每个 Android 应用程序都拥有关联的 Application 对象这一事实。默认情况下，如果没有定义自定义应用程序对象，Android 将使用 android.app.Application。关于应用程序对象，有一个有趣之处：应用程序始终只有一个应用程序对象，所有组件都可访问它（使用全局上下文对象）。可以扩展 Application 类并添加功能，比如我们的 CustomHttpClient。但是，在我们的示例中，确实没有理由在 Application 类自身内这么做，而且在可简单地创建一个独立的类来处理这种需要时，最好不要使用 Application 类。

15.1.6 有趣的超时

设置单一 HttpClient 供应用程序使用还有其他重要优势。可以在一个位置修改它的属性，而且每个人都可利用它。例如，如果希望为 HTTP 调用设置常用的超时值，可以在创建 HttpClient 时调用 HttpParams 对象的恰当的赋值函数来完成。请参见代码清单 15-6 和 getHttpClient()方法。请注意，可以使用 3 种超时。第一种是连接管理器的超时，它定义应用程序应等待多久才让一个连接退出连接管理器所管理的连接池。在该示例中，我们将此值设置为 1 秒。唯一需等待的情形是来自连接池的所有连接都在使用。第二个超时值定义应该等待多久才能通过网络连接到另一端的服务器。这里，我们将该值设置为 2 秒。最后，我们将一个套接字超时值设置为 4 秒，以定义应该等待多长时间才获取请求的数据。

与上述 3 种超时相对应，可能获得以下 3 种异常：ConnectionPoolTimeoutException、ConnectTimeout-Exception 或 SocketTimeoutException。所有这 3 种异常都是 IOException 的子类，我们在 HttpActivity 中使用了它，而没有独立捕获每种子类异常。

如果分析 getHttpClient()中使用的每个参数设置类，可能会发现更多有用的参数。

我们介绍了如何设置一个公共 HTTP 连接池，以供在整个应用程序中使用。这就意味着每次需要

15

使用连接时，就会应用各种设置来满足特定需要。但如果希望为特定的消息采用不同设置怎么办？所幸，也有一种简单的方式可用于满足此需要。我们介绍了如何使用 HttpGet 或 HttpPost 对象来描述要通过网络发出的请求。与设置 HttpClient 的 HttpParams 的方式类似，可以同时在 HttpGet 和 HttpPost 对象上设置 HttpParams。在消息级别应用的设置将重写 HttpClient 级别上的设置，而无需更改 HttpClient 设置。如果希望特定请求拥有 1 分钟的套接字超时，而不是 4 秒，代码清单 15-8 给出了设置代码。可以使用这些代码替换代码清单 15-7 中的 getHttpContent()方法的 try 部分。

代码清单 15-8　在请求级别重写套接字超时

```
HttpGet request = new HttpGet("http://www.google.com/");
HttpParams params = request.getParams();
HttpConnectionParams.setSoTimeout(params, 60000);    // 1 minute
request.setParams(params);
String page = httpClient.execute(request,
                   new BasicResponseHandler());
System.out.println(page);
```

15.1.7　使用 HttpURLConnection

Android 提供了另一种方式来处理 HTTP 服务，那就是使用 java.net.HttpURLConnection 类。这与我们刚才介绍的 HttpClient 类非常相似，但 HttpURLConnection 可能需要更多语句才能完成操作。另一方面，该类会较小，且比 HttpClient 轻。从 Gingerbread 版本开始，一直很稳定，所以当需要基本的 HTTP 特性及紧凑的应用程序时，应该考虑它。

15.1.8　使用 AndroidHttpClient

Android 2.2 引入了 HttpClient 的一个新子类 AndroidHttpClient。此类背后的理念是通过提供默认值和适合 Android 应用程序的逻辑，为 Android 应用程序的开发人员提供方便。例如，连接和套接字（即操作）的超时值默认分别设置为 20 秒。连接管理器默认为 ThreadSafeClientConnManager。就绝大部分而言，它可与前面例子中使用的 HttpClient 交替使用。但是，你应该知道一些区别。

❏ 要创建 AndroidHttpClient，可以调用 AndroidHttpClient 类的静态 newInstance()方法，比如：

```
AndroidHttpClient httpClient = AndroidHttpClient.newInstance("my-http-agent-string");
```

❏ 请注意，newInstance()方法的参数为一个 HTTP 代理字符串。在 Android 的默认浏览器中，可以看到以下这样的一个字符串，但可以使用任何想要的字符串：

```
Mozilla/5.0 (Linux; U; Android 2.1; en-us; ADR6200 Build/ERD79) AppleWebKit/530.17
(KHTML, like Gecko) Version/ 4.0 Mobile Safari/530.17
```

❏ 当在此客户端上调用 execute()时，你必须位于独立于主 UI 线程的线程中。这意味着如果只是尝试将以前的 HttpClient 替换为 AndroidHttpClient，将会获得异常。从主 UI 线程发出 HTTP 调用是一种糟糕的做法，所以 AndroidHttpClient 不会允许这么做。下一节将介绍线程问题。

❏ 完成对 AndroidHttpClient 实例的处理之后，必须对它调用 close()。这样可以适当地释放内存。

❏ 有一些方便的静态方法可用于处理来自服务器的压缩响应，包括：

❏ modifyRequestToAcceptGzipResponse(HttpRequest request)

❏ getCompressedEntity(byte[] data, ContentResolver resolver)

❏ getUngzippedContent(HttpEntity entity)

获得 AndroidHttpClient 的实例之后，将无法修改它内部的任何参数设置，也无法向它添加任何参数设置（比如 HTTP 协议版本）。你的选择只是如前面所述重写 HttpGet 对象内的设置，或者不使用 AndroidHttpClient。

将 HTTP 服务用于 HttpClient 的讨论到此就结束了。以下各节会将注意力转向 Android 平台的另一个有趣部分：编写后台/长期运行的服务。尽管暂时还不明显，但执行 HTTP 调用和编写 Android 服务的过程是紧密相连的，因为你会在 Android 服务内执行大量集成。拿一个简单的邮件客户端应用程序为例。在 Android 设备上，此类型的应用程序可能包含两部分：一部分向用户提供 UI，另一部分轮询邮件消息。轮询可能必须在后台服务中完成。轮询新消息的组件是一个 Android 服务，而该服务使用 HttpClient 来执行工作。

说明　关于使用 HttpClient 和其他一些概念的优秀教程，请访问 Apache 的网站 http://hc.apache.org/httpcomponents -client-ga/tutorial/html/。

15.1.9　使用后台线程（AsyncTask）

到目前为止，在示例中，我们使用了活动的主线程来执行 HTTP 调用。尽管我们可能很幸运，每次调用都获得了迅速的响应，但网络连接和因特网并不始终这么快。因为活动的主线程主要用于处理来自用户的事件（按钮单击等）和执行用户界面的更新，所以应该使用后台线程来执行可能需要花一段时间的工作。Android 会强制我们进入此位置，因为如果主线程没有在 5 秒内处理完某个事件，将触发一个 ANR（Application Not Responding，应用程序未响应）条件，该条件会影响用户体验，显示一个烦人的对话框来要求用户确认当前应用程序是否应被终结（也称为强制关闭）。第 17 章将详细介绍主线程和 5 秒的时间限制，但现在只需知道无法长时间持有主线程。

如果希望做的只是执行一些计算，无需更新用户界面，那么可以使用简单的 Thread 对象来从主线程转移一些处理工作。但是，如果需要对用户界面执行更新，此技术将不适用。这是因为 Android 用户界面工具包不是线程安全的，所以它应该始终仅从主线程更新。

如果希望从后台线程以任何方式更新用户界面，应该认真考虑使用 AsyncTask。AsyncTask 提供了一种方便的方式来将一些希望更新用户界面的处理工作后台化。AsyncTask 负责创建一个后台线程来完成工作，以及提供将在主线程上运行的回调来实现对用户界面元素（即视图）的轻松访问。回调可在后台线程运行之前、期间和之后触发。

例如，考虑从网络服务器抓取图像从而在应用程序中显示的问题。可能该图像需要动态创建。我们无法保证返回图像需要多长时间，所以肯定需要使用后台线程来完成该工作。

代码清单 15-9 给出了一个将执行此工作的 AsyncTask 的简单实现。我们将探讨该实现，然后介绍可调用此 AsyncTask 的活动的布局文件和 Java 代码。

15

代码清单 15-9　下载图像的 AsyncTask：DownloadImageTask.java

```java
import java.io.IOException;
import org.apache.http.HttpResponse;
import org.apache.http.client.HttpClient;
import org.apache.http.client.methods.HttpGet;
import org.apache.http.params.BasicHttpParams;
import org.apache.http.params.HttpConnectionParams;
import org.apache.http.params.HttpParams;
import org.apache.http.util.EntityUtils;
import android.app.Activity;
import android.content.Context;
import android.graphics.Bitmap;
import android.graphics.BitmapFactory;
import android.os.AsyncTask;
import android.util.Log;
import android.widget.ImageView;
import android.widget.TextView;

public class DownloadImageTask extends AsyncTask<String, Integer, Bitmap> {
    private Context mContext;

    DownloadImageTask(Context context) {
        mContext = context;
    }
    protected void onPreExecute() {
        // We could do some setup work here before doInBackground() runs
    }

    protected Bitmap doInBackground(String... urls) {
        Log.v("doInBackground", "doing download of image");
        return downloadImage(urls);
    }

    protected void onProgressUpdate(Integer... progress) {
        TextView mText = (TextView)
                ((Activity) mContext).findViewById(R.id.text);
        mText.setText("Progress so far: " + progress[0]);
    }

    protected void onPostExecute(Bitmap result) {
        if(result != null) {
            ImageView mImage = (ImageView)
                ((Activity) mContext).findViewById(R.id.image);
            mImage.setImageBitmap(result);
        }
        else {
            TextView errorMsg = (TextView)
                ((Activity) mContext).findViewById(R.id.errorMsg);
            errorMsg.setText(
                "Problem downloading image. Please try again later.");
        }
    }

    private Bitmap downloadImage(String... urls)
    {
      HttpClient httpClient = CustomHttpClient.getHttpClient();
      try {
        HttpGet request = new HttpGet(urls[0]);
        HttpParams params = new BasicHttpParams();
        HttpConnectionParams.setSoTimeout(params, 60000);    // 1 minute
        request.setParams(params);
```

```
    publishProgress(25);

    HttpResponse response = httpClient.execute(request);

    publishProgress(50);

    byte[] image = EntityUtils.toByteArray(response.getEntity());

    publishProgress(75);

    Bitmap mBitmap = BitmapFactory.decodeByteArray(
                        image, 0, image.length);

    publishProgress(100);

    return mBitmap;
    } catch (IOException e) {
    // covers:
    //      ClientProtocolException
        //      ConnectTimeoutException
        //      ConnectionPoolTimeoutException
        //      SocketTimeoutException
        e.printStackTrace();
    }
    return null;
    }
}
```

因为 AsyncTask 是抽象的, 所以需要通过扩展来定制它, 我们使用类 DownloadImageTask 来完成此工作。我们将使用一个构造函数来获取调用上下文的引用, 在本示例中, 该上下文就是调用活动。我们将使用该上下文获取活动的视图, 还将重用前面的 CustomHttpClient 类。

AsyncTask 的使用包括 4 个步骤。

(1) 在 onPreExecute()方法中执行任何设置工作。此方法在主线程上执行。

(2) 使用 doInBackground()运行后台线程。线程创建全部在后台完成。这段代码在一个独立的后台线程中运行。

(3) 使用 publishProgress()和 onProgressUpdate()更新进度。publishProgress()从 do InBackground() 的代码内调用, 而 onProgressUpdate()在主线程中执行 (调用 publishProgress()而导致的结果)。使用这两个方法, 后台线程能够在执行期间与主线程通信, 所以在后台线程完成其工作之前即可在用户界面中执行状态更新。

(4) 使用结果在 onPostExecute()中更新用户界面。此方法在主线程中执行。

第 1 步和第 3 步是可选的。在示例中, 我们选择不在 onPreExecute()中执行任何初始化, 但像第 3 步那样利用了进度更新。后台线程的主要工作在从 doInBackground()调用的 downloadImage()方法内完成的。downloadImage()方法接受一个 URL 并使用我们的 HttpClient 来执行 HttpGet 请求和响应。请注意, 现在在能够设置 60 秒的超时, 无需担忧得到任何 ANR。可以在代码中看到, 进度会在设置 HttpClient 连接, 执行 HTTP 请求, 将图像响应转换为一个字节数组, 然后从它构建 Bitmap 对象期间进行更新。当 downloadImage()返回到 doInBackground()并且 doInBackground()返回时, Android 会负责获取返回值并将它传递给 onPostExecute()。将 Bitmap 传递给 onPostExecute()之后, 即可安全地使用它更新 ImageView, 因为 onPostExecute()在活动的主线程上运行。但是, 如果在下载过程中遇到异常怎么办? 如果没有从 HTTP 调用获得图像, 而获得了异常, Bitmap 将为 null。可以在 onPostExecute()

中检查这一事实并显示错误消息，而不尝试将 ImageView 设置为 Bitmap。当然，如果知道下载失败，可以采取其他操作。

　　请记住，只有未在主线程上运行的代码来自于 doInBackground()。所以请注意不要在 doInBackground()方法中处理 UI，因为可能在这里遇到问题。例如，不要调用 doInBackground()中修改 UI 元素的方法。仅在 onPreExecute()、onProgressUpdate()和 onPostExecute()中处理 UI 元素。

　　让我们在下面这个例子中使用布局 XML 文件并分别使用代码清单 15-10 和代码清单 15-11 中活动的 Java 代码。

代码清单 15-10　调用 AsyncTask 的布局：/res/layout/main.xml

```xml
<?xml version="1.0" encoding="utf-8"?>
<LinearLayout xmlns:android="http://schemas.android.com/apk/res/android"
    android:layout_width="fill_parent"
    android:layout_height="fill_parent"
    android:orientation="vertical"
    >
<LinearLayout
    android:layout_width="fill_parent"
    android:layout_height="wrap_content"
    android:orientation="horizontal"
    >
 <Button android:id="@+id/button"  android:text="Get Image"
    android:layout_width="wrap_content"
    android:layout_height="wrap_content"
    android:onClick="doClick"
    />
 <TextView android:id="@+id/text"
    android:layout_width="wrap_content"
    android:layout_height="wrap_content"
    />
</LinearLayout>
<TextView android:id="@+id/errorMsg"  android:textColor="#ff0000"
    android:layout_width="wrap_content"
    android:layout_height="wrap_content"
    />
<ImageView  android:id="@+id/image"
    android:layout_width="fill_parent"  android:layout_height="0dip"
    android:layout_weight="1" />
</LinearLayout>
```

代码清单 15-11　调用 AsyncTask 的活动：HttpActivity.java

```java
import android.app.Activity;
import android.os.AsyncTask;
import android.os.Bundle;
import android.util.Log;
import android.view.View;

public class HttpActivity extends Activity {
    private DownloadImageTask diTask;

    @Override
    public void onCreate(Bundle savedInstanceState)
    {
        super.onCreate(savedInstanceState);
        setContentView(R.layout.main);
    }
```

```
public void doClick(View view) {
    if(diTask != null) {
        AsyncTask.Status diStatus = diTask.getStatus();
        Log.v("doClick", "diTask status is " + diStatus);
        if(diStatus != AsyncTask.Status.FINISHED) {
            Log.v("doClick", "... no need to start a new task");
            return;
        }
        // Since diStatus must be FINISHED, we can try again.
    }
    diTask = new DownloadImageTask(this);

diTask.execute("http://chart.apis.google.com/chart?&cht=p&chs=460x250&chd=t:15.3,20.3,0.
2,59.7,4.5&chl=Android%201.5%7CAndroid%201.6%7COther*%7CAndroid%202.1%7CAndroid%202.2&ch
co=c4df9b,6fad0c");
    }
}
```

当运行此示例并单击按钮时，应该看到类似图 15-1 的显示界面。

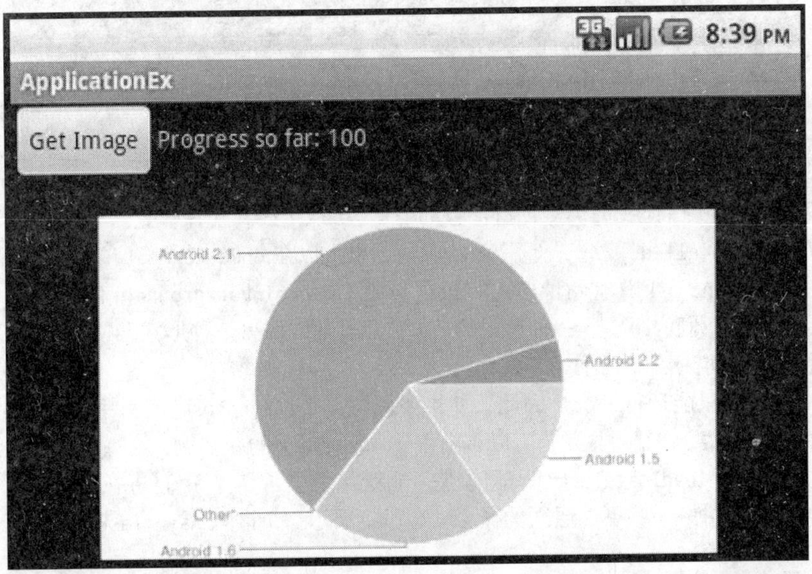

图 15-1 使用 AsyncTask 下载图像（截至 2010 年 8 月 2 日的 Android 设备比例图）

该布局非常简单。我们拥有一个按钮，它旁边有一条文本消息。此文本将为进度消息。在它们下方，为错误消息提供了空间，该消息的文本将为红色。最后还为图像提供了空间。

在按钮回调方法 doClick()内，需要实例化自定义 AsyncTask 类的一个新实例并调用 execute()方法。这也是你会使用的模式：实例化 AsyncTask 的扩展，并调用 execute()方法。对于此示例，我们调用一个谷歌图表服务来获取数据值和标签名称，创建一个图表，以 PNG 图像的格式返回它。但在启动任务之前，应该检查是否有一项任务已在运行。如果用户双击按钮，最终会运行两个后台任务。幸好 AsyncTask 类允许我们检查它的状态。如果 doTask 不为 null，则可能有一个任务正在运行。所以我们检查 AsyncTask 的状态。如果它为 FINISHED 以外的任何状态，则该任务为 RUNNING 或者 PENDING 并即将运行。因此，我们仅希望有一个任务并且在已完成时丢弃它并创建一个新 AsyncTask。当然，如

15

果前面的 AsyncTask 能够成功下载图像，我们可能不希望再次下载它。但对于此示例，我们将再次获取它。

在示例应用程序运行时，应该会注意到进度消息在按下按钮之后不断更新，然后会显示图像。按钮会在进度消息开始更改之前，从按下状态返回到正常状态。这是一个重要的观察结果，因为它意味着在下载期间，主线程已返回以管理用户界面。

要增加趣味性，可以添加发起谷歌图表调用的 URL 字符串，进行将导致错误条件的更改。现在，再次运行应用程序。应该看到类似图 15-2 的结果。

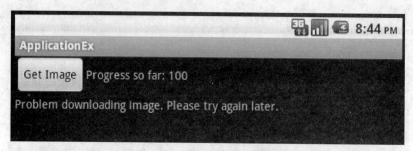

图 15-2   使用 AsyncTask 将异常传达给用户界面

关于 AsyncTask，还有更多需要知道的事情。实例化 AsyncTask 的扩展并启动 execute()方法以后，主线程就会返回继续执行。但我们仍然拥有任务的引用，可从主线程上操作它。例如，可以调用 cancel()来结束它，调用 isCancelled()来查看它是否已取消。也可以在 onPostExecute()中修改处理这些取消操作的逻辑。而且 AsyncTask 具有两种形式的 get()，可以从 doInBackground()获得结果，而无需使用 onPostExecute()执行我们的工作。一种形式的 get()会阻塞，而另一种形式会使用一个超时值来避免调用线程等待太长时间。

一个 AsyncTask 只能运行一次。因此，如果要保留一个 AsyncTask 的引用，不要对它多次调用 execute()。如果这么做，将获得异常。可以自由创建 AsyncTask 的新实例，但每个实例只能执行一次。这就是每次需要 DownloadImageTask 时都创建一个新实例的原因。我们将在第 18 章更详细讲述 AsyncTask，到时将会讲解一些更深层次的概念。这里将展示一个嵌入 AsyncTask 以帮助下载后台文件的特例。

15.1.10   使用 DownloadManager 获取文件

在某些条件下，应用程序可能需要将大型文件下载到设备。因为这可能会花一些时间，而且因为该过程可以标准化，所以 Android 2.3 引入了一个特殊类来管理这一操作类型：DownloadManager。DownloadManager 使用一个后台线程来将大型文件下载到设备上的本地位置，从而满足 DownloadManager 请求。可以配置 DownloadManager 来向用户提供下载通知。

在下一个示例应用程序中，我们使用 DownloadManager 下载一个 Android SDK ZIP 文件。这个示例项目将包含以下文件。

❏ res/layout/main.xml（代码清单15-12）。
❏ MainActivity.java（代码清单15-13）。

❑ AndroidManifest.xml（代码清单15-14）。

代码清单 15-12 使用 `DownloadManager`：`/res/layout/main.xml`

```xml
<?xml version="1.0" encoding="utf-8"?>
<LinearLayout xmlns:android="http://schemas.android.com/apk/res/android"
    android:orientation="vertical"
    android:layout_width="fill_parent"
    android:layout_height="fill_parent" >
  <Button android:onClick="doClick" android:text="Start"
    android:layout_width="wrap_content"
    android:layout_height="wrap_content" />
  <TextView  android:id="@+id/tv"
    android:layout_width="fill_parent"
    android:layout_height="wrap_content" />
</LinearLayout>
```

我们的布局很简单，包含一个按钮和一个文本视图。单击按钮将开始下载，我们将在文本视图中显示一些消息，以表示下载开始和下载结束。用户界面类似于图 15-3。

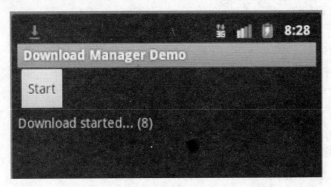

图 15-3　DownloadManagerDemo 示例应用程序的用户界面

代码清单 15-13 给出了此应用程序的 Java 代码。

代码清单 15-13 使用 `DownloadManager`：`MainActivity.java`

```java
import android.app.Activity;
import android.app.DownloadManager;
import android.content.BroadcastReceiver;
import android.content.Context;
import android.content.Intent;
import android.content.IntentFilter;
import android.net.Uri;
import android.os.Bundle;
import android.util.Log;
import android.view.View;
import android.widget.TextView;

public class MainActivity extends Activity {
    protected static final String TAG = "DownloadMgr";
    private DownloadManager dMgr;
    private TextView tv;
    private long downloadId;
```

15

```
/** Called when the activity is first created. */
@Override
public void onCreate(Bundle savedInstanceState) {
    super.onCreate(savedInstanceState);
    setContentView(R.layout.main);

    tv = (TextView)findViewById(R.id.tv);
}

@Override
protected void onResume() {
    super.onResume();
    dMgr = (DownloadManager) getSystemService(DOWNLOAD_SERVICE);
}

public void doClick(View view) {
    DownloadManager.Request dmReq = new DownloadManager.Request(
        Uri.parse(
            "http://dl-ssl.google.com/android/repository/" +
            "platform-tools_r01-linux.zip"));
    dmReq.setTitle("Platform Tools");
    dmReq.setDescription("Download for Linux");
    dmReq.setAllowedNetworkTypes(DownloadManager.Request.NETWORK_MOBILE);

    IntentFilter filter = new
IntentFilter(DownloadManager.ACTION_DOWNLOAD_COMPLETE);
    registerReceiver(mReceiver, filter);

    downloadId = dMgr.enqueue(dmReq);

    tv.setText("Download started... (" + downloadId + ")");
}

public BroadcastReceiver mReceiver = new BroadcastReceiver() {
    public void onReceive(Context context, Intent intent) {
        Bundle extras = intent.getExtras();
        long doneDownloadId =
            extras.getLong(DownloadManager.EXTRA_DOWNLOAD_ID);
        tv.setText(tv.getText() + "\nDownload finished (" +
            doneDownloadId + ")");
        if(downloadId == doneDownloadId)
            Log.v(TAG, "Our download has completed.");
    }
};

@Override
protected void onPause() {
    super.onPause();
    unregisterReceiver(mReceiver);
    dMgr = null;
}
}
```

此应用程序的代码非常简单。首先实例化主视图，然后获取文本视图的引用。在 onResume()方法内，获取 DOWNLOAD_SERVICE 服务的引用。请注意，我们在 onPause()中删除了此服务的引用。按钮单击方法 doClick()使用希望下载的 ZIP 文件的路径，创建一个新 DownloadManager.Request 对象。我们还设置了下载的标题、描述和支持的网络类型。还有更多选项可供选择，请参阅在线 Android 文档了解详细信息。

出于演示目的，我们选择使用移动网络来下载，但也可以选择使用 WiFi（使用 NETWORK_WIFI 代替 NETWORK_MOBILE），或者使用 OR 将两个值连接在一起，这样就可以使用其中的任意一种网络进行下载。默认情况下，两种网络都可用于下载，但对本示例应用程序而言，我们仅希望使用移动网络来下载，即使 WiFi 可用也是如此。

设置了请求对象之后，我们为一个广播接收程序创建了一个过滤器，并注册了它。稍后将给出广播接收程序的代码。通过注册接收程序，下载完成时将会得到通知。这意味着我们需要跟踪请求的 ID，当调用 DownloadManager 的 enqueue() 时会返回该 ID。最后，更新 UI 中的状态消息以表明下载已开始。

此应用程序要生效，还需要指定两个权限（如代码清单 15-14 中的 AndroidManifest.xml 所示），以允许应用程序访问因特网和将文件写入 SD 卡。Android 2.3 中一个奇怪的地方是，如果没有指定代码清单 15-14 中所示的权限，将在 LogCat 中获得一条错误消息表明没有 ACCESS_ALL_DOWNLOADS 权限，本示例不需要该权限。所以一定要确保设置两个权限，像前文表明的那样。

代码清单 15-14　使用 DownloadManager：AndroidManifest.xml

```xml
<?xml version="1.0" encoding="utf-8"?>
<manifest xmlns:android="http://schemas.android.com/apk/res/android"
    package="com.androidbook.services.download"
    android:versionCode="1"
    android:versionName="1.0">
    <application android:icon="@drawable/icon"
                android:label="@string/app_name">
        <activity android:name=".MainActivity"
                android:label="@string/app_name">
        <intent-filter>
            <action android:name="android.intent.action.MAIN" />
            <category android:name="android.intent.category.LAUNCHER" />
        </intent-filter>
    </activity>

    </application>
    <uses-sdk android:minSdkVersion="10" />

<uses-permission android:name="android.permission.INTERNET" />
<uses-permission android:name="android.permission.WRITE_EXTERNAL_STORAGE" />
</manifest>
```

当运行此应用程序时，它应该显示一个按钮。单击该按钮将启动下载操作并显示消息，如图 11-3 所示。请注意，屏幕左上角的通知栏中有一个下载图标。如果在下载图标上向下拖动，将会看到一个类似于图 15-4 的通知窗口。

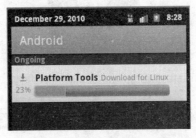

图 15-4　通知列表中的下载文件

15

通知表明下载正在后台进行。下载完成后，将清除此通知项，我们将在应用程序中看到一条额外的消息，如图 15-5 所示。

图 15-5　应用程序显示下载已完成

在广播接收程序中，我们查询该 Intent 以确定已完成的下载是否是我们的。如果是，更新 UI 中的状态消息，我们的操作就完成了。请记住，不能在广播接收程序中执行太多处理工作，因为我们必须从 onReceive()迅速返回。例如，可以调用一个服务来处理下载的文件。在该服务内，可以调用类似代码清单 15-15 中的内容来获取文件内容。

代码清单 15-15　读取下载的文件

```
try {
    ParcelFileDescriptor pfd =
            dMgr.openDownloadedFile(doneDownloadId);
    // Now we have a read-only handle to the downloaded file
    // Proceed to read the file...
} catch (FileNotFoundException e) {
    e.printStackTrace();
}
```

定位已下载文件的一种方式是使用 DownloadManager 服务，我们需要指定下载 ID 来获取合适的文件。此过程如代码清单 15-15 所示。DownloadManager 类负责将下载 ID 解析为实际的文件。尽管我们的示例将文件下载到了 SD 卡上的公共区域，实际上可以使用 DownloadManager.Request 的 setDestination*()方法将文件下载到 SD 卡上应用程序的私有数据区域。

也可以访问 DownloadManager 自己的应用程序来查看已下载的文件。从 Android 设备或模拟器上的应用程序菜单，查找如图 15-6 所示的图标。

图 15-6　Downloads 应用程序图标

也可以使用 Downloads 应用程序来找到下载的文件。现在试用一下它。当启动 Downloads 应用程序时，将会看到一个类似图 15-7 的屏幕。实际上，在单击一个复选框来选择具体的下载文件（就像我们在获取屏幕截图之前所做的）之前，它没有底部的菜单。

图 15-7　Downloads 应用程序

DownloadManager 包含一个 ContentProvider，用于下载文件信息。Downloads 应用程序访问此 ContentProvider 来向用户显示可用下载列表。这意味着也可以查询应用程序内的 ContentProvider 来获取下载的信息。为此，可以使用 DownloadManager.Query 对象和 DownloadManager 的 query()方法。但是，搜索选项不是很多。可以按下载 ID（一个或多个）搜索，或者按下载状态搜索。query()方法的结果是一个 Cursor 对象，可使用它从 DownloadManager ContentProvider 查询各行。可用的列已在 DownloadManager 的文档中列出，包括已下载文件的本地 Uri、字节数、文件媒体类型及下载状态等内容。当以这种方式访问 ContentProvider 时，需要向 AndroidManifest.xml 文件添加 ACCESS_ALL_DOWNLOADS 权限。

最后，可以使用 DownloadManager 的 remove()方法取消下载，但如果文件已下载，这不会删除该文件。

我们介绍了如何操作基于 HTTP 的服务，还介绍了如何使用一个名为 AsyncTask 的特殊类来管理这些服务的接口。AsyncTask 的常见用法是某种将持续一定时间但不是太长时间的操作，而且该操作的结果应该会以某种方式直接影响用户界面。但是如果希望运行某种持续较长时间的后台处理操作，或者如果希望调用某项存在于另一个应用程序中的非 UI 功能，该怎么办？对于这些需要，Android 提供了服务，接下来将探讨它们。

15.2　使用 Android 服务

Android 支持服务的概念。服务是在后台运行的组件，没有用户界面。可以将这些组件想象为类似于 Windows 服务或 Unix 后台程序。与这些服务类型类似，Android 服务始终可用，但无需主动执行某些操作。更重要的是，Android 服务可拥有与活动独立的生命周期。当活动暂停、停止或销毁时，你可能希望一些处理操作继续执行。服务也可以良好地满足此需要。

Android 支持两种类型的服务：本地服务和远程服务。本地服务只能由承载该服务的应用程序访问，无法供在设备上运行的其他应用程序访问。一般而言，这些服务类型仅支持承载该服务的应用程

15

322 第 15 章 构建和使用服务

序。而对于远程服务，除了可从承载服务的应用程序访问，还可以从其他应用程序访问。远程服务使用 AIDL（Android Interface Definition Language，Android 接口定义语言）向客户端定义自身。我们将探讨这两种类型的服务，但在接下来的几章中将深入介绍本地服务。因此，这里在介绍它们时不会花太多时间。本章将更详细地介绍远程服务。

15.2.1 Android 中的服务

Android Service 类是一个包装器，其中包含一些具有类似服务的行为的代码。与前面介绍的 AsyncTask 不同，Service 对象不会自动创建自己的线程。Service 对象要使用线程，开发人员必须帮它实现。这意味着，如果不向服务添加线程，服务代码将在主线程上运行。如果服务执行的操作将很快完成，这不会导致问题。如果服务可能运行较长时间，你一定希望调用线程。请记住，也可以使用 AsyncTask 在服务内实现线程。

Android 支持服务的概念有两个原因。

❑ 首先，简化后台任务的实现。

❑ 其次，在同一设备上运行的应用程序之间执行进程间通信。

这两个原因对应于 Android 支持的两种服务类型：本地服务和远程服务。第一种情况的示例可能是在电子邮件应用程序内实现的本地服务。该服务可处理向电子邮件服务器发送新邮件这一过程，还可以处理附件和重试。因为这可能需要一段时间才能完成，所以服务是包装该功能的一种不错方式，这样主线程可以不再运行该服务，并将其返回到用户。另外，如果电子邮件活动被销毁，你仍然希望传送所发送的电子邮件。稍后将会看到第二种情况的一个例子，即语言翻译应用程序。设想有多个应用程序在设备上运行，需要一个服务来接收需要从一种语言翻译为另一种语言的文本。无需在每个应用程序中重复这一逻辑，可以编写一个远程转换服务并让各个应用程序与该服务通信。

本地服务与远程服务之间存在一些重要区别。具体来讲，如果服务完全只供同一进程中的组件使用，那么客户端必须通过调用 Context.startService() 来启动该服务。这种类型的服务为本地服务，因为它的一般用途是运行承载服务的应用程序的后台任务。如果服务支持 onBind() 方法，那么它属于远程服务，可通过进程间通信（Context.bindService()）进行调用。我们也将远程服务称为 AIDL 支持服务，因为客户端使用 AIDL 与服务通信。

虽然 android.app.Service 接口同时支持本地和远程服务，但并不建议提供一种服务的实现来同时支持两种类型。因为每种服务类型都具有预定义的生命周期，将两种服务合并在一起可能导致错误（尽管允许这么做）。

现在可以开始详细介绍这两种服务类型了。我们首先讨论本地服务，然后再讨论远程服务（AIDL 支持服务）。前面已经提及，本地服务是仅由承载它们的应用程序调用的服务。远程服务是支持 RPC（Remote Procedure Call，远程过程调用）机制的服务。这类服务允许同一设备上的外部客户端连接到服务并使用服务设备的功能。

说明 Android 中的第二种服务类型有多种叫法：远程服务、AIDL 支持服务、AIDL 服务、外部服务和 RPC 服务。这些名称都指的是同一类型的服务——可供在设备上运行的其他应用程序远程访问的服务。

15.2.2 本地服务

本地服务由 Context.startService()启动。启动以后，这些类型的服务将持续运行，直到客户端调用服务的 Context.stopService()或者服务自己调用 stopSelf()。请注意，当调用 Context.startService()并且还未创建服务时，系统将实例化服务并调用服务的 onStartCommand()方法。请记住，如果在服务启动之后（也就是在服务运行时）调用 Context.startService()不会为服务创建另一个实例，但这样做将重新调用正在运行的服务的 onStartCommand()方法。下面给出了两个本地服务示例。

- ❏ 一项服务监视来自设备的传感器数据并执行分析，在意识到某种条件成立时发出提醒。此服务可能会持续运行。
- ❏ 任务执行程序服务，让应用程序的活动提交作业并对它们进行排队以供处理。此服务可能仅在操作期间运行以提交工作。

代码清单 15-16 展示了一个本地服务，它实现了一个服务来执行后台任务。该代码清单包含创建和使用服务所需的 4 个工件：BackgroundService.java（服务本身）、main.xml（活动的布局文件）、MainActivity.java（调用服务的活动类）以及 AndroidManifest.xml。代码清单 15-16 仅包含 BackgroundService.java。我们首先将仔细分析此代码，然后分析其他 3 个文件。此实现需要 Android 2.0 或更新版本。

代码清单 15-16 实现本地服务：BackgroundService. java

```java
import android.app.Notification;
import android.app.NotificationManager;
import android.app.PendingIntent;
import android.app.Service;
import android.content.Intent;
import android.os.IBinder;
import android.util.Log;

public class BackgroundService extends Service
{
    private static final String TAG = "BackgroundService";
    private NotificationManager notificationMgr;
    private ThreadGroup myThreads = new ThreadGroup("ServiceWorker");

    @Override
    public void onCreate() {
        super.onCreate();

        Log.v(TAG, "in onCreate()");
        notificationMgr =(NotificationManager)getSystemService(
            NOTIFICATION_SERVICE);
        displayNotificationMessage("Background Service is running");
    }

    @Override
    public int onStartCommand(Intent intent, int flags, int startId) {
        super.onStartCommand(intent, flags, startId);

        int counter = intent.getExtras().getInt("counter");
        Log.v(TAG, "in onStartCommand(), counter = " + counter +
            ", startId = " + startId);

        new Thread(myThreads, new ServiceWorker(counter),
```

15

```
                "BackgroundService")
                    .start();

        return START_STICKY;
    }

    class ServiceWorker implements Runnable
    {
        private int counter = -1;
        public ServiceWorker(int counter) {
            this.counter = counter;
        }

        public void run() {
            final String TAG2 = "ServiceWorker:" +
                Thread.currentThread().getId();
            // do background processing here... we'll just sleep...
            try {
                Log.v(TAG2, "sleeping for 10 seconds. counter = " +
                    counter);
                Thread.sleep(10000);
                Log.v(TAG2, "... waking up");
            } catch (InterruptedException e) {
                Log.v(TAG2, "... sleep interrupted");
            }
        }
    }

    @Override
    public void onDestroy()
    {
        Log.v(TAG, "in onDestroy(). Interrupting threads and cancelling notifications");
        myThreads.interrupt();
        notificationMgr.cancelAll();
        super.onDestroy();
    }

    @Override
    public IBinder onBind(Intent intent) {
        Log.v(TAG, "in onBind()");
        return null;
    }

    private void displayNotificationMessage(String message)
    {
        Notification notification =
            new Notification(R.drawable.emo_im_winking,
                message, System.currentTimeMillis());

        notification.flags = Notification.FLAG_NO_CLEAR;

        PendingIntent contentIntent =
            PendingIntent.getActivity(this, 0,
                new Intent(this, MainActivity.class), 0);

        notification.setLatestEventInfo(this, TAG, message,
            contentIntent);

        notificationMgr.notify(0, notification);
    }
}
```

Service 对象的结构有点类似于活动。可以在一个 onCreate()方法中执行初始化，在 onDestroy() 中执行清理。在 Android 2.0 之前，服务有一个 onStart()方法，自 2.0 版以后，它改名为 onStartCommand()。二者之间的区别在于，后者添加了一个 flags 参数，用于指定将 Intent 重新传送到的服务或应该重新启动的服务。本示例使用了 onStartCommand()版本。服务不会像活动那样暂停或恢复，所以我们没有看到 onPause()或 onResume()方法。因为这是一个本地服务，所以我们不会绑定它，但是因为 Service 需要一个 onBind()方法实现，所以我们提供了一个返回 null 的 onBind()。

返回看看 onCreate()方法，我们不需要执行太多操作，除了通知用户此服务已创建。我们使用 NotificationManager 完成此任务。你可能注意到了 Android 屏幕左上角的通知栏。通过拉下此栏，用户可查看重要的消息，单击通知可对它们进行操作，这通常意味着返回到某个与该通知相关的活动。因为服务可能运行于或者至少存在于后台，而没有可视的活动，所以必须有一种方式供用户处理服务，可能是关闭它。因此，我们创建了一个 Notification 对象，向它填充一个 PendingIntent（这会让我们返回到控制活动）并发布。所有这些操作都在 displayNotificationMessage()方法中完成。还需要做的一件事是在 Notification 对象上设置一个标志，使用户无法从列表清除它。只要服务存在，就需要该 Notification，所以设置 Notification.FLAG_NO_CLEAR 来将它保留在通知列表中，直到我们从服务的 onDestroy()方法亲自清除它。onDestroy()中用于清除通知的方法是 NotificationManager 的 cancelAll()。

此示例要运行，还需要另一样东西。需要创建一个名为 emo_im_winking 的图形对象并将它放在项目的 drawable 文件夹内。用于此演示用途的图形对象的一个不错来源就是 Android 平台文件夹 Android SDK/platforms/<version>/data/res/drawable，其中<version>为你感兴趣的版本。遗憾的是，无法像布局那样通过代码引用 Android 系统图形对象，所以需要将想要的图像复制到项目的 drawable 文件夹。如果为示例选择不同的图形对象文件，只需在 Notification 的构造函数中重命名资源 ID。

当使用 startService()将一个 Intent 发送到服务中时，如果有必要，会调用 onCreate()，并调用 onStartCommand()方法来接收调用方的 Intent。在本例中，我们不打算对它执行任何特殊的操作，只是解压计数器并使用它启动一个后台线程。在实际的服务中，我们希望可以通过 Intent 传递任何数据，比如它可能包含 Uri。请注意，在创建 Thread 时使用了 ThreadGroup。以后在希望删除后台线程时，将发现 ThreadGroup 的有用之处。另请注意 startId 参数。这是在此服务启动后 Android 为我们设置的，是服务调用的唯一标识符。

ServiceWorker 类是一个典型的可运行程序，是执行服务的操作的地方。在这个具体示例中，我们仅记录了一些消息并休眠。还捕获了所有中断并记录它们。我们没有做的一件事就是操作用户界面，例如，没有更新任何视图。因为我们不再在主线程上，所以无法直接操作 UI。ServiceWorker 可通过多种方式影响用户界面中的更改，接下来的几章将详细介绍这些方式。

在 BackgroundService 中，要留意的最后一项是 onDestroy()方法。这是执行清理的地方。对于本示例，首先，我们希望删除之前创建的线程（如果仍然存在）。如果不这么做，它们可能会持续存在并占用内存。其次，我们希望删除通知消息。因为服务已销毁，不再需要用户找到活动来删除它。但是，在真实应用程序中，我们可能希望保持工作线程持续运行。如果服务正在发送电子邮件，我们肯定不希望结束线程。本示例非常简单，因为 interrupt()方法的使用表明可以轻松地结束后台线程。但是实际上，你能做的最多的操作就是执行中断。这不一定会结束线程。尽管有一些已不推荐使用的结束线程的方法，但不应该使用它们。它们可能为你和用户带来内存和稳定性问题。中断适用于我们

15

的示例，因为我们进行了休眠，休眠是可以中断的。

ThreadGroup 类也值得一提，它提供了访问线程的方式。我们在服务中创建了一个 ThreadGroup 对象，然后在创建各个线程时使用该对象。在服务的 onDestroy() 方法内，我们对 ThreadGroup 执行了 interrupt()，它向 ThreadGroup 中的每个线程发出一个中断。

我们介绍了简单的本地服务的构成要素。在给出活动的代码之前，代码清单 15-17 给出了用户界面的 XML 布局文件。

代码清单 15-17   实现本地服务：main.xml

```xml
<?xml version="1.0" encoding="utf-8"?>
<!-- This file is /res/layout/main.xml -->
<LinearLayout xmlns:android="http://schemas.android.com/apk/res/android"
    android:orientation="vertical"
    android:layout_width="fill_parent"
    android:layout_height="fill_parent"
    >
<Button   android:id="@+id/startBtn"
    android:layout_width="wrap_content"
    android:layout_height="wrap_content"
    android:text="Start Service"   android:onClick="doClick" />
<Button   android:id="@+id/stopBtn"
    android:layout_width="wrap_content"
    android:layout_height="wrap_content"
    android:text="Stop Service"   android:onClick="doClick" />

</LinearLayout>
```

我们将在用户界面上显示两个按钮，一个执行 startService()，另一个执行 stopService()。我们本可以选择使用 ToggleButton，但这样你将无法在一行中多次调用 startService()。这一点很重要。startService() 与 stopService() 之间没有一对一的关系。当调用 stopService() 时，将销毁服务对象，通过所有 startServices() 创建的所有线程也将消失。对于本示例，我们需要 minSdkVersion 值为 5，因为使用了较新的 onStartCommand()，而不是较老的 onStart()。因此，也可以在布局 XML 文件中使用 Button 标记的 android:onClick 特性。现在，让我们看看活动的代码，如代码清单 15-18 所示。

代码清单 15-18   实现本地服务：MainActivity.java

```java
// MainActivity.java
import android.app.Activity;
import android.content.Intent;
import android.os.Bundle;
import android.util.Log;
import android.view.View;

public class MainActivity extends Activity
{
    private static final String TAG = "MainActivity";
    private int counter = 1;

    @Override
    public void onCreate(Bundle savedInstanceState)
    {
        super.onCreate(savedInstanceState);
        setContentView(R.layout.main);
    }
```

```java
public void doClick(View view) {
    switch(view.getId()) {
    case R.id.startBtn:
        Log.v(TAG, "Starting service... counter = " + counter);
        Intent intent = new Intent(MainActivity.this,
                BackgroundService.class);
        intent.putExtra("counter", counter++);
        startService(intent);
        break;
    case R.id.stopBtn:
        stopService();
    }
}

private void stopService() {
    Log.v(TAG, "Stopping service...");
    if(stopService(new Intent(MainActivity.this,
            BackgroundService.class)))
        Log.v(TAG, "stopService was successful");
    else
        Log.v(TAG, "stopService was unsuccessful");
}

@Override
public void onDestroy()
{
    stopService();
    super.onDestroy();
}
}
```

我们的 MainActivity 看起来很像前面看到的其他活动。一个简单的 onCreate()通过 main.xml 布局文件设置用户界面。doClick()方法处理按钮回调。在本示例中,按下 Start Service 按钮时会调用 startService(),按下 Stop Service 按钮时会调用 stopService()。当启动服务时,我们希望传入一些数据,通过 Intent 完成此工作。选择在 Extra 包中传递数据,但如果有一个 URI,也可以使用 setData() 添加该数据。当停止服务时,我们检查返回的结果。结果通常为 true,但如果服务未运行,则可能获得返回结果 false。最后,当活动结束时,我们希望停止服务,所以也在 onDestroy()方法中停止了服务。还有个项目需要探讨,那就是 AndroidManifest.xml 文件,如代码清单 15-19 所示。

代码清单 15-19　实现本地服务:AndroidManifest.xml

```xml
<?xml version="1.0" encoding="utf-8"?>
<manifest xmlns:android="http://schemas.android.com/apk/res/android"
    package="com.androidbook.services.simplelocal"
    android:versionCode="1"
    android:versionName="1.0">
<application android:icon="@drawable/icon"
            android:label="@string/app_name">
    <activity android:name=".MainActivity"
            android:label="@string/app_name"
            android:launchMode="singleTop" >
        <intent-filter>
            <action android:name="android.intent.action.MAIN" />
            <category android:name="android.intent.category.LAUNCHER" />
        </intent-filter>
    </activity>
    <service android:name="BackgroundService"/>
```

15

```
</application>
<uses-sdk android:minSdkVersion="5" />
```

```
</manifest>
```

除了描述文件中常规的<activity>标记，现在还有一个<service>标记。因为这是一个使用类名显式调用的本地服务，所以无需在<service>标记中添加太多信息。所需的只是服务的名称。但关于此描述文件，还有一点需要指出。我们的服务创建一个通知，以便用户可以返回到 MainActivity，例如在服务运行期间按下 MainActivity 上的 Home 键时。

MainActivity 仍然存在，只是不可见。返回到 MainActivity 的一种方式是单击服务所创建的通知。我们不希望发生的是，在存在现有的、不可见的 MainActivity 时创建新的 MainActivity。为了避免发生此情况，我们在描述文件中为 MainActivity 设置了一个特性 android:launchMode，将它设置为 singleTop。这将有助于确保现有的不可见 MainActivity 调到前台并显示，而不是创建另一个 MainActivity。

运行此应用程序时，将会看到两个按钮。单击 Start Service 按钮，将会实例化服务并调用 onStartCommand()。我们的代码将多条消息记录到 LogCat，以供你查看。如果在一行中连续、快速单击 Start Service 多次，将看到创建了多个线程来处理每个请求。你也会注意到，计数器的值传递到了每个 ServiceWorker 线程。当按下 Stop Service 按钮时，服务将消失，将会看到来自 MainActivity 的 stopService()方法和 BackgroundService 的 onDestroy()方法的日志消息，如果中断了 Service Worker 线程，还可能看到来自这些线程的消息。

还应该注意到在启动服务时的通知消息。在服务运行期间，按下 MainActivity 中的 Back 按钮，将会看到通知消息消失了。这意味着服务也已消失。要重新启动 MainActivity，只需单击 Start Service 再次运行服务。现在按下 Home 按钮。MainActivity 将从视图消失，但通知仍然存在，表明我们的服务仍然存在。单击通知，将会再次看到 MainActivity。

请注意，本示例使用了一个活动来与服务交互，但应用程序中的任何组件都可以使用服务。这些组件包括其他服务、活动、泛型类等。另请注意，我们的服务不会自行停止，它依靠活动来执行此操作。服务可使用一些方法来停止自身，那就是 stopSelf()和 stopSelfResult()。

BackgroundService 是承载服务的应用程序组件所使用服务的一个典型例子。换言之，运行服务的应用程序也是服务的唯一使用者。因为该服务不支持其进程外的客户端，所以它是本地服务。由于它是本地服务而不是远程服务，所以它在 bind()方法中返回 null。因此，绑定此服务的唯一方法是调用 Context.startService()。本地服务的重要方法包括 onCreate()、onStartCommand()、stop*()和 onDestroy()。

还有另一个选项可用于本地服务，它适用于只有一个服务实例（包含一个后台线程）的情况。在此情况下，在 BackgroundService 的 onCreate()方法中，可以创建一个线程来执行服务的主要工作。可以在 onCreate()而不是 onStartCommand()中创建和启动线程。这是因为 onCreate()只会调用一次，并且我们希望在服务生命周期内仅创建该线程一次。但是，onCreate()中缺少一样东西，那就是 startService()传递的 Intent 的内容。如果需要该内容，也可以使用前面介绍的模式，并且我们也已知道 onStartCommand()只应调用一次。

关于本地服务的讨论到此结束。在后续章节将更加详细地介绍本地服务。接下来介绍 AIDL 服务——更加复杂的服务类型。

15.2.3 AIDL 服务

上一节介绍了如何编写这样的 Android 服务：它只能由承载它的应用程序使用。现在我们将介绍如何构建可由其他进程通过 RPC 使用的服务。与许多其他基于 RPC 的解决方案一样，在 Android 中，需要使用 IDL 来定义将向客户端公开的接口。在 Android 中，这个 IDL 称为 AIDL。要构建远程服务，执行以下步骤。

(1) 编写一个 AIDL 文件来向客户端定义接口。AIDL 文件使用 Java 语法并拥有扩展名.aidl。AIDL 文件内部使用的包名称与 Android 项目所使用的包相同。

(2) 将 AIDL 文件添加到 Eclipse 项目的 src 目录下。Android Eclipse 插件将调用 AIDL 编译器从 AIDL 文件生成 Java 接口（AIDL 编译器在构建过程中调用）。

(3) 实现一个服务并从 onBind()方法返回所生成的接口。

(4) 将服务配置添加到 AndroidManifest.xml 文件中。以下各小节将介绍如何执行每一步。

15.2.4 在 AIDL 中定义服务接口

为了展示远程服务的示例，我们将编写一个股票报价服务。此服务将提供一种方法来获取股票代号并返回股票价格。要在 Android 中编写远程服务，第一步是在 AIDL 文件中定义服务接口定义。代码清单 15-20 给出了 IStockQuoteService 的 AIDL 定义。该文件与 StockQuoteService 项目的常规 Java 文件放在同一位置。

代码清单 15-20　股票报价服务的 AIDL 定义

```
// This file is IStockQuoteService.aidl
package com.androidbook.services.stockquoteservice;
interface IStockQuoteService
{
        double getQuote(String ticker);
}
```

IStockQuoteService 以字符串的形式接受股票代号，并以双精度数字形式返回当前股票价值。当创建 AIDL 文件时，Android Eclipse 插件将运行 AIDL 编译器来处理 AIDL 文件（在构建过程中）。如果 AIDL 文件成功编译，编译器将生成一个适合 RPC 通信的 Java 接口。请注意，生成的文件将位于在 AIDL 文件中指定的包中，在本例中为 com.androidbook.services.stockquoteservice。

代码清单 15-21 给出了为 IStockQuoteService 接口生成的 Java 文件。生成的文件将放在 Eclipse 项目的 gen 文件夹中。

代码清单 15-21　编译器生成的 Java 文件

```
 /*
 * This file is auto-generated.  DO NOT MODIFY.
 * Original file: C:\\android\\StockQuoteService\\src\\com\\androidbook\\
services\\stockquoteservice\\IStockQuoteService.aidl
 */
package com.androidbook.services.stockquoteservice;
import java.lang.String;
import android.os.RemoteException;
import android.os.IBinder;
import android.os.IInterface;
```

15

```
import android.os.Binder;
import android.os.Parcel;
public interface IStockQuoteService extends android.os.IInterface
{
/** Local-side IPC implementation stub class. */
public static abstract class Stub extends android.os.Binder implements
com.androidbook.services.stockquoteservice.IStockQuoteService
{
private static final java.lang.String DESCRIPTOR =
"com.androidbook.services.stockquoteservice.IStockQuoteService";
/** Construct the stub at attach it to the interface. */
public Stub()
{
this.attachInterface(this, DESCRIPTOR);
}
/**
 * Cast an IBinder object into an IStockQuoteService interface,
 * generating a proxy if needed.
 */
public static com.androidbook.services.stockquoteservice.IStockQuoteService
asInterface(android.os.IBinder obj)
{
if ((obj==null)) {
return null;
}
android.os.IInterface iin = (android.os.IInterface)obj.queryLocalInterface(DESCRIPTOR);
if (((iin!=null)&&(iin instanceof
com.androidbook.services.stockquoteservice.IStockQuoteService))) {
return ((com.androidbook.services.stockquoteservice.IStockQuoteService)iin);
}
return ((com.androidbook.services.stockquoteservice.IStockQuoteService)iin);
}
return new
com.androidbook.services.stockquoteservice.IStockQuoteService.Stub.Proxy(obj);
}
public android.os.IBinder asBinder()
{
return this;
}
@Override public boolean onTransact(int code, android.os.Parcel data,
      android.os.Parcel reply, int flags) throws android.os.RemoteException
{
switch (code)
{
case INTERFACE_TRANSACTION:
{
reply.writeString(DESCRIPTOR);
return true;
}
case TRANSACTION_getQuote:
{
data.enforceInterface(DESCRIPTOR);
java.lang.String _arg0;
_arg0 = data.readString();
double _result = this.getQuote(_arg0);
reply.writeNoException();
reply.writeDouble(_result);
return true;
}
}
return super.onTransact(code, data, reply, flags);
```

```
}
private static class Proxy implements
        com.androidbook.services.stockquoteservice.IStockQuoteService
{
private android.os.IBinder mRemote;
Proxy(android.os.IBinder remote)
{
mRemote = remote;
}
public android.os.IBinder asBinder()
{
return mRemote;
}
public java.lang.String getInterfaceDescriptor()
{
return DESCRIPTOR;
}
public double getQuote(java.lang.String ticker) throws android.os.RemoteException
{
android.os.Parcel _data = android.os.Parcel.obtain();
android.os.Parcel _reply = android.os.Parcel.obtain();
double _result;
try {
_data.writeInterfaceToken(DESCRIPTOR);
_data.writeString(ticker);
mRemote.transact(Stub.TRANSACTION_getQuote, _data, _reply, 0);
_reply.readException();
_result = _reply.readDouble();
}
finally {
_reply.recycle();
_data.recycle();
}
return _result;
}
static final int TRANSACTION_getQuote = (IBinder.FIRST_CALL_TRANSACTION + 0);
}
public double getQuote(java.lang.String ticker) throws android.os.RemoteException;
}
```

对于所生成的类，请注意以下几点。

❑ 在 AIDL 文件中定义的接口在生成的代码中实现为接口（也就是说，有一个名为
IStockQuoteService的接口）。

❑ 名为Stub的static final抽象类扩展了android.os.Binder并实现了IStockQuoteService。请注意该类
是一个抽象类。

❑ 名为Proxy的内部类实现了IStockQuoteService，后者是Stub类的代理。

❑ AIDL文件必须位于应该包含所生成文件的包中（在AIDL文件的包声明中指定）。

现在前进到下一步，在服务类中实现 AIDL 接口。

15.2.5　实现 AIDL 接口

　　在上一小节中，我们为股票报价服务定义了 AIDL 文件并生成了绑定文件。现在我们将提供该服务的实现。要实现服务的接口，需要编写一个类来扩展 android.app.Service 并实现 IStockQuoteService 接口。我们将编写的类名为 StockQuoteService。为了将服务向客户端公开，StockQuote Service

需要提供 onBind() 方法的实现, 我们还需要将一些配置信息添加到 AndroidManifest.xml 文件中。代码清单 15-22 给出了 IStockQuoteService 接口的实现。该文件也位于 StockQuoteService 项目的 src 文件夹中。

代码清单 15-22　IStockQuoteService 服务实现

```java
// StockQuoteService.java
import android.app.Service;
import android.content.Intent;
import android.os.IBinder;
import android.os.RemoteException;
import android.util.Log;

public class StockQuoteService extends Service
{
    private static final String TAG = "StockQuoteService";
    public class StockQuoteServiceImpl extends IStockQuoteService.Stub
    {
        @Override
        public double getQuote(String ticker) throws RemoteException
        {
            Log.v(TAG, "getQuote() called for " + ticker);
            return 20.0;
        }
    }
    @Override
    public void onCreate() {
        super.onCreate();
        Log.v(TAG, "onCreate() called");
    }

    @Override
    public void onDestroy()
    {
        super.onDestroy();
        Log.v(TAG, "onDestroy() called");
    }

    @Override
    public IBinder onBind(Intent intent)
    {
        Log.v(TAG, "onBind() called");
        return new StockQuoteServiceImpl();
    }
}
```

代码清单 15-22 中的 StockQuoteService.java 类与前面创建的本地 BackgroundService 类似, 但前者没有 NotificationManager。它们之间的重要区别在于, 我们现在实现了 onBind() 方法。回想一下, 从 AIDL 文件生成的 Stub 类是抽象类并且它实现了 IStockQuoteService 接口。在我们的服务实现中, 有一个扩展了 Stub 类的内部类, 名为 StockQuoteServiceImpl。此类充当着远程服务实现, 而且 onBind() 方法会返回此类的实例。到此, 我们有了一个实用的 AIDL 服务, 但是外部客户端还无法连接到它。

要将服务向客户端公开, 需要在 AndroidManifest.xml 文件中添加服务声明, 而这一次, 我们需要一个 Intent 过滤器来公开服务。代码清单 15-23 给出了 StockQuoteService 的服务声明。<service>标记是<application>标记的子标记。

代码清单 15-23　`IStockQuoteService` 的描述文件声明

```xml
<?xml version="1.0" encoding="utf-8"?>
<manifest xmlns:android="http://schemas.android.com/apk/res/android"
      package="com.androidbook.services.stockquoteservice"
      android:versionCode="1"
      android:versionName="1.0">
    <application android:icon="@drawable/icon"
        android:label="@string/app_name">
      <service android:name="StockQuoteService">
        <intent-filter>
            <action android:name=
"com.androidbook.services.stockquoteservice.IStockQuoteService" />
        </intent-filter>
      </service>
    </application>
    <uses-sdk android:minSdkVersion="4" />
</manifest>
```

与所有服务一样，我们使用 `<service>` 标记定义希望公开的服务。对于 AIDL 服务，我们还需要为希望公开的服务接口添加一个包含 `<action>` 项的 `<intent-filter>`。

添加了这些标记之后，就可以部署服务了。当准备从 Eclipse 部署服务应用程序时，可以像任何其他应用程序一样选择 Run As。Eclipse 将在控制台中说明此应用程序没有启动程序，但它仍将部署该应用程序，这正是我们所需要的。接下来看一下如何从另一个应用程序（当然是在同一个设备上）调用服务。

15.2.6　从客户端应用程序调用服务

当客户端与服务通信时，它们之间必须有一个协议或契约。在 Android 中，这个契约就是 AIDL 文件。所以，使用服务的第一步是，获取服务的 AIDL 文件并将其复制到客户端项目中。当将 AIDL 文件复制到客户端项目时，AIDL 编译器将创建一个接口定义文件，这个文件与在实现服务（在服务实现项目中）时所创建的文件相同。这会向客户端公开所有方法、参数并返回服务的类型。我们创建一个新项目并复制 AIDL 文件。

(1) 创建一个新 Android 项目，将其命名为 StockQuoteClient。使用不同的包名称，比如 com.androidbook. stockquoteclient。在 Create Activity 字段中使用 `MainActivity`。

(2) 在此项目中创建一个新 Java 包，将其命名为 com.androidbook.service.stockquoteservice，放在 src 目录下。

(3) 将 IStockQuoteService.aidl 文件从 StockQuoteService 项目复制到新创建的包。请注意，将文件复制到项目之后，AIDL 编译器将生成关联的 Java 文件。

重新生成的服务接口充当着客户端与服务之间的契约。下一步是获取服务的引用，以便调用 getQuote()方法。对于远程服务，必须调用 bindService()方法，而不是 startService()方法。代码清单 15-24 给出了充当 IStockQuoteService 服务客户端的活动类。代码清单 15-25 还包含该活动的布局文件。

代码清单 15-24 展示了 MainActivity.java 文件。请注意，客户端活动的包名称并不重要，可以将活动放在任何包中。但是，创建的 AIDL 工件对包很敏感，因为 AIDL 编译器会从 AIDL 文件的内容生成代码。

15

代码清单 15-24   IStockQuoteService 服务的客户端

```java
// This file is MainActivity.java
import com.androidbook.services.stockquoteservice.IStockQuoteService;
import android.app.Activity;
import android.content.ComponentName;
import android.content.Context;
import android.content.Intent;
import android.content.ServiceConnection;
import android.os.Bundle;
import android.os.IBinder;
import android.os.RemoteException;
import android.util.Log;
import android.view.View;
import android.widget.Button;
import android.widget.Toast;
import android.widget.ToggleButton;

public class MainActivity extends Activity {
    private static final String TAG = "StockQuoteClient";
    private IStockQuoteService stockService = null;
    private ToggleButton bindBtn;
    private Button callBtn;

    /** Called when the activity is first created. */
    @Override
    public void onCreate(Bundle savedInstanceState) {
        super.onCreate(savedInstanceState);
        setContentView(R.layout.main);

        bindBtn = (ToggleButton)findViewById(R.id.bindBtn);
        callBtn = (Button)findViewById(R.id.callBtn);
    }

    public void doClick(View view) {
        switch(view.getId()) {
        case R.id.bindBtn:
            if(((ToggleButton) view).isChecked()) {
                bindService(new Intent(
                    IStockQuoteService.class.getName()),
                    serConn, Context.BIND_AUTO_CREATE);
            }
            else {
                unbindService(serConn);
                callBtn.setEnabled(false);
            }
            break;
        case R.id.callBtn:
            callService();
            break;
        }
    }

    private void callService() {
        try {
            double val = stockService.getQuote("ANDROID");
            Toast.makeText(MainActivity.this,
                    "Value from service is " + val,
                    Toast.LENGTH_SHORT).show();
        } catch (RemoteException ee) {
            Log.e("MainActivity", ee.getMessage(), ee);
```

```
        }
    }
    private ServiceConnection serConn = new ServiceConnection() {

        @Override
        public void onServiceConnected(ComponentName name,
            IBinder service)
        {
            Log.v(TAG, "onServiceConnected() called");
            stockService = IStockQuoteService.Stub.asInterface(service);
            bindBtn.setChecked(true);
            callBtn.setEnabled(true);
        }

        @Override
        public void onServiceDisconnected(ComponentName name) {
            Log.v(TAG, "onServiceDisconnected() called");
            bindBtn.setChecked(false);
            callBtn.setEnabled(false);
            stockService = null;
        }
    };

    protected void onDestroy() {
        Log.v(TAG, "onDestroy() called");
        if(callBtn.isEnabled())
            unbindService(serConn);
        super.onDestroy();
    }
}
```

该活动显示我们的布局，获取 Call Service 按钮的引用，使我们可在服务运行时恰当地启用它，在服务停止时禁用它。当用户单击 Bind 按钮时，活动调用 bindService()方法。类似地，当用户单击 UnBind 时，活动调用 unbindService()方法。请注意传递给 bindService()方法的 3 个参数：AIDL 服务的名称、ServiceConnection 实例和自动创建服务的标志。

代码清单 15-25   IStockQuoteService 服务客户端布局

```
<?xml version="1.0" encoding="utf-8"?>
<!-- This file is /res/layout/main.xml -->
<LinearLayout xmlns:android="http://schemas.android.com/apk/res/android"
    android:orientation="vertical"
    android:layout_width="fill_parent"
    android:layout_height="fill_parent" >

<ToggleButton android:id="@+id/bindBtn"
    android:layout_width="wrap_content"
    android:layout_height="wrap_content"
    android:textOff="Bind"   android:textOn="Unbind"
    android:onClick="doClick" />

<Button android:id="@+id/callBtn"
    android:layout_width="wrap_content"
    android:layout_height="wrap_content"
    android:text="Call Service"   android:enabled="false"
    android:onClick="doClick" />
</LinearLayout>
```

对于 AIDL 服务，需要提供 ServiceConnection 接口的实现。此接口定义两个方法：一个供系统

15

建立服务连接时调用，另一个在销毁服务连接时调用。在我们的活动实现中，定义了一个私有匿名成员，它实现了 IStockQuoteService 的 ServiceConnection。当调用 bindService()方法时，我们传入对此成员的引用。当建立服务连接时，调用 onServiceConnected()回调，然后使用 Stub 来获得 IStockQuoteService 的引用，并启用 Call Service 按钮。

请注意，bindService()调用是异步调用。它之所以是异步的，是因为进程或服务可能没有运行，因此可能必须创建或启动它们。并且我们不能在主线程上等待服务启动。由于 bindService()是异步的，所以 Android 平台提供了 ServiceConnection 回调，使我们能够知道服务何时启动，以及服务何时不再可用。

请注意 onServiceDisconnected()回调。在从服务解绑时并不会调用它。只有在服务崩溃时才会调用它。如果调用了它，我们不应该认为仍然连接了服务，而可能需要重新调用 bindService()。这就是为什么我们在调用此回调时更改了 UI 中的按钮状态。但请注意我们说的是"可能需要重新调用 bindService()"。Android 可以重新启动服务并调用 onServiceConnected()回调。你可以自行尝试此过程，运行客户端，绑定服务，并使用 DDMS 在 Stock Quote Service 应用程序上执行 Stop。

当运行此示例时，观察 LogCat 中的日志消息，以了解幕后发生的情况。

现在知道了如何创建和使用 AIDL 接口。在继续介绍更复杂的内容之前，我们回顾一下构建简单的本地服务与 AIDL 服务之间的异同。本地服务不支持 onBind()，它从 onBind()返回 null。这种类型的服务只能由承载服务的应用程序组件访问。可以调用 startService()来调用本地服务。

另一方面，AIDL 服务可以同时供同一进程内的组件和其他应用程序中的组件使用。这种类型的服务在 AIDL 文件中为自身与其客户端之间定义一个契约。服务实现 AIDL 契约，而客户端绑定到 AIDL 定义。服务通过从 onBind()方法返回 AIDL 接口实现来实现契约。客户端通过调用 bindService()来绑定到 AIDL 服务，并调用 unbindService()来从服务断开。

到目前为止，在服务示例中，我们仅介绍了简单 Java 原语类型的传递。Android 服务实际上也支持传递复杂的类型。这一功能非常有用，特别是对于 AIDL 服务，因为有时可能希望向服务传递大量参数，而全部以简单原语形式来传递它们不太合理。将它们打包为复杂类型并传递给服务将更有意义。

接下来看一下如何向服务传递复杂的类型。

15.2.7　向服务传递复杂的类型

要向服务传递和从服务接收复杂类型，需要执行比传递 Java 原语类型更多的工作。在开始这一工作之前，应该了解一下 AIDL 对非原语类型的支持。

❑ AIDL支持String和CharSequence。

❑ AIDL支持传递其他AIDL接口，但你引用的每个AIDL接口都需要一个import语句（即使引用的AIDL接口位于相同包中）。

❑ AIDL支持传递实现android.os.Parcelable接口的复杂类型。需要在AIDL文件中包含针对这些类型的import语句。

❑ AIDL支持java.util.List和java.util.Map，但具有一些限制。集合中项的允许数据类型包括Java原语、String、CharSequence及android.os.Parcelable。无需为List或Map提供import语句，但需要为Parcelable提供import语句。

❑ 除字符串以外，非原语类型需要一个方向指示符。方向指示符包括in、out和inout。in表示值由客户端设置，out表示值由服务设置，inout表示客户端和服务都设置了该值。

Parcelable 接口告诉 Android 运行时在封送（marshalling）和解封送（unmarshalling）过程中如何序列化和反序列化对象。代码清单 15-26 给出了实现 Parcelable 接口的 Person 类。

代码清单 15-26　实现 Parcelable 接口

```java
// This file is Person.java
package com.androidbook.services.stock2;
import android.os.Parcel;
import android.os.Parcelable;

public class Person implements Parcelable {
    private int age;
    private String name;
    public static final Parcelable.Creator<Person> CREATOR =
        new Parcelable.Creator<Person>()
    {
        public Person createFromParcel(Parcel in) {
            return new Person(in);
        }

        public Person[] newArray(int size) {
            return new Person[size];
        }
    };
    public Person() {
    }

    private Person(Parcel in) {
        readFromParcel(in);
    }

    @Override
    public int describeContents() {
        return 0;
    }

    @Override
    public void writeToParcel(Parcel out, int flags) {
        out.writeInt(age);
        out.writeString(name);
    }

    public void readFromParcel(Parcel in) {
        age = in.readInt();
        name = in.readString();
    }

    public int getAge() {
        return age;
    }

    public void setAge(int age) {
        this.age = age;
    }

    public String getName() {
        return name;
```

```
    }
    public void setName(String name) {
        this.name = name;
    }
}
```

　　要开始实现此接口，首先在 Eclipse 中创建新 Android 项目 StockQuoteService2。将 Create Activity 的名称设置为 MainActivity 并使用包 com.androidbook.services.stock2。然后将代码清单 15-26 中的 Person.java 文件添加到新项目的 com.androidbook.services.stock2 包上方。

　　Parcelable 接口定义在封送/解封送过程中混合和分解对象的契约。Parcelable 接口的底层是 Parcel 容器对象。Parcel 类是一种很快的序列化/反序列化机制，专为 Android 中的进程间通信而设计。该类提供了一些方法来将成员容纳到容器中，以及从容器展开成员。要为进程间通信正确地实现对象，必须执行以下操作。

　　(1) 实现 Parcelable 接口。这意味着要实现 writeToParcel() 和 readFromParcel()。写入方法将对象写入到包裹（parcel）中，而读取方法从包裹中读取对象。请注意，写入属性的顺序必须与读取顺序相同。

　　(2) 向该类添加一个名为 CREATOR 的 static final 属性。该属性需要实现 android.os.Parcelable.Creator<T>接口。

　　(3) 为 Parcelable 提供一个构造函数，该函数知道如何从 Parcel 创建对象。

　　(4) 在与包含复杂类型的.java 文件匹配的.aidl 文件中定义 Parcelable 类。AIDL 编译器在编译 AIDL 文件时将查找此文件。Person.aidl 文件的一个示例如代码清单 15-27 所示。此文件应该与 Person.java 位于同一位置。

说明　在看到 Parcelable 时可能会引起以下疑问，为什么 Android 不使用内置的 Java 序列化机制？事实是，Android 团队认为 Java 中的序列化太慢，难以满足 Android 的进程间通信需求。所以该团队构建了 Parcelable 解决方案。Parcelable 方法要求显式序列化类的成员，但最终序列化对象的速度将快得多。

　　另外请注意，Android 提供了两种机制来将数据传递给另一个进程。第一种是使用 Intent 将数据束（bundle）传递给活动，第二种是将 Parcelable 传递给服务。这两种机制不可互换，不要混淆。也就是说，Parcelable 无法传递给活动。如果希望启动一个活动并向其传递一些数据，可以使用数据束。Parcelable 只能用作 AIDL 定义的一部分。

代码清单 15-27　Person.aidl 文件示例

```
// This file is Person.aidl
package com.androidbook.services.stock2;
parcelable Person;
```

　　项目中的每个 Parcelable 都需要一个.aidl 文件。在本例中，我们只有一个 Parcelable，那就是 Person。你可能已注意到，没有获得在 gen 文件夹中创建的 Person.java 文件。这是合理的，我们在前面创建此文件时已拥有它。

　　现在在远程服务中使用 Person 类。为了简单起见，我们将修改 IStockQuoteService，以接受类型为 Person 的输入参数。思路是，客户端将 Person 传递给服务，告诉它谁请求了报价。新 IStockQuoteService.aidl 如代码清单 15-28 所示。

代码清单 15-28　将 Parcelable 传递给服务

```
// This file is IStockQuoteService.aidl
package com.androidbook.services.stock2;
import com.androidbook.services.stock2.Person;

interface IStockQuoteService
{
    String getQuote(in String ticker,in Person requester);
}
```

getQuote()方法现在接受两个参数：股票代号和 Person 对象，后者指定谁发出了请求。请注意，我们在参数上包含了方向指示符，因为这些参数包括非原语类型，我们还为 Person 类提供了一条 import 语句。Person 类与服务定义位于同一个包中（com.androidbook.services.stock2）。

服务实现现在如代码清单 15-29 所示，布局如代码清单 15-30 所示。

代码清单 15-29　StockQuoteService2 实现

```
package com.androidbook.services.stock2;
// This file is StockQuoteService2.java

import android.app.Notification;
import android.app.NotificationManager;
import android.app.PendingIntent;
import android.app.Service;
import android.content.Intent;
import android.os.IBinder;
import android.os.RemoteException;

public class StockQuoteService2 extends Service
{
    private NotificationManager notificationMgr;

    public class StockQuoteServiceImpl extends IStockQuoteService.Stub
    {
        public String getQuote(String ticker, Person requester)
                throws RemoteException {
            return "Hello " + requester.getName() +
                "! Quote for " + ticker + " is 20.0";
        }
    }

    @Override
    public void onCreate() {
        super.onCreate();

        notificationMgr =
          (NotificationManager)getSystemService(NOTIFICATION_SERVICE);

        displayNotificationMessage(
                "onCreate() called in StockQuoteService2");
    }

    @Override
    public void onDestroy()
    {
```

```
        displayNotificationMessage(
            "onDestroy() called in StockQuoteService2");
        // Clear all notifications from this service
        notificationMgr.cancelAll();
        super.onDestroy();
    }

    @Override
    public IBinder onBind(Intent intent)
    {
        displayNotificationMessage(
            "onBind() called in StockQuoteService2");
        return new StockQuoteServiceImpl();
    }

    private void displayNotificationMessage(String message)
    {
        Notification notification =
            new Notification(R.drawable.emo_im_happy,
                message, System.currentTimeMillis());

        PendingIntent contentIntent =
            PendingIntent.getActivity(this, 0,
                new Intent(this, MainActivity.class), 0);

        notification.setLatestEventInfo(this,
            "StockQuoteService2", message,
            contentIntent);

        notification.flags = Notification.FLAG_NO_CLEAR;

        notificationMgr.notify(R.id.app_notification_id, notification);
    }
}
```

代码清单 15-30　StockQuoteService2 布局

```
<?xml version="1.0" encoding="utf-8"?>
<!-- This file is /res/layout/main.xml -->
<LinearLayout xmlns:android="http://schemas.android.com/apk/res/android"
    android:orientation="vertical"
    android:layout_width="fill_parent"
    android:layout_height="fill_parent" >
<TextView
    android:layout_width="fill_parent"
    android:layout_height="wrap_content"
    android:text="This is where the service could ask for help." />
</LinearLayout>
```

此实现与上一个实现的区别在于，我们重新使用了通知，现在以字符串的形式返回股票价值，而不是以双精度值的形式。返回给用户的字符串包含来自 Person 对象的请求者的名称，这表明我们读取了客户端发送的值，并且 Person 对象已被正确传递给了服务。

下面是实现服务需要完成的其他操作。

(1) 在 Android SDK/platforms/android-2.1/data/res/drawable-mdpi 下找到 emo_im_happy.png 图像文件，将它复制到项目的/res/drawable 目录下。或者在代码中更改资源的名称，将想要的图像放在 drawable 文件夹中。

(2) 将一个新<item type="id" name="app_notification_id"/>标记添加到/res/values/strings. xml

文件。

(3) 如代码清单 15-31 所示，修改 AndroidManifest.xml 文件中的<application>。

代码清单 15-31　StockQuoteService2 的 AndroidManifest.xml 文件中修改后的<application>

```xml
<?xml version="1.0" encoding="utf-8"?>
<manifest xmlns:android="http://schemas.android.com/apk/res/android"
        package="com.androidbook.services.stock2"
        android:versionCode="1"
        android:versionName="1.0">
    <application android:icon="@drawable/icon"
            android:label="@string/app_name">
        <activity android:name=".MainActivity"
                android:label="@string/app_name"
                android:launchMode="singleTop" >
            <intent-filter>
                <action android:name="android.intent.action.MAIN" />
            </intent-filter>
        </activity>
        <service android:name="StockQuoteService2">
            <intent-filter>
                <action android:name="com.androidbook.services.stock2.IStockQuoteService" />
            </intent-filter>
        </service>
    </application>
    <uses-sdk android:minSdkVersion="7" />
</manifest>
```

尽管可以为 android:name=".MainActivity"特性使用点表示法，但不能在服务的<intent-filter>标记内的<action>标记中使用点表示法。我们需要完整地拼写它，否则客户端将无法找到服务规范。

最后，我们将使用默认的 MainActivity.java 文件来显示包含一条简单消息的基本布局。前面介绍了如何从通知启动活动。此活动在真实应用程序中将用于该用途，但对于本示例，我们将保持该部分简单。由于已有了服务实现，接下来创建一个名为 StockQuoteClient2 的新 Android 项目。使用 com.dave 作为包名，使用 MainActivity 作为活动名。要实现将 Person 对象传递给服务的客户端，将客户端需要的所有内容从服务项目复制到客户端项目。在上面的例子中，所需的是 IStockQuoteService.aidl 文件。现在还需要复制 Person.java 和 Person.aidl 文件，因为 Person 对象现在是接口的一部分。将这 3 个文件复制到客户端项目之后，依照代码清单 15-32 修改 main.xml，依照代码清单 15-33 修改 MainActivity.java，或者从网站上的源代码直接导入项目。

代码清单 15-32　更新 StockQuoteClient2 的 main.xml

```xml
<?xml version="1.0" encoding="utf-8"?>
<!-- This file is /res/layout/main.xml -->
<LinearLayout xmlns:android="http://schemas.android.com/apk/res/android"
    android:orientation="vertical"
    android:layout_width="fill_parent"
    android:layout_height="fill_parent" >

<ToggleButton android:id="@+id/bindBtn"
    android:layout_width="wrap_content"
    android:layout_height="wrap_content"
    android:textOff="Bind"  android:textOn="Unbind"
    android:onClick="doClick" />

<Button android:id="@+id/callBtn"
```

15

```
        android:layout_width="wrap_content"
        android:layout_height="wrap_content"
        android:text="Call Service" android:enabled="false"
        android:onClick="doClick" />
</LinearLayout>>
```

代码清单 15-33　使用 Parcelable 调用服务

```java
package com.dave;
// This file is MainActivity.java
import android.app.Activity;
import android.content.ComponentName;
import android.content.Context;
import android.content.Intent;
import android.content.ServiceConnection;
import android.os.Bundle;
import android.os.IBinder;
import android.os.RemoteException;
import android.util.Log;
import android.view.View;
import android.widget.Button;
import android.widget.Toast;
import android.widget.ToggleButton;

import com.androidbook.services.stock2.IStockQuoteService;
import com.androidbook.services.stock2.Person;

public class MainActivity extends Activity {

    protected static final String TAG = "StockQuoteClient2";
    private IStockQuoteService stockService = null;
    private ToggleButton bindBtn;
    private Button callBtn;
/** Called when the activity is first created. */
@Override
public void onCreate(Bundle savedInstanceState) {
    super.onCreate(savedInstanceState);
    setContentView(R.layout.main);

    bindBtn = (ToggleButton)findViewById(R.id.bindBtn);
    callBtn = (Button)findViewById(R.id.callBtn);
}

public void doClick(View view) {
    switch(view.getId()) {
    case R.id.bindBtn:
        if(((ToggleButton) view).isChecked()) {
            bindService(new Intent(
                IStockQuoteService.class.getName()),
                serConn, Context.BIND_AUTO_CREATE);
        }
        else {
            unbindService(serConn);
            callBtn.setEnabled(false);
        }
        break;
    case R.id.callBtn:
        callService();
        break;
    }
}
```

```
private void callService() {
    try {
        Person person = new Person();
        person.setAge(47);
        person.setName("Dave");
        String response = stockService.getQuote("ANDROID", person);
        Toast.makeText(MainActivity.this,
                "Value from service is "+response,
                Toast.LENGTH_SHORT).show();
    } catch (RemoteException ee) {
        Log.e("MainActivity", ee.getMessage(), ee);
    }
}

private ServiceConnection serConn = new ServiceConnection() {

    @Override
    public void onServiceConnected(ComponentName name,
        IBinder service)
    {
        Log.v(TAG, "onServiceConnected() called");
        stockService = IStockQuoteService.Stub.asInterface(service);
        bindBtn.setChecked(true);
        callBtn.setEnabled(true);
    }

    @Override
    public void onServiceDisconnected(ComponentName name) {
        Log.v(TAG, "onServiceDisconnected() called");
        bindBtn.setChecked(false);
        callBtn.setEnabled(false);
        stockService = null;
    }
};

    protected void onDestroy() {
        if(callBtn.isEnabled())
            unbindService(serConn);
        super.onDestroy();
    }
}
```

此应用程序现在已可运行。请记住在发送要运行的客户端之前，将服务发送到模拟器。用户界面
应该类似于图 15-8。

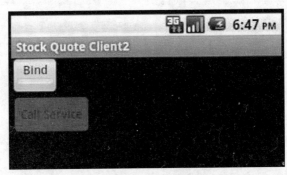

图 15-8　StockQuoteClient2 的用户界面

15

让我们看看得到了什么。与之前一样，我们绑定了服务，然后可以调用一个服务方法。我们在 onServiceConnected() 方法中获知服务正在运行，然后可以启用 Call Service 按钮，使该按钮可调用 callService() 方法。可以看到，我们创建了一个新 Person 对象，设置了它的 Age 和 Name 属性。然后执行服务并显示来自服务调用的结果。得到的结果如图 15-9 所示。

图 15-9　使用 Parcelable 调用服务的结果

请注意，在调用服务时，将在状态栏显示一个通知。这个通知来自服务本身。前面简单提及了通知，我们将它用作服务与用户通信的一种方式。通常，服务在后台运行，不会显示任何形式的 UI。但如果服务需要与用户交互，该怎么办？尽管很容易想到服务可以调用活动，但服务决不应该直接调用活动。服务应该创建一个通知，让用户通过通知了解期望的活动。这已在上一个练习中展示。我们为服务定义了一个简单布局和活动实现。当在服务内创建通知时，我们在通知中设置了活动。用户可以单击通知，它将跳转到此服务中的活动。这使用户能够与服务交互。

通知会被保存，要查看通知，可以弹出 Android 主页上的 Menu 并单击 Notifications。用户也可以向下拖动状态栏中的通知图标来查看它们。请注意，我们使用 setLatestEventInfo() 方法调用并为每条消息重用了相同的 ID。这种组合意味着每次只能更新一个通知，而不能创建新通知项。因此，如果在多次单击 Bind、Call Again 和 Unbind 之后转到 Android 中的 Notifications 屏幕，将只能在屏幕上看到一条消息，而且是 BackgroundService 发送的最后一条消息。如果使用不同的 ID，则可以有多条通知消息，我们可以独立地更新每条消息。Notifications 也可以包含额外的用户"提示"，比如声音、闪光和/或震动。

了解服务项目和调用它的客户端的工件也很有帮助（参见图 15-10）。

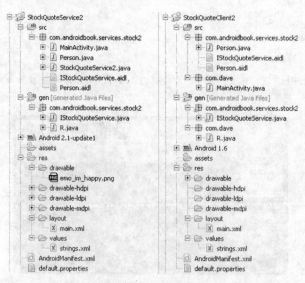

图 15-10　服务和客户端的工件

图 15-10 展示了服务（左侧）和客户端（右侧）的 Eclipse 项目工件。请注意，客户端与服务之间的契约包含双方之间交换的 AIDL 工件和 Parcelable 对象。这就是我们在两边都看到了 Person.java、IStockQuoteService. aidl 和 Person.aidl 的原因。因为 AIDL 编译器从 AIDL 工件生成了 Java 接口、存根及代理等，所以在将契约工件复制到客户端项目时，构建流程在客户端创建了 IStockQuoteService.java 文件。

现在我们知道了如何在服务与客户端之间交换复杂的类型。接下来简单介绍一下调用服务的另一个重要方面：同步与异步服务调用。

对服务进行的所有调用都是同步的。这就引出了一个明显的问题：是否需要在工作线程中实现所有服务调用？不一定。在其他大部分平台上，客户端使用的服务常常是一个完整的黑盒，所以客户端在进行服务调用时必须采取适当的预防措施。在 Android 中，我们可能知道服务的内容（一般是因为我们亲自编写了服务），所以可以执行有远见的决策。如果知道所调用的方法承担了大量主要工作，那么应该考虑使用辅助线程来进行调用。如果确定该方法不存在任何瓶颈，那么可以在 UI 线程上安全地调用它。如果认为最好在工作线程内执行服务调用，那么可以创建该线程，然后调用服务。接下来可以将结果告知 UI 线程。

15.3 参考资料

以下是一些很有用的参考资料，可通过它们进一步探索相关主题。

❑ http://www.androidbook.com/proandroid4/projects。可在这里找到与本书相关的可下载项目列表。对于本章，请查找名为ProAndroid4_Ch15_Services.zip的zip文件。此zip文件包含本章中的所有项目，这些项目在各个根目录中列出。还有一个README.TXT文件详细介绍了如何从某个ZIP文件将项目导入Eclipse。

❑ http://hc.apache.org/httpcomponents-client-ga/tutorial/html/。此网站提供了介绍使用HttpClient类（包括身份验证和cookie的使用）的优秀教程。

15.4 小结

本章的内容都是关于服务的，具体知识点如下。

❑ 我们讨论了使用Apache HttpClient实现外部HTTP服务。

❑ 关于使用HttpClient，我们展示了如何进行HTTP GET调用和HTTP POST调用。

❑ 本章还讲述了如何实现多部分POST（上传文件）。

❑ 在Android上可以实现SOAP，但是它并不是调用Web服务的最佳方式。

❑ 如何创建因特网代理，通过服务器管理应用程序的SOAP服务，使应用程序能够使用RESTful服务连接代理，并且保持应用程序的简单性。

❑ 异常处理，以及应用程序可能发生的异常类型（大多数时候是超时）。

❑ 如何使用ThreadSafeClientConnManager在应用程序内部共享通用的HttpClient。

❑ 如何检查及设置网络连接超时价值。

❑ 连接Web服务的各种选项，包括HttpURLConnection和AndroidHttpClient。

15

❑ 由于主UI线程无法建立网络连接，因此本章还讲述了如何使用AsyncTask在后台执行一些操作。

❑ 另一个执行后台任务的特殊类：DownloadManager。它可以在后台线程中下载文件。

❑ 然后讲解了一些正式的Android服务。

❑ 本地服务与远程服务之间的区别。本地服务是该服务所在同一个进程中组件（如活动）所使用的服务。远程服务是该服务所在进程之外的客户端服务。

❑ 即使服务位于独立线程，开发者也可以选择创建和管理与该服务关联的后台线程。

❑ 如何启动和停止本地服务，以及如何创建和绑定远程服务。

❑ 如何使用NotificationManager跟踪运行的服务。

❑ 如何使用Parcelables给服务传递复杂类型数据。

15.5 面试问题

回答以下问题，巩固本章所学知识点。

(1) 为什么在主 UI 线程上调用 Web 服务是一种较差的实践？

(2) 可以为 Web 连接查询和设置的超时命名？

(3) Android 提供了哪些解析 XML 的方法？

(4) 调用 Web 服务可能发生哪些异常？这些异常的处理方法是什么？

(5) 处理 HTTP 连接的轻量类是什么？

(6) AsyncTask 的 4 个回调方法是什么？哪些方法运行在主 UI 线程上？哪些是可选的？

(7) AsyncTask 实例可以执行多少次？

(8) 如何强制要求 DownloadManager 只通过 WiFi 网络下载内容？

(9) Android 服务提供了独占的后台线程？

(10) 在 Android 应用程序中使用服务的原因是什么？

(11) 是否可以绑定本地服务？

(12) 请指出一个从服务向 NotificationManager 发送通知的原因。

(13) ThreadGroups 适合用来执行什么操作？

(14) Parcelable 是否可用于向活动发送数据？为什么？

(15) 为什么不要从服务启动一个活动？

第 16 章

包

到目前为止，我们已经介绍了 Android 平台的基本知识。但这些章节详细介绍的只是 Android 应用中较为轻松愉快的那部分内容。本章和接下来的几章（第 16 章~第 19 章）将介绍 Android 核心的下一部分细节内容。

首先将查看 Android 包的底层操作、Android 包签名流程、在包之间共享数据，以及 Android 库项目。接着还将介绍运行.apk 文件的 Linux 进程上下文。你将看到多个.apk 文件如何共享提供给该上下文的数据和资源。

第 14 章已经介绍了如何签名 Android 包文件，本章将介绍签名的 JAR 文件的含义、影响和使用。在数据共享上下文中，我们还将分析 Android 库项目，看看它们的工作原理和它们是否可用于资源和代码共享。

首先回顾一下.apk 文件的基本知识，因为它形成了 Android 进程的基础。

16.1 包和进程

在前面的章节中已经看到，当在 Android 中开发应用程序时，最终得到的是一个.apk 文件。然后对其签名并将它部署到设备。下面更详细地分析一下 Android 包。

16.1.1 包规范的细节

每个.apk 文件由其根包名称唯一标识，该名称在它的描述文件中指定。下面是将在本章中使用的一个包定义示例（包名称已突出显示）：

```
<manifest xmlns:android="http://schemas.android.com/apk/res/android"
    package="com.androidbook.library.testlibraryapp"
    ...>
    ...rest of the xml nodes
</manifest>
```

如果你开发了此包，对它进行了签名并安装在了设备上，那么其他任何人都无法更新此包。包名称与它的签名捆绑在一起。这之后，拥有不同签名的开发人员无法使用相同的完全限定 Java 包名称来签名和安装包。

16.1.2 将包名称转换为进程名称

Android 使用包名称作为运行该包中各个组件的进程名称。Android 还会为此包进程分配一个唯一的用以运行的用户 ID。所分配的这个用户 ID 在本质上是用于底层 Linux 操作系统的 ID。要找到此信息，可以查看所安装的包的详细信息。

16.1.3   列出安装的包

在模拟器上，要查看所安装的应用程序的列表，可使用路径 Home ➤ Applications ➤ Dev Tools ➤ Package Browser 导航到包浏览器。(请注意，不一定能在真实设备上找到类似的包浏览器。这在不同的 Android 版本上可能有所变化。)

例如，在 2.3 设备上 (我们在 LG Revolution 上进行过测试)，选择 Settings ➤ Applications ➤ Manage Applications，就可以看到安装的应用程序列表。该路径也会显示应用程序卸载图标，单击可以卸载应用程序包。

看到包列表之后，可以突出显示一个特定应用程序 (比如浏览器) 的包并单击碰触它。这将调出包详细信息屏幕，类似于图 16-1。

图 16-1   Android 包的详细信息

图 16-1 显示了由描述文件中的 Java 包名称所表示的进程名称和分配给此包的唯一用户 ID。对于浏览器，描述文件将它的包名称表示为 `com.android.browser` (从图 16-1 中的归属进程可看出)。

此进程或包创建的任何资源将可通过该 Linux 用户 ID 保护。此屏幕还列出了此包内的组件。组件示例包括活动、服务和广播接收程序。

16.1.4   通过包浏览器删除包

尽管我们介绍的是包浏览器的主题，但有必要指出，在上一节中提到的包浏览器中，也可以使用以下步骤从模拟器删除包。

(1) 突出显示包。

(2) 单击 Menu。

(3) 单击"delete package"删除包。

在真实设备上或通过模拟器，按照以下步骤也可以删除程序包。

(1) 选择 Settings➤Applications➤Manage Applications

(2) 单击要删除的应用程序包。

(3) 选择"Uninstall"。

16.2　包签名过程回顾

因为进程与包名绑定，而包名又与其签名绑定，因此签名在保证程序包中数据的安全性方面发挥重要作用。要全面理解其含义，让我们来探究一下包签名过程的本质。

第 14 章介绍了在将应用程序安装到设备上之前对它进行签名的机制。但是，我们没有探讨包签名过程的需要和影响。

例如，当下载应用程序并将它安装在 Windows 或其他操作系统上时，我们不需要签名它。为什么在 Android 设备上必须签名？签名过程到底有什么意义？它能够提供何种保障？在真实世界中，是否存在我们能迅速联想到的与签名过程类似的过程？本节将探讨这些问题。

将包安装到设备上时，每个安装的包都必须有一个唯一或不同的 Java 包名称。如果试图安装具有已存在名称的新包，设备将禁止安装，直到以前的包被删除。要允许此类型的包升级，必须确保将同一个应用程序发布程序与该包相关联。这要通过数字签名来完成。作为开发人员，在学习完本章的以下几节之后，你将看到签名.apk 文件可确保通过数字签名保留包名称。

下面分析两个场景，以便充分理解数字签名知识。

16.2.1　理解数字签名：场景 1

假设你是住在一个非常讨厌葡萄酒的地方（比如撒哈拉沙漠）的一位葡萄酒收藏家。另外假设全球的葡萄酒酿造商都向你运送了成桶的葡萄酒供你储藏或销售。

作为葡萄酒收藏家，你注意到每桶葡萄酒都具有与其他葡萄酒不同的特定色泽。通过进一步分析，你发现如果两个桶或者说它们里面的葡萄酒拥有相同色泽，那么它们总是来自同一个葡萄酒酿造商。所以假酒商不可能调配出与知名（要不然也不会出名）酒酿造商所制的色泽相同的葡萄酒。

深入分析之后，我们会发现，每一个葡萄酒商都拥有密而不宣的酿酒配方。这就解释了为什么每一种葡萄酒都是不同的，而且为什么两种色度相同葡萄酒一定来自同一家酿酒商。当然，这种识别方法无法确定酿酒商的身份——但是可以证明葡萄酒商的区别和唯一性。

于是色泽就变成了酒商的签名，就像家族邮票一样，而且酒商向其他所有人隐藏了制作该签名的方法。

这个示例中有一个重要的特征，即作为收藏家的你无法知道哪家酒商运送了具体哪一批葡萄酒，没有与该签名关联的名称或地址。

16

16.2.2　理解数字签名：场景 2

关于自然发生的签名还有另一个场景。当你到国外旅游时，打开收音机收听许多歌曲。你可以听出有许多不同的歌手，可以分别识别出每位歌手，但不知道他们是谁或者不知道他们的姓名。这是一种自签名（在本例中使用他们的声带完成）。当你的好友告诉你一位歌手，并将该歌手与你听到的某种噪音关联起来时，这就类似于第三方签名。

一位歌手可模仿另一位歌手的噪音，以迷惑或欺骗听众。但是数字签名要难模仿得多，因为用于编码签名的数学算法非常复杂。

16.2.3　一种理解数字签名的模式

当谈到某个人签名一个 JAR 文件时，该 JAR 文件就会被唯一地"上色"，并且可与其他 JAR 文件区分开。但是，无法识别它真正来自哪个开发人员或公司。这些 JAR 文件称为自签名的 JAR 文件。

在葡萄酒收藏家的示例中，要了解来源，需要葡萄酒收藏家所信任的第三方公司告诉我们：红色来自公司 1。现在，我们每次看到"红色"时，就知道该葡萄酒来自公司 1。这称为第三方签名的 JAR 文件。浏览器可使用它们（可靠地）告诉你正在从公司 1 下载文件或正在安装公司 1 开发的应用程序。

16.2.4　数字签名执行方式

数字签名遵循上述场景中解释的类似语义，在技术上通过所谓的公/私钥加密实现。可应用数学知识来生成两个数字，这样，如果使用第一个数字（私钥）编码，那么只有第二个数字（公钥）可解密它。这些密钥是非对称的。即使每个人都知道公钥，他们也无法加密可用该公钥解密的消息。只有与它匹配的私钥可这么做。

考虑在葡萄酒例子背景中的公钥和私钥概念。

一家酒商希望通过数字签名（对应于色泽）来区分葡萄酒，她使用私钥为她的酒桶创建一个代码（色泽）。因为私钥用于生成代码（色泽），所以只有相应的公钥才能解密该代码。

酒商然后大胆地在酒桶顶部写下了公钥名称和加密的代码（通过私钥产生的），或者通过快递公司递送公钥。

当你（葡萄酒收藏家）使用该公钥成功解密了加密的代码时，你知道该公钥是正确的，而且消息是由编写公钥的葡萄酒酿造商加密的。在此场景中，即使另一个假冒的葡萄酒酿造商复制了真实葡萄酒酿造商的公钥并将它写在酒桶上，假冒者也将无法编写可用该公钥解密的秘密消息。

在本质上，公钥成为了葡萄酒酿造商的签名检测器。即使其他某人声称该公钥是他的，他也无法生成可使用该公钥解密的消息。

将数字签名与真实签名对比，我们通过类比来帮助理解并吸收了数字签名知识。第 14 章已介绍了使用基于 JDK 的 keytool 和 jarsigner 命令完成签名过程的机制。那一章还讲述了通过使用导出向导，较新的 Eclipse ADT 是如何使之成为一个很快的过程的。

16.2.5　签名过程的影响

现在可看到，同一个包名称无法拥有两个不同的签名。签名有时指的是 PKI(Public Key Infrastructure,

公钥基础设施）证书。更准确地讲，可以使用 PKI 证书签名程序包、JAR 文件、DLL 或应用程序。

　　PKI 证书与包名称相绑定，以确保两位开发人员无法安装拥有相同包名称的包。但是，相同的证书可用于签名任意数量的包。换句话说，一个 PKI 证书支持多个包。这是一种一对多的关系。但是，一个包有（且只有）一个通过它的 PKI 证书生成的签名。开发人员然后使用密码来保护证书的私钥。

　　这些事实不仅对于相同包的新版本很重要，在对多个包使用相同证书进行签名时，对在这些包之间共享数据也很重要。

16.3　在包之间共享数据

　　在前面的章节中，我们已证实每个包都运行在自己的进程中。通过此包安装或创建的所有资产都归其 ID 被分配给该包的用户所有。我们还介绍了 Android 分配一个基于 Linux 的唯一用户 ID 来运行该包。在图 16-1 中，可以看到此用户 ID 是什么样的。依据 Android SDK 文档。

　　"在将应用程序安装在设备上时会分配此用户 ID，在它保留在该设备上的整段时间内保持不变。将应用程序所存储的任何数据分配该应用程序的用户 ID，而且这些数据通常无法供其他包访问。当使用 getSharedPreferences(String,int)、openFileOutput(String,int) 或 openOrCreateDatabase(String, int, SQLiteDatabase.Cursor Factory)创建新文件时，可以使用 MODE_WORLD_READABLE 及/或 MODE_WORLD_WRITEABLE 标记来允许任何其他包读/写该文件。当设置这些标志时，该文件仍然归你的应用程序所有，但它的全局读/写权限已进行了恰当设置，所以任何其他应用程序都可看到它。"

　　如果目的在于允许一些依赖于同一组数据的协同运行的应用程序进行读写，那么可以显式指定一个你独有的并在所有需要中通用的用户 ID。这个共享的用户 ID 也在描述文件中定义，类似于包名称的定义。代码清单 16-1 给出了一个例子。

代码清单 16-1　共享用户 ID 声明

```
<manifest xmlns:android="http://schemas.android.com/apk/res/android"
          package="com.androidbook.somepackage"
          sharedUserId="com.androidbook.mysharedusrid"
          ...
>
...the rest of the xml nodes
</manifest>
```

16.3.1　共享用户 ID 的性质

　　如果多个应用程序共享相同的签名（使用相同的 PKI 证书签名），它们可指定相同的共享用户 ID。拥有共享用户 ID，多个应用程序就可以共享数据，甚至在相同进程中运行。为了避免共享用户 ID 的重复，可以使用一种类似于命名 Java 类的约定。下面是在 Android 系统中找到的一些共享用户 ID 示例：

```
"android.uid.system"
"android.uid.phone"
```

说明　共享 ID 必须指定为原始字符串而不是字符串资源。

请注意，如果计划使用共享用户 ID，建议从一开始就使用它们。否则，在将应用程序从非共享的用户 ID 升级到拥有共享 ID 的应用程序时，它们不会很好地发挥作用。一种已证实的原因是，由于用户 ID 更改，Android 不会在旧资源上运行 chown。因此强烈建议：

❏ 如果有必要，从一开始就使用共享用户 ID；

❏ 不要更改正在使用的用户 ID。

16.3.2　共享数据的代码模式

本节将探讨在两个应用程序希望共享资源和数据时，存在哪些可能性。众所周知，在运行时，每个包的资源和数据归该包的上下文所有并受它保护。毫无疑问，需要访问希望共享资源或数据的包的上下文。

Android 提供了一个名为 createPackageContext() 的 API 来帮助实现此目的。可以在任何现有的上下文对象（比如活动）上使用 createPackageContext() API，获取你希望与其交互的目标上下文的引用。代码清单 16-2 提供了一个示例（该示例仅展示用法，不打算用于编译）。

代码清单 16-2　使用 createPackageContext() API

```
//Identify package you want to use
String targetPackageName="com.androidbook.samplepackage1";

//Decide on an appropriate context flag
int flag=Context.CONTEXT_RESTRICTED;

//Get the target context through one of your activities
Activity myContext = ……;
Context targetContext =
        myContext.createPackageContext(targetPackageName, flag);

//Use context to resolve file paths
Resources res = targetContext.getResources();
File path = targetContext.getFilesDir();
```

请注意我们是如何获取给定包名称（比如 com.androidbook.samplepackage1）的上下文的引用的。代码清单 16-2 中的这个 targetContext 相当于在目标应用程序启动时传递给它的上下文。从该方法的名称可以看出（在其 "create" 前缀中），每次调用返回一个新上下文对象。但是，API 文档向我们保证这个返回的上下文对象在设计上是轻量的。

无论是否拥有共享用户 ID，都可以使用此 API。如果共享用户 ID，则是非常好的。如果没有共享用户 ID，目标应用程序将需要声明它的资源可供外部用户访问。

createPackageContext() 使用以下 3 种标志之一。

❏ 如果标志是 CONTEXT_INCLUDE_CODE，Android 允许将目标应用程序代码加载到当前进程中。该代码然后像你的应用程序一样运行。只有在两个包拥有相同的签名和一个共享的用户 ID 时，此过程才能成功。如果共享用户 ID 不匹配，使用此标志将导致安全异常。

❏ 如果标志是 CONTEXT_RESTRICTED，我们仍然应该能够访问资源路径，而不会遇到请求加载代码的极端情形。

❏ 如果标志是 CONTEXT_IGNORE_SECURITY，将忽略证书并加载代码，但代码将在你的用户 ID 下运行。因此，文档建议如果将使用此标志，请非常小心。

　　现在，我们知道可以结合使用包、签名和共享的用户 ID 来控制对应用程序所拥有和创建的内容的访问。

16.4　库项目

　　谈到共享代码和资源，值得询问的一个问题是："库"项目的概念能否派上用场？为了弄清楚这一点，先来看看什么是库项目、如何创建它们以及如何使用这些项目。

16.4.1　库项目的概念

　　从 ADT 0.9.7 Eclipse 插件开始，Android 支持库项目的概念。从本书上一版开始，构建库的方式就有了些许变化。在本版中，我们将讲述最新的 Android 库。同样，我们也会关注可用的旧版本。

说明　在本书编写时，ADT 发布了 15.0 版本。不要太在意 ADT 的版本号变化。在 0.9.9 版本时，版本号序列直接变成 8.0，以便与 SDK Tools 版本匹配。ADT 15.0 设计的目的是与 SDK Tools 的 15.0 版本共同使用。它们的依赖关系请参见 http://developer.android.com/sdk/eclipseadt.html。

　　库项目是 Java 代码和资源的集合，看上去像一般的项目，但却不会以.apk 文件结束。反之，库项目的代码和资源是另一个项目的一部分，并会编译到那个主项目的.apk 文件。

16.4.2　库项目的性质

　　下面是关于这些库项目的一些事实。
- 库项目可以拥有自己的包名称。
- 库项目将不编译到自己的.apk 文件中，而是包含在使用它作为依赖项的项目的.apk 文件中。
- 库项目可使用其他 JAR 文件。
- 库项目自身还无法生成完整的 JAR 文件，但开发人员正在努力使该功能在未来的版本中实现。
- Eclipse ADT 将把库项目编译到 JAR 文件中，并在 JAR 文件中一起编译它们。之前的方法是将源文件引入并重新编译，该方法与之不同。
- 除了 Java 文件，属于一个库项目的其他文件（如资源）都保存在库项目中。如果应用程序项目依赖这个库，那么编译时必须添加这个库项目。
- 从 SDK Tools 15.0 开始，为库项目生成的资源 ID 是允许变化的。（本章后面将介绍这方面的内容。）
- 库项目和主项目都可通过各自的 R.java 文件访问库项目的资源。
- 主项目和库项目之间可以拥有重复的资源 ID。来自主项目的资源 ID 比来自库项目的 ID 拥有更高的优先级。
- 如果希望区分两个项目之间的资源 ID，可以为库项目资源使用不同的资源前缀，比如 lib_。
- 主项目可引用任意数量的库项目。
- 可以设置库项目的优先级，以查看哪些资源更加重要。

□ 库的组件（比如活动）需要在目标主项目的描述文件中定义。这样做时，来自库包的组件名
   称必须使用库包名称完全限定。

□ 没有必要在库描述文件中定义组件，但是迅速知道它支持哪些组件可能会很有用。

□ 要创建库项目，首先创建一个常规的 Android 项目，然后在它的属性窗口中选择 Is Library
   标志。

□ 也可以通过项目属性屏幕设置主项目的从属库项目。

□ 显然，作为一个库项目，许多主项目都可以将它包含在内。

□ 截至目前的版本，一个库项目无法引用另一个库项目，但似乎人们强烈希望在未来版本中添
   加这一支持。

下面通过创建一个库项目和一个主项目，分析一下库项目。这个示例项目的目标是完成以下任务。

(1) 在库项目中创建一个简单的活动。

(2) 通过定义一些菜单资源，为第 1 步中的活动创建一个菜单。

(3) 创建一个主项目活动，它使用库项目作为依赖项。

(4) 在第 3 步的主项目中创建一个活动。

(5) 为第 4 步中的主活动创建一个菜单。

(6) 让来自主活动的一个菜单项调用来自库项目的活动。

创建了这些项目之后，图 16-2 显示了主项目中的活动（第 4 步中的活动）如下所示。

图 16-2　主项目中带有菜单的示例活动

当单击主项目活动中的 invoke lib 菜单项时，将看到库项目中的活动，如图 16-3 所示。

此库活动中的菜单来自库项目的资源。单击这些菜单将在所单击的特定菜单项所在屏幕上记录一
条消息。下面首先创建库项目。

图 16-3　库项目中的示例活动

16.4.3　创建库项目

这个示例库项目将拥有以下文件。

- ❑ TestLibActivity.java（代码清单16-3）。
- ❑ layout/lib_main.xml（代码清单16-4）。
- ❑ menu/lib_main_menu.xml（代码清单16-5）。
- ❑ AndroidManifest.xml（代码清单16-6）。

这些文件应该足够创建你自己的 Android 库项目了，它们将在以下各个代码清单中给出。

说明　本章末尾将提供一个 URL，可使用它下载本章的项目。可以直接将这些项目导入 Eclipse。

代码清单 16-3　示例库项目活动：TestLibActivity.java

```
package com.androidbook.library.testlibrary;

//...basic imports here
//use CTRL-SHIFT-O to have eclipse generate
//necessary imports. Keep an eye out for duplicates.

public class TestLibActivity extends Activity
{
    public static final String tag="TestLibActivity";
    @Override
    public void onCreate(Bundle savedInstanceState) {
```

16

```
        super.onCreate(savedInstanceState);
        setContentView(R.layout.lib_main);
    }
    @Override
    public boolean onCreateOptionsMenu(Menu menu) {
        super.onCreateOptionsMenu(menu);
        MenuInflater inflater = getMenuInflater(); //from activity
        inflater.inflate(R.menu.lib_main_menu, menu);
        return true;
    }
    @Override
    public boolean onOptionsItemSelected(MenuItem item) {
        appendMenuItemText(item);
        if (item.getItemId() == R.id.menu_clear){
            this.emptyText();
            return true;
        }
        return true;
    }
    private TextView getTextView(){
        return (TextView)this.findViewById(R.id.text1);
    }
    public void appendText(String abc){
        TextView tv = getTextView();
        tv.setText(tv.getText() + "\n" + abc);
    }
    private void appendMenuItemText(MenuItem menuItem){
        String title = menuItem.getTitle().toString();
        TextView tv = getTextView();
        tv.setText(tv.getText() + "\n" + title);
    }
    private void emptyText(){
        TextView tv = getTextView();
        tv.setText("");
    }
}
```

代码清单 16-4 给出了此活动的支持布局文件：一个文本视图，用于写出所单击菜单项的名称。

代码清单 16-4　示例库项目布局文件：`layout/lib_main.xml`

```
<?xml version="1.0" encoding="utf-8"?>
<LinearLayout xmlns:android="http://schemas.android.com/apk/res/android"
    android:orientation="vertical"
    android:layout_width="fill_parent"
    android:layout_height="fill_parent"
    >
<TextView
    android:id="@+id/text1"
    android:layout_width="fill_parent"
    android:layout_height="wrap_content"
    android:text="Your debug will appear here "
    />
</LinearLayout>
```

代码清单 16-5 提供的菜单文件为图 16-3 的库活动中所示的菜单提供支持。

代码清单 16-5　库项目菜单文件：`Menu/lib_main_menu.xml`

```
<menu xmlns:android="http://schemas.android.com/apk/res/android">
    <!-- This group uses the default category. -->
    <group android:id="@+id/menuGroup_Main">
```

```
<item android:id="@+id/menu_clear"
    android:title="clear" />
<item android:id="@+id/menu_testlib_1"
    android:title="Lib Test Menu1" />
<item android:id="@+id/menu_testlib_2"
    android:title="Lib Test Menu2" />
    </group>
</menu>
```

代码清单 16-6 给出了库项目的描述文件。

代码清单 16-6   库项目描述文件：AndroidManifest.xml

```
<?xml version="1.0" encoding="utf-8"?>
<manifest xmlns:android="http://schemas.android.com/apk/res/android"
    package="com.androidbook.library.testlibrary"
    android:versionCode="1"
    android:versionName="1.0.0">
    <uses-sdk android:minSdkVersion="3" />
    <application android:icon="@drawable/icon"
        android:label="Test Library Project">
        <activity android:name=".TestLibActivity"
                android:label="Test Library Activity">
        </activity>
    </application>
</manifest>
```

正如 16.4.2 节中指出的，库项目描述文件中的活动定义仅用于在文档中进行，是可选的。

创建了这些文件之后，即可开始创建常规的 Android 项目。设置项目后，右键单击项目名称，单击属性上下文菜单以显示库项目的属性对话框。此对话框如图 16-4 所示。（该图中可用的构建目标可能因使用的 Android SDK 版本不同而不同。）从此对话框中选择 Is Library，将此项目设置为库项目。

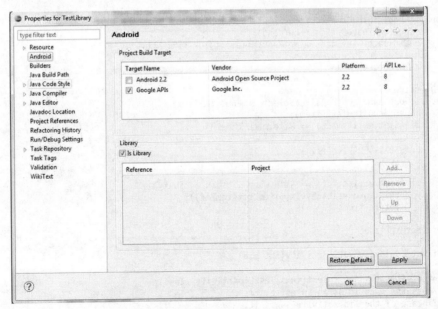

图 16-4   将项目指定为库项目

这样，就完成了库项目的创建。虽然图 16-4 指示构建目标为 2.3，但对于其他的 SDK 目标（包括 3.X 和 4.X），它也能运行得很好。现在看一下如何创建可使用此库项目的应用程序项目。

16.4.4   创建使用库的 Android 项目

我们将使用一组类似的文件创建一个应用程序项目，然后使用上一节的库项目作为依赖项。以下是一组将用于创建主项目的文件。

❑ TestAppActivity.java（代码清单16-7）。

❑ layout/main.xml（代码清单16-8）。

❑ menu/main_menu.xml（代码清单16-9）。

❑ AndroidManifest.xml（代码清单16-10）。

代码清单 16-7 给出了 TestAppActivity.java。

代码清单 16-7   主项目活动代码：TestAppActivity.java

```
package com.androidbook.library.testlibraryapp;
import com.androidbook.library.testlibrary.*;
//...other imports

public class TestAppActivity extends Activity
{
    public static final String tag="TestAppActivity";
    @Override
    public void onCreate(Bundle savedInstanceState) {
        super.onCreate(savedInstanceState);
        setContentView(R.layout.main);
    }
    @Override
    public boolean onCreateOptionsMenu(Menu menu) {
        super.onCreateOptionsMenu(menu);
        MenuInflater inflater = getMenuInflater(); //from activity
        inflater.inflate(R.menu.main_menu, menu);
        return true;
    }
    @Override
    public boolean onOptionsItemSelected(MenuItem item) {
        appendMenuItemText(item);
        if (item.getItemId() == R.id.menu_clear)
        {
            this.emptyText();
            return true;
        }
        if (item.getItemId() == R.id.menu_library_activity){
            this.invokeLibActivity(item.getItemId());
            return true;
        }
        return true;
    }
    private void invokeLibActivity(int mid)
    {
    Intent intent = new Intent(this,TestLibActivity.class);
    //Pass the menu id as an intent extra
    //incase if the lib activity wants it.
    intent.putExtra("com.androidbook.library.menuid", mid);
    startActivity(intent);
```

```
    }
    private TextView getTextView(){
        return (TextView)this.findViewById(R.id.text1);
    }
    public void appendText(String abc){
        TextView tv = getTextView();
        tv.setText(tv.getText() + "\n" + abc);
    }
    private void appendMenuItemText(MenuItem menuItem){
        String title = menuItem.getTitle().toString();
        TextView tv = getTextView();
        tv.setText(tv.getText() + "\n" + title);
    }
    private void emptyText(){
        TextView tv = getTextView();
        tv.setText("");
    }
}
```

请注意，创建此文件后，可能会在引用库项目中的活动类时出现编译错误。请进一步阅读，我们会在探索如何将前面的库项目指定为应用程序项目的依赖关系时解决此错误。

支持该活动的相应布局文件如代码清单 16-8 所示。

代码清单 16-8　主项目布局文件：layout/main.xml

```
<?xml version="1.0" encoding="utf-8"?>
<LinearLayout xmlns:android="http://schemas.android.com/apk/res/android"
    android:orientation="vertical"
    android:layout_width="fill_parent"
    android:layout_height="fill_parent"
    >
<TextView
    android:id="@+id/text1"
    android:layout_width="fill_parent"
    android:layout_height="wrap_content"
    android:text="Debug Text Will Appear here"
    />
</LinearLayout>
```

主项目活动中的 Java 代码（代码清单 16-7）使用了一个称为 R.id.menu_library_activity 的菜单项来调用 TestLibActivity。下面是从该 Java 文件提取出的代码（代码清单 16-7）。

```
private void invokeLibActivity(int mid)
{
    Intent intent = new Intent(this,TestLibActivity.class);
    //Pass the menu id as an intent extra
    //incase if the lib activity wants it.
    intent.putExtra("com.androidbook.library.menuid", mid);
    startActivity(intent);
}
```

请注意，我们将 TestLibActivity.class 当做局部类来使用，但是，我们从库包中导入了 Java 类：

```
import com.androidbook.library.testlibrary.*;
```

菜单文件如代码清单 16-9 所示。

代码清单 16-9　主项目菜单文件：menu/main_menu.xml

```
<menu xmlns:android="http://schemas.android.com/apk/res/android">
    <!-- This group uses the default category. -->
    <group android:id="@+id/menuGroup_Main">
        <item android:id="@+id/menu_clear"
         android:title="clear" />
        <item android:id="@+id/menu_library_activity"
         android:title="invoke lib" />
    </group>
</menu>
```

完成项目创建所需的描述文件如代码清单 16-10 所示。

代码清单 16-10　主项目描述文件：AndroidManifest.xml

```
<?xml version="1.0" encoding="utf-8"?>
<manifest xmlns:android="http://schemas.android.com/apk/res/android"
    package="com.androidbook.library.testlibraryapp"
    android:versionCode="1"
    android:versionName="1.0.0">
    <application android:icon="@drawable/icon" android:label="Test Library App">
        <activity android:name=".TestAppActivity"
                android:label="Test Library App">
            <intent-filter>
                <action android:name="android.intent.action.MAIN" />
                <category android:name="android.intent.category.LAUNCHER" />
            </intent-filter>
        </activity>
        <activity android:name=
"com.androidbook.library.testlibrary.TestLibActivity"
                android:label="Test Library Activity"/>
    </application>
    <uses-sdk android:minSdkVersion="3" />
</manifest>
```

在这个主应用程序描述文件中，请注意我们定义了库项目的活动 TestLibActivity。我们还为活动定义了使用了完全限定的包名称。另请注意，库项目的包名称可能不同于主应用程序项目。

1. 将库项目与主应用程序项目关联

使用这些文件设置了 Android 项目之后，可以使用下面这个项目属性对话框（参见图 16-5）表明此主项目依赖于之前创建的库项目。

请注意对话框中的 Add 按钮。可以使用此按钮将图 16-5 中的库作为引用添加进来。无需执行其他任何设置。

2. 建立库依赖的应用程序的结构

当主应用程序项目建立库项目依赖时，库项目就会成为应用程序项目使用的已编译 JAR 文件，并位于 Library Projects 节点之中（参见图 16-6）。

注意 ADT 将 testlibrary.jar 包含到主应用程序的节点，在编译主应用程序时，这些预编译的库 JAR 文件能够节省时间。

3. 应用程序资源与库项目的特性

在之前的版本中，这些库的包含关系是基于源代码的。这意味着每次主项目编译时，所有库源文件也必须编译。在新的模式中，这些库都是预编译的，并以 JAR 文件的方式添加到目标应用程序。

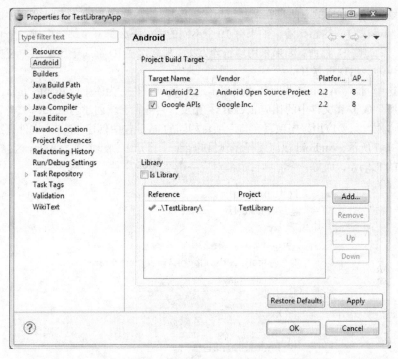

图 16-5　声明库项目依赖性

图 16-6　作为 JAR 文件的主项目视图中所包含的库项目

使用这种编译时添加库的方法存在一些意想不到的挑战。之前，编译目标应用程序时，应用程序项目会生成 R.java 文件。这意味着，如果有 10 个不同的库，那么每一个都会生成一个 R.java，而且生成 ID 都可以保证唯一。然而，如果采用预编译方法，那么这些 ID 都属于预编译 JAR 文件封存的库项目。因此，可能会出现重复 ID。

为了解决这个问题，Android 临时使用一个本地 R.java 文件，为库生成必要的 Java 类，但是不会为库项目打包所生成 JAR 文件中的相应 R.class。相反，它依靠重新创建的 R.java 文件，并使之在应用程序项目中可用。只要应用程序项目在与库项目相同的 Java 包中创建 R.java 文件，这个模式就可以生效。如图 16-7 所示，Android 在应用程序项目的 gen 子目录中创建了多个 R.java 类/文件。应用程序有一个对应的 R.java，而每一个库项目也都对应一个 R.java 文件，

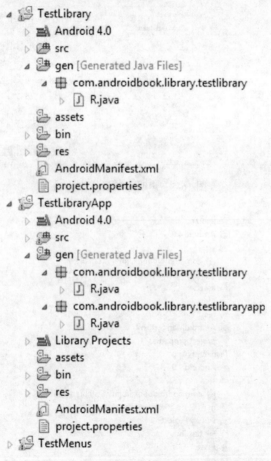

图 16-7 应用程序项目的多个 R.java 文件

如果目标应用程序项目加入了编译的库 JAR，则还有一个问题需要解决。当 Android 编译库项目的 Java 类时，这些类就会引用本地库的 R.java 常量，因为在库项目编译时，库项目已经存在。使用这个库的应用程序项目是大势所趋。

如果库的 R.java 常量声明为 static final,那么编译器会在编译代码中指定硬编码的常量数字(如 0x7778989)。如果想要避免从多个库 JAR 文件产生这种重复数字,则不能这样做。Android 采用的解决方法将 R.java 文件的常量声明为非 final。

代码清单 16-11 显示了为库项目中的 TestLibrary 所创建的 R.java 文件。注意,ID 并未声明为 final。它们仅仅是 Java 类静态变量。通常,这些常量都应该也已声明为 times 体。

代码清单 16-11　库项目 R.java 文件的非 final 资源 ID

```
package com.androidbook.library.testlibrary;
public final class R {
    public static final class attr {
    }
    public static final class drawable {
        public static int icon=0x7f020000;
        public static int robot=0x7f020001;
    }
    public static final class id {
        public static int menuGroup_Main=0x7f050001;
        public static int menu_clear=0x7f050002;
        public static int menu_testlib_1=0x7f050003;
        public static int menu_testlib_2=0x7f050004;
        public static int text1=0x7f050000;
    }
    public static final class layout {
        public static int lib_main=0x7f030000;
    }
    public static final class menu {
        public static int lib_main_menu=0x7f040000;
    }
}
```

在 R.java 文件的库版本中,这些 ID 可以帮助完成库项目的 Java 源文件编译。将这些 ID 设置为非 final 变量,Android 就可以避免这些 ID 值进入(硬编码)库的编译 Java 类文件。

如图 16-6 所示,现在库的 Java JAR 文件会被添加到应用程序项目中。图 16-7 还显示了应用程序项目重新生成了库(代码清单 16-11)的 R.java 文件。代码清单 16-12 显示了应用程序项目中这个重新创建库的 R.java 文件。

代码清单 16-12　重新创建应用程序项目中库资源的 R.java 文件

```
package com.androidbook.library.testlibrary;
public final class R {
    public static final class attr {
    }
    public static final class drawable {
        public static final int icon=0x7f020000;
        public static final int robot=0x7f020001;
    }
    public static final class id {
        public static final int menuGroup_Main=0x7f060001;
        public static final int menu_clear=0x7f060002;
        public static final int menu_library_activity=0x7f060005;
        public static final int menu_testlib_1=0x7f060003;
        public static final int menu_testlib_2=0x7f060004;
        public static final int text1=0x7f060000;
    }
    public static final class layout {
```

16

```
        public static final int lib_main=0x7f030000;
        public static final int main=0x7f030001;
    }
    public static final class menu {
        public static final int lib_main_menu=0x7f050000;
        public static final int main_menu=0x7f050001;
    }
    public static final class string {
        public static final int app_name=0x7f040001;
        public static final int hello=0x7f040000;
    }
}
```

在库的 R.java 文件中，所有 ID 都会在应用程序项目对应的 R.java 文件中重建。这个文件还包含主应用程序的 ID。但是，在库的 Java 包的 R.java 文件中，为什么要设置应用常量，这一点的原因并不完全清楚。

此外，奇怪的是，除了最开头的 Java 包名，应用程序 Java 项目的 R.java 文件的其余部分都是完全相同的。代码清单 16-13 也显示了一个 R.java 文件，目的只是说明它与代码清单 16-12 所示文件是完全相同的。对比可以发现，唯一的区别在于 Java 包名。

也许这个对比可以解答我们前面提出的问题：如果混合使用主程序资源和库资源并无坏处，为什么要创建两个文件呢？只创建一个文件，然后复制其内容，并在前面添加不同的 Java 包名。

代码清单 16-13　包含各种资源的主应用程序的 R.java 文件

```
package com.androidbook.library.testlibraryapp;
public final class R {
    public static final class attr {
    }
    public static final class drawable {
        public static final int icon=0x7f020000;
        public static final int robot=0x7f020001;
    }
    public static final class id {
        public static final int menuGroup_Main=0x7f060001;
        public static final int menu_clear=0x7f060002;
        public static final int menu_library_activity=0x7f060005;
        public static final int menu_testlib_1=0x7f060003;
        public static final int menu_testlib_2=0x7f060004;
        public static final int text1=0x7f060000;
    }
    public static final class layout {
        public static final int lib_main=0x7f030000;
        public static final int main=0x7f030001;
    }
    public static final class menu {
        public static final int lib_main_menu=0x7f050000;
        public static final int main_menu=0x7f050001;
    }
    public static final class string {
        public static final int app_name=0x7f040001;
        public static final int hello=0x7f040000;
    }
}
```

4. 运行时库依赖的含义

在库的 R.java 文件中，不将 ID 设置为 final 有另一层含义。通常的方法是使用 switch 语句，根据菜单项 ID 处理菜单项。如果 ID 不为 `final`，那么在库代码中这种语言结构会在编译时出现错误。因为，`switch` 子句的 `case` 语句必须对应真实常量数字，就像 C 语言的#define。

　　所以，除非 ID（如 `R.id.menu_item_1`）为真实数字或声明为 `static final`，否则代码清单 16-14 的 `switch` 语句无法编译。

代码清单 16-14　演示非 final 变量的示例 switch 语句

```
switch(menuItem.getItemId())
{
    case R.id.menu_item_1:
        Statment1;
        break
    case 0x7778888: // as an example for R.id.menu_item_2:
        statement;
        statement;
        break;
    default:
        statement;
        statement;
}
```

　　因为库项目将 ID 定义为非 `final`，所以这里必须使用 `if/else` 语句替代 `switch/case` 子句。

　　但是，有趣的是应用程序项目会重新创建库 `R.java` 文件的相同常量，并且设置为 `final`（参见代码清单 16-12 的 `R.java`）。因为它们在应用程序项目中设置为 `final`，所以可以随意使用 `switch` 子句进行处理。

16.4.5　使用库项目的注意事项

　　在 Java 代码中，两个项目（库项目和应用程序项目）都可以使用 `R.some-id` 引用资源。常量值可以保持不变，但是两个 Java 命名空间都必须使用资源 ID：库的包命名空间和主项目的包命名空间。

　　此外，还要注意菜单名称：`lib_main_menu` 和 `main_menu`。如果将两个菜单资源文件命名为相同名称，但是里面设置不同的菜单项，那么处于非常尴尬的境地。底线是资源已经聚集到主应用程序的一个位置。要特别注意那些文件级资源，如菜单和布局，以及这些资源文件内部项目生成的 ID。

　　虽然注意事项很多，但我们认为 Android 的库支持仍然在改进中，可能后续的版本会更稳定一些。认识了库项目之后，应该差不多可以回答前面提供的共享数据问题了吧？

　　正如前面所介绍的，库项目是编译时构建的。显然，任何属于库的资源都会被吸收并合并到主项目中。运行时共享不是问题，因为主包名中只有一个包文件。通常有一个建议，就是可以任意开发不同的版本，然后在应用程序的不同版本上让两个版本共享一个库。

16.5　参考资料

　　下面是一些有用的链接，可用于进一步加强对本章的理解。

❑ http://developer.android.com/guide/publishing/app-signing.html。阅读此参考资料可能很好地了解签名.apk文件的相关信息。

❑ http://java.sun.com/j2se/1.3/docs/tooldocs/win32/keytool.html。此网站提供了关于keytool、jarsigner以及签名过程本身的优秀文档。

16

❏ www.androidbook.com/item/3493。作者关于理解签名JAR文件的含义的说明，其中包含一个概念模型。

❏ www.androidbook.com/item/3279。此 URL 汇编了我们关于理解 Android 包的研究成果。可以看到如何签名.apk 文件，关于如何在包之间共享数据的进一步链接，关于共享用户 ID 的更多信息，以及安装和卸载包的指令。

❏ www.androidbook.com/item/3908。我们关于Android库支持各个方面的研究笔记，包括旧屏幕截图、新屏幕截图、实用的URL及示例代码等。

❏ http://developer.android.com/guide/developing/projects/projects-eclipse.html。阅读此文章以帮助理解如何创建及使用库项目。这是关于库的主要SDK引用。

❏ http://android-developers.blogspot.com/2011/10/changes-to-library-projects-in-android.html。Android 4.0版本的库变化以及变化的原因。这篇博客还提到了库的未来发展方向。

❏ http://tools.android.com/tips/non-constant-fields。对非final变量的作用以及它们对switch语句的影响的极具深刻见解的讨论。

❏ http://tools.android.com/knownissues。关于SDK Tools和ADT版本已知问题的Android文档。此外，它还提到了URL的域名；这个网站专门介绍Android工具的各个方面内容。

❏ www.androidbook.com/item/3826。如何使用Eclipse ADT向导创建一个能够部署到Market的签名.apk文件。

❏ http://www.androidbook.com/projects：在这里查找与本书相关的所有可下载项目。对于本章，可以查找文件ProAndroid4_Ch16_TestAndroidLibraries.zip。这个ZIP文件在独立的根目录中包含本章的两个项目，可以将它们导入Eclipse ADT中。

16.6   小结

本章主要介绍了以下内容。

❏ 程序包与进程处理。

❏ 共享程序包的代码和数据。

❏ 创建Android库项目。

16.7   面试问题

回答以下问题，巩固本章所学的知识点。

(1) 如何查看设备所安装的应用或程序包？

(2) 如何强行中止或卸载应用程序？

(3) 如何使用 PKI 保证程序包的所有权？

(4) 称公共密钥和私有密钥都是非对称密钥,这意味着什么？

(5) 一个程序包是否可以包含多个证书/密钥？

(6) 是否可以使用相同的证书创建多个程序包的签名？

(7) 什么时候应该使用相同的密钥创建多个程序包的签名？

(8) Linux 进程与程序包文件存在什么关系？

(9) .apk 进程运行在哪一个用户 ID 之下？

(10) 什么是共享用户 ID？

(11) 共享用户 ID 的前提条件是什么？

(12) 共享用户 ID 的优点是什么？

(13) 哪一个 API 可用于读取其他程序包拥有的文件？

(14) 什么是库项目，什么时候使用它？

(15) 库项目是否能够包含一些 UI 组件，如活动？

(16) 如果不确定哪一个应用将来会使用一个库，那么应该如何命名这个库的程序包？

(17) 一个库是否能使用与应用程序不同的包名？

(18) 一个库项目能否使用其他 JAR 文件？

(19) 是否需要在应用的配置清单文件的库中定义活动？

(20) 如何表明一个项目是库项目？

(21) 能否直接在使用库的项目中编辑库项目的源文件？

(22) 从 4.0 开始，为什么库的 R.java 文件的 ID 变成非 final 的？

(23) 为什么不能在库的 Java 源文件中使用 switch 语句？

(24) 使用库的主应用程序项目是否要添加包含整个库项目及其资源的 JAR 文件？

第 17 章

处理程序

第16 章介绍了每个包在它自己的进程中运行。本章将介绍此进程中的线程的组织。这将引导我们发现为什么需要处理程序。

Android 应用程序中的大部分代码在一个组件（比如活动或服务）的上下文中运行。我们将介绍应用程序的这些组件如何与线程交互。在大部分时间里，一个 Android 进程中仅运行一个线程，称为主线程。我们将阐述在各个组件之间共享此主线程的影响。主要来讲，这可能导致 ANR（Application Not Responding，应用程序无响应）消息（"A"代表"application"，而不是"Annoying"）。我们将介绍在需要长期运行的操作时，如何使用处理程序、消息和线程打破对主线程的依赖性。

首先看一下 Android 应用程序的组件以及它们在什么样的线程上下文中运行。

17.1 Android 组件和线程

从前面的多个章节中可以了解到，一个 Android 进程有 4 个主要组件。它们是：

❑ Activity；
❑ Service；
❑ contentProvider（常简称提供程序）；
❑ BroadcastReceiver（常简称接收程序）。

在 Android 应用程序中编写的大部分代码要么是其中一个组件的一部分，要么供其中一个组件调用。这些组件中的每一个在 Android 项目描述文件中的应用程序节点规范下都有自己的 XML 节点。为了加深记忆，这里再次给出这些节点：

```
<application>
    <activity/>
    <service/>
    <receiver/>
    <provider/>
</application>
```

除某些特例之外，Android 都将使用相同线程处理（或运行）这些组件中的代码。此线程称为应用程序的主线程。当调用这些组件时，既可以异步调用（比如在调用数据的 ContentProvider 时），也可以通过消息队列延迟调用（比如通过调用启动服务来调用功能时）。

图 17-1 描述了线程与这 4 个组件之间的关系。此图的目的是展示线程如何在 Android 框架及其组件中穿行。该图并未指出线程穿行各个组件的顺序。只是显示了从一个组件到下一个组件的过程。下

面几个小节将具体探讨该图的各个部分。

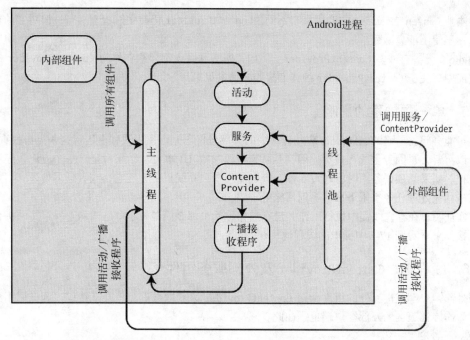

图 17-1 Android 组件和线程框架

17.1.1 活动在主线程上运行

从图 17-1 中可以看出，主线程执行主要工作。它运行所有组件。而且，它通过一个消息队列完成此任务。例如，当在设备屏幕上选择菜单或按钮时，设备将这些操作转换为消息并将它们放入正在运行的进程的主队列中。主线程位于一个循环中并处理每条消息。如果任何消息用时大约超过 5 秒，Android 将抛出一个 ANR 消息。

17.1.2 广播接收程序在主线程上运行

类似地，为了响应菜单项，如果打算调用一条广播消息，Anroid 会再次将一条消息放入包进程的主队列中，以使从该进程中调用注册的接收程序。主线程将在以后某个时刻处理该消息以调用接收程序。主线程也执行广播接收程序的工作。如果主线程忙于响应一个菜单操作，广播接收程序将必须等待主线程空闲。

17.1.3 服务在主线程上运行

服务也是如此。当通过菜单项使用 startService 来启动本地服务时，会将一条消息放入主队列中，主线程将通过服务代码处理它。

17.1.4 ContentProvider 在主线程上运行

对本地 ContentProvider 的调用稍有不同。ContentProvider 仍在主线程上运行，但对它的调用是异步的，不使用消息队列。

Android 设备有许多 ContentProvider。例如，所有联系人都保存在作为 ContentProvider 的联系人数据库中。关于 ContentProvider 的详细架构，请参见第 4 章。

17.1.5 单一主线程的影响

你可能会问："为什么 Android 应用程序中的大部分代码是否在主线程上运行这一点会很重要？"这之所以重要，是因为主线程负责返回到其队列中以响应 UI 事件。结果就是，一个应用程序不应持有主线程。如果某项任务用时将超过 5 秒，应该在一个独立线程中完成它，或者延迟处理它，要求主线程在从其他处理任务空闲下来时再返回来处理它。

事实证明，在独立线程中执行工作并没有最初看起来那么简单。本章后面和下一章将回头介绍这一点，接下来看看图 17-1 中标识的线程池。

17.1.6 线程池、ContentProvider 及外部服务组件

当外部客户端或进程外的组件调用 ContentProvider 来获取数据时，会从线程池为该调用分配一个线程。连接到服务的外部客户端也是如此。

17.1.7 线程实用程序：发现线程

在详细介绍了主线程和工作线程后，可以使用代码清单 17-1 中的实用程序类找出哪个线程在运行你的代码部分，这非常有用。然后可以通过监控 LogCat 来验证到目前为止所介绍的内容，看看打印了哪个线程 ID。

请记住，本章末尾包含了可下载项目的 URL。使用这个项目，可以进一步检查本章所指出的各种源文件。可以导入这个项目，并运行应用程序以测试涉及的所有方面。

代码清单 17-1　线程实用程序

```
//utils.java
public class Utils
{
    public static long getThreadId() {
        Thread t = Thread.currentThread();
        return t.getId();
    }

    public static String getThreadSignature(){
        Thread t = Thread.currentThread();
        long l = t.getId();
        String name = t.getName();
        long p = t.getPriority();
        String gname = t.getThreadGroup().getName();
        return (name
            + ":(id)" + l
            + ":(priority)" + p
```

```
                        + ":(group)" + gname);
    }

    public static void logThreadSignature(){
        Log.d("ThreadUtils", getThreadSignature());
    }

    public static void sleepForInSecs(int secs){
        try{
            Thread.sleep(secs * 1000);
        } catch(InterruptedException x){
            throw new RuntimeException("interrupted",x);
        }
    }
    //The following two methods are used by worker threads
    //that we will introduce later.
    public static Bundle getStringAsABundle(String message){
        Bundle b = new Bundle();
        b.putString("message", message);
        return b;
    }
    public static String getStringFromABundle(Bundle b){
        return b.getString("message");
    }
}
```

如果使用 logThreadSignature()，可以看到哪个线程正在执行代码。也可以使用 Java 库的 sleep()
方法，查看在暂停主线程并禁止它处理消息队列时会发生什么。可以看 sleep() 嵌套在方法
sleepForInSecs()中。

我们已简短介绍了在需要时延迟主线程上的工作的概念。这是通过处理程序完成的。处理程序在
Android 中得到了大量使用，所以主 UI 线程不会被持有。在从其他生成的工作线程与主线程通信的过
程中，处理程序也发挥着一定的作用。下一节将介绍处理程序的概念和它们的工作原理。

17.2 处理程序

处理程序是一种机制，它将消息放入主队列（更准确地讲，是附加到实例化该处理程序的线程上
的队列），以便消息可在以后某个时刻供主线程处理。放入的消息有一个内部引用，指向将它放入队
列的处理程序。

当主线程开始处理消息时，它通过处理程序对象的回调方法调用将该消息放入队列的处理程序。
这个回调方法称为 handleMessage。图 17-2 展示了处理程序、消息和主线程之间的关系。

图 17-2 演示了在涉及处理程序时，协同工作的重要角色。这些重要角色包括：

❏ 主线程；

❏ 主线程队列；

❏ 处理程序；

❏ 消息。

在这 4 个角色中，我们不会直接暴露给主线程或队列。我们主要处理 Handler 对象和 Message 对
象。而在这二者之间，Handler 对象负责协调大部分工作。

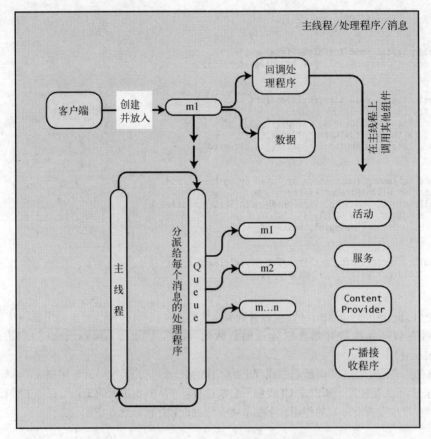

图 17-2 处理程序、消息、消息队列之间的关系

在此交互过程中，Handler 发挥着重要作用，但仍然应该注意到，尽管处理程序支持将消息放入队列中，但实际上消息承载着处理程序的引用。Message 对象还包含一个可传回给处理程序的数据结构。在图 17-2 中，Message 对象通过显示一个 Data 对象的引用而描绘了这一关系。

由于处理程序和消息之间这种似乎颠倒的关系，以及主线程和它的队列对程序员隐藏的这一事实，最好通过一个例子来理解处理程序。

例如，我们将有一个菜单项调用一个函数，而该函数进而以 1 秒为间隔执行一个操作 5 次，并且每次都会向调用活动报告。

17.2.1 持有主线程的影响

如果我们不介意持有主线程，可使用伪代码编写前面的场景，如代码清单 17-2 所示。

代码清单 17-2　使用 sleep 方法持有主线程

```
public class SomeActivity
{
    ....other methods

    void respondToMenuItem()
    {
        //Prove that we are on the main thread
        Utils.logThreadSignature();

        for (int i=0;i<5;i++)
        {
            sleepFor(1000);// put main thread to sleep for 1 sec
            dosomething();
            SomeTextView.setText("did something");
        }
    }
}
```

这可以满足该用例的需求。但是，如果这么做，我们会持有主线程，并且一定会得到一个 ANR。

17.2.2　使用处理程序延迟主线程上的工作

可以使用处理程序避免前一个例子中的 ANR。通过处理程序完成此任务的伪代码类似于代码清单 17-3。

代码清单 17-3　实例化来自主线程的处理程序

```
void respondToMenuItem()
{
    SomeHandlerDerivedFromHandler myHandler =
                new SomeHandlerDerivedFromHandler();
    myHandler.doDeferredWork(); //invoke a function in 1 sec intervals
}
```

现在，respondToMenuItem()调用将允许主线程返回到它的循环。实例化的处理程序知道它在主线程上调用，并将自身与队列挂钩。doDeferredWork()方法将调度工作，以便主线程可在空闲时返回处理此工作。那么它如何实现此目标呢？下面是实现此功能的步骤。

(1) 构造一个 Message 对象，以便它可放在队列中。

(2) 将 Message 对象发送给队列，以便它可在 1 秒内调用一个回调函数。

(3) 从主线程响应 handleMessage()回调函数。

为了分析此协议，来看一个正确的处理程序的实际源代码。下一节的代码清单 17-4 中的代码演示了此处理程序，它名为 DeferWorkHandler。

在代码清单 17-3 的伪代码中，给出的处理程序 SomeHandlerDerivedFromHandler 等效于 DeferWorkHandler。类似地，给定的方法 doDeferredWork()在代码清单 17-4 中的 DeferWorkHandler 上实现。

17.2.3　延迟工作的处理程序源代码示例

在解释上一小节中的每个步骤之前，看一下代码清单 13-4 中给出的 DeferWorkHandler 的代码。请记住，调用此处理程序的主驱动程序活动的源代码将在可下载项目中可用。驱动活动与代码清单 17-3

所示非常相似。

　　在代码清单 17-4 中，父驱动程序活动使用变量 parentActivity 表示。此变量对于理解此代码不是很重要，它主要用于报告在处理程序中发生的工作的状态（通过日志消息）。如果想检验类 Test Handlers DriverActivity 对应于 parentActivity，可以引用可下载项目。

代码清单 17-4   DeferWorkHandler 源代码

```
public class DeferWorkHandler extends Handler
{
    public static final String tag = "DeferWorkHandler";

    //Keep track of how many times we sent the message
    private int count = 0;

    //A parent driver activity we can use
    //to inform of status.
    private TestHandlersDriverActivity parentActivity = null;

    //During construction we take in the parent
    //driver activity.
    public DeferWorkHandler(TestHandlersDriverActivity inParentActivity){
        parentActivity = inParentActivity;
    }
    @Override
    public void handleMessage(Message msg)
    {
        String pm = new String(
                "message called:" + count + ":" +
                msg.getData().getString("message"));

        Log.d(tag,pm);
        this.printMessage(pm);

        if (count > 5)
        {
            return;
        }
        count++;
        sendTestMessage(1);
    }
    public void sendTestMessage(long interval)
    {
        Message m = this.obtainMessage();
        prepareMessage(m);
        this.sendMessageDelayed(m, interval * 1000);
    }
    public void doDeferredWork()
    {
        count = 0;
        sendTestMessage(1);
    }
    public void prepareMessage(Message m)
    {
        Bundle b = new Bundle();
        b.putString("message", "Hello World");
        m.setData(b);
        return ;
    }
    //This method just prints a message
```

```
//in a text box in the parent activity.
private void printMessage(String xyz)
{
    parentActivity.appendText(xyz);
}
}
```

下面看一下该源代码的重要部分。

17.2.4 构造合适的 Message 对象

正如前面所述，当构造 DeferWorkHandler 时，它已经知道如何将自身与主队列挂钩，因为它从基础 Handler 类继承了该属性。基础处理程序提供了一系列方法来将消息发送给队列，以在以后响应它们。

sendMessage() 和 sendMessageDelayed() 是这些发送方法中的两个例子。我们在本例中使用了 sendMessageDelayed()，它允许我们以给定时间量的延迟将消息放在主队列中。对比之下，sendMessage() 要求我们立即将消息放在主队列中。

当调用 sendMessage() 或 sendMessageDelayed() 时，将需要 Message 对象的一个实例。最好要求处理程序提供它，因为当处理程序返回 Message 对象时，它会将自身隐藏在 Message 的内容中。这样，当主线程出现时，它可以只根据该消息确定调用哪个处理程序。

在代码清单 17-4 中，消息使用以下代码获得：

```
Message m = this.obtainMessage();
```

变量 this 引用处理程序对象实例。从名称可以看出，该方法不会创建新消息，而是从一个全局消息池获取一个。在以后的某个时刻，当处理完此消息时，它将被回收。obtainMessage() 方法拥有代码清单 17-5 中列出的变体。

代码清单 17-5　通过处理程序构造消息

```
obtainMessage();
obtainMessage(int what);
obtainMessage(int what, Object object);
obtainMessage(int what, int arg1, int arg2);
obtainMessage(int what, int arg1, int arg2, Object object);
```

每个方法变体都会在 Message 对象上设置相应的字段。当消息跨越进程边界时，Object object 参数存在一些限制。在这类情况下，它需要为 parcelable。在这类情况下，在 Message 对象上显式使用 setData() 方法将更加安全、更可兼容，该方法接受一个 bundle。在代码清单 17-4 中，我们使用了 setData()。如果想要传递的只是可容纳整数值的简单指示器，可以使用 arg1 或 arg2 代替。

参数 what 可用于将排队消息从队列中取出，或者查询队列中是否存在此类型的消息。参见 Handler 类上的操作，了解更多细节。17.5 节给出了 Handler 类的 API 文档的 URL。

17.2.5 将 Message 对象发送给队列

从处理程序获得消息后，可以修改该消息的数据内容。在我们的例子中，我们使用了 setData() 函数，向它传递了一个 bundle 对象。当分类或识别消息的数据之后，可以通过 sendMessage() 或 sendMessageDelayed() 将消息发送到队列。调用这些方法后，主线程将返回以处理队列。

17.2.6　响应 handleMessage 回调

类 DeferWorkHandler 派生自 Handler。将消息传送到队列之后，处理程序就会等待主线程获取这些消息并调用该处理程序的 handleMessage()。

如果希望更清楚地了解此处理程序和主线程之间的交互，可以在发送消息并处于 handleMessage() 回调过程中时编写一个 logcat 消息。可以看到时间戳有所不同，因为主线程会多花几毫秒返回处理 handleMessage() 方法。

这也是了解在主线程上运行的 sendMessage() 和 handleMessage() 的一种不错的方法。可以使用 Utils.logThreadSignature() 方法（参见代码清单 17-1）演示此过程。

在我们的例子中，在处理一条消息后，每个 handleMessage() 向队列发送另一条消息，以便可以再次调用它。它执行此操作 5 次，当计数器达到 5 时，它停止向队列发送消息。

在处理程序的例子中，DeferWorkHandler（如之前所述）还接受父活动作为输入，以便它可以使用该活动提供的方法报告任何信息。

17.3　使用工作线程

当使用像上一节中那样的处理程序时，代码仍然在主线程上执行。对 handleMessage() 的每次调用仍然应该在主线程的规定时间内返回（换句话说，每个消息调用应该在 5 秒内完成，以避免 Android 无响应）。如果希望延长执行时间，将需要启动一个独立的线程，保持该线程在完成工作前持续运行，并允许该子线程向在主线程上运行的主活动进行报告。这种类型的子线程常常称为工作线程。

启动一个独立线程来响应菜单项非常简单。但是，聪明的做法是允许工作线程向主线程的队列发布一条消息表明发生了某件事，主线程应该在获得该消息时查看所发生的事情。

一种涉及工作线程的合理解决方案如下所示。

(1) 在响应菜单项时，在主线程中创建一个处理程序。将它放在一边。

(2) 创建一个独立线程（工作线程）来执行实际工作。将第 1 步中的处理程序传递给工作线程。该处理程序支持工作线程与主线程通信。

(3) 工作线程代码现在可执行实际工作超过 5 秒，在这么做时，它可以调用处理程序来发送状态消息，以与主线程通信。

(4) 这些状态消息现在由主线程处理，因为处理程序属于主线程。主线程可在工作线程仍在工作时处理这些消息。

下面看一下一个启动工作线程进程的菜单项的示例代码。

17.3.1　从菜单调用工作线程

代码清单 17-6 中的代码给出了一个 testThread() 函数，可在主线程上调用它来响应菜单项。

代码清单 17-6　从主线程实例化子线程

```
//Keep a couple of local variables
//so that they are not re-created with every menu click
//in your activity
```

```
//Holds a pointer to the handler
Handler statusBackHandler = null;

//An instance of the thread
Thread workerThread = null;

//this method will be invoked by a menu
private void testThread()
{
    if (statusBackHandler == null)
    {
        //Menu item was never clicked before
        //The classes referred here are listed later in the chapter
        statusBackHandler = new ReportStatusHandler(this);
        workerThread = new Thread(new WorkerThreadRunnable(statusBackHandler));
        workerThread.start();
        return;
    }

    //Thread is already there
    if (workerThread.getState() != Thread.State.TERMINATED)
    {
        Log.d(tag, "thread is new or alive, but not terminated");
    }
    else
    {
        Log.d(tag, "thread is likely dead. starting now");
        //you have to create a new thread.
        //no way to resurrect a dead thread.
        workerThread = new Thread(new WorkerThreadRunnable(statusBackHandler));
        workerThread.start();
    }
}
```

这段代码看起来不太直观，它的核心是：

```
statusBackHandler = new ReportStatusHandler(this);
workerThread = new Thread(new WorkerThreadRunnable(statusBackHandler));
workerThread.start();
```

基本来讲，我们创建了一个处理程序（负责报告状态），将它传递给了工作线程，并启动了工作线程。代码清单 17-6 中包含的其他代码的目的在于，如果在线程执行其工作的过程中按下菜单项两次或三次，不会创建另一个线程和处理程序。

17.3.2　在工作线程与主线程之间通信

现在将介绍类 ResportStatusHandler 和 WorkerThreadRunnable。在前面没有给出它们，因为我们希望使用自顶向下的方法帮助理解，首先从总体上计划并告诉你需要什么，然后介绍每个概念的执行细节。

1. WorkerThreadRunnable 实现

现在通过 WorkerThreadRunnable 类看一下工作线程执行哪些工作。WorkerThreadRunnable 类的源代码如代码清单 17-7 所示。快速浏览此代码清单，尤其是代码中的注释，以大体了解它可能执行的工作。在代码清单之后，我们将介绍一些重要概念。

```
//Primary Responsibilities
//1. Do the work
//2. Inform the parent activity
public class WorkerThreadRunnable implements Runnable
{
    //the handler to communicate with the main thread
    //Set this in the constructor
    Handler statusBackMainThreadHandler = null;

    public WorkerThreadRunnable(Handler h)
    {
        statusBackMainThreadHandler = h;
    }

    //usual debug tag
    public static String tag = "WorkerThreadRunnable";
    public void run()
    {
        Log.d(tag,"start execution");
        //see which thread is running this code
        //The following method is from Listing 17-1
        //It prints out the thread id and name
        Utils.logThreadSignature();

        //Tell parent that the worker thread has
        //started working
        informStart();
        for(int i=1;i <= 5;i++)
        {
            //In the real world instead of sleeping
            //work will be done here.
            Utils.sleepForInSecs(1);
            //Report back the work is progressing
            informMiddle(i);
        }
        informFinish();
    }

    public void informMiddle(int count)
    {
        Message m = this.statusBackMainThreadHandler.obtainMessage();
        m.setData(Utils.getStringAsABundle("done:" + count));
        this.statusBackMainThreadHandler.sendMessage(m);
    }

    public void informStart()
    {
        Message m = this.statusBackMainThreadHandler.obtainMessage();
        m.setData(Utils.getStringAsABundle("starting run"));
        this.statusBackmainThreadHandler.sendMessage(m);
    }
    public void informFinish()
    {
        Message m = this.statusBackMainThreadHandler.obtainMessage();
        m.setData(Utils.getStringAsABundle("Finishing run"));
        this.statusBackMainThreadHandler.sendMessage(m);
    }
}
```

代码清单 17-7 中有两部分重要的内容。在 run()方法中，我们让线程休眠 1 秒并调用 inform 方法来告诉主线程，工作线程处于处理过程的开始、中期还是结束阶段。

我们还调用了 Utils.logThreadSignature()来识别该线程。

但是，在真实世界中不会使用 sleep()方法，此代码将在必要时调用有用的函数。可以将 sleep()视为对需要几秒时间来执行的工作项的模拟。

2. ReportStatusHandler 实现

代码清单 17-7 中的所有 inform 方法都会创建一个合适的字符串消息，并通过 ReportStatus Handler（如代码清单 17-8 所示）将它发送到主线程。

代码清单 17-8　向主线程发送状态

```
public class ReportStatusHandler extends Handler
{
    public static final String tag = "ReportStatusHandler";

    //Remember the parent activity so that
    //so that we can inform it of the progress
    private TestHandlersDriverActivity
                parentTestHandlersDriverActivity = null;

    public ReportStatusHandler(
                TestHandlersDriverActivity inParentActivity){
        parentTestHandlersDriverActivity = inParentActivity;
    }

    @Override
    public void handleMessage(Message msg)
    {
        //Get string data from the message
        String pm = Utils.getStringFromABundle(msg.getData());
        Log.d(tag,pm);
        //Tell the parent activity that something happened
        this.printMessage(pm);
        //Assert that this runs on the main thread
        Utils.logThreadSignature();
    }

    private void printMessage(String xyz){
        parentTestHandlersDriverActivity.appendText(xyz);
    }
}
```

此类中的代码非常简单。当此处理程序收到 handleMessage()时，它告诉父驱动程序活动，工作线程已通过 appendText()方法发送了一个状态字符串。父活动可根据该消息选择必要的操作。在测试可下载项目中，将它记录在活动屏幕上。

总的来说，我们使用处理程序示例演示了以下场景。

❑ 通过 DeferWorkHandler，介绍了主线程如何计划在以后处理（或延迟）一条（或多条）消息。此技术也可用于执行重复性的处理工作，无需使用计时器或闹钟管理器。

❑ 通过 ReportStatusHandler 和一个 WorkerThread，我们介绍了如何启动一个独立的工作线程，并让该工作线程通过处理程序与主 UI 通信。

17.4 组件和进程寿命

正如前面所介绍的,当消息到达队列时,主线程就会唤醒并处理这些消息。碰触"返回"或"首页"按钮时,主队列的等待消息会发生什么变化? 正在执行的工作线程将发生什么? 我们将通过考虑每个 Android 组件的生命周期来介绍所发生的事情。

尽管这里将探讨组件生命周期,但请注意,这不是对这些生命周期的全面讨论。活动生命周期已借助第 2 章中的图进行了介绍。类似地,服务生命周期已在第 15 章中详细介绍。这里的讨论仅限于解决影响消息处理和工作线程的方面。

17.4.1 活动生命周期

首先看一下 Activity 组件。图 17-3 给出了活动生命周期的可视性和寿命(活动在其生命周期方法之间的状态过渡已在第 2 章中介绍)。

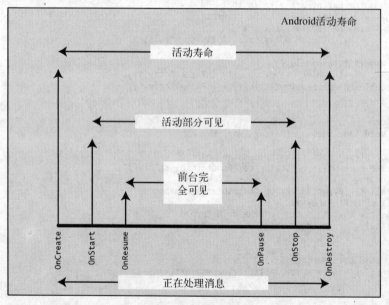

图 17-3　活动生命周期

一个活动(由于一次启动)诞生时,它是完全可见、部分可见或完全隐藏的。可以通过回调方法检测每种状态的边界。

活动在进入部分可见状态时调用 onPause。它然后可以在进入完全隐藏状态时调用 onStop 方法。最后,当进程结束时,调用 onDestory 方法。调用 onDestory 方法之后将立即销毁视图状态。在这之前,视图状态完好无损。

当活动进入完全可见状态时,会调用它的 onResume。当它从不可见状态退出时,它首先调用 onStart,然后调用 onResume(或者如果活动再次隐藏,它可能调用 onStop)。在 onResume 和 onPause 之间,活动处于完全可见状态。

尽管应用程序可能部分或完全可见，但消息队列仍将是活跃的，工作线程也是如此。可以监控活动生命周期方法来查看这一点。本章的可下载项目中包含了这些方法。可以看到，来自工作线程和处理程序的消息在调用 onPause 和 onStop 时仍是活跃的。

要检验这一假设，可以在此活动上时单击 home 按钮。这样做会将此活动发送到后台并调用 onPause、onStop 甚至 onDestroy。将会一直看到消息，直到调用 onDestroy（假设已发送了许多消息）。

如果进程在一个活动被请求时不是活跃的，它将启动并开始运行。在内存不足时，或者当应用程序完全隐藏并且该进程中没有发生其他任何事情时，Android 将删除该进程。

说明　要知道的重要一点是，如果活动因为任何这些需要而停止，它不会自动复活。用户必须单击它或通过其他间接方式（比如启动另一个会导致调用此活动的活动）来显式调用它。活动停止并自动启动的唯一时刻是在设备配置更改（比如从竖向变为横向）时。可以想象，这种情况可能经常发生，因为电话经常会在垂直和水平方向之间变动。

17.4.2　服务生命周期

服务组件的行为在一个主要方面与活动不同——服务组件基本上是粘滞性的。Android 会竭尽全力保持服务运行。即使服务进程由于内存不足而被回收，如果存在挂起的消息，它也会重新启动。下一章探讨广播接收程序和长期运行的服务时，将更详细地介绍这一交互过程。

但是，服务组件和活动组件的一个共同点是，二者都可能在内存不足时停止。Android 将竭尽全力保持服务运行，但是即使是这样，也无法保证它将运行到工作完成。

说明　应该以这种方式编写服务和活动：当其上有工作线程在运行和在为它们执行工作时，通过 onDestroy 可以较好地停止它们。通过线程频繁地监控一个共同的变量来查看其是否被要求停止，也可以实现这一点。

17.4.3　接收程序生命周期

广播接收程序使用一种调用并消失的模型。承载广播接收程序的进程将仅在该接收程序的生命周期内存在。另外，广播接收程序在主线程上运行，它有一个硬性的 10 秒时限来完成工作。必须遵循一种间接的协议来在广播接收程序中完成更复杂和耗时的工作。这其实是第 19 章的主题。但是简单而言，如果有一个广播接收程序花了超过 10 秒的时间，将需要遵循一种协议，比如以下协议。

(1) 在接收程序代码（而不是以后的代码）中找到一个 WakeLock，以便让设备至少处于部分清醒状态。

(2) 发出一个 startService()调用，将进程标记为粘滞性和（如果需要）可重新启动并挂起。请注意，无法直接在服务中执行此操作，因为它将花费 10 秒以上的时间，并且将持有主线程。这是因为服务也在主线程上运行。

(3) 从服务启动一个工作线程。

(4) 让工作线程通过一个处理程序向服务发布一条消息，或者在服务上发出一个 stopService() 调用。

前面已经提到，第 19 章将更详细地剖析此协议。

17.4.4　提供程序生命周期

ContentProvider 有所不同。内部和外部的客户端都以异步方式与一个 ContentProvider 交互。对于外部客户端，ContentProvider 使用一个线程池满足此需求。类似于广播接收程序，ContentProvider 没有特定的生命周期。它们在需要时启动，只要进程存在，它们就会一直存在。即使对于外部客户端是异步的，它们也不会在主线程上运行，而在自身所在的进程的一个线程池上运行，这类似于 Web 客户端和 Web 服务器。客户端线程将等待调用返回。当在客户端上时，进程依据进程回收规则被回收，具体取决于定义了其他哪些组件和哪些组件在此进程中是活跃的。

17.5　参考资料

在学习本章的主题时，你可能希望记下以下参考 URL，我们还介绍了每个 URL 提供了哪些内容。

- ❑ http://developer.android.com/reference/android/os/Handler.html：此 URL 是处理程序 API 的参考指南。可以在这里看到关于如何构造处理程序、获取消息、改写 handleMessage() 和 sendMessage() 等的方法签名。
- ❑ http://developer.android.com/reference/android/os/Message.html：此 URL 是消息 API 的参考指南。尽管你可能较少使用此 API，因为等效的功能可在处理程序 API 上获得，但通过查看此 API 来了解消息的基础知识也很不错。建议看一下此 API 的参考指南。
- ❑ http://developer.android.com/guide/topics/fundamentals.html：可以在这里查阅组件生命周期的更详细信息。其中主要解释了活动和服务生命周期，以及广播接收程序。此资源几乎没有涉及 ContentProvider。
- ❑ http://www.science.uva.nl/ict/ossdocs/java/tutorial/java/threads/states.html：这是一个非常简略但必要的线程简介。
- ❑ http://www.netmite.com/android/mydroid/1.6/frameworks/base/core/java/android/app/IntentService.java：这里展示了核心 Android 代码在实现 IntentService 类时对处理程序的出色使用。这是 IntentService.java 的源代码清单。有了本章中介绍的背景信息，作为练习，强烈建议查看 IntentService 的这些源代码，以巩固对 Android 中的线程的理解。
- ❑ http://www.androidbook.com/item/3514：这是一位作者对长期运行的服务的研究结果。
- ❑ http://www.androidbook.com/proandroid4/projects：可以在这里看到本书中引用的一组可下载的项目。对于本章，请查找名为 ProAndroid4_Ch17_TestHandlers.zip 的 ZIP 文件。

17.6　小结

本章介绍了以下主要内容。

❏ 主线程如何协调 Android 进程的各种组件？
❏ 如何使用处理程序和线程扩展主线程范围，以及主线程必须如何在 5 秒内返回，才能够避免发生 ANR 消息？这个规则也适用于广播接收程序，但是广播接收程序的时间限制为 10 秒。
❏ 组件生命周期如何影响主线程和子线程？

17.7　面试问题

回答以下问题，巩固本章所学知识点。

(1) Android 进程的 4 个组件是什么？

(2) Android 进程一般有多少个线程是活跃的？

(3) 哪一个线程用来运行广播接收程序？

(4) 为什么广播接收程序运行时间过长，会出现 ANR 消息？

(5) 是否可以通过调用服务而避免出现 ANR 消息？

(6) 将任务划分为更小任务的最佳方法是什么？

(7) 如果要执行长时间的任务，需要怎么做？

(8) 如何在工作线程和主线程之间进行通信？

(9) 停止工作线程的最佳方法是什么？

第 18 章

AsyncTask 详解

18

第 17 章介绍了使用处理器和工作线程的必要性。这些处理器能够在不影响主线程的前提下，在工作线程中运行长时间运行的任务。

Android SDK 将它确认为模式，并将所有处理器和线程处理细节抽象到一个实用类 AsyncTask。在 UI 上下文中运行运行时间超过 5 秒的任务可以使用 AsyncTask。（第 19 章将介绍如何通过服务运行时间超长的任务，时间跨度从几分钟到几小时不等。）

代码清单 18-1 显示了在菜单处理器中使用 AsyncTask 的高级伪代码。

代码清单 18-1   Activity 的 AsyncTask 的用法模式

```java
public class MyActivity
{
    //menu handler
    void respondToMenuItem()
    {
        performALongTask();
    }

    //Use an async task
    void performLongTask()
    {
        //Derive from an async task
        //Instantiate this AsyncTask
        MyLongTask myLongTask = new MyLongTask(...CallBackObjects...);

        //start the work on a worker thread
        myLongTask.execute(...someargs...);
        //have the main thread get back to its business
    }

    //Hear back from the async task
    void someCallBackFromAsyncTask(SomeParameterizedType x)
    {
        //Although invoked by the AsyncTask this
        //code runs on the main thread
        //report back to the user of the progress
    }
}
```

首先要继承 **AsyncTask**，才能开始使用异步任务。这里不仅支持指定 execute()方法，而且指定一些在执行之前、之中和之后调用的回调方法。

主线程会调用 execute()方法。作为任务实现者，开发者必须通过重写 *doInBackground()*方法来完成实际工作。这个方法在工作线程中运行。

为了从 doInBackground()的工作线程中收到回复，需要重写 onProgressUpdate()方法，而相应地，这个方法又会调用 someCallBackFromAsyncTask()（参见代码清单 18-1）。为了在客户端活动中使用这个回调方法，必须通过 AsyncTask 构造方法传入回调（比如说）活动引用。

此外，在客户端创建的异步任务对象引用可方便客户端在必要时取消该任务。

18.1　实现一个简单的 AsyncTask

接下来，我们将详细介绍异步任务。通过源代码，我们来学习以下知识点。

❑ 如何扩展 AsyncTask。
❑ 如何传入构造函数参数。
❑ 需要重写哪些方法。
❑ 如何通过 preexecute()方法启动进度对话框。
❑ 在 doInBackground()方法中执行实际任务。
❑ 如何触发进度回调方法。
❑ 如何重写进度方法，报告执行进度。
❑ 如何通过 postExecute()方法检测工作完成状态。

首先介绍如何扩展 AsyncTask，由于它使用了泛型技术，所以值得特别留意。

18.1.1　实现 AsyncTask 的泛型

AsyncTask 类使用泛型技术来保证方法的类型安全。AsyncTask（通过泛型）要求在扩展时指定以下类型。

❑ **execute()方法的参数类型**　在扩展 AsyncTask 时，需要指出要传递给 execute()方法的参数类型。假设类型为 String，那么 execute()方法在调用时要求各个字符串由逗号隔开。
❑ **进度回调方法的参数类型**　这个类型表示在报告进度过程时，通过回调方法 onProgressUpdate(Progress... progressValuesArray)向调用者回传的数组值。传入一个进度值数组的能力支持同时监控和报告任务的多个方面。这个方法适用于在异步任务中执行多个子任务。
❑ **execute()方法的返回类型**　这个类型表示通过回调方法 onPostExecute(Result finalResult)返回的最终执行结果值。

要理解指定这些类型的方法，必须了解 AsyncTask 类的定义（代码清单 18-2 说明了其中的部分定义）。

代码清单 18-2　快速查看 AsyncTask 类的定义

```
public class
AsyncTask<Params, Progress, Result>
{
    //A client will call this method
    AsyncTask<Params, Progress, Result>
    execute(Params.... params);

    //Do your work here
    //Frequently trigger onProgressUpdate()
    Result doInBackGround(Params... params);
```

```
//Callback: After the work is complete
void onPostExecute(Result result);

//Callback: As the work is progressing
void onProgressUpdate(Progress.... progressValuesArray);
}
```

注意，AsyncTask 类的定义是如何让继承类为以下类型指定类型名称的：

Params

Result

Progress

18.1.2   创建 AsyncTask 子类

例如，假设需要使用以下类型创建一个特定的异步任务：

Params：字符串数组；

Result：整形；

Progress：整形数组。

可声明如代码清单 18-3 所示的类。

代码清单 18-3   扩展通用的 AsyncTask 类

```
public class MyLongTask
extends AsyncTask<String,Integer,Integer>
{
...other constructors stuff

    //We just need to call execute() and
    //hence no overriding is needed
    Integer doInBackground(String... params);
    void onPostExecute(Integer result);
    void onProgressUpdate(Integer.... progressValuesArray);

....other methods

}
```

注意，这个具体的 MyLongTask 类去除了类型名称，实现了类型安全的函数签名。

18.1.3   实现第一个 AsyncTask

下面，我们来看一个简单但完整的 MyLongTask 实现。代码添加了注释，用于说明方法与线程的对应关系。此外，要注意 MyLongTask 的构造方法，它会接收调用上下文（通常为活动）的对象引用，并且会使用一个特定的简单接口记录进度消息日志，如 IReportBack。

因为 IReportBack 接口仅仅是对日志的简单包装，所以不影响你对异步任务的理解。此外，本章的可下载项目也包含这些额外的类。下载地址参见 18.5 节。

代码清单 18-4 列出了 MyLongTask 的完整代码。

代码清单 18-4   实现一个 AsyncTask 的完整源代码

```java
//AsyncTask comes from android.os package
import android.os.AsyncTask;
//Use Ctrl-shift-o to fill in the imports

//Start by specializing it
//The generics of AsyncTask are used define
//type safe methods for the class.

public class MyLongTask
extends AsyncTask<String,Integer,Integer>
{
    IReportBack r;
    Context ctx;
    public String tag = null;
    ProgressDialog pd = null;
    MyLongTask(IReportBack inr, Context inCtx, String inTag)
    {
        r = inr;
        ctx = inCtx;
        tag = inTag;
    }
    protected void onPreExecute()
    {
        //Runs on the main ui thread
        Utils.logThreadSignature(this.tag);
        pd = ProgressDialog.show(ctx, "title", "In Progress...",true);
    }
    protected void onProgressUpdate(Integer... progress)
    {
        //Runs on the main ui thread
        Utils.logThreadSignature(this.tag);
        this.reportThreadSignature();

        //will be called multiple times
        //triggered by onPostExecute
        Integer i = progress[0];
        r.reportBack(tag, "Progress:" + i.toString());
    }
    protected void onPostExecute(Integer result)
    {
        //Runs on the main ui thread
        Utils.logThreadSignature(this.tag);
        r.reportBack(tag, "onPostExecute result:" + result);
        pd.cancel();
    }
    protected Integer doInBackground(String...strings)
    {
        //Runs on a worker thread
        //May even be a pool if there are
        //more tasks.
        Utils.logThreadSignature(this.tag);

        for(String s :strings)
        {
            Log.d(tag, "Processing:" + s);
            //r.reportTransient(tag, "Processing:" + s);
        }
        for (int i=0;i<3;i++)
        {
            Utils.sleepForInSecs(2);
```

```
            publishProgress(i);
        }
        return 1;
    }
    protected void reportThreadSignature()
    {
        String s = Utils.getThreadSignature();
        r.reportBack(tag,s);
    }
}
```

在简要介绍客户端如何使用（或调用）MyLongTask 之后，下面我们将详细地逐个分析所有方法。

18.1.4　调用一个 AsyncTask

在实现 MyLongTask 类之后，客户端就可以使用这个类来执行异步任务，具体如代码清单 18-5 所示。

代码清单 18-5　调用一个 AsyncTask

```
Void respondToMenuItem()
{
    //An interface to log some messages back to the activity
    //See downloadable project if you need the details.
    IReportBack reportBackObject = this; //activity
    Context ctx = this; //activity
    String tag = "Task1";

    //Instantiate and execute the long task
    MyLongTask mlt = new MyLongTask(reportBackObject,ctx,tag);
    mlt.execute("String1","String2","String3");
}
```

注意 execute()方法的调用方式。因为将其中一种泛型类型指定为 String，execute()方法可以接收任意数量的字符串类型参数，所以我们可以将任意数量的字符串传递到 execute()方法上。在代码清单 18-5 的例子中，我们传递了 3 个字符串参数。如果愿意的话，还可以传递更多的参数。

在异步任务中调用 execute()方法，就会导致调用 onPreExecute()方法，然后再调用 doInBackground()方法。此外，当 doInBackground()方法结束时，系统还会调用 onPostExecute()回调方法。

18.1.5　onPreExecute()回调方法和进度对话框

onPreExecute()方法会执行一些重要操作：启动一个进度对话框，向用户显示任务进度情况。
图 18-1 显示了这种对话框的截图。
代码清单 18-6 的代码就是显示进度对话框的代码片段（摘自代码清单 18-4）。

代码清单 18-6　显示（不确定的）进度对话框

```
pd = ProgressDialog.show(context, "title", "In Progress...",true);
```

构造函数已经声明了变量 pd（参见代码清单 18-4）。代码清单 18-6 的调用会创建一个进度对话框，然后显示出如图 18-1 的效果。在代码清单 18-6 中，show()方法的最后一个参数表示对话框是否为"不确定的"（否则对话框预先估计任务量）。我们将在后面介绍确定性对话框的具体情况。

图 18-1　与异步任务交互的简单进度对话框

18.1.6　doInBackground()方法

异步任务执行的所有后台操作都在 doInBackground()方法中完成。这个方法由异步任务交付到工作线程中运行。所以这些操作的执行时间可以超过 5 秒钟。这正是抽象该异步任务的主要原因。

在代码清单 18-4 的例子中，doInBackground()方法会以数组的形式检索所有字符串。这个方法的定义本身没有显式定义字符串数组。然而，这个函数的单个参数被定义为可变长度参数，如代码清单 18-7 所示。

代码清单 18-7　doInBackground()方法签名

```
protected Integer doInBackground(String...strings)
```

然后，在 Java 函数中，会将这个参数作为函数的数组进行处理。

所以，在 doInBackground()方法的代码中，我们会读取每一个字符串，并输出日志，表明我们知道那是什么。

然后，等待耗时模拟操作结束。因为这个方法运行在工作线程中，所以无法访问 Android 的 UI 功能。例如，无法直接更新任何之前可能访问的视图（View），甚至也无法发送 Toast。

18.1.7　触发 onProgressUpdate()

我们知道，doInBackground()方法需要较短的时间来执行。因此，合理的做法是这个方法能够定期向我们反馈任务完成的进度。所以，doInBackground()还负责调用 publishProgress()方法，以触发 onProgressUpdate()。

然后，触发的 onProgressUpdate()方法在主线程上运行。这样 onProgressUpdate()方法恰当地更新 UI 元素，如 View。此外，这里也可以发送 Toast。代码清单 18-4 只记录了一条日志消息。

在完成所有工作之后，doInBackground()方法就会返回一个结果代码。

18.1.8 onPostExecute()方法

doInBackground()方法返回的结果会传递给 onPostExecute()回调方法。这个回调方法也在主线程上执行。这个方法会关闭进度对话框。因为此回调方法在主线程上执行，所以可以随意访问任意的 UI 元素。

AsyncTask 的使用方法就介绍到这里。

18.1.9 升级为确定性进度对话框

代码清单 18-4 的例子中，我们使用了一个非常基本的进度对话框（如图 18-1 所示），它无法反馈工作的具体完成进度。这种进度对话框便是所谓的不确定性进度对话框。

如果将进度对话框的 indeterministic 属性设置为 false，就会出现能够跟踪具体进度的进度对话框，如图 18-2 所示。

图 18-2　与异步任务交互并显示具体进度的进度对话框

代码清单 18-8 显示了代码清单 18-4 的重写结果，其中将进度对话框的行为修改为确定性进度对话框。代码关键部分已加粗。

代码清单 18-8　使用确定性进度对话框的长任务

```
public class MyLongTask1
extends AsyncTask<String,Integer,Integer>
implements OnCancelListener
{
    IReportBack r;
    Context ctx;
    public String tag = null;
    ProgressDialog pd = null;
    MyLongTask1(IReportBack inr, Context inCtx, String inTag)
    {
        r = inr;
        ctx = inCtx;
        tag = inTag;
```

18

```
}
protected void onPreExecute()
{
    //Runs on the main ui thread
    Utils.logThreadSignature(this.tag);
    //pd = ProgressDialog.show(ctx, "title", "In Progress...",false);
    pd = new ProgressDialog(ctx);
    pd.setTitle("title");
    pd.setMessage("In Progress...");
    pd.setCancelable(true);
    pd.setOnCancelListener(this);
    pd.setIndeterminate(false);
    pd.setProgressStyle(ProgressDialog.STYLE_HORIZONTAL);
    pd.setMax(5);
    pd.show();
}
protected void onProgressUpdate(Integer... progress)
{
    //Runs on the main ui thread
    Utils.logThreadSignature(this.tag);
    this.reportThreadSignature();

    //will be called multiple times
    //triggered by onPostExecute
    Integer i = progress[0];
    r.reportBack(tag, "Progress:" + i.toString());
    pd.setProgress(i);
}
protected void onPostExecute(Integer result)
{
    //Runs on the main ui thread
    Utils.logThreadSignature(this.tag);
    r.reportBack(tag, "onPostExecute result:" + result);
    pd.cancel();
}
protected Integer doInBackground(String...strings)
{
    //Runs on a worker thread
    //May even be a pool if there are
    //more tasks.
    Utils.logThreadSignature(this.tag);

    for(String s :strings)
    {
        Log.d(tag, "Processing:" + s);
        //r.reportTransient(tag, "Processing:" + s);
    }
    //break work into manageable units (say 5 units)
    for (int i=0;i<5;i++)
    {
        //simulate work
        Utils.sleepForInSecs(2);
        //frequently publish progress
        publishProgress(i);
    }
    //alternatively you could have broken down for each string as well

    return 1;
}
protected void reportThreadSignature()
```

```
        {
            String s = Utils.getThreadSignature();
            r.reportBack(tag,s);
        }
        public void onCancel(DialogInterface d)
        {
            r.reportBack(tag,"Cancel Called");
            this.cancel(true);
        }
    }
```

注意代码中进度对话框的准备方式。代码清单 18-9 复制了一部分代码。

代码清单 18-9 创建和显示一个确定性进度对话框

```
//pd = ProgressDialog.show(ctx, "title", "In Progress...",false);
pd = new ProgressDialog(ctx);
pd.setTitle("title");
pd.setMessage("In Progress...");
pd.setCancelable(true);
pd.setOnCancelListener(this);
pd.setIndeterminate(false);
pd.setProgressStyle(ProgressDialog.STYLE_HORIZONTAL);
pd.setMax(5);
pd.show();
```

这个例子并没有使用进度对话框的静态方法 show()（与代码清单 18-4 的做法不同）。相反，这里显式实例化了进度对话框。变量 ctx 代表 UI 进度对话框操作的上下文（或活动）。

然后，代码分别设置对话框的不同属性，包括确定性或不确定性特征。

方法 setMax()表示进度对话框的步骤数。此外，当 cancel 被触发时，代码还将任务本身传递到取消事件监听器。这个取消回调方法会在异步任务上显式发出 cancel。

这个方法及其行为请参见 SDK 的文档 http://developer.android.com/reference/android/os/Async-Task.html#cancel(boolean)。

取消方法主要是尝试停止工作线程。这个方法接收一个布尔值，以强制中止工作线程。

18.2 AsyncTask 的性质

考虑代码清单 18-10 中的代码，其中菜单项依次调用两个异步任务。

代码清单 18-10 调用两个长时间运行的任务

```
void respondToMenuItem()
{
    MyLongTask mlt = new MyLongTask(this.mReportTo,this.mContext,"Task1");
    mlt.execute("String1","String2","String3");

    MyLongTask mlt1 = new MyLongTask(this.mReportTo,this.mContext,"Task2");
    mlt1.execute("String1","String2","String3");
}
```

在这个例子中，主线程会执行两个任务。这两个任务的启动时间非常接近。然而，首选的默认行为是从线程池取出一个线程，然后依次执行这两个任务。

下面是 SDK 文档关于这个行为的说明。

execute()方法会使用特定的参数执行任务。任务会返回本身的对象（this），所以调用者可以保存任务的引用。注意：根据不同的平台版本，这个方法会将任务添加到一个后台线程或线程池的队列中。在第一次引入时，AsyncTasks 是在一个后台线程上连续执行。从 DONUT 开始，系统改为采用线程池进行排队，从而支持多个任务并行执行。在 HONEYCOMB 之后，为了避免并行执行造成的常见应用程序错误，Android 计划将它改回采用一个线程。如果确实希望实现并行执行，则可以使用该方法的 executeOnExecutor(Executor, Params...)版本，并且传入参数 THREAD_POOL_EXECUTOR；然而，关于使用方法的警告，请参见注释。

所以，按照 SDK 的这个说明，我们可以计划采用多线程实现，但是默认行为是连续执行这些任务。

此外，按照文档，在一个异步任务中不能多次调用 execute()方法。如果需要多次调用，必须实例化新的任务，然后再次调用 execute()方法。

18.3 设备旋转与 AsyncTask

代码清单 18-4 和代码清单 18-8 中的两个 AsyncTask 例子都有一个根本缺陷。通过 AsyncTask 实现的局部变量，我们保存了母活动的指示器。然而，当设备发生旋转时，这个保存当前运行活动的局部变量就会失效。它会变成一个孤立指示器，不能执行任何 UI 操作。

这是因为，当设备发生旋转时，AsyncTask 会继续有效，继续在工作线程中运行。然而，当活动已经销毁并重建时，将会出现新的指示器。

为了解决这个问题，异步任务和活动需采用宽松绑定方式。所以，当活动再次创建时，它需要告知异步任务新指示器的情况，或者异步方法需要意识到活动可能已经消失，需要重新取回指示器。

有一个解决方法是使用活动的弱引用，而不使用强引用。这种方法有两个优点。第一，当活动消失并重建时，弱引用会支持旧活动被垃圾收集器回收。弱引用还支持异步活动认识到活动指示器/引用是否为空。如果活动为空，那么异步任务在更新进度时就不再调用 UI 方法。如果活动重新激活，它会在注册表中找到所启动的异步任务，然后重建它的指示器。本章末尾会提供关于如何使用弱引用的参考资料。

18.4 生命周期方法与 AsyncTask

当由异步任务启动的进度对话框可见时，如果用户单击 Back 按钮，会出现什么情况呢？按照 UI 的指导方针，这个操作会取消对话框。然而，如果没有取消异步任务，那么它会继续执行。所以，较好的做法是捕捉对话框的 oncancel 事件，显式取消异步任务。

如果不使用进度对话框，而使用活动的其他进度显示方式，又会出现什么情况？如果用户通过按 Back 或 Home 按钮离开活动，又出现什么情况？在这两种情况下，我们无法确定用户什么时候返回。很多时候，正确的做法是确认活动的生命周期状态，然后相应地取消异步任务。

简而言之，异步任务需要充分意识到活动的生命周期状态。因此，必须真正实现任务的生命周期方法，并且由活动调用这些生命周期方法，这样异步任务行为才会像活动的一部分那样运行。

18.5 参考资料

阅读下面的参考资料有助于更深入地学习本章所涉及的知识点。

❑ http://developer.android.com/reference/android/os/AsyncTask.html 主 API 参考文档。文档包含

了 AsyncTask 对象可用方法的完整列表。此外，这也是明确记述 AsyncTask 行为的关键资源。

❑ www.androidbook.com/item/3536   在准备本章内容过程中，我们收集到的关于 AsyncTask 的研究笔记。

❑ www.androidbook.com/item/3537   关于 Java 泛型的研究笔记。Android 越来越多地在 API 中使用 Java 泛型技术。深入理解 Java 泛型有助于理解 API。我们在这里收集了复习 Java 泛型的笔记。

❑ www.androidbook.com/item/3528   关于 Java 弱引用的研究笔记。如果程序有一部分需要重新启动，则很适合采用 Java 弱引用。活动就是这样一个例子。这些笔记可以帮助读者理解弱引用。

❑ www.androidbook.com/proandroid4/projects   本书引用的可下载项目的列表。关于本章的项目列表，请参见 ProAndroid4_Ch18_TestAsyncTask.zip。

18.6   小结

从较高层次来看，本章介绍的知识点概括如下。

❑ 使用异步任务代替处理器，在后台工作线程中执行任务。
❑ 使用进度对话框监控后台工作的进度。
❑ 处理设备旋转问题。
❑ 需要注意活动的生命周期方法的原因。
❑ 编写异步任务的最佳实践。

18.7   面试问题

回答下面的问题，巩固本章所学知识点。

(1) 什么情况下要使用异步任务？

(2) 在使用处理器处理相同问题时，异步任务有哪些优点？

(3) 异步任务使用哪三种泛型类型？

(4) AsyncTask 的哪一个方法会在工作线程上运行？

(5) 是否允许在 doInBackground()方法中发送一个 Toast？

(6) 哪一个方法可以向主线程报告进度？

(7) 如何启动一个异步任务？ 要调用哪一个方法？

(8) 是否允许在 execute()方法中调用两次异步任务？

(9) 主线程创建的多个异步线程是否会同步运行？

(10) 异步任务的线程池作用是什么？

(11) 什么是孤立指示器？

(12) 在设备发生旋转时，如何重建活动的链接？

(13) 用户离开进度对话框时，应该怎么做？

(14) 当用户离开活动时，应该如何处理活动？

(15) 什么是弱引用？（使用 18.5 节中给出的资源，从中寻找答案。这是一个有用的知识点，由于篇幅所限，本章并未展开介绍。）

(16) 弱引用如何有助于实现异步任务？

第 19 章

广播接收程序和长期运行的服务

通过前几章的学习，你了解了活动、ContentProvider 和服务。我们还未详细介绍广播接收程序，所以本章将介绍它。

首先将介绍如何调用单个及多个广播接收程序。我们还将探讨广播接收程序如何存在于客户端进程外部的进程中。我们将演示广播接收程序如何通过通知管理器发送通知消息。

我们将探讨系统在抛出"应用程序无响应"（ANR）消息之前 10 秒内广播接收程序做出响应的限制，以及建议解决此问题的已知机制。我们将开发一个框架，可以在其中以广播 Intent 的特殊抽象形式查看长期运行的服务，最后将介绍长期运行的服务上下文中的唤醒锁（Wake Lock）。

19.1 广播接收程序

广播接收程序是 Android 进程的一个组件，其他组件包括活动、ContentProvider 和服务。从名称可以看出，广播接收程序是可对客户端发送的广播消息做出响应的组件。消息本身是一个 Android 广播 Intent，广播消息可由多个接收程序调用(或被响应)。

想要广播事件（Intent）的组件（比如服务、活动或最终将实现 Context 类的任何组件）会使用可用于 Context 类上的 sendBroadCast()方法。此方法的参数是一个 Intent。

广播 Intent 的接收组件将需要继承 Android SDK 提供的一个 Receiver 类。这些接收组件（广播接收程序）然后需要在描述文件中注册为一个对某种类型的广播 Intent 感兴趣的 receiver。

说明　也可以在运行时注册接收程序，而无需在描述文件中提到它们。请注意，本章不会介绍该主题，建议查看 19.7 节中给出的 API 文档 URL，获取更多信息。

19.1.1　发送广播

代码清单 19-1 给出了来自一个活动类的示例代码，它发送一个广播。这段代码创建一个具有唯一、特定的操作的 Intent，向其中添加一个 extra 消息，然后调用 sendBroadcast()方法。向 Intent 中添加 extra 消息是可选的，在许多时候接收程序只需接收一个 Intent，不需要 extra。

代码清单 19-1   广播 Intent

```
private void testSendBroadcast(Activity activty)
{
    //Create an intent with an action
    String uniqueActionString = "com.androidbook.intents.testbc";
    Intent broadcastIntent = new Intent(uniqueActionString);
    broadcastIntent.putExtra("message", "Hello world");
    activity.sendBroadcast(broadcastIntent);
}
```

在代码清单 19-1 中的代码中，操作是一个适合你的需要的任意标识符。为了保持此操作字符串唯一，可以使用一个类似于 Java 类的命名空间。现在，让我们看一下如何响应此广播 Intent。虽然 Intent 也是通过调用服务，调用活动或调用广播接收程序来实现的，但该 Intent 的用法对于每个目标来说都是唯一的。例如，广播 Intent 和活动 Intent 不存放在同一个池中。

19.1.2   编写简单的接收程序：示例代码

代码清单 19-2 展示了如何编写接收程序来响应代码清单 19-1 中的广播 Intent。

代码清单 19-2   示例接收程序代码

```
public class TestReceiver extends BroadcastReceiver
{
    private static final String tag = "TestReceiver";
    @Override
    public void onReceive(Context context, Intent intent)
    {
        Utils.logThreadSignature(tag);
        Log.d("TestReceiver", "intent=" + intent);
        String message = intent.getStringExtra("message");
        Log.d(tag, message);
    }
}
```

创建广播接收程序非常简单。只需扩展 BroadcastReceiver 类并重写 onReceive() 方法。我们可以在接收程序中看到 Intent 并从中提取消息。

在代码清单 19-2 中，如果广播 Intent 没有一个称为 "message" 的 extra，它将返回 null。在我们的例子中，由于我们知道已设置 extra，所以没有检查 null 值。获取 extra 之后，记录获取的消息。同样注意到，在代码清单 19-2 中，我们采用 Utils.log ThreadSigniture() 来记录运行广播接收程序代码的线程。我们在第 16 章曾介绍过 Utils 类。该方法的名称不言而喻。

我们的测试接收程序中包含了一个实用程序方法，用于记录运行接收程序代码的线程的签名。因为本章会经常使用 Utils 类，所以我们在代码清单 19-2 中给出了 Utils.java 的源代码。

19.1.3   在描述文件中注册接收程序

代码清单 19-3 展示了如何将接收程序声明为 Intent 的接收者，该 Intent 的操作为 com. androidbook. intents.testbc。

代码清单 19-3　描述文件中的接收程序定义

```
<manifest>
<application>
...
<activity ...>

<receiver android:name=".TestReceiver">
    <intent-filter>
        <action android:name="com.androidbook.intents.testbc"/>
    </intent-filter>
</receiver>
...
</application>
</manifest>
```

receiver 元素是 application 元素的子节点，类似于其他组件节点。有了它就可以测试接收程序了。后面将给出构建一个项目来测试此接收程序所需的文件列表。

有了 receiver（见代码清单 19-2）及描述文件中的注册程序，可以使用代码清单 19-1 中的客户端代码来调用 receiver。在这里，我们给出了一个完整的可下载项目供强化对这些概念的理解。这些项目的 URL 具体参见 19.7 节。导入并运行应用程序，将会看到一个"广播"菜单项，如图 19-1 所示。

图 19-1　包含测试广播的菜单的示例活动

单击 broadcast 菜单项之后，可以看到将调用代码清单 19-2 中的 TestReceiver，logcat 将显示由活动加载到广播 Intent 中的 helloworld 消息。

19.1.4　容纳多个接收程序

广播的概念意味着可能有多个接收程序。我们将复制 TestReceiver（参见代码清单 19-2）来创建

TestReceiver2，查看是否二者都会被调用。TestReceiver2 的代码将在代码清单 19-4 中给出。

代码清单 19-4　TestReceiver2

```
public class TestReceiver2 extends BroadcastReceiver
{
    private static final String tag = "TestReceiver2";
    @Override
    public void onReceive(Context context, Intent intent)
    {
        Utils.logThreadSignature(tag);
        Log.d(tag, "intent=" + intent);
        String message = intent.getStringExtra("message");
        Log.d(tag, message);
    }
}
```

有了此代码后，可以将此接收程序添加到代码清单 19-5 中的描述文件中。

代码清单 19-5　描述文件中的 TestReceiver2 定义

```
<receiver android:name=".TestReceiver2">
    <intent-filter>
        <action android:name="com.androidbook.intents.testbc"/>
    </intent-filter>
</receiver>
```

现在，如果像代码清单 19-1 那样通过再次调用图 19-1 中的广播菜单项来触发事件，将在两个接收程序都会被调用。

我们已经介绍过方法 Utils.logThreadSignature(tag) 的用法（参见 17.1.7 节）。使用这个方法，我们可以查看广播接收程序在运行哪个线程。通过 LogCat 的日志可以发现，它实际上是主线程。

稍微修改代码清单 19-1 的代码，就可以进一步检查主线程的行为。在 SendBroadcast() 方法前后引入 LogCat 消息，然后查看 "before" 和 "after" 消息之后的接收程序行为。代码清单 19-6 显示的是修改后的测试代码。

代码清单 19-6　监控主线程行为

```
private void testSendBroadcast(Activity activty)
{
    //Create an intent with an action
    String uniqueActionString = "com.androidbook.intents.testbc";
    Intent broadcastIntent = new Intent(uniqueActionString);
    broadcastIntent.putExtra("message", "Hello world");

    Log.d("tag","before");
    activity.sendBroadcast(broadcastIntent);
    Log.d("tag","before");
}
```

结果，在代码清单 19-6 中，SendBroadcast() 前后设置的日志消息都在接收程序消息（代码清单 19-2 和代码清单 19-4）之前出现，它们具有相同的主线程签名。

这证明，主线程采用循环方式执行，最终在消息队列后面到达广播接收程序。所以，SendBroadcast() 显然是一种异步消息，允许主线程马上返回原先队列。

为了进一步证明这个结论，可以将主线程挂起稍长一段时间，以便明显区分时间戳先后顺序。下面，我们编写另一个接收程序，它会通过休息一小段时间延迟主线程。这个时间延迟接收程序的源代码如代码清单19-7所示。

代码清单 19-7　具有延时的接收程序

```
/*
 * This receiver is introduced to see
 * how the main thread schedules broadcast receivers
 *
 * it helps answer such questions as
 * 1. Do they get invoked in the order they are specified?
 * 2. Do they get invoked one after the other? or do they get invoked parallel
 *
 * The time delay here shows that the main thread
 * gets halted for those many secs. You can see this
 * in the Log.d output
 */
public class TestTimeDelayReceiver extends BroadcastReceiver
{
    private static final String tag = "TestTimeDelayReceiver";
    @Override
    public void onReceive(Context context, Intent intent)
    {
        Utils.logThreadSignature(tag);
        Log.d(tag, "intent=" + intent);
        Log.d(tag, "going to sleep for 2 secs");
        Utils.sleepForInSecs(2);
        Log.d(tag, "wake up");
        String message = intent.getStringExtra("message");
        Log.d(tag, message);
    }
}
```

现在，如果将此接收程序作为第二个接收程序插入到描述文件中，可以看到主线程来回执行主逻辑和广播接收程序逻辑。在 logcat 中，将可以看到首先执行了第一个接收程序。然后调用第二个接收程序，主线程等待2秒并继续处理第三个接收程序。而且，将可以看到所有接收程序仅在 sendbroadcast() 调用返回之后调用。

19.1.5　进程外接收程序项目

广播的用途更可能是，响应它的进程是一个独立于客户端进程的未知进程。复制其中一个接收程序，使用它创建另一个单独的.apk 文件，就可以轻而易举证明这个结论。然后，如果触发代码清单 19-1 所示的事件，就会发现进程内接收程序（位于同一项目或.apk 文件）和进程外接收程序（位于另一个单独的.apk 文件）都会被调用。此外，在 LogCat 消息中，也可以看出进程内和进程外的接收程序运行在各自的主线程中。

在本章的可下载压缩文件中，我们加入了另一个独立的项目，可用于测试这个概念。必须将调用项目和独立接收者项目都部署到模拟器中，才可以进行测试。

19.2　从接收程序使用通知

广播接收程序常常需要向用户传达发生的某件事或状态，为此，可以使用系统级通知栏中的通知图标来提醒用户。本节将介绍如何从广播接收程序创建一个通知、发送它以及通过通知管理器查看它。

19.2.1   通过通知管理器监控通知

Android 在通知区域以提醒的形式显示通知图标。通知区域位于设备顶部的一个条状区域中，类似于图 19-2。取决于设备是平板电脑还是电话，通知区域的外观和位置可能有所不同，也可能因为 Android 版本不同而不同。

图 19-2   Android 通知图标状态栏

图 19-2 所示的通知区域是状态栏。状态栏是手机的重要组件。它包含一些系统指示器，如电池电量及信号强度等。

在 3.0 版本的平板电脑中，Android 引入了一个新的系统栏，它位于平板电脑屏幕下方，占据了原先的状态栏位置。系统栏还增加了一些导航图标，如首页、返回和搜索。

在将手机和平板电脑 API 合并到 4.0 版本之后，手机又引入了导航栏。导航栏占据了手机的系统栏位置。

然而，在手机上，状态栏仍然存在，用于显示通知和系统指示器。手机的导航栏主要显示导航图标：首页、返回和搜索。

当然，本书有一章内容专门介绍操作栏（第 10 章），其中操作栏由应用程序的活动进行独立管理。

当发送通知时，通知将在图 19-2 所示的这一区域显示为一个图标。通知图标如图 19-3 所示。

图 19-3   显示通知图标的状态栏

图 19-3 演示了通知区域和一个活动，当然还有通知图标。对于一个活动，我们刚好位于一个发出广播的应用程序中。它可以是任何活动，或者甚至是主页。

通知图标是一个指示器，告诉用户需要查看某些信息。要查看完整的通知，必须用手指按住图标向下拖动图 19-2 所示的标题栏，就像拉开门帘一样。这将展开通知区域，如图 19-4 所示。

在图 19-4 这种展开的通知视图中，可以看到提供给通知的详细信息。也可以单击通知详细信息触发该 Intent，以调出可能包含该通知的完整应用程序。

从图 19-4 中也可以看到，可以使用此视图清除通知。

也可以通过主页的菜单中查看图 19-4 所示的通知详细信息视图。图 19-5 展示了模拟器主页上的可用菜单。取决于设备和 Android 版本，此主页菜单可能不同。

单击图 19-5 中的 Notifications 图标将调出图 19-4 中的通知屏幕。

下面看一下如何生成类似于图 19-3 和图 19-4 所示图标的通知图标。

图 19-4　展开的通知视图

19

图 19-5　主菜单中的 Notifications 菜单项

19.2.2　发送通知

发送通知的过程包含以下 3 个步骤。

(1) 创建一个合适的通知。

(2) 获得通知管理器的访问权限。

(3) 向通知管理器发送通知。

当创建通知时，需要确保它拥有以下基本部分。

❑ 要显示的图标。

❑ 类似 "hello world" 的显示文本。

❑ 传送它的时间。

使用这些细节构建了通知对象之后，要求上下文提供一个名为 Context.NOTIFICATION_SERVICE 的系统服务，以获得通知管理器。有了通知管理器之后，在该通知管理器上调用 notify 方法以发送通知。

代码清单 19-8 提供了发送如图 19-3 和图 19-4 所示的通知的广播接收程序。

代码清单 19-8　发送通知的接收程序

```java
public class NotificationReceiver extends BroadcastReceiver
{
    private static final String tag = "Notification Receiver";
    @Override
    public void onReceive(Context context, Intent intent)
    {
        Utils.logThreadSignature(tag);
        Log.d(tag, "intent=" + intent);
        String message = intent.getStringExtra("message");
        Log.d(tag, message);
        this.sendNotification(context, message);
    }
    private void sendNotification(Context ctx, String message)
    {
        //Get the notification manager
        String ns = Context.NOTIFICATION_SERVICE;
        NotificationManager nm =
            (NotificationManager)ctx.getSystemService(ns);

        //Create Notification Object
        int icon = R.drawable.robot;
        CharSequence tickerText = "Hello";
        long when = System.currentTimeMillis();

        Notification notification =
            new Notification(icon, tickerText, when);

        //Set ContentView using setLatestEvenInfo
        Intent intent = new Intent(Intent.ACTION_VIEW);
        intent.setData(Uri.parse("http://www.google.com"));
        PendingIntent pi = PendingIntent.getActivity(ctx, 0, intent, 0);
        notification.setLatestEventInfo(ctx, "title", "text", pi);

        //Send notification
        //The first argument is a unique id for this notification.
        //This id allows you to cancel the notification later
        //This id also allows you to update your notification
        //by creating a new notification and resending it against that id
        //This id is unique with in this application
        nm.notify(1, notification);
    }
}
```

在代码清单 19-8 的源代码中，我们引用了一个称为 R.drawable.robot 的提醒图标。可以创建你自己的提醒图标并放在 res/drawable 子目录中，将它命名为 robot 并使用合适的图像扩展名。或者可以引用此项目的可下载的 ZIP 文件（19.7 节中给出了一个 URL）。

使用基本参数（图标、文本、时间）创建一个通知并将它发送到通知管理器，这似乎还不够（创建通知的过程的第一部分已在代码清单 19-8 中给出）。还必须使用以下方法为该通知创建内容视图：

```
setLatestEventInfo(...)
```

展开通知时将显示通知的内容视图，这就是在图 19-4 中看到的内容。通常，内容视图需要是 RemoteViews 对象。但是，我们没有直接将内容视图传递给 setLatestEventInfo 方法。这个 setLatestEventInfo()方法是使用要显示的标题和文本设置标准的预定义内容视图的快捷方式。

方法 setLatestEventInfo()还接受一个挂起的 Intent（称为内容 Intent），后者将在单击这个展开的视图时触发。回头看一下代码清单 19-8，看看我们向此方法传递了哪些参数。

也可以自行创建远程视图并将它设置为内容视图，而不使用 setLatestEventInfo()。

使用远程视图作为通知的内容视图的步骤如下。

(1) 创建一个布局文件。

(2) 使用包名称和布局文件 ID 创建一个 RemoteViews 对象。

(3) 在 RemoteViews 上调用设置方法来设置文本、图标等。

(4) 在通知对象上调用 setContentView()，然后将它发送到通知管理器。

请记住，截至 Android 2.2 版，只有以下控件可添加到远程视图中：

❑ FrameLayout

❑ LinearLayout

❑ RelativeLayout

❑ AnalogClock

❑ Button

❑ Chronometer

❑ ImageButton

❑ ImageView

❑ ProgressBar

❑ TextView

请参阅第 25 章了解构造这些远程视图的更多信息，因为主页上的部件视图在本质上是远程视图。还可以从第 25 章了解 2.3 版和 3.0 版中更新的可用 RemoteViews 列表。

代码清单 19-8 中的代码创建了一个通知，并使用 setLatestEventInfo()设置隐含的内容视图（通过标题和文本）和要触发的 Intent（在我们的例子中为浏览器 Intent）。

方法 setLatestEventInfo()之所以这样命名，是因为该方法允许你基于状态创建或调整新的通知。当新消息通知创建时，它就会通过通知管理器重新发送，同时设置唯一的通知 ID。如代码清单 19-8 所示（设置为 1），通知 ID 在应用程序上下文中保持唯一。这种唯一性能够保证通知的持续更新，以及在需要时取消通知。

此外，创建通知时可能想看到各种可用标记，如 FLAG_NO_CLEAR 和 FLAG_ONGOING_EVENT，它们可以控制通知的存留。检查这些标记的 URL 请参见 http://developer.android.com/reference/android/app/Notification.html。

19.2.3 在广播接收程序中启用活动

虽然在需要向用户发送通知时，人们建议你最好使用通知管理器，但是 Android 也支持显式采用活动发送通知。通常，可以使用 startActivity()方法实现，但是需要添加以下标记：

- ❑ Intent.FLAG_ACTIVITY_NEW_TASK
- ❑ Intent.FLAG_FROM_BACKGROUND
- ❑ Intent.FLAG_ACTIVITY_SINGLETOP

19.3 长期运行的接收程序和服务

到目前为止，我们介绍了广播接收程序的简单形式，其中一个广播接收程序的执行时间不会超过10秒。事实证明，如果希望执行用时超过 10 秒的广播接收程序，问题就有点复杂了。

为了理解其中的原因，我们快速回顾一下一些关于广播接收程序的事实。

- ❑ 广播接收程序类似于在主线程上运行的Android进程的其他组件。
- ❑ 持有广播接收程序中的代码将持有主线程，并将导致ANR。
- ❑ 广播接收程序上的时间限制为10秒，而活动的时间限制为5秒。相比而言，前者更宽松，但限制仍然存在。
- ❑ 承载广播接收程序的进程将与广播接收程序的执行一起启动和终止。换句话说，该进程在广播接收程序的onReceive()方法返回时停止执行。当然，前提是该进程仅包含广播接收程序。如果进程包含其他已在运行的组件，比如活动或服务，那么进程的寿命也会将这些组件的生命周期考虑在内。
- ❑ 与服务进程不同，广播接收程序进程不会重新启动。
- ❑ 如果广播接收程序将启动一个独立的线程并返回到主线程，Android将假设工作已完成并将关闭该进程，即使还有线程正在运行，它们也会突然停止。
- ❑ Android在调用广播服务时获取一个部分唤醒锁，并在它从主线程中的服务返回时释放它。唤醒锁是一种机制，也是SDK中一个可用的API类，用于避免设备休眠，或者在设备休眠时将它唤醒。

既然存在这些事实，如何执行长期运行的代码来响应广播事件呢？

19.3.1 长期运行的广播接收程序协议

要回答此问题，需要解决以下需要。

- ❑ 我们显然需要一个独立线程，以便主线程可返回继续运行并避免ANR消息。
- ❑ 要阻止Android结束进程，进而结束工作线程，我们需要告诉Android，此进程包含一个具有生命周期的组件，比如服务。所以需要创建或启动该服务。服务本身无法直接执行工作超过5秒，因为它在主线程上运行，所以服务需要启动一个工作线程并离开主线程。
- ❑ 对于工作线程的执行时间，我们需要坚持使用部分唤醒锁，以便设备不会休眠。部分唤醒锁支持设备不打开屏幕等组件即可运行代码，这可以带来更长的待机时间。

❑ 部分唤醒锁必须在接收程序的主线代码中获取，否则将来不及唤醒。例如，无法在服务中这么做，因为广播接收程序发出的startService()与开始执行的服务的onStartCommand()之间的间隔太长。

❑ 因为我们创建了一个服务，所以服务本身可由于内存不足而停止和重新启动。如果发生此情况，我们需要再次获取唤醒锁。

❑ 当onStartCommand()启动的工作线程完成其工作时，它需要告诉服务停止运行，以便它可以休眠，而不会被Android唤醒。

❑ 也可能发生多个广播事件。出于此原因，我们需要谨慎考虑需要生成多少个工作线程。

考虑到这些事实，延长广播接收程序寿命的推荐协议如下所示。

(1) 在广播接收程序的onReceive()方法中获取一个（静态）部分唤醒锁。该部分唤醒锁需要是静态的，以支持在广播接收程序与服务之间通信。没有其他途径将唤醒锁的引用传递给服务，因为服务是通过不接受任何参数的默认构造函数调用的。

(2) 启动一个本地服务，以便该进程不会结束。

(3) 在该服务中，启动一个工作线程来执行工作。不要在服务的 onStart()方法中执行工作。如果这么做，基本上将再次持有主线程。

(4) 当工作线程完成时，告诉服务直接或通过处理程序停止自身。

(5) 让服务关闭静态唤醒锁。再次说明，静态唤醒锁是在服务与其调用者（在本例中为广播服务）之间通信的唯一途径，因为无法将唤醒锁引用传递给服务。

19.3.2 IntentService

认识到服务不能持有主线程，Android 提供了一个名为 IntentService 的实用程序本地服务实现，将工作卸载到工作线程，以便主线程可在将工作调度到子线程之后释放。在此模式下，当在 IntentService 上执行 startService()时，IntentService 将使用一个循环程序和处理程序将该请求添加到一个子线程的队列中，以便调用 IntentService 的派生方法来执行实际工作。

下面是 IntentService 的 API 文档中的陈述。

> IntentService是服务的一个基类，根据需要处理异步请求（表示为Intent）。客户端通过startService(Intent)调用发送请求，服务根据需要启动，使用工作线程依次处理每个Intent，然后在它完成工作时结束自身。这种"工作队列处理器"模式常常用于从应用程序的主线程卸载任务。IntentService类的存在是为了简化此模式，负责处理底层机制。要使用它，可以扩展IntentService并实现onHandleIntent(Intent)。IntentService接收Intent，启动一个工作线程，然后适当地停止服务。所有请求都在单个工作线程上处理，它们可以根据需要占用任意长的时间（而且不会阻塞应用程序的主循环），但一次只能处理一个请求。

这个 IntentService 概念可使用一个简单的例子清楚地演示，如代码清单 19-9 所示。扩展 IntentService 并在 onHandleIntent()方法中提供希望执行的操作。

代码清单 19-9　使用 IntentService

```
public class MyService extends IntentService
{
    protected abstract void onHandleIntent(Intent intent)
    {
        Utils.logThreadSignature("MyService");
        //do the work in this subthread
        //and return
    }
}
```

有了这样的服务之后，可以在描述文件中注册此服务，使用客户端代码以 context.start Service(new Intent(MyService.class))的形式调用此服务。此调用将导致调用代码清单 19-9 中的 onHandleIntent()。

你将注意到，logThreadSignature()方法将打印工作线程而不是主线程的 ID。

19.3.3　IntentService 源代码

第 17 章介绍了主线程和处理程序的作用。在该上下文中，当 SDK 已实现它时，研究 IntentService 的源代码是非常有用的，可以查看处理程序和主线程如何与利用工作线程的长期运行的服务结合使用。分析 IntentService 同样有助于 19.4.2 节我们所计划的未来抽象，它将改善 IntentService。

下面看一下代码清单 19-10 给出的 IntentService 的源代码（摘自 Android 发行版的源代码）。

代码清单 19-10　IntentService 源代码

```
public abstract class IntentService extends Service {
    private volatile Looper mServiceLooper;
    private volatile ServiceHandler mServiceHandler;
    private String mName;

    private final class ServiceHandler extends Handler {
        public ServiceHandler(Looper looper) {
            super(looper);
        }
        @Override
        public void handleMessage(Message msg) {
            onHandleIntent((Intent)msg.obj);
            stopSelf(msg.arg1);
        }
    }

    public IntentService(String name) {
        super();
        mName = name;
    }
    @Override
    public void onCreate() {
        super.onCreate();
        HandlerThread thread =
          new HandlerThread("IntentService[" + mName + "]");
        thread.start();
        mServiceLooper = thread.getLooper();
        mServiceHandler = new ServiceHandler(mServiceLooper);
    }
```

```
    @Override
    public void onStart(Intent intent, int startId) {
        super.onStart(intent, startId);
        Message msg = mServiceHandler.obtainMessage();
        msg.arg1 = startId;
        msg.obj = intent;
        mServiceHandler.sendMessage(msg);
    }
    @Override
    public void onDestroy() {
        mServiceLooper.quit();
    }
    @Override
    public IBinder onBind(Intent intent) {
        return null;
    }
    protected abstract void onHandleIntent(Intent intent);
}
```

下面逐步分析一下这段代码。

(1) 在服务的 onCreate() 方法中创建一个独立的工作线程。通常，将在服务的 onStartCommand 方法中启动工作线程。但是，这将导致启动多个工作线程，每个线程对应一个 startService。IntentService 希望通过让单个工作线程执行所有 startService 调用来完成此任务，所以我们在 onCreate 方法中设置工作线程，该方法仅调用一次：当服务被带进内存时（类似却不同于单例模式）。

(2) 在该工作线程上设置一个循环程序（进而设置一个接收和分派消息的队列）。这使相同工作线程能够依次响应多个消息，而无需为每个请求创建一个新工作线程。

(3) 在工作线程上建立一个句柄，以便服务的主线程可通过处理程序放置消息。我们需要此工作线程，因为每次客户端使用 startService() 时都会调用 IntentService 的主线程，而且我们不希望持有 IntentService 的主线程。我们需要一种机制来排队此请求，以便工作线程可在它变得可用时处理它。这可通过让主线程持有工作线程的处理程序来实现。请注意在主线程上运行的 onStart() 方法。如果希望验证这一点，只需改写此方法，在记录线程签名时调用它的父方法。将可以看到，onStart() 在主线程上运行，onHandleMessage() 在辅助的工作线程上运行。

(4) 最后，当 onHandleIntent() 返回时，处理函数将调用服务的 stopSelf()。如果没有挂起的消息，这个 stopSelf() 将成功停止服务。会对 stopSelf() 方法引用进行计数。这意味着即使调用它多次，也必须存在相同数量的 startService 调用。这就是我们能够在处理每个 startService 调用之后调用 stopSelf() 的原因。

19.4　为广播接收程序扩展 IntentService

从广播接收程序的角度看，IntentService 非常强大。它支持执行长期运行的代码，而不会阻塞主线程。那么我们可以使用 IntentService 满足长期运行的操作的需要吗？既可以，也不可以。

可以的原因在于，IntentService 执行两件事：首先，它保持进程运行，因为它是一项服务。其次，它离开主线程，避免了相关的 ANR 消息。

要理解"不可以"的原因，需要更好地理解唤醒锁。当调用一个广播接收程序时，尤其是通过闹钟管理器，设备可能没有打开。所以闹钟管理器会通过调用电源管理器并请求一个唤醒锁，部分地打开设备（仅足够运行没有任何 UI 的代码）。当广播接收程序返回时，就会立即释放这个唤醒锁。

这将使 IntentService 调用没有唤醒锁，所以设备可能在实际代码运行之前休眠。但是，作为对服务的一种通用扩展，IntentService 并不需要唤醒锁。

所以我们需要在 IntentService 之上进行进一步改动。我们需要一种抽象。

Mark Murphy 创建了 IntentService 的一个变体，名为 WakefulIntentService，它保留了使用 IntentService 的语义，但还获取了唤醒锁，并在各种条件下适当地释放它。可以在 http://github.com/ commonsguy/cwac-wakeful 上找到它的实现。

19.4.1　长期运行的广播服务抽象

WakefulIntentService 是一种不错的抽象。但是，我们希望更进一步，以便我们的抽象能类似于代码清单 19-10 中扩展 IntentService 的方法，执行 IntentService 执行的任何事情，同时还提供下列优势。

(1) 获取并释放唤醒锁（类似于 WakefulIntentService）。

(2) 将传递给广播接收程序的原始 Intent 传递给重写的方法 onHandleIntent。这使我们能够在很大程度上隐藏广播接收程序。

(3) 处理重新启动的服务。

(4) 支持采用一种统一方式处理相同进程中的多个接收程序和多个服务的唤醒锁。

我们将此抽象类称为 ALongRunningNonStickyBroadcastService。从名称可以看出，我们希望此服务支持长期运行的工作。它也是专门针对一个广播接收程序而构建的。此服务也将是非粘滞性的（本章后面将解释此概念，简单来讲，这表明如果队列中没有消息，Android 将不会启动服务）。为了支持 IntentService 的行为，它将扩展 IntentService 并重写 onHandleIntent 方法。

结合这些概念，抽象的 ALongRunningNonStickyBroadcastService 服务将拥有类似于代码清单 19-11 的签名。

代码清单 19-11　长期运行的服务抽象概念

```
public abstract class ALongRunningNonStickyBroadcastService
extends IntentService
{
...other implementation detials
    protected abstract void
    handleBroadcastIntent(Intent broadcastIntent);
...other implementation details

}
```

这个 ALongRunningNonStickyBroadcastService 的实现细节很复杂，我们稍后在解释为什么使用此类型的服务时将介绍它们。我们希望首先演示一下拥有它的效用和简单性。

有了这个抽象类之后，可以重写代码清单 14-16 中的 MyService 示例，如代码清单 19-12 所示。

代码清单 19-12　长期运行的服务的示例用法

```
public class MyService extends ALongRunningNonStickyBroadcastService
{
    protected abstract void handleBroadcastIntent(Intent broadcastIntent)
    {
        Utils.logThreadSignature("MyService");
```

```
            //do the work here
            //and return
        }
    }
```

是不是很简单？特别是可以直接接收调用广播接收者且未经修改的同一个 Intent。这就好像解决方案不存在广播接收者一样。

可以看到，可以扩展这个新的长期运行的服务类（就像 IntentService 和 WakefulIntentService 一样）并重写一个方法，几乎不会更改广播接收程序。（得益于 IntentService）工作将在工作线程中完成，不会阻塞主线程。

代码清单 19-12 是一个简单的示例，演示了这一概念。现在看一下一个更完整的实现，它实现一个可运行 60 秒的长期运行的服务，以响应广播事件（假设我们能够运行比 10 秒更长的时间并避免 ANR 消息）。我们将此服务适当地命名为 Test60SecBCRService（"BCR" 代表广播接收程序），它的实现如代码清单 19-13 所示。

代码清单 19-13　Test60SecBCRService

```
public class Test60SecBCRService
extends ALongRunningNonStickyBroadcastService
{
    public static String tag = "Test60SecBCRService";
    //Required by IntentService to pass the classname
    public Test60SecBCRService(){
        super("com.androidbook.service.Test60SecBCRService");
    }

    /*
     * Perform long running operations in this method.
     * This is executed in a separate thread.
     */
    @Override
    protected void handleBroadcastIntent(Intent broadcastIntent)
    {
        Utils.logThreadSignature(tag);
        Log.d(tag,"Sleeping for 60 secs");
        Utils.sleepForInSecs(60);
        String message =
            broadcastIntent.getStringExtra("message");
        Log.d(tag,"Job completed");
        Log.d(tag,message);
    }
}
```

可以看到，此代码成功地模拟了执行工作 60 秒的过程，并仍避免了 ANR 消息。

19.4.2　长期运行的接收程序

拥有了代码清单 19-13 中的长期运行的服务之后，我们需要能够从广播接收程序调用该服务。我们再次设法得到抽象来尽可能地隐藏广播接收程序。

该长期运行的广播接收程序的第一个目标是将工作委派给长期运行的服务。为此，它将需要长期运行的服务的类名以调用它。

该长期运行的广播接收程序的第二个目标是获取一个唤醒锁，以确保代码在接收程序返回时继续运行。

第三个目标是将在其上调用广播接收程序的原始 Intent 传输给该服务。为此,我们将原始 Intent 作为一个 Parcelable 粘贴到 Intent extra 中。我们将使用 original_intent 作为这个 extra 的名称。该长期运行的服务然后提取 original_intent 并将它传递给它的改写方法(在后面的长期运行的服务实现中将可以看到这一点)。此工具给人这样一种印象:长期运行的服务其实是广播接收程序的一种扩展。

尽管可以每次都命令每个长期运行的接收程序执行这两件事,但抽象出这些任务并提供一个基类可能是更好的做法。长期运行的接收程序的抽象然后将使用派生的类,通过一个称为 getLRSClass() 的抽象方法提供长期运行的服务类的名称。

在介绍此抽象的实现之前,有必要大体讲一下我们使用唤醒锁的目的。唤醒锁需要在广播接收程序和它们调用的相应服务之间协调。尽管这个概念很简单,但在它的实现中,我们需要关注许多需要触发唤醒锁的位置和条件。所以我们使用一个 LightedGreenRoom 概念将唤醒锁从概念上抽象了出来。本章后面将介绍此概念,现在只需将它视为一个可以打开和关闭的唤醒锁。

结合所有这些需要,代码清单 19-14 中给出了抽象类 ALongRunningReceiver 的实现的源代码。

代码清单 19-14   ALongRunningReceiver

```java
public abstract class  ALongRunningReceiver
extends BroadcastReceiver
{
    private static final String tag = "ALongRunningReceiver";
    @Override
    public void onReceive(Context context, Intent intent)
    {
        Log.d(tag,"Receiver started");
        //LightedGreenRoom abstracts the Android WakeLock
        //to keep the device partially on.
        //In short this is equivalent to turning on
        //or acquiring the wakelock.
        LightedGreenRoom.setup(context);
        startService(context,intent);
        Log.d(tag,"Receiver finished");
    }
    private void startService(Context context, Intent intent)
    {
        Intent serviceIntent = new Intent(context,getLRSClass());
        serviceIntent.putExtra("original_intent", intent);
        context.startService(serviceIntent);
    }
    /*
     * Override this method to return the
     * "class" object belonging to the
     * nonsticky service class.
     */
    public abstract Class getLRSClass();
}
```

此抽象可用之后,将需要一个接收程序与代码清单 19-13 中 60 秒长期运行的服务协作。代码清单 19-15 给出了这样一个接收程序。

代码清单 19-15　长期运行的广播接收程序示例，Test60SecBCR

```
public class Test60SecBCR
extends ALongRunningReceiver
{
    @Override
    public Class getLRSClass()
    {
        Utils.logThreadSignature("Test60SecBCR");
        return Test60SecBCRService.class;
    }
}
```

就像代码清单 19-12 和代码清单 19-13 中的服务抽象一样，代码清单 19-15 中的代码使用广播接收程序的一种抽象。该接收程序抽象启动由 getLRSClass()方法返回的服务类所指定的服务。

到目前为止，我们解释了为什么需要两种重要的抽象来实现广播接收程序所调用的长期运行的服务，这两种抽象是：

❑ ALongRunningNonStickyBroadcastService（代码清单 19-11）

❑ ALongRunningReceiver（代码清单 19-14）

但是，由于所涉及的细节水平，我们推迟了对其中一个类的实现的介绍。还未给出这两种抽象都使用的一个共同类 LightedGreenRoom 的实现。那么下面解释并给出剩下的这两个类的代码。首先看一下共同类 LightedGreenRoom。

19.4.3　使用 LightedGreenRoom 抽象唤醒锁

前面已经提到，LightedGreenRoom 抽象的主要用途是简化与唤醒锁的交互，而唤醒锁用于保持设备不会关闭。代码清单 19-16 展示了 SDK 中介绍的唤醒锁的典型用法。

代码清单 19-16　唤醒锁 API

```
//Get access to the power manager service
PowerManager pm =
    (PowerManager)inCtx.getSystemService(Context.POWER_SERVICE);

//Get hold of a wake lock
PowerManager.WakeLock wl =
    pm.newWakeLock(PowerManager.PARTIAL_WAKE_LOCK, tag);
//Acquire the wake lock
wl.acquire();

//do some work
//while this work is being done the device will be on partially

//release the wakelock
wl.release();
```

有了此抽象，广播接收程序应该获取该锁，并需要在长期运行的服务完成时释放该锁。但是，没有较好的方法将唤醒锁变量从广播接收程序传递到该服务。该服务了解此唤醒锁信息的唯一方式是使用一个静态变量或应用程序级变量。

获取和释放唤醒锁的另一个难点是引用计数。当多次调用广播接收程序时，如果调用时间重叠，也将有多个调用获取唤醒锁。类似地，也将有多个调用释放唤醒锁。如果获取和释放调用的数量不匹配,最糟的结果将是一个唤醒锁使设备实际运行的时间远远长于需要运行的时间。另外,当不再需要该服务并且垃圾收集开始运行时,如果唤醒锁计数不匹配,LogCat 中将存在一个运行时异常。

这些问题要求我们竭尽全力抽象唤醒锁,以确保合适的使用。

说明　了解唤醒锁的问题和需要之后,可以改进 LightedGreenRoom 或者将它替换为另一个类(如果发现这样更简单的话)。此说明的目的在于让你相信 LightedGreenRoom 没有什么魔力,它的核心部分非常简单。

现在将解释一下将唤醒锁视为 LightedGreenRoom 来处理的理念。

1. 有灯光的绿色房间(Lighted Green Room)

首先看一下绿色房间,它是一个可供拜访的房间。该房间最初是黑暗的,进入的第一个人开灯。如果灯已经打开,后面的拜访者没有任何作用。最后离开的拜访者将关灯。它称为"绿色房间"是因为它有效地使用能源。进入和离开的方法需要是同步的,以便保持它们的状态,因为它们可以在多个线程之间发生。

那么什么是有灯光的绿色房间呢?与最初黑暗的绿色房间不同,有灯光的绿色房间在第一个拜访者到来之前就是明亮的。我们可以假设,如果没有灯光,拜访者将无法找到通往绿色房间的路。这与这样一个事实有关:如果设备是关闭的,任何服务都无法运行。最后离开的人仍将关灯。这对于广播接收程序很有用,因为它需要首先开灯,然后才能转移到服务上。

启动服务相当于拜访者进入房间。停止服务相当于拜访者离开房间。请注意,需要区分服务的创建和服务的启动。创建和销毁对于每个服务仅发生一次,而启动和停止可发生许多次。

在接收程序中设置唤醒锁(有灯光的绿色房间)与启动服务(本质上是一次 onStartCommand 调用,相当于第一个拜访者进入房间)之间可能并且通常存在延迟。

因为 wakelock 存在引用计数,所以如果服务由于内存不足而停止,我们希望显式释放唤醒锁。如果要使用相同的 LightedGreenRoom 处理多个服务,可能需要跟踪最后一个被销毁的服务并仅在该服务完成后释放唤醒锁。

为了支持此模式,我们将创建一个客户端。每个服务将作为客户端向 LightedGreenRoom 注册,以使它的销毁方法生效。

基于此想法,我们需要跟踪每个"startService"的 "enter"和"leave"。

2. 有灯光的绿色房间的实现

将上一小节中的所有概念结合在一起,有灯光的绿色房间的实现将类似于代码清单 19-17。请注意,这在我们有限的测试中似乎很有效。请根据需要适当修改和调整它,因为我们很难考虑到具体开发环境中可能存在的每种可能性。(换句话说,请将此示例视为一次实验。)

代码清单 19-17　有灯光的绿色房间的实现

```
public class LightedGreenRoom
{
    //debug tag
    private static String tag="LightedGreenRoom";

    //Keep count of visitors to know the last visitor.
```

```
//On destroy set the count to zero to clear the room.
private int count;

//Needed to create the wake lock
private Context ctx = null;

//Our switch
PowerManager.WakeLock wl = null;

//Multi-client support
private int clientCount = 0;

/*
 * This is expected to be a singleton.
 * One could potentially make the constructor
 * private.
 */
public LightedGreenRoom(Context inCtx)
{
    ctx = inCtx;
    wl = this.createWakeLock(inCtx);
}

/*
 * Setting up the green room using a static method.
 * This has to be called before calling any other methods.
 * what it does:
 *        1. Instantiate the object
 *        2. acquire the lock to turn on lights
 * Assumption:
 *        It is not required to be synchronized
 *        because it will be called from the main thread.
 *        (Could be wrong. need to validate this!!)
 */
private static LightedGreenRoom s_self = null;

public static void setup(Context inCtx)
{
    if (s_self == null)
    {
        Log.d(LightedGreenRoom.tag,"Creating green room and lighting it");
        s_self = new LightedGreenRoom(inCtx);
        s_self.turnOnLights();
    }
    }
    public static boolean isSetup()
{
    return (s_self != null) ? true: false;
}

/*
 * The methods "enter" and "leave" are
 * expected to be called in tandem.
 *
 * On "enter" increment the count.
 *
 * Do not turn the lights or off
 * as they are already turned on.
 *
 * Just increment the count to know
 * when the last visitor leaves.
 *
```

```
 * This is a synchronized method as
 * multiple threads will be entering and leaving.
 *
 */
synchronized public int enter()
{
    count++;
    Log.d(tag,"A new visitor: count:" + count);
    return count;
}
/*
 * The methods "enter" and "leave" are
 * expected to be called in tandem.
 *
 * On "leave" decrement the count.
 *
 * If the count reaches zero turn off the lights.
 *
 * This is a synchronized method as
 * multiple threads will be entering and leaving.
 *
 */
synchronized public int leave()
{
    Log.d(tag,"Leaving room:count at the call:" + count);
    //if the count is already zero
    //just leave.
    if (count == 0)
    {
        Log.w(tag,"Count is zero.");
        return count;
    }
    count--;
    if (count == 0)
    {
        //Last visitor
        //turn off lights
        turnOffLights();
    }
    return count;
}
synchronized public int getCount()
{
    return count;
}

/*
 * acquire the wake lock to turn the lights on
 * it is up to other synchronized methods to call
 * this at the appropriate time.
 */
private void turnOnLights()
{
    Log.d(tag, "Turning on lights. Count:" + count);
    this.wl.acquire();
}

/*
 * Release the wake lock to turn the lights off.
 * it is up to other synchronized methods to call
 * this at the appropriate time.
 */
```

```
private void turnOffLights()
{
    if (this.wl.isHeld())
    {
        Log.d(tag,"Releasing wake lock. No more visitors");
        this.wl.release();
    }
}
/*
 * Standard code to create a partial wake lock
 */
private PowerManager.WakeLock createWakeLock(Context inCtx)
{
    PowerManager pm =
        (PowerManager)inCtx.getSystemService(Context.POWER_SERVICE);

    PowerManager.WakeLock wl = pm.newWakeLock
        (PowerManager.PARTIAL_WAKE_LOCK, tag);
    return wl;
}
private int registerClient()
{
    Utils.logThreadSignature(tag);
    this.clientCount++;
    Log.d(tag,"registering a new client:count:" + clientCount);
    return clientCount;
}
private int unRegisterClient()
{
    Utils.logThreadSignature(tag);
    Log.d(tag,"un registering a new client:count:" + clientCount);
    if (clientCount == 0){
        Log.w(tag,"There are no clients to unregister.");
        return 0;
    }
    //clientCount is not zero
    clientCount--;
    if (clientCount == 0){
        emptyTheRoom();
    }
    return clientCount;
}
synchronized public void emptyTheRoom()
{
    Log.d(tag, "Call to empty the room");
    count = 0;
    this.turnOffLights();
}
//***********************************************
//*  static members: Purely helper methods
//*    Delegates to the underlying singleton object
//***********************************************
public static int s_enter(){
    assertSetup();
    return s_self.enter();
}
public static int s_leave(){
    assertSetup();
    return s_self.leave();
}
//Don't directly call this method
```

```
//probably will be deprecated.
//Call register and unregister client methods instead
public static void ds_emptyTheRoom(){
    assertSetup();
    s_self.emptyTheRoom();
    return;
}
public static void s_registerClient(){
    assertSetup();
    s_self.registerClient();
    return;
}
public static void s_unRegisterClient(){
    assertSetup();
    s_self.unRegisterClient();
    return;
}
private static void assertSetup(){
    if (LightedGreenRoom.s_self == null){
        Log.w(LightedGreenRoom.tag,"You need to call setup first");
        throw new RuntimeException("You need to setup GreenRoom first");
    }
}
}
```

广播接收程序和服务彼此通信的一种合理方法是通过一个静态变量。我们将整个 LightedGreen Room 创建为静态实例，而不是将 wakelock 设置为静态的。但是，LightedGreenRoom 内的其他每个变量仍然是局部和非静态的。

出于方便，LightedGreenRoom 的每个公共方法也公开为静态方法。也可以选择删除静态方法，直接调用 LightedGreenRoom 的单一对象实例。

19.5   长期运行的服务的实现

既然已完成 LightedGreenRoom 实现，我们差不多准备好呈现长期运行的服务的抽象了。但是，还需要兜个圈子，解释一下服务的寿命和它如何与 onStartCommand 的实现相关联。这个方法最终将负责启动工作线程和服务的语义。

众所周知，广播接收程序使用 startService 调用来调用服务，而此调用将导致调用服务的 onStartCommand 方法。服务的寿命受此方法返回内容的控制。

要理解此方法中发生了什么，需要详细了解本地服务的特性。我们已在第 15 章中介绍了本地服务的基本知识，现在需要更详细分析一下。

当服务启动时，首先会创建它并调用它的 onStartCommand 方法。Android 配备了足够的资源使此进程在内存中运行，以便服务可以处理传入的客户端请求。

内存中的服务进程和正在运行的服务进程存在一个区别。服务的运行只是为了响应 startService，后者调用它的 onStartCommand 方法。仅仅由于此方法没有执行，并不意味着服务进程不在内存中。有时，人们希望将此视为服务正在运行，即使它只是位于那里并在索取一些资源，但没有实际地执行任何操作。如果 Android 声明它正在运行服务，那么它通常的含义就是这样的。

实际上，如果 startService 调用（导致 onStartCommand 调用）花了多于 5~10 秒，这将导致 ANR 消息并可能结束持有服务的进程。没有工作线程，服务无法运行 10 秒以上的时间。所以应该区分可用的服务和正在运行的服务。

Android 尽力将服务保留在内存中。但是，在内存不足的条件下，Android 可能选择收回进程并调用服务的 onDestory() 方法。在服务未执行自己的 onCreate()、onStart() 或 onDestroy() 方法时，Android 会尝试这么做。

说明 在服务未执行 onCreate()、onStart() 或 onDestroy() 方法时，Android 会尝试调用服务的 onDestroy() 方法，回收它占用的资源。

但是，与关闭的服务不同，如果队列中存在挂起的 startService Intent，服务会计划在资源可用时重新启动。服务将被唤醒，下一个 Intent 会通过 onStartCommand 传递给它。当然，在服务恢复运行时将调用 onCreate()。

说明 因为如果未显式停止，服务随时可以自动重新启动，所以可以合理地认为，与活动和其他组件不同，服务组件根本就是一个粘滞性的组件。

19.5.1 非粘滞性服务的细节

那么什么是非粘滞性服务？

我们看一下服务没有自动重新启动的情形。当客户端调用 startService 以后，创建了服务并调用了 OnStartCommand 来执行它的工作。如果客户端显式调用 stopService，此服务将不会自动重新启动。

取决于有多少客户端仍连接着服务，此 stopService 可能将服务切换到停止状态，在这时会调用服务的 onDestroy 方法，服务的生命周期是完整的。当服务像这样由其最后一个客户端停止时，服务将不会恢复运行。

此协议在所有事情都按设计发生时很有效，这时会调用并按顺序执行启动和停止方法，无一遗漏。

在 Android 2.0 之前，即使没有工作要做，设备也会挂起很多服务并索取资源，这意味着即使队列中没有消息，Android 也会将服务恢复到内存中。这可能在由于异常或由于进程在 onStartCommand 与 stopService 之间被清除而未调用 stopService 时发生。

Android 2.0 引入了一个解决方案，我们现在可以指出，如果没有挂起的 Intent，不应重新启动服务。此方法很有效，因为启动服务来执行工作的实体（比如闹钟管理器）将再次调用它。这是通过从 onStartCommand 返回非粘滞性的标志（Service.START_NOT_STICKY）来完成的。

但是，非粘滞性并不是真正意义上的非粘滞性。请记住，即使我们将服务标记为非粘滞性，如果存在挂起的 Intent，Android 仍会恢复服务。此设置仅适用于没有挂起的 Intent 时。

19.5.2 粘滞性服务的细节

那么，服务真正具有粘滞性意味着什么？

粘滞性标记（Service.START_STICKY）表示，即使没有挂起的 Intent，Android 也应该重新启动服务。当服务重新启动时，使用一个空 Intent 调用 onCreate 和 onStartCommand。这将为服务提供调用 stopSelf（如果合适）的机会（如果需要）。后果是粘滞性的服务需要在重新启动时处理空 Intent。

19.5.3　非粘滞性的变体：重传送（redeliver）Intent

具体而言，本地服务遵循成对调用 onStart 和 stopSelf 的模式。客户端调用 onStart。服务在完成工作时调用 stopSelf。可以在代码清单 19-10 中 IntentService 实用程序类的实现中清楚地看到这一点。

如果服务花了比如 30 分钟来完成任务，它将不会调用 stopSelf 30 分钟。同时，服务会被回收。如果使用非粘滞性标记，服务将不会唤醒，我们从不会调用 stopSelf。

在许多时候，这没有什么问题。但是，如果希望确保发生了这两次调用，可以告诉 Android，在调用 stopSelf 方法之前不要将 start 事件设置为 unque。这可以确保，当服务被回收时，始终有一个挂起的事件，除非调用 stopSelf。这称为 redeliver 模式，可以通过返回 Service.START_REDELIVER 标志，在对 onStartCommand 方法的响应中指明此模式。

19.5.4　在 onStartCommand 中指定服务标志

有趣的是，粘滞性与服务的 onStartCommand 而不是 onCreate 联系紧密。这有点奇怪，因为到目前为止，我们在谈论服务的粘滞性、非粘滞性或重传送模式时，就像它们是服务级的特性一样。但是，对服务性质的这一断定基于 onStartCommand 的返回值。想知道这么做的目的是什么吗？我们也想知道。因为对于相同的服务实例，会调用 onStartCommand 许多次，分别对应于每个 startService。如果方法返回表示不同服务行为的不同标志，该怎么办呢？或许最好的猜测是，最后一个返回值是决定因素。

19.5.5　挑选合适的粘滞性

既然存在多种可能的服务行为组合，何种类型的服务适合长期运行的广播接收程序呢？假设该服务将在队列中没有挂起的消息时停止，我们认为简单、非粘滞性的服务适合。我们发现难以想象存在粘滞性的长期运行的广播接收程序的使用情形，尤其是如果我们希望使用 IntentService，它会希望服务在没有挂起的 Intent 时停止。

在代码清单 19-18 中长期运行的服务的抽象实现中可以看到此结论，其中返回了非粘滞性标志。

19.5.6　从两个位置控制唤醒锁

在提供长期运行的服务的源代码之前，我们谈谈与保持设备打开相关的服务职责。

当服务代码运行时，我们应该使部分唤醒锁生效。为此，当创建服务时，需要创建 LightedGreenRoom 来打开唤醒锁。你可能会说这是通过广播接收程序完成的，确实如此。但是，服务也可以自行唤醒，在这种情况下我们会遗漏 LightedGreenRoom 的设置。所以我们需要同时从两个位置控制唤醒锁。

代码清单 19-14 中长期运行的广播接收程序的代码使用 LightedGreenRoom.setup() 初始化唤醒锁。我们将在服务创建回调中执行相同操作。

除了设置 LightedGreenRoom，我们的服务还需要将自身作为客户端向 LightedGreenRoom 注册。这支持在通过 onDestroy()销毁服务组件时进行清理。

19.5.7　长期运行的服务的实现

既然你已掌握了 IntentService、启动标志的服务和 LightedGreenRoom 的背景知识，是时候看看长期运行的服务了，如代码清单 19-18 所示。

代码清单 19-18　长期运行的服务

```
public abstract class ALongRunningNonStickyBroadcastService
extends IntentService
{
    public static String tag = "ALongRunningBroadcastService";
    protected abstract void
handleBroadcastIntent(Intent broadcastIntent);

public ALongRunningNonStickyBroadcastService(String name){
    super(name);
}
/*
 * This method can be invoked under two circumstances
 * 1. When a broadcast receiver issues a "startService"
 * 2. when android restarts it due to pending "startService" intents.
 *
 * In case 1, the broadcast receiver has already
 * setup the "lightedgreenroom".
 *
 * In case 2, we need to do the same.
 */
@Override
public void onCreate()
{
    super.onCreate();

    //Set up the green room
    //The setup is capable of getting called multiple times.
    LightedGreenRoom.setup(this.getApplicationContext());

    //It is possible that more than one service
    //of this type is running.
    //Knowing the number will allow us to clean up
    //the locks in ondestroy.
    LightedGreenRoom.s_registerClient();
}
@Override
public int onStartCommand(Intent intent, int flag, int startId)
{
    //Call the IntentService "onstart"
    super.onStart(intent, startId);

    //Tell the green room there is a visitor
    LightedGreenRoom.s_enter();

    //mark this as non sticky
    //Means: Don't restart the service if there are no
    //pending intents.
    return Service.START_NOT_STICKY;
}
```

```
/*
 * Note that this method call runs
 * in a secondary thread setup by the IntentService.
 *
 * Override this method from IntentService.
 * Retrieve the original broadcast intent.
 * Call the derived class to handle the broadcast intent.
 * finally tell the lighted room that you are leaving.
 * if this is the last visitor then the lock
 * will be released.
 */
@Override
final protected void onHandleIntent(Intent intent)
    {
        try {
            Intent broadcastIntent
            = intent.getParcelableExtra("original_intent");
            handleBroadcastIntent(broadcastIntent);
        }
        finally {
            LightedGreenRoom.s_leave();
        }
    }
    /*
     * If Android reclaims this process,
     * this method will release the lock
     * irrespective of how many visitors there are.
     */
    @Override
    public void onDestroy() {
        super.onDestroy();
        LightedGreenRoom.s_unRegisterClient();
    }
}
```

显然，此类扩展了 IntentService，获得了 IntentService 所设置的工作线程的所有优势。此外，它进一步特殊化了 IntentService，将它设置为了非粘滞性服务。从开发人员角度讲，要关注的主要方法是抽象的 handleBroadcastIntent()方法。

19.5.8 测试长期运行的服务

到目前为止，我们已经展示了所有必要的代码，它能够快速持续时间大于 10 秒的代码以响应广播事件。这里实现的抽象支持从广播 Intent 到 Intent 处理代码的清晰路径。这种抽象负责执行过程中的所有代码。

19.5.9 开发者的职责

总的来说，作为长执行时间服务的实现者，开发者的职责可以概括如下。

(1) 继承长期运行的抽象服务，实现一个方法：只有 5 行代码（例如，参见代码清单 19-13）。然后在配置清单文件中注册该服务（参见代码清单 19-5 或代码清单 19-19）。

(2) 继承长期运行的广播接收程序：只有五行代码（例如，参见代码清单 19-15）。然后，在配置清单文件中注册这个广播接收程序（参见代码清单 19-5 或代码清单 19-19）。

(3) 注册唤醒锁的用户权限。工作完成！

代码清单 19-19 显示了一个配置清单文件示例，其中注册了长期运行的服务和注册相应的广播接收程序。

代码清单 19-19　长期运行的接收程序和服务定义

```
<manifest…>
……
<application….>
<receiver android:name=".Test60SecBCR">
    <intent-filter>
        <action android:name="com.androidbook.intents.testbc"/>
    </intent-filter>
</receiver>
<service android:name=".Test60SecBCRService"/>
</application>
…..
<uses-permission android:name="android.permission.WAKE_LOCK"/>
</manifest>
```

另请注意，需要唤醒锁权限来运行此长期运行的接收程序的抽象。

19.5.10　框架的职责

框架将完成其余的工作。
❑ 管理唤醒锁。
❑ 将 Intent 透明地从接收程序传输到服务方法。
❑ 管理服务重启和相关的唤醒锁。

从本质上来讲，通过框架，代码好像是由触发广播事件的调用者直接调用。对于程序员而言，就好像中间层里的一切都消失了一样，可以直接实现后续的客户端程序抽象：

(1) 触发事件 event1。
(2) 根据需要，在 method1() 方法中处理事件 event1，持续 15 分钟。

同样，总的来说，组成框架的类包括：
❑ LongRunningService（代码清单 19-18）；
❑ LightedGreenRoom（代码清单 19-17）；
❑ LongRunningBroadcastReceiver（代码清单 19-14）。

包含所有例子和框架的完整源代码都在可下载的压缩文件中。

19.6　关于项目下载文件的一些说明

本章包含两个项目：一个用于测试广播接收程序（称为 TestBCR），另一个用于测试独立接收程序，包括长期运行接收程序和服务（称为 StandaloneBCR）。这两个项目都压缩为可下载库文件；下载地址参见"19.7 节"。强烈建议下载该压缩文件，然后解压缩分别查看各个项目文件。

在 Eclipse 中编译这些项目时，建议先在设备上部署 StandaloneBCR。这是一个普通的.apk 文件。然后，安装菜单驱动的 TestBCR 应用程序。这个 TestBCR 应用程序会显示触发广播事件的菜单。

StandaloneBCR 项目的常规接收程序和长期执行接收程序都会响应这些事件。LogCat 也会显示这些结果。此外，在 LogCat 中还可以看到运行接收程序代码的线程 ID。

19.7   参考资料

下面是一些有用的参考资料，可通过它们进一步研究所关注的主题。

- ❑ http://developer.android.com/reference/android/content/BroadcastReceiver.html：这是 BroadcastReceiver API 的链接。本章介绍了广播接收程序的最基本版本。通过此链接可找到关于有序广播的更多信息和关于其生命周期的一些信息。
- ❑ http://developer.android.com/reference/android/app/Service.html：这是服务 API 的链接。在使用长期运行的服务时，此参考资料尤为重要。
- ❑ http://developer.android.com/reference/android/app/NotificationManager.html：这是通知管理器 API 的链接。
- ❑ http://developer.android.com/reference/android/app/Notification.html：这是通知 API 的链接。在这里将可以找到在使用通知时可用的各种选项，比如内容视图和声音效果。
- ❑ http://developer.android.com/reference/android/widget/RemoteViews.html：这是远程视图 API 的链接。远程视图用于构造通知的自定义细节视图。
- ❑ http://www.androidbook.com/item/3514：可在这里找到作者对长期运行的服务的研究成果。
- ❑ http://www.androidbook.com/item/3482：可在这里找到作者对广播接收程序的研究成果。该说明也解释了如何从接收程序来启动一个活动。
- ❑ http://www.androidbook.com/proandroid4/projects：在这里列出了本书中可下载项目。对于本章，请查找名为 ProAndroid4_Ch19_TestReceivers.zip 的 ZIP 文件。

19.8   小结

本章主要介绍了以下知识点。
- ❑ 通过广播接收程序发送和响应广播事件。
- ❑ 使用通知管理器，从广播接收程序创建和发送通知。
- ❑ 唤醒锁在响应广播接收程序时的作用。
- ❑ 在响应广播接收程序时长期运行服务的作用和用法。

19.9   面试问题

回答下面的问题，进一步巩固本章所学的知识点。
(1) 哪一个方法可用于发送广播事件？
(2) 创建广播接收程序必须继承哪一个类？
(3) 广播接收程序的 onReceive() 方法有哪些输入参数？
(4) 哪一个标签可用于注册广播接收程序？
(5) 如何指出你对特定的广播 Intent 感兴趣？
(6) 外部进程的接收程序是否可以接收广播？
(7) 如何访问通知管理器？

19

(8) 哪一个类可用于构建通知？

(9) 通知的主要组成是什么？

(10) 哪一个方法可用于创建展开的通知视图？

(11) 通知对象的 setContentView()方法的用法是什么？

(12) RemoteViews 的局限性是什么？

(13) IntentService 的目标是什么？

(14) 如果有许多客户端调用 IntentService，那么与客户端相关的线程有多少？

(15) WakefulIntentService 的用法是什么？

(16) 如何访问一个唤醒锁？

(17) 唤醒锁的引用计数有什么相关性？

(18) 如何将一个广播 Intent 传输给服务执行方法？

(19) 在 IntentService 上重写哪个方法？

(20) 循环程序的用法是什么？

(21) 服务的 stopSelf()有什么用法？

(22) 在应用程序中请求唤醒锁需要什么权限？

(23) 如何在广播接收程序中启动一个活动？

第 20 章

闹钟管理器

在 Android 中，可以使用闹钟管理器触发事件。这些事件可在特定的时刻或以固定的时间间隔发生。本章首先将介绍闹钟管理器的基本知识，设置一个简单的闹钟。然后介绍设置重复的闹钟，取消闹钟，挂起 Intent 的角色（特别是它们的唯一性所扮演的角色），以及设置多个闹钟。学习完本章后，你不但会了解 Android 闹钟管理器的基本知识，还会了解它的实际本质。

20.1 闹钟管理器基本知识：设置一个简单的闹钟

本章首先设置一个定期闹钟，让它调用一个广播接收程序。调用广播接收程序后，可以使用来自第 19 章的信息在该广播接收程序中执行简单和长期运行的操作。

此练习中的步骤如下所示。

(1) 获取闹钟管理器的访问权限。

(2) 确定设置闹钟的时刻。

(3) 创建要调用的接收程序。

(4) 创建一个挂起的 Intent，它可传递给闹钟管理器来调用该接收程序。

(5) 使用第 2 步中的时间实例和第 4 步中挂起的 Intent 设置闹钟。

(6) 观察来自第 3 步中所调用接收程序。

20.1.1 获取闹钟管理器人的访问权限

闹钟访问权限的获取很简单，如代码清单 20-1 所示。

代码清单 20-1　获取闹钟管理器

```
AlarmManager am =
(AlarmManager)
    mContext.getSystemService(Context.ALARM_SERVICE);
```

变量 mContext 指的是一个上下文对象。例如，如果从活动菜单调用此代码，上下文变量就是该活动。

20.1.2 设置闹钟时间

要设置闹钟的具体日期和时间，需要一个由 Java 对象 Calendar 标识的时间实例。代码清单 20-2

包含一些处理 Calendar 对象的实用程序。

代码清单 20-2　一些有用的日历实用程序

```
public class Utils {
    public static Calendar getTimeAfterInSecs(int secs) {
        Calendar cal = Calendar.getInstance();
        cal.add(Calendar.SECOND,secs);
        return cal;
    }
    public static Calendar getCurrentTime(){
        Calendar cal = Calendar.getInstance();
        return cal;
    }
    public static Calendar getTodayAt(int hours){
        Calendar today = Calendar.getInstance();
        Calendar cal = Calendar.getInstance();
        cal.clear();

        int year = today.get(Calendar.YEAR);
        int month = today.get(Calendar.MONTH);
        //represents the day of the month
        int day = today.get(Calendar.DATE);
        cal.set(year,month,day,hours,0,0);
        return cal;
    }
    public static String getDateTimeString(Calendar cal){
        SimpleDateFormat df = new SimpleDateFormat("MM/dd/yyyy hh:mm:ss");
        df.setLenient(false);
        String s = df.format(cal.getTime());
        return s;
    }
}
```

从这个实用程序列表中，我们将使用函数 getTimeAfterInSecs() (如代码清单 20-3 所示) 来查找距离现在 30 秒的一个时间实例。

代码清单 20-3　获取时间实例

```
Calendar cal = Utils.getTimeAfterInSecs(30);
```

20.1.3　创建闹钟接收程序

现在需要一个接收程序来设置闹钟。代码清单 20-4 给出了一个简单的接收程序。

代码清单 20-4　用于测试闹钟广播的 TestReceiver

```
public class TestReceiver extends BroadcastReceiver
{
    private static final String tag = "TestReceiver";
    @Override
    public void onReceive(Context context, Intent intent)
    {
```

```
        Log.d tag, "intent=" + intent);
        String message = intent.getStringExtra("message");
        Log.d(tag, message);
    }
}
```

需要在描述文件中使用相应的<receiver>标记来注册此接收程序，如代码清单 20-5 所示。第 19 章详细介绍了该过程。

代码清单 20-5   注册广播接收程序

```
<receiver android:name=".TestReceiver"/>
```

20.1.4   创建适合闹钟的 PendingIntent

有了接收程序之后，可以设置一个 PendingIntent，设置闹钟需要它。不过，我们需要一个 Intent 来创建挂起的 Intent。首先创建一个普通 Intent 来调用代码清单 20-4 中的 TestReceiver。此 Intent 的创建如代码清单 20-6 所示。

代码清单 20-6   创建指向 TestReceiver 的 Intent

```
Intent intent =
    new Intent(mContext, TestReceiver.class);
intent.putExtra("message", "Single Shot Alarm");
```

变量 mContext 是一个活动上下文。我们直接使用了 TestReceiver 类（而没有像第 19 章中对接收程序所做的那样，对 Intent 操作使用 Intent 过滤器）。我们也可以在创建此 Intent 时使用 extra 加载它。

拥有了这个指向接收程序的定期 Intent 之后，需要创建一个挂起的 Intent，有必要将它传递给一个闹钟管理器。代码清单 20-7 包含一个从代码清单 20-6 中的 Intent 创建 PendingIntent 的示例。

代码清单 20-7   创建挂起的 Intent

```
PendingIntent pi =
    PendingIntent.getBroadcast(
mContext,    //context, or activity, or service
1,           //request id, used for disambiguating this intent
intent,      //intent to be delivered
0);          //pending intent flags
```

请注意，我们明确要求 PendingIntent 类构造一个显式适合广播的挂起的 Intent。创建挂起的 Intent 的其他变体如下所示：

```
PendingIntent.getActivity() //useful to start an activity
PendingIntent.getService() //useful to start a service
```

本章后面将详细探讨 request id 参数，我们将它设置为 1，本章后面内容将对此进行更详细的讲解。简单来讲，它用于将两个在所有其他方面类似的 Intent 对象分开。

挂起的 Intent 标志对闹钟管理器几乎没有影响。我们的建议是，始终不使用标志，使用 0 作为它们的值。这些标志通常对于控制挂起的 Intent 的寿命很有用。但是，在本例中，寿命由闹钟管理器维持。例如，要取消一个挂起的 Intent，可以要求闹钟管理器取消它。

20.1.5 设置闹钟

拥有了 Calendar 对象形式的毫秒级时间实例和指向接收程序的挂起的 Intent 之后，可以调用闹钟管理器的 set()方法来设置闹钟，如代码清单 20-8 所示。

代码清单 20-8 闹钟管理器 set()方法

```
am.set(AlarmManager.RTC_WAKEUP,
        cal.getTimeInMillis(),
        pi);
```

如果使用 AlarmManager.RTC_WAKEUP，闹钟将唤醒设备。或者可以在它的位置使用 AlarmManager.RTC 在设备唤醒时提供 Intent。

第二个参数指定的时间是由我们之前创建的 calendarObject（参见代码清单 20-3）所指定的时间实例。此时间以毫秒为单位，从 1970 年开始。这也与 Java Calendar 对象的默认值一致。

调用此方法时，闹钟管理器将在调用该方法后 30 秒调用代码清单 20-4 中的 TestReceiver。

20.1.6 测试项目

我们为本章内容开发了一个测试项目，用于练习到目前为止所列的代码。对这个测试项目的探究是完全可选的。前几节已经列出了理解基本闹钟特性的所有代码。测试项目仅仅提供一个驱动器活动、一个菜单和一个配置清单文件，用于测试所介绍的代码。

可下载项目的 URL 参见 20.4 节。编译和部署这个项目，就可以得到与图 20-1 类似的活动。

图 20-1　测试闹钟管理器的示例活动

说明　操作闹钟管理器，描述文件中不需要特别的准入条件，但操作 Receiver 就需要了。

如果单击 Alarm Once 菜单项，就会调用前几节所涉及的代码。

一部分测试项目中的可用菜单项如图 20-1 所示。要查看其他菜单项，可单击 More 图标查看剩余菜单。此视图如图 20-2 所示。

图 20-2 示例活动的展开菜单

在本章接下来给出相关代码时，我们要探讨其他菜单项的用法。

20.2 探索其他闹钟管理器场景

现在我们已介绍了设置闹钟的基本知识，接下来将介绍其他一些场景，比如设置重复闹钟和取消闹钟。我们还将介绍在使用闹钟管理器时可能遇到的异常条件。

20.2.1 设置重复闹钟

前面已介绍了如何设置简单的一次性闹钟，下面看看如何设置重复闹钟。参见代码清单 20-9。

代码清单 20-9 设置重复闹钟

```
public void sendRepeatingAlarm()
{
    Calendar cal = Utils.getTimeAfterInSecs(30);
    String s = Utils.getDateTimeString(cal);

    //Get an intent to invoke the receiver
    Intent intent =
        new Intent(this.mContext, TestReceiver.class);
    intent.putExtra("message", "Repeating Alarm");

    PendingIntent pi = this.getDistinctPendingIntent(intent, 2);
    // Schedule the alarm!
    AlarmManager am =
```

```
       (AlarmManager)
           this.mContext.getSystemService(Context.ALARM_SERVICE);

    am.setRepeating(AlarmManager.RTC_WAKEUP,
           cal.getTimeInMillis(),
           5*1000, //5 secs repeat
           pi);
}

protected PendingIntent getDistinctPendingIntent
                (Intent intent, int requestId)
{
    PendingIntent pi =
        PendingIntent.getBroadcast(
            mContext,        //context, or activity
            requestId,       //request id
            intent,              //intent to be delivered
            0);
        return pi;
}
```

代码清单 20-9 中的代码的重要元素已突出显示。重复闹钟通过在闹钟管理器对象上调用 setRepeating()方法来设置。此方法的一个输入是一个指向接收程序的挂起的 Intent。我们使用了代码清单 20-6 创建的指向 TestReceiver 广播接收程序的相同 Intent。

但是，使用它构造挂起的 Intent 时，我们使用了一个唯一请求代码，比如 2。如果不这么做，将看到比较奇怪的行为。假设首先单击重复闹钟的菜单项。这将安排闹钟重复响铃并调用 Test Receiver。假设此重复闹钟在 30 秒内开始。现在，继续单击菜单项，如 Alarm Once。这将安排闹钟在 30 秒内响铃一次并调用相同的 TestReceiver。

如果这两个菜单项都有效，我们可以看到两种闹钟响铃。但是，可以注意到闹钟仅将响铃一次。要使此操作正常工作，必须在挂起的 Intent 上使用不同的 requestcode。我们将在 20.2.4 节讲解 requestcode 的原理。

同样，如果想利用可下载测试程序，可以选择如图 20-1 所示的 AlarmRepeat 菜单项来调用代码清单 20-9（重复设置闹钟）中的代码。

20.2.2 取消闹钟

为了帮助理解如何取消闹钟，我们将使用代码清单 20-10 中的代码。

代码清单 20-10 取消重复闹钟

```
public void cancelRepeatingAlarm()
{
    //Get an intent that was originally
    //used to invoke TestReceiver class
    Intent intent =
        new Intent(this.mContext, TestReceiver.class);

    //To cancel, extra is not necessary to be filled in
    //intent.putExtra("message", "Repeating Alarm");

    PendingIntent pi = this.getDistinctPendingIntent(intent, 2);

    // Cancel the alarm!
```

```
AlarmManager am =
    (AlarmManager)
        this.mContext.getSystemService(Context.ALARM_SERVICE);
am.cancel(pi);
}
```

要取消闹钟，必须首先构造一个挂起的 Intent，然后将它作为 cancel()方法的参数传递给闹钟管理器。

但是，必须注意确保采用设置闹钟时的相同方式来构造 pendingintent，包括请求代码和目标接收程序。在代码清单 20-10 中，我们再次使用了 getDistinctPendingIntent()方法，该方法在代码清单 20-9 中给出。

在取消 Intent 创建过程中，可以忽略原始 Intent 的额外信息（参见代码清单 20-10），因为在取消 Intent 时不需要使用这些额外信息。（这是因为，在确定 Intent 唯一性时，并不需要 Intent 额外信息。本章后面的内容将讨论这个问题。）

若在使用可下载测试项目，要测试此功能，可以首先选择 Alarm Repeat 菜单项（参见图 20-1）。这将每隔 5 秒更新一次 Logcat。现在，如果单击 Cancel Alarms 菜单项，消息将停止。

20.2.3   使用多个闹钟

当设置多个指向相同接收程序的闹钟时，在我们看来，会向闹钟管理器添加一种不太直观的行为——如果多次调用一个指向特定接收程序的闹钟，只有最后一次调用将生效。

为了解释此行为，首先看看我们在代码清单 20-11 中准备的测试器。此代码清单中有两个方法，第一个方法 scheduleSameIntentMultipleTimes()多次调度相同的 Intent。第二个函数 schedule DistinctIntents()执行相同操作，但借助请求 ID 来区分 Intent。

代码清单 20-11   使用多个闹钟

```
/*
 * Same intent cannot be scheduled multiple times.
 * If you do, only the last one will take affect.
 *
 * Notice you are using the same request id.
 */
public void scheduleSameIntentMultipleTimes()
{
    //Get multiple time instances
    Calendar cal = Utils.getTimeAfterInSecs(30);
    Calendar cal2 = Utils.getTimeAfterInSecs(35);
    Calendar cal3 = Utils.getTimeAfterInSecs(40);
    Calendar cal4 = Utils.getTimeAfterInSecs(45);

    //Print to the debug view that we are
    //scheduling at a specific time
    //mReportTo.reportBack() is just a method to log
    //See the downloadable project for full details
    //Or you can delete the following two lines or use Log.d()
    String s = Utils.getDateTimeString(cal);
    mReportTo.reportBack(tag, "Scheduling alarm at: " + s);


    //Get an intent to invoke a receiver
    Intent intent =
```

```
            new Intent(mContext, TestReceiver.class);
    intent.putExtra("message", "Same intent multiple times");

    PendingIntent pi = this.getDistinctPendingIntent(intent, 1);

    // Schedule this same intent multiple times
    AlarmManager am =
        (AlarmManager)
            mContext.getSystemService(Context.ALARM_SERVICE);

    am.set(AlarmManager.RTC_WAKEUP,
            cal.getTimeInMillis(),
            pi);

    am.set(AlarmManager.RTC_WAKEUP,
            cal2.getTimeInMillis(),
            pi);
    am.set(AlarmManager.RTC_WAKEUP,
            cal3.getTimeInMillis(),
            pi);
    am.set(AlarmManager.RTC_WAKEUP,
            cal4.getTimeInMillis(),
            pi);
}
/*
 * Same intent can be scheduled multiple times
 * if you change the request id on the pending intent.
 * Request id identifies an intent as a unique intent.
 */
public void scheduleDistinctIntents()
{
    //Get the instance in time that is
    //30 secs from now.
    Calendar cal = Utils.getTimeAfterInSecs(30);
    Calendar cal2 = Utils.getTimeAfterInSecs(35);
    Calendar cal3 = Utils.getTimeAfterInSecs(40);
    Calendar cal4 = Utils.getTimeAfterInSecs(45);

    //If you want to point to 11:00 hours today.
    //Calendar cal = Utils.getTodayAt(11);
    //Print to the debug view that we are
    //scheduling at a specific time
    String s = Utils.getDateTimeString(cal);

    //Get an intent to invoke
    //TestReceiver class
    Intent intent =
        new Intent(mContext, TestReceiver.class);
    intent.putExtra("message", "Schedule distinct alarms");

    //Schedule the same intent but with different req ids.
    AlarmManager am =
        (AlarmManager)
            mContext.getSystemService(Context.ALARM_SERVICE);

    am.set(AlarmManager.RTC_WAKEUP,
            cal.getTimeInMillis(),
            getDistinctPendingIntent(intent,1));

    am.set(AlarmManager.RTC_WAKEUP,
            cal2.getTimeInMillis(),
            getDistinctPendingIntent(intent,2));
```

```
        am.set(AlarmManager.RTC_WAKEUP,
                cal3.getTimeInMillis(),
                getDistinctPendingIntent(intent,3));
        am.set(AlarmManager.RTC_WAKEUP,
                cal4.getTimeInMillis(),
                getDistinctPendingIntent(intent,4));
}
```

在方法 scheduleSameIntentMultipleTimes () 的代码中，我们获取了相同的 Intent 并调度它 4 次。从图 20-1 中选择 Multiple Alarms 菜单来测试此方法时将看到这一点：只有最后一个闹钟被触发，前面的所有闹钟都被忽略了。

解决此问题的推荐方式是更改每个挂起的 Intent 当其下面的 Intent 相同，来使用不同的请求 ID。这就是我们使用函数 getDistinctPendingIntent() 的原因，它基于请求 ID 快速创建挂起的 Intent。代码清单 20-9 给出了此函数的源代码。

通过代码清单 20-11 中的 scheduleDistinctIntents() 方法修复重复 Intent 的问题。在这里，我们修改了请求 ID，所以 TestReceiver 将调用多次，可以在 LogCat 中看到相关证据。

20.2.4   Intent 在设置闹钟时的首要职责

到目前为止，我们多次提到过，如果在相同类型的 Intent 上设置闹钟，只有最后一个闹钟生效。下面分析一下这背后的原因。在所有代码示例中，你可能认为我们在闹钟管理器上设置了一个闹钟。至少，这是 AIP 通过公开以下方法带给我们的印象：

```
alarmManager.set(time, intent);
```

但是，假设我们执行以下代码：

```
alarmManager.set(time1, intent1);
alarmManager.setRepeated(time2, interval, intent1);
```

你可能期望 intent1 对象是一个被动接收程序并供两个闹钟调用。但是实际上，只有最后一个 set 方法有效。这就像我们在下面的例子中对 Intent 所进行的设置一样：

```
intent1.set(...)
intent1.setRepeated(..)
```

在这种情况下，可能合理的做法是，拥有一个 Intent 对象并在它之上设置一个闹钟，如果多次设置它，将重置上一个闹钟，就像桌面上的闹钟一样。

此概念可使用代码清单 20-12 中列出的测试器进行测试。

代码清单 20-12   测试 Intent 首要职责的代码

```
/*
 * It is not the alarm that matters but the pending intent.
 * Even with a repeating alarm for an intent,
 * if you schedule the same intent again for one time,
 * the later one takes affect.
 *
 * It is as if you are setting the alarm on an existing intent multiple
 * times and not the other way around.
 */
public void alarmIntentPrimacy()
{
```

```
Calendar cal = Utils.getTimeAfterInSecs(30);
String s = Utils.getDateTimeString(cal);

//Get an intent to invoke
//TestReceiver class
Intent intent =
    new Intent(this.mContext, TestReceiver.class);
intent.putExtra("message", "Repeating Alarm");

PendingIntent pi = getDistinctPendingIntent(intent,0);
AlarmManager am =
    (AlarmManager)
        this.mContext.getSystemService(Context.ALARM_SERVICE);

am.setRepeating(AlarmManager.RTC_WAKEUP,
        cal.getTimeInMillis(),
        5*1000, //5 secs
        pi);

am.set(AlarmManager.RTC_WAKEUP,
        cal.getTimeInMillis(),
        pi);
}
```

为什么在相同 Intent 上设置时，后一个闹钟会替换前一个？

Android 开发小组中许多人指出，如果两个 Intent 的特性相同，它们实际上将生成同一个 PendingIntent 对象。将这些 Intent 设置为多个闹钟的目标，类似于在相同 Intent 上设置多个闹钟时间。

但是，在查看 Android SDK 的 AlarmManagerService（这是 IAlarmManager 接口的实现）的源代码时，真正发生的事情就变得明了了。代码清单 20-13 包含用于设置闹钟的代码片段（所有设置最终将流经此 SDK 代码）。

代码清单 20-13 从 Android 源代码中提取的 AlarmManagerService 实现

```
160    public void setRepeating(int type, long triggerAtTime, long interval,
161            PendingIntent operation) {
162        if (operation == null) {
163            Slog.w(TAG, "set/setRepeating ignored because there is no intent");
164            return;
165        }
166        synchronized (mLock) {
167            Alarm alarm = new Alarm();
168            alarm.type = type;
169            alarm.when = triggerAtTime;
170            alarm.repeatInterval = interval;
171            alarm.operation = operation;
172
173            // Remove this alarm if already scheduled.
174            removeLocked(operation);
175
176            if (localLOGV) Slog.v(TAG, "set: " + alarm);
177
178            int index = addAlarmLocked(alarm);
179            if (index == 0) {
180                setLocked(alarm);
181            }
182        }
183    }
```

请注意，在 set 方法的中部，代码调用了 removeLocked(operation)，其中 operation 参数为 PendingIntent。这会删除前一个闹钟。实际上，当调用 cancel(pendingIntent) 时，它最终会调用相同的 removeLocked(pendingIntent)。

在本质上，SDK 选择取消前面的闹钟并仅为特定的挂起的 Intent 保留最后一个闹钟。如果不希望这么做，将需要使用请求 ID 限定挂起的 Intent。

在仔细分析 cancel() API 时也会看到这一点，该 API 仅接受 PendingIntent 对象。如果闹钟和 PendingIntent 之间的关系不是唯一的，仅基于 PendingIntent 来取消闹钟有何意义？

当然，如果想要取消任何以前的闹钟并为特定的接收程序设置一个新闹钟，也可以使用此功能。

20.2.5　闹钟的持久化

关于闹钟最后要注意的一点是，它们不能保存到设备重新启动以后。这意味着将需要在持久存储中保存闹钟设置和挂起的 Intent，基于设备重新启动广播消息以及可能的时间变化消息（比如 android.intent.action.BOOT_COMPLETED、ACTION_TIME_CHANGED 和 ACTION_TIMEZONE_CHANGED）来注册它们。

20.3　闹钟管理器事实

本章最后快速总结以下与闹钟、挂起的 Intent 和闹钟管理器相关的一些事实。

- 挂起的Intent是保存在池中供重用的Intent，无法新建挂起的Intent。只能对挂起的Intent进行重用、更新等。
- Intent 根据其操作、数据 URI 和类别来唯一区分。此唯一性的详细信息在 Intent 类的 filterEquals() API中指定。
- 挂起的Intent可使用请求代码进一步限定（当然还有它所依赖的基础Intent）。
- 闹钟和挂起的Intent（甚至类似的Intent）不是独立的。一个挂起的Intent无法用于多个闹钟。最后一个闹钟将覆盖前面的闹钟。
- 闹钟无法持久保存到重新启动以后。无论通过闹钟管理器设置了什么样的闹钟，它们在设备重新启动之后都会丢失。
- 如果希望将闹钟保存到设备重新启动之后，需要自行持久化闹钟参数。需要监听广播启动事件和时间更改事件，以根据需要重置这些闹钟。
- 基于Intent的取消API的意义在于，当使用或持久化闹钟时，也需要持久化Intent，这样这些闹钟才能在以后需要时取消。

20.4　参考资料

以下参考资料有助于进一步理解本章中的知识。请特别注意本节中最后一个参考资料的 URL，可使用它下载为本章开发的项目。

- http://developer.android.com/reference/android/app/AlarmManager.html：这是闹钟管理器API。在这里可以找到set、setRepeating和cancel等方法的签名。

❑ http://developer.android.com/reference/android/app/PendingIntent.html：此网站解释了如何构造挂起的Intent。不要太过关注挂起的Intent标志，它们对于闹钟管理器不是很重要。

❑ www.androidbook.com/item/1040：可以在这里看到使用日期和时间类的简单示例和一些参考信息。

❑ www.androidbook.com/item/3503：这里包含我们对闹钟管理器的基本的研究。

❑ http://download.oracle.com/docs/cd/E17476_01/javase/1.4.2/docs/api/java/util/Calendar.html：可以使用此参考资料更好地理解如何使用Calendar对象。

❑ http://www.androidbook.com/proandroid4/projects：可以在这里找到本书中所引用的一组可下载的项目。对于本章，请查找ZIP文件ProAndroid4_Ch20_TestAlarmManager.zip。

20

20.5 小结

本章主要介绍了以下内容。
❑ 创建一个闹钟。
❑ 设置一个重复闹钟。
❑ 取消一个闹钟。
❑ 使用请求ID使挂起Intent具有唯一性。

20.6 面试问题

回答以下问题，进一步巩固本章所学关于 Android 闹钟的知识点。

(1) 如何访问闹钟管理器？

(2) 设置闹钟时需要使用哪些对象？

(3) Java Calendar 对象的起始时间/年份是什么？

(4) 访问闹钟管理器是否需要在配置清单文件中设置特殊权限？

(5) 闹钟管理器使用什么方法重复设置闹钟？

(6) 如何在 Intent 之外创建一个广播挂起 Intent？

(7) Intent 额外数据在闹钟设置上发挥什么作用？

(8) 在挂起的 Intent 中，请求 ID 有什么作用？

(9) 在挂起的 Intent 的唯一性方面，请求 ID 有什么作用？

(10) 如何取消一个闹钟？输入数据是什么？

(11) 唤醒闹钟管理器中有哪些标志？

(12) 如何同一个 Intent 上设置了多个闹钟，为什么最后一个 Intent 优先执行？

第 21 章

2D 动画揭秘 *21*

动 画允许屏幕上的一个对象随时间更改其颜色、位置、大小或方向。Android 中的动画功能非常实用、有趣和简单，并且会经常使用。

Android 2.3 及以前的版本支持 3 种类型的动画：逐帧动画、布局动画和视图动画。在逐帧动画中，一系列帧以固定时间间隔逐个绘制；布局动画将容器视图内的视图制作成动画，比如列表和表格；视图动画将任何通用视图制作成动画。后两种类型可合称为补间动画，它包括关键图形之间的图形。

说明 Android 3.0 通过引入为 UI 元素特性制作动画的功能，改进了动画。其中一些功能（尤其是适用于新的碎片概念的功能）将在第 8 章中介绍。本章将更为深入地介绍该主题，因为对于动画而言，人们更倾向于使用这个新方法。

补间动画的另一种解释是：它不是逐帧动画。如果无需重复多个帧即可实现图像的动画效果，那么你制作的就是补间动画。例如，如果一个图像现在位于位置 A 并将在 4 秒内到达位置 B，我们可以每秒更改一次位置并重新绘制相同的图像。这将使该图像看起来好像从 A 移动到了 B。

动画的理念是：知道图形的起始状态和结束状态，就可以改变图形在中间时段的某些方面。这种变化可以是颜色变化、位置变化、大小变化以及其他元素的变化。使用计算机，可以通过以一定时间间隔更改中间值和重新绘制表面来实现这类动画。

本章将通过正常运行的示例和深入的分析介绍逐帧动画、布局动画和视图动画。

说明 本章末提供了一个 URL，可使用它下载本章的项目并将它们直接导入 Eclipse。

21.1 逐帧动画

逐帧动画是以很短的间隔连续显示一系列图像的简单过程，所以最终效果是一个移动或变化的对象。电影放映机就采用了这种工作方式。我们将介绍一个例子，这个例子设计一幅图像并将它保存为一系列不同的图像，每幅图像之间具有细微的差别。然后通过示例代码获取这组图像并显示它们，以模拟动画效果。

21.1.1 计划逐帧动画

在开始编写代码之前，首先需要使用一系列图像来计划动画顺序。作为这次计划练习的例子，图

21-1 展示了一组大小相同的圆环，在每个圆环的不同位置上放置一个彩色的球。在这一系列图像中，圆环的大小和位置保持不变，而彩色球处于圆环线上不同的位置。保存了七八个这样的帧之后，就可以使用动画来表示这个彩色球在围绕圆环移动。

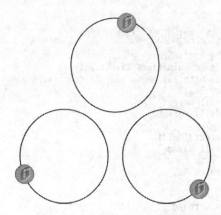

图 21-1 在编码之前设计动画

为图像指定一个基础名称 colored-ball。然后可以在/res/drawable 子目录下存储 8 个这样的图像，这样就可以使用相应的资源 ID 来访问它们。每个图像的名称将具有 colored-ballN 这样的模式，其中 N 是表示图像编号的数字。完成动画之后，我们希望它具有类似于图 21-2 所示的效果。

图 21-2 逐帧动画测试工具

此活动的主要区域由动画视图使用，我们将包含一个按钮来开始和停止动画，以观察它的行为。我们还在顶部包含了一个调试便签条，在练习此程序时可以在这里记录任何重要的事件。接下来看一下如何为此活动创建布局。

21.1.2   创建活动

首先在 frame_animations_layout.xml 文件的/res/layout 子目录下创建基本的 XML 布局文件（参见代码清单 21-1）。

代码清单 21-1   逐帧动画示例的 XML 布局文件

```
<?xml version="1.0" encoding="utf-8"?>
<!--filename: /res/layout/frame_animations_layout.xml -->
<LinearLayout xmlns:android="http://schemas.android.com/apk/res/android"
    android:orientation="vertical"
    android:layout_width="fill_parent"
    android:layout_height="fill_parent"
    >
<TextView android:id="@+id/textViewId1"
    android:layout_width="fill_parent"
    android:layout_height="wrap_content"
    android:text="Debug Scratch Pad"
    />
<Button
    android:id="@+id/startFAButtonId"
    android:layout_width="fill_parent"
    android:layout_height="wrap_content"
    android:text="Start Animation"
/>
<ImageView
        android:id="@+id/animationImage"
        android:layout_width="fill_parent"
        android:layout_height="wrap_content"
        />
</LinearLayout>
```

第一个控件是调试便签条文本控件，这是一个简单的 **TextView**。然后添加一个按钮来开始和停止动画。最后一个视图是 **ImageView**，用于播放动画。有了布局之后，创建一个活动来加载此视图（参见代码清单 21-2）。

代码清单 21-2   加载 ImageView 的活动

```
public class FrameAnimationActivity extends Activity
{
    @Override
    public void onCreate(Bundle savedInstanceState)
    {
        super.onCreate(savedInstanceState);
        setContentView(R.layout.frame_animations_layout);
    }
}
```

执行以下代码，可以通过当前应用程序中的任何菜单项运行此活动：

```
Intent intent = new Intent(inActivity,FrameAnimationActivity.class);
inActivity.startActivity(intent);
```

现在，将会看到一个类似于图 21-3 所示的活动。

图 21-3　逐帧动画活动

21.1.3　将动画添加到活动

　　创建了活动和布局之后，我们将介绍如何向此示例添加动画。在 Android 中，通过图形包中的 AnimationDrawable 类来完成逐帧动画。

　　从它的名称可以看出，它与可用作任何视图背景的任何其他图形对象类似。例如，背景位图表示为 Drawable。除了属于 Drawable，类 AnimationDrawable 还可以获取一组其他 Drawable 资源（比如图像）并以指定的时间间隔呈现它们。此类实际上是围绕 Drawable 基类所提供的动画支持的瘦包装器。

> 提示　Drawable 类实现动画的方式是，要求容器或视图调用 Runnable 类，该类实际是使用不同的参数集重新绘制 Drawable。请注意，要使用 AnimationDrawable 类，无需知道这些内部实现细节。但如果需求更加复杂，在编写动画协议时可以参考 AnimationDrawable 的源代码。

　　要使用 AnimationDrawable 类，首先将一组 Drawable 资源（比如一组图像）放在/res/drawable 子目录下。在我们的示例中，这些资源与 21.1.1 节介绍的 8 个图像相似，但稍有不同。然后构造一个 XML 文件来定义这组帧（参见代码清单 21-3）。此 XML 文件也需要放在/res/drawable 子目录下。

代码清单 21-3　定义要制作成动画的一组帧的 XML 文件

```
<animation-list xmlns:android="http://schemas.android.com/apk/res/android"
android:oneshot="false">
    <item android:drawable="@drawable/colored_ball1" android:duration="50" />
    <item android:drawable="@drawable/colored_ball2" android:duration="50" />
    <item android:drawable="@drawable/colored_ball3" android:duration="50" />
    <item android:drawable="@drawable/colored_ball4" android:duration="50" />
```

```
    <item android:drawable="@drawable/colored_ball5" android:duration="50" />
    <item android:drawable="@drawable/colored_ball6" android:duration="50" />
    <item android:drawable="@drawable/colored_ball7" android:duration="50" />
    <item android:drawable="@drawable/colored_ball8" android:duration="50" />
</animation-list>
```

说明　在准备这个图像列表时，我们必须留意 AnimationDrawable 类的一些限制。此类在开始动画之前需要将所有图像载入内存。当在 Android 2.3 模拟器中测试此类时，一组超过 6 个的图像超出了为每个应用程序分配的内存限制。根据不同的测试平台，可能需要限制所拥有的帧数。要克服此限制，需要直接使用 Drawable 的动画功能并设计自定义解决方案。遗憾的是，本书的这一版中还未详细介绍 Drawable 类。请关注 www.androidbook.com，因为我们打算尽快发布一条更新。

每帧通过相应资源 ID 指向所保存的一个彩色球图像。animation-list 标记将转换为 AnimationDrawable 对象，表示这个图像集合。然后需要将此 Drawable 设置为示例中 ImageView 的背景资源。假设此 XML 文件的名称为 frame_animation.xml，并且位于/res/drawable 子目录下，可以使用以下代码将 AnimationDrawable 设置为 ImageView 的背景：

```
view.setBackGroundResource(R.drawable.frame_animation);
```

使用此代码，Android 确定资源 ID R.drawable.frame_animation 为 XML 资源，并相应地为其构造一个合适的 AnimationDrawable Java 对象，然后将它设置为背景。设置完成后，可以在 view 对象上执行 get 语句来访问此 AnimationDrawable 对象，如下所示：

```
Object  backgroundObject = view.getBackground();
AnimationDrawable ad = (AnimationDrawable)backgroundObject;
```

有了 AnimationDrawable 对象之后，可以使用此对象的 start() 和 stop() 方法来开始和停止动画。此对象上还包含另外两个重要的方法：

```
setOneShot();
addFrame(drawable, duration);
```

setOneShot() 方法运行一次动画，然后停止。addFrame() 方法使用 Drawable 对象添加一个新帧并设置其显示持续时间。addFrame() 方法的功能类似于 XML 标记 android:drawable。

将所有这些代码组合到一起，就得到了我们的逐帧动画测试工具的完整代码（参见代码清单 21-4 ）。

代码清单 21-4　逐帧动画测试工具的完整代码

```
public class FrameAnimationActivity extends Activity {
    @Override
    public void onCreate(Bundle savedInstanceState)
    {
        super.onCreate(savedInstanceState);
        setContentView(R.layout.frame_animations_layout);
        this.setupButton();
    }
    private void setupButton()
    {
```

```
        Button b = (Button)this.findViewById(R.id.startFAButtonId);
        b.setOnClickListener(
            new Button.OnClickListener(){
                public void onClick(View v)
                {
                    parentButtonClicked(v);
                }
            });
    }
    private void parentButtonClicked(View v)
    {
        animate();
    }
    private void animate()
    {
        ImageView imgView =
            (ImageView)findViewById(R.id.animationImage);
        imgView.setVisibility(ImageView.VISIBLE);
        imgView.setBackgroundResource(R.drawable.frame_animation);

        AnimationDrawable frameAnimation =
            (AnimationDrawable) imgView.getBackground();

        if (frameAnimation.isRunning())
        {
            frameAnimation.stop();
        }
        else
        {
            frameAnimation.stop();
            frameAnimation.start();
        }
    }
}//eof-class
```

animate()方法在当前活动中定位 ImageView，并将其背景设置为由资源 R.drawable.frame_animation 所标识的 AnimationDrawable。这段代码然后获取此对象并运行动画。设置的 Start/Stop 按钮的用途是，如果动画正在运行，单击该按钮将停止动画；如果动画处于停止状态，单击该按钮将开始运行它。

请注意，如果将动画列表的 OneShot 参数设置为 true，那么动画将在执行一次之后停止。但是，没有明确的方法来了解动画何时停止。尽管动画在播放完最后一张图片之后停止，但它完成时未提供任何回调。因此，无法直接调用另一个操作来响应播放完的动画。

抛开这一缺点，可以通过简单的逐帧动画流程，绘制一系列连续的图像来获得出色的视觉效果。

21.2　布局动画

类似于逐帧动画，布局动画非常简单。顾名思义，布局动画专门用于以特定方式摆放的某些类型的视图。例如布局动画可用于 ListView 和 GridView 类，它们是 Android 中常用的两个控件。具体来讲，使用布局动画向 ListView 或 GridView 中每个项目的显示方式添加视觉效果。实际上，可以在由 ViewGroup 派生而来的所有控件上使用这种动画类型。

与逐帧动画不同的是，布局动画不是通过重复帧来实现的，而是通过不断更改视图的各种属性来实现。Android 中的每个视图都具有一个变换矩阵，它将该视图映射到屏幕。通过以多种方式更改此矩阵，可以实现视图的缩放、旋转和移动（平移）。例如，将视图的透明度从 0 更改为 1，可以实现所谓的 alpha 动画。

21.2.1   基本的补间动画类型

下面将详细介绍基本的补间动画类型。

❑ 缩放动画   可以使用此类型的动画来沿 x 轴或 y 轴缩小或放大视图。也可以指定一个支点并围绕该支点来缩放动画。

❑ 旋转动画   可以使用此类型的动画围绕支点将视图旋转一定角度。

❑ 平移动画   可以使用此类型的动画沿 x 轴或 y 轴移动视图。

❑ alpha 动画   可以使用此类型的动画更改视图的透明度。

将这些动画定义为 XML 文件并放在/res/anim 子目录下。代码清单 21-5 给出了一个简短示例，介绍了如何在 XML 文件中声明这些动画中的其中一种。

代码清单 21-5   XML 文件/res/anim/scale.xml 所定义的缩放动画

```
<set xmlns:android="http://schemas.android.com/apk/res/android"
android:interpolator="@android:anim/accelerate_interpolator">
    <scale
        android:fromXScale="1"
        android:toXScale="1"
        android:fromYScale="0.1"
        android:toYScale="1.0"
        android:duration="500"
        android:pivotX="50%"
        android:pivotY="50%"
        android:startOffset="100" />
</set>
```

与这些动画 XML 定义相关的所有参数值都有一个 from 和 to 标记，因为必须指定动画的开始值和结束值。

每个动画还支持将持续时间和时间插值器用作参数。本节末尾将介绍插值器，现在只需知道插值器决定动画参数在动画播放期间的变化率。

创建此声明性动画文件后，可以将此动画与一个布局相关联，这意味着布局中的每个视图都将实现此动画。

说明   应该指出，这些动画中的每一个都表示为 android.view.animation 包中的 Java 类。每个类的 Java 文档不仅描述了它的 Java 方法，还描述了每种动画类型所允许的 XML 参数。

既然我们已经介绍了有关动画类型的足够多的背景知识，你应该理解了布局动画，接下来设计一个例子。

21.2.2   计划布局动画测试工具

可以在活动中使用一组简单的 ListView 来测试前面介绍的所有布局动画概念。有了 ListView 之后，可以将动画附加到它之上，这样，每个列表项都将实现该动画。

假设已有一个缩放动画，它使视图沿 y 轴从 0.1 放大到它的原始大小。这看起来就像一行文本，它最初显示为一个水平线，然后不断变宽以增大到它的实际字号。

可以将该动画附加到 ListView。完成之后，ListView 将使用此动画将该列表中的每一项制作成动画。

可以设置其他一些参数来扩展基本动画，比如以动画方式自顶向下或自底向上显示列表项。可以通过一个中间类来指定这些参数，这个中间类充当着各个动画 XML 文件与列表视图之间的媒介。

各个动画和媒介都可以在/res/anim 子目录下的 XML 文件中定义。创建了媒介 XML 文件之后，可以在 ListView 自己的 XML 布局定义中使用该文件作为输入。基本设置生效之后，可以调整各个动画，以查看它们如何影响 ListView 的显示效果。

在开始此练习之前，应该看看在动画完成之后 ListView 的外观（参见图 21-4）。

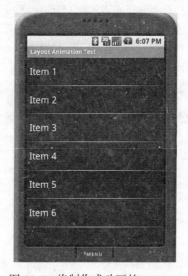

图 21-4　将制作成动画的 ListView

21.2.3　创建活动和 ListView

首先为图 21-4 中所示的 ListView 创建 XML 布局，以便将该布局加载到基本活动中。代码清单 21-6 包含一个简单布局，其中包含一个 ListView。需要将此文件放在/res/layout 子目录中。假设文件名为 list_layout.xml，完整的文件将位于/res/layout/list_layout.xml 中。

代码清单 21-6　定义 ListView 的 XML 布局文件

```
<?xml version="1.0" encoding="utf-8"?>
<!-- filename: /res/layout/list_layout.xml -->
<LinearLayout xmlns:android="http://schemas.android.com/apk/res/android"
    android:orientation="vertical"
    android:layout_width="fill_parent"
    android:layout_height="fill_parent"
    >
```

```
<ListView
    android:id="@+id/list_view_id"
    android:layout_width="fill_parent"
    android:layout_height="fill_parent"
    />
</LinearLayout>
```

代码清单 21-6 展示了一个简单的 LinearLayout，其中包含一个 ListView。但是，关于 ListView 的定义（此内容与本章内容无关），我们应该说明一点：经常会看到 ListView 的 ID 通常指定为 @android:id/list。资源引用@android:id/ list 指向一个在 android 命名空间中预定义的 ID。那么，何时使用此 android:id 或我们自己的 ID（比如@+id/list_view_id）？

只有在活动是 ListActivity 时，才需要使用@android:id/list。ListActivity 假设有一个由这个预先确定的 ID 标识的 ListView 可供加载。在本例中，使用一种通用活动，而不是 ListActivity，而且需要自行明确地填充 ListView。因此，对于分配来表示此 ListView 的 ID 类型，没有任何限制。但是，也可以选择使用@android:id/list，这不会引发任何冲突，因为我们看不到任何 ListActivity。

有点跑题了，但是在 ListActivity 外部创建自己的 ListView 时应该注意这一点。既然有了活动需要的布局，就可以为活动编写代码来加载此布局文件，从而生成 UI（参见代码清单 21-7）。

代码清单 21-7　布局动画活动的代码

```
public class LayoutAnimationActivity extends Activity
{
    @Override
    public void onCreate(Bundle savedInstanceState)
    {
        super.onCreate(savedInstanceState);
        setContentView(R.layout.list_layout);
        setupListView();
    }
    private void setupListView()
    {
        String[] listItems = new String[] {
            "Item 1", "Item 2", "Item 3",
            "Item 4", "Item 5", "Item 6",
        };

        ArrayAdapter<String> listItemAdapter =
            new ArrayAdapter<String>(this
                    ,android.R.layout.simple_list_item_1
                    ,listItems);
        ListView lv = (ListView)this.findViewById(R.id.list_view_id);
        lv.setAdapter(listItemAdapter);
    }
}
```

参考第 6 章关于使用列表视图和填充列表视图方式的内容。现在可以使用以下代码，从应用程序的任何菜单项调用此活动 LayoutAnimationActivity。

```
Intent intent = new Intent(inActivity,LayoutAnimationActivity.class);
inActivity.startActivity(intent);
```

但是，与任何其他活动调用一样，需要在 AndroidManifest.xml 文件中注册 LayoutAnimationActivity，前面的 Intent 调用才会生效。下面给出了注册代码：

```
<activity android:name=".LayoutAnimationActivity"
        android:label="View Animation Test Activity"/>
```

21.2.4　将 ListView 制作成动画

既然已准备好测试工具（代码清单 21-6 和代码清单 21-7），接下来将介绍如何将缩放动画应用到此 ListView 中。我们看一下如何在 XML 文件中定义此缩放视图（参见代码清单 21-8）。

代码清单 21-8　在 XML 文件中定义缩放动画

```xml
<?xml version="1.0" encoding="utf-8"?>
<!-- filename: /res/anim/scale.xml -->
<set xmlns:android="http://schemas.android.com/apk/res/android"
android:interpolator="@android:anim/accelerate_interpolator">
    <scale
            android:fromXScale="1"
            android:toXScale="1"
            android:fromYScale="0.1"
            android:toYScale="1.0"
            android:duration="500"
            android:pivotX="50%"
            android:pivotY="50%"
            android:startOffset="100" />
</set>
```

前面介绍过，这些动画定义文件位于/res/anim 子目录中。

我们介绍一下这些 XML 特性。

❏ from 和 to 比例值指向开始和结束的放大系数。在本例中，x 轴上的放大系数从 1 开始并保持为 1。这意味着列表项不会在 x 轴方向上缩放。

❏ 在 y 轴上，放大系数从 0.1 开始并增长到 1.0。换句话说，被制作成动画的对象的起初大小为正常大小的 1/10，然后放大到正常大小。

❏ 缩放操作将花 500 毫秒。

❏ 在操作的中间时刻，对象大小在 x 和 y 方向上都为 50%。

❏ startOffset 值表示在开始动画之前等待的毫秒数。

❏ 缩放动画的父节点指向一个动画集，允许应用多个动画效果。我们也将介绍其中的一个例子。但现在，此集合中只有一个动画。

将此文件命名为 scale.xml，并将其放在/res/anim 子目录下。现在还不适合将此动画 XML 文件设置为 ListView 的参数，ListView 首先需要另一个 XMl 文件，这个文件充当着 ListView 与动画集之间的媒介。描述这种媒介关系的 XML 文件如代码清单 21-9 所示。

代码清单 21-9　布局控制器 XML 文件的定义

```xml
<?xml version="1.0" encoding="utf-8"?>
<!-- filename: /res/anim/list_layout_controller.xml -->
<layoutAnimation xmlns:android="http://schemas.android.com/apk/res/android"
        android:delay="30%"
        android:animationOrder="reverse"
        android:animation="@anim/scale" />
```

也需要将此 XML 文件放在/res/anim 子目录下。对于本示例，我们假设该文件的名称为 list_layout_ controller。如果查看此定义，就会知道为什么必须有这个媒介文件。

此 XML 文件指定列表中的动画应该反向执行，并且每一项的动画应该在延迟动画总时间的 30% 后开始执行。此 XML 文件还引用了单独的动画文件 scale.xml。另请注意，这段代码使用了资源引用

@anim/scale，而没有使用文件名。

　　既然已经有了必要的 XML 输入文件，我们将介绍如何更新 ListView XML 定义，以将此动画 XML 包含为参数。首先，看一下目前拥有的 XML 文件：

```
// individual scale animation
/res/anim/scale.xml

// the animation mediator file
/res/anim/list_layout_controller.xml

// the activity view layout file
/res/layout/list_layout.xml
```

　　有了这些文件之后，需要修改 XML 布局文件 list_layout.xml，将 ListView 指向 list_layout_controller.xml 文件（参见代码清单 21-10）。

代码清单 21-10　list_layout.xml 文件的更新代码

```
<?xml version="1.0" encoding="utf-8"?>
<LinearLayout xmlns:android="http://schemas.android.com/apk/res/android"
    android:orientation="vertical"
    android:layout_width="fill_parent"
    android:layout_height="fill_parent"
    >
    <ListView
        android:id="@+id/list_view_id"
        android:persistentDrawingCache="animation|scrolling"
        android:layout_width="fill_parent"
        android:layout_height="fill_parent"
        android:layoutAnimation="@anim/list_layout_controller" />
        />
</LinearLayout>
```

　　更改的代码行以粗体突出显示。android:layoutAnimation 是一个重要标记，它使用 XML 标记 layoutAnimation 指向定义布局控制器的媒介 XML 文件（参见代码清单 21-9）。layoutAnimation 标记又指向具体的动画，在本例中为在 scale.xml 中定义的缩放动画。

　　Android 还建议设置 persistentDrawingCache 标记，以优化动画效果和滚动效果。参阅 Android SDK 文档，了解关于此标记的更多信息。

　　当更新代码清单 21-10 所示的 list_layout.xml 文件时，Eclipse 的 ADT 插件将根据所做的更改自动重新编译包。如果现在运行应用程序，将会看到缩放动画已应用到了每个项上。我们将持续时间设置为了 500 毫秒，所以在绘制每个项时可以清楚地看到比例变化。

　　现在你已能够体验各种动画类型了。接下来看看 alpha 动画。为此，创建文件/res/anim/alpha.xml 并使用代码清单 21-11 中的内容来填充它。

代码清单 21-11　用于测试 alpha 动画的 alpha.xml 文件

```
<alpha xmlns:android="http://schemas.android.com/apk/res/android"
        android:interpolator="@android:anim/accelerate_interpolator"
        android:fromAlpha="0.0" android:toAlpha="1.0" android:duration="1000" />
```

　　alpha 动画负责控制颜色的淡化。在本例中，要求 alpha 动画在 1000 毫秒（1 秒）内从不可见渐变为完全可见。请确保持续时间为 1 秒或更长时间，否则将很难注意到颜色变化。

　　每次希望像这样更改一个单独项的动画时，都需要更改媒介 XML 文件（参见代码清单 21-9），指向这个新的动画文件。下面给出了将动画从缩放动画转变为 alpha 动画的代码：

```
<layoutAnimation xmlns:android="http://schemas.android.com/apk/res/android"
    android:delay="30%"
    android:animationOrder="reverse"
    android:animation="@anim/alpha" />
```

layoutAnimation XML 文件中更改的代码行已突出显示。现在看一下将位置变化与颜色渐变相结合的动画。代码清单 21-12 给出了此动画的示例 XML 代码。

代码清单 21-12　通过动画集将平移与 alpha 动画相结合

```
<set xmlns:android="http://schemas.android.com/apk/res/android"
android:interpolator="@android:anim/accelerate_interpolator">
    <translate android:fromYDelta="-100%" android:toYDelta="0"
android:duration="500" />
    <alpha android:fromAlpha="0.0" android:toAlpha="1.0"
android:duration="500" />
</set>
```

请注意，我们在动画集中指定了两个动画。平移动画将文本从当前所分配的显示空间的顶部移动到底部。在文本项下降的过程中，alpha 动画将颜色渐变从不可见更改为可见。将持续时间设置为 500 毫秒，这能使用户在观察变化时有一种非常好的体验。当然，必须使用对此文件名的引用再次更改 layoutAnimation 媒介 XML 文件。假设这个组合动画的 XML 文件名为/res/anim/translate_alpha.xml，layoutAnimation XML 文件将类似于：

```
<layoutAnimation xmlns:android="http://schemas.android.com/apk/res/android"
    android:delay="30%"
    android:animationOrder="reverse"
    android:animation="@anim/translate_alpha" />
```

我们看一下如何使用旋转动画（参见代码清单 21-13）。

代码清单 21-13　旋转动画 XML 文件

```
<rotate xmlns:android="http://schemas.android.com/apk/res/android"
    android:interpolator="@android:anim/accelerate_interpolator"
    android:fromDegrees="0.0"
    android:pivotX="50%"
    android:pivotY="50%"
    android:duration="500" />
```

代码清单 21-13 中的代码将使列表中的每个文本项围绕该文本项的中点旋转一周。将持续时间设置为 500 毫秒可以让用户清楚地观察到旋转效果。跟前面一样，要查看此效果，必须更改布局控制器 XML 文件和 ListView XML 布局文件，然后重新运行应用程序。

现在已介绍了布局动画的基本概念，我们首先创建了一个简单的动画文件，然后通过媒介 layoutAnimation XML 文件将它与一个 ListView 关联。这样就可以看到动画效果了。但是，关于布局动画，我们还需要介绍一个概念：插值器。

21.2.5　使用插值器

插值器告诉动画某个属性（比如颜色渐变）如何随时间变化。它将以线性方式变化，还是以指数方式变化？它是否在开始时变化速度很快，然后逐渐变慢？考虑我们在代码清单 21-11 中介绍的 alpha

动画：

```
<alpha xmlns:android="http://schemas.android.com/apk/res/android"
       android:interpolator="@android:anim/accelerate_interpolator"
       android:fromAlpha="0.0" android:toAlpha="1.0" android:duration="1000" />
```

该动画指定了它希望使用的插值器，在本例中为 accelerate_interpolator。有一个相应的 Java 对象定义了此插值器。另请注意，我们将此插值器指定为了资源引用。这意味着，必须有一个与 anim/accelerate_interpolator 对应的文件来描述此 Java 对象的外观，以及它还可以接受哪些参数。事实确实如此，看一下@android:anim/accelerate_interpolator 的 XML 文件定义：

```
<accelerateInterpolator
  xmlns:android="http://schemas.android.com/apk/res/android"
  factor="1" />
```

在 Android 包的以下子目录下可以看到此 XML 文件：

/res/anim/accelerate_interpolator.xml

accelerateInterpolator XML 标记相当于具有以下名称的 Java 对象：

android.view.animation.AccelerateInterpolator

可以查看此类的 Java 文档，了解有哪些 XML 可用。此插值器的目标是提供给定时间间隔内的倍增系数，这个系数基于一条双曲线。此插值器的源代码说明了这一点：

```
public float getInterpolation(float input)
{
    if (mFactor == 1.0f)
    {
        return (float)(input * input);
    }
    else
    {
        return (float)Math.pow(input, 2 * mFactor);
    }
}
```

每个插值器都会以不同方式实现此 getInterpolation 方法。在本例中，如果设置了插值器，则系数为 1.0，那么它将返回该系数的平方。否则，它将返回输入的平方的系数次幂，所以，如果系数为 1.5，那么将会看到一个三次方函数，而不是平方函数。

支持的插值器包括：

❑ AccelerateDecelerateInterpolator
❑ AccelerateInterpolator
❑ CycleInterpolator
❑ DecelerateInterpolator
❑ LinearInterpolator
❑ AnticipateInterpolator
❑ AnticipateOvershootInterpolator
❑ BounceInterpolator
❑ OvershootInterpolator

要了解这些插值器的灵活应用，可以快速查看 BounceInterpolator，它在以下动画的运行接近尾声时制造对象的弹跳效果（也就是前后移动对象）。

```
public class BounceInterpolator implements Interpolator {
    private static float bounce(float t) {
        return t * t * 8.0f;
    }

    public float getInterpolation(float t) {
        t *= 1.1226f;
        if (t < 0.3535f) return bounce(t);
        else if (t < 0.7408f) return bounce(t - 0.54719f) + 0.7f;
        else if (t < 0.9644f) return bounce(t - 0.8526f) + 0.9f;
        else return bounce(t - 1.0435f) + 0.95f;
    }
}
```

可以在以下 URL 找到这些插值器的行为描述：

http://developer.android.com/reference/android/view/animation/package-summary.html

这些类中的每一个的 Java 文档还指出了可用于控制它们的 XML 标记。但是，很难通过文档弄清楚每个插值器的功能。了解它们的功能的最佳方式就是将它们应用到示例中并查看产生的效果。

关于布局动画的介绍到此结束。下面进入 21.3 节，介绍视图动画，这一节将讨论以编程方式将视图制作成动画。

21.3　视图动画

在熟悉了逐帧动画和布局动画之后，就可以开始学习视图动画了，这是 3 种动画类型中最复杂的一种。视图动画可以控制用于显示视图的变换矩阵，从而将任意视图制作成动画。

21.3.1　理解视图动画

当在 Android 中的展示界面上显示视图时，它将经历一个变换矩阵的过程。在图形应用程序中，变换矩阵用于以某种方式变换视图。这一过程涉及获取像素坐标和颜色组合的输入集合，并将它们转换为新的像素坐标和颜色组合。变换结束后，可以看到大小、位置、方向或颜色发生了变化的图片。

要以数学方式实现所有这些变换，可以获取坐标输入集合，并将它们以某种方式与变换矩阵相乘，得到新的坐标集。更改变换矩阵，可以影响视图的外观。

乘以自身后不会更改视图的矩阵称为单位矩阵。通常从一个单位矩阵开始，然后应用一系列涉及大小、位置和方向的变换，得到最后的矩阵并用于绘制视图。

Android 公开了视图的变换矩阵，你可以向该视图注册动画对象。动画对象将有一个回调，可用于获取视图的当前矩阵并以某种方式对其进行更改，以获得新的视图。我们现在看一下这一过程。

首先计划一个将视图制作成动画的示例。首先在一个活动上放置一个 ListView 和一些项，类似于 21.2 节开头的示例。然后在屏幕顶部创建一个按钮，单击该按钮即可启动 ListView（参见图 21-5）。按钮和 ListView 都会显示，但还没有任何动画效果。接下来将使用该按钮触发动画。

当单击本示例中的 Start Animation 按钮时，我们期望视图从屏幕中央出现并由小变大，直到占满分配给它的所有空间。下面将介绍如何编写代码来实现此动画。代码清单 21-14 显示了可用于此活动的 XML 布局文件。

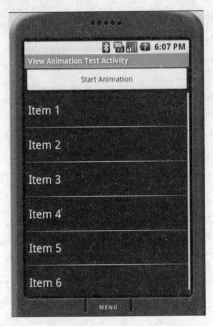

图 21-5 视图动画活动

代码清单 21-14 视图动画活动的 XML 布局文件

```xml
<?xml version="1.0" encoding="utf-8"?>
<!-- This file is at /res/layout/list_layout.xml -->
<LinearLayout xmlns:android="http://schemas.android.com/apk/res/android"
    android:orientation="vertical"
    android:layout_width="fill_parent"
    android:layout_height="fill_parent"
    >
<Button
    android:id="@+id/btn_animate"
    android:layout_width="fill_parent"
    android:layout_height="wrap_content"
    android:text="Start Animation"
/>
<ListView
    android:id="@+id/list_view_id"
    android:persistentDrawingCache="animation|scrolling"
    android:layout_width="fill_parent"
    android:layout_height="fill_parent"
/>
</LinearLayout>
```

请注意，文件位置和文件名已包含在 XML 文件的顶部，以供引用。这个布局包含两部分：第一部分是按钮 btn_animate，用于以动画方式显示视图；第二部分是 ListView，名为 list_view_id。

既然已有了活动的布局，接下来创建活动来显示视图，并设置 Start Animation 按钮（参见代码清单 21-15）。

代码清单 21-15   添加动画效果之前的视图动画活动代码

```
public class ViewAnimationActivity extends Activity {

    @Override
    public void onCreate(Bundle savedInstanceState)
    {
        super.onCreate(savedInstanceState);
        setContentView(R.layout.list_layout);
        setupListView();
        this.setupButton();
    }
    private void setupListView()
    {
        String[] listItems = new String[] {
            "Item 1", "Item 2", "Item 3",
            "Item 4", "Item 5", "Item 6",
        };

        ArrayAdapter<String> listItemAdapter =
            new ArrayAdapter<String>(this
                    ,android.R.layout.simple_list_item_1
                    ,listItems);
        ListView lv = (ListView)this.findViewById(R.id.list_view_id);
        lv.setAdapter(listItemAdapter);
    }
    private void setupButton()
    {
      Button b = (Button)this.findViewById(R.id.btn_animate);
      b.setOnClickListener(
        new Button.OnClickListener(){
          public void onClick(View v)
          {
              //animateListView();
          }
      });
    }
}
```

代码清单 21-15 所示的视图动画活动代码与代码清单 21-7 中所示的布局动画活动代码非常相似。我们加载了视图并设置了 ListView 来包含 6 个文本项。并设置了按钮，以便在单击它时能够调用 animateListView()。但是现在注释掉这部分，直到这个基本示例能够运行。

只要在 AndroidManifest.xml 文件中注册了此活动，就可以立即调用它：

```
<activity android:name=".ViewAnimationActivity"
        android:label="View Animation Test Activity">
```

注册完成后，可以执行以下代码，从应用程序的任何菜单项调用此视图动画活动：

```
Intent intent = new Intent(this, ViewAnimationActivity.class);
startActivity(intent);
```

当运行此程序时，将看到类似于图 21-5 的 UI 布局。

21.3.2　添加动画

本示例的目标是向图 21-5 所示的 ListView 添加动画。为此，需要一个派生自 android.view. animation.Animation 的类。然后需要重写 applyTransformation 方法来修改变换矩阵。将此派生类命

名为 ViewAnimation。有了 ViewAnimation 类之后,可以对 ListView 类执行以下操作:

```
ListView lv = (ListView)this.findViewById(R.id.list_view_id);
lv.startAnimation(new ViewAnimation());
```

接下来介绍 ViewAnimation 的源代码并讨论我们希望完成的动画类型(参见代码清单 21-16)。

代码清单 21-16   ViewAnimation 类的代码

```
public class ViewAnimation extends Animation
{
    @Override
    public void initialize(int width, int height,
                           int parentWidth,
                           int parentHeight)
    {
        super.initialize(width, height, parentWidth, parentHeight);
        setDuration(2500);
        setFillAfter(true);
        setInterpolator(new LinearInterpolator());
    }
    @Override
    protected void
    applyTransformation(float interpolatedTime, Transformation t)
    {
        final Matrix matrix = t.getMatrix();
        matrix.setScale(interpolatedTime, interpolatedTime);
    }
}
```

initialize 方法是一个回调方法,它告诉我们视图的尺寸。该方法还用于初始化可能拥有的任何动画参数。在本例中,我们将持续时间设置为 2500 毫秒(2.5 秒)。还通过将 FillAfter 设置为 true,指定在动画完成后动画效果保持不变。而且,我们还指明,所用的插值器是线性插值器,这意味着动画从开始到结束以渐进方式变化。所有这些属性都来自基类 android.view.animation.Animation。

动画的主要部分在 applyTransformation 方法中实现。Android 框架将反复调用此方法来模拟动画。Android 每次调用此方法,interpolatedTime 都将拥有不同的值。此参数根据当前在初始化期间设置的 2.5 秒持续时间中所处的位置,从 0 到 1 变化。当 interpolatedTime 为 1 时,动画播放结束。

接下来的目标是通过 applyTransformation 方法中的变换对象 t 更改可用的变换矩阵。首先将获得该矩阵并更改它的一些内容。当绘制视图时,新的矩阵将生效。要找到 Matrix 对象上可用的方法类型,可以查看 android.graphics.Matrix 的 API 文档:

http://developer.android.com/reference/android/graphics/Matrix.html

在代码清单 21-16 中,更改矩阵的代码如下:

```
matrix.setScale(interpolatedTime, interpolatedTime);
```

setScale 方法接受两个参数:x 方向的缩放系数和 y 方向的缩放系数。因为 interpolatedTime 在 0 到 1 之间变化,所以可以直接使用该值作为缩放系数。

当开始播放动画时,x 和 y 方向上的缩放系数都为 0。当动画播放到一半时,x 和 y 方向上的系数值将为 0.5。动画播放结束时,视图将放大到完整尺寸,因为 x 和 y 方向上的缩放系数都将为 1。此动画的最终结果是,ListView 显示并从很小逐渐增大到完整尺寸。

代码清单 21-17 给出了包含动画的 ViewAnimationActivity 的完整源代码。

代码清单 21-17　包含动画的视图动画活动代码

```
public class ViewAnimationActivity extends Activity {

    @Override
    public void onCreate(Bundle savedInstanceState)
    {
        super.onCreate(savedInstanceState);
        setContentView(R.layout.list_layout);
        setupListView();
        this.setupButton();
    }
    private void setupListView()
    {
        String[] listItems = new String[] {
            "Item 1", "Item 2", "Item 3",
            "Item 4", "Item 5", "Item 6",
        };

        ArrayAdapter<String> listItemAdapter =
            new ArrayAdapter<String>(this
                    ,android.R.layout.simple_list_item_1
                    ,listItems);
        ListView lv = (ListView)this.findViewById(R.id.list_view_id);
        lv.setAdapter(listItemAdapter);
    }
    private void setupButton()
    {
        Button b = (Button)this.findViewById(R.id.btn_animate);
        b.setOnClickListener(
            new Button.OnClickListener(){
                public void onClick(View v)
                {
                    animateListView();
                }
            });
    }
    private void animateListView()
    {
        ListView lv = (ListView)this.findViewById(R.id.list_view_id);
        lv.startAnimation(new ViewAnimation());
    }
}
```

　　运行代码清单 21-17 中的代码时，将会看到一些奇怪的事情。ListView 从左上角开始变大，而不是从屏幕中央均匀地增大。出现此情况的原因在于，矩阵操作的原点为左上角。要获得期望的效果，首先必须移动整个视图，使视图的中点与动画的中点（左上角）匹配。然后应用矩阵并将视图移回原来的中央位置。

　　代码清单 21-18 重写了代码清单 21-16，实现了此功能，关键元素已加粗显示。

代码清单 21-18　使用 preTranslate 和 postTranslate 的视图动画

```
public class ViewAnimation extends Animation {
    float centerX, centerY;
    public ViewAnimation(){}

    @Override
    public void initialize(int width, int height, int parentWidth, int parentHeight) {
        super.initialize(width, height, parentWidth, parentHeight);
```

```
        centerX = width/2.0f;
        centerY = height/2.0f;
        setDuration(2500);
        setFillAfter(true);
        setInterpolator(new LinearInterpolator());
    }
    @Override
    protected void applyTransformation(float interpolatedTime, Transformation t) {
        final Matrix matrix = t.getMatrix();
        matrix.setScale(interpolatedTime, interpolatedTime);
        matrix.preTranslate(-centerX, -centerY);
        matrix.postTranslate(centerX, centerY);
    }
}
```

preTranslate 和 postTranslate 方法在缩放操作之前和之后设置矩阵。这相当于依次进行了 3 次矩阵变换。代码

```
matrix.setScale(interpolatedTime, interpolatedTime);
matrix.preTranslate(-centerX, -centerY);
matrix.postTranslate(centerX, centerY);
```

等价于

```
move to a different center
scale it
move to the original center
```

在后文将会反复看到这种 pre 和 post 模式。可以使用 Matrix 类的其他方法实现此效果，但这种技术是最常见的，而且也是最简洁的。本节末尾将介绍其他方法。

更重要的是，Matrix 类不仅支持缩放视图，还支持通过 translate 方法移动它，以及通过 rotate 方法更改它的方向。你可以尝试这些方法并看看得到的动画效果。实际上，21.2 节所介绍的动画完全是使用此 Matrix 类的方法在内部实现的。

21.3.3　使用 Camera 实现 2D 图像的深度效果

Android 中的图形包提供了另一个与动画相关（更准确地讲，与变换相关）的类，名为 Camera。可以使用此类将在 3D 控件内移动的 2D 图像投影到 2D 表面，实现深度效果。例如，可以将 ListView 沿 z 轴向屏幕后移动 10 像素，沿 y 轴旋转 30 度。代码清单 21-19 是一个使用 Camera 操作矩阵的示例：

代码清单 21-19　使用 Camera

```
...
public class ViewAnimation extends Animation {
    float centerX, centerY;
    Camera camera = new Camera();
    public ViewAnimation(float cx, float cy){
        centerX = cx;
        centerY = cy;
    }
    @Override
    public void initialize(int width, int height, int parentWidth, int parentHeight) {
        super.initialize(width, height, parentWidth, parentHeight);
        setDuration(2500);
        setFillAfter(true);
        setInterpolator(new LinearInterpolator());
    }
    @Override
```

```
protected void applyTransformation(float interpolatedTime, Transformation t) {
    applyTransformationNew(interpolatedTime,t);
}
protected void applyTransformationNew(float interpolatedTime, Transformation t)
{
    final Matrix matrix = t.getMatrix();
    camera.save();
    camera.translate(0.0f, 0.0f, (1300 - 1300.0f * interpolatedTime));
    camera.rotateY(360 * interpolatedTime);
    camera.getMatrix(matrix);

    matrix.preTranslate(-centerX, -centerY);
    matrix.postTranslate(centerX, centerY);
    camera.restore();
}
}
```

这段代码首先将视图放在 z 轴上 1300 像素处，然后让其回到 z 坐标为 0 的平面上，从而实现 ListView 的动画效果。在此过程中，这段代码还将视图围绕 y 轴从 0 度旋转到 360 度。我们通过以下方法看一下这段代码如何与此行为关联起来：

```
camera.translate(0.0f, 0.0f, (1300 - 1300.0f * interpolatedTime));
```

此方法告诉 camera 对象，在 interpolatedTime 为 0（动画开始时）且 z 坐标值将为 1300 时按如上方法平移视图。在动画运行过程中，z 值将越来越小，直到 interpolatedTime 变为 1 且 z 坐标值变为 0。

方法 camera.rotateY(360 * interpolatedTime)通过 camera 利用了围绕一个轴的 3D 旋转功能。在动画开始时，此值将为 0。在动画结束时，它将为 360。

方法 camera.getMatrix(matrix)获取到目前为止在 Camera 上执行的操作，并在传入的矩阵上强制执行这些操作。在代码执行此操作的过程中，matrix 实现了必要的转换，以便实现拥有 Camera 的最终效果。现在，Camera 就不重要了（不是开玩笑），因为矩阵已将所有操作嵌入其中。然后对矩阵执行 pre 和 post 操作，以调整中心并将其返回。在最后，将 Camera 设置为前面保存的原始状态。

在示例中插入这段代码时，将会看到 ListView 以一种旋转方式从视图中央出现并朝屏幕前方移动，就像我们在计划动画时的预期一样。

下面给出调用 AnimationView 的示例代码：

```
ListView lv = (ListView)this.findViewById(R.id.list_view_id);
float cx = (float)(lv.getWidth()/2.0);
float cy = (float)(lv.getHeight()/2.0);
lv.startAnimation(new ViewAnimation(cx, cy));
```

作为视图动画讨论的一部分，我们展示了如何通过扩展 Animation 类并将其应用于视图，从而为任何视图实现动画效果。除了支持操作矩阵（无论是直接操作还是通过 Camera 类操作），Animation 类还可用于检测动画中的各个阶段。下一小节将介绍这一主题。

21.3.4 探索 AnimationListener 类

Android 使用监听器接口 AnimationListener 来监控动画事件（参见代码清单 21-20）。要监听这些动画事件，可以实现 AnimationListener 接口，并依照 Animation 类实现来设置它的实现。

代码清单 21-20　AnimationListener 接口的实现

```
public class ViewAnimationListener
implements Animation.AnimationListener {

    public ViewAnimationListener(){}

    public void onAnimationStart(Animation animation)
    {
        Log.d("Animation Example", "onAnimationStart");
    }
    public void onAnimationEnd(Animation animation)
    {
        Log.d("Animation Example", "onAnimationEnd");
    }
    public void onAnimationRepeat(Animation animation)
    {
        Log.d("Animation Example", "onAnimationRepeat");
    }
}
```

ViewAnimationListener 类只用于记录消息。可以更新视图动画活动示例中的 animateListView 方法（参见代码清单 21-17），以将动画监听器加入到其中：

```
private void animateListView()
{
    ListView lv = (ListView)this.findViewById(R.id.list_view_id);
    ViewAnimation animation = new ViewAnimation();
    animation.setAnimationListener(new ViewAnimationListener());
    lv.startAnimation(animation);
}
```

21.3.5　关于变换矩阵的一些说明

在本章已经看到，矩阵对于变换视图和动画非常重要。我们现在简单介绍一下 Matrix 类的一些重要方法。它们是对矩阵的主要操作如下。

❑ matrix.reset()：将矩阵重置为一个单位矩阵，则当应用该操作时视图不会发生任何变化。

❑ matrix.setScale()：改变大小。

❑ matrix.setTranslate()：改变位置以模拟移动效果。

❑ matrix.setRotate()：改变方向。

❑ matrix.setSkew()：扭曲视图。

可以连续指定多个矩阵或者将它们相乘，以将各种变换效果组合在一起。考虑以下示例，其中 m1、m2 和 m3 是单位矩阵：

```
m1.setScale();
m2.setTranlate()
m3.setConcat(m1,m2)
```

使用 m1 变换视图，然后使用 m2 来变换结果视图，这相当于使用 m3 变换相同的视图。请注意，m3.concat(m1,m2) 不同于 m3.concat(m2,m1)。

你已经看到了 preTranslate 和 postTranslate 方法用于影响矩阵变换的模式。实际上，pre 和 post 方法并不是 translate 所独有的，每个 set 变换方法都有自己的 pre 和 post 版本。最后，preTranslate

方法，比如 m1.preTranslate(m2)等价于

```
m1.setConcat(m2,m1)
```

同样，m1.postTranslate(m2)方法等价于

```
m1.setConcat(m1,m2)
```

展开后，代码

```
matrix.setScale(interpolatedTime, interpolatedTime);
matrix.preTranslate(-centerX, -centerY);
matrix.postTranslate(centerX, centerY);
```

等价于

```
Matrix matrixPreTranslate = new Matrix();
matrixPreTranslate.setTranslate(-centerX, -centerY);

Matrix matrixPostTranslate = new Matrix();
matrixPostTranslate.setTranslate(cetnerX, centerY);

matrix.concat(matrixPreTranslate,matrix);
matrix.postTranslate(matrix,matrixpostTranslate);
```

21.4　属性动画：新动画 API

虽然你对目前所学到的多种动画方法感到得心应手，但是我得提醒你，Android3.0 和 4.0 又对动画 API 进行了全面的修订。新的动画方法称为属性动画。在第 8 章关于碎片的内容中，我们介绍过如何将碎片通过动画生成器转变到新位置。这些动画生成器也属于新的属性动画 API。但是，第 8 章只介绍了所有属性动画 API 的一小部分。

属性动画 API 对 3.x 之前的 API 定义相比，有很大的不同和可扩展性。

说明　旧的动画 API 位于包 android.view.animation 之中。新的动画 API 位于包 android.animation 之中。

新动画 API 主要包括以下概念：
- ❑ 动画生成品；
- ❑ 值动画生成器；
- ❑ 对象动画生成器；
- ❑ 动画生成器集合；
- ❑ 动画生成器构建器；
- ❑ 动画生成器监听器；
- ❑ 属性值持有者；
- ❑ 类型求值器；
- ❑ 视图属性动画生成器；
- ❑ 布局转变；
- ❑ 动画生成器的 XML 文件定义。

下面将对各个概念进行详细介绍。

21.4.1　属性动画

新动画之所以称为属性动画，是因为它在核心的实现方法是随时间不断地修改属性值。它支持任意类型的属性，如一个整数、浮点数或对象的特定属性。

说明　大多数情况下（如果不是全部的话），后面代码所使用的接口和类都位于 android.animation 包之中。

例如，使用动画生成器类 ValueAnimator，就可以定义一个时间序列，它会在 5000 毫秒内将一个整数从 10 增加到 200（参见代码清单 21-21）。

代码清单 21-21　一个简单的值动画生成器

```
//Define an animator to change an int value from 10 to 200
ValueAnimator anim = ValueAnimator.ofInt(10f, 200f);

//set the duration for the animation
anim.setDuration(5000); //5 seconds, default 300 ms

//Provide a callback to monitor the changing value
anim.addUpdateListener(
    new ValueAnimator.AnimatorUpdateListener()
    {
        public void onAnimationUpdate(ValueAnimator animation)
        {
            Int value = (Int) animation.getAnimatedValue();
            // this code gets called many many times for 5 seconds.
            // The value will range from 10 to 200
        }
    }
);
anim.start();
```

该理念很好掌握。ValueAnimator 提供了一种机制，即每 10 毫秒（默认值）执行一次。相应的回调方法是，每 10 毫秒会调用一次，你可以选择更新视图或其他方面来影响。

代码清单 21-21 显示了一个起作用的动画回调方法，而为了更清晰地展示出来，代码清单 21-22 对其进行了复制。

代码清单 21-22　一个简单的值动画生成器

```
public static interface
ValueAnimator.AnimatorUpdateListener
{
    abstract void  onAnimationUpdate(ValueAnimator animation);
}
```

这个回调方法位于 ValueAnimator 类。动画生成器的其他回调方法则定义在与 Animator 基类绑定的接口中，如代码清单 21-23 所示。

代码清单 21-23   动画生成器回调接口

```
public static interface
Animator.AnimatorListener
{
abstract void onAnimationStart(Animator animation);
abstract void onAnimationRepeat(Animator animation);
abstract void onAnimationCancel(Animator animation);
abstract void onAnimationEnd(Animator animation);
}
```

使用这些回调方法，就可以在动画进行中及结束之后对感兴趣的对象进一步执行操作。

21.4.2   计划一个属性动画的试验台

从值动画生成器的基本概念开始，Android 提供了许多扩展方法，可以实现任意对象（特别是视图）的动画效果。为了演示这些机制，我们创建了一个线性布局的简单文本视图，然后为它的 alpha 属性（模拟透明动画）和 x 与 y 位置（模拟移动效果）创建动画效果。

我们将使用图 21-6 作为锚来解释属性动画的概念。

图 21-6   各种属性动画

在图 21-6 中，每一个按钮都使用不同的机制，为图像底部的文本视图创建动画效果。我们将演示的机制包括以下几个。

- 按钮 1   使用对象动画生成器，单击按钮交替淡出和淡入视图。
- 按钮 2   使用 AnimatorSet，按顺序在淡入效果之后执行淡出动画。
- 按钮 3   使用 AnimationSetBuilder 对象，将多个动画绑定在一起，形成"前"、"后"或"同时"关系。使用这种方法运行与按钮 2 相同的动画效果。
- 按钮 4   为按钮 2 的序列动画定义一个 XML 文件，然后将它附加到文本视图上，实现相同的动画效果。
- 按钮 5   使用 PropertyValuesHolder 对象，在同一个动画中，同时为文本视图中多个属性创建动画效果。同时修改 x 和 y 值，以将文本视图从右下角移动到左上角。

❑ 按钮 6 使用 ViewPropertyAnimation，将文本视图从右下角移动到左上角（动画效果与按钮 5 相同）。

❑ 按钮 7 使用一个自定义点对象的 TypeEvaluator，将文本视图从右下角移动到左上角（动画效果与按钮 5 相同）。

❑ 按钮 8 使用关键帧影响文本视图的运动和 alpha 变化（动画效果与按钮 5 相同，但是采用交错效果）。

在介绍各种动画效果的代码之前，代码清单 21-24 给出了图 21-6 活动的布局文件。

代码清单 21-24 图 21-6 所示的布局文件

```xml
<?xml version="1.0" encoding="utf-8"?>
<LinearLayout xmlns:android="http://schemas.android.com/apk/res/android"
    ..... other stuff
    android:orientation="vertical" >
    <Button ...other attribs
        android:onClick="toggleAnimation"
        android:text="Fade Out: Animator" />
    <Button ...other attribs
        android:onClick="sequentialAnimation"
        android:text="FadeOut/FadeIn: Sequential" />
    <Button ...other attribs
        android:onClick="testAnimationBuilder"
        android:text="FadeOut/FadeIn: Builder" />
    <Button ...other attribs
        android:onClick="sequentialAnimationXML"
        android:text="FadeOut/FadeIn XML" />
    <Button ...other attribs
        android:onClick="testPropertiesHolder"
        android:text="PVHolder" />
    <Button ...other attribs
        android:onClick="testViewAnimator"
        android:text="ViewAnimator" />
    <Button ...other attribs
        android:onClick="testTypeEvaluator"
        android:text="Type Evaluator" />
    <Button ...other attribs
        android:onClick="testKeyFrames"
        android:text="Key Frames" />
    <LinearLayout
        android:layout_width="fill_parent"
        android:layout_height="wrap_content">
        <TextView
            android:id="@+id/tv_id"
            ...other attribs
            android:text="text you see there in the figure" />
    </LinearLayout>
</LinearLayout>
```

我们对布局文件进行了缩减，以只突出显示其中的关键元素；如果想要构建该项目，可以下载完整版本的项目（URL 位于本章末尾）。代码清单 21-24 的布局非常简单：一系列按钮后面紧跟一个文本视图。文本视图嵌入在第二个线性布局中，所以文本视图拥有与按钮不同的边界。这样，文本视图的动画效果就可以限制在它自己的父线性布局中。

此外，你还可以看到每一个按钮都在调用一个特定的方法来影响动画效果。下面将对每一个方法进行介绍，以说明属性动画的各个方面。现在，我们从第一个按钮开始介绍。

21.4.3　使用对象动画生成器创建基本视图动画

如代码清单 21-24 的布局文件所示，第一个按钮会调用 **toggleAnimation(View)**方法。这个方法如代码清单 21-25 所示。

代码清单 21-25　使用 h 对象动画生成器创建基本视图动画

```
public void toggleAnimation(View btnView)
{
    //The button we have pressed
    Button tButton = (Button)btnView;

    //m_tv: is the pointer to the text view
    if (m_tv.getAlpha() != 0)
    {
        //Animate the alpha from current value to 0
        //this will make it invisible
        ObjectAnimator fadeOut =
            ObjectAnimator.ofFloat(m_tv, "alpha", 0f);

        fadeOut.setDuration(5000);
        fadeOut.start();

        tButton.setText("Fade In");
    }
    else
    {
        //Animate the alpha from current value to 1
        //this will make it visible
        ObjectAnimator fadeIn =
            ObjectAnimator.ofFloat(m_tv, "alpha", 1f);

        fadeIn.setDuration(5000);
        fadeIn.start();

        tButton.setText("Fade out");
    }
}
```

代码清单 21-25 的代码首先检查文本视图的 alpha 值。如果这个值大于 0，那么代码假定这个视图当前是可见的，并运行一个淡出动画效果。在淡出动画结束后，文本视图就会不可见。

如果文本视图的 alpha 值为 0，那么代码假定这个文本视图当前是不可见的，并运行一个淡入动画，从而再次显示文本视图。

通过查看代码清单 21-25 的主要语句，就可以理解 *ObjectAnimator* 的用法。节选的 *ObjectAnimator* 代码如代码清单 21-26 所示。

代码清单 21-26　起作用的对象动画生成器

```
ObjectAnimator fadeOut =
        ObjectAnimator.ofFloat(m_tv, "alpha", 0f);
fadeOut.setDuration(5000);
fadeOut.start();
```

对象动画生成器的静态方法 **ofFloat()**可以接受 3 个参数。第一个参数是一个对象。在这个例子中，目标对象就是文本视图 **m_tv**。（注意，在实际情况下，必须将文本视图 **m_tv** 的引用保存为活动的局部变量。）

第二个参数是字符串形式的属性名。在这个例子中，属性名是 alpha。按照惯例，目标对象需有一个与该属性名相匹配的公共方法。例如，如果属性名为 alpha，那么对应的视图对象就需拥有下面这个 set 方法：

```
view.setAlpha(float f);
```

第三个参数是动画结束时的属性值。如果指定第四个参数，那么第三个参数就是开始值，而第四个目标才是目标值。这里可以传入更多个浮点型参数。动画会使用这些值作为动画过程的中间值。

如果只指定"目标"值，那么"原始"值就是以下方法返回的当前值：

```
view.getAlpha();
```

代码清单 21-26 所示的 setDuration()和 start()方法是自解释的，其中持续时间以毫秒为单位。

在播放动画时，文本视图会先逐渐消失。然后，代码清单 21-25 中的代码会将按钮重命名为"Fade in"。现在，如果再次单击按钮，第二个动画就会运行，文本视图会在 5 秒内逐渐显现。

21.4.4 使用 AnimatorSet 实现顺序动画

图 21-6 的按钮 2 会依次运行两个动画：淡出之后再淡入。我们可以使用动画监听器回调方法，当第一个动画完成之后，启动第二个动画。但是，使用类 AnimatorSet，可以实现一种自动按顺序运行动画的方法，它可以创建出相同的动画效果。

通过调用代码清单 21-27 所示的方法，按钮 2 证明了这一点。

代码清单 21-27　通过一个 AnimatorSet 实现顺序动画

```
public void sequentialAnimation(View bView)
{
    ObjectAnimator fadeOut =
        ObjectAnimator.ofFloat(m_tv, "alpha", 0f);

    ObjectAnimator fadeIn =
        ObjectAnimator.ofFloat(m_tv, "alpha", 1f);

    AnimatorSet as = new AnimatorSet();
    as.playSequentially(fadeOut,fadeIn);

    as.setDuration(5000); //5 secs
    as.start();
}
```

代码清单 21-27 创建了两个动画生成器：淡出动画生成器和淡入动画生成器。然后，创建一个动画生成器集合，由它实现两个动画的依次播放。

此外，调用方法 playTogether()，可以选择使用动画生成器集合同时播放多个动画。playSequentially()和 playTogether()方法都可以接收可变数量的 Animator 对象。

说明　新动画 API 的许多方法都可以接收可变数量的参数。请仔细阅读 SDK 参考文档，注意支持可变参数的方法。

在播放动画时，文本视图会逐渐消失，然后再重新显现，与之前看到的动画效果很相似。

21.4.5 用 AnimatorSetBuilder 设置动画关系

我们看到，AnimatorSet 类支持你以顺序或并行方式播放动画。而通过实用工具类 AnimatorSet-Builder，类 AnimatorSet 提供了一个更为详尽的方式来链接动画关系，它就是 AnimatorSetBuilder。代码清单 21-28 的代码演示了它的用法。

代码清单 21-28　使用 AnimatorSetBuilder

```
public void testAnimationBuilder(View v)
{
    ObjectAnimator fadeOut =
        ObjectAnimator.ofFloat(m_tv, "alpha", 0f);
    ObjectAnimator fadeIn =
        ObjectAnimator.ofFloat(m_tv, "alpha", 1f);

    AnimatorSet as = new AnimatorSet();

    //play() returns the nested class: AnimatorSetBuilder
    as.play(fadeOut).before(fadeIn);

    as.setDuration(5000); //5 secs
    as.start();
}
```

AnimatorSet 的 play()方法会返回一个类 AnimatorSetBuilder。这完全是一个实用工具类。这个类包含以下方法 after(animator)、before(animator)和 with(animator)。

这个类由 play 方法获得动画创建。这个对象的每隔一个调用都与原始动画生成器相关。

所以，如果执行

```
AnimatorSetBuilder builder = someSet.play(main_animator);
builder.before(animator1)
```

那么 animator1 会在 main_animator 之前播放。但如果执行

```
builder.after(animator2)
```

那么 animator2 动画会在 main_animator 之后播放。

方法 with(animator)表示同时播放两个动画。

这里的关键在于，通过 before()、after()和 with()方法建立的关系并不是连续的，而是只与从play()方法获得的原始动画生成器绑定。此外，动画的 start()方法不发生在构建对象上，而是发生在原始动画集合中。

按钮 3 会调用代码清单 21-28 中的这个函数。在播放这个动画时，文本视图会逐渐消失，然后再重新显现，其动画效果与前一个动画很相似。

21.4.6 使用 XML 加载动画生成器

人们希望，Android SDK 支持在 XML 资源文件中描述动画生成器。Android SDK 增加了一种新资源类型 R.animator，用于区分动画生成器资源文件。虽然并不是硬性规定，但是这些 XML 文件通常存储在/res/animator 子目录中。

代码清单 21-29 显示了一个在 XML 文件中定义的动画生成器集合示例。

代码清单 21-29　动画生成器 XML 资源文件

```xml
<?xml version="1.0" encoding="utf-8" ?>
<set xmlns:android="http://schemas.android.com/apk/res/android"
    android:ordering="sequentially">
<objectAnimator
    android:interpolator="@android:interpolator/accelerate_cubic"
    android:valueFrom="1"
    android:valueTo="0"
    android:valueType="floatType"
    android:propertyName="alpha"
    android:duration="5000" />
<objectAnimator
    android:interpolator="@android:interpolator/accelerate_cubic"
    android:valueFrom="0"
    android:valueTo="1"
    android:valueType="floatType"
    android:propertyName="alpha"
    android:duration="5000" />
</set>
```

你可能本能地希望知道有哪些 XML 节点可用于定义动画。4.0 版本支持使用以下的 XML 标记：

❑ animator：绑定到 ValueAnimator；

❑ objectAnimator：绑定到 ObjectAnimator；

❑ animatorSet：绑定到 AnimatorSet。

关于这些标记的基本讨论，请参见 Android SDK 的 URL：

http://developer.android.com/guide/topics/graphics/prop-animation.html#declaring-xml。

关于动画标记的完整 XML 参考文档，请参见以下 URL：

http://developer.android.com/guide/topics/resources/animation-resource.html#Property。

在创建好这个 XML 文件之后，就可以使用如代码清单 21-30 所示的方法播放这个动画：

代码清单 21-30　加载一个动画生成器 XML 资源文件

```java
public void sequentialAnimationXML(View bView)
{
    AnimatorSet set = (AnimatorSet)
        AnimatorInflater.loadAnimator(this, R.animator.fadein);
    set.setTarget(m_tv);
    set.start();
}
```

注意，必须先加载动画 XML 文件，再显式设置动画对象。在这个例子中，动画对象是由 m_tv 所代表的文本视图。

图 21-6 所示的按钮 4 会调用代码清单 21-30 的方法。当动画运行时，文本视图会先淡出，然后再重新以淡入方式显现，其动画效果与前面的 alpha 动画非常相似。

21.4.7　使用 PropertyValuesHolder

到现在为止，我们学习了在一个动画中创建一个值的动画效果。而类 PropertyValueHolder 则支持在同一个动画周期中创建多个值的动画效果。

代码清单 21-31 中的代码演示了 PropertyValuesHolder 类的用法。

代码清单 21-31　使用 PropertyValueHolder 类

```java
public void testPropertiesHolder(View v)
{
    //Get the current coordinates of the text view
    //this will allow us to know starting and ending
    //positions to animate
    float h = m_tv.getHeight();
    float w = m_tv.getWidth();
    float x = m_tv.getX();
    float y = m_tv.getY();

    //Set the view to the bottom right
    //as a starting point
    m_tv.setX(w);
    m_tv.setY(h);

    //from the right bottom animate "x" to its
    //original position which is top left
    PropertyValuesHolder pvhX =
        PropertyValuesHolder.ofFloat("x", x);

    //from the right bottom animate "y" to its
    //original position which is left top
    PropertyValuesHolder pvhY =
        PropertyValuesHolder.ofFloat("y", y);

    //when you dont specify the from position
    //the animation will take the current position
    //as the from position.

    //Tell the object animator to consider both
    //"x" and "y" properties to animate to their respective
    //target values.
    ObjectAnimator oa
    = ObjectAnimator.ofPropertyValuesHolder(m_tv, pvhX, pvhY);

    //set the duration
    oa.setDuration(5000); //5 secs

    //here is a way to set an interpolator
    //on any animator
    oa.setInterpolator(
            new AccelerateDecelerateInterpolator());
    oa.start();
}
```

代码清单 21-31 的关键部分已经突出显示。其中，PropertyValuesHolder 类支持保存一个属性名及其目标值。然后，定义任意数量的 PropertyValueHolder，创建多个属性的动画效果。

可以向对象动画生成器提供多个 PropertyValueHolder。然后，对象动画生成器会将这些属性设置为目标对象的相应值。在动画的每次刷新过程中，每次都会应用所有 PropertyValueHolder 的值。这种方法的效率高于并行应用多个动画的效率。

图 21-6 的按钮 5 会调用代码清单 21-31 的函数。在动画运行时，文本视图会出现在右下角，然后在 5 秒钟内移动到左上角。

21.4.8   视图属性动画

如果主要是要创建视图的动画效果，Android SDK 提供了为视图的各种属性添加动画效果的优化方法。这是通过类 ViewPropertyAnimator 实现的。

代码清单 21-32 的代码使用这个类，将文本视图从右下角移到左上角。

代码清单 21-32   使用 ViewPropertyAnimator

```
public void testViewAnimator(View v)
{
    //Remember current boundaries
    float h = m_tv.getHeight();
    float w = m_tv.getWidth();
    float x = m_tv.getX();
    float y = m_tv.getY();

    //Position the view at bottom right
    m_tv.setX(w);
    m_tv.setY(h);

    //Get a ViewPropertyAnimator from the text view
    ViewPropertyAnimator vpa = m_tv.animate();

    //Just set as many target values you want to set
    vpa.x(x);
    vpa.y(y);

    //Set duration and interpolators
    vpa.setDuration(5000); //2 secs
    vpa.setInterpolator(
            new AccelerateDecelerateInterpolator());

    //The animation automatically starts when the UI thread
    //gets to it.
    //No need to explicitly call the start method.
    //vpa.start();
}
```

按照文档说明，人们希望通过在一个动画周期内应用多个值变化，ViewPropertyAnimator 可以很高效。从代码清单 21-32 可以看到，ViewPropertyAnimator 的使用步骤如下：

(1) 调用视图的 animate()方法，获取一个 ViewPropertyAnimator。

(2) 使用 ViewPropertyAnimator 对象，设置视图的各种属性，如 x、y、scale 及 alpha 等。如代码清单 21-32 所示，可以显式设置视图的初始属性。

(3) 从该函数返回，继续处理 UI 线程的后续操作。动画会自动开始。

这个动画由按钮 6 调用。当动画运行时，文本视图会从右下角移到左上角。

21.4.9   类型求值器

正如之前所介绍，对象动画生成器可以在每一个动画周期中直接给目标对象设置特定的值。到现在为止，我们使用的值都是单点值，如浮点数及整数等。如果目标对象有一个对象类型的属性，会怎么样呢？这时应该使用类型求值器。

TypeEvaluator 是一个帮助对象，它知道如何按比例设置组合值，如二维或三维点。在这种情况中，要使用一个 ObjectAnimator 保存一个开始组合值（本身就是值对象）、一个结束组合值和一个 TypeEvaluator 帮助对象。当动画周期开始时，ObjectAnimator 会调用 TypeEvaluator，提供新的组合值。然后，它会在目标对象上设置组合值。

首先，查看代码清单 21-33 的代码，先看一看 ObjectAnimator 使用 TypeEvaluator 的方式。

代码清单 21-33　使用 TypeEvaluator

```
public void testTypeEvaluator(View v)
{
    float h = m_tv.getHeight();
    float w = m_tv.getWidth();
    float x = m_tv.getX();
    float y = m_tv.getY();

    PointF startingPoint = new PointF(w,h);
    PointF endingPoint = new PointF(x,y);

    //m_atv: You will need this code in your activity
    //earlier as a local variable:
    //MyAnimatableView m_atv = new MyAnimatableView(m_tv);

    ObjectAnimator tea =
        ObjectAnimator.ofObject(m_atv
            ,"point"
            ,new MyPointEvaluator()
            ,startingPoint
            ,endingPoint);

    tea.setDuration(5000);
    tea.start();
}
```

注意，在代码清单 21-33 中，ObjectAnimator 使用方法 ofObject()，而不使用 ofFloat() 或 ofInt()。此外，动画的开始值和结束值是由类 PointF 表示的组合值。现在，对象动画的目标是计算出 PointF 的中间值，然后将它传递给自定义类 MyAnimatableView 的方法 setPoint(PointF)。自定义类 MyAnimatableView 可以相应地在上级容器文本视图中设置各自的属性。

在理解了它的作用之后，下面我们将查看如何使用一个 TypeEvaluator，计算出类型 PointF 的中间组合值。具体如代码清单 21-34 所示。

代码清单 21-34　对 TypeEvaluator 进行编码

```
public class MyPointEvaluator
implements TypeEvaluator<PointF>
{
    public PointF evaluate(float fraction,
            PointF startValue,
            PointF endValue)
    {
        PointF startPoint = (PointF) startValue;
        PointF endPoint = (PointF) endValue;
        return new PointF(
            startPoint.x + fraction * (endPoint.x - startPoint.x),
            startPoint.y + fraction * (endPoint.y - startPoint.y));
    }
}
```

在代码清单 21-34 中可以看出，首先需要继承 TypeEvaluator 类，重写它的 evaluate() 方法。在这个方法中，传入表示动画总进程百分比的小数。使用这个小数修正中间组合值，然后将其以类型值的形式返回。

代码清单 21-35 显示了如何封装一个坐标（x 和 y）变化方式已经确定的常规视图。封装支持动画通过 PointF 抽象类同时调用 x 和 y。这个类包含一个 setPoint(PointF) 方法，这个方法会解析出 x 和 y，然后将它们设置到视图上。因为在每一个动画周期中，它们都是同时设置的，因此可以实现整个上级容器视图的动画效果。

代码清单 21-35　通过 TypeEvaluator 创建视图的动画效果

```
public class MyAnimatableView
{
    PointF curPoint = null;
    View m_v = null;
    public MyAnimatableView(View v)
    {
        curPoint = new PointF(v.getX(),v.getY());
        m_v = v;
    }

    public PointF getCurPointF()
    {
        return curPoint;
    }
    public void setPoint(PointF p)
    {
        curPoint = p;
        m_v.setX(p.x);
        m_v.setY(p.y);
    }
}
```

代码清单 21-33 的动画由按钮 7 调用。当动画运行时，视图会从右下角移动到左上角。

21.4.10　关键帧

关键帧在动画周期中放置关键时间标记（以时间表示的重要实例）方面起着重要作用。代码清单 21-36 演示了关键帧的动画效果。

代码清单 21-36　使用关键帧创建视图动画

```
public void testKeyFrames(View v)
{
    float h = m_tv.getHeight();
    float w = m_tv.getWidth();
    float x = m_tv.getX();
    float y = m_tv.getY();

    //Start frame : 0.2
    //alpha: 0.8
    Keyframe kf0 = Keyframe.ofFloat(0.2f, 0.8f);

    //Middle frame: 0.5
    //alpha: 0.2
    Keyframe kf1 = Keyframe.ofFloat(.5f, 0.2f);

    //end frame: 0.8
```

```
//alpha: 0.8
Keyframe kf2 = Keyframe.ofFloat(0.8f, 0.8f);

PropertyValuesHolder pvhAlpha =
    PropertyValuesHolder.ofKeyframe("alpha", kf0, kf1, kf2);

PropertyValuesHolder pvhX =
    PropertyValuesHolder.ofFloat("x", w, x);

//end frame
ObjectAnimator anim =
    ObjectAnimator.ofPropertyValuesHolder(m_tv, pvhAlpha,pvhX);
anim.setDuration(5000);
anim.start();
}
```

关键帧给定了指定时间的特殊值。时间值的范围在 0（动画开始时间）至 1（动画结束时间）之间。一旦收集到这些关键帧的值，就可以在各个帧上设置特定属性，如 alpha、x 或 y。关键帧及其各自相应属性的关联通过 PropertyValuesHolder 类建立。然后，这些值会传递给 ObjectAnimator，实现 PropertyValuesHolder 对象的最终动画效果。

代码清单 21-36 的代码由按钮 8 调用。当动画运行时，文本视图会从右下角移动到左上角。当时间到达 20% 时，alpha 会变成 80%。到一半时间时，alpha 会变成 20%，而到 80% 的动画时间时，alpha 会变回 80%。

21.4.11 布局转变

通过 LayoutTransition 类，属性动画 API 还提供了基于布局的动画。关于这个类作为标准 API 文档的一部分在以下 URL 中得到了很好的记录：

http://developer.android.com/reference/android/animation/LayoutTransition.html。

这里只总结布局转变的关键点。为了在视图组（大多数布局都是视图组）中启用这种布局转变，必须使用如代码清单 21-37 所示的代码。

代码清单 21-37 设置布局转变

```
viewgroup.setLayoutTransition(
  new LayoutTransition()
);
```

一个布局转变对象包含 4 个默认动画生成器：分别对应 4 种布局转变。这 4 种布局转变包括：

❑ 添加视图（出现）；
❑ 改变显示内容（布局的其他项目）；
❑ 删除视图（隐藏）；
❑ 改变隐藏内容（布局的其他项目）。

这些布局转变分别定义一个常量。下面，我们通过代码清单 21-38 来查看这个类的几个实用方法。

代码清单 21-38 布局转变方法

```
//Here is how you get a new layout transition
LayoutTransition lt
= new LayoutTransition();

//You can set this layout transition on a layout
someLayout.setLayoutTransition(lt);
```

```
//obtain a default animator if you
//need to remember
Animator defaultAppearAnimator
= lt.getAnimator(APPEARING);

//create a new animator
ObjectAnimator someNewObjectAnimator;

//set it as your custom animator for appearing transition
lt.setAnimator(APPEARING, someNewObjectAnimator);
```

因为向布局转变提供的动画生成器适应用于所有视图，所以在应用到各个视图之前，它们都会在内部克隆这些动画生成器。

布局转变动画存在一些局限性，具体参见前面提到的 Java API 文档。其中一个关键的局限性在于，如果视图处于移动状态，单击这些视图会出现意想不到的结果。

21.5　参考资料

下面是一些有助于进一步理解本章知识点的实用参考资料链接。

- www.androidbook.com/item/3901。作者在 Android 属性动画方面的研究笔记。
- http://android-developers.blogspot.com/2011/02/animation-in-honeycomb.html。Chet Hasse 的一篇重要博文，可以帮助读者理解 3.0 及以上版本的属性动画。
- http://android-developers.blogspot.com/2011/05/introducingviewpropertyanimator.html。Chet Hasse 的一篇重要博文，有助于读者理解视图属性动画。
- http://developer.android.com/guide/topics/graphics/prop-animation.html。Android SDK 中关于属性动画的主要文档。
- http://developer.android.com/guide/topics/graphics/animation.html。Android 文档中所有动画类型的链接，包括属性动画和老式动画。
- http://developer.android.com/reference/android/view/animation/packagesummary.htm。旧动画包 android.view.animation 的 Java 文档 API。
- http://developer.android.com/guide/topics/resources/animationresource.html。各种动画类型的 XML 标记。
- www.androidbook.com/item/3550：我们关于 android.view.animation 定义的旧动画 API 的研究笔记汇总。
- www.androidbook.com/proandroid4/projects。本章的可下载测试项目，zip 文件名分别为 ProAndroid4_ch21_SampleFrameAnimation.zip、ProAndroid4_ch21_SampleLayoutAnimation.zip、ProAndroid4_ch21_SampleViewAnimation.zip 和 ProAndroid4_ch21_SamplePropertyAnimation.zip。

21.6　小结

本章主要介绍了以下知识点。

- 一种通过扩展 UI 元素动画功能的有趣方法。
- Android 支持的所有主要动画类型：逐帧动画、布局动画和视图动画。
- 一些动画概念，如插入程序和转换矩阵。
- 通过 Camera 对象实现的 2D 视图深度知觉。
- 新属性动画 API 的大部分方面。

　　在掌握背景知识之后，我们鼓励你练习 Android SDK 附带的 API 示例，学习各种动画方式的示例 XML 定义。

21.7　面试问题

回答以下问题，进一步巩固本章所学的知识点。

(1) 逐帧动画与补间动画有什么区别？

(2) 哪一个 Java 类封装了 Android 的动画帧？

(3) 如何在 XML 文件中初始化一个 AnimationDrawable？

(4) AnimationDrawable 中哪些方法可用？

(5) 什么是布局动画？

(6) 如何在 XML 文件中定义一个动画？

(7) 什么是插入程序？

(8) 如何在动画中指定一个插入程序？

(9) 补间动画包括哪 4 种类型？

(10) 什么是列表布局控制器动画 XML 文件？

(11) 如何使用 android:layoutAnimation 标记定义一个 ListView？

(12) 目前有多少种可用的内置的插入程序？

(13) anim 子目录包含哪些种类的文件？

(14) 如何实现视图动画？

(15) 如何使用 ViewAnimation 类？

(16) 如何操作转换矩阵？

(17) 如何通过 2D 视图动画提供深度知觉？

(18) 如何使用 Camera 对象影响转变矩阵？

(19) 如何使用 AnimationListener 类？

(20) 矩阵操作是否会改变矩阵或返回改变后的矩阵？

(21) 如何使用 pre 转换和 post 转换？

(22) 新的属性动画与旧 API 有何不同？

(23) 如何使用 ObjectAnimator？

(24) 如何使用 AnimatorSet？

(25) R.animator 资源类型是什么？

(26) 如何从 XML 文件加载动画生成器？

(27) 如何使用 PropertyValuesHolder？

(28) 如何使用 TypeEvaluator？

(29) 如何使用 ViewPropertyAnimator？

(30) 如何在属性动画中使用关键帧？

(31) 如何使用 LayoutTransition 类？

(32) 新的动画类集合定义在哪一个 Android Java 包中？

(33) 哪里可以查看动画生成器 XML 文件支持的 XML 标签？

第 22 章

地图和基于位置的服务

本章将介绍地图和基于位置的服务。基于位置的服务是 Android SDK 一个更加令人激动的组成部分。SDK 的这部分提供了 API 供应用程序开发人员显示和操作地图，获取实时设备位置信息，以及利用其他令人激动的功能。

Android 中基于位置的服务工具可分为两类：地图 API 和基于位置的 API。这些 API 中的每一个都彼此隔离，拥有自己的包。例如，地图包是 com.google.android.maps，而位置包是 android.location。Android 中的地图 API 提供了工具来显示地图和操作它。例如，可以缩放或平移，可以更改地图模式（比如从卫星视图更改为街道视图），可以向地图添加自定义数据等。另一部分是 GPS（Global Positioning System，全球定位系统）数据和实时位置数据，二者都由位置包处理。

这些 API 常常通过因特网从谷歌服务器调用服务。因此，通常需要有网络连接，这些 API 才能正常工作。此外，在使用这些 Android 地图 API 服务开发应用程序之前，必须同意谷歌的服务条款。请仔细阅读这些条款，谷歌对于服务数据的用途实施了一些限制。例如，可以将位置信息用于个人用途，但是某些商业用途会受到限制，涉及车辆自动控制的应用也是如此。这些条款将在注册 map-api 密钥时提供给你。

本章将介绍这些包。首先介绍地图 API 并介绍如何在应用程序中使用地图。可以看到，Android 中的地图可归结为使用 MapView UI 控件和 MapActivity 类，当然还包括地图 API，它集成了谷歌 Maps。还将介绍如何在显示的地图上放置自定义数据和如何在地图上显示设备的当前位置。介绍完地图之后，将深入介绍基于位置的服务，该服务扩展了地图概念。我们将介绍如何使用 Android Geocoder 类和 LocationManager 服务。还将介绍在使用这些 API 时出现的线程问题。

说明 在本书编写时，Android 仍然不支持 MapFragment。虽然有一些变通方法可以解决这个问题，但是本书不会介绍这些方法。希望读者在阅读本书时，谷歌已经发布了更新，能够直接支持地图操作。

22.1 地图包

前面已经提到，地图 API 是 Android 基于位置的服务的一个组成部分。地图包包含在屏幕上显示地图、处理用户与地图的交互（比如缩放）及在地图上显示自定义数据等所需的一切内容。

你可能注意到了，在 Android SDK 平台之外，Android SDK 管理器还单独提供了谷歌 API 包。谷歌 API 包包含地图处理 API jar 文件,所以可用于开发任何需要使用地图的应用程序。在创建新应用程序时,需要安装一个包,然后在 Android 构建目标时指定这些包。

使用此包的第一步是显示地图。为此,需要使用 MapView 视图类。但是,此类的使用需要一些准备工作。具体来讲,在使用 MapView 之前,需要从谷歌获得一个 map-api 密钥。map-api 密钥供 Android 用于与谷歌 Maps 服务交互,以获取地图数据。下一节将介绍如何获取 map-api 密钥。

22.1.1 从谷歌获取 map-api 密钥

关于 map-api 密钥,要理解的第一点是,实际上需要两个密钥:一个用于在模拟器中进行开发,另一个用于(设备上的)生产用途。这是因为,用于获取 map-api 密钥的证书在开发和生产环境之间是不同的(已在第 14 章中介绍)。

例如,在开发期间,ADT 插件生成.apk 文件并将它部署到模拟器。因为.apk 文件必须使用证书签名,所以 ADT 插件在开发期间使用调试证书。对于生产部署,可以使用自签名证书来对.apk 文件进行签名。好消息是,可以获取一个 map-api 密钥用于开发用途,获取另一个用于生产用途,在导出生产版本之前可以在这两个密钥之间轻松切换。

要获取 map-api 密钥,需要用于签名应用程序的证书(如果在模拟器中开发,需要调试证书)。你将获得证书的 MD5 指纹,然后将它输入到谷歌网站即可生成关联的 map-api 密钥。

首先,必须找到调试证书,它由 Eclipse 生成和维护。可以使用 Eclipse IDE 找到准确位置。从 Eclipse 的 Preferences 菜单,转到 Android➤Build。调试证书的位置将在 "Default debug keystore" 字段中显示,如图 22-1 所示。(如果无法找到 Preferences 菜单,请参阅第 2 章。)

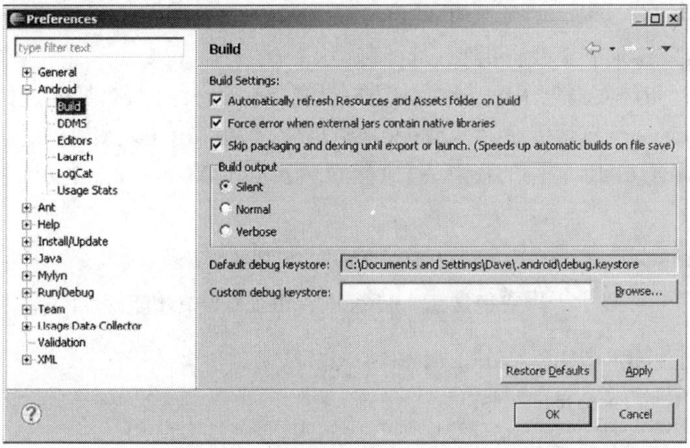

图 22-1 调试证书的位置

要提取 MD5 指纹,可以使用-list 选项运行 keytool,如下所示:

```
keytool -list -alias androiddebugkey -keystore
"FULL PATH OF YOUR debug.keystore FILE" -storepass android -keypass android
```

请注意,调试存储库的 alias 为 androiddebugkey。类似地,密钥库密码为 android,私钥密码也为 android。当运行此命令时,keytool 将提供调试证书指纹(参见图 22-2)。

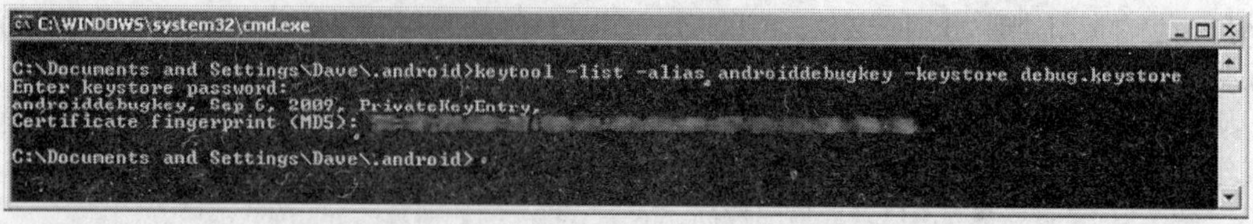

图 22-2　list 选项的 keytool 输出（实际指纹已被涂掉）

现在将证书的 MD5 指纹粘贴到以下谷歌网站的适当字段中：

http://code.google.com/android/maps-api-signup.html

仔细阅读服务条款。如果同意这些条款，那么单击 Generate API Key 按钮，以便从谷歌 Maps 服务获得相应的 map-api 密钥。map-api 密钥会立即激活，所以可以使用它从谷歌获得地图数据。请注意，还需要一个谷歌账户来获得 map-api 密钥。在尝试生成 map-api 密钥时，谷歌将要求登录谷歌账户。

记得第 14 章中说过调试证书会过期，开发 map-api 密钥也会过期。如果更改调试证书，将需要使用新调试证书重复这些步骤。获取新的开发 map-api 密钥。这是创建有效期比默认的一年时间更长的调试证书的不错理由。请参阅第 14 章，了解创建有效期较长的调试证书的详细信息。

现在可以开始使用地图了。

22.1.2　MapView 和 MapActivity

Android 中的许多地图技术都依赖于 MapView UI 控件和 android.app.Activity 的扩展 MapActivity。在 Android 中，MapView 和 MapActivity 类负责显示和操作地图的主要工作。关于这两个类，必须记住的一点是，它们必须协同工作。具体来讲，要使用 MapView，需要在 MapActivity 中对它进行实例化。此外，当实例化 MapView 时，需要提供 map-api 密钥。

如果使用 XML 布局实例化 MapView，则需要设置 android:apiKey 属性。如果以编程方式创建 MapView，则必须将 map-api 密钥传递给 MapView 构造函数，最后，由于地图的基础数据来自谷歌 Maps，所以应用程序需要具有访问因特网的权限。这意味着在 AndroidManifest.xml 文件中至少需要包含以下权限：

```
<uses-permission android:name="android.permission.INTERNET" />
```

代码清单 22-1 以粗体显示了需要包含在 AndroidManifest.xml 中才能使地图应用程序正常工作的项。

代码清单 22-1　地图应用程序的 AndroidManifest.xml 中需要包含的标记

```
<?xml version="1.0" encoding="utf-8"?>
<manifest xmlns:android="http://schemas.android.com/apk/res/android"
    package="com.androidbook"
    android:versionCode="1"
    android:versionName="1.0">
  <application android:icon="@drawable/icon"
               android:label="@string/app_name">
    <uses-library android:name="com.google.android.maps" />
    <activity android:name=".MapViewDemoActivity"
              android:label="@string/app_name">
      <intent-filter>
        <action android:name="android.intent.action.MAIN" />
        <category android:name="android.intent.category.LAUNCHER" />
```

```
            </intent-filter>
        </activity>
    </application>
    <uses-permission android:name="android.permission.INTERNET"/>
    <uses-sdk android:minSdkVersion="4" />
</manifest>
```

还需要对 AndroidManifest.xml 进行另外一项修改。地图应用程序的定义需要引用地图库。（这一行代码也已包含在代码清单 22-1 中。）撇开前提条件，我们看一下图 22-3。

图 22-3　MapView 控件

图 22-3 是显示地图的应用程序。该应用程序还展示了如何放大、缩小和更改地图的视图模式。它的 XML 布局如代码清单 22-2 所示。

说明　本章末尾将提供一个 URL，可通过它下载本章的项目。这样，可以将这些项目直接导入 Eclipse。

代码清单 22-2　MapView 演示程序的 XML 布局

```xml
<?xml version="1.0" encoding="utf-8"?>
<!-- This file is /res/layout/mapview.xml -->
<LinearLayout xmlns:android="http://schemas.android.com/apk/res/android"
    android:orientation="vertical" android:layout_width="fill_parent"
    android:layout_height="fill_parent">

    <LinearLayout
        xmlns:android="http://schemas.android.com/apk/res/android"
        android:orientation="horizontal"
        android:layout_width="fill_parent"
        android:layout_height="wrap_content">

        <Button android:id="@+id/zoomin"
            android:layout_width="wrap_content"
            android:layout_height="wrap_content" android:text="+"
            android:onClick="myClickHandler" android:padding="12px" />

        <Button android:id="@+id/zoomout"
            android:layout_width="wrap_content"
            android:layout_height="wrap_content" android:text="-"
            android:onClick="myClickHandler" android:padding="12px" />

        <Button android:id="@+id/sat"
            android:layout_width="wrap_content"
            android:layout_height="wrap_content" android:text="Satellite"
            android:onClick="myClickHandler" android:padding="8px" />

        <Button android:id="@+id/traffic"
            android:layout_width="wrap_content"
            android:layout_height="wrap_content" android:text="Traffic"
            android:onClick="myClickHandler" android:padding="8px" />

        <Button android:id="@+id/normal"
            android:layout_width="wrap_content"
            android:layout_height="wrap_content" android:text="Normal"
            android:onClick="myClickHandler" android:padding="8px" />

    </LinearLayout>

    <com.google.android.maps.MapView
        android:id="@+id/mapview" android:layout_width="fill_parent"
        android:layout_height="wrap_content" android:clickable="true"
        android:apiKey="YOUR MAPS API KEY GOES HERE" />

</LinearLayout>
```

如代码清单 22-2 所示，父 LinearLayout 包含子 LinearLayout 和 MapView。子 LinearLayout 包含图 22-3 顶部所示的按钮。另请注意，需要使用你自己的 map-api 密钥的值更新 MapView 控件的 android: apiKey 值。

示例地图应用程序的代码如代码清单 22-3 所示。

代码清单 22-3　加载 XML 布局的 MapActivity 扩展类

```java
public class MapViewDemoActivity extends MapActivity
{
    private MapView mapView;

    @Override
```

```
    protected void onCreate(Bundle savedInstanceState) {
        super.onCreate(savedInstanceState);
        setContentView(R.layout.mapview);

        mapView = (MapView)findViewById(R.id.mapview);
    }

    public void myClickHandler(View target) {
        switch(target.getId()) {
        case R.id.zoomin:
            mapView.getController().zoomIn();
            break;
        case R.id.zoomout:
            mapView.getController().zoomOut();
            break;
        case R.id.sat:
            mapView.setSatellite(true);
            break;
        case R.id.traffic:
            mapView.setTraffic(true);
            break;
        case R.id.normal:
            mapView.setSatellite(false);

            mapView.setTraffic(false);
            break;
        }
        // The following line should not be required but it is,
        // up through Froyo (Android 2.2)
        mapView.postInvalidateDelayed(2000);
    }

    @Override
    protected boolean isLocationDisplayed() {
        return false;
    }

    @Override
    protected boolean isRouteDisplayed() {
        return false;
    }
}
```

如代码清单 22-3 所示,使用 onCreate() 显示 MapView 与显示任何其他控件没什么不同。也就是说,将 UI 的内容视图设置为包含 MapView 的布局文件并处理它。令人惊奇的是,对缩放功能的支持很容易实现。要放大或缩小,可以使用 MapView 的 MapController 类。为此,调用 mapView.getController(),然后调用合适的 zoomIn()或 zoomOut()方法。这种缩放方式可以实现一级缩放,用户需要重复此操作来增加或减小放大率。

你还将发现,更改视图模式的功能也很容易实现。MapView 支持多种模式。

❑ 地图是默认的模式。

❑ 卫星模式显示地图的航空照片,可以看到建筑、树木、道路等物体的真实顶视图。

❑ 交通模式显示地图上的交通信息,使用彩色线表示实时的交通状况,这与静止的交通图不同。
　请注意,只支持有限数量的主要公路和街道的交通模式。

要更改模式,必须调用合适的赋值方法并将参数设置为 true。要关闭一种模式,可以将该模式设置为 false。稍后将介绍 Overlay,但现在只需知道交通模式和街道模式不使用 Overlay。

说明   语句 mapView.postInvalidateDelayed(2000)用于处理地图的交通模式的问题。出现该问题的原
因在于，在内部使用了线程获取数据来显示街道视图蓝线和交通线。关于更多信息，请参阅
http://code.google.com/p/android/issues/detail?id=10317 上的 Android 问题 10317。

要向一侧移动地图，可以在 XML 中设置 MapView 的 android:clickable="true"，否则，只能放大
和缩小地图，不能向侧面移动地图。也可以对 mapView 上使用 setClickable(true)方法调用，在代码
中设置这一功能。

最后，这个示例中还有两个方法需要说明一下：isLocationDisplayed()和 isRouteDisplayed()。这两
个方法的文档表明谷歌服务条款要求使用它们，但在请求 map-api 密钥时，这些服务条款中并没有提
到这些方法。我不是律师，但建议实现这些方法。应用程序负责使用 true 或 false 响应信息向地图服
务器表明是否显示了当前的设备位置，或者是否显示了任何路线信息，比如驾驶方向。

你可能觉得在 Android 中显示地图、实现缩放和模式更改所需的代码非常少（参见代码清单 22-3 ）。
然而，还有一种更简单的实现缩放控件的方法。看一下代码清单 22-4 所示的 XML 布局和代码。

代码清单 22-4   更轻松地实现缩放

```xml
<?xml version="1.0" encoding="utf-8"?>
<!-- This file is /res/layout/mapview.xml -->
<RelativeLayout xmlns:android="http://schemas.android.com/apk/res/android"
        android:orientation="vertical" android:layout_width="fill_parent"
        android:layout_height="fill_parent">

    <com.google.android.maps.MapView android:id="@+id/mapview"
            android:layout_width="fill_parent"
            android:layout_height="wrap_content"
            android:clickable="true"
            android:apiKey="YOUR MAPS API KEY GOES HERE"
            />
</RelativeLayout>
```

```java
public class MapViewDemoActivity extends MapActivity
{
    private MapView mapView;
    @Override
    protected void onCreate(Bundle savedInstanceState) {
        super.onCreate(savedInstanceState);

        setContentView(R.layout.mapview);
        mapView = (MapView)findViewById(R.id.mapview);

        mapView.setBuiltInZoomControls(true);
    }

    @Override
    protected boolean isLocationDisplayed() {
        return false;
    }

    @Override
    protected boolean isRouteDisplayed() {
        return false;
    }
}
```

代码清单 22-4 和代码清单 22-3 之间的区别在于，我们更改了视图的 XML 布局，以使用 RelativeLayout。我们删除了所有缩放控件和视图模式控件。这个示例的神奇之处在代码中，而不是在布局上。MapView 已拥有了支持缩放的控件。所需做的只是使用 setBuiltInZoomControls()方法启用这些控件。图 22-4 显示了 MapView 的默认缩放控件。

图 22-4　MapView 的内置缩放控件

接下来介绍如何将自定义数据添加到地图中。

22.1.3　使用覆盖图添加标记

谷歌 Maps 提供了一个工具来将自定义数据放在地图上。如果在当地搜索披萨餐馆，就会看到一个示例：谷歌 Maps 放置了图钉或气球标记来表示每个位置。谷歌 Maps 通过在地图上添加另外一层来实现此功能。Android 提供了多个类来帮助在地图上添加层。实现此类功能的一个关键类是 Overlay，也可以使用此类的扩展类 ItemizedOverlay。代码清单 22-5 给出了一个用 Java 代码编写的例子。代码清单 22-4 中的布局 XML 文件也可用于此项目。

代码清单 22-5　使用 ItemizedOverlay 标记地图

```
public class MappingOverlayActivity extends MapActivity {
    private MapView mapView;

    @Override
    protected void onCreate(Bundle savedInstanceState) {
        super.onCreate(savedInstanceState);
```

```
        setContentView(R.layout.mapview);

        mapView = (MapView) findViewById(R.id.mapview);
        mapView.setBuiltInZoomControls(true);

        Drawable marker=getResources().getDrawable(R.drawable.mapmarker);
        marker.setBounds( (int) (-marker.getIntrinsicWidth()/2),
                           -marker.getIntrinsicHeight(),
                          (int) (marker.getIntrinsicWidth()/2),
                          0);

        InterestingLocations funPlaces =
                    new InterestingLocations(marker);
        mapView.getOverlays().add(funPlaces);

        GeoPoint pt = funPlaces.getCenterPt();
        int latSpan = funPlaces.getLatSpanE6();
        int lonSpan = funPlaces.getLonSpanE6();
        Log.v("Overlays", "Lat span is " + latSpan);
        Log.v("Overlays", "Lon span is " + lonSpan);

        MapController mc = mapView.getController();
        mc.setCenter(pt);
        mc.zoomToSpan((int)(latSpan*1.5), (int)(lonSpan*1.5));
    }

    @Override
    protected boolean isLocationDisplayed() {
        return false;
    }

    @Override
    protected boolean isRouteDisplayed() {
        return false;
    }

    class InterestingLocations extends ItemizedOverlay {
        private ArrayList<OverlayItem> locations =

                new ArrayList<OverlayItem>();
        private GeoPoint center = null;

        public InterestingLocations(Drawable marker)
        {
            super(marker);

            // create locations of interest
            GeoPoint disneyMagicKingdom =
                new GeoPoint((int)(28.418971*1000000),
                            (int)(-81.581436*1000000));
            GeoPoint disneySevenLagoon =
                new GeoPoint((int)(28.410067*1000000),
                            (int)(-81.583699*1000000));

            locations.add(new OverlayItem(disneyMagicKingdom ,
                    "Magic Kingdom", "Magic Kingdom"));
            locations.add(new OverlayItem(disneySevenLagoon ,
                    "Seven Seas Lagoon", "Seven Seas Lagoon"));

            populate();
        }

        // We added this method to find the middle point of the cluster
```

```
// Start each edge on its opposite side and move across with
// each point. The top of the world is +90, the bottom -90,
// the west edge is -180, the east +180
public GeoPoint getCenterPt() {
    if(center == null) {
        int northEdge = -90000000;   // i.e., -90E6 microdegrees
        int southEdge = 90000000;
        int eastEdge = -180000000;
        int westEdge = 180000000;
        Iterator<OverlayItem> iter = locations.iterator();
        while(iter.hasNext()) {
            GeoPoint pt = iter.next().getPoint();
            if(pt.getLatitudeE6() > northEdge)
                northEdge = pt.getLatitudeE6();
            if(pt.getLatitudeE6() < southEdge)
                southEdge = pt.getLatitudeE6();
            if(pt.getLongitudeE6() > eastEdge)
                eastEdge = pt.getLongitudeE6();
            if(pt.getLongitudeE6() < westEdge)
                westEdge = pt.getLongitudeE6();
        }
        center = new GeoPoint((int)((northEdge +southEdge)/2),
                (int)((westEdge + eastEdge)/2));
    }
    return center;
}

@Override
public void draw(Canvas canvas, MapView mapView, boolean shadow)
{
    // Hide the shadow by setting shadow to false
    shadow = false;
    super.draw(canvas, mapView, shadow);
}

@Override
protected OverlayItem createItem(int i) {
    return locations.get(i);
}

@Override
public int size() {
    return locations.size();
}

    }
}
```

代码清单 22-5 演示了如何在地图上覆盖标记。这个例子中放置了两个标记：一个放在迪斯尼公司的 Magic Kingdom 所在位置处，另一个放在迪斯尼的 Seven Seas Lagoon 所在位置处，都靠近佛罗里达州奥兰多（参见图 22-5）。

说明　要进行演示，需要将一个图形对象用作地图标记。这个图像文件必须保存在/res/drawable 文件夹下，以便 getDrawable()调用中的资源 ID 引用能够与为该图像文件选择的文件名匹配。如果可能，将围绕你的标记的区域设置为透明的。本章的源代码提供了一些示例标记。

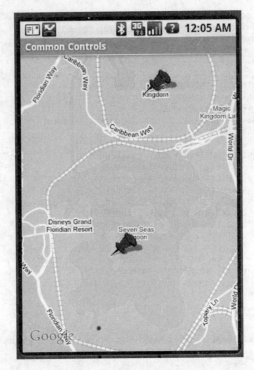

图 22-5　带有标记的 MapView

　　为了将标记添加到地图上，必须创建 com.google.android.maps.Overlay 的扩展并将其添加到地图上。Overlay 类本身无法实例化，所以必须扩展它或使用一个现有扩展。在我们的示例中，实现了InterestingLocations，它扩展了 ItemizedOverlay，而后者又扩展了 Overlay。Overlay 类定义了覆盖图的契约，ItemizedOverlay 是一个很方便的实现，它简化了创建可在地图上标记的一组位置的过程。

　　一般使用模式是扩展 ItemizedOverlay 类并在构造函数中添加"项"——感兴趣的位置。实例化兴趣点之后，调用 ItemizedOverlay 的 populate()方法。populate()方法是一个实用程序，用于缓存OverlayItem。在内部，该类调用 size()方法来确定覆盖项的数量，然后进入循环，为每个项调用createItem(i)。在 createItem 方法中，返回数组中给定索引处已经创建的项目。

　　从代码清单 22-5 可以看到，我们只是创建了一些点，并调用 populate()在地图上显示标记。Overlay契约负责执行剩余工作，为了正确显示这些标记，活动的 onCreate()方法创建 Interesting Locations实例，传入默认用于表示标记的 Drawable。然后 onCreate()将 InterestingLocations 实例添加到覆盖图集合（mapView.getOverlays().add()）中。

　　你选择的 Drawable 需要准备供一个 ItemizedOverlay 使用。地图 API 需要知道(0,0)点位于 Drawable上何处。该点将用于在地图上标记应该显示标记的准确位置。要亲自这么做，可以使用我们的例子中所示的 Drawable 类的 setBounds()方法。该方法的参数表示左边、顶边、右边和底边坐标，可以使用getIntrinsicHeight()和 getIntrinsicWidth()方法确定 Drawable 的高度和宽度。

　　在我们的例子中，(0,0)坐标将位于底边的中点。回想一下，坐标系统从左侧开始，向右侧移动则x 值增大，向下移动则 y 值增大。因此，我们的顶边坐标必须小于底边的 0，所以是负数。

Android 在 ItemizedOverlay 类中提供了两个便捷方法来设置 Drawable 的边界，它们是
boundCenterBottom()和 boundCenter()。第一个方法在 Drawable 上的操作方法与我们所做的相同，(0,0)
坐标将位于 Drawable 底边的中点。第二个方法将(0,0)放在 Drawable 的中心。一种常见的做法是在构
造函数中使用这些方法中的一个作为第一个调用。我们可以运行以下代码，而不使用前面的
setBounds()：

```
public InterestingLocations(Drawable marker)
{
    super(boundCenterBottom(marker));
    [ … ]
```

你还将注意到，可以使用任何大小或形状的 Drawable。使标记看起来美观的一个因素是在想要使
用的形状四周使用透明色。我们习惯了在谷歌 Maps 上看到的气球不是方形的，因为它们在四周使用
了透明色，所以可以看到没有标记的地图部分。这么做的另一个好处在于，地图 API 将在地图上绘制
标记的阴影，而且该阴影可以是你的形状，而不是矩形（好吧，其实是一个平行四边形）。

但是如果不想要阴影怎么办？没有问题。只需重写 ItemizedOverlay 扩展类的 draw()方法，在调
用父类的 draw()方法时将 shadow 设置为 false。可以看看我们的例子中的 draw()方法。我们提到，用
于创建 ItemizedOverlay 的 Drawable 是默认的标记。每个 OverlayItem 可使用其 setMarker()方法和其
他某个 Drawable 获得一个唯一的标记。可以在实例化 OverlayItem 时设置唯一标记，也可以在以后设
置它们。在第 25 章中介绍触摸屏时还会介绍标记，届时将介绍如何使用标记实现更有趣的功能。

既然已将覆盖图与地图相关联，还需要将其移动到正确的位置，以在显示屏上真正看到标记。为
此，需要将所显示地图的中心设置为一个点。ItemizedOverlay 类的 getCenter()方法返回第一点（你
可能猜到了，不是中心）。ItemizedOverlay 将排序它包含的点，它将选择一个点作为第一个点。因此，
为了找到这些点的中心，我们实现了自己的 getCenterPt()方法来迭代这些点并找到中心。mapView 控
制器的 setCenter()设置所显示区域的中心，我们向它传入了所计算的中心点。

MapController 的 setZoom()方法设置观看地图的高度。它接受 1~21 的值，其中 21 表示放大到尽
可能近，1 表示缩小到尽可能远。但是由于我们无法完全确定在这里使用什么值才能看到所有点，我
们使用了 MapController 的 zoomToSpan()方法。我们需要传入包含所有点的矩形的高度和宽度。幸好
ItemizedOverlay 有两个方法可告诉我们该矩形的高度和宽度，getLatSpanE6()为我们提供了纬度跨度，
getLonSpanE6()提供了经度跨度，然后可以将这些值用于 zoomToSpan()。请注意，我们选择使用系数
1.5 展开矩形，所以在显示时，我们的点并不是恰好位于地图边缘上。

代码清单 22-5 中另一个有趣的方面是 OverlayItem 的创建。要创建 OverlayItem，需要一个 GeoPoint
类型的对象。GeoPoint 类通过经纬度表示位置，以微度为单位。在本示例中，我们使用地理编码网站
获得 Magic Kingdom 和 Seven Seas Lagoon 的经纬度。（稍后将会看到，可以使用地理编码网站将地址
转换为纬度/经度对。）然后将经纬度乘以 1 000 000 并转换为整数，将其转换为微度（因为 API 只能处
理微度）。

到目前为止，我们已经介绍了如何在地图上放置标记，但覆盖图并不是只能显示图钉或气球。
它们还可用于执行其他任务。例如，可以在地图上移动显示产品动画，或者显示锋面或暴风雨等天
气符号。

总体来讲，你一定觉得在地图上放置标记再简单不过了，但请不要急于下结论。我们还没有纬度/
经度对数据库，需要使用真实地址创建一个或多个 GeoPoint。为此，可以使用 Geocoder 类，它包含在

接下来要讨论的位置包中。

22.2　位置包

android.location 包提供了一些工具来实现基于位置的服务。本小节将讨论这个包的两个重要部分：Geocoder 类和 LocationManager 服务。首先介绍 Geocoder。

22.2.1　使用 Android 进行地理编码

如果打算使用地图做一些实际的事情，可能必须将地址（或位置）转换为纬度/经度对。此概念称为地理编码，android.location.Geocoder 类提供了此功能。实际上，Geocoder 既提供了前向转换，也提供了后向转换——它可以获取地址并返回纬度/经度对，也可以将纬度/经度对转换为一组地址。该类提供了以下方法：

```
List<Address>  getFromLocation(double latitude, double
longitude, int maxResults)

List<Address>  getFromLocationName(String locationName, int
maxResults, double lowerLeftLatitude, double

lowerLeftLongitude, double upperRightLatitude, double
upperRightLongitude)

List<Address>  getFromLocationName(String locationName, int
maxResults)
```

事实证明，计算地址并不完全属于科学的范畴，因为可以通过各种方式来描述位置。例如，getFromLocationName()方法可以获得地方的名称、物理地址、机场编号或者该位置的人尽皆知的名称。因此，这些方法返回了一个地址列表，而不是一个地址。因为这些方法返回一个列表，该列表可能很长（并花费很长时间返回），所以最好提供一个 1~5 的 maxResults 值来限制结果集。现在看一个例子。

代码清单 22-6 给出了图 22-6 所示的用户界面的 XML 布局和相应代码。要运行此示例，需要使用你自己的 map-api 密钥更新地址列表。

代码清单 22-6　使用 Android Geocoder 类

```xml
<?xml version="1.0" encoding="utf-8"?>
<!-- This file is /res/layout/geocode.xml -->
<RelativeLayout xmlns:android="http://schemas.android.com/apk/res/android"
        android:layout_width="fill_parent"
        android:layout_height="fill_parent">

        <LinearLayout android:layout_width="fill_parent"
            android:layout_alignParentBottom="true"
            android:layout_height="wrap_content"
            android:orientation="vertical" >

        <EditText android:layout_width="fill_parent"
            android:id="@+id/location"
            android:layout_height="wrap_content"
            android:text="White House"/>
```

```
            <Button android:id="@+id/geocodeBtn"
                android:layout_width="wrap_content"
                android:layout_height="wrap_content"
                android:onClick="doClick" android:text="Find Location"/>
        </LinearLayout>

        <com.google.android.maps.MapView
                android:id="@+id/geoMap" android:clickable="true"
                android:layout_width="fill_parent"
                android:layout_height="320px"
                android:apiKey="YOUR MAPS API KEY GOES HERE"
                />

</RelativeLayout>


public class GeocodingDemoActivity extends MapActivity
{
    Geocoder geocoder = null;
    MapView mapView = null;

    @Override
    protected boolean isLocationDisplayed() {
        return false;
    }

    @Override
    protected boolean isRouteDisplayed() {
        return false;
    }
    @Override
    protected void onCreate(Bundle savedInstanceState)
    {
        super.onCreate(savedInstanceState);

        setContentView(R.layout.geocode);
        mapView = (MapView)findViewById(R.id.geoMap);
        mapView.setBuiltInZoomControls(true);

        // lat/long of Jacksonville, FL
        int lat = (int)(30.334954*1000000);
        int lng = (int)(-81.5625*1000000);
        GeoPoint pt = new GeoPoint(lat,lng);
        mapView.getController().setZoom(10);
        mapView.getController().setCenter(pt);

        geocoder = new Geocoder(this);
    }

    public void doClick(View arg0) {
        try {
            EditText loc = (EditText)findViewById(R.id.location);
            String locationName = loc.getText().toString();

            List<Address> addressList =
                    geocoder.getFromLocationName(locationName, 5);
            if(addressList!=null && addressList.size()>0)
            {
                int lat =
```

```
                    (int)(addressList.get(0).getLatitude()*1000000);
            int lng =
                    (int)(addressList.get(0).getLongitude()*1000000);

            GeoPoint pt = new GeoPoint(lat,lng);
            mapView.getController().setZoom(15);
            mapView.getController().setCenter(pt);
        }
    } catch (IOException e) {
        e.printStackTrace();
    }
  }
}
```

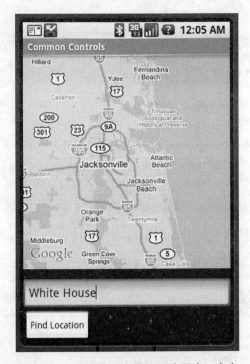

图 22-6　将给定位置名称地理编码为一个点

　　要体验地理编码在 Android 中的使用，可以在 EditText 字段中键入位置名称或它的地址，然后单击 Find Location 按钮。要找到某个位置的地址，调用 Geocoder 的 getFromLocationName()方法。位置可以是地址或众所周知的名称，比如“白宫”。地理编码可以是一项实时操作，所以根据 Android 文档的建议，我们建议将结果限制为 5 个。

　　对 getFromLocationName()的调用返回一个地址列表。示例应用程序获取该地址列表并处理第一个地址（如果存在）。每个地址都具有经纬度，可以使用它来创建 GeoPoint。然后调用地图控制器并导航到该点。缩放级别可以设置为 1~21（包括 1 和 21）的整数。在从 1 向 21 移动时，缩放级别每次将增加两级。如果愿意，可以提供一个对话框来显示找到的多个位置，但现在仅显示返回的第一个位置。

　　在示例应用程序中，我们仅读取返回的 Address 的纬度和经度。事实上，返回的 Address 信息可能非常多，包括位置的常用名、街道、城市、州、邮政编码、国家，甚至电话号码和网站 URL。

说明 基于位置的服务没有像地图 API 那样使用微度。忘记在两种单位之间转换是一个常见的错误根源。要将 Location 的纬度和经度传递给地图 API 方法，必须首先将它乘以 1 000 000。

对于地理编码，应该了解几点。

第一，返回的地址并不总是准确的地址。显然，由于返回的地址列表取决于输入的准确度，所以需要尽量向 Geocoder 提供准确的位置名称。

其次，尽量将 maxResults 设置为 1~5 的值。

最后，应该认真考虑在不同于 UI 线程的线程中执行地理编码操作。这有两个原因。第一个原因很明显：这项操作很耗时，而且你一定不希望 UI 在进行地理编码时停顿，导致 Android 结束你的活动。第二个原因是，对于移动设备，始终需要假设网络连接可能丢失并且连接很弱。因此，需要恰当地处理 I/O（输入/输出）异常和超时。计算出地址以后，就可以将结果发送给 UI 线程。接下来更详细地分析这一过程。

22.2.2 使用后台线程进行地理编码

使用后台线程来处理耗时的操作是很常见的。你不想用户收到 ANR 弹出式对话框，因为主线程上的操作耗时太长。一般的处理模式是，处理 UI 事件（比如按钮单击）来初始化后台的长期运行操作。从事件处理程序创建一个新线程来执行此工作，然后启动该新线程。UI 线程然后返回到用户界面，处理与用户的交互，而后台线程同时也在工作。在后台线程完成之后，UI 的一部分可能必须更新，否则必须通知用户。后台线程不会直接更新 UI，相反，它通知 UI 线程更新自身。代码清单 22-7 演示了这一使用地理编码的思想。我们将像以前一样使用相同的 geocode.xml 文件。也可以像以前一样使用相同的 AndroidManifest.xml 文件。

代码清单 22-7 在独立线程中进行地理编码

```java
public class GeocodingDemoActivity extends MapActivity
{
    Geocoder geocoder = null;
    MapView mapView = null;
    ProgressDialog progDialog=null;
    List<Address> addressList=null;
@Override
protected boolean isRouteDisplayed() {
    return false;
}

@Override
protected void onCreate(Bundle icicle) {
    super.onCreate(icicle);

    setContentView(R.layout.geocode);
    mapView = (MapView)findViewById(R.id.geoMap);
    mapView.setBuiltInZoomControls(true);

    // lat/long of Jacksonville, FL
    int lat = (int)(30.334954*1000000);
```

```
        int lng = (int)(-81.5625*1000000);
        GeoPoint pt = new GeoPoint(lat,lng);
        mapView.getController().setZoom(10);
        mapView.getController().animateTo(pt);

        geocoder = new Geocoder(this);
    }

    public void doClick(View view) {
        EditText loc = (EditText)findViewById(R.id.location);
        String locationName = loc.getText().toString();

        progDialog = ProgressDialog.show(GeocodingDemoActivity.this,
                    "Processing...", "Finding Location...", true, false);

        findLocation(locationName);
    }

    private void findLocation(final String locationName)
    {
        Thread thrd = new Thread()
        {
            public void run()
            {
                try {
                    // do background work
                    addressList =
                        geocoder.getFromLocationName(locationName, 5);
                    //send message to handler to process results
                    uiCallback.sendEmptyMessage(0);

                } catch (IOException e) {
                    e.printStackTrace();
                }
            }
        };
        thrd.start();
    }

    // ui thread callback handler
    private Handler uiCallback = new Handler()
    {
        @Override
        public void handleMessage(Message msg)
        {
            // tear down dialog
            progDialog.dismiss();

            if(addressList!=null && addressList.size()>0)
            {
                int lat =
                    (int)(addressList.get(0).getLatitude()*1000000);
                int lng =
                    (int)(addressList.get(0).getLongitude()*1000000);
                GeoPoint pt = new GeoPoint(lat,lng);
                mapView.getController().setZoom(15);
                mapView.getController().animateTo(pt);

            }
            else
            {
                Dialog foundNothingDlg = new
```

```
                    AlertDialog.Builder(GeocodingDemoActivity.this)
                        .setIcon(0)
                        .setTitle("Failed to Find Location")
                        .setPositiveButton("Ok", null)
                        .setMessage("Location Not Found...")
                        .create();
                    foundNothingDlg.show();
                }
            };
        }
```

代码清单 22-7 是代码清单 22-6 的修改版本。不同之处在于，现在在 doClick()方法中，显示了一个进度对话框并调用 findLocation()（参见图 22-7）。findLocation()然后创建一个新线程并调用 start()方法，这最终会调用该线程的 run()方法。在 run()方法中，使用 Geocoder 类搜索位置。完成搜索之后，必须将结果消息发送到知道如何与 UI 线程交互的对象，因为需要更新地图。Android 提供了 android.os.Handler 类来实现此目的。从后台线程调用 uiCallback.sendEmptyMessage(0)，以让 UI 线程处理搜索结果。在我们的例子中，无需在消息中实际发送任何内容，因为数据是通过 addressList 共享的。这段代码调用处理程序的回调，后者删除对话框，然后查看 Geocoder 返回的 addressList。该回调然后使用结果更新地图，或者显示一个提醒对话框，表明搜索未返回任何信息。本示例的 UI 如图 22-7 所示。

图 22-7　在长时间操作期间显示进度窗口

22.2.3　LocationManager 服务

LocationManager 服务是 android.location 包提供的一项重要服务。此服务提供了两样东西：获得设备地理位置的机制及在设备进入指定地理位置时（通过 Intent）通知用户的功能。

　　本小节将介绍 LocationManager 服务的工作原理。要使用该服务，必须首先获得它的引用。代码清单 22-8 给出了 LocationManager 服务的简单使用。

代码清单 22-8　使用 LocationManager 服务

```
public class LocationManagerDemoActivity extends Activity
{

    @Override
    protected void onCreate(Bundle savedInstanceState)
    {
        super.onCreate(savedInstanceState);

        LocationManager locMgr = (LocationManager)
            this.getSystemService(Context.LOCATION_SERVICE);
        Location loc =
            locMgr.getLastKnownLocation(LocationManager.GPS_PROVIDER);

        List<String> providerList = locMgr.getAllProviders();
    }
}
```

　　LocationManager 服务是一项系统级服务。系统级服务是使用服务名称从上下文获得的服务，不会直接对它们进行实例化。android.app.Activity 类提供了一个实用程序方法，名为 getSystemService()，用于获取系统级服务。如代码清单 22-8 所示，可以调用 getSystemService() 并传入想要的服务名称，在本例中为 Context.LOCATION_SERVICE。

　　LocationManager 服务使用位置提供程序来提供详细的地理位置信息。目前，有三种类型的位置提供程序。

　　❏ GPS 提供程序使用全球定位系统获取位置信息。

　　❏ 网络提供程序使用手机信号塔或 Wi-Fi 网络获取位置信息。

　　❏ 被动提供程序类似于位置更新探查器，它向你的应用程序传递其他应用程序请求的位置更新，你的应用程序无需专门请求任何位置更新。当然，如果没有其他应用程序请求位置更新，你就不会得到任何更新。

　　LocationManager 类可以通过 getLastKnownLocation() 提供设备最后的已知位置。位置信息是从提供程序获取的，所以该方法将想要使用的提供程序名称作为参数。提供程序名称的有效值为 LocationManager.GPS_PROVIDER、LocationManager.NETWORK_PROVIDER 和 LocationManager.PASSIVE_PROVIDER。应用程序要成功获得位置信息，它必须在 AndroidManifest.xml 文件中具有合适的权限。android.permission.ACCESS_FINE_LOCATION 是 GPS 和被动提供程序所需要的，而 android.permission.ACCESS_COARSE_LOCATION 或 android.permission.ACCESS_FINE_LOCATION 可用于网络提供程序，具体取决于你的需要。例如，假设应用程序将使用 GPS 或网络数据进行位置更新。因为 GPS 需要 ACCESS_FINE_LOCATION，而且你也拥有网络访问权限，所以无需再指定 ACCESS_COARSE_LOCATION。如果仅将使用网络提供程序，可以仅使用描述文件中的 ACCESS_COARSE_LOCATION。

　　调用 getLastKnownLocation() 将返回 android.location.Location 实例，或者如果没有位置可用，返回 null。Location 类提供位置的经纬度，计算该位置的时间，可能还包括设备的海拔、移动速度和方向。Location 对象也可以使用 getProvider() 告诉你它来自哪个提供程序，可能来自于 GPS_PROVIDER 或 NETWORK_PROVIDER。如果通过 PASSIVE_PROVIDER 获得位置更新，请记住你是真正在探查位置更新，所以所有更新最终都会来自 GPS 或网络。

由于 LocationManager 对提供程序进行操作，所以该类提供了 API 来获取提供程序。例如，可以调用 getAllProvider 来获取所有提供程序。要获得特定的提供程序，可以调用 getProvider()，将该提供程序的名称(比如 LocationManager.GPS_PROVIDER)作为参数。要注意的一点是，getAllProviders() 将返回你可能无法访问或当前禁用的提供程序。幸好可以使用其他方法确定提供程序的状态，比如 isProviderEnabled(String providerName)或 getProviders(boolean enabledOnly)，可以使用值 true 调用它们来获得可立即使用的提供程序。

还有另一种获得合适的提供程序的方法，那就是使用 LocationManager 的 getProviders (Criteria criteria, boolean enabledOnly)方法。通过指定位置更新的条件，以及将 enabledOnly 设置为 true 以获得已启用和可以使用的提供程序，无需知道所获得提供程序的具体细节，即可获得返回的提供程序名称列表。这可能更加便携，因为设备可能拥有一个满足需要的自定义 LocationProvider，无需提前知道它的信息。Criteria 对象可使用参数进行设置，包括准确度级别和是否需要速度、移动方向、海拔、成本和电源需求信息。如果没有提供程序满足条件，将返回一个空列表，可以放弃或放宽条件并再试一次。

1. 启用位置提供程序

你可能认为如果在应用程序运行时一个位置提供程序（比如 GPS）未打开，一定有一个简单的 API 来启用它。遗憾的是，没有这样的 API。要打开位置服务，用户必须从设备的 Settings 屏幕完成。应用程序可启动具体的 Settings 屏幕，为用户简化这一过程。位置设置源屏幕其实只是一个活动，设置此活动来响应一个 Intent。所以应用程序需要做的只是使用正确的 Intent 请求一个活动。你可能使用的代码类似于：

```
startActivityForResult(new Intent(
    android.provider.Settings.ACTION_LOCATION_SOURCE_SETTINGS), 0);
```

回想一下，要处理响应，必须在活动中实现 onActivityResult()回调（已在第 5 章中介绍）。另外请记住，你可能希望用户已打开 GPS 等位置提供程序，但他们可能未打开。需要再次检查用户是否启用了本地提供程序，并基于结果采取适当的操作。

2. 位置的用途

前面已经提到，Location 可告诉你纬度和经度，计算 Location 时，计算此 Location 的提供程序，还可能包括海拔、速度、移动方向和准确度级别。取决于 Location 所来自的提供程序，可能还有其他信息。例如，如果 Location 来自 GPS 提供程序，有一个 extra Bundle 将告诉你使用了多少卫星来计算 Location。可选的值不一定存在，具体取决于提供程序。要知道一个 Location 是否在这些值中，Location 类提供了一组返回 boolean 值的 has...()方法，比如 hasAccuracy()。在信赖 getAccuracy()的返回值之前，首先调用 hasAccuracy()将是明智之举。

Location 类还有其他一些有用的方法，包括静态方法 distanceBetween()，它将返回两个 Location 之间的最短距离。另一个与距离相关的方法是 distanceTo()，它将返回当前 Location 对象与传递给该方法的 Location 对象之间的最短距离。请注意，距离以米为单位，而且距离计算会考虑地球的曲率。还要注意，这里并没有提供乘坐汽车所需行驶的距离。

如果希望获得驾驶方向或驾驶距离，需要拥有出发位置和目标位置，但是要进行计算，可能还需要使用谷歌 Maps JavaScript API 服务。例如，有一个谷歌方向 API。方向 API 将允许应用程序显示如何从出发位置到达目标位置。

3. 在开发期间向应用程序发送位置更新

当进行开发测试时，LocationManager 需要位置信息，并且模拟器无法访问 GPS 或手机塔。要在模拟器中测试 LocationManager 服务应用程序，可以手动从 Eclipse 发送位置更新。代码清单 22-9 的简单示例演示了如何执行此过程。

代码清单 22-9　注册位置更新

```java
public class LocationUpdateDemoActivity extends Activity
{
    LocationManager locMgr = null;
    LocationListener locListener = null;

    @Override
    public void onCreate(Bundle savedInstanceState)
    {
        super.onCreate(savedInstanceState);

        locMgr = (LocationManager)
            getSystemService(Context.LOCATION_SERVICE);

        locListener = new LocationListener()
        {
            public void onLocationChanged(Location location)
            {
                if (location != null)
                {
                    Toast.makeText(getBaseContext(),
                        "New location latitude [" +
                        location.getLatitude() +
                        "] longitude [" +
                        location.getLongitude()+"]",
                        Toast.LENGTH_SHORT).show();
                }
            }

            public void onProviderDisabled(String provider)
            {
            }

            public void onProviderEnabled(String provider)
            {
            }

            public void onStatusChanged(String provider,
                        int status, Bundle extras)
            {
            } };
    }

    @Override
    public void onResume() {
        super.onResume();

        locMgr.requestLocationUpdates(
            LocationManager.GPS_PROVIDER,
            0,                      // minTime in ms
            0,                      // minDistance in meters
            locListener);
```

```
    }
    @Override
    public void onPause() {
        super.onPause();
        locMgr.removeUpdates(locListener);
    }
}
```

此示例没有显示用户界面，所以标准的初始布局 XML 文件将执行此任务。这也是无需扩展此应用程序的 MapActivity 的原因，因为我们不显示任何地图。

LocationManager 服务的一个主要用途是接收设备位置通知。代码清单 22-9 演示了如何注册监听器来接收位置更新事件。要注册监听器，可以调用 requestLocationUpdates()方法，将提供程序类型作为一个参数传入。当位置更改时，LocationManager 使用新 Location 调用监听器的 onLocationChanged()方法。一定要在适当的时刻删除注册的任何位置更新，这非常重要。在我们的示例中，在 onResume()中进行注册，在 onPause()中删除注册。如果不打算对位置更新执行任何操作，应该告诉提供程序不要发送它们。我们的活动也可能被销毁（例如，如果用户旋转设备并且活动重新启动时），在这种情况下，旧活动仍可以存在，接收更新，使用 Toast 显示它们，以及占用内存。

在我们的示例中，将 minTime 和 minDistance 设置为了 0。这会告诉 LocationManager 尽可能频繁地向我们发送更新。这在现实生活中不是想要的设置，这里使用它只是为了更好地演示。（在现实生活中，你不希望硬件如此频繁地尝试获取当前位置，因为这会耗尽电量。）针对具体情形适当设置这些值，尝试最小化真正需要获知位置更改的频率。

要在模拟器中测试这一功能，可以使用 Eclipse ADT 插件随带的 DDMS（Dalvik Debug Monitor Service, Dalvik 调试监视器服务）界面。DDMS UI 提供了一个屏幕来向模拟器发送新位置（参见图 22-8）。

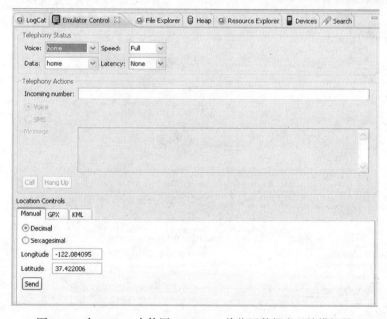

图 22-8 在 Eclipse 中使用 DDMS UI 将位置数据发送给模拟器

要找到 Eclipse 中的 DDMS，可以使用 Window➤Open Perspective➤DDMS。模拟器控件视图应该已显示，如果没有，可以使用 Window➤Show View➤Other➤Android➤Emulator Control 以在此透视图中显示它。可能需要在模拟器控件视图中向下滚动才能找到位置控件。如图 22-8 所示，DDMS 用户界面中的 Manual 选项卡可用于将新 GPS 位置（纬度/经度对）发送给模拟器。发送新位置将触发监听器上的 onLocationChanged()方法，这将导致向用户发送一条包含新位置信息的消息。

可以使用多种其他的技术将位置数据发送给模拟器，如 DDMS 用户界面所示（参见图 22-8）。例如，DDMS 界面支持提交 GPX（GPS Exchange Format，GPS 交换格式）文件或 KML（Keyhole Markup Language，钥匙孔标记语言）文件。可从以下网站找到示例 GPX 文件：

- ❑ http://www.topografix.com/gpx_resources.asp；
- ❑ http://tramper.co.nz/?view=gpxFiles；
- ❑ http://www.gpxchange.com/。

类似地，可以使用以下 KML 资源获取或创建 KML 文件：

- ❑ http://bbs.keyhole.com/；
- ❑ http://code.google.com/apis/kml/documentation/kml_tut.html。

说明   一些网站提供了 KMZ 文件。这些是压缩的 KML 文件，只需解压即可得到 KML 文件。一些
       KML 文件需要改变它们的 XML 命名空间值，才能在 DDMS 中正常播放。如果在使用特定 KML
       文件时遇到困难，请确保它包含：<kml xmlns="http://earth.google.com/kml/2.x">。

可以将 GPX 或 KML 文件上传到模拟器，并设置模拟器播放该文件的速度（参见图 22-9）。模拟器然后会根据配置的速度将位置更新发送到应用程序。如图 22-9 所示，GPX 文件包含点（显示在顶部）和路径（显示在底部）。单击一个点时不会播放它，但它将被发送到模拟器。单击路径将会启用 Play 按钮，这样就可以播放点。

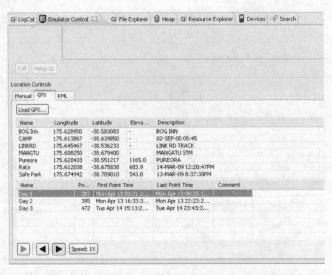

图 22-9   上传 GPX 和 KML 文件到模拟器以供播放

说明　据报告，不是所有的 GPX 文件都可被模拟器控件理解。如果尝试加载 GPX 文件但未看到任何结果，可以尝试来自不同来源的不同文件。

代码清单 22-9 中包含一些我们没有介绍过的 LocationListener 的方法，它们是 onProviderDisabled()回调、onStatusChanged()回调和 onProviderEnabled()回调。在我们的示例中，我们没有对这些方法做任何处理。但在你的应用程序中，当用户禁用或启用位置提供程序（例如 gps）时，或当某个位置提供程序的状态发生变化时，你都会得到通知。状态包括 OUT_OF_SERVICE、TEMPORARILY_UNAVAILABLE 和 AVAILABLE。即使禁用提供程序，也并不意味着它将发送位置更新，并且你可以判断当前使用的状态。注意，如果为禁用提供程序而调用 requestLocationUpdates()，onProviderDisabled()将会被立即调用。

4. 从模拟器控制台发送位置更新

Eclipse 提供了一些易于使用的工具来向应用程序发送位置更新，不过还有另外一种方法。回想一下第 2 章，要启动模拟器控制台，可以从一个命令行窗口运行以下命令：

```
telnet localhost emulator_port_number
```

其中 emulator_port_number 是与已在运行的 AVD 实例关联的编号，显示在模拟器窗口的标题栏中。连接之后，可以使用 geo fix 命令传入位置更新。要传入带有海拔的纬度/经度坐标（海拔是可选的），可以使用以下形式的命令：

```
geo fix lon lat [ altitude ]
```

例如，以下命令将佛罗里达州杰克逊维尔的位置发送给应用程序，海拔高度为 120 米。

```
geo fix  -81.5625  30.334954  120
```

请特别注意 geo fix 命令的参数顺序。经度是第一个参数，纬度是第二个。

5. 获取位置更新的其他方式

前面介绍了如何使用 LocationManager 的 requestLocationUpdates()方法将位置更新发送给活动。实际上此方法有多个不同的签名，包括使用 PendingIntent 的签名。这支持将位置更新转发给服务或广播接收程序。也可以将位置更新转发给主线程以外的其他 Looper 线程，这为应用程序提供了很高的灵活性，但其中一些方法仅在 Android 2.3 及更高版本中有效。

22.2.4　使用 MyLocationOverlay 显示位置

GPS 和地图的一个常见用途是向用户显示他们的位置。幸好 Android 通过提供一种特殊的覆盖图（名为 MyLocationOverlay）简化了这一过程。通过将此覆盖图添加到 MapView，可以迅速轻松地将蓝色的闪烁点添加到地图上，显示 LocationManager 服务所表示的位置。

对于本示例，我们将一些概念融合到一个应用程序中。使用代码清单 22-10，可以修改前一个示例，更新 main.xml 和 MyLocationDemoActivity.java 文件。或者从第 22 章现有的源代码创建一个新项目。不要忘记将 map-api 密钥添加到描述文件中。

代码清单 22-10   使用 MyLocationOverlay

```xml
<?xml version="1.0" encoding="utf-8"?>
<!-- This file is /res/layout/main.xml -->
<RelativeLayout
        xmlns:android="http://schemas.android.com/apk/res/android"
        android:layout_width="fill_parent"
        android:layout_height="fill_parent">

    <com.google.android.maps.MapView
        android:id="@+id/geoMap" android:clickable="true"
        android:layout_width="fill_parent"
        android:layout_height="fill_parent"
        android:apiKey="YOUR MAPS API KEY GOES HERE"
        />

</RelativeLayout>
```

```java
public class MyLocationDemoActivity extends MapActivity {

    MapView mapView = null;
    MapController mapController = null;
    MyLocationOverlay whereAmI = null;

    @Override
    protected boolean isLocationDisplayed() {
        return whereAmI.isMyLocationEnabled();
    }

    @Override
    protected boolean isRouteDisplayed() {
        return false;
    }

    /** Called when the activity is first created. */
    @Override
    public void onCreate(Bundle savedInstanceState) {
        super.onCreate(savedInstanceState);
        setContentView(R.layout.main);

        mapView = (MapView)findViewById(R.id.geoMap);
        mapView.setBuiltInZoomControls(true);

        mapController = mapView.getController();
        mapController.setZoom(15);

        whereAmI = new MyLocationOverlay(this, mapView);
        mapView.getOverlays().add(whereAmI);
        mapView.postInvalidate();
    }

    @Override
    public void onResume()
    {
        super.onResume();
        whereAmI.enableMyLocation();
        whereAmI.runOnFirstFix(new Runnable() {
            public void run() {
                mapController.setCenter(whereAmI.getMyLocation());
            }
        });
```

```
    }

    @Override
    public void onPause()
    {
        super.onPause();
        whereAmI.disableMyLocation();
    }
}
```

请注意，在本示例中，如果现在在地图上显示了设备的当前位置，isLocationDisplayed()将返回
true。

在模拟器中启动此应用程序后，需要向其发送位置更新，才会得到有趣的结果。为此，转到 Eclipse
中的 DDMS 模拟器控件视图（如本节前面所述）。

(1) 需要从因特网上找到一个示例 GPX 文件。前面列出的 GPX 文件网站中包含许多 GPX 文件。
挑选一个并下载到工作站。

(2) 使用 GPX 选项卡 Location Controls 下方的 Load GPX 按钮，将它加载到模拟器控件中。

(3) 从底部列表中选择一个路径，单击播放按钮（绿色箭头按钮）。另请注意 Speed 按钮。这应该
会开始向模拟器发送位置更新流，应用程序将会获取这些更新流。

(4) 单击 Speed 按钮可以将更新频率调高。

图 22-10 显示了屏幕的可能外观。

图 22-10 使用 MyLocationOverlay 显示当前位置

上面的代码非常简单。在对 MapView 进行了基本的设置，打开缩放控件并拉近视图之后，我们创
建了 MyLocationOverlay 覆盖图。向 MapView 添加这个新覆盖图，然后在 MapView 上调用
postInvalidate()，使新覆盖图显示在屏幕上。如果不进行最后这次调用，创建的覆盖图将不会显示。

请记住，此应用程序在启动或唤醒时将调用 onResume()。因此，我们希望在 onResume()中启用位

置跟踪，在 onPause()中禁用它。如果不打算使用位置信息，那么发送位置请求来消耗电池电量将毫无意义。除了在 onResume()中启用位置请求，我们还希望跳转到刚才所在的位置。MyLocationOverlay 提供了一个有用的方法来实现此功能：runOnFirstFix()。此方法可用于设置在拥有了位置信息之后将立即运行的代码。这些代码之所以可以立即运行，是因为我们已获得了最新的地址，它们也可以在从 GPS_PROVIDER、NETWORK_PROVIDER 或 PASSIVE_PROVIDER 获得一些信息之后运行。当确定了位置之后，将该位置作为地图中心。然后，不需要做任何事情，因为 MyLocationOverlay 会获取位置更新并将蓝色的闪烁点放在该位置中。如果蓝点接近地图边缘，地图将重新调整自己的中心，使蓝点返回到屏幕的中央。

自定义 MyLocationOverlay

应该注意到，可以在更新位置的过程中进行缩放，甚至可以从当前位置平移。这一功能既有优点又有缺点，这取决于你怎么看待它。如果平移之后不记得所在的位置，将难以再次找到你自己，除非缩小地图并查找蓝点。这种调整中心的方法仅在蓝点自己逐渐靠近地图边缘时才有效。如果由于平移而导致蓝点不再可见，它不会自行回到视图中。如果蓝点没有首先接近边缘就直接跳到地图外部，也可能发生这种情形。

如果希望当前位置始终显示在屏幕中央附近，需要确保始终知道当前位置，这一点相对容易实现。对于本练习的下一个版本，我们将重用 MyLocationDemo 项目中的所有内容，但会对我们的 Activity 进行细微的修改，向包中添加一个新类（MyLocationOverlay 的一个扩展），以便可以稍稍调整它的行为。MyLocationOverlay 的新扩展如代码清单 22-11 所示。

代码清单 22-11   扩展 MyLocationOverlay 并将位置保持在视图中

```
public class MyCustomLocationOverlay extends MyLocationOverlay {
    MapView mMapView = null;

    public MyCustomLocationOverlay(Context ctx, MapView mapView) {
        super(ctx, mapView);
        mMapView = mapView;
    }

    public void onLocationChanged(Location loc) {
        super.onLocationChanged(loc);
        GeoPoint newPt = new GeoPoint((int) (loc.getLatitude()*1E6),
                (int) (loc.getLongitude()*1E6));
        mMapView.getController().animateTo(newPt);
    }
}
```

需要对代码清单 22-10 进行的唯一更改是，在活动的 onCreate()方法中使用 MyCustomLocationOverlay 代替 MyLocationOverlay，如下所示：

```
whereAmI = new MyCustomLocationOverlay(this, mapView);
```

在模拟器中运行此代码，然后通过模拟器控件向它发送新位置。如果使用 GPX 文件发送位置更新流，将可以看到蓝点总是会移动到地图中央。即使从蓝点完全平移开，地图也会返回将它显示在中央。

22.2.5   使用接近提醒

前面已经提到，LocationManager 可在设备进入指定的地理位置时通知你。设置此功能的方法是

LocationManager 类中的 addProximityAlert()。基本而言，你告诉 LocationManager 希望在设备进入或离开以某个纬度/经度位置为中心的一定半径的圆圈时触发一个 Intent。该 Intent 可导致调用一个 BroadcastReceiver 或 Service，或者启动一个 Activity。也可以在提醒上设置一个可选的时间限制，使它可以在 Intent 触发之前超时。

在内部，此方法的代码注册 GPS 和网络提供程序的监听器，将位置更新设置为每秒 1 次并将 minDistance 设置为 1 米。无法改写此行为或设置参数。因此，如果让此方法运行较长时间，最终可能非常快地消耗电池电量。如果屏幕进入睡眠状态，接近提醒将每 4 分钟检查一次，但是此时同样无法控制持续时间。

使用本章所介绍的技术自行决定设备是否在某个纬度/经度位置的一定距离范围内，效果可能好得多。例如，如果维护了一个希望检查的位置列表，可以度量从当前位置到列表中每个位置的距离。取决于距离的远近，可以决定等待较长时间再次检查当前位置。例如，如果最近的位置有 100 英里远，并且我们希望知道何时进入 300 米范围内，显然这无需在 1 秒内检查。

如果希望使用此方法，我们将介绍如何做。代码清单 22-12 给出了我们的主 Activity 的 Java 代码，以及将接收广播的 BroadcastReceiver。

代码清单 22-12　使用 BroadcastReceiver 设置接近提醒

```java
// This file is ProximityActivity.java
public class ProximityActivity extends Activity {
    private final String PROX_ALERT =
        "com.androidbook.intent.action.PROXIMITY_ALERT";
    private ProximityReceiver proxReceiver = null;
    private LocationManager locMgr = null;
    PendingIntent pIntent1 = null;
    PendingIntent pIntent2 = null;

    /** Called when the activity is first created. */
    @Override
    public void onCreate(Bundle savedInstanceState) {
        super.onCreate(savedInstanceState);

        locMgr = (LocationManager)
                this.getSystemService(LOCATION_SERVICE);

        double lat = 30.334954;      // Coordinates for Jacksonville, FL
        double lon = -81.5625;
        float radius = 5.0f * 1609.0f; // 5 miles x 1609 meters per mile

        String geo = "geo:"+lat+","+lon;

        Intent intent = new Intent(PROX_ALERT, Uri.parse(geo));
        intent.putExtra("message", "Jacksonville, FL");

        pIntent1 = PendingIntent.getBroadcast(getApplicationContext(), 0,
                intent, PendingIntent.FLAG_CANCEL_CURRENT);

        locMgr.addProximityAlert(lat, lon, radius, -1L, pIntent1);

        lat = 28.54;          // Coordinates for Orlando, FL
        lon = -81.38;
        geo = "geo:"+lat+","+lon;

        intent = new Intent(PROX_ALERT, Uri.parse(geo));
```

```
        intent.putExtra("message", "Orlando, FL");

        pIntent2 = PendingIntent.getBroadcast(getApplicationContext(), 0,
                intent, PendingIntent.FLAG_CANCEL_CURRENT);

        locMgr.addProximityAlert(lat, lon, radius, -1L, pIntent2);

        proxReceiver = new ProximityReceiver();

        IntentFilter iFilter = new IntentFilter(PROX_ALERT);
        iFilter.addDataScheme("geo");

        registerReceiver(proxReceiver, iFilter);
    }

    protected void onDestroy() {
        super.onDestroy();
        unregisterReceiver(proxReceiver);
        locMgr.removeProximityAlert(pIntent1);
        locMgr.removeProximityAlert(pIntent2);
    }
}


// This file is ProximityReceiver.java
public class ProximityReceiver extends BroadcastReceiver {

    private static final String TAG = "ProximityReceiver";

    @Override
    public void onReceive(Context arg0, Intent intent) {
        Log.v(TAG, "Got intent");
        if(intent.getData() != null)
            Log.v(TAG, intent.getData().toString());
        Bundle extras = intent.getExtras();
        if(extras != null) {
            Log.v(TAG, "Message: " + extras.getString("message"));
            Log.v(TAG, "Entering? " +
                extras.getBoolean(LocationManager.KEY_PROXIMITY_ENTERING));
        }
    }
}
```

因为没有在地图上实际显示任何位置，所以无需使用 MapActivity、谷歌地图 API 库或目标。但是，需要在描述文件中添加权限 android.permission.ACCESS_FINE_LOCATION，因为 Location Manager 将尝试使用 GPS 提供程序。它还会尝试使用网络提供程序，但是由于我们已经要求了 ACCESS_FINE_LOCATION，所以已拥有了权限。在 onCreate()方法的代码中注册了 BroadcastReceiver，所以无需在描述文件中设置接收程序。如果将接收程序放在一个独立的应用程序中，那么将需要在描述文件中添加该接收程序的项。对于代码清单 22-12 中的示例，该项可能类似于代码清单 22-13 中的描述文件片段。

代码清单 22-13   接近提醒 BroadcastReceiver 的 AndroidManifest.xml 片段

```
<application...>

    <receiver android:name=".ProximityReceiver">
        <intent-filter>
            <action android:name="com.androidbook.android.intent.PROXIMITY_ALERT" />
            <data android:scheme="geo" />
```

```
            <data android:scheme="geo" />
        </intent-filter>
    </receiver>
</application>
```

　　Android 中的接近提醒功能通过接收一个 PendingIntent 对象、感兴趣的点的纬度/经度坐标、希望检查的该点的半径范围（以米为单位），以及检查的时间间隔起作用。这些参数全部使用 LocationManager 的 addProximityAlert()方法传入。PendingIntent 包含一个 Intent，在设备进入或离开我们定义的圆圈时将触发它。对于我们的例子，选择使用广播 Intent，所以调用 PendingIntent 类的 getBroadcast()方法，传入应用程序的上下文，以及包含提醒操作和 Location 点的 Uri 的 Intent。如果设备进入或离开指定的圆圈，该 Intent 将广播到注册接它的任何接收程序。

　　我们选择不为提醒设置超时，使用值-1L 作为持续时间。如果希望设置超时，此值应该是 Location Manager 在放弃和删除 PendingIntent 之前等待的毫秒数。如果 LocationManager 在触发它之前删除了它，你将不会收到通知。

　　对于示例，我们获取 LocationManager 的引用，创建第一个 Intent 和 PendingIntent，然后调用 addProximityAlert()来设置第一个提醒。在以后，当触发该 Intent 时，LocationManager 将（以 extra 的形式）向它添加的唯一的内容是一个 boolean 值，表示我们进入还是离开该圆圈。它没有添加设备当前的纬度/经度位置，也没有添加在 addProximityAlert()调用中使用的纬度/经度。因此，为了在 BroadcastReceiver 中知道我们接近了哪个 Location，我们向该 Intent 添加了一些数据，也就是我们感兴趣的 Location 的纬度/经度。为了增加趣味性，我们还添加了一条 extra 形式的消息，其中包含此 Location 的描述。也可以添加 double 形式的纬度和经度，只要对接收端有帮助即可。

　　添加了第一个提醒之后，按照与之前相同的方式设置第二个提醒。最后，注册一个 Broadcast Receiver，以便在 LocationManager 广播 Intent 时接收它们。我们使用一个 IntentFilter，将 Intent 作为操作，将 geo 作为模式。需要这两部分信息才能捕获广播，因为广播包含数据；如果广播不包含任何数据，那么无需指定模式即可捕获广播。最后需要做的是确保在 onDestroy()方法中删除提醒，方法是注销接收程序并使用保存的 PendingIntent 从 LocationManager 删除接近提醒。这就是我们保留 PendingIntent 的引用的原因，这样才可以在以后删除提醒。

　　ProximityReceiver 类非常简单。在收到广播消息时，它查找要在 LogCat 中打印出来的信息。可以在这里看到 LocationManager 为我们插入的 extra 数据，这些数据可告诉我们进入还是离开了圆圈。

　　当在模拟器中启动此示例应用程序时，可以看到一个包含应用程序标题的空白屏幕。现在，可以使用 DDMS 模拟器控件屏幕或在模拟器控制台中使用 geo fix 命令传入位置更新。当在跨越一个圆圈（比如杰克逊维尔周围 5 英里范围或奥兰多周围 5 英里范围）的边缘之后传入位置时，应该会在 LogCat 中看到来自 BroadcastReceiver 的消息。图 22-11 显示了在传入一些触发广播的位置更新后，看到的 LogCat 窗口的可能外观。

　　因为它们是广播，所以接收它们的顺序没有什么参考价值。例如，如果我们从奥兰多圆圈内进入杰克逊维尔圆圈内，可能首先收到表明我们在杰克逊维尔圆圈内的广播，然后才收到表明离开奥兰多圆圈的广播。

　　因为我们处理的是 Location，所以为 URI 使用了 geo 方案。这是一种著名的方案，非常适合传递纬度和经度信息。应该注意，geo URI 的结构将纬度放在经度前，但在模拟器控制台中使用 geo fix 命令时，我们将经度放在纬度前。如果未注意，可能引起错误，最终可能会花大量时间来调试应用程序,尽管问题仅在传入位置更新的顺序上。可以始终使用 GPX 或 KML 文件传入位置并预先选择位置,以测试你的圆圈将在何处与来自该文件的路径重叠。

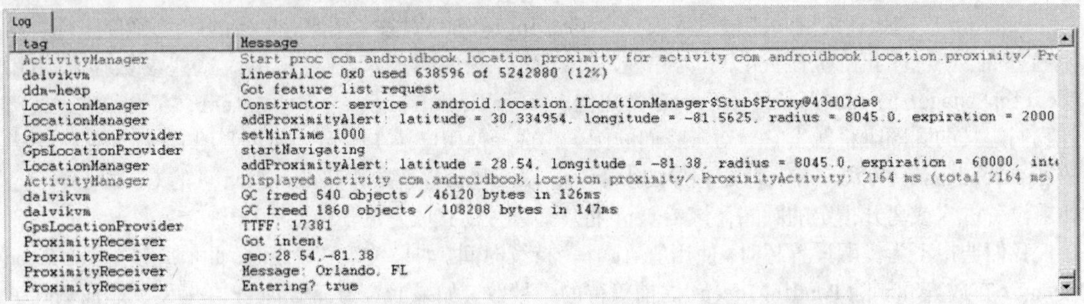

图 22-11　包含来自 BroadcastReceiver 的消息的 LogCat 窗口

我们的示例应用程序非常简单。在真实应用程序中,BroadcastReceiver 可以发送通知或启动服务。除了广播,PendingIntent 也可用于活动或服务,即使在其他某个应用程序中。我们的应用程序可以是一个提到的服务。

22.3　参考资料

下面是一些很有用的参考资料,可通过它们进一步探索相关主题:

http://www.androidbook.com/proandroid4/projects。可在这里找到与本书相关的可下载项目列表。对于本章,请查找名为 ProAndroid4_Ch22_Maps.zip 的 zip 文件。此 zip 文件包含本章中的所有项目,这些项目在各个根目录中列出。还有一个 README.TXT 文件详细介绍了如何从一个 zip 文件将项目导入 Eclipse。

http://developer.android.com/guide/topics/location/index.html:Android 开发者指南中位置与地图部分。

http://code.google.com/android/add-ons/google-apis/mapsoverview.html:独立于其他 Android 在线文档的地图 API 文档。地图 API 文档包括 API 参考。

22.4　小结

快速罗列出到目前为止我们所学到的关于 Map 的知识点,从而对本章进行总结。

❑ 如何从谷歌获取地图API密钥。
❑ MapView和MapActivity。
❑ 在开发地图应用程序时,需要对AndroidManifest.xml文件进行的修改。
❑ 在布局中使用MapView标记,用于设置地图API密钥。
❑ 地图控件。
❑ 地图的缩放,以及各种不同实现方式。
❑ 加入不同的模式,如卫星和交通模式。
❑ 使用覆盖图手段,在地图上添加标记。

- ❏ 使用zoomToSpan()方法设置缩放级别，以容纳特定的标记集。
- ❏ Geocoder及其实现地址与经纬度相互转换的方法。
- ❏ 将Geocoder移到后台线程，避免弹出烦人的ANR。
- ❏ LocationManager服务，使用GPS和/或基站确定设备的位置。
- ❏ 选择位置提供程序，处理无法获取位置提供程序的情况。
- ❏ 例如，使用Location类的方法，计算点之间的距离。
- ❏ 使用模拟器特性向应用程序发送位置事件以进行测试。其中包括使用记录完整位置事件序列的特殊文件。
- ❏ 使用特殊的地图覆盖方法LocationOverlay，简单地在地图上显示设备的当前位置。
- ❏ 自定义LocationOverlay。
- ❏ 接近提醒——即设置接近信息，当设备进入或离开该区域时发出提醒。

22.5　面试问题

回答以下问题，巩固本章所学的知识点：

(1) 如果没有 MapActivity，是否可以使用 MapView？提示：这就是目前不能在碎片上使用 MapView 的原因。

(2) 地图 API 密钥与密钥库（keystore）证书的关系是什么？

(3) 需要在地图应用程序的 AndroidManifest.xml 文件中进行哪两个修改，才能够实现有效的地图应用程序？为什么？

(4) 有哪些不同的方法可以实现地图缩放？

(5) 如何通过设置使地图向侧边移动？

(6) ItemizedOverlay 的作用是什么？

(7) 如何去除标记的阴影？

(8) 为什么要在标记 Drawable 对象上调用 setBounds()？

(9) 为什么要限制从 Geocoder 获得的结果数量？

(10) 什么时候使用无源位置提供程序才有意义？

(11) 如果已经在 AndroidManifest.xml 文件中指定了 ACCESS_FINE_LOCATION，是否还需要指定 ACCESS_COARSE_LOCATION？

(12) 为什么 getLastKnownLocation()无法报告设备的当前位置的精确值？

(13) 请列出调用 Location 对象的一些方法。

(14) 在调用 requestLocationUpdates()时，有什么恰当方法可以设置 minTime 和 minDistance 的值？

(15) 如何在 Eclipse 中为模拟器应用程序模拟出 GPS 事件？

(16) 如何在命令行上模拟 GPS 事件？

(17) 为什么需要从 isLocationDisplayed()返回正确的值？

(18) 有哪些参数可用于设置接近提醒，它们的意义是什么？

第 23 章
电话 API

许多 Android 设备都是智能电话，但目前为止，我们还未介绍如何编写使用电话功能的应用程序。本章将介绍如何发送和接收 SMS（Short Message Service，短消息服务）消息。我们还将介绍 Android 中的电话 API 的其他一些有趣方面，包括 SIP（Session Initiation Protocol，会话发起协议）功能。SIP 是一个实现 VoIP（Voice over Internet Protocol）的 IETF（Internet Engineering Task Force, Internet 工程任务组)标准，其中用户可以通过因特网进行类似电话的呼叫。SIP 也可以处理视频。

23.1　使用 SMS

SMS 表示短消息服务，但它通常称为文本消息。Android SDK 支持发送和接收文本消息。首先介绍使用 SDK 发送 SMS 消息的各种方法。

23.1.1　发送 SMS 消息

要从应用程序发送文本消息，需要向描述文件中添加 android.permission.SEND_SMS 权限，然后使用 android.telephony.SmsManager 类。参见代码清单 23-1，了解本示例的布局 XML 文件和 Java 代码。如果需要查看权限在 XML 描述文件中的什么位置，可以提前看一下代码清单23-2。

说明　本章末尾将提供一个 URL，可通过它下载本章的项目。这样，可以将这些项目直接导入 Eclipse。

代码清单 23-1　发送 SMS（文本）消息

```xml
<?xml version="1.0" encoding="utf-8"?>
<!-- This file is /res/layout/main.xml -->
<LinearLayout xmlns:android="http://schemas.android.com/apk/res/android"
    android:orientation="vertical"
    android:layout_width="fill_parent"
    android:layout_height="fill_parent">

    <LinearLayout
        xmlns:android="http://schemas.android.com/apk/res/android"
        android:orientation="horizontal"
        android:layout_width="fill_parent"
        android:layout_height="wrap_content">

        <TextView android:layout_width="wrap_content"
```

```
        android:layout_height="wrap_content"
        android:text="Destination Address:" />

    <EditText android:id="@+id/addrEditText"
        android:layout_width="fill_parent"
        android:layout_height="wrap_content"
        android:phoneNumber="true"
        android:text="9045551212" />

</LinearLayout>

<LinearLayout
    xmlns:android="http://schemas.android.com/apk/res/android"
    android:orientation="vertical"
    android:layout_width="fill_parent"
    android:layout_height="wrap_content">

    <TextView android:layout_width="wrap_content"
        android:layout_height="wrap_content"
        android:text="Text Message:" />

    <EditText android:id="@+id/msgEditText"
        android:layout_width="fill_parent"
        android:layout_height="wrap_content"
        android:text="hello sms" />

</LinearLayout>

<Button android:id="@+id/sendSmsBtn"
    android:layout_width="wrap_content"
    android:layout_height="wrap_content"
    android:text="Send Text Message"
    android:onClick="doSend" />

</LinearLayout>

// This file is TelephonyDemo.java
import android.app.Activity;
import android.os.Bundle;
import android.telephony.SmsManager;
import android.view.View;
import android.widget.EditText;
import android.widget.Toast;

public class TelephonyDemo extends Activity
{
    @Override
    protected void onCreate(Bundle savedInstanceState) {
        super.onCreate(savedInstanceState);
        setContentView(R.layout.main);
    }

    public void doSend(View view) {
        EditText addrTxt =
            (EditText) findViewById(R.id.addrEditText);

        EditText msgTxt =
            (EditText) findViewById(R.id.msgEditText);

        try {
        sendSmsMessage(
```

```
            addrTxt.getText().toString(),
            msgTxt.getText().toString());
        Toast.makeText(this, "SMS Sent",
            Toast.LENGTH_LONG).show();
    } catch (Exception e) {
        Toast.makeText(this, "Failed to send SMS",
            Toast.LENGTH_LONG).show();
        e.printStackTrace();
    }
}

@Override
protected void onDestroy() {
    super.onDestroy();
}

private void sendSmsMessage(String address,String message)throws Exception
{
    SmsManager smsMgr = SmsManager.getDefault();
    smsMgr.sendTextMessage(address, null, message, null, null);
}
}
```

代码清单 23-1 中的示例演示了使用 Android SDK 发送 SMS 文本消息。首先看一下布局代码片段，可以看到，用户界面包含两个 EditText 字段：一个用于捕获 SMS 接收者的目标地址（电话号码），另一个用于保存文本消息。用户界面还有一个按钮用来发送 SMS 消息，如图 23-1 所示。

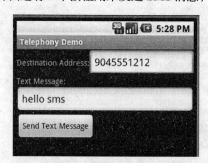

图 23-1　SMS 示例 UI

该示例的一个有趣部分是 sendSmsMessage()方法。该方法使用 SmsManager 类的 sendTextMessage()方法来发送 SMS 消息。下面给出了 SmsManager.sendTextMessage()的签名：

```
sendTextMessage(String destinationAddress, String smscAddress,
    String textMsg, PendingIntent sentIntent,
    PendingIntent deliveryIntent);
```

在本示例中，仅填充了目标地址和文本消息参数。但是，可以自定义该方法，以便不使用默认的 SMS 中心（蜂窝网络上调度 SMS 消息的服务器地址）。也可以实现一个自定义方法，在发送消息（或失败）和收到送达通知时广播挂起的 Intent。

发送 SMS 消息包含两个主要步骤：发送和送达。完成每一步之后，如果消息由你的应用程序提供，那么挂起的 Intent 就是广播。可以在挂起的 Intent 中放入想要的任何内容，比如操作，但传递给 BroadcastReceiver 的结果代码将特定于 SMS 发送或送达步骤。另外，可能获得与无线错误或状态报告相关的 extra 数据，具体取决于 SMS 系统的实现。

没有挂起的 Intent，代码就无法知道文本消息是否成功发送。如果在模拟器中启动此示例应用程序并启动模拟器的另一个实例（从命令行或从 Eclipse Window➤Android SDK and AVD Manager 屏幕），可以使用另一个模拟器的端口号作为目标地址。端口号是在模拟器窗口标题栏显示的编号，它通常类似于 5554。单击 Send Text Message 按钮后，应该看到在另一个模拟器中显示了一个通知，表明文本消息已在另一端收到。

SMSManager 类提供其他两种方式来发送 SMS 消息。

❑ sendDataMessage()接受一个附加参数以指定一个端口号，还会接受一个字节数组（而不是一个 String 消息）。

❑ sendMultipartTextMessage()支持在整条消息大于 SMS 规范所允许的大小时发送文本消息。sendMultipartTextMessage()方法接受一个 String 数组，但请注意，它然后也会接受一个可选数组，该数组由发送和送达步骤的挂起的 Intent 构成。SMSManager 类提供了 divideMessage()方法来帮助将较长的消息拆分为多个部分。

总之，使用 Android 很容易实现 SMS 消息的发送。请注意，使用模拟器，SMS 消息不会实际发送到目的地。但是，如果 sendTextMessage()方法未返回异常，就可以认为发送成功。如代码清单 23-1 所示，使用 Toast 类在 UI 中显示消息，以表明 SMS 消息是否发送成功。

只发送 SMS 消息还不够。现在将介绍如何监视传入的 SMS 消息。

23.1.2 监视传入的 SMS 消息

我们将使用刚才创建的示例应用程序发送 SMS 消息，将添加一个 BroadcastReceiver 来监听操作 android.provider.Telephony.SMS_RECEIVED。此操作在设备收到 SMS 消息时由 Android 广播。当注册接收程序时，只要收到了 SMS 消息，就会通知我们的应用程序。监视传入的 SMS 消息的第一步是，请求接收它们的权限。为此，必须将 android.permission.RECEIVE_SMS 权限添加到描述文件中。要实现接收程序，必须编写一个扩展 android.content.BroadcastReceiver 的类，然后在描述文件中注册该接收程序。代码清单 23-2 既包含 AndroidManifest.xml 文件，也包含我们的接收程序类。请注意，两个权限都存在于描述文件中，因为我们仍然需要上面创建的活动的发送权限。

代码清单 23-2　监视 SMS 消息

```xml
<?xml version="1.0" encoding="utf-8"?>
<!-- This file is AndroidManifest.xml -->
<manifest xmlns:android="http://schemas.android.com/apk/res/android"
    package="com.androidbook.telephony" android:versionCode="1"
    android:versionName="1.0">
<application android:icon="@drawable/icon"
        android:label="@string/app_name">
    <activity android:name=".TelephonyDemo"
            android:label="@string/app_name">
    <intent-filter>
        <action android:name="android.intent.action.MAIN" />
        <category android:name="android.intent.category.LAUNCHER" />
    </intent-filter>
    </activity>
    <receiver android:name="MySMSMonitor">
    <intent-filter>
        <action
```

```
                      android:name="android.provider.Telephony.SMS_RECEIVED"/>
              </intent-filter>
          </receiver>

  </application>
  <uses-sdk android:minSdkVersion="4" />

  <uses-permission android:name="android.permission.SEND_SMS"/>
  <uses-permission android:name="android.permission.RECEIVE_SMS"/>

  </manifest>

  // This file is MySMSMonitor.java
  import android.content.BroadcastReceiver;
  import android.content.Context;
  import android.content.Intent;
  import android.telephony.SmsMessage;
  import android.util.Log;

  public class MySMSMonitor extends BroadcastReceiver
  {
      private static final String ACTION =
                  "android.provider.Telephony.SMS_RECEIVED";
      @Override
      public void onReceive(Context context, Intent intent)
      {
          if(intent!=null && intent.getAction()!=null &&
                  ACTION.compareToIgnoreCase(intent.getAction())==0)
          {
              Object[] pduArray= (Object[]) intent.getExtras().get("pdus");
              SmsMessage[] messages = new SmsMessage[pduArray.length];
              for (int i = 0; i<pduArray.length; i++) {
                  messages[i] = SmsMessage.createFromPdu(
                                  (byte[])pduArray [i]);
                  Log.d("MySMSMonitor", "From: " +
                          messages[i].getOriginatingAddress());
                  Log.d("MySMSMonitor", "Msg: " +
                          messages[i].getMessageBody());
              }
              Log.d("MySMSMonitor","SMS Message Received.");
          }
      }
  }
```

代码清单 23-2 最上面的部分是 BroadcastReceiver 的描述文件定义，用于拦截 SMS 消息。SMS 监视程序的类是 MySMSMonitor。该类实现抽象方法 onReceive()，系统在 SMS 消息到达时会调用该方法。测试此应用程序的一种方法是使用 Eclipse 中的 Emulator Control 视图。在模拟器中运行应用程序，然后转到 Window➤Show View➤Other➤Android➤Emulator Control。用户界面支持将数据发送到模拟器来模拟收到 SMS 消息或电话呼入。如图 23-2 所示，要将 SMS 消息发送到模拟器，可以填写"Incoming number" 字段，然后选择 SMS 单选按钮。接下来在 Message 字段中键入一些文本并单击 Send 按钮。这样就会将一条 SMS 消息发送到模拟器并调用 BroadcastReceiver 的 onReceive()方法。

onReceive()方法将拥有广播 Intent，它将在 bundle 属性中包含 SmsMessage。可以调用 intent.getExtras().get("pdus")提取出 SmsMessage。此调用返回一个在 PDU（Protocol Description Unit，协议描述单元）模式中定义的对象数组，PDU 是一种表示 SMS 消息的行业标准方式。然后可以将 PDU 转换为 Android SmsMessage 对象，如代码清单 23-2 所示。可以看到，以对象数组的形式从 Intent 获得 PDU。然后构造一个 SmsMessage 对象数组，其大小与 PDU 数组的大小相等。最后，对 PDU 数组进行迭代，调用 SmsMessage.createFromPdu()来从 PDU 创建 SmsMessage 对象。读取传入消息之后的操作必须迅速完成，并且不能调到前台让用户看见。因此，你的选择是有限的。绝不要直接执行任何 UI 工作。可以发出通知，也可以启动服务来继续工作。onReceive()方法完成以后，onReceive()方法的承载进程随时可能被结束。可以启动服务，但不能绑定到服务，因为这样就意味着进程需要存在一段时间，而这种情况是不可能发生的。关于 BroadcastReceiver 的更多信息，请参阅第 19 章。

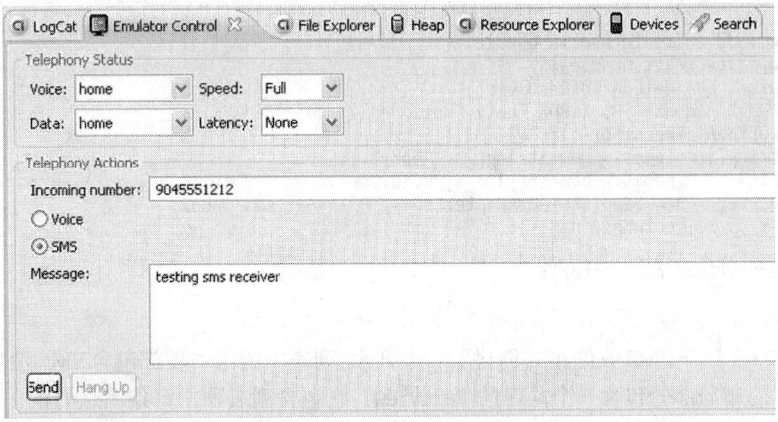

图 23-2　使用 Emulator Control UI 将 SMS 消息发送给模拟器

现在继续讨论 SMS，看一下如何处理各种 SMS 文件夹。

23.1.3　使用 SMS 文件夹

访问 SMS 收件箱是另一个常见需求。首先，需要将读取 SMS 的权限（android.permission.READ_SMS）添加到描述文件中。添加此权限后将能够读取 SMS 收件箱中的消息。

要读取 SMS 消息，必须对 SMS 收件箱执行查询，如代码清单 23-3 所示。

代码清单 23-3　显示 SMS 收件箱的消息

```
<?xml version="1.0" encoding="utf-8"?>
<!-- This file is /res/layout/sms_inbox.xml -->
<LinearLayout xmlns:android="http://schemas.android.com/apk/res/android"
    android:orientation="vertical"
    android:layout_width="fill_parent"
    android:layout_height="fill_parent" >

  <TextView android:id="@+id/row"
    android:layout_width="fill_parent"
    android:layout_height="fill_parent"/>

</LinearLayout>

// This file is SMSInboxDemo.java
import android.app.ListActivity;
import android.database.Cursor;
```

```
import android.net.Uri;
import android.os.Bundle;
import android.widget.ListAdapter;
import android.widget.SimpleCursorAdapter;

public class SMSInboxDemo extends ListActivity {

    private ListAdapter adapter;
    private static final Uri SMS_INBOX =
            Uri.parse("content://sms/inbox");

    @Override
    public void onCreate(Bundle bundle) {
        super.onCreate(bundle);
        Cursor c = getContentResolver()
                .query(SMS_INBOX, null, null, null, null);
        startManagingCursor(c);
        String[] columns = new String[] { "body" };
        int[]      names = new int[]    { R.id.row };
        adapter = new SimpleCursorAdapter(this, R.layout.sms_inbox,
                c, columns, names);

        setListAdapter(adapter);
    }
}
```

代码清单 23-3 打开 SMS 收件箱并创建了一个列表,列表中的每一项都包含 SMS 消息的正文部分。代码清单 23-3 的布局部分包含一个简单的 TextView,它包含列表项中每条消息的正文。要获得 SMS 消息的列表,可以创建指向 SMS 收件箱的 URI(content://sms/inbox),然后执行简单查询。接下来对 SMS 消息的正文进行过滤,并设置 ListActivity 的列表适配器。执行代码清单 23-3 中的代码之后,将看到收件箱中的一组 SMS 消息。请确保在模拟器上运行代码之前,使用 Emulator Control 生成了一些 SMS 消息。

因为可以访问 SMS 收件箱,所以将能够访问其他与 SMS 相关的文件夹,比如已发送文件夹及草稿文件夹。访问收件箱与访问其他文件夹的唯一区别在于所指定的 URI。例如,可以对 content://sms/sent 执行查询来访问已发送文件夹。以下是完整的 SMS 文件夹列表和每个文件夹的 URI。

❏ 所有文件夹: content://sms/all。

❏ 收件箱: content://sms/inbox。

❏ 已发送: content://sms/sent。

❏ 草稿: content://sms/draft。

❏ 发件箱: content://sms/outbox。

❏ 发送失败: content://sms/failed。

❏ 排队消息: content://sms/queued。

❏ 未送达: content://sms/undelivered。

❏ 对话: content://sms/conversations。

Android 将 MMS 与 SMS 结合在一起,支持使用 mms-sms 的 AUTHORITY 同时访问二者的 ContentProvider。因此,可以按如下形式访问 URI:

content://mms-sms/conversations。

23.1.4 发送电子邮件

既然介绍了如何在 Android 中发送 SMS 消息，你可能认为可以使用类似的 API 来发送电子邮件。遗憾的是，Android 没有提供 API 来发送电子邮件。人们一般都认为，用户不希望应用程序在他们不知道的情况下代表他们发送电子邮件。要发送电子邮件，必须使用已注册的电子邮件应用程序。例如，可以使用 ACTION_SEND 来启动电子邮件应用程序，如代码清单 23-4 所示。

代码清单 23-4 通过 Intent 启动电子邮件应用程序

```
Intent emailIntent=new Intent(Intent.ACTION_SEND);

String subject = "Hi!";
String body = "hello from android....";

String[] recipients = new String[]{"aaa@bbb.com"};
emailIntent.putExtra(Intent.EXTRA_EMAIL, recipients);

emailIntent.putExtra(Intent.EXTRA_SUBJECT, subject);
emailIntent.putExtra(Intent.EXTRA_TEXT, body);
emailIntent.setType("message/rfc822");

startActivity(emailIntent);
```

这段代码启动默认的电子邮件应用程序，允许用户决定是否发送电子邮件。可以向电子邮件 Intent 添加的其他 "extra" 信息包括 EXTRA_CC 和 EXTRA_BCC。

假设你希望在消息中发送电子邮件附件。为此，可以使用以下代码，其中 Uri 是希望用作附件的文件的引用：

```
emailIntent.putExtra(Intent.EXTRA_STREAM,
    Uri.fromFile(new File(myFileName)));
```

接下来看一下电话管理器。

23.2 使用电话管理器

电话 API 还包含电话管理器（android.telephony.TelephonyManager），可以使用它来获取关于设备上的电话服务的信息，获取用户信息，以及注册电话状态更改。一种常见的电话使用情景要求，应用程序对拨入的电话执行业务逻辑。例如，音乐播放器可能会暂停自身以便接听电话，并在通话完之后恢复播放。监听电话状态更改的最简单方式是，在 "android.intent.action.PHONE_STATE" 上实现一个广播接收程序。为此，可采用与上面监听传入的 SMS 消息相同的方式。另一种方式是使用 TelephonyManager。

这一节将介绍如何注册电话状态更改，以及如何检测拨入的电话。代码清单 23-5 显示了实现细节。

代码清单 23-5 使用电话管理器

```
<?xml version="1.0" encoding="utf-8"?>
<!-- This file is res/layout/main.xml -->
<LinearLayout xmlns:android="http://schemas.android.com/apk/res/android"
    android:orientation="vertical"
    android:layout_width="fill_parent"
    android:layout_height="fill_parent"
```

```
        >
    <Button
        android:id="@+id/callBtn"
        android:layout_width="wrap_content"
        android:layout_height="wrap_content"
        android:text="Place Call"
        android:onClick="doClick"
        />
    <TextView
        android:id="@+id/textView"
        android:layout_width="fill_parent"
        android:layout_height="fill_parent"
        />
    </LinearLayout>

// This file is PhoneCallActivity.java
package com.androidbook.phonecall.demo;
import android.app.Activity;
import android.content.Context;
import android.content.Intent;
import android.net.Uri;
import android.os.Bundle;
import android.telephony.PhoneStateListener;
import android.telephony.TelephonyManager;
import android.view.View;
import android.widget.TextView;

public class PhoneCallActivity extends Activity {
    private TelephonyManager teleMgr = null;
    private MyPhoneStateListener myListener = null;
    private String logText = "";
    private TextView tv;

    @Override
    protected void onCreate(Bundle savedInstanceState)
    {
        super.onCreate(savedInstanceState);
        setContentView(R.layout.main);

        tv = (TextView)findViewById(R.id.textView);

        teleMgr =
                (TelephonyManager)getSystemService(Context.TELEPHONY_SERVICE);
        myListener = new MyPhoneStateListener();
    }

    protected void onResume() {
        super.onResume();
        teleMgr.listen(myListener, PhoneStateListener.LISTEN_CALL_STATE);
    }

    protected void onPause() {
        super.onPause();
        teleMgr.listen(myListener, PhoneStateListener.LISTEN_NONE);
    }

    public void doClick(View target) {
        Intent intent = new Intent(Intent.ACTION_VIEW,
                Uri.parse("tel:5551212"));
        startActivity(intent);
    }
```

```
class MyPhoneStateListener extends PhoneStateListener
{
    @Override
    public void onCallStateChanged(int state, String incomingNumber)
    {
        super.onCallStateChanged(state, incomingNumber);

        switch(state)
        {
            case TelephonyManager.CALL_STATE_IDLE:
                logText = "call state idle...incoming number is["+
                        incomingNumber + "]\n" + logText;
                break;
            case TelephonyManager.CALL_STATE_RINGING:
                logText = "call state ringing...incoming number is["+
                        incomingNumber + "]\n" + logText;
                break;
            case TelephonyManager.CALL_STATE_OFFHOOK:
                logText = "call state Offhook...incoming number is["+
                        incomingNumber + "]\n" + logText;
                break;
            default:
                logText = "call state [" + state +
                        "]incoming number is[" +
                        incomingNumber + "]\n" + logText;
                break;
        }
        tv.setText(logText);
    }
}
```

当使用电话管理器时，请确保将 android.permission.READ_PHONE_STATE 权限添加到了描述文件中，以便可以访问电话状态信息。如代码清单 23-5 所示，可以通过实现 PhoneStateListener 并调用 TelephonyManager 的 listen()方法，获得关于电话状态更改的通知。当有电话拨入或电话状态更改时，系统将使用新状态调用 PhoneStateListener 的 onCallStateChanged()。通过试验可以发现，拨入的电话号码只有在状态为 CALL_STATE_RINGING 时才可用。本示例向屏幕写入一条消息，但应用程序也可以在其他位置实现自定义业务逻辑，比如暂停音频或视频的播放。要模拟电话拨入，可以使用 Eclipse 的模拟器控件 UI，这也是用于发送 SMS 消息的相同 UI（参见图 23-2），但选择 Voice 而不是 SMS。

请注意，我们在 onPause()中告诉 TelephonyManager 停止向我们发送更新。在活动暂停时关闭消息，这始终都很重要。否则，TelephonyManager 会保留对象的引用，使得以后无法清理它。

本示例仅处理一种可供监听的电话状态。可以查阅 PhoneStateListener 文档了解其他状态，包括 LISTEN_MESSAGE_WAITING_INDICATOR。当处理电话状态更改时，可能还需要获得用户的电话号码。TelephonyManager.getLine1Number()将返回该信息。

你可能想知道是否可以通过代码接听电话。遗憾的是，目前 Android SDK 无法这么做，尽管文档中表明可以使用操作 ACTION_ANSWER 触发 Intent。实际上，此方法无效，不过也可以检查自编写本书以来此问题是否得以修复。

类似地，你可能希望通过代码拨出电话。这很容易实现。拨出电话的最简单方法是使用以下代码，通过 Intent 调用 Dialer 应用程序：

```
Intent intent = new Intent(Intent.ACTION_CALL, Uri.parse("tel:5551212"));
startActivity(intent);
```

请注意，对于实际的拨号，应用程序将需要 android.permission.CALL_PHONE 权限。否则，当应用程序尝试调用 Dialer 应用程序时，将获得 SecurityException。要在没有此权限的情况下拨号，可以将 Intent 的操作更改为 Intent.ACTION_VIEW，这会导致 Dialer 应用程序显示要拨打的目标号码，但是用户需要按下 Send 按钮才能开始呼叫。

在处理应用程序中的电话功能时，需要注意的另一点是，其他应用程序可以非常顺利地接听拨入的电话并导致你的活动暂停。在这种情况下，将停止接收通知，但在再次调用 onResume()方法时会立即收到通知，并向 TelephonyManager 注册。在决定要在电话状态通知处理程序中做什么时，请做好应对此情况的准备。

检测手机状态更改的另一个方法是注册一个手机状态更改广播接收程序（android.intent.action.PHONE_STATE）。这个方法可以通过代码实现，或者在配置清单文件中指定<receiver>标记。关于广播接收程序的更详细内容，请参见第 19 章。

23.3　SIP

Android 2.3（Gingerbread）引入了一些新功能来支持 SIP，这些功能位于 android.net.sip 包中。SIP 是一种 IETF 标准，用于设计通过网络连接发送语音和视频来将通话中的人联系起来。此技术有时称为 VoIP，但是请注意，实现 VoIP 的方式不止一种。例如，Skype 使用一种专用协议来实现 VoIP 并且不兼容 SIP。SIP 也不同于谷歌语音。（截至编写本书时）谷歌语音无法直接支持 SIP，但可通过多种方式集成谷歌语音与 SIP 提供程序，实现功能的融合。Goole 语音为你设置一个新电话号码，然后可以使用它联系其他电话（比如家庭电话、办公电话或移动电话）联系该号码。一些 SIP 提供程序将生成一个可用于谷歌语音的电话号码，但在这种情况下，谷歌语音实际上并不知道该号码归 SIP 账户所有。可在网络上搜索到大量 SIP 提供程序，许多都具有合理的拨打价格，有的甚至是免费的。

一定要注意，SIP 标准不会实际执行音频和视频数据在网络上的传输。SIP 仅负责在设备之间建立（和断开）直接连接，以支持音频和视频数据的传输。客户端计算机程序使用 SIP，以及音频和视频编解码器及其他库，以设置用户之间的呼叫。其他涉及 SIP 呼叫的标准包括 RTP（Real-time Transport Protocol，实时传输协议）、RTSP（Real-time Streaming Protocol，实时流协议）和 SDP（Session Description Protocol，会话描述协议）。Android 3.1 中增加了对 android.net.rtp 包中 RTP 的直接支持。MediaPlayer 已经支持 RTSP，但是并非所有 RTSP 服务器都兼容 Android 的 MediaPlayer。SDP 是一个应用程序级协议，能够描述多媒体会话，所以可以看到 SDP 格式的消息内容。

用户可通过桌面计算机拨打 SIP 电话，避免长途话费。该计算机程序也可以在 Android 智能电话或平板电脑等移动设备上轻松运行。SIP 计算机程序常常称为"软件电话"。软件电话在移动设备上的真正优势在使用 Wi-Fi 将设备连接到因特网时就会体现出来，这时用户无需花费任何无线运营商通话费，但仍然可以拨打或接听电话。在接听端，软件电话必须向 SIP 提供商注册其位置和功能，提供商的 SIP 服务器才能根据邀请请求来设置直接连接。如果接听方的软件电话不可用，SIP 服务器可将传入的请求转移到语音邮件账户。

23.3.1　体验 SipDemo

谷歌提供了一个 SIP 演示应用程序，名为 SipDemo。现在分析一下该应用程序，帮助你理解它的工作原理。如果不熟悉 SIP，某些方面可能难以理解。如果希望体验 SipDemo，可能需要一台支持 SIP 的 Android 物理设备。这是因为，截至编写本书时，Android 模拟器还不支持 SIP（或 Wi-Fi）。网络上有一些在模拟器中使用 SIP 的尝试，也许在阅读本章时，一些尝试可以轻松实现并可靠地使用。

要使用 SipDemo，还需要从 SIP 提供商获取一个 SIP 账户。你需要拥有自己的 SIP ID、SIP 域名（或代理）和 SIP 密码。这些信息需要输入到 SipDemo 应用程序的首选项屏幕中，以供该应用程序使用。最后，在设备与互联网之间需要一个 Wi-Fi 连接。如果不希望在设备上实际使用 SipDemo，应该仍然可以理解本节的剩余内容。SipDemo 类似于图 23-3。

要将 SipDemo 作为新项目加载到 Eclipse 中，可以使用 New Android Project 向导，但是单击"Create project from existing sample"选项，在 Build Target 部分选择 Android 2.3 或更高版本，然后使用 Samples 下拉菜单选择 SipDemo。单击 Finish 之后，Eclipse 将创建该新项目。可以原封不动地运行此项目，但是前面已经提到，除非设备支持 SIP，启用了 Wi-Fi，你获得了一个 SIP 账户，你使用 Menu 按钮编辑了 SIP 信息并使用 Menu 按钮拨打了电话，否则没有任何效果。要测试该应用程序，需要呼叫其他某个 SIP 账户。按下屏幕上的大麦克风图像即可呼叫另一方。此演示应用程序也可接听电话。现在看一下 android.net.sip 包的内部工作原理。

图 23-3　显示了菜单的 SipDemo 应用程序

23.3.2　android.net.sip 包

android.net.sip 包包含 4 个基本的类：SipManager、SipProfile、SipSession 和 SipAudioCall。SipManager 是此包的核心，提供了对剩余 SIP 功能的访问能力。可以调用 SipManager 的静态 newInstance()方法来获取 SipManager 对象。使用 SipManager 对象，然后可以获取针对大部分 SIP 活动的 SipSession，或者只针对音频呼叫的 SipAudioCall。这表明谷歌在上述 android.net.sip 包中提供了标准 SIP 所提供的功能，也就是设置音频呼叫的能力。

SipProfile 用于定义 SIP 账户，用来与别人聊天。这并不直接指向最终用户的设备，而是指向 SIP 提供程序的 SIP 账户。服务器将负责完成建立实际连接所需的其他工作。

SipSession 正是 SIP 的魔力所在。会话的设置包括 SipProfile，所以应用程序可将自身信息提供给 SIP 提供商的服务器。还要传递一个 SipSession.Listener 实例，在发生事件时将通知该实例。设置 SipSession 对象之后，应用程序就可以呼叫另一个 SipProfile 或接听传入电话了。监听器包含许多回调，所以应用程序可适当处理不断变化的会话状态。

截至 Honeycomb 版本，最容易的事情就是使用 SipAudioCall。它的逻辑就是将麦克风和扬声器与数据流挂钩，以便可以与另一端对话。SipAudioCall 有许多方法可用于管理静音、呼叫等待等功能。所有音频功能都会为你完成。对于除此之外的任何功能，你需要自行操作。

SipSession 类提供了 makeCall()方法来拨出电话。该方法的主要参数是会话描述（字符串形式）。这里需要做较多的工作。构建会话描述需要依据前面提到的 SDP 进行格式化。理解收到的会话描述也就是依据 SDP 解析它。SDP 的标准文档可在 http://tools.ietf.org/html/rfc4566 上找到，遗憾的是，Android SDK 未提供对 SDP 的任何支持。多亏一些热心人士的贡献，有两个用于 Android 的免费 SIP 应用程序内置了此功能。它们是 sipdroid（http://code.google.com/p/sipdroid/）和 CSipSimple（http://code .google.com/p/csipsimple/）。

我们还未开始介绍管理 SIP 客户端之间的视频流的编解码器，不过 sipdroid 拥有此功能。SIP 的其他富有吸引力的方面还包括在两个以上的人之间设置电话会议的能力。这些主题不属于本书介绍范围，但是希望你会喜欢 SIP 提供的各项功能。

请注意，SIP 应用程序至少需要 android.permission.USE_SIP 和 android.permission.INTERNET 权限，才能够正常运行。如果使用 SipAudioCall，还需要 android.permission.RECORD_AUDIO，假设你在使用 Wi-Fi，则应该添加 android.permission.ACCESS_WIFI_STATE 和 android.permission.WAKE_LOCK 权限。将以下标记添加到 AndroidManifest. xml 文件中作为<manifest>的子标记，这也是个不错的想法，这样应用程序仅会安装在拥有支持 SIP 的硬件的设备上：

```
<uses-feature android:name="android.hardware.sip.voip" />
```

23.4 参考资料

以下是一些很有用的参考资料，可通过它们进一步探索相关主题。

❑ http://www.androidbook.com/projects。可在这里找到与本书相关的可下载项目列表。对于本章，请查找名为 ProAndroid4_Ch23_Telephony.zip 的 zip 文件。此 zip 文件包含本章中的所有项目，这些项目在各个根目录中列出。还有一个 README.TXT 文件详细介绍了如何从一个 zip 文件将项目导入 Eclipse。

❑ http://en.wikipedia.org/wiki/Session_Initiation_Protocol。SIP 的 Wikipedia 页面。

❑ http://tools.ietf.org/html/rfc3261。这是 SIP 的官方 IETF 标准。

❑ http://tools.ietf.org/html/rfc4566。这是 SDP 的官方 IETF 标准。

❑ http://code.google.com/p/sipdroid/ 和 http://code.google.com/p/csipsimple/。两个实现 SIP 客户端的开源 Android 应用程序。

23.5 小结

本章主要介绍了以下关于 Android 电话 API 的知识点。

□ 发送和接收SMS消息。

□ SMS文件夹和读取SMS消息。

□ 从应用程序发送电子邮件。

□ TelephonyManager及如何检测呼入电话。

□ 使用SIP创建VoIP客户端程序。

23.6 面试问题

回答以下问题，巩固本章所学知识点。

(1) 一条 SMS 消息是否允许包含 140 个以上字符？

(2) 判断：调用 Context.getSystemService(MESSAGE_SERVICE)，可以获得一个 SmsManager 实例。

(3) 允许向模拟器发送测试 SMS 消息的 ADT 特性是什么？

(4) 应用程序能否在用户不知情的情况下发送电子邮件？

(5) 应用程序能否在用户不知情的情况下发送 SMS 消息？

(6) 应用程序能否在用户不知情的情况下发起电话呼叫？

(7) SIP 与 Skype 是否相同？

(8) android.net.sip package 包主要包含哪 4 个类？

(9) 哪一个 SIP 类定义了通信所使用的 SIP 账户？

(10) 要在 AndroidManifest.xml 文件中添加什么标记，才能够保证 SIP 应用程序只安装在支持 SIP 的设备上？

(11) 要使 SIP 正常工作，需要使用哪些权限？

第 24 章 媒体框架

本章将探讨 Android SDK 的一个非常有趣的部分：媒体框架。我们将介绍如何播放和录制不同来源的音频和视频。我们还将介绍如何使用照相机拍摄照片。如果不解释 SD 卡和如何使用它们，那么都不能完整地介绍媒体，因为在读取和写入媒体文件时常常会使用 SD 卡。

24.1 使用媒体 API

Android 支持播放 android.media 包中的音频和视频内容。本章将介绍此包中包含的媒体 API。

android.media 包的核心是 android.media.MediaPlayer 类。MediaPlayer 类负责播放音频和视频内容。供此类使用的内容可能来自以下来源。

- 网络：可以通过 URL 播放来自网络的媒体内容。
- .apk 文件：可以播放打包在.apk 文件中的媒体内容。可以将媒体内容打包为资源或资产（放在 assets 文件夹中）。
- SD 卡：可以播放设备的 SD 卡上的媒体内容。

MediaPlayer 能够解码多种不同的媒体格式，包括 3rd Greneration Partnership Project（3GPP.3gp）、MP3（.mp3）、MIDI（.mid 等格式）、Ogg Vorbis(.ogg)、PCM/WAVE（.wav）以及 MPEG-4（.mp4）。它还支持 RTSP、HTTP/HTTPS 视频直播及 M3U 播放列表。受支持媒体格式的完整列表可从以下网站找到：http://developer.android.com/guide/appendix/media-formats.html。

使用 SD 卡

在创建和使用不同类型的媒体之前，首先需要了解如何使用 SD 卡。SD 卡在 Android 电话中用于存储多种用户数据，通常包括图片、音频和视频等媒体内容。SD 卡本质上是可插拔的存储芯片，即使在断电的情况下也能够存储数据。在真实的手机上，需要将 SD 卡插入到一个存储卡插槽中供设备使用。许多设备只有一个插槽，并且不希望更换 SD 卡。一些设备可以交替使用多个 SD 卡，一个 SD 卡也可以在多个设备上使用。不过对于我们来说幸运的是，Android 模拟器可以利用工作站硬盘上的空间来模拟 SD 卡，就像你真的在模拟器上插了一个 SD 卡一样。

在第 2 章中创建第一个 AVD 时，我们指定了一个 SD 卡的大小，这样，在模拟器中运行的应用程序就能够访问该 SD 卡了。如果查看所创建的 AVD 目录，将会看到一个具有指定文件大小的 sdcard.img 文件。我们在当时未使用该 SD 卡，本章将使用它。

作为开发人员，如果拥有 SD 卡，就可以在 Eclipse 中使用 Android 工具将媒体文件（或任何其他文件）复制到 SD 卡中。也可以使用 adb（Android Debug Bridge，Android 调试桥）实用程序将文件复制到 SD 卡中或从 SD 卡中向外复制文件。adb 实用程序位于 Android SDK 的 tools 子目录中，可以在命令行窗口中使用这个程序（第 2 章也介绍过）。

前面已经介绍了如何通过创建 AVD 来获得 SD 卡。当然，可以创建具有不同大小的 SD 卡的多个AVD。下面将介绍另一种方法。Android SDK 工具包包含一个名为 mksdcard 的实用程序，可用于创建SD 卡映像。实际上，该实用程序会创建一个用作 SD 卡的特殊格式的文件。要使用此实用程序，首先要找到或创建映像文件的文件夹，例如 c:\Android\sdcard\。然后打开命令行窗口并运行以下命令（将其中的路径替换为正确的 SD 卡映像文件路径）：

```
mksdcard 256M c:\Android\sdcard\sdcard.img
```

这个示例命令会在 c:\Android\sdcard\ 目录下创建一个名为 sdcard.img 的 SD 卡映像。SD 卡的大小为 256 MB。要指定其他大小，可以使用 K 表示 KB，但不能使用 G 表示 GB，所以需要指定 1024 的倍数才能得到 GB 级大小。也可以只指定一个整数值来表示总字节数。另请注意，Android 模拟器不支持小于 8 MB 的 SD 卡。

Eclipse 中的 ADT 可以在启动模拟器时指定额外的命令行参数。要找到各种模拟器选项的对应字段，请转到 Eclipse 的 Preferences 窗口，选择 Android➤Launch。在理论上，可以在此处添加 -sdcard "PATH_TO_YOUR_SD_CARD_IMAGE_FILE"，它将覆盖 AVD 中的 SD 卡文件路径。但这项功能对目前的一些 Android 版本不适用，在这些版本中始终只能得到与 AVD 一同创建的 SD 卡映像文件。使用与 AVD 独立的 SD 卡的最可靠方式是，从命令行启动模拟器并指定要使用的 SD 卡映像。在一个命令行窗口（如果不知道如何调出命令行窗口，请参见第 2 章）内，使用以下命令启动一个指定名称的 AVD，但使用指定的 SD 卡映像文件替代与该 AVD 一同创建的 SD 卡映像文件：

```
emulator -avd AVDName -sdcard "PATH_TO_YOUR_SD_CARD_IMAGE_FILE"
```

最初创建 SD 卡时，其中没有任何文件。可以使用 Eclipse 中的 File Explorer 工具添加文件。启动模拟器并等待模拟器初始化，然后转到 Eclipse 中的 Java、Debug 或 DDMS（Dalvik Debug Monitor Service）透视图，即可找到 File Explorer 选项卡，如图 24-1 所示。

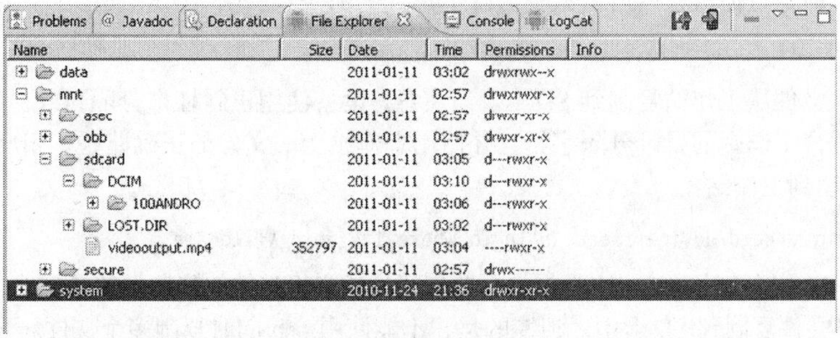

图 24-1　File Explorer 视图

如果未显示 File Explorer，可以转到 Window➤Show View➤Other➤Android 并选择 File Explorer来调出它。也可以显示 DDMS 透视图，只需转到 Window➤Open Perspective➤Other➤DDMS。默认情况下，File Explorer 视图位于 DDMS 透视图上。图 24-2 列出了 Android 的 Eclipse 中的所有视图。

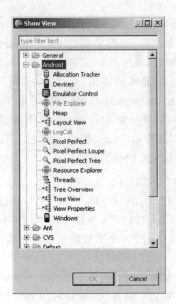

图 24-2   启用 Android 视图

　　要将一个文件存储到 SD 卡上，在 File Explorer 中选择 sdcard 文件夹，并选择外观为指向一个电话的向右箭头的按钮（位于右上角）。然后将启动一个对话框，以便选择文件。选择希望上传到 SD 卡的文件。它旁边的按钮外观为一个指向软盘的向左箭头。在 File Explorer 中选择了想要复制的文件后，选择此按钮将文件从设备复制到工作站。

　　如果 File Explorer 显示了一个空视图，则有几种可能：模拟器没有运行、Eclipse 已与模拟器断开，或者未在图 24-1 所示的 Devices 选项卡下选择正在模拟器中运行的 AVD。要切换到 Devices 选项卡，可以在 File Explorer 中执行上述相同步骤。Devices 也应该在默认的 DDMS 透视图上显示。

　　将文件存储到 SD 卡上和从 SD 卡上移除文件的另一种方式是使用 adb 实用程序。要使用该实用程序，打开一个命令行窗口，然后键入类似以下形式的命令：

　　adb push c:\path_to_my_file\filename /mnt/sdcard/newfile

这会将一个文件从工作站复制到 SD 卡。请注意，设备使用正斜杠来分隔目录。请为要复制到 SD 卡的文件使用适合工作站的目录分隔字符，并使用工作站上的文件的正确路径。相反，以下命令将从 SD 卡将文件复制到工作站：

　　adb pull /mnt/sdcard/devicefile c:\path_to_where_its_going\filename

此命令的一个不错特性就是，它将根据需要创建目录来将文件放到期望的目的地，无论是从 SD 卡复制文件还是将文件复制到 SD 卡中。遗憾的是，不能使用 adb 同时复制多个文件。必须分开处理每个文件。

说明　在 Android 2.2 之前，SD 卡很可能位于/sdcard。自 Android 2.2 以后，SD 卡很可能位于/mnt/sdcard，但是有一个名为/sdcard 的符号链接指向/mnt/sdcard，以实现向后兼容性。

你可能注意到 SD 卡上有一个名为 DCIM 的目录。这是数码相机图像的目录。将存储数码图像的 DCIM 目录放在 SD 卡根目录下，这是一种行业标准。在 DCIM 下创建一个表示相机的目录，这也是一种行业标准，该目录格式为 123ABCDE，由 3 个数字和 5 个英文字母构成。模拟器在 DCIM 下创建一个目录 100ANDRO，但数码相机制造商和 Android 电话制造商可以随意命名此目录。模拟器（和一些 Android 手机）也在 DCIM 目录下创建了一个 Camera 目录，但这并不符合行业标准。因此，图像文件可能位于 Camera 目录下，也可能位于 100ANDRO 目录下，还可能在 DCIM 目录下找到存储图像文件的其他目录。

遗憾的是，没有方法调用可告诉你 DCIM 目录下的哪个目录可用于存储照片。但是，可通过两种方法确定 SD 卡的顶级目录在哪里。第一种方法是 Environment.getExternalStorageDirectory()，它返回表示 SD 卡顶级目录的 File 对象。在 Android 2.2 以前的设备上，此目录很可能为/sdcard，但不是所有设备上都是这样。在 Android 2.2 上，大部分设备将拥有/mnt/sdcard。与假设你知道 SD 卡的根目录相比，使用此 Environment 方法要有用得多。接下来将介绍另一个方法。

自 Android 2.2（代号 Froyo）开始，Environment 类中有一些新常量可用于定位目录，此类中还有一个新方法可用于定位目录。在以前，SD 卡是完全免费的，除 DCIM 以外没有别的标准化目录名称。在 Froyo 中，有多种标准化的目录名称，如表 24-1 所示。第三列是模拟器中使用的目录名称，其中 SD 卡的顶级目录很可能为/mnt/sdcard（因设备而异）。由于目录的多样性，应该始终使用 Environment 方法来查找 SD 卡上想要的目录。

表 24-1　SD 卡上的标准化目录

目录常量	说　明	模拟器中 SD 卡顶级目录下的目录
DIRECTORY_ALARMS	当 Android 查找音频文件以用于闹钟时，它在这个标准目录中查找	Alarms
DIRECTORY_DCIM	查找使用照相机拍摄的照片和视频的行业标准目录	DCIM
DIRECTORY_DOWNLOADS	保存用户下载的文件的标准目录	Download（备注：不是复数形式）
DIRECTORY_MOVIES	当 Android 为用户查找电影文件时，它在此标准目录中查找	Movies
DIRECTORY_MUSIC	当 Android 查找音频文件以用作用户常听的音乐，它在此标准目录中查找	Music
DIRECTORY_NOTIFICATIONS	当 Android 查找音频文件以用作通知时，它在此标准目录中查找	Notifications
DIRECTORY_PICTURES	当 Android 查找不是使用照相机拍摄的图像文件时，它在此标准目录中查找	Pictures
DIRECTORY_PODCASTS	当 Android 查找音频文件以用作播客时，它在此标准目录中查找	Podcasts
DIRECTORY_RINGTONES	当 Android 查找音频文件以用作铃声时，它在此标准目录中查找	Ringtones

定位目录的新方法是 Environment.getExternalStoragePublicDirectory(String type)，其中 type 参数是表 24-1 中的一个常量。此方法返回一个表示所请求目录的 File 对象。较老的设备（早于 Froyo）

中不存在此方法，而且甚至在较新的设备上，也可能发现需要适应区别。例如，三星公司拥有包含两个 SD 卡的设备，所以这些方法不足以确定这些设备上的所有外部存储目录。

最后介绍一下安全性。需要将以下权限添加到描述文件中，以便应用程序能够向 SD 卡写入数据：

```
<uses-permission android:name="android.permission.WRITE_EXTERNAL_STORAGE" />
```

介绍了 SD 卡的基本知识之后，接下来让我们看看音频。

24.2 播放媒体

首先介绍如何构建一个简单应用程序来播放网络上的 MP3 文件（参见图 24-3）。然后将探讨使用 MediaPlayer 类的 setDataSource() 方法，播放来自.apk 文件或 SD 卡的媒体内容。但是，MediaPlayer 不是播放音频的唯一方式，所以我们也将介绍 SoundPool 类、JetPlayer 类、AsyncPlayer 类，以及用于对音频进行最低级处理的 AudioTrack 类。接下来，我们将探讨 MediaPlayer 类的一些不足。最后将探讨如何播放视频内容。

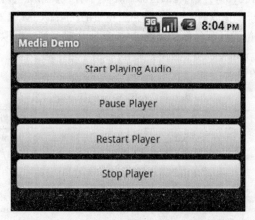

图 24-3   媒体应用程序的用户界面

24.2.1   播放音频内容

图 24-3 展示了我们的第一个示例的用户界面。此应用程序将演示 MediaPlayer 类的一些基本用法，比如开始播放、暂停、重新开始播放和停止播放媒体文件。首先看一下应用程序的用户界面布局。

该用户界面包含一个 LinearLayout 和 4 个按钮：一个按钮用于启动播放器，一个用于暂停播放器，一个用于重新启动播放器，最后一个用于停止播放器。此应用程序的代码和布局文件如代码清单 24-1 所示。假设本例针对 Android 2.2 或更新版本，因为在使用 Environment 的 getExternalStoragePublicDirectory() 方法，如果想针对更老的 Android 版本进行构建，只需使用 getExternalStorageDirectory()，并调整媒体文件的保存位置，这样应用程序就能够找到它们了。

说明   24.4 节提供了一个 URL，可通过该 URL 下载这些项目并直接导入 Eclipse，而无需复制并粘贴代码。

代码清单 24-1　媒体应用程序的布局和代码

```xml
<?xml version="1.0" encoding="utf-8"?>
<!-- This file is /res/layout/main.xml -->
<LinearLayout xmlns:android="http://schemas.android.com/apk/res/android"
    android:layout_width="fill_parent"
    android:layout_height="fill_parent"
    android:orientation="vertical" >

  <Button android:id="@+id/startPlayerBtn"
    android:layout_width="fill_parent"
    android:layout_height="wrap_content"
    android:text="Start Playing Audio" android:onClick="doClick" />

  <Button android:id="@+id/pausePlayerBtn"
    android:layout_width="fill_parent"
    android:layout_height="wrap_content"
    android:text="Pause Player" android:onClick="doClick" />

  <Button android:id="@+id/restartPlayerBtn"
    android:layout_width="fill_parent"
    android:layout_height="wrap_content"
    android:text="Restart Player" android:onClick="doClick" />

  <Button android:id="@+id/stopPlayerBtn"
    android:layout_width="fill_parent"
    android:layout_height="wrap_content"
    android:text="Stop Player" android:onClick="doClick" />
</LinearLayout>


// This file is MainActivity.java
import android.app.Activity;
import android.content.res.AssetFileDescriptor;
import android.media.MediaPlayer;
import android.media.MediaPlayer.OnPreparedListener;
import android.os.Bundle;
import android.os.Environment;
import android.util.Log;
import android.view.View;

public class MainActivity extends Activity implements OnPreparedListener
{
    static final String AUDIO_PATH =
    "http://www.androidbook.com/akc/filestorage/android/documentfiles/3389/play.mp3";
//    "http://listen.radionomy.com/Radio-Mozart";
//     Environment.getExternalStoragePublicDirectory(
//         Environment.DIRECTORY_MUSIC) +
//         "/music_file.mp3";
//     Environment.getExternalStoragePublicDirectory(
//         Environment.DIRECTORY_MOVIES) +
//         " /movie.mp4";
    private MediaPlayer mediaPlayer;
    private int playbackPosition=0;

    /** Called when the activity is first created. */
    @Override
    public void onCreate(Bundle savedInstanceState) {
        super.onCreate(savedInstanceState);
        setContentView(R.layout.main);
    }
```

```java
    public void doClick(View view) {
        switch(view.getId()) {
        case R.id.startPlayerBtn:
            try {
            // Only have one of these play methods uncommented
                playAudio(AUDIO_PATH);
//              playLocalAudio();
//              playLocalAudio_UsingDescriptor();
            } catch (Exception e) {
                e.printStackTrace();
            }
            break;
        case R.id.pausePlayerBtn:
            if(mediaPlayer != null && mediaPlayer.isPlaying()) {
                playbackPosition = mediaPlayer.getCurrentPosition();
                mediaPlayer.pause();
            }
            break;
        case R.id.restartPlayerBtn:
            if(mediaPlayer != null && !mediaPlayer.isPlaying()) {
                mediaPlayer.seekTo(playbackPosition);
                mediaPlayer.start();
            }
            break;
        case R.id.stopPlayerBtn:
            if(mediaPlayer != null) {
                mediaPlayer.stop();
                playbackPosition = 0;
            }
            break;
        }
    }

    private void playAudio(String url) throws Exception
    {
        killMediaPlayer();

        mediaPlayer = new MediaPlayer();
        mediaPlayer.setAudioStreamType(AudioManager.STREAM_MUSIC);
        mediaPlayer.setDataSource(url);
        mediaPlayer.setOnPreparedListener(this);
        mediaPlayer.prepareAsync();
    }

    private void playLocalAudio() throws Exception
    {
        mediaPlayer = MediaPlayer.create(this, R.raw.music_file);
        mediaPlayer.setAudioStreamType(AudioManager.STREAM_MUSIC);
        // calling prepare() is not required in this case
        mediaPlayer.start();
    }

    private void playLocalAudio_UsingDescriptor() throws Exception {

        AssetFileDescriptor fileDesc = getResources().openRawResourceFd(
                    R.raw.music_file);
        if (fileDesc != null) {

            mediaPlayer = new MediaPlayer();
            mediaPlayer.setAudioStreamType(AudioManager.STREAM_MUSIC);
            mediaPlayer.setDataSource(fileDesc.getFileDescriptor(),
                    fileDesc.getStartOffset(), fileDesc.getLength());
```

```
        fileDesc.close();

        mediaPlayer.prepare();
        mediaPlayer.start();
    }
}

// This is called when the MediaPlayer is ready to start
public void onPrepared(MediaPlayer mp) {
    mp.start();
}

@Override
protected void onDestroy() {
    super.onDestroy();
    killMediaPlayer();
}

private void killMediaPlayer() {
    if(mediaPlayer!=null) {
        try {
            mediaPlayer.release();
        }
        catch(Exception e) {
            e.printStackTrace();
        }
    }
}
```

第一个场景中播放的是一个来自网络的 MP3 文件。因此，需要向描述文件添加 android.permission. INTERNET。代码清单 24-1 中的代码显示，MainActivity 类包含 3 个成员：指向 MP3 文件 URL 的 final 字符串、MediaPlayer 实例以及整数成员 playbackPosition。从 onCreate()通过布局 XML 文件设置用户界面。按下 Start Playing Audio 按钮，该按钮单击处理程序调用 playAudio()方法。在 playAudio() 方法中，创建了一个新的 MediaPlayer 实例，播放器的数据源设置为 MP3 文件的 URL。然后调用 MediaPlayer 的 prepare()方法来帮助媒体播放器为播放做准备，然后调用 start()方法开始播放。

我们现在位于活动的主 UI 线程，所以不能在准备 MediaPlayer 时耗费太多时间。MediaPlayer 有一个 prepare()方法，但是它在准备过程完成之前都处于阻塞状态。如果这个过程占用太多时间，那么用户可能会误认为应用程序卡死，甚至更坏的情况是会出现一个错误消息。prepareAsync()方法会立即返回，但是会创建一个后台线程，继续处理 MediaPlayer 的 prepare()方法。当准备过程完成时，活动的 onCreate()回调方法就会被调用。这里就是最终开始播放 MediaPlayer 的位置。我们必须告诉 MediaPlayer，onPrepare()回调方法对应于哪一个监听器，这正是在调用 prepareAsync()之前调用 setonParedListener()的原因。当前活动不必作为监听器；这里这样做只是为了简化演示例子。

现在看一下 Pause Player 和 Restart Player 按钮的按钮单击处理程序。可以看到，当选择 Pause Player 按钮时，将调用 getCurrentPosition()来获得播放器的当前播放位置，然后调用 pause()来暂停播放器。当必须重新启动播放器时，调用 seekTo()，传入从 getCurrentPosition()获得的位置，然后调用 start()。

MediaPlayer 类还包含一个 stop()方法。请注意，如果调用 stop()来停止播放器，需要在再次调用 start()之前调用 prepare()。相反，如果调用 pause()，则无需准备播放器就可以再次调用 start()。另外，完成媒体播放器的使用之后，请确保调用了它的 release()方法。在本例中，在 killMediaPlayer() 方法中调用了 release()方法。

示例应用程序有另一个指向音频源的 URL,但是它不是一个 MP3 文件,而是一个音频流订阅源.这个 URL 也同样适用于 MediaPlayer,并且也再一次说明了为什么需要调用 prepareAsync(),而不调用 prepare()。准备播放的音频流可能需要花费一定的时间,时间长短取决于服务器、网络流量等因素。

代码清单 24-1 中的示例演示了如何播放来自网络的音频文件。MediaPlayer 类还支持播放位于.apk 文件中的局部媒体。代码清单 24-2 演示了如何引用和播放来自.apk 文件的/res/raw 文件夹的文件。如果 Eclipse 项目中不存在 raw 文件夹,则在/res 下添加该文件夹。然后将所选的 MP3 文件复制到/res/raw 中,并将其命名为 music_file.mp3。

代码清单 24-2　使用 MediaPlayer 播放位于应用程序中的局部文件

```
private void playLocalAudio()throws Exception
{
    mediaPlayer = MediaPlayer.create(this, R.raw.music_file);
    mediaPlayer.setAudioStreamType(AudioManager.STREAM_MUSIC);        // calling
prepare() is not required in this case
    mediaPlayer.start();
}
```

如果需要在应用程序中包含音频或视频文件,应该将该文件放在/res/raw 文件夹中。然后通过传入媒体文件的资源 ID,获得该资源的一个 MediaPlayer 实例,可以调用静态 create()方法来完成此任务,如代码清单 24-2 所示。请注意,可以使用 MediaPlayer 类提供的另几个静态 create()方法获得一个 MediaPlayer 实例,而无需自行实例化一个 MediaPlayer。在代码清单 24-2 中,create()方法等同是调用构造函数 MediaPlayer(Context context,int resourceId),然后调用 prepare()。当媒体文件位于设备本地时,你应仅使用 create()方法,因为它始终使用 prepare(),而不是 prepareAsync()。

1. setDataSource 方法

在代码清单 24-2 中,我们调用了 create()方法来从原始资源加载音频文件。在这种情况下,无需调用 setDataSource()。但是,如果是你自己使用默认构造函数实例化 MediaPlayer,或者不能通过资源 ID 或 URL 访问媒体内容,则需要调用 setDataSource()。

setDataSource()方法拥有非常多的重载版本,可以根据具体需求使用它们来自定义数据源。例如,代码清单 24-3 演示了如何使用 FileDescriptor 从原始资源加载音频文件。

代码清单 24-3　使用 FileDescriptor 设置 MediaPlayer 的数据源

```
private void playLocalAudio_UsingDescriptor() throws Exception {

    AssetFileDescriptor fileDesc = getResources().openRawResourceFd(
            R.raw.music_file);
    if (fileDesc != null) {

    mediaPlayer = new MediaPlayer();
    mediaPlayer.setAudioStreamType(AudioManager.STREAM_MUSIC);
    mediaPlayer.setDataSource(fileDesc.getFileDescriptor(),
            fileDesc.getStartOffset(), fileDesc.getLength());

    fileDesc.close();

    mediaPlayer.prepare();
    mediaPlayer.start();
    }
}
```

代码清单 24-3 假设代码处于一个活动的上下文中。这段代码调用 getResources()方法来获取应用程序的资源，然后使用 openRawResourceFd()方法获取/res/raw 文件夹中一个音频文件的文件描述符。然后使用 AssetFileDescriptor、播放的起始位置和结束位置来调用 setDataSource()方法。如果希望播放音频文件的特定部分，也可以使用 setDataSource()的这一版本。如果总是希望播放整个文件，可以调用 setDataSource(FileDescriptor desc)的更简单的版本，它不需要初始偏移量和时间长度。

在这个例子中，我们选择使用 prepare()，接着再调用 start()，目的只是说明它的运行效果。实际上，我们不需要这样做，因为音频资源位于本地，但是像前面那样使用 prepareAsync()并没有负面影响。

音频内容还有一个来源：SD 卡。前面介绍了如何将内容存储到 SD 卡上。通过 MediaPlayer 可以很容易地使用它。在上面的例子中，我们使用了 setDataSource()，通过传入 MP3 文件的 URL 来访问网络上的媒体内容。如果 SD 卡上包含音频文件，可以使用相同的 setDataSource()方法，但要向其传入 SD 卡上音频文件的路径。例如，如果将 MP3 文件 music_file.mp3 放在了标准的 Music 目录下，那么像下面这样修改 AUDIO_PATH 变量即可播放该文件：

```
static final String AUDIO_PATH =
Environment.getExternalStoragePublicDirectory(
    Environment.DIRECTORY_MUSIC) +
    "/music_file.mp3";
```

你可能已经注意到，我们的例子并没有实现 onResume()和 onPause()。这意味着，当活动进入后台线程时，它会继续播放音频文件——至少，直到活动停止，或者音频源关闭。例如，如果不保持手机唤醒，CPU 就可能关闭，从而停止音乐播放。此外，如果 MediaPlayer 正在通过 Wi-Fi 播放音频流，且若活动未获得 Wi-Fi 锁，那么 Wi-Fi 就可能关闭，从而断开媒体流连接。MediaPlayer 有一个方法 setWakeMode()，它可用于设置 PARTIAL_WAKE_LOCK，在音乐播放时保持 CPU 开启。然而，为了锁定 Wi-Fi，必须分别通过 WifiManager 和 WifiManager.WifiLock 实现。

要在后台继续播放音频，另一个问题是需要知道什么时候应该停止播放，因为可能会出现电话呼叫，或者闹钟正在关闭。Android 提供了 AudioManager 来帮助解决这个问题。可以调用的方法包括 requestAudioFocus()和 abandonAudioFocus()，另外接口 AudioManager.OnAudioFocusChangeListener 上还有一个回调方法 onAudioFocusChange()。关于这方面的更详细信息，请参见 Android 开发者指南的媒体页面。

2. 使用 SoundPool 同时播放多个音轨

MediaPlayer 是媒体工具包中的一个基本工具，但它一次只能处理一个音频或视频文件。如果希望同时播放多个音轨，该怎么办？一种方式是创建多个 MediaPlayer 并同时运行它们。如果只有少量的音频要播放，并且想要快速的性能，Android 有一个 SoundPool 类可提供帮助。在幕后，SoundPool 使用了 MediaPlayer，但我们不会访问 MediaPlayer API，而仅访问 SoundPool API。

MediaPlayer 和 SoundPool 之间的另一项区别是，SoundPool 是仅为处理本地媒体文件而设计的。也就是说，音频可以从资源文件加载，使用文件描述符从其他地方的文件加载，或者使用路径名从文件加载。SoundPool 提供了其他一些不错的功能，比如循环播放音轨、暂停和恢复各个音轨，或者暂停和恢复所有音轨。

但是 SoundPool 也有一些不足。SoundPool 管理着一个用于所有音轨的总音频缓冲区，并且该缓冲区不是很大。实际上它只有 1 MB。同只有数 KB 大的 mp3 文件相比，这看起来很大。但 SoundPool 在内存中展开了音频，以使回放变得快速和轻松。音频文件在内存中的大小取决于比特率、声道数量

（立体声还是单声道）、采样速率和音频长度。如果未能将声音载入 SoundPool，可以尝试使用源音频文件的这些参数进行播放，以使音频占用更少的内存。

我们将提供一个加载和播放动物叫声的示例应用程序。一种是蟋蟀的叫声，它在后台持续播放。其他叫声以不同的时间间隔播放。有时只会听到蟋蟀叫声，有时会同时听到多种动物叫声。我们还会在用户界面中添加一个按钮，以支持暂停和恢复。代码清单 24-4 给出了活动的布局 XML 文件和 Java 代码。最好从我们的网站下载此项目，以获得叫声文件以及代码。请参阅 24.4 节，了解如何查找可下载的源代码的信息。

代码清单 24-4　使用 SoundPool 播放音频

```xml
<?xml version="1.0" encoding="utf-8"?>
<LinearLayout xmlns:android="http://schemas.android.com/apk/res/android"
    android:orientation="vertical"
    android:layout_width="fill_parent"  android:layout_height="fill_parent"
    >
<ToggleButton android:id="@+id/button"
    android:textOn="Pause"  android:textOff="Resume"
    android:layout_width="wrap_content"  android:layout_height="wrap_content"
    android:onClick="doClick" android:checked="true" />
</LinearLayout>

// This file is MainActivity.java
import java.io.IOException;
import android.app.Activity;
import android.content.Context;
import android.content.res.AssetFileDescriptor;
import android.media.AudioManager;
import android.media.SoundPool;
import android.os.Bundle;
import android.os.Handler;
import android.util.Log;
import android.view.View;
import android.widget.ToggleButton;

public class MainActivity extends Activity implements SoundPool.OnLoadCompleteListener {
    private static final int SRC_QUALITY = 0;
    private static final int PRIORITY = 1;
    private SoundPool soundPool = null;
    private AudioManager aMgr;

    private int sid_background;
    private int sid_roar;
    private int sid_bark;
    private int sid_chimp;
private int sid_rooster;

@Override
public void onCreate(Bundle savedInstanceState) {
    super.onCreate(savedInstanceState);
    setContentView(R.layout.main);
}

@Override
protected void onResume() {
    soundPool = new SoundPool(5, AudioManager.STREAM_MUSIC,
            SRC_QUALITY);
    soundPool.setOnLoadCompleteListener(this);
```

```
    aMgr =
        (AudioManager)this.getSystemService(Context.AUDIO_SERVICE);

    sid_background = soundPool.load(this, R.raw.crickets, PRIORITY);

    sid_chimp = soundPool.load(this, R.raw.chimp, PRIORITY);
    sid_rooster = soundPool.load(this, R.raw.rooster, PRIORITY);
    sid_roar = soundPool.load(this, R.raw.roar, PRIORITY);

    try {
        AssetFileDescriptor afd =
                this.getAssets().openFd("dogbark.mp3");
        sid_bark = soundPool.load(afd.getFileDescriptor(),
                            0, afd.getLength(), PRIORITY);
        afd.close();
    } catch (IOException e) {
        e.printStackTrace();
    }
    //sid_bark = soundPool.load("/mnt/sdcard/dogbark.mp3", PRIORITY);

    super.onResume();
}

public void doClick(View view) {
    switch(view.getId()) {
    case R.id.button:
        if(((ToggleButton)view).isChecked()) {
            soundPool.autoResume();
        }
        else {
            soundPool.autoPause();
        }
        break;
    }
}

@Override
protected void onPause() {
    soundPool.release();
    soundPool = null;
    super.onPause();
}

@Override
    public void onLoadComplete(SoundPool sPool, int sid, int status) {
        Log.v("soundPool", "sid " + sid + " loaded with status " +
                status);

        final float currentVolume =
            ((float)aMgr.getStreamVolume(AudioManager.STREAM_MUSIC)) /
            ((float)aMgr.getStreamMaxVolume(AudioManager.STREAM_MUSIC));

        if(status != 0)
            return;
        if(sid == sid_background) {
            if(sPool.play(sid, currentVolume, currentVolume,
                    PRIORITY, -1, 1.0f) == 0)
                Log.v("soundPool", "Failed to start sound");
        } else if(sid == sid_chimp) {
            queueSound(sid, 5000, currentVolume);
        } else if(sid == sid_rooster) {
            queueSound(sid, 6000, currentVolume);
```

24

```
        } else if(sid == sid_roar) {
            queueSound(sid, 12000, currentVolume);
        } else if(sid == sid_bark) {
            queueSound(sid, 7000, currentVolume);
        }
    }

    private void queueSound(final int sid, final long delay,
        final float volume)
    {
        new Handler().postDelayed(new Runnable() {
            @Override
            public void run() {
                if(soundPool == null) return;
                if(soundPool.play(sid, volume, volume,
                    PRIORITY, 0, 1.0f) == 0)
                    Log.v("soundPool", "Failed to start sound (" + sid +
                        ")");
                queueSound(sid, delay, volume);
            }}, delay);
    }
}
```

此示例的结构非常简单。我们有一个用户界面，其中有一个 ToggleButton。我们将使用此按钮暂停和恢复活动的音频流。当应用程序启动时，创建 SoundPool 并向其中载入音频采样。当正确载入采样之后，就开始播放它们。蟋蟀叫声不停地循环播放，而其他采样在一定延迟之后播放，然后将自身设置为在相同延迟之后再次播放。通过选择不同的延迟，我们获得了某种随机的重叠的叫声效果。

创建 SoundPool 需要 3 个参数。

❑ 第一个参数是SoundPool将同时播放的最大采样数。这不是SoundPool可保存的采样数量。

❑ 第二个参数表示采样将在哪个音频流上播放。常见的值为AudioManager.STREAM_MUSIC，但SoundPool可用于闹钟或铃声。请参阅AudioManager参考页面，获取音频流的完整列表。

❑ SRC_QUALITY的值应该在创建SoundPool时设置为0。

这段代码演示了 SoundPool 的多个不同的 load()方法。最基本的方法以资源形势从/res/raw 加载音频文件。我们为前 4 个音频文件使用了此方法。然后介绍了如何从应用程序的/assets 目录加载音频文件。此 load()方法还接受参数来指定要加载的音频偏移和长度。这使我们能够使用包含多个音频采样的单一文件，从中获取想要使用的内容。最后，我们在注释中介绍了如何访问 SD 卡上的音频文件。截至 Android 4.0，PRIORITY 参数只应该为 1。

对于此示例，我们选择使用 Android 2.2 中引入的一些功能，具体来讲就是用于活动的 onLoadCompleteListener 接口，以及按钮回调中的 autoPause()和 autoResume()方法。

当将声音采样载入 SoundPool 时，必须等待将它们正确加载，才能开始播放它们。在onLoadComplete()回调中检查加载状态，并依据所加载的叫声进行播放设置。如果叫声是蟋蟀的，将循环播放它（将第 5 个参数的值设置为–1）。对其他叫声进行排队，以在短时间过后播放。时间值以毫秒为单位。请注意音量的设置。Android 提供了 AudioManager 来让我们知道当前的音量设置。还可以从 AudioManager 获得最大音量设置，以便可以为 play()计算 0~1 的音量值（浮点形式）。play()方法实际上会为左声道和右声道采用一个不同的音量值，但我们将二者都设置为了当前音量。再次说明，PRIORITY 应该设置为 1。play()方法的最后一个参数用于设置回放速率，此值应该在 0.5 ~ 2.0，通常为 1.0。

queueSound()方法使用一个 Handler 来对事件进行基本设置。Runnable 将在延迟期过后运行。我们将进行检查，以确保仍然有一个 SoundPool 用于播放，然后播放一次叫声，并安排相同的叫声在与以前相同的时间间隔之后再次播放。因为我们使用不同的声音 Id 和不同的延迟来调用 queueSound()，所以会随机播放动物的叫声。

当运行此示例时，将听到蟋蟀、大猩猩、公鸡、狗的叫声和一种咆哮声（我们认为是熊的叫声）。蟋蟀不断在鸣叫，而其他动物的叫声是断断续续的。SoundPool 的一个不错的功能是它支持同时播放多种声音，我们不需要做什么实际的工作。另外，我们也不会过度加重设备的负担，因为声音是在加载时进行解码的，只需向硬件提供声音数据。

如果单击按钮，蟋蟀叫声将停止，当前播放的任何其他动物叫声也会停止。但是，autoPause() 方法无法避免播放新叫声。将会在数秒内再次听到动物叫声（除了蟋蟀叫声）。因为我们排列了叫声接下来的播放顺序，所以仍会听到这些叫声。实际上，SoundPool 无法停止目前和接下来的所有声音。需要自行处理声音的停止。但即使这样，我们仍然可能丢失蟋蟀的叫声，因为如果达到了同时播放的采样的最大数量，SoundPool 将丢弃最早的声音，从而为新声音腾出空间。

3. 使用 JetPlayer 播放声音

SoundPool 不算是个太差的播放器，但内存限制可能使它难以完成工作。在需要同时播放多种声音时，可以选择使用 JetPlayer。JetPlayer 专为游戏而设计，是一种非常灵活的工具，用于播放大量声音，以及协调这些声音与用户操作。声音使用 MIDI（Musical Instrument Digital Interface，乐器数字接口）定义。

JetPlayer 声音使用一种特殊的 JETCreator 工具创建。此工具在 Android SDK tools 目录下提供，但可能需要安装 Python 才能使用它。最终的 JET 文件可读入应用程序中，并设置声音回放。整个过程比较复杂并且超出了本书的介绍范围，所以我们仅在 24.4 节提供相关链接，借此可了解更多信息。

4. 使用 AsyncPlayer 播放后台声音

如果只是希望播放某种音频，而不希望绑定到当前线程，AsyncPlayer 可能正是你想要的。音频源以 Uri 的形式传递给此类，所以音频文件可以位于本地或位于网络上的其他位置。此类自动创建一个后台线程来处理音频的获取和回放的启动。因为它是异步的，所以无法知道音频开始的准确时间。也不会知道它何时结束，或者甚至它是否仍在播放。但是，可以调用 stop() 获取音频以停止播放。如果在上一个音频完成播放之前再次调用 play()，上一个音频将立即停止，新音将将在未来设置并获取了所有内容时开始播放。这是一个非常简单的类，提供了一个自动后台线程。代码清单 24-5 给出了实现后台声音播放的代码。

代码清单 24-5　使用 AsyncPlayer 播放音频

```
private static final String TAG = "AsyncPlayerDemo";
private AsyncPlayer mAsync = null;

[ ... ]

    mAsync = new AsyncPlayer(TAG);
    mAsync.play(this, Uri.parse("file://" + "/perry_ringtone.mp3"),
            false, AudioManager.STREAM_MUSIC);
[ ... ]

@Override
protected void onPause() {
    mAsync.stop();
```

```
        super.onPause();
    }
```

5. 使用 AudioTrack 执行低级音频回放

到目前为止我们处理了来自文件的音频，它们可能是本地文件或远程文件。如果希望降至更低层级，或许为了播放来自流的音频，则需要使用 AudioTrack 类。除了 play() 和 pause() 等常用方法，AudioTrack 还提供了将字节写入音频硬件的方法。此类提供了对音频回放的大部分控制权，但它比本章到目前为止介绍的音频类复杂得多。本章稍后将提供一个使用 AudioRecord 类的示例应用程序。AudioRecord 类非常类似于 AudioTrack 类，所以要更好地理解 AudioTrack 类，请参阅后面的 AudioRecord 示例。

6. 关于 MediaPlayer 的更多内容

一般而言，MediaPlayer 是非常系统化的，所以需要按特定顺序调用操作来正确初始化媒体播放器，并让它准备回放。下面的列表总结了使用媒体 API 的一些我们应了解的其他细节。

❑ 设置了 MediaPlayer 的数据源以后，就无法轻松地更改它——必须创建一个新 MediaPlayer 或调用 reset() 方法来重新初始化播放器的状态。

❑ 调用 prepare() 之后，可以调用 getCurrentPosition()、getDuration() 和 isPlaying() 来获取播放器的当前状态。也可以在调用 prepare() 之后调用 setLooping() 和 setVolume() 方法。如果使用了 prepareAsync()，在使用其他方法之前，你需要等待，直到调用了 onPrepared()。

❑ 调用 start() 之后，可以调用 pause()、stop() 和 seekTo()。

❑ 每个创建的 MediaPlayer 都消耗大量资源，所以请确保使用媒体播放器完成播放之后调用 release() 方法。对于视频回放，VideoView 会负责此工作，但如果决定使用 MediaPlayer 代替 VideoView，则必须手动完成此工作。关于 VideoView 的更多内容请参见后面几节。

❑ MediaPlayer 支持多个监听器，它们可用于控制用户体验，其中包括 OnCompletionListener、OnErrorListener 和 OnInfoListener。例如，如果是管理音频播放列表，那么在一组播放结束后就会调用 OnCompletionListener，从而可以进行下一组音乐排队。

到现在为止，关于播放音频的内容就介绍完了。现在看一下播放视频。你将会看到，引用视频内容与引用音频内容类似。

24.2.2   播放视频内容

本节将讨论使用 Android SDK 播放视频。具体而言，我们将讨论播放来自 Web 服务器和来自 SD 卡的视频。可以想象，视频播放比音频播放稍微复杂一些。幸好 Android SDK 提供了更多抽象功能来完成大部分工作。

说明   在模拟器中回放视频不太可靠。如果成功回放当然不错。但如果没有成功回放，可尝试在设备上运行。因为模拟器只能使用软件来运行视频，所以它很难跟上视频的进度，并且可能得不到想要的结果。

播放视频比播放音频更加麻烦，因为除了音频之外，还需要考虑一个视觉组件。为了解决一些难题，Android 提供了一个专门的视图控制器 android.widget.VideoView，它封装了 MediaPlayer 的创建

和初始化过程。要播放视频，创建一个 VideoView 小部件并将其设置为用户界面的内容。然后设置视频的路径或 URI 并触发 start()方法。代码清单 24-6 演示了 Android 中的视频回放。

代码清单 24-6　使用媒体 API 播放视频

```xml
<?xml version="1.0" encoding="utf-8"?>
<!-- This file is /res/layout/main.xml -->
<LinearLayout
 android:layout_width="fill_parent" android:layout_height="fill_parent"
 xmlns:android="http://schemas.android.com/apk/res/android">

    <VideoView  android:id="@+id/videoView"
        android:layout_width="200px"  android:layout_height="200px" />

</LinearLayout>
```

```java
// This file is MainActivity.java
import android.app.Activity;
import android.net.Uri;
import android.os.Bundle;
import android.widget.MediaController;
import android.widget.VideoView;
public class MainActivity extends Activity {
    /** Called when the activity is first created. */
    @Override
    protected void onCreate(Bundle savedInstanceState) {
        super.onCreate(savedInstanceState);
        this.setContentView(R.layout.main);

        VideoView videoView =
                (VideoView)this.findViewById(R.id.videoView);
        MediaController mc = new MediaController(this);
        videoView.setMediaController(mc);
        videoView.setVideoURI(Uri.parse(
                "http://www.androidbook.com/akc/filestorage/android/" +
                "documentfiles/3389/movie.mp4"));
/* videoView.setVideoPath(
Environment.getExternalStoragePublicDirectory(
Environment.DIRECTORY_MOVIES) +
"/movie.mp4");
*/
        videoView.requestFocus();
        videoView.start();
    }
}
```

代码清单 24-6 演示了对位于 www.androidbook.com/akc/filestorage/android/documentfiles/3389/movie.mp4 的视频文件的回放，这意味着运行代码的应用程序需要请求 android.permission.INTERNET 权限。所有播放功能都已对 VideoView 类隐藏。实际上，用户需要做的只是将视频内容提供给视频播放器。应用程序的用户界面如图 24-4 所示。

当此应用程序运行时，将会看到屏幕底部的按钮控件显示 3 秒左右，然后消失。单击视频框架中的任何位置就可以重新看到它们。在播放音频内容时，只需要显示开始播放、暂停和重新播放音频的按钮控件即可，音频本身不需要视频组件。当然，对于视频，除了需要按钮控件以外，还需要一个显示视频的框架。对于本例，我们使用 VideoView 组件显示视频内容。但没有创建我们自己的按钮控件（如果愿意，仍然可以这么做），我们创建了一个 MediaController 来提供这些按钮。如图 24-4 和代码清单 24-6 所示，可以调用 setMediaController()来设置 VideoView 的媒体控制器，以启用播放、暂停和跳转控件。如果希望使用自己的按钮以编程方式操作视频，可以调用 start()、pause()、stopPlayback()和 seekTo()方法。

请记住，我们在本例中仍然使用了 MediaPlayer，只不过没有看到它。实际上可以直接在 MediaPlayer 中"播放"视频。如果回到代码清单 24-1 中的示例，将一个电影文件复制到 SD 卡上，将电影的文件路径插入到 AUDIO_PATH 中，将会发现 MediaPlayer 能够很好地播放音频，但是无法看到视频。

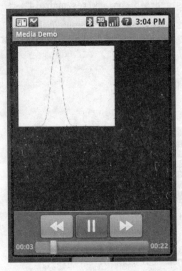

图 24-4　启用了媒体控件的视频回放用户界面

MediaPlayer 有一个 setDataSource()方法，但 VideoView 没有，它使用的是 setVideoPath()或 setVideoURI()方法。假设将一个电影文件复制到 SD 卡上，注释掉代码清单 24-6 中的 setVideoURI()调用并取消注释 setVideoPath()调用，根据需要更改电影文件的路径。当再次运行应用程序时，将会听到音频并在 VideoView 中看到视频。严格来讲，我们通过以下代码调用了 setVideoURI()，以获得与 setVideoPath()相同的效果：

```
videoView.setVideoURI(Uri.parse("file://" +
    Environment.getExternalStoragePublicDirectory(
    Environment.DIRECTORY_MOVIES) + "/movie.mp4"));
```

你可能已经注意到，VideoView 没有像 MediaPlayer 一样的，从文件描述符读取数据的方法。Mediaplayer 有两个方法，用来将 SurfaceHolder 添加到 MediaPlayer 中。（SurfaceHolder 类似于图像或视频的视图端口。）其中一个 MediaPlayer 方法是 create(Context context,Uri uri,SurfaceHolder holder)，另一个是 setDisplay(SurfaceHolder holder)。

下面来分析一下录制媒体。

24.3　录制媒体

我们已经介绍过，可通过许多方式从 Android 内播放媒体。对于录制，可用的选项较少。录制的主要工具是 MediaRecorder 类，它可同时用于音频和视频。本节将介绍如何使用 MediaRecorder 同时录制两种类型的媒体。录制音频的另一个类是 AudioRecord，我们将使用另一个示例应用程序演示它。有时在可利用现有应用程序时，你不希望编写代码来完成工作。所以我们还将介绍如何触发一个 Intent 来录制音频，以及使用 Camera 应用程序拍照。

24.3.1 使用 MediaRecorder 录制音频

Android 媒体框架支持录制音频。可以使用 android.media.MediaRecorder 类来录制音频。本节将介绍如何创建应用程序来录制并播放音频内容。该应用程序的用户界面如图 24-5 所示。

图 24-5　audio-recorder 示例应用程序的用户界面

如图 24-5 所示，该应用程序包含 4 个按钮：两个用于控制录制过程，另外两个用于开始和停止所录制内容的播放。代码清单 24-7 给出了该用户界面的布局文件和活动类。

代码清单 24-7　Android 中的媒体录制和播放

```xml
<?xml version="1.0" encoding="utf-8"?>
<!-- This file is /res/layout/record.xml -->
<LinearLayout xmlns:android="http://schemas.android.com/apk/res/android"
    android:orientation="vertical"
    android:layout_width="fill_parent"
    android:layout_height="fill_parent">

  <Button android:id="@+id/beginBtn"  android:text="Begin Recording"
    android:layout_width="fill_parent"
    android:layout_height="wrap_content"
    android:onClick="doClick" />

  <Button android:id="@+id/stopBtn"  android:text="Stop Recording"
    android:layout_width="fill_parent"
    android:layout_height="wrap_content"
    android:onClick="doClick" />

  <Button android:id="@+id/playRecordingBtn"
    android:text="Play Recording"
    android:layout_width="fill_parent"
    android:layout_height="wrap_content"
    android:onClick="doClick" />

  <Button android:id="@+id/stopPlayingRecordingBtn"
    android:text="Stop Playing Recording"
```

```
        android:layout_width="fill_parent"
        android:layout_height="wrap_content"
        android:onClick="doClick" />

</LinearLayout>

// RecorderActivity.java
import java.io.File;
import android.app.Activity;
import android.media.MediaPlayer;
import android.media.MediaRecorder;
import android.os.Bundle;
import android.os.Environment;
import android.view.View;

public class RecorderActivity extends Activity {
    private MediaPlayer mediaPlayer;
    private MediaRecorder recorder;
    private String OUTPUT_FILE;

    @Override
    protected void onCreate(Bundle savedInstanceState) {
        super.onCreate(savedInstanceState);
        setContentView(R.layout.record);

        OUTPUT_FILE = Environment.getExternalStorageDirectory() +
                        "/recordaudio3.3gpp";
    }

    public void doClick(View view) {
        switch(view.getId()) {
        case R.id.beginBtn:
            try {
                beginRecording();
            } catch (Exception e) {
                e.printStackTrace();
            }
            break;
        case R.id.stopBtn:
            try {
                stopRecording();
            } catch (Exception e) {
                e.printStackTrace();
            }
            break;
        case R.id.playRecordingBtn:
            try {
                playRecording();
            } catch (Exception e) {
                e.printStackTrace();
            }
            break;
        case R.id.stopPlayingRecordingBtn:
            try {
                stopPlayingRecording();
            } catch (Exception e) {
            e.printStackTrace();
            }
        break;
        }
    }
```

```
    }

    private void beginRecording() throws Exception {
        killMediaRecorder();

        File outFile = new File(OUTPUT_FILE);

        if(outFile.exists()) {
            outFile.delete();
        }
        recorder = new MediaRecorder();
        recorder.setAudioSource(MediaRecorder.AudioSource.MIC);
        recorder.setOutputFormat(MediaRecorder.OutputFormat.THREE_GPP);
        recorder.setAudioEncoder(MediaRecorder.AudioEncoder.AMR_NB);
        recorder.setOutputFile(OUTPUT_FILE);
        recorder.prepare();
        recorder.start();
    }

    private void stopRecording() throws Exception {
        if (recorder != null) {
            recorder.stop();
        }
    }

    private void killMediaRecorder() {
        if (recorder != null) {
            recorder.release();
        }
    }

    private void killMediaPlayer() {
        if (mediaPlayer != null) {
            try {
                mediaPlayer.release();
            } catch (Exception e) {
                e.printStackTrace();
            }
        }
    }

    private void playRecording() throws Exception {
        killMediaPlayer();

        mediaPlayer = new MediaPlayer();
        mediaPlayer.setDataSource(OUTPUT_FILE);

        mediaPlayer.prepare();
        mediaPlayer.start();
    }

    private void stopPlayingRecording() throws Exception {
        if(mediaPlayer != null) {
            mediaPlayer.stop();
        }
    }

    @Override
    protected void onDestroy() {
        super.onDestroy();

        killMediaRecorder();
```

```
            killMediaPlayer();
        }
    }
```

在深入分析代码清单 24-7 之前请注意，为了录制音频，需要向描述文件添加以下权限：

```
<uses-permission android:name="android.permission.RECORD_AUDIO" />
```

在介绍 SD 卡的一节中已经讨论过，如果应用程序的 minSdkVersion 为 4 或更高，还应该为 "android.permission.WRITE_EXTERNAL_STORAGE"添加一条 uses-permission 标记。最后，如果打算在模拟器中试验一下这段代码，需要在工作站上提供麦克风输入。

如果查看代码清单 24-7 中的 onCreate()方法，将会看到，我们唯一需要做的是为输出音频文件创建文件路径名。doClick()方法使用按下按钮的标准开关模式，我们将调用合适的函数调用来执行每个想要的操作。beginRecording()方法处理媒体录制。要录制音频，必须创建 MediaRecorder 实例并设置音频来源、输出格式、音频编码器和输出文件。

在音频源方面，通常采用的方式是麦克风。与电话呼叫相关的音频源有三种。我们可以选择记录整个呼叫(MediaRecorder.AudioSource.VOICE_CALL)、只记录上行端通话(MediaRecorder.AudioSource.VOICE_UPLINK)或只记录下行端通话（MediaRecorder.AudioSource.VOICE_DOWNLINK）。上行端通话就是手机用户发出的语音。而下行端通话则是呼叫另一方发出的语音。

在 Android SDK 2.1 中，添加了另外两个音频源：CAMCORDER 和 VOICE_RECOGNITION。CAMCORDER 音频源将是一个与照相机相关的麦克风，否则此选项将使用设备默认的主要麦克风。VOICE_RECOGNITION 麦克风针对语音识别进行了调节，否则此选项也将使用设备默认的主麦克风。"针对语音识别进行了调节"表示音频流将尽可能保真，在麦克风与应用程序之间没有额外的音频修改。例如，一些 HTC 设备在麦克风上拥有 AGC（Auto Gain Control，自动增益控制），所以将该音频源用于语音识别将存在问题。VOICE_RECOGNITION 音频源会绕过这种额外的处理，以获得更好的语音识别结果。

最常见的音频输出格式是 3GPP（3rd Generation Partnership Project，第 3 代合作伙伴计划）。在 Android2.3.3（华而不实）必须将编码器设置为 AMR_NB，表示 AMR（Adaptive Multi-Rate，自适应多速率）窄带音频编解码器，因为这是唯一受支持的音频编码器。对于 Android2.3.3，可以使用 AMR_WB（宽带）和 AAC（Advanced Audio Coding，高级音频编码）。示例中录制的音频写入到了 SD 卡的 recordoutput.3gpp 文件中。请注意，代码清单 24-7 假设已经创建了 SD 卡映像，并且已经将模拟器指向了 SD 卡。如果未执行这些操作，请参见"使用 SD 卡"一节了解进行设置的详细信息。你也可以使用真实设备，一般在开发音频和视频程序时推荐这么做。

MediaRecorder 包含的一些其他方法也可能有用。为了限制所录制音频的长度和大小，可以使用方法 setMaxDuration(int length_in_ms)和 setMaxFileSize(long length_in_bytes)。可以设置所录制音频的最大长度（以毫秒为单位）或录制文件的最大大小（以字节为单位），以在达到最大限度时停止录制。

24.3.2   使用 AudioRecord 录制音频

到目前为止，我们介绍了如何将音频直接录制到文件。但如果希望在将音频数据录制到文件之前，对它执行一定的处理，该怎么办？ Android 提供了一个名为 AudioRecord 的类来满足这些需要。当设置 AudioRecord 对象时，Android 将确保音频数据写入到 AudioRecord 的内部缓冲区，然后应用程序可对音频数据执行想要的操作。代码清单 24-8 给出了使用 AudioRecord 读取和处理音频的活动。此活动没有用户界面，因为我们仅将日志消息写入到 LogCat。我们没有给出 AndroidManifest.xml，但需要添加 Android 权限 android.permission.RECORD_AUDIO，此操作才能完成。

代码清单 24-8 使用 AudioRecord 录制原始音频

```java
import android.app.Activity;
import android.media.AudioFormat;
import android.media.AudioRecord;
import android.media.MediaRecorder;
import android.os.Bundle;
import android.util.Log;

public class MainActivity extends Activity {
    protected static final String TAG = "AudioRecord";
    private int mAudioBufferSize;
    private int mAudioBufferSampleSize;
    private AudioRecord mAudioRecord;
    private boolean inRecordMode = false;

    public void onCreate(Bundle savedInstanceState) {
        super.onCreate(savedInstanceState);

        initAudioRecord();
    }

    @Override
    public void onResume() {
        super.onResume();
        Log.v(TAG, "Resuming...");
        inRecordMode = true;
        Thread t = new Thread(new Runnable() {

            @Override
            public void run() {
                getSamples();
            }
        });
        t.start();
    }

    protected void onPause() {
        Log.v(TAG, "Pausing...");
        inRecordMode = false;
        super.onPause();
    }

    @Override
    protected void onDestroy() {
        Log.v(TAG, "Destroying...");
        if(mAudioRecord != null) {
            mAudioRecord.release();
            Log.v(TAG, "Released AudioRecord");
        }
        super.onDestroy();
    }

    private void initAudioRecord() {
        try {
            int sampleRate = 8000;
```

```
        int channelConfig = AudioFormat.CHANNEL_IN_MONO;
        int audioFormat = AudioFormat.ENCODING_PCM_16BIT;
        mAudioBufferSize =
                2 * AudioRecord.getMinBufferSize(sampleRate,
                channelConfig, audioFormat);
        mAudioBufferSampleSize = mAudioBufferSize / 2;
        mAudioRecord = new AudioRecord(
                MediaRecorder.AudioSource.MIC,
                sampleRate,
                channelConfig,
                audioFormat,
                mAudioBufferSize);
        Log.v(TAG, "Setup of AudioRecord okay. Buffer size = " +
                mAudioBufferSize);
        Log.v(TAG, "    Sample buffer size = " +
                mAudioBufferSampleSize);
    } catch (IllegalArgumentException e) {
        e.printStackTrace();
    }

    int audioRecordState = mAudioRecord.getState();
    if(audioRecordState != AudioRecord.STATE_INITIALIZED) {
        Log.e(TAG, "AudioRecord is not properly initialized");
        finish();
    }
    else {
        Log.v(TAG, "AudioRecord is initialized");
    }
}

private void getSamples() {
    if(mAudioRecord == null) return;

    short[] audioBuffer = new short[mAudioBufferSampleSize];

    mAudioRecord.startRecording();

    int audioRecordingState = mAudioRecord.getRecordingState();
    if(audioRecordingState != AudioRecord.RECORDSTATE_RECORDING) {
        Log.e(TAG, "AudioRecord is not recording");
        finish();
    }
    else {
        Log.v(TAG, "AudioRecord has started recording...");
    }

    while(inRecordMode) {
        int samplesRead = mAudioRecord.read(
                    audioBuffer, 0, mAudioBufferSampleSize);
        Log.v(TAG, "Got samples: " + samplesRead);
        Log.v(TAG, "First few sample values: " +
                audioBuffer[0] + ", " +
                audioBuffer[1] + ", " +
                audioBuffer[2] + ", " +
                audioBuffer[3] + ", " +
                audioBuffer[4] + ", " +
                audioBuffer[5] + ", " +
                audioBuffer[6] + ", " +
                audioBuffer[7] + ", " +
                audioBuffer[8] + ", " +
                audioBuffer[9] + ", "
                );
```

```
        }

        mAudioRecord.stop();
        Log.v(TAG, "AudioRecord has stopped recording");
    }
}
```

我们的示例应用程序非常简单。首先初始化 AudioRecord。这需要选择音频源、采样频率、声道配置（单声道、立体声、左声道及右声道等）、音频编码格式和内部缓冲区大小。对于音频源，可以从 MediaRecorder.AudioSource 中定义的一组选项中选择。这里需要注意：不是所有设备都实现了 VOICE_CALL，因为 VOICE_CALL 的行为就像两个输入，而不是一个。对于采样频率，应该选择一种标准值，比如 8000、16 000、44 100、22 050 或 11 025 Hz。声道配置应该从 AudioFormat 中描述的 CHANNEL* 值中选择。编码格式将为 ENCODING_PCM_8BIT 或 ENCODING_PCM_16BIT。请注意，这里的选择将影响以原始音频数据形式返回的值的类型。如果不需要 16 位的精度，可以使用 8 位——这将使用更少的内存，运行更流畅。文档表明只有 44 100 的采样频率可保证适用于所有设备，但具有讽刺意味的是，模拟器仅支持 8000 Hz、CHANNEL_IN_MONO 和 ENCODING_PCM_8BIT。

AudioRecord 类有一个名为 getMinBufferSize() 的静态帮助器类，它将获取想要的参数设置，返回为恰当初始化 AudioRecord 而应该指定的最小的缓冲。此缓冲区无法供直接访问，但在处理以前获取的音频数据期间，AudioRecord 需要拥有足够的内部空间来存储音频数据。当然可以使用缓冲区的最小值，或者可以稍微进行一下转储。绝不应尝试将缓冲区大小设置为比此帮助器方法建议使用的值更小。在本示例中，我们选择的缓冲区大小为最小值的两倍。如果 AudioRecord 不接受你所提供的参数，将得到 IllegalArgumentException。例如，如果尝试此硬件不支持的采样频率值，将获得此异常。遗憾的是，没有方便的方法来获取支持的采样频率列表，所以唯一的途径是尝试想要的采样频率，如果获得异常，则尝试另一种采样频率，直到找到有效的值。

作为初始化方法中的最后一项检查，确保 AudioRecord 经过了适当初始化。现在我们已准备好读取音频采样。

我们选择了在活动的 onResume() 方法中打开采样，在 onPause() 中关闭采样。我们不希望将主 UI 线程与采样绑定，所以创建了一个独立线程来执行音频采样。还设置了一个布尔值（inRecordMode），可使用它告诉线程停止采样。在 getSamples() 方法内，我们为音频数据创建了自己的缓冲区。前面已经提到，无法直接访问 AudioRecord 的内部音频数据缓冲区，所以读取采样缓冲区。请注意，缓冲区大小为 audioBufferSampleSize，而不是 audioBufferSize。我们仅读取采样大小，所以这是缓冲区所需的所有内容。我们告诉 AudioRecord 开始录制，检查状态是否已更改为 RECORDING，然后开始循环读取。这些读取操作是块式读取，但在一个独立的线程上执行，所以没什么问题。当 AudioRecord 达到数据的采样大小，读取方法就会返回，以便处理该音频采样。

在此期间，AudioRecord 将收集更多音频数据供下次调用读取方法时使用。在 AudioRecord 的内部缓冲区填满之前，只有有限的时间进行处理，所以无疑需要特别小心。根据希望对数据执行何种处理，可以停止录制并在以后再次开始。本示例在 LogCat 中报告获得了采样，并显示前 10 个值。运行此示例应用程序时，向麦克风送入不同的声音，以在 LogCat 中查看值的更改。

我们的循环会持续到布尔值 inRecordMode 变为 false，这发生在应用程序被隐藏或结束时。

如果查阅 AudioRecord 的文档，可能会注意到一些回调接口。这些接口可用于在达到音频流中的一个标记或太频繁地触发定期回调时设置监听器。我们修改了上面的示例，添加了代码清单 24-9 中的语句。关于此项目的完整源代码，请访问我们的网站。

代码清单 24-9　使用 AudioRecord 和回调录制原始音频

```
// This code goes inside of our Activity class
public OnRecordPositionUpdateListener mListener =
        new OnRecordPositionUpdateListener() {

    public void onPeriodicNotification(AudioRecord recorder) {
        Log.v(TAG, "in onPeriodicNotification");
    }

    public void onMarkerReached(AudioRecord recorder) {
        Log.v(TAG, "in onMarkerReached");
        inRecordMode = false;
    }
};


// These statements go inside of initAudioRecord() after the
// creation of mAudioRecord and before the check of the state
// of mAudioRecord.
    mAudioRecord.setNotificationMarkerPosition(10000);
    mAudioRecord.setPositionNotificationPeriod(1000);
    mAudioRecord.setRecordPositionUpdateListener(mListener);
```

请注意监听器拥有两个独立的回调方法。第一个方法在每读取 1000 帧音频时调用，此参数在初始化方法中设置。这个帧数与我们的采样缓冲区大小无关。尽管我们可以一次读取 1600 帧，但第一次回调会在每读取 1000 帧时调用。然后可以看到在一个读取循环中调用了该回调两次。第二个回调在达到绝对帧数时调用。在我们的示例应用程序中，我们将此帧数设置为 10 000 帧，当达到此数量时，通过将该布尔值设置为 false 来关闭录制。如果仅记录了一条消息而没有关闭录制，不会再次看到调用此回调，无论在未来读取了多少帧。该标记与何时调用 AudioRecord 的 startRecording() 相关。

24.3.3　视频录制

自引入 Android SDK 1.5 之后，可以使用媒体框架来捕获视频。工作方式类似于录制音频，而且实际上，录制的视频通常包含一个音轨。但是，视频的录制有一个很大的不同。自 Android SDK 1.6 开始，录制视频需要将照相机图像预览到 Surface 对象上。在基本的应用程序中，这不是什么问题，因为用户可能只希望看到照相机所看到的内容。但对于更复杂的应用程序，就存在问题了。如果应用程序不需要在录制视频时向用户显示视频源，那么你仍然需要提供 Surface 对象，camera 才能预览视频。我们希望在未来的 Android SDK 版本中将放松这一要求，这样应用程序就能直接处理视频缓冲，而无需将视频复制到 UI 组件。但是现在必须使用 Surface。

接下来将介绍如何使用它。此示例应用程序有点长，所以我们将它分解为了几部分，以便可以依次描述每部分的用途。你很可能希望在从我们的网站下载此项目后，将它导入 Eclipse。请参阅 24.4 节，了解操作说明。首先看看应用程序的布局，如代码清单 24-10 所示。

代码清单 24-10 Record Video 的 XML 布局

```xml
<?xml version="1.0" encoding="utf-8"?>
<!-- This file is /res/layout-land/main.xml -->
<LinearLayout xmlns:android="http://schemas.android.com/apk/res/android"
    android:layout_width="fill_parent"
    android:layout_height="fill_parent"
    android:orientation="horizontal" >
  <LinearLayout
    android:orientation="vertical" android:layout_width="wrap_content"
    android:layout_height="wrap_content">

    <Button android:id="@+id/initBtn"
        android:layout_width="wrap_content"
        android:layout_height="wrap_content"
        android:text="Initialize Recorder"  android:onClick="doClick"
        android:enabled="false" />

    <Button android:id="@+id/beginBtn"
        android:layout_width="wrap_content"
        android:layout_height="wrap_content"
        android:text="Begin Recording"  android:onClick="doClick"
        android:enabled="false" />

    <Button android:id="@+id/stopBtn"
        android:layout_width="wrap_content"
        android:layout_height="wrap_content"
        android:text="Stop Recording"  android:onClick="doClick" />

    <Button android:id="@+id/playRecordingBtn"
        android:layout_width="wrap_content"
        android:layout_height="wrap_content"
        android:text="Play Recording"  android:onClick="doClick" />

    <Button android:id="@+id/stopPlayingRecordingBtn"
        android:layout_width="wrap_content"
        android:layout_height="wrap_content"
        android:text="Stop Playing"  android:onClick="doClick" />
  </LinearLayout>
  <LinearLayout android:orientation="vertical"
        android:layout_width="fill_parent"
        android:layout_height="fill_parent" >
    <TextView android:id="@+id/recording" android:text=" "
        android:textColor="#FF0000"
        android:layout_width="wrap_content"
        android:layout_height="wrap_content" />
    <VideoView android:id="@+id/videoView"
        android:layout_width="250dip"  android:layout_height="200dip" />
  </LinearLayout>
</LinearLayout>
```

此布局的结果类似于图 24-6。此图是在真实设备上录制视频期间采集的，请查看工作站上的 Eclipse。

布局为一个 LinearLayout 中包含两个并排的 LinearLayout。左侧是应用程序将在演示过程中启用和禁用的 5 个按钮。右侧是主要的 VideoView，在它之上是 RECORDING 消息，VideoView 在应用程序实际录制视频时打开。你可能已发现，我们已通过在 AndroidManifest.xml 中的<activity>标记内设置 android:screenOrientation="landscape"特性，强制此应用程序处于横向模式。现在开始分析此应用程序，首先是 MainActivity，如代码清单 24-11 所示。

图 24-6   Record Video UI

代码清单 24-11   Record Video 的 MainActivity

```java
public class MainActivity extends Activity implements
        SurfaceHolder.Callback, OnInfoListener, OnErrorListener {

    private static final String TAG = "RecordVideo";
    private MediaRecorder mRecorder = null;
    private String mOutputFileName;
    private VideoView mVideoView = null;
    private SurfaceHolder mHolder = null;
    private Button mInitBtn = null;
    private Button mStartBtn = null;
    private Button mStopBtn = null;
    private Button mPlayBtn = null;
    private Button mStopPlayBtn = null;
    private Camera mCamera = null;
    private TextView mRecordingMsg = null;

    /** Called when the activity is first created. */
    @Override
    public void onCreate(Bundle savedInstanceState) {
        super.onCreate(savedInstanceState);
        Log.v(TAG, "in onCreate");
        setContentView(R.layout.main);
        mInitBtn = (Button) findViewById(R.id.initBtn);
        mStartBtn = (Button) findViewById(R.id.beginBtn);
        mStopBtn = (Button) findViewById(R.id.stopBtn);
        mPlayBtn = (Button) findViewById(R.id.playRecordingBtn);
        mStopPlayBtn = (Button)
            findViewById(R.id.stopPlayingRecordingBtn);
        mRecordingMsg = (TextView) findViewById(R.id.recording);

        mVideoView = (VideoView)this.findViewById(R.id.videoView);
    }
        // The rest of tHis class is in the listings that will follow.
}
```

我们为此应用程序使用了一个标准活动，但还实现了 3 个接口。第一个接口 SurfaceHolder.
Callback 用于接收表明 Surface 已准备好显示视频图像的标志。在本示例中，Surface 来自 VideoView。
我们还希望被告知是否有任何来自 MediaRecorder 的消息，这正是我们同时实现了 OnInfoListener 和
OnErrorListener 的原因。稍后将给出这些接口的方法。

我们的活动将需要多个成员字段，而且 onCreate() 方法中初始化了其中几个。现在仅在注释中说明了 MainActivity 类的剩余方法将位于何处。这些类方法将在后续代码清单中介绍，代码清单 24-12 首先给出了标准的 onResume() 和 onPause() 方法。

代码清单 24-12 Record Video 的恢复和暂停代码

```
@Override
protected void onResume() {
    Log.v(TAG, "in onResume");
    super.onResume();
    mInitBtn.setEnabled(false);
    mStartBtn.setEnabled(false);
    mStopBtn.setEnabled(false);
    mPlayBtn.setEnabled(false);
    mStopPlayBtn.setEnabled(false);
    if(!initCamera())
        finish();
}

@Override
protected void onPause() {
    Log.v(TAG, "in onPause");
    super.onPause();
    releaseRecorder();
    releaseCamera();
}
```

说明 代码清单 24-12 包含 MainActivity 类的方法，我们将它们分解为不同的代码清单，以方便阅读。Record Video 应用程序的剩余清单也是如此。

这些是非常标准的方法。在 onResume() 中，我们仅将按钮设置为初始化的状态，然后初始化照相机（稍后将介绍该方法）。在 onPause() 中，我们需要同时释放 MediaRecorder 和 Camera。这样，任何时候应用程序退出视图，都会停止录制并释放照相机，使另一个应用程序可使用它。如果用户返回到应用程序，应用程序将重新启动，用户将能够再次录制视频。接下来是照相机、Surface.Callback 回调，以及 Camera 和 MediaRecorder 释放方法的初始化方法，如代码清单 24-13 所示。

代码清单 24-13 Record Video 的 initCamera() 和 release 方法

```
private boolean initCamera() {
    try {
        mCamera = Camera.open();
        Camera.Parameters camParams = mCamera.getParameters();
        mCamera.lock();
        //mCamera.setDisplayOrientation(90)
        // Could also set other parameters here and apply using:
        //mCamera.setParameters(camParams);

        mHolder = mVideoView.getHolder();
        mHolder.addCallback(this);
        mHolder.setType(SurfaceHolder.SURFACE_TYPE_PUSH_BUFFERS);
    }
    catch(RuntimeException re) {
        Log.v(TAG, "Could not initialize the Camera");
        re.printStackTrace();
```

```
            return false;
        }
        return true;
    }

    @Override
    public void surfaceCreated(SurfaceHolder holder) {
        Log.v(TAG, "in surfaceCreated");

        try {
            mCamera.setPreviewDisplay(mHolder);
            mCamera.startPreview();
        } catch (IOException e) {
            Log.v(TAG, "Could not start the preview");
            e.printStackTrace();
        }
        mInitBtn.setEnabled(true);
    }

    @Override
    public void surfaceDestroyed(SurfaceHolder holder) {
        Log.v(TAG, "in surfaceDestroyed");
    }

    @Override
    public void surfaceChanged(SurfaceHolder holder, int format,
            int width, int height) {
        Log.v(TAG, "surfaceChanged: Width x Height = " +
                width + "x" + height);
    }

    private void releaseRecorder() {
        if(mRecorder != null) {
            mRecorder.release();
            mRecorder = null;
        }
    }

    private void releaseCamera() {
        if(mCamera != null) {
            try {
                mCamera.reconnect();
            } catch (IOException e) {
                e.printStackTrace();
            }
            mCamera.release();
            mCamera = null;
        }
    }
```

　　这段代码调用了 initCamera()方法设置对设备照相机的访问。这是所有事情的开始。对于此示例应用程序，我们使用了 Camera 的默认参数，但可以轻松获得当前的参数值，更新它们，然后写回。注释的代码指明了可以更改照相机行为和外观的地方。设置照相机之后，获取将显示视频图像的 SurfaceHolder。

　　我们在 surfaceCreated()回调中为照相机对象提供了一个位置来显示当前视图，也就是照相机预览视图。开始预览以后，就可以启用初始化 MediaRecorder 的按钮。照相机预览是一项非常有用的功能，使用户能够在开始录制之前看到照相机所看到的画面。无论是录制视频还是拍照，都可能进行预览，可通过这种方式为每种情形执行预览。

为确保完整性，我们给出了 releaseRecorder()和 releaseCamera()方法。这些方法在 onPause()中调用，如代码清单 24-12 所示。

在应用程序的这一部分，设置了照相机，初始化了按钮，还显示了照相机所看到的画面的预览。现在用户可以单击按钮了，但在启动时启用的唯一按钮是 Initialize Recorder 按钮。当按下一个按钮时，就会执行代码清单 24-14 中的代码。5 个操作中的每一个分别对应此代码清单中提供的每个按钮。在执行每个操作时，将为下一个按钮适当地启用和禁用按钮。例如，当录制程序初始化之后，将禁用 Initialize Recorder 按钮并启用 Begin Recording 按钮。

代码清单 24-14　Record Video 的按钮处理代码

```
public void doClick(View view) {
    switch(view.getId()) {
    case R.id.initBtn:
        initRecorder();
        break;

    case R.id.beginBtn:
        beginRecording();
        break;
    case R.id.stopBtn:
        stopRecording();
        break;
    case R.id.playRecordingBtn:
        playRecording();
        break;
    case R.id.stopPlayingRecordingBtn:
        stopPlayingRecording();
        break;
    }
}

private void initRecorder() {
    if(mRecorder != null) return;

    mOutputFileName = Environment.getExternalStorageDirectory() +
                        "/videooutput.mp4";

    File outFile = new File(mOutputFileName);
    if(outFile.exists()) {
        outFile.delete();
    }

    try {
        mCamera.stopPreview();
        mCamera.unlock();
        mRecorder = new MediaRecorder();
        mRecorder.setCamera(mCamera);

        mRecorder.setAudioSource(MediaRecorder.AudioSource.CAMCORDER);
        mRecorder.setVideoSource(MediaRecorder.VideoSource.CAMERA);
        mRecorder.setOutputFormat(MediaRecorder.OutputFormat.MPEG_4);
        mRecorder.setVideoSize(176, 144);
        mRecorder.setVideoFrameRate(15);
        mRecorder.setVideoEncoder(MediaRecorder.VideoEncoder.MPEG_4_SP);
        mRecorder.setAudioEncoder(MediaRecorder.AudioEncoder.AMR_NB);
        mRecorder.setMaxDuration(7000); // limit to 7 seconds
        mRecorder.setPreviewDisplay(mHolder.getSurface());
        mRecorder.setOutputFile(mOutputFileName);
```

24

```
            mRecorder.prepare();
            Log.v(TAG, "MediaRecorder initialized");
            mInitBtn.setEnabled(false);
            mStartBtn.setEnabled(true);
        }
        catch(Exception e) {
            Log.v(TAG, "MediaRecorder failed to initialize");
            e.printStackTrace();
        }
    }

    private void beginRecording() {
        mRecorder.setOnInfoListener(this);
        mRecorder.setOnErrorListener(this);
        mRecorder.start();
        mRecordingMsg.setText("RECORDING");
        mStartBtn.setEnabled(false);
        mStopBtn.setEnabled(true);
    }

    private void stopRecording() {
        if (mRecorder != null) {
            mRecorder.setOnErrorListener(null);
            mRecorder.setOnInfoListener(null);
            try {
                mRecorder.stop();
            }
            catch(IllegalStateException e) {
                // This can happen if the recorder has already stopped.
                Log.e(TAG, "Got IllegalStateException in stopRecording");
            }
            releaseRecorder();
            mRecordingMsg.setText("");
            releaseCamera();
            mStartBtn.setEnabled(false);
            mStopBtn.setEnabled(false);
            mPlayBtn.setEnabled(true);
        }
    }

    private void playRecording() {
        MediaController mc = new MediaController(this);
        mVideoView.setMediaController(mc);
        mVideoView.setVideoPath(mOutputFileName);
        mVideoView.start();
        mStopPlayBtn.setEnabled(true);
    }

    private void stopPlayingRecording() {
        mVideoView.stopPlayback();
    }
```

　　initRecorder()方法中执行了大量设置。录制程序需要知道录制到何处，所以我们提供了一个文
件路径名。如果该文件已存在，则删除它。注意到稍后我们如何停止了照相机的预览，解锁它，然后
旋转并连接到 MediaRecorder 了吗？照相机对锁定和解锁很敏感，有时需要锁定照相机以避免其他程
序访问它，有时又需要解锁它以便可以对它执行想要的操作。现在正是需要解锁它以连接到
MediaRecorder 的时候。

　　连接照相机（这是第一步）之后，继续设置剩余的 MediaRecorder 特性，包括音频源和视频源。

但请等等，刚才是否连接了照相机和录制程序？是的。但仍然需要显式设置视频源。通过在录制程序中设置照相机，可以避免销毁 Camera 对象以让录制程序对象构建一个新的。在调用 prepare()方法之前，我们还设置了音频和视频编解码器和 SD 卡上输出文件的路径。prepare()方法位于末尾，帮助我们准备真正开始录制媒体。与 MediaPlayer 不同，MediaRecorder 上并没有 PrepareAsync()方法。此方法在最后启用了 Begin Recording 按钮。

相比而言，beginRecording()方法非常简单。它添加监听器，调用 start()，然后设置录制消息字符串并更改按钮。当此方法结束时，应用程序应该正在录制视频并且应该显示了红色的 RECORDING 消息，如图 24-6 所示。

stopRecording()方法稍微复杂一点，这在一定程度上是因为它可从多个位置调用。稍后将介绍第二个位置，现在假设 Stop Recording 按钮触发了此方法。如果仍然拥有有效的录制程序，则禁用回调，然后调用 stop()。因为可以在已停止的录制程序上调用 stop()，所以需要处理试图停止已停止的录制程序所引发的异常。然后释放录制程序和照相机，将 RECORDING 消息设置为空白。最后，按钮更改，以从录制切换到回放。

playRecording()方法也很简单。我们获取 VideoView 的 MediaController，将它指向新文件，然后调用 start()。stopPlayingRecording()方法更加简单，我们仅停止了视频的回放。当处于回放模式时，可以在视频准备好播放时单击 Play 按钮，或者在视频停止时单击 Stop。

前面提到过，录制操作可从多个位置停止。录制程序上的一项设置是最长 7 秒的持续时间。这意味着录制将在 7 秒后停止，并将调用我们的信息回调。接下来在代码清单 24-15 中看看这些过程。

代码清单 24-15　Record Video 的信息回调

```
@Override
public void onInfo(MediaRecorder mr, int what, int extra) {
    Log.i(TAG, "got a recording event");
    if(what ==
      MediaRecorder.MEDIA_RECORDER_INFO_MAX_DURATION_REACHED) {
      Log.i(TAG, "...max duration reached");
      stopRecording();
      Toast.makeText(this,
        "Recording limit has been reached. Stopping the recording",
          Toast.LENGTH_SHORT).show();
    }
}

@Override
public void onError(MediaRecorder mr, int what, int extra) {
    Log.e(TAG, "got a recording error");
    stopRecording();
    Toast.makeText(this,
        "Recording error has occurred. Stopping the recording",
          Toast.LENGTH_SHORT).show();
    }
}
```

这两个回调非常相似。它们之间的唯一区别在于调用它们的条件。在 onInfo()方法中，消息不会被视为错误。只有在达到了最大录制时间或最大文件大小（如果设置录制程序的这些选项）时，才可以调用 onInfo()。对于 onError()，文档没有专门说明为什么会调用它，不过可能是因为录制程序耗尽了写入视频文件的空间。如果由于达到了时间限制或发生了某种录制错误而调用 onInfo()，我们将停止录制。

　　与前面录制音频一样，需要为音频（android.permission.RECORD_AUDIO）和 SD 卡（android.permission.WRITE_EXTERNAL_STORAGE）设置相同的权限，现在还需要添加访问照相机的权限（android.permission.CAMERA）。为保证完整性，代码清单 24-16 给出了 AndroidManifest.xml 文件。你将会注意到我们将应用程序的方向强制设置为了横向，这是布局文件位于/res/layout-land/main.xml 中的原因。

代码清单 24-16　Record Video 的 AndroidManifest.xml 文件

```xml
<?xml version="1.0" encoding="utf-8"?>
<manifest xmlns:android="http://schemas.android.com/apk/res/android"
    package="com.androidbook.record.video"
    android:versionCode="1"
    android:versionName="1.0">
  <application android:icon="@drawable/icon"
        android:label="@string/app_name">
    <activity android:name=".MainActivity"
            android:label="@string/app_name"
            android:screenOrientation="landscape">
      <intent-filter>
        <action android:name="android.intent.action.MAIN" />
        <category android:name="android.intent.category.LAUNCHER" />
      </intent-filter>
    </activity>
  </application>
  <uses-sdk android:minSdkVersion="4" />

<uses-permission
    android:name="android.permission.WRITE_EXTERNAL_STORAGE"/>
<uses-permission android:name="android.permission.RECORD_AUDIO"/>
<uses-permission android:name="android.permission.CAMERA"/>
</manifest>
```

Camera 和 Camcorder 配置文件

　　在代码清单 24-14 中，我们在 initRecorder()方法中看到了一系列针对视频录制程序的具体设置。问题在于，如何知道应用程序利用了设备的哪些功能？在 Android 2.2 之前，此问题确实没有好的答案。Android 随带的 Camera 应用程序使用了没有记录在案的 SystemProperties 类。因此，在 Android 2.2 之前，必须选择适用于希望针对的设备的值。此方法不尽人意，尤其是在更新的设备上出现了更高品质的照相机时。为了应对此情形，Android 2.2 引入了两个新类：CameraProfile 和 CamcorderProfile。这些类只是你关注的照相机特性的容器。CameraProfile 只有一个值（JPEG Encoding Quality Parameter），而 CamcorderProfile 告诉你帧率、帧大小（高度和宽度）以及其他视频和音频参数。此外，MediaRecorder 类还可接受一个 CamcorderProfile，以设置 CamcorderProfile 所包含的各种视频录制值。需要在设置视频和音频源之后，在设置输出文件之前，小心调用 setProfile()方法。

　　随着 Android 2.3 的推出，有了新一种处理照相机的方法，它将接受一个照相机标识符。在 Android 2.3 之前，大部分设备仅有一个照相机，并且它通常位于设备背面。随着除后置照相机外还具有前置照相机的新设备的推出，代码需要一种方式来指定它希望处理哪个照相机。例如，在 Camera 类中，open()方法将返回一个针对后置照相机(如果存在)的 Camera 对象。有一个返回特定照相机的 open(int cameraid)方法，它允许应用程序使用前置照相机（如果存在）。为了确定有多少个照相机可用和区分这些照相机，Camera.getNumberOfCameras()方法将返回照相机数量，Camera.getCameraInfo()将返回具体的照相机的信息，包括它面朝的方向。

24.3.4 MediaStore 类

到目前为止，我们都是通过直接实例化类在应用程序中播放和录制媒体。Android 一个不错的地方是，可以使用其他应用程序来完成此工作。MediaStore 类向存储在设备上（无论是内部存储器还是外部存储器中）的媒体提供了一个接口。

MediaStore 还提供了 API 来操作媒体。这些 API 中包含在设备上搜索特定类型的媒体的机制，用于将音频和视频录制到存储器的 Intent，以及建立播放列表的方式等。

由于 MediaStore 类支持使用 Intent 来录制音频和视频，MediaRecorder 类也是如此，那么就存在一个明显的问题：何时使用 MediaStore，何时使用 MediaRecorder？从前面的视频录制示例和音频录制示例中可以看到，MediaRecorder 支持在录制来源上设置各种选项。这些选项包括音频/视频输入来源、视频帧率、视频帧大小及输出格式等。MediaStore 未提供这么详细的选项，但如果不需要使用 MediaRecorder，那么使用 MediaStore 的 Intent 会更加容易。更重要的是，使用 MediaRecorder 创建的内容不能供监视媒体存储的其他应用程序使用。如果使用 MediaRecorder，则可能需要使用 MediaStore API 将录制的内容添加到媒体存储中，所以，可能从一开始就使用 MediaStore 会更简单。

另一个重大区别是，通过 Intent 调用 MediaStore 不需要应用程序请求录制音频、访问 camera 或向 SD 卡写入数据的权限。应用程序调用一个独立活动，而其他活动必须拥有权限才能录制音频、访问 camera 以及向 SD 卡写入数据。MediaStore 活动已拥有这些权限，因此应用程序不必拥有这些权限。那么让我们看一下如何利用 MediaStore API。

24.3.5 使用 Intnet 录制音频

在前面已经看到，录制音频非常简单，但如果使用来自 MediaStore 的 Intent，将会更加简单。代码清单 24-17 演示了如何使用 Intent 来录制音频。

代码清单 24-17 使用 Intent 录制音频

```xml
<?xml version="1.0" encoding="utf-8"?>
<!-- This file is /res/layout/main.xml -->
<LinearLayout xmlns:android="http://schemas.android.com/apk/res/android"
    android:orientation="vertical"
    android:layout_width="fill_parent"
    android:layout_height="fill_parent" >
 <Button android:id="@+id/recordBtn"
    android:text="Record Audio"
    android:layout_width="wrap_content"
    android:layout_height="wrap_content" />
</LinearLayout>
```

```java
import android.app.Activity;
import android.content.Intent;
import android.net.Uri;
import android.os.Bundle;
```

24

```
import android.util.Log;
import android.view.View;
import android.view.View.OnClickListener;
import android.widget.Button;

public class UsingMediaStoreActivity extends Activity {
    @Override
    protected void onCreate(Bundle savedInstanceState) {
        super.onCreate(savedInstanceState);

        setContentView(R.layout.main);

        Button btn = (Button)findViewById(R.id.recordBtn);
        btn.setOnClickListener(new OnClickListener(){

            @Override
            public void onClick(View view) {

                startRecording();

            }});
    }

    public void startRecording() {
        Intent intt =
            new Intent("android.provider.MediaStore.RECORD_SOUND");
        startActivityForResult(intt, 0);
    }

    @Override
    protected void onActivityResult(int requestCode, int resultCode, Intent data) {

        switch (requestCode) {
        case 0:
            if (resultCode == RESULT_OK) {
                Uri recordedAudioPath = data.getData();
                Log.v("Demo", "Uri is " + recordedAudioPath.toString());
            }
        }
    }
}
```

　　代码清单 24-17 创建了一个 Intent 来向系统请求开始录制音频。这段代码调用 startActivity
ForResult()，传递 Intent 和 requestCode 来为活动启动 Intent。当请求的活动完成时，将使用 requestCode
调用 onActivityResult()。如 onActivityResult() 所示，我们查找与传递给 startActivityForResult() 的
代码匹配的 requestCode，然后调用 data.getData() 来获取所保存媒体的 URI。如果愿意，可以将该 URI
提供给一个 Intent 来监听录制过程。代码清单 24-17 的 UI 如图 24-7 所示。

　　图 24-7 包含两个屏幕截图。左图显示了录制过程中的音频录制程序，右图显示了录制停止后的活
动 UI。

　　与为音频录制提供 Intent 的方式类似，MediaStore 还为照片拍摄提供了一个 Intent。代码清单
24-18 演示了这个 Intent 的应用。

图 24-7　内置的音频录制程序在录制前后的状态

代码清单 24-18　启动 Intent 来拍照

```
<?xml version="1.0" encoding="utf-8"?>
<!-- This file is /res/layout/main.xml -->
<LinearLayout xmlns:android="http://schemas.android.com/apk/res/android"
    android:orientation="vertical"
    android:layout_width="fill_parent"
    android:layout_height="fill_parent" >
    <Button android:id="@+id/btn"  android:text="Take Picture"
        android:layout_width="wrap_content"
        android:layout_height="wrap_content"
        android:onClick="captureImage" />

</LinearLayout>

import android.app.Activity;
import android.content.ContentValues;
import android.content.Intent;
import android.net.Uri;
import android.os.Bundle;
import android.provider.MediaStore;
import android.provider.MediaStore.Images.Media;
import android.view.View;
import android.view.View.OnClickListener;
import android.widget.Button;

public class MainActivity extends Activity {

    Uri myPicture = null;

    @Override
    public void onCreate(Bundle savedInstanceState) {
        super.onCreate(savedInstanceState);
        setContentView(R.layout.main);
```

```
        setRequestedOrientation(ActivityInfo.SCREEN_ORIENTATION_LANDSCAPE);
    }

    public void captureImage(View view)
    {
        ContentValues values = new ContentValues();
        values.put(Media.TITLE, "My demo image");
        values.put(Media.DESCRIPTION, "Image Captured by Camera via an Intent");

        myPicture = getContentResolver().insert(Media.EXTERNAL_CONTENT_URI, values);

        Intent i = new Intent(MediaStore.ACTION_IMAGE_CAPTURE);
        i.putExtra(MediaStore.EXTRA_OUTPUT, myPicture);

        startActivityForResult(i, 0);
    }

    @Override
    protected void onActivityResult(int requestCode, int resultCode, Intent data) {
        if(requestCode==0 && resultCode==Activity.RESULT_OK)
        {
            // Now we know that our myPicture Uri
            // refers to the image just taken
        }
    }
}
```

代码清单 24-18 中的活动类定义了 captureImage()方法。在此方法中创建了一个 Intent，其操作名被设置为 MediaStore.ACTION_IMAGE_CAPTURE。当启动此 Intent 时，照相机应用程序会调到前台，并且用户会拍摄一张照片。因为我们提前创建了 URI，所以可以在拍照之前添加照片的其他详细信息。这项工作由 ContentValues 类完成。除 TITLE 和 DESCRIPTION 外，还可以向 values 添加其他特性。可以在 Android Reference 中查找 MediaStore.Images.ImageColumns，获得完整的列表。在拍照之后，将调用 onActivityResult()回调。在本例中，使用媒体 ContentProvider 创建一个新文件。也可以为 SD卡上的新文件创建一个新 URI，如下例所示：

```
myPicture = Uri.fromFile(new
            File(Environment.getExternalStoragePublicDirectory(DIRECTORY_DCIM) +
            "/100ANDRO/imageCaptureIntent.jpg"));
```

但是，如果通过此方式创建 URI，将无法轻易地设置图像的特性，比如 TITLE 和 DESCRIPTION。还可以采用另一种方式调用照相机 Intent 来拍照。如果不通过 Intent 传递任何 URI，那么将在 onActivity-Result()的 Intent 参数中返回一个 Bitmap 对象。这种方法的问题在于，默认情况下，位图将从原始大小缩小，这显然是因为 Android 团队不希望你从照相机活动接收大量数据到你的活动中。位图的大小为 50KB。要获得 Bitmap 对象，可以在 onActivityResult()内部执行以下操作：

```
Bitmap myBitmap = (Bitmap) data.getExtras().get("data");
```

MediaStore 也有一个视频捕获 Intent，其功能类似。可以使用 MediaStore.ACTION_VIDEO_CAPTURE 捕获视频。

24.3.6　将媒体内容添加到媒体存储

Android 媒体框架提供的另一项功能是，通过 MediaScannerConnection 类将内容信息添加到媒体存储中。换句话说，如果媒体存储不了解某个新内容，我们使用 MediaScannerConnection 来告诉它关于新内容的信息。然后可以将该内容提供给其他应用程序。我们看一下这是如何实现的（参见代码清单 24-19）。

代码清单 24-19　将文件添加到 MediaStore

```xml
<?xml version="1.0" encoding="utf-8"?>
<!-- This file is /res/layout/main.xml -->
<LinearLayout
  xmlns:android="http://schemas.android.com/apk/res/android"
  android:orientation="vertical"
  android:layout_width="fill_parent"
  android:layout_height="wrap_content">

  <EditText android:id="@+id/fileName"  android:hint="Enter new filename"
    android:layout_width="fill_parent"
    android:layout_height="wrap_content" />

  <Button android:id="@+id/scanBtn"  android:text="Add file"
    android:layout_width="wrap_content"
    android:layout_height="wrap_content"
    android:onClick="startScan" />

</LinearLayout>
```

```java
import java.io.File;
import android.app.Activity;
import android.content.Intent;
import android.media.MediaScannerConnection;
import android.media.MediaScannerConnection.MediaScannerConnectionClient;
import android.net.Uri;
import android.os.Bundle;
import android.util.Log;
import android.view.View;
import android.widget.EditText;
import android.widget.Toast;

public class MediaScannerActivity extends Activity implements
MediaScannerConnectionClient
{
    private EditText editText = null;
    private String filename = null;
    private MediaScannerConnection conn;

    @Override
    protected void onCreate(Bundle savedInstanceState) {
        super.onCreate(savedInstanceState);
        setContentView(R.layout.main);

        editText = (EditText)findViewById(R.id.fileName);
    }

    public void startScan(View view)
    {
        if(conn!=null) {
            conn.disconnect();
        }

        filename = editText.getText().toString();
```

```
        File fileCheck = new File(filename);
        if(fileCheck.isFile()) {
            conn = new MediaScannerConnection(this, this);
            conn.connect();
        }
        else {
            Toast.makeText(this,
                "That file does not exist",
                Toast.LENGTH_SHORT).show();
        }
    }

    @Override
    public void onMediaScannerConnected() {
        conn.scanFile(filename, null);
    }

    @Override
    public void onScanCompleted(String path, Uri uri) {
        try {
            if (uri != null) {
                Intent intent = new Intent(Intent.ACTION_VIEW);
                intent.setData(uri);
                startActivity(intent);
            }
            else {
                Log.e("MediaScannerDemo", "That file is no good");
            }
        } finally {
            conn.disconnect();
            conn = null;
        }
    }
}
```

代码清单 24-19 中包含一个活动类，该类将一个文件添加到 MediaStore 中。如果添加成功，添加的文件将通过 Intent 向用户显示。在后台发生的操作是，MediaScanner 检查该文件以确定它的文件类型，以及与它相关的其他细节。当然，我们以 scanFile() 的第二个参数的形式将 MIME 类型提供给了 MediaScanner。如果 MediaScanner 无法根据扩展名确定文件类型，将不会添加该文件。如果文件在 MediaStore 中，将向媒体提供程序数据库中添加一个数据库项。文件本身不会移动。但现在媒体提供程序了解了此文件的信息。如果添加了图像文件，那么现在可以打开 Gallery 应用程序并看到它。如果添加了音乐文件，该文件现在将在 Music 应用程序中显示。

如果希望查看媒体提供程序数据库的内部情况，可以打开命令行窗口，启动 adb shell，然后在设备上导航到/data/data/com.android.providers.media/databases。将在这里看到一些数据库，其中一个是 internal.db。这里也可能存在外部数据库文件，它们对应于一个或多个 SD 卡。因为可以在一个 Android 电话上使用多个 SD 卡，所以也可以有多个外部数据库文件。可以使用 sqlite3 实用程序来查看这些数据库中的表。数据库中包含针对音频、图像和视频的表。参见第 4 章了解使用 sqlite3 的更多信息。

24.3.7 为整个 SD 卡触发 MediaScanner

在上一个示例中，我们使用了 MediaScanner 来查找单个特定文件。如果希望添加一个文件，这没什么问题。但是如果希望重命名文件或删除文件，以及希望更新 MediaStore，该怎么办？幸好有一种非常简单的方式来触发此操作。如果在应用程序内执行以下代码，MediaScanner 将接管该操作，重新扫描整个 SD 卡：

```
sendBroadcast(new Intent(Intent.ACTION_MEDIA_MOUNTED,
    Uri.parse("file://" +
    Environment.getExternalStorageDirectory())));
```

说明 如果 MediaScanner 在目录中遇到空白文件.nomedia，这表示在媒体扫描过程中跳过该目录及其所有子目标。使用.nomedia 文件，就可以隐藏媒体文件，不让相册（Gallery）或音乐（Music）发现。如果有一些文件本应该显示在相册或音乐之中，但是结果没有发现，那么要检查是否存在.nomedia 文件。

作为练习，可以创建一个在 onCreate()内执行此命令的简单应用程序。

关于媒体 API 的讨论到此结束。希望你也觉得使用 Android 播放和录制媒体内容不是太难。

24.4　参考资料

以下是一些很有用的参考资料，可通过它们进一步探索相关主题。

- ❑ http://androidbook.com/proandroid4/projects。可在这里找到与本书相关的可下载项目列表。对于本章，请查找名为 ProAndroid4_Ch24_Media.zip 的 zip 文件。此 zip 文件包含本章中的所有项目，这些项目在各个根目录中列出。还有一个 README.TXT 文件详细介绍了如何从一个 zip 文件将项目导入 Eclipse。
- ❑ http://developer.android.com/guide/topics/media/jet/jetcreator_manual.html。这是 JETCreator 工具的用户手册。可以借助此手册创建一个 JET 声音文件并使用 JetPlayer 播放。JETCreator 仅可用于 Windows 和 Mac OS。要查看 JetPlayer 的实际应用，可以将 JetBoy 示例项目从 Android SDK 载入 Eclipse，构建并运行它。备注：Fire 按钮是中央 DPAD 键。

24.5　小结

本章主要介绍了以下与音频和视频媒体相关的知识点。

- ❑ SD卡，以及如何创建SD卡镜像。
- ❑ 手动在SD卡上创建和获取文件。
- ❑ 保存图片和视频文件的标准DCIM目录。
- ❑ 指定SD卡中其他类型目录的Android常量，以及操作这些常量的方法调用。
- ❑ 通过MediaPlayer播放音频。
- ❑ MediaPlayer获取源音频的几种方法，从本地应用程序资源到文件，再到网络流媒体。
- ❑ 使用MediaPlayer正确获取音频的步骤。
- ❑ SoundPool及其同时播放多个音频的能力。
- ❑ SoundPool在音频处理数量方面的限制。
- ❑ AsyncPlayer很有用，因为声音一般需要在后台进行管理。

❑ 底层音频访问工具AudioTrack以及演示AudioRecord的示例应用程序。

❑ 使用VideoView播放视频。

❑ 使用MediaRecorder录制音频。

❑ 指定音频源、输出格式、音频编码器和输出目标。

❑ 使用回调方法和AudioRecord，接收最原始的音频数据。

❑ 录制视频和使用照相机预览功能。

❑ 录制视频时的安装和锁定操作。

❑ 使用回调方法检测某些预定义限制什么时候达到的，如录制时间或文件大小。

❑ 使用Camera和Camcorder配置文件。

❑ MediaStore及提供更简单的音频视频录制Intent方法的能力。

❑ MediaStore媒体文件的元数据数据库，以及使用MediaScanner将元数据添加到该数据库。

❑ 用于隐藏媒体文件免于扫描的保密文件。

24.6 面试问题

回答以下问题，巩固本章所学习的知识点。

(1) 运行 mksdcard 实用程序，指定大小为 2 GB，是否可以得到大小为 2 GB 的 SD 卡镜像文件？

(2) Android 设备一次可以安装多少 SD 卡？

(3) 哪一个 Android 常量可用于定位保存铃声的 SD 卡目录？

(4) 向 SD 卡写入新媒体文件，需要使用哪一个权限？

(5) 通过网络接收流媒体文件，需要使用哪一个权限？

(6) 如果应用程序接收到流媒体数据，还需要使用哪些权限？

(7) 使用 MediaPlayer 的默认构造方法和使用静态方法 MediaPlayer.create()的区别是什么？

(8) 为什么在使用 MediaPlayer 时一定要使用 prepareAsync()？

(9) SoundPool 能够管理多少音频数据？

(10) 使用 AsyncPlayer 的主要优点是什么？

(11) 使用 AsyncPlayer 可能有哪些潜在缺点？

(12) 为什么使用模拟器很难播放视频？

(13) 向 VideoView 指定视频源的两种方法是什么？

(14) 在调用 MediaRecorder 的 start()方法之前，必须执行哪 5 个操作？

(15) 录制音频需要使用哪一个权限？

(16) 在回调方法 onPeriodicNotification()和 onMarkerReached()之间，AudioRecord.OnRecord-PositionUpdateListener 类有哪些区别？

(17) 是否可以在屏幕上不显示的前提下录制视频？

(18) MediaRecorder 是否拥有一个 prepareAsync()方法？

(19) 哪些回调方法可以报告视频录制状态信息？

(20) 应用程序如何确定设备上的哪个照相机可用及其参数是什么？

(21) 使用什么 Intent 操作可以请求通过 MediaStore 录制音频？

(22) MediaScannerConnection 一次可以处理多少文件？

第 25 章

主屏幕部件

本章将详细介绍 Android 的主屏幕部件。主屏幕部件提供了另一种方式在 Android 主屏幕上呈现经常变化的信息。从总体上讲，主屏幕部件是在主屏幕上显示的独立视图（不过填充了数据）。这些视图的数据内容由后台进程定期更新。

例如，电子邮件主屏幕部件可以提醒你未读取的电子邮件数量。该部件只会显示电子邮件的"计数"，不会显示电子邮件本身。单击电子邮件计数将转到显示实际电子邮件的活动。这些活动甚至可能是外部电子邮件源，比如 Yahoo、Gmail 或 Hotmail，只要设备能够通过 HTTP 或其他连接机制访问这些计数即可。

本章共分为 3 部分。第一部分将介绍主屏幕部件和它们的架构，介绍 Android 如何使用 RemoteViews 来显示部件，以及如何指派广播接收器更新这些 RemoteViews。你将了解如何创建活动，在主屏幕上配置部件，并弄清楚服务与部件之间的关系。学完本部分，你将对主屏幕部件的架构和生命周期有一个清晰的认识。

第二部分将介绍如何设计和开发主屏幕部件并注释代码。你将了解如何向 Android 定义部件，如何编写广播接收器来更新这些部件。本节还将介绍如何通过共享首选项来管理部件状态，以及如何编写活动来配置部件。

第三部分将探讨部件的适用性、局限性和使用部件的更广泛指南。本节将探讨部件的作用范围和适用性，还将为编写需要非常频繁地更新的部件提供设计建议。第 26 章将讲解基于列表的部件。

25.1 主屏幕部件的架构

在开始讨论主屏幕部件架构之前，首先详细介绍一下什么是主屏幕部件。

25.1.1 什么是主屏幕部件

主屏幕部件是可在主页上显示并频繁更新的视图。作为视图，部件的观感通过布局 xml 文件来定义。对于部件，除了视图的布局，还需要定义部件视图将需要在主屏幕上占用多大空间。

部件定义还包含一对 Java 类，它们负责初始化视图并频繁地更新它。这些 Java 类负责在主屏幕上管理部件的生命周期。当将部件拖到主屏幕上、部件需要更新以及将部件拖到回收站以进行卸载时，这些类将进行响应。

说明   视图和相应的 Java 类都是以彼此断开的方式进行构建的。例如，任何 Android 服务或活动都
      可以使用视图的布局 ID 来检索它，使用数据填充它（就像填充模板一样），以及将它发送到
      主屏幕。将视图发送到主屏幕以后，就会从任何基础 Java 代码中删除它。

部件定义至少应包含以下内容。

❑ 要在主屏幕上显示的布局视图，以及它应该在主屏幕上占用的空间（最小的）大小。请记住，
  这是一个不包含任何数据的视图。更新该视图的任务由一个 Java 类来完成。

❑ 指定更新频率的计时器。

❑ 名为部件提供程序的广播接收器 Java 类，它可以响应计时器更新，通过向视图填充数据来更
  改视图。

定义了部件并提供了 Java 类之后，拖到主屏幕的部件即可使用。

在介绍从头开始实现部件之前，将概述终端用户使用部件的方式。

25.1.2   主屏幕部件的用户体验

Android 中的主屏幕部件功能支持选择一个预先编写好的部件并将其放置在主屏幕上。放置之后，
该部件将支持使用活动（定义为部件包的一部分）对它进行配置（如有必要）。在实际编写部件之前，
重要的是理解这种交互。

接下来将介绍为本章编写的一个名为 Birthday Widget 的部件。本章后面将提供它的源代码。首先，
我们将使用此部件作为演练示例。由于稍后才提供源代码，所以你可以考虑继续阅读并查看截图，不
要在屏幕上查找此部件。如果查阅所提供的图片和说明，你将了解 Birthday Widget 的性质和行为，这
样我们随后编写该部件时能保持思路清晰。

首先找到想要的部件，在主屏幕上创建它的一个实例。

1. 在主屏幕上创建部件实例

要访问可用部件的列表，需要长单击主页。这将调出主屏幕上下文菜单，如图 25-1 所示。注意，
根据 Android SDK 版本的不同，这些屏幕看起来也会略有差异。本章的镜像是用 2.3SDK 抓取的。但我
们已经在最新版本上对程序进行了测试。

图 25-1   主屏幕上下文菜单

说明   Android 4.0 不采用长单击方式获取部件列表。相反，必须先浏览应用程序列表。当出现应用
程序列表时，屏幕上端就会显示 Widgets 选项卡。

如果从此列表中选择了部件，将会转到另一个屏幕，列出了可用部件，以供选择，如图 25-2 所示。

图 25-2   主屏幕部件选择列表

这些部件中大部分都包含在 Android 中。根据所使用的 Android 版本的不同，这些部件可能有所
不同。

在此列表中，名为 Birthday Widget 的部件是我们为此练习设计的。

如果选择该部件，它将在主屏幕上创建一个对应的部件实例，类似于图 25-3 中所示的示例 Birthday
Widget。

图 25-3   示例 Birthday Widget

说明　在 Android 4.0 中，网格中不会出现一个列表，而是显示布满部件的面板。随后，部件的选择方式与其他版本相同。

　　此部件是一个生日部件。它在标题中显示一个人的姓名、离他的生日还差多少天，在下面显示生日日期和一个购买礼物的链接。

　　你可能想知道如何配置人的姓名和生日。如果想要此部件的两个实例，每个实例包含不同人的姓名和生日，该怎么办？这时就需要使用部件配置器活动，这是接下来要介绍的主题。

说明　在主屏幕上为此部件定义创建的视图称为部件实例。可以为此部件定义创建多个实例。

2. 部件配置器

　　部件定义可以包含一个称为部件配置器活动的活动规范。当从主页部件挑选列表中选择一个部件来创建部件实例时，Android 将调用相应的部件配置活动。此活动需要你编写，它负责配置部件实例。

　　在生日部件中，此配置活动将提示输入某人的姓名和即将到来的生日日期，如图 25-4 所示。配置器负责将此信息保存到一个持久位置，以便在部件提供程序上调用了某个更新时，部件提供程序将能够找到此信息，并使用配置器所设置的恰当值更新视图。

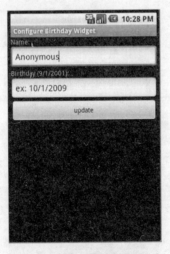

图 25-4　生日部件配置器活动

说明　当用户选择在主屏幕上创建两个生日部件实例时，将调用两次配置器活动（分别对应每个部件实例）。

　　在内部，Android 会为部件实例分配一个 ID，以便跟踪它们。此 ID 被传递到 Java 回调以及配置器 Java 类，以便可将初始配置和更新定向到正确的实例。在图 25-3 中，字符串 satya:3 中的后面部分 "3" 是部件 ID，或者更准确地讲是部件实例 ID。部件本身通过其 Java 组件名称来标识（组件名称本身既是类名称，也是部件类所在的包，本章将交替使用"部件 ID"和"部件实例 ID"）。我们在图 25-3 中包含了部件实例 ID 以说明了这一特性。

大概了解了部件之后，接下来更详细介绍部件的生命周期。

25.1.3 部件的生命周期

前面多次提到了部件定义。我们也简要介绍了 Java 类的作用。本节将更详细地探讨这两种思想，介绍部件的生命周期。

部件的生命周期包含以下阶段：

(1) 部件定义；

(2) 部件实例创建；

(3) onUpdate()（当时间间隔过期时）；

(4) 响应（对主屏幕上的部件视图的）单击；

(5) 部件删除（从主屏幕上删除）；

(6) 卸载。

接下来详细介绍每个阶段。

1. 部件定义阶段

部件的生命周期从部件视图的定义开始。此定义告诉 Android 在从主页调用的部件挑选列表（图 25-2）中显示部件名称。完成此定义需要两个要素：实现 AppWidgetProvider 的 Java 类和该部件的布局视图。

要定义部件，首先在 Android 描述文件中包含以下项，指定 AppWidgetProvider（代码清单 25-1）。

代码清单 25-1　Android 描述文件中的部件定义

```
<manifest..>
<application>
....
    <receiver android:name=".BDayWidgetProvider">
        <meta-data android:name="android.appwidget.provider"
            android:resource="@xml/bday_appwidget_provider" />
        <intent-filter>
            <action android:name="android.appwidget.action.APPWIDGET_UPDATE" />
        </intent-filter>
    </receiver>
    ...
    <activity>
        .....
    </activity>
</application>
</manifest>
```

此定义表明有一个广播接收器 Java 类 BDayWidgetProvider（你将会看到，此类继承自部件包中的 Android 核心类 AppWidgetProvider），它接收用于应用程序部件更新的广播消息。

说明　Android 根据设定的时间间隔，以广播消息的形式提供更新消息。

代码清单 25-1 中的部件定义还指向/res/xml 目录下的一个 xml 文件，该文件指定部件视图和更

新频率，如代码清单 25-2 所示。

代码清单 25-2   部件提供程序信息 XML 文件中的部件视图定义

```
<appwidget-provider xmlns:android="http://schemas.android.com/apk/res/android"
    android:minWidth="150dp"
    android:minHeight="120dp"
    android:updatePeriodMillis="43200000"
    android:initialLayout="@layout/bday_widget"
    android:configure="com.androidbook.BDayWidget.ConfigureBDayWidgetActivity"
    android:previewImage="@drawable/some_preview_image_icon"
    android:resizeMode="horizontal|vertical"
    android:previewImage="@drawable/some_preview_image_icon"
    >
</appwidget-provider>
```

此 XML 文件称为应用程序部件提供程序信息文件。在内部，这个文件将转换为 AppWidgetProviderInfo
Java 类。此文件将布局的宽度和高度分别确定为 150dp 和 120dp。此定义文件还表明将更新频率 12 h
转换为毫秒。该定义还指向一个布局文件（代码清单 25-7），该文件描述了部件视图的外观（参见
图 25-5）。

从 SDK 3.1 开始，用户就能调整放在图像上的部件的大小。长单击部件时，就会显示调整大小控
件，然后使用这些控件就可以调整部件的大小。大小调整包括水平、垂直方向或者哪个方向都不调整。
组合运用水平和垂直调整控件，就可以调整两个方向的部件大小，如代码清单 25-2。然而，要利用这
个功能，部件控件必须支持通过布局参数控制放大和缩小。这里并没有任何回调可以确定部件的大小。
更新操作是不会触发事件的——至少，文档中没有提到这个功能。

在代码清单 25-2 中，预览图像特性指出在可用部件列表中哪个图像或图标用来显示部件。从
SDK 3.0（API 11）开始，Android 就支持这个特性。如果忽略这个特性，则默认显示应用程序包的主
图标，它在配置清单文件中指出。即使卸载和重新安装应用程序包，模拟器会高速缓存这个预览图像。
重启模拟器，就可以看到这种效果。

部件视图的布局只能包含特定类型的视图元素。部件布局支持的视图位于视图类 RemoteViews 之
中，这些远程视图仅支持某些特定类型的子视图。代码清单 25-3 列出了一些支持的子视图元素。注意，
部件布局只支持代码清单 25-3 所列的视图，而不支持它们的子类。

代码清单 25-3   RemoteViews 中支持的视图控件

```
FrameLayout
LinearLayout
RelativeLayout

AnalogClock
Button
Chronometer
ImageButton
ImageView
ProgressBar
TextView
ViewFlipper
ListView
GridView
StackView
AdapterViewFlipper
```

随着版本号的增加，这个列表的长度可能会增加。限制远程视图中所支持的视图类型的主要原因在于，这些视图是与实际控制它们的进程独立的。这些部件视图由 Home 这样的应用程序承载。这些视图的控制器是计时器调用的后台进程。出于此原因，这些视图称为远程视图。有一个对应的 Java 类，名为 RemoteViews，它允许访问这些视图。换句话说，程序员无法直接访问这些视图以对它们调用方法。只能通过 RemoteViews 访问这些视图（该类就像一位门卫）。

在介绍下一节中的例子时，将介绍 RemoteViews 类的相关方法。现在，只需记住部件布局文件仅支持有限的视图集（参见代码清单 25-3）。

部件定义（代码清单 25-2）还包含在用户创建部件实例时需要调用的布局活动的规范。代码清单 25-2 中的配置活动是 ConfigureBDayWidgetActivity。此活动与任何其他包含大量表格字段的 Android 活动一样。表格字段用于收集部件实例需要的信息。

2. 部件实例创建阶段

当部件定义需要的所有 XML 代码和部件的所有 Java 类都已就绪之后，我们看看当用户在部件挑选列表（图 25-2）中选择部件来创建部件实例时会发生什么。Android 调用配置器活动（图 25-3），并希望配置器活动执行以下操作。

(1) 从启动配置器的调用 Intent 接收部件实例 ID。

(2) 通过一组表格字段提示用户收集特定于部件实例的信息。

(3) 持久化部件实例信息，以便对部件 update 的后续调用能访问此信息。

(4) 通过检索部件视图布局来准备首次显示部件视图，并为它创建一个 RemoteViews 对象。

(5) 调用 RemoteViews 对象的方法来设置每个视图对象的值，比如文本、图像等。

(6) 再次使用 RemoteViews 对象在部件的任何子视图上注册任何 onClick 事件。

(7) 告诉 AppWidgetManager，使用部件的实例 ID 在主屏幕上绘制 RemoteViews。

(8) 返回部件 ID 并关闭。

请注意，在本示例中，首次绘制是由配置器完成的，而不是由 AppWidgetProvider 的 onUpdate() 方法完成的。

说明　配置器活动是可选的。如果未指定配置器活动，将直接调用 AppWidgetProvider 的 onUpdate()。onUpdate() 负责更新视图。

Android 将对用户创建的每个部件实例重复此过程。另请注意，没有任何文档表明支持将用户限制到单一部件实例。

除了调用配置器活动，Android 还调用了 AppWidgetProvider 的 onEnabled 回调。我们简要介绍一下 AppWidgetProvider 类的回调，看一下 BDayWidgetProvider 的 shell（参见代码清单 25-4）。代码清单 25-9 将给出此文件的完整代码清单。

代码清单 25-4　部件提供程序 shell

```
public class BDayWidgetProvider extends AppWidgetProvider
{
    public void onUpdate(Context context,
                    AppWidgetManager appWidgetManager,
```

```
                        int[] appWidgetIds){}
    public void onDeleted(Context context, int[] appWidgetIds){}
    public void onEnabled(Context context){}
    public void onDisabled(Context context) {}
}
```

onEnabled()回调方法表明至少有一个部件实例在主屏幕上运行。这意味着，用户必须在主屏幕上至少放置一次部件。在此调用中，需要为此组件启用接收消息（在代码清单 25-9 中将会看到这一点）。基类 AppWidgetProvider 是一个广播接收器组件，可以启用或禁用它接收广播消息的功能。

当用户将部件实例视图拖到回收站时，将调用 onDeleted()回调方法。此时，需要删除为该部件实例保存的任何持久化的值。

从主屏幕上删除了最后一个部件实例之后，将调用 onDisabled()回调方法。当用户将部件的最后一个实例拖到回收站时，就会执行这一操作。应该使用此方法注销部件实例，使其不能接收发送给此组件的广播消息。（在代码清单 25-9 中将会看到这一点。）

只要在代码清单 25-2 中指定的计时器过期，就会调用 onUpdate()回调方法。如果没有配置器活动，那么在首次创建部件实例时，也会调用此方法。如果存在配置器活动，那么在创建部件实例时将不会调用此方法。当计时器以指定的频率过期时，将调用此方法。

3. onUpdate 阶段

在主屏幕上显示了部件实例之后，下一个重要事件就是计时器过期。前面提到，Android 将调用 onUpdate()来响应计时器。因为 onUpdate()是通过广播接收器来调用的。这意味着定义 onUpdate()的对应 Java 进程将被加载并保持活跃，直到调用结束。调用返回以后，该进程就可以结束了。

如果响应需要花十几秒的时间，那么也建议你使用第 19 章介绍的长运行广播接收器等机制。无论如何，只要 onUpdate()方法中包含可用的数据用于更新部件，就可以调用 AppWidgetManager 来绘制远程视图。也就是说，如果打算调用服务来执行更新，将需要以 extra 数据的形式将部件 ID 传递给启动服务的 Intent。

这表明，AppWidgetProvider 类是无状态的，它甚至不能在各个调用之间维护静态变量。这是因为，包含此广播接收器类的 Java 进程可能在两次调用之间结束并重新构造，这会导致重新初始化静态变量。

因此，如果有必要，需要提供一种方案来记住状态。当更新不是很频繁时，比如每隔数秒更新一次，则将部件实例的状态保存在持久存储（比如文件、共享首选项或 SQLlite 数据库）中就非常合理。本章的示例将使用共享首选项作为持久性 API。

注意 为了节省电量，谷歌强烈建议更新时间间隔长于 1 小时，以便设备不会太频繁地被唤醒。从 2.0API 开始，强制将更新时间间隔设置为 30 分钟或更长时间。

对于更短的时间间隔，比如只有几秒，需要使用 AlarmManager 类中的工具自行调用此 onUpdate()方法。当使用 AlarmManager 时，还可以选择不调用 onUpdate()，而在闹钟回调中执行 onUpdate()。关于如何使用闹钟管理器，请参见第 20 章。

在 onUpdate()方法中通常需要执行以下任务。

(1)确保配置器完成了自己的工作，否则返回配置器。在 2.0 及更高版本中应该不存在问题，这些版本要求将更新时间间隔设置为更长。否则，可能用户在配置器中完成配置之前调用 onUpdate()。

(2) 检索该部件实例的持久化数据。

(3) 检索部件视图布局并为它创建一个 RemoteViews 对象。

(4) 调用 RemoteViews 的方法来设置各个视图对象的值，比如文本、图像等。

(5) 使用挂起的 Intent 在某些视图上注册 onClick 事件。

(6) 告诉 AppWidgetManager 使用实例 ID 来绘制 RemoteViews。

可以看到，配置器最初执行的工作和 onUpdate()方法执行的工作存在着很多重复部分。可能需要在两者之间重用这些功能。

4. 部件视图鼠标单击事件回调阶段

前面已提到，onUpdate()方法保持部件视图为最新。部件视图和该视图中的子元素可能为鼠标单击事件注册了回调。通常，onUpdate()使用挂起的 Intent 为鼠标单击等事件注册操作。此操作可以启动一项服务或活动，比如打开浏览器。

这个调用的服务或活动可以使用部件实例 ID 和 AppWidgetManager 与该视图通信（如有必要）。因此，挂起的 Intent 包含部件实例 ID 非常重要。

5. 删除部件实例

部件实例上可能发生的另一个重要事件是删除它。为此，用户必须在主屏幕上按下该部件。这将使回收站显示在主屏幕的底部。用户可以将部件实例拖到回收站，从屏幕删除部件实例。

这一操作还会调用部件提供程序的 onDeleted()方法。如果保存了此部件实例的任何状态信息，将需要在此 onDeleted 方法中删除该数据。

如果刚删除的部件实例是具有此类型的最后一个部件实例，Android 还将调用 onDisabled()。将使用此回调来清理为所有部件实例存储的任何持久性特性，以及从部件 onUpdate()广播注销回调（参见代码清单 25-9）。

25

6. 卸载部件包

如果计划卸载包含部件的.apk 文件并安装该文件的新版本，则需要清理这些部件。

建议在尝试卸载包之前删除所有部件实例。遵照"删除部件实例"中的说明删除所有部件实例。

然后可以卸载包并安装包的新版本。如果使用 Eclipse ADT 开发部件，那么这一步尤为重要，因为在开发期间，每次运行应用程序时 ADT 都会尝试这么做。所以，在每次运行之前，请确保删除了部件实例。

25.2 示例部件应用程序

前面介绍了部件背后的理论和方法。下面使用这些知识创建一个示例部件，该部件的行为已经作为例子来解释部件的架构。我们可以开发、测试和部署这个已经熟悉的生日部件。

每个生日部件实例都将显示一个姓名、下一个生日的日期，以及现在离下一个生日还有多少天。它还将创建一个 onClick 区域，可以单击该区域来购买礼物。单击该区域将打开浏览器并访问http://www. google.com。

所完成部件的布局应该如图 25-5 所示。

图 25-5   生日部件的观感

此部件的实现包含以下与部件相关的文件。对于 25.6 节提到的 URL，整个项目也可下载。基本的文件有以下几个。

❑ AndroidManifest.xml：定义 AppWidgetProvider（参见代码清单 25-5）。

❑ res/xml/bday_appwidget_provider.xml：部件尺寸和布局（参见代码清单 25-6）。

❑ res/layout/bday_widget.xml：部件布局（参见代码清单 25-7）。

❑ res/drawable/box1.xml：为部件布局的各个部分提供边框（参见代码清单 25-8）。

❑ src/.../BdayWidgetProvider.java：AppWidgetProvider 类的实现（参见代码清单 25-9）。

此部件的实现还包含以下文件，用于管理部件的状态。

❑ src/.../IWidgetModelSaveContract.java：保存部件模型的契约（参见代码清单 25-10）。

❑ src/.../APrefWidgetModel.java：基于首选项的抽象部件模型（参见代码清单 25-11）。

❑ src/.../BDayWidgetModel.java：包含部件视图数据的部件模型（参见代码清单 25-12）。

❑ src/.../Utils.java：一些实用程序类（参见代码清单 25-13）。

此外，该实现还包含以下用于部件配置活动的文件。

❑ src/.../ConfigureBDayWidgetActivity.java：配置活动（参见代码清单 25-14）。

❑ layout/edit_bday_widget.xml：显示姓名和生日的布局（参见代码清单 25-15）。

后面将介绍每个文件，解释需要进一步考虑的任何其他概念。在本节结束后，也可以复制并粘贴这些文件，在你自己的环境中创建和测试生日部件。

25.2.1   定义部件提供程序

部件的定义首先在 Android 应用程序描述文件中进行。可以在此文件中指定部件提供程序（因为它是接收程序）、部件配置活动（因为它是活动），以及另一个 xml 文件的指针，该文件进一步定义部件布局。

对于生日部件，可以在下面的 Android 描述文件（代码清单 25-5）中看到，所有这些部分已突出显示。请注意，BDayAppWidgetProvider 被定义为广播接收器，还定义了配置活动 ConfigureBDay WidgetActivity。

代码清单 25-5 BDayWidget 示例应用程序的 Android 描述文件

```xml
<?xml version="1.0" encoding="utf-8"?>
<manifest xmlns:android="http://schemas.android.com/apk/res/android"
        package="com.androidbook.BDayWidget"
        android:versionCode="1"
        android:versionName="1.0.0">
<application android:icon="@drawable/icon"
             android:label="Birthday Widget">
<!--
*****************************************************************
*  Birthday Widget Provider Receiver
*****************************************************************
 -->
    <receiver android:name=".BDayWidgetProvider">
        <meta-data android:name="android.appwidget.provider"
            android:resource="@xml/bday_appwidget_provider"/>
        <intent-filter>
            <action android:name="android.appwidget.action.APPWIDGET_UPDATE"/>
        </intent-filter>
    </receiver>
<!--
*****************************************************************
*  Birthday Provider Configurator Activity
*****************************************************************
 -->
    <activity android:name=".ConfigureBDayWidgetActivity"
             android:label="Configure Birthday Widget">
        <intent-filter>
            <action android:name="android.appwidget.action.APPWIDGET_CONFIGURE"/>
        </intent-filter>
    </activity>
    </application>
    <uses-sdk android:minSdkVersion="3"/>
</manifest>
```

以下代码中由"Birthday Widget"标识的应用程序标签

```xml
<application android:icon="@drawable/icon" android:label="Birthday Widget">
```

将在主页的部件挑选列表（图 25-2）中显示。如果首次创建部件定义，请确保准确复制了以下行：

```xml
<meta-data android:name="android.appwidget.provider"
```

规范"**android.appwidget.provider**"是特定于 Android 的，应该按以上方式表示，以下行也是如此：

```xml
<intent-filter>
    <action android:name="android.appwidget.action.APPWIDGET_UPDATE"/>
</intent-filter>
```

最后，配置活动定义与任何其他常规活动一样，但它需要将自身声明为能够响应 APPWIDGET_CONFIGURE 操作。

25.2.2 定义部件尺寸

代码清单 25-6 给出了该部件提供程序信息文件（/res/xml/bday_appwidget_provider.xml）。

代码清单 25-6 BDayWidget 的部件视图定义

```xml
<!-- res/xml/bday_appwidget_provider.xml -->
<appwidget-provider xmlns:android="http://schemas.android.com/apk/res/android"
```

```
    android:minWidth="150dp"
    android:minHeight="120dp"
    android:updatePeriodMillis="4320000"
    android:initialLayout="@layout/bday_widget"
    android:configure="com.androidbook.BDayWidget.ConfigureBDayWidgetActivity"
    >
</appwidget-provider>
```

此文件向 Android 表明需要的宽度和高度（以像素为单位）。但是，Android 将它们舍入为最接近的单元格。Android 将其主屏幕区域组织为一个单元格矩阵，每个单元格的宽度和高度为 74dp。Android 建议将宽度和高度指定为这些单元格的倍数与 2 像素之差（用于舍入调整等用途）。

此文件还表明需要调用 onUpdate()的频率。Android 强烈建议，此值不要大于一天几次。可以设置值 0 来表示从不调用更新。当希望通过闹钟管理器（Alarm Manager）类控制更新时，这样做将很有用。

初始布局特性指向部件的实际布局（参见代码清单 25-7）。最后，Configure 特性指向配置活动类。此类需要在定义中完全限定。

接下来看一下部件的实际布局。

25.2.3　与部件布局相关的文件

从上一节和代码清单 25-6 中可以看到，部件的布局在布局文件中定义。这个布局文件与 Android 中视图的任何其他布局文件一样。

但是，为了指导部件的标准化，Android 发布了一系列部件设计指南。可以通过以下链接访问这些指南：http://developer.android.com/guide/practices/ui_guidelines/widget_design.html。

除了这些指南，此链接还提供了大量视图背景，可以使用它们来改善部件的观感。在本示例中，我们采用了一种稍微不同的方法，使用了包含背景形状的传统视图布局方法。

1. 部件布局文件

我们使用代码清单 25-7 中给出的布局文件，生成如图 25-5 所示的部件布局。

代码清单 25-7　BDayWidget 的部件视图布局定义

```
<?xml version="1.0" encoding="utf-8"?>
<!-- res/layout/bday_widget.xml -->
<LinearLayout xmlns:android="http://schemas.android.com/apk/res/android"
    android:orientation="vertical"
    android:layout_width="150dp"
    android:layout_height="120dp"
    android:background="@drawable/box1"
    >
<TextView
    android:id="@+id/bdw_w_name"
    android:layout_width="fill_parent"
    android:layout_height="30dp"
    android:text="Anonymous"
    android:background="@drawable/box1"
    android:gravity="center"
    />
<LinearLayout
    android:orientation="horizontal"
    android:layout_width="fill_parent"
    android:layout_height="60dp"
```

```
                >
        <TextView
            android:id="@+id/bdw_w_days"
            android:layout_width="wrap_content"
            android:layout_height="fill_parent"
            android:text="0"
            android:gravity="center"
            android:textSize="30sp"
            android:layout_weight="50"
            />
        <TextView
            android:id="@+id/bdw_w_button_buy"
            android:layout_width="wrap_content"
            android:layout_height="fill_parent"
            android:textSize="20sp"
            android:text="Buy"
            android:layout_weight="50"
            android:background="#FF6633"
            android:gravity="center"
        />
    </LinearLayout>
    <TextView
        android:id="@+id/bdw_w_date"
        android:layout_width="fill_parent"
        android:layout_height="30dp"
        android:text="1/1/2000"
        android:background="@drawable/box1"
        android:gravity="center"
        />
</LinearLayout>
```

此布局使用嵌套的 `LinearLayout` 节点来获得期望的效果。一些控件还使用一种名为"box1.xml"的形状定义文件来定义边框。

2. 部件背景形状文件

此形状定义的代码如代码清单 25-8 所示。（此文件应该位于/res/drawable 子目录中。）

代码清单 25-8　边框形状定义

```
<!-- res/drawable/box1.xml -->
<shape xmlns:android="http://schemas.android.com/apk/res/android">
    <stroke android:width="4dp" android:color="#888888"/>
    <padding android:left="2dp" android:top="2dp"
             android:right="2dp" android:bottom="2dp"/>
    <corners android:radius="4dp"/>
</shape>
```

我们使用此布局方法是因为，它不仅对部件非常有用，对其他非部件布局也很有用。

在部件中实际测试这些布局之前，可能需要构建一个活动并独立测试它们（至少我们是这么做的）。我们经过多次调整才得到了期望的观感。直接试验部件可能非常单调，每次运行应用程序时都必须删除部件、卸载、安装，然后将它们拖回到主页上。

我们到目前为止介绍的文件完成了一般部件所需的 XML 定义。现在看看部件提供程序类，了解如何响应部件的生命周期事件。

25.2.4　实现部件提供程序

代码清单 25-9 中的 Java 代码演示了部件提供程序类的实现。

代码清单 25-9   示例部件提供程序：BDayWidgetProvider

```
///src/<your-package>/BDayWidgetProvider.java
public class BDayWidgetProvider extends AppWidgetProvider
{
    private static final String tag = "BDayWidgetProvider";
    public void onUpdate(Context context,
                    AppWidgetManager appWidgetManager,
                    int[] appWidgetIds)  {
        final int N = appWidgetIds.length;
        for (int i=0; i<N; i++)
        {
            int appWidgetId = appWidgetIds[i];
            updateAppWidget(context, appWidgetManager, appWidgetId);
        }
    }

    public void onDeleted(Context context, int[] appWidgetIds)
    {
        final int N = appWidgetIds.length;
        for (int i=0; i<N; i++)
        {
            BDayWidgetModel bwm =
                BDayWidgetModel.retrieveModel(context, appWidgetIds[i]);
            bwm.removePrefs(context);
        }
    }

    public void onEnabled(Context context) {
        BDayWidgetModel.clearAllPreferences(context);
        PackageManager pm = context.getPackageManager();
        pm.setComponentEnabledSetting(
                new ComponentName("com.androidbook.BDayWidget",
                        ".BDayWidgetProvider"),
                PackageManager.COMPONENT_ENABLED_STATE_ENABLED,
                PackageManager.DONT_KILL_APP);
    }

    public void onDisabled(Context context) {
        BDayWidgetModel.clearAllPreferences(context);
        PackageManager pm = context.getPackageManager();
        pm.setComponentEnabledSetting(
                new ComponentName("com.androidbook.BDayWidget",
                        ".BDayWidgetProvider"),
                PackageManager.COMPONENT_ENABLED_STATE_DISABLED,
                PackageManager.DONT_KILL_APP);
    }

    private void updateAppWidget(Context context,
                    AppWidgetManager appWidgetManager,
                    int appWidgetId) {
        BDayWidgetModel bwm = BDayWidgetModel.retrieveModel(context, appWidgetId);
        if (bwm == null) {
            return;
        }
        ConfigureBDayWidgetActivity
                    .updateAppWidget(context, appWidgetManager, bwm);
    }
}
```

参考 25.1 节，了解每个方法中需要执行何种操作。对于生日部件，所有这些方法将依次使用 BDay WidgetModel 类中的方法。这些方法包括 removePrefs()、retrievePrefs() 和 clearAll Preferences() 等。

BDayWidgetModel 类用于封装生日部件实例的状态。(下一节将介绍此类。)要理解此部件提供程序类，只需知道我们使用了一个模型类来检索此部件实例所需的数据。此数据保存在首选项中。因此这些方法被命名为 removePrefs()、retrievePrefs() 和 clearAllPreferences()。

前面提到，会为所有部件实例调用更新方法。此方法必须更新所有部件实例。部件实例以 ID 数组的形式进行传递。对于每个 id，onUpdate() 方法将找到相应的部件实例模型，并调用配置器活动所使用的相同方法(参见代码清单 25-14)来显示获得的部件模型。

在 onDeleted() 方法中，实例化了一个 BDayWidgetModel，然后要求它从首选项持久存储中删除自身。

在 onEnabled() 方法中，因为仅在第一个实例生效时调用它，所以我们清除了部件模型的所有持久数据，提供干净的开始状态。在 onDisabled() 方法中执行相同操作，清除所有部件实例的内存。

在 onEnabled() 方法中，我们启用了部件提供程序组件，使其可以接收广播消息。在 onDisabled() 中，我们禁用了该组件，所以它无法查找任何广播消息。

采用部件模型的思想，可保持代码简洁。接下来将探讨部件模型和它们的实现。

25.2.5 实现部件模型

什么是部件模型？这不是 Android 的概念。但是，如果熟悉传统的 UI 编程，将会回想起 MVC(模型–视图–控制器)架构的概念。在此概念中，模型保存视图需要的数据，视图负责显示，而控制器负责协调视图和模型。

尽管 Android SDK 未指定具体的方法，但我们使用了 MVC 这一思想来简化部件编程。在此方法中，对于每个部件实例视图，将有一个称为部件模型的等效 Java 类。此模型将包含可为视图实例提供必要数据的所有方法。

除了提供数据，我们还为这些模型创建了一些基类，使它们能够知道如何在"共享首选项"等持久存储中保存和检索它们自身。接下来将介绍模型类层次结构并展示如何使用共享首选项来存储和检索数据。参见第 13 章，了解更多有关首选项的内容。

1. 部件模型接口

首先介绍充当部件模型契约的接口，接口使部件模型能够声明要保存到持久数据库中的字段。该契约还会定义在从数据库检索字段时如何设置该字段。接口还提供了一个 init() 回调，从而在从数据库检索模型时和在将模型传递到请求客户端之前调用该回调。

代码清单 25-10 给出了部件契约接口的源代码。

代码清单 25-10　保存部件状态：契约

```
//filename: src/.../IWidgetModelSaveContract.java
public interface IWidgetModelSaveContract
{
    //Name of preferences file
    public String getPrefname();

    //facilitate model population
    public void setValueForPref(String key, String value);

    //return key value pairs you want to be saved
    public Map<String,String> getPrefsToSave();
```

```
//gets called after restore
public void init();
}
```

接口的设计方式使派生的抽象类能够使用特定的持久存储来提供一种实现，同时使用这个叶级 Java 类的契约。然后，这个叶级 Java 类需要实现这个契约来提供所需要保存和查询的数据。

前面已经提到，我们将使用 Android 的共享首选项工具作为持久存储。从此接口的名称可以看出，它只是一个保存契约。BDayWidgetProvider 等客户端仍然会依靠此接口的最底层派生类来实现具体方法。

此接口的实现者将需要提供一个首选项文件的名称，以响应方法 getPrefname()。此首选项文件然后用于保存从 getPrefsToSave() 获得的键/值对。在一个反向操作（setValueForPref()）中，要求派生类根据从首选项存储还原的一个键值对设置它的内部值。

最后，调用派生类的 init() 方法来表明值已从持久存储中还原，或者表明可能发生的任何其他初始化操作。

> **说明**　请记住，在实际的应用程序中，建立此继承关系的方式有所不同：你可能使用重用委托机制，而不是继承。但是，这一继承层次结构能很好地应用于我们的测试用例来演示部件模型。

现在看看将部件数据字段存储为共享首选项的抽象实现。

2. 部件模型的抽象实现

负责与持久存储进行交互的所有代码是在 APrefWidgetModel 类中实现的（参见代码清单 25-11）。此类中的 Pref 代表 Preference，因为此类使用了 Android 的 SharedPrferences 工具来存储部件模型数据。

此外，此类还体现了基本部件的思想。字段 id 表示部件的实例 ID。此类始终需要一个构造函数，该函数接受部件实例 ID 作为参数来满足实例 ID 需求。

我们看一下此类的源代码，如代码清单 25-11 所示。此类的重要方法已突出显示。

代码清单 25-11　通过共享首选项实现部件保存

```
//filename: /src/.../APrefWidgetModel.java
public abstract class APrefWidgetModel
implements IWidgetModelSaveContract
{
   private static String tag = "AWidgetModel";

   public int iid;
   public APrefWidgetModel(int instanceId) {
      iid = instanceId;
   }
//abstract methods
   public abstract String getPrefname();
   public abstract void init();
   public Map<String,String> getPrefsToSave(){   return null;}

   public void savePreferences(Context context){
      Map<String,String> keyValuePairs = getPrefsToSave();
if (keyValuePairs == null){
   return;
}
   //going to save some values
SharedPreferences.Editor prefs =
   context.getSharedPreferences(getPrefname(), 0).edit();
```

```
      for(String key: keyValuePairs.keySet()){
         String value = keyValuePairs.get(key);
         savePref(prefs,key,value);
      }
      //finally commit the values
      prefs.commit();
   }

   private void savePref(SharedPreferences.Editor prefs,
                     String key, String value) {
      String newkey = getStoredKeyForFieldName(key);
      prefs.putString(newkey, value);
   }
   private void removePref(SharedPreferences.Editor prefs, String key) {
      String newkey = getStoredKeyForFieldName(key);
      prefs.remove(newkey);
   }
   protected String getStoredKeyForFieldName(String fieldName){
      return fieldName + "_" + iid;
   }
   public static void clearAllPreferences(Context context, String prefname) {
      SharedPreferences prefs=context.getSharedPreferences(prefname, 0);
      SharedPreferences.Editor prefsEdit = prefs.edit();
      prefsEdit.clear();
      prefsEdit.commit();
   }

   public boolean retrievePrefs(Context ctx) {
      SharedPreferences prefs = ctx.getSharedPreferences(getPrefname(), 0);
      Map<String,?> keyValuePairs = prefs.getAll();
      boolean prefFound = false;
      for (String key: keyValuePairs.keySet()){
         if (isItMyPref(key) == true){
            String value = (String)keyValuePairs.get(key);
            setValueForPref(key,value);
            prefFound = true;
         }
      }
      return prefFound;
   }
   public void removePrefs(Context context) {
      Map<String,String> keyValuePairs = getPrefsToSave();
      if (keyValuePairs == null){
         return;
      }
      //going to save some values
       SharedPreferences.Editor prefs =
          context.getSharedPreferences(getPrefname(), 0).edit();

       for(String key: keyValuePairs.keySet()){

             removePref(prefs,key);
          }
          //finally commit the values
          prefs.commit();
      }
   private boolean isItMyPref(String keyname) {
      if (keyname.indexOf("_" + iid) > 0){
         return true;
      }
      return false;
   }
   public void setValueForPref(String key, String value) {
```

```
        return;
    }
}
```

我们看一下此类的重要方法是如何实现的。首先将部件模型特性保存到一个共享首选项文件中：

```
public void savePreferences(Context context)
{
    Map<String,String> keyValuePairs = getPrefsToSave();
    if (keyValuePairs == null){ return; }

    //going to save some values
    SharedPreferences.Editor prefs =
    context.getSharedPreferences(getPrefname(), 0).edit();

    for(String key: keyValuePairs.keySet()){
        String value = keyValuePairs.get(key);
        savePref(prefs,key,value);
    }
    //finally commit the values
    prefs.commit();
}
```

此方法首先要求派生类返回一个键/值对映射，其中的键是模型的特性，值是这些特性值的字符串表示。它然后通过 context.getSharedPreferences()要求 Android Context 获得 SharedPreferences 文件。此 API 需要为此包提供一个唯一名称。派生模型负责提供此名称。

获得了共享首选项以后，依据 Android 文档，我们将要求获取共享首选项的可编辑版本。然后逐个更新首选项。完成之后，对首选项执行 commit()方法，以便将它们持久化。

关于 SharedPreferences 类和 SharedPreferences.Editor 类的更多信息，请参阅 API 参考文档和第 13 章。25.6 节提供了包含这些信息的 URL。还需要注意，这些共享首选项文件是 XML 文件，可在包的数据目录中找到。

因为我们使用了一个文件来存储所有部件实例的数据，所以需要一种方式来在多个部件实例之间区分字段名称。例如，如果有两个部件实例 1 和 2，那么需要两个键来存储 Name 特性，所以有两个键 name_1 和 name_2。在以下方法中执行这一转换：

```
protected String getStoredKeyForFieldName(String fieldName) {
    return fieldName + "_" + iid;
}
```

当使用 setValue()方法调用派生类时，该类还会使用此方法来检查哪个字段需要更新。

3. 生日部件的部件模型实现

最终，此部件模型层次结构中最底层的派生类负责实际操作视图需要的所有字段。它依赖其基类来进行存储和检索。我们采用了一种独特的方式来设计这个最底层派生类，使处理这些模型的客户端能够直接处理最底层的派生类，因为这是与它们最相关的类。

例如，当配置器活动首次创建部件实例时，配置器活动实例化这些类中的一个，填充该类的值并要求保存其自身。

为了满足视图的需求，此类维护 3 个字段。

❑ name：人员的姓名。

❑ bday：下一个生日的日期。

❑ url：购买礼物需要转到的 URL。

该类然后通过计算得到特性 howManyDays，表示今天距离下一个生日的天数。

你还会注意到，此类负责履行保存契约。这些方法如下所示：

```java
public void setValueForPref(String key, String value);
public String getPrefname();
public Map<String,String> getPrefsToSave();
```

代码清单 25-12 中的代码将所有这些部分组织到一起。

代码清单 25-12　BDayWidgetModel：实现状态模型

```java
//filename: /src/.../BDayWidgetModel.java
public class BDayWidgetModel extends APrefWidgetModel
{
    private static String tag="BDayWidgetModel";

    // Provide a unique name to store date
    private static String BDAY_WIDGET_PROVIDER_NAME=
        "com.androidbook.BDayWidget.BDayWidgetProvider";

    // Variables to paint the widget view
    private String name = "anon";

private static String F_NAME = "name";

private String bday = "1/1/2001";
private static String F_BDAY = "bday";



    // Constructor/gets/sets
public BDayWidgetModel(int instanceId){
    super(instanceId);
}
public BDayWidgetModel(int instanceId, String inName, String inBday){
    super(instanceId);
    name=inName;
    bday=inBday;
}
 public void init(){}
 public void setName(String inname){name=inname;}
 public void setBday(String inbday){bday=inbday;}

 public String getName(){return name;}
 public String getBday(){return bday;}

 public long howManyDays(){
    try      {
        return Utils.howfarInDays(Utils.getDate(this.bday));
    }
    catch(ParseException x){
        return 20000;
    }
 }
}

//Implement save contract

public void setValueForPref(String key, String value){
    if (key.equals(getStoredKeyForFieldName(BDayWidgetModel.F_NAME))){
        this.name = value;
        return;
```

```
        }
        if (key.equals(getStoredKeyForFieldName(BDayWidgetModel.F_BDAY))){
            this.bday = value;
            return;
        }
    }
    public String getPrefname()  {
        return BDayWidgetModel.BDAY_WIDGET_PROVIDER_NAME;
    }

    //return key value pairs you want to be saved
    public Map<String, String> getPrefsToSave()  {
        Map<String, String> map
        = new HashMap<String, String>();
        map.put(BDayWidgetModel.F_NAME, this.name);
        map.put(BDayWidgetModel.F_BDAY, this.bday);
        return map;
    }
    public String toString()  {
        StringBuffer sbuf = new StringBuffer();
        sbuf.append("iid:" + iid);
        sbuf.append("name:" + name);
        sbuf.append("bday:" + bday);
        return sbuf.toString();
    }
    public static void clearAllPreferences(Context ctx){
        APrefWidgetModel.clearAllPreferences(ctx,
                BDayWidgetModel.BDAY_WIDGET_PROVIDER_NAME);
    }

    public static BDayWidgetModel retrieveModel(Context ctx, int widgetId){
        BDayWidgetModel m = new BDayWidgetModel(widgetId);
        boolean found = m.retrievePrefs(ctx);
        return found ? m:null;
    }
}
```

可以看到，此类使用了两个与日期相关的实用程序。在解释部件配置活动实现之前，先介绍一下这些实用程序的源代码。

4. 一些与日期相关的实用程序

代码清单 25-13 包含一个用于处理日期的实用程序类。它接受一个日期字符串并验证该值是否为有效的日期。它还会计算今天距离该日期的天数。该类的代码不言自明。为了保证内容的完备性，我们在此给出了它的代码。

代码清单 25-13   日期实用程序

```
public class Utils
{
    private static String tag = "Utils";
    public static Date getDate(String dateString)
    throws ParseException {
        DateFormat a = getDateFormat();
        Date date = a.parse(dateString);
        return date;
    }
    public static String test(String sdate){
        try {
            Date d = getDate(sdate);
```

```
            DateFormat a = getDateFormat();
            String s = a.format(d);
            return s;
        }
        catch(Exception x){
            return "problem with date:" + sdate;
        }
    }
    public static DateFormat getDateFormat(){
        SimpleDateFormat df = new SimpleDateFormat("MM/dd/yyyy");
        //DateFormat df = DateFormat.getDateInstance(DateFormat.SHORT);
        df.setLenient(false);
        return df;
    }
    //valid dates: 1/1/2009, 11/11/2009,
    //invalid dates: 13/1/2009, 1/32/2009
    public static boolean validateDate(String dateString){
        try {
            SimpleDateFormat df = new SimpleDateFormat("MM/dd/yyyy");
            df.setLenient(false);
            Date date = df.parse(dateString);
            return true;
        }
        catch(ParseException x) {
            return false;
        }
    }
    public static long howfarInDays(Date date){
        Calendar cal = Calendar.getInstance();
        Date today = cal.getTime();
        long today_ms = today.getTime();
        long target_ms = date.getTime();
        return (target_ms - today_ms)/(1000 * 60 * 60 * 24);
    }
}
```

现在看一下前面提到的配置活动的实现。

25.2.6 实现部件配置活动

在 25.1 节，我们介绍了配置活动的作用和它的职责。对于生日部件示例，这些职责是在一个名为 ConfigureBDayWidgetActivity 的活动类中实现的。可以在代码清单 25-14 中看到此类的源代码。

此类收集人员的姓名和下一个生日，然后创建一个 BDayWidgetModel 并将其存储在共享首选项中。

代码清单 25-14 实现配置器活动

```
public class ConfigureBDayWidgetActivity extends Activity
{
    private static String tag = "ConfigureBDayWidgetActivity";
    private int mAppWidgetId = AppWidgetManager.INVALID_APPWIDGET_ID;

    /** Called when the activity is first created. */
    @Override
    public void onCreate(Bundle savedInstanceState) {
        super.onCreate(savedInstanceState);
        setContentView(R.layout.edit_bday_widget);
        setupButton();
```

25

```java
            Intent intent = getIntent();
            Bundle extras = intent.getExtras();
            if (extras != null) {
                mAppWidgetId = extras.getInt(
                        AppWidgetManager.EXTRA_APPWIDGET_ID,
                      AppWidgetManager.INVALID_APPWIDGET_ID);
            }

    }

    private void setupButton(){
        Button b = (Button)this.findViewById(R.id.bdw_button_update_bday_widget);
        b.setOnClickListener(
            new Button.OnClickListener(){
                public void onClick(View v)
                {
                    parentButtonClicked(v);
                }
            });

    }
    private void parentButtonClicked(View v){
        String name = this.getName();
        String date = this.getDate();
        if (Utils.validateDate(date) == false){
            this.setDate("wrong date:" + date);
            return;
        }
        if (this.mAppWidgetId == AppWidgetManager.INVALID_APPWIDGET_ID){
            return;
        }
        updateAppWidgetLocal(name,date);
        Intent resultValue = new Intent();
        resultValue.putExtra(AppWidgetManager.EXTRA_APPWIDGET_ID, mAppWidgetId);
        setResult(RESULT_OK, resultValue);
        finish();
    }
    private String getName(){
        EditText nameEdit = (EditText)this.findViewById(R.id.bdw_bday_name_id);
        String name = nameEdit.getText().toString();
        return name;
    }
    private String getDate(){
        EditText dateEdit = (EditText)this.findViewById(R.id.bdw_bday_date_id);
        String dateString = dateEdit.getText().toString();
        return dateString;
    }
    private void setDate(String errorDate){
        EditText dateEdit = (EditText)this.findViewById(R.id.bdw_bday_date_id);
        dateEdit.setText("error");
        dateEdit.requestFocus();
    }
    private void updateAppWidgetLocal(String name, String dob){
        BDayWidgetModel m = new BDayWidgetModel(mAppWidgetId,name,dob);
        updateAppWidget(this,AppWidgetManager.getInstance(this),m);
        m.savePreferences(this);
    }

    public static void updateAppWidget(Context context,
            AppWidgetManager appWidgetManager,
            BDayWidgetModel widgetModel)
```

```
{
    RemoteViews views = new RemoteViews(context.getPackageName(),
            R.layout.bday_widget);

    views.setTextViewText(R.id.bdw_w_name
        , widgetModel.getName() + ":" + widgetModel.iid);

    views.setTextViewText(R.id.bdw_w_date
        , widgetModel.getBday());

    //update the name
    views.setTextViewText(R.id.bdw_w_days,
                    Long.toString(widgetModel.howManyDays()));

        Intent defineIntent = new Intent(Intent.ACTION_VIEW,
            Uri.parse("http://www.google.com"));
        PendingIntent pendingIntent =
            PendingIntent.getActivity(context,
                    0 /* no requestCode */,
                    defineIntent,
                    0 /* no flags */);
        views.setOnClickPendingIntent(R.id.bdw_w_button_buy, pendingIntent);

    // Tell the widget manager
    appWidgetManager.updateAppWidget(widgetModel.iid, views);
    }
}
```

如果查看函数 updateAppWidgetLocal()的代码，可以看到它创建并存储了模型，然后使用函数 updateAppWidget()显示该模型。请注意，函数 updateAppWidget()使用一个挂起的 Intent 注册了一个回调。这个挂起的 Intent 接受一个主要的 Intent，比如

```
Intent defineIntent = new Intent(Intent.ACTION_VIEW,
    Uri.parse("http://www.google.com"));
```

并创建一个挂起的 Intent 来"启动活动"。对比之下，挂起的 Intent 也可用于"启动服务"。还需要注意，此函数还处理 RemoteViews 和 AppWidgetManager。请注意此函数完成了以下操作：

❑ 从布局获取 RemoteViews；

❑ 在 RemoteViews 上设置文本值；

❑ 通过 RemoteViews 注册挂起的 Intent；

❑ 调用 AppWidgetManager 来将 RemoteViews 发送到部件；

❑ 最后返回结果。

说明   静态函数 dupateAppWidget 可从任何位置调用，只要知道部件 ID。这意味着，可以从设备上的任何位置和从任何进程更新部件，无论采用可视还是非可视方式都是如此。

使用以下代码结束部件配置活动也很重要：

```
Intent resultValue = new Intent();
resultValue.putExtra(AppWidgetManager.EXTRA_APPWIDGET_ID, mAppWidgetId);
setResult(RESULT_OK, resultValue);
finish();
```

请注意我们将部件 ID 传递回了调用方。AppWidgetManager 就是通过这种方式知道配置器活动完成

了对该部件实例的配置。

在部件配置讨论的最后，我们通过代码清单 25-15 给出部件配置活动的表格布局。此视图非常简单：它包含两个文本框和编辑控件，以及一个更新按钮。在图 25-4 中也可以看到此视图。

代码清单 25-15　配置器活动的布局定义

```xml
<?xml version="1.0" encoding="utf-8"?>
<!-- res/layout/edit_bday_widget.xml -->
<LinearLayout xmlns:android="http://schemas.android.com/apk/res/android"
    android:id="@+id/root_layout_id"
    android:orientation="vertical"
    android:layout_width="fill_parent"
    android:layout_height="fill_parent"
    >
<TextView
    android:id="@+id/bdw_text1"
    android:layout_width="fill_parent"
    android:layout_height="wrap_content"
    android:text="Name:"
    />
<EditText
    android:id="@+id/bdw_bday_name_id"
    android:layout_width="fill_parent"
    android:layout_height="wrap_content"
    android:text="Anonymous"
    />
<TextView
    android:id="@+id/bdw_text2"
    android:layout_width="fill_parent"
    android:layout_height="wrap_content"
    android:text="Birthday (9/1/2001):"
    />
<EditText
    android:id="@+id/bdw_bday_date_id"
    android:layout_width="fill_parent"
    android:layout_height="wrap_content"
    android:text="ex: 10/1/2009"
    />
<Button
    android:id="@+id/bdw_button_update_bday_widget"
    android:layout_width="fill_parent"
    android:layout_height="wrap_content"
    android:text="update"
/>
</LinearLayout>
```

关于示例部件的实现就讨论到这里。

25.3　部件预览工具

前面已经简要介绍了如何在部件定义 XML 文件中指定部件预览图像（参见代表清单 25-2）。

模拟器提供了一个帮助应用程序，可用于捕捉部件的截图，将来作为预览图像之用。作为开发者，查看模拟器的应用程序列表，查找部件预览应用程序，就可以调用这个应用程序。这个应用程序支持选择希望预览的部件。在选择部件之后，相应的部件配置器（如果有）就会显示。最后，就可以创建出一个部件实例。然后，部件预览应用程序支持部件截图，然后通过电子邮件发送该文件。

另外，开发者也可以提供任何图标化的预览图像。所有操作都是为了创建一个预览图：图标。获取图标的方式取决于开发者本身。

25.4 部件局限性和扩展

乍看起来，Android 主屏幕部件非常简单。但是，在开始编写比较个性的部件时，就需要考虑它们的许多细微特征了。

如果部件不需要任何状态管理，也不需要在一天内调用许多次，那么这个部件很容易编写。

更高一个层次的部件需要管理状态，但不会频繁地调用，比如我们在这里展示的部件。这些类型的部件可以利用状态管理框架获益。本章介绍了一种基本的状态管理框架。我们假设更复杂的框架即将推出，或者你可以编写更加健壮和灵活的框架。

再高一个层次的部件必须数秒或数毫秒调用一次。对于这些部件，将需要使用闹钟管理器自行控制更新调用。可能还需要一个服务来频繁地管理状态，而不是依赖于持久性框架。例如，如果打算为 StopWatch 编写一个部件，需要有一个至少能精确到秒的计时器，还需要记录反映状态的计数器值。本书之前已介绍了 AlarmManager 和长期运行的服务。

要考虑的另一个因素是，部件视图框架所依赖的 RemoteViews 没有提供一种机制直接在部件上进行编辑（至少目前没有有关这种机制的记载）。RemoteViews 在可以使用的视图和布局类型方面还具有一些限制。无法直接控制视图，只能通过 RemoteViews 类提供的方法来控制。

基于目前的部件的设计和目的，谷歌似乎期望将大部分部件都归为第 1 类或第 2 类。在未来的版本中，很可能会扩展部件框架。

25.5 基于容器的部件

从 SDK3.0 开始，Android 扩展了部件，增加了基于容器的部件。对此，我们将从下一章开始介绍。

25.6 资源

在为本章准备材料期间，我们发现以下资源很有用。下面按照实用性顺序将它们列出。

☐ 应用程序部件的官方 Android SDK 文档可通过 http://developer.android.com/guide/topics/appwidgets/index.html 获得。

☐ 需要了解管理状态的 SharedPreferences API。此类的 API URL 为 http://developer.android.com/reference/android/content/SharedPreferences.html。

☐ 与共享首选项相关的 API 为 SharedPreferences.Editor API。可通过 http://developer.android.com/reference/android/content/SharedPreferences.Editor.html 获得。

☐ 参考以下 Android 链接，设计令人赏心悦目的部件布局：http://developer.android.com/guide/practices/ui_guidelines/widget_design.html。

☐ 要绘制和操作部件视图，需要了解 RemoteViews API。此 API 可通过 http://developer.android.com/reference/android/widget/RemoteViews.html 获得。

❑ 部件本身由部件管理器类管理。可以在 http://developer.android.com/reference/android/appwidget/ AppWidgetManager.html 上找到此类的 API。

❑ 关于编写本书所用到的研发笔记，包括小总、研发、代码片段及有用的 URL，请参阅 www. androidbook.com/item/3938。

❑ 关于本章可下载的测试项目，请参阅 www.androidbook.com/Proandroid4/projects。本章 ZIP 文件的名称为 ProAndroid4 _ch25_TestWidgets.zip。

25.7　小结

本章所介绍的主要内容如下。

❑ 部件背后的理论。

❑ 表明部件细微特征的实例。

❑ 部件模型和部件状态管理的必要性。

❑ 状态管理实现。

❑ 部件的设计问题和局限性。

25.8　面试问题

回答以下问题，进一步巩固本章所学的知识点。

(1) 部件与远程视图之间有什么联系？

(2) 如何在主屏幕上创建部件？

(3) 如何删除主屏幕的部件？

(4) 是否可以在主屏幕上多次创建一个部件？

(5) 什么是部件配置活动？

(6) 什么是部件提供程序类？

(7) 为什么无法配置一个不到每 30 分钟内自动更新的部件？

(8) 部件定义的起点是什么？

(9) 部件视图定义存储在哪一个目录？

(10) 部件定义 XML 文件可以指定哪些配置？

(11) 使用哪一个 Java 类可以更新远程视图的内容？

(12) 负责第一次绘制部件远程视图的是部件提供程序还是配置器？

(13) 是否一定要使用部件配置器？

(14) 如果不存在部件配置器，那么谁负责执行第一次部件更新？

(15) 维持两个应用程序部件更新状态的困难是什么？

(16) 部件提供程序类有哪四个回调方法？

(17) 如何启用或禁用部件提供程序以接收部件提供程序更新消息？

(18) onEnabled()和部件配置器调用之间是否存在竞争条件？

(19) 为什么应该重用 onUpdate()和部件配置器之间的代码？

(20) 哪一个元数据键可用于表示部件 XML 配置文件？

(21) 定义部件配置活动需要使用哪一个 Intent 过滤操作？

(22) 部件提供程序应该实现哪四个方法？

(23) 部件实例 ID 如何传递给部件提供程序回调方法？

(24) 哪一个 API 可用于访问共享首选项文件？

(25) 如何指定首选项文件名？

(26) 哪一个 API 可用于在首选项文件中保存键/值对？

(27) 共享首选项文件存放在设备的何处？

(28) 如何附加一个挂起 Intent，以启动部件视图的活动？

第 26 章

列表部件

26

正如第 25 章所介绍的,主屏幕部件的核心由远程视图构成。主屏幕部件实质上是一种在主屏幕中显示的远程视图。远程视图是指与底层数据完全分离的视图,其状态很像与服务器断开的网页。

2.3 版本并不支持集合视图,如列表和网格。3.0 版本开始支持集合视图,可以在主屏幕上显示体验更加丰富的部件,同时还提供了一个最小框架,使基于集合的部件能够异步的加载和显示数据,以及一些专业支持这些功能的新类和方法。此外,你可能知道,3.0 SDK 是专门针对平板电脑进行优化的,而非针对手机。4.0 版本将 2.3 版本和 3.0 版本的 API 合并为同时支持平板电脑和手机的 API。虽然本章使用平板电脑 UI 来介绍部件概念,但是在 4.0 版本中,这个 API 同样适用于手机。

26.1 远程视图概述

RemoteViews 类不支持直接通过显式视图对象构造对象。而且,RemoteViews 也不能直接接受视图对象。相反,只需要给 RemoteViews 的构造函数传入一个布局文件,就可以创建远程视图对象。从 4.0 版本开始,布局文件只支持以下视图。

- ❏ FrameLayout
- ❏ LinearLayout
- ❏ RelativeLayout
- ❏ AnalogClock
- ❏ Button
- ❏ Chronometer
- ❏ ImageButton
- ❏ ProgressBar
- ❏ ListView
- ❏ GridView
- ❏ StackView
- ❏ TextView
- ❏ DateTimeView
- ❏ ImageView
- ❏ AdapterViewFlipper

❑ ViewFlipper

后续版本可能会增加更多的远程视图。要确定 RemoteViews 当前支持哪些 UI 对象，关键是确定这些类是否注释了接口 RemoteViews.RemoteView。

有了这些信息，就可以使用 Eclipse 确定项目中使用这个注释的类。具体的操作步骤如下：

(1) 在源代码中，添加 RemoteView 接口 import 语句。

(2) 突出显示该接口名称。

(3) 右键单击，转到 References 选项。

(4) 选择查看该接口在项目中的引用。

这样就会得到一组注释为 RemoteView 接口的类。

26.2 在远程视图中使用列表

在第 25 章中，我们介绍了 SDK 中支持主屏幕部件的类。其中，最重要的类包括 AppWidgetProvider、AppWidgetManager、RemoteViews 和一个为 AppWidgetProvider 配置初始化参数的活动。

简要地说，这是主屏幕部件运行的核心概念（了解这一点有利于理解后面的内容）。AppWidgetProvider 是一个广播接收器，它会定期调用一次，时间间隔由配置文件设置的定时器周期确定。然后，AppWidgetProvider 会基于布局文件加载 RemoteViews 实例。然后，这个 RemoteViews 对象会再传递给 AppWidgetManager，从而显示在主屏幕上。

另外，可以在将部件首次显示在主屏幕之前，让 Android 调用一个配置活动。这样，配置活动就可以为部件设置初始化参数。

此外，可以在部件的远程视图上设置 onClick 事件，这样就可以基于事件触发 Intent。然后，这些 Intent 就可以调用任意必需的组件，包括发送消息到 AppWidgetProvider 广播接收器。

总体而言，所有这些都与主屏幕部件相关。其他方面都属于各个基础概念的机制和变化。为了支持基于列表的远程视图，Android 3.0/4.0 增加了以下新类。

26

❑ RemoteViewsFactory 这个类支持填充基于列表的远程视图，它与列表适配器填充常规列表视图非常相似。（参见第 6 章。）这个类是列表视图适配器的瘦包装类，可以以异步方式为列表型远程视图添加各个远程视图。所以，这个类的主要作用是为列表中各个项目提供远程视图。这个工厂类会加载各个列表项目的布局，然后在填充数据之后返回布局。显然，这个布局只支持远程视图作为子项目的一部分。

❑ RemoteViewsService 这个类是一个服务类，负责返回布局文件中一个指定列表视图 ID 的 RemoteViewsFactory。AppWidgetProvider 会负责为列表型远程视图绑定一个远程视图服务。其执行过程是在列表型远程视图上附加一个知道如何调用该服务的 Intent。这个服务可以延长含 AppWidgetProvider 的进程的生命周期。否则，当广播接收器返回时，这个过程会被回收。第 19 章介绍了广播接收器和其生命周期中运行的服务之间的共存关系。

为了支持基于列表的远程视图，新版本增加了以下新 API 方法。

❑ RemoteViews.setPendingIntentTemplate() 这个方法可用于在列表型远程视图中设置挂起 Intent 模板，以响应列表项目的单击事件。我们将在后面详细讲述时会介绍这些模板。

❑ RemoteViews.setOnClickFillIntent() 这个方法可以设置列表型远程视图的各个列表项目，

通常与前一个方法一起使用。

　　一起使用这两个方法，就可以响应列表型远程视图的单击事件。这两个方法的设计意图在于尽可能少地创建挂起的 Intent。

　　在本章中，我们将详细介绍这些类与方法。使用这些新特性，就可以按照以下步骤在主屏幕部件上显示一个列表视图。回顾主屏幕部件概述（本节前面部分）有助于理解以下步骤。

　　(1) **准备部件的远程布局**　在部件上创建含有列表视图的符合要求的远程布局。远程布局是一种只允许远程显示视图的常规布局。它与在其他主屏幕部件上的操作没有任何区别（具体参见第 25 章）。

　　(2) **加载远程布局**　在部件提供程序的 onUpdate()方法中，加载上一步的混合远程布局视图作为远程视图。同样，这里没有任何区别。

　　(3) **创建 RemoteViewsService**　通过 ID 找到列表视图，在该列表型远程视图 ID 上设置一个 Intent，这样 Intent 就能够调用列表型远程视图服务。

　　(4) **创建 RemoteViewsFactory**　第(3)步创建的列表型远程视图服务需要返回一个列表 RemoteViews-Factory，由它负责填充列表型远程视图。

　　(5) **创建单击事件**　作为创建 AppWidgetProvider 列表型远程视图的一部分，同样设置 onClick 挂起 Intent 模板，以响应该 Intent。然而，还需要使用 RemoteViewsFactory，相应地创建列表中各个视图的单击事件。这是因为，远程列表视图的项目由列表视图工厂填充。

　　(6) **响应单击事件**　有时候还需要响应远程列表视图所设置的 onClick 事件。可以选择将 AppWidget-Provider 作为这些事件的接收器。另外，还需要准备广播接收器，用于接收和响应远程视图的 onClick 事件。

　　下面，我们将使用带注释的示例代码说明这些步骤。

26.2.1　准备远程布局

　　正如上一节所介绍的，现在可以在显示为主屏幕部件的远程视图中加入列表视图。代码清单 26-1 显示了一个包含列表视图的远程布局示例。

代码清单 26-1　带有列表视图的远程布局文件

```
<?xml version="1.0" encoding="utf-8"?>
<!-- /res/layout/test_list_widget_layout.xml -->
<LinearLayout xmlns:android="http://schemas.android.com/apk/res/android"
    android:orientation="vertical"
    android:layout_width="150dp"
    android:layout_height="match_parent"
    android:background="@drawable/box1">
<TextView
    android:id="@+id/listwidget_header_textview_id"
    android:layout_width="fill_parent"
    android:layout_height="30dp"
    android:text="Header View"
    android:background="@drawable/box1"
    android:gravity="center"
    android:layout_weight="0"/>
<FrameLayout
    android:layout_width="match_parent"
    android:layout_height="match_parent"
    android:layout_weight="1"
```

```
        android:layout_gravity="center">
        <ListView android:id="@+id/listwidget_list_view_id"
            android:layout_width="match_parent"
            android:layout_height="match_parent"/>
        <TextView
            android:id="@+id/listwidget_empty_view_id"
            android:layout_width="match_parent"
            android:layout_height="match_parent"
            android:gravity="center"
            android:visibility="gone"
            android:textColor="#ffffff"
            android:text="Empty Records View"
            android:textSize="20sp" />
</FrameLayout>
<TextView
        android:id="@+id/listwidget_footer_textview_id"
        android:layout_width="fill_parent"
        android:layout_height="30dp"
        android:text="Footer View"
        android:background="@drawable/box1"
        android:gravity="center"
        android:layout_weight="0"/>
</LinearLayout>
```

在代码清单 26-1 中，每一个 XML 节点都代表一个有效的远程视图。这个布局在显示为主屏幕部件时，其布局效果如图 26-1 所示。

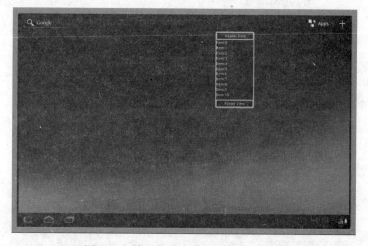

图 26-1　填充了列表视图部件的主屏幕

代码清单 26-1 的布局由标题、正文和脚注组成。标题和脚注都设置为固定高度；在这个例子中，设定的高度为 30dp。然而，正文要设置为可伸缩高度，以占用剩余的垂直高度。实现方法是在标题和脚注上将 android:layout_weight 设置为 0。然后，在正文上将 android:layout_weight 设置为 1，将 android:layout_height 设置为 match_parent。

占据部件正文位置的 FrameLayout 需要多解释几句。FrameLayout 会选择其中一个子元素作为唯一视图。在这个例子中，如果列表包含数据，则使用 ListView。如果列表为空，则使用空文本视图。这个配置可由 RemoteViewsFactory 实现。

此外，在这个布局文件中，标识符为 @drawable/box1 的是一个自定义圆角控件。代码清单 26-2 是位于 /res/drawable 子目录的 box1.xml 文件。

代码清单 26-2　res/drawable/box1.xml

```
<shape xmlns:android="http://schemas.android.com/apk/res/android">
    <stroke android:width="4dp" android:color="#888888" />
    <padding android:left="2dp" android:top="2dp"
             android:right="2dp" android:bottom="2dp" />
    <corners android:radius="4dp" />
</shape>
```

我们已经创建了主屏幕部件的示例布局，接下来将讨论如何将这个布局加载到远程视图中。

26.2.2　加载远程布局

在主屏幕部件中，远程视图由 AppWidgetProvider 的回调方法 onUpdate() 加载和显示。代码清单 26-3 给出了一个加载远程布局的示例。

代码清单 26-3　在 onUpdate() 中加载远程布局

```
public void onUpdate(Context context,
                     AppWidgetManager appWidgetManager,
                     int[] appWidgetIds)
{
    int N = appWidgetIds.length;
    for (int i=0; i<N; i++)
    {
        int appWidgetId = appWidgetIds[i];

        RemoteViews rv =
        new RemoteViews(context.getPackageName(),
                R.layout.test_list_widget_layout);

        rv.setEmptyView(R.id.listwidget_list_view_id,
                    R.id.listwidget_empty_view_id);

        //update this instance of the app widget
        appWidgetManager.updateAppWidget(appWidgetId, rv);
    }
    super.onUpdate(context,appWidgetManager, appWidgetIds);
}
```

注意，RemoteViews 对象由描述整个部件的布局文件 ID 构建。这个布局文件与代码清单 26-1 所示文件相同。然后，使用所获得的 RemoteViews 对象，在该布局文件中设置特定列表资源（由其 ID 定位）的空视图。

在代码清单 26-3 的示例中，布局文件的标识是 R.layout.test_list_widget_layout。

这个文件中的列表视图资源的标识是 R.id.listwidget_list_view_id。

这个列表视图资源的空视图的标识是 R.id.listwidget_empty_view_id。

代码清单 26-4 所示代码说明了如何使用这些 ID 构造一个远程视图，并在其中一个列表视图上设置空视图。

代码清单 26-4 加载 RemoteViews

```
RemoteViews rv =
new RemoteViews(context.getPackageName(),
    R.layout.test_list_widget_layout);

rv.setEmptyView(R.id.bdw_list_view_id,
    R.id.empty_view_id);
```

26.2.3 创建 RemoteViewsService

到现在为止，我们已经在 AppWidgetProvider 的 onUpdate() 方法中成功加载了远程视图。现在，我们需要为列表型远程视图附加一个远程视图服务，这样远程视图服务就可以返回填充列表型远程视图的适配器。

为什么是一个服务？为什么不直接将远程视图工厂附加到远程列表视图？

因为 AppWidgetProvider 是一个广播接收器，部件提供程序的 onUpdate() 方法会在广播接收器的时间约束条件下运行。为了避免出现时间临界状态，Android 3.0 将填充列表视图的任务转交给一个继承 android.widget.RemoteViewsService 的独立服务。然后，这个 RemoteViewsService 负责返回一个可以填充列表的列表适配器。这个适配器的类型必须属于 RemoteViewsService.RemoteViewsFactory。在某种程度上，这是一个反复的过程，最终会从远程列表视图工厂中获得远程列表视图。

代码清单 26-5 显示了一个编码实例，说明如何编写一个远程视图服务，及其返回远程视图工厂的方式。

代码清单 26-5 RemoteViewsService 示例

```
public class TestRemoteViewsService
extends android.widget.RemoteViewsService
{
    @Override
    public RemoteViewsFactory onGetViewFactory(Intent intent)
    {
        return new TestRemoteViewsFactory(
                this.getApplicationContext(), intent);
    }
}
```

注意，在代码清单 26-5 中，

❏ 需要继承 RemoteViewsService。

❏ 需要指定并返回 RemoteViewsFactory。我们将马上介绍这个工厂类。

作为一个服务，继承的 RemoteViewsService（这里是 TestRemoteViewsService）还必须在配置清单文件中声明，如代码清单 26-6 所示：

代码清单 26-6 在配置清单文件中声明 RemoteViewsService

```
<!-- The service serving the RemoteViews to the collection widget -->
<service android:name=".TestRemoteViewsService"
    android:permission="android.permission.BIND_REMOTEVIEWS"
    android:exported="false" />
```

在编写了 RemoteViewsService 之后，就可以使用代码清单 26-7 所示代码将这个服务附加到列表型远程视图对象上。（回想一下，这些代码会在 AppWidgetProvider 的 onUpdate() 方法中运行。）

代码清单 26-7　关联 RemoteViewsService 和 RemoteViewList

```
final Intent intent =
    new Intent(context, TestRemoteViewsService.class);

rv.setRemoteAdapter(appWidgetId,
        R.id.listwidget_list_view_id, intent);
```

在代码清单 26-7 中，首先通过确认 intent 的 RemoteViewsService 类创建一个显式 Intent。然后，调用 setRemoteAdapter()，传入列表视图 ID，将这个 Intent 附加到远程列表视图上。这里所传入的 Intent 就是代码清单 26-5 中 RemoteViewsService 的 onGetViewFactory() 方法所接受的 Intent。而且，Android 会使用这个 Intent 缓存 onGetViewFactory() 返回的工厂。onGetViewFactory() 方法可以检查 Intent 的性质，然后根据不同的 Intent 返回不同的工厂。将一个部件上多个列表视图指定为同一个服务，是非常有用的。但是如果想要缓存工厂，则需要创建各不相同的 Intent。使用这个部件 ID 作为实现这种唯一性的附加条件。

26.2.4　创建 RemoteViewsFactory

虽然指定由 RemoteViewsService 填充列表，但是最终负责填充列表视图的是 RemoteViewsFactory。所以，要填充列表视图内容，首先从实现与适配器相似的接口 RemoteViewsFactory 开始。（参见第 6 章，了解列表控件和列表适配器。）

代码清单 26-8 显示了实现这个工厂接口的类的主要方法声明。

代码清单 26-8　RemoteViewsFactory 契约

```
class TestRemoteViewsFactory
implements RemoteViewsService.RemoteViewsFactory
{
    public TestRemoteViewsFactory(Context context, Intent intent);
    public void onCreate();
    public void onDestroy();
    public int getCount();
    public RemoteViews getViewAt(int position);
    public RemoteViews getLoadingView();
    public int getViewTypeCount();
    public long getItemId(int position);
    public boolean hasStableIds();
    public void onDataSetChanged();
}
```

下面，我们将从构造方法开始，逐一介绍这些方法及其作用。

1. RemoteViewsFactory 构造方法

RemoteViewsFactory 构造方法的声明格式是：public TestRemoteViewsFactory(Context context, Intent intent);

这个构造方法有两个参数。第一个参数是上下文。因为这个工厂类由 RemoteViewsService 的具体实现构造（如代码清单 26-5 所示），所以可以使用 getApplicationContext() 方法获取上下文。

构造方法的第二个参数是一个 Intent。这个 Intent 就是用于调用远程视图服务的 Intent。

在构造方法中，这两个值（上下文和 Intent）都可以保存在局部变量中，这样后续方法就可以使用这些变量。而且，它给人留下的印象仍旧是这些工厂对象还可以基于 Intent 进行缓存。

2. onCreate()回调方法

onCreate()的声明格式是 public void onCreate()。

和 Android 中大量组件的模式一样，RemoteViewsFactory 也提供 onCreate()和 onDestroy()方法。

说明 为了理解 onCreate()和 onDestroy()方法的调用时间和方式，需要查看 Android 源代码的两个源文件：RemoteViewsService.java 和 AppWidgetService.java。

正如之前所说的，当 RemoteViewsService 通过调用开始创建 RemoteViewsFactory 实例时（参见代码清单 26-5），它会缓存这个工厂对象。这个缓存是基于调用服务的 Intent 的唯一性来实现的。

当在主屏幕上创建部件时，重复更新部件数据不会创建多个 RemoteViewsFactory 对象实例。相反，更新过程时使用同一个缓存的工厂对象。当 RemoteViewsFactory 对象第一次创建时，就会调用它的 onCreate()方法。

如果将同一个部件的多个实例显示在主屏幕上，也会重用 RemoteViewsFactory 对象。因此，不要在 Intent 上设置额外的部件 ID。即使设置额外的部件 ID，也不要重置该 Intent 的数据 URI 来使 Intent 具有唯一性。

由于既需要实现构造方法，又需要编写 onCreate()方法，所以这两个位置都可以进行类的初始化！

3. onDestroy()回调方法

onDestroy()的声明格式是 public void onDestroy()。

它是 onCreate()方法的补充。onDestroy()的机制有一些复杂。

首先，工厂对象是按照 Intent 进行缓存的。如果屏幕上有 10 个同类部件，那么只有一个 Intent（因此只有同一个服务和工厂对象）服务全部 10 个部件。所以，应该保存该工厂。

在工厂销毁过程中，Android 会应用以下逻辑，将它从缓存清除。

(1) 确定所删除的部件 ID，因为用户会将部件拖到回收站。

(2) 检查所有 Intent（也可能是服务多个部件 ID 的一个 Intent）。

(3) 对于每一个 Intent，从列表删除该部件 ID。

(4) 如果在这个进程中 Intent 不包含部件 ID，那么销毁该工厂。

按照这种逻辑，考虑到性能原因，最好不要将部件 ID 与服务 Intent 一同传递，同时保证 Intent 的唯一性。否则，我们会创建一些不必要的工厂对象。

当从主页面删除特定类型的最后一个部件（已卸载）时，就会触发 onDestroy()。

4. getCount()回调方法

getCount()方法的声明格式是 public int getCount()。

它会返回列表视图项目的总个数。这个方法与第 6 章的列表适配器中对应的方法非常相似。

5. getViewAt()回调方法

getViewAt()方法的声明格式是 public RemoteViews getViewAt(int position)。

这个方法的作用是返回列表视图中指定位置的远程视图。通常，这个方法会加载一个专门适用于该位置中特定类型远程视图的布局，然后使用该位置作为指示符，设置远程视图的值，从而加载相应的数据。代码清单 26-9 是一个加载单个列表视图项目布局的例子。

代码清单 26-9　加载单个列表视图项目布局

```
RemoteViews rv =
    new RemoteViews(
        this.mContext.getPackageName(),
        R.layout.list_item_layout);
```

代码清单 26-9 所引用的布局的配置如代码清单 26-10 所示。

代码清单 26-10　一个列表视图项目布局

```
<?xml version="1.0" encoding="utf-8"?>
<TextView  xmlns:android="http://schemas.android.com/apk/res/android"
    android:id="@+id/textview_widget_list_item_id"
    android:layout_width="fill_parent"
    android:layout_height="wrap_content"
    android:text="Temporary text"
/>
```

在加载远程视图之后（代码清单 26-9），就可以将该远程视图返回到要绘制的调用列表远程视图。这里也是设置这种特殊列表项目视图 onClick 行为的位置。

6. getLoadingView()回调方法

getLoadingView()方法的声明格式是public RemoteViews getLoadingView()。

这个方法会返回一个自定义加载视图，该视图在 getViewAt(position)调用与返回的这段时间中显示。如果想使用默认的加载视图，则可以返回 null。

7. getViewTypeCount()回调方法

getViewTypeCount()方法的声明格式是public int getViewTypeCount()。

如果远程列表视图只包含一种视图作为子视图，那么这个方法会返回 1。如果有多种视图，那么这个方法则返回子视图种类的个数。

8. getItemId()回调方法

getItemId()方法的声明格式是public long getItemId(int position)。

这个方法会返回列表视图中该位置底层项目的对应 ID。这个方法与第 6 章介绍的列表适配器中对应的方法非常相似。

9. hasStableIds()回调方法

hasStableIds()方法的声明格式是public boolean hasStableIds()。

如果在同一个对象中，getItemId()返回相同的列表项目 ID，那么这个方法应该返回 true。这个方法与第 6 章介绍的列表适配器中对应的方法非常相似。

10. onDataSetChanged()回调方法

onDataSetChanged()的声明格式是public void onDataSetChanged()。

如果 AppWidgetManager 发现远程列表视图所在的部件发生变化，那么部件管理器就调用这个方法。这个调用最终会触发远程视图工厂的 onDataSetChanged()。作为响应，我们需要创建底层数据，使 getViewAt()和 getCount()等其他回调方法能够响应新数据。文档规定，这个方法允许使用长时间运行的操作创建数据。

这样就完成了在部件中显示远程列表视图的整个过程。现在，我们将学习如何在列表视图及其子视图上附加单击事件。

26.2.5 创建 onClick 事件

在列表型远程视图上创建单击事件需要经过两个步骤。首先，要在部件提供程序的 onUpdate() 方法中注册列表视图的 onClick 事件。然后，在远程视图工厂的 getViewAt() 方法中注册列表视图各个子视图的 onClick 事件。

首先，需要在主列表视图上注册单击事件。在远程视图上创建单击事件时，必须在单击列表型远程视图时触发一个 Intent。因为 AppWidgetProvider 是一个广播接收器，所以可以将这个底层的 AppWidgetProvider 作为该 Intent 的目标。然后，在 AppWidgetProvider 中分配具体的 onReceive() 回调方法，从而处理该 Intent。

代码清单 26-11 的代码片段显示了如何将部件提供程序作为目标创建一个 onClick Intent。

代码清单 26-11　创建一个自行调用 AppWidgetProvider 的 Intent

```
Intent onListClickIntent =
    new Intent(context,TestListWidgetProvider.class);
```

注意，这个 Intent 会使用部件提供程序的类名指定目标组件。这个 Intent 会传递给部件提供程序。然而，部件提供程序已经能够响应一些包含其他部件相关操作的 Intent。为了将此 Intent 与其他 Intent 区分开来，必须为它创建确切的操作。代码清单 26-12 显示了这样一个例子。

代码清单 26-12　为部件提供程序的 onClick 创建一个唯一操作

```
onListClickIntent.setAction(
    TestListWidgetProvider.ACTION_LIST_CLICK);
```

当然，TestListWidgetProvider.ACTION_LIST_CLICK 是一个自定义操作，最适合定义为部件提供程序 TestListWidgetProvider 的组成部分。

由于单击可能发生在该部件的多个实例上，所以必须在调用 Intent 时加载部件 ID 作为额外参数。代码清单 26-13 显示了这个调用的方式。

代码清单 26-13　在 onClick Intent 中加载部件 ID

```
onListClickIntent.putExtra(
    AppWidgetManager.EXTRA_APPWIDGET_ID, appWidgetId);
```

现在，这个 Intent 已经几近准备好设置为远程列表视图的 onClick Intent。对于这个 Intent，我们还需要执行另一个操作。如果将 Intent 设置为稍后一段时间调用，那么要将它们设置为挂起 Intent。更多细节参见第 5 章和第 20 章中关于挂起 Intent 的内容。

挂起 Intent 不会考虑底层 Intent 设置的任何后续操作，除非在考虑了这些额外信息后发现该 Intent 是唯一的。这时，如果这些 Intent 是唯一的，那么它们也不会考虑额外信息。为了解决这个问题，必须在 Intent 中使用 toUri() 方法。

toUri() 方法会获取 Intent 的所有额外信息，然后使用一个长字符串表示该 Intent，其中额外信息在末尾。如果将这个长字符串作为同一个 Intent 的数据部分，那么实际上是将这个 Intent 变成唯一的。这是因为，Intent 会认为数据部分具有唯一性。代码清单 26-14 显示了使用 toUri() 方法设置 Intent 唯一性的例子。

代码清单 26-14 　 toUri()方法的用法

```
onListClickIntent.setData(
    Uri.parse(
        onListClickIntent.toUri(Intent.URI_INTENT_SCHEME)));
```

当 Intent 变成唯一时，就可以获得所需要的广播挂起 Intent，如代码清单 26-15 所示。

代码清单 26-15 　 从 Intent 获取广播挂起 Intent

```
PendingIntent onListClickPendingIntent =
    PendingIntent.getBroadcast(context, 0,
        onListClickIntent,
        PendingIntent.FLAG_UPDATE_CURRENT);
```

在代码清单 26-15 中，FLAG_UPDATE_CURRENT 标记表示，如果找到一个类似的底层 Intent，则更新它的额外信息。当讨论远程视图如何使用这个挂起 Intent 时，我们就能够理解为什么需要执行这个操作了。

在获取必要的挂起 Intent 之后，如代码清单 26-15 中的那个 Intent，就可以设置列表视图的单击行为。使用 setPendingIntentTemplate()方法，在挂起 Intent 和列表视图之间建立关联。代码清单 26-16 举例说明了如何使用 setPendingIntentTemplate()方法。

代码清单 26-16 　 使用 setPendingIntentTemplate()

```
RemoteViews rv;
rv.setPendingIntentTemplate(R.id.listwidget_list_view_id,
    onListClickPendingIntent);
```

在代码清单 26-16 中，第一个参数是主布局（参见代码清单 26-1）的列表视图 ID。第二个参数是代码清单 26-11 至 26-14 所创建的挂起和准备的 Intent。注意，在代码清单 26-16 中，我们将挂起 Intent 称为挂起 Intent 模板。那么，为什么叫模板呢？

按照 SDK 文档所述，Android 不会为列表中每一行组件创建一个挂起 Intent。它会创建一个为整个列表服务的 Intent，然后在用户单击各个列表项目时重写其额外信息。Android 的方法是在创建一个列表级挂起 Intent，然后为该 Intent 重新发布不同的额外信息。这就是代码清单 16-15 的挂起 Intent 会为额外信息设置更新标记的原因所在。

现在，让我们学习如何从各个列表项目的 RemoteViews 获取额外信息。可以想象，这个操作正是在构建列表型远程视图项目的位置中执行，即远程视图工厂的 getViewAt()方法（参见代码清单 26-9）。代码清单 26-17 说明了如何将带有额外信息的 Intent 附加到所单击的列表项目视图上。

代码清单 26-17 　 将带有额外信息的 Intent 附加到所单击的列表项目视图上

```
//Load your list item remote view
RemoteViews listItemRv;

//Get a fresh new intent
Intent ei = new Intent();

//Load it with whatever extra you want
ei.putExtra("com.androidbook.widgets.some_unique_extra_string_key",
    "Position of the item Clicked:" + position);

//Set it on the list remote view
listItemRv.setOnClickFillInIntent(R.id.textview_widget_list_item_id, ei);
```

在代码清单 26-17 中，最重要的方法是 setOnClickFillIntent()。这个方法可以获取全新的 Intent，其中包含想要加载的额外信息。在内部，系统框架会构造这些额外信息，然后将它附加到挂起 Intent 模板（你所创建的视图 onClick 的一部分）上。

代码清单 26-17 只是从当前行获取文本，进行一些装饰，然后将它设置为额外信息。有了这段代码，当单击部件的列表项目时，它会创建一个包含额外信息的 Intent，然后发送给广播接收器。接下来，我们将学习如何准备广播接收器，然后取回各个列表视图项目特定的额外信息。

26.2.6 响应 onClick 事件

列表视图挂起 Intent 模板（代码清单 26-16）包含以下两个部分。

❑ 调用的组件是部件提供程序本身。
❑ 操作将设置为部件提供程序的特有操作。

作为响应，部件提供程序需要执行以下操作。

(1) 声明可识别的字符串操作。

(2) 重写 onReceive() 方法，处理第(1)步的操作。

代码清单 26-18 显示了如何在提供程序中将唯一操作定义为字符串常量。

代码清单 26-18　自定义操作定义

```
public static final String ACTION_LIST_CLICK =
    "com.androidbook.homewidgets.listclick";
```

代码清单 26-19 说明了如何重写 onReceive()。它说明了如何测试 Intent 的操作以及如何调用 deal-WithThisAction() 方法。在这个方法末尾，必须调用基类的 onReceive() 方法处理所有其他操作。如果不这样做，部件本身不会接收到基于部件的操作。

代码清单 26-19　重写 onReceive()

```
@Override
public void onReceive(Context context, Intent intent)
{
    if (intent.getAction()
            .equals(TestListWidgetProvider.ACTION_LIST_CLICK))
    {
        //this action is not one of the widget's usual actions
        //this is a specific action that is directed here.
        dealwithListAction(context,intent);
        return;
    }

    //make sure you call this
    super.onReceive(context, intent);
}
```

代码清单 26-20 说明了如何使用 dealWithThisAction() 方法取回代码清单 26-17 中 Intent 所加载的额外信息。

代码清单 26-20   响应列表视图项目 onClick

```
public void dealwithListAction(Context context, Intent  intent)
{
    String clickedItemText =
        intent.getStringExtra(
            TestListWidgetProvider.EXTRA_LIST_ITEM_TEXT);
    if (clickedItemText == null)
    {
        clickedItemText = "Error";
    }
    clickedItemText =
        clickedItemText
        + "You have clicked on item:"
        + clickedItemText;

    Toast t =
        Toast.makeText(context,clickedItemText,Toast.LENGTH_LONG);
    t.show();
}
```

代码清单 26-20 通过预定义常量取回额外信息，并提供一个 Toast。这个方法运行在主线程上，所以一定不能够在其中执行长时间运行的操作。（详细说明请参见第 19 章。）

这样就从概念上完成了列表部件所有新特性的理解。现在，我们将通过一个实际例子测试和演示这些特性的实际效果。到目前为止，所介绍的大部分代码都来自这个示例，所以这个例子应该并不难理解。

26.3   工作样例：测试主屏幕列表部件

这个主屏幕列表的部件示例将演示到目前为止介绍的列表主屏幕部件概念。在例子的末尾，会得到一个可以拖动到主屏幕的列表部件。在拖动后，部件会显示 20 行包含示例文本的列表项目。如果单击其中一行列表项目，主屏幕就会显示一个 Toast，其中包含该列表行所显示的文本。

下面是需要用到的文件列表。

❑ TestListWidgetProvider.java 是主要类；它是测试部件的提供程序，实现一个带有列表视图的部件（代码清单 26-21）。

❑ TestRemoteViewsFactory.java 类提供了项目列表，显示部件提供程序加载的列表视图（代码清单 26-22）。

❑ TestRemoteViewsService.java 是远程视图服务，负责实例化 TestRemoteViewsFactory（代码清单 26-23）。

❑ layout\test_list_widget_layout.xml 是部件提供程序所加载的整个部件的主要布局（代码清单 26-1）。

❑ layout\list_item_layout.xml 是各个列表项目视图的布局文件。这个布局由远程视图工厂加载（代码清单 26-10）。

❑ drawable\box1.xml 是一个简单布局帮助类，用于为主部件布局提供圆角效果(代码清单 26-2)。

❑ xml\test_list_appwidget_provider.xml 是定义 Android 部件的元数据文件（代码清单 26-24）。

❑ AndroidManifest.xml 是应用程序的配置文件，其中定义了部件提供程序和远程视图服务（代码清单 26-25）。

26.3.1 创建测试部件提供程序

在创建主屏幕部件的过程中，首先是继承 AppWidgetProvider，创建一个部件提供程序，重载其 onUpdate()方法，提供部件的视图。这个过程已经在第 22 章详细介绍过。在这个例子中，示例提供程序是 TestListWidgetProvider。代码清单 26-21 显示了带有注释的该类的源代码。

代码清单 26-21　TestListWidgetProvider.java

```java
package com.androidbook.homewidgets.listwidget;

/*
 * Use CTRL-SHIFT-O in Eclipse to fill in imports
 */
public class TestListWidgetProvider extends AppWidgetProvider
{
    private static final String tag = "TestListWidgetProvider";

    public static final String ACTION_LIST_CLICK =
        "com.androidbook.homewidgets.listclick";

    public static final String EXTRA_LIST_ITEM_TEXT =
        "com.androidbook.homewidgets.list_item_text";

    public void onUpdate(Context context,
                         AppWidgetManager appWidgetManager,
                         int[] appWidgetIds)
    {
        Log.d(tag, "onUpdate called");
        final int N = appWidgetIds.length;
        Log.d(tag, "Number of widgets:" + N);
        for (int i=0; i<N; i++)
        {
            int appWidgetId = appWidgetIds[i];
            updateAppWidget(context, appWidgetManager, appWidgetId);
        }
        super.onUpdate(context,appWidgetManager, appWidgetIds);
    }

    public void onDeleted(Context context, int[] appWidgetIds)
    {
        Log.d(tag, "onDelete called");
        super.onDeleted(context,appWidgetIds);
    }

    public void onEnabled(Context context)
    {
        Log.d(tag, "onEnabled called");
        super.onEnabled(context);
    }

    public void onDisabled(Context context)
    {
        Log.d(tag, "onDisabled called");
        super. onDisabled (context);
    }

    private void updateAppWidget(Context context,
                         AppWidgetManager appWidgetManager,
                         int appWidgetId)
```

```
{
    Log.d(tag, "onUpdate called for widget:" + appWidgetId);

    final RemoteViews rv =
    new RemoteViews(context.getPackageName(),
            R.layout.test_list_widget_layout);

    rv.setEmptyView(R.id.listwidget_list_view_id,
            R.id.listwidget_empty_view_id);

    // Specify the service to provide data for the
    // collection widget.
    final Intent intent =
        new Intent(context, TestRemoteViewsService.class);

    //This is purely for debugging. Unnecessary otherwise
    intent.putExtra(AppWidgetManager.EXTRA_APPWIDGET_ID,
                                    appWidgetId);

    rv.setRemoteAdapter(appWidgetId,
            R.id.listwidget_list_view_id, intent);

    //setup a list view callback.
    //you need a pending intent that is unique
    //for this widget id. Send a message to
    //ourselves which you will catch in OnReceive.
    Intent onListClickIntent =
        new Intent(context,TestListWidgetProvider.class);

    //set an action so that this receiver can distinguish it
    //from other widget related actions
    onListClickIntent.setAction(
            TestListWidgetProvider.ACTION_LIST_CLICK);
    //because this receiver serves all instances
    //of this app widget. You need to know which
    //specific instance this message is targeted for.
    onListClickIntent.putExtra(
            AppWidgetManager.EXTRA_APPWIDGET_ID, appWidgetId);

    //Make this intent unique as you are getting ready
    //to create a pending intent with it.
    //The toUri method loads the extras as
    //part of the uri string.
    //The data of this intent is not used at all except
    //to establish this intent as a unique pending intent.
    //See intent.filterEquals() method to see
    //how intents are compared to see if they are unique.
    onListClickIntent.setData(
        Uri.parse(
            onListClickIntent.toUri(Intent.URI_INTENT_SCHEME)));

    //you need to deliver this intent later when
    //the remote view is clicked as a broadcast intent
    //to this same receiver.
    final PendingIntent onListClickPendingIntent =
        PendingIntent.getBroadcast(context, 0,
            onListClickIntent,
            PendingIntent.FLAG_UPDATE_CURRENT);

    //Set this pending intent as a template for
    //the list item view.
```

```
            //Each view in the list will then need to specify
            //a set of additional extras to be appended
            //to this template and then broadcast the
            //final template.
            //See how the remoteviewsfactory() sets up
            //the each item in the list remoteview.
            //See also docs for RemoteViews.setFillIntent()
            rv.setPendingIntentTemplate(R.id.listwidget_list_view_id,
                    onListClickPendingIntent);

            //update the widget
            appWidgetManager.updateAppWidget(appWidgetId, rv);
    }

    @Override
    public void onReceive(Context context, Intent intent)
    {
        if (intent.getAction()
                .equals(TestListWidgetProvider.ACTION_LIST_CLICK))
        {
            //this action is not one of usual widget actions
            //such as onDeleted, onEnabled etc.
            //Instead this is a specific action that is directed here
            //by the intents loaded into the list view items
            dealWithListAction(context,intent);
            return;
        }
        //make sure you call this
        super.onReceive(context, intent);
    }
    public void dealWithListAction(Context context, Intent  intent)
    {
        String clickedItemText =
            intent.getStringExtra(
                    TestListWidgetProvider.EXTRA_LIST_ITEM_TEXT);
        if (clickedItemText == null)
        {
            clickedItemText = "Error";
        }
        clickedItemText =
            clickedItemText
            + "Clicked on item text:"
            + clickedItemText;

        Toast t =
            Toast.makeText(context,clickedItemText,Toast.LENGTH_LONG);
        t.show();
    }

}//eof-class
```

在获得后台信息之后，这个类需要执行的大部分操作前面已经有所介绍。源代码已经添加了注释，可以充分说明前面所讨论的内容。但是，下面仍对这个功能进行简短的概括。

(1) 在 onUpdate() 中，加载远程视图。

(2) 定位列表型远程视图，通过远程视图服务附加一个远程视图工厂。

(3) 为远程视图的 onClick 行为设置挂起 Intent 模板。

(4) 重写 onReceive() 方法，处理指定的 onClick 操作。

26.3.2   创建远程视图工厂

代码清单 26-22 显示了负责填充列表视图的远程视图工厂的源代码。

代码清单 26-22   TestRemoteViewsFactory.java

```java
package com.androidbook.homewidgets.listwidget;
/*
 * Use CTRL-SHIFT-O in Eclipse to fill in imports
 */
class TestRemoteViewsFactory
implements RemoteViewsService.RemoteViewsFactory
{
    private Context mContext;
    private int mAppWidgetId;
 private static String tag="TRVF";
    public TestRemoteViewsFactory(Context context, Intent intent)
    {
        mContext = context;
        //Purely for debugging. Unnecessary otherwise.
        mAppWidgetId =
            intent.getIntExtra(
                AppWidgetManager.EXTRA_APPWIDGET_ID,
                AppWidgetManager.INVALID_APPWIDGET_ID);

        Log.d(tag,"factory created");
    }

    //Called when your factory is first constructed.
    //The same factory may be shared across multiple
    //RemoteViewAdapters depending on the intent passed.
    public void onCreate()
    {
        Log.d(tag,"onCreate called for widget id:" + mAppWidgetId);
    }

    //Called when the last RemoteViewsAdapter that is
    //associated with this factory is unbound.
    public void onDestroy()
    {
        Log.d(tag,"destroy called for widget id:" + mAppWidgetId);
    }

    //The total number of items
    //in this list
    public int getCount()
    {
        return 20;
    }

    public RemoteViews getViewAt(int position)
    {
        Log.d(tag,"getview called:" + position);
        RemoteViews rv =
            new RemoteViews(
                this.mContext.getPackageName(),
                R.layout.list_item_layout);
        String itemText  = "Item:" + position;
        rv.setTextViewText(
            R.id.textview_widget_list_item_id, itemText);
```

```
        this.loadItemOnClickExtras(rv, position);
        return rv;
    }
    private void loadItemOnClickExtras(RemoteViews rv, int position)
    {
        Intent ei = new Intent();
        ei.putExtra(TestListWidgetProvider.EXTRA_LIST_ITEM_TEXT,
            "Position of the item Clicked:" + position);
        rv.setOnClickFillInIntent(R.id.textview_widget_list_item_id, ei);
    }
    //This allows for the use of a custom loading view
    //which appears between the time that getViewAt(int)
    //is called and returns. If null is returned,
    //a default loading view will be used.
    public RemoteViews getLoadingView()
    {
        return null;
    }

//How many different types of views
    //are there in this list.
    public int getViewTypeCount()
    {
        return 1;
    }

    //The internal id of the item
    //at this position
    public long getItemId(int position)
    {
        return position;
    }

    //True if the same id
    //always refers to the same object.
    public boolean hasStableIds()
    {
        return true;
    }

    //Called when notifyDataSetChanged() is triggered
    //on the remote adapter. This allows a RemoteViewsFactory
    //to respond to data changes by updating
    //any internal references.
    //Note: expensive tasks can be safely performed
    //synchronously within this method.
    //In the interim, the old data will be displayed
    //within the widget.
    public void onDataSetChanged()
    {
        Log.d(tag,"onDataSetChanged");
    }
}
```

这里的大部分代码我们都已经解释过了。总的来说，这个类假定有 20 行数据。每一行的布局都从一个布局文件加载，且文本设置在相应的位置。然后，将每一个位置的文字加载到 onClick Intent 中。最后这些文本会显示为一个 Toast。

26.3.3 编写远程视图服务的代码

代码清单 26-23 显示了返回远程视图工厂的类的源代码。

代码清单 26-23　TestRemoteViewsService.java

```
package com.androidbook.homewidgets.listwidget;
import android.content.Intent;

public class TestRemoteViewsService
extends android.widget.RemoteViewsService
{
    @Override
    public RemoteViewsFactory onGetViewFactory(Intent intent)
    {
        return new TestRemoteViewsFactory(
                this.getApplicationContext(), intent);
    }
}
```

使用这个类实现，可以实现丰富的创新效果。使用一个服务，就可以根据输入的 Intent 创建多个工厂，即使部件中添加了多个列表视图，或者包中有多个部件，也不需要定义多个服务。然而，要调用 onGetViewFactory()，这些 Intent 必须保持唯一。所以，如果使用额外信息来表示返回的工厂，就一定要在额外信息中设置数据 URI。

26.3.4 部件主布局文件

与主页面部件外观相关的主布局文件都位于\res\layout\test_list_widget_layout.xml（注意这个布局文件已经显示在代码清单 26-1 中）。这个主布局文件还需要圆角效果，它是由一个绘图框实现的，保存在\res\drawable\box1.xml 中，如代码清单 26-2 所示。

各个列表项目的布局

这个布局文件与列表中各个列表项目的布局相对应。这个布局文件位于 layout\list_item_layout.xml，如代码清单 26-10 所示。

26.3.5 部件提供程序元数据

在 Android 配置清单文件中声明部件提供程序时，需要为部件提供程序指定一个元数据 XML 文件。这个文件位于\res\xml\test_list_appwidget_provider.xml。代码清单 26-24 显示的是部件元数据信息文件。

代码清单 26-24　部件信息文件

```
<!-- xml/test_list_appwidget_provider.xml -->
<appwidget-provider xmlns:android="http://schemas.android.com/apk/res/android"
    android:minWidth="222dp"
    android:minHeight="222dp"
    android:updatePeriodMillis="1000000"
    android:initialLayout="@layout/test_list_widget_layout"
    android:label="Test List Widget"
    >
</appwidget-provider>
```

这个提供程序元数据文件规定了部件尺寸，以及触发部件 onUpdate 回调方法的时间间隔，以毫秒为单位。注意，第 22 章对这个文件进行了详细介绍。

26.3.6　AndroidManifest.xml

代码清单 26-25 显示了应用程序的配置文件。其中，加粗显示的是部件提供程序定义和远程视图服务定义。

代码清单 26-25　Android 配置清单文件

```
<?xml version="1.0" encoding="utf-8"?>
<manifest xmlns:android="http://schemas.android.com/apk/res/android"
    package="com.androidbook.homewidgets.listwidget"
    android:versionCode="1"
    android:versionName="1.0.0">
  <application android:icon="@drawable/icon"
      android:label="Test List Widget Application">
<!--
***********************************************************
*  Test List Widget Provider
***********************************************************
 -->
    <receiver android:name=".TestListWidgetProvider">
      <meta-data android:name="android.appwidget.provider"
        android:resource="@xml/test_list_appwidget_provider" />
      <intent-filter>
        <action
          android:name="android.appwidget.action.APPWIDGET_UPDATE" />
      </intent-filter>
    </receiver>

    <!-- The service serving the RemoteViews to the collection widget -->
    <service android:name=".TestRemoteViewsService"
      android:permission="android.permission.BIND_REMOTEVIEWS"
      android:exported="false" />

  </application>
  <uses-sdk android:minSdkVersion="11" />
</manifest>
```

26.4　测试列表部件

在构建和部署项目之后，就可以在 Eclipse 中看到这个项目成功部署的效果。因为这个项目不包含启动后确认运行的活动，所以默认情况下模拟器上不会出现任何可视化效果。

要安装这个示例部件，首先需要查看可用部件列表。单击主屏幕，显示可用部件列表，如图 26-2 所示。

部件的名称是 Test List Widget Application，所以它可能位于最右边，必须向右滚动才能够看到部件，如图 26-3 所示。

现在，可以将 Test List Widget Application 拖到主屏幕上。在完成之后，就可以选择屏幕下方的 Home 按钮，返回主屏幕。这时，部件就会显示在主屏幕上，如图 26-1 所示。如果单击列表项目，就会显示与所单击列表项目相对应的 Toast 消息（如图 26-4 所示）。

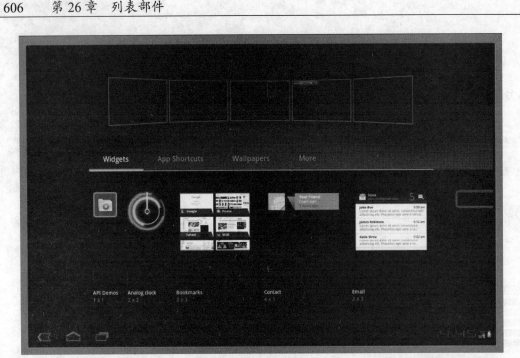

图 26-2 部件列表

图 26-3 向右滚动以找到 Test List Widget Application

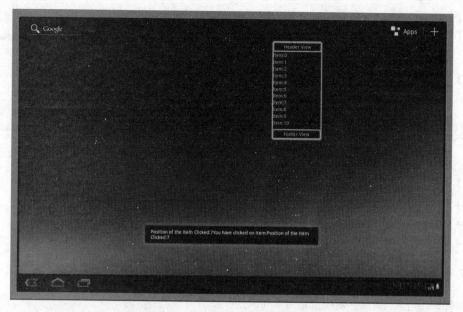

图 26-4　响应列表视图项目单击的 Toast

此外，也可以使用这个程序测试与 onCreate() 和 onDestroy() 相关的概念。作为第一个测试，当在主页面上创建一个部件时，onCreate() 方法会在 LogCat 中显示一条日志。现在，如果删除该部件，就会调用 onDestroy()。

作为第二个测试，拖动部件两次，在主页面上创建两个部件。这时，工厂的 onCreate() 方法只调用一次。现在，拖动一个部件到回收站，将它删除。这时不会调用 onDestroy()。这是因为仍然需要工厂来支持最后一个部件，它仍然位于主屏幕上。如果将最后一个部件拖动到回收站，就会调用 onDestroy()，而且 LogCat 会显示一条日志消息。

26.5　参考资料

下面是一些巩固本章知识的参考资料 URL。

❑ www.androidbook.com/item/3938。我们在准备主屏幕部件资料时记录的工作笔记，其中包括 API、代码片段、开放问题及更多相关研究的链接。

❑ www.androidbook.com/item/3637。关于 RemoteViews 的笔记，4.0 版本资料更新，包括代码示例、问题解答和内部及外部参考资料。

❑ http://developer.android.com/guide/topics/appwidgets/index.html。前一个版本中关于应用程序部件的主文档。

❑ http://developer.android.com/reference/android/appwidget/AppWidgetManager.html。重要 AppWidgetManager API 的参考页面。

❑ http://developer.android.com/reference/android/widget/RemoteViewsService.RemoteViewsFactory.html。RemoteViewsFactory API 参考文档。

❑ http://developer.android.com/reference/android/widget/RemoteViews.html。RemoteViews API 参考文档。
❑ http://developer.android.com/reference/android/widget/RemoteViewsService.html。RemoteViewsService API 参考文档。
❑ www.androidbook.com/proandroid4/projects。本书测试项目的下载 URL。本章的 zip 文件名为 ProAndroid4_ch26_TestListWidget.zip。

26.6　小结

在本章中，我们介绍了以下知识点。
❑ 通过远程视图服务和远程视图工厂加载和填充基于列表的远程视图。
❑ RemoteViewsFactory 的生命周期。
❑ 创建基于列表的部件的 onClick 事件。
❑ 使用 AppWidgetProvider，响应列表部件的 onClick 事件。

26.7　面试问题

回答下列问题，进一步巩固本章所学知识点。
(1) 引入了哪些新的关键类/方法来支持列表部件？
(2) 什么是 RemoteViewsService？
(3) 什么是 RemoteViewsFactory？
(4) RemoteViewsFactory 类与列表适配器有哪些相似之处？
(5) 为什么需要缓存 RemoteViewsFactory？
(6) 什么时候会调用 RemoteViewsFactory 的 onDestroy()方法？
(7) 将额外的部件 ID 传递给远程视图服务 Intent 的缺点是什么？
(8) 一个 RemoteViewsService 是否能够实例化多个 RemoteViewsFactory？
(9) 什么是 RemoteViews.setPendingIntentTemplate()？
(10) 依据额外信息，使挂起 Intent 具有唯一性的原因、时间及方式分别是什么？
(11) 什么是 RemoteViews.setOnClickFillIntent()？
(12) 如何为部件的 ListView 设置一个空视图？

第 27 章

触 摸 屏

27

许多 Android 设备都集成了触摸屏。当设备没有物理键盘时，许多用户输入操作必须通过触摸屏来完成。因此，应用程序常常需要能够处理用户的触摸输入。你很可能已经看到，在需要用户输入文本时，屏幕上会显示虚拟键盘。在第 22 章中，我们在地图应用程序中使用触摸来向一侧平移地图。到目前为止，这些触摸屏界面的实现都是对你隐藏的，但现在我们将展示如何利用触摸屏。

本章包含 4 个主要部分。第一节将介绍 MotionEvent 对象，Android 通过该对象告诉应用程序，用户正在触摸触摸屏。我们还将介绍 VelocityTracker。第二节将介绍多点触摸，用户可以一次使用多个指头触摸触摸屏。第三节将介绍触摸地图，因为有一些特殊的类和方法可帮助我们处理地图和触摸屏。最后将介绍手势，这是一种特殊类型的功能，触摸序列可以通过它解释为命令。

27.1 MotionEvent

本节将介绍 Android 如何告诉应用程序来自用户的触摸事件。现在，我们仅考虑一次使用一个指头触摸触摸屏。（在后面的一节中将介绍多点触摸。）

在硬件层，触摸屏由特殊材料构成，它们可以获取压力并将其转换为屏幕坐标。关于触摸的信息将转换为数据，该数据将传递给软件进行处理。

27.1.1 MotionEvent 对象

当用户触摸 Android 设备的触摸屏时，将创建一个 MotionEvent 对象。MotionEvent 包含关于发生触摸的位置和时间的信息，以及触摸事件的其他细节。MotionEvent 对象被传递到应用程序中合适的方法。这个方法可以是 View 对象的 onTouchEvent() 方法。请记住，View 类是 Android 中许多类的父类，其子类包括 Layouts、Buttons、Lists、Surfaces 和 Clocks 等。这意味着我们可以使用触摸事件与所有这些不同类型的 View 对象交互。当调用该方法时，它可以检查 MotionEvent 对象，以决定要执行的操作。例如，MapView 可以使用触摸事件来向一侧移动地图，使用户能够将地图平移到其他兴趣点，而虚拟键盘对象可以接收触摸事件来激活虚拟键，为 UI 的其他某个部分提供文本输入。

1. 接收 MotionEvent 对象

MotionEvent 对象是与用户触摸相关的事件序列。该序列从用户首次触摸触摸屏开始，经历手指在触摸屏表面上的任何移动，到手指离开触摸屏时结束。手指的初始触摸（ACTION_DOWN 操作）、侧移（ACTION_MOVE 操作）和手指抬起事件（ACTION_UP 操作）都会创建 MotionEvent 对象。对于 ACTION_MOVE 事件，从手指在表面上移动到接收最终的 ACTION_UP 事件之前，会接收到大量事件。每个 MotionEvent

对象包含与发生了什么操作、触摸发生的位置、使用了多大的压力、触摸面积有多大、操作何时发生、以及最初的 ACTION_DOWN 何时发生等相关的信息。还有第四个可能的操作，那就是 ACTION_CANCEL。此操作用于表明，一个触摸序列在未发生任何实际操作的情况下结束。最后，还有一个 ACTION_OUTSIDE，在触摸操作发生在窗口之外但仍然能够找到该操作的特殊情况下设置。

还有另一种接收触摸事件的方式，那就是在 View 对象上为触摸事件注册一个回调处理程序。接收事件的类必须实现 View.OnTouchListener 接口，必须调用 View 对象的 setOnTouchListener()方法来为该 View 设置处理程序。View.OnTouchListener 的实现类必须实现 onTouch()方法。而 onTouchEvent()方法仅接受一个 MotionEvent 对象作为参数，而 onTouch()同时接受一个 View 和一个 MotionEvent 对象作为参数。这是因为 OnTouchListener 可以接受多个视图的 MotionEvent。你在下一个示例应用程序中将更清楚地看到这一点。

如果 MotionEvent 处理程序使用了一个事件（无论是通过 onTouchEvent()还是 onTouch()方法），并且其他任何实体都不需要知道该事件，那么该方法应该返回 true。这告诉 Android，该事件无需传递给任何其他视图。如果 View 对象不但对此事件不感兴趣，而且对与此触摸序列相关的任何未来事件也不感兴趣，那么它返回 false。基类 View 的 onTouchEvent()方法不执行任何操作并返回 false。View 的子类可以执行操作，也可以不执行任何操作。例如，Button 对象可使用一个触摸事件，因为一次触摸相当于一次单击，因此它从 onTouchEvent()方法返回 true。在接收到 ACTION_DOWN 事件时，Button 将更改自己的颜色，以表示它正在被单击，它还希望接收 ACTION_UP 事件，以便知道用户何时离开它，它从而发起单击按钮的逻辑。如果 Button 对象从 onTouchEvent()返回 false，那么它不再接收任何其他 MotionEvent 对象来获悉用户手指何时离开触摸屏。

当希望触摸事件对一个特定的 View 对象执行某个新操作时，可以扩展该类，覆写 onTouchEvent()方法并加入我们自己的逻辑。我们也可以实现 View.OnTouchListener 接口并在 View 对象上设置一个回调处理程序。通过使用 onTouch()设置回调处理程序，MotionEvent 在传递到 View 的 onTouchEvent()方法之前，将首先传递给该回调处理程序。只有当 onTouch()方法返回 false 时，才会调用 View 的 onTouchEvent()方法。下面看看我们的示例应用程序，在其中很容易看到这一点。

说明　本章末提供了一个 URL，可使用它下载本章的项目。然后即可将这些项目直接导入 Eclipse。

---

2. 设置示例应用程序

代码清单 27-1 给出了一个布局文件的 XML。在 Eclipse 中创建一个新 Android 项目，首先从此布局开始。

代码清单 27-1　TouchDemo1 的 XML 布局文件

```xml
<?xml version="1.0" encoding="utf-8"?>
<!-- This file is res/layout/main.xml -->
<LinearLayout xmlns:android="http://schemas.android.com/apk/res/android"
    android:layout_width="fill_parent"
    android:layout_height="fill_parent"
    android:orientation="vertical" >

  <RelativeLayout  android:id="@+id/layout1"
    android:tag="trueLayoutTop"  android:orientation="vertical"
```

```
    android:layout_width="fill_parent"
    android:layout_height="wrap_content"
    android:layout_weight="1" >

    <com.androidbook.touch.demo1.TrueButton android:text="returns true"
    android:id="@+id/trueBtn1"  android:tag="trueBtnTop"
    android:layout_width="wrap_content"
    android:layout_height="wrap_content" />

    <com.androidbook.touch.demo1.FalseButton android:text="returns false"
    android:id="@+id/falseBtn1"  android:tag="falseBtnTop"
    android:layout_width="wrap_content"
    android:layout_height="wrap_content"
    android:layout_below="@id/trueBtn1" />

</RelativeLayout>
<RelativeLayout  android:id="@+id/layout2"
  android:tag="falseLayoutBottom"  android:orientation="vertical"
  android:layout_width="fill_parent"
  android:layout_height="wrap_content"
  android:layout_weight="1"  android:background="#FF00FF" >

    <com.androidbook.touch.demo1.TrueButton android:text="returns true"
    android:id="@+id/trueBtn2"  android:tag="trueBtnBottom"
    android:layout_width="wrap_content"
    android:layout_height="wrap_content" />

    <com.androidbook.touch.demo1.FalseButton android:text="returns false"
    android:id="@+id/falseBtn2"  android:tag="falseBtnBottom"
    android:layout_width="wrap_content"
    android:layout_height="wrap_content"
    android:layout_below="@id/trueBtn2" />

</RelativeLayout>
</LinearLayout>
```

关于此布局，需要说明两点。我们在 UI 对象中包含了一些标签。当这些标签上有事件发生时，能够引用这些标签。我们还使用了 RelativeLayout 来定位对象。另外请注意实现自定义对象（TrueButton 和 FalseButton）的方式。在 Java 代码中将会看到，这两个类是从 Button 类扩展而来的。因为它们是 Button，所以在这里可以使用所有与其他按钮上所用的相同的 XML 特性。图 27-1 展示了此布局的外观，代码清单 27-2 给出了按钮的 Java 代码。

图 27-1　TouchDemo1 应用程序的 UI

代码清单 27-2　TouchDemo1 的 Button 类的 Java 代码

```java
// This file is BooleanButton.java
import android.content.Context;
import android.util.AttributeSet;
import android.util.Log;
import android.view.MotionEvent;
import android.widget.Button;
public abstract class BooleanButton extends Button {
    protected boolean myValue() {
        return false;
    }

    public BooleanButton(Context context, AttributeSet attrs) {
        super(context, attrs);
    }

    @Override
    public boolean onTouchEvent(MotionEvent event) {
        String myTag = this.getTag().toString();
        Log.v(myTag, "----------------------------------");
        Log.v(myTag, MainActivity.describeEvent(this, event));
        Log.v(myTag, "super onTouchEvent() returns " +
                super.onTouchEvent(event));
        Log.v(myTag, "and I'm returning " + myValue());
        return(myValue());
    }
}


// This file is TrueButton.java
import android.content.Context;
import android.util.AttributeSet;

public class TrueButton extends BooleanButton {
    protected boolean myValue() {
        return true;
    }

    public TrueButton(Context context, AttributeSet attrs) {
        super(context, attrs);
    }
}


// This file is FalseButton.java
import android.content.Context;
import android.util.AttributeSet;

public class FalseButton extends BooleanButton {

    public FalseButton(Context context, AttributeSet attrs) {
        super(context, attrs);
    }
}
```

构建 BooleanButton 类之后,就能够重用 onTouchEvent()方法,我们添加了日志功能来自定义该方法。然后创建了 TrueButton 和 FalseButton,它们采用不同方式响应传递给它们的 MotionEvent。当查看代码清单 27-3 所示的主活动代码时,可以更清楚地看到这一点。

代码清单 27-3   主活动的 Java 代码

```java
// This file is MainActivity.java
import android.app.Activity;
import android.os.Bundle;
import android.util.Log;
import android.view.MotionEvent;
import android.view.View;
import android.view.View.OnTouchListener;
import android.widget.Button;
import android.widget.RelativeLayout;

public class MainActivity extends Activity implements OnTouchListener {
    /** Called when the activity is first created. */
    @Override
    public void onCreate(Bundle savedInstanceState) {
        super.onCreate(savedInstanceState);
        setContentView(R.layout.main);

        RelativeLayout layout1 =
                (RelativeLayout) findViewById(R.id.layout1);
        layout1.setOnTouchListener(this);
        Button trueBtn1 = (Button)findViewById(R.id.trueBtn1);
        trueBtn1.setOnTouchListener(this);
        Button falseBtn1 = (Button)findViewById(R.id.falseBtn1);
        falseBtn1.setOnTouchListener(this);

        RelativeLayout layout2 =
                (RelativeLayout) findViewById(R.id.layout2);
        layout2.setOnTouchListener(this);
        Button trueBtn2 = (Button)findViewById(R.id.trueBtn2);
        trueBtn2.setOnTouchListener(this);
        Button falseBtn2 = (Button)findViewById(R.id.falseBtn2);
        falseBtn2.setOnTouchListener(this);
    }

    @Override
    public boolean onTouch(View v, MotionEvent event) {
        String myTag = v.getTag().toString();
        Log.v(myTag, "----------------------------");
        Log.v(myTag, "Got view " + myTag + " in onTouch");
        Log.v(myTag, describeEvent(v, event));
        if( "true".equals(myTag.substring(0, 4))) {
        /* Log.v(myTag, "*** calling my onTouchEvent() method ***");
            v.onTouchEvent(event);
            Log.v(myTag, "*** back from onTouchEvent() method ***"); */
            Log.v(myTag, "and I'm returning true");
            return true;
        }
        else {
            Log.v(myTag, "and I'm returning false");
            return false;
        }
    }

    protected static String describeEvent(View view, MotionEvent event) {
        StringBuilder result = new StringBuilder(300);
        result.append("Action: ").append(event.getAction()).append("\n");
        result.append("Location: ").append(event.getX()).append(" x ")
                .append(event.getY()).append("\n");
        if(   event.getX() < 0 || event.getX() > view.getWidth() ||
              event.getY() < 0 || event.getY() > view.getHeight()) {
```

```
            result.append(">>> Touch has left the view <<<\n");
        }
        result.append("Edge flags: ").append(event.getEdgeFlags());
        result.append("\n");
        result.append("Pressure: ").append(event.getPressure());
        result.append("   ").append("Size: ").append(event.getSize());
        result.append("\n").append("Down time: ");
        result.append(event.getDownTime()).append("ms\n");
        result.append("Event time: ").append(event.getEventTime());
        result.append("ms").append(" Elapsed: ");
        result.append(event.getEventTime()-event.getDownTime());
        result.append(" ms\n");
        return result.toString();
    }
}
```

主活动代码在按钮和布局上设置了回调,所以我们可以处理针对 UI 中的任何实体的触摸事件(即 MotionEvent 对象)。我们添加了大量日志功能,所以能够在触摸事件发生时准确了解正在发生的操作。另一个不错的想法是在描述文件的下列标签中,所以 Android Market 知道应用程序需要一个触摸屏来运行,即`<uses-configuration ardroid:reqTouchScreen="finger"/>`。举例来说,谷歌 TV 没有触摸屏,所以运行该应用程序没有意义。当编译和运行此应用程序时,应该看到类似于图 27-1 的屏幕。

3. 运行示例应用程序

要最充分了解此应用程序,需要在 Eclipse 中打开 LogCat,在触摸触摸屏时观察动态生成的消息。此过程在模拟器和真实设备中都可执行。我们还建议最大化 LogCat 窗口,以便可以更轻松地滚动查看从此应用程序生成的所有事件。要最大化 LogCat 窗口,只需双击 LogCat 选项卡。现在转到应用程序 UI,触摸并释放最顶部标为 "Returns True" 的按钮。如果使用的是模拟器,那么使用鼠标单击并释放 "Returns True" 按钮。至少应该看到 LogCat 中记录了两个事件。消息被标记为来自 trueBtnTop,从 MainActivity 中的 onTouch()方法记录得到。查看 MainActivity.java,了解 onTouch()方法的代码。在查看 LogCat 输出时,看看哪些方法调用生成了各种值。例如,在 "Action:" 之后显示的值来自 getAction()方法。代码清单 27-4 给出了可能从模拟器的 LogCat 中看到的结果示例,代码清单 27-5 给出了可能从真实设备看到的结果示例。

代码清单 27-4　在模拟器中看到的来自 TouchDemo1 的 LogCat 消息示例

```
trueBtnTop      -----------------------------
trueBtnTop      Got view trueBtnTop in onTouch
trueBtnTop      Action: 0
trueBtnTop      Location: 52.0 x 20.0
trueBtnTop      Edge flags: 0
trueBtnTop      Pressure: 0.0   Size: 0.0
trueBtnTop      Down time: 163669ms
trueBtnTop      Event time: 163669ms  Elapsed: 0 ms
trueBtnTop      and I'm returning true
trueBtnTop      -----------------------------
trueBtnTop      Got view trueBtnTop in onTouch
trueBtnTop      Action: 1
trueBtnTop      Location: 52.0 x 20.0
trueBtnTop      Edge flags: 0
trueBtnTop      Pressure: 0.0   Size: 0.0
trueBtnTop      Down time: 163669ms
trueBtnTop      Event time: 163831ms  Elapsed: 162 ms
trueBtnTop      and I'm returning true
```

代码清单 27-5　在真实设备中看到的来自 TouchDemo1 的 LogCat 消息示例

```
trueBtnTop      ----------------------------
trueBtnTop      Got view trueBtnTop in onTouch
trueBtnTop      Action: 0
trueBtnTop      Location: 42.8374 x 25.293747
trueBtnTop      Edge flags: 0
trueBtnTop      Pressure: 0.05490196   Size: 0.2
trueBtnTop      Down time: 24959412ms
trueBtnTop      Event time: 24959412ms   Elapsed: 0 ms
trueBtnTop      and I'm returning true
trueBtnTop      ----------------------------
trueBtnTop      Got view trueBtnTop in onTouch
trueBtnTop      Action: 2
trueBtnTop      Location: 42.8374 x 25.293747
trueBtnTop      Edge flags: 0
trueBtnTop      Pressure: 0.05490196   Size: 0.2
trueBtnTop      Down time: 24959412ms
trueBtnTop      Event time: 24959530ms   Elapsed: 118 ms
trueBtnTop      and I'm returning true
trueBtnTop      ----------------------------
trueBtnTop      Got view trueBtnTop in onTouch
trueBtnTop      Action: 1
trueBtnTop      Location: 42.8374 x 25.293747
trueBtnTop      Edge flags: 0
trueBtnTop      Pressure: 0.05490196   Size: 0.2
trueBtnTop      Down time: 24959412ms
trueBtnTop      Event time: 24959567ms   Elapsed: 155 ms
trueBtnTop      and I'm returning true
```

4. MotionEvent 内容

第一个事件具有操作 0，也就是 ACTION_DOWN。最后一个事件具有操作 1，也就是 ACTION_UP。如果使用真实设备，看到的事件可能不只两个。ACTION_DOWN 和 ACTION_UP 之间的任何事件都很可能具有操作 2，也就是 ACTION_MOVE。其他可能的操作包括操作 3（ACTION_CANCEL）或操作 4（ACTION_OUTSIDE）。当使用真实手指触摸真实触摸屏时，无法始终保证触摸之后不会在表面上轻轻移动就离开屏幕，所以应该预想到会出现一些 ACTION_MOVE 事件。

模拟器和真实设备之间还有其他一些区别。请注意，模拟器中的位置精度设置为整数（52×20），而在真实设备上的精度为小数（42.837 4×25.293 747）。MotionEvent 的位置包含 X 和 Y 分量，其中 X 表示从 View 对象的左侧到触摸点的距离，Y 表示从 View 对象的顶部到触摸点的距离。

还应该注意，模拟器中的 Pressure 为 0，Size 也为 0。对于真实设备，Pressure 表示手指按下的力度，Size 表示触摸面积。如果用小指指尖轻轻触摸，那么 Pressure 和 Size 将很小。如果使用拇指有力地按压，那么 Pressure 和 Size 都将更大。文档中规定 Pressure 和 Size 值在 0 到 1 之间。但是，由于硬件上的差异，很难在应用程序中使用任何绝对数字来确定 Pressure 和 Size。可以在应用程序中比较发生的各种 MotionEvent 的 Pressure 和 Size，但如果决定 Pressure 必须大于某个值（比如 0.8）才能视为有力按压，那么可能会遇到麻烦。可能永远无法在某个具体的设备上获得大于 0.8 的值。甚至可能无法得到大于 0.2 的值。

按下时间和事件时间在模拟器中和真实设备中的操作方式相同，唯一的区别在于，真实设备上的值要大得多。持续时间的原理相同。

边缘标志用于检测触摸操作何时到达物理屏幕的边缘。Android SDK 文档表明，这些标志的设置是为了指示触摸操作跨过了显示区域的边缘（上、下、左或右）。但是，getEdgeFlags() 方法可能始终返回 0，具体取决于所使用的设备或模拟器。在一些硬件上，很难在显示区域边缘上实际检测到触摸操作，所以 Android 会将该触摸位置固定到边缘上并设置适当的边缘标志。这种情况并不总是会发生，所以不要相信边缘标志经过了适当设置。MotionEvent 类提供了 setEdgeFlags() 方法，所以如果愿意，可以自行设置这些标志。

需要注意的最后一点是，onTouch() 方法返回 true，因为编码 TrueButton 的目的是为返回 true。返回 true 会告诉 Android，MotionEvent 对象已被使用，不能将它提供给其他方法。它还告诉 Android，继续将此触摸序列的触摸事件发送到此方法。这就是为什么我们会看到 ACTION_UP 事件，为什么在真实设备上还会看到 ACTION_MOVE 事件。

现在触摸靠近屏幕顶部的 "Returns False" 按钮。提醒一下，在本节中，我们将仅展示来自真实设备的示例 LogCat 输出。前面已解释了真实设备和模拟器的区别，所以如果使用模拟器，应该理解为什么看到了不同的内容。代码清单 27-6 展示了 "Returns False" 触摸的示例 LogCat 输出。

代码清单 27-6　触摸顶部的 "Returns False" 按钮的示例 LogCat

```
falseBtnTop       ------------------------------------
falseBtnTop       Got view falseBtnTop in onTouch
falseBtnTop       Action: 0
falseBtnTop       Location: 61.309372 x 44.281494
falseBtnTop       Edge flags: 0
falseBtnTop       Pressure: 0.0627451   Size: 0.26666668
falseBtnTop       Downtime: 28612178ms
falseBtnTop       Event time: 28612178ms  Elapsed: 0 ms
falseBtnTop       and I'm returning false
falseBtnTop       ------------------------------------
falseBtnTop       Action: 0
falseBtnTop       Location: 61.309372 x 44.281494
falseBtnTop       Edge flags: 0
falseBtnTop       Pressure: 0.0627451   Size: 0.26666668
falseBtnTop       Downtime: 28612178ms
falseBtnTop       Event time: 28612178ms  Elapsed: 0 ms
falseBtnTop       super onTouchEvent() returns true
falseBtnTop       and I'm returning false
trueLayoutTop     ------------------------------
trueLayoutTop     Got view trueLayoutTop in onTouch
trueLayoutTop     Action: 0
trueLayoutTop     Location: 61,309372 x 116:281494
trueLayoutTop     Edge flags: 0
trueLayoutTop     Pressure: 0.0627451   Size: 0.26666668
trueLayoutTop     Downtime: 28612178ms
trueLayoutTop     Event time: 28612178ms  Elapsed: 0 ms
trueLayoutTop     and I'm returning true
trueLayoutTop     ------------------------------
trueLayoutTop     Got view trueLayoutTop in onTouch
trueLayoutTop     Action: 2
trueLayoutTop     Location: 61.309372 x 111.90039
trueLayoutTop     Edge flags: 0
trueLayoutTop     Pressure: 0.0627451   Size: 0.26666668
trueLayoutTop     Downtime: 28612178ms
trueLayoutTop     Event time: 28612217ms  Elapsed: 39 ms
trueLayoutTop     and I'm returning true
trueLayoutTop     ------------------------------
trueLayoutTop     Got view trueLayoutTop in onTouch
trueLayoutTop     Action: 1
trueLayoutTop     Location: 55.08958 x 115.30792
trueLayoutTop     Edge flags: 0
```

```
trueLayoutTop        Pressure: 0.0627451   Size: 0.26666668
trueLayoutTop        Downtime: 28612178ms
trueLayoutTop        Event time: 28612361ms  Elapsed: 183 ms
trueLayoutTop        and I'm returning true
```

现在看到了非常不同的行为，下面解释一下发生了什么。Android 接收 MotionEvent 对象中的 ACTION_DOWN 事件，将它传递给 MainActivity 类中的 onTouch()方法。onTouch()方法将信息记录到 LogCat 中并返回 false。这告诉 Android，onTouch()方法未使用该事件，所以 Android 寻找要调用的下一个方法，在我们的例子中是 FalseButton 类中重写的 onTouchEvent()方法。因为 FalseButton 是 BooleanButton 类的扩展，所以可以参见 BooleanButton.java 中的 onTouchEvent()方法来查看相关代码。在 onTouchEvent() 方法中，再次将信息写入到 LogCat 中，调用父类的 onTouchEvent()方法，然后也返回 false。请注意，LogCat 中的位置信息与之前完全一样。这应该在意料之中，因为我们仍然在同一个 View 对象 FalseButton 中。我们看到，父类希望从 onTouchEvent()返回 true，我们看看其中的原因。如果在 UI 中查看该按钮，应该会看到它的颜色与 "Returns True" 按钮不同。"Returns False" 按钮现在看起来就像正在被按下。也就是说，它看起来就像是已经按下但还未释放的按钮。我们的自定义方法返回了 false，而不是 true。因为我们通过返回 false，再次告诉 Android 我们未使用此事件，所以 Android 不会将 ACTION_UP 事件发送到我们的按钮，所以该按钮不知道手指是否已离开了触摸屏。因此，按钮仍然处于按下状态。如果我们像父类所希望的那样返回 true，那么最终将收到 ACTION_UP 事件，所以可以将按钮颜色更改回正常的按钮颜色。重复一下，每次从收到 MotionEvent 对象的 UI 对象返回 false 时，Android 就会停止将 MotionEvent 对象发送到该 UI 对象，并且 Android 会不断查找另一个 UI 对象来使用 MotionEvent 对象。

你可能已发现，当触摸 "Returns True" 按钮时，按钮中的颜色没有变化。这是为什么？因为 onTouch()是在调用任何按钮方法之前调用的，还因为 onTouch()返回了 true，所以 Android 绝不会调用 "Returns True" 按钮的 onTouchEvent()方法。如果在 onTouch()方法中，在返回 true 的行之前添加一行 v.onTouchEvent(event);，那么将会看到按钮更改颜色。LogCat 中还会显示更多的日志行，因为 onTouchEvent()方法也正将信息写入到 LogCat 中。

我们继续看 LogCat 的输出。Android 已两次尝试找到 ACTION_DOWN 事件的使用者但都失败了，现在它前进到应用程序中下一个可能接收该事件的 View，在我们的例子中为按钮底层的布局。我们调用了顶部的布局 trueLayoutTop，可以看到它接收了 ACTION_DOWN 事件。

请注意，我们再次调用了 onTouch()方法，但现在使用了布局视图而不是按钮视图。对于 trueLayoutTop，传递给 onTouch()的与 MotionEvent 对象相关的所有信息都与之前相同，包括时间，但位置的 Y 坐标除外。Y 坐标由 "Returns False" 按钮的 44.281 494 更改为布局的 116.281 494。这是合理的，因为按钮未在布局的左上角，它位于 "Returns True" 按钮下方。因此，触摸点相对于布局的 Y 坐标比同一触摸点相对于按钮的 Y 坐标更大，触摸点离布局上边的距离比离按钮上边的距离更远。因为 trueLayoutTop 的 onTouch()返回 true，Android 将触摸事件的剩余信息发送到布局，我们可以看到与 ACTION_MOVE 和 ACTION_UP 事件对应的日志记录。再次触摸顶部的 "Returns False" 按钮，可以看到生成了相同的日志记录。也就是说，对于剩余事件，为 falseBtnTop 调用了 onTouch()，为 falseBtnTop 调用了 onTouchEvent()，然后为 trueLayoutTop 调用了 onTouch()。对于一个触摸序列，Android 一次仅停止将一个触摸序列的事件发送到按钮。Android 会将新的触摸事件序列发送到按钮，除非它从调用的方法获取了另一个 false（在我们的示例应用程序中仍会获取 false）。

现在触摸顶部布局，而不是某个按钮，然后稍微拖动手指并离开触摸屏。（如果使用模拟器，可以使用鼠标执行类似操作。）可以看到 LogCat 中生成了一个日志消息流，其中第一条记录具有操作 ACTION_DOWN，然后是许多 ACTION_MOVE 事件，最后是 ACTION_UP 事件。

现在触摸顶部的 "Returns True" 按钮，但在离开按钮之前请在屏幕中移动手指，然后离开屏幕。代码清单 27-7 显示了 LogCat 中的新信息。

代码清单 27-7　显示视图外部的触摸操作的 LogCat 记录

```
[...log messages of an ACTION_DOWN event followed by some ACTION_MOVE events...]

trueBtnTop        Got view trueBtnTop in onTouch
trueBtnTop        Action: 2
trueBtnTop        Location: 150.41768 x 22.628128
trueBtnTop        >>> Touch has left the view <<<
trueBtnTop        Edge flags: 0
trueBtnTop        Pressure: 0.047058824    Size: 0.13333334
trueBtnTop        Downtime: 31690859ms
trueBtnTop        Event time: 31691344ms  Elapsed: 485 ms
trueBtnTop        and I'm returning true

[...more ACTION_MOVE events logged...]

trueBtnTop        Got view trueBtnTop in onTouch
trueBtnTop        Action: 1
trueBtnTop        Location: 291.5864 x 223.43854
trueBtnTop        >>> Touch has left the view <<<
trueBtnTop        Edge flags: 0
trueBtnTop        Pressure: 0.047058824    Size: 0.13333334
trueBtnTop        Downtime: 31690859ms
trueBtnTop        Event time: 31692493ms  Elapsed: 1634 ms
trueBtnTop        and I'm returning true
```

甚至在手指移离按钮之后，我们仍会继续获知与按钮相关的触摸事件。代码清单 27-7 中的第一条记录显示了一个事件记录，从中可以看到我们释放了按钮。在本例中，触摸事件的 X 坐标在按钮对象边缘的右侧。但是我们仍然在 MotionEvent 对象上调用 onTouch() 方法，直到获得了 ACTION_UP 事件。这是因为 onTouch() 方法继续返回 true。甚至当手指最后离开触摸屏时，甚至当手指未在按钮上时，仍然会调用 onTouch() 方法来提供 ACTION_UP 事件，因为我们仍然返回 true。在处理 MotionEvent 时需要记住这一点。当手指移离视图时，我们可以决定取消已在执行的操作，并从 onTouch() 方法返回 false，这样就不会获知深层次的事件。此外，我们可以选择继续接收事件（通过从 onTouch() 方法返回 true），并仅在手指离开屏幕之前返回到视图时执行逻辑。

当从 onTouch() 返回 true 时，触摸事件序列将与顶部的 "Returns True" 按钮相关联。这告诉了 Android，它可以停止查找用来接收 MotionEvent 对象的对象，只需将此触摸序列的所有未来 MotionEvent 对象发送给我们。即使在拖动手指时遇到了另一个视图，我们仍然会绑定到此序列的原始视图。

5. 练习示例程序的下半部分

我们看一下应用程序的下半部分发生了什么。触摸下半部分中的 "Returns True" 按钮。我们看到的结果与顶部的 "Returns True" 按钮相同。因为 onTouch() 返回 true，Android 向我们发送触摸序列中的剩余事件，直到手指离开触摸屏。现在触摸底部的 "Returns False" 按钮。onTouch() 方法和 onTouchEvent() 方法都再次返回 false（它们都与 falseBtnBottom 视图对象关联）。但是这一次，下一个接收 MotionEvent 对象的视图是 falseLayoutBottom 对象，它也返回 false。现在操作完成了。

因为 onTouchEvent()方法调用了超类的 onTouchEvent()方法，所以按钮更改了颜色来表明它正被按下。但是再一次地，按钮将保持这一状态，因为我们从未在此触摸序列中获得 ACTION_UP 事件，因为我们的方法总是返回 false。与以前不同，甚至布局也对此事件不感兴趣。如果打算触摸底部的"Returns False"按钮并按住，然后在显示区域上拖动手指，那么将不会在 LogCat 中看到任何其他记录，因为我们不会收到任何其他 MotionEvent 对象。我们始终返回 false，所以对于此触摸序列，Android 不会发送任何其他事件来烦扰我们。再一次地，如果开始一个新触摸序列，则可以看到显示新的 LogCat 记录。如果在底部布局而不是一个按钮中发起一个触摸序列，只会在 LogCat 中看到针对返回 false 的 falseLayoutBottom 的一个事件，不会在那之后看到任何其他事件（直到开始一个新触摸序列）。

前面我们使用了按钮来展示触摸屏中的 MotionEvent 事件的效果。需要指出，在正常情况下，应使用 onClick()方法在按钮上实现逻辑。我们在此示例应用程序中使用按钮，因为它们易于创建，还因为它们是 View 的子类，因此可以像任何其他视图一样接收触摸事件。请记住，这些技术适用于应用程序中的任何 View 对象，无论是标准的视图类还是自定义的视图类。

27.1.2　回收 MotionEvent

你可能已在 Android 参考文档中注意到了 MotionEvent 类的 recycle()方法。你可能希望回收在 onTouch()或 onTouchEvent()中收到的 MotionEvent，但请不要这么做。如果回调方法没有使用 MotionEvent 对象，并且你返回了 false，MotionEvent 对象可能会传递到其他某个方法、视图或我们的活动，所以你还不希望 Android 回收它。即使使用了该事件并返回了 true，该事件对象不属于你，也不应回收它。

如果查看 MotionEvent，将会看到方法 obtain()的一些变体。它们创建一个 MotionEvent 的副本或全新的 MotionEvent。你的副本或全新的事件对象是在完成之后应该回收的对象。例如，如果希望找到通过回调传递给你的事件对象，应该使用 obtain()来创建副本，因为从回调返回后，该事件对象就会由 Android 回收，如果继续使用它，可能会得到奇怪的结果。当完成副本的使用之后，调用它的 recycle()。

27.1.3　使用 VelocityTracker

Android 提供了一个类来帮助处理触摸屏事件序列，这个类就是 VelocityTracker。当手指在触摸屏上移动时，知道它在屏幕上的移动速度可能很有用。例如，如果用户在屏幕上快速拖动一个对象，那就让它移动，应用程序可能希望显示该对象在屏幕上相应地迅速移动。Android 提供了 VelocityTracker 来帮助解决其中的数学问题。

要使用 VelocityTracker，首先调用静态方法 VelocityTracker.obtain()来创建一个 VelocityTracker 实例，然后可以使用 addMovement(MotionEvent event)方法向实例中添加 MotionEvent 对象。我们将在接收 MotionEvent 对象的处理程序中，从一个处理程序方法（比如 onTouch()）或一个视图的 onTouchEvent()调用此方法。VelocityTracker 使用 MotionEvent 对象来确定用户的触摸序列中发生了什么。在 VelocityTracker 中包含至少两个 MotionEvent 对象之后，我们可以使用其他方法来确定正在发生什么。

　　两个 VelocityTracker 方法 getXVelocity()和 getYVelocity()分别返回手指在 X 和 Y 方向上的对应速度。从这两个方法返回的值将表示每个时间单位内移动的像素数。这可以是每毫秒像素数或每秒像素数，或者你希望使用的任何单位。要告诉 VelocityTracker 使用何种时间单位，需要在调用这两个取值方法之前调用 VelocityTracker 的 computeCurrentVelocity(int units)方法。units 的值表示用于测量速度的时间单位包含多少毫秒。如果希望使用每毫秒像素数，可以将 units 值设置为 1；如果希望使用每秒像素数，则将 units 值设置为 1000。如果移动方向是朝右(X)或朝下(Y)，getXVelocity()和 getYVelocity()方法返回的值将为正数。如果移动方向是朝左（X）或朝上（Y），返回的值将为负数。

　　处理完通过 obtain()方法获取的 VelocityTracker 对象时，可调用 VelocityTracker 对象的 recycle()方法。代码清单 27-8 给出了一个活动的 onTouchEvent()处理程序示例。事实证明，一个活动有一个 onTouchEvent()回调，只要没有视图在处理触摸事件，就会调用它。因为我们使用了一个现成的空布局，所以没有视图在使用触摸事件。

代码清单 27-8　使用 VelocityTracker 的示例活动

```
import android.app.Activity;
import android.os.Bundle;
import android.util.Log;
import android.view.MotionEvent;
import android.view.VelocityTracker;

public class MainActivity extends Activity {
    private static final String TAG = "VelocityTracker";

    /** Called when the activity is first created. */
    @Override
    public void onCreate(Bundle savedInstanceState) {
        super.onCreate(savedInstanceState);
        setContentView(R.layout.main);
    }

    private VelocityTracker vTracker = null;

    public boolean onTouchEvent(MotionEvent event) {
        int action = event.getAction();
        switch(action) {
            case MotionEvent.ACTION_DOWN:
                if(vTracker == null) {
                    vTracker = VelocityTracker.obtain();
                }
                else {
                    vTracker.clear();
                }
                vTracker.addMovement(event);
                break;
            case MotionEvent.ACTION_MOVE:
                vTracker.addMovement(event);
                vTracker.computeCurrentVelocity(1000);
                Log.v(TAG, "X velocity is " + vTracker.getXVelocity() +
                        " pixels per second");
                Log.v(TAG, "Y velocity is " + vTracker.getYVelocity() +
                        " pixels per second");
                break;
            case MotionEvent.ACTION_UP:
```

```
            case MotionEvent.ACTION_CANCEL:
                vTracker.recycle();
                break;
        }
        return true;
    }
}
```

关于 VelocityTracker，需要注意几点。很明显，当仅向 VelocityTracker 添加了一个 Motion Event 时（即 ACTION_DOWN 事件），无法将速度计算为 0 以外的任何值。但需要添加一个起点，这样后面的 ACTION_MOVE 事件才能够计算速度。事实证明，在将 ACTION_UP 添加到 VelocityTracker 之后所报告的速度也为 0。因此，不要在添加了 ACTION_UP 之后读取 X 和 Y 速度来确定动作。例如，如果编写一个游戏应用程序，其中用户在屏幕上抛出一个物体，那么使用添加了最后一个 ACTION_MOVE 之后的速度来计算物体在游戏视图上的移动轨迹。

VelocityTracker 在一定程度上会影响性能，所以应尽量少使用它。还要确保在处理完 Velocity Tracker 之后回收它，以防其他实体使用它。在 Android 中可以使用多个 VelocityTracker，但它们可能占用大量内存，所以如果不打算继续使用它，请回收它们占用的内存。在代码清单 27-8 中，如果不回收此 VelocityTracker 并获得一个新 VelocityTracker，而开始一个新触摸序列（也就是说获得一个 ACTION_DOWN 事件，并且已存在 VelocityTracker 对象），那么我们还会使用 clear() 方法。

27.2 多点触摸

前面介绍了单点触摸的实际应用，现在看一下多点触摸。自 2006 年的 TED 大会以来（Jeff Han 在大会上演示了计算机 UI 的一种多点触摸表面），多点触摸获得了大量关注。在屏幕上使用多根手指带来了操作屏幕内容的多种可能性。例如，通过将两根手指放在图像上并向两侧分开，可以放大图像。通过将多根手指放在图像上并顺时针旋转，可以在屏幕上旋转图像。

例如，谷歌 Map 中有标准的触摸操作。Android 在 Android SDK 2.0 中引入了对多点触摸的支持。在该版本中，（严格来讲）最多可以在屏幕上同时使用 3 根手指来执行缩放、旋转或可以想象到的可用多根手指执行的操作（之所以称"严格来讲"，是因为第 1 代 Android 设备只支持两根手指的多点触摸）。但仔细想想就会发现这一功能并不神奇。如果屏幕硬件可以检测到在屏幕上出现的多个触摸操作，并且可以在这些触摸点在屏幕表面移动时及时通知应用程序，然后在这些触摸手指离开屏幕时通知你，那么应用程序可以确定用户需要通过这些触摸操作做什么。尽管这并不神奇，但也不容易实现。本节将帮助你理解多点触摸。

说明　在 Android 2.2 之前，MotionEvent 类使确定 MotionEvent 对象的操作和索引更为困难。我们要使用的一些方法在 Android 2.2 之前并不存在。我们的官网上有 Android 2.1 适用的示例应用程序，仅供参考。

多点触摸的基本原理

多点触摸的基本原理与单点触摸完全相同。为触摸事件创建 MotionEvent 对象，像前面一样将这些 MotionEvent 对象传递给各种方法。代码可以读取与触摸相关的数据并决定要做什么。在基本层面上，MotionEvent 的方法都是一样的，也就是说，我们可以调用 getAction()、getDownTime() 和 getX() 等。但是，当多根手指触摸屏幕时，MotionEvent 对象必须包含来自所有手指的信息，以及一些附加信息。来自 getAction() 的操作值针对的是一根手指，而不是所有手指。按下时间值针对的是第一个按下的手指，并且只要至少有一根手指保持按下状态，该值就会增加。位置值 getX() 和 getY()，以及 getPressure() 和 getSize() 可以接受针对某根手指的参数，因此，需要使用某种类型的索引值来请求感兴趣的手指的信息。上面使用的一些方法调用（比如 getX() 和 getY()）未接受任何参数来指定手指，那么如果使用这些方法，它们的值对应的是哪根手指呢？解决此问题需要执行一些工作。因此，如果始终不会考虑多根手指，可能会遇到一些奇怪的结果。我们深入分析一下应该如何做。

对于多点触摸，MotionEvent 中需要了解的第一个方法是 getPointerCount()。此方法告诉你 MotionEvent 对象中表示了多少根手指。它不一定会告诉你有多少根手指实际触摸了屏幕，因为这取决于硬件和该硬件上的 Android 实现。在一些设备上，你可能发现 getPointerCount() 不会报告触摸屏幕的所有手指，而只报告部分手指。但是没关系，让我们按下试试。只要 MotionEvent 对象中报告了多根手指，就需要处理指针索引和指针 ID。

MotionEvent 对象包含该对象中报告的所有手指的指针信息这些指针的索引从 0 开始，最大值为该对象中报告的手指数目。指针索引始终从 0 开始。如果报告了 3 根手指，那么指针索引将为 0、1 和 2。对 getX() 等方法的调用必须包含需要其信息的手指的指针索引。指针 ID 为整数值，表示正在跟踪哪根手指。指针 ID 从 0 开始（第一根手指按下），但如果不断有手指按下和离开屏幕，它将不会始终从 0 开始。在 Android 跟踪手指时，可以将指针 ID 视为该手指的名称。例如，想象两根手指的一对触摸序列，从手指 1 按下开始，然后手指 2 按下，然后手指 1 离开，最后手指 2 离开。第一个按下的手指将获得指针 ID 0，第二个按下的手指获得指针 ID 1。第一根手指离开以后，手指 2 将仍然与指针 ID 1 关联。但手指 2 的指针索引变为 0，因为指针索引始终从 0 开始。在本例中，当手指 2（指针 ID 1）按下时，它首先对应于指针索引 1，然后在手指 1 离开屏幕时转变为指针索引 0。但当屏幕上只有手指 2 时，其指针 ID 仍然为 1。应用程序会使用指针 ID 将与特定手指关联的事件链接在一起，即使在调用其他手指时也是如此。我们看一个例子。

代码清单 27-9 给出了一个多点触摸应用程序的新的 XML 布局和 Java 代码。使用代码清单 27-9 创建新应用程序，然后运行它。图 27-2 显示了应用程序应该具有的外观。

代码清单 27-9　多点触摸演示的 XML 布局和 Java 代码

```xml
<?xml version="1.0" encoding="utf-8"?>
<!-- This file is /res/layout/main.xml -->
<RelativeLayout  xmlns:android="http://schemas.android.com/apk/res/android"
    android:id="@+id/layout1"
    android:tag="trueLayout"  android:orientation="vertical"
    android:layout_width="fill_parent"
    android:layout_height="wrap_content"
    android:layout_weight="1"
>

<TextView android:text="Touch fingers on the screen and look at LogCat"
    android:id="@+id/message"
    android:tag="trueText"
    android:layout_width="wrap_content"
```

```
            android:layout_height="wrap_content"
            android:layout_alignParentBottom="true" />

</RelativeLayout>

// This file is MainActivity.java
import android.app.Activity;
import android.os.Bundle;
import android.util.Log;
import android.view.MotionEvent;
import android.view.View;
import android.view.View.OnTouchListener;
import android.widget.RelativeLayout;

public class MainActivity extends Activity implements OnTouchListener {
    /** Called when the activity is first created. */
    @Override
    public void onCreate(Bundle savedInstanceState) {
        super.onCreate(savedInstanceState);
        setContentView(R.layout.main);

        RelativeLayout layout1 =
                (RelativeLayout) findViewById(R.id.layout1);
        layout1.setOnTouchListener(this);
    }

    public boolean onTouch(View v, MotionEvent event) {
        String myTag = v.getTag().toString();
        Log.v(myTag, "---------------------------");
        Log.v(myTag, "Got view " + myTag + " in onTouch");
        Log.v(myTag, describeEvent(event));
        logAction(event);
        if( "true".equals(myTag.substring(0, 4))) {
            return true;
        }
        else {
            return false;
        }
    }

    protected static String describeEvent(MotionEvent event) {
        StringBuilder result = new StringBuilder(500);
        result.append("Action: ").append(event.getAction()).append("\n");
        int numPointers = event.getPointerCount();
        result.append("Number of pointers: ");
        result.append(numPointers).append("\n");
        int ptrIdx = 0;
        while (ptrIdx < numPointers) {
            int ptrId = event.getPointerId(ptrIdx);
            result.append("Pointer Index: ").append(ptrIdx);
            result.append(", Pointer Id: ").append(ptrId).append("\n");
            result.append("   Location: ").append(event.getX(ptrIdx));
            result.append(" x ").append(event.getY(ptrIdx)).append("\n");
            result.append("   Pressure: ");
            result.append(event.getPressure(ptrIdx));
            result.append("   Size: ").append(event.getSize(ptrIdx));
            result.append("\n");

            ptrIdx++;
        }
        result.append("Downtime: ").append(event.getDownTime());
```

27

```
        result.append("ms\n").append("Event time: ");
        result.append(event.getEventTime()).append("ms");
        result.append(" Elapsed: ");
        result.append(event.getEventTime()-event.getDownTime());
        result.append(" ms\n");
        return result.toString();
    }

    private void logAction(MotionEvent event) {
        int action = event.getActionMasked();
        int ptrIndex = event.getActionIndex();
        int ptrId = event.getPointerId(ptrIndex);

        if(action == 5 || action == 6)
            action = action - 5;

        Log.v("Action", "Pointer index: " + ptrIndex);
        Log.v("Action", "Pointer Id: " + ptrId);
        Log.v("Action", "True action value: " + action);
    }
}
```

图 27-2　多点触摸演示应用程序

　　如果仅有模拟器，此应用程序仍然可以运行，但无法在屏幕上同时获得多根手指。看到的输出将与上一个应用程序中的输出类似。代码清单 27-10 显示了类似前面介绍的触摸序列的 LogCat 消息示例。也即，手指 1 按下，然后手指 2 按下，然后手指 1 离开屏幕，最后手指 2 离开屏幕。

代码清单 27-10　多点触摸应用程序的示例 LogCat 输出

```
trueLayout    -------------------------
trueLayout    Got view trueLayout in onTouch
trueLayout    Action: 0
trueLayout    Number of pointers: 1
trueLayout    Pointer Index: 0, Pointer Id: 0
trueLayout       Location: 114.88211 x 499.77502
trueLayout       Pressure: 0.047058824   Size: 0.13333334
trueLayout    Downtime: 33733650ms
trueLayout    Event time: 33733650ms  Elapsed: 0 ms
```

```
Action        Pointer index: 0
Action        Pointer Id: 0
Action        True Action value: 0
trueLayout    ----------------------------
trueLayout    Got view trueLayout in onTouch
trueLayout    Action: 2
trueLayout    Number of pointers: 1
trueLayout    Pointer Index: 0, Pointer Id: 0
trueLayout       Location: 114.88211 x 499.77502
trueLayout       Pressure: 0.05882353   Size: 0.13333334
trueLayout    Downtime: 33733650ms
trueLayout    Event time: 33733740ms  Elapsed: 90 ms
Action        Pointer index: 0
Action        Pointer Id: 0
Action        True Action value: 2
trueLayout    ----------------------------
trueLayout    Got view trueLayout in onTouch
trueLayout    Action: 261
trueLayout    Number of pointers: 2
trueLayout    Pointer Index: 0, Pointer Id: 0
trueLayout       Location: 114.88211 x 499.77502
trueLayout       Pressure: 0.05882353   Size: 0.13333334
trueLayout    Pointer Index: 1, Pointer Id: 1
trueLayout       Location: 320.30692 x 189.67395
trueLayout       Pressure: 0.050980393   Size: 0.13333334
trueLayout    Downtime: 33733650ms
trueLayout    Event time: 33733962ms  Elapsed: 312 ms
Action        Pointer index: 1
Action        Pointer Id: 1
Action        True Action value: 0
trueLayout    ----------------------------
trueLayout    Got view trueLayout in onTouch
trueLayout    Action: 2
trueLayout    Number of pointers: 2
trueLayout    Pointer Index: 0, Pointer Id: 0
trueLayout       Location: 111.474594 x 499.77502
trueLayout       Pressure: 0.05882353   Size: 0.13333334
trueLayout    Pointer Index: 1, Pointer Id: 1
trueLayout       Location: 320.30692 x 189.67395
trueLayout       Pressure: 0.050980393   Size: 0.13333334
trueLayout    Downtime: 33733650ms
trueLayout    Event time: 33734189ms  Elapsed: 539 ms
Action        Pointer index: 0
Action        Pointer Id: 0
Action        True Action value: 2
trueLayout    ----------------------------
trueLayout    Got view trueLayout in onTouch
trueLayout    Action: 6
trueLayout    Number of pointers: 2
trueLayout    Pointer Index: 0, Pointer Id: 0
trueLayout       Location: 111.474594 x 499.77502
trueLayout       Pressure: 0.05882353   Size: 0.13333334
trueLayout    Pointer Index: 1, Pointer Id: 1
trueLayout       Location: 320.30692 x 189.67395
trueLayout       Pressure: 0.050980393   Size: 0.13333334
trueLayout    Downtime: 33733650ms
trueLayout    Event time: 33734228ms  Elapsed: 578 ms
Action        Pointer index: 0
Action        Pointer Id: 0
Action        True Action value: 1
trueLayout    ----------------------------
trueLayout    Got view trueLayout in onTouch
```

27

```
trueLayout        Action: 2
trueLayout        Number of pointers: 1
trueLayout        Pointer Index: 0, Pointer Id: 1
trueLayout           Location: 318.84656 x 191.45105
trueLayout           Pressure: 0.050980393    Size: 0.13333334
trueLayout        Downtime: 33733650ms
trueLayout        Event time: 33734240ms  Elapsed: 590 ms
Action            Pointer index: 0
Action            Pointer Id: 1
Action            True Action value: 2
trueLayout        ----------------------------
trueLayout        Got view trueLayout in onTouch
trueLayout        Action: 1
trueLayout        Number of pointers: 1
trueLayout        Pointer Index: 0, Pointer Id: 1
trueLayout           Location: 314.95224 x 190.5625
trueLayout           Pressure: 0.050980393    Size: 0.13333334
trueLayout        Downtime: 33733650ms
trueLayout        Event time: 33734549ms  Elapsed: 899 ms
Action            Pointer index: 0
Action            Pointer Id: 1
Action            True Action value: 1
```

多点触摸的内容

我们现在探讨一下此应用程序中所发生的操作。我们看到的第一个事件是第一根手指的 ACTION_DOWN（Action 值为 0）。可以使用 getAction() 方法了解它。请参考 MainActivity.java 中的 describeEvent() 方法，了解哪些方法生成了哪些输出。我们获得一个索引为 0 且指针 ID 为 0 的指针。之后我们可能会看到第一根手指的多个 ACTION_MOVE 事件（Action 值为 2），但在代码清单 27-10 中只显示了其中一个。我们仍然仅有一个指针，并且索引和 ID 仍然都为 0。

稍后第二根手指触摸屏幕。操作现在为十进制值 261。这个值有何含义？操作值实际上由两部分组成：一个表示操作针对的是哪个指针的指示符，以及该指针正在执行何种操作。将十进制数 261 转换为十六进制数 0×00000105。操作是最小的字节（在本例中为 5），指针索引为下一个字节（在本例中为 1）。请注意，这告诉我们的是指针索引，而不是指针 ID。如果在屏幕上按下第三根手指，操作将为 0×00000205（或十进制数 517）。第四根手指将为 0×00000305（或十进制数 773）。以此类推。你还未看到操作值 5，它也称为 ACTION_POINTER_DOWN。它类似于 ACTION_DOWN，但用于多点触摸场景。

现在看一下代码清单 27-10 中 LogCat 中的下一对记录。第一个记录针对的是 ACTION_MOVE 事件（Action 值为 2）。请记住，在真实屏幕上很难保持手指不移动。我们只给出了一个 ACTION_MOVE 事件，但你自己试时可以看到多个。第一根手指离开屏幕将产生操作值 0×00000006（或十进制值 6）。与以前一样，我们拥有指针索引 0 和操作值 ACTION_POINTER_UP（类似于 ACTION_UP，但用于多点触摸场景）。如果在多点触摸环境下第二根手指离开屏幕，将得到操作值 0×00000106（或十进制值 262）。请注意，当获得一根手指的 ACTION_UP 事件时，我们仍然拥有两根手指的信息。

代码清单 27-10 中最后一对记录显示了手指 2 的另一个 ACTION_MOVE 事件，其后是手指 2 的 ACTION_UP。这次我们看到了操作值 1（ACTION_UP）。我们没有获得操作值 262，接下来将解释其原因。另请注意，第 1 根手指离开了屏幕以后，第 2 根手指的指针索引从 1 更改为了 0，但指针 ID 仍然为 1。

ACTION_MOVE 事件没有告诉你哪根手指移动了。对于一次移动，始终会获得操作值 2，无论按下了多少根手指或哪根手指在移动。所有按下手指的位置包含在 MotionEvent 对象内，所以需要读取这些位置然后进行计算。如果只有一根手指留在屏幕上，指针 ID 将告诉你哪根手指仍在移动，因为它是唯一留下的手指。在代码清单 27-10 中，当第二根手指是唯一留在屏幕上的手指时，ACTION_MOVE 事件将有一个指针索引 0 和指针 ID1，所以我们知道是第二根手指在移动。

MotionEvent 对象不仅包含多个手指的移动事件，它还能够包含每个手指的多个移动事件。它是通过对象所存储的历史值实现这个特性的。Android 应该报告从最后一个 MotionEvent 对象发生以来的所有历史数据。具体参见 getHistoricalSize()及其他 getHistorical...()方法。

回到代码清单 27-10 的开头，第一根手指按下的指针索引和指针 ID 均为 0，那么当第一根手指在任何其他手指之前按下屏幕时，为什么没有得到操作值 0×00000005（或十进制数 5）？这是一个好问题，但答案可能不太令人满意。在以下场景下可以获得操作值 5。在屏幕上按下手指 1，然后按下手指 2，生成操作值 0 和 261（暂时忽略 ACTION_MOVE 事件）。现在手指 1 离开（操作值 6）并再次按下。手指 2 的指针 ID 仍然为 1。在手指 1 抬起的时间段内，应用程序仅知道指针 ID 1。手指 1 再次按下之后，Android 将指针 ID 0 及指针索引 0 分配给手指 1，因为现在我们知道屏幕上有多根手指，所以获得操作值 5（指针索引为 0，操作值为 5）。因此这个答案是向后兼容的，但并不是理想的答案。操作值 0 和 1 是支持多点触摸以前的值，并且只要仅使用了一根手指，在支持多点触摸以前编写的应用程序仍会有效。

当仅有一根手指留在屏幕上时，Android 将它视为单点触摸情形，所以我们获得旧的 ACTION_UP 值 1，而不是多点触摸 ACTION_UP 值 6。我们的代码将需要谨慎考虑这些情况。指针索引 0 可能生成 ACTION_DOWN 值 0 或 5，具体取决于正在使用哪个指针。最后一根手指离开屏幕将生成 ACTION_UP 值 1，无论它的指针 ID 是什么。

到目前为止，还有一方法仍未介绍：ACTION_SCROLL（值为 8），从 Android 3.1 开始引入。它来自于输入设备（如鼠标），而非触摸屏。事实上，从 MotionEvent 的方法可以看出，这些对象可用于处理许多非触摸屏操作。但是，本书不会介绍这些输入设备。

27.3 触摸地图

地图也可以接收触摸事件。我们已经看到触摸地图如何调出缩放控件，或者侧移地图，这些是地图的内置功能。但如果希望执行某种不同的操作怎么办呢？我们将展示如何使用地图实现一些有趣的功能，包括单击位置来获取它的经纬度。通过这些功能，我们可以做许多非常有用的事情。

用于地图的一个主要类是 MapView。与前面介绍的 View 类一样，此类具有一个 onTouchEvent()方法，接受 MotionEvent 对象作为其唯一的参数。我们也可以使用 setOnTouchListener()方法为 MapView 上的触摸事件设置一个回调处理函数。用于地图的其他主要的对象类型是各种 Overlay，包括 ItemizedOverlay 和 MyLocationOverlay。它们已在第 22 章中介绍。这些 Overlay 类也有一个 onTouchEvent()方法，但该方法的签名与常规的 View 上的 onTouchEvent()方法签名稍有不同。对于 Overlay，方法签名为：

```
onTouchEvent(android.view.MotionEvent e, MapView mapView)
```

如果希望使用地图执行不同的操作，可以重写 onTouchEvent()方法。在 Overlay 类中重写方法比在 MapView 类中重写更常见，因此本节将主要介绍在 Overlay 类中重写方法。与以前一样，Overlay 的

onTouchEvent()方法处理 MotionEvent 对象。即使使用地图，MotionEvent 对象也会提供用户在触摸屏上触摸的位置的 X 和 Y 坐标。这在处理地图时用处不大，因为我们通常希望知道地图上用户触摸的实际位置。幸好可以采用多种方法解决这一问题。

MapView 提供了一个名为 Projection 的接口，Projection 包含在像素与 GeoPoint 之间相互转换的方法。要获得一个 Projection，可以调用 MapView.getProjection()方法。有了 Projection 之后，可以使用方法 fromPixels()和 toPixels()来进行转换。请记住，只有在地图不会在视图中变化时，Projection 才有用。在 onTouchEvent()方法中，可以使用 fromPixels()将 X 和 Y 位置值转换为 GeoPoint。

Overlay 的一个有趣且非常有用的方法是 onTap()，它类似于本章前面介绍的 onTouch()方法，但存在一个重要区别。地图 Overlay 没有 onTouch()方法。onTap()方法的签名为：

```
public boolean onTap(GeoPoint p, MapView mapView)
```

这意味着，当用户触摸 Overlay 时，将使用所触摸位置的 GeoPoint 来调用 onTap()方法。这将为我们节省尝试在地图上找到用户触摸位置的大量时间。我们不再需要担忧如何将 X 和 Y 坐标位置转换为经纬度坐标。Android 将完成这一任务。

现在回顾一下第 22 章中的示例，我们在该示例中显示了一个带有按钮的地图，这些按钮分别对应不同的模式（卫星、交通和常规）。我们将添加确定地图上的一个位置的经度/纬度的功能。为此，需要将一个 Overlay 对象添加到 MapView 中，当 Overlay 对象收到一个触摸事件时，我们将该触摸事件转换为地图上的位置。使用转换的位置，启动一个 Toast 来显示单击的点的经度/纬度。我们首先在 Eclipse 中复制第 22 章中的 MapViewDemo（参见代码清单 22-2 和代码清单 22-3）。然后，使用代码清单 27-11 修改主 Activity 的 onCreate()方法，使用文件 ClickReceiver.java 添加一个新类（也已在此清单中提供）。对 onCreate()方法的更改使用粗体显示。UI 看起来仍然与图 22-3 类似。

代码清单 27-11　向地图演示应用程序中添加触摸功能

```java
        @Override
        protected void onCreate(Bundle savedInstanceState) {
            super.onCreate(savedInstanceState);
            setContentView(R.layout.mapview);

            mapView = (MapView)findViewById(R.id.mapview);

            ClickReceiver clickRecvr = new ClickReceiver(this);
            mapView.getOverlays().add(clickRecvr);
            mapView.invalidate();
        }


    // This file is ClickReceiver.java
    import android.content.Context;
    import android.widget.Toast;
    import com.google.android.maps.GeoPoint;
    import com.google.android.maps.MapView;
    import com.google.android.maps.Overlay;

    public class ClickReceiver extends Overlay{
        private Context mContext;

        public ClickReceiver(Context context) {
```

```
        mContext = context;
    }

    @Override
    public boolean onTap(GeoPoint p, MapView mapView) {
    String msg = "Got a touch at lat,lon: " +
            (float)p.getLatitudeE6() / 1000000f +
            "," + (float)p.getLongitudeE6() / 1000000f;
    Toast.makeText(mContext, msg, Toast.LENGTH_SHORT).show();
    // Of course, now you could do a GeoCoder call to find
    // out what is at this location.
            return true;
    }
}
```

当运行新修改的地图演示应用程序时，放大一个城市，以便看到街道。现在可以触摸一条街道，然后将调用 ClickReceiver 的 onTap()方法，相应地，它将弹出一个 Toast 消息，指出所触摸地图位置的经度/纬度。使用一个位置的经纬度，可以使用 Geocoder 查找该位置周围有哪些场所。可以使用该位置，使用即时导航查找到该场所。可以测量该位置离我们所在地有多远，甚至可以存储该位置供以后使用。

27.4 手势

手势是一类特殊的触摸屏事件。术语"手势"在 Android 中可以表示各种不同的概念，从简单的触摸序列（如快速移动或捏合）到正式的 Gesture 类（马上会在本节中介绍）。快速移动、捏合、长按和滚动都是由特定触发器触发的预期行为。即，很显然，当大多数人在执行一个快速移动手势时，他会用手指划过屏幕，将一个东西沿一个方向快速拖动到另一个位置，然后释放。例如，当用户在 Gallery 应用（左右滑动来显示图片的应用）中执行一个快速移动手势时，Gallery 的图片会向侧边移动，然后向用户显示下一张图片。

本节首先将要介绍的是捏合手势。捏合手势在 Android 2.2 版以前没有得到明确支持，所以要在以前的版本中实现捏合手势，必须自行创建代码来读取事件对象并采取适当的操作，对于 2.1 版本，我们在官网上提供了一个示例应用程序。自 2.2 版以来，我们有一些使用手势的新的有用功能，比如捏合。

接下来，我们将介绍一些针对其他手势（比如迅速移动和长按）的有用的类。在这之后，我们将介绍自定义手势，也就是你预先记录的手势，它允许用户通过以自定义模式拖动手指来在应用程序中发起操作。不过，首先让我们看看捏合手势。

27.4.1 捏合手势

多点触摸的一项出色应用就是捏合手势，它用于缩放。捏合手势的理念是，如果将两根手指放在屏幕上并让它们分开，应用程序就会放大。如果手指合拢，应用程序就会缩小。这类应用程序通常显示图像，可能是地图。

在介绍一些捏合手势的原生支持之前，我们首先需要介绍一个从一开始就出现的类——GestureDetector。

27.4.2 GestureDetector 和 OnGestureListener

有助于我们理解捏合手势的第一个类是 GestureDetector，它从 Android 诞生之初就已存在，它的用途是接收 MotionEvent 对象并在一个事件序列看起来像一个常用手势时通知我们，我们通过回调将所有事件对象传递给 GestureDetector，它在识别了一个手势（比如迅速移动或长按）时调用其他回调，需要通过 GestureDetector 注册一个回调监听器，在这里放置此逻辑，以表明在用户执行一种常见手势时该如何操作。遗憾的是，此类没有告诉我们是否发生了捏合手势，基于此，我们需要使用一个新类，稍后将介绍它。

可采用多种方式构建监听器。第一个选项是编写一个新类来实现合适的手势监听器接口，例如 GestureDetector.OnGestureListener 接口。必须为每种可能的回调实现多种抽象方法。

第二个选项是挑选一个监听器的简单实现并重写你关心的适当的回调方法。例如，GestureDetector. SimpleOnGestureListener 类实现了所有抽象方法，它什么都不做并返回 false。你需要做的就是扩展该类并重写少数必要的方法以操作你关心的手势。其他方法拥有自己的默认实现。即使决定重写所有回调方法，选择第二个选项也更加顺应未来发展，因为如果未来的 Android 版本向接口添加了另一个抽象回调方法，该简单实现将提供一个默认的回调方法，所以你的选择不会过时。

Android 2.2 引入了 ScaleGestureDetector 类，这是确定捏合手势的类。我们将分析此类以及相应的监听器类，看看如何使用捏合手势来调整图像。在此示例中，我们扩展了监听器的简单实现（Scale-GestureDetector.SimpleOnScaleGestureListener）。代码清单 27-12 给出了 MainActivity 的 XML 布局和 Java 代码。

代码清单 27-12　使用 ScaleGestureDetector 的捏合手势的布局和 Java 代码

```xml
<?xml version="1.0" encoding="utf-8"?>
<LinearLayout xmlns:android="http://schemas.android.com/apk/res/android"
    android:id="@+id/layout"  android:orientation="vertical"
    android:layout_width="fill_parent"
    android:layout_height="fill_parent" >

  <TextView  android:text=
        "Use the pinch gesture to change the image size"
    android:layout_width="fill_parent"
    android:layout_height="wrap_content" />

  <ImageView android:id="@+id/image"  android:src="@drawable/icon"
    android:layout_width="match_parent"
    android:layout_height="match_parent"
    android:scaleType="matrix" />

</LinearLayout>

// This file is MainActivity.java
public class MainActivity extends Activity {
    private static final String TAG = "ScaleDetector";
    private ImageView image;
    private ScaleGestureDetector mScaleDetector;
    private float mScaleFactor = 1f;
    private Matrix mMatrix = new Matrix();
    @Override
    public void onCreate(Bundle savedInstanceState) {
        super.onCreate(savedInstanceState);
        setContentView(R.layout.main);

        image = (ImageView)findViewById(R.id.image);
        mScaleDetector = new ScaleGestureDetector(this,
```

```
                    new ScaleListener());
        }

        @Override
        public boolean onTouchEvent(MotionEvent ev) {
            Log.v(TAG, "in onTouchEvent");
            // Give all events to ScaleGestureDetector
            mScaleDetector.onTouchEvent(ev);

            return true;
        }

        private class ScaleListener extends
                ScaleGestureDetector.SimpleOnScaleGestureListener {
            @Override
            public boolean onScale(ScaleGestureDetector detector) {
                mScaleFactor *= detector.getScaleFactor();

                // Make sure we don't get too small or too big
                mScaleFactor = Math.max(0.1f, Math.min(mScaleFactor, 5.0f));

                Log.v(TAG, "in onScale, scale factor = " + mScaleFactor);
                mMatrix.setScale(mScaleFactor, mScaleFactor);
                image.setImageMatrix(mMatrix);
                image.invalidate();
                return true;
            }
        }
    }
```

此布局很简单。我们有一个简单的 TextView,其中包含使用捏合手势的消息;还有一个 Image View,其中包含标准的 Android 图标。我们将使用捏合手势调整此图标图像。当然,可以将该图标替换为你自己的图像文件。只需将图像文件复制到一个图形对象文件夹,并确保在布局文件中更改了 android:src 特性。请注意 XML 布局中我们的图像的 android:scaleType 特性。这告诉 Android,我们将使用一个图形矩阵在图像上执行缩放操作。图形矩阵也可在布局内移动图像,但我们现在关注的是缩放。另请注意,我们将 ImageView 设置为尽可能大。因为我们会缩放图像,所以不希望裁剪 ImageView 的边缘。

Java 代码也很简单。在 onCreate()内,获得图像的引用并创建 ScaleGestureDetector。在 onTouchEvent()回调中,我们所做的就是将获得的每个事件对象传递到 ScaleGestureDetector 的 onTouchEvent()方法并返回 true,所以会不断获得新事件。这使 ScaleGestureDetector 能够看到所有事件并决定何时向我们通知发生的手势。

ScaleListener 是发生缩放的地方。监听器类中实际上有 3 个回调:onScaleBegin()、onScale()和 onScaleEnd()。我们无需在方法开头和结尾执行任何特殊操作,所以这里没有实现它们。

在 onScale()中,传入的 detector 可用于查找关于缩放操作的大量信息。缩放系数是一个在 1 左右变动的值。也就是说,当手指合拢时,此值将稍小于 1;当手指分开时,此值将稍大于 1。我们的 mScaleFactor 成员从 1 开始,所以在手指合拢或分开时,它会逐渐变得比 1 小或比 1 大。如果 mScale-Factor 等于 1,我们的图像将为正常大小。否则,图像将随着 mScaleFactor 在 1 上下变动而变大或变小。我们使用简洁的 min/max 函数组合在 mScaleFactor 上设置了某种限制。这会防止图像变得太小或太大。然后使用 mScaleFactor 缩放图形矩阵,并将新缩放的矩阵应用到图像。invalidate()调用强制在屏幕上重新绘制图像。

在 Android2.2 之前，要检测捏合手势，我们必须亲自处理事件对象并找出捏合手势。现在，我们可能希望在执行常见手势时执行适当的应用程序逻辑。要使用 OnGestureListener 接口，需要执行与这里对 ScaleListener 所做的操作非常类似的操作，但回调将针对不同的常见手势。

常见手势固然很有用，但如果希望向应用程序应用自定义手势，该怎么办？例如，如果希望用户能够在屏幕上绘制勾号并让应用程序执行某种功能，该怎么办？对于这一点，我们需要自定义手势，接下来将会介绍。

27.4.3 自定义手势

本章最后一节将介绍官方的 Android Gesture 类。通常来讲，手势是应用程序希望从用户那里获得的一种预先记录的触摸屏动作。如果用户在使用应用程序时执行的手势与预先记录的手势相同，那么应用程序可以根据该手势对应用程序的含义调用特定的逻辑。手势需要一个覆盖图，该覆盖图可以检测用户的手势并将它传递给基础活动。使用手势可以简化 UI，消除按钮或其他支持手指滑动或绘制动作的控件。它们也可以作为有趣的游戏的接口。本节我们将介绍如何记录自定义手势，以及如何在应用程序中使用它们。请注意，本示例中不会使用前面使用的与手势相关的类，本节将探讨一组不同的手势类。

27.4.4 Gestures Builder 应用程序

在分析手势代码之前，我们先体验一下模拟器附带的 Gestures Builder 应用程序。这将有助于理解什么是手势。Gestures Builder 创建和管理一个手势文件，文件中包含一个手势库。从 Eclipse 启动模拟器，解锁模拟器设备，然后转到你的应用程序并选择 Gestures Builder。图 27-3 显示了该应用程序的图标。

图 27-3　Gestures Builder 图标

如果没有在模拟器中看到 Gestures Builder，将必须在 Eclipse 中创建一个新项目。Gestures Builder 以 Android SDK 目录下一个示例应用程序的形式提供，如果你没有用 Android SDK 和 AVD Manager 下载过任何示例，那么，现在就来下载吧。可以在 Eclipse 中使用 "Create project from existing sample" 选项创建新 Android 项目。选择想要的 Android 版本作为 Build Target 目标，以启用 "Create project from existing sample" 下拉菜单，接着从该菜单选择 GestureBuilder。然后可以将此应用程序部署到模拟器。

Gestures Builder 应用程序将打开一个绝大部分都是空白的屏幕。单击 Add gesture 按钮。应用程序将提示输入名称。提供的名称将与要记录的手势相关联。此名称将在代码中用来引用该手势，还将用作某种命令名称。当用户向应用程序执行该手势时，该名称将传递给应用程序中的方法，以便应用程序可以执行用户期望它执行的操作。提供的名称可以是一个名词，比如 "spiral" 或 "checkmark"，也可以像一个命令，比如 "fetch" 或 "stop"。现在我们将第一个手势命名为 "checkmark"，所以键入

checkmark 作为名称。现在在下方较大的空白空间中绘制一个复选标记。如果不喜欢第一次绘制的标记，可以重新绘制一个复选标记。只要开始绘制新标记，旧标记就会被擦除。当对复选标记满意之后，单击 Done，应该会看到类似于图 27-4 的屏幕。

图 27-4　保存到/sdcard 的复选标记手势

请注意，可以记录不同类型的复选标记并将它们都命名为 "checkmark"。至少再记录一个类似于复选标记的手势，也将它命名为 checkmark，它可以更小或更大，也可以与第一个复选标记存在某种区别，但仍然具有复选标记的钩状。使用 "Add gesture" 按钮添加一些具有不同名称的不同手势。每次单击 Done 就会向库中添加另外一个手势。可以尝试使用一个多点触摸手势，用两根手指同时在屏幕上绘制两行，形成一个等号。这不起作用，仅能获得绘制的一行。未来可能会支持多点触摸手势，也就是有两根或多根手指同时触摸屏幕的手势。

1. 手势的结构

每个手势都具有一个名称并由一些笔画构成。手势笔画是从手指触摸屏幕时开始到手指离开屏幕时的触摸序列。前面已经介绍，触摸序列由一些 MotionEvent 对象组成。类似地，手势笔画由一些手势点组成。手势集中在一个手势存储区中。一个手势库包含一个手势存储区。在 Android 中，它们是可以在代码中使用的所有类。图 27-5 显示的图表显示了它们之间的关系。

尽管我们不能使用多点触摸来创建自定义手势，但一个手势中可以有多个手势笔画。例如，要创建一个字母 E 手势，至少需要两个手势笔画，一个手势笔画跟踪 E 的上边、下边和左边，另一个手势可以提供中间的一横来完成该字母。也可以使用垂直手势笔画绘制 E 的左边，然后绘制 3 个独立的水平手势笔画来完成该字母。还可以采用其他方式来绘制 E，而且幸运的是，手势库支持将所有这些绘制结果都命名为 "E"，尽管它们记录了不同的手势。继续采用不同方式记录 E，因为用户可能采用不同方式绘制 E，并且你希望应用程序将它们识别为 E，无论用户决定如何绘制它。图 27-6 展示了记录 E 的不同方式。

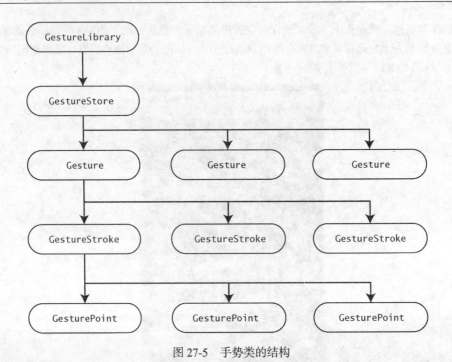

图 27-5   手势类的结构

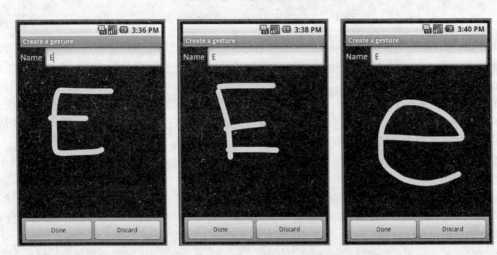

图 27-6   记录 "E" 手势的不同方式

在模拟器中,你可能会发现难以在 Gestures Builder 中创建多笔画手势。前面已经提到,可以在上一个手势上重新绘制手势,之前的那个手势将被擦除。那么 Android 如何知道何时重新绘制,而何时向当前手势添加另一个手势笔画? Android 使用了一个称为 FadeOffset 的值,它是一个时间值(以毫秒为单位),如果等待比此值更长的时间才开始绘制手势的下一个笔画,那么 Android 将假设你重新绘制或开始绘制一个新手势。默认情况下,该时间值为 420 毫秒。这意味着,如果在屏幕上绘制一个手势，并且在绘制手势中的下一个手势笔画之前，手指离开屏幕的时间长于 420 毫秒，Android 将假设你已完成绘制，将使用你目前为止绘制的笔画作为整个手势。在真实设备上，默认值可能很长，足以开始绘制手势的下一个笔画。但是在模拟器上，默认值可能没这么长，具体取决于工作站的运行速度。

如果在模拟器中无法让 Gestures Builder 接受多笔画手势，你可以创建自己的 Gestures Builder 版本并修改 FadeOffset 的默认值。前面介绍了如何在 Eclipse 中创建 Gestures Builder 项目。按照说明，然后使用项目的/res/layout/create_gesture.xml 文件，将特性 android:fadeOffset="1000"添加到 GestureOverlayView 元素中。这会将 FadeOffset 扩展到 1 秒（1000 毫秒）。如果愿意，可以自由选择不同的值。

我们看看这些手势保存到了何处。Gestures Builder 中的 Toast 消息告诉我们，手势保存在 /mnt/sdcard/ gestures 下（设备不同，存储的目录会有所区别）。在 Eclipse 中使用 File Explorer 或 adb，导航到模拟器的/sdcard 文件夹，在这里可以看到一个名为 gestures 的文件，可以看到它并不是很大。gestures 文件是一个二进制文件，所以无法手动编辑它。要修改它的内容，需要使用 Gestures Builder 应用程序。当构建启用了手势的应用程序时，需要将 gestures 文件复制到应用程序的/res/raw 目录。为此，需要使用 File Explorer 的 File Copy 功能，或者使用 adb pull 将 gestures 文件获取到工作站中以便将它复制到项目中。

除了在 Gestures Builder 中添加新手势，可以长单击现有手势调出一个菜单。通过该菜单，可以更改手势的名称或删除它。无法重新记录手势，所以如果不喜欢某个手势，需要删除它并重新添加它。前面提到过，你希望做的一件事可能是记录手势的各种变体并为它们提供相同的名称。这可以解释用户在输入手势时的变形。该名称不必是唯一的，但具有相同名称的手势应该类似。

2. 示例应用程序：Gesture Revealer

现在我们将创建一个示例应用程序，它使用新的 gestures 文件。使用 Eclipse，新创建一个 Android 项目。参见代码清单 27-13，了解布局文件的 XML 和 Activity 类的代码。

代码清单 27-13　Gesture Revealer 应用程序的 Java 代码

```xml
<?xml version="1.0" encoding="utf-8"?>
<!-- This file is /res/layout/main.xml -->
<LinearLayout xmlns:android="http://schemas.android.com/apk/res/android"
    android:orientation="vertical"
    android:layout_width="fill_parent"
    android:layout_height="fill_parent" >
  <TextView
    android:layout_width="fill_parent"
    android:layout_height="wrap_content"
    android:text="Draw gestures and I'll guess what they are" />

  <android.gesture.GestureOverlayView  android:id="@+id/gestureOverlay"
    android:layout_width="fill_parent"
    android:layout_height="fill_parent"
    android:gestureStrokeType="multiple"  android:fadeOffset="1000" />

</LinearLayout>

public class MainActivity extends Activity implements OnGesturePerformedListener {
    private static final String TAG = "Gesture Revealer";
    GestureLibrary gestureLib = null;
```

```
    @Override
    public void onCreate(Bundle savedInstanceState) {
        super.onCreate(savedInstanceState);
        setContentView(R.layout.main);

//        gestureLib = GestureLibraries.fromRawResource(this,
//                        R.raw.gestures);
        String filename =
            Environment.getExternalStorageDirectory().toString() +
                        "/gestures";
        gestureLib = GestureLibraries.fromFile(filename);
        if (!gestureLib.load()) {
            Toast.makeText(this, "Could not load " + filename,
                Toast.LENGTH_SHORT).show();
            finish();
        }

        // Let's take a look at the gesture library we have work with
        Log.v(TAG, "Library features:");
        Log.v(TAG, "  Orientation style: " +
                gestureLib.getOrientationStyle());
        Log.v(TAG, "  Sequence type: " + gestureLib.getSequenceType());
        for( String gestureName : gestureLib.getGestureEntries() ) {
            Log.v(TAG, "For gesture " + gestureName);
            int i = 1;
            for( Gesture gesture : gestureLib.getGestures(gestureName) )
            {
                Log.v(TAG, "    " + i + ": ID: " + gesture.getID());
                Log.v(TAG, "    " + i + ": Strokes count: " +
                        gesture.getStrokesCount());
                Log.v(TAG, "    " + i + ": Stroke length: " +
                        gesture.getLength());
                i++;
            }
        }

        GestureOverlayView gestureView =
            (GestureOverlayView) findViewById(R.id.gestureOverlay);
        gestureView.addOnGesturePerformedListener(this);
    }

    @Override
    public void onGesturePerformed(GestureOverlayView view,
            Gesture gesture)
    {
        ArrayList<Prediction> predictions =
            gestureLib.recognize(gesture);

        if (predictions.size() > 0) {
            Prediction prediction = (Prediction) predictions.get(0);
            if (prediction.score > 1.0) {
                Toast.makeText(this, prediction.name,
                        Toast.LENGTH_SHORT).show();
                for(int i=0;i<predictions.size();i++)
                    Log.v(TAG, "prediction " + predictions.get(i).name +
                            " - score = " + predictions.get(i).score);
            }
        }
    }
}
```

在此示例中，我们将访问 Gestures Builder 应用程序的目标文件。在 onCreate()方法中，我们使用 GestureLibraries.fromFile()方法来完成此任务。但我们还会在注释中展示如何访问应用程序中包含的一个手势文件。如果打算使用 fromRawResource()方法，可以使用一个类似于常规资源 ID 的参数，并将手势文件添加到/res/raw 目录中。

我们的应用程序没有实现太多功能，但运行它将有助于更好地理解 Android 在处理手势时发生的操作。首先，应用程序加载手势文件并记录它发现的手势。它还记录对在应用程序输入屏幕中绘制的示例手势进行匹配的尝试结果。继续运行 Gesture Revealer 应用程序，当然假设已经运行了 Gestures Builder 并且在/sdcard/gestures 文件中已有一些手势。看一下如何通过 ID、笔画数量和长度来记录每个手势。

使用你知道已存在于手势库中的手势。然后使用某个你知道不存在的手势。观察 LogCat 记录，看看发生了什么。可以看到，有时绘制的内容不会像所希望的那样被识别，有时 Android 识别的结果并不是期望的结果，但在大部分时间它都会正确识别所绘制的内容。你也可能已注意到，当 Android 识别输入手势时，你会得到库中所有手势的评分，但当 Android 未识别你的输入手势时，不会获得任何信息。

另请注意，如果有一个多笔画手势（比如字母 E）并且在各个笔画之间的时间间隔太长，将会发生什么。应用程序将接受你到目前为止绘制的内容并使用它来与手势库比较，这可能导致错误匹配或完全不匹配。这个延迟时间由 FadeOffset 控制。这里需要一定的技巧。我们希望 Android 在完成绘制手势之后立即开始匹配手势，但无法知道用户是否绘制完手势，除非我们等待一定的时间且没看到一个新手势笔画开始绘制。因此，FadeOffset 具有两个用途。一个用途是控制等待当前手势中的新手势笔画的时间，另一个用途是控制等待将我们的手势与手势库中已知的手势相匹配的时间。将 FadeOffset 设置为很长意味着在匹配过程开始之前必须等待很长时间。将 FadeOffset 设置为很短意味着无法绘制多笔画手势，因为在我们绘制下一个手势笔画之前 Android 会认为我们已绘制完手势。420 毫秒是否恰当，这取决于你。你可能需要使用一个首选项值，以便用户可以自行调节它。

尽管我们现在的主题是多笔画手势，但是请注意，GestureOverlayView 包含一个控制是否期望出现多笔画手势的设置。XML 中的特性是 android:gestureStrokeType，它的值为 single（默认值）或 multiple。如果希望能够绘制多笔画手势，那么必须设置此特性。可以以编程方式设置它，即使用 setGestureStrokeType(int type)，并使用参数 GestureOverlayView.GESTURE_STROKE_TYPE_SINGLE 或 GestureOverlayView.GESTURE_STROKE_TYPE_MULTIPLE。GestureOverlayView 也包含设置颜色和线条粗细的 XML 特性和方法。

要创建自己的手势感知应用程序，需要确定应用程序将操作哪些手势，为这些手势创建一个库，然后实现 OnGesturePerformedListener 接口（可能在 Activity 中）来识别手势和采取合适的操作。

如果希望用户能够记录他们自己的手势，怎么样呢？例如，如果他们希望为应用程序中的一个操作使用不同的手势，取代你提供的手势，怎么样呢？这是可能的，但意味着需要有一个可以写入的手势库文件。存放手势库文件的逻辑位置是 SD 卡。创建新手势库文件非常简单，只需从应用程序随带的手势库读出默认手势，然后重写用户希望替换为他们自己的手势的手势。可以像上面提到的那样使用 Gestures Builder 的实现，查看如何创建手势记录器。有人可能会编写一个响应 Intent 的 Gestures Builder 应用程序，这样可以简单地调用该活动来添加新手势。你也可以仅将用户的手势记录到一个新的可写的手势库文件，然后将两个手势库（用户和你的原始手势库）加载到应用程序中。在

onGesturePerformed()方法中，可以首先在用户的库中尝试 recognize()，然后在你自己的库中进行尝试。可以比较来自每个库的任何 predictions 的总分，以决定采取何种操作。

最后，使用 setOrientationStyle()和 setSequenceType()方法，可以改变 GestureLibrary 的方向或序列形式。这些参数来自 GestureStore 常量。要记住的关键一点是，在调用程序库的 load()方法之前，一定要先使用手势库对象的这些方法。方向不变性表示应用程序能够更好地识别旋转手势。序列不变性表示与记录手势的方式相比，应用程序能够更好地识别由不同顺序的手势组成的多笔画手势。

27.5 参考资料

以下是一些很有用的参考资料，可通过它们进一步探索相关主题。

❏ http://www.androidbook.com/proandroid4/projects。可在这里找到与本书相关的可下载项目列表。对于本章，请查找名为ProAndroid4_Ch27_Touchscreens.zip的zip文件。此zip文件包含本章中的所有项目，这些项目在各个根目录中列出。还有一个README.TXT文件详细介绍了如何从一个zip文件将项目导入Eclipse。

❏ www.ted.com/talks/jeff_han_demos_his_breakthrough_touchscreen.html：Jeff Han在2006年的TED上演示了他的多点触摸计算机用户界面——非常酷。

❏ http://android-developers.blogspot.com/2010/06/making-sense-of-multitouch.html：这篇关于多点触摸的Android博客文章提供了在一个视图扩展内实现GestureDetector的另一种方式。

27.6 小结

快速给出目前为止我们所学到的关于触摸屏操作的知识点，以对本章内容进行总结。

❏ 触摸操作处理的基础类MotionEvent。
❏ 使用OnTouchListener处理View对象触摸事件的各种回调方法。
❏ 触摸序列过程中发生的不同类型事件。
❏ 在不进行处理时，触摸事件如何通过整个视图层次。
❏ MotionEvent对象包含的触摸信息，包括多点触摸。
❏ 何时应该和不应该回收重用MotionEvent对象？
❏ 确定手指滑过屏幕的速度。
❏ 多点触摸及其内部实现细节的完美呈现。
❏ 使用onTap()方法处理地图。
❏ 实现捏合手势和其他常用手势。
❏ 在用户界面上记录和使用自定义手势。
❏ 使用内部细节定制用户体验。

27.7 面试问题

回答以下问题，巩固本章所学的知识点。

(1) onTouchEvent()和 onTouch()有什么区别？

(2) 应使用哪一个描述标签来告诉 Android Market，应用程序要求使用触摸屏设备？

(3) 如果希望视图继续接收当前触摸序列的触摸事件，回调方法应该返回 true 还是 false？

(4) 触摸序列获取的第一个操作是什么？

(5) 触摸序列获取的最后一个操作是什么？

(6) 判断正误：系统会为每一个触摸事件创建一个 MotionEvent 对象。

(7) 使用 MotionEvent 对象的 getSize()和 getPressure()方法时，应该采取哪些预防措施？

(8) 什么时候适合回收重用 MotionEvent 对象？

(9) 在添加了表示最后一个手指释放事件的 MotionEvent 对象后，要求 VelocityTracker 提供手指移动速度，会出现什么情况？

(10) 哪一个方法可用于确定 Android 跟踪的手指个数？

(11) 限制多点触摸手势中手指个数的最主要因素是硬件还是 Android API？

(12) 触点索引和触点 ID 有什么区别？

(13) 如果原始操作值是十进制数 518，它意味着什么？

(14) Overlay 的 onTap()方法有哪些参数？

(15) GestureDetector 可以检测的常用手势是什么？

(16) 专门用于检测捏合手势的类是什么？在捏合手势发生时，这个类会调用什么回调方法？

(17) 你能否画出 GestureLibrary 的组织结构？它的叶节点是什么？

(18) 哪一个属性可以控制同一个手势中不同笔画的允许的最大时间间隔？

27

第 28 章

实现拖放操作

在上一章中，我们介绍了触摸屏、MotionEvent 类和手势，说明了如何使用触摸动作实现应用程序的操作，但是还有一个方面未作介绍，即拖放操作。拖放操作看起来很简单：触摸屏幕上的对象，在屏幕上拖动（通常会经过某个其他对象），释放之后，应用程序会执行相应的操作。在许多计算机操作系统中，这是从桌面删除文件的常见方式；只需将文件图标拖动到回收站，就可以删除该文件。在 Android 中，将图标拖动到新位置或者回收站，就可以重新排列主屏幕的图标。

本章将深入讲解拖放操作。我们将介绍 Android 3.0（蜂巢）引入的拖放功能，并且会展示示例程序。在 Android 3.0 以前，开发者只能自行实现拖放操作。但是，因为仍然有很多手机运行 Android 2.1 和 2.2 版本，所以我们也将介绍如何在这些版本上实现拖放操作。我们将在 28.1 节介绍旧的方法，然后在 28.2 节介绍新方法。

28.1 拖放操作简介

在下一个示例应用程序中，我们将绘制一个白点，然后将它拖到用户界面的新位置。我们还会在用户界面上放置 3 个计数器，如果用户将白点拖到其中一个计数器上，该计数器的值就会增加，而白点会返回其初始位置。如果将白点拖到屏幕上其他位置，则在该位置上显示白点。

说明 参见 28.5 节，其中包含可将项目直接导入 Eclipse 的 URL。在解释这些概念时，我们将只通过文本方式展示代码。读者需要下载代码，才能创建可执行示例应用程序。

本章的第一个示例应用程序是 TouchDragDemo。我们将在这一节介绍两个重要文件：

❏ /res/layout/main.xml；

❏ /src/com/androidbook/touch/dragdemo/Dot.java。

main.xml 文件包含了拖放演示的布局，如代码清单 28-1 所示。这里需要注意一些重要概念，包括使用 FrameLayout 作为最顶级布局。其中包含一个 LinearLayout，线性布局又包含 TextViews 和自定义视图类 Dot。因为 LinearLayout 和 Dot 都位于 FrameLayout 之中，所以它们的位置与大小实际上不会对彼此产生影响，但是它们会共享屏幕范围，互相叠加。这个应用程序的 UI 显示效果如图 28-1 所示。

代码清单 28-1 拖动例子的示例布局 XML

```
<?xml version="1.0" encoding="utf-8"?>
<!-- This file is res/layout/main.xml -->
<FrameLayout xmlns:android="http://schemas.android.com/apk/res/android"
```

```
      android:layout_width="fill_parent"
      android:layout_height="fill_parent"
      android:background="#0000ff" >

  <LinearLayout android:id="@+id/counters"
     android:orientation="vertical"
     android:layout_width="fill_parent"
     android:layout_height="fill_parent" >

     <TextView android:id="@+id/top"
       android:text="0"
       android:background="#111111"
       android:layout_height="wrap_content"
       android:layout_width="60dp"
       android:layout_gravity="right"
       android:layout_marginTop="30dp"
       android:layout_marginBottom="30dp"
       android:padding="10dp" />

     <TextView android:id="@+id/middle"
       android:text="0"
       android:background="#111111"
       android:layout_height="wrap_content"
       android:layout_width="60dp"
       android:layout_gravity="right"
       android:layout_marginBottom="30dp"
       android:padding="10dp" />

     <TextView android:id="@+id/bottom"
       android:text="0"
       android:background="#111111"
       android:layout_height="wrap_content"
       android:layout_width="60dp"
       android:layout_gravity="right"
       android:padding="10dp" />
  </LinearLayout>

  <com.androidbook.touch.dragdemo.Dot
     android:id="@+id/dot"
     android:layout_width="fill_parent"
     android:layout_height="fill_parent" />

</FrameLayout>
```

图 28-1　TouchDragDemo 的用户界面

　　注意，在 XML 布局文件中，Dot 元素的包名必须与应用程序所使用包名相匹配。正如之前所提到的，Dot 的布局与 LinearLayout 不同。这是因为，我们希望在屏幕上自由移动白点，所以我们才选择"fill_parent"的 layout_width 和 layout_height。在屏幕上绘制白点时，我们希望它是可见的，如果将白点所在视图的尺寸限制为白点的尺寸，那么当白点离开初始位置时，我们就无法看到它。

说明　严格来讲，我们可以在 FrameLayout 标签中将 android:clipChildren 设置为 true，然后将白点的布局宽度和高度设置为 wrap_content，但是这样看上去不太整洁。

　　在每个计数器上，我们只是通过背景、内边距、外边距和重力等设置它们的布局，使它们显示在屏幕右边。计数从 0 开始，但是当我们将白点拖动到它们上面时，其值很快就会随之增加。虽然这个例子中选择使用 TextView，但是实际上可以使用任意视图对象作为投放目标。现在，查看 Dot 类的 Java 代码，如代码清单 28-2 所示。

代码清单 28-2　Dot 类的 Java 代码

```java
public class Dot extends View {
    private static final String TAG = "TouchDrag";
    private float left = 0;
    private float top = 0;
    private float radius = 20;
    private float offsetX;
    private float offsetY;
    private Paint myPaint;
    private Context myContext;

    public Dot(Context context, AttributeSet attrs) {
        super(context, attrs);

        // Save the context (the activity)
        myContext = context;

        myPaint = new Paint();
        myPaint.setColor(Color.WHITE);
        myPaint.setAntiAlias(true);
    }

    public boolean onTouchEvent(MotionEvent event) {
        int action = event.getAction();
        float eventX = event.getX();
        float eventY = event.getY();
        switch(action) {
        case MotionEvent.ACTION_DOWN:
            // First make sure the touch is on our dot,
            // since the size of the dot's view is
            // technically the whole layout. If the
            // touch is *not* within, then return false
            // indicating we don't want any more events.
            if( !(left-20 < eventX && eventX < left+radius*2+20 &&
                top-20 < eventY && eventY < top+radius*2+20))
                return false;

            // Remember the offset of the touch as compared
            // to our left and top edges.
            offsetX = eventX - left;
```

```
            offsetY = eventY - top;
            break;
        case MotionEvent.ACTION_MOVE:
        case MotionEvent.ACTION_UP:
        case MotionEvent.ACTION_CANCEL:
            left = eventX - offsetX;
            top = eventY - offsetY;
            if(action == MotionEvent.ACTION_UP) {
                checkDrop(eventX, eventY);
            }
            break;
        }
        invalidate();
        return true;
    }

    private void checkDrop(float x, float y) {
        // See if the x,y of our drop location is near to
        // one of our counters. If so, increment it, and
        // reset the dot back to its starting position
        Log.v(TAG, "checking drop target for " + x + ", " + y);

        int viewCount = ((MainActivity)myContext).counterLayout
                    .getChildCount();

        for(int i = 0; i<viewCount; i++) {
            View view = ((MainActivity)myContext).counterLayout
                    .getChildAt(i);
            if(view.getClass() == TextView.class){
                Log.v(TAG, "Is the drop to the right of " +
                        (view.getLeft()-20));
                Log.v(TAG, "  and vertically between " +
                        (view.getTop()-20) +
                        " and " + (view.getBottom()+20) + "?");
                if(x > view.getLeft()-20 &&
                        view.getTop()-20 < y &&
                        y < view.getBottom()+20) {
                    Log.v(TAG, "    Yes. Yes it is.");

                    // Increase the count value in the TextView by one
                    int count =
                        Integer.parseInt(
                            ((TextView)view).getText().toString());
                    ((TextView)view).setText(String.valueOf( ++count ));

                    // Reset the dot back to starting position
                    left = top = 0;
                    break;
                }
            }
        }
    }

    public void draw(Canvas canvas) {
        canvas.drawCircle(left + radius, top + radius, radius, myPaint);
    }
}
```

运行这个应用程序，就会在蓝色背景上显示一个白点。可以在屏幕上触摸和拖动该点。抬起手指时，白点就会停留在该位置，再次触摸和拖动可以继续改变其位置。draw()方法会将白点显示在 left 和 top 当前的位置（通过点的半径进行调整）。onTouchEvent()方法会接收 MotionEvent 对象，通过移动触摸点可以修改 left 和 top 值。

　　由于用户不一定总能准确触摸到对象中心，触摸坐标也不是与对象的位置坐标完全吻合。因此，这正是偏移值的作用所在：计算出点的左上边界与触摸位置的距离。但是，即使在执行拖动操作之前，也必须保证用户触摸位置与白点的位置足够靠近，即是有效的。如果用户触摸点离白点很远，即位于点视图布局的范围之内，就不应该触发拖动操作。因此，我们必须检查触摸点是否落在白点之内。如果不是，则返回 false，这样就可以防止接收任何其他的触摸事件。

　　当手指开始在屏幕上移动时，我们会根据 MotionEvents 获得 x 和 y 坐标偏移来调整对象的位置。在停止移动时（ACTION_UP），就会使用触摸的最后一个坐标确定位置。在这个例子中，不需要考虑滚动条，因为这会增加对象在屏幕上位置的计算难度。但是，基本的原则是相同的。确定对象移动的初始位置之后，同时记录从 ACTION_DOWN 到 ACTION_UP 过程中触摸点的坐标偏移，就可以调整对象在屏幕上的位置。

　　与屏幕对象的位置相比，触摸与将对象投放到屏幕的另一个对象上并没有多大关系。当我们在屏幕上拖动对象时，它与其他一个或多个参考点的相对位置是已知的。此外，可以检查屏幕对象的位置与尺寸。然后，确定拖动的对象是否"覆盖"其他对象。确定拖动对象投放目标的一般过程是遍历所有可投放对象，然后确定当前位置是否与该对象重叠。判断时需要考虑到每一个对象的尺寸和位置（有时候是形状）。如果出现 ACTION_UP 事件，则意味着用户已经释放拖动的对象，而且对象已经覆盖到某个可投放对象之上，因此可以触发投放操作的处理逻辑。

　　这个示例应用程序正是使用这种方法。当检测到 ACTION_UP 操作时，就检查 LinearLayout 的子视图，对于所发现的每个 TextView，将触摸点的位置与 TextView 的边界（加上一些额外偏移量）进行比较。如果触摸点位于 TextView 之内，则获取 TextView 的当前计数值，将它增加 1，再写回视图。然后，将白点的位置重置为起始位置（left = 0，top = 0），以备下一次拖动。

　　这个例子演示了 Android 3.0 之前版本中的基本拖放方法。通过这种方法，就可以在应用程序中实现拖放操作。这个操作可以将对象拖放到回收站，将对象删除，或者将文件拖动到一个文件夹，实现移动或复制操作。为了丰富应用程序的功能，可以预先定义一些可能的投放目标，使它们在拖放操作开始时发生可视化变化。如果希望拖动的对象在投放之后消失，则一定要在程序中将它从布局中移除（参见 ViewGroup 中各种 removeView 方法）。

　　前面介绍的是最难的拖放方法，现在我们开始学习 Android 3.0 增加的拖放支持。

28.2   3.0 及其以上版本的基本拖放操作

　　Android 3.0 之前的版本不直接支持拖放操作。本章第一节介绍了如何在屏幕上实现视图拖动，并且介绍了如何利用所拖动对象的当前位置来确定是否有投放目标。当接收到释放事件 MotionEvent 时，就可以在代码中确定是否会发生了投放操作。虽然这种方法是可行的，但是它肯定不如 Android 直接支持的拖放操作简单。现在，Android 已经直接支持拖放操作了。

　　从最基本的层面来看，实现拖放操作首先需要声明一个开始拖动的视图，然后所有监控拖动的相关部分都会启动，直到投放事件触发为止。如果视图捕捉到投放事件，并且需要处理这个事件，那么就意味着发生了完整的拖放操作。如果没有视图接收到投放事件，或者视图无需处理这个事件，就意味着没有发生投放操作。拖动是通过使用 DragEvent 对象进行交互的，而这个对象会传递给所有可用拖动监听器。

DragEvent 对象包含许多由拖动序列初始程序所决定的信息描述符。例如，DragEvent 可能包含启动程序的对象引用、状态信息、文本数据、URL 或其他通过拖动序列传递的信息。

信息传递可能会在视图间产生动态通信。然而，在 DragEvent 创建时，DragEvent 对象会设置发起数据，而且这些数据会保持不变。除了这些数据，DragEvent 具有一个操作值（表示拖动序列的后续操作）及位置信息（表示屏幕上的拖动位置）。

DragEvent 可能包含以下 6 种操作。

❑ ACTION_DRAG_STARTED 表示新拖动序列开始。

❑ ACTION_DRAG_ENTERED 表示所拖动对象到达特定视图边界。

❑ ACTION_DRAG_LOCATION 表示所拖动对象已经出现在屏幕上的新位置。

❑ ACTION_DRAG_EXITED 表示所拖动对象已经被拖放到特定视图的边界之外。

❑ ACTION_DROP 表示用户已释放所拖动对象。由事件接收器确定是否真正发生了投放事件。

❑ ACTION_DRAG_ENDED 告诉所有拖放监听器，前一个拖动序列已经结束。DragEvent.getResult()方法表示投放成功或失败。

有时候，人们误认为需要为系统中参与拖动序列的每一个视图创建拖动监听器，但是事实上只需要在应用程序中定义一个拖动监听器，它可以接收系统中所有视图的所有拖动事件。这可能有一点难以理解，因为拖动监听器不需要与所拖动对象或投放目标相关联。监听器可以协调所有的拖放对象。

事实上，如果查看 Android SDK 所带的拖放示例项目，你会发现，在 TextView 上创建的监听器与实际的拖放操作无关。后面的示例项目将使用与具体视图绑定的拖动监听器。在拖动序列发生拖动事件时，每一个拖动监听器都会接收一个 DragEvent 对象。这意味着，视图可以忽略所接收的 DragEvent 对象，因为它实际上是关于不同视图的。此外，这还意味着拖动监听器必须在代码中确定这个问题，而且 DragEvent 对象中必须具有足够的信息，帮助拖动监听器确定下一步应该做什么操作。

如果拖动监听器获取一个 DragEvent 对象，它仅仅表明有一个未知对象正被拖动，其坐标为(15, 57)，那么拖动监听器并不能对它执行任何操作。如果 DragEvent 对象指明了正被拖动的具体对象，其坐标为(15，57)，执行的是一个复制操作，而且数据是指定的 URI，它将更有用。在投放时，就有足够的信息可以执行一个复制操作。

实际上，拖动操作有两种。第一个示例应用程序将视图拖过框布局，在释放后视图会停留在该位置。只有在将视图投放到其他对象上时，才会产生拖放行为。所支持的拖放形式与这种方式不同。现在，在拖放序列中拖动一个视图时，所拖动视图完全不会移动。并且，这时会出现拖动视图的阴影图像，它会在屏幕上移动，但是在释放时，阴影就会消失。这意味着，有时候仍然需要在 Android 3.0 及以上版本的应用程序上使用本章开头介绍的方法，实现屏幕上图像的移动，而不需要执行拖放操作。

28.3　拖放操作示例应用程序

下一个示例应用程序将使用 3.0 的重要功能：碎片。和其他功能一起，这个功能将实现跨越碎片边界的拖动。屏幕左边显示点画板，右边是方块目标。长单击屏幕就可以选择一个点，修改画板中点的颜色，这样 Android 会在拖动时显示点的阴影。当所拖动点到达方块目标时，投放目标就开始闪亮。如果将点投放到方块目标上，就会显示一条消息，表明拖放计数增加一次，闪亮效果就会停止，而且点会恢复为原始颜色。

28.3.1   文件列表

这个应用程序采用了本书介绍的许多概念。这里只列出文本中有意思的文件，其他文件可以在空闲时通过 IDE 浏览。下面是本章涉及的文件。

- ❏ palette.xml 是左边点所在的碎片布局（参见代码清单 28-3）。
- ❏ dropzone.xml 是右边方块目标的碎片布局，包括投放计数消息（参见代码清单 28-4）。
- ❏ DropZone.java 进一步丰富了 dropzone.xml 碎片布局文件，然后实现了投放目标的拖动监听器（参见代码清单 28-5）。
- ❏ Dot.java 是表示将要拖动对象的自定义视图类。它负责启动拖动序列、观察拖动事件和绘制点（参见代码清单 28-6）。

28.3.2   示例拖放应用程序的布局

在编码之前，我们确定的应用程序布局设计如图 28-2 所示。

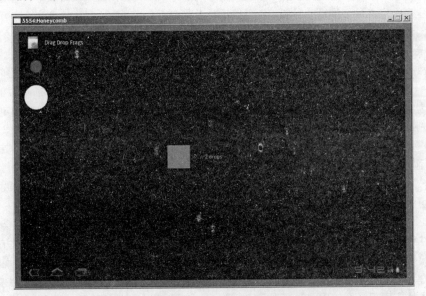

图 28-2   拖放碎片示例应用程序的用户界面

主布局文件采用简单的水平线性布局和两个碎片。第一个碎片用于显示点画板，而第二个碎片是投放区域。

画板碎片布局文件（代码清单 8-3）比较有趣一些。虽然这个布局表示一个碎片，但是它不需要包含碎片标记。这个布局会进一步充实，变成画板碎片的视图层次。这些点是自定义点，其中有两个是垂直排列的。注意，点的定义中包含两个自定义 XML 属性（dot:color 和 dot:radius）。所以，这些属性可以指定点的颜色和半径。此外，你可能也已经注意到了，布局的宽度和高度设置为

wrap_content，而不是本章前面示例应用程序所使用的 fill_parent。新的拖放支持可以简化这个过程。

代码清单 28-3　Dot 的 palette.xml 布局文件

```xml
<?xml version="1.0" encoding="utf-8"?>
<!-- This file is res/layout/palette.xml -->
<LinearLayout
  xmlns:android="http://schemas.android.com/apk/res/android"
  xmlns:dot=
    "http://schemas.android.com/apk/res/com.androidbook.drag.drop.demo"
  android:layout_width="match_parent"
  android:layout_height="match_parent"
  android:orientation="vertical">

  <com.androidbook.drag.drop.demo.Dot android:id="@+id/dot1"
    android:layout_width="wrap_content"
    android:layout_height="wrap_content"
    android:padding="30dp"
    android:tag="Blue dot"
    dot:color="#ff1111ff"
    dot:radius="20dp"  />

  <com.androidbook.drag.drop.demo.Dot android:id="@+id/dot2"
    android:layout_width="wrap_content"
    android:layout_height="wrap_content"
    android:padding="10dp"
    android:tag="White dot"
    dot:color="#ffffffff"
    dot:radius="40dp"  />

</LinearLayout>
```

　　代码清单 28-4 所示的投放区域碎片布局文件也很易于理解。其中包含一个绿色方块和一个水平排列的文本消息。这就是所拖动点的投放区域。文本消息则用于显示投放次数。

代码清单 28-4　dropzone.xml 布局文件

```xml
<?xml version="1.0" encoding="utf-8"?>
<!-- This file is res/layout/dropzone.xml -->
<LinearLayout
  xmlns:android="http://schemas.android.com/apk/res/android"
  android:layout_width="match_parent"
  android:layout_height="match_parent"
  android:orientation="horizontal" >

  <View android:id="@+id/droptarget"
    android:layout_width="75dp"
    android:layout_height="75dp"
    android:layout_gravity="center_vertical"
    android:background="#00ff00" />

  <TextView android:id="@+id/dropmessage"
    android:text="0 drops"
    android:layout_width="wrap_content"
    android:layout_height="wrap_content"
    android:layout_gravity="center_vertical"
    android:paddingLeft="50dp"
    android:textSize="17sp" />

</LinearLayout>
```

28

28.3.3   响应 Dropzone 的 onDrag 事件

我们创建了应用程序的主布局之后，接下来实现投放目标，如代码清单 28-5 所示。

代码清单 28-5   DropZone.java 文件

```java
public class DropZone extends Fragment {

    private View dropTarget;
    private TextView dropMessage;

    @Override
    public View onCreateView(LayoutInflater inflater,
            ViewGroup container, Bundle icicle)
    {
        View v = inflater.inflate(R.layout.dropzone, container, false);

        dropMessage = (TextView)v.findViewById(R.id.dropmessage);

        dropTarget = (View)v.findViewById(R.id.droptarget);
        dropTarget.setOnDragListener(new View.OnDragListener() {
            private static final String DROPTAG = "DropTarget";
            private int dropCount = 0;
            private ObjectAnimator anim;

            public boolean onDrag(View v, DragEvent event) {
                int action = event.getAction();
                boolean result = true;
                switch(action) {
                case DragEvent.ACTION_DRAG_STARTED:
                    Log.v(DROPTAG, "drag started in dropTarget");
                    break;
                case DragEvent.ACTION_DRAG_ENTERED:
                    Log.v(DROPTAG, "drag entered dropTarget");
                    anim = ObjectAnimator.ofFloat(
                                (Object)v, "alpha", 1f, 0.5f);
                    anim.setInterpolator(new CycleInterpolator(40));
                    anim.setDuration(30*1000); // 30 seconds
                    anim.start();
                    break;
                case DragEvent.ACTION_DRAG_EXITED:
                    Log.v(DROPTAG, "drag exited dropTarget");
                    if(anim != null) {
                        anim.end();
                        anim = null;
                    }
                    break;
                case DragEvent.ACTION_DRAG_LOCATION:
                    Log.v(DROPTAG, "drag proceeding in dropTarget: " +
                            event.getX() + ", " + event.getY());
                    break;
                case DragEvent.ACTION_DROP:
                    Log.v(DROPTAG, "drag drop in dropTarget");
                    if(anim != null) {
                        anim.end();
                        anim = null;
                    }

                    ClipData data = event.getClipData();
                    Log.v(DROPTAG, "Item data is " +
```

```
                                    data.getItemAt(0).getText());

                dropCount++;
                String message = dropCount + " drop";
                if(dropCount > 1)
                    message += "s";
                dropMessage.setText(message);
                break;
            case DragEvent.ACTION_DRAG_ENDED:
                Log.v(DROPTAG, "drag ended in dropTarget");
                if(anim != null) {
                    anim.end();
                    anim = null;
                }
                break;
            default:
                Log.v(DROPTAG, "other action in dropzone: " +
                                action);
                result = false;
            }
            return result;
        }
    });
    return v;
}
}
```

现在，我们开始进入有趣的代码。在投放区域中，需要创建点的拖放目标。正如前面所介绍的，这个布局在屏幕上指定了一个绿色方块，它的旁边是一条文本消息。因为投放区域也是一个碎片，所以需要重载 DropZone 的 onCreateView()方法。首先是扩大投放区域布局，然后获取方块目标（dropTarget）和文本消息（dropMessage）的视图引用。然后，在目标上创建一个拖动监听器，使目标能够监控拖动操作。

投放目标拖动监听器只有一个回调方法：onDrag()。这个回调方法会接收一个视图引用和DragEvent 对象。视图引用与 DragEvent 事件所在视图相关联。正如之前所介绍的，拖动监听器不需要与拖动事件所交互的视图发生联系，所以这个回调方法必须确定拖动事件所在的视图。

在 onDrag()回调方法中，首先需要从 DragEvent 对象读取操作。这是后续操作的依据。在很大程度上，这个回调函数只需要记录发生的拖动事件。例如，实际上并不需要处理 ACTION_DRAG_LOCATION。但是，如果对象被拖到边界之内（ACTION_DRAG_ENTERED），则需要执行一些特殊逻辑操作；如果对象被拖到边界之外（ACTION_DRAG_EXITED），或者对象被投放（ACTION_DROP），则不执行这些操作。

这里还使用了第 8 章介绍的 ObjectAnimator 类，不过这里只是用来在代码中指定循环插入器，修改目标的透明度。这样就可以实现绿色目标方块的透明度闪动效果，这种可视化效果表示目标愿意接收对象投放。因为打开了动画，所以在对象离开或投放时，或者整个拖放操作结束时，必须关闭动画。理论上，不需要在发生 ACTION_DRAG_ENDED 时停止动画，但是最好这样做。

对于这个具体的拖动监听器，如果所拖动对象与关联的视图发生交互，则只会获得ACTION_DRAG_ENTERED 和 ACTION_DRAG_EXITED。因此，只有当所拖动对象进入目标视图之内，才会触发ACTION_DRAG_LOCATION 事件。

另一个有意思的条件是 ACTION_DROP 本身（注意，这个操作名称不带 DRAG_）。如果视图发生投放操作，则意味着用户已将点投放到绿色方块上。因为我们的目标是将对象投放到绿色方块上，所以只需要继续读取第一个项目的数据，然后将它记录到 LogCat 中。在生产应用程序中，必须特别注意拖动事件本身包含的 ClipData 对象。通过检查它的属性，就可以确定是否要接收这个投放。

这是指出 onDrag()回调方法中结果布尔的好时机。根据这个结果，就可以让 Android 知道是否要处理拖动事件（返回 true 或 false）。如果拖动事件对象不存在所需要的数据，这个回调函数就肯定会返回 false，从而 Android 就不会处理这个投放事件。

一旦在 LogCat 中记录了拖动事件的信息，就会增加所接收的投放次数；用户界面的 DropZone 会更新这个数字。

仔细审视这个类，你会发现它的实现实际上很简单。这里面并没有处理 MotionEvents 的代码，甚至也不需要自己决定是否发生拖动操作。只需要在拖动序列开始时调用相应的回调函数就可以完成事件处理。

28.3.4 创建拖动源视图

现在，我们要创建对应拖动源的视图，首先从代码清单 28-6 开始。

代码清单 28-6 自定义视图 Dot 的 Java 代码

```java
public class Dot extends View
    implements View.OnDragListener
{
    private static final int DEFAULT_RADIUS = 20;
    private static final int DEFAULT_COLOR = Color.WHITE;
    private static final int SELECTED_COLOR = Color.MAGENTA;
    protected static final String DOTTAG = "DragDot";
    private Paint mNormalPaint;
    private Paint mDraggingPaint;
    private int mColor = DEFAULT_COLOR;
    private int mRadius = DEFAULT_RADIUS;
    private boolean inDrag;

    public Dot(Context context, AttributeSet attrs) {
        super(context, attrs);

        // Apply attribute settings from the layout file.
        // Note: these could change on a reconfiguration
        // such as a screen rotation.
        TypedArray myAttrs = context.obtainStyledAttributes(attrs,
                R.styleable.Dot);

        final int numAttrs = myAttrs.getIndexCount();
        for (int i = 0; i < numAttrs; i++) {
            int attr = myAttrs.getIndex(i);
            switch (attr) {
            case R.styleable.Dot_radius:
                mRadius = myAttrs.getDimensionPixelSize(attr,
                        DEFAULT_RADIUS);
                break;
            case R.styleable.Dot_color:
                mColor = myAttrs.getColor(attr, DEFAULT_COLOR);
                break;
            }
        }
        myAttrs.recycle();

        // Setup paint colors
        mNormalPaint = new Paint();
        mNormalPaint.setColor(mColor);
        mNormalPaint.setAntiAlias(true);
```

```
                mDraggingPaint = new Paint();
                mDraggingPaint.setColor(SELECTED_COLOR);
                mDraggingPaint.setAntiAlias(true);
        // Start a drag on a long click on the dot
        setOnLongClickListener(lcListener);
        setOnDragListener(this);
    }

    private static View.OnLongClickListener lcListener =
        new View.OnLongClickListener() {
        private boolean mDragInProgress;

        public boolean onLongClick(View v) {
            ClipData data =
            ClipData.newPlainText("DragData", (String)v.getTag());

            mDragInProgress =
            v.startDrag(data, new View.DragShadowBuilder(v),
                    (Object)v, 0);

            Log.v((String) v.getTag(),
              "starting drag? " + mDragInProgress);

            return true;
        }
    };

    @Override
    protected void onMeasure(int widthSpec, int heightSpec) {
        int size = 2*mRadius + getPaddingLeft() + getPaddingRight();
        setMeasuredDimension(size, size);
    }

    // The dragging functionality
    public boolean onDrag(View v, DragEvent event) {
        String dotTAG = (String) getTag();
        // Only worry about drag events if this is us being dragged
        if(event.getLocalState() != this) {
            Log.v(dotTAG, "This drag event is not for us");
            return false;
        }
        boolean result = true;

        // get event values to work with
        int action = event.getAction();
        float x = event.getX();
        float y = event.getY();

        switch(action) {
        case DragEvent.ACTION_DRAG_STARTED:
            Log.v(dotTAG, "drag started. X: " + x + ", Y: " + y);
            inDrag = true; // used in draw() below to change color
            break;
        case DragEvent.ACTION_DRAG_LOCATION:
            Log.v(dotTAG, "drag proceeding... At: " + x + ", " + y);
            break;
        case DragEvent.ACTION_DRAG_ENTERED:
            Log.v(dotTAG, "drag entered. At: " + x + ", " + y);
            break;
        case DragEvent.ACTION_DRAG_EXITED:
                Log.v(dotTAG, "drag exited. At: " + x + ", " + y);
                break;
```

```
      case DragEvent.ACTION_DROP:
          Log.v(dotTAG, "drag dropped. At: " + x + ", " + y);
          // Return false because we don't accept the drop in Dot.
          result = false;
          break;
      case DragEvent.ACTION_DRAG_ENDED:
          Log.v(dotTAG, "drag ended. Success? " + event.getResult());
          inDrag = false; // change color of original dot back
          break;
      default:
          Log.v(dotTAG, "some other drag action: " + action);
          result = false;
          break;
      }
      return result;
  }

  // Here is where you draw our dot, and where you change the color if
  // you're in the process of being dragged. Note: the color change
  // affects the original dot only, not the shadow.
  public void draw(Canvas canvas) {
      float cx = this.getWidth()/2 + getLeftPaddingOffset();
      float cy = this.getHeight()/2 + getTopPaddingOffset();
      Paint paint = mNormalPaint;
      if(inDrag)
          paint = mDraggingPaint;
      canvas.drawCircle(cx, cy, mRadius, paint);
      invalidate();
  }
}
```

　　Dot 的代码与 DropZone 的代码有些相似。原因之一是，这个类还接收拖动事件。Dot 的构造函数要搞清楚其属性，以设置正确半径和颜色的参数，然后它会创建两个监听器：一个处理长单击，另一个处理拖动事件。

　　这里使用两种绘制圆形的方法。如果点不动，则采用普通绘制方法。但是当正在拖动点时，要将颜色修改为洋红色，表示目前的拖动状态。

　　长单击监听器将初始化一个拖动序列。用户开始拖动点的唯一方法是：用户单击并吸住一个点。当触发长单击监听器时，就可以使用字符串和点的标签创建一个新的 ClipData 对象。恰好该标签是 XML 布局文件所指定点的名称。有一些其他方法可以在 ClipData 对象中指定数据，所以请阅读参考文档，了解在 ClipData 对象中存储数据的其他方法。

　　下一条语句 startDrag()非常重要。在这个方法中，Android 会接管并启动拖动过程。注意，第一个参数是前面获得的 ClipData 对象；然后是拖动阴影对象及本地状态对象，最后是数字 0。

　　拖动阴影对象是在拖动时显示的图像。在实际情况中，它不会替换屏幕上原始的点图像，而是拖动时在屏幕上显示原始点及其阴影。DragShadowBuilder 的默认行为是创建一个与原始对象非常相似的阴影，所以我们只需要调用它并将它传递给视图即可。这里可以创建非常有趣的效果，可以创建任意类型的阴影视图，但是如果重载了这个类，则需要重新实现一些方法。

　　这里的 onMeasure()方法会向 Android 提供所使用自定义视图的尺寸信息。Android 必须知道视图的大小，才能够设置其他对象的布局。这是自定义视图的标准做法。

　　最后是 onDrag()回调方法。正如前面所介绍的，每一个拖动监听器都可以接收拖动事件。例如，它们会获取 ACTION_DRAG_STARTED 和 ACTION_DRAG_ENDED。所以，当事件发生时，必须小心处理信息。

因为这个示例应用程序包含两个点，无论对点执行什么操作，都必须正确选择所操作的点。

当两个点都接收到 ACTION_DRAG_STARTED 操作时，只有一个点可以将颜色设置为洋红色。为了确定正确的点，必须与传入的本地状态对象进行比较。在设置本地状态对象的数据时，已经传入了当前视图。所以，当接收到本地状态对象时，必须将它与本身对象进行比较，确定该视图是否为初始化拖动序列的视图。

如果不是，则需要向 LogCat 写入一条日志消息，表示这不是所需要的视图，然后返回 false，表示不会处理这条消息。

如果该视图是应接收拖动事件的视图，那么就从拖动事件获取所需要的值，然后将事件以日志的方式发送到 LogCat。第一个例外情况是 ACTION_DRAG_STARTED。如果遇到这个操作，而且属于这个视图，那么就知道点已经启动拖动序列。因此，要设置 inDrag 布尔值，所以后面可以使用 draw()方法执行正确的操作，显示一个不同颜色的点。这个新颜色只会持续到 ACTION_DRAG_ENDED 被接收之前，这时需要将点恢复为原始颜色。

如果点执行 ACTION_DROP 操作，则意味着用户尝试将一个点投放到另一个点上——甚至可能是原始的点。这个操作不需要进行任何处理，所以回调方法只需要返回 false。

最后，自定义视图的 draw() 方法会指定圆（点）的中心位置，然后用相应的颜色进行绘制。在这里，invalidate()方法会告诉 Android，视图已经修改，Android 需要重新绘制用户界面。通过调用 invalidate()，就可以保证用户界面会快速更新到最新状态。

现在，我们完成了所有文件，也完成了编译和部署示例拖放应用程序的准备。

28.4 测试示例拖放应用程序

运行这个示例应用程序，就会得到下面的 LogCat 输出结果。注意，日志消息使用 Blue dot 表示蓝点的消息，使用 White dot 表示白点的消息，而 DropTarget 表示允许投放的视图。

```
White dot:  starting drag? true
Blue dot:   This drag event is not for us
White dot:  drag started. X: 53.0, Y: 206.0
DropTarget: drag started in dropTarget
DropTarget: drag entered dropTarget
DropTarget: drag proceeding in dropTarget: 29.0, 36.0
DropTarget: drag proceeding in dropTarget: 48.0, 39.0
DropTarget: drag proceeding in dropTarget: 45.0, 39.0
DropTarget: drag proceeding in dropTarget: 41.0, 39.0
DropTarget: drag proceeding in dropTarget: 40.0, 39.0
DropTarget: drag drop in dropTarget
DropTarget: Item data is White dot
ViewRoot:   Reporting drop result: true
White dot:  drag ended. Success? true
Blue dot:   This drag event is not for us
DropTarget: drag ended in dropTarget
```

在这个例子中，拖动操作从白点开始。当长单击事件触发拖动序列开头时，就出现 starting drag?消息。

注意，后面 3 行消息都表示 3 个不同的视图都执行了 ACTION_DRAG_STARTED 操作。Blue dot 发现回调方法不属于它，也不属于 DropTarget。

接下来，拖动继续消息表示从 ACTION_DRAG_ENTERED 操作开始，拖动一直发生，直到 DropTarget。这意味着所拖动的点位于绿色方块之上。拖动事件对象报告的 x 和 y 坐标是拖动点相对于视图左上角的坐标。所以，在示例应用程序中，投放目标中记录的第一个拖动位置发生在(x, y) = (29, 36)，而投放位置在(40, 39)。投放目标可以从事件的 ClipData 中提取白点的标签名称，并将它写到 LogCat 中。

此外，所有拖动监听器都接收了 ACTION_DRAG_ENDED 操作。只有白点确定可以使用 getResult()显示结果。

读者可以随意对该示例应用程序进行试验。将一个点拖动到另一个点，甚至拖动到其本身。继续在 palette.xml 中添加更多的点。注意，当拖动点离开绿色方块时，会显示拖动退出的消息。此外，还要注意，如果投放一个点到绿色方块以外的位置，则我们认定投放失败。

28.5   参考资料

下面是一些有助于进一步拓展本章知识的参考资料。

❑ www.androidbook.com/proandroid4/projects。与本书相关的可下载项目列表。对于本章，请查找名为 ProAndroid4_Ch28_DragDrop.zip 的 zip 文件。这个 zip 文件包括本章的所有项目，分别位于不同的根目录。此外，还有一个 README.TXT 文件，描述如何在将这些项目从其中一个 zip 文件导入到 Eclipse 中。

❑ http://developer.android.com/guide/topics/ui/drag-drop.html。Android 开发者指南的拖放部分。

28.6   小结

以下是本章知识点小结。

❑ Android 3.0 的拖放支持，以及 3.0 之前版本的其他实现方法。
❑ 遍历可能的投放目标，确定是否允许投放（即拖动之后手指离开屏幕）。
❑ 使用数学方法记录拖动对象位置及其是否位于投放目标之上的难点。
❑ Android 3.0 及以上版本的拖放支持，相比而言，它要优雅得多，因为它明确了大量操作。
❑ 拖动监听器可以是任意对象，不一定是可拖动视图或拖动目标视图。
❑ 拖动可以发生在碎片之间。
❑ DragEvent 对象包含大量拖动对象及其原因的信息。
❑ Android 如何进行数学计算，以确定投放是否发生在某个视图之上？

28.7   面试问题

回答以下问题，巩固本章学习的知识。

(1) 在 Android 3.0 之前，最适用于拖放操作的布局是什么？
(2) 在 Android 3.0 之后，布局在拖放操作中的重要性如何？
(3) 可以将哪种类型数据添加到 DragEvent 中？
(4) 在 Android 3.0 及以上版本中，能否查看拖放序列？
(5) 投放目标是否可以拒绝投放操作？如果可以，如何实现？
(6) 拖动对象如何确定投放是否成功？
(7) DragShadowBuilder 有什么作用及何时使用？

第 29 章

传　感　器

29

Android 设备通常内置了硬件传感器，Android 也提供了一个框架来使用这些传感器。传感器的使用非常有趣。测量外面的世界并将其用于设备软件中，这样做很酷。这是一种在桌子上或服务器房间中的常规计算机上无法体验到的编程体验。开发使用传感器的新应用程序的机会巨大，我们希望你会受到启发而实现它们。

本章将探讨 Android 传感器框架。我们将介绍什么是传感器及如何获取传感器数据，然后探讨可从传感器获取的数据类型和如何使用它的一些细节。尽管 Android 已定义了几种传感器类型，但毋庸置疑，Android 在未来还会遇到更多传感器，我们期望未来的传感器也将整合到传感器框架中。

29.1　什么是传感器

在 Android，传感器是一块与设备连接的硬件，它将来自真实世界的数据提供给应用程序。Android 然后使用传感器数据向用户通知真实世界的情况、控制游戏进度、实现增强现实，或者提供用于真实世界的有用工具。传感器仅在一个方向上操作，它们是只读的（但有一个例外，那就是我们将介绍的 NFC 传感器），所以使用起来非常简单直观。需要设置一个监听器来接收传感器数据，然后在数据传入时对它进行处理。GPS 硬件类似于本章中介绍的传感器。第 22 章中设置了 GPS 位置更新的传感器，我们在这些位置更新传入时对它们进行处理。不过，尽管 GPS 类似于传感器，但它不是 Android 所提供的传感器框架的一部分。

Android 设备中可能出现的一些传感器类型包括：

- ❑ 光线传感器；
- ❑ 接近传感器；
- ❑ 温度传感器；
- ❑ 压力传感器；
- ❑ 陀螺仪传感器；
- ❑ 加速度计；
- ❑ 磁场传感器；
- ❑ 方向传感器；
- ❑ 重力传感器（自 Android 2.3 开始）；

❑ 直线加速度传感器（自 Android 2.3 开始）；

❑ 旋转矢量传感器（自 Android 2.3 开始）；

❑ 相对湿度传感器（自 Android 4.0 开始）；

❑ NFC（Near Field Communication，近场通信）传感器（自 Android 2.3 开始）。

NFC 传感器与本列表中的其他传感器不同，因为它是使用与其余这些传感器完全不同的方式来访问的，所以本章后面将介绍它。

29.1.1   检测传感器

但是，请不要认为所有 Android 设备都拥有所有这些传感器。事实上，许多设备仅拥有其中的一部分。例如，Android 模拟器仅拥有一个加速度计。那么，如何知道设备上有哪些传感器可用呢？有两种方式，一种是直接的，另一种是间接的。

第一种方式是向 SensorManager 请求一个可用传感器列表。作为响应，它将返回一个传感器对象列表，然后可以设置这些对象的监听器并从它们获取数据。本章稍后部分将介绍具体怎么做。此方法假设用户已在设备上安装了你的应用程序，但是如果设备没有应用程序所需的传感器怎么办？

这时就需要采用第二种方法了。在 AndroidManifest.xml 文件内，可以指定要正确支持你的应用程序，设备必须拥有的功能。如果应用程序需要一个接近传感器，可在描述文件中添加下面这样的一行代码来指定该需求：

```
<uses-feature android:name="android.hardware.sensor.proximity" />
```

Android Market 只将应用程序安装在有接近传感器的设备上，所以我们就能知道应用程序运行时的地点。但是，该规则并不适用于其他 Android 应用商店。也就是说，一些 Android 应用商店不会执行这样的检查以确保只将应用程序安装到支持指定传感器的设备上。

29.1.2   可以了解的传感器信息

尽管在描述文件中使用 uses-feature 标记可让你知道应用程序所需的传感器存在于设备上，但它没有告知你可能希望知道的关于实际传感器的所有信息。下面构建一个在设备上查询传感器信息的简单应用程序。代码清单 29-1 给出了 MainActivity 的 Java 代码。

说明   可以下载本章的项目。本书将在本章末提供相关 URL。下载之后，即可将这些项目直接导入 Eclipse 中。

代码清单 29-1   Sensor List 应用程序的 Java 代码

```
public class MainActivity extends Activity {
    @Override
    public void onCreate(Bundle savedInstanceState) {
        super.onCreate(savedInstanceState);
        setContentView(R.layout.main);

        TextView text = (TextView)findViewById(R.id.text);
```

```
SensorManager mgr =
    (SensorManager) this.getSystemService(SENSOR_SERVICE);

List<Sensor> sensors = mgr.getSensorList(Sensor.TYPE_ALL);

StringBuilder message = new StringBuilder(2048);
message.append("The sensors on this device are:\n");

for(Sensor sensor : sensors) {
    message.append(sensor.getName() + "\n");
    message.append("  Type: " +
            sensorTypes.get(sensor.getType()) + "\n");
    message.append("  Vendor: " +
            sensor.getVendor() + "\n");
    message.append("  Version: " +
            sensor.getVersion() + "\n");
    message.append("  Resolution: " +
            sensor.getResolution() + "\n");
    message.append("  Max Range: " +
            sensor.getMaximumRange() + "\n");
    message.append("  Power: " +
            sensor.getPower() + " mA\n");
}
text.setText(message);
}

private HashMap<Integer, String> sensorTypes =
                new HashMap<Integer, String>();


{
    sensorTypes.put(Sensor.TYPE_ACCELEROMETER, "TYPE_ACCELEROMETER");
    sensorTypes.put(Sensor.TYPE_AMBIENT_TEMPERATURE,
                        "TYPE_AMBIENT_TEMPERATURE");
    sensorTypes.put(Sensor.TYPE_GRAVITY, "TYPE_GRAVITY");
    sensorTypes.put(Sensor.TYPE_GYROSCOPE, "TYPE_GYROSCOPE");
    sensorTypes.put(Sensor.TYPE_LIGHT, "TYPE_LIGHT");
    sensorTypes.put(Sensor.TYPE_LINEAR_ACCELERATION,
                        "TYPE_LINEAR_ACCELERATION");
    sensorTypes.put(Sensor.TYPE_MAGNETIC_FIELD, "TYPE_MAGNETIC_FIELD");
    sensorTypes.put(Sensor.TYPE_ORIENTATION,
                        "TYPE_ORIENTATION (deprecated)");
    sensorTypes.put(Sensor.TYPE_PRESSURE, "TYPE_PRESSURE");
    sensorTypes.put(Sensor.TYPE_PROXIMITY, "TYPE_PROXIMITY");
    sensorTypes.put(Sensor.TYPE_RELATIVE_HUMIDITY,
                        "TYPE_RELATIVE_HUMIDITY");
    sensorTypes.put(Sensor.TYPE_ROTATION_VECTOR,
                        "TYPE_ROTATION_VECTOR");
    sensorTypes.put(Sensor.TYPE_TEMPERATURE,
                        "TYPE_TEMPERATURE (deprecated)");
}
}
```

请注意，我们在本例中使用了一个 ScrollView，因为很容易得到很多行，以至于屏幕一次无法全部显示。在 onCreate() 方法内，首先获取 SensorManager 的引用。只能有 1 个引用，所以我们以系统服务的形式检索它。然后调用它的 getSensorList() 方法来获取传感器列表。对于每个传感器，我们编写了相关信息。输出将类似于图 29-1。

关于此传感器信息，需要知道几点。类型值告诉你传感器的基本类型，但不会获得细节信息。光线传感器的类型就是光线传感器，但在不同设备中可能获得光线传感器的不同变体。例如，一个设备

29

上的光线传感器的分辨率可能与另一个设备不同。当在<uses-feature>标记中指定应用程序需要光线传感器时，不会提前知道将获得何种类型的光线传感器。如果这对应用程序很重要，则需要查询设备来确定，并相应地调整代码。

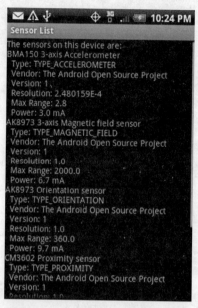

图 29-1　Sensor List 应用程序的输出

所获得的分辨率值和最大范围值将采用适合该传感器的单位。功率度量值以毫安（mA）为单位，表示传感器从设备电池获得的传感器电流，越小越好。

既然知道了有哪些传感器可供使用，那么如何从它们获取数据呢？之前已经说过，可以设置监听器来获取传感器数据。现在探讨一下该过程。

29.2　获取传感器事件

在注册了监听器来接收传感器数据后，传感器就会将该数据提供给应用程序。当监听器没有监听时，传感器可以关闭，以节省电量，所以请确保仅在真正需要时才监听。传感器监听器的设置很简单。假设我们希望度量来自光线传感器的光线水平。代码清单 29-2 给出了执行此任务的示例应用程序的 Java 代码。

代码清单 29-2　Light Sensor Monitor 应用程序的 Java 代码

```
public class MainActivity extends Activity implements SensorEventListener {
    private SensorManager mgr;
    private Sensor light;
    private TextView text;
    private StringBuilder msg = new StringBuilder(2048);

    @Override
```

```
public void onCreate(Bundle savedInstanceState) {
    super.onCreate(savedInstanceState);
    setContentView(R.layout.main);

    mgr = (SensorManager) this.getSystemService(SENSOR_SERVICE);

    light = mgr.getDefaultSensor(Sensor.TYPE_LIGHT);

    text = (TextView) findViewById(R.id.text);
}

@Override
protected void onResume() {
    mgr.registerListener(this, light,
            SensorManager.SENSOR_DELAY_NORMAL);
    super.onResume();
}

@Override
protected void onPause() {
    mgr.unregisterListener(this, light);
    super.onPause();
}

public void onAccuracyChanged(Sensor sensor, int accuracy) {
    msg.insert(0, sensor.getName() + " accuracy changed: " +
        accuracy + (accuracy==1?" (LOW)":(accuracy==2?" (MED)":
        " (HIGH)")) + "\n");
    text.setText(msg);
    text.invalidate();
}

public void onSensorChanged(SensorEvent event) {
    msg.insert(0, "Got a sensor event: " + event.values[0] +
        " SI lux units\n");
    text.setText(msg);
    text.invalidate();
}
}
```

在此示例应用程序中，我们再次获得了 SensorManager 的引用，但没有获取传感器列表，而是专门查询光线传感器。然后在活动的 onResume()方法中设置一个监听器，在 onPause()方法中注销该监听器。我们不希望在应用程序不在前台时担忧光线水平。

对于 registerListener()方法，我们传入了一个值来表示希望多频繁地获取传感器值的更改通知。此参数可以为：

❏ SENSOR_DELAY_NORMAL；
❏ SENSOR_DELAY_UI；
❏ SENSOR_DELAY_GAME；
❏ SENSOR_DELAY_FASTEST。

为此参数选择合适的值很重要。一些传感器非常灵敏，会在短时间内生成大量事件。如果选择 SENSOR_DELAY_FASTEST，甚至可能使应用程序不堪重负。取决于应用程序如何处理每个传感器事件，可能会在内存中创建并销毁太多的对象，以至于垃圾收集将在设备上导致明显的延迟和停顿。另一方面，某些传感器期望尽可能频繁地读取数据，具体来讲，旋转矢量传感器就是这样。

因为 Activity 实现了 SensorEventListener 接口，所以我们有两个传感器事件回调方法：onAccuracyChanged()和onSensorChanged()。第一个方法将让我们知道一个（或多个，因为它可能被调用多次）传感器上的精度是否更改。精度参数的值将为 0、1、2 或 3，分别表示不可靠、低、中或高精度。不可靠的精度并不是说设备损坏，它通常表明传感器需要校准。第二个回调方法告诉我们光线水平何时更改，我们获得一个 SensorEvent 对象来获知来自传感器的一个或多个新值的详细信息。

SensorEvent 对象拥有多个成员，其中一个是一个浮点值数组。对于光线传感器事件，只有第一个浮点值有意义，它是传感器检测到的光线的 SI lux 值。对于示例应用程序，我们通过在旧消息顶部插入新消息，创建了一个消息字符串，然后在一个 TextView 中显示一批消息。最新的传感器值将始终显示在屏幕顶部。

当运行此应用程序时（当然是在真实设备上，因为模拟器没有光线传感器），可以注意到最初没有显示任何消息。改变照射在设备左上角的光线。光线传感器很可能在这个位置。如果非常仔细地观察，可以看到屏幕后面的点，这是光线传感器。如果用手指遮住这个点，光线水平可能会更改为非常小的值（但可能不会为 0）。屏幕上应该显示消息来告诉你更改的光线水平。

说明　你可能也注意到，通过遮住光线传感器，按钮将点亮（如果设备配备了可点亮的按钮）。这是因为 Android 检测到了黑暗，所以点亮了按钮以方便设备在"黑暗中"更易于使用。

获取传感器数据的问题

Android 传感器框架有一些问题需要注意。这一部分不太有趣。在一些情况下，我们拥有解决问题的办法，而在其他情况下我们没有解决办法，或者问题很难解决。

1. onAccuracyChanged()始终显示相同的内容

截至 Android 2.2，每次有新传感器读数时都会调用 onAccuracyChanged()回调方法，并且精度参数始终为 3（表示高精度）。支持不断变化的传感器数据精度是个不错的主意，但是如果始终会调用此方法（即使精度没有更改），请不要感到奇怪。该问题似乎在 Android 3.0 中已修正。

2. 无法直接访问传感器值

你可能已注意到，没有直接的方式来查询传感器的最新值。从传感器获取数据的唯一方式是通过监听器。这意味着，甚至在设置了监听器之后，也无法保证会在设定的时间段内获取新数据。至少回调方法是异步的，所以我们不会阻塞 UI 线程等待来自传感器的数据。但是，应用程序必须接受这样的事实：传感器数据可能在需要的时刻不可用。

可以使用 Android 的本机代码和 JNI 功能直接访问传感器。需要知道感兴趣的传感器驱动程序的低级本机 API 调用，还要能够把接口设置回 Android。所以可以实现直接访问，但是不容易。

3. 传感器值的发送速度不够快

甚至选择 SENSOR_DELAY_FASTEST 时，我们可能也无法以超过每 20 毫秒一次的频率获取新值（具体取决于设备）。如果需要比使用速度设置 SENSOR_DELAY_FASTEST 更快地获取传感器数据，可以使用本机代码和 JNI 来更快地获取传感器数据，但与上一种情形类似，这并不容易实现。

4. 在 Android 2.1 中，传感器会随屏幕一起关闭

在 Android 2.X 中存在这样的问题，传感器更新会在屏幕关闭时关闭。一定有人认为在屏幕关闭时不发送传感器更新是个不错的想法，即使应用程序（很可能在使用服务）拥有一个唤醒锁。基本来讲，监听器会在屏幕关闭时注销。

此问题有多种解决方法。要获得关于此问题，潜在方案及解决方法的更多信息，请参阅 Android Issue//028:http://code.google.com/p/android/issues/detail?id=11028。

既然了解了如何从传感器获取数据，又应该如何处理这些数据呢？正如前面所阐释的，获取数据的传感器不同，则从值数组返回的值就具有不同的含义。下一节将具体探讨每个传感器类型及其值的含义。

29.3　解释传感器数据

理解了如何从传感器获取数据后，必须对数据进行有意义的处理。但是，我们获得的数据将取决于是从哪个传感器获取数据的。一些传感器相对简单。在下面几小节中，我们将介绍从目前所知的传感器获取的数据。随着新设备的诞生，无疑也会引入新的传感器。传感器框架很可能保持不变，所以这里所展示的技术应该同样适用于新传感器。

29.3.1　光线传感器

光线传感器是设备上最简单的传感器之一，我们在本章第一个示例应用程序中就使用了它。该传感器提供设备的光线传感器所检测到的光线水平读数。随着光线水平的更改，传感器读数也会更改。数据的单位为 SI lux。要了解此单位的含义，请访问 29.4 节提供的链接，获取更多信息。

对于 SensorEvent 对象中的值数组，光线传感器仅使用第一个元素 values[0]。此值为浮点值，严格来讲，它的范围在 0 到特定传感器的最大值之间。我们说"严格来讲"是因为传感器在没有光线时可能发送非常小的值，从不会实际发送值 0。

另请记住，传感器可告诉我们它可返回的最大值，不同的传感器可能拥有不同的最大值。出于此原因，在 SensorManager 类中考虑与光线相关的常量可能没有用。例如，SensorManager 拥有一个常量 LIGHT_SUNLIGHT_MAX，它是浮点值 120 000，但是当查询以前的设备时，返回的最大值为 10 240，显然比这个常量值小很多。还有另一个称为 LIGHT_SHADE 的常量，它的值为 20 000，也超过了我们所测试设备的最大值。所以，在编写使用光线传感器数据的代码时，请谨记这一点。

29.3.2　接近传感器

接近传感器测量某个对象离设备的距离（以厘米为单位），或者显示一个标志来表明对象的远近。一些接近传感器将提供从 0.0 到最大值范围内的值，而其他传感器仅返回 0.0 或最大值。如果接近传感器的最大范围等于传感器的分辨率，那么就会知道它是一种仅返回 0.0 或最大值的传感器。一些设备具有最大值 1.0，还有一些设备的最大值为 6.0。遗憾的是，无法在安装和运行应用程序之前获知你将获得何种接近传感器。即使在 AndroidManifest.xml 文件中添加了针对接近传感器的<uses-feature>标记，也可能获得任一种类型。除非确实需要拥有更加细粒度的接近传感器，否则应用程序应该能很

29

好地适应两种类型。

关于接近传感器，有一个有趣的事实：接近传感器有时是与光线传感器相同的硬件。但是，Android 仍然将它们视为逻辑上独立的传感器，所以如果需要来自两种传感器的数据，将需要为每一种设置一个监听器。还有另一个有趣的事实：接近传感器常常在电话应用程序中用于检测人的头是否在设备旁边。如果头接近触摸屏，触摸屏会禁用，以防人们在通电话时耳朵或脸颊意外地按键。

本章的源代码项目包含一个简单的接近传感器监视器应用程序，基本来讲，它在光线传感器监视器应用程序的基础上进行了修改，以使用接近传感器代替光线传感器。我们不会在本章中给出代码，你可以自行练习。

29.3.3　温度传感器

较老的温度传感器提供温度读数，也在 values[0] 中返回一个值。该传感器通常读取一个内部温度,比如电池温度。现在有了一个新的温度传感器 TYPE_AMBIENT_TEMPERATURE。新的值表示设备外部的温度（以摄氏度为单位）。该值表示以摄氏度为单位的温度。可以通过乘以 9/5 并加 32，将摄氏度转换为华氏度。例如，0 摄氏度为 32 华氏度（水结冰的温度），100 摄氏度为 212 华氏度（水沸腾的温度）。

温度传感器的位置取决于设备，可能温度读数会受到设备自身产生的热量的影响。本书的项目中包含一个称为 TemperatureSensor 的温度传感器项目。它负责根据运行的 Android 版本来调用正确的温度传感器。

29.3.4　压力传感器

该传感器测量气压，例如，它可以检测压力高度或用于预报天气。此传感器不应与触摸屏使用压力值（触摸屏压力）生成 MotionEvent 的能力相混淆。第 27 章已介绍了这种压力感知触摸类型。触摸屏压力感知没有使用 Android 传感器框架。

压力传感器的测量单位是帕斯卡（毫巴），该测量单位交付在 values[0]。

29.3.5　陀螺仪传感器

陀螺仪是一种非常酷的组件，可测量设备在一个参照系中的旋转。换句话说，陀螺仪测量围绕一个轴的旋转速率。当设备未旋转时，传感器值将为 0。当在任何方向上发生旋转时，会从陀螺仪获取非 0 值。单独一个陀螺仪无法告知你需要知道的所有信息。而且不幸的是，陀螺仪中不断会出现错误。但是与加速度计相结合，可以确定设备的移动路线。

Kalman 过滤器可用于将来自两个传感器的数据链接起来。加速度计在短期内不是很准确，陀螺仪在长时间内不是很准确，所以它们相结合，可以始终保持准确。Kalman 过滤器非常复杂，有一个替代的 Complementary 过滤器，它更容易在代码中实现，并且能生成非常好的结果。这些概念不属于本书的介绍范围。

陀螺仪传感器在值数组中返回 3 个值，分别针对 x、y 和 z 轴。这些值的单位为弧度每秒，表示围绕每个轴的旋转速度。使用这些值的一种方式是不断累积它们以计算角度更改。这类似于不断累积直线速度来计算距离。

29.3.6 加速度计

加速度计可能是设备上最有趣的传感器。使用这些传感器，应用程序可以确定设备相对于垂直向下的重力在空间上的物理方向，以及感知施加在设备上的力。此信息的提供可使应用程序能够执行众多有趣的事情，从玩游戏到增强现实。当然，加速度计告知 Android，何时将用户界面的方向从纵向切换到横向，以及切换回来。

加速度计坐标系统的工作原理为：加速度计的 x 轴原点位于设备左下角，并沿底边向右增长。y 轴的原点也在左下角，但沿显示屏左边向上增长。z 轴的原点也位于左下角，但在空间上沿远离设备的方向增长。图 29-2 演示了具体含义。

图 29-2 加速度计坐标系统

这个坐标系统不同于布局和 2D 图形中使用的坐标系统。在该坐标系统中，原点(0,0)位于左上角，y 轴在屏幕上从上往下增加。在处理不同参照系中的坐标系统时很容易混淆，所以请小心。

我们还未介绍加速度计值的含义，那么它们的含义是什么？加速度以米每平方秒（m/s^2）为单位。标准的重力加速度为 $9.81m/s^2$，方向指向地心。从加速度计的角度讲，重力加速度的测量值为–9.81。如果设备完全静止（没有移动），而且位于一个极为平坦的平面上，那么 x 和 y 的读数将为 0，z 的读数为+9.81。实际上，由于加速度计的灵敏度和精度，各个值不完全是这样，但它们将非常接近。重力是在设备静止时作用在设备上的唯一的力，因为重力垂直向下，并且如果设备是绝对平的，那么它对 x 和 y 轴的影响为 0。在 z 轴上，加速度计测量的是设备上的力减去重力的值。因此，0 减去-9.81 就等于+9.81，这就是最终的 z 值（也就是 SensorEvent 对象中的 values[2]）。

加速度计发送给应用程序的值始终表示施加在设备上的力减去重力的差。如果保持设备绝对平并垂直向上升高它，z 值首先将增加，因为我们增大了 z 方向向上的力。只要我们的提升力停止，整体作用力就还是只有重力。如果设备向下掉落（这里只是假设，请不要这么做），它将加速向地面运动，这会与重力抵消，所以加速度计将显示力为 0。

我们让图 29-2 中的设备向上旋转，使它处于纵向模式和垂直方向。x 轴保持不变，从左指向右。y 轴现在为垂直方向，z 轴从屏幕向外指向我们。y 轴将变为+9.81，x 和 z 将为 0。

当将设备旋转到横向模式并继续垂直握持它，即让屏幕正对着我们的脸时，会发生什么？如果你猜测 y 和 z 现在为 0，x 为+9.81，那么就猜对了。图 29-3 显示了这时的结果。

29

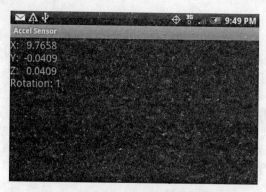

图 29-3   横向垂直握持时的加速度计值

当设备没有移动或匀速移动时，加速度计仅会测量重力。在每个轴上，来自加速度计的值都是重力在该轴上的分力。因此，使用某种三角学原理，可以计算角度并或者设备相对于重力的方向。也就是说，可以获知设备处于纵向模式、横向模式还是某种倾斜模式。事实上，这正是 Android 确定使用何种显示模式（纵向或横向）的方法。但是，请注意，加速度计没有表明设备相对于地磁北极的方向。这时需要使用下一小节将介绍的磁场传感器。

1. 加速度计和显示方向

设备中的加速度计是牢牢固定住的硬件，因此拥有相对于设备的特定方向，这个方向不会随着设备的旋转而更改。当然，加速度计发送到 Android 中的值将随着设备的移动而更改，但是加速度计的坐标系统将保持相对于物理设备的相同方向。显示的坐标系统会随着用户在纵向与横向模式之间切换而更改。事实上，根据屏幕旋转的方向，纵向可能是正面朝上，或者上下颠倒 180°。类似地，横向可能为两个相差 180° 的不同方向之一。

当应用程序读取加速度计数据并希望正确影响用户界面时，它必须知道显示屏旋转了多少度才能正确地补偿。当屏幕从纵向重新变为横向时，屏幕的坐标系统也会相对于加速度计的坐标系统而旋转。为了处理此情况，我们的应用程序必须使用方法 Display.getRotation()，该方法是在 Android 2.2 中引入的。返回值为一个简单的整数，但不是实际的旋转度数。该值将为 Surface.ROTATION_0、Surface.ROTATION_90、Surface.ROTATION_180 或 Surface.ROTATION_270 之一。这些常量分别具有值 0、1、2 和 3。这个返回值告诉我们，显示屏从设备的"正常"方向旋转了多少度。因为不是所有 Android 设备通常都处于纵向模式，所以我们不能假设纵向为 ROTATION_0。

不是所有设备都将提供所有 4 个返回值。在运行 Android 2.1 的 HTC Droid Eris 上，Display.getOrientation()（Display.getRotation() 的前身，现在已不推荐使用）将返回 0 或 1。在正常的纵向模式下，返回的值为 0。如果将设备逆时针旋转 90°，屏幕将旋转，Display.getOrientation() 将返回 1。如果将设备从纵向模式顺时针旋转 90°，屏幕将保持在纵向模式，仍然会从 Display.getOrientation() 获得返回值 0。

在运行 Android 2.2 的摩托罗拉 Droid 上，Display.getRotation() 返回 0、1 或 3。它不会返回 2，将不会显示颠倒的纵向模式。所得到的结果令人有些失望：如果从正常的纵向模式沿逆时针方向将设备旋转 270°，Display.getRotation() 会在 90° 时返回 1 并且显示屏切换到横向模式，在 180° 时仍然返回 1 并且显示屏没有更改，在 270° 时显示屏翻转到另一种横向模式，但 Display.getRotation() 仍然返回 1。如果从正常的纵向模式将设备沿顺时针方向旋转 90°，那么将从 Display.getRotation()得到 3。这时所处的位置与逆时针旋转 270° 完全相同，但取决于不同的旋转方式，会从 Display.getRotation()得到不同的返回值。

2. 加速度计和重力

到目前为止，我们仅简短介绍了在设备移动时加速度计值的变化情况。现在让我们详细分析一下。施加在设备上的所有力将被加速度计检测到。如果提升设备，最初的升力为 z 方向上的正值，我们获得大于+9.81 的 z 值。如果向左侧推动设备，最初会在 x 方向上获得一个负读数。

我们希望能够将重力与施加在设备上的其他力分开。为此，有一种非常简单的方式，这种方式称为低通过滤器。施加在设备上除重力以外的力通常会以不连贯的方式施加。换句话说，如果用户摇动设备，摇力会很快在加速度计值中反映出来。低通过滤器可以将摇力剥离出来，仅保留稳定的力，对我们而言就是重力。下面使用一个示例来演示此概念。这个示例名为 GravityDemo。代码清单 29-3 给出了它的布局 XML 和 Java 代码。

代码清单 29-3　从加速度计测量重力加速度

```java
// This file is MainActivity.java
public class MainActivity extends Activity implements SensorEventListener {
    private SensorManager mgr;
    private Sensor accelerometer;
    private TextView text;
    private float[] gravity = new float[3];
    private float[] motion = new float[3];
    private double ratio;
    private double mAngle;
    private int counter = 0;

    @Override
    public void onCreate(Bundle savedInstanceState) {
        super.onCreate(savedInstanceState);
        setContentView(R.layout.main);

        mgr = (SensorManager) this.getSystemService(SENSOR_SERVICE);

        accelerometer = mgr.getDefaultSensor(Sensor.TYPE_ACCELEROMETER);

        text = (TextView) findViewById(R.id.text);
    }

    @Override
    protected void onResume() {
        mgr.registerListener(this, accelerometer,
                SensorManager.SENSOR_DELAY_UI);
        super.onResume();
    }

    @Override
    protected void onPause() {
        mgr.unregisterListener(this, accelerometer);
        super.onPause();
    }

    public void onAccuracyChanged(Sensor sensor, int accuracy) {
        // ignore
    }
```

```
public void onSensorChanged(SensorEvent event) {
    // Use a low-pass filter to get gravity.
    // Motion is what's left over
    for(int i=0; i<3; i++) {
        gravity [i] = (float) (0.1 * event.values[i] +
                               0.9 * gravity[i]);
        motion[i] = event.values[i] - gravity[i];
    }

    // ratio is gravity on the Y axis compared to full gravity
    // should be no more than 1, no less than -1
    ratio = gravity[1]/SensorManager.GRAVITY_EARTH;
    if(ratio > 1.0) ratio = 1.0;
    if(ratio < -1.0) ratio = -1.0;

    // convert radians to degrees, make negative if facing up
    mAngle = Math.toDegrees(Math.acos(ratio));
    if(gravity[2] < 0) {
        mAngle = -mAngle;
    }

    // Display every 10th value
    if(counter++ % 10 == 0) {
        String msg = String.format(
            "Raw values\nX: %8.4f\nY: %8.4f\nZ: %8.4f\n" +
            "Gravity\nX: %8.4f\nY: %8.4f\nZ: %8.4f\n" +
            "Motion\nX: %8.4f\nY: %8.4f\nZ: %8.4f\nAngle: %8.1f",
            event.values[0], event.values[1], event.values[2],
            gravity[0], gravity[1], gravity[2],
            motion[0], motion[1], motion[2],
            mAngle);
        text.setText(msg);
        text.invalidate();
        counter=1;
    }
}
```

运行此应用程序的结果类似于图 29-4 中的显示屏。此屏幕截图是在设备平放在桌面上时截取的。

图 29-4   重力、运动和角度值

此示例应用程序的大部分与前面的 Accel Sensor 应用程序相同。不同之处在于 onSensorChanged() 方法。没有简单地显示来自事件数组的值，而是尝试跟踪重力和运动。我们仅使用事件数组中的新值的较小部分来获取重力，还使用了重力数组中前一个值的较大部分。使用的两部分加起来必须等于 1.0。我们使用了 0.9 和 0.1。也可以尝试其他值，比如 0.8 和 0.2。我们的重力数组可能没有实际的传感器值更改得快。但这很接近实际情况。而且这正是低通过滤器的作用。事件数组值将仅在力导致设备移动时更改，我们不希望测量重力中所包含的力，仅希望将重力本身记录到重力数组中。这里的数学处理并不意味着我们会魔法般地仅记录重力，但计算的值将比事件数组的原始值更接近重力。

另请注意代码中的运动数组。通过跟踪原始事件数组值与计算的重力值的差值，我们基本上可以测量运动数组中的设备上的活动力，而不是重力。如果运动数组中的值为 0 或非常接近 0，表明设备可能没有移动。这是非常有用的信息。严格来讲，匀速移动的设备在运动数组中也拥有接近 0 的值，但事实是，如果用户正在移动设备，运动值将稍微大于 0。用户不可能完美地匀速移动设备。

3. 使用加速度计测量设备的角度

在继续介绍之前，我们还想介绍关于加速度计的另一点。回想一下我们所学的三角学课程，我们还记得一个角的余弦为邻边与斜边的比值。如果考虑 y 轴与重力本身之间的角度，我们可以测量 y 轴上的重力，获取反余弦来确定角度。我们在本代码中也已这么做。但是，在这里必须再次面对 Android 中凌乱的传感器。SensorManager 中有一些针对不同重力常量的常量，包括 Earth's。但是我们实际测量的值可能会超出定义的常量。接下来将解释这是什么意思。

在理论上，静止设备将测量出等于常量值的重力值，但这种情况很少发生。在静止时，加速度计传感器很可能为我们提供一个大于或小于该常量的重力值。因此，比率最终可能大于 1 或小于 -1。这会为 acos() 方法带来处理上的困难，所以我们将比率值更改为不超过 1 且不小于 -1。相应的角度在 0° ~ 180° 之间。这样做非常好，但我们没有通过这样获取 0° ~180° 的负角度。为了获得负角度，我们使用重力数组中的另一个值，那就是 z 值。如果重力数组中的 z 值为负数，则表明设备正面朝下。对于设备正面朝下时的所有这些值，我们也使角度值为负数，正如你所期望的，结果是我们的角度从 -180° 变为 +180°。

继续看这个示例应用程序。请注意，在设备平放时角度值为 90，当设备竖立并正面朝着我们时角度值为 0 (或接近 0)。如果向下旋转并经过水平面，将可以看到角度值超过 90。如果从 0 位置向上倾斜设备，角度值将变为负值，直到将设备举起头顶并且角度值变为 -90。最后，你可能注意到了我们控制显示更新频率的计数器。因为传感器事件可能频繁地传来，所以我们决定仅显示每 10 次获得的值。

29.3.7 磁场传感器

磁场传感器测量 x、y 和 z 轴上的环境磁场。此坐标系统类似于加速度计，所以 x、y 和 z 如图 29-2 所示。磁场传感器的单位为微泰斯拉 (uT)。此传感器可检测地球的磁场，进而告诉我们北极在哪里。此传感器也称为罗盘，事实上 <uses-feature> 标记使用了 android.hardware.sensor.compass 作为此传感器的名称。因为此传感器非常小和灵敏，所以它可能受到设备附近的事务产生的磁场的影响，甚至在一定程度上受到设备内零部件的影响。因此，磁场传感器的准确性在许多时候可能值得怀疑。

我们在网站的下载部分提供了一个简单的 CompassSensor 应用程序，可以随意导入并使用它。如果在运行此应用程序时让金属物靠近设备，你可能会注意到值发生了变化。当然，如果将一块磁铁靠近设备，也将会看到值发生变化，但我们不建议将 Android 设备与磁铁放在一起。

你可能会问，可以使用罗盘传感器作为罗盘来检测北极在哪吗？答案是：它本身不能。尽管罗盘传感器可检测设备周围的磁场，但如果设备没有与地球表面保持绝对水平，将无法正确解释罗盘传感器的值。不过我们的加速度计可告诉我们设备相对于地球表面的方向！因此，可以从罗盘传感器创建一个罗盘，但也需要借助加速度计。下面看看如何实现此目的。

29.3.8　结合使用加速度计和磁场传感器

SensorManager 提供了一些方法结合使用罗盘传感器和加速度计来确定方向。前面已经讨论过，无法单独使用罗盘传感器来完成此任务。所以，SensorManager 提供了一个称为 getRotationMatrix() 的方法，它接受来自加速度计和罗盘的值，返回一个可用于确定方向的矩阵。

另一个 SensorManager 方法 getOrientation() 获取上一步中的旋转矩阵并提供一个方向矩阵。方向矩阵的值表明设备相对于地球磁场北极的旋转，以及设备相对于地面的倾斜度和摇晃。如果它能为我们完成此任务，那就太好了。遗憾的是，至少截至 Android 2.2，使用此机制仍然面临一些巨大挑战，其中最大的挑战是设备在面朝我们和背离我们时的间断性，比如在我们稍微倾斜它时（就像抬头看屏幕一样）。这种间断性基本上表明，只要倾斜到经过 0 度标志（这时我们似乎仍然面朝前面），我们的方向现在就会朝向我后面。这很难理解。幸好 Android 2.3 附带并提供了额外的方法来说明这一点（参阅"旋转矢量传感器"）。但在此期间，只要向 Android 2.3 以前的设备部署应用程序，就需要关注为传感器使用哪些值。

29.3.9　方向传感器

前面没有介绍方向传感器，现在开始介绍我们刚才解释了如何结合使用磁场和加速度计传感器来生成方向值，表明电话面向哪个方向。还有另一个传感器具有相同功能：方向传感器。方向传感器实际上是磁场传感器和加速度计传感器在 Android 的驱动程序级别上的结合。换言之，方向传感器不需要额外的硬件，但在 Android OS 内，有代码公开了这两个传感器，就好像它们是检测方向的另一种传感器。

说明　目前为止我们尽量避免谈论方向传感器，因为它们自 Android 2.2 版之后已不推荐使用，不应该再使用它们。但在后面将会看到，此传感器非常有用，所以我们认为"真见鬼，用吧。"

我们刚才讨论了使用计算方向的首选方法具有诸多挑战。在下一个示例应用程序中，我们将从首选方法以及方向传感器公开方向值，以便展示它们之间的区别。

我们将在此应用程序中添加一些趣味。尽管可以轻松显示传感器返回的值，但我们还打算对它们执行一些有趣的操作。想象你站在美国佛罗里达州杰克逊维尔的一条街道上。我们的应用程序将向你显示来自街道视图的照片，就好像你身在该处，使用电话的方向选择所面向的道路。更改电话的方向之后街道视图中的视图将相应地更改。代码清单 29-4 显示了示例应用程序 VirtualJax 的 XML 布局和 Java 代码。

```java
// This file is MainActivity.java
public class MainActivity extends Activity implements SensorEventListener {
    private static final String TAG = "VirtualJax";
    private SensorManager mgr;
    private Sensor accel;
    private Sensor compass;
    private Sensor orient;
    private TextView preferred;
    private TextView orientation;
    private boolean ready = false;
    private float[] accelValues = new float[3];
    private float[] compassValues = new float[3];
    private float[] inR = new float[9];
    private float[] inclineMatrix = new float[9];
    private float[] orientationValues = new float[3];
    private float[] prefValues = new float[3];
    private float mAzimuth;
    private double mInclination;
    private int counter;
    private int mRotation;

    @Override
    public void onCreate(Bundle savedInstanceState) {
        super.onCreate(savedInstanceState);
        setContentView(R.layout.main);

        preferred = (TextView)findViewById(R.id.preferred);
        orientation = (TextView)findViewById(R.id.orientation);

        mgr = (SensorManager) this.getSystemService(SENSOR_SERVICE);

        accel = mgr.getDefaultSensor(Sensor.TYPE_ACCELEROMETER);
        compass = mgr.getDefaultSensor(Sensor.TYPE_MAGNETIC_FIELD);
        orient = mgr.getDefaultSensor(Sensor.TYPE_ORIENTATION);

        WindowManager window = (WindowManager)
                this.getSystemService(WINDOW_SERVICE);
        int apiLevel = Integer.parseInt(Build.VERSION.SDK);
        if(apiLevel < 8) {
            mRotation = window.getDefaultDisplay().getOrientation();
        }
        else {
            mRotation = window.getDefaultDisplay().getRotation();
        }
    }

    @Override
    protected void onResume() {
        mgr.registerListener(this, accel,
                SensorManager.SENSOR_DELAY_GAME);
        mgr.registerListener(this, compass,
                SensorManager.SENSOR_DELAY_GAME);
        mgr.registerListener(this, orient,
                SensorManager.SENSOR_DELAY_GAME);
        super.onResume();
    }

    @Override
    protected void onPause() {
        mgr.unregisterListener(this, accel);
```

```
            mgr.unregisterListener(this, compass);
            mgr.unregisterListener(this, orient);
        super.onPause();
    }

    public void onAccuracyChanged(Sensor sensor, int accuracy) {
        // ignore
    }

    public void onSensorChanged(SensorEvent event) {
        // Need to get both accelerometer and compass
        // before we can determine our orientation
        switch(event.sensor.getType()) {
        case Sensor.TYPE_ACCELEROMETER:
            for(int i=0; i<3; i++) {
                accelValues[i] = event.values[i];
            }
            if(compassValues[0] != 0)
                ready = true;
            break;
        case Sensor.TYPE_MAGNETIC_FIELD:
            for(int i=0; i<3; i++) {
                compassValues[i] = event.values[i];
            }
            if(accelValues[2] != 0)
                ready = true;
            break;
        case Sensor.TYPE_ORIENTATION:
            for(int i=0; i<3; i++) {
                orientationValues[i] = event.values[i];
            }
            break;
        }

        if(!ready)
            return;

        if(SensorManager.getRotationMatrix(
                inR, inclineMatrix, accelValues, compassValues)) {
            // got a good rotation matrix

            SensorManager.getOrientation(inR, prefValues);

            mInclination = SensorManager.getInclination(inclineMatrix);

            // Display every 10th value
            if(counter++ % 10 == 0) {
                doUpdate(null);
                counter = 1;
            }
        }
    }

    public void doUpdate(View view) {
        if(!ready)
            return;

        mAzimuth = (float) Math.toDegrees(prefValues[0]);
        if(mAzimuth < 0) {
            mAzimuth += 360.0f;
        }
```

```
        String msg = String.format(
    "Preferred:\nazimuth (Z): %7.3f \npitch (X): %7.3f\nroll (Y): %7.3f",
            mAzimuth, Math.toDegrees(prefValues[1]),
            Math.toDegrees(prefValues[2]));
        preferred.setText(msg);

        msg = String.format(
    "Orientation Sensor:\nazimuth (Z): %7.3f\npitch (X): %7.3f\nroll (Y): %7.3f",
            orientationValues[0],
            orientationValues[1],
            orientationValues[2]);
        orientation.setText(msg);

        preferred.invalidate();
        orientation.invalidate();
    }

    public void doShow(View view) {
        // google.streetview:cbll=30.32454,-81.6584&cbp=1,yaw,,pitch,1.0
        // yaw = degrees clockwise from North
        // For yaw we can use either mAzimuth or orientationValues[0].
        //
        // pitch = degrees up or down. -90 is looking straight up,
        // +90 is looking straight down
        // except that pitch doesn't work properly
        Intent intent=new Intent(Intent.ACTION_VIEW, Uri.parse(
            "google.streetview:cbll=30.32454,-81.6584&cbp=1," +
            Math.round(orientationValues[0]) + ",,0,1.0"
            ));
        startActivity(intent);
        return;
    }
}
```

用户界面中包含两个按钮和一对传感器值列表，一个列表用于首选的方法，另一个用于方向传感
器输出。当运行此应用程序时，应该看到类似图 29-5 所示的界面。

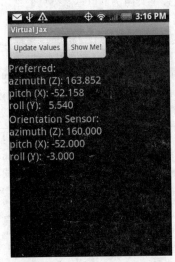

图 29-5　通过两种方式获取方向

29

在查看结果之前，让我们解释一下这个应用程序所做的事情。在 onCreate() 方法中，我们执行了与之前相同的操作：获取文本视图的引用、SensorManager 和我们希望在这里使用的 3 个传感器（加速度计、罗盘和方向传感器）。我们还定义了一个变量来持有旋转值，稍后将介绍它。

在 onResume() 方法中激活这些传感器，在 onPause() 中禁用它们。请注意注销特定传感器监听器的方式。我们曾用以下代码一次性注销了所有传感器的监听器。

```
Mgr.unregisterlistener(this);
```

当获得传感器值更新时，确定它的类型并将值记录在本地成员中：accelValues、compassValues 或 orientationValues。请注意，我们本可以克隆每个数组来保存值的本地副本，但这将意味着不断地实例化对象，我们实际上不希望这么做。创建新对象的成本以及创建之后的垃圾清理可能对性能产生实际影响，所以我们只是更新了现有的数组。

在查看下一节代码之前，请注意我们使用了布尔值 ready 来确保拥有 accelValues 和 compassValues 的值。现在看到了 getRotationMatrix() 方法调用，它后面是 getOrientation() 方法调用。还包含了 getInclination() 方法调用。我们不打算在这里使用它，但知道它表示磁波相对于地球表面的角度。离地球磁极越近，此方法返回的角度就越大。接下来检查一个计数器，像以前一样每 10 次更新才更新一次显示。再次说明，这是为了避免 UI 活动太多，进而导致应用程序速度缓慢。

在 doUpdate() 方法（也可通过 UI 中的按钮调用它）内，执行一些计算并显示结果。使用首选的方法，第一个值 azimuth 拥有一个以弧度为单位的值，该值在负 pi 到正 pi（表示–180° 到+180°）之间。方向传感器提供了一个在 0°（北极）到 360° 范围内的值。为了使这些值可比较，我们获取 prefValues 数组中的第一个值并从弧度转换为度数，如果值是负的则加上 360。现在就可以与方向传感器比较了。此方法的剩余部分在 UI 中仅显示传感器的值。

此示例应用程序中的最后一个方法是 doShow()。这个方法很有趣。我们将为 Streetview 设置 yaw 值来表示我们希望在显示图像时面朝哪方。现在介绍一下如何传递 yaw 值以及 pitch 值。

对于纬度和经度，我们预先选择了美国佛罗里达州杰克逊维尔的一个地点。当然可以随意替换为你自己的值。对于 yaw，需要传递偏离北极的度数（0~360），所以我们使用来自 mAzimuth 或 orientationValues[0] 的值并将它转换为整数。对于 pitch，在理论上可以使用来自某个数组的第二个值并加上 90。但是，Streetview 应用程序似乎不喜欢 0 以外的 pitch 值，至少在此地是如此。所以我们现在选择将它设置为 0。如果单击 Show Me!按钮，将获得街道视图，显示的图像就好像你面对着与你现在相同的方向，但位于该地点。如果单击 Back 按钮，转身，再次单击 Show Me!，将显示通过新视角观察到的图像。现在让我们更详细地看看示例传感器的实际值。

首选方法和方向传感器的值看起来相同或非常接近。来自方向传感器的值似乎更稳定，并且是整数值。看起来还不错？但不要言之过早。开始移动设备时就会发现，如果将设备倾斜到你需要抬头看它时，得到的值将有很大变化。现在旋转设备，使它位于横向模式。可能会看到类似图 29-6 的界面。

发生了什么？首选方法和方向传感器的 roll 值截然相反。原因在于二者的参照系不同。

我们还未介绍如果未处于纵向模式，而处于横向模式，将发生什么。如果设备面朝我们并处于横向模式，加速度计的位置将是固定的，所以 y 不会增长，增长的是 x。可以执行一些数学运算来解决问题，幸好 SensorManager 类还有另一个方法可帮助我们完成此操作。这个方法名为 remapCoordinateSystem()。它可在获取旋转矩阵和调用 getOrientation() 的间隙调用。remapCoordinateSystem() 的基

本功能是通过交换轴来修改旋转矩阵。该方法签名类似于:

```
public static boolean remapCoordinateSystem (float[] inR, int X, int Y, float[] outR)
```

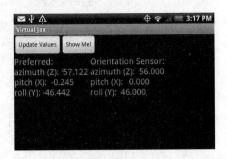

图 29-6　在横向模式下通过两种方式获得的方向

　　传入旋转矩阵，加上值以表示如何交换 x 和 y 轴，最后获得一个新的旋转矩阵（outR）和一个布尔返回值（表示地图的重新绘制是否成功）。x 和 y 值是来自 SensorManager 的常量，比如 AXIS_Z 或 AXIS_MINUS_Y。

　　还有一个名为 VirtualJaxWithRemap 的新示例应用程序可从网站下载获得，可通过它查看交换轴的情形。

29.3.10　磁偏角和 GeomagneticField

　　我们还希望介绍另一个与方向和设备相关的主题。罗盘传感器可以显示磁场北极的方位，但它不会显示真正的北极（也就是地理北极）的方位。想象站在磁场北极和地理北极之间的中点。它们与你之间的角度相差 180°。离两个北极越远，此角度差异就会变得越小。磁场北极和真正的北极之间的角度差称为"磁偏角"。而且该值仅能以地球表面上的一个点为参照物来计算。也就是说，必须知道你站在何处，才能知道地理北极相对于磁场北极的位置。幸好 Android 提供了一种方式来帮助我们，那就是 GeomagneticField 类。

　　为了实例化 GeomagneticField 类的对象，需要传入纬度和经度。因此，为了获得磁偏角，需要知道参照点的位置，还需要知道何时需要该值。磁场北极不断在偏移。实例化之后，只需调用此方法即可获得磁偏角（以度为单位）:

```
float declinationAngle = geoMagField.getDeclination();
```

　　如果磁场北极位于地理北极的东边，declinationAngle 的值将为正。

29.3.11　重力传感器

　　Android 2.3 引入了重力传感器。这实际上不是一块独立的硬件。它是一个基于加速度计的虚拟传感器。实际上，此传感器使用类似于我们前面介绍的加速度计的逻辑来生成施加在设备上的力的重力分力。但是，我们无法使用此逻辑，所以必须接受重力传感器类内部所用的系数和逻辑。但是，这个虚拟传感器有可能利用其他硬件（比如陀螺仪）来帮助更准确地计算重力。就像加速度计传感器报告它的值一样，此传感器的值数组报告重力。

29

29.3.12 直线加速度传感器

类似于重力传感器，直线加速度传感器也是一个虚拟传感器，表示加速度计上的力与重力之差。我们前面已用加速度计传感器的值减去重力来获得这些直线加速力的值。此传感器为我们简化了这一过程。而且它可以利用其他硬件（比如陀螺仪）来帮助更准确地计算直线加速度。就像加速度计传感器报告它的值一样，值数组报告直线加速度。

29.3.13 旋转矢量传感器

旋转矢量传感器类似于已不推荐使用的方向传感器，因为它使用相对于硬件加速度计参照系（参见图 29-2）的角度来表示设备在空间中的方向。但与方向传感器不同，此传感器返回表示单位四元组最后 3 个分量的一组值。四元组这个话题博大精深，就不在这里讨论了。

幸好，谷歌在 SensorManager 中提供了一些传感器帮助方法。使用 getQuaternionFromVector() 方法，可以将旋转矢量传感器输出转换为标准四元组。使用 getRotationMatrixFromVector() 方法，可以将旋转矢量传感器输出转换为旋转矩阵，然后再使用 getOrientation() 方法，将它作为前面介绍的方向传感器输出。但是，在将旋转矢量传感器输出转换为方向矢量时，必须注意一点：它会从 – 180 度变成+180 度，就像 VirtualJax 例子所使用的首选值一样。

本章的示例应用程序压缩文件包含了一个 VirtualJax，它可以演示旋转矢量的用法。

29.3.14 近场通信传感器

自在 Android 2.3 中引入近场通信传感器（NFC）后，现在可以使用它处理特殊标记。NFC 标记类似于 RFID(Radio Frequency ID, 无线射频 ID)标记，但 NFC 的范围不超过 4 英寸。这意味着 Android 设备中的传感器必须离该标记非常近，才能被扫描到。可通过编程从 NFC 标记获取文本信息、URI 和元数据，比如信息使用的语言。某些 NFC 操作也可以获取保护。

NFC 操作实际上有 3 种模式。

- ❑ **读写无触点标签** 这些标签通常都非常小，而且不会消耗电源。它们非常廉价，可以嵌入到各种对象之中，如电影海报、产品及贴纸等。
- ❑ **卡片仿真模式** 可以设想一下智能信用卡。它允许 Android 设备变成一个智能卡。它的明显优势之处在于将设备变成一个智能卡，然后通过按钮就可以将它变成另一种智能卡。因此，这是一种使用 Android 设备替代钱包的方法。无论使用哪一种信用卡，或者是公交卡、机票，Android 设备都可以模拟（当然，要足够安全）这种东西，所以交易另一方认为是你在用信用卡进行操作，而实际上操作的是 Android 设备。
- ❑ **端到端通信** 每一方都知道正在与另一台设备进行通信，而不是一个标签。这个协议由谷歌开发，允许两台设备进行直接通信。

除了使用 NFC 执行金融交易，NFC 标记也可用于其他许多场景。例如，博物馆可在其收藏的物品旁边放置 NFC 标记，访问者将电话靠近该标记，即可访问相关网页，了解该物品的多媒体信息。汽车站可以显示 NFC 标记来告诉人们下一班车何时到和何时离开。企业可显示 NFC 标记来简化人们在入场时向位置感知服务报到的过程。当可以使用电话来打开配备了 NFC 的门时，或许酒店房间钥匙将变为历史。甚至商店货架上的商品也可以配备 NFC 标记，让购物者能够获得该商品的更多信息，比如营养价值，或者技术规格和促销视频。

1. 启用 NFC 传感器

Android 对 NFC 的支持与其他传感器类型不同。你会使用 NfcAdapter，而不是 SensorManager。一个设备上通常只有一个适配器，它负责管理标记的读取和写入，将标记发布到设备上的活动。适配器可打开或关闭，Settings 下也有控件来启用或禁用 NFC 适配器。NFC 适配器用无线设置进行设置。

如果适配器已打开，并且检测到了 NFC 标记，将执行一个比较复杂的流程来确定哪个活动（如果有）应该接收一个 Intent，以将检测到的 NFC 标记的信息通知给该活动。所有操作都关系到 NFC 标记中的内容类型，以及有哪些 Intent 过滤器可用于设备上安装的应用程序。还需要考虑另一条信息，那就是目前位于设备前台的活动是否表达了接收 NFC 标记的确切期望。稍后将更详细地介绍此主题。

要访问适配器，首先需要使用 getSystemService() 获取一个 NfcManager 实例。然后对该实例调用 getDefaultAdapter() 方法，如下所示：

```
NfcManager manager = (NfcManager)
    context.getSystemService(Context.NFC_SERVICE);
NfcAdapter adapter = manager.getDefaultAdapter();
```

这段代码返回一个单例对象 NfcAdapter。要确定 NfcAdapter 目前是否已启用，可以使用 isEnabled() 方法，它返回一个布尔值来表明是否已在 Settings 中启用了 NFC 适配器。还没有已记录在案的方法可用于以编程方式打开（或关闭）NFC 适配器。如果 NFC 适配器已关闭并且希望打开它，需要通知用户并要求他们在 Settings 下启用它。要通过应用程序为用户启动恰当的 Settings 屏幕，可以使用类似下面这样的代码：

```
startActivityForResult(new Intent(
    android.provider.Settings.ACTION_WIRELESS_SETTINGS), 0);
```

运行此代码时，将显示恰当的 Settings 屏幕，用户可以选择是否启用 NFC。活动的 onActivityResult() 回调将在用户完成无线设置屏幕时调用。请记住，用户可以选择不启用 NFC，即使你要求他们这么做。如果 NFC 适配器仍然禁用，应用程序应该采取恰当的操作。

2. 路由 NFC 标记

现在可能是探讨不同类型的 NFC 标记和技术的不错时机。NFC 不是一种单一的标准。实际上，用户可能遇到多种类型的 NFC 标记。各种标记类型存在变体，这意味着 Android 必须使用与每种标记类型相关的不同类来支持它们。如果分析 android.nfc.tech 包的内容，将会发现多个不同的标记技术类，从 MifareClassic 到 NfcV，再到 ISO-DEP。每种标记类型的内部结构可能不同，而且有不同的方法用于访问和操作这些标记类型中的数据。幸好 Android 提供了一个 Tag 类来帮助管理 NFC 通信，每种特定的标记类型可通过 Tag 对象创建。拥有特定 NFC 标记的实例后，可以对它执行特定于该标记类型的操作。这也意味着，要选择将标记发送到哪个活动，必须考虑多个因素。我们将首先介绍如何创建 NFC 标记 Intent，然后你就能够理解如何创建恰当的 Intent 过滤器。

当向一个 Intent 发送标记数据时，Tag 对象总是会封装到 Intent 的 extra 包中，并分配了键 EXTRA_TAG。如果标记包含 NDEF 数据，会使用键 EXTRA_NDEF_MESSAGES 设置另一个 extra 值。最后，Intent 还可能有一个针对标记 Id 的 extra 值，其键为 EXTRA_ID。最后两个 extra 值是可选的，具体取决于标记上存在的数据。所有 NFC Intent 都使用 startActivity() 发送。请注意，从不需要实际访问 NFC 适配器来接收 NFC 消息。Intent 消息会像从其他来源发送的其他 Intent 一样传入应用程序中，只要它们与你的 Intent 过滤器匹配。

说明　值得注意的是，Android 设备中有一个 NFC 生态系统用于支持 NFC。创建这些 NFC Intent 的逻辑使用了未在 Android SDK 内公开的功能。这意味着无法轻松地自行创建仿冒发送者活动。我们即将解释的是 NFC 生态系统内发生的事情，无法为它们编写自己的代码。这也意味着，如果真正希望测试 NFC 应用程序，将需要使用真实设备和真实 NFC 标记，除非谷歌某一天在模拟器或 DDMS 或在二者中同时提供了某种支持。

标记 Intent 的操作值取决于所发现的与所检测标记相关的信息。Intent 有 3 种可能的操作值。

(1) ACTION_NDEF_DISCOVERED 是在标记内找到 NDEF 负载时执行的操作。如果属于这种情况，Android 然后会在第一个 NdefMessage 中查找 NdefRecord。如果该 NdefRecord 是一个 URI 或 SmartPoster 记录，该 Intent 将获取其数据字段中的 URI。如果找到 MIME 记录，Intent 的类型字段将设置为标记的 MIME 类型。Android 然后查找合适的活动来使用此 Intent 和 Intent 匹配算法。如果无法找到活动。会放弃此 Intent，Android 尝试创建下一种类型的 NFC Intent。

(2) ACTION_TECH_DISCOVERED 是未检测到 NDEF 时，或者无法找到 NDEF 活动但存在一种标记技术时的操作。在这种情况下，Android 向 Intent 添加元数据来表示检测到了哪些标记技术。一个 NFC 标记可实现多种技术，尤其在 Ndef 更像一种虚拟技术之后。Android 查找将与此 Intent 匹配的活动，如果找到，则发送它。如果未找到，Android 丢弃此 Intent 并尝试第三种类型的 NFC Intent。

(3) ACTION_TAG_DISCOVERED 是 NFC 标记最后的操作选择。这是在所有其他操作都未能与一项活动匹配时的操作。此 Intent 也没有携带数据或 MIME 类型。如果此 Intent 与设备上的活动不匹配，那么 NFC 生态系统会放弃，标记信息将被丢弃。

3. Android 应用程序记录

从 Android 4.0 开始，Android 支持另一种 NFC 标签寻址方式。NFC 标签可以在 NDEF 消息中任意位置包含一个 Android 应用程序记录（AAR）值。标签指定了 Android 应用程序的包名。当 Android 设备接收到一个带 AAR 的标签时，Android 会在本地搜索该包名对应的应用程序，在找到之后启动该应用程序。如果没有找到，那么 Android 会指引用户转到 Android Market 下载该应用程序，以处理这个标签。如果确实需要将用户锁定到处理这个 NFC 标签的应用程序上，那么就可以这样做。如果用户选择不下载应用程序，那么这个标签就会失效，因为 Android 不会将它们传输到其他位置。实际上，这样说也不完全正确：因为使用前端分派可以重写 AAR。

由于在标签中使用 AAR，可以将它作为连接标签与应用程序的主要机制，所以应该使用 MIME 类型和 URI，支持更大范围的设备。在这种情况下，最好继续坚持独立使用 MIME 类型和 URI，而不需要担心 AAR。

4. 接收 NFC 标记

无论是决定在代码中还是在 AndroidManifest.xml 文件中创建 Intent 过滤器，都需要知道寻找的是什么并小心准备 Intent 过滤器。例如，如果指定得太严格，将不会获得标记通知。如果指定得太宽松，将会获得不想处理的标记。如果向应用程序发送了一个不想处理的 NFC 标记，则意味着设备上可能存在另一个能够处理它但未获得它的应用程序。如果 Intent 匹配逻辑找到多个应用程序并要求用户确定运行哪一个，而用户选择了你的应用程序，则可能出现此情况。在为 NFC 标记定义 Intent 过滤器时要小心的另一个原因在于，如果用户被提示选择运行哪个应用程序，他们很可能需要将设备移离 NFC 标记以进行选择，进而导致标记离开能够检测的范围。如果可以选择标记将拥有哪些数据，则可使用自定义 URI 模式或自定义 MIME 类型来使该数据特定于具体需要。

　　Intent 过滤器的选择取决于在 NFC 标记 Intent 中执行了何种操作（参见上文）。代码清单 29-5 给出了一个将添加到 AndroidManifest.xml 文件中的 NDEF 标记的示例 Intent 过滤器。

代码清单 29-5　MIME 类型的 NDEF 标记的 Intent 过滤器

```xml
<intent-filter>
    <action android:name="android.nfc.action.NDEF_DISCOVERED"/>
    <data android:mimeType="type/subtype" />
</intent-filter>
```

可以将 "type/subtype" 替换为想要查找的特定 MIME 类型，或者如果将接受任何类型或子类型，则使用通配符。例如，可以将 mimeType 设置为 "text/*" 来匹配所有文本类型。但不需要为 NDEF 标记指定 MIME 类型。如果标记具有一个 URI，而不是 MIME 类型，则可以使用类似代码清单 29-6 的 Intent 过滤器。

代码清单 29-6　具有 URI 的 NDEF 标记的 Intent 过滤器

```xml
<intent-filter>
    <action android:name="android.nfc.action.NDEF_DISCOVERED"/>
    <data android:scheme="geo" />
</intent-filter>
```

在此示例中，我们使用了 geo 模式，所以如果检测到具有 geo: URI 的标记，就会启动我们的活动。可以使用 <data> 标记的任何其他特性来指定让活动寻找何种 NFC 数据。

　　如果活动正在寻找具有某种特定技术的 NFC 标记，则可以使用如代码清单 29-7 所示的 Intent 过滤器。也可能会检测到具有 NDEF 的标记，但不会找到活动来处理 NDEF_DISCOVERED Intent。这也可能导致活动收到该 Intent，只要它与 Intent 过滤器匹配。换句话说，如果 NDEF_DISCOVERED 标记 Intent 无法传送给查找 NDEF 标记的活动，那么查找特定技术的活动可能收到一个针对该标记的技术 Intent。

代码清单 29-7　具有技术的 NFC 标记的 Intent 过滤器

```xml
<intent-filter>
    <action android:name="android.nfc.action.TECH_DISCOVERED"/>
</intent-filter>
<meta-data android:name="android.nfc.action.TECH_DISCOVERED"
            android:resource="@xml/nfc_tech_filter" />
```

请注意，我们现在使用了一种不同的操作来匹配技术，并且没有使用 <data> 标记，而使用了 <meta-data> 标记，该标记位于 <intent-filter> 标记外。<meta-data> 标记的特性也不同，它引用了另一个文件，我们必须在应用程序项目的 /res/xml 目录下创建该文件。代码清单 29-8 给出了一个示例 nfc_tech_filter.xml 文件。

代码清单 29-8　示例 nfc_tech_filter.xml 文件

```xml
<resources xmlns:xliff="urn:oasis:names:tc:xliff:document:1.2">
    <tech-list>
        <tech>android.nfc.tech.NfcA</tech>
        <tech>android.nfc.tech.MifareUltralight</tech>
    </tech-list>
```

29

```
</resources>

<resources xmlns:xliff="urn:oasis:names:tc:xliff:document:1.2">
    <tech-list>
        <tech>android.nfc.tech.NfcB</tech>
        <tech>android.nfc.tech.Ndef</tech>
    </tech-list>
</resources>
```

　　这个过滤器所做的就是指定我们的活动希望查找的两种标记类型。NFC 标记通常拥有它所枚举的技术列表。如果代码清单 29-8 中的任何一个 tech-list 是我们的 Tag 的 tech-list 的子集,那么这就是一个匹配值,我们的活动将获取该 NFC 标记 Intent。

　　在代码清单 29-8 中,第一个标记类型拥有 NfcA 和 MifareUltralight 技术,第二个标记类型拥有 NfcB 和 Ndef 技术。我们可以向此文件添加额外的<resources>来指定活动希望查找的额外标记。要加入此文件中的一组可用技术表示为可用于 android.nfc.tech 包中的标记类名,但仅放在你希望活动接收的标记内。<tech-list>的子标记指定一个标记必须报告的所有技术,供它的 Intent 用于匹配我们的活动。特定 tech-list 内的所有技术必须存在于该标记枚举的技术列表中。因此,Intent 过滤器中的 tech-list 可以拥有比标记所指定的更少的技术,但无法拥有更多且仍然匹配的技术。对于上面代码清单 29-8 中的示例,如果一个标记仅具有 Ndef 技术,它将不会匹配每种规范,并且活动将不会收到 Intent。任何 Intent 过滤器 tech-list 都不是标记列表的子集。如果标记具有 NfcA、NfcB 和 Ndef 技术,它将匹配第二个规范,活动将收到 Intent。第二个 tech-list 是标记的 tech-list 的子集。即使标记枚举了比 Intent 过滤器的 tech-list 中更多的技术,我们也会进行匹配。

　　可以使用的最后一个 Intent 过滤器如代码清单 29-9 所示,它表示 catch-all Intent 过滤器。也就是说,如果收到一个标记并且没有找到 NDEF 或技术活动来处理该 Intent,或者如果标记为一种未知类型,将使用 ACTION_TAG_DISCOVERED 操作创建一个 Intent。

代码清单 29-9　未知或未处理的 NFC 标记的 Intent 过滤器

```
<intent-filter>
    <action android:name="android.nfc.action.TAG_DISCOVERED"/>
</intent-filter>
```

　　请注意,这个 Intent 过滤器没有<data>和<meta-data>标记,因为具有 ACTION_TAG_DISCOVERED 操作的 Intent 中将没有任何数据。这通常意味着我们必须有一个<category>标记。但是,NFC 标记 Intent 不属于此情形。NFC 标记 Intent 是特殊的,Intent 过滤器中不需要<category>标记即可进行 NFC 标记 Intent 匹配。

　　返回到我们的标记匹配流,当获得 ACTION_TAG_DISCOVERED Intent 时,Android 几乎已放弃尝试查找针对所检测到的 NFC 标记的活动。这时,任何将执行 ACTION_TAG_DISCOVERED 操作的活动都将收到这些标记 Intent。在最常见的操作中,从不会看到 ACTION_TAG_DISCOVERED 标记 Intent,因为几乎遇到的所有 NFC 标记都将匹配 NDEF 或 TECH。

　　活动还可以通过另一种方式来接收 NFC 标记 Intent,那就是使用前台分派系统。如果活动位于前台(这表明正在触发或已触发 onResume(),并且用户可与活动交互),然后按如下方式调用:

```
mAdapter.enableForegroundDispatch(this, pendingIntent,
                      intentFiltersArray, techListsArray);
```

　　其中 mAdapter 是 NFC 适配器,this 是活动的引用。通过执行此调用,可将此活动有效地插入到其他活动之前，如果此活动的任何 Intent 过滤器与一个检测到的标记匹配，此活动将处理它。如果由于一个 NFC 标记 Intent 与此调用的设置不匹配，导致活动没有获得该 Intent，那么 NFC 标记 Intent 将使用上面的逻辑尝试其他活动。必须从 UI 线程调用此方法，调用此方法的最佳位置是活动的 onResume()。可能还需要从活动的 onPause() 回调进行调用：

```
mAdapter.disableForegroundDispatch(this);
```

这样活动就不会获得它无法处理的 Intent。当活动通过这种方式获得 Intent 时，将使用 onNewIntent() 回调来将它发送到活动中。

挂起的 Intent 是一种标准的 Intent。intentFiltersArray 是你想要的 IntentFilter 对象集合，每个对象指定一种恰当的操作和需要的任何数据或 MIME 类型。例如，代码清单 29-10 给出了为 Ndef 创建 Intent 过滤器并将它添加到数组中的代码。该代码极有可能存在于 onCreate() 方法中。

代码清单 29-10　针对 Ndef 的 Intent 过滤器代码

```
IntentFilter ndef = new IntentFilter(NfcAdapter.ACTION_NDEF_DISCOVERED);
try {
    ndef.addDataType("text/*");
}
catch (MalformedMimeTypeException e) {
    throw new RuntimeException("fail", e);
}
intentFiltersArray = new IntentFilter[] {
        ndef,
};
```

请记住，Intent 过滤器数组可以包含多个 IntentFilter 实例，每个实例使用相同或不同的操作来设置，可能有也可能没有数据或类型字段值。

techListsArray 是由数组构成的数组，其中的每个内部数组是一个标记将枚举的一组类名，可以匹配多个类名列表。代码清单 29-11 给出了一个示例，它等效于代码清单 29-8 中给出的 tech-list 资源文件。该代码也极有可能位于 onCreate() 方法中。

代码清单 29-11　tech-list 数组的代码

```
techListsArray = new String[][] {
    new String[] { NfcA.class.getName(),
                   MifareUltralight.class.getName() },
    new String[] { NfcB.class.getName(),
                   Ndef.class.getName() }
    };
```

完成所有这些设置后，如果此活动收到了 NFC 标记 Intent，将触发 onNewIntent() 回调来接收它。从这里，可以访问 extra 包来读取该标记，这将在稍后介绍。对 NFC 标记 Intent 进行动态声明需要大量设置，但另一方面，如果仅希望此活动在由用户启动时接收标记，则需要此方法。请注意，可能没有必要既使用此方法，又在描述文件中拥有接收 NFC 标记 Intent 的 Intent 过滤器，但从严格来讲这是可行的。

5. 读取 NFC 标记

前面已经提及，NFC 标记的读取比较复杂。更确切地说，将标记传送到应用程序的过程可能很复杂。在最基本的层面上，当检测到一个 NFC 标记时，系统将确定将该标记发送到哪个活动，然后发送它。与本章前面介绍的传感器不同，关注 NFC 标记的活动可能在检测到标记时没有运行，并且一定不会通过传感器监听器接收标记信息。被通知的活动将收到一个 Intent，这可能意味着将启动该活动来处理 NFC 标记 Intent。

在设计接收和处理 NFC 标记信息的应用程序时，首先要考虑的因素是你将通过硬件接口处理设备环境中的物理标记。NFC API 会阻塞调用，这意味着它们可能无法以你想要的速度返回，也意味着需要在与主 UI 线程分开的线程上运行标记方法。

NFC 标记数据将位于收到的 Intent 的 extra 包中。收到 Intent 时，需要使用类似下面这样的代码访问 NFC 数据：

```
Tag tag = intent.getParcelableExtra(NfcAdapter.EXTRA_TAG);
String[] techlists = tag.getTechLists();
```

如果 Intent 过滤器非常准确，那么你一定已知道所拥有的标记类型。但是如果可能存在多项标记技术，则需要查询 tech-list 来查找标记中有哪些技术。每个字符串是所检测到的标记所枚举的标记技术的类名。

如果发现此标记中支持 android.nfc.tech.Ndef，可以运行下列代码来更直接地获取 NDEF 数据：

```
NdefMessage[] ndefMsgs = intent.getParcelableArrayExtra(NfcAdapter.EXTRA_NDEF_MESSAGES);
```

在理论上，如果 Intent 中没有 NDEF 消息，可能获得一个空值。否则你现在应该能够分析所收到的 NDEF 消息。可以从 Intent 读取 NdefMessage，计算它们，并获取每个 NdefMessage 中包含的 NdefRecord。

NdefRecord 很有趣。可以参阅 http://www.nfc-forum.org/specs/ 上的 NFC 规范。要访问这些规范，需要接受与 NFC 论坛之间的授权协议。它是免费的，但需要提供你的姓名、地址、电话号码和电子邮件地址。另一个选项是查看 Google 提供的 NfcDeme 应用程序。该示例包含在示例文件夹中的 Android 2.3.2 SDK 包中。也可以通过此网址查看该应用程序的源代码：http://developer.android.com/resources/samples/NFCDemo/index.html。此示例应用程序接收 NFC Intent 并在一个 ListView 中显示 NdefRecord 的内容。这一过程变得复杂的原因在于，可能在每个 NdefMessage 中收到多种类型的 NdefRecord。每种类型用于不同的用途。例如，Text 类型包含指定语言的文本。Uri 类型包含一个 Uri。在已知的 NDEF 记录类型中，NfcDemo 示例应用程序仅使用了 3 个：上面介绍的两个和稍后将介绍的 SmartPoster。

NdefRecord 的格式包含一个 3 位的 TNF（Type Name Format，类型名称格式）字段、一个可变长类型字段、一个可变长 ID 字段，以及一个可变长负载字段。有两个类型字段。TNF 字段是此记录的顶级类型，告诉你记录的剩余部分是什么。例如，它可能是一个绝对 URI 记录（TNF_ABSOLUTE_URI）或一个官方 RTD 记录（TNF_WELL_KNOWN）。另一个类型字段基于 TNF 的值来指定此记录的更详细信息。如果 TNF 值为 TNF_WELL_KNOWN，下一个类型字段将为 NdefRecord 类的 RTD_*常量之一，比如 RTD_SMART_POSTER。如果 TNF 值为 TNF_ABSOLUTE_URI，这个类型字段将遵循 RFC 3986 所定义的绝对 URI BNF 结构。

说明　消息负载由于太大而分散在多个 NdefRecord 中时，将使用 TNF_UNCHANGED 记录类型。谷歌会负责处理大量的 NdefRecord，所以应该永远看不到类型值 TNF_UNCHANGED。android.nfc 包将各部分负载组合到一个大型的 NdefRecord 中。

NdefRecord 中的下一个字段是此 NdefRecord 的标识符。你读取的 NdefRecord 不一定有标识符。

最后还有负载。这可能是一个非常大的字节数组，但必须了解它的某种内部结构，该结构取决于 NdefRecord 的类型。对于 RTD URI 记录类型，负载字节数组的第一个字节表示 URI 的开头。例如，字节值 1 表示 "http://www."，这部分将位于负载剩余部分中的剩余 URI 部分之前。对于 Text 记录类型，负载字节数组的第一个字节表示 "状态字节编码" 值，该值表示文本编码值（UTF-8 或 UTF-16），以及此状态字段后紧跟的语言字节数组的长度。语言字段后是文本。对于 SmartPoster，情况更加复杂，NdefRecord 包含一个 NdefMessage，而后者又可能包含多个 NdefRecord。底部的 NdefRecord 可能包含 Title 记录（类似于 Text 记录）、URI 记录（与前面一样）、推荐的操作记录、大小记录、图标记录和类型记录。推荐的操作值表示应用程序可能希望对 SmartPoster 数据执行的操作。请注意，这些值没有在 Android 的 NdefRecord 类文档中提供。它们是：

```
-1    UNKNOWN
 0    DO_ACTION
 1    SAVE_FOR_LATER
 2    OPEN_FOR_EDITING
```

如何操作它们取决于你，但你一定希望尝试对所读取的标记执行推荐的操作。例如，如果 TNF 为 TNF_WELL_KNOWN，类型为 RTD_SMART_POSTER 并且推荐的操作为 0（DO_ACTION）与一个网页 URL 的结合，你可能希望在浏览器中打开该 URL。大小记录允许标记在 URL 的另一端表明内容大小。如果标记引用了一个可下载的可执行文件，则大小记录可以表明下载文件有多大。图标记录持有一个图标图像，设备可使用它显示图像、标题和 URI。

类型记录是另一种类型值，不同于 TNF 和 NdefRecord 的类型。类型记录用于 SmartPoster 标记，在本例中，类型表示 URI 另一端的内容的 MIME 类型。设备可能断定它无法支持该对象类型，所以会首先避免下载它。

SmartPoster 标记唯一的强制性子记录是 URI 记录，并且每个 SmartPoster 只能有一个 URI 记录。可以拥有多个 Title 记录，只要每个记录针对不同的语言。也可以拥有多个图标记录，只要每个记录的格式具有不同的 MIME 类型。

对于所有类型的 NFC 标记，包括 NDEF 标记，可以使用类似下面这样的代码来获取特定标记类型的实例：

```
NfcA nfca = NfcA.get(tag);
```

通过这个新对象，我们可以访问适合该标记类型的特定方法。对于 Ndef 和 NdefFormatable 标记，NdefMessage 和 NdefRecord 类对于处理标记数据非常有帮助。其他标记类也具有恰当的方法来帮助处理这些标记及其数据。还有许多用于在标记中读取和写入数据的方法。请注意，向标记写入数据与执行卡模拟的设备不同。向标记写入数据意味着设备离其他某个标记足够近，以能够向它写入数据（当然需要恰当的权限）。卡模拟则不同。

6. NFC 卡模拟

卡模拟意味着在另一个 NFC 读取器看来，设备是一个类似于 PayPass 万事达信用卡的智能卡。这意味着我们的本地设备在硬件中有一个地方存储某种数据及程序，并且如果 NFC 读取器进入设备的检测范围并请求该数据，设备就会将该数据发送给读取器。

模拟信用卡要求对安全性有极高的要求。通常，支持 NFC 的设备上都带有一个硬件 Secure Element (SE)，而卡的模拟正是由这个硬件完成。其目的是运行一些安全程序，它们可以与设备的 NFC 天线进行交互，以此参与金融交易。开发者无法使用 Android SDK 开发能够打开 SE 的程序，也无法直接打开 SE 和使用它编写程序。只有授权的第三方机构可以这样做，如谷歌 Wallet 程序的 First Data。事实上，有很多尝试解锁或篡改 SE 的做法都会导致芯片自毁。

SDK 并没有公布支持 NFC 卡模拟的时间表。我们建议不要自己尝试开发。互联网上有很多关于这方面的资料，但是本书不会介绍这方面的信息。

7. NFC P2P（对等）

Android SDK 对在两个设备之间通过 NFC 进行 P2P 通信提供了有限的支持。此功能具有一些限制，那就是 P2P 仅在应用程序正在前台运行时才有效，并且应用程序必须具有 NDEF 格式。P2P 可能在未来支持其他标记技术，但现在它仅支持 NDEF。这也意味着，电话必须打开并运行相关应用程序，它才能通过 NFC 与另一个设备通信。

为了实现 P2P 特性，可以使用 NfcAdapter 的 setNdefPushMessage() 或 setNdefPushMessageCallback() 方法。第一个方法接收一个 NdefMessage 和至少一个活动（也可以是多个活动，依次处理）。当 NFC 阅读器请求一个消息时，如果所提供的活动在前端，那么这就是传输的 NDEF 消息。第二个方法与第一个方法类似，但是它不预先提供一个 NDEF 消息，而是在调用回调方法时返回消息。虽然技术上可以在同一个活动同时创建这两个方法，但是回调方法优先调用，在同时激活两个方法时，只调用回调方法。如果要禁用其中一个方法，那么可以使用一个空 NDEF 消息或空回调方法再调用它们一次。如果 NDEF 消息是动态消息，会根据应用程序的最新数据而更新，那么最好使用回调方法。

与前面介绍的前端分派机制类似，在 onResume() 方法中可以调用这些方法，在 onPause() 方法中可以禁用这些方法。NdefMessage 可以包含任意内容，但是在阅读器试图获取数据时，活动应位于前端。

注意，Android 4.0 还增加了另一个新方法：setOnNdefPushCompleteCallback()。这个方法可用于创建一个或多个活动的回调方法，从而能够知道通过 P2P 传输的 NDEF 消息的时间。然而，它必须在绑定线程上调用，而不是在 UI 线程上调用。这意味着，它会在应用程序中动态变化。需要使用一个与活动真正进行交互的处理器，除了无法操作获得这个回调方法的参数。回调方法的参数是 NfcEvent，它只有一个 nfcAdapter 域。它并不能帮助确定使用哪一个处理器与适当的活动进行交互。所以，在应用程序中设置 P2P 时，最好只使用一个活动。

前面介绍过使用 uses-feature 标记和传感器，以便确保设备拥有恰当的传感器来查看你的应用程序。NFC 传感器也不例外。应该在 AndroidManifest.xml 中使用以下代码，确保运行你的应用程序的设备拥有必要的 NFC 硬件：

```
<uses-feature android:name="android.hardware.nfc" />
```

还应该确保 AndroidManifest.xml 文件包含恰当的权限，允许应用程序访问 NFC 硬件：

```
<uses-permission android:name="android.permission.NFC" />
```

8. Android Beam

Android Beam 是 Android 4.0 新增加的一个特性。与其说它是个 API，还不如说它是一种概念，因为它使用我们前面讨论过的 API。基本上，它是 Android 的 P2P 通信机制，通过 Android 提供的一些额外 UI，支持用户精确控制两个 NFC 设备之间的 NDEF 消息传递。

9. 使用 NFCDemo 测试 NFC

我们介绍了用于 Android 的 NFC API 的大量知识，但现在的问题是，如何测试应用程序？对于

NFC 标记，或许你可以找到一些已包含 NFC 标记的对象。在已使用 NFC 一段时间的国家，这可能不是太难。在美国可能困难得多。可以购买自己的 NFC 标记，全球许多供应商都在销售标记以及开发人员工具包，你可以在购买的标记上写入想要的内容。遗憾的是，DDMS 还不支持将标记发现 Intent 发送到模拟器。Android SDK 中包含的 NfcDemo 示例应用程序是在 Android 2.3 中首次发布的，那时仅存在针对 Intent 的 ACTION_TAG_DISCOVERED。Android 在 2.3.3 版中进步了不少，但遗憾的是 NfcDemo 未能赶上这一进步。对于 NFC 标记布局，以及各种字节对于 NDEF 标记的含义，可以找到许多有用信息。希望这些信息很快会更新，并将适用于真实的标记和新 NFC 生态系统。

如果决定加载 NfcDemo 示例应用程序，将需要向项目中添加一个外部库。此库的下载文件位于 http://code.google.com/p/guava-libraries/。当打开下载的 zip 文件时，会找到一些 jar 文件。将没有 gwt 的 guava jar 文件保存在工作站中，需要从 Eclipse 项目引用 guava jar 文件。为此，可以右键单击该项目，选择 Build Path，然后选择 Configure Build Path and the Libraries 选项卡。接下来单击 Add External JARs，导航到 guava jar 文件，选择它并单击 Open。现在右键单击项目并选择 Build Project，重新生成 NfcDemo 项目。

29.4　参考资料

以下是一些很有用的参考资料，可通过它们进一步探索相关主题。

- ❑ www.androidbook.com/proandroid4/projects。可在这里找到与本书相关的可下载项目列表。对于本章，请查找名为 ProAndroid4_Ch29_Sensors.zip 的 zip 文件。此 zip 文件包含本章中的所有项目，这些项目在各个根目录中列出。还有一个 README.TXT 文件详细介绍了如何从一个 zip 文件将项目导入 Eclipse。
- ❑ http://en.wikipedia.org/wiki/Lux。这是光测量单位勒克斯（lux）的维基百科条目。
- ❑ www.ngdc.noaa.gov/geomag/faqgeom.shtml。可以在这里找到来自 NOAA 的地磁学相关信息。
- ❑ www.youtube.com/watch?v=C7JQ7Rpwn2k。这是来自 David Sachs 的关于加速度计、陀螺仪、罗盘和 Android 开发的谷歌 TechTalk。
- ❑ http://stackoverflow.com/questions/1586658/combine-gyroscope-and-accelerometer-data。Stackoverflow.com 上一篇不错的文章，探讨了在应用程序中结合使用陀螺仪和加速度计传感器数据。
- ❑ http://en.wikipedia.org/wiki/Quaternions_and_spatial_rotation。关于四元组的维基百科页面，其中介绍了它表示空间旋转如 Android 设备的旋转的用法。
- ❑ www.nfc-forum.org/specs。NFC 规范的官方网站。
- ❑ www.slideshare.net/tdelazzari/architecture-and-development-of-nfc-applications。Thomas de Lazzari 提供了一个关于 NFC 的非常全面的 Slideshare 演示。
- ❑ www.youtube.com/watch?v=am8t6iz77upo。谷歌 Wallet 的启动视频。

29.5　小结

本章主要介绍了以下知识点。
- ❑ Android 拥有哪些传感器。

❏ 查找设备中的传感器。
❏ 在将应用程序加载到 Android 设备之前，确定它所需要的传感器。
❏ 确定设备中某个传感器的属性。
❏ 如何捕捉传感器事件。
❏ 传感器值发生变化时会触发一些事件，所以要理解在获取第一个值需要一个标记，这点很重要。
❏ 传感器更新的不同速度及其使用场合。
❏ ensorEvent 的详细介绍，以及如何用于处理各种传感器。
❏ 由其他传感器数据构成的虚拟传感器，ROTATION_VECTOR 传感器。
❏ 使用传感器确定设备的角度和朝向。
❏ NFC 传感器及 NFC 使用的其他组件。
❏ 如何读写标记。
❏ 卡仿真，以及当涉及安全问题时，开发人员访问卡仿真的困难程度。
❏ NFC P2P，以及如何与基础支持 P2P 通信的 NFC 设备交换消息。
❏ Android 如何转发 NFC 标记数据，如何构建和解析 NFC 标记。
❏ Android Beam。

29.6　面试问题

回答以下问题，巩固本章所学的知识点。

(1) 判断。有一种传感器框架支持 Android 的所有传感器，从光线传感器到 GPS 传感器，再到 NFC 传感器。

(2) Android 模拟器可以模拟哪些传感器？

(3) 在 AndroidManifest.xml 中，可以使用哪一种机制来保证应用程序只安装在具备相应传感器的设备上？

(4) 是否可以在任意时候直接读取传感器值？为什么？

(5) 为什么不要复制传递给传感器回调方法的传感器事件值数组？

(6) 为什么使用 LIGHT_SUNLIGHT_MAX 等常量确定设备在户外的时间是很危险的？

(7) 加速器固定在设备上，即使用户界面根据设备旋转角度进行了修正，它也无法补偿设备旋转角度。那么，可以使用哪些方法手动补偿设施旋转造成的加速器差值呢？

(8) 什么是低通滤波器，它有什么作用？

(9) 哪些传感器已经被弃用？

(10) 对于被弃用的传感器，它们的替代方法是什么？

(11) 为什么在计算磁北与正北的差值时，知道设备的位置很重要？

(12) NFC 的三种模式是什么？

(13) NFC 标记与活动进行匹配的最后一种可能的方法是什么？

(14) 重写 NFC 标记中 AAR 路由选择的方法是什么？

(15) Secure Element（SE）的作用是什么？

第 30 章

联系人 API 30

第 4 章介绍了 ContentProvider，我们列出了通过 ContentProvider 抽象来公开数据的好处，展示了如何将这类抽象数据公开为一系列可用于读取、查询、更新、插入和删除的 URL。这些 URL 和它们相应的游标形成了 ContentProvider 的 API。

联系人 API 是一种处理联系人数据的 ContentProvider API。Android 中的联系人在一个数据库中维护并通过一个 ContentProvider 公开，该 ContentProvider 的授权根位于 content://com.android.contacts。

Android SDK 使用一组以 Java 包 android.provider.ContactsContract 为根的 Java 接口和类，记录了此联系人 ContentProvider 提供的各种契约。

你将会看到许多类的父上下文为 ContactsContract，这些类对于在内容数据库中查询、读取、更新和插入联系人很有用。关于使用联系人 API 的主要文档，请访问 Android 网站上的 http://developer.android.com/resources/articles/contacts.html。

主要的 API 入口点恰当地命名为了 ContactsContract，这是因为此类定义联系人客户端与联系人数据库提供者和保护者之间的契约。

本章详细探讨此契约，但不会涵盖所有细节。联系人 API 很庞大，且内容博大精深。但是，当开始接触联系人 API 并进行几周研究之后，就会发现它的基础结构非常简单。这正是我们竭尽全力实现的目标，我们会在本章中解释这些基本知识。

Android 4.0 扩展了联系人概念，增加了一个用户账号，它类似于社交网络的用户账号。用户账号是表示设备所有人的专用联系人。大多数基于联系人的一般概念仍然保持不变。本章将介绍联系人 API 如何扩展以支持用户账号。

30.1 账户

Android 中的所有联系人都在一个账户的上下文中使用。什么是账户？例如，如果拥有谷歌电子邮件地址，就可以说拥有谷歌账户。如果注册成为了 Facebook 用户，就可以说拥有 Facebook 账户。

即使仅使用谷歌的电子邮件服务，相同的登录用户名和密码也可用于访问其他谷歌服务，这表明谷歌电子邮件账户并不仅限于电子邮件用途。但是，一些账户仅限使用一种服务类型，比如 POP（Post Office Protocol，邮局协议）电子邮件账户。在移动设备上，可能可以注册各种基于账户的服务。

可以通过设备上的"Accounts & sync"Settings 选项设置其中一些账户，比如谷歌、Facebook 或企业 Microsoft Exchange 账户。请参阅《Android 用户指南》了解账户及其设置的更多细节。30.7 节提供了《Android 用户指南》的 URL。

30.1.1 账户屏幕概览

为了巩固对账户性质的理解,下面展示模拟器中一些与账户相关的屏幕。首先,图 30-1 显示了账户 Settings 选项屏幕。其中一些屏幕源于 Android2.3X。只有在差异较为显著时才包括了 Android4.0 屏幕。

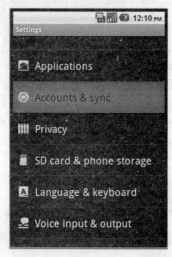

图 30-1 调用 "Accounts & sync" 应用程序设置

当选择 "Accounts & sync" 菜单项时,将会看到 "Accounts & sync settings",如图 30-2 所示。此屏幕显示一组可用的账户,还有一些基于账户的选项。

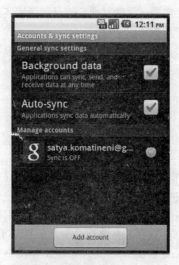

图 30-2 Accounts & sync settings

在图 30-2 中，我们主要感兴趣的是可用账户列表。要练习添加新账户，可以单击"Add account"按钮，将会看到如图 30-3 所示的屏幕，其中包含一组可设置或添加的账户列表。

图 30-3 可设置的账户列表

这个要添加的可能账户列表将因设备类型和可用服务不同而不同。图 30-3 中的列表显示了在使用谷歌 API 9 作为目标进行设置时，Android 2.3 模拟器中可用的账户。如果仅下载了核心 SDK，将不会看到选择谷歌 API 作为该模拟器目标的选项，所以不会看到图 30-3 中设置谷歌账户的选项。这还意味着，这个可用账户界面可能因 Android 版本、设备制造商以及运营商或服务提供商的不同而不同。但是账户的概念在很大程度上还是一样的，把它们放在这里的唯一原因是为了有助于你对联系人的理解，最新屏幕请参见 Android 各个版本的《用户指南》。

此外，需要为每个账户设置的字段也会因账户提供商不同而不同。例如。如果在我们的模拟器示例中单击添加谷歌账户，将会看到创建或登录谷歌账户的选项（参见图 30-4）。

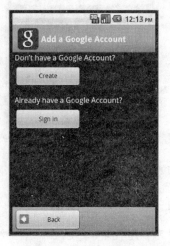

图 30-4 添加谷歌账户

如果单击 Create 按钮，将显示创建谷歌账户的字段，如图 30-5 所示。

图 30-5　创建谷歌账户

图 30-5 演示了如果没有谷歌账户，设置一个账户所需要的字段。前面已提到，这些字段可能因账户类型不同而不同。例如，我们将给出在已有谷歌账户的情况下的账户设置。在此情况下，账户设置仅包括登录账户，如图 30-6 所示。

图 30-6　登录现有的谷歌账户

前面介绍了账户的基本知识和如何在设备上建立账户，下一节将介绍如何将账户与联系人相关联。

30.1.2　账户与联系人的相关性

你管理的联系人与特定账户紧密相连。换句话说，在设备上注册的每个账户都可持有一定数量特定于该账户的联系人。一个账户拥有自己的一组联系人，或者可以说账户是联系人的父级元素。另外，一个账户可拥有 0 个或更多联系人。

　　一个账户由两个字符串标识：账户名称和账户类型。对于谷歌，账户名称为 Gmail 上的电子邮件用户名，账户类型为 com.google。显然，账户类型在整个设备上必须唯一。账户名称在该账户类型内是唯一的。一个账户类型和一个账户名称相结合，就形成一个账户，并且只有在形成账户后，才可以使用它插入一组联系人。

30.1.3　枚举账户

　　联系人 API 主要处理各种账户中存在的联系人。创建账户的机制不属于联系人 API 的职责范围，所以介绍如何编写账户提供程序和如何同步这些账户中的联系人也不属于本章的介绍范围。设置账户的方式与本意内容也不是很相关。但是，当希望添加一个或一组联系人时，需要知道设备上存在哪些账户。可以使用代码清单 30-1 中的代码来枚举账户和它们的必要属性（账户名称和类型）。代码清单30-1 中的代码列出了具有给定上下文变量（如活动）的账户名称和类型。

代码清单 30-1　显示一组账户的代码

```
public void listAccounts(Context ctx)
{
    AccountManager am = AccountManager.get(ctx);
    Account[] accounts = am.getAccounts();
    for(Account ac: accounts)
    {
        String acname=ac.name;
        String actype = ac.type;
        Log.d("accountInfo", acname + ":" + actype);
    }
}
```

当然，要运行代码清单 30-1 中的代码，描述文件需要使用代码清单 30-2 中的一行代码来请求权限。

代码清单 30-2　读取账户的权限

```
<uses-permission android:name="android.permission.GET_ACCOUNTS"/>
```

代码清单 30-1 中的代码将打印与以下内容类似的内容：

```
Your-email-at-gmail:com.google
```

这段代码假设仅配置了一个账户（谷歌）。如果拥有多个账户，所有这些账户将以类似方式列出。

　　在更详细地剖析联系人的细节之前，考虑一下最终用户如何使用 Android 平台自带的联系人应用程序创建联系人。

30.2　联系人应用程序

　　4.0 版对联系人应用程序进行了一些改动。主要变化是引入了个人账号。联系人应用程序也已经重命名为 People[①]。

　　在 4.0 模拟器中，People 图标已经显示在首页（底部图标栏），如图 30-7 所示。

30

---

　　① 英文版改为 People，但是 Android 4.0 的中文版还是叫"联系人"。——译者注

图 30-7   访问 4.0 版本的联系人应用程序

此外，也可以在应用程序列表中访问联系人应用程序，其图标名称也叫 People（联系人），如图 30-8 所示。

图 30-8   联系人（People）应用程序图标

30.2.1　个人账号简介

　　在模拟器上首次调用联系人应用程序，其结果如图 30-9 所示。（在真实设备上，注册过程很可能会在设备安装过程中添加了个人账号。）

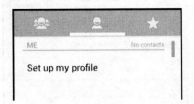

图 30-9　空账号

单击图 30-9 所示的 "Set up my profile"，设置个人账号，就会出现如图 30-10 所示的账号编辑界面。

图 30-10　创建账号

　　这个屏幕与在设备上添加联系人的屏幕相似。在完成之后，联系人首页会变成如图 30-11 所示的屏幕。

图 30-11　创建账号成功后的屏幕

30

现在，如果在手机应用程序上添加一个联系人，然后再返回账号首页，就会看到如图 30-12 所示的屏幕。

图 30-12   包括个人账号的联系人列表

联系人 test 1 就是新添加的手机联系人信息。

30.2.2   显示联系人

当选择联系人应用程序时，看到的第一个屏幕是 ME 一组其他联系人（参见图 30-12）。如果拥有多个账户，图 30-12 中的屏幕将列出来自所有账户的所有联系人。通过查看此屏幕，不会知道哪个联系人来自哪个账户。除非明确禁止，如果两个不同账户中的联系人看起来类似，Android 会尝试不重复联系人。下一节中将介绍这种"看起来类似"的启发式方法。

30.2.3   显示联系人详细信息

如果单击图 30-12 中的一个联系人，联系人应用程序将显示该联系人的详细信息，如图 30-13 所示。这里的联系人称为 C1-First C1-Last。

图 30-13 演示了联系人可能携带的各种信息。该图还显示了联系人应用程序可基于该行的信息，为每个联系人直接提供的多种操作。对于一些行，联系人应用程序支持呼叫和发送文本，对于其他行，支持电子邮件或聊天。

图 30-13　联系人的详细信息

30.2.4　编辑联系人详细信息

　　现在让我们看一下如何编辑联系人（如图 30-13 中的联系人）或创建新联系人。为此，可以单击菜单并选择 Edit 或 New contact。这将调出图 30-14 所示的屏幕。

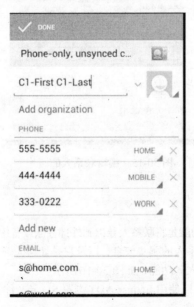

图 30-14　编辑联系人

30

在图 30-14 中，在"Edit-contact"屏幕顶部，可以看到编辑或创建的这个联系人所在的账户。对于此联系人，账户仅显示为电话这暗示电话上有服务器端账户（比如谷歌），而只是一个本地的默认账户。实际上，在联系人数据库中，账户名称和类型都是空值。

如图 30-13 所示，可以拥有不同类型的电话号码和电子邮件地址。你可能还想知道联系人是否允许包含任意数据的任意一组行。（例如在图 30-13 中，电话和电子邮件是众所周知的预定义数据类型。如果希望存储一些预先没有想到的数据怎么办呢？也就是我们所说的任意数据。）联系人 API 支持这种任意的数据集，比如向联系人中添加了地址信息。

30.2.5　设置联系人的照片

也可以设置联系人的照片。图 30-15 显示了照片设置屏幕，该屏幕是在单击如图 30-13（联系人详细信息的第一页）所示的照片图标之后打开的。

图 30-15　编辑联系人的照片

30.2.6　导出联系人

联系人应用程序的最后一项功能是将联系人导出到外部存储设备中（如 SD 卡）。其中，下面这个 SD 卡导出工具可用于查看捕获了联系人的哪些信息，以及它是如何公开为文本的。可以使用个人账号主页的菜单选项来访问"导出联系人"功能，如图 30-16 所示。

将联系人导出到 SD 卡后，可以使用 Eclipse ADT 浏览 SD 卡文件。在图 30-17 中，可在 Eclipse File Explorer 中看到一个导出的.vcf 文件。

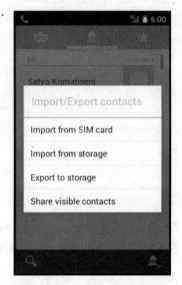

6:00
ME
Satya Komatineni
Import/Export contacts
Import from SIM card
Import from storage
Export to storage
Share visible contacts

图 30-16 导出联系人

Probl
Java
Decla
Cons
LogC
Searc
Prop
File E
Name
Size
Date
Time
Permissions
Info
data 2010-06-21 11:37 drwxrwx--x
mnt 2010-11-17 09:02 drwxrwxr-x
asec 2010-11-17 09:02 drwxr-xr-x
sdcard 1969-12-31 19:00 d---rwxr-x
00001.vcf 358 2010-10-28 13:13 ----rwxr-x
Android 2010-08-02 22:06 d---rwxr-x
DCIM 2010-07-27 13:55 d---rwxr-x
LOST.DIR 2010-06-21 11:38 d---rwxr-x
secure 2010-11-17 09:02 drwx------
system 2010-05-12 23:58 drwxr-xr-x

图 30-17 SD 卡上的联系人信息

可使用 File Explorer 选项卡右上角的图标，将图 30-17 中的.vcf 文件从设备复制到本地文件中。.vcf 文件的示例内容如代码清单 30-3 中所示。

代码清单 30-3 VCF 格式的导出联系人

```
BEGIN:VCARD
VERSION:2.1
N:C1-Last;C1-First;;;
FN:C1-First C1-Last
TEL;TLX:55555
TEL;WORK:66666
EMAIL;HOME:test@home.com
EMAIL;WORK:test@work.com
ORG:WorkComp
```

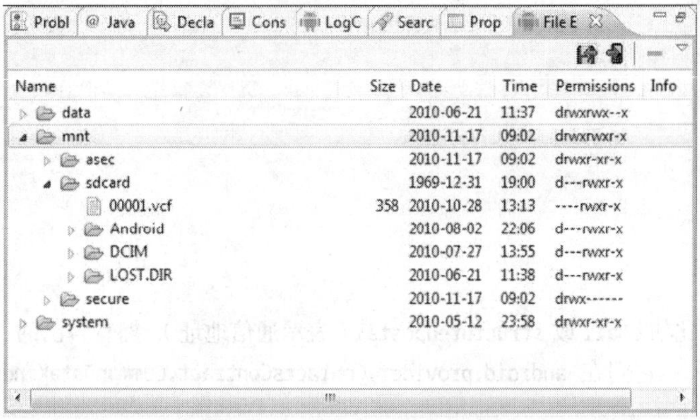

```
TITLE:President
ORG:Work Other
TITLE:President
URL:www.com
NOTE:Note1
X-AIM:aim
X-MSN:wlive
END:VCARD

BEGIN:VCARD
VERSION:2.1
N:C2-Last;C2-first;;;
FN:C2-first C2-Last
END:VCARD
```

30.2.7　各种联系人数据类型

在目前为止给出的图中，展示了如何为联系人添加不同的信息集。代码清单 30-4 给出了 API 中定义的一些数据类型（此列表可能随着新版本的发布而增长，目前最新的版本为 4.0）。

代码清单 30-4　标准联系人数据类型

```
email
event
groupmemebership
identity
im
nickname
note
organization
phone
photo
relation
SipAddress
structuredname
structuredpostal
website
```

每个数据类型，比如 email 或 structuredpostal（表示通信地址），拥有自己的一组字段。那么如何知道这些字段是什么？它们在 android.provider.ContactsContract.CommonDataKinds 中的帮助器类中定义。

此类的 URL 为 http://developer.android.com/reference/android/provider/ContactsContract.CommonDataKinds.html。例如，类 CommonDataKinds.Email 定义代码清单 30-5 中所示的字段。

代码清单 30-5　电子邮件联系人的具体字段

```
Email address
Type of email: type_home, type_work, type_other, type_mobile
Label: to support type_other
```

既然你已拥有了处理账户和联系人的背景知识和必要工具，让我们看看联系人 API 的真正细节。

30.3　联系人

本章开头已经介绍过，设备的个人账号与其他一般联系人信息不同。然而，个人账号联系人信息和其他联系人信息都共享相同的底层架构。理解了联系人信息，理解个人账号也就更容易了。因此，我们先详细介绍联系人信息，后面的小节再对个人账号的详细内容进行讨论。

正如我们所说，联系人归一个账户所有。每个账户拥有自己的一组联系人。称为原始联系人。每个原始联系人拥有自己的一组数据元素（例如电子邮件地址、电话号码、姓名和通信地址）。而且，Android 提供了原始联系人的聚合视图，对于任何看起来匹配的联系人仅列出一次。这些聚合的联系人形成了在打开联系人应用程序时看到的联系人集（参见图 30-12）。

我们现在来分析联系人相关数据是如何存储在各种表中的。理解这些联系人表和它们的关联视图是理解联系人 API 的关键。

30.3.1 联系人 SQLite 数据库

理解和分析联系人数据库表的一种方式是从设备或模拟器下载联系人数据库，使用一种 SQLite 资源管理器工具打开它。

要下载联系人数据库，可以使用如图 30-17 中所示的 File Explorer，导航到模拟器上的以下目录：
/data/data/com.android.providers.contacts/databases

版本不同，数据库文件名可能稍有不同，但它应该名为 contacts.db、contacts2.db 或某个类似的名称。在 4.0 中，ContactProvider 使用一个结构类似但独立的数据库文件（称为 profile.db）来存储与个人账号相关的联系人信息。

从理论上讲，只需使用 SQLite 工具打开一个数据库（如 contacts2.db）即可。但是，我们发现在打开此数据库时存在一个问题。我们尝试的大部分工具都失败了。问题在于对 Android 为比较电话号码而定义的自定义对照序列的处理上。

显然，对于 SQLite，自定义对照序列已编译到 SQLite 发行版中。如果没有编译到 Android 发行版中的 DLL 文件，通用的资源管理器工具将无法准确读取数据库。因为这些工具使用 Windows SQLite DLL 文件来打开使用 Android 的 Linux 发行版创建的数据库，所以它们不会成功。而且，SQLite 的 Windows 发行版没有定义联系人数据库所需的对照序列。

但是，我们非常幸运，SQLite Explorer 程序的一个小错误允许我们浏览这些表，即使它拒绝发布数据库模式。你可能运气更好，拥有其他更有效的工具。如果希望探究更多选项，可通过以下链接查看 SQLite 的可用工具列表：

www.sqlite.org/cvstrac/wiki?p=ManagementTools。

如果求知欲确实很强，可以在 www.androidbook.com/item/3582 上我们的研究文章"Exploring Contacts db"中阅读关于对照序列的更多信息。

如果在浏览数据库时遇到困难，你还有希望，因为我们在本章中列出了所有重要的表。在这些表中，我们首先将分析所谓的原始联系人。

30.3.2 原始联系人

再次说明，打开联系人应用程序时看到的联系人称为聚合联系人。在每个聚合联系人的底层是一组称为原始联系人的联系人。聚合联系人只是一组类似的原始联系人的视图。要理解聚合联系人，必须理解原始联系人和属于原始联系人的数据。所以我们将首先探讨原始联系人。

30

属于一个账户的一组联系人实际上称为原始联系人。每个原始联系人指向你认识的某个人在该账户上下文中的详细信息。而聚合联系人则相反,它跨越了账户边界,最终属于整个设备。

账户和它的一组原始联系人之间的关系在原始联系人表中维护。代码清单 30-6 给出了联系人数据库中原始联系人表的结构。

代码清单 30-6　原始联系人表定义

```
CREATE TABLE raw_contacts
(_id INTEGER PRIMARY KEY AUTOINCREMENT,
is_restricted INTEGER DEFAULT 0,
account_name STRING DEFAULT NULL,
account_type STRING DEFAULT NULL,
sourceid TEXT,
version INTEGER NOT NULL DEFAULT 1,
dirty INTEGER NOT NULL DEFAULT 0,
deleted INTEGER NOT NULL DEFAULT 0,
contact_id INTEGER REFERENCES contacts(_id),
aggregation_mode INTEGER NOT NULL DEFAULT 0,
aggregation_needed INTEGER NOT NULL DEFAULT 1,
custom_ringtone TEXT
send_to_voicemail INTEGER NOT NULL DEFAULT 0,
times_contacted INTEGER NOT NULL DEFAULT 0,
last_time_contacted INTEGER,
starred INTEGER NOT NULL DEFAULT 0,
display_name TEXT,
display_name_alt TEXT,
display_name_source INTEGER NOT NULL DEFAULT 0,
phonetic_name TEXT,
phonetic_name_style TEXT,
sort_key TEXT COLLATE PHONEBOOK,
sort_key_alt TEXT COLLATE PHONEBOOK,
name_verified INTEGER NOT NULL DEFAULT 0,
contact_in_visible_group INTEGER NOT NULL DEFAULT 0,
sync1 TEXT, sync2 TEXT, sync3 TEXT, sync4 TEXT )
```

在代码清单 30-6 中,重要的字段已突出显示。与其他每个 Android 表一样,原始联系人表拥有唯一标识原始联系人的_ID 列。account_name 和 account_type 字段一起标识此联系人(具体来讲,原始联系人)所属的账户。sourceid 字段表示此原始联系人是如何在账户中唯一标识的,而账户由账户名称和账户类型字段来标识。例如,假设需要知道原始联系人 ID 是如何在谷歌电子邮件账户中标识的。通常,在这种情况下,此字段将承载着用户的电子邮件 ID。

字段 contact_id 指包含此原始联系人的聚合联系人。聚合联系人指一个或多个类似的联系人,他们在本质上是在多个账户中设置的同一个人。

字段 display_name 指联系人的显示名称。这通常是一个只读字段。它由触发器根据添加到此原始联系人的数据表(将在下一小节介绍)中的数据行来设置。

sync 字段供账户用于在设备与服务器端账户(比如谷歌邮件)之间同步联系人。

我们使用了 SQLite 工具来浏览这些字段,但查看这些字段的方式不止这一种。推荐的方式是跟踪在 ContactsContract API 中声明的类定义。要浏览属于一个原始联系人的列,可以查阅 ContactsContract.RawContact 的类文档。

此方法既有优点,也有缺点。一个重要的优点是,可以知道 Android SDK 已发布和认可的字段。无需更改公共接口,即可添加或删除数据库列。所以,如果打算直接使用数据库列,它们不一定存在。

而如果使用这些列的公共定义，则在各个版本中都可安全使用。

但是，缺点是类文档的许多其他常量都包含列名称，我们甚至很难确定哪些是常量，哪些是列名称。大量的类定义让人觉得该 API 很复杂，实际上，联系人 API 的 80% 的类文档用于定义这些列的常量和用于访问这些行的 URI。

在后面章节中实际使用联系人 API 时，将使用基于类文档的常量，而不直接使用列名称。但是，我们认为直接浏览各种表是帮助理解联系人 API 的最快方式。

接下来看看如何存储与联系人相关的数据，比如电子邮件和电话号码。

30.3.3 数据表

在原始联系人表定义中已经指出，原始联系人（简单而言）只是一个 ID，表示它属于哪个账户。与联系人相关的大部分数据都不在原始联系人表中，而是存储在数据表中。每个数据元素（比如电子邮件和电话号码）存储为数据表中的独立行。所有这些相关的数据行通过原始联系人 ID 与原始联系人紧密相连，原始联系人 ID 是数据表的一列，也是原始联系人表的主要 ID。

这个数据表包含 16 个通用的列，可存储所有给定数据元素（比如电子邮件）的全部 16 个不同的数据点。代码清单 30-7 介绍了数据表是如何组织的。

代码清单 30-7　联系人数据表定义

```
CREATE TABLE data
(_id                INTEGER PRIMARY KEY AUTOINCREMENT,
package_id          INTEGER REFERENCES package(_id),
mimetype_id         INTEGER REFERENCES mimetype(_id) NOT NULL,
raw_contact_id      INTEGER REFERENCES raw_contacts(_id) NOT NULL,
is_primary          INTEGER NOT NULL DEFAULT 0,
is_super_primary    INTEGER NOT NULL DEFAULT 0,
data_version        INTEGER NOT NULL DEFAULT 0,
data1 TEXT,data2 TEXT,data3 TEXT,data4 TEXT,data5 TEXT,
data6 TEXT,data7 TEXT,data8 TEXT,data9 TEXT,data10 TEXT,
data11 TEXT,data12 TEXT,data13 TEXT,data14 TEXT,data15 TEXT,
data_sync1 TEXT, data_sync2 TEXT, data_sync3 TEXT, data_sync4 TEXT )
```

代码清单 30-7 中所示的数据表中的重要列已加粗。你可能已经猜到，raw_contact_id 指此数据行所属的原始联系人。

mimetype_id 是一个 MIME 类型条目，它表示代码清单 30-4 中的联系人数据类型中标识的一种数据类型。列 data1 到 data15 是通用的基于字符串的表，可存储任何基于 MIME 类型的必要内容。再次强调，使用 sync 字段支持联系人同步。处理 MIME 类型 ID 的表如代码清单 30-8 所示。

代码清单 30-8　MIME 类型查找表定义

```
CREATE TABLE mimetypes
(_id INTEGER PRIMARY KEY AUTOINCREMENT,
mimetype TEXT NOT NULL)
```

与原始联系人表一样，可以通过 ContactsContract.Data 的帮助器类文档查看数据表的列。

尽管可以从此类定义中查看各列，但无法知道从 data1 到 data15 的每个通用列中存储的内容。要知道此内容，需要查看命名空间 ContactsContract.CommonDataKinds 下的大量类的类定义。

这些类的一些示例如下所示。

❑ ContactsContract.CommonDataKinds.Email

❑ ContactsContract.CommonDataKinds.Phone

实际上，可以看到针对代码清单 30-4 中列出的每个常见数据类型的一个类。最终，CommonDataKinds 所有类的作用就是表明使用了哪些通用数据字段（data1~data15）以及用于何种用途。

30.3.4   聚合联系人

最终，联系人和它的相关数据明确地存储在原始联系人表和数据表中。而另一方面，聚合联系人在性质上更富启发性，可能不太好理解。

当多个账户中存在一个相同的联系人时，你可能希望查看一个名称，而不是在每个账户中反复看到相同或类似的名称。Android 将联系人聚合到一个只读视图中，解决了此问题。Android 将这些聚合联系人存储在一个名为"联系人"的表中。Android 在原始联系人表和数据表上使用一些触发器来填充或更改这个聚合联系人表。

在解释聚合背后的逻辑之前，让我们看看联系人表的定义（参见代码清单 30-9）。

代码清单 30-9   聚合联系人表定义

```
CREATE TABLE contacts
(_id                  INTEGER PRIMARY KEY AUTOINCREMENT,
name_raw_contact_id   INTEGER REFERENCES raw_contacts(_id),
photo_id              INTEGER REFERENCES data(_id),
custom_ringtone       TEXT,
send_to_voicemail     INTEGER NOT NULL DEFAULT 0,
times_contacted       INTEGER NOT NULL DEFAULT 0,
last_time_contacted   INTEGER,
starred               INTEGER NOT NULL DEFAULT 0,
in_visible_group      INTEGER NOT NULL DEFAULT 1,
has_phone_number      INTEGER NOT NULL DEFAULT 0,
lookup                TEXT,
status_update_id INTEGER REFERENCES data(_id),
single_is_restricted INTEGER NOT NULL DEFAULT 0)
```

在代码清单 30-9 中，重要的列已突出显示。没有客户端会直接更新此表。当向原始联系人添加更多相关的细节时，Android 会搜索其他原始联系人，查看是否存在类似的原始联系人。如果存在，它将使用该原始联系人的聚合联系人 ID 作为新原始联系人的聚合联系人 ID。不会在聚合联系人表中添加新条目。如果没有找到，它将创建一个聚合联系人，使用该聚合联系人作为该原始联系人的联系人 ID。

Android 使用以下算法来确定哪些原始联系人是类似的。

(1) 两个原始联系人拥有匹配的名称，包括"姓"和"名"。

(2) 名称中的文字相同，但顺序不同："名姓"、"名，姓"或"姓，名"

(3) 名称的简写版本匹配，比如 "Robert" 的简写版"Bob"。

(4) 如果一个原始联系人仅拥有名称或姓氏，这将触发对其他特性的搜索，比如电话号码或电子邮件，如果其他特性匹配，将聚合该联系人。

(5) 如果一个原始联系人缺少姓名，也将触发对第(4)步中的其他特性的搜索。

因为这些规则是启发性的，所以一些联系人可能被意外地聚合。在这种情况下，客户端应用程序需要提供一种机制来分离联系人。如果参阅《Android用户指南》，会看到默认的联系人应用程序支持将意外合并的联系人分离开。

也可以在插入原始联系人时设置聚合模式，禁止聚合。可用的聚合模式如代码清单 30-10 所示。

代码清单 30-10　聚合模式常量

```
AGGREGATION_MODE_DEFAULT
AGGREGATION_MODE_DISABLED
AGGREGATION_MODE_SUSPENDED
```

第一个选项不言自明，它表示聚合的工作方式。

第二个选项（disabled）表示保持原始联系人不聚合。即使它已经聚合，Android 也会从聚合中将它提取出，分配一个专门针对此原始联系人的新聚合联系人 ID。

第三个选项（suspended）表示，即使联系人的属性可能更改（这将使向联系人集中的聚合失效），也保持它与该聚合联系人紧密相连。

最后一点表明了聚合联系人的尺寸的易变性。假设拥有一个包含姓名的唯一的原始联系人。现在，它无法与任何其他原始联系人匹配，所以这个唯一的原始联系人会获得为自己分配的聚合联系人。聚合联系人 ID 将存储在针对该原始联系人行的原始联系人表中。

但是，你更改了此原始联系人的姓氏，这使它与另一组聚合的联系人匹配。在这种情况下，它将从此聚合联系人中删除此原始联系人，将该原始联系人转移到丢弃了这个聚合联系人的联系人表中。在这种情况下，该聚合联系人的 ID 被完全丢弃，因为它将来不会与任何联系人匹配，它只是一个 ID，没有底层的原始联系人。

所以，聚合联系人是易变的。继续坚持使用这个聚合联系人 ID 没有任何重要价值。

Android 在聚合联系人表中提供了一个名为 lookup 的字段，从而缓解了这一困境。这个查找字段是账户和每个原始联系人账户中此联系人的唯一 ID 的聚合（串联）。此信息被进一步规范化，所以它可作为 URL 参数传递来检索最新的聚合联系人 ID。Android 查看查找键，确定此查找键存在哪些底层原始联系人 ID。然后它使用一种最佳匹配算法来返回合适的（或者可能是新的）聚合联系人 ID。

前面明确介绍了联系人数据库，让我们看看两个与联系人相关的有用的数据库视图。

30.3.5　view_contacts

这些视图中的第一个是 view_contacts。尽管有一个表保存聚合联系人（联系人表），但联系人 API 没有直接公开联系人表。相反，它使用 view_contacts 作为读取聚合联系人的目标。当基于 URI ContactsContract.Contacts.CONTENT_URI 进行查询时，返回的列基于视图 view_contacts。此视图的定义如代码清单 30-11 所示。

代码清单 30-11　读取聚合联系人的视图

```
CREATE VIEW view_contacts AS

SELECT contacts._id AS _id,
contacts.custom_ringtone AS custom_ringtone,
name_raw_contact.display_name_source AS display_name_source,
name_raw_contact.display_name AS display_name,
name_raw_contact.display_name_alt AS display_name_alt,
name_raw_contact.phonetic_name AS phonetic_name,
name_raw_contact.phonetic_name_style AS phonetic_name_style,
```

```
name_raw_contact.sort_key AS sort_key,
name_raw_contact.sort_key_alt AS sort_key_alt,
name_raw_contact.contact_in_visible_group AS in_visible_group,
has_phone_number,
lookup,
photo_id,
contacts.last_time_contacted AS last_time_contacted,
contacts.send_to_voicemail AS send_to_voicemail,
contacts.starred AS starred,
contacts.times_contacted AS times_contacted, status_update_id

FROM contacts JOIN raw_contacts AS name_raw_contact
ON(name_raw_contact_id=name_raw_contact._id)
```

请注意，此视图根据聚合联系人 ID，将联系人表与原始联系人表相结合。

30.3.6　contact_entities_view

另一个有用的视图将原始联系人表与数据表相结合。此视图允许一次获取给定原始联系人的所有数据元素，或者甚至属于相同聚合联系人的多个原始联系人的数据元素。代码清单 30-12 提供了实体视图的定义。

代码清单 30-12　联系人实体视图

```
CREATE VIEW contact_entities_view AS

SELECT raw_contacts.account_name AS account_name,
raw_contacts.account_type AS account_type,
raw_contacts.sourceid AS sourceid,
raw_contacts.version AS version,
raw_contacts.dirty AS dirty,
raw_contacts.deleted AS deleted,
raw_contacts.name_verified AS name_verified,
package AS res_package,
contact_id,
raw_contacts.sync1 AS sync1,
raw_contacts.sync2 AS sync2,
raw_contacts.sync3 AS sync3,
raw_contacts.sync4 AS sync4,
mimetype, data1, data2, data3, data4, data5, data6, data7, data8,
data9, data10, data11, data12, data13, data14, data15,
data_sync1, data_sync2, data_sync3, data_sync4,

raw_contacts._id AS _id,

is_primary, is_super_primary,
data_version,
data._id AS data_id,
raw_contacts.starred AS starred,
raw_contacts.is_restricted AS is_restricted,
groups.sourceid AS group_sourceid

FROM raw_contacts LEFT OUTER JOIN data
  ON (data.raw_contact_id=raw_contacts._id)
LEFT OUTER JOIN packages
  ON (data.package_id=packages._id)
LEFT OUTER JOIN mimetypes
  ON (data.mimetype_id=mimetypes._id)
```

```
LEFT OUTER JOIN groups
  ON (mimetypes.mimetype='vnd.android.cursor.item/group_membership'
    AND groups._id=data.data1)
```

访问此视图所需的 URI 在类 ContactsContract.RawContacts.RawContactsEntity 中。

30.4 联系人 API

到目前为止，我们通过分析联系人 API 的表和视图，探讨了它背后的基本理念。我们现在开发一些示例程序来练习所学的知识。尽管可以使用本章的代码清单来创建 Eclipse 项目，本章末还包含了可下载项目文件的 URL。

30.4.1 浏览账户

作为练习的开始，我们首先编写一个打印账户列表的程序。我们已经给出了获取账户列表所需的代码片段。考虑一下代码清单 30-13 中的 AccountsFunctionTester 类。可下载项目中也给出了相应的 Java 文件，复制文件如下。

代码清单 30-13 项目的主要菜单文件

```
public class AccountsFunctionTester extends BaseTester
{
    private static String tag = "tc>";
    public AccountsFunctionTester(Context ctx, IReportBack target)
    {
        // ctx saved in BaseTester as mContext
        // target saved in BaseTester as mReportTo
        super(ctx, target);
    }
    public void testAccounts()
    {
        AccountManager am = AccountManager.get(this.mContext);
        Account[] accounts = am.getAccounts();
        for(Account ac: accounts)
        {
            String acname=ac.name;
            String actype = ac.type;
            this.mReportTo.reportBack(tag,acname + ":" + actype);
        }
    }
}
```

说明 在我们展示及浏览处理联系人信息时需要的 Java 代码时，会重复使用以下三个变量：

❑ mContext。指向活动的变量。

❑ mReportTo。实现日志接口的变量（IReportBack——这个 Java 文件位于可下载项目中），它可用于向本章所使用的测试活动发送日志消息。

❑ Utils。封装了一些简单实用方法的静态类。

这里没有列出这些类，因为它们不利于读者对联系人 API 核心功能的理解。如果对这些代码感兴趣，诚挚欢迎你在可下载的项目中查看。

30

需要观察的关键函数是 testAccounts()。其他代码，如 BaseTester 及 IReportBack 等，只是一些主代码的辅助代码。这些类的详细信息都在可下载项目中。这些类并不影响对本节内容的理解。我们现在将对这些支持类进行简要介绍。

BaseTester 类保存了两个对象的引用。第一个是活动对象（以 ctx 传入），第二个是实现 IReportBack 的简单对象。IReportBack 可以接受一个字符串消息，然后将它显示在活动界面或 LogCat 中。所以，调用 IReportBack 仅仅是调用一个日志函数。这些细节都是次要的。在很大程度上，可以将对 reportBack() 的调用看做是记录消息的调用。

代码清单 30-13 的代码先获取每一个账户的名称和类型，然后再调用 IReportBack 接口记录日志。只要有一个驱动活动调用 testAccounts() 方法，那么这段代码就能够报告账户名称和类型。

当运行下载的本章示例程序时，就可以看到一个显示许多菜单选项的主活动（如图 30-18 所示）。每一个菜单项目都可以调用测试程序的一个函数，如代码清单 30-13 所示。本章其他小节介绍的菜单项目，请参见图 30-19。单击图 30-18 的 More 按钮，就会显示图 30-19 所示的界面。这两个截图列出了示例应用程序可用的所有菜单项目。

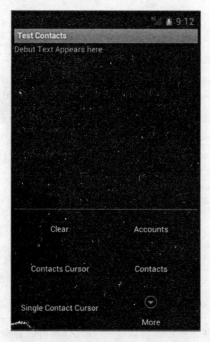

图 30-18　带有菜单的主驱动活动

在代码清单 30-13 中，调用账户功能测试程序中 testAccounts() 方法的菜单项目是 Accounts（如图 30-18 所示）。

代码清单 30-13 的函数 testAccounts() 会打印出可用的账户，如图 30-20 所示。

我们用于测试的模拟器仅设置了一个账户，这是一个谷歌账户。所以图 30-20 显示了该账户。

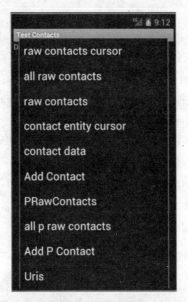

图 30-19 本章示例应用程序的其余菜单项目

图 30-20 显示账户列表的主要驱动程序活动

30.4.2 浏览聚合联系人

通过代码片段，让我们看看如何浏览聚合联系人。我们将在这个围绕聚合联系人的练习中演示 3 个方面。

□ 查找通过触发一个知道如何读取聚合联系人的URI而返回的所有字段。

❑ 列出所有聚合联系人。

❑ 根据查找URI查找一个游标返回的所有字段。

要读取联系人，需要在描述文件中请求以下权限。

android.permission.READ_CONTACTS

因为测试的功能用于处理 ContentProvider、URI 和游标，我们来看一下有用的代码片段（在本章可下载项目的 utils.java 及从 BaseTester 派生的基类中可用。）

函数 getACiurSor()会获得一个 URI 字符串和一个基于字符串的 where 子句，并返回一个游标（参见代码清单 30-14）。

代码清单 30-14   获得游标、URI 和 where 子句

```
protected Cursor getACursor(String uri,String clause, Activity activity)
{
    // Run query

    return activity.managedQuery(Uri.parse(uri), null, clause, null, null);
}
```

代码清单 30-15 的函数 getColumnValue()提供游标当前所在的行对应的列名称，它就会返回该列的值。它以字符串的形式返回该列的值，无论它的基础类型是什么都是如此。

代码清单 30-15   从 Android 游标中检索列

```
public static String getColumnValue(Cursor cc, String cname)
{
    int i = cc.getColumnIndex(cname);
    return cc.getString(i);
}
```

代码清单 30-16 中的函数 getCursorColumnNames()获取任一游标，并返回一个独立的所有可用列的列表。当浏览新 URI 以发现那些 URI 返回的字段类型时，这非常有用。虽然打算在 Java 代码中记录这些字段，但是这种在运行过程中发现它们的方法还是很便捷的。

代码清单 30-16   检测列名的 Android 游标

```
protected static String getCursorColumnNames(Cursor c)
{
    int count = c.getColumnCount();
    StringBuffer cnamesBuffer = new StringBuffer();
    for (int i=0;i<count;i++)
    {
        String cname = c.getColumnName(i);
        cnamesBuffer.append(cname).append(';');
    }
    return cnamesBuffer.toString();
}
protected void printCursorColumnNames(Cursor c, IReportBack reportBackInterface)
{
    reportBackInterface.reportBack(tag,getCursorColumnNames(c));
}
```

在本节中，我们主要研究被聚合联系人 URI 返回的游标。联系人结果游标所返回的每一行都包含多个字段。例如，我们只是对一部分字段感兴趣。你将这些字段抽象到 AggregatedContact 类中。如代码清单 30-17 所示。

代码清单 30-17 聚合联系人的一些字段的对象定义

```
public class AggregatedContact
{
    public String id;
    public String lookupUri;
    public String lookupKey;
    public String displayName;

    public void fillinFrom(Cursor c)
    {
        //the following function from Utils.java returns a value for a column
        //given a cursor "c" and a column name like "_ID"
        id = Utils.getColumnValue(c,"_ID");
        lookupKey = Utils.getColumnValue(c,ContactsContract.Contacts.LOOKUP_KEY);
        lookupUri = ContactsContract.Contacts.CONTENT_LOOKUP_URI + "/" + lookupKey;
        displayName = Utils.getColumnValue(c,ContactsContract.Contacts.DISPLAY_NAME);
    }
}
```

代码清单 30-17 不是太复杂。在此代码中，使用了游标来加载感兴趣的字段。

1. 获取聚合联系人游标

代码清单 30-18 中的代码片段显示了检索游标（聚合联系人的集合）。

代码清单 30-18 为所有聚合联系人获取游标

```
/*
 * Get a cursor of all contacts.
 * Specify the where clause as null to indicate all rows.
 * Don't use it on a large set.
 */
private Cursor getContacts()
{
    // Run query
    Uri uri = ContactsContract.Contacts.CONTENT_URI;

    //Specify ascending or descending way to sort names
    String sortOrder = ContactsContract.Contacts.DISPLAY_NAME
                    + " COLLATE LOCALIZED ASC";

    //the variable mContext is an Activity held
    //as a local variable in the class
    Activity a = (Activity)this.mContext;
    return a.managedQuery(uri, null, null, null, sortOrder);
}
```

读取所有联系人的 URI 是 ContactsContact.Contacts.CONTENT_URI。

可以将此 URI 传递到 managedQuery()函数来获取游标。可以传递 null 作为列投影来接收所有列。尽管这不是实际的推荐做法，但在此示例中可以这么做，因为我们希望知道它返回的所有列。我们还用联系人在其中所显示的名称作为分类顺序。再次提请注意使用 ContactContract.Contacts 来获取联系人显示名的列名的方式。

2. 列出聚合联系人游标的字段

代码清单 30-19 显示了打印代码清单 30-18 中代码所返回的游标中可用列名的代码片段。

代码清单 30-19　浏览聚合联系人 URI 的列名

```
/*
 * Use the getContacts above
 * to list the set of columns in the cursor
 */
public void listContactCursorFields() {
    Cursor c = null;
    try {
        c = getContacts();
        int i = c.getColumnCount();
        //as indicated earlier use IReportBack to log
        this.mReportTo.reportBack(tag, "Number of columns:" + i);
        this.printCursorColumnNames(c);
    }
    finally
    {
        if (c!= null) c.close();
    }
}
```

这个方法先从 getContacts() 获取游标，使用 getCursorColumnNames(cursor c) 方法来打印屏幕及 LogCat 名称。函数 PrintCursorColumnNames(cursor c) 只是 getCursorColumnNames() 的包装方法。

说明　在本章的示例应用程序中，代码清单 30-19 中的方法 ListContactCurSorField() 被选择联系人游标菜单项调用。

代码清单 30-20 包含被代码清单 30-19 中联系人内容 URI 返回的列列表。

代码清单 30-20　聚合联系人内容 URI 游标列

```
times_contacted;
contact_status;
custom_ringtone;
has_phone_number;
phonetic_name;
phonetic_name_style;
contact_status_label;
lookup;
contact_status_icon;
last_time_contacted;
display_name;
sort_key_alt;
in_visible_group;
_id;
starred;

sort_key;
display_name_alt;
contact_presence;
display_name_source;
contact_status_res_package;
contact_status_ts;
photo_id;
send_to_voicemail;
```

代码清单 30-19 中的示例片段将同时向屏幕和 LogCat 打印这些列。我们从 LogCat 复制了这些字段并对它们进行了格式化，如代码清单 30-20 所示。

说明 当使用 ContentProvider 时，处理 URI 和打印它们返回的列的技术可能非常有用。

3. 读取聚合联系人详情

既然我们通过联系人内容 URI 获得了可用的列，下面挑选一些列并看看有哪些联系人行可用。我们对联系人游标的以下列比较感兴趣。

- ❑ display name
- ❑ lookup key
- ❑ lookup uri

考虑这些字段是因为我们希望以本章理论部分所介绍的知识为基础，看看查找键和查找键 URI 是什么样的。具体来讲，我们希望触发查找 URI 并查看它将返回何种类型的游标。

在代码清单 30-21 中，函数 listContacts() 获取一个联系人游标并打印游标中每行记录的 3 个列。注意，该代码清单是从一个类中提取的，该类持有局部变量 mContext 表明该活动及变量 mReportTo 能够记录该活动的所有消息。

代码清单 30-21 打印聚合联系人的查找键

```
/*
 * Use the getContacts() function to get a cursor and print all
 * the contact names followed by lookup keys
 * uses the printLookupKeys() function
 */
public void listContacts()
{
    Cursor c = null;
    try
    {
        c = getContacts();
        int i = c.getColumnCount();
        //log the line
        this.mReportTo.reportBack(tag, "Number of columns:" + i);
        this.printLookupKeys(c);
    }
    finally
    {
        if (c!= null) c.close();
    }
}
/*
 * Given a cursor worth of contacts, print the contact names followed by
 * their lookup keys.
 */
private void printLookupKeys(Cursor c)
{
    for(c.moveToFirst();!c.isAfterLast();c.moveToNext())
    {
        String name=this.getContactName(c);
        String lookupKey = this.getLookupKey(c);
        String luri = this.getLookupUri(lookupKey);
        //log
        this.mReportTo.reportBack(tag, name + ":" + lookupKey);
        this.mReportTo.reportBack(tag, name + ":" + luri);
    }
}
```

30

```
private String getLookupKey(Cursor cc) {
    int lookupkeyIndex =
        cc.getColumnIndex(ContactsContract.Contacts.LOOKUP_KEY);
    return cc.getString(lookupkeyIndex);
}
private String getContactName(Cursor cc){
    //Utils is a class to encapsulate some reusable functions
    //The name of the function should tell you what this could be doing
    //See the downloadable project for details
    return Utils.getColumnValue(cc,ContactsContract.Contacts.DISPLAY_NAME);
}
private String getLookupUri(String lookupkey) {
    String luri = ContactsContract.Contacts.CONTENT_LOOKUP_URI + "/" + lookupkey;
    return luri;
}
```

说明　单击菜单项 Contacts 就可以查看代码清单 30-12 中 listContact() 方法的实际执行效果。

4. 浏览查找 URI 游标

知道了如何提取指定聚合联系人查找 URI 之后，我们来看一下查找 URI 的作用。

在代码清单 30-22 中，listLookupUriColumns() 方法会获取所有联系人列表的第一条联系人信息，创建一条表示该联系人的查找 URI，然后使用这个 URI 查询游标。打印该游标的字段名称，就可以查看游标中的内容。

代码清单 30-22　浏览查找 URI 游标

```
/*
 * A function to see if the URI constructed by the lookup
 * uri returns a cursor that has a different set of columns.
 * It returns a similar cursor with similar columns
 * as one would expect.
 */
public void listLookupUriColumns()
{
    Cursor c = null;
    try
    {
        c = getContacts();
        String firstContactLookupUri = getFirstLookupUri(c);
        printLookupUriColumns(firstContactLookupUri);
    }
    finally
    {
        if (c!= null) c.close();
    }
}

/*
 * Take a list of contacts and  look up the first contact,
 * return null if there are no contacts.
 */
private String getFirstLookupUri(Cursor c)
{
    c.moveToFirst();
    if (c.isAfterLast())
    {
```

```
        Log.d(tag,"No rows to get the first contact");
        return null;
    }
    //There is a row
    String lookupKey = this.getLookupKey(c);
    String luri = this.getLookupUri(lookupKey);
    return luri;
}

public void printLookupUriColumns(String lookupuri)
{
    Cursor c = null;
    try
    {
        c = getASingleContact(lookupuri);
        int i = c.getColumnCount();
        this.mReportTo.reportBack(tag, "Number of columns:" + i);
        int j = c.getCount();
        this.mReportTo.reportBack(tag, "Number of rows:" + j);
        this.printCursorColumnNames(c);
    }
    finally
    {
        if (c!=null)c.close();
    }
}
/**
 * Use the lookup uri, retrieve a single aggregated contact
 */
private Cursor getASingleContact(String lookupUri)
{
    // Run query
    Activity a = (Activity)this.mContext;
    return a.managedQuery(Uri.parse(lookupUri), null, null, null, null);
}
```

说明 选择菜单项"Single Contact Cursor,就可以查看该代码片段的执行效果。

事实证明,它仅返回一个游标,这个游标在代码清单 30-20 的所有列中都相同,但它只有一行,该行指向包含此查找键的联系人。另请注意,我们使用了以下查找 URI 定义:

ContactsContract.Contacts.CONTENT_LOOKUP_URI

从对联系人查找 URI 的讨论中我们得知,每个查找 URI 表示一组串联在一起的原始联系人身份。考虑到这一情况,你可能希望查找 URI 返回一系列匹配的原始联系人。但是,上面的测试(代码清单 30-22)表明,它不会返回原始联系人的游标,而是返回联系人的游标。

说明 根据联系人查找 URI 进行的查找返回一个聚合联系人,而不是原始联系人。

另一个重要的方面是,基于查找 URI 的聚合联系人查找流程不是线性或准确的。也就是说,Android 将不查找查找键的准确匹配值。相反,Android 会将查找键分解为其构成原始联系人。然后查找与大部分原始联系人记录匹配的聚合联系人 ID，返回该聚合联系人记录。

这样做的一个后果是，没有公共机制可用于从查找键进入到其构成原始联系人。必须查找该查找键的联系人 ID，然后触发该联系人 ID 的一个原始联系人 URI 来获取相应的原始联系人。

这是另一段代码，它演示了游标返回的一个对象，而非一组字段。代码清单 30-23 的代码会将第一个聚合联系人信息作为一个对象返回。

代码清单 30-23　代码测试聚合联系人

```
/*
 * Take a list of contacts
 * look up the first contact and return it
 * as an object AggregatedContact.
 */
protected AggregatedContact getFirstContact()
{
    Cursor c=null;
    try
    {
        c = getContacts();
        c.moveToFirst();
        if (c.isAfterLast())
        {
            Log.d(tag,"No contacts");
            return null;
        }
        //contact is there
        AggregatedContact firstcontact = new AggregatedContact();
        firstcontact.fillinFrom(c);
        return firstcontact;
    }
    finally
    {
        if (c!=null) c.close();
    }
}
```

说明　在开始介绍聚合联系人时，我们已经在代码清单 30-17 中展示了聚合联系人的代码。本节的大多数代码片段都位于 AggregatedContactFunctionTester.java 文件中。

30.4.3　浏览原始联系人

本节中，我们会具体探讨原始联系人。本节所有代码均可以在 RawContactFunctionTester.java 这个文件中找到，除非我们显式地命名一个不同的文件。

我们将在本节演示关于聚合联系人的 3 件事。

❑ 查找通过触发一个知道如何读取原始联系人的 URI 而返回的所有字段。

❑ 列出所有原始联系人。

❑ 列出一组聚合联系人的所有原始联系人。

代码清单 30-24 中的文件 RawContact.java 用于从原始联系人表捕获一些重要字段。（像本章其他代码片段一样，该文件也可从本章的可下载项目中获取。）

```
//In the following code Utils is a utility class
//See the downloadable project to see its method
//Method names are self explanatory to what they do
public class RawContact
{
    public String rawContactId;
    public String aggregatedContactId;
    public String accountName;
    public String accountType;
    public String displayName;

    public void fillinFrom(Cursor c)
    {
        rawContactId = Utils.getColumnValue(c,"_ID");
        accountName = Utils.getColumnValue(c,ContactsContract.RawContacts.ACCOUNT_NAME);
        accountType = Utils.getColumnValue(c,ContactsContract.RawContacts.ACCOUNT_TYPE);
        aggregatedContactId = Utils.getColumnValue(c,
                                  ContactsContract.RawContacts.CONTACT_ID);
        displayName = Utils.getColumnValue(c,"display_name");
    }
    public String toString()
    {
        return displayName
            + "/" + accountName + ":" + accountType
            + "/" + rawContactId
            + "/" + aggregatedContactId;
    }
}
```

1. 显示原始联系人游标

与聚合联系人 URI 一样，首先看看原始联系人 URI 的性质和它的返回值。原始联系人 URI 的签名定义如下：

```
ContactsContract.RawContacts.CONTENT_URI;
```

代码清单 30-25 中的函数 showRawContactsCursor()打印了原始联系人 URI 的游标字段。

代码清单 30-25 原始联系人游标

```
public void showRawContactsCursor()
{
    Cursor c = null;
    try
    {
        c = this.getACursor(getRawContactsUri(),null);
        this.printCursorColumnNames(c);
    }
    finally
    {
        if (c!=null) c.close();
    }
}
private Uri getRawContactsUri()
{
    return ContactsContract.RawContacts.CONTENT_URI;
}
```

在该示例中，单击 "Raw Contacts Cursor" 菜单项来调用该方法。则原始联系人游标会有代码清单 30-26 的字段。

代码清单 30-26　原始联系人游标字段

```
times_contacted;
phonetic_name;
phonetic_name_style;
contact_id;version;
last_time_contacted;
aggregation_mode;
_id;
name_verified;
display_name_source;
dirty;
send_to_voicemail;
account_type;
custom_ringtone;
sync4;sync3;sync2;sync1;
deleted;
account_name;
display_name;
sort_key_alt;
starred;
sort_key;
display_name_alt;
sourceid;
```

知道原始联系人游标的列之后，你可能希望查看此表的行。

2. 查看原始联系人游标返回的数据

在代码清单 30-27 中，方法 showAllRawContacts()打印出原始联系人游标的所有记录。我们使用数据对象（代码清单 30-24），选择希望打印的各行字段。

在遍历游标时，这个方法没有使用 WHERE 子句（因此可以查询所有行），它为每一行记录创建一个 RawContact 对象，然后打印其中的信息。这些原始联系人会同时显示在屏幕和 LogCat 中。

代码清单 30-27　显示原始联系人字段

```
public void showAllRawContacts()
{
    Cursor c = null;
    try
    {
        c = this.getACursor(getRawContactsUri(), null);
        this.printRawContacts(c);
    }
    finally
    {
        if (c!=null) c.close();
    }
}
private void printRawContacts(Cursor c)
{
    for(c.moveToFirst();!c.isAfterLast();c.moveToNext())
    {
        RawContact rc = new RawContact();
        rc.fillinFrom(c);
        //log it. Standard Android logging pattern
        //except we are using IReportBack interface that was talked about
        //many times earlier in the chapter.
        this.mReportTo.reportBack(tag, rc.toString());
    }
}
```

菜单项 All Raw Contacts 会调用 showAllRawContacts() 方法所演示的功能。

3. 用聚合联系人相应的设置来约束原始联系人

使用代码清单 30-26 中的游标的列，看看是否能优化我们的查询，获取给定聚合联系人 ID 的联系人。代码清单 30-29 中的代码会查找第一个聚合联系人，然后发出一个原始联系人 URI 和一个为 contact_id 列指定值的 where 子句。注意，我们已经包括了代码清单 30-29 所用 3 个函数的代码清单。代码清单 30-28 列出了函数及其出处。

代码清单 30-28　展示原始联系人所用的实用工具函数

```
getFirstContact() //listing 30-23
getACursor() //listing 30-14
printRawContacts() //listing 30-27
```

说明　如果要下载并运行该项目的示例应用程序，可以通过单击"Raw Contacts"菜单项来测试代码清单 30-29。

我们可以同时在 UI 和 LogCat 中看到第一个聚合联系人信息的原始联系人信息。如果还没有创建任何原始联系人，那么要先使用本章后面展示的代码创建一些原始联系人信息，再运行这个测试。或者，可以使用模拟器 UI 创建一些联系人，然后使用代码清单 30-29 的代码显示属于第一个原始联系人的原始联系人信息。其结果信息会同时显示在 UI 和 LogCat 上。

代码清单 30-29　测试原始联系人

```
public void showRawContactsForFirstAggregatedContact()
{
    AggregatedContact ac = getFirstContact();
    this.mReportTo.reportBack(tag, ac.displayName + ":" + ac.id);

    Cursor c = null;
    try {
        c = this.getACursor(getRawContactsUri(), getClause(ac.id));
        this.printRawContacts(c);
    }
    finally {
        if (c!=null) c.close();
    }
}
private String getClause(String contactId)
{
    return "contact_id = " + contactId;
}
```

尽管我们浏览了聚合联系人和原始联系人，但还未真正获取联系人的重要部分，比如电子邮件地址和电话号码。下一节将介绍如何实现此目的。

30.4.4　浏览原始联系人数据

此示例将介绍如何浏览与原始联系人相对应的数据值。在这个围绕原始联系人数据的练习中，我们将尝试做两件事。

❑ 查找通过触发一个知道如何读取原始联系人数据的 URI 而返回的所有字段。

30

❑ 获取一组聚合联系人的数据元素。

由于原始联系人的数据行包含许多个域，所以必须创建如代码清单 30-30 所示的 Java 文件 ContactData.java。这个文件有选择性地获取一部分联系人数据，而非取回所有的域。

代码清单 30-30   ContactData.java

```java
public class ContactData
{
    public String rawContactId;
    public String aggregatedContactId;
    public String dataId;
    public String accountName;
    public String accountType;
    public String mimetype;
    public String data1;

    public void fillinFrom(Cursor c)
    {
        rawContactId = Utils.getColumnValue(c,"_ID");
        accountName = Utils.getColumnValue(c,ContactsContract.RawContacts.ACCOUNT_NAME);
        accountType = Utils.getColumnValue(c,ContactsContract.RawContacts.ACCOUNT_TYPE);
        aggregatedContactId =
                Utils.getColumnValue(c,ContactsContract.RawContacts.CONTACT_ID);
        mimetype = Utils.getColumnValue(c,ContactsContract.RawContactsEntity.MIMETYPE);
        data1 = Utils.getColumnValue(c,ContactsContract.RawContactsEntity.DATA1);
        dataId = Utils.getColumnValue(c,ContactsContract.RawContactsEntity.DATA_ID);
    }
    public String toString()
    {
        return data1 + "/" + mimetype
            + "/" + accountName + ":" + accountType
            + "/" + dataId
            + "/" + rawContactId
            + "/" + aggregatedContactId;
    }
}
```

说明   处理原始联系人数据元素的代码在本章可下载项目的 ContactFunctionTester.java 文件中。

Android 使用一个特殊视图（RawContactEntity）查询原始联系人表和相关数据表的数据，具体参见 30.3.6 节的介绍。访问这个视图的 URI 参见代码清单 30-31。

代码清单 30-31   原始实体内容 URI

ContactsContract.RawContactsEntity.CONTENT_URI

让我们看看如何使用该 URI 来发现返回的字段名：

```java
public void showRawContactsEntityCursor()
{
    Cursor c = null;
    try
    {
        Uri uri = ContactsContract.RawContactsEntity.CONTENT_URI;
        c = this.getACursor(uri,null);
        this.printCursorColumnNames(c);
    }
```

```
finally
{
    if (c!=null) c.close();
}
}
```

代码清单 30-31 的代码会打印出代码清单 30-32 显示的字段列表。所以，它们就是原始联系人记录游标所返回的字段。

代码清单 30-32 联系人实体游标列

```
data_version;
contact_id;
version;
data12;data11;data10;
mimetype;
res_package;
_id;
data15;data14;data13;
name_verified;
is_restricted;
is_super_primary;
data_sync1;dirty;data_sync3;data_sync2;
data_sync4;account_type;data1;sync4;sync3;
data4;sync2;data5;sync1;
data2;data3;data8;data9;
deleted;
group_sourceid;
data6;data7;
account_name;
data_id;
starred;
sourceid;
is_primary;
```

说明 单击本章示例应用程序的菜单项 Contact Entity Cursor，就可以查看代码清单 30-32 所示的字段。

知道这一组列之后，可以构造一个合适的 where 子句来缩小此游标的结果集范围。例如，在代码清单 30-33 中，我们将获取与联系人 ID 3、4 和 5 相关的数据元素。

代码清单 30-33 展示 RawContactsEntity 的数据元素

```java
public void showRawContactsData()
{
    Cursor c = null;
    try
    {
        Uri uri = ContactsContract.RawContactsEntity.CONTENT_URI;
        c = this.getACursor(uri,"contact_id in (3,4,5)");
        this.printRawContactsData(c);
    }
    finally
    {
        if (c!=null) c.close();
    }
}
```

30

```
protected void printRawContactsData(Cursor c)
{
    for(c.moveToFirst();!c.isAfterLast();c.moveToNext())
    {
        ContactData dataRecord = new ContactData();
        dataRecord.fillinFrom(c);
        this.mReportTo.reportBack(tag, dataRecord.toString());
    }
}
```

请注意代码清单 30-33 中的 where 子句：

```
"contact_id in(3,4,5)"
```

说明 单击本章示例应用程序的菜单项 Contact Data，就可执行代码清单 30-33 的函数。

代码清单 30-33 的代码会打印出代码清单 30-24 中 RawContactData 对象定义的姓名、电子邮件和 MIME 类型等数据。

30.4.5 添加联系人和它的详细信息

到目前为止，我们仅读取了联系人。下面给出一个向联系人添加姓名、电子邮件和电话号码的示例。要向联系人写入数据，需要在描述文件中请求以下权限：

```
android.permission.WRITE_CONTACTS
```

代码清单 30-34 中的代码添加了一个原始联系人，然后又添加了两个数据行（名称和电话号码）。

代码清单 30-34 添加联系人详细信息

```
public void addContact()
{
    long rawContactId = insertRawContact();
    this.mReportTo.reportBack(tag, "RawcontactId:" + rawContactId);
    insertName(rawContactId);
    insertPhoneNumber(rawContactId);
    showRawContactsDataForRawContact(rawContactId);
}
private long insertRawContact()
{
    ContentValues cv = new ContentValues();
    cv.put(RawContacts.ACCOUNT_TYPE, "com.google");
    cv.put(RawContacts.ACCOUNT_NAME, "satya.komatineni@gmail.com");
    Uri rawContactUri =
        this.mContext.getContentResolver()
            .insert(RawContacts.CONTENT_URI, cv);
    long rawContactId = ContentUris.parseId(rawContactUri);
    return rawContactId;
}
private void insertName(long rawContactId)
{
    ContentValues cv = new ContentValues();
    cv.put(Data.RAW_CONTACT_ID, rawContactId);
    cv.put(Data.MIMETYPE, StructuredName.CONTENT_ITEM_TYPE);
    cv.put(StructuredName.DISPLAY_NAME,"John Doe_" + rawContactId);
    this.mContext.getContentResolver().insert(Data.CONTENT_URI, cv);
```

```
}
private void insertPhoneNumber(long rawContactId)
{
    ContentValues cv = new ContentValues();
    cv.put(Data.RAW_CONTACT_ID, rawContactId);
    cv.put(Data.MIMETYPE, Phone.CONTENT_ITEM_TYPE);
    cv.put(Phone.NUMBER,"123 123 " + rawContactId);
    cv.put(Phone.TYPE,Phone.TYPE_HOME);
    this.mContext.getContentResolver().insert(Data.CONTENT_URI, cv);
}
private void showRawContactsDataForRawContact(long rawContactId)
{
    Cursor c = null;
    try
    {
        Uri uri = ContactsContract.RawContactsEntity.CONTENT_URI;
        c = this.getACursor(uri,"_id = " + rawContactId);
        this.printRawContactsData(c);
    }
    finally
    {
        if (c!=null) c.close();
    }
}
```

说明 代码清单 30-34 的代码位于 AddContactFunctionTester.java 文件中。调用示例应用程序的菜单项 Add Contact，就可以添加一个联系人。

代码清单 30-34 中的代码将执行以下操作。

(1) 首先使用预定义账户的名称和类型向该账户添加一个新原始联系人，该操作使用方法 insertRawContact()来完成。注意其使用 URI RawContact.CONTENT_URI 的方式。

(2) 获取原始联系人 ID 并在数据表中插入一个名称记录——使用 insertName()方法。注意其使用 URI Data.CONTENT_URI 的方式。

(3) 获取原始联系人 ID 并在数据表中插入一个电话号码记录——使用 insertPhone()方法。作为数据行，它使用 Data.CONTENT_URI 作为 URI。

代码清单 30-34 给出了这些方法在插入记录时使用的列别名。代码清单 30-35 中再次给出了这些列别名，以供简单回顾。

代码清单 30-35   为标准联系人数据结构使用列别名

```
cv.put(Data.RAW_CONTACT_ID, rawContactId);
cv.put(Data.MIMETYPE, StructuredName.CONTENT_ITEM_TYPE);
cv.put(StructuredName.DISPLAY_NAME,"John Doe_" + rawContactId);

cv.put(Data.RAW_CONTACT_ID, rawContactId);
cv.put(Data.MIMETYPE, Phone.CONTENT_ITEM_TYPE);
cv.put(Phone.NUMBER,"123 123 " + rawContactId);
cv.put(Phone.TYPE,Phone.TYPE_HOME);

cv.put(RawContacts.ACCOUNT_TYPE, "com.google");
cv.put(RawContacts.ACCOUNT_NAME, "satya.komatineni@gmail.com");
```

一定要注意，Phone.TYPE 和 Phone.NUMBER 等常量实际上指的是通用数据表列名称 data1 和 data2。

30

最后，注意，函数 showRawContactsDataForRawContact()读回并显示该记录的详细信息。将会看到通过 ContactData（代码清单 30-30）结构显示的每个数据字段。

30.5 控制聚合

现在应该明确，更新或插入联系人的客户端不会显式更改 contact 表。contact 表由浏览原始联系人表和原始联系人数据表的触发器更新。

添加或更改的原始联系人进而会影响到联系人表中的聚合联系人。但是，你可能不希望聚合两个联系人。

可以通过在创建契约时设置聚合模式，控制原始联系人的聚合行为。从代码清单 30-26 中的原始联系人表列中可以看到，原始联系人表包含一个名为 aggregation_mode 的字段。这些聚合模式的值如代码清单 30-37 所示，也已在 30.4.2 节中介绍。

也可以通过在一个名为 agg_exceptions 的表中插入行，保持两个联系人始终分开。需要插入到此表中的 URI 在 Java 类 ContactsContract.AggregationExceptions 中定义。agg_exceptions 的表结构如代码清单 30-36 所示。

代码清单 30-36　聚合例外表定义

```
CREATE TABLE agg_exceptions
(_id INTEGER PRIMARY KEY AUTOINCREMENT,
type INTEGER NOT NULL,
raw_contact_id1 INTEGER REFERENCES raw_contacts(_id),
raw_contact_id2 INTEGER REFERENCES raw_contacts(_id))
```

类型列可持有代码清单 30-37 中的一个常量。

代码清单 30-37　聚合例外表中的聚合类型

```
TYPE_KEEP_TOGETHER
TYPE_KEEP_SEPARATE
TYPE_AUTOMATIC
```

类型定义和它们表示的含义都非常简单。TYPE_KEEP_TOGETHER 表示两个原始联系人不应该分开。TYPE_KEEP_SEPARATE 表示这些原始联系人不应该合并。TYPE_AUTOMATIC 表示使用默认算法来聚合联系人。

用于在此表中执行插入、读取和更新的 URI 定义为

ContactsContract.AggregationExceptions.CONTENT_URI

处理此表的字段定义常量也包含在 Java 类 ContactsContract.AggregationExceptions 中。

30.6 同步的影响

到目前为止，我们主要介绍了操作设备上的联系人。但是，账户和它们的联系人通常会通过同步来协同工作。例如，如果在 Android 电话上创建了一个谷歌账户，该账户会拉取所有 Gmail 联系人以供在设备上使用。

每次在设备或新服务器账户上添加新联系人时，这些联系人都会同步并在两个位置反映出来。

在本书的这一版中，我们还未介绍同步 API 和它的工作原理。类似于联系人，这是一个较大的主

题。知道联系人的工作原理对理解同步 API 具有巨大的帮助。请在 www.androidbook.com 上查阅我们的更新。

同步的性质也会影响到在设备上删除联系人。当使用聚合联系人 URI 删除联系人时，它将删除所有相应的原始联系人和所有这些原始联系人的数据元素。但是，Android 仅在设备上将它们标记为已删除，并要求后台同步功能与服务器进行实际同步，然后从设备永久删除这些联系人。这种级联删除也会在原始联系人级别上发生，这时会删除该原始联系人的相应数据元素。

30.7 个人账号

在了解联系人应用程序的基本工作原理之后，我们可以学习 4.0 版本实现的个人账号业务逻辑。

个人账号的工作原理与其他联系人一样，只是设备上只存在唯一一个个人账号联系人信息。它是设备所有人的专属信息。

然而，在实现细节上，所有与唯一个人账号联系人相关的数据都保存在独立的数据库中，即 **profile.db**。我们研究发现，这个数据库的结构与 **contacts2.db** 完全相同。这意味着，我们已经了解可用的相关表及每个表的列信息。

作为一个联系人信息，其数据聚合方式要简单得多。在个人账号中添加的每一个原始联系人都属于这个唯一的聚合联系人信息。如果它不存在，则新增一个聚合联系人，然后将它保存在新的原始联系人中。如果它存在，那么该联系人 ID 就成为原始联系人的聚合联系人 ID。

Android SDK 使用同一个基类 ContactsContract，定义读取/更新/删除/添加个人账号的原始联系人所需要的 URI。这些 URI 与一般联系人的 URI 相似，但是它们包含字符串 "PROFILE"。代码清单 30-38 显示了一些 URI 示例。

代码清单 30-38   4.0 版本引入的基于账号的 URI

```
//Relates to profile aggregated contact
ContactsContract.Profile.CONTENT_URI

//Relates to profile based raw contact
ContactsContract.Profile.CONTENT_RAW_CONTACTS_URI

//Relates to profile based raw contact + profile based data table
ContactsContract.RawContactsEntity.PROFILE_CONTENT_URI
```

显然，聚合联系人和原始联系人使用不同的 URI 进行处理。然而，第三种情况的 URI 是不一样的——数据表。一般联系人数据和账号联系人数据都采用相同的数据 URI（如 Data.CONTENT_URI）。

注意，个人账号和一般联系人都由相同的内容提供程序处理。在内部，这个内容提供程序可以通过原始联系 ID 确定数据 URI 是属于账号数据还是属于一般联系人数据。

接下来，我们将通过一些代码片段说明如何读取并填加个人账号的联系人数据。读写个人账号数据需要获得代码清单 30-39 所示的许可。

代码清单 30-39   个人账号数据的读/写许可

```
<uses-permission android:name="android.permission.READ_PROFILE"/>
<uses-permission android:name="android.permission.WRITE_PROFILE"/>
```

30

30.7.1 读取账号原始联系人

使用下面的 URI 读取属于个人账号的原始联系人信息：

```
ContactsContract.Profile.CONTENT_RAW_CONTACTS_URI
```

代码清单 30-40 显示了读取原始联系人记录的代码片段。

代码清单 30-40　显示所有的账号原始联系人信息

```java
public void showAllRawProfileContacts()
{
    Cursor c = null;
    try {
        String whereClause = null;
        c = this.getACursor(
            ContactsContract.Profile.CONTENT_RAW_CONTACTS_URI,
            whereClause);
        this.printRawContacts(c);
    }
    finally {
        if (c!=null) c.close();
    }
}
private void printRawProfileContacts(Cursor c)
{
    for(c.moveToFirst();!c.isAfterLast();c.moveToNext())
    {
        RawContact rc = new RawContact();
        rc.fillinFrom(c);
        this.mReportTo.reportBack(tag, rc.toString());
    }
}
```

注意，在得到游标之后，它包含的数据会与之前定义的常规原始联系人对象 RawContact 进行匹配。

说明　代码清单 30-40 的代码位于 ProfileRawContactFunctionTester.java 文件。使用菜单项 PRawContacts，就可以运行这段代码。

30.7.2 读取账号联系人数据

使用下面的 URI，读取属于个人账号的原始联系人的各种数据元素（如电子邮件、MIME 类型等）：

```
ContactsContract.RawContactsEntity.PROFILE_CONTENT_URI
```

注意，这里使用了与常规联系人例子相似的视图。RawContactEntity 联合了原始联系人及其包含的数据行。每一个数据元素都会对应一行记录，如姓名、电子邮件及 MIME 类型等。

代码清单 30-41 显示了读取原始联系人记录的代码片段。

代码清单 30-41　显示账号联系人的数据元素

```java
public void showProfileRawContactsData()
{
    Cursor c = null;
    try {
```

```
            Uri uri = ContactsContract.RawContactsEntity.PROFILE_CONTENT_URI;
            String whereClause = null;
            c = this.getACursor(uri,whereClause);
            this.printProfileRawContactsData(c);
        }
        finally {
            if (c!=null) c.close();
        }
    }
    protected void printProfileRawContactsData(Cursor c)
    {
        for(c.moveToFirst();!c.isAfterLast();c.moveToNext())
        {
            ContactData dataRecord = new ContactData();
            dataRecord.fillinFrom(c);
            this.mReportTo.reportBack(tag, dataRecord.toString());
        }
    }
```

注意，在检索到游标之后，它包含的数据就会与前面定义的常规原始联系人数据元素对象 ContactData 进行匹配（参见代码清单 30-30）。

说明　代码清单 30-41 的代码位于 ProfileContactFunctionTester.java 文件中。使用菜单项 "all p raw contacts"，就可以运行这段代码。

30.7.3　添加数据到个人账号

使用下面的 URI，可以在个人账号中添加一条原始联系人信息：

ContactsContract.RawContactsEntity.PROFILE_CONTENT_URI

此外，我们在该原始联系人信息中再添加一些数据，如电话号码和昵称，这样它们就会显示在"我"的明细信息中（参见图 30-12）。

代码清单 30-42 显示了使用的代码片段。

代码清单 30-42　添加一个账号原始联系人

```
public void addProfileContact()
{
    long rawContactId = insertProfileRawContact();
    this.mReportTo.reportBack(tag, "RawcontactId:" + rawContactId);
    insertProfileNickName(rawContactId);
    insertProfilePhoneNumber(rawContactId);
    showProfileRawContactsDataForRawContact(rawContactId);
}
private void insertProfileNickName(long rawContactId)
{
    ContentValues cv = new ContentValues();
    cv.put(Data.RAW_CONTACT_ID, rawContactId);
    //cv.put(Data.IS_USER_PROFILE, "1");
    cv.put(Data.MIMETYPE, CommonDataKinds.Nickname.CONTENT_ITEM_TYPE);
    cv.put(CommonDataKinds.Nickname.NAME,"PJohn Nickname_" + rawContactId);
    this.mContext.getContentResolver().insert(Data.CONTENT_URI, cv);
}
```

30

```java
private void insertProfilePhoneNumber(long rawContactId)
{
    ContentValues cv = new ContentValues();
    cv.put(Data.RAW_CONTACT_ID, rawContactId);
    cv.put(Data.MIMETYPE, Phone.CONTENT_ITEM_TYPE);
    cv.put(Phone.NUMBER,"P123 123 " + rawContactId);
    cv.put(Phone.TYPE,Phone.TYPE_HOME);
    this.mContext.getContentResolver().insert(Data.CONTENT_URI, cv);
}
private long insertProfileRawContact()
{
    ContentValues cv = new ContentValues();
    cv.put(RawContacts.ACCOUNT_TYPE, "com.google");
    cv.put(RawContacts.ACCOUNT_NAME, "satya.komatineni@gmail.com");
    Uri rawContactUri =
        this.mContext.getContentResolver()
            .insert(ContactsContract.Profile.CONTENT_RAW_CONTACTS_URI, cv);
    long rawContactId = ContentUris.parseId(rawContactUri);
    return rawContactId;
}
private void showProfileRawContactsDataForRawContact(long rawContactId)
{
    Cursor c = null;
    try {
        Uri uri = ContactsContract.RawContactsEntity.PROFILE_CONTENT_URI;
        c = this.getACursor(uri,"_id = " + rawContactId);
        this.printRawContactsData(c);
    }
    finally {
        if (c!=null) c.close();
    }
}
```

代码清单 30-42 的代码与前面添加常规联系人及其明细的代码（参见代码清单 30-34）相对应。
虽然这里使用了账号专用的 URI 来添加原始联系人，但是在添加各个数据元素时仍然使用相同的
Data.CONTENT_URI。

注意代码清单 30-42 中注释掉的代码：

```java
//cv.put(Data.IS_USER_PROFILE, "1");
```

因为 Data.CONTENT_URI 不是账号特有的 URI，那么底层的内容提供程序如何确定将数据插入到常
规原始联系人中，还是个人账号原始联系人中？我们本来以为指定字段 IS_USER_PROFILE，可以帮助内
容提供程序进行判断。但是这显然不可行。这个新字段只适用于读取操作。如果在插入操作中指定这
个字段，插入操作就会失败。所以，唯一的结论是，内容提供程序使用原始联系人 ID 确定原始联系
人是来自 profile.db 还是 contacts2.db。

注意，在查询到游标之后，它包含的数据就会与前面定义的常规原始联系人数据元素对象
ContactData 进行匹配（参见代码清单 30-30）。事实上，在代码清单 30-42 中，printRawContactsData()
方法使用的定义与代码清单 30-27 完全相同。

说明　代码清单 30-42 的代码位于 AddProfileContactFunctionTester.java 文件中。使用菜单项 Add P
　　　Contact，就可以运行这段代码。

虽然这里介绍了如何将一个联系人添加到个人账号，但是这个过程通常由其他账号服务完成，如

Gmail、Google+等。但是，第三方应用程序不可能请求读取个人账号的权限。

30.8 参考资料

以下参考资料及其说明对支持和完善本章的知识很有用。本节的最后一个参考资料 URL 可用于下载为本章开发的项目。

- ❑ http://www.google.com/googlephone/AndroidUsersGuide.pdf：通 过 此 URL 可访问 2.2.1 版 的《Android用户指南》。可在此指南中查阅可用于管理联系人的联系人应用程序。尽管我们在这里介绍了如何使用联系人应用程序的基本信息，但此用户指南具有权威性，可以在其中找到我们遗漏的内容。
- ❑ http://www.google.com/help/hc/pdfs/mobile/AndroidUsersGuide-30-100.pdf：可 以 在 这 里 找 到 Android 3.0用户指南。
- ❑ www.google.com/support/ics/nexus/：适用4.0版本手机的PDF用户指南还没有发布。访问这个链接，可以学习阅读HTML格式的用户指南。
- ❑ http://developer.android.com/resources/articles/contacts.html：这是来自谷歌的主要的联系人API文档。
- ❑ http://developer.android.com/resources/articles/contacts.html：谷歌提供的联系人API基础文档。
- ❑ http://developer.android.com/sdk/android-4.0.html#Contacts：关于4.0版本中联系人API修改的文档说明。
- ❑ http://developer.android.com/reference/android/provider/ContactsContract.Profile.html：关于4.0版本新账号URI用法的参考文档。
- ❑ www.androidbook.com/item/3917：我们关于联系人API的研究笔记。主要内容包括我们的研究心得、联系人API总结、联系人数据库的表、如何查看联系人数据库、联系人应用程序截图、如何查看联系人提供程序来源及其实用链接。
- ❑ http://developer.android.com/reference/android/provider/ContactsContract.html：此URL提供了已发布的联系人契约的入口类的Javadoc。在编写联系人API代码时常常需要参考此URL。
- ❑ www.androidbook.com/item/2865：由于缺少关于联系人处理方法的资料，读者可能希望阅读联系人内容提供程序的源代码。这个页面介绍了如何下载联系人提供程序实现的源代码。
- ❑ http://www.androidbook.com/item/3537：如果打算查看内容提供程序的源代码，将会看到大量的Java泛型使你无所适从。此URL汇总了可能具有一定帮助的Java泛型。
- ❑ http://www.androidbook.com/proandroid4/projects：可以使用此URL下载专为本章设计的测试项目。针对本章的ZIP文件名为ProAndroid4_ch30_TestContacts.zip。

30.9 小结

本章主要介绍了以下知识。
- ❑ 联系人API的性质。
- ❑ 了解联系人数据库。
- ❑ 了解联系人API URI及游标。
- ❑ 读取及填加联系人信息。

30

- ❑ 聚合原始联系人信息。
- ❑ 个人账号与联系人的关系。
- ❑ 读取及填加个人账号的联系人信息。

30.10   面试问题

回答下面的问题，进一步巩固本章所学的知识。

(1) 什么是账号，哪一个 API 可用于列举设备的账号？

(2) ContactsContract 是什么？

(3) 保存联系人的数据库叫什么名称？

(4) profile.db 是什么？

(5) profile.db 和 contacts2.db 存储在什么位置？

(6) 理解原生联系人（People）应用程序工作原理的最佳方式是什么？

(7) 如何查找特定联系人数据元素的域，如电子邮件联系信息或网站联系信息？

(8) CommonDataKinds 是什么？

(9) 请说明联系人、原始联系人和数据记录之间的关系。

(10) 如何查找各种联系人 API URI 游标返回的域？

(11) 请列举与联系人 API 相关的所有 URI。

(12) 对于客户端而言，联系人数据库的联系人表是否为只读？为什么？

(13) 什么情况下两个原始联系人可能合并在一起？

(14) 为什么聚合联系 ID 容易发生变化？

(15) 查找键有什么作用？

(16) 查找键是否可用于查找一组原始联系人？

(17) 如何使用一个 URI 查询它对应的游标？

(18) 如何使用一个 URI 和 where 子句查询特定的游标？

(19) 哪一个 URI 可用于读取联系人的电子邮件和电话号码等信息？

(20) 聚合异常表是什么？

(21) 个人账号与联系人有什么相似点？

(22) 个人账号与常规联系人是否具有相同的表结构？

(23) 为什么不存在操作数据表的账号特有 URI？

(24) 读写账号联系人信息需要什么权限？

(25) 读写常规联系人信息需要什么权限？

第 31 章

部署应用程序 Android Market

31

要创建人们喜爱的优秀应用程序，还需要一种轻松的方式供人们找到和下载它。谷歌创建了 Android Market 来实现此目的。用户可以单击设备右侧的一个图标直接进入 Market，以便浏览、搜索、审核和下载应用程序。用户也可通过网络访问 Android Market 来执行相同的操作，但应用程序不会下载到计算机上，而是发送到用户设备中。许多应用程序是免费的，而一些应用程序不是，因此 Market 提供了支付机制来实现轻松购买。

Market 甚至可用应用程序内的 Intent 访问，这使应用程序能够轻松连接到 Market，引导用户获得成功运行你的应用程序所需的内容。例如，当应用程序的一个新版本可用时，用户可以轻松地转到 Market 页面来获取或购买新版本。但是，Android Market 不是将其应用程序获取到设备上的唯一方式，网络上不断在出现其他一些渠道。

Android Market 不能从模拟器内访问（但黑客可以办到）。这给开发人员带来了一定的困难。理想的情况是，你拥有一个可使用 Android Market 的设备。本章将探索如何进行设置以将应用程序发布到 Market，如何准备应用程序以通过 Market 销售，如何免受盗版侵害，用户将如何找到、下载和使用应用程序，最后介绍除 Android Market 外提供应用程序的替代方式。

31.1　成为发布者

在将应用程序上传到 Android Market 之前，需要成为发布者。为此，你必须创建 Developer Account 来完成。完成之后，便能够将应用程序上传到 Market，以便用户可以找到并下载它。谷歌使得获得 Developer Account 的方式相对比较简单，其价格也比较合理。

要发布内容，首先需要有一个谷歌账户，例如 gmail.com 电子邮件账户。接下来，使用 Android Market 建立一个身份，这可以通过访问网页 http://market.android.com/publish/signup 来完成。需要提供开发人员名称、电子邮件地址、网站地址和联系电话号码。设置了账户之后，可在以后更改这些值。你需要支付注册费用，这通过谷歌 Checkout 完成。为了能继续进行交易，需要使用谷歌账户进行登录。

支付过程中的一个选项称为 "Keep my email address confidential"。这涉及你和要向其"购买"发布者访问权的谷歌 Android Market 之间的当前交易。如果选择 yes，电子邮件地址将对 Google Android Market 保密。这与将电子邮件地址对应用程序购买者保密毫无关系。购买者是否能看到你的电子邮件地址与此选项毫无关系。后面将更详细介绍这一主题。

接下来需要阅读 Android Market 开发人员分发协议。这是谷歌与你之间的法律合同。它陈述了针对发布应用程序、收款、退款、反馈、评价、用户权利及开发人员权利等的规则。31.1.1 节将更详细地介绍这一主题。

接受协议之后，将转到一个通常称为开发人员控制台的页面：http://market.android.com/ publish/ Home。

31.1.1 遵守规则

AMDDA（Android Market Developer Distribution，Android Market 开发人员发布协议）包含许多规则。在同意协议之前可能需要法律顾问对其进行审核，这取决于在 Android Market 操作的计划的周密程度。本节将介绍一些你可能感兴趣的要点。

- ☐ 你必须是一位具有完备的 Android Market 使用资格的开发人员。这意味着必须通过上面介绍的流程进行注册，必须接受协议，以及必须遵守协议中的规则。违反规则可能会遭到起诉且 Market 会删除你的产品。

- ☐ 可以免费或以某个价格发布产品。协议适用于两种途径。如果销售产品，必须具有一个支付处理系统，比如谷歌 Checkout。当 Android 2.0 引入时，谷歌 Checkout 是通过 Android Market 收款的唯一方式。用户已经可以简单地通过扣取话费从 Android Market 下载应用程序。PayPal 于 2010 年 10 月发布了 Android Market 集成，但一年之后它仍然只是一个选项。但是这一情形可能在未来的版本中改变。

- ☐ 付费应用程序将会在销售价格中扣除产生的手续费，可能还会扣除来自设备运营商的费用。截至 2011 年 10 月，手续费为 30%，所以如果销售价格为 10 美元，谷歌会收取 3 美元，你获得 7 美元（假设没有运营商费用）。

- ☐ 向税收机构上缴适当的税款是你的责任。当设置交易账户时，你要指定适用于其他地方的人所购买物品的合适税率。谷歌 Checkout 将根据你对谷歌 Checkout 的设置收取合适的税款。这笔资金将提供给你，你必须适当地上缴。关于美国销售税额的更多信息，请访问 http://biztaxlaw. about.com/od/businesstaxes/f/onlinesalestax.htm 和 www.thestc.com。

- ☐ 可以发布一个免费的应用程序演示版，包含一个付费解锁全功能应用程序的选项，但必须通过授权的 Android Market 支付处理系统收款，不能将免费应用程序的用户重定向到其他某个支付处理系统来收取升级费用。你可以这样想：如果你在通过 Android Market 赚钱，那么谷歌也想分一杯羹。

- ☐ 2011 年 2 月，谷歌发布了应用程序中扣费功能。这是一个附加的 SDK，允许应用程序扣取在应用程序内使用的数字商品或资产的费用。数字资产可能是游戏中的虚拟武器或新级别，或者音乐或图形文件。收费流程与购买应用程序的流程相同，这意味着用户可从他们的话费中为这些数字资产付费。

- ☐ 如果应用程序需要用户登录某处的 Web 服务器，并且该 Web 服务器会向用户收取订阅费，该 Web 服务器可能会以它想要的任何方式收取订阅费。通过这种方式，你的订阅费会与应用程序分开，而且谷歌可以很好地在 Android Market 上公开应用程序，只要你的免费应用程序没有将用户引导至该网站即可。但是说真的，为什么不直接从发布服务的 Web 服务器发布免费

Android 应用程序呢?

- 似乎可以使用其他支付处理器来接受来自免费应用程序用户的捐赠,但无法在应用程序中创建激励机制来鼓励捐赠。
- 退款是 Android Marke 的一个烦人的主题。最初,用户有 24 小时来请求退还购买费用。后来,这个时间更改为了 48 小时。在 2010 年 12 月,它更改为了 15 分钟! 而且这是购买之后的 15 分钟,而不是成功完成下载之后。有时用户可能还没完成应用程序下载,就已超过了退款时限。奇怪的是,AMDDA 没有在 2010 年 12 月更新时将退款时限改为 15 分钟,而仍然宣称是 48 小时。在下载前预览产品的用户不予退款,包括铃声和墙纸。但是,谷歌 Checkout 确实支持开发人员在超过退款时限后发放退款,所以用户始终有方法获得退款。但开发人员不希望手动发放退款。
- 你需要对产品提供充分的支持。如果没有提供充分的支持,用户可能请求退款,并且会向你扣取退款金额,可能包括手续费。
- 用户可以无限次地重新安装从 Android Market 下载的应用程序。如果用户将设备重置到了出厂设置,此功能将使他们无需重新购买即可还原所有应用程序。
- 开发人员同意保护用户的隐私和法律权利。这包括保护可能从使用应用程序的过程收集到的任何数据(即保障数据安全)。可以更改用户数据保护规则,但必须显示并让用户接受你和用户之间的一个独立协议。
- 应用程序不得与 Android Market 竞争。谷歌不希望来自 Android Market 内部的应用程序销售来自 Android Market 外部的 Android 产品,因为会绕过支付处理系统。这并不是说你不能通过其他渠道销售应用程序,只是表明你在 Android Market 上的应用程序本身不能销售 Android Market 外部的 Android 产品。
- 谷歌将为你的产品分配产品评价。评价可以基于用户反馈、安装评价、卸载评价、退款评价和一个开发人员合成分数(Developer Composite Score)。开发人员合成分数由谷歌使用你的各个应用程序过去的历史记录计算而来,可能会影响新产品的评价。出于此原因,发布高质量的应用程序很重要,即使是免费应用程序也是如此。开发人员合成分数是否存在并不明确,但如果存在,你也无法看到自己的。
- 通过 Android Market 销售应用程序,你会向用户授予一个"在设备上执行、显示和使用产品的非独占、全球性、永久的许可"。但是,你也可以编写一个独立的 EULA(End User License Agreement,最终用户许可协议)来取代上面的陈述。在你的网站上应提供此 EULA,或者为购买者和用户提供一种途径来阅读它。
- 谷歌要求你必须遵守 Android 的品牌规则。这些规则包括限制使用术语 Android,以及限制使用机器人图形、徽标和自定义字体。关于更多细节,请访问网站 www.android.com/branding.html。

31.1.2　开发人员控制台

开发人员控制台是控制 Android Market 应用程序的基础页面。从开发人员控制台可以购买 Android 开发人员电话、设置谷歌 Checkout 交易账户(以便收取应用程序费用)、上传应用程序,以及获取与上传的应用程序相关的信息。也可以编辑账户细节,包括开发人员名称、电子邮件地址、网址和电话

31

号码。图 31-1 显示了开发人员控制台。

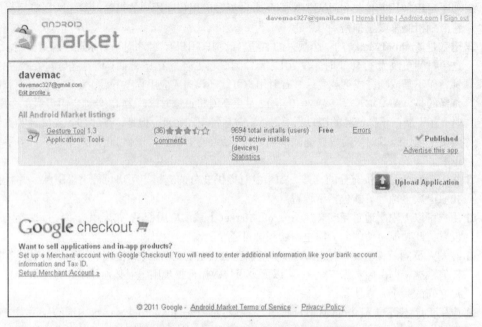

图 31-1 Android Market 开发人员控制台

如果没有使用 Google Checkout 设置交易账户，将无法在 Android Market 中对产品进行收费。设置交易账户并不困难。单击开发人员控制台中的链接，填写应用程序，同意服务条款，这样就设置完了。需要提供一个 EIN（US Federal tax ID，美国联邦税收 ID）、一个信用卡号码和一个 SSN（US Social Security Number，美国社会安全编号），或者仅提供一个信用卡号码。税收信息用于验证你的信用状态，以确保及时储蓄。信用卡信息用于在你的谷歌 Checkout 账户中的存款不足时，处理由于购买者争议而导致的退款。你也可以提供银行账户信息，以支持从销售中进行电子转账。

请注意，谷歌 Checkout 服务不是仅适用于 Android Market。因此，不要对谷歌 Checkout 对非 Android Market 销售收取的手续费信息感到疑惑。前面提到的 30% 是针对 Android Market 的交易费率。对于非 Android Market 销售，存在附加的谷歌 Checkout 手续费信息，它们不适用于 Android Market。

上传和监控应用程序可能是你将使用的开发人员控制台的主要功能（本章后面将介绍上传应用程序）。对于监控，Market 提供了一些工具来查看应用程序的总下载量，以及有多少用户仍然安装了它。可以查看应用程序的整体评价（0~5 颗星），以及有多少人提交了评价。2011 年 3 月，谷歌向开发人员控制台添加了图表功能，所以你可以看到应用程序在不同 Android 版本中、不同设备上、不同国家和不同语言中的应用情况。

除了对应用程序评分，用户还可以提交评论。你可能希望阅读评论来快速解决所有问题。评论中包含用户对应用程序的评分、用户键入的姓名和评论日期。遗憾的是，无法直接回复评论者，或者对评论进行评论。在评论具有重大危害或不合适的极端情况下，可通过以下网址联系谷歌支持人员：http://market.android.com/support/。

　　开发者控制台可以重新发布应用程序（例如，升级），或者停止发布应用程序。停止发布不是从设备删除应用程序，甚至也不会从谷歌服务器删除应用程序，特别是付费应用程序。购买和卸载了应用程序的用户不需要重新付费，仍然能够在应用程序停止发布之后重新安装应用程序。只有谷歌判定应用程序违反规定，将它从商店移除，用户才真正无法安装应用程序。

　　也可以查看应用程序生成的错误，查看应用程序冻结和崩溃。图 31-2 显示了 Application Error Reports 屏幕。

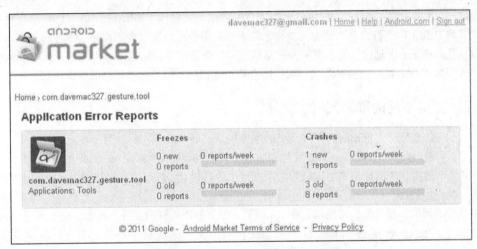

图 31-2　Application Error Reports 屏幕

　　分析崩溃报告的细节，查看崩溃的栈轨迹，以及哪些类型的设备在运行该应用程序和崩溃的时间。但与用户评论一样，无法联系遇到问题的用户以获得更多细节，或者帮助他们解决问题。你只能寄希望于受影响的用户通过电子邮件或你的网站与你联系。否则，必须从崩溃报告中确定何处发生了错误并尝试修复它。

　　可能还需要使用开发人员控制台中的另一项功能：网站的帮助部分。Help 按钮位于右上角。单击它将转到一个帮助网站，该网站包含大量与如何使用 Android Market 相关的最新文档，而且它还有一个论坛，可在其中搜索问题和答案，以及发布你自己的内容。例如，可在论坛中查阅最新的退款政策、问题或投诉。如果论坛没有用，可以单击 Contacting Support 链接转到一个页面，可在这里专门向 Google 发送消息来求助。

　　我们介绍了开发人员控制台的一些不错功能，但你可能希望了解最有用的部分，那就是将应用程序发布到 Android Market，以便用户可找到并下载它们。但在这之前，先来看看如何准备上传和销售应用程序。

31.2　准备销售应用程序

　　要将应用程序从完整的代码转变为可在 Android Market 上销售，有许多问题需要考虑和解决。本节将帮助你解决这些问题。

31.2.1   针对不同设备进行测试

随着越来越多的 Android 设备推出，每种设备都可能具有某种新硬件配置，因此针对想要支持的设备进行测试非常重要。理想的方式是访问要在其上测试应用程序的每种类型的设备。这要花费一大笔钱。次要的选择是为每种类型的设备配置 AVD，指定适当的硬件配置，然后使用模拟器和每个 AVD 进行测试。一些设备生产商提供了特定于其设备的 Android 包，因此可以访问他们的网站，下载相应的包。

Android SDK 提供了 Instrumentation 类来帮助测试，还提供了 UI/Application Exerciser Monkey。这些工具将有助于你进行自动测试，所以你无需不断花费资源来测试应用程序。在开始测试之前，可能需要从代码或/res 中删除任何不再需要的测试工件。应该保持应用程序尽可能小，能够以最少的内存尽可能快地运行。最后，要确保从应用程序中弃用或删除不想公布的产品的调优特性。

31.2.2   支持不同的屏幕尺寸

当 Android SDK 1.6 推出时，开发人员必须处理新的屏幕尺寸，而且为了在新的更小尺寸屏幕上运行，还必须在 AndroidManifest.xml 文件中将一个特定的<supports-screens>设置为<manifest>的子元素。如果不使用这个新标记来指定应用程序支持小屏幕尺寸，具有较小屏幕的设备将无法在 Market 中看到你的应用程序。

要支持不同的屏幕尺寸，可能需要在/res 目录下创建备用的资源文件。例如，对于/res/layout 中的文件，可能需要在/res/layout-small 目录下创建相应的文件来支持小屏幕。这并不是说你必须在/res/layout-large 和/res/layout-normal 目录下创建相应文件，因为如果 Android 无法在更加具体的资源目录（比如/res/layout-large）下找到所需的内容，它将在/res/layout 中查找。另请记住，可以包含针对这些资源文件的修饰符组合，例如，/res/layout-small-land 将包含针对横向模式下的小屏幕的布局，第 6 章已介绍过这部分内容。支持小屏幕可能还意味着要创建图标等图形对象的替代版本。对于图形对象，可能需要创建替代的资源目录，将屏幕分辨率和屏幕尺寸考虑在内。

当然，平板电脑在屏幕大小上正好相反，使用标签 "xlarge"。可以使用与以前相同的<supports-screen>标记来指定应用程序是否将在超大屏幕上运行，此标记内使用的特性为 android:xlargeScreens。有时可能有一个仅支持平板电脑的应用程序，这时可以专门表明，对于其他屏幕大小，它们的特性值将为 "false"。

31.2.3   准备上传 AndroidManifest.xml

在将 AndroidManifest.xml 文件上传到 Android Market 之前，可能需要对它稍作更改。ADT 通常将 android:icon 特性放在<activity>标记而非<activity>标记内。如果拥有多个可启动的活动，你一定希望为每个活动指定独立的图标，使用户可更轻松地区分它们。但是仍然需要在<application>中指定一个图标，它也用作没有指定自定义图标的活动的默认活动图标。实际上，只在<activity>标记内指定 android:icon 时，应用程序能够在设备上和模拟器中良好运行，但当在上传时 Android Market 检查应用程序的.apk 文件时，Android Market 会在<application>标记内查找图标信息。如果使用的包名称以 com.google、com.android、android 或 com.example 开头，Android Market 也会阻止上传应用程序，希望你不会在应用程序中使用这些前缀。

在针对不同设备配置测试应用程序时，有许多其他兼容性问题需要考虑。一些设备具有照相机，一些设备没有物理键盘，一些设备使用轨迹球来代替方向键。可以根据需要在 AndroidManifest.xml 文件中使用<uses-configuration>和<uses-feature>标记来定义应用程序具有的硬件/平台需求。Android Market 将检查这些需求，不允许将应用程序下载到不支持该应用程序的设备上。请注意，这些标记与 AndroidManifest.xml 文件的<uses-permission>不同，且与它独立。尽管用户设备可能配备了照相机，但这并不意味着用户希望授权应用程序使用它。同时，如果声明应用程序需要权限来使用照相机，将不会告诉 Android Market 你的应用程序需要设备上有照相机。在大多数情况下，最终会在 AndroidManifest.xml 文件中同时包含两个标记，以指定必需照相机和指定需要具有使用照相机的权限。并不是所有的功能都要求权限，所以你可以指定你需要的功能。

<uses-permissions>和<uses-feature>之间还有另一个重要区别：<uses-feature>标记可表明应用程序需要该功能，或者应用程序没有它也能正常运行。换句话说，android:required 特性可设置为 true 或 false，它的默认值为 true。例如，应用程序可以利用蓝牙（如果可用），但不利用蓝牙也能正常运行。因此，在描述文件中，可以包含类似这样的语句：

```
<uses-feature android:name="android.hardware.bluetooth" android:required="false" />
```

在应用程序的代码中，应该调用 PackageManager 来确定蓝牙是否可用，可使用以下代码完成此操作：

```
boolean hasBluetooth = getPackageManager().hasSystemFeature(
        PackageManager.FEATURE_BLUETOOTH);
```

然后如果蓝牙不可用，在应用程序中执行合适的操作。Android 文档对此区域的表述不是很明确。如果查看针对<uses-feature>的开发人员指南页面，将不会看到像 PackageManager 参考页面上描述的那么多功能，该参考页面为每个可用功能定义了一个 FEATURE_*常量。

<uses-configuration>标记稍有不同。它指定设备必须拥有何种类型的键盘、触摸屏和导航控件。但无需使用独立的选择，比如<uses-feature>，可以组合配置选择来满足应用程序的需要。例如，如果应用程序需要 5 向导航控件（即 D-pad 或轨迹球）和触摸屏（使用手写笔或手指），可以指定如下两个标记：

```
<uses-configuration android:reqFiveWayNav="true" android:reqTouchScreen="stylus" />
<uses-configuration android:reqFiveWayNav="true" android:reqTouchScreen="finger" />
```

31.2.4 本地化应用程序

如果应用程序将在其他国家（地区）使用，你可能会考虑将其本地化。严格来讲，这相对比较容易。找某人进行本地化是另一回事。从技术角度讲，只需在/res 目录下创建另一个文件夹（比如创建/res/values-fr 来保存 strings.xml 的法语版）。将现有 strings.xml 文件中的字符串值翻译为新语言，将新翻译的文件使用与原始文件相同的文件名保存在新资源文件夹中。如果在运行时将设备的语言设置为法语，Android 会寻找/res/values-fr 目录下的字符串。如果在那个目录下找不到，Android 就会在/res/values 里查找。

这个技术一样适合其他类型的资源文件——例如，可绘制对象和菜单。如果用户来自不同国家或具有不同文化，那么图像和颜色可能更适合用户使用。为此，最好不要在颜色资源命名中使用真实颜色名称。在关于颜色的在线文档中，经常会看到这样的用法：

```
<color name="solid_red">#f00</color>
```

这意味着在代码或其他资源文件中，需要通过颜色的实际名称（在本例中为 solid_red）来引用它。为了将颜色本地化为某种更适合其他国家（地区）或文化的颜色，最好使用 accent_color1 或 alert_color 这样的颜色名称。在英语国家，红色可能是适合使用的颜色值，而在西班牙语国家，可能使用黄色阴影更好。因为 alert_color 这样的颜色名称无法反映出使用的实际颜色，所以在希望将实际颜色值更改为其他值时不容易引起混淆。同时，可以设计一种美观的颜色方案，其中包含基础颜色和强调颜色，这样你将能够更加确信在正确的地方使用了正确的颜色。

菜单选择在不同国家（地区）中可能需要更改，可能使用更少或更多的菜单项，或者采用不同的组织方式，具体取决于使用应用程序的地方。菜单通常存放在/res/menu 下如果遇到这种情况，可能最好将所有字符串文本放在 strings.xml 中，或者放在/res/values 目录下的其他文件中，并在其他地方的相应资源文件中使用字符串 ID。这样可以尽量避免漏译某个不重要的资源文件中的字符串值，语言翻译工作也可限制在/res/values 下的文件中。

31.2.5　准备应用程序图标

如果下载了应用程序，购买者和用户都会在 Android Market 和他们设备上的显著位置看到应用程序的图标和标签。请特别注意为应用程序创建美观的图标和标签。根据需要本地化它们。另外请记住，针对不同的屏幕尺寸，可能需要对图标进行调整以达到美观的效果。检查其他开发人员如何处理他们的图标，尤其是与你的应用程序位于相同类别中的应用程序。要使应用程序变得醒目，最好不要将它与所有其他应用程序混杂在一起。同时，在周围有许多执行其他操作的其他应用程序图标时，还要使你的图标和标签能够在设备上醒目地呈现。不要因为图标与应用程序功能毫无关联而让用户对应用程序的用途感到迷惑。

当为应用程序创建任何图像（尤其是图标）时，需要考虑目标设备上的屏幕像素密度。像素密度表示每英寸的像素数。不要认为小屏幕的像素密度低，而大屏幕的像素密度就高。其实，屏幕大小与像素密度可以随意组合。对于低像素密度的屏幕，将图标显示为正确的大小意味着让图标具有较少的像素数，通常为 36!36。对于高像素密度屏幕，可以选择 72!72 像素的图标。中像素密度的图标通常为 48!48 像素。而对于超高像素密度，它可能为 96!96。通常来说，如果只担心图像（如图标）的像素密度，这种情况是最简单的。在定义布局时，还是需要考虑屏幕尺寸的。

31.2.6　付费应用程序需要考虑的因素

如果以一定价格销售应用程序，那么需要考虑其他一些因素。你是否提供了独立的免费和付费应用程序，需要构建和管理两个应用程序？你是否仅使用了一个代码库，并使用某种技术来表明某应用程序是付费的还是免费的？无论采用了哪种方法，如何保护应用程序不被其他人复制和安装到其他设备上？由于电话中的安全漏洞，或者由于某些人能够进入设备内部，进行复制保护的安全措施非常难以管理。

一种维护单一代码库但允许独立的免费和付费模式的途径是利用 PackageManager：

```
this.getPackageManager().checkSignatures(mainAppPkg, keyPkg)
```

此方法比较两个指定包的签名，如果它们都存在且相同，则返回 PackageManager.SIGNATURE_MATCH。要在 Android Market 中共存的每个应用程序的包名称必须不同，但相同也没事。在代码中，当需要决定是否允许某项功能时，可以调用此方法并提供主要应用程序的包名称以及解锁应用程序的包名称，然后使解锁应用程序成为 Android Market 中的付费应用程序。如果用户购买解锁应用程序并将其下载到设备上，主要应用程序将获得一个匹配的签名并解锁附加功能。

另一种处理单一代码库的方法是，使用源代码版本控制系统来配置通用元素的合适共享级别，构建脚本来处理应用程序的免费和付费版本的创建。

从 Android 应用程序中获利的另一种方式是应用程序内的广告。有很多机会可在应用程序内嵌入广告。AdMob 和 AdSense 是两个常见的示例。该流程基本而言就是，将它们的 SDK 合并到你的应用程序中，确定何时在应用程序中的何处显示广告，向应用程序添加 INTERNET 权限（使广告 SDK 可获得要显示的广告），以及当用户单击广告时获取收益。应用程序可能是免费的，所以它很容易发布到 Android Market，而且无需担忧盗版。许多开发人员报告从广告获得了巨大收入。

2011 年 2 月推出的另一项新功能是 Buyer's Currency。在这之前，购买者必须使用销售者的货币形式支付，对于难以将销售者的货币金额转换为他们自己的货币金额的购买者，会觉得该功能有些复杂。它还意味着，销售者在全球只能以一个价格进行销售。销售者为一个国家指定一种价格后，不仅可在其他国家以更高或更低的价格销售，而且购买者的体验比以前更好，也更便捷。

31.2.7　将用户引导至 Market

Android 引入了一种新的 URI 模式，用于帮助简化在 Android Market 中查找应用程序，那就是 market://。例如，如果希望将用户引导至 Market 来找到需要的组件，或者向上销售解锁应用程序功能的附加应用程序，可以执行下面给出的语句，其中的 MY_PACKAGE_NAME 应替换为真实的包名称：

```
Intent intent = new Intent(Intent.ACTION_VIEW,
        Uri.parse("market://search?q=pname:MY_PACKAGE_NAME"));
startActivity(intent);
```

这将在设备上启动 Market 应用程序并将用户转到该包名称。然后，用户可以选择下载或购买应用程序。请注意，此模式无法在常规网页浏览器中使用。除了使用包名称（pname）进行搜索，还可以使用 market://search?q=pub:\Fname Lname\搜索开发人员名称，或者使用 market://search?q=<querystring> 在 Android Market 中搜索任何公共字段（应用程序标题、开发人员名称和应用程序描述）。

如果将刚刚学过的内容和上一节的技术结合起来，代码可用于查询设备上的未锁定的包。如果没有找到包，我们可以提示用户，看他们是否想获得未锁定的应用。如果是，调用 Intent，它会打开 Market 应用，直接导航到未锁定的应用，可购买或下载。

31.2.8　Android 授权服务

遗憾的是，Android 应用程序的构造方式使它们成为了盗版的目标。可以复制 Android 应用程序，然后将它们发布到其他设备。那么如何确保没有购买应用程序的用户无法运行它？Android 团队创建了 LVL（License Verification Library，许可证验库）来满足此需要。以下是它的工作原理。

如果应用程序是通过 Android Market 下载的，那么设备上一定存在 Android Market 应用程序的副本。此外，Android Market 应用程序提升了权限，从而能够从设备读取相关值，比如用户的谷歌账户名称、IMSI 和其他信息。Android Market 应用程序已修改，并降级到 Android 1.5 以响应来自一个应用程序的许可证验证请求。你从应用程序调用 LVL，LVL 与 Android Market 应用程序通信，Android Market 应用程序与谷歌服务器通信，应用程序获得答案表明此设备上的此用户是否已获授权使用你的应用程序。这表明，应用程序必须通过 Android Market 来购买，否则谷歌服务器就不知道有人购买了该应用程序。你可以控制一些设置来确定在网络不可用时如何操作。实现 LVL 的流程的完整描述可在 http://developer.android.com/guide/publishing/licensing.html 上找到。

但是，需要注意的一点是，LVL 机制可能受到攻击。如果有人可获得你应用程序的.apk 文件，它们可以分解该应用程序，然后如果他们知道在何处查找来自 LVL 调用的返回值。则可进行修补。如果使用了在从 LVL 获取响应后执行 switch 语句的明确模式，为了根据返回代码分支出合适的逻辑，攻击者可暴力破解成功的返回代码值，从而拥有你的应用程序。出于此原因，Android 团推强烈建议实现应用程序的模糊化，以隐藏应用程序中检查 LVL 返回代码的部分。可以想象，这会大大增加破解的难度。

当将应用程序的目标构建版本设置为 2.3 或更新版本时，应用程序将自动获得一个 proguard.cfg 文件。通过使用此文件配置 ProGuard，可以告诉 ADT 在构建 apk 文件的生产版本时模糊化代码。如果使用 ant 构建应用程序，也可以使用 ProGuard 配置 ant 来执行模糊化。要开启模糊化，需要在应用程序的 default.properties 文件中将 proguard.config 属性设置为 proguard.cfg 文件的位置。当 ProGuard 执行操作时，需要它通过应用程序取消对栈轨迹的模糊化。

31.2.9 使用 ProGuard 来优化及对抗盗版行为

在 Android 2.3 中，谷歌以 ProGuard 功能的形式对模糊化提供了一定支持。ProGuard 并不是谷歌的产品，但是它已经整合到 ADT 中，因此便于使用。ProGuard 不仅能够提供对抗盗版行为的模糊处理,也能够提高应用程序的轻便性和速度。它采用的方法是剥离调试信息，去除那些从不会运行的代码，将（类及方法等）名称修改为无意义字符串。从不会运行的代码示例包括库中不需要调用的类和方法，以及依赖设置为 false 的常量（生产环境）的日志记录代码。此外，它还能够识别一些优化，如将乘 2 操作替换为将二进制位左移一位。在剥离调试信息和修改命名之后，得到的.apk 编译文件不会暴露变量名、类名及方法等，所以很难分析代码的作用，因此也增加了盗用、修改和发行代码的方式也如是。

如果将应用程序的目标构建设置为 2.3 及以上版本，那么应用程序会自动创建一个 proguard.cfg 文件。默认文件内容如代码清单 31-1 所示。

代码清单 31-1　proguard.cfg 示例文件

```
-optimizationpasses 5
-dontusemixedcaseclassnames
-dontskipnonpubliclibraryclasses
-dontpreverify
-verbose
-optimizations !code/simplification/arithmetic,!field/*,!class/merging/*

-keep public class * extends android.app.Activity
-keep public class * extends android.app.Application
-keep public class * extends android.app.Service
-keep public class * extends android.content.BroadcastReceiver
```

```
-keep public class * extends android.content.ContentProvider
-keep public class * extends android.app.backup.BackupAgentHelper
-keep public class * extends android.preference.Preference
-keep public class com.android.vending.licensing.ILicensingService

-keepclasseswithmembernames class * {
    native <methods>;
}

-keepclasseswithmembers class * {
    public <init>(android.content.Context, android.util.AttributeSet);
}

-keepclasseswithmembers class * {
    public <init>(android.content.Context, android.util.AttributeSet, int);
}

-keepclassmembers class * extends android.app.Activity {
    public void *(android.view.View);
}

-keepclassmembers enum * {
    public static **[] values();
    public static ** valueOf(java.lang.String);
}

-keep class * implements android.os.Parcelable {
  public static final android.os.Parcelable$Creator *;
}
```

此外，开发者还需要将应用程序的 default.properties 文件中的 proguard.config 属性设置到 proguard.cfg 文件的位置。这一行配置如下所示：

```
proguard.config=proguard.cfg
```

正如之前所提到的，ProGuard 的主要工作是剥离无用代码。有时候，它会剥离过多的东西，因此 proguard.cfg 配置文件还有一个-keep 选项。在创建.apk 文件时，必须进行测试，保证 ProGuard 不会剥离过多的东西。如果遇到缺少类或方法的错误，则要编辑 proguard.cfg 文件，以包括另一个-keep 选项，加入所缺失的项目。重新构建.apk 文件，然后再次测试。建议使用 Eclipse 的 Android Tool 菜单选项下的 Export Signed Application Package 选项，因为它会在构建.apk 文件时支持调用 ProGuard。下一节将介绍导出操作。

如果使用 Ant 进行构建，也可以使用 ProGuard 来配置 Ant 实现程序模糊化。

在 ProGuard 完成操作时，就可以生成 mapping.txt 文件和.apk 文件。要保留这个文件，因为将来需要使用这个文件回溯应用程序反混淆效果。如果使用 Eclipse 导出.apk 文件，那么 Eclipse 项目中会出现一个新目录 proguard。mapping.txt 文件就在这个目录下。要用到的命令是 retrace，它保存在 Android SDK 的 tods/proguard/bin 目录下。回溯参数包括 mapping.txt 文件和 stacktrace 文件，但是注意，必须为它们指定完整路径名。此外，要记录应用程序版本和 mapping.txt 文件的对应关系。

31.2.10　准备上传.apk 文件

要使经过测试的应用程序可以上传，即创建要上传的.apk 文件，需要执行以下操作（都已在第 14 章介绍）。

(1) 创建（如果还没有）一个用于签名应用程序的产品证书。

(2) 如果使用地图，将含有 MapViews 的布局文件中的 MAP API 密钥替换为产品 MAP API 密钥。如果忘记这一步，将没有用户能够查看地图。

(3) 导出应用程序，方法是在 Eclipse 中右键单击项目，选择 Android Tools➤Export Unsigned Application Package，然后选择合适的文件名。为此文件提供一个临时名称很有帮助，因为在运行第(5)步中的 zipalign 时，需要提供一个输出文件名称，而且该名称应该是产品.apk 文件名称。

(4) 在新.apk 文件上运行 jarsigner，使用第(1)步中的产品证书对它签名。

(5) 在新.apk 文件上运行 zipalign，将任何未压缩的数据调整到合适的内存边界，以在运行时实现更高的性能。需要在此处提供应用程序.apk 文件的最终文件名。

(6) Android 在 Eclipse 中提供了一个 Export Signed Application Package（导出签名的应用程序包）选项，该选项使用向导执行第(3)步~第(5)步。

31.3　上传应用程序

上传非常容易，但需要做一些准备工作。在上传之前，需要做一些准备工作并做出一些决定。本节将介绍这些准备工作和决定。然后，当所有必备内容就绪之后，转到开发人员控制台并选择 Upload Application。控制台将提示输入各种与应用程序相关的信息，Market 将对应用程序和输入的信息进行处理，然后应用程序就会在 Market 上显示。

上一节讨论了准备上传.apk 文件。要使应用程序能够吸引购买者，需要采取一些营销措施。需要出色地描述应用程序的概念和用途，需要美观的图像，以便购买者能够了解他们可以下载哪些内容。

31.3.1　图表

在上传应用程序时，需要提供的第一项是屏幕截图。捕获应用程序屏幕截图的最简单方式是使用 DDMS。触发 Eclipse，在模拟器中或真实设备上启动应用程序，然后将 Eclispe 透视图切换为 DDMS 和设备视图。从设备视图内，选择运行应用程序的设备，然后单击 Screen Capture 按钮（左上角的一个小图像）或从 View 菜单选择它。如果在保存时需要选择，则选择 24 位色。Android Market 会将屏幕截图转换为压缩的 JPEG 图像，24 位色将能生成比 8 位色更好的效果。应选择将使应用程序比其他应用程序更醒目且显示了重要功能的屏幕截图。最少要提供两个屏幕截图，最多能提供 8 个。

接下来是一个高分辨率应用程序图标，这可能与应用程序图标的设计完全一样，但 Android market 想要一个 512！512 的图标图像。这是必备要求。

也可以提供一个推广图标，但它的尺寸比屏幕截图小。尽管此图标是可选的，但包含一个这样的图标也不失为一个好主意。你从不知道该图标何时可以显示，但如果没有此图标，你将不知道它所在的位置将显示什么内容（如果有）。推广图标可在 Android Market 中应用程序的 Details 页面的顶部出现。

功能图是另一个可选的字段，它的大小为 1024！500。此图用在 Android Market 的 Featured 部分中，所以你希望它看起来很漂亮。

图形中与你的应用程序相关的最后一部分是一个可选的视频，可将它放在 YouTube 上并通过你的 Android Market 页面链接到它。

31.3.2 列出详细信息

Android Market 要求向购买者显示应用程序的文本信息，比如标题、描述文本和推广文本。只有在提供了推广图标的情况下才能提供推广文本。文本可以使用多种语言提供，因为可以选择将应用程序分发到全球所有国家（地区）。上面提到的图标只能向 Android Market 提供一次，所以如果屏幕截图在不同地区的外观不同，将需要考虑其他方法来将这些信息提供给购买者，可能要在你自己的网站上提供。这一状况在未来可能会改变。

如果已为用户编写了一个独立的 EULA，可以在描述文本中提供它的链接，这样购买者就可以在下载应用程序之前查看它。考虑到购买者可能将通过搜索来查找应用程序，所以请确保在文本中使用合适的词语，以最大化在进行与你的应用程序功能相关的搜索时选中你的应用程序的几率。最后，有必要在文本中添加一条简短注释，说明如果用户遇到了问题，可以向你发送电子邮件。若没有这个简单提示，人们更可能留下负面评论，跟与受影响的用户交换电子邮件相比，负面评论会影响你检查故障和解决问题的能力。

前面介绍的用户反馈机制的一个缺陷是，它不会区分应用程序版本。如果收到第 1 版的负面评论，而你发布了修复了所有问题的第 2 版，对第 1 版的评论仍然会存在，购买者无法判断这些评论是否针对新版本。当发布应用程序的新版本时，应用程序评价（星数）不会重置。在一定程度上出于此原因，谷歌提供了一个 Recent Changes 文本字段，可以在这里描述此版本的新功能。也可以在这里表明已修复了某个问题，或说明有哪些新功能。

还有一个独立的 Promo Text 文本字段，它只允许输入 80 个字符。当应用程序显示在 Android Market 中一个列表顶部时，就会在这里显示 Promo Graphic 和 Promo Text。提供这些信息无疑是一个不错的想法。

在为应用程序编写文本时，一个任务是公开需要的权限，这些权限与应用程序内 AndroidManifest.xml 文件中的<uses-permission>标记中设置的权限相同。当用户将应用程序下载到设备上时，在完成安装之前，Android 将检查 AndroidManifest.xml 文件并向用户询问所有用户权限需求。所以最好提前公开此权限，否则可能会收到来自用户的负面评论，用户会对应用程序需要某种他们未准备授予的权限而感到厌烦，更不要提会影响开发人员复合分数的退款了。与权限类似，如果应用程序要求使用特定类型的屏幕、照相机或其他设备功能，应该在应用程序的文本描述中公开这一点。不仅应该公开应用程序需要的权限和功能，还要公开应用程序将对它执行的操作，这才是最佳的做法。应该提前回答用户的问题：为什么此应用程序需要 X？

当上传应用程序时，需要选择应用程序类型和类别。因为这些规则在不断变化，所以我们未在此列出它们，但很容易在 Upload Application 屏幕上看到它们。

31.3.3 发布选项

在上传应用程序时，Android Market 提供了一个选项来在应用程序上设置复制保护。Android Market 负责为你应用复制保护，但要注意复制保护将使应用程序占用更多设备内存。它也不是一种安全措施，无法保证应用程序不能从设备复制。出于此原因，可能应该考虑其他或替代的方式来阻止剽窃应用程序，比如前面介绍的 Android 许可服务。

2010 年年底，谷歌引入了一种应用程序评分模式。它的理念是让消费者了解应用程序对某个年龄群体的适合性这一概念。遗憾的是，半数年龄群都包含单词"teen"。评分分为 All、Pre-teen、Teen 和

Mature。对正确级别的选择取决于应用程序中的内容和该内容的流行程度。谷歌制定了关于位置感知和发布位置的规则。最好在这里查阅这些规则：www.google.com/support/androidmarket/bin/answer.py?hl=en&answer=188189。

接下来是设置应用程序的价格。默认价格是免费，如果要发布收费应用程序，则必须先在谷歌 Checkout 中创建商人账号（Merchant Account）。为应用程序设置正确的价格并不容易，除非具有高级的市场研究能力，即便如此，也仍然很难确定合适的价格。价格太高会使用户失去兴趣，而且若用户认为应用程序不值这个价格时，你还可能会面临要求退款的风险。价格太低也会使用户失去兴趣，因为用户可能认为它只是一个便宜货。

在上传应用程序之前，需要做出的最后一个决定是选择能够看到此应用程序的位置和运营商。通过选择 All，应用程序将可用于任何地区。但是，你可能希望根据地理区域或运营商来限制发布。取决于应用程序中的功能，可能需要限制使用地区，以遵守美国出口法律。如果应用程序与某个运营商的设备或政策存在兼容性问题，可能需要根据运营商来限制应用程序。要查看运营商，单击一个国家（地区）链接，将会显示针对该国家（地区）的运营商，可以从中选择想要的运营商。选择 All 还意味着谷歌添加的任何新位置和运营商都会自动看到你的应用程序，不需要你的干预。

除了选择国家和运营商，Android Market 还允许限制应用程序的安装设备。默认情况下，设备列表是按照配置清单文件进行过滤，其中包括应用程序所需要的特性等。Upload screen 页面还有更多的设备限制选项。

很可能，只有遇到应用程序无法在特定设备上正常运行的已知问题时，开发者才需要过滤设备。Android 还支持为同一个应用程序上传多个 APK。因此，可以在 Android Market 中创建一个应用程序，但是为手机和平板电脑提供不同的构建方法。具体参见：http://android-developers.blogspot.com/2011/07/multipleapk-support-in-android-market.html。

31.3.4 联系信息

即使开发人员履历中包含了联系信息，在上传每个应用程序时也可以设置不同的信息。Market 会要求输入网站、电子邮件地址和电话号码作为与此应用程序相关的联系信息。必须至少提供一种信息，这样购买者才能获得支持，但无需提供所有这 3 种信息。最好不要在这里使用个人电子邮件地址，因为你可能并不希望提供你的个人电话号码。当从应用程序的销售中获得了丰厚收入之后，你一定希望让其他人接收和处理来自用户的电子邮件。通过提前设置应用程序支持的电子邮件地址类型，可以轻松地将支持电子邮件与个人电子邮件分开。当然，如果愿意的话，可以稍后更改这些值。

31.3.5 需遵守的规定

做出了所有这些决定之后，必须证明应用程序遵守 Android 的内容指南（基本而言未包含恶意内容），还需要证明软件适合从美国出口。需要遵守美国出口法律是因为谷歌的服务器位于美国内部，这与你和客户的国家（地区）无关。请记住，始终可以选择通过其他渠道发布应用程序。当所有信息都已就绪并已上传了图标，单击 Save 按钮。这就准备好了应用程序所需的一切内容，可以上传了。

然后可以单击 Publish 按钮来发布应用程序。Android Market 将对应用程序执行一些检查，例如检查应用程序证书的有效期。如果检查全部通过，应用程序现在可供下载。恭喜你！

31.4 Android Market 上的用户体验

Android Market 已存在于设备上一段时间了，且都是通过因特网提供的。开发人员无法控制 Android Market 的工作方式，只能为在 Market 中列出的应用程序提供出色的文本和图标。因此，用户体验在很大程度上取决于 Google。从设备上，用户可以通过关键词进行搜索，查找下载量最高的应用程序（同时包括免费和付费应用程序）、特色应用程序或新应用程序，或者按类别进行浏览。一旦他们找到了想要的应用程序，只需选择它就会弹出一个产品细节屏幕，允许他们安装或购买该应用程序。选择购买会将用户带到谷歌 Checkout，执行交易的财务部分。下载之后，新应用程序将与所有其他应用程序一起显示。

对于 Android Market 的网站（http://market.android.com），用户界面看起来相同，但比大部分设备屏幕都大得多。一个区别是，基于 Web 的 Android Market 要求用户登录到他们的谷歌账户来使用 Market。这使谷歌能够将 Android Market 上的网络体验与你的实际设备相连。这有两方面的意义：当使用网站时，Android Market 知道设备上已安装了哪些应用程序，当在 Android Market 网站上进行购买时，下载文件可发送到设备，而不是浏览它的计算机。

Android Market 有一个在 My Downloads 中查看已下载应用程序的选项。这个区域包含所有已安装应用程序和任何已购买的应用程序，即使已将它删除（可能删除它们只是为了为其他应用程序腾出空间）。这意味着可以从手机上删除一个付费应用程序，在以后无需重新购买就可重新安装它。当然，如果选择了退款，该应用程序将不会显示在 My Downloads 中。同样，从设备删除的免费应用程序不会在 My Downloads 中显示。My Downloads 中的应用程序列表与为设备使用的谷歌账户绑定。这意味着可以切换到新的物理设备，但仍然能够访问已付费的所有应用程序。但是请保持谨慎。因为你可能在谷歌中有多个身份，所以必须使用与以前完全相同的身份在新设备上获取应用程序。当查看 My Downloads 中的应用程序时，包含升级版本的任何应用程序将表明这一点并支持你获得升级版本。

用户可以使用 Android Market 过滤应用程序。它可以通过多种方式进行过滤。由于谷歌在一些国家存在贸易合法性限制，这些国家（地区）的用户仅能看到免费应用程序。谷歌正在努力克服贸易阻碍，以便所有付费应用程序可用于所有地区。在这一时刻到来之前，一些国家的用户将无法访问付费应用程序。运行较旧 Android 版本的设备的用户将无法看到需要较新 Android SDK 版本的应用程序。设备配置与应用程序需求（通过 AndroidManifest.xml 文件中的<uses-feature>标记传达）不兼容的用户将无法看到这些应用程序。例如，小屏幕设备的用户无法在 Android Market 中看到未明确表明支持小屏幕的应用程序。这一过滤机制最主要的目的是使用户免于下载无法在其设备上运行的应用程序。

当从其他国家购买 Android Market 中的应用程序时，交易可能需要进行货币转换，这可能需要额外的费用。当然，除非销售者指定了以本地货币为单位的价格，你其实是使用谷歌 Checkout 从销售者的国家购买的。Android Market 将显示一个近似价格，但实际费用可能不同，具体取决于执行交易的时间和采用的支付处理系统。购买者可能会注意到他们的账户中存在一笔费用较小（例如 1 美元）的未完成的交易。谷歌这样做是为了确保提供的支付信息是正确的，这个未完成的交易不会实际执行。

Android Market 具有一些镜像网站。无需设备，购买者便可以在网络上搜索、浏览类别以找到 Android Market 应用程序，这可以绕过 Android Market 根据设备配置和位置执行的过滤。但是，这样不会将应用程序安装到设备上。这些镜像网站的例子包括 www.cyrket.com、www.androlib.com 和 www.androidzoom.com。

31.5　更多发布途径

Android Market 不是唯一的主角。你完全可以不使用 Android Market。应该考虑利用其他发布渠道，这样不仅能向更多国家的更多人提供你的应用程序，还能够利用其他支付处理器和机会来赢得利润。

此外，还有一些与 Android Market 完全独立的 Android 应用程序商店。最大的当数 Amazon，其他一些例子包括 http://mall.soc.io/apps、http://slideme.org、www.getjar.com 和 www.handango.com。从这些网站可以搜索、浏览和查找应用程序，也可以下载应用程序，无论是从设备还是通过网页浏览器下载。这些网站无需遵守谷歌规则，包括付费应用程序的手续费和支付方法。PayPal 和其他支付处理系统可用于在这些独立的网站上购买应用程序。这些网站也没有地区或设备配置限制。其中一些网站提供了一个 Android 客户端，可以安装或在一些条件下预先安装在设备上。用户只需在设备上启动浏览器并通过网站找到希望下载的应用程序，将文件保存到设备上之后，Android 将知道如何操作它。也就是说，已下载的.apk 文件被视为 Android 应用程序。如果在浏览器的下载历史记录（不要与前面介绍的 My APP 混淆）中单击它，系统将提示你确认是否希望安装它。这种自由度意味着你可以自行设置用户下载 Android 应用程序的方法，甚至从你自己的网站下载并使用你自己的支付方法。你仍然需收取任何必要的税款并将其上缴到合适的机构。

尽管不受谷歌规则限制，但这些发布应用程序的替代方法可能不会提供 Android Market 中所具有的购买者保护功能。可以通过不适用于购买者设备的替代营销途径购买应用程序。购买者也可能需要创建备份，以防应用程序从设备上丢失，或者在换用新设备时转移应用程序。

其他这些市场也可用于从每个应用程序的销售中获利。还能够在其他这些市场中获得实现替代支付机制的能力。当然，可以如上所述嵌入广告并从中获利，也可以在应用程序中嵌入其他支付机制。例如，PayPal 为 Android 应用程序引入了一个支付库（请访问 http://www.x.com）。有了它，用户就可以从应用程序内购买附加项、内容或升级。他们也可以捐赠。可以实现移动商店，使用 PayPal 进行结账。

请记住，谷歌没有限制开发人员在通过 Android Market 销售其应用程序的同时，在多个市场进行销售。所以请考虑所有销售途径以获得最大回报。

31.6　参考资料

以下是一些很有用的参考资料，可通过它们进一步探索相关主题。

- ❑ http://developer.android.com/guide/topics/manifest/manifest-intro.html。这是AndroidManifest.xml文件的开发人员指南页面，包含对如何使用supports-screen、uses-configuration和uses-feature标记的说明。

- ❑ http://developer.android.com/guide/practices/screens_support.html。这是一个名为Supporting Multiple Screens的开发人员指南页面，包含大量关于处理屏幕大小和像素密度的不错信息。

- ❑ http://developer.android.com/guide/practices/ui_guidelines/icon_design.html。这是一个名为Icon Design Guidelines的开发人员指南页面，包含大量关于为应用程序设计有效图标的不错信息。

- ❑ http://android-developers.blogspot.com/2010/09/securing-android-lvl-applications.html 和 http://android-developers.blogspot.com/2010/09/proguard-android-and-licensing-server.html。两篇关于如何以可阻止盗版的方式使用LVL的博文。

- ❏ http://proguard.sourceforge.net/。ProGuard主站，其中包含文档。
- ❏ http://developer.android.com/guide/market/billing/index.html。这是应用程序中结算模块的文档。

31.7 小结

现在，我们可以用 Android 应用程序来进行开发了！下面简单介绍一下本章的主要内容。

- ❏ 如何成为Android Market发布者（即开发者），从而可以在Android Market上发布应用程序？
- ❏ Android Market开发者发布协议的规定有哪些？
- ❏ 若通过Android Market进行销售，则需与谷歌共享利润。此外，我们还讨论了对于不希望在Market内部看到竞争这一问题，谷歌是如何处理的。
- ❏ 开发者有义务为应用程序的收益交税。
- ❏ Android Market退款政策，包括公布的退款和真实退款。
- ❏ 只要用户付过一次款，就怎么做可以随时下载应用程序。
- ❏ Android品牌规则。确保不要违反与Android、图像或字体相关的任何版权规定。
- ❏ 开发者控制台及其特性。开发者控制台可以收集用户反馈和错误报告。
- ❏ 准备生产版本的应用程序，包括测试、使用 LVL 与 ProGuard 对抗盗版，以及在AndroidManifest.xml中使用资源变种和标记过滤应用程序支持的设备。
- ❏ 通过语言和/或文化选项设置应用程序的本地化建议。
- ❏ 如何为应用程序定价，同时符合Android Market的规则要求。
- ❏ Android Market用户界面，包括设备版本和互联网/Web版本。
- ❏ Android Market并非应用程序销售的唯一途径，可以同时通过其他互联网手段销售应用程序。

31.8 面试问题

回答以下问题，巩固本章所学知识点。

(1) 判断：开发者可以自己创建应用程序的最终用户授权协议（End User License Agreement）。

(2) 谷歌收取的 Android Market 应用程序销售分成是多少？

(3) 谁负责向本地税务部门交纳税款？

(4) 判断：如果为了给更多应用程序提供空间，用户在设备上删除了应用程序，如果还想使用该应用程序，则必须重新购买。

(5) 开发者是否可以将应用程序从特定设备上删除？

(6) 用户可以从 Android Market 获得哪些关于应用程序的信息和反馈？

(7) 如果用户在 Android Market 评论中抱怨应用程序问题，开发者是否可以在 Market 中回复？

(8) 如果需要 Android Market 支持，应该在何处通过何种方式获取？

(9) 屏幕密度和屏幕尺寸的区别是什么？

(10) 关于图标，开发者需要考虑的问题中哪一个更重要？

(11) 可以在什么位置声明应用程序不支持超大屏幕设备这样的事实？

(12) 如果将应用程序从英语版本转换为法语版本？

31

(13) 在使用颜色资源时，为什么不要使用特定颜色的颜色名称？

(14) Android Market 中，指向特定开发者名称的 URI 是什么？

(15) LVL 是指什么，它有什么作用？

(16) 使用 LVL 保证应用程序不受（或少受）盗版行为侵犯，还需要使用什么？

(17) 应用程序上传到 Android Market 之后，要经过多长时间用户才可以下载应用程序？

(18) 谷歌是否会检查所有上传应用程序的内容或是否违反其规定？

(19) 是否可以在除 Android Market 以外的 Market 销售应用程序？如果这样做，需要考虑哪些问题？

站在巨人的肩上

Standing on Shoulders of Giants

www.ituring.com.cn

站在巨人的肩上
Standing on Shoulders of Giants

www.ituring.com.cn